책 구입 시 드리는 혜택

❶ 전 과목 이론 동영상 강의 평생 제공
❷ CBT 시험 복원 문제 수록
❸ 우수회원 인증 후 2017년 ~ 2019년 3개년 추가 기출문제(해설 포함) 제공

2026 개정 13판

평생무료

평생 무료 동영상과 함께하는 Daum

가스기사 필기
최근 기출문제
이론+6개년기출문제 +필기무료강의

가스연구회 편

2025년 1회·2회 3회 복원 기출문제 수록

전 과목 핵심 이론 동영상 강의 평생 제공
최근 기출문제 수록 및 완벽 해설 / 빠른 합격을 위한 상세한 이론 구성
문제 해설을 이해하기 쉽도록 자세히 설명

무료 동영상 강의

Daum 인터넷 가스 무료 교육 방송 🔍 http://cafe.daum.net/gaslicense

SEJIN Books
세진북스
www.sejinbooks.kr

머리말

우리나라의 가스사용은 너무 빠르게 진행되었다. 가정용 가스 사용가구수가 2000만 가구 이상, LPG차량 200만대 이상으로 세계 1위이며. 천연가스차량[N.G.V] 사용과 사용기술의 발전, 가스보일러 사용 등 최근 20년 사이에 급격히 늘어난 것이 오늘의 현실이다.

이와 같이 가스사용은 취사용, 난방용, 연료용뿐만이 아니라 의료용, 공업용, 반도체 분야 등에서도 용도가 날로 증가되고 있으나 가스를 이용하는 것에 비해 안전한 관리부분에서의 교육은 너무 미비한 현실이다.

특히 가스3법[고압가스안전관리법, 액화석유가스의 안전관리 및 사용법, 도시가스 사업법]에서 규정한 국가기술자격증 교육 및 취득은 공교육에서는 외면하고, 사설학원 등에서 이루어져 온 것이 사실이고 현실이다.

필자가 어느덧 이 분야에 들어 선지도 30년이 되었다. 나름대로의 가스분야 국가기술자격증 취득에 있어서 일조를 했음을 자부하여 본다. 필자는 여기에서 만족하지 않고 자격증취득의 길잡이 역할은 물론이고 현장 실무자들과 연계하여 이론과 실무와 상호 보완할 수 있는 통로역할을 계속 할 것임을 다짐한다.

본서가 가스분야 국가기술자격증 취득의 역할을 할 것임을 확신하며 기존 출판사의 관행을 벗어나 뉴미디어 시대에 맞는 경영방식과 현실에 맞는 출판경영법으로 2009년 창설한 세진북스에 가스시리즈 책자를 집필하게 된 것을 기쁘게 생각하며 감사를 드린다.

저자 드림

가스기사
최근 기출문제

출제기준

1. 필 기

| 직무분야 | 안전관리 | 중직무분야 | 안전관리 | 자격종목 | 가스기사 | 적용기간 | 2024. 01. 01. ~ 2027. 12. 31 |

• 직무내용 : 가스 및 용기제조의 공정관리, 가스의 사용방법 및 취급요령 등을 위해 예방을 위한 지도 및 감독업무와 저장, 판매, 공급 등의 과정에서 안전관리를 위한 지도 및 감독 업무를 수행하는 직무이다.

| 필기검정방법 | 객관식 | 문제수 | 100 | 시험시간 | 2시간 30분 |

필기과목명	문제수	주요항목	세부항목	세세항목
가스유체역학	20	1. 유체의 정의 및 특성	1. 용어의 정의 및 개념의 이해	1. 단위와 차원해석 2. 물리량의 정의 3. 유체의 흐름현상
		2. 유체 정역학	1. 비압축성 유체	1. 유체의 정역학 2. 유체의 기본방정식 3. 유체의 유동 4. 유체의 물질수지 및 에너지 수지
		3. 유체 동역학	1. 압축성유체	1. 압축성 유체의 흐름공정 2. 기체상태 방정식의 응용 3. 유체의 운동량이론 4. 경계층이론 5. 충격파의 전달속도
			2. 유체의 수송	1. 유체의 수송 장치 2. 액체의 수송 3. 기체의 수송 4. 유체의 수송동력 5. 유체의 수송에 있어서의 두 손실
연소공학	20	1. 연소이론	1. 연소기초	1. 연소의 정의 2. 열역학 법칙 3. 열전달 4. 열역학의 관계식 5. 연소속도 6. 연소의 종류와 특성
			2. 연소계산	1. 연소현상 이론 2. 이론 및 실제 공기량 3. 공기비 및 완전연소 조건 4. 발열량 및 열효율 5. 화염온도 6. 화염전파 이론
		2. 연소설비	1. 연소장치의 개요	1. 연소장치 2. 연소방법 3. 연소현상
			2. 연소장치 설계	1. 고부하 연소기술 2. 연소부하산출
		3. 가스폭발/ 방지 대책	1. 가스폭발이론	1. 폭발범위 2. 확산 이론 3. 열 이론 4. 기체의 폭굉현상 5. 폭발의 종류 6. 가스폭발의 피해(영향) 계산
			2. 위험성 평가	1. 정성적 위험성 평가 2. 정량적 위험성 평가
			3. 가스화재 및 폭발방지대책	1. 가스폭발의 예방 및 방호 2. 가스화재 소화이론 3. 방폭구조의 종류 4. 정전기 발생 및 방지대책
가스설비	20	1. 가스설비의 종류 및 특성	1. 고압가스 설비	1. 고압가스 제조설비 2. 고압가스 저장설비 3. 고압가스 사용설비 4. 고압가스 충전 및 판매설비
			2. 액화석유가스 설비	1. 액화석유가스 충전설비 2. 액화석유가스 저장 및 판매설비 3. 액화석유가스 집단공급설비 4. 액화석유가스 사용설비
			3. 도시가스설비	1. 도시가스 제조설비 2. 도시가스 공급충전설비 3. 도시가스 사용설비 4. 도시가스 배관 및 정압설비
			4. 수소설비	1. 수소 제조설비 2. 수소 공급충전설비 3. 수소 사용설비 4. 수소 배관설비

출제기준

필기과목명	문제수	주요항목	세부항목	세세항목
			5. 펌프 및 압축기	1. 펌프의 기초 및 원리 2. 압축기의 구조 및 원리 3. 펌프 및 압축기의 유지관리
			6. 저온장치	1. 가스의 액화사이클 2. 가스의 액화분리장치 3. 가스의 액화분리장치의 계통과 구조
			7. 고압장치	1. 고압장치의 요소 2. 고압장치의 계통과 구조 3. 고압가스 반응장치 4. 고압저장 탱크설비 5. 기화장치 6. 고압측정장치
			8. 재료와 방식, 내진	1. 가스설비의 재료, 용접 및 비파괴 검사 2. 부식의 종류 및 원리 3. 방식의 원리 4. 방식설비의 설계 및 유지관리 5. 내진설비 및 기술사항
		2. 가스용 기기	1. 가스용 기기	1. 특정설비 2. 용기 및 용기밸브 3. 압력조정기 4. 가스미터 5. 연소기 6. 콕 및 호스 7. 차단용 밸브 8. 가스누출경보/차단기
가스안전 관리	20	1. 가스에 대한 안전	1. 가스제조 및 공급, 충전에 관한 안전	1. 고압가스 제조 및 공급·충전 2. 액화석유가스 제조 및 공급·충전 3. 도시가스 제조 및 공급·충전 4. 수소 제조 및 공급·충전
			2. 가스저장 및 사용에 관한 안전	1. 저장 탱크 2. 탱크로리 3. 용기 4. 저장 및 사용시설
			3. 용기, 냉동기 가스용품, 특정설비 등의 제조 및 수리에 관한 안전	1. 고압가스 용기제조, 수리 및 검사 2. 냉동기기 제조, 특정설비 제조 및 수리 3. 가스용품 제조 및 수리
		2. 가스취급에 대한 안전	1. 가스운반 취급에 관한 안전	1. 고압가스의 양도, 양수 운반 또는 휴대 2. 고압가스 충전용기의 운반 3. 차량에 고정된 탱크의 운반
			2. 가스의 일반적인 성질에 관한 안전	1. 가연성가스 2. 독성가스 3. 기타가스
			3. 가스안전사고의 원인 조사 분석 및 대책	1. 화재사고 2. 가스폭발 3. 누출사고 4. 질식사고 등 5. 안전관리 이론, 안전교육 및 자체검사
가스계측	20	1. 계측기기	1. 계측기기의 개요	1. 계측기 원리 및 특성 2. 제어의 종류 3. 측정과 오차
			2. 가스계측기기	1. 압력계측 2. 유량계측 3. 온도계측 4. 액면 및 습도계측 5. 밀도 및 비중의 계측 6. 열량계측
		2. 가스분석	1. 가스분석	1. 가스 검지 및 분석 2. 가스 기기분석
		3. 가스미터	1. 가스미터의 기능	1. 가스미터의 종류 및 계량 원리 2. 가스미터의 크기선정 3. 가스미터의 고장처리
		4. 가스시설의 원격감시	1. 원격감시장치	1. 원격감시장치의 원리 2. 원격감시장치의 이용 3. 원격감시 설비의 설치·유지

2. 실 기

직무분야	안전관리	중직무분야	안전관리	자격종목	가스기사	적용기간	2024. 01. 01. ~ 2027. 12. 31

- **직무내용** : 가스 및 용기제조의 공정관리, 가스의 사용방법 및 취급요령 등을 위해 예방을 위한 지도 및 감독업무와 저장, 판매, 공급 등의 과정에서 안전관리를 위한 지도 및 감독 업무를 수행하는 직무이다.
- **수행준거** : 1. 가스제조에 대한 고도의 전문적인 지식 및 기능을 가지고 각종 가스를 제조할 수 있다.
  2. 가스설비, 운전, 저장 및 공급에 대한 설비 및 취급과 가스장치의 고장 진단 및 유지관리를 할 수 있다.
  3. 가스기기 및 설비에 대한 검사업무 및 가스안전관리에 관한 업무를 수행할 수 있다.

실기검정방법	복합형	시험시간	필답형 : 1시간 30분, 작업형 : 1시간 30분정도

실기과목명	주요항목	세부항목	세세항목
가스 실무	1. 가스설비 실무	1. 가스 설비 설치하기	1. 고압가스 설비를 설계·설치관리 할 수 있다. 2. 액화석유가스 설비를 설계·설치관리 할 수 있다. 3. 도시가스 설비를 설계·설치관리 할 수 있다. 4. 수소 설비를 설계·설치관리 할 수 있다.
		2. 가스 설비 유지관리하기	1. 고압가스 설비를 안전하게 유지관리 할 수 있다. 2. 액화석유가스 설비를 안전하게 유지관리 할 수 있다. 3. 도시가스 설비를 안전하게 유지관리 할 수 있다. 4. 수소 설비를 안전하게 유지관리 할 수 있다.
	2. 안전관리 실무	1. 가스안전 관리하기	1. 용기, 가스용품, 저장탱크 등 가스설비 및 기기의 취급운반에 대한 안전 대책을 수립할 수 있다. 2. 가스폭발 방지를 위한 대책을 수립하고, 사고발생시 신속히 대응할 수 있다. 3. 가스시설의 평가, 진단 및 검사를 할 수 있다.
		2. 가스 안전검사 수행하기	1. 가스관련 안전인증대상 기계·기구와 자율안전 확인 대상 기계·기구 등을 구분할 수 있다. 2. 가스관련 의무안전인증 대상 기계·기구와 자율안전 확인대상 기계·기구 등에 따른 위험성의 세부적인 종류, 규격, 형식의 위험성을 적용할 수 있다. 3. 가스관련 안전인증 대상 기계·기구와 자율안전 대상 기계·기구 등에 따른 기계·기구에 대하여 측정장비를 이용하여 정기적인 시험을 실시할 수 있도록 관리계획을 작성할 수 있다. 4. 가스관련 안전인증 대상 기계·기구와 자율안전 대상 기계·기구 등에 따른 기계·기구 설치방법 및 종류에 의한 장단점을 조사할 수 있다. 5. 공정진행에 의한 가스관련 안전인증 대상 기계·기구와 자율안전 확인 대상 기계·기구 등에 따른 기계기구의 설치, 해체, 변경 계획을 작성할 수 있다.
		3. 가스 안전조치 실행하기	1. 가스설비의 설치 중 위험성의 목적을 조사하고 계획을 수립할 수 있다. 2. 가스설비의 가동 전 사전 점검하고 위험성이 없음을 확인하고 가동할 수 있다. 3. 가스설비의 변경 시 주의 사항의 기본 개념을 조사하고 계획을 수립할 수 있다. 4. 가스설비의 정기, 수시, 특별 안전점검의 목적을 확인하고 계획을 수립할 수 있다. 5. 점검 이후 지적사항에 대한 개선방안을 검토하고 권고할 수 있다.

가스기사
최근 기출문제

차례

핵심이론

제1편 가스의 기초
- ❶ 용어와 단위 ······ 13
- ❷ 주요 가스의 특성 ······ 21

제2편 가스안전관리
- ❶ 고압가스 ······ 34
- ❷ 액화석유가스 ······ 45
- ❸ 도시가스 ······ 51

제3편 가스설비
- ❶ 고압장치의 종류 ······ 55
- ❷ 고압장치의 요소 ······ 82
- ❸ 고압가스 저장탱크 ······ 90
- ❹ 안전밸브와 고압장치 재료 ······ 94
- ❺ 저온장치 ······ 101
- ❻ 가스설비 ······ 107

CONTENTS

제 4 편 연소공학
1. 연소와 연료 ······················· 130
2. 폭발과 폭굉 ······················· 135
3. 연소 계산과 고압가스의 특성 ······· 144
4. 연소공학 핵심정리 ················· 151
5. 계측과 단위 ······················· 170

제 5 편 계측기기
1. 측정기기 ························· 175
2. 유량계와 가스분석계 ·············· 182
3. 자동제어와 가스미터 ·············· 188
4. 계측기기 핵심정리 ················ 197

제 6 편 유체역학
1. 유체의 정의와 단위 ··············· 202
2. 기본 공식 및 각종 법칙 ··········· 212

가스기사
최근 기출문제

기출문제

2020년도
- 2020년 6월 6일 시행 ★ 221
- 2020년 8월 22일 시행 ★ 244
- 2020년 9월 27일 시행 ★ 263

2021년도
- 2021년 3월 7일 시행 ★ 285
- 2021년 5월 15일 시행 ★ 306
- 2021년 9월 12일 시행 ★ 328

2022년도
- 2022년 3월 5일 시행 ★ 351
- 2022년 4월 24일 시행 ★ 370
- 2022년 9월 CBT 시행 ★ 390

2023년도
- 2023년 3월 CBT 시행 ★ 415
- 2023년 5월 CBT 시행 ★ 436
- 2023년 9월 CBT 시행 ★ 459

2024년도
- 2024년 2월 CBT 시행 ★ 483
- 2024년 5월 CBT 시행 ★ 505
- 2024년 7월 CBT 시행 ★ 528

2025년도
- 2025년 2월 CBT 시행 ★ 553
- 2025년 5월 CBT 시행 ★ 575
- 2025년 8월 CBT 시행 ★ 596

가스기사

제 1 편 **가스의 기초**
제 2 편 **가스 안전 관리**
제 3 편 **가스설비**
제 4 편 **연소공학**
제 5 편 **계측기기**
제 6 편 **유체역학**

가스기사
핵심이론

01 가스의 기초

1 용어와 단위

1.1 고압가스의 적용범위

① 상용의 온도, 35℃에서 1 MPa (10 kg/cm^2) 이상인 압축가스
② 상용의 온도, 35℃ 이하에서 0.2 MPa (2 kg/cm^2) 이상인 액화가스
③ 35℃에서 0 Pa (0 kg/cm^2)을 초과하는 액화 시안화수소, 액화브롬화메탄 및 액화산화에틸렌가스
④ 15℃에서 0 Pa을 초과하는 아세틸렌가스

1.2 성질에 의한 분류

① 가연성 가스 : 폭발범위 하한이 10 % 이하이거나 상한과 하한의 차가 20 % 이상인 가스
② 독성 가스 : 허용 농도가 200 ppm 이하인 가스 (1 ppm=$\frac{1}{10^6}$)
③ 불연성 가스 : 산화작용을 일으키지 않는 것 (CO_2, N_2, Ar 등)
④ 불활성 가스 : 반응을 하지 않는 가스 (Ar, He, Ne, Xe, Kr 등)
⑤ 지연성 가스 : 연소를 도와주는 가스 (O_2, O_3, air 등)

1.3 용어의 정의

① 액화석유가스 (LPG) : 주성분은 C_3H_8 (프로판)과 C_4H_{10} (부탄)이며, 탄소수가 3~4개인 탄화수소를 말한다.
② 액화천연가스 (LNG) : 주성분은 CH_4 (메탄)이며, 도시가스에 주로 쓰인다.

③ 저장탱크 : 가스를 충전·저장하는 것으로 지상이나 지하에 고정 설치된 것
④ 용기 : 가스를 충전·저장하는 것으로 이동 운반 가능한 것
⑤ 가스용품 : 가스를 사용하기 위한 것으로 밸브, 압력 조정기, 호스, 호스 밴드, 콕, 연소기, 다기능 계량기, 연료전지 등
⑥ 특정 설비 : 저장 탱크 및 자동차용 주입기, 안전밸브, 역류 방지 밸브, 긴급 차단장치, 역화 방지 밸브, 기화 장치 등을 말한다.
⑦ 폭발범위 : 가연성 가스가 공기 또는 산소와 혼합되었을 때 폭발할 수 있는 가연성 가스의 부피
⑧ 허용 농도 : 건강한 성인남자가 1일 8시간 근무해도 인체에 해를 끼치지 않는 농도
⑨ 임계압력 : 가스를 압력에 의해 액화시킬 때 가해야 할 최소의 압력
⑩ 임계온도 : 가스를 압력에 의해 액화시킬 수 있는 최고의 온도

1.4 기본 단위

(1) 온도 (차고 따뜻한 정도)

① 섭씨온도(℃) : 표준 대기압하에서 물의 빙점 0℃, 비점을 100℃로 하여 그 사이를 100등분한 것
② 화씨온도(°F) : 표준 대기압하에서 물의 빙점 32°F, 비점을 212°F로 하여 그 사이를 180등분한 것
③ 절대온도 : 이상기체의 분자 운동이 완전 정지된 온도를 0으로 정하고 그 이상을 나타낸 온도 (0 K = -273℃, 0°R = -460°F)

요점정리 ✿ 관계식

$$°F = \frac{9}{5}℃ + 32 \quad ℃ = \frac{5}{9}(°F - 32)$$
$$K = ℃ + 273$$
$$°R = K \times 1.8 \quad °R = °F + 460$$

(2) 압력 (단위면적당 작용하는 힘)

① 게이지 압력 : 압력계가 지시하는 압력. 표준 대기압을 0으로 정하고 그 이상을 나타낸다.

　　단위 : $kg/cm^2 \cdot g$, $lb/in^2 \cdot g$ (psig), 0 Pa

② 절대압력 : 완전 진공일 때를 0으로 정한 압력

　　단위 : $kg/cm^2 a$, $lb/in^2 a$ (psia)

③ 표준 대기압 : 대기권에서 지구의 평균 표면까지 공기가 누르는 힘

　　　　　수은주 760 mmHg이며, $1.033 \, kg/cm^2 \cdot a$가 된다.

　　단위 : $14.7 \, lb/in^2 \cdot a$, 1 atm, 30 inHg, 101325 Pa

④ 진공압력 : 대기압보다 낮은 압력. 수은주로 표기한다.

✿ 관계식
절대압력 = 게이지 압력 + 대기압
게이지 압력 = 절대압력 − 대기압
$1 kg/cm^2 = 14.2 \, lb/in^2$

(3) 열 량

① 1 kcal : 표준 대기압하에서 물 1 kg을 1℃ 변화시키는 열량
② 1 BTU : 표준 대기압하에서 물 1 lb를 1°F 변화시키는 열량
③ 1 CHU : 표준 대기압하에서 물 1 lb를 1℃ 변화시키는 열량
④ 비열 : 어떤 물질 1kg을 1℃ 변화시킬 수 있는 열량

　　단위 : $kcal/kg \cdot ℃$, 1 cal = 4.2 J, 1 J = 1 N·m

　㉮ 정압비열 : 기체의 압력을 일정하게 하고 측정한 비열 (C_p)
　㉯ 정적비열 : 기체의 체적을 일정하게 하고 측정한 비열 (C_v)

✿ 비열비
$K = C_p / C_v$ (C_p는 C_v보다 크다.)

⑤ 열량식

감열 : $Q = W \cdot C \cdot \Delta T$

여기서, Q : 열량 [kcal], W : 질량 [kg], C : 비열상수 [kcal/kg · ℃]
ΔT : 온도차 (7℃), γ : 잠열 [kcal/kg]

잠열 : $Q = W \cdot \gamma$

㉮ 감열 : 상태는 변하지 않고 온도 변화에 필요한 열

㉯ 잠열 : 온도는 변하지 않고 상태 변화에 필요한 열

> **요점정리**
>
> ✿ **열역학**
> - 제 1 법칙 : 에너지 불변의 법칙이며, 열과 일 사이에는 일정한 관계가 있다.
>   즉, 1 kcal = 427 kg · m
> - 제 2 법칙 : 열은 고온에서 저온으로 흐른다.
>   일은 열로 바꾸기 쉬우나 열을 일로 바꾸기 위해서는 장치가 필요하다.
>
> ✿ **관계식**
>
> $Q = A \cdot W$ Q : 열량 [kcal]
> $W = J \cdot Q$ W : 일량 [kg · m]
> A : 일의 열당량 $1/427$ [kcal/kg · m]
> J : 열의 일당량 427 [kg · m/kcal]

⑥ 엔탈피 : 단위중량당 열에너지

$I = U + APV$

여기서, I : 엔탈피 [kcal/kg], U : 내부 에너지 [kcal/kg]
A : 일의 열당량 [kcal/kg · m], P : 압력 [kg/m^2], V : 비체적 [m^3/kg]

⑦ 엔트로피 : 일정 온도하에 얻은 열량을 절대온도로 나눈 값. 단위는 kcal/kg · K이다.

(4) 가스 밀도 (단위체적당 질량)

STP에서 가스 밀도 = $\dfrac{분자량}{22.4}$

(표준상태)

단위는 g/L, kg/m^3

* 액밀도는 물이 기준이다.

(5) 가스 비중

STP에서 공기의 질량을 1로 하고 동일 체적의 가스 질량과의 비

가스 비중 = $\dfrac{\text{가스 분자량}}{29}$ (단위는 없다)

(6) 가스 비체적 (단위질량당 체적)

표준상태에서 비체적 = $\dfrac{22.4}{\text{분자량}}$

단위는 L/g, m^3/kg

* 밀도와의 역수이다.

1.5 기초 공식 및 법칙

(1) 아보가드로의 법칙

STP 하에서 모든 기체 1몰(mol)의 부피는 22.4L이다.

$$PV = nRT \text{(이상기체 상태 방정식)}$$

- 기체상수 $R = \dfrac{PV}{nT} = \dfrac{1\,\text{atm} \times 22.4\,\text{L}}{1\,\text{mol} \times 273\text{K}} = 0.082\,\text{L}\cdot\text{atm/mol}\cdot\text{K}$

여기서 n은 몰 수이므로 $n = \dfrac{W}{M}$ (W: 질량)

* $PV = \dfrac{WRT}{M} \rightarrow PVM = WRT$ (M: 분자량)

그러므로, $M = WRT/PV = dRT/P$

밀도 $d = MP/RT = g/L$

그러므로 $d = MP/RT$

(2) 보일의 법칙

일정 온도하에서 기체의 체적은 절대압력에 반비례한다.

T 일정시 $P'V' = PV$

여기서, P, V : 최초의 압력, 체적
P', V' : 변화 후의 압력, 체적

* 이때 P는 반드시 절대압력이어야 한다.

$$V' = \frac{PV}{P'}$$

(3) 샤를의 법칙

정압하에서 기체의 부피는 절대온도에 비례한다.

P 일정시 $V/T = V'/T'$

여기서, T, V : 최초의 온도, 체적
T', V' : 변화 후의 온도, 체적

* 이때 T는 절대온도 K이다.

$$V' = \frac{T'V}{T}$$

(4) 보일·샤를의 법칙

기체의 체적은 압력에 반비례하고 온도에 비례한다.

$$PV/T = P'V'/T'$$

여기서, P, V, T : 최초의 압력, 체적, 온도
P', V', T' : 변화 후의 압력, 체적, 온도

* $V' = \dfrac{PVT'}{TP'}$

(5) 실제기체 상태식 (반데르발스 식)

$$(P + a/V^2)(V - b) = RT$$

여기서, a : 기체 분자간 인력. 반데르발스 정수 [L^2·atm/mol^2]
b : 기체 자신이 차지하는 부피 [L/mol]

$$P = \frac{nRT}{V - nb} - \frac{n^2 a}{V^2}$$

* a와 b값은 실전 문제에서 주어짐.

(6) 기체의 압축계수

등온 등압하에서 이상기체 체적과 실제기체 체적과의 비
(실제기체는 저온에서 압력이 증가하면 작아진다.)

- 실제기체 = 이상기체 × 압축계수

$$PV = ZnRT$$
$$Z = \frac{PV}{nRT}$$

여기서, Z : 압축계수

(7) 가스정수

$$PV = GRT$$

여기서, R : 가스정수. 848/분자량, G : 가스질량 [kg]

$$R = \frac{1033 \text{ kg/cm}^2 \cdot a \times 10^4 \times 22.4 \text{ m}^3}{1 \text{ kmol} \times 273K} = 848 \text{ kg} \cdot \text{m/kmol} \cdot K$$

(8) 팽창계수

정압하에서 물체 팽창의 비율은 온도에 비례한다.

- 팽창계수 $a = \dfrac{\Delta V}{Vt}$

여기서, ΔV : 늘어난 부피, V : 최초 부피, t : 상승된 온도 [℃], a : 팽창계수 1/℃

(9) 압축률

압력이 증가하면 액체의 체적은 감소된다.

- $V/V = BP$

$$B = \frac{\Delta V}{VP}$$

여기서, V : 최초 부피, ΔV : 압축시 줄어든 부피, P : 증가된 압력 [atm], B : 압축률 1/atm

따라서 일정 공간 하에서

$a/B = $ atm/℃ 즉, 1℃ 상승시 상승된 압력이 계산된다.

(10) 기체의 용해도 (헨리의 법칙)

정온하에서 액체에 용해되는 기체의 무게는 압력에 비례한다.

$$P = HX$$

여기서, P : 기체의 분압 [atm], H : 전압, X : 액체 중에 용해된 몰분율

(11) 돌턴의 분압 법칙

혼합기체가 나타내는 전압은 각 기체의 분압의 합과 같다.

$$P = P_1 + P_2 + P_3$$

여기서, P : 혼합기체의 전압, $P_1 + P_2 + P_3$: 각 단독 성분의 분압

$$몰분율 = \frac{N_1}{N_1 + N_2 + N_3} \qquad 몰\% = V\% = P\%$$

(12) 증기압

용기에 액체 충전시 액의 증발이 정지되었을 때의 증기의 압력
(C_3H_8 20℃ 8.6 kg/cm·a)

(13) 그레이엄의 확산 속도

기체의 확산 속도는 분자량의 제곱근에 반비례한다.

$$\frac{V_B}{V_A} = \sqrt{\frac{M_A}{M_B}}$$

여기서, V_A : A 기체의 확산 속도, V_B : B 기체의 확산 속도
M_A : A 기체의 분자량, M_B : B 기체의 분자량

2 주요 가스의 특성

2.1 아세틸렌 (C_2H_2)

(1) 성 질

① 무색 기체로서 순수한 것은 에테르와 같은 향기가 있으나 불순물 (H_2S, PH_3, NH_3, SiH_4 등)로 인하여 악취가 난다.

② 융점과 비점이 비슷하여 고체 아세틸렌은 융해하지 않고 승화한다.

③ 액체 아세틸렌보다 고체 아세틸렌이 안전하다.

④ 물에는 15℃에서 1.5배, 아세톤에서는 25℃에서 25배 용해한다.

⑤ 산소와 연소시키면 3000℃ 이상의 고열을 얻을 수 있다.

$$C_2H_2 + 2\frac{1}{2} O_2 \rightarrow 2\,CO_2 + H_2O \text{ (폭발범위 2.5~81 \%)}$$

⑥ 흡열 화합물이므로 압축하면 폭발을 일으킬 우려가 있다 (분해 폭발).

$$C_2H_2 \rightarrow 2\,C + H_2 + 24.1\text{ kcal}$$

⑦ 아세틸렌을 500℃ 정도로 가열된 철관을 통과시키면 3분자가 중합하여 벤젠으로 된다.

$$3\,C_2H_2 \xrightarrow{\text{니켈}} C_6H_6$$
(아세틸렌)   (벤젠)

⑧ 염화제1구리의 암모니아 용액에 아세틸렌을 통하면 황색의 구리아세틸라이드 (Cu_2C_2)가 침전한다 (동 또는 62 % 이상 동합금은 사용 금지).

⑨ 암모니아성 질산은용액에 아세틸렌을 통하면 백색 침전하며 은아세틸라이드 (Ag_2C_2)를 얻는다.

⑩ 황산수은을 촉매로 하여 수화하면 아세트알데히드가 된다.

$$C_2H_2 + H_2O \xrightarrow{\text{황산수은}} CH_3CHO$$
(아세틸렌) (물)   (아세트알데히드)

⑪ 염화철 등의 촉매를 사용하여 액상으로 반응을 억제하면서 아세틸렌과 염소를 반응시키면 사염화에탄을 얻는다.

$$C_2H_2 + 2\,Cl_2 \xrightarrow{\text{염화철}} CHCl_2CHCl_2$$
(아세틸렌)(염소)　　　　(사염화에탄)

(2) 제조법

① 칼슘카바이드에 물을 작용시켜 제조한다.

$$CaC_2 + 2\,H_2O \longrightarrow Ca(OH)_2 + C_2H_2$$

② 탄화수소에서의 제조 메탄 또는 나프타를 열분해함으로써 얻어진다.

(3) 용 도

① 산소 아세틸렌 불꽃으로 금속의 절단, 용접에 사용된다.

② 화학 공업용 원료로 이용된다.

> **요점정리**
> 1. 충전 중의 압력은 25 kg/cm^2 이하로 할 것[2.5MPa]
> 2. 충전 후의 압력은 15℃에서 15.5 kg/cm^2 이하로 할 것[1.5MPa]
> 3. 충전 후 24시간 정치할 것
> 4. 분해 폭발을 방지하기 위해 CH$_4$, CO, C$_2$H$_4$, N$_2$, H$_2$, C$_3$H$_8$ 등의 안정제를 첨가할 것

2.2 수소 (H$_2$)

(1) 성 질

① 상온에서 무색, 무미, 무취의 기체이며, 모든 가스 중에서 가장 가볍다.

② 폭발범위 : 4～75 %

③ 수소폭명기 : 산소와 혼합하여 점화하면 격렬히 폭발하며 물을 생성한다.

　수소와 산소가 2 : 1로 혼합된 가스를 수소 폭명기라 한다.

$$2\,H_2 + O_2 \rightarrow 2\,H_2O + 136.6\,kcal$$

④ 염소폭명기 : 상온에서 염소와 촉매에 의해 격렬히 반응한다.

$$H_2 + Cl_2 \rightarrow 2\,HCl + 44\,kcal$$

$$H_2 + F_2 \rightarrow 2\,HF$$

[참고] 이 식은 실험에 의해 만들어진 것이면 kg 또는 g의 의미가 없다.

⑤ 수소는 고온 고압에서 탈탄 작용을 일으켜 수소취성을 일으킨다.

$$Fe_3C + 2\,H_2 \rightarrow CH_4 + 3\,Fe$$

(2) 제조법

① 물의 전기분해법 : 농도 20 % 정도의 수산화나트륨 (NaOH) 용액을 전해액으로 하여 물을 전기분해시키면 음극에서 수소가 생성된다.

　　$2\,NaOH + 2\,H_2O \rightarrow 2\,NaOH + Cl_2 + H_2$

② 수성가스법 : 1400℃ 정도로 적열된 코크스에 수증기를 통과시킨다.

　　$C + H_2O \rightarrow CO + H_2 - 31.4\,kcal$

③ 천연가스 분해법

④ 석유 분해법

⑤ 일산화탄소 전화법 : $CO + H_2O \rightarrow H_2 + CO_2$

(3) 용 도

① 암모니아 제조, 메탄올 제조, 경화유 제조

② 나프타, 등유, 중유의 수소화 탈황, 윤활유의 정제

③ 환원성을 이용한 금속 제련 (텅스텐, 몰리브덴)

④ 산소, 수소 불꽃을 이용한 인조 보석 및 석영유리 제조·가공

2.3 산소 (O_2)

(1) 성 질

① 상온에서 무색, 무미, 무취의 기체이며, 공기 속에 21 % 함유되어 생물의 생존과 연료의 연소에 필요하다.

② 스스로 연소하지 않으나 가연물질의 연소를 돕는 지연성 (조연성) 가스이다.

　㉮ 산소 농도가 높아짐에 따라 연소속도의 증가, 발화 온도의 저하, 화염 온도의 상승, 화염 길이의 증가를 가져온다.

　㉯ 폭발 한계 및 폭굉 한계도 공기에 비해 산소 중에서 현저하게 넓고, 물질의 점화 에너지도 저하하여 폭발 위험성이 증대된다.

　㉰ 산소 용기나 그 기구류에는 기름, 그리스가 묻지 않도록 해야 하며, 묻어 있을 때는 사염화탄소로 세척한다.

　　　▶ 유지류, 용제 등이 혼입하면 폭발 위험이 있다.

③ 산소 부족 현상은 18 % 이하에서 일어나므로 그 이상 유지해야 한다.
④ 금속은 산소와 작용하여 산화물을 만든다. 내산화성이 강한 재료에는 30 % 크롬강이 적당하다.

(2) 제조법

① 물의 전기분해법 : 양극에서 산소가 생성된다 (수소 제조법 참조).
② 공기의 액화 분리
  ㉮ 액체 공기의 비점은 −194℃, 질소는 −195.8℃, 산소는 −183℃이므로, 비점이 낮은 질소를 먼저 쫓아낸 후 산소를 얻는 것이 공기의 액화 분리 방법이다.
  ㉯ 제조 공정은 일반적으로 다음과 같다.
     먼지 여과 → CO_2 흡수 → 공기 압축 → 건조 → 냉각 액화 → 정류

(3) 용 도

산소 용접 및 절단, 제철, 산소 호흡용기 등에 사용된다.

2.4 질소 (N_2)

(1) 성 질

① 공기의 주성분으로서 78.1 %를 차지하며, 상온에서 무색, 무미, 무취의 기체이다.
② 상온에서 대단히 안정된 불연성 가스이다.
③ 고온 고압 (550℃, 250 atm) 하에서 수소와 작용하여 암모니아를 생성한다.
   $N_2 + 3H_2 \rightarrow 2NH_3$
④ 전기 불꽃 등으로 극히 높은 온도에서는 산소와 화합하여 산화질소를 만든다.
   $N_2 + O_2 \rightarrow 2NO$

(2) 제조법

액체 공기 분리법 (산소 제조법 참고)

(3) 용 도

① 암모니아 합성에 대부분 사용된다.
② 가연성 가스 장치의 치환용 가스로 쓰인다.

③ 극저온 냉동기의 냉매로 쓰인다.

공기의 조성

성 분	부피 (%)	무게 (%)	성 분	부피 (%)	무게 (%)
질 소	78.03	75.47	이산화탄소	0.03	0.046
산 소	20.99	23.20	수 소	0.01	0.001
아르곤	0.933	1.28			

2.5 희가스

(1) 성 질

① 주기율표의 0족에 속하며, 다른 원소와는 거의 화합하지 않는 불활성 기체이다.
② 상온에서 무색, 무미, 무취이다.
③ 희가스를 방전관 속에서 방전시키면 특유의 빛을 발한다.
 (He : 황백색, Ne : 주황색, Ar : 적색, Kr : 녹자색, Xe : 청자색, Rn : 청록색)

희가스의 종류 및 성질

원소명	기호	분자량	공기중 존재 비율 (부피 %)	융점 (℃)	비점 (℃)	임계온도 (℃)	임계압력 (atm)
아르곤	Ar	39.94	0.93	−189.2	−185.87	−122.0	40
네 온	Ne	20.18	0.0015	−248.67	−245.9	−228.3	26.9
헬 륨	He	4.033	0.0005	−272.2	−268.9	−267.9	2.26
크립톤	Kr	83.7	0.00011	−157.2	−152.9	−63	54.3
크세논	Xe	131.3	0.000009	−111.8	−108.1	16.6	58.2
라 돈	Rn	222	−	−71	−62	104.0	66

(2) 제조법

① 아르곤 : 공기 액화 분리
② 네온 : 액체 공기에서 얻은 불순한 아르곤을 다시 정류하여 얻는다.

(3) 용 도

① 네온 가스로 사용된다.
② 전구용 봉입 가스 (아르곤), 형광등의 방전관용 가스로 사용된다.
③ 열처리 용접에서 공기와의 접촉을 방지하는 보호 가스로 쓰인다.
④ 헬륨은 가스 크로마토그래피 분석용 캐리어 가스로 쓰인다.

2.6 염소 (Cl_2)

(1) 성 질

① 상온에서 강한 자극성 냄새가 나는 황록색의 기체로, $-34℃$ 이하로 냉각시키거나 6~8 기압의 압력을 가하면 액화하여 갈색의 액체가 된다.
② 극히 유독하다 (허용 농도 1 ppm).
③ 수분이 포함된 염소가스는 철 등의 금속을 부식시킨다.
④ 수소와 염소가 1 : 1로 혼합된 기체를 염소 폭명기라고 하며, 직사광선, 점화 등의 변화를 주면 격렬히 폭발한다.
  $$H_2 + Cl_2 \rightarrow 2\,HCl$$

(2) 제조법

① 수은법에 의한 소금의 전기분해
② 격막법에 의한 소금의 전기분해
③ 염산의 전기분해

(3) 용 도

① 상수도의 살균, 염화비닐의 원료, 표백분 제조, 펄프 제조 등에 사용된다.
② 금속 티탄, 알루미늄 공업에 이용된다.

2.7 암모니아 (NH$_3$)

(1) 성 질

① 상온 상압에서 강한 자극성이 있고 무색의 기체로서 물에 잘 녹는다 (상온 상압에서 물의 약 800배, 0℃ 1기압에서 물의 약 1146배 정도 녹는다).
② 공기와 혼합하면 폭발하는 경우가 있다 (폭발범위 15~28 %).
③ 유독하다 (허용 농도 25 ppm).
④ 증발 잠열이 크므로 냉매로 이용된다 (기화열 : 301.8 cal/g).
⑤ 동이나 동합금을 부식시킨다 (철 및 철 합금 사용).
⑥ 금속 이온 (Zn, Cu, Ag 등)과 반응하면 착이온을 생성한다.

(2) 제조법

① 합성법 (하버법) : 반응 압력에 따라 세 가지로 나눈다.

$3\,H_2 + N_2 \rightleftarrows 2\,NH_3 + 23$ kcal

㉮ 고압법 : 600~1000 kg/cm^{2}이며 클로드법, 카자레법이 있다.
㉯ 중압법 : 300 kg/cm^2 전후이며, IG법, 뉴 파우더법, 뉴우데법, 케미크법, JCI법이 있다.
㉰ 저압법 : 150 kg/cm^2 전후이며 구데법, 켈로그법이 있다.
② 석회질소법이 있으나 거의 사용되지 않는다.

(3) 용 도

① 질소 비료 제조, 요소 제조에 쓰인다.
② 냉동용 냉매로 이용된다.
③ 나일론 및 각종 아민류의 원료로 쓰인다.

2.8 이산화탄소 (CO_2)

(1) 성 질

① 무색, 무미, 무취의 기체로 공기 중에 약 0.03% 함유되어 있으며 불연성 가스이다.
② 액화시켜 저장·운반할 수 있으며, 더 냉각시켜 드라이아이스를 얻을 수도 있다.
③ 석회수 $Ca(OH)_2$ 중에 불어 넣으면 흰 침전이 생기므로 이산화탄소 검출에 쓰인다.
④ 물에 녹으면 약산성을 나타낸다.

(2) 제조법

① 수소 가스 제조시 부산물로 얻어진다. $CO + H_2O \rightarrow CO_2 + H_2$
② 알코올 발효시 부산물로 얻어진다.
③ 석회석을 가열하여 얻을 수 있다. $CaCO_3 \rightarrow CaO + CO_2 \uparrow$
④ 코크스를 연소시켜 연소가스로 얻어진다.
⑤ 드라이아이스는 이산화탄소를 100기압까지 압축한 뒤에 $-25\,^\circ\!C$까지 냉각시키고 단열 팽창시키면 얻어진다 (이론수율 47%, 실제수율 36%).

(3) 용 도

① 청량음료에 사용된다.
② 액체 탄산으로 하여 소화기에 쓰인다.
③ 냉매 또는 한제로 쓰인다.

2.9 일산화탄소 (CO)

(1) 성 질

① 무색, 무취의 독성가스이며, 공기 중에서 잘 연소한다 (허용 농도 50 ppm, 폭발범위 12.5~74.2%).
② 철족의 금속과 반응하여 금속 카르보닐을 생성한다.
   $Ni + 4\,CO \rightarrow Ni(CO)_4$
   $Fe + 5\,CO \rightarrow Fe(CO)_5$

③ 염소와 반응하여 독가스인 포스겐을 만든다.

$$CO + Cl_2 \rightarrow COCl_2$$

(2) 제조법

① 천연가스에서 채취한다.
② 석탄의 고압 건류에 의해 제조된다.
③ 석유 정제의 분해가스에서 얻어진다.

(3) 용 도

메탄올 합성 원료, 아크릴산 · 부탄올 합성, 포스겐 합성

2.10 메탄 (CH_4)

(1) 성 질

① 무색, 무취의 기체로서 잘 연소하며 액화천연가스 (LNG)의 주성분이다 (폭발범위 5 ~15 %).

$$CH_4 + 2\,O_2 \rightarrow CO_2 + 2\,H_2O\,(L) + 212.8\,kcal\ (발열량 : 12402\,kcal/kg)$$

② 고온에서 수증기와 작용하여 일산화탄소와 수소를 발생시킨다.
③ 염소와 반응시키면 염소화합물을 만든다 (CH_3Cl, CH_2Cl_2, $CHCl_3$, CCl_4 등).

(2) 제조법

① 천연가스에서 직접 얻는다.
② 석유 정제의 분해가스에서 얻는다.
③ 석탄의 고압 건류에서 얻는다.
④ 유기물의 발효에 의하여 얻는다.

(3) 용 도

연료로 대부분 사용하며, 아세틸렌 및 카본 블랙 제조 등에 사용된다.

2.11 액화석유가스 (LPG, Liquified Petroleum Gas)

액화석유가스란 프로판, 부탄, 프로필렌, 부틸렌 등을 주성분으로 하는 석유계 저급 탄화수소의 혼합물을 말하며, 통상 LPG는 프로판과 부탄을 지칭한다.

프로판 · 부탄 · 프로필렌 · 부틸렌의 특성

가스명	구 분	프로판	부 탄	프로필렌	부틸렌
	분자식	C_3H_8	C_4H_{10}	C_3H_6	C_4H_8
	분자량	44	58	42	56
	가스 비중	1.5	2	1.4	1.9
	비점 (0℃)	−42.1	−0.5	−47.7	−6.26
	임계온도 (0℃)	96.8	152	91.9	146.4
	임계압력 (atm)	42	37	45.4	39.7
	임계밀도 (kg/L)	0.220	0.228	0.233	0.238
	증발잠열 (kcal/kg)	101.8	92	104.6	93.3
폭발범위 (%)	상한	9.5	8.4	10.3	9.3
	하한	2.1	1.8	2.4	1.6

(1) 성 질

① 일반적 성질

㉮ 공기보다 무거우므로 누설시 대기중으로 확산되지 않고 낮은 곳으로 모여 인화하기 쉽다.

㉯ 액체 상태의 LPG는 물보다 가볍다.

㉰ 기화, 액화가 용이하다.

㉱ 기화하면 체적이 커진다 (프로판은 약 250배, 부탄은 약 230배).

㉲ 증발 잠열 (기화열)이 크다.

㉳ 온도가 상승하면 용기 내의 증기압은 상승한다.

⑷ 온도 상승에 따라 액체 체적이 커지므로 용기는 40℃를 넘지 않게 한다.

㉠ LPG는 무색, 무취, 무독하나 많은 양을 흡입하면 중추신경 마비를 일으킨다.

㉡ 천연고무를 용해시키므로 합성고무 (Si 고무)를 사용해야 한다.

② 연소성

㉮ 발화점이 다른 연료보다 높으므로 안전성이 있다.

㉯ 발열량이 크다 (12000 kcal/kg).

㉰ 연소시 많은 공기가 필요하다.

$C_3H_8 + 5 O_2 \rightarrow 3 CO_2 + 4 H_2O + 530$ kcal

$C_4H_{10} + 6.5 O_2 \rightarrow 4 CO_2 + 5 H_2O + 700$ kcal

프로판은 약 24배, 부탄은 약 31배의 공기가 필요하다.

㉱ 폭발범위가 좁다.

㉲ 연소속도가 늦다.

(2) 제조법

① 습성 천연가스 및 원유에서의 제조 : 유전 지대에 채취되는 습성 천연가스 및 원유에서 액화가스를 회수하는 방법이다.

㉮ 압축 냉각법 (진한 가스에 응용된다.)

㉯ 흡수유 (경유)에 의한 흡수법

㉰ 활성탄에 의한 흡착법 (희박 가스에 응용된다.)

② 정유소 제조 : 석유 정제 공정에서 상압 증류 장치, 접촉 분해 장치, 수소화 탈황 장치, 코킹 장치, 비스브레이킹 장치에서 발생하는 수소 및 저급 탄화수소를 분리하여 얻는다.

③ 나프타 분해 생성물에서 얻는다.

④ 나프타의 수소화 분해 생성물에서 얻는다.

(3) 용 도

가정용 연료, 자동차용 연료, 용접용, 연료 가스, 공업용 연료 등으로 사용된다.

2.12 시안화수소 (HCN)

(1) 성 질

① 독성이 강하고 쉽게 액화되며 무색투명하다 (허용 농도 : 10 ppm, 복숭아 냄새).
② 오래된 시안화수소는 급격한 중합에 의해 폭발의 위험이 있으므로 충전 후 60일을 넘지 않게 한다 (폭발범위 6~41 %, 순도 98 % 이상, 즉 수분이 2 % 이상 있어서는 안 된다).
③ 중합을 방지하는 안정제로 황산, 염화칼슘, 인산, 오산화인, 동망 등이 있다.

(2) 제조법

① 앤드루소법 : 메탄과 암모니아 및 공기의 혼합가스를 약 1100℃의 온도에서 백금, 로듐 촉매에 통과시켜 제조한다.
② 포름아미드법 : 일산화탄소와 암모니아에서 포름아미드를 거쳐 제조하는 것이며 포름아미드의 생성과 탈수 공정으로 되어 있다.

(3) 용 도

살충용, 메타크릴 수지 합성용 (MMA) 원료, 아크릴계 합성섬유의 원료

2.13 산화에틸렌 (C_2H_4O)

(1) 성 질

① 상온에서 무색, 유독한 기체이며, 10℃ 이하에서는 액체이다 (허용 농도 : 50 ppm).
② 폭발범위가 3~100 %이므로 공기가 혼입되지 않아도 열이나 충격에 의해 폭발을 하며, 액체일 때는 분해 폭발하지 않는다.
③ 용기 내에 질소, 이산화탄소, 수증기를 희석제로 하여 미리 충전해 두면 폭발범위가 좁아져 폭발을 피할 수 있다 (45℃에서 $4\,kg/cm^2$ 이상의 압력).

(2) 용 도

폴리에스테르 섬유 공업에 이용되고, 메탄올아민의 원료로 쓰인다.

2.14 프레온

(1) 성 질
① 불소 (F) 또는 불소와 수소를 함유한 탄화수소이며, 무색, 무취, 무독, 불연성이다.
② 액화하기 쉽고 증발 잠열이 크고 화학적으로 안정하여 200℃ 이하에서는 대부분의 금속과 반응하지 않는다.
③ 800℃ 불꽃에 접촉하면 포스겐 ($COCl_2$)이라는 맹독 가스를 발생시킨다.
④ 천연고무, 수지를 용해시키므로 인조고무를 사용한다. 수분이 있으면 불산 (HF)이 되어 유리를 녹임.

(2) 용 도
① 냉동 장치의 냉매로 쓰인다.
② 테플론 제조에 이용된다.

2.15 아황산가스 (SO_2 : 이산화황)

① 강한 자극성 냄새를 가진 독성 가스이다 (허용 농도 5 ppm).
② 물에 용해되어 산성을 나타 낸다. $SO_2 + H_2O \rightarrow H_2SO_2$
③ 황을 연소시키면 발생한다. $S + O_2 \rightarrow SO_2$
④ 대부분 황산 제조에 쓰인다.
⑤ 장치 부식과 공해의 원인

2.16 황화수소 (H_2S)

① 무색이며 계란 썩은 냄새가 나는 독성 가스이다 (허용 농도 10 ppm).
② 공기 중에서 잘 연소된다 (폭발범위 4.3~45.5 %).
③ 습기를 함유한 공기 중에서 금, 백금 이외의 모든 금속과 반응한다.
④ 탈황 장치에서 얻어진다.

가스 안전 관리

1 고압가스

(1) 안전거리

저장 및 처리 설비 외면으로부터 1종 2종 보호 시설과 유지해야 할 거리를 말한다.

구 분	처리 및 저장 능력/clay	1종 보호 시설(m)	2종 보호 시설(m)
산 소	1만 이하	12	8
	1만 초과~2만 이하	14	9
	2만 초과~3만 이하	16	11
	3만 초과~4만 이하	18	13
	4만 초과	20	14
독성, 가연성	1만 이하	17	12
	1만 초과~2만 이하	21	14
	2만 초과~3만 이하	24	16
	3만 초과~4만 이하	27	18
	4만 초과	30	20
	5만 초과~99만 이하	30	20
	가연성 가스 저온 저장, 탱크	$\frac{3}{25} \times \sqrt{X+10000}$	$\frac{2}{25} \times \sqrt{X+10000}$
	99만 초과	30	20
	가연성 가스 저온저장 탱크	120	80
기타 가스	1만 이하	8	5
	1만 초과~2만 이하	9	7
	2만 초과~3만 이하	11	8
	3만 초과~4만 이하	13	9
	4만 초과	14	10

요점정리 ☞ 단위 및 X는 압축가스 m^3
　　　　　　　액화가스 kg

(2) 저장 능력 선정기준

① $Q = (10P+1)V$　　　$(10P+1)$일 때의 P는 MPa
　　여기서, Q : 저장 능력 [m^3], P : 충전 압력 [kg/cm^2]

② $W = \dfrac{V_2}{C}$ 여기서, V : 내용적 [m³]

③ $W = 0.9\ dV_2$ 여기서, V_2 : 내용적[L], W : 저장능력[kg], d : 액비중[kg/L], C : 충전지수

C의 값 C_3H_8 : 2.35 C_4H_{10} : 2.05 NH_3 : 1.86 CO_2 : 1.34 N_2 : 1.47
   R-12 : 0.86
   R-22 : 0.98

④ 냉동 능력 선정 기준
  ㉮ 원심식 : 정격 출력 1.2 kW를 1 톤
  ㉯ 흡수식 : 발생기 가열량 시간당 6640 kcal를 1 톤
  ㉰ 나머지 R(톤) = $\dfrac{V}{C}$

※ C 의 값은 기통의 체적이 5000 cm3 기준으로 하여 정해진다.
  예 NH_3 5000 초과 7.9
     이하 8.4
※ 다단 압축 방식이나 다원 냉동 설비 $V_H + 0.08 V_L$
 • 회전식 압축기 $60 \times 0.785 \times t \times n \times (D_2 - d_2)$
 • 스크루 압축기 $K \times D_3 \times \dfrac{L}{D} \times n \times 60$
  여기서, V_H : 최종단 최종 원기통의 압축기 배출량 [m³/h]
     V_L : 최종단 최종 원기통 앞의 압축기 배출량 [m³/h]
     t : 회전 피스톤의 두께 [m], n : rpm
     D : 기통의 내경 (스크루는 로터 직경) [m]
     d : 회전자 외경 [m], L : 로터의 유효한 거리 [m], K : 치형계수

(3) 가스 제조 시설

특정 가스 제조 · 기술 기준

① 안전 구역 내의 설비 사이 거리 30 m 이상 유지
② 제조 설비는 제조소의 경계까지 20 m 이상 유지
③ 가연성 탱크는 20만 m³ 이상 압축기와 30 m 이상 유지
④ 가연성가스 저장탱크(저장능력이 300m³ 또는 3톤 이상인 탱크만을 말한다)와 다른 가연성 가스 저장탱크 또는 산소저장탱크 사이에는 두 저장탱크 최대지름을 더한 길이의 4분의 1 이상의 거리를 유지하며, 1m 미만일 때는 1m를 유지한다(탱크를 지하에 설치시 1m 이상을 유지한다).

⑤ 폭발 가능성이 큰 반응 설비는 온도, 압력, 유량을 감시할 수 있는 장치
⑥ 가연성 독성 가스는 누설 경보 장치를 설치
 ㉮ 체류의 우려가 있는 장소
 ㉯ 설치 수는 신속하게 감지할 수 있는 숫자
 ㉰ 기능은 가스 종류에 적합할 것
⑦ 밴트스택 : 폐기 가스를 그대로 방출 (속도 : 150m/s 이상)
 ㉮ 벤트스택의 착지농도가 폭발하한계(가연성가스)또는 허용농도(독성가스) 미만이 되도록 충분한 높이가 되어야 한다.
 ㉯ 긴급용 벤트스택 : 10m
 ㉰ 기타 벤트스택 : 5m
 ㉱ 기액분리기 설치 : 액화가스 방출, 급랭될 우려가 있는 장소
⑧ 플레어스택 : 폐기 가스를 연소시켜 방출 (복사열이 4000 kcal/m2·h 이하로 되게 높이 조절)
⑨ 방류둑 설치 : 액화가스 유출 방지
 ㉮ 특정 제조 : 연 : 500 t 이상 독 : 5 t 이상 O_2 : 1000 t 이상
 ㉯ 일반 제조 : O_2 : 1000 t 이상 독 : 5 t 이상
 ㉰ 냉동기는 독성인 수액기 10000 L 이상
 ㉱ LPG tank 연 1000 t 이상
 ㉲ 일반 도시가스사업 : 저장능력 1000톤 이상
  가스 도매사업 : 저장능력 500톤 이상
⑩ 공기보다 무거운 가스 계기실은 이중문으로 할 것 (입구 위치가 지상에서 2.5 m 이하인 경우)
⑪ 배관 접합부는 용접으로 하고 지하에 매설할 것
 ㉮ 독 : 건축물 1.5 m 수평 거리
   지하 터널 10 m 수평 거리
   수도 시설 300 m 수평 거리
 ㉯ 다른 시설물 0.3 m 유지
 ㉰ 지면과의 거리 : 산, 들 1 m 이상, 나머지 1.2 m
 ㉱ 도로 밑 매설시 배관 외경 +10 cm 두께의 판을 배관 정상 +30 cm 이상 직상부에 설치

㉮ 시가지 도로 밑 매설시 1.5 m 유지 (방호 구조물 1.2 m)

㉯ 시가지 외는 1.2 m

㉰ 포장 차도 0.5 m

㉱ 철도 부지는 궤도 중심과 4 m 이상 부지 경계와 1 m 이상 유지 (지하 1.2 m)

㉲ 지상 설치

2 kg/cm³ 미만 공지 폭	5 m 이상
2 이상 10 kg/cm³ 미만	9 m 이상
10 kg/cm³ 이상	15 m 이상

▶ 공업 전용 지역의 경우는 1/3
▶ 2 kg/cm² = 0.2 MPa
▶ 10 kg/cm² = 1 MPa로 환산

㉳ 해저 설치시 30 m 이상 유지

㉴ 피뢰 설비 KS C 9609

일반 가스 제조 · 기술 기준

① 가연성 가스 저장 탱크는 은백색으로 하고 가스 명칭은 적색으로 표시할 것

② 5 m³ 이상 탱크는 가스 방출 장치 설치

③ 저장 탱크 지하 설치시

　㉮ 천장, 벽, 바닥 두께 30 cm 이상

　㉯ 주위는 모래, 정상부와 지면 60 cm 이상

　㉰ 탱크 사이 1 m 이상 유지, 지상에 경계표지

　㉱ 지상에서 5 m 이상 방출구

④ 긴급 차단 장치 (5000 L 미만 제외)

　5 m 이상에서 조작, 3곳에 설치 (작동원 : 전기식, 공기압, 유압)

⑤ 설비의 내압시험은 상용 압력×1.5배

　기밀시험은 상용압력 이상으로 할 것

⑥ 설비와 화기와의 거리 8 m 이상 유지

⑦ 설비 두께는 상용 압력×2배에서 항복을 일으키지 않는 두께로 할 것

⑧ 지반 침하 방지 조치 (100 m³, 1 t 이상 탱크)

⑨ 압력계 눈금 범위는 상용 압력의 1.5~2배로 설치

⑩ 가스 방출구 높이는 지상에서 5 m나 탱크 정상부에서 2 m 중 높은 위치에 설치

⑪ 가연성 제조 설비와 다른 가연성 제조 설비와는 5 m 이상 유지

가연성 제조 설비와 산소 제조 시설과는 10 m 이상 유지
⑫ 가연성 제조 설비는 방폭 구조로 할 것 (NH_3, CH_3Br 제외)
⑬ 독성 가스설비는 중화 장치나 흡수 장치 설치
⑭ C_2H_2 압축기 또는 100 kg/cm² (9.8 MPa) 이상인 압축기와 충전 장소 사이, 충전 용기 보관 장소 사이, 충전 장소와 용기 보관 장소 사이, 충전 장소와 충전용 주간 밸브 사이에 방호벽 설치
⑮ 정전기 제거 조치 (가연성 설비)
⑯ 긴급 사태 발생시를 대비하여 통신 시설 (구내전화, 방송 설비, 인터폰, 페이징 설비, 사이렌 등)을 갖출 것
⑰ 안전밸브의 작동 압력은 $TP \times 0.8$배 이하에서 작동하도록 설치 (액화 산소 탱크는 상용 압력 $\times 1.5$배이다.)
⑱ 역류 방지 밸브 설치
  ㉮ 가연성 가스 압축기와 충전용 주관 사이
  ㉯ C_2H_2 유 분리기와 고압 건조기 사이
  ㉰ NH_3, CH_3OH 합성탑 또는 정제탑과 압축기 사이
⑲ 역화 방지 밸브 설치
  ㉮ 가연성 압축기와 오토클레이브 사이
  ㉯ C_2H_2 고압 건조기와 충전용 교체 밸브 사이, 충전용 지관
⑳ 독성가스 제조 설비는 식별표지 및 위험표지를 할 것
㉑ 독성가스 배관은 용접 이음을 원칙으로 할 것 (부득이한 경우 플랜지로 갈음)
㉒ 독성가스 배관은 가스의 종류에 따라 이중관으로 할 것
㉓ 1일 처리 능력이 100 m³ 이상인 사업소는 표준 압력계 2개 이상 설치
㉔ 액화공기 탱크와 액화산소 증발기 사이에는 석유류나 유지를 제거하는 여과기를 설치할 것 (1000 m³/h 이하인 압축기는 제외)
㉕ 살수 장치 설치 – C_2H_2 충전 장소나 용기 보관소
㉖ C_2H_2 접촉 부분은 동 함유량이 62 % 미만의 강 사용 (충전용 지관은 C 함유량 0.1 % 이하의 강 사용)
㉗ 에어로졸 누설 시험 46℃ 이상 50℃ 미만 온수 탱크
㉘ C_2H_2 발생 장치는 25 kg/cm² (2.5 MPa) 이하로 하고 CH_4, N_2, CO, C_2H_4 등의 희석제 첨가 (습식 C_2H_2 발생기는 70℃ 이하 유지)

>
> * 용기 충전시 다공 물질의 다공도는 75 % 이상 92 % 미만이 되어야 하며, 아세톤이나 DMF (디메틸포름아미드)를 침윤시킨 후 충전
>
> $$다공도 = \frac{V-E}{V} \times 100$$
>
> V : 다공물의 용적
> E : 침윤 잔용적 아세톤이나 DMF의 비중은 0.795 이하로 한다.
>
> * 충전 중 압력은 25 kg/cm2 이하[2.5MPa]
> 충전 후 압력은 15℃, 15.5 kg/cm^2 이하가 되도록 24시간 정지[1.5MPa]

㉙ 가연성 가스나 산소 제조시 1일 1회 이상 분석

㉚ 압축 금지 사항 : 가연성 가스 중 산소 4 % 이상 (상대적), 산소 중에 H2, C2H2, C2H4 2 % 이상 (상대적)

㉛ 공기 액화 분리장치 1일 1회 이상 분석 (1000 m^3/h 이하, 압축기는 제외)

액화산소 5 L 중 C$_2$H$_2$ 5 mg, 탄화수소 중 탄소의 질량이 500 mg 초과시 압축 중지

C의 질량이 1 % 이하	인화점 200℃ 이상	170℃에서 8시간 교반시 분해되지 않아야 함.
C의 질량이 1 % 초과 1.5 % 미만	인화점 230℃ 이상	170℃에서 12시간 교반시 분해되지 않을 것

㉜ 공기 압축기 윤활유

㉝ 충전용 주관 압력계는 매월 1회 이상 기능 검사, 그 밖의 압력계는 3월에 1회 이상 기능 검사

㉞ 안전밸브 : 압축기 최종단 것은 6개월, 그 밖의 것은 1년에 1회 이상 작동, 압력 조정

㉟ HCN (시안화수소)

 ㉮ 순도 98 % 이상이고 SO$_2$, H$_2$SO$_4$ 등의 안정제 첨가

 ㉯ 용기 충전 후 24시간 정지하고 60일이 경과하기 전에 다른 용기에 충전

㊱ C$_2$H$_4$O (산화에틸렌) : 탱크 내부를 N$_2$, CO$_2$로 치환 후 N$_2$, CO$_2$가스 충전 후 5℃ 이하로 유지

㊲ 용기 충전시 45℃에서 4 kg/cm^2 (0.4 MPa) 이상이 되도록 N$_2$, CO$_2$ 충전

㊳ 무계목 용기에 충전시 음향 검사 → 조명 검사 후 충전

㊴ 차량 정지목 설치 내용적 = 2000 L 이상시 (LPG 로리는 5000 L 이상)

㊵ 충전용기

 ㉮ 40℃ 이하 유지

㉯ 주위 2 m 이내 화기 금지

㉰ 프로텍터 및 캡 설치 (5 L 미만 제외)

㉱ 가열시 40℃ 이하 열습포 사용

㊷ 에어로졸

㉮ 내용적이 1 L 미만 100 cm³ 초과 용기는 강이나 경금속 사용

㉯ 금속제 용기 두께 0.125 mm 이상 사용

㉰ 13kg/cm²(1.3MPa) 변형, 15kg/cm²(1.5MPa) 파열 불합격 : 50℃에서 용기 내 압력 ×1.5했을 때 변형되지 말아야 하고, 용기 내 압력×1.8했을 때 파열되지 말 것

㉱ 300 cm³ 이상 용기는 재사용된 일이 없는 것이어야 하며, 100 cm³ 초과 용기는 제조자 명칭이나 기호를 표시할 것

㉲ 인화성, 발화성 물질과는 8 m 이상 우회 거리 유지

㉳ 용기 내압은 35℃에서 8 kg/cm² 이하로 하고, 용량이 90 % 이하로 할 것

㉴ 온수 시험 탱크 수온 46℃ 이상 50℃ 미만

㉵ 300 cm³ 이상 용기는 제조자 성명, 기호 등 표시

㉶ 인체에서 거리 20cm 이상 유지하여 사용한다.

㊸ O_2, H_2, C_2H_2 품질 검사 : 1일 1회 이상   ▶ 120 kg/cm² = 11.8 MPa

구 분	시 약	순 도	충전 P,W
O_2	동, 암모니아 (오르자트법)	99.5 %	35℃에서 120 kg/cm² 이상
C_2H_2	발연황산 (오르자트법), 브롬 시약 (뷰렛법), 질산은 시약 (정성법)	98 % 이상	3 kg 이상
H_2	피로카롤 하이드로설파이드 시약	98.5 %	35℃에서 120 kg/cm² 이상

냉동 제조 시설 기준

① 가연성, 독성 냉매인 경우 지상에서 5 m 이상 높이로 방출구 설치

② 가연성, 독성 냉매 설비 중 수액기는 환형 유리관 액면계를 사용하지 말 것

③ 방류둑 설치 : 독성인 냉매 수액기의 내용적이 10000 L 이상

④ TP=설계 압력×1.5

  기밀시험=설계 압력 이상

⑤ 가연성 독성인 수액기 액면계는 상하에 자동이나 수동 스톱 밸브를 설치할 것

⑥ 안전밸브는 압축기용 : 1년에 1회 이상 TP × 0.8 이하에서 작동하도록 할 것

압축 천연가스 자동차 충전소 고정식 자동차 충전소 (배관, 탱크로 공급)

① 설비 외면은 사업소 경계까지 10 m 이상 안전거리 유지, 방호벽 설치시는 5 m
② 설비 30 m 이내에 보호 시설이 있을 시는 방호벽을 설치할 것
③ 충전 설비는 도로 경계로부터 5 m 유지
④ 모든 설비는 철도로부터 30 m 유지
⑤ 설비는 고압 전선 (직류 750 V, 교류 600 V 초과)과 5 m 유지, 저압 전선과는 1 m 이상 유지
⑥ 모든 설비는 화기 취급 장소와 8 m 우회 거리 유지
⑦ 모든 설비는 가연성·인화성 물질과는 8 m 유지
⑧ 설비 및 부속품 주위 1 m 안전 공간 확보
⑨ 설비의 환기구 면적은 바닥 1 m^2당 300 cm^2, 환기 능력은 0.5 m^3/분 이상일 것

액화천연가스 자동차 충전

① 안전거리

저장 능력 [kg]	사업소 경계와 안전거리 [m]
25 t 이하	10
25 t 초과 50 t 이하	15
50 t 초과 100 t 이하	25
100 t 초과	40

$W = 0.9dV$ 여기서, W : 용량 [kg], d : 액비중 [kg/L], v : 내용적 [L]

② 설비는 사업소 경계까지 10 m 유지
   방호벽 설치시는 5 m
③ "충전 중 엔진 정지" 표지는 황색 바탕에 흑색으로
   "화기 엄금" 표지는 백색 바탕에 적색으로
④ 호스 길이는 8 m 이내
⑤ 5000 L 이상 차량 탱크는 정지목 설치
⑥ 설비 외면으로부터 8 m 이내에는 화기 취급을 금할 것
⑦ 충전 설비 작동 상황을 1일 1회 이상 점검 확인

(4) 저장 시설

① 저장 탱크 지하 설치시 안전거리를 유지하지 않아도 된다.
② 경계 표시 : 탱크 외부는 백색 도료, 가스 명칭은 적색으로 표시
③ 1, 2종 시설과의 사이에 방호벽 설치
④ 가연성, 독성, 산소 시설은 구분하고, 지붕은 난연성의 가벼운 재료로 설치
⑤ 저장실 주위 2 m, 산소, 가연성은 8 m 우회 거리 → 인화성 물질 보관 금지
⑥ 100 m³, 1 t 이상인 탱크는 지반 침하 방지 조치
⑦ 용기는 40℃ 이하 유지
⑧ HCN은 1일 1회 이상 질산구리 벤젠 등의 시험지로 누설 검사를 할 것

(5) 판매 시설

① 방호벽 : 용기 보관실 벽
　　안전거리 : 300 m3, 3 t 이상시 유지
② 압력계 및 계량기 설치
③ 용기 보관실 주위 2 m 이상 화기와의 거리 유지
④ 용기 보관실은 휴대용 손전등만 휴대
⑤ 용기 기간 경과시, 도색 불량시 충전자에게 반송

(6) 용기 제조

① 노내 용기 가열시 각부 온도차가 25℃ 이하가 되도록 유지
② V가 250 L 미만인 경우 자동 용접 설비
③ V가 125 L인 LPG 용기는 자동 부식 방지 도장 설비

구 분	C	P	S
무계목	0.55%	0.04%	0.05%
계목	0.33%	0.04%	0.05%

④ 탄소, 인, 황 : 취성의 원인
⑤ 용기 동판의 두께 차는 평균 두께의 20 % 이하로 할 것
⑥ 초저온 용기는 오스테나이트계 STS강이나 Al 합금으로 할 것
⑦ 용접 용기 동판 두께는 3.2~3.6 mm 철판 사용 (20 L 이상~125 L 미만)

⑧ 동판 두께 계산식

$$t = \frac{PD}{2S\eta - 1.2P} + C \Rightarrow \frac{PD}{2S\eta - 1.2P} + C \text{일 때는}$$

여기서, t : 두께 [mm], P : 최고충전압력 [MPa], S : N/mm^2
D : 내경 [mm], S : 재료의 허용 응력 [N/mm^2] = 인장강도 × $\frac{1}{4}$
η : 용접 효율, C : 부식 여유 수치 [mm]

⑨ LPG 20 L 이상 125 L 미만 용기는 스커트 부착
⑩ 프로텍터, 캡은 고정식이나 체인식 (재료는 KS D 3503)
⑪ 납붙임, 접합용기는 1 L 미만에만 사용

(7) 냉동기 제조

① 용접부는 인장, 굽힘 시험 등을 할 것 (필요한 부분은 방사선 투과 시험)
② 진동의 우려가 되는 배관은 방진 조치 (플렉시블 관등)를 할 것

(8) 기타 사항

① 두께 8 mm 이상 판은 펀칭 가공으로 하지 않을 것 (펀칭 가공시 가장자리를 1.5 mm 깎을 것)
② 두께 13 mm 이상의 용기는 충격 시험을 행한다 (초저온 용기는 1.3 mm 이상).
③ 용기 내압시험시 영구 증가율 10 % 이하가 합격 (5 L 미만 용기는 가압 시험)
④ V가 500 L 이상인 용접 용기는 매 용기마다 방사선 검사
⑤ 초저온 용기 단열 성능 시험 합격 기준
   ㉮ 1000 L 이상 0.002 kcal/h · ℃ [L] 이하
   ㉯ 1000 L 미만 0.0005 kcal/h · ℃ [L] 이하
⑥ 용기 부속품의 충격 시험은 5 kg · m/cm^2 (50 J/cm^2) 이상을 합격으로 한다 (인장강도 32 kg/mm^2 (313.6 N/mm^2) 이상 연신율 15 % 이상).
⑦ 용기 재검사시 질량은 최초 질량의 95 % 이상을 합격으로 한다 (팽창률이 6 % 이하인 것은 최초 질량의 90 % 이상을 합격).
⑧ C_2H_2 용기 다공물질 충전시 용기 직경의 1/200 또는 3 mm의 틈을 초과해서는 안 됨.
⑨ 비열처리 재료 : 오스테나이트계 스테인리스강, 내식성 Al 합금판, 내식성 알루미늄 합금 단조품 외 유사한 것

구 분	TP (내압시험)	기밀시험
압축가스 액화가스 용기	FP×5/3	FP 이상
초저온 저온 용기	FP×5/3	FP×1.1
C_2H_2 용기	FP×3	FP×1.8

⑩ 각종 용기의 압력 시험

⑪ 비파괴 : 방사선 투과 시험, 초음파 탐상 시험, 자분 탐상 시험, 형광 침투 탐상 시험, 음향 검사, 외관검사 등

⑫ 액화염소 500 kg 이상의 시설은 안전거리 유지

⑬ 액화가스 300 kg, 압축가스 60 m³ 이상인 용기 보관실 벽은 방호벽으로 할 것

⑭ H_2, O_2, C_2H_2 화염 시설. 배관에는 역화 방지를 설치할 것

⑮ 차량 적재 운반시 "위험 고압가스"라는 경계표지를 차량 전후에 설치 (RTC 차량은 좌우)

⑯ 자전거나 오토바이로 이동시 20 kg 이하 1개만 가능

⑰ 혼합 적재 금지 : Cl2, NH3, C2H2, H2

독 성	100 m³ 1000 kg 이상
가연성	300 m³ 3000 kg 이상
지연성	600 m³ 6000 kg 이상

⑱ 운반 책임자 동승

⑲ 차량 탱크 내용적 제한

  ㉮ 가연성, O_2 : 18000 L (LPG 제외)

  ㉯ 독성 : 12000 L (NH_3 제외)

⑳ 주밸브 설치

  ㉮ 주밸브 : 후범퍼와 수평 거리 40 cm 이상

  ㉯ 후부 취출식 이외 : 후범퍼와 수평 거리 30 cm 이상

  ㉰ 조작상자 설치시 : 후범퍼와 수평 거리 20 cm 이상

1. 독성가스

(1) 독성가스의 정의

"독성가스"란 아크릴로니트릴·아크릴알데히드·아황산가스·암모니아·일산화탄소·이황화탄소·불소·염소·브롬화메탄·염화메탄·염화프렌·산화에틸렌·시안화수소·황화수소·모노메틸아민·디메틸아민·트리메틸아민·벤젠·포스겐·요오드화수소·브롬화수소·염화수소·불화수소·겨자가스·알진·모노실란·디실란·디보레인·세렌화수소·포스핀·모노게르만 및 그 밖에 공기 중에 일정량 이상 존재하는 경우 인체에 유해한 독성을 가진 가스로서 허용농도(해당 가스를 성숙한 흰쥐 집단에게 대기 중에서 1시간 동안 계속하여 노출시킨 경우 14일 이내에 그 흰쥐의 2분의 1 이상이 죽게 되는 가스의 농도를 말한다.)가 100만분의 5000 이하인 것을 말한다.

(2) 독성가스 : LC50 허용농도 5000ppm 이하

가스명	허용 농도(ppm) TLV-TWA	허용 농도(ppm) LC 50
이산화황	10	2520
요오드화수소	0.1	2860
모노메틸아민	10	7000
디에틸아민	5	11100
염소	1	293
염화수소	5	3120
불화수소	3	966
황화수소	10	712
브롬화메탄	20	850
암모니아	25	7338
일산화탄소	50	3760
산화에틸렌	50	2900

(3) 맹독성 가스 : LC50 허용농도 200ppm 이하

가스명	허용 농도(ppm) TLV-TWA	허용 농도(ppm) LC 50
디보레인	0.1	80
세렌화수소	0.05	2
불소	0.1	185
시안화수소	10	140
알진	0.05	20
포스겐	0.1	5
니켈카르보닐		35
포스핀	0.3	20
오존	0.1	9

2. 고압가스 특정제조 설비의 물분무장치의 설치기준

저장탱크의 내화 구조상 구분 시설비		노출된 경우	준내화구조 저장탱크 (암면 : 두께 25mm 이상)	내화구조 저장탱크 주변 화재를 고려하여 충분한 내화성능을 갖는 것	비고
저장탱크 간의 간격이 1m 이내 또는 최대직경을 합산한 것이 1/4 중 큰 치수 이상을 이격하지 않은 경우	물분무장치(표면적 1m² 당의 분무량)	8l/분	6.5l/분	4l/분	• 소화전 ㉮ 호스 끝 수압은 0.35MPa 이상 ㉯ 방수능력은 400l/분 이상 ㉰ 최대수량은 40m 이내에 설치 • 물분무장치 ㉮ 탱크외면(방류제 외측) 15m 이상의 위치에서 조작 ㉯ 최대 수량은 동시방사 30분 이상의 수원에 접속
	소화전(소화전 1개 당의 표면적)	30m²	38m²	60m²	
저장탱크 간이 인접한 경우 또는 산소저장탱크와 인접하여 두 탱크의 최대직경을 합한 것의 1/4보다 적게(위 ①에 해당하면 제외) 이격한 경우	물분무장치(표면적 1m² 당의 분무량)	7l/분	4.5l/분	2l/분	
	소화전(소화전 1개 당의 표면적)	350m²	55m²	125m²	

2. 액화석유가스

(1) 용어의 정의

① LPG : C_3H_8, C_4H_{10} 주성분으로 하는 액화가스 (기화된 것도 포함)

② 저장탱크 : 액화가스를 저장하기 위한 것으로 지상, 지하에 설치된 것 (3 t 미만은 소형탱크)

③ 충전용기 : 질량이 1/2 이상인 용기 (1/2 미만은 잔가스용기)

④ 가스설비 : 배관을 제외한 충전, 공급, 사용을 하기 위한 설비

⑤ 불연 재료 : 콘크리트, 벽돌, 기와, 철재, 알루미늄, 유리, 모르타르 등
⑥ LPG 충전업 : 용기에 충전하는 사업 (1 L 미만 용기나 라이터 제외)
⑦ LPG 집단 공급시설 : 배관을 통하여 연료로 공급하는 사업 (가스미터까지)
⑧ LPG 판매업 : 충전된 가스를 판매하는 업 (1 L 미만 제외)
⑨ LPG 저장소 : 5 t 이상을 저장하는 장소 (1 L 미만 용기에 충전된 질량의 합이 250 kg 이상도 해당)
⑩ 가스용품 제조업 : 가스를 사용하기 위한 기기 제조업 (LPG, 도시가스용 포함, 연소기, 조정기, 밸브, 호스, 콕, 기화기 등)

(2) 시설 기술 기준

① 지상 탱크 지주는 내열성 구조로 하고 5 m 이상에서 조작 가능한 살수 장치 설치
② 지하 탱크 기준은 고압가스와 동일 (강제 통풍 장치 설치)
③ 탱크 외부는 은백색 도료를 칠하고, LPG, 액화석유가스라고 적색으로 표시
④ 배관 지하 매설시 1 m 이하 깊이
⑤ 배관에 설치된 안전밸브 분출 면적은 배관 지름 최대 단면적의 1/10 이상
⑥ 충전시설의 탱크 능력은 연간 10,000 m^3 이상 처리할 수 있는 시설로 해야 하며 탱크 능력은 1/50 이상일 것
⑦ 지상에 설치된 10 t 이상 탱크에는 폭발 방지 장치를 할 것
⑧ 자동차 용기 충전시설에는 황색 바탕에 흑색 글씨로 "충전 중 엔진 정지"라는 표지판과 백색 바탕에 적색 글씨로 "화기 엄금"이라고 쓴 게시판 설치
⑨ 충전기는 원터치형으로 하고, 호스 길이는 5 m 이내로(배관 중 호스 길이 3m) 할 것
⑩ 충전기 상부에는 닫집 차양을 하고, 크기는 공지 면적의 1/2 이하
⑪ 공기 중 비율이 1/1000 상태에서 감지하도록 부취제를 첨가할 것
⑫ 충전용 주관의 압력계는 매월 1회 (나머지는 3월에 1회)
⑬ 차량 탱크 내용적이 5000 L 이상시 차량 정지목 설치
⑭ 설비 치환시 불활성가스 → 공기 재치환 후 산소 농도가 18 % 이상으로 할 것
⑮ 충전용기는 전도, 전락 방지 조치 (5 L 이하 제외)
⑯ 탱크로리는 저장 탱크에서 3 m 이상 떨어져 정차할 것
⑰ 납붙임 접합 용기에 충전시 35℃에서 4 kg/cm^3 (0.4 MPa) 이하가 되도록 할 것
⑱ 저장 설비 주위에는 1.5 m 이상의 경계책 설치
⑲ 배관 지하 매설시 폴리에틸렌 피복 강관이나 가스용 폴리에틸렌관을 사용할 것

⑳ 지상 배관은 황색, 매몰관은 적색이나 황색으로 할 것 (황색 띠로 표시할 경우 바닥에서 1 m 높이에 폭 3 cm 띠를 이중으로 할 것)

㉑ 지하 매몰시 1 m 이상 깊이 (도로 밑 1.2 m나 이중관)

㉒ 배관 고정 장치

지름 13 mm 미만 : 1 m마다

13 이상 33 mm 미만 : 2 m마다

33 mm 이상 : 3 m마다 설치

㉓ 탱크는 내용적의 90 %를 넘지 않도록 할 것 (소형 85 %)

㉔ 조정기에서

Q : 용량 [kg/h]

P : 입구 압력 [MPa]

R : 조정 압력 [MPa, kPa]

㉕ 볼 밸브는 90° 회전시 완전히 개폐되는 구조일 것

㉖ 밸브 수압 시험 30 kg/cm^2 (3 MPa), 밸브 기밀 시험 18 kg/cm^2 (1.8 MPa) (공기, 질소)

㉗ 염화비닐 호스 : 안지름 6.3 mm (1종), 안지름 9.5 mm (2종), 안지름 12.7 mm (3종) 허용차는 ±0.7 mm

㉘ 연소기와 용기는 직결되지 않는 구조로 할 것 (3 kg 이하 이동식은 제외)

㉙ 안전밸브는 TP × 0.8 이하에서 작동되도록 1년에 1회 이상 조정

㉚ 저장 능력 300 kg 이상시 압력 상승 방지를 위한 안전 장치 구비

㉛ 20 L 이상 용기 이동시 견고한 조치

㉜ 가스 사용 시설 내압시험 저압부 8 kg/cm^2, 고압측 용기 내압시험과 동일

㉝ 가스 사용 시설의 호스 길이는 3 m 이내로 하고, 호스는 T형으로 접속하지 말 것

㉞ 액화석유가스 기화 장치는 직화식으로 하지 말 것

㉟ 가스 사용시설의 기밀 시험 조정기 → 연소기 840~1000 mmH$_2$O, 준저압 조정기는 3500 mmH$_2$O (3.5 kPa)

㊱ 가스계량기와 화기는 2 m 이상 우회 거리를 유지하고, 설치 높이는 1.6 m 이상 2 m 이내에 수직·수평으로 설치

■ **액화석유가스**

(1) ① LPG는 탄화수소 중 탄소수가 3~4개인 것을 총칭한 것으로 프로판, 부탄 이외에 C$_4$H$_8$ (부틸렌), C$_4$H$_6$ (부타디엔), C$_3$H$_6$ (프로필렌)이 있다.

※ C₃H₈ (프로판)은 가정에서 주로 쓰이며 자동차, 가스라이터 (소형)에는 C₄H₁₀ (부탄)이 사용된다.
② 압축가스는 충전 압력의 1/2을 기준으로 구분된다.
③ 가스미터에서 콕, 연소기 등은 사용자 시설이다.
④ 조정기는 조정 압력에 따라 여러 가지가 있으나 가정용 단단 감압 저압 조정기는 출구 압력이 280±50 mmH₂O 범위이다 (2.8±0.5 kPa).
　㉮ 콕은 90° 회전시 개폐되는 구조로 해야 되며, 배관과 수평일 때에 열리는 것이다.
　㉯ 기화기는 절대 직화식으로 해서는 안 된다.
　　　C₃H₈ : 자연 기화, C₄H₁₀ : 강제 기화
(2) ※ 안전거리는 고압가스의 가연성과 같고, 탱크 설치 기준 등도 LPG가 가연성이므로 고압가스의 가연성과 모든 기준이 같다.
① 소화전 호스 수압은 0.35MPa 이상, 방수 능력 400 L/분, 30분 이상 방사할 수 있는 능력을 갖추어야 한다.
② 통풍구 면적은 바닥 면적 1 m²당 300 cm³, 통풍 능력은 1 m²당 0.5 m³/분 이상
③ 단면적 $A \text{cm}^2 = \dfrac{\pi D^2}{4}$
　㉠ 최대 지름부의 직경이 10 cm일 때 안전밸브의 분출 면적은?
　　$\dfrac{3.14 \times 10^2}{4} \times 0.1 = 7.85 \text{ cm}^3$
④ 정전기 제거 조치를 해야 한다 (접지선 단면적 5.5 mm² 이상 저항치 100 Ω 이하, 피뢰 설비 설치시 10 Ω 이하).
⑤ 부취제 구비 조건
　㉮ 독성이 없을 것
　㉯ 일상 생활의 냄새와 구분되고 저농도에서도 식별 가능할 것
　㉰ 완전 연소 후 유해가스를 발생시키지 말고 응축되지 않을 것
　㉱ 부식성이 없고 화학적으로 안정할 것
　㉲ 물에 녹지 않고 토양에 대해 투과성이 있을 것
　㉳ 종 류
　　㉠ THT (테트라히드로티오펜) : 석탄가스 냄새
　　㉡ TBM (터시어리부틸메르캅탄) : 양파 썩는 냄새
　　㉢ DMS (디메틸설파이드) : 마늘 냄새
⑥ 가연성 LPG인 경우 폭발 하한의 1/4 농도 이하
⑦ 프로텍터나 캡을 설치

각종 가스의 내압

① 내압시험이란 기기, 기구 등 압력 용기에 대하여 제작 회사에서 완성 제품에 대하여 최초로 행하는 시험으로 액체 (물, 오일)로써 가압하며, 그 시험 압력에서 누설, 파괴, 변형 등이 없어야 합격하는 것으로 다음과 같이 각각 다르다.

가스명	내압시험압력 (kg/cm³)	가스명	내압시험압력 (kg/cm³)
산 소	250	액화염소	26
수 소	250	액화석유가스	30
질 소	250	액화산화에틸렌	10
액화탄산가스	200	액화부탄	9
아세틸렌	46.5	액화시안화수소	6
액화암모니아	37		

TP (내압) = FP (최고충전압력)의 5/3 배

∴ FP = TP × 3/5

※ C_2H_2 는 제외 : TP = FP × 3

산소의 경우 FP = 250 × 3/5 = 150 kg/cm²이 된다.

기밀시험 : FP 이상, C_2H_2 FP × 1.8배, 저온 초저온 용기 FP × 1.1배

② 모든 가스는 임계온도 이하에서 액화한다.

액화 가능한 가스의 임계온도와 임계압

구 분	임계온도	임계압
탄산가스 (CO_2)	31℃	72.9kg/cm²
암모니아 (NH_3)	132.3℃	111.3kg/cm²
에탄 (C_2H_6)	32.2℃	48.2kg/cm²
에틸렌 (C_2H_4)	9.2℃	50kg/cm²
프로판 (C_3H_8)	96.8℃	42kg/cm²
부탄 (C_4H_{10})	152℃	37.5kg/cm²
염소 (Cl_2)	144℃	76.1kg/cm²
시안화수소 (HCN)	183.5℃	53kg/cm²
프레온 12 (CCl_2F_2)	111.7℃	39.6kg/cm²
포스겐 ($COCl_2$)	183℃	56kg/cm²

③ 임계온도가 높은 가스가 액화 범위가 넓은 것이기 때문에 임계온도가 높은 가스가 액화가 용이하다. 반대로 임계압력이 낮은 가스는 적은 동력으로 액화시킬 수 있는 것이므로 임계압력이 낮은 가스가 액화하기 쉽다.

가스명	검지법	흡수 (중화)제
암모니아	① 염산에 의한 백염 ② 유황 불꽃에 의한 백염 ③ 리트머스 시험지 ④ 검지관, 청색(물色) 시약품(검지색)	① 물 ② 황산이나 희염산

제 2 편 가스 안전 관리

가스명	검지법	흡수 (중화)제
염 소	① 암모니아에 의한 백염 ② 요오드화칼륨 전분지 ③ 검지관, 청색 시약품 (검지색)	① 소석회 ② 석회유 ③ 가성소다 용액 ④ 경우에 따라서 물 또는 티오화산 소다액
시안화수소	① 초산벤젠 검지기 ② 메틸오렌지, 염화제2수은 검지기 ③ 알칼리 피크 레드 검지기 ④ 검지관, 청색 시약품 (검지색) ⑤ 전기전도법	① 다량의 물 ② 황산철의 가성소다 용액
포스겐	① 암모니아 용액에 의한 백염 ② 해리슨씨 시약지 ③ 검지관, 청색 시약품 (검지색)	① 가성소다 또는 탄산소다의 알칼리 용액 ② 물
황화수소	① 초산염 검지기 ② 유광 광도법	① 다량의 물 ② 가성소다의 알칼리 용액

1. 충전시설 중 저장설비의 경계거리

① 액화석유가스 충전시설 중 저장설비는 그 외면으로부터 사업소경계(사업소경계가 바다·호수·하천·도로 등과 접한 경우에는 그 반대편 끝을 경계로 본다. 이하 같다)까지 다음 표에 따른 거리 이상을 유지할 것

저장능력	사업소경계와의 거리
10톤 이하	24 m
10톤 초과 20톤 이하	27 m
20톤 초과 30톤 이하	30 m
30톤 초과 40톤 이하	33 m
40톤 초과 200톤 이하	36 m
200톤 초과	39 m

② 액화석유가스 충전시설 중 충전설비는 그 외면으로부터 사업소경계까지 24 m 이상을 유지할 것

2. LPG 시설과 화기의 우회거리

저장능력	화기와의 우회거리
1톤 미만	2m
1톤 이상 3톤 미만	5m
3톤 이상	8m
비고: 2개 이상의 저장설비가 있는 경우에는 그 설비별로 각각 거리를 유지하여야 한다.	

3. LPG 판매설비

(1) 배관이음매(용접이음매 제외)와 안전거리
 ① 60cm : 배관이음부 ⇔ 전기계량기, 전기 개폐기
 ② 30cm : 배관이음부 ⇔ 굴뚝,전기점멸기,전기접속기,절연조치를 하지 않는 전선
 ③ 10cm : 배관이음부 ⇔ 절연조치를 한 전선

4. LPG 사용시설

(1) 배관이음매(용접이음매 제외)와 안전거리
 ① 60cm : 배관이음부 ⇔ 전기계량기, 전기 개폐기
 ② 30cm : 배관이음부 ⇔ 굴뚝,전기점멸기, 전기접속기, 콘센트
 ③ 15cm : 배관이음부 ⇔ 절연조치를 하지 않는 전선

(2) 가스계량기
 ① 60cm : 가스계량기 ⇔ 전기계량기, 전기 개폐기 ,전기 안전기
 ② 30cm : 가스계량기 ⇔ 굴뚝, 전기점멸기, 콘센트
 ③ 15cm : 가스계량기 ⇔ 절연조치를 하지 않는 전선

3. 도시가스

(1) 용어의 정의

① 도시가스 사업 : 수요자에게 연료용 가스를 배관에 의해 공급하는 사업

　㉮ 도매 사업 : 일반 가스 사업자나 대량 사용자에게 공급하는 업

　㉯ 일반 사업 : 제조하거나 공급받아 배관으로 수요자에게 직접 공급하는 업

② 시설 구분

　㉮ 공급 시설 : 제조·공급을 위한 시설 (가스미터까지)

　㉯ 사용 시설 : 사용자 시설

③ 배관의 구분

　㉮ 본관 : 사업소에서 정압기까지

　㉯ 공급관 : 정압기에서 사용자의 토지 경계까지

　㉰ 내관 : 토지 경계에서 연소기까지

④ 압력 구분

　㉮ 고압 : 1 MPa 이상, 기화된 액화가스 0.2 MPa 이상

　㉯ 중압 : 0.1 MPa 이상 10 MPa 미만, 기화된 액화가스 0.01 MPa 이상 0.2 MPa 미만

　　　A : 3 이상 10 kg/cm^2 미만[0.3~1MPa]

　　　B : 1 이상 3 kg/cm^2 미만[0.3MPa]

　㉰ 저압 : 1 kg/cm^2 미만, 기화된 액화가스 0.1 kg/cm^2 미만

(2) 시설·기술

[도매가스 사업]

제조소 외면으로부터 50 m, $L = C^3\sqrt{143000\ W}$ 중 큰 폭과 동등 이상 안전거리 유지 (52500 m^3/day 이하인 펌프 압축기, 응축기, 기화기 제외)

　여기서, L : 유지해야 할 거리 [m], C : 지하 탱크는 0.24 이외는 0.576

　　　　 W : 저장 탱크톤의 제곱근 이외는 t

　㉮ 500 t 이상 방류둑 설치

　㉯ 5000 L 이상 탱크는 10 m 이상에서 조작 가능한 긴급 차단 장치 설치

　㉰ 배관 해저에 설치시 30 m 수평 거리 유지

[일반가스 사업]

㉮ 안전거리 : 고압 20 m 이상 유지, 중압 10 m 이상 유지, 저압 5 m 이상 유지 발생기 홀더에서 사업소 경계까지

㉯ 시 험
  ㉠ 내압시험 : 최고 사용 압력×1.5
  ㉡ 기밀시험 : 최고 사용 압력×1.1

㉰ 300 m^2 이상인 홀더는 안전거리 유지

㉱ 긴급 차단 장치 5 m 이상 조작

㉲ 100 mm 이상의 노출 배관은 충격 손상 방지 조치

㉳ 누설 검사 : 매몰된 배관은 3년에 1회 이상, 고압인 경우는 1년에 1회 이상 (특정 가스 시설)

㉴ 가스 계량기는 최대 소비량의 1.2배 이상일 것 (화기는 2 m, 전선과는 15 cm, 개폐기 안전기 60 cm 거리 유지)

㉵ 가스 사용 시설은 최고 사용 압력의 1.1배나 840 mmH_2O (8.4 kPa)

(3) 기타 사항

① 정압기 입출구에는 차단 장치, 출구에는 압력 상승시를 대비해서 경보 장치, 지하설치시 침수 방지 조치를 할 것 (입구측에는 수분이나 불순물 제거 장치)

② 일반 도시가스 사업의 정압기(도시가스사업법 시행규칙 [별표6])
  정압기는 설치 후 2년에 1회 분해점검, 일주일에 1회 이상 작동 상황 점검
  [참고] 도시가스 사용시설의 정압기 필터(도시가스사업법시행규칙 제17조 [별표7])

③ 열량 측정 (융커스식) : 매일 오전 6시 30~9시, 오후 17시~20시 30분

④ 압력 측정
  • 위치 : 가스홀더 출구, 정압기 출구, 공급 시설의 끝부분
    ▶ 100~250 mmH_2O(1kPa~2.5kPa)

⑤ 연소성 측정
  • 매일 6시 30분~9시, 17시~20시 30분
    ▶ $$C_P = K \frac{1.0H_2 + 0.6(CO + C_m H_n) + 0.3 CH_4}{\sqrt{d}}$$

  여기서, C_P : 연소속도, H_2 : 수소 함유율 %
  CO : 일산화탄소 함유율 [용량 %], $C_m H_n$: 탄화수소 함유율 [용량 %]

CH_4 : 메탄 함유율 [용량 %], d : 도시가스 비중

K : 산소 함유율에 따른 수치. 값이 클수록 연소속도가 빠르다.

✿ 웨버지수

$$W_I = \frac{H_g}{\sqrt{d}}$$

여기서, W_I : 웨버지수

H_g : 총발열량 [kcal/m³]

d : 도시가스의 공기에 대한 비중

수치가 클수록 속도가 빠른 것이며, 표준 웨버지수의 ±4.5% 이내로 유지

⑥ 정압기, 필터는 설치 후 3년까지는 1회 이상, 그 이후에는 4년에 1회 이상 분해점검을 실시하고 사고예방설비는 점검분해 및 작동상황을 주기적으로 점검한다.

유해성분 (주 1회 측정)

㉮ 가스홀더나 정압기 출구에서 측정

㉯ 0℃, 1.013250bar의 압력에서 건조한 가스 1 m³당 S : 0.5 g, NH_3 : 0.2 g, H_2S : 0.02 g을 초과하면 안 된다.

⑦ 압력조정기기는 매 1년에 1회 이상(필터나 스트레이너의 청소는 설치 후 3년까지는 1회 이상, 그 이후에는 4년에 1회 이상) 안전점검을 실시한다.

[참고] 일반도시가스 사업의 정압기와 도시가스 사용시설의 정압기 필터는 다름(별표6과 별표7 차이가 있음)

(1) ①의 도매 가스 사업자는 한국가스공사이며, 일반 사업자는 각 지역의 도시가스 회사들
  ※ 대량 사용자 : 월 10만 m³ 이상 사용자, 발전용으로 사용하는 자, LNG 탱크를 설치하고 사용하는 자
(2) 중압 구분
  ㉮ A : 3 이상 10 미만   ㉯ B : 1 이상 3 미만

1. 압력조정기 설치 기준

(1) 도시가스 공동주택의 압력조정기 설치 기준
  ① 중압인 경우 : 150세대 미만
  ② 저압인 경우 : 250세대 미만
(2) 도시가스 배관의 설치 안전 기준
  ① 배관을 매설하는 경우에는 설치 환경에 따라 다음 기준에 따른 적절한 매설 깊이나 설치간격을 유지할 것
    ㉮ 공동주택등의 부지 안에서는 0.6m 이상

제2편 가스 안전 관리

㉯ 폭 8m 이상의 도로에서는 1.2m 이상. 다만, 도로에 매설된 최고사용압력이 저압인 배관에서 횡으로 분기하여 수요가에게 직접 연결되는 배관의 경우에는 1m 이상으로 할 수 있다.

㉰ 폭 4m 이상 8m 미만인 도로에서는 1m 이상으로 한다.
(다만, 다음 어느 하나에 해당하는 경우에는 0.8m 이상으로 할 수 있다.)

2. 도시가스 사용시설 안전 거리 기준

(1) 배관이음매(용접이음매 제외)와 안전거리
   ① 60cm : 배관이음부 ⇔ 전기계량기, 전기 개폐기
   ② 30cm : 배관이음부 ⇔ 굴뚝, 전기점멸기, 전기접속기, 콘센트
   ③ 15cm : 배관이음부 ⇔ 절연조치를 하지 않는 전선
   ④ 10cm : 배관이음부 ⇔ 절연조치를 한 전선

(2) 가스계량기
   ① 60cm : 가스계량기 ⇔ 전기계량기, 전기 개폐기
   ② 30cm : 가스계량기 ⇔ 굴뚝, 전기점멸기, 콘센트, 전기접속기
   ③ 15cm : 가스계량기 ⇔ 절연조치를 하지 않는 전선

(3) 도시가스공급시설 기준(배관이음매(용접이음매 제외)와 안전거리)
   ① 30cm : 배관이음부 ⇔ 절연조치를 하지 않는 전선
   ② 10cm : 배관이음부 ⇔ 절연조치를 한 전선

✿ 법령관련 자료

(1) 정압기/압력조정기 분해점검 관련법
   ① 도시가스사업법 시행규칙 제17조 [별표 7]
   ② 가스사용시설의 시설·기술·검사기준

(2) 압력조정기 안전점검 관련 규정
   ① 압력조정기 안전점검 관련 규정
     1. 배관 및 배관설비
       나. 기술기준
         2) 가스사용시설에 설치된 압력조정기는 매 1년에 1회 이상(필터나 스트레이너의 청소는 설치 후 3년까지는 1회 이상, 그 이후에는 4년에 1회 이상) 압력조정기의 유지·관리에 적합한 방법으로 안전점검을 실시할 것
   ② 정압기 분해점검 관련 규정
     1. 정압기
       나. 기술기준
         2) 정압기와 필터의 경우에는 설치 후 3년까지는 1회 이상, 그 이후에는 4년에 1회 이상 분해점검을 실시하고, 사고예방설비 중 도시가스의 안전을 확보하기 위하여 필요한 시설이나 설비에 대하여는 분해 및 작동상황을 주기적으로 점검하고, 이상이 있을 경우에는 그 시설이나 설비가 정상적으로 작동될 수 있도록 필요한 조치를 할 것

03 가스설비

1 고압장치의 종류

1.1 압축기

(1) 압축기 이론

① 피스톤 압출량 : 이론적인 값이며, 단위시간에 이론적으로 토출시킬 수 있는 압축기의 피스톤 체적이다.

㉮ 왕복동식의 경우

$$V = \frac{\pi}{4} D^2 \cdot L \cdot N \cdot R \cdot 60$$

여기서, V : 1시간당 피스톤 압출량 (m^3/h), D : 실린더의 안지름 (m)
L : 피스톤의 행정 (m), N : 기통 수, R : 압축기의 매분 회전수 (rpm)

㉯ 회전식의 경우

$$V = \frac{\pi}{4} \cdot (D^2 - d^2) \cdot t \cdot R \cdot 60$$

여기서, V : 1시간의 피스톤 압출량 (m^3/h), t : 회전피스톤의 가스압축 부분의 두께 (m)
R : 회전피스톤의 1분간의 표준회전수 (rpm), D : 피스톤 기통의 안지름 (m)
d : 회전피스톤의 바깥지름 (m)

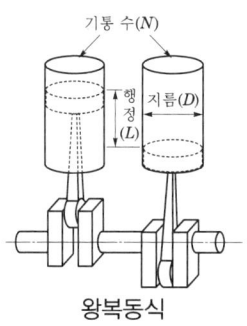
왕복동식

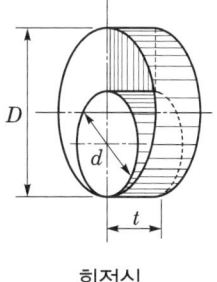
회전식

> 요점정리
> ① $\frac{\pi}{4}$=약 0.785이므로 $V=0.785D^2 \cdot L \cdot N \cdot R \cdot 60$의 식으로 계산하면 간단하다.
> ② 문제에서 보통 D, L은 mm 단위로 주어지므로 V의 값이 m^3/h 단위일 때는 반드시 mm를 m로 환산하여 계산해야 한다 (1 mm=0.001 m).
> ③ 보통 산식에서 rpm의 기초 'R'을 'N'으로 사용하는데, 이것은 약속기호이므로 어느 것으로 하여도 관계없다.

② 체적효율 (ηV) : 부피효율 : 용적효율이라고도 하며, 이것은 이론적인 피스톤 압출량과 실제적인 피스톤 압출량과의 비율이다.

$$\eta V = \frac{실제적인\ 흡입가스량}{이론적인\ 피스톤\ 압출량}$$

㉮ 흡입효율(ηV_s) = $\frac{실제적인\ 흡입가스량(kg/h,\ m^3/h)}{이론적인\ 흡입가스량(kg/h,\ m^3/h)}$

㉯ 토출효율(ηV_d) = $\frac{토출된\ 상태의\ 흡입된\ 상태의\ 부피}{흡입된\ 가스의\ 실제부피}$

> 요점정리
> ① 실제적인 피스톤 압출량 (V_s) : $V_s = V \cdot \eta V$
> ② ηV는 클수록 좋다 ($\eta V < 1$).
> ③ 체적효율이 나빠지는 요인 : 상부 틈새가 클수록, 압축비가 클수록, 기통 체적이 작을수록, 회전수가 빠를수록, 체적효율이 나빠진다.

③ 왕복동 압축기의 소요동력과 효율

㉮ 압축효율 (η_C) = $\frac{이론동력(이론상\ 가스압축에\ 필요로\ 하는\ 동력)(N)}{지시동력(실제로\ 가스압축시\ 필요로하는\ 동력)(N')}$

※ 회전수가 빠른 압축기일수록 피스톤의 저항으로 인하여 η_C는 작아진다.

㉯ 기계효율 (η_m) = $\frac{지시동력(N')}{축동력(압축기의\ 운전에\ 필요로\ 하는\ 동력)(N_s)}$

> 요점정리
> ✿ 효율과 동력 관계
> $N' = \dfrac{N}{\eta_C}$, $N_s = \dfrac{N'}{\eta_m} = \dfrac{N}{\eta_C \cdot \eta_m}$

④ 가스의 압축방식

㉮ 등온압축 : $PV^n =$ 일정. 압축하는 동안 가해지는 열량을 방출하는 상태에서

압축 전후의 온도 차가 없도록 하는 압축방식이다. 그러나 실제로는 불가능한 압축이며, 일량, 온도 상승이 최소가 된다.

$$P_1 V_1^2 = P_2 V_2^n \ (n=1)$$

$$\frac{P_2}{P_1} = \frac{V_1}{V_2}$$

여기서, P_1 : 압축 전의 가스압력 (kg/cm² · a),
P_2 : 압축 후의 가스압력 (kg/cm² · a),
V_1 : 압축 전의 체적 (m³), V_2 : 압축 후의 체적 (m³)

㉯ 단열압축 : 실린더를 완전하게 열전연하고, 가스 압축 중에 열이 외부로 방출되지 않게 해서 압축하는 방법이며, 소요일량, 온도의 상승, 압력의 상승 비율이 가장 크나 실제적으로 불가능한 압축이다.

$$P_1 V_1^k = P_2 V_2^k \ (k = C_P/C_V)$$

※ 단열압축일량

$$W_1 = \frac{R}{R-1}(T_2 - T_1) = \frac{r}{r-1} P_1 V_1 \left\{ \left(\frac{P_2}{P_1}\right)^{\frac{r-1}{r}} - 1 \right\}$$

여기서, r : 단열지수 (C_P/C_V), R : 가스정수 ($\frac{848}{분자량}$ kg · m/kg · K)
T_2 : 압축 후 가스의 절대온도(K), T_1 : 압축 전 가스의 절대온도(K)

㉰ 폴리트로프압축 : 실제적인 압축방식이며, 등온압축과 단열압축의 중간형태의 압축방식으로 압축 중에 가해지는 열량, 온도의 상승, 압력의 상승은 중간이나 단열압축으로 취급한다.

$$P_1 V_1^n = P_2 V_2^n$$
$$1 < n < \frac{C_p}{C_v}$$

여기서, C_P : 정압비열, C_V : 정적비열, C_P/C_V : 비열비
n : 폴리트로픽지수

㉱ 등온효율 $= \dfrac{등온압축일량}{단열압축일량} = \dfrac{등온압축일량}{폴리트로프 압축일량}$

요점정리 ✿ 압축방식의 비교

비교 \ 방식	등온	폴리트로픽	단열
PV^n의 지수값	$n=1$	$1<n<k$	$n=k=C_P/C_V$
압축일량 압축열량	소	중	대
압축 후 가스의 온도	저	중	고

⑤ 압축비

㉮ 1단압축일 때

$$r = \frac{P_2}{P_1}$$

여기서, r : 압축비, P_2 : 토출 절대압력 (kg/cm² · a)
P_1 : 흡입 절대압력 (kg/cm² · a)

㉯ 다단압축일 때

$$r = \sqrt[z]{\frac{P_e}{P_1}}$$

여기서, r : 각 단의 압축비, Z : 단수
P_e : 최종압력 (kg/cm² · a) 또는 최종절대압력
P_1 : 흡입압력 (kg/cm² · a) 또는 최초절대압력

㉰ 피스톤력 : 토출행정 때에 실린더 내에서의 가스압력에 의해 피스톤에 가해진 힘을 말한다.

$$P = P_n F_n \times 10^4$$

여기서, P : 피스톤력 (kg), P_n : n 단의 토출력 (kg/cm²)
F_n : n 단의 피스톤의 유효면적 (m²)

요점정리 ✿ 압력 손실을 고려할 때 압축비

$$r = k \cdot \sqrt[z]{\frac{P_e}{P_1}} \ (k = \text{압력 손실의 크기} ≒ 1.10)$$

⑥ 토출가스온도 : 최초온도 10℃, 압력 1 kg/cm² · a, 공기 (k=1) 1 m3을 15 kg/cm² · a의 압력으로 올리며, 1단에서 5 kg/cm² · a까지 올리고 중간 냉각하여 15 kg/cm² · a의 압력으로 압축한다.

㉮ 다단압축

$$T_2 = T_1 \cdot \left(\frac{P_2}{P_1}\right)^{\frac{k-1}{k}} = (273+10)\left(\frac{15}{1}\right)^{\frac{1.4-1}{1.4}}$$

$$= 283 \times 15^{\frac{1.4-1}{1.4}} = 613.5\,\text{K} = 340\,℃$$

㉯ 2단압축 (1단에서 단열압축 때의 토출온도)

$$T_2 = T_1 \cdot \left(\frac{P_2}{P_1}\right)^{\frac{k-1}{k}} = (273+10)\left(\frac{15}{1}\right)^{\frac{1.4-1}{1.4}}$$

$$= 283 \times 5^{\frac{1.4-1}{1.4}} = 448\,\text{K} = 175\,℃$$

㉰ 2단압축 (최초의 온도 10℃까지 냉각한 후 2단에서 15 kg/cm² · a까지 압축)

$$T_3 = T_2 \cdot \left(\frac{P_3}{P_2}\right)^{\frac{k-1}{k}} = (273+10)\left(\frac{15}{5}\right)^{\frac{1.4-1}{1.4}}$$

$$= 283 \times 3^{\frac{1.4-1}{1.4}} = 387\,\text{K} = 114\,℃$$

요점정리

✿ **토출가스 온도의 상승요인**

$$T_2 = T_1\left(\frac{P_2}{P_1}\right)^{\frac{k-1}{k}}$$

① 흡입가스 온도(T_1)가 높을수록 ┐
② 압축비$\left(\frac{P_2}{P_1}\right)$가 클수록 ├ 토출가스 온도가 상승한다.
③ 비열비(k)가 클수록 ┘

⑦ 압축기를 냉각할 때 얻는 효과
  ㉮ 체적효율이 증가한다.
  ㉯ 압축효율이 증가되어 동력이 감소한다.
  ㉰ 윤활기능이 향상되고 적당한 점도가 유지된다.
  ㉱ 윤활유의 열화나 탄화를 막는다.
  ㉲ 피스톤링 축수부 등 습품 부품의 수명을 유지시킨다.
⑧ 다단압축과 압축비의 영향
  ㉮ 다단압축의 채용 목적과 압축비의 영향

1단으로 고압축비를 얻고자 할 때 압축비가 크면 다음과 같은 영향이 미치므로 압축기를 몇 개의 단으로 나누어서 압축하며, 각 단의 사이에는 중간냉각기를 설치한다.

[압축비가 클 때의 영향]
- 압축일량이 커지므로 토출가스 온도가 상승
- 실린더 과열로 오일 탄화
- 압축기 과열로 체적효율 감소
- 체적효율 감소로 압축기의 능력 저하

㉯ 다단압축 채용 때의 장점
㉠ 소요일량의 절감
㉡ 중간냉각으로 온도의 상승을 피할 수 있다.
㉢ 힘의 평형을 이룬다.
㉣ 압축비가 작아지며, 효율(압축효율, 체적효율)이 증가한다.

> **요점정리**
> ✿ **중간냉각기**
> 각 단에서 발생하는 열을 제거하여 다음 단 압축기의 과열운전을 피한다.

⑨ 압축사이클
㉮ 흡입행정
㉠ 피스톤의 상사점에서 토출밸브는 닫히고 피스톤의 하향운동에 따라서 흡입밸브는 열리기 시작한다 (이때, 실제로 가스흡입은 없다).
㉡ 피스톤이 B점까지 하강하는 동안 클리어런스 내의 가스가 팽창하여 실제의 흡입압력까지 감압할 때까지는 가스의 흡입작용이 없고 '유효행정'이다.
㉢ 피스톤이 B점 → C점까지는 가스가 실린더 내로 흡입된다. 이렇게 하여 하사점에서 흡입밸브는 닫히고 흡입행정은 끝난다.

㉯ 압축행정
㉠ 피스톤이 하사점 (C)에 있을 때 흡입밸브는 닫히고 토출밸브는 열린다.
㉡ 피스톤 C → D로 상승하는 동안 실린더 내의 가스압력은 점차 상승한다.
㉢ D점에서 소요의 토출압력에 도달하면 토출밸브는 열리기 시작하며, 압축가스는 토출된다.

㉣ D → A까지 이르는 동안 압축가스는 일정한 압력으로 토출되어 상사점에 오면 압축행정이 끝나게 된다.

① 이론 사이클의 경우 (효율 100 %)
구동원에서 일을 전달받아서 피스톤을 작동함으로써 가스를 흡입하고 압축하여 외부로 내보내는 일에만 쓰이고 피스톤 상부에 간극이 없으며, 압축후의 압력은 항상 일정
- 흡입행정 $4 \rightarrow 1$ (소요일 : $4-1-x_1-0$)
- 압축행정 $1 \rightarrow 2$ (소요일 : $1-2-x_2-x_1$)
- 토출행정 $2 \rightarrow 3$ (소요일 : $2-3-0-x_1$)

② 유휴행정은 작을수록 체적효율이 커진다.

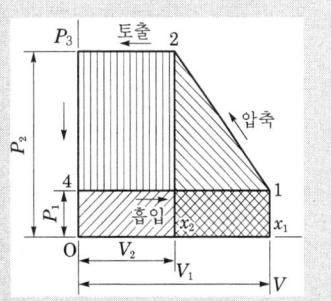

(2) 압축기의 종류

① 용적형 : 일정용적의 실린더 내에 기체를 흡입하고, 흡입구를 닫아서 기체의 용적을 줄임으로써 승압시켜서 토출구로 압출한다.

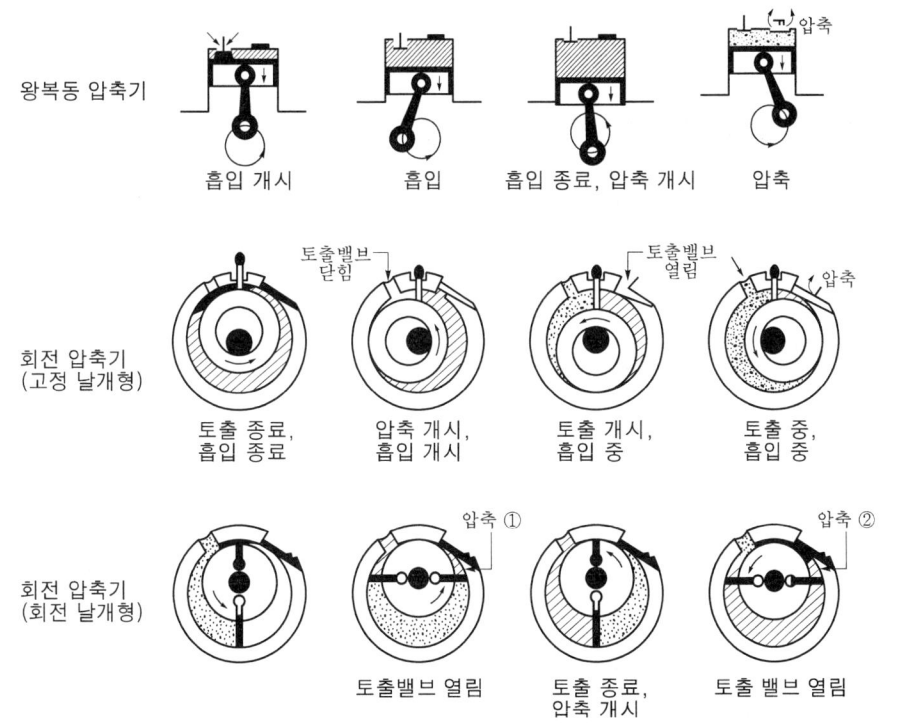

제 3 편 가스설비

㉮ 회전식 : 로터의 회전에 의하여 일정용적 내의 기체를 압축하며 로터의 형태에 따라 나사형, 베인형의 고정익, 회전익형, 루츠형이 있다.

㉯ 왕복식 : 피스톤의 왕복운동에 의해 가스를 압축한다.

㉰ 다이어프램형 : 격막의 상하 운동으로 기체를 압축한다.

① 압력의 구분 (토출압력 기준)
- $0.1 \, \text{kg/cm}^2$ ($1000 \, \text{mmH}_2\text{O}$) 미만 : 팬
- $0.1 \, \text{kg/cm}^2$ 이상 $1 \, \text{kg/cm}^2$ 미만 : 블로어
- $1 \, \text{kg/cm}^2$ 이상 : 압축기

② 사용 용도별 구분
- 배풍기 : 대기압 부근의 흡입압력으로 배풍한다.
- 진공압축기 : 대기압보다 상당히 낮은 압력에서 압축하여 진공상태를 얻는 것
- 통풍기 : 통풍 목적의 팬

② 터보형 : 기계적인 에너지를 회전에 의하여 기체의 압력과 속도에너지로 전환하고 압력을 높인다. 원심식과 축류식이 있다.

㉮ 원심식 : 케이싱 내의 임펠러가 회전하면 기체가 원심력의 작용에 의해 임펠러의 중심부에서 흡입되어 외부에 토출되고, 그 때 압력과 속도에너지를 얻는다.

㉯ 축류식 : 선박, 항공기의 프로펠러처럼 축방향으로 흡입하고 축방향으로 토출한다.

✿ 원심식 압축기의 분류 (임펠러의 출구간을 기준)
- 90° : 레이디얼형
- 90° 이상 : 다익형
- 90° 이하 : 터보형

(3) 압축기의 구조 및 특징

① 왕복동식 압축기

㉮ 특징

㉠ 윤활유식 (급유식) 또는 무급유식이다.

㉡ 토출가스에 맥동이 발생한다.

㉢ 토출압력에 의한 용량의 변화가 적다.

㉣ 용적형으로 쉽게 고압이 형성된다.

㉤ 용량의 조절범위가 넓다 (0~100 %).

ⓑ 압축효율이 높다.
ⓢ 접촉부가 많아서 소음, 진동이 많다.
ⓞ 저속회전에 사용한다.
ⓩ 가격이 고가이며 설치면적이 넓다.
ⓒ 반드시 흡입. 토출밸브가 필요하다.
ⓚ 압축작용이 단속적이다.

④ 왕복동 압축기의 용량제어법
  ㉠ 연속적인 용량제어법
    • 흡입밸브를 폐쇄하는 방법
    • 타임 밸브 제어에 의한 방법
    • 흡입밸브 개방에 의한 방법
    • 회전수를 변경하는 방법
    • 바이패스 밸브로 압축가스를 흡입 측에 복귀시키는 방법

① 흡입축 서비스 밸브　⑨ 샤프트실
② 토출측 서비스 밸브　⑩ 다스트실
③ 토출 밸브　　　　　⑪ 윤활유 흡입구
④ 흡입 밸브　　　　　⑫ 윤활유 펌프
⑤ 실린더　　　　　　⑬ 밸런스 웨이트
⑥ 피스톤 링　　　　　⑭ 내기어식 윤활유 펌프
⑦ 볼베어 링　　　　　⑮ 패킹
⑧ 샤프트실(室)　　　⑯ 소음실

  ㉡ 단계적인 용량제어법
    • 클리어런스 밸브로 부피효율을 낮추는 방법 (수동으로 부하에 따라 단계적으로 실린더의 클리어런스를 증감하여 용량을 조절한다.)
    • 흡입밸브를 개방하는 방법 (수동, 유압, 공기압에 의해 부하에 따라 차례로 흡입밸브를 개방한다.)

④ 왕복동 압축기의 부품 구성
  ㉠ 실린더와 압축기의 본체 : 실린더는 조밀하고 고급주철로 만들며 실린더와 피스톤의 간극은 지름의 1/1000 정도가 보통이다.
  ㉡ 피스톤 및 피스톤링 : 고급주철로 만들고 피스톤 핀은 보통 표면강화하여 표면만이 단단한 종류의 강으로 만들어지며, 흡입밸브는 실린더 헤드(cylinder head)에 설치한다.
  ㉢ 커넥팅 로드(connecting rod) : 커넥팅 로드는 피스톤 연결봉으로 단강 또는 주강이다. 단면은 H자형으로 만들고, 견고하고 가볍게 만드는 경우가 많다.
  ㉣ 크랭크축(crank shaft) : 소형은 주강제의 것이 많으나 단강제를 많이 사용하고, 크랭크축도 축수가 이완되면 크랭크축을 파손하는 원인이 된다. 또한, 패킹(packing)이 마모한 때의 몰딩작업은 열로 인하여 축에 균열이나 휨이 생기는 수가 있으며, 이로 인하여 축이 절손하는 일이 있으므로 주의해야 한다.

제3편 가스설비

ⓜ 밸브(valve) : 밸브는 압축기의 심장이다. 밸브가 불량하면 압축기의 능률이 현저하게 악화된다. 가장 많이 사용되는 밸브는 포핏밸브(poppet valve), 플레이트 밸브(plate valve), 리드 밸브(reed valve)가 있다.

ⓗ 크랭크 케이스(crank case) : 고급주철로 만들며, 내부의 점검을 용이하게 할 수 있는 동시에 축수 조절을 용이하게 할 수 있는 핸드볼을 설치한 것도 있다. 크랭크 케이스의 하부는 보통 윤활유 탱크로 유면계를 설치한다.

ⓢ 축봉장치(shaft seal) : 크랭크축이 크랭크 케이스를 통과하는 부분에는 크랭크 케이스 내의 가스가 외부로 누출하지 못하게 하는 장치이다.

㈃ 흡입·토출밸브의 구비조건
  ㉠ 개폐시 지연이 없고 작동이 경쾌할 것
  ㉡ 충분한 통과면적을 가지고 유체의 저항이 적을 것
  ㉢ 운전 중 분해하는 경우가 없을 것
  ㉣ 파손이 적을 것

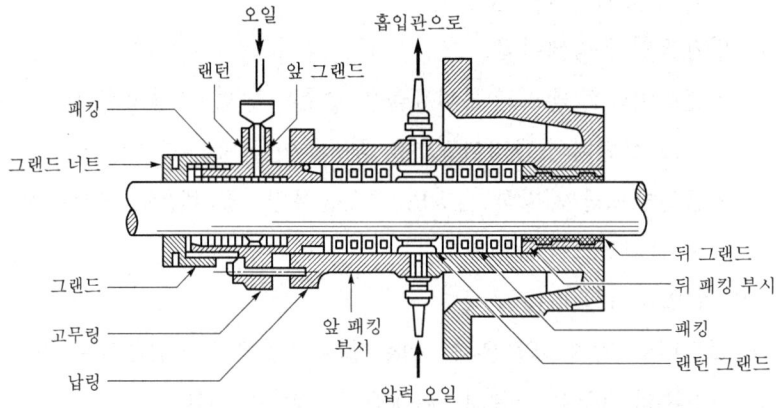

 요점정리

✿ **왕복동식 압축기의 각종 구분**
  ① 압축방식
     • 단동식 : 한쪽에서만 압축, 복동식 : 양쪽에서 압축
  ② 단수
     • 1단 : 소요압력까지 1단으로 압축, 2단 : 소요압력까지 2단으로 압축,
       다단 : 소요압력까지 다단압축
  ③ 윤활방식
     • 강제급유식 : 기어펌프 사용, 비밀급유식 : 축(샤프트)을 이용, 실린더 윤활식
       실린더 무윤활식

④ 작동방법
　　• 직결형 : 커플링 구동식, 감속형 : 밸브, 감속기 등 사용
⑤ 설치방법
　　• 정치식, 교반식
⑥ 형태(실린더)
　　• 수직형 : 입형, 수평형 : 횡형

② 회전식 압축기

회전식 압축기는 왕복식과 달리 흡입밸브가 없으며, 따라서 회전방향이 일정해야 한다.

㉮ 특징

㉠ 회전날개형과 고정날개형 압축기가 있다.

㉡ 용적(부피)형이며, 기름윤활방식으로서 소용량이며 널리 쓰인다.

㉢ 왕복압축기에 비교하면 부품수가 적고 흡입밸브가 없어 구조가 간단하다.

㉣ 고압축비를 얻으며, 베인의 회전에 의해 압축하여 고진공을 얻을 수 있다.

㉤ 크랭크 케이스 내는 고압이므로 마찰부의 가공에 내마모성이 있어야 한다.

㉥ 직결구동이 용이하고, 압축작용이 연속적이다.

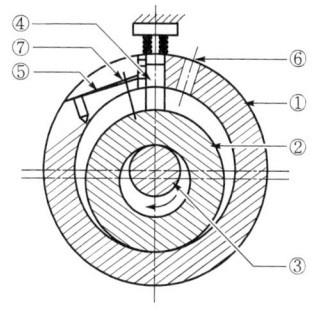
① 실린더　② 회전자　③ 회전축　④ 블레이드
⑤ 토출밸브　⑥ 흡입구　⑦ 토출구

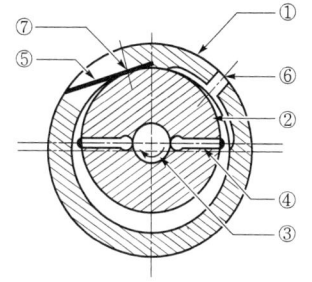
① 실린더　② 회전자　③ 편심축　④ 베인
⑤ 토출밸브　⑥ 흡입구　⑦ 토출구

㉯ 종류별 특징

㉠ 고정날개형 : 회전자가 편심으로 조립되고 편심축의 회전에 의하여 원통형 회전자가 실린더의 벽을 밀착하면서 회전하는 것이며, 고압, 저압 사이를 차단하는 블레이드(blade)는 실린더의 홈 속에서 스프링 또는 가스의 압력으로 회전자에 밀착하고 있다. 편심된 회전자가 돌면 냉매가스는 블레이드의 우측 공간에 흡입되어 압축되고, 블레이드 반대쪽으로 토출된다.

구 분	왕복식	회전식
회전방향	무관	일정
압축작용	단속적	연속적
회전수	저속	고속
진동	크다	작다
체적효율	나쁘다	좋다
흡입밸브	있다	없다 (흡입구가 있다)

　　ⓒ 회전날개형 : 회전자가 축과 동심으로 조립되어 회전자와 실린더가 편심이 되어 있고, 회전자의 홈에 두 개 이상의 베인(vane)이 삽입되어 있으며, 이 베인은 유압, 가스압, 스프링 원심력에 의하여 실린더 내의 벽면에 밀착하여 회전자의 회전에 따라 지름방향으로 운동한다.

③ 원심식 터보 압축기

　㉮ 특징

　　㉠ 유량이 크므로 고정면적을 작게 차지한다.

　　ⓒ 고속회전이 가능하므로 모터 회전축에 직결하여 사용할 수 있다.

　　ⓒ 연속 토출로 맥동이 적다.

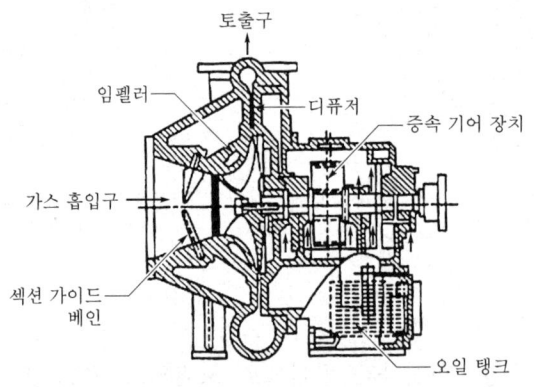

원심식 압축기의 구조

ⓔ 윤활유가 불필요하므로 기체에 기름의 혼합이 적다.
　　ⓜ 압축비가 적어 효율이 낮다.
　　ⓗ 다단식은 압축비를 높일 수 있으나 설비비가 고가이다.
　　ⓢ 용량의 조정범위는 비교적 좁고 (70∼100 %) 어려운 편이다.
　　ⓞ 운전 중 서징현상에 대하여 주의해야 한다.

> **요점정리**
> ✿ **원심식 도면 해설**
> 그림과 같이 회전축상에 임펠러를 설치하고 축을 1000∼8000 rpm으로 고속 회전시키면 가스는 축방향에서 임펠러에 흡입되어 임펠러 안의 베인 사이를 통과하게 되며, 이때 원심력에 의하여 가스의 속도가 증가하여 임펠러에서 나온다. 임펠러 주위에는 고정된 디퓨저가 있어서 가스가 그곳에 들어가면 속도가 압력으로 변하게 되므로 압축이 되는 것이다.

　㉳ 용량 제어방법
　　㉠ 속도제어로 조정 : 변속이 가능한 원동기로 구동되는 경우에는 회전수를 바꿈으로써 다음의 법칙에 따라 변화시킨다.

$$Q \propto N,\ H \propto N^2,\ KW \propto N^3$$

　　㉡ 토출밸브에 의한 조정 : 토출관에 설치한 개도를 조절함으로써 송풍량을 조정하는 방법이다.
　　㉢ 흡입밸브에 의한 조정 : 흡입관에 설치한 개도를 조절함으로써 송풍량을 조정하는 방법이다. 주로 대기압을 흡입하는 압축기에 많이 사용한다.
　　㉣ 베인 컨트롤에 의한 방법 : 임펠러의 입구에 방사선상으로 놓인 베인의 각도를 조정함으로써 임펠러의 유입각도를 바꾸면 특성을 변화시킬 수 있다.
　　㉤ 바이패스에 의한 조정 : 토출관로의 도중에 바이패스관로를 설치하고 토출풍량의 일부를 흡입에 복귀시키거나 또는 대기에 방출한다.

④ 축류압축기
　㉮ 동익과 정익의 조합형태로서 다음의 세 구간으로 구성된다.
　　㉠ 증속구간 : 흡입구에서 익열 전까지
　　㉡ 증가구간 : 익열에서의 에너지 증가
　　㉢ 감속구간 : 익열 후의 디퓨저에서 토출구까지

㉯ 특징
  ㉠ 동익 (가동익)식인 경우 날개의 각도 조절에 의하여 축동력을 일정하게 한다.
  ㉡ 효율이 나쁘다.
  ㉢ 압축비가 작아서 공기조화 설비용으로 사용된다.

✿ **축류압축기의 날개 배열**

(1) 후치정익형   (2) 전치정익형   (3) 전후치정익형

㉰ 베인의 배열
  ㉠ 후치정익형 : 축방향으로 유입하고 동익에 의해 굽혀지며, 후치정익에 의해 축방향으로 돌려서 유입하는 형식이다.
    ※ 1단 팬에 많이 사용한다.
  ㉡ 전치정익형 : 축방향으로 유입되나 최초의 놓여진 전치정익에 의해 동익의 회전방향과 역방향으로 흐름을 굽히고 동익에 의해 축방향으로 되돌려 준다 (방출된다).
    ※ 효율은 낮고 압력은 높다.
  ㉢ 전후치정익형 : 축방향으로 유입한 전치정익에서 회전방향으로 굽히고 동익에서 다시 동익방향으로 굽혀진 양만을 정익에서 원형으로 되돌리는 형식이다.

✿ **축류압축기의 반동도**
  ① 후치정익형 : 80~100 %
  ② 전치정익형 : 100~120 %
  ③ 전후치정익형 : 40~60 %

⑤ 나사압축기 (스크루압축기)
  ㉮ 특징
    ㉠ 나사압축기라고도 하며, 용적 (부자)형이다.
    ㉡ 흡입, 압축, 토출의 3행정을 가지고 있다.
    ㉢ 오일리스 압축기로 개발된 것으로 무급유식 또는 급유식이나 효율은 일반적

으로 낮다.
ⓔ 고속회전이므로 기체에 맥동이 없고 연속적이며, 경량, 중용량 및 대용량까지 적당하다.
ⓜ 기초설치면적이 작고 기계적 접속부는 베어링뿐이지만 증폭장치를 가진 경우에는 터보압축기보다 베어링이 많다.
ⓗ 토출압력에 의한 용량 변화가 적고 (70~100 %) 소음방지장치가 필요하며, 토출압력은 30 kg/cm²이다.
ⓢ 암(female) 및 수(male)의 치형을 가진 두 개의 모터의 맞물림에 의해 압축한다.

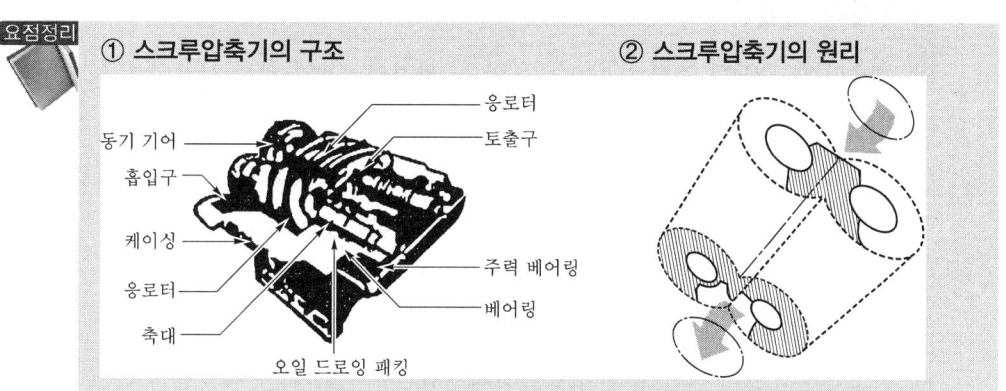

① 스크루압축기의 구조
② 스크루압축기의 원리

㉯ 행정의 원리

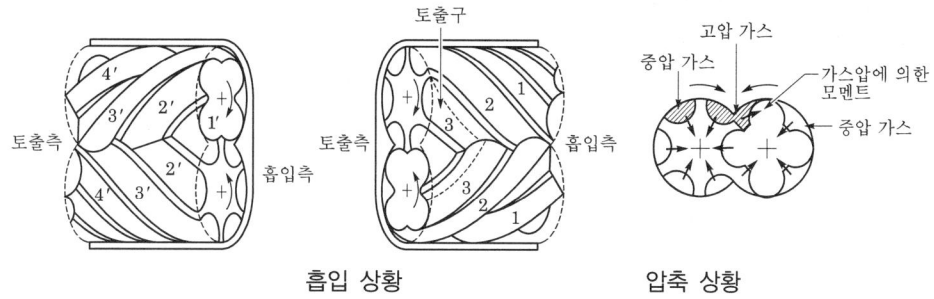

흡입 상황   압축 상황

㉠ 흡입행정 : 로터의 회전에 따라 케이싱에 의해 형성된 공간은 $(1'-1') \to (2'-2') \to (3'-3')$로 증대하고, 접촉과는 전혀 관계없는 공간$(4'-4')$이 된다 (흡입과정 완료).
㉡ 압축행정 : 로토의 회전에 따라서 $(1-1) \to (2-2) \to (3-3)$으로 압축되고

토출구에서 송출된다. 이와 같은 압축과정이 각 치형의 조합마다 행해지며, 전체적으로 볼 때 거의 연속적으로 압축된다.

⑥ 다이어프램식 압축기

임펠러에서 토출된 가스는 다이어프램에 의하여 다음 단의 임펠러에 흡입되는 압축기이다. 즉, 격막의 상하운동으로 기체를 압축한다.

다이어프램식 압축기는 부식성 유체의 압송이나 불활성 기체(He, Ne, Ar 등)의 압송에 사용한다.

(4) 압축기의 윤활유

① 고온일 때 : 산화, 중합을 일으키지 않고, 탄화하여 부착하는 성질이 작은 오일을 사용한다.

② 점도 : 마찰을 적게 하고, 실 작용을 하기 위하여 적당한 점도가 필요하다.

③ 아황산가스(SO_2) : 가스에 침윤하지 않고 수분함량이 없는 것

④ 수소가스(H_2) : 순광물성 기름으로 점도가 높은 것이 좋다.

⑤ 산소가스(O_2) : 유지인 것을 사용하지 말 것

⑥ 염소가스(Cl_2) : 진한 황산이나 글리세린(60 % + 30 %)에 사탕을 더하고 120℃로 용해해서 10 %의 그래화이트 또는 활석을 혼합한 것이다.

✿ 주요가스의 윤활유
 ① 공기 : 양질의 광유
 ② SO_2 : 화이트유(정제된 용제 터빈유)
 ③ H_2 : 양질의 광유
 ④ O_2 : 글리세린 10 % 수용액(물)
 ⑤ C_2H_2 : 양질의 광유
 ⑥ LPG : 식물성유

1.2 펌프 (pump)

(1) 펌프의 분류

① 터보식 펌프

㉮ 원심펌프 (센트리퓨걸펌프) : 임펠러에 흡입된 물이 축과 직각방향으로 토출되면서 벌류트 케이싱 내에 유도되어 버텍스 체임버에서 운동에너지를 압력에너지로 변환시켜서 토출하는 형식이다.

㉠ 특징
- 원심력에 의하여 액체를 이송한다.
- 용량에 비하여 설치면적이 작고 소형이다.
- 액의 맥동이 없고 흡입·토출밸브가 없다.
- 펌프에 충분히 액을 채워야 한다.
- 고양정에 적합하다.
- 캐비테이션, 서징현상 등이 발생하기 쉽다.

㉡ 원심펌프의 구조와 기본요소
- 양수장치 : 흡입관, 송출관, 풋밸브 (foot valve), 게이트밸브

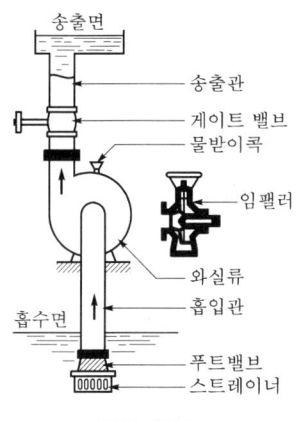

펌프계통도

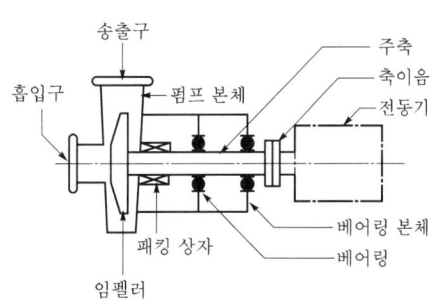

원심펌프의 구성요소

제3편 가스설비

 요점정리

① **펌프와 압축기의 차이**
  • 펌프 : 액체를 이송
  • 압축기 : 기체를 이송

② **펌프의 종별 분류**
  • 터보식 : 센트리퓨걸 (원심)펌프, 사류펌프, 축류펌프
  • 용적식 : 왕복펌프, 회전펌프
  • 특수펌프 : 재생펌프, 제트펌프, 기포펌프, 수격펌프

③ **펌프의 구비조건**
  • 고온 · 고압에 견딜 것
  • 작동이 확실하고, 조작 · 보수가 용이할 것
  • 급격한 부하의 변동에 대응할 것
  • 저부하 · 고부하에서도 효율이 양호할 것
  • 병렬운전에 지장이 없을 것
  • 회전식은 고속에 안전할 것
  • 누설이 없고 고장이 적을 것

ⓒ 구성요소 : 회전차 (임펠러), 펌프 본체, 안내 깃 (가이드 베인), 와류실, 주축, 축이음, 베어링 본체, 패킹상자, 베어링

ⓓ 원심펌프의 분류

  • 안내 깃 (가이드 베인)의 유무에 따른 분류
    ┌ 벌류트펌프 : 임펠러 외주에 가이드 베인이 없는 형태
    └ 터빈펌프 : 임펠러 외주에 가이드 베인이 있는 형태

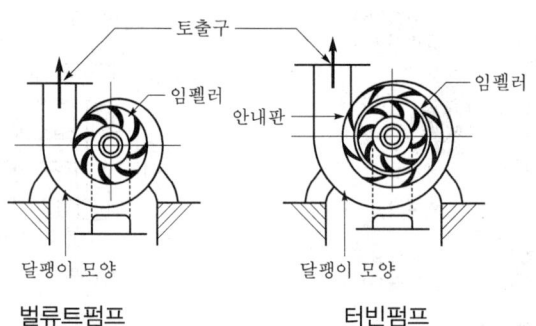

벌류트펌프   터빈펌프

※ 벌류트펌프의 프라이밍(priming) : 펌프를 운전할 때 액이 충만하지 않으면 공회전하여 펌프작업이 이루어지지 않는다. 이때, 액을 채우는 작업이다 (터빈펌프에도 사용된다).

- 흡입구에 의한 분류
  - 단흡입펌프 : 회전자의 한쪽에서만 흡입되는 펌프
  - 양흡입펌프 : 펌프의 양쪽에서 흡입되는 펌프

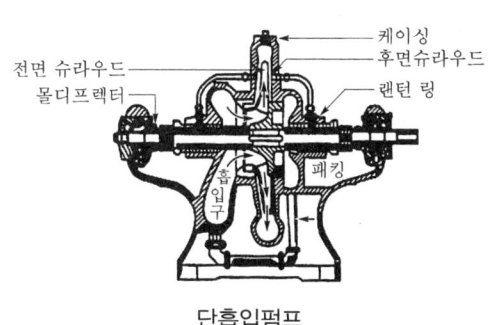
단흡입펌프

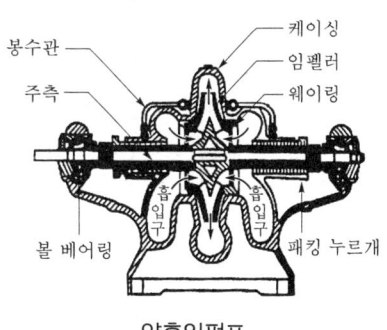
양흡입펌프

- 단 (스테이지)수에 의한 분류
  - 단단펌프 : 펌프 한 대에 임펠러 1개를 단 것
  - 다단펌프 : 임펠러를 여러 개를 같은 축에 배치하여, 1단에서 나온 액체는 제 2단에서 흡입되고, 이하 순차적으로 다음 단에 연결되는 것을 말한다.
- 임펠러의 모양에 따른 분류
  - 반경류형 : 액체가 임펠러 속을 지날 때 유적 (流跡)이 거의 축과 수직인 평면 내를 반지름 방향으로 흐르도록 되어 이다.
  - 혼류형 : 깃 입구에서 출구에 이르는 사이에 반지름 방향과 축방향과의 유동이 조합되어 있다.
- 케이싱에 의한 분류 : 상하분할형, 분할형, 원통형, 배럴형

 요점정리

① **벌류트펌프의 특징**
- 토출량이 크며, 저점도의 액체에 적당하다.
- 저양정 시동때 물이 필요하다 (프라이밍이 필요하다).

② **터빈펌프의 특징**
- 고양정을 얻기 위해 단수를 가감할 수 있다.
- 고양정, 저점도의 액체에 적당하다.
- 대용량에 적합하다.

> ③ 펌프의 임펠러를 설계할 때의 주의사항
> - 마찰 손실을 적게 하려면
>   - 깃의 통로길이를 짧게 할 것
>   - 깃의 매수를 적게 할 것
>   - 임펠러의 내외면을 매끈하게 할 것
> - 손실 헤드를 적게 하려면
>   - 통로의 단면적을 급변하지 않도록 할 것
>   - 깃의 곡선을 완만하게 할 것
>   - 깃의 매수를 많게 하여 곡률반지름을 크게 할 것

㉯ 사류펌프 : 임펠러에서 나온 물의 흐름이 축에 대하여 비스듬히 나온다. 임펠러에서 물의 흐름을 안내 깃에 유도하여 회전방향 성분을 축방향 성분으로 바꾸어서 토출하는 형태와 벌류트 케이싱에 유도하는 형식이 있다.

㉰ 축류펌프 : 임펠러에서 나오는 물의 흐름이 축방향으로 나오는 펌프이다. 임펠러에서 물을 안내 깃에 유도하여 회전방향 성분을 축방향으로 변화시켜 수력손실을 적게 하여 축방향으로 토출한다.

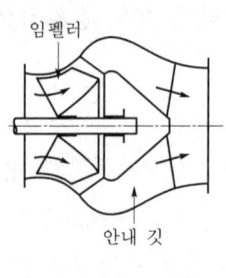
사류펌프

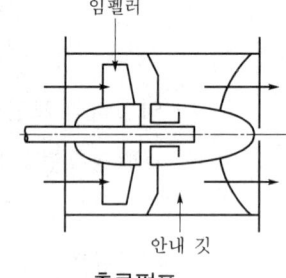
축류펌프

② 왕복펌프 : 실린더 내의 피스톤 또는 플런저를 왕복시켜서 밸브의 개폐와 피스톤의 왕복으로 액을 흡입하여 토출하는 것

㉮ 피스톤펌프 : 피스톤에 패킹 (실라인)과 밸브가 붙어 있는 것

㉯ 플런저펌프 : 실라인이 펌프 본체에 고정되어 왕복운동을 하는 플런저에는 실이 붙어 있지 않다. 패킹 교환이 용이하고 고압을 얻기 쉽다.

㉰ 다이어프램펌프 : 특수유체, 슬러그 (불순물)가 많이 함유된 물도 이송하기 쉬우며, 고무나 테플론 등의 막을 상하로 움직여서 토출한다. 슬러그를 함유한 액체에도 마모·폐쇄되지 않으며, 그랜드 패킹이 없어 누설을 방지한다.

요점정리 ✿ **왕복펌프의 구조**

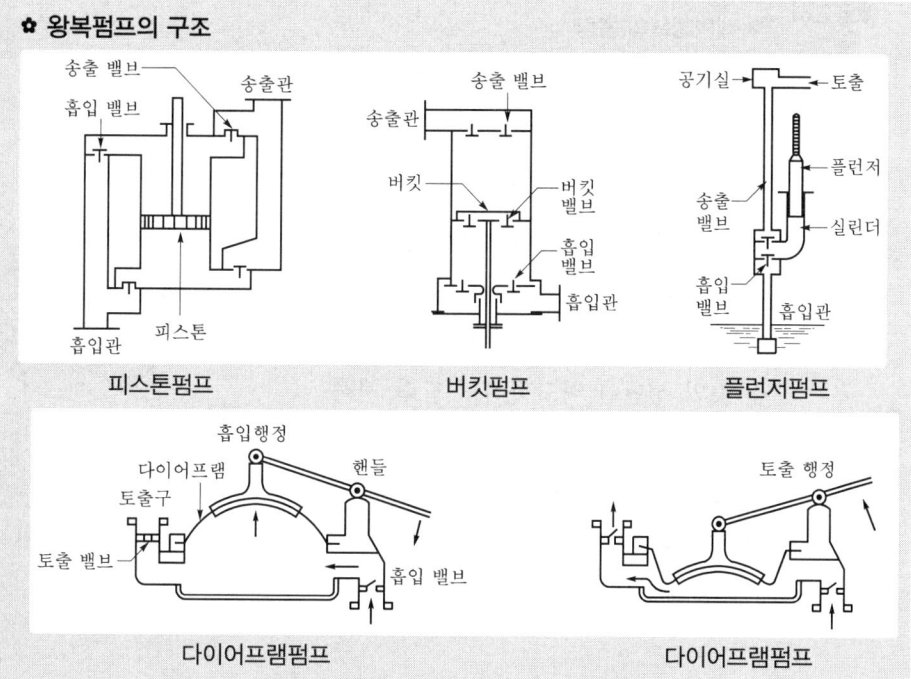

  ㉣ 장·단점

    ㉠ 장점

- 소형으로 고압, 고점도의 유체에 적당하다.
- 토출량이 일정하므로 정량 토출할 수 있다.
- 회전수가 변하여도 토출압력의 변화는 적다.
- 수송량을 가감할 수 있어 흡입양정이 크다.

    ㉡ 단점

- 밸브의 그랜드가 고장 나기 쉽다.
- 단속적으로 송출하므로 맥동이 일어나기 쉽다.
- 고압으로 액의 성질이 변하기 쉽다.
- 진동이 있고 설치면적이 크다.

③ 회전펌프 : 날개의 회전에 따라서 생기는 원심력을 이용하여 흡입·송출밸브 없이 본체 (케이싱)와 임펠러 사이에 유체가 밀려나가서 송출된다.

  ㉮ 베인펌프 (사절판펌프) : 편심한 회전 롤에 베인 (깃)을 붙여서 회전력에 의해 토출한다.

✿ 베인펌프의 용량
① 송출압력 : 20~175 kg/cm^2
② 효율 : 70~85 %

㉠ 10수매의 깃을 내장하며, 적당한 압력
  포드, 캠 링을 사용함으로써 송출압력
  에 맥동이 적다.
㉡ 펌프의 구동동력에 비해 소형이다.
㉢ 깃의 선단이 마모하여도 압력 저하
  가 적다.
㉣ 고장률이 적고 보수가 용이하다.
㉯ 기어펌프 : 두 개의 기어가 맞물려서 기어가 열리는 쪽에서 흡입하여 닫히는 쪽
  으로 토출하는 펌프이다 (기어펌프).

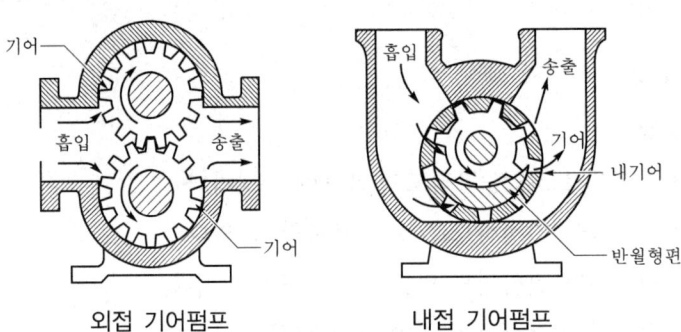

외접 기어펌프   내접 기어펌프

✿ 기어펌프의 용량
① 송출압력 : 100 kg/cm^2 이상　② 송출량 : 3~100 m^3/h
③ 전양정 : 35~45 m　　　　　　④ 효율 : 70~80 %

㉰ 나사펌프 (스크루펌프) : 1개의 나사축 (원동축)에 다른 나사축 (종동축)을 1~2
  개를 물리게 하여 케이싱 속에 봉하고 회전시킴으로써 (서로 다른 방향으로) 한
  쪽의 나사홈 속의 액체를 다른 쪽의 나사산으로 밀어내게 되어 있는 형태이다.

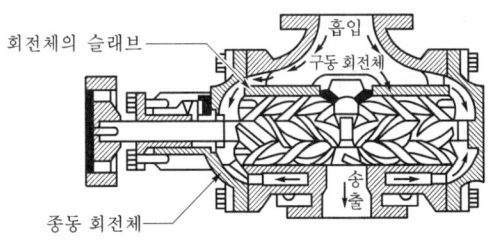

스크루펌프

 ✿ **나사펌프의 종류 (나사 수에 따라서)**
① 1개 : 모이노펌프
② 2개 : 큄비펌프
③ 3개 : 이모펌프

㉣ 회전펌프의 특징 및 사용상 주의할 점
  ㉠ 특징
    • 고점도액의 이송에 적합하다.
    • 고압에 적합하고 토출압력이 변하여도 토출량은 크게 변하지 않는다.
    • 구조가 간단하고 청소, 분해가 용이하다.
  ㉡ 사용상 주의점
    • 액의 점도에 따른 회전수와 소요동력의 선정을 적절히 할 것
    • 점도가 큰 것은 회전수가 적고 소요동력이 커진다.
    • 점도가 큰 액의 흡입측 저항을 가능한 한 작게 할 것
    • 점도가 작은 것은 원심펌프를 사용하는 것이 좋다.
    • 고압을 사용할 때에는 반드시 안전밸브를 사용할 것

④ 기타 펌프
  ㉮ 분사펌프 (제트펌프) : 노즐을 통하여 고속으로 분사된 유체에 의하여 흡입된 유체가 펌프로 송출된다.
    • 장점 : 소음이 없고, 설치가 간단하다.
  ㉯ 기포펌프 : 압축기로 압축공기를 양수관의 아래쪽에서 구멍으로 분출시켜 수면을 올리는 방법이다.
  ㉰ 수격펌프 : 펌프나 압축기 없이 유체의 위치에너지를 이용한 것으로서 높은 위치의 물을 흘려보내다가 급격히 폐쇄시킬 때 고압이 발생하는 워터 해머를 이용한 것으로 낙차의 50배까지 양수할 수 있다.

- 장점 : 지형상 낙차만 있으면 양수가 가능하므로 경제적이다. 고장이 없고 수명이 반영구적으로 길다.

㉑ 가찰펌프 (재생펌프)

(2) 펌프 사용시 발생되는 이상 현상

① 캐비테이션 (cavitation)

㉮ 캐비테이션의 발생조건

㉠ 관 속을 유동하고 있는 물속의 어느 부분이 고온도(高溫度)일수록 포화증기압에 비례해서 상승할 때

㉡ 펌프의 물이 과속(過速)으로 인하여 유량이 증가할 때

㉢ 펌프와 흡수면(吸水面) 사이의 수직거리가 너무 부적당하게 길 때

㉯ 캐비테이션 발생에 따른 여러 가지 현상

㉠ 양정곡선과 효율곡선의 저하

㉡ 소음 (noise)과 진동 (vibration)

㉢ 깃에 대한 침식 (侵蝕)

- 유효 흡입양정 (NPSH) : 펌프의 입구에서 전압력이 그 수온에 상당하는 증기압력에서 어느 정도 높은가 표시

㉰ 펌프의 캐비테이션 방지법

㉠ 펌프의 설치높이를 될 수 있는 대로 낮추어 흡입양정을 짧게 한다.

㉡ 수직축(立軸)펌프를 사용하고, 임펠러를 수중(水中)에 완전히 잠기게 한다.

㉢ 흡입배관계는 될 수 있는 대로 관지름을 굵게 하거나 굽힘을 적게 한다.

㉣ 펌프의 회전수를 낮추어 흡입 비교회전도를 적게 한다.

㉤ 양흡입(兩吸入)펌프를 사용한다.

㉥ 두 대 이상의 펌프를 사용한다.

> **✿ 캐비테이션**
> 물이 관 속을 유도하고 있을 때 물속의 어느 부분의 정압이 그 때 물의 온도에 해당하는 증기압 이하로 되면 부분적으로 증기가 발생하는 현상이다.

② 수격작용 (water hammering) : 펌프에서 물을 압송하고 있을 때 정전 등으로 급히 펌프가 멈추거나 수량조절밸브를 급해 폐쇄할 때, 관 속의 유속이 급속히 변화하면 물에 의한 심한 압력의 변화가 생긴다. 이 현상을 수격작용이라고 한다.

㉮ 수관(水管) 속의 압축파(壓縮波)의 전파속도

$$a = \sqrt{\dfrac{K/\rho}{1 + \dfrac{K}{E} \cdot \dfrac{D}{\sigma}}} \; (\text{m/s})$$

여기서, a : 음속 (전파속도) (m/s),
K : 물의 체적탄성계수 (kg/m^2),
ρ : 물의 밀도 (kg·s^2/m^2),
E : 관의 종탄성계수 (kg/m^2),
D : 관의 안지름(m), σ : 관벽의 두께(m)

㉯ 수격작용의 방지법

㉠ 관(管) 속의 유속을 낮게 한다 (단, 관지름을 크게 할 것).
㉡ 펌프에 플라이 휠(fly wheel)을 설치하여 펌프의 속도가 급격히 변화하는 것을 막는다 (관성모멘트의 원리).
㉢ 조압수조(調壓水槽) : 서지탱크를 관선에 설치한다 (자동).
㉣ 밸브는 펌프 송출구 가까이에 설치하고, 밸브는 적당히 제어한다.

(3) 펌프의 회전수

① 전동기의 동기속도 (N)

$$N = \dfrac{f}{\dfrac{P}{2}} \times 60 = \dfrac{120f}{P} \; (\text{rpm})$$

여기서, f : 주파수, P : 극수

② 펌프의 회전수 (R)

$$R = N\left(1 - \dfrac{S}{100}\right) = \dfrac{120f}{P}\left(1 - \dfrac{S}{100}\right)$$

3상 유도전동기의 동기속도 (rpm)

극수	2	4	6	8	10	12	14	16	18	20
주파수 60Hz	3600	1800	1200	900	720	600	514	450	400	360

① 우리나라의 전원주파수 f는 60Hz이다.
② S는 펌프운전 때 생기는 부하에 의한 미끄럼률(%)이다.

(4) 펌프의 소요동력과 상사의 법칙

① 소요동력

㉮ 마력 (PS 또는 HP) = $\dfrac{\gamma \cdot Q \cdot H}{75\eta}$

㉯ 동력 (kW) = $\dfrac{\gamma \cdot Q \cdot H}{102\eta}$

여기서, Q : 유량 (m³/s), H : 전양정 (m), γ : 액의 비중량 (kg/m³), η : 펌프의 효율 ($\eta < 1$)

※ Q (m³/min)일 때는 kW = $\dfrac{\gamma \cdot Q \cdot H}{102 \cdot \eta \cdot 60}$ 으로 하며 다음과 같이 약식으로 나타낼 수 있다.

kW = $\dfrac{\gamma \cdot Q \cdot H}{102 \cdot \eta \cdot 60}$ 에서 유체가 물일 때 $\gamma = 1000$ kg/m³이고

이때의 유량 Q를 (m³/min) 단위로 할 때

kW = $\dfrac{1000 \cdot Q \cdot H}{102 \times 60 \times \eta}$ = $0.613 Q \cdot H$

② 상사의 법칙 : 구조가 서로 상사한 두 개의 펌프는 성능곡선도 서로 상사이다. 이때의 관계를 표현하는 법칙이며 회전수에 따라 다음과 같이 변화한다.

펌프의 회전수, 토출량, 전양정, 축동력, 효율과의 관계

회전수	토출량	전양정	축동력	효 율
(변화 전) 회전수 N의 경우	Q	H	P	η
(변화 후) 회전수 N'의 경우	Q'	H'	P'	η'

㉮ 유량 : 회전수에 비례한다. $Q' = Q \times \left(\dfrac{N'}{N}\right)$

㉯ 양정 : 회전수의 자승에 비례한다. $H' = H\left(\dfrac{N'}{N}\right)^2$

㉰ 동력 : 회전수의 3승에 비례한다. $P' = P\left(\dfrac{N'}{N}\right)^3$

※ 단, $\eta = \eta'$로서 효율은 변함없는 것으로 한다.

(5) 비교회전도 (비속도)

한 임펠러를 형상과 운전상태를 상사하게 유지하면서 그 크기를 바꾸어 단위송출유량에서 단위일정 (1m)으로 되게 할 때, 그 임펠러에 최대로 적합한 회전수를 원래의 임펠러의 비교회전도라고 한다.

$$N_s = \frac{N\sqrt{Q}}{\left(\dfrac{H}{i}\right)^{3/4}}$$

여기서, N_s : 비교회전도, Q : 유량 (m^3/min), i : 펌프의 단수
N : 회전수 (rpm), H : 양정 (m)

요점정리

✿ 터보식 펌프의 N_s 범위
① 센트리퓨걸펌프 : 100~600 m^3/min · m · rpm
② 사류펌프 : 500~1300 m^3/min · m · rpm
③ 축류펌프 : 120~2000 m^3/min · m · rpm

(6) 왕복펌프의 토출체적

$$Q = \frac{\pi}{4}D^2 \cdot S \cdot N \cdot n$$

여기서, Q : 토출체적 (m^3/min), D : 실린더 지름 (m),
S : 피스톤의 행정 (m), N : 기통수, n : 회전수 (rpm)

2 고압장치의 요소

2.1 고압가스 용기

(1) 용접용기

강판을 롤링, 성형하여 용접하여 제작한다.

C_3H_8, C_2H_2 등 비교적 저압가스용으로 사용된다.

① 화학성분 : 탄소강이 쓰이며 CPS 비율은 다음과 같다.

성 분	C (탄소)	P (인)	S (황)
함량 (%)	0.33 % 이하	0.04 % 이하	0.05 % 이하

② 제작방법
  ㉮ 용접용기 : 강판을 원상으로 압착하여 2개를 상·하로 하여 둘레를 용접한 형태
  ㉯ 이음매없는 용기 : 강판을 롤러에 감아서 몸통부 (동판)를 만들고 양단의 경판을 조립하여 용접한 형태

③ 용접용기의 장점
  ㉮ 강판이 저렴하므로 제작비가 싸다.
  ㉯ 판재를 사용하므로 용기의 형태수치를 자유로이 선택한다.
  ㉰ 두께의 공차가 적다 (용기의 두께공차는 ±20 % 이하).

(2) 이음매 없는 용기

이음 부분이 없는 것으로서 특수 제작되며 O_2, H_2 등 압력이 높은 압축가스, 액화 CO_2 등 상온에서 높은 증기압을 가지는 가스, Cl_2 등 맹독성이며 부식성이 큰 가스 등에 사용된다.

성 분	C (탄소)	P (인)	S (황)
함량 (%)	0.55 % 이하	0.04 % 이하	0.05 % 이하

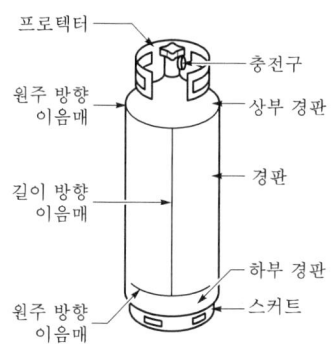
용접용기의 각부 명칭(LPG용)

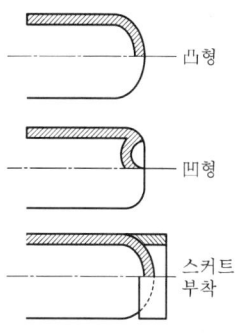
무계목의 저부 형태

② 재질과 형상

  ㉮ Cl_2, NH_3 등 비교적 저압인 것 : 탄소강

  ㉯ O_2, H_2 등 비교적 고압인 것 : 망간강

  ㉰ 형상은 가늘고 길며, 저부형태란 凸형, 凹형, 스커트형이 있다.

2.2 용기용 밸브

(1) 밸브의 구조

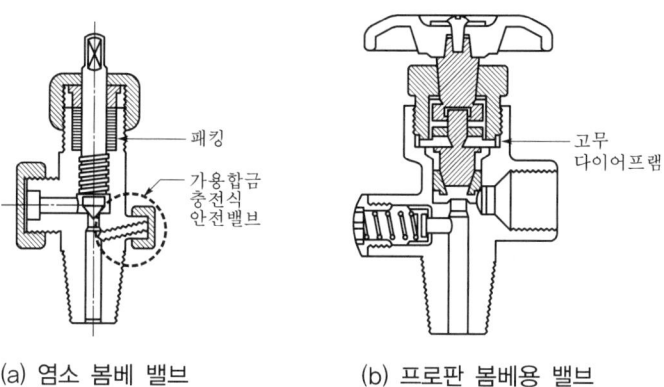

(a) 염소 봄베 밸브   (b) 프로판 봄베용 밸브

① 구조 : 패킹식, 오일링식, 백시트식, 다이어프램식의 4종류
② 밸브의 표시 : 제조자명 및 약호, 제조연월, 중량, 내압시험압력
③ 충전구의 나사방향

  ㉮ 가연성 가스 : 왼나사 (단, NH_3, CH_3Br은 제외)

㉯ 가연성 가스 이외 : 오른나사
④ 밸브에는 안전밸브를 부착한다 (위 그림에서).
  ㉮ 염소용 : 가용전식 (65~68 %에서 용융)
  ㉯ 프로판용 : 스프링식 (내압시험압력×8/10 이하에서 작동)

(2) LPG용 밸브

그랜드 너트의 개폐방향에 따라 왼나사, 오른나사가 있다.

① 개폐방향이 왼나사인 것은 그랜드 너트 육각부에 V자 홈을 만든다.
② 그랜드 너트 고정방법
  ㉮ 금속접착제로 고정하는 방법 (그랜드 너트 육각부에 '적색'으로 표시한다.)
  ㉯ 본체와 그랜드 너트 사이에 구멍을 뚫어서 핀으로 고정
③ 충전구는 왼나사로 되어 있다.
④ 안전밸브는 스프링식 안전밸브이며, 내압시험의 80 % 이하에서 분출한다.
⑤ 밸브의 내압시험은 용기의 내압시험압력 이상에서 실시한다.
⑥ 밸브의 기밀시험압력은 공기, 불활성 가스로 행하며 용기의 최고충전압력 이상에서 실시한다.
⑦ 밸브의 기능검사
  ㉮ 핸들의 회전이 원활한 것 (그핀들이 굽은 것은 불합격이다.)
  ㉯ 그랜드 너트를 빼는 방향으로 100 kg·m의 회전력으로 돌릴 때 그랜드 너트가 돌아가는 것은 불합격이다.
  ㉰ 그랜드 너트로 80±200 kg·m의 회전력으로 조이고 고정해야 한다.

2.3 용기의 내용적 계산

(1) 압축가스 용기

$$V = M/P$$

여기서, V : 용기의 내용적 (L 또는 m^3), M : 대기압으로 환산한 가스 부피 (L 또는 m^3)
P : 35℃에서의 최고충전압력 (kg/cm^2)

(2) 액화가스 용기

$$V = G \cdot C$$

여기서, V : 용기의 내용적 (L), G : 가스의 질량 (kg), C : 가스의 정수 (C_3H_8 : 2.35)

2.4 용기의 두께 계산 (용접용기)

(1) 동 판

$$t = \frac{PD}{200SE - 1.2P} + C$$

(2) 접시형 경판

$$t = \frac{PDW}{200SE - 0.2P} + C$$

(3) 반타원체형 경판

$$t = \frac{PDV}{200SE - 0.2P} + C$$

여기서, t : 두께 (단위 : mm)의 수치

P : 아세틸렌가스 용기는 최고충전압력 (단위 : MPa)의 1.62배의 압력, 그 밖의 용기는 최고충전압력 (단위 : MPa)의 수치

D : 동판은 동체의 내경, 접시형 경판은 그 중앙만곡부 내면의 반지름, 반타원체형 경판은 반타원체 내면의 장축부 길이에 각각 부식여유의 두께를 더한 길이 (단위 : mm)의 수치

W : 접시형 경판의 형상에 따른 계수로서 다음 산식에 의해 계산된 수치

$\dfrac{3 + \sqrt{n}}{4}$ (n은 경판 중앙만곡부 내경과 경판둘레의 단곡부 내경의 비)

V : 반타원체형 경판의 형상에 의한 계수로서 다음의 산식에 의해 계산된 수치

$\dfrac{2 + m^2}{6}$ (m은 반타원체형 내면의 장축부와 단축부의 길이의 비)

S : 재료의 허용응력 (단위 : N/mm^2) 수치

E : 동체의 길이 이음매 또는 경판중앙부 이음매의 용접효율 수치

C : 부식여유의 두께 (단위 : mm)의 수치로서 다음 표와 같다.

용기의 종류		부식여유의 수치(mm)
암모니아를 충전하는 용기	내용적이 1000 L 이하인 것	1
	내용적이 1000 L를 초과한 것	2
염소를 충전하는 용기	내용적이 1000 L 이하인 것	3
	내용적이 1000 L를 초과한 것	5

2.5 용기의 각종시험

(1) 내압시험

용기를 설정된 내압에 견딜 수 있는지의 여부를 항구증가율로써 판정한다.

① 내압시험압력

 ㉮ 일반적인 용기 : 최고충전압력 $\times \dfrac{5}{3}$ 배

 ㉯ 아세틸렌 용기 : 최고충전압력 $\times 3$ 배

 ㉰ 설비의 경우 : 상용압력 $\times 1.5$ 배

② 수조식 내압시험

 ㉮ 용기를 수조에 넣고 수압으로 가압한다.

 ㉯ 수압에 의해 용기가 팽창함에 따라 그 팽창된 용적만큼 물이 압축되어 팽창계(브레드)에 나타난다. 이것을 '전증가량'이라고 한다.

 ㉰ 용기 내부의 수압을 제거한 다음 용기의 영구팽창 때문에 팽창계의 물이 수조로 완전히 돌아가지 않고 팽창계에 남게 되는데, 이 남은 물의 양을 '항구증가량'이라고 한다.

 ㉱ 이런 조작에 의해 얻어진 항구증가량과 전증가량의 백분율을 항구증가율이라고 한다.

③ 비수조식 내압시험 : 대형 용기나 특수형상 또는 수조식에서 어려운 경우에 사용되는데, 용기를 수조 속에 넣지 않고 용기에 직접 내압시험압력으로 수압을 가해 용기 내에 최초수압 이전에 들어간 물의 양과의 차가 전증가량이 되고, 수압제거 때에도 수압 이전의 수량보다 조금 덜 빠지고 남아 있는 잔량이 영구증가량이므로 계산하면 영구증가율을 낼 수 있다. 그러나 이때 압입된 물은 내압시험압력으로 가압되므로 압축계수를 사용해서 수량을 보정해야 하며, 이때의 온도 또한 중요하다.

(2) 기밀시험

용기가 규정 사용 압력에서 누설이 발생되는지의 여부를 사용 전에 사용압력 이상으로 기압(질소 등 불활성 가스)에 의하여 확인하는 방법이다.

① 방법
  ㉮ 기밀시험은 기압으로 하는 것을 원칙으로 한다.
  ㉯ 시험기체는 주로 공기를 사용하나 재검사일 경우에는 잔류가스가 가연성 가스일 경우에는 공기와 혼합하여 폭발우려가 있으므로 질소, 불연성가스를 사용한다.
  ㉰ 시험압력 이상의 기체를 압입하여 1분 이상 유지하고 비눗물을 발라 기포의 발생여부로 판별한다.
  ㉱ 중·소형 용기의 시험은 용기를 수조에 담아 기포의 발생으로 측정한다.

② 시험압력
  ㉮ 초저온 및 저온용기 : 최고충전압력(FP)×1.1배
  ㉯ 아세틸렌 용기 : 최고충전압력×1.8배
  ㉰ 기타 용기 : 최고충전압력 이상

2.6 용기의 검사와 표시방법

(1) 용기검사

① 신규검사 : 화학성분검사, 인장강도, 충격, 압궤, 연신율, 굴곡용접부, X-검사, 파열, 기밀, 내압시험 등
② 재검사 : 음향검사, 외관검사, 내부조명검사, 질량검사, 내압시험
③ 재검사기간

용기의 종류		신규검사 후 경과연수		
형태		15년 미만	15년 이상 20년 미만	20년 이상
용접용기	500 L 이상	5년마다	2년마다	1년마다
	500 L 미만	3년마다	2년마다	1년마다
이음매없는 용기 또는 복합재료용기	500 L 이상	5년마다		
	500 L 미만	신규검사 후 경과연수가 10년이하인 것은 5년마다, 10년을 초과한 것은 3년마다		

(2) 합격용기의 각인방법

용기제조자는 용기검사에 합격한 용기에 용기 및 그 부속품의 어깨 부분 또는 프로텍터 부분 등 보기 쉬운 곳에 다음 사항을 명확히 각인할 것 다만, 각인하기 곤란한 용기 및 그 부속품은 다른 금속판에 각인한 것을 용기 및 그 부속품에 부착하는 것으로 갈음할 수 있다.

① 용기의 경우
  ㉮ 용기 제조업자의 명칭 또는 약호
  ㉯ 충전하는 가스의 명칭

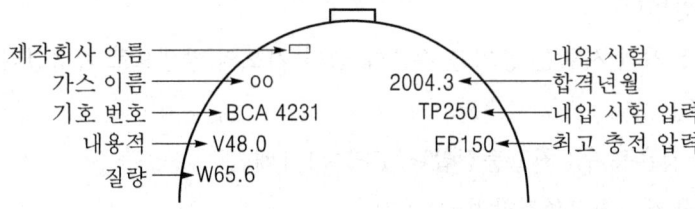

  ㉰ 용기의 번호
  ㉱ 내용적 (기호 : V, 단위 : L)
  ㉲ 초저온용기 외의 용기는 밸브 및 부속품(분리할 수 있는 것에 한한다.)을 포함하지 아니한 용기의 질량 (기호 : W, 단위 : kg)
  ㉳ 아세틸렌가스 충전용기는 ㉲의 질량에 용기의 다공질물, 용제 및 밸브의 질량을 합한 질량 (기호 : TW, 단위 : kg)
  ㉴ 내압시험에 합격한 연월
  ㉵ 내압시험압력 (기호 : TP, 단위 : MPa)
  ㉶ 압축가스를 충전하는 용기는 최고충전압력 (기호 : FP, 단위 : MPa)
  ㉷ 내용적이 500 L를 초과하는 용기에는 동판의 두께 (기호 : t, 단위 : mm)
  ㉸ 충전량 (g) (납붙임 또는 접합용기에 한한다.)

② 용기부속품의 경우
  ㉮ 부속품 제조업자의 명칭 또는 약호, 이 규정에 의한 부속품의 기호와 번호
  ㉯ 질량 (기호 : W, 단위 : kg)
  ㉰ 부속품검사에 합격한 연월
  ㉱ 내압시험압력 (기호 : TP, 단위 : MPa)

⑪ 용기종류별 부속품의 기호
  ㉠ 아세틸렌가스를 충전하는 용기의 부속품 : AG
  ㉡ 압축가스를 충전하는 용기의 부속품 : PG
  ㉢ 액화석유가스 외의 액화가스를 충전하는 용기의 부속품 : LG
  ㉣ 액화석유가스를 충전하는 용기의 부속품 : LPG
  ㉤ 초저온 용기 및 저온용기의 부속품 : LT

3 고압가스 저장탱크

3.1 구성요소

동체와 경판으로 구성되며 안전밸브, 유체의 출입구 드레인 장치, 액면계, 온도계 등을 설치한다.

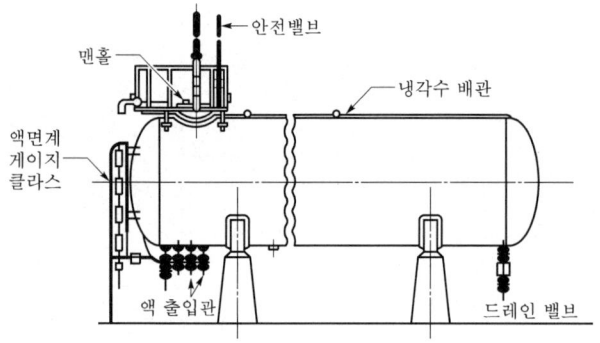

(1) 설치방법에 따라서

① 횡형 (수평설치형)
② 종형 (수직설치형)

(2) 동판은 압력의 구분에 따라서 접시형, 타원형, 반구형이 있다.

(3) 특 징

① 원통형 용기의 일반적인 특징 (동일용량의 동일압력 하에서 구형 탱크와 비교)
  ㉮ 두께가 두꺼우므로 중량은 무거우나 제작상 굽힘, 가공, 용접, 조립 등이 용이하다.
  ㉯ 운반 등이 용이하다.
  ㉰ 치수범위가 넓다 (지름 2.7 cm, 길이 12 m까지 있다).
② 횡형과 종형의 장·단점
  ㉮ 횡형 : 강도상, 설치상, 안전성이 뛰어나므로 설치 예가 종형보다 많다. 단, 설

치면적이 크다.
  ㉯ 종형 : 높이가 높아지면 풍압, 지진 등에 의한 굽힘모멘트를 받기 때문에 관두께를 두껍게 해야 한다. 설치면적이 작으므로 설치상 이점이 있으나 저장물질 중에 침전물이나 이물질이 고이는 경우에는 저부에 드레인을 용이하게 할 수 있는 구조이어야 한다.

(4) 용도
구형 저장탱크에 비하여 소형에 쓰인다.

(5) 지지방법
지점의 위치는 일반적으로 $A = 0.4R < 0.2L$이 되도록 설정한다. 새들의 스냅각은 $\theta = 120 \sim 150°$ 정도의 값을 취한다. 용기의 사용온도가 높은 경우에는 열팽창에 의한 응력이 생기지 않도록 새들의 한쪽은 고정하고 다른 쪽 롤러로 받거나 또는 슬라이드하도록 하여야 한다. 또, 용기를 직접 콘크리트 기초 위에 놓는 경우는 동판의 부식을 고려하여 두께 6 mm 이상의 시트판을 중개하여 설치한다.

3.2 구형 저장탱크

대용량에서는 원통형보다 구형으로 사용하며, 산소, 수소, 메탄 등 쉽게 액화되지 않는 최저온가스를 저장할 때는 2중각 구형 저장탱크, 2중각 구면 지붕형 탱크 등도 사용한다.

(1) 구조화의 특징
① 구조 : 구면상으로는 성형된 강판을 설치장소에 용접하여 구형으로 구조하고, 수개의 강관제 지주로 지지하여 지반기초에 설치
② 부속품 : 맨홀, 저장가스 출입구, 안전밸브, 압력계, 온도계, 특히 액체일 때는 액면계를 설치한다. 그 밖에 운전, 보존용으로 지상에서 탱크의 정상부까지의 계단, 내부 보안용 사다리, 액면계 시감시용 사다리 등을 설치
③ 구형 탱크의 이점 (특징)
  ㉮ 고압저장탱크로서 건설비가 싸다. 동일용량의 기체 또는 액체를 동일압력 및 재료에서 저장하는 경우 구형은 표면적이 가장 작고 강도가 높다.

④ 기초공사가 단순하며 용이하다.
④ 보존면에서 완성시 충분한 용접검사 및 내압기밀시험을 하므로 누설이 완전히 방지된다.
㉘ 형태가 아름답다.

(2) 구형 탱크의 종류

① 단각식 (單殼式)
㉮ 상온이나 -30℃ 전후까지의 저온범위에서 사용
㉯ 저온저장탱크의 경우 보통 냉동장치를 부속하여 탱크 내의 온도와 압력을 조절한다.
㉰ 외면에 충분한 단열재를 장치하고, 동결을 방지하기 위한 방습조치도 필요하다.
㉱ 저장탱크의 각부분 (껍질)의 재료

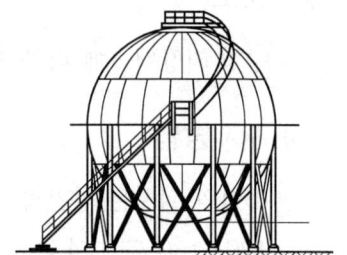

단각식 구형 저장탱크

　㉠ 상온부근 : 용접용 압연강재, 보일러용 압연강재, 고장력강 등
　㉡ 저온 (-30℃ 전후) : 2.5 % Ni강, 3.5 % Ni강 등을 쓴다.

② 2중각식
㉮ 내구는 저온용 강재, 외구는 보통 강판을 사용하며, 내외구간에는 진공 또는 건조공기, 질소 등을 넣고 보냉재를 충전한다.
㉯ 단열성이 높으므로 -50℃ 이하의 저온에서 액화가스를 저장하는데 적합하다.
㉰ 내측 탱크재료 : 스테인리스강, 알루미늄, 9 %의 Ni강이 사용된다.

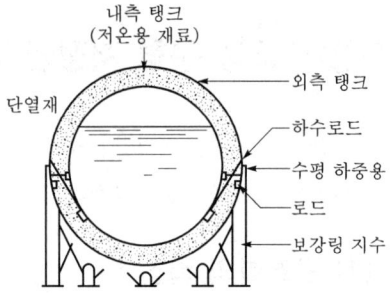

③ 구면 지붕형 (돔루프) 저장탱크 : 산소, 질소 또는 LPG, LNG와 같은 액화가스를 대량으로 저장하는 경우에는 구면 지붕형 저장탱크가 사용된다. 이와 같은 저장탱크에는 구형 저장탱크와 같이 단각식과 2중각식이 있다. 단각식은 일반적으로 암모니아, LPG 등 비교적 액화하기 쉬운 액화가스의 저장탱크, 2중각은 산소, 질소, LNG 등 특히 저온을 필요로 하는 것의 저장탱크로서 사용재료도 구형 저장탱크의 경우와 대략 같다.

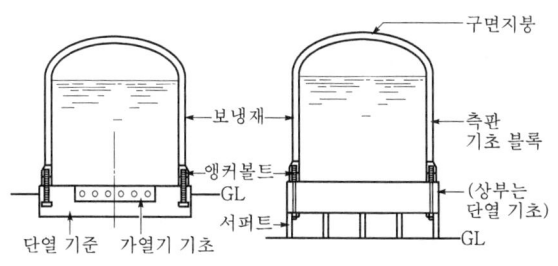
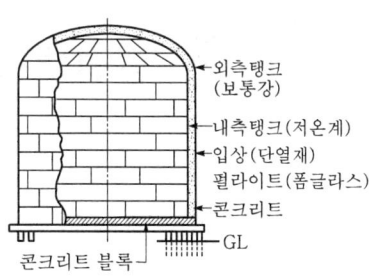

3.3 저장설비의 계산

(1) 안전공간

액화가스의 부피팽창 (온도 상승에 기인)을 고려하여 기상부를 확보하는 것으로서 법 규정상 10 % 이상을 유지한다.

$$\text{안전공간} = \frac{V - V_1}{V} \times 100$$

여기서, V : 저장설비의 부피 (L), V_1 : 충전된 액의 부피 (L)

(2) 저장능력의 산정식

① 용기일 때

$$G = \frac{V}{C}$$

여기서, G : 질량 (kg), V : 부피 (L), C : 가스에 따른 충전상수

② 압축가스탱크 (m^3)

$$Q = (10P + 1)V_1$$

여기서, Q : 저장능력(m^3), P : 35℃에서 최고충전압력(MPa), V_1 : 저장설비의 부피(m^3)

③ 액화가스의 저장능력 (kg)

$$W = 0.9dV_2$$

여기서, W : 저장능력 (kg), d : 상용온도에서 액화가스의 비중 (kg/L)
V : 저장설비의 부피 (L)

4 / 안전밸브와 고압장치 재료

4.1 안전밸브의 종류와 특징

(1) 스프링식 안전밸브

① 일반적으로 가장 널리 쓰인다.
② 용기 내의 압력이 설정값을 초과하면 스프링을 밀어내어 가스를 분출시키고 정상으로 회복되면 스프링의 힘에 의해 분출구가 닫힌다.

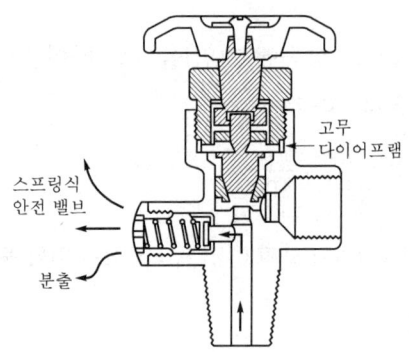

스프링식 안전밸브의 구조

(2) 파열판식 (박판식) 안전밸브

용기 내의 압력이 급격히 상승할 때 용기 내의 가스를 배출한다 (한 번 작동하고 난 뒤 다시 교체하여야 한다).

① 특징
  ㉮ 구조가 간단하고 취급, 점검이 용이하다.
  ㉯ 스프링식보다 토출용량이 많아 압력 상승이 급격히 변하는 곳에 적당하다.
  ㉰ 밸브 시트의 누설이 없다.
  ㉱ 슬러지 함유 (괴상 함유), 부식성 유체에도 사용이 가능하다.

② 재료
  박판은 사용하는 유체에 대하여 내식성을 가지며, 사용온도에서는 안정되어 크리프

나 피로에 견디어 강도가 분산되지 않아야 하며, Al, STS 강 등이 쓰인다 (납이나 플라스틱을 라이닝한 것도 쓰인다).

(3) 중추식 안전밸브

밸브 장치에 무게가 있는 추를 달아서 설정 압력이 되면 추를 밀어 올리는 힘이 크게 되므로 장치 내의 고압가스가 분출된다.

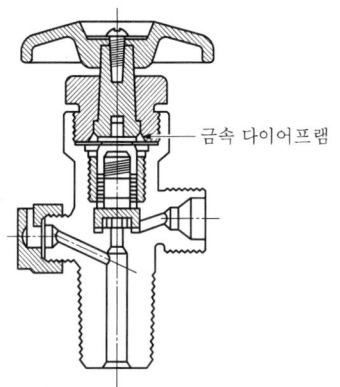

설치 예 : 산소용기용

(4) 가용전식 안전밸브

설정온도에서 용기 내의 온도가 규정온도 이상이면 녹아서 용기 내의 전체 가스를 배출한다. 용융온도는 다음과 같다.

① 일반적인 것 : 75℃ 이하
② 염소용 : 65~68℃
③ 아세틸렌용 : 105℃±5℃
④ 긴급차단용 : 110℃

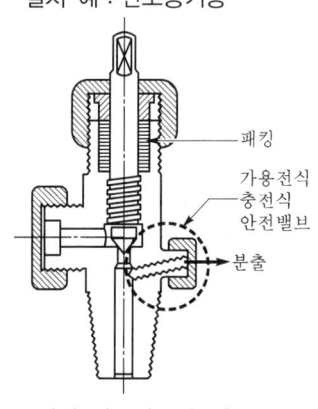

설치 예 : 염소가스용

4.2 안전밸브의 조건 및 구경

(1) 안전밸브의 조건

① 안전밸브는 작동이 확실하고 누설되지 않을 것
② 작동압력이 설정된 점에서 민감하게 작동할 수 있을 것
③ 안전밸브의 작동압력은 내압시험압력 $\times \dfrac{8}{10}$ 이하에서 작동할 것

(2) 안전밸브의 최소구경

① 압축기용 안전밸브의 분출면적

$$a = \dfrac{W}{230P\sqrt{\dfrac{M}{T}}}$$

여기서, a : 분출부의 유효면적 (cm^2), W : 1시간 내에 분출하여야 할 가스의 양 (kg/h)
P : 안전밸브의 분출압력 $(kg/cm^2 \cdot abs)$, M : 가스의 분자량
T : 압력 P에서 가스의 절대온도 (K)

② 압력용기의 안전밸브 구경

$$d = C\sqrt{\left(\frac{D}{100}\right)\left(\frac{L}{100}\right)}$$

여기서, d : 안전밸브의 분출 최고구경 (mm), D : 용기의 바깥지름 (mm)

L : 용기의 길이 (mm), C : 가스의 정수 $\left(35\sqrt{\frac{1}{P}}\right)$, P : 기밀시험압력 (MPa)

③ 도관용 안전밸브의 단면적

도관에 설치하는 안전밸브의 분출면적은 도관 최대지름부 단면적의 1/10배 이상이어야 한다.

예 도관의 최소지름이 50 mm 이고 최대지름이 100 mm인 경우, 이 도관에 안전밸브를 설치하려면 분출면적은 최소한 몇 cm2인가?

해설 최대지름 단면적 $= \dfrac{\pi D^2}{4} = \dfrac{3.14 \times 10^2}{4} = 78.5 \ cm^2$

∴ $78.5 \times \dfrac{1}{10} = 7.85 \ cm^2$

※ 주의 : 지름과 단면적을 혼동하지 말 것

4.3 고압장치 재료

(1) 고압장치 재료

① 안전율 $= \dfrac{\text{인장강도}}{\text{허용능력}}$: 재료의 기준강도가 허용응력의 몇 배 값이 되는가 하는 안전도

② 순금속 : 상온에서 고체, 결정구조, 전기열의 양도체, 광택, 연성과 전성이 큼, 비중이 큼.

③ 합금 : 강도, 경도 증가, 내산, 내열성 증가, 용융점, 전도율 저하, 전연성 감소

(2) 용어정리

① 강도 : 외력 (압축, 인장, 휨 등)에 대한 재료의 저항력
   (Ni > Fe > Cu > Al > Zn > Sn > Pb)
② 경도 : 금속 표면이 외압에 저항하는 성질, 인장강도에 비례
③ 인성 : 질기고 끈기 있는 성질
④ 피로 : 재료에 인장과 압축하중을 오랜 시간 연속적으로 작용시키면 그 응력이 인장강도보다 작은 경우에도 파괴되는 현상
⑤ 취성 : 부스러지는 성질 (↔ 인성)
⑥ 연성 : 선으로 늘릴 수 있는 성질 (Au > Ag > Al > Cu > Pt > Pb > Zn > Fe > Ni)
⑦ 전성 : 얇은 판으로 넓게 퍼지는 성질
⑧ 크리프 (creep) : 고온에서 긴 외력을 장시간 걸어 놓으면 시간의 경과에 따라 변형이 증대되는 현상

(3) 탄소강 (Fe과 C 주성분. Mn, Si, P, S)에서 원소의 영향

① C (0.03~1.7 %)

구 분	인장강도	경도	인성	연성	담금질성	용융점
탄소량 많을 때	크다	크다	작다	작다	양호	낮다

② Mn : 적열취성 제거 (MnS 화합) 점성증가, 고온가공성 향상, 강도, 경도, 인성 증가
③ Si : 강도 · 경도 증가, 유동성 증가, 연신율 · 충격치 저하
④ P : 상온취성, 경도 · 강도 증가, 연신율 저하
⑤ S : 적열취성, 인장강도 · 연신율 · 충격치 저하
⑥ Cu : 강도 · 경도 · 내식성 증가

(4) 금속재료의 열처리

금속을 적당한 온도로 가열한 후 적당한 속도로 냉각하여 조직을 조정하거나 내부응력을 제거하는 등 적당한 조직으로 만들어 목적하는 성질 및 상태를 얻기 위한 조직
① 담금질 (quenching)
   ㉮ 강의 경도, 강도 증가를 위해 오스테나이트 조직에서 마텐자이트 조직을 얻는 것
   ㉯ 담금질 균열 방지책

㉠ 급격한 냉각 방지
㉡ 가능한 유랭
㉢ 온도차, 직각부분이 적도록
㉣ 스케일 제거
㉥ 질량 효과 (mass effect) : 가열한 강을 담금질 할 때 표면은 빠르게, 내부는 느리게 냉각되어 재료의 안팎에 열처리 효과의 차이가 생기는 현상. 질량이 적을수록 증가
② 뜨임 (termpering)
㉮ 강의 인성을 증가시키고 내부변형을 제거하기 위하여 적당한 온도로 가열하여 냉각 (서랭)시키는 열처리
㉯ 저온 뜨임 : 경도 요구, 150℃
고온 뜨임 : 인성, 탄성 요구, 500~600℃
③ 풀림 (annealing) : 조직을 균일하게 하고 내부응력의 제거, 재료의 연화 등을 위해 열처리
④ 불림 (normaluzing) : 조직의 미세화, 기계적 성질을 향상시켜 표준강을 얻기 위함.

(5) 금속재료의 부식 : 전식, 건식, 습식

① 부식의 종류
㉮ 습식 (수분 존재하)의 원인
㉠ 이종 금속의 접촉
㉡ 금속재료의 조성, 조직의 불균일
㉢ 재료 표면상태의 불균일
㉣ 재료의 응력상태
㉤ 부식액 조성, 유동상태의 불균일
㉯ 건식 (수분이 없는 상태하)의 원인
㉠ 고온가스 부식 (산화, 황화, 할로겐화)
㉡ 용융점 및 용융 금속에 의한 부식
② 부식의 형태
㉮ 전면부식 : 전면이 균일하게 부식
㉯ 국부부식 : 특정 부분이 부식되는 현상

㉓ 선택부식 : 합금에서 특정 성분만 부식

㉔ 입계부식 : 결정립계가 선택적으로 부식

③ 부식속도에 영향을 주는 인자 : pH, 온도, 유동상태, 용존이온, 부식액의 조성, 금속재료의 조성, 표면상태, 응력상태, 유속

④ 방식법

㉮ 부식 환경 처리에 의한 방식 (유해물질 제거, 부식액 농도 pH 저하)

㉯ 인히비터 (부식 억제제)에 의한 방식

㉰ 피복에 의한 방식 (도금, 표면처리, 라이닝)

㉱ 전기 방식

⑤ 가스에 의한 부식

㉮ 산화 : 상온에서도 수분 존재하에서는 부식된다.

내산화성 증대 원소 : Si, Al, Cr

㉯ 황화 : H_2S가 Fe, Ni를 심하게 부식시킨다.

㉰ 침탄 : CO의 강재 침식

침탄 방지 금속 : Si, Al, Ti, V

㉱ 카르보닐화 : CO의 고온·고압에서 Ni, Fe, CO 등과 휘발성의 카르보닐 생성

$Ni + 4\,CO \rightarrow Ni(CO)_4$

$Fe + 5\,CO \rightarrow Fe(CO)_5$

방지조건 : Cu, Cu − Mn, Ag, Al 등으로 라이닝

㉲ 질화 : 고온·고압에서 질소 취급시 질화되어 강을 취화시킴.

내질화성 원소 : Ni

㉳ 수소취성 : 강재로부터 C를 빼앗아 탈탄작용을 일으킴. 고온·고압시 현저

$Fe_3C + 2\,H_2 \rightarrow CH_4 + 3\,Fe$

수소취성 방지금속 : Cr, Mo, W, Ti, V

㉴ 바나듐 어택 : V_2O_5에 의해 고온 부식

㉵ 암모니아에 의한 질화, 착이온 형성 : 구리, 은, 아연과 착이온 생성

㉶ 아세틸라이트 생성 :

$C_2H_2 + 2\,Cu \rightarrow Cu_2C_2 + H_2$: 구리 62 % 미만의 강 사용

⑥ 수분에 의한 침식

㉮ 염소 : $Cl_2 + H_2O \rightarrow HCl + HClO$

㉯ 이산화황 : $SO_2 + H_2O \rightarrow H_2SO_3$

  (황노점 부식) $H_2HO_3 + 1/2\, O_2 \rightarrow H_2SO_4$

  내식성 강한 원소 : Ti, 내산도기, 유리, 염화비닐, 폴리프로필렌 수지

(6) 저온취성

탄소강 등 대부분 금속은 저온으로 되면 인장강도, 항복점, 경도 등은 증가하나 신장, 단면 수축률, 충격치는 온도 저하와 더불어 감소하고, 어느 온도 이하에서는 거의 0으로 되어 소성 변형 능력을 잃어 극히 취약해지는 현상

- 저온 취성에 강한 재료 : 구리, 구리합금, 니켈, 니켈합금, 알루미늄, 알루미늄 합금, 18-8 스테인리스 강

5 저온장치

5.1 공기액화 분리장치

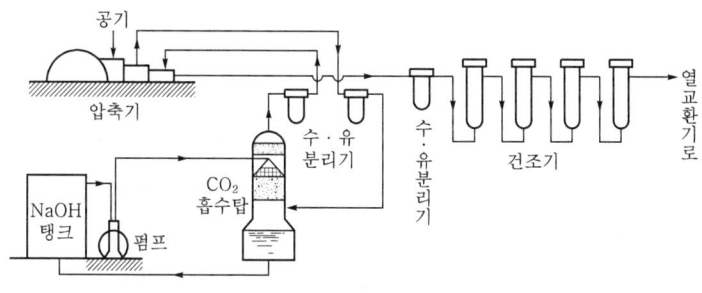

공기건조 계통도

(1) 공기액화 분리장치의 폭발원인

① C_2H_2 혼입시

② O_3 혼입시

③ NO, NO_2 혼입시

④ 열분해로 인한 탄화수소 생성시

(2) 겔 건조기

① SiO_2, Al_2O_3, 소바비드 등의 건조제를 사용한다.

② 수분은 제거하나 이산화탄소는 제거하지 못한다.

③ 수분을 흡수한 건조제는 가열시켜 재생한다 (수분이 장치 내로 들어가면 응고되어 배관을 폐쇄시키고 동시에 부식의 원인이 되므로 제거해야 한다).

(3) 이산화탄소 흡수탑

① 공기청정탑이라고도 한다.

② 원료 공기 중에 이산화탄소가 존재하면 저온장치에 들어가 이산화탄소가 고형 (드라이아이스)이 되어 밸브 및 배관을 폐쇄하여 장애를 일으킨다.

③ 이산화탄소 흡수탑에서 흡수제로는 일반적으로 NaOH 수용액이 쓰인다.

$$\frac{2NaOH}{80g} + \frac{CO_2}{44g} \rightarrow Na_2CO_3 + H_2O$$

$\frac{80}{44} = 1.82$ (CO_2 1 g 제거시 가성소다가 약 1.82 g 필요하다.)

(4) 정류탑

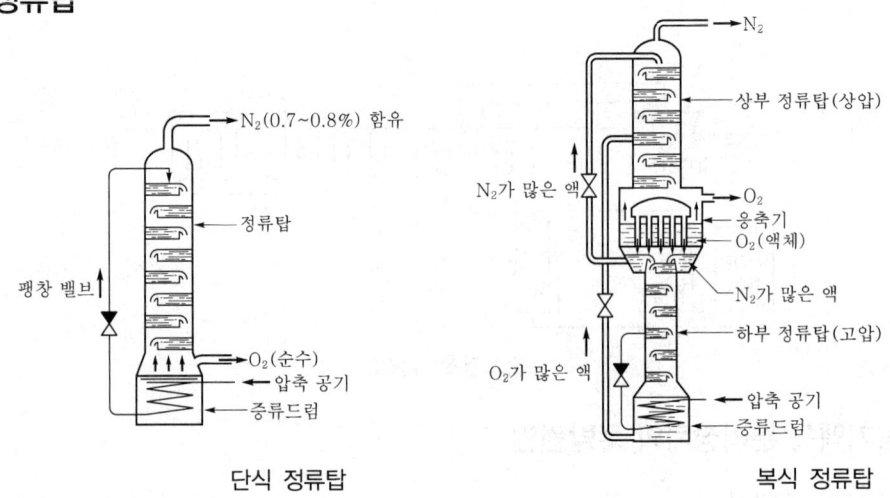

단식 정류탑   복식 정류탑

※ 단식 정류탑으로만 사용할 때 고순도의 질소나 산소를 얻을 수 없는 단점이 있다.
※ 응축기에서는 상부탑의 액체 산소의 증발잠열로 하부탑 상부에 있는 질소를 액화시킨다.

(5) 린데식과 클로드식 장치

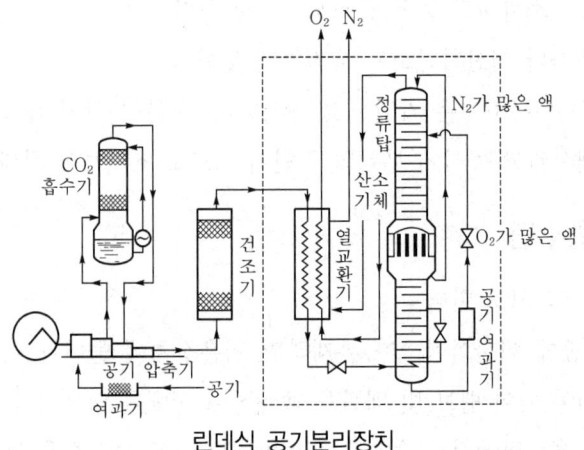

린데식 공기분리장치

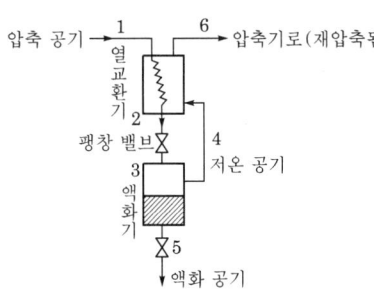 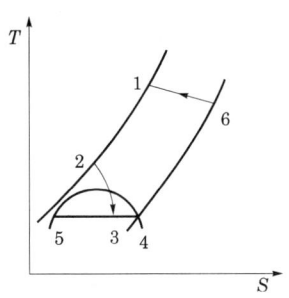

린데식 액화장치

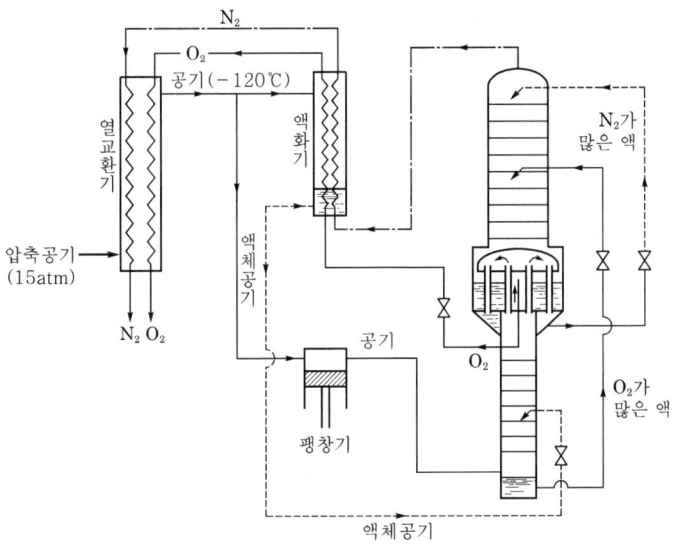

클로드식 정류장치

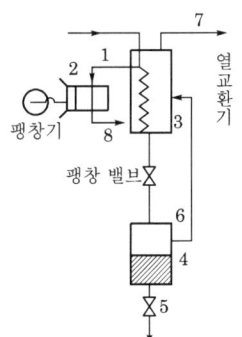 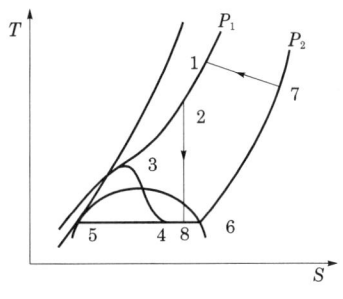

클로드식 액화장치

5.2 도면 해설

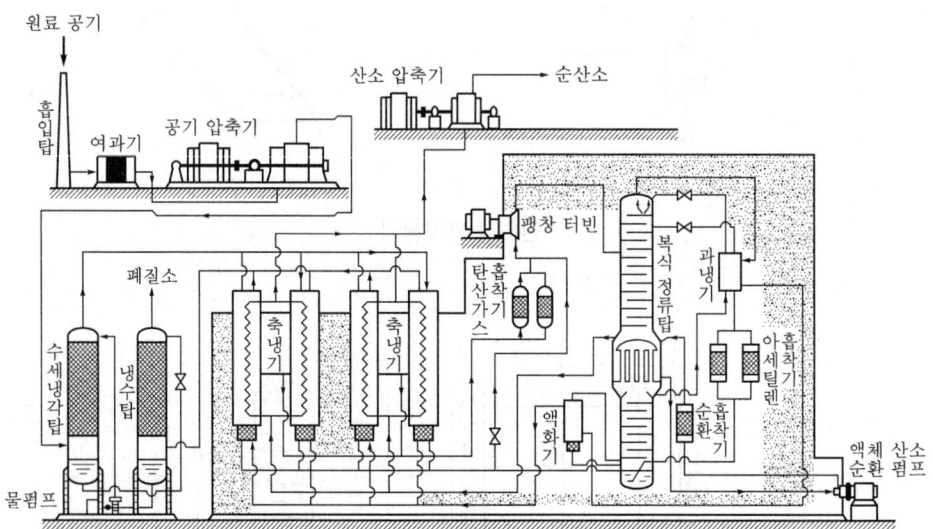

저압식 공기액화분리 플랜트 계통도

도면 해설

1. 공기압축기에서 $5kg/cm^2$ 정도로 압축된 공기는 수세냉각탑에서 냉수에 의해 냉각된다 (온도가 상승된 냉수는 다시 냉수탑 상부로 들어가서 폐질소에 의해 냉각되어 수세냉각탑으로 재순환된다).
2. 냉각된 공기는 2회 1조로 된 두 개의 축랭기로 들어가서 불순질소와 순산소에 의해 냉각되어 수분과 CO_2를 빙결분리하여 $-170℃$로 냉각되어 정류탑 하부로 들어간다.
3. 축랭기 중간에서는 $-120 \sim -130℃$ 정도의 공기는 CO_2를 함유하고 있으므로 탄산가스 흡착기로 가서 CO_2가 제거된 후 축랭기 하부에 공기와 혼합되어 $-150 \sim -140℃$가 되어 팽창기로 들어간다.
4. 팽창기를 나온 공기는 $-190℃$가 되어 상부탑으로 들어간다.
5. 탑 상부에서 분리된 질소는 과랭기, 액화기를 거쳐 축랭기로 들어가서 빙결분리된 CO_2와 수분을 기화시켜 같이 냉수탑을 거쳐 대기 중으로 방출된다.
6. 축랭기에서 빙결분리되지 않은 CO_2는 탄산가스 흡착기에서, C_2H_2는 아세틸렌흡착기에서, 탄화수소는 순환흡착기에서 흡착되어 제거된다.

   ※ 축랭기 : 불순물을 응축 또는 응고시켜 분리하는 장치

제 5 장 • 저온장치

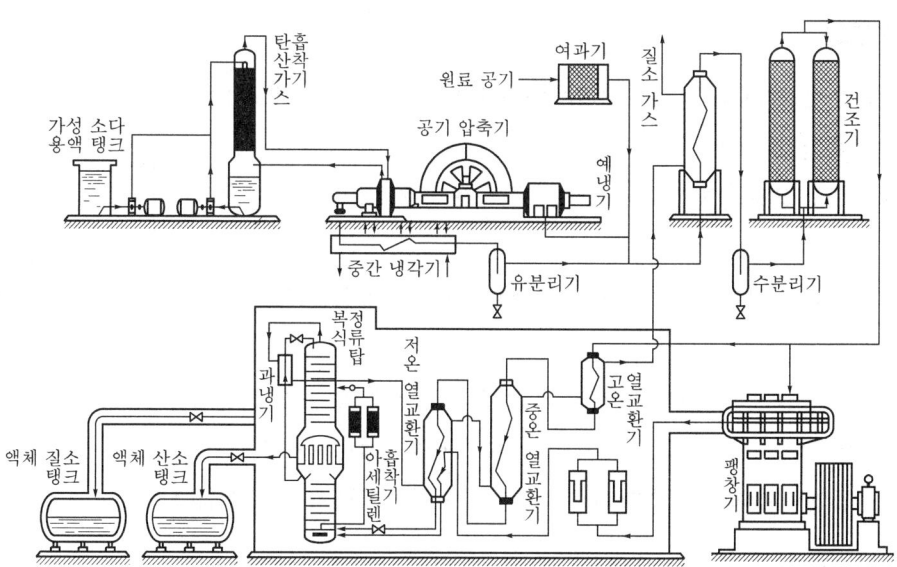

고압식 액체산소분리 플랜트 계통도

도면 해설
1. 가성소다 수용액의 농도는 8 %를 사용한다.
2. 탄산가스 흡수기로는 2단으로 압축된 15~20 kg/cm² 의 공기가 들어가서 CO_2가 제거된다.
3. CO_2 흡수탑을 나온 공기는 150~200 kg/cm² (총 4단 압축)로 압축되어 유분리기를 거쳐 예냉기에서 N_2 기체가 열 교환된다.
4. 겔 건조기에서 수분이 제거된 공기는 일부는 팽창기로 일부는 고온 → 중온 → 저온 열교환기를 거쳐 탑 하부로 들어간다.

5.3 냉동사이클

(1) 냉동기 원리

① 압축과정 : 증발기에서 기화된 가스를 응축되기 좋은 조건으로 만든다.
② 응축과정 : 압축된 고온 고압의 가스의 열을 외부 공기 또는 냉각수에 방출하고 액화된다.
③ 팽창과정 : 고온 고압의 액을 저온 저압의 액으로 만든다.
④ 증발과정 : 저온 저압의 액이 증발되면서 주위의 열을 흡수한다.

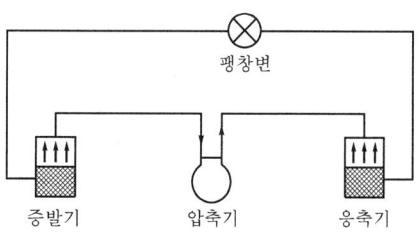

(2) PI선도

① a → b 압축과정 (저온 저압의 증기가 고온 고압의 과열증기가 된다.)

② b → c 응축과정 (고온 고압의 증기가 고온 고압의 액이 된다.)

③ c → d 팽창과정 (고온 고압의 액이 저온 저압의 액이 된다.)

④ d → a 증발과정 (저온 저압의 액이 저온 저압의 증기가 된다.)
- 열 흡수 : 증발기
- 열 방출 : 응축기
- 등엔탈피 과정 : 팽창시
- 등엔트로피 과정 : 압축시
- 냉동기 효율 C.O.P $= \dfrac{a-d}{b-a}$

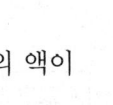

(3) 효율의 종류

① 냉동기 효율(성적계수) $= \dfrac{T_2}{T_1 - T_2} = \dfrac{Q_2}{Q_1 - Q_2}$

② 열펌프 효율 $= \dfrac{T_2}{T_1 - T_2} = \dfrac{Q_2}{Q_1 - Q_2}$

③ 열효율 $= \dfrac{T_2}{T_1 - T_2} = \dfrac{Q_2}{Q_1 - Q_2}$

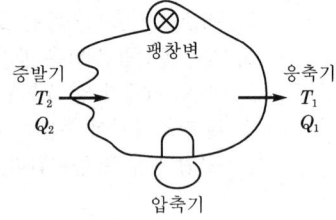

(4) 선도의 종류

① $P-v$ 선도
- ㉮ 1 → 2 : 단열팽창
- ㉯ 2 → 3 : 등압흡열
- ㉰ 3 → 4 : 단열압축
- ㉱ 4 → 1 : 등압방열

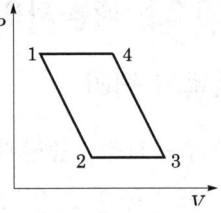

② $T-s$ 선도
- ㉮ 4 → 1 : 등온압축 (방출열량)
- ㉯ 2 → 3 : 등온팽창 (흡입열량)

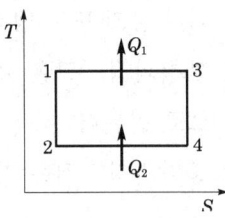

6 가스설비

6.1 LPG 소비설비

(1) LPG 용기

① 탄소강으로 제작한 용접용기 (계목용기)이다.
② 재질은 C, P, S 비율이 적합하고 사용 중 견딜 수 있는 연성·점성·강도가 있으며, 충분한 내식성, 내마모성이 있을 것
③ 회색으로 도장하며 스프링식 안전밸브를 사용한다.
④ 용기에 관한 압력 ┌ 내압시험 : 30 kg/cm2, 기밀시험 : 18 kg/cm2
　　　　　　　　　　└ 안전밸브 작동압력 : 24 kg/cm2 이하 (30×0.8=24)
⑤ 용기 내의 LPG 충전량 계산식

$$G = \frac{V}{C}$$

여기서, G : 충전질량 (kg), C : 충전상수 ($C_3H_8 = 2.35$, $C_4H_{10} = 2.05$)
　　　　V : 용기 내용적 (L)

(2) LPG 설비의 완성검사

① 완성검사 항목 : 내압시험, 기밀시험, 가스치환, 기능검사의 4종목
　㉮ 내압시험 : 물을 사용하므로 '수압시험'이라고도 하며, 시험압력은 충전용기 ↔ 조정기 사이의 배관 : $30\,kg/cm^2$, 조정기 ↔ 중간밸브 사이의 배관 : $8\,kg/cm^2$로 실시한다. 용기접속용 호스 : $2\,kg/cm^2$ (호스 길이 3 m 미만)
　㉯ 기밀시험 : 공기, 질소 등 불활성 가스를 사용하여 누설의 유무를 확인한다.
　㉰ 가스치환 : 기밀시험 후 공기, 질소 등을 퍼지하고 다시 가스로 치환한다.
　㉱ 기능검사 : 각 소비설비의 상태가 정상인가를 확인하는 것이다.

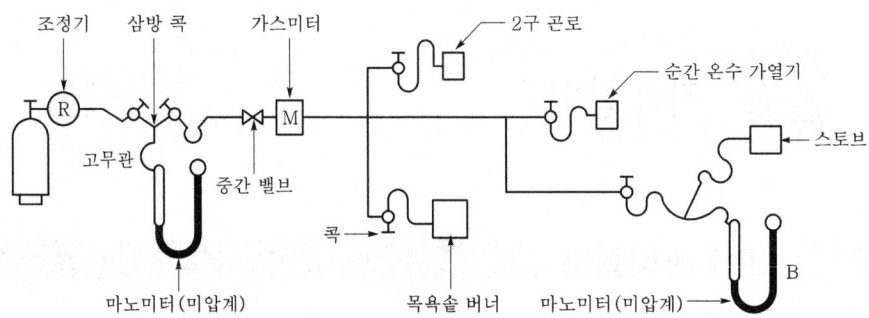

소규모 소비설비의 기능검사

② 검사내용

㉮ 자동교체식은 정상 작동이 되는지 확인할 것

㉯ 조정기의 폐쇄압력은 350 mmH₂O 이하일 것

㉰ 조정압력은 수주 230~330 mmH₂O 범위이고 자동교체식은 255~330 mmH₂O

㉱ 연소기의 연소상태가 정상일 것

㉲ 누설이 없을 것

③ 검사방법

㉮ 고무관, 삼방 콕, 가스미터 접속 A의 폐쇄압력은 350 mmH₂O 이하인가 확인한다.

㉯ 마노미터 B는 230~330 mmH₂O 범위인가 확인한다.

(3) 조정기 (레귤레이터)

① 기능

㉮ 용기 내의 압력과 무관하게 연소하기 적당한 압력으로 감압하여 '유출압력 조절'로 안정된 연소를 도모한다.

㉯ 가스의 소비량에 대응하여 공급압을 조절하고 소비가 중단되면 가스를 차단한다.

② 종류

㉮ 단단 감압식 저압조정기, 단단 감압식 준저압조정기

㉯ 2단 감압식 1차 조정기, 2단 감압식 2차 조정기

㉰ 자동교체식 일체형 조정기, 자동교체식 분리형 조정기

③ 조정기의 사용상태

㉮ 단단 감압식 조정기

㉠ 저압조정기 : 가정, 소량소비자에서 조정기 1개로 감압하는 것

ⓛ 준저압조정기 : 음식점 등에서 다량 보시할 때 조정기 1개로 감압하는 것

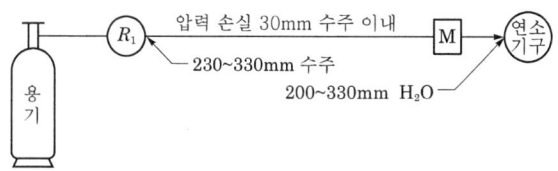

단단 감압식 저압조정기

㉯ 2단 감압식 조정기

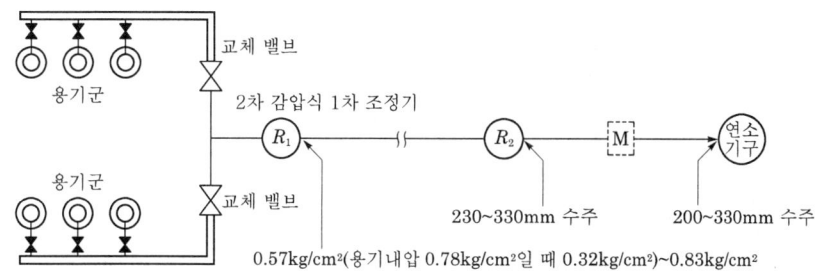

2단 감압식

㉠ 장점
- 입상배관에 의한 압력 손실을 보정할 수 있다.
- 배관이 길어도 공급압력이 안정된다.
- 중간배관의 지름이 작아도 된다.
- 각 연소기구에 알맞은 압력으로 공급이 가능하다.
- 조정기의 동결을 방지하는데 도움이 된다.

ⓛ 단점
- 설비가 복잡하다.
- 조정기 수가 많아서 점검개소가 많다.
- 부탄은 재액화의 문제가 있다.
- 검사방법이 복잡하고 시설의 압력이 높아서 이음방식에 주의해야 한다.

㉰ 자동교체식 조정기 : 사용측과 예비측의 2개열 용기군을 확보하고 사용측의 압력이 낮아져서 가스량이 부족해지면 자동으로 예비측의 용기로 전환하여 정상적인 가스공급을 유지한다.

㉠ 분리형 : 2단 감압방식이며, 2단 1차 기능과 자동교체 기능을 동시에 발휘한다.

ⓒ 일체형 : 2차측 조정기 1개로써 각 연소기구의 사용압력을 일체로 조정해 준다.

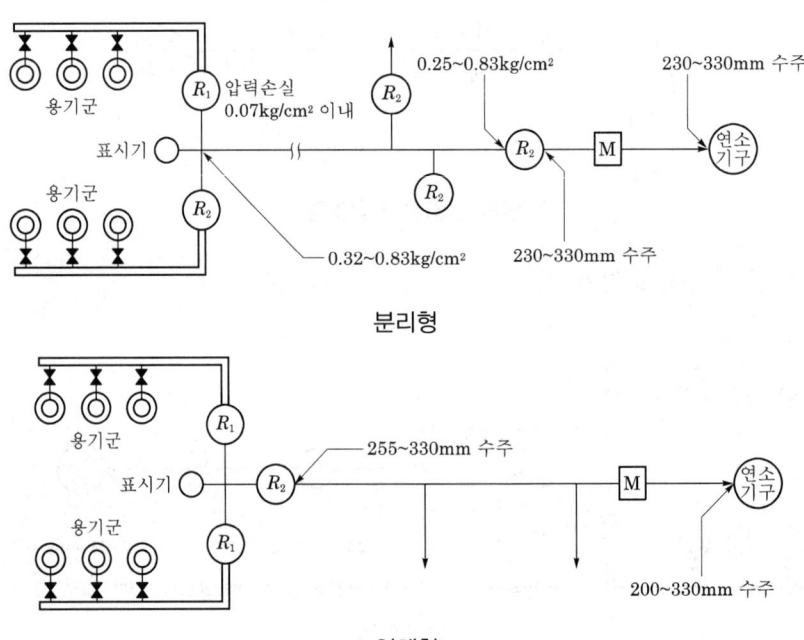

분리형

일체형

(4) 가스계량기 (gas meter)

① 소비처로 공급되는 가스의 체적을 측정하는 데 사용한다.
   ㉮ 선정할 때 고려할 사항
      ㉠ 사용 최대유량에 적합한 계량용량일 것 (법규상 최대유량 이상)
      ㉡ 반드시 LPG용일 것
      ㉢ 사용 중 기차 변화가 없고 정확하게 계측할 수 있을 것
      ㉣ 내압, 내열성이 있으며 기밀성, 내구성이 좋을 것
      ㉤ 부착이 간단하고 유지, 관리가 용이할 것
   ㉯ 감도유량 : 가스미터가 작동 개시하는 최소유량으로서, 일반가정용은 3 L/h 미터, 계량법상의 LPG용 가스미터는 15 L/h 이하이다.
   ㉰ 가스미터의 표시사항
      ㉠ L/rev : 계량실의 1주기 체적
      ㉡ MAX00 m^3/h : 사용 최대유량이 시간당 00 m^3임을 뜻함.
   ㉱ 설치 높이 : 건물 외부에 1.6 m 이상 2 m 이내로 수직, 수평 설치, 밴드로 고정

(5) 기화기 (Vaporizer)

① 공업용 부탄을 소비할 때 : 부탄은 비점이 높고 증기압이 낮기 때문에 기화기가 필요함.
② 프로판을 대량 사용할 때 : 기화속도를 빠르게 하는 장점이 있다.

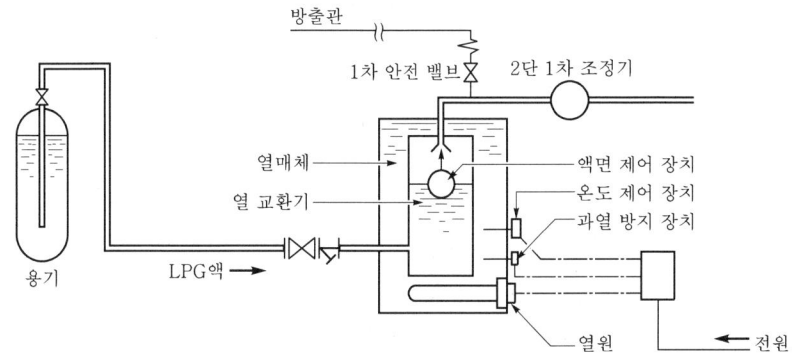

㉮ 열교환기 (기화부) : 액상의 LPG를 열교환에 의하여 기화시키는 부분이다.
㉯ 열매 온도 제어장치 : 열 매체의 온도를 일정한 범위로 유지한다.
㉰ 과열 방지 장치 : 열 매체가 이상 과열하면 히터로의 공급이 정지된다.
㉱ 일류 방지 장치 : LPG액이 액상을 유출하는 것을 방지하는 장치이다.
㉲ 압력조정기 : 기화되어 나온 가스를 소비목적에 따라서 일정한 압력으로 조절한다.
㉳ 안전밸브 : 기화장치의 내압이 이상 상승할 때 장치 내의 가스를 외부로 방출한다.

(6) 소비시설

① 자연기화방식 : 용기 내의 LPG를 대기 중의 열을 흡수하여 기화시키는 가장 간단한 형태로서 특징은 다음 그림과 같다.

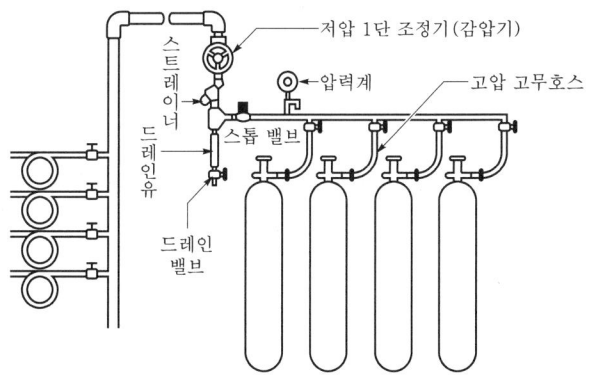

② 강제기화방식 : 대량 소비처에서 부탄을 사용할 경우에 기화기를 사용하여 강제로 기화시키는 장치이다.

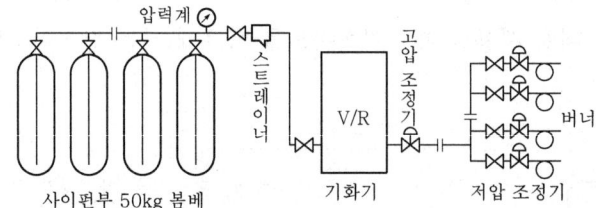

㉮ 생가스 공급방식

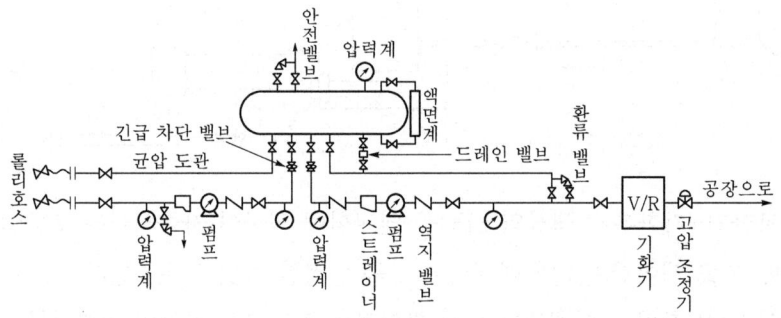

㉯ 혼합가스 공급방식 : 상압증류장치에 의한 제조공정

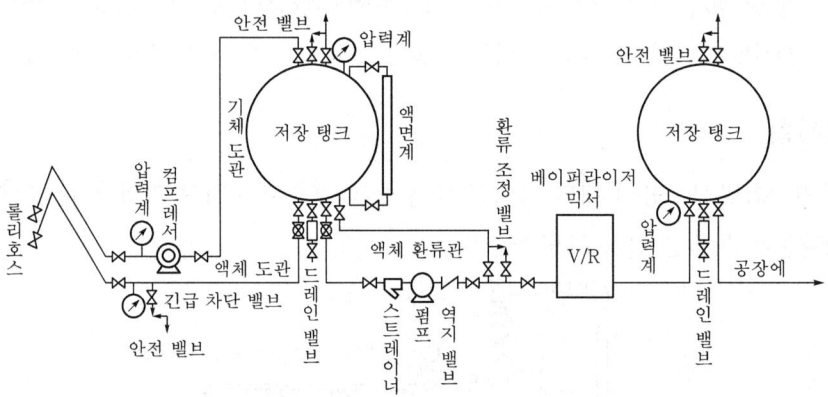

㉰ 변성가스 공급방식 : 부탄가스를 고온촉매를 사용하여 열분해한 다음, 이것을 CH_4, CO 등의 경질가스로 변성시켜서 공급한다. 주로 재액화를 방지하거나 특수용도로 사용하기 위한 방식이다.

6.2 LPG 배관설비 및 계산식

(1) 배관지름의 결정

① 저압배관

$$Q = K\sqrt{D^5 \frac{H}{SL}} \qquad D = 5\sqrt{\frac{Q^2 SL}{K^2 H}}$$

여기서, Q : 가스유량 (m³/h), D : 관의 안지름 (cm), H : 허용압력 손실 (mmH₂O)
S : 가스의 비중(공기=1), L : 관의 길이(m), K : 유량계수(폴의 정수 0.707)

② 중 · 고압배관

$$Q = K\sqrt{(P_1^2 - P_2^2)\frac{D^5}{SL}}$$

Q, D, S, L : 저압배관의 경우와 같다.
여기서, P_1 : 초압 (kg/cm² · a), P_2 : 종압 (kg/cm² · a), K : 유량계수 (콕의 계수 52.31)

(2) 노즐에서 LPG의 분출량

$$Q = 0.009 D^2 \sqrt{\frac{H}{S}}$$

여기서, Q : 분출가스 (m³/h), D : 노즐의 지름 (mm)
S : 가스의 비중 (프로판 : 1.52, 부탄 : 2)
H : 노즐의 직전의 가스압 (mmH₂O, 보통 280)

(3) 배관의 입상에 의한 압력 손실

$$h = 1.293(1 - S)H$$

여기서, h : 가스의 압력 손실 (mmH₂O), S : 가스의 비중, H : 입상높이 (m)

(4) LPG의 배관의 압력 손실

① 마찰저항에 의한 압력 손실
② 입상배관에 의한 압력 손실 : 가스의 하중에 의해 손실 발생
  (CH4, H2 등 비중이 1보다 작으면 압력이 상승된다.)
③ 밸브, 엘보 등 부속물에 의한 압력 손실

6.3 LPG 제조 및 부대설비

(1) 제조설비

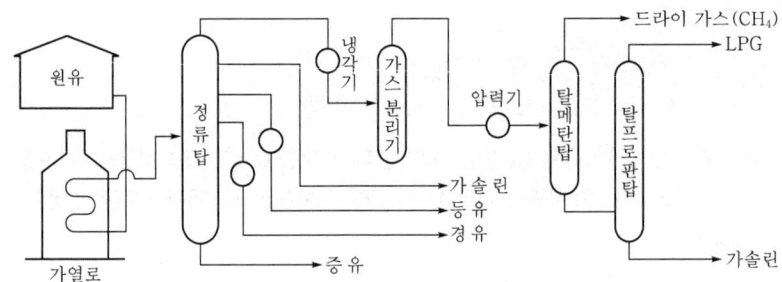

(2) 저장설비

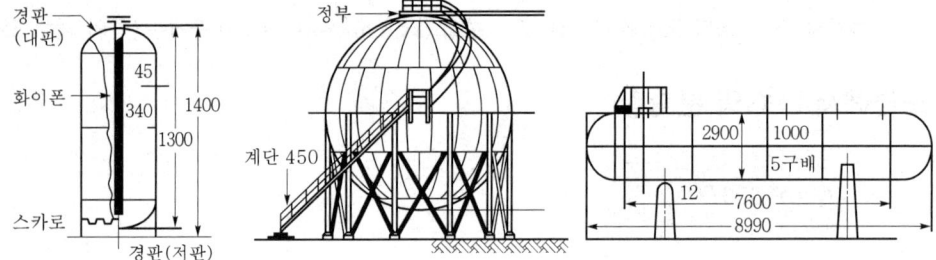

(3) 공급설비

① 용기에 의한 공급방식 : 가정용이나 소량소비처에 사용되며, 10 kg, 20 kg, 50 kg의 용기 또는 2 t 정도의 컨테이너가 사용되기도 한다. 수송은 편리하나 값이 비싸며 수송비가 많아진다.

② 탱크에 의한 방법 : 공장 등 대량소비처에 사용되며, 설비가 복잡해진다.

(4) 이송설비

① 차압방식 : 탱크로리와 저장탱크의 액상부를 직접 연결하여 액면의 차에 의한 중력차, 온도에 의한 압력 차를 이용하여 차압으로 이송하는 방식이다.

② 액펌프를 이용한 방식

㉮ 균압관이 없는 경우

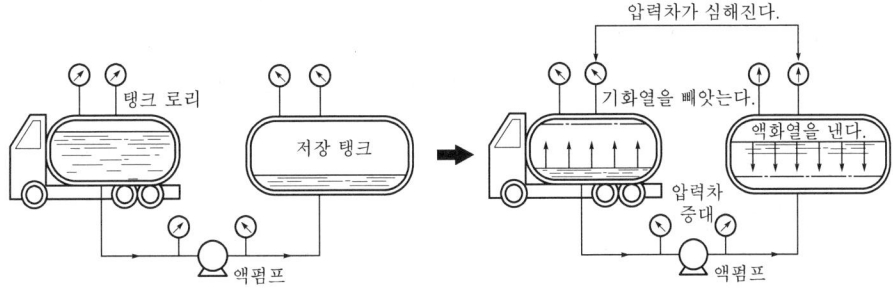

㉯ 균압관이 있는 경우

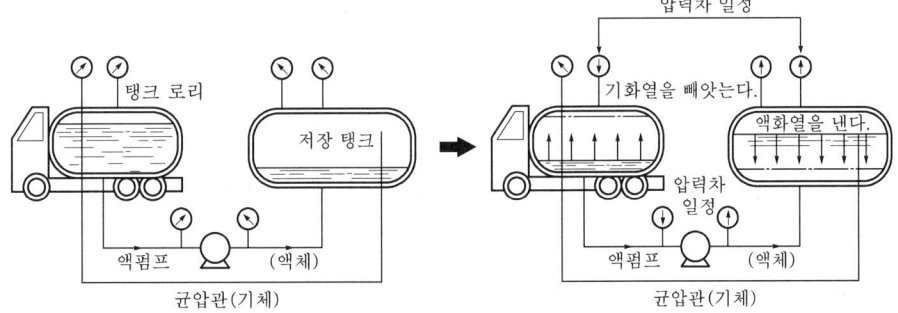

㉰ 액펌프를 사용할 때의 장·단점

　㉠ 장점

　　• 재액화현상이 일어나지 않는다.

　　• 드레인현상이 일어나지 않는다.

　㉡ 단점

　　• 충전시간이 길다.

　　• 잔가스 회수가 불가능하다.

　　• 비점이 낮고 가압된 상태이므로 베이퍼 로크 현상이 일어나 누설의 원인이 된다.

③ 압축기를 이용한 방식

㉮ 장점

　㉠ 펌프에 비해 충전시간이 짧다.

　㉡ 압축기를 사용하기 때문에 베이퍼 로크 현상이 생기지 않는다.

　㉢ 사방밸브를 이용하면 가스의 이송방향을 변경할 수 있다.

제 3 편 가스설비

㉯ 단점
  ㉠ 부탄의 경우 저온에서 재액화현상이 일어난다.
  ㉡ 압축기의 오일 (기름)이 탱크에 들어가 드레인의 원인이 된다.

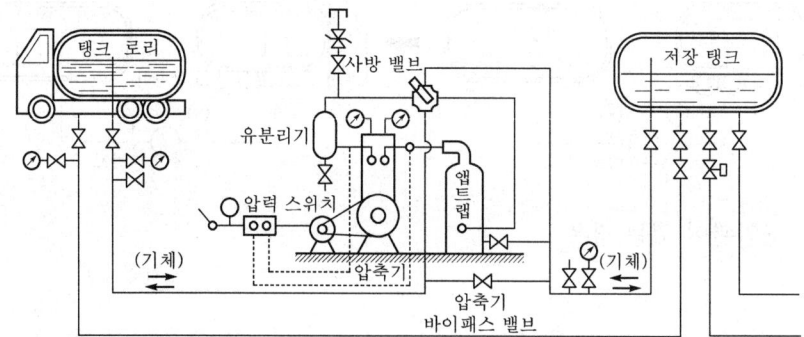

6.4 도시가스 공급방식 (LPG를 이용한 경우)

(1) 직접법

LPG를 그대로 혹은 공기를 혼합시킨 상태로 공급하는 방법이다.

① 생가스 공급방식 : 액상의 LPG를 기화시켜 일정한 압력으로 조절하여 수용자에게 보내는 간단한 방법이다.

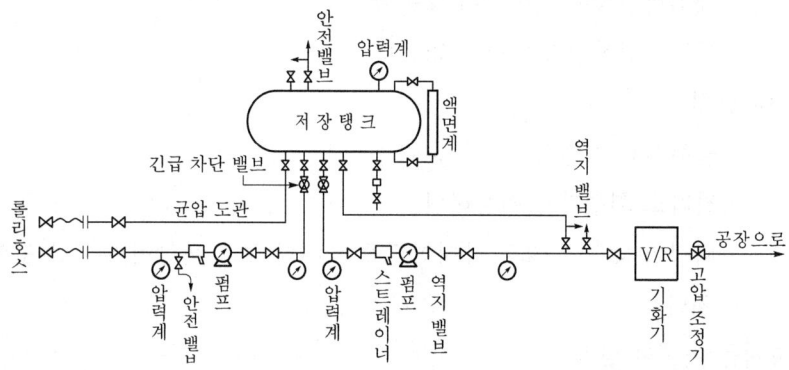

  ㉮ 기화방법 : 자연기화방법, 강제기화방법이 있다.
  ㉯ 특징 : 설비기구, 구조가 간단하고 설비비가 저렴하고 유지·관리도 용이하다.
② 공기혼합가스 공급방식 : 에어 다이루트 가스 (air dilute gas) 공급방식이라 하는데, 액상의 LPG를 기화시킨 것에 일정비율의 공기를 혼합시켜 공급하는 방식이다.

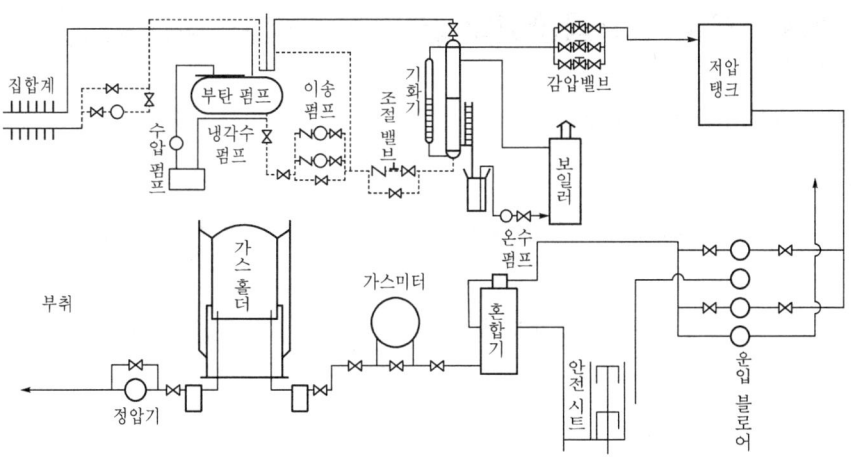

공기혼합방식

(2) 간접법

LP 생가스를 다른 도시가스에 혼합하는 방법으로 발열량이 조절이나 피크 타임 때의 공급부족을 보충하는 데 사용한다.

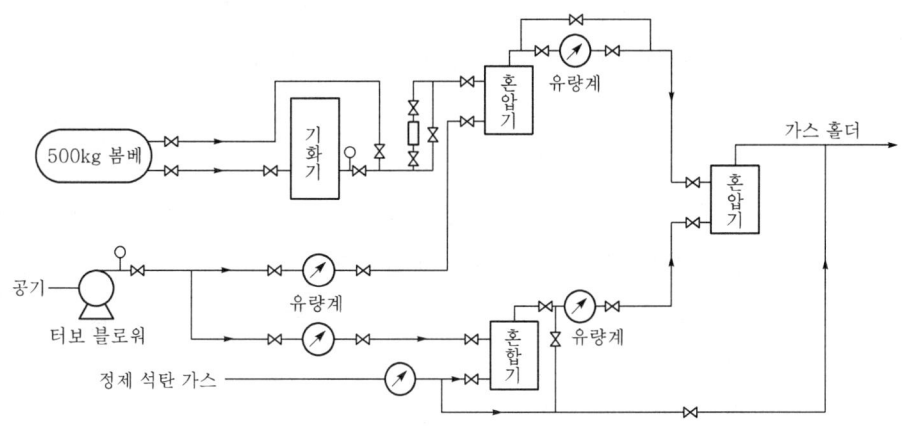

간접혼합방식에 의한 공급계열

(3) 개질법 (변성법)

LPG를 다른 도시가스에 혼입하면 혼합방법에 한계가 있다. 한계 이상에서는 LPG를 변성하여 그 조성을 석탄가스에 가까운 개질가스로 만들 필요가 있다. 개질(변성) 방식은 LPG를 변성한 개질가스를 혼입하는 방식이다.

6.5 도시가스 공급설비

(1) 가스홀더 (gas holder)

① 기능
- ㉮ 가스 수요의 시간적 변동에 대하여 제조자가 충당할 수 없는 가스량의 공급을 확보한다.
- ㉯ 정전, 도관공사 등 제조나 공급설비의 일시적 중단에 대하여 어느 정도 공급량을 확보한다.
- ㉰ 조성이 변동하는 제조가스를 넣어 혼합하고 공급가스의 성분, 열량, 연소성 등의 성질을 균일화한다.
- ㉱ 홀더를 소비지역 근처에 설치하여 피크시의 공급, 수소효과를 얻는다.

② 가스홀더의 분류
- 저압식 가스홀더 – 유수식, 무수식
- 중·고압식 가스홀더 – 원통형, 구형

- ㉮ 유수식 : 물탱크 내에 가스를 띄워서 가스를 출입구에 따라서 가스탱크가 상승하고 수봉에 의하여 외기와 차단해서 가스를 저장한다.
  - ㉠ 특징
    - 제조설비가 저압인 경우에 사용한다.
    - 구형 홀더에 비해 유효가동량이 많다.
    - 대량의 물을 필요로 하므로 기초설비가 커진다.
    - 가스가 건조하면서 물탱크의 수분을 흡수한다.
    - 압력이 가스탱크의 수에 따라 변동한다.
    - 한랭지에서는 물의 동결을 방지해야 한다.

- ㉯ 무수식 : 실린더상의 외통과 그 내면에 따라 상하면은 피스톤 및 저판, 옥근판으로 구성된다. 가스는 피스톤의 아래에 저장되고 제조 가스량의 증감에 따라서 피스톤이 오르내린다. 무수식의 특징은 다음과 같다.
  - 물탱크가 없으므로 기초가 간단하고 기초설비가 절약된다.
  - 유수식에 비해 작동 중의 가스압이 거의 일정하다.
  - 저장가스를 건조한 상태로 저장할 수 있다.
  - 구형 홀더에 비하여 유효가동량이 크다.

㈐ 구형 가스홀더의 특징과 명칭
　㉠ 구형은 일정한 용량의 기체를 저장하는 데, 가장 합리적인 형으로 표면적이 작아서 다른 가스홀더에 비해 단위저장 가스량당 사용강제량이 적다.
　㉡ 부지면적과 기초공사비가 적다.
　㉢ 가스를 건조상태로 저장할 수 있다.
　㉣ 가스의 송출에 가스홀더의 압력을 이용할 수 있다.
　㉤ 움직이는 부분이 없기 때문에 롤러(roller) 간격, 실(seal) 상황 등의 감시를 필요로 하지 않고 관리가 용이하다.

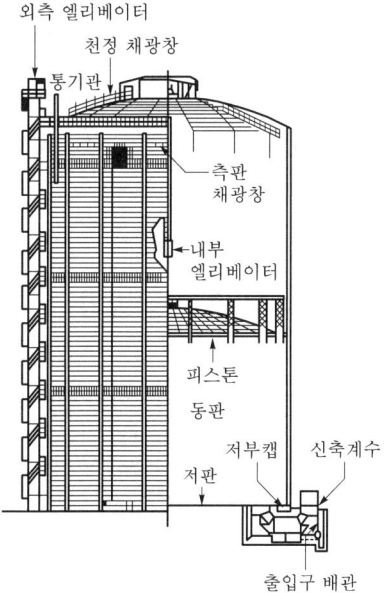

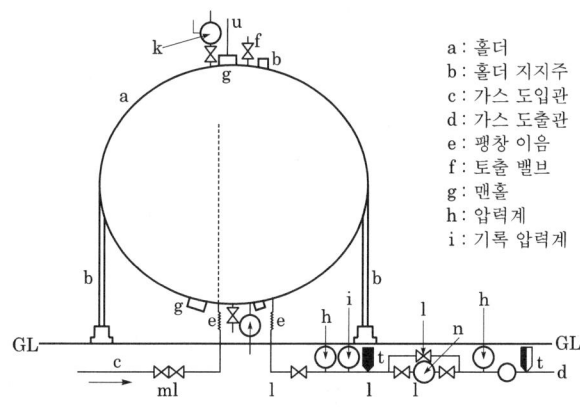

a : 홀더　　　　　j : 경보장치부 압력계
b : 홀더 지지주　　k : 안전 밸브
c : 가스 도입관　　l : 스톱 밸브
d : 가스 도출관　　m : 체크 밸브
e : 팽창 이음　　　n : 정압기
f : 토출 밸브　　　o : 오리피스 유량계
g : 맨홀　　　　　p : 온도계 정착구
h : 압력계　　　　t : 온도계
i : 기록 압력계　　u : 피뢰침

③ 가스홀더의 용량 결정
　㉮ 가스제조량이 공급량보다 적은 시간에는 홀더에서 가스를 보충 공급받아 공급한다.
　㉯ 반대현상일 때는 저장하는 가동용량을 유지할 수 있는 가스홀더량을 보유해야 한다.
　㉰ 제조가스량은 일정하므로 다음과 같이 가스홀더량의 가동용량을 계산할 수 있다.

$$S \times a = \frac{t}{24} \times M + \Delta H$$

여기서, M : 최대제조능력 (m³/day), S : 최대공급량 (m³/day), a : t시간의 공급량
t : 시간당 공급량이 제조능력보다 많은 시간 (h)
ΔH : 가스홀더의 가동용량 (m³/h)

※ 공칭용량 H는 가동용량보다 20~30 % 큰 용량을 필요로 한다.

(2) 도시가스 공급방법

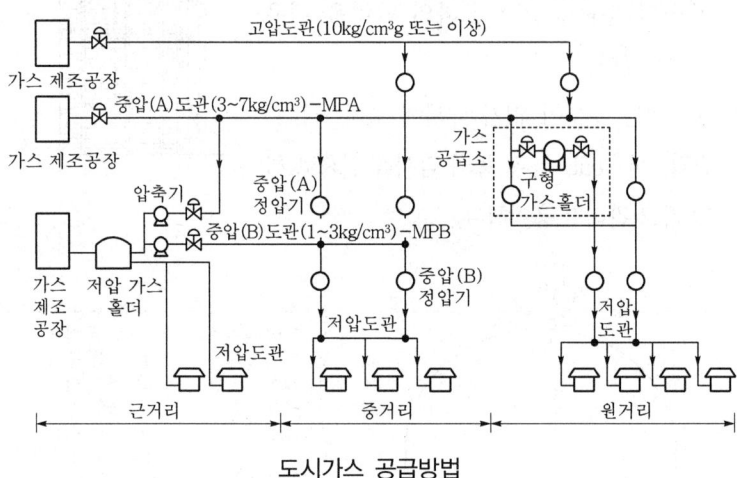

도시가스 공급방법

(3) 압송기

도시가스는 일반적으로 가스탱크에서 도관으로 각 지역에 공급되며, 그 압력은 가스홀더의 압력보다 낮다. 즉, 가스의 수요가 적은 경우에는 그 압력으로도 충분하나 공급지역이 넓어 수요가 많은 경우에는 가스의 압력이 부족하여 압송기를 사용해서 공급해 준다. 이것을 압송기라고 한다.

(4) 정압기 (거버너 : governor)

가스를 공급할 때 고압방식, 중압방식, 저압방식의 채용은 수송능력의 증대 및 가스홀더 등 공급설비의 효율적인 운용을 꾀하는 데 있으며, 가스의 공급압력이 극히 제한 된 영역에서 고압에서 중압으로, 중압에서 저압으로 감압하여 사용기구에 맞는 적당한 압력으로 감압하고 공급하기 위하여 사용되는 것이 정압기이다. 정압기는 가스가 통과하는 배관의 적당한 곳에 설치하며, 1차 압력 및 부하유량의 변동에 관계없이 2차 압력

을 일정한 압력으로 유지하는 기능을 가지고 있다. 즉, 시간별 가스 수요량의 변동에 따라 공급압력을 소요압력으로 조정한다.

① 작동원리

㉮ 직동식 정압기

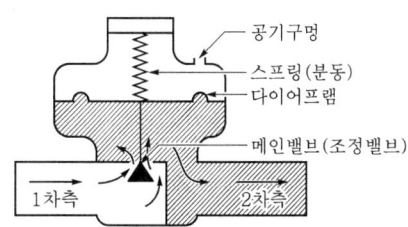

㉠ 설정압력이 유지될 때 : 다이어프램에 걸려 있는 2차 압력과 스프링의 힘이 평형상태를 유지하면서 메인 밸브는 움직이지 않고 일정량의 가스가 메인 밸브를 경유하여 2차 측으로 가스를 공급한다.

㉡ 2차측 압력이 높을 때 : 2차측 가스수요량이 상승하나, 이때 다이어프램을 들어 올리는 힘이 증가하여 스프링의 힘에 이기고 다이어프램에 직결된 메인 밸브를 위쪽으로 움직여 가스의 유량을 제한하므로 설정압력이 2차 압력을 유지하도록 작동한다.

㉢ 2차측 압력이 낮을 때 : 2차측 사용량이 증가하여 2차 압력이 설정압력 이하로 떨어질 경우 스프링의 힘이 다이어프램을 받치고 있는 힘보다 커서 다이어프램에 연결된 메인 밸브를 열리게 하여 가스의 유량이 증가하게 되며, 2차 압력을 설정압력으로 유지하도록 작동한다.

㉯ 파일럿 로딩형 정압기

㉠ 2차 압력이 설정압력으로 되어 있는 경우 (평형상태) : 파일럿 다이어프램에 가해지는 2차 압력과 파일럿 스프링의 힘이 평형하기 때문에 파일럿 밸브는 항상 일정한 열림상태를 유지한다.

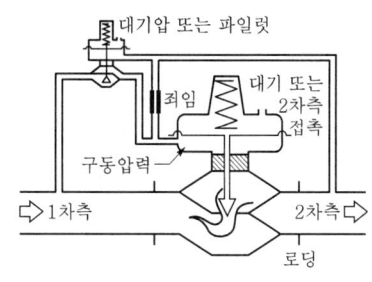

따라서, 파일럿계에서는 일정량의 가스가 흐르고 파일럿과 교축(죄임) 사이의 구동압력은 일정압력을 유지하며, 본체 다이어프램에 걸리는 압력과 본체 스프링의 힘이 평형한 위치에서 밸브는 정지되어 있으며, 일정량의 가스가 본체밸브를 경유하여 2차측으로 흐른다.

㉡ 2차 압력이 설정압력 이상으로 된 경우 : 2차측의 사용량이 감소하면 2차 압력이 설정 압력 이상으로 상승한다. 이 경우, 파일럿 다이어프램을 밀어 올리는 힘이 파일럿계에 공급하는 가스량을 감소한다.

이에 따라 구동압력이 저하하고 본체 스프링의 힘이 본체 다이어프램을 밀어 올리는 힘보다 커지고 본체 밸브를 아래쪽으로 내려 가스의 유량을 제어하고 2차 압력을 설정압력으로 되돌리도록 작동한다.

ⓒ 2차 압력이 설정압력보다 낮은 경우 : 2차 압력이 설정압력 이하로 저하한다. 이 경우, 파일럿 밸브를 아래로 움직여 파일럿계에 공급하는 가스량을 증가시킨다. 이때, 교축에 의해 구동압력이 2차측으로 도피되는 것이 제한되기 때문에 구동압력이 상승하고 본체 다이어프램을 밀어 올리는 힘이 본체 스프링의 힘보다 커지면 본체 밸브를 위로 움직여 가스의 유량을 증가하여 2차 압력이 설정압력까지 회복되도록 작동한다.

㉰ 파일럿 언로딩형 정압기

　㉠ 2차 압력이 설정압력으로 되는 경우 (평형상태) : 파일럿 다이어프램에 걸리는 2차 압력과 파일럿 스프링의 힘이 평형되어 있기 때문에 파일럿 밸브는 움직이지 않고 파일럿계에 일정량의 가스가 흐른다. 이때문에 구동압력은 일정하고 본체 다이어프램에 가해지는 압

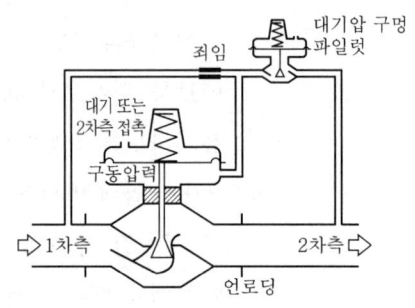

파일럿 언로딩형

력과 본체 스프링의 힘이 평행하기 때문에 본체 밸브를 경유하여 2차측으로 흐른다.

　㉡ 2차 압력이 설정압력 이상으로 될 경우 : 2차측의 가스사용량이 감소하면 2차 압력이 설정압력 이상으로 상승하지만, 이때의 파일럿 밸브를 위쪽으로 작동시켜 파일럿계를 흐르는 가스의 유량을 제어한다.

　이에 따라 구동압력이 상승하여 본체 다이어프램을 밀어 올리는 힘이 본체 스프링의 힘보다 크게 되어 본체 밸브를 위쪽으로 움직여 가스의 유량을 제어하여 2차 압력을 설정 압력으로 되돌리는 작동을 한다.

　㉢ 2차 압력이 설정압력보다 낮아지는 경우 : 2차측의 사용압력이 증가하면 2차 압력이 설정압력 이하로 낮아진다. 이 경우, 파일럿 스프링의 힘이 파일럿 다이어프램을 밀어 올리는 힘보다 크면 파일럿 밸브를 아래쪽으로 낮추는데 따라서 파일럿계에 흐르는 가스의 유량이 증가한다. 이때, 1차 압력은 교축(죄임)으로 제어되므로 구동압력이 낮아지고, 본체 스프링의 힘이 본체 다이어프램을 밀어

붙이는 힘보다 크게 되어 본체 밸브를 아래쪽으로 낮추어 가스의 유량을 증가시 킴으로써 2차 압력을 설정압력까지 회복하도록 작동한다.

② 정압기의 구조에 의한 구분

종 류	특 징	사용압력
피셔식	로딩형 정특성, 동특성이 양호하다. 비교적 콤팩트하다.	고압중압 A 중압 A중압, 중압 중압 중압, 저압
액슬-플로어식	변칙 언로딩 정특성, 동특성이 양호하다. 고차압이 될수록 특성 양호 극히 콤팩트하다.	위와 같다.
레이놀즈식	언로딩형 정특성은 극히 좋으나 안정성이 부족하다. 다른 것에 비하여 크다.	정압 저압 저압 저압
KRF식	레이놀즈식과 같다.	레이놀즈식과 같다.

㉮ 피셔(fisher)식 정압기

  ㉠ 2차측 부하가 없어 2차 압력이 상승할 때 : 2차 압력이 상승하여 파일럿의 공급밸브가 닫히고 배출밸브는 열려 다이어프램의 구동압력이 저하하기 때문에 메인 밸브는 스프링의 힘에 의하여 닫혀 있게 된다.

  ㉡ 2차측 부하가 발생하여 2차 압력이 저하할 때 : 2차 압력 조절관으로 연결된 파일럿 상부의 압력도 내려간다. 그러면 파일럿 하부의 스프링이 작동하여 상하가 함께 움직이는 파일럿 다이어프램을 위쪽으로 밀어 올린다. 그러면 공급밸브가 열림과 동시에 배출밸브는 닫히고 1차측 압력이 공급밸브에서 주 다이어프램 하부에 도입되어 구동압력이 상승하여 정압기 본체의 스프링의 힘에 견디어 메인 밸브를 위쪽으로 밀어 올린다. 그리하여 가스는 메인 밸브에서 2차측으로 흘러 가스 수요를 충당한다.

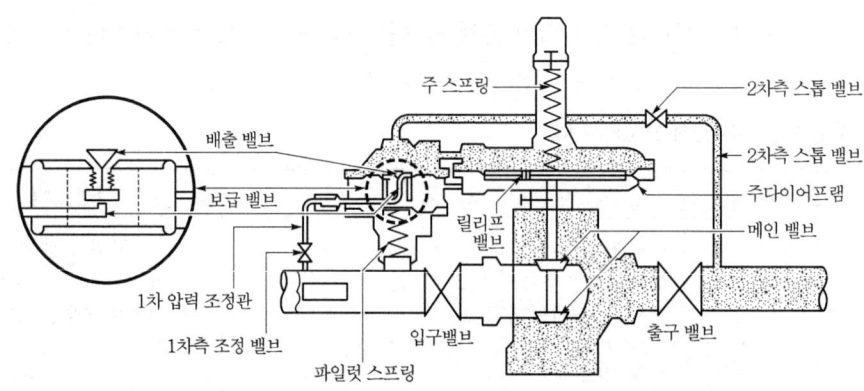

피셔식 정압기의 작동상황 플로 차트

항 목	상 황		비 고
수용가의 가스사용 상황	사용량 증가	사용량 감소	
	↓	↓	
2차 압력	저 하	상 승	
	↓	↓	
파일럿 다이어프램	올라간다	내려간다	
	↓	↓	정압기 2차 압력의 설정은 스프링의 조정으로 한다.
파일럿 다이어프램 공급밸브, 배출밸브	닫힌다 열린다	열린다 닫힌다	
	↓	↓	
구동압력	상 승	저 하	
	↓	↓	
메인밸브	열린다	닫힌다	

㉯ 레이놀즈 (Reynolds)식 정압기

㉠ 2차측의 부하가 전혀 없을 때 (저압 보조정압기는 폐지상태) : 중압 보조정압기는 구동압력 (중간압력)이 450~500 mmH₂O로 설정되어 있으므로, 이 압력이 조절관을 경유하여 조동 볼 (oxalic ball)의 다이어프램 아래쪽에 가해져 정압기를 밀어 올려 메인밸브를 닫는다.

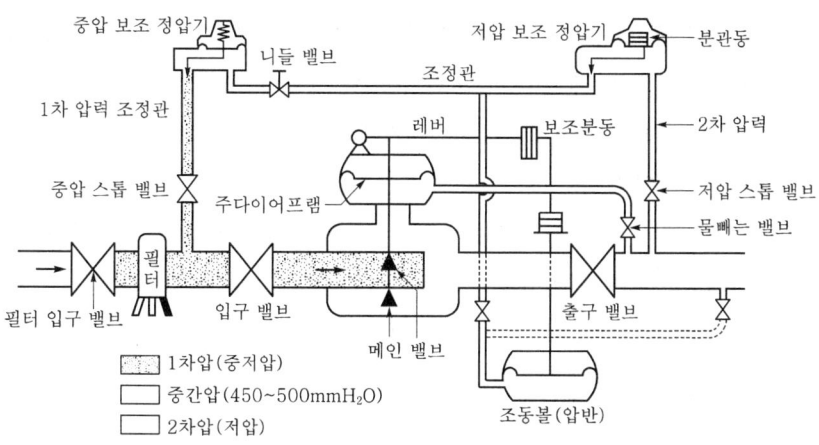

레이놀즈 정압기의 작동상황 플로차트

항 목	상 황		비 고
수용가의 가스 사용 상황	사용량 증가	사용량 감소	
2차 압력	저 하	상 승	
저압보조압기의 열림	증 대	내려간다	
중간압력	저하한다	열 린 다	설정압력은 분동(分銅)으로 조정·설정압력은 450~500 mmH$_2$O
보조압력 내의 다이어프램	약 해 진 다	강 해 진 다	
램을 밀어 올리는 힘	내 려 간 다	올 라 간 다	
보조압력 내의 다이어프램의 위치	내 려 간 다	올 라 간 다	
조봉(내려뜨리는 철봉), 레버, 메인 밸브의 위치, 메인밸브의 열림 정도	증 대	사용량 증가	

ⓒ 2차측에 부하가 발생하여 2차 압력이 저하할 때 : 저압 보조정압기가 작동하여 조동 볼 내의 가스가 2차측에 흐르기 시작한다. 이때, 중압 보조정압기도 작동하나 조동 볼과의 사이에 니들 밸브에 의한 조리개가 있어서 유량이 제한되므로 조절관의 중앙압력이 저하하여 조동 볼의 다이어프램이 하강하게 되어 레버를 내려 메인 밸브가 열린다.

ⓒ 부하가 감소하여 2차 압력이 상승하면 저압 보조정압기의 열림 정도가 작아져 중간압력이 상승하여 메인 밸브의 열림 정도를 낮추게 한다.

ⓓ 2차 압력의 설정은 저압 보조정압기에 올려놓는 작은 분동의 수로 조절한다.

㉯ A.F.C식 정압기

ⓐ 2차측의 부하가 전혀 없을 때에는 2차 압력이 상승하여 파일럿 다이어프램이 아래쪽으로 밀어내려 파일럿 밸브가 닫히게 된다. 그러면 2차 압력이 고무 슬리브와 보디 사이에 도입되어 이때문에 고무 슬리브 상류측과의 차압이 없어져 고무 슬리브는 수축하여 게이지에 밀착한다. 이로 인하여 고무 슬리브는 하류측에서 1차 압력과 2차 압력의 차압을 받아 가스를 완전히 차단한다.

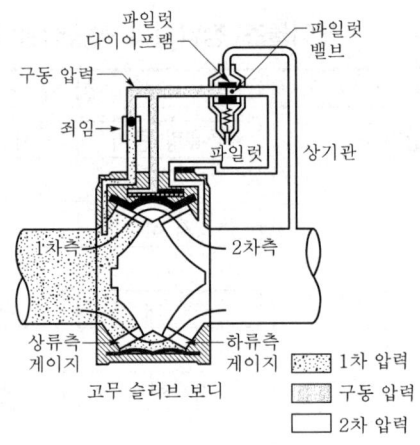

고무 슬리브 보디

ⓑ 2차측에 부하가 발생하여 2차 압력이 저하하면 파일럿 스프링이 작동하여 파일럿 다이어프램을 위쪽으로 밀어 올린다. 이에 의하여 파일럿 밸브가 열리면서 작동압력은 2차 측으로 빠지게 된다. 이때, 1차측에서 가스가 흘러 들어오나 조리개로 제한하게 되어 있으므로 작동압력이 저하되어 고무 슬리브 내외에 압력차가 생겨서 고무 슬리브가 바깥 쪽에 확장되어 가스가 흐른다.

부하가 감소하여 2차 압력이 상승하면 파일럿 다이어프램이 아래쪽에 밀어내려져 파일럿 밸브의 열림 정도가 감소하여 작동압력의 빠짐부가 작아지므로 작동압력은 상승하게 된다. 이에 의해서 고무 슬리브 내외의 차압이 감소하여 고무 슬리브가 수축하므로 가스유로가 축소하여 가스량이 감소하게 된다.

A.F.V식 정압기 작동상황 플로 차트

항 목	상 황		비 고
수용가의 가스사용 상황	사용량 증가 ↓	사용량 감소 ↓	
2차 압력	저 하 ↓	상 승 ↓	정압기 2차 압력의 설정은 스프링의 조정으로 한다.
파일럿 밸브의 열림 정도	증 대 ↓	내려간다 ↓	
구동압력	저하한다 ↓ 약 해 진 다	열 린 다 ↓ 강 해 진 다	

③ 정압기의 특성

　㉮ 정특성 : 정상상태에서의 유량과 2차 압력의 관계

　㉯ 동특성 : 부하의 변화가 큰 곳에 사용되는 정압기에 대해 중요한 특성이다. 부하의 변동에 대한 응답의 신속성과 안정성이 모두 요구된다.

　㉰ 유량 특성 : 밸브와 유량과의 관계

　㉱ 사용 최대차압 및 작동 최소차압

④ 직동식과 파일럿의 특성 비교

⑤ 정압기의 부속설비

　㉮ 불순물 제거장치(필터) : 배관 내의 먼지가 이동하여 정압기의 메인 밸브나 보조 정압기의 노즐 등에 부착하여 작동불량 원인이 되는 것을 방지하기 위한 것이다.

　㉯ 이상압력 상승 방지장치 : 정압기의 고장으로 인하여 1차측의 가스가 2차측에 유입하여 2차측 배관의 압력이 상승하면 연소불량, 가스미터 파손, 배관 누설 등 위험한 상태로 되므로 이를 방지하기 위해 사용한다.

　㉰ 자동승압장치 : 가스수요량이 단기간에 증가하여 피크시 배관 말단의 압력이 현저히 저하할 때 자동승압시킨다.

(5) 부취제

① 액체주입식 부취설비 : 가스량의 변동에 대응하기 쉽다.

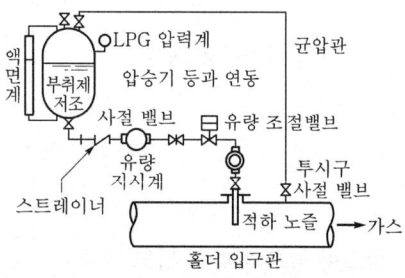

적하주입방식

㉮ 펌프 주입방식 : 규모가 큰 장치에 적합하며, 소용량의 다이어프램 펌프에 의하여 부취제를 직접 가스 중에 주입한다.

㉯ 적하 주입방식 : 간단한 형태로, 부취제 주입을 가스압으로 조절하며 중력에 의하여 부취제를 가스 중에 적하한다. 유량의 변동이 적은 소규모의 부취제에 많이 쓰인다.

② 증발식 부취설비

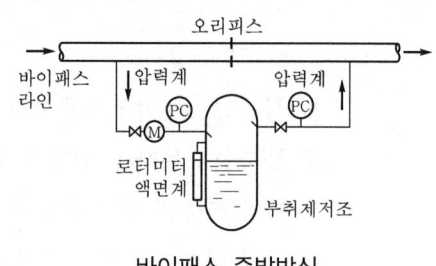

바이패스 증발방식

㉮ 부취제의 증기를 가스류에 혼합하는 방식으로 동력이 필요 없고 설비가 싸다.

㉯ 설치장소는 압력과 온도의 변화가 작고, 관 내의 유속이 큰 것이 바람직하다.

㉰ 부취제 첨가율을 일정하게 유지하기 어렵고 변동이 적은 소규모 부취에 쓰인다.

㉱ 바이패스 증발방식이 대표적이다.

㉲ 부취 조절 범위가 제한된다.

(6) 웨버지수와 연소속도지수

① 웨버지수 : 가스의 발열량을 비중의 평방근으로 나눈 것으로서 가스의 연소성 판단에 중요한 수치이다.

$$W_I = \frac{H_g}{\sqrt{d}}$$

여기서, H_g : 도시가스의 총발열량 (kcal/m^3), d : 도시가스의 공기에 대한 비중 (공기=1)

② 연소속도 (C_p)

$$C_p = k \frac{1.0H_2 + 0.6(CO + C_mH_n) + 0.3CH_4}{d}$$

여기서, H_2 : 가스 중의 수소함량(Vol, %), CO : 가스 중의 일산화탄소함량(Vol, %)
C_mH_n : 가스 중의 메탄을 제외한 탄화수소함량 (Vol, %)
CH_4 : 가스 중의 메탄의 함량 (Vol, %), d : 가스의 비중
k : 가스 중의 산소함량에 따른 정수

③ 연소속도의 종류 : A, B, C의 3종류가 있다.

연소속도의 종류	연소속도의 범위
A	$13.5 + 0.002041\ W_I$ 이상 $40.8 + 0.004082\ W_I$ 이하
B	$19.5 + 0.004859\ W_I$ 이상 $30.5 + 0.009397\ W_I$ 이하
C	$17.1 + 0.007558\ W_I$ 이상 $40.5 + 0.014535\ W_I$ 이하

(7) 연소기의 입력 (input) 조정

$$I = 0.011 D^2 \times K \times W_I \times \sqrt{P}$$

여기서, I : 입력 (kcal/h), W_I : 웨버지수, D : 노즐의 구멍지름 (mm)
P : 가스압력 (mmH₂O), K : 유량계수 (약 0.8)

사용하는 가스가 결정되면 웨버지수와 가스압력은 정해져 있으므로 변경시킬 수 있는 것은 노즐 구멍지름 (D)뿐이다. 이 노즐 구멍지름의 변경은 변경 전·후 가스의 웨버지수, 가스압력에 따라 다음 식으로 계산할 수 있다.

$$\frac{D_1}{D_2} = \frac{\sqrt{W_{I2}\sqrt{P_2}}}{\sqrt{W_{I1}\sqrt{P_1}}}$$

연소공학

1 연소와 연료

1.1 연소

(1) 연소의 정의

연소란 가연성 물질이 산소와 반응하여 빛과 열을 얻는 화학적 반응을 말한다.

① 가연성 물질 + 지연성 + 점화원 = 연소 (빛과 열을 수반)

② 가연성 물질 + 지연성 = 연소화합물 (발열반응)

※ **연소에 의한 빛**
500℃ 부근, 적열상태
1000℃ 이상, 백열상태

색 깔	온 도	색 깔	온 도
암적색	700℃	황적색	1100℃
적 색	850℃	백적색	1300℃
휘적색	950℃	휘백색	1500℃

(2) 연소의 3요소

① 가연성 물질 : 고체, 액체, 기체로 구분되며 기체인 경우 가연성 가스라고 한다.

② 산소 공급원 : 공기 중의 산소, 순산소 등 자신은 연소하지 않고 가연성 물질의 연소를 돕는 조연성 (지연성)이다.

※ **가연성 물질이 될 수 없는 것**
① 주기율표의 0족 원소 (불활성 원소)
② 흡열반응원소 (예 $N_2 + \frac{1}{2}O_2 \rightarrow N_2O - 19.5\ kcal$)
③ 이미 산소와 화합하여 더 이상 화합할 여지가 없는 원소

③ 점화원 : 활성화 에너지를 주는 것 착화원

　　　예 화기, 전기불꽃, 정전기불꽃, 마찰열, 충격, 고열물, 단열압축, 산화열 등이 있다.

※ **가연성 물질이 되기 쉬운 것**
　① 연소열이 많은 것
　② 열전도율이 작은 것
　③ 활성화 에너지가 작은 것

(3) 연소반응속도가 빨라지는 요인

① 분자의 충돌횟수가 많을수록
② 활성화 에너지가 작을수록
③ 반응온도가 높을수록 (10℃ 상승에 따라서 2배씩 증가)

(4) 인화점과 발화점

① 인화점 : 공기 중에서 가연성 물질에 점화원 (불씨, 불꽃)을 접촉시켰을 때 연소하는 최저온도

② 발화점 : 불씨가 없이 연소가 일어나는 최저온도 (착화점), 발열량이 크고, 반응활성속도가 클수록 저하

　㉮ 인화점과 발화점은 낮을수록 위험하다.
　㉯ 탄화수소에서 착화점은 탄소수가 많은 분자일수록 낮아진다.
　㉰ 최소점화에너지 : 가스가 발화하는 데 필요한 최소에너지로서 가스의 압력과 온도, 조성에 따라서 다르다.

※ **발화점에 영향을 주는 인자**
　① 가연성 가스와 공기의 혼합비　② 발화가 생기는 공간의 형태와 크기
　③ 가열속도와 지속시간　　　　　④ 기벽의 재질과 촉매효과
　⑤ 점화원의 종류와 에너지 투여법

※ **주요가스의 착화점**
　① 프로판 : 460~520℃　　　　② 부탄 : 430~510℃
　③ 아세틸렌 : 400~440℃　　　④ 일산화탄소 : 637~658℃
　⑤ 수소 : 580~590℃　　　　　⑥ 가솔린 : 210~300℃
　⑦ 에틸렌 : 500~519℃　　　　⑧ 메탄 : 615~682℃

(5) 가연성 물질의 연소형태

① 기체연소 : 발염연소, 확산염소
② 액체연소 : 증발연소
③ 고체연소
　㉮ 표면연소 : 목탄, 코크스, 금속분 등
　㉯ 분해연소 : 목재(가연성 가스가 발생한 후에 연소), 석탄, 종이, 플라스틱
　㉰ 증발연소 : 황, 나프탈렌, 휘발유, 등유, 경유 등
　㉱ 자기연소 : 내부연소(산소화합물질의 경우), TNT, 피크린산, 니트로글리세린

1.2 연 료

(1) 연료의 구비조건

① 발열량이 클 것
② 매연이 적고 공해요인이 없을 것
③ 점화가 쉽고 완전연소가 될 것
④ 저장, 운반, 취급이 쉽고 경제적일 것

(2) 연료의 종류

- 주성분 : C, H
- 불순물 : S, W (수분), A (회분), N, O 등
- 고체연료 1차 : 원유
  　　　　2차 : 연탄, 코크스, 조개탄, 숯, 갈탄 등
- 액체원료 1차 : 원유
  　　　　2차 : 휘발유, 등유, 경유, 중유 등
- 기체연료 1차 : 유전가스, 탄전가스
  　　　　2차 : 석유 열분해가스, 석탄가스, 수성가스

① 고체연료 : 주성분인 탄소 외에 회분과 수분을 함유한다 (약 5000 kcal/kg).

$$\text{연료비} = \frac{\text{고정탄소}(\%)}{\text{휘발유}(\%)} \text{ (탄화도가 커짐에 따라 증가)}$$

$$\text{기공률} = (1 - \frac{\text{겉보기비중}}{\text{참비중}}) \times 100 \text{ (코크스가 크다.)}$$

　㉮ 수분이 존재할 때

㉠ 점화가 어렵고 흰 연기가 발생한다.
㉡ 수분의 기화로 연소를 나쁘게 한다.
㉢ 불완전연소로 열효율이 저하된다.
㉣ 통기 및 통풍불량의 원인이 된다.

㈏ 휘발분이 존재할 때
㉠ 연소할 때 그을음이 발생한다.
㉡ 점화는 쉬우나 발열량이 저하된다.

㈐ 탄소가 존재할 때
㉠ 발열량이 증가하고 매연이 감소한다.
㉡ 청색단염이 발생한다.
㉢ 열효율은 증가하나 연소속도 (점화)가 늦어진다.

㈑ 회분이 존재할 때
㉠ 발열량이 저하되어 연료가치가 떨어진다.
㉡ 클링커 발생으로 통풍이 저하된다.
㉢ 연소를 나쁘게 하며 열효율이 저하된다.

㈒ 공업원소를 분석할 때 : C, H, O, N, S의 중량비로 표시한다.

㈓ 착화온도는 ┌ 발열량이 클수록
            ├ 분자구조가 복잡할수록 ┐ 낮아진다.
            ├ 산소량이 증가할수록   ┘
            └ 압력이 높을수록

② 액체연료 : C, H가 주성분이며 비중은 0.78~0.97 정도이다 (약 11000 kcal/kg).

㈎ 비중이 크면 발열량은 감소한다.

㈏ 액체연료에서는 탄소 수가 많으면 발열량은 감소한다.

$$A.P.I도 = \frac{141.5}{(60°F/60°F)} - 131.5$$

15℃ 비중 $d = dt + 0.00065(t-15)$

㈐ 점도에 따라 중유는 A, B, C로 구분한다.

㈑ 인화점 : 연소될 수 있는 최저온도 (중유가 높다.)
(가솔린 : $-20 \sim -40℃$, 경유 : $50 \sim 70℃$)

㈒ 유동점은 응고점보다 2.5℃ 정도 높다 (A 중유 : $-10℃$)

$$옥탄가 = \frac{이소옥탄}{이소옥탄 + 노르말헵탄} \times 100$$

(옥탄가가 높을수록 노킹을 일으키지 않는다.)

③ 기체연료 : 연소효율이 높고 점화소화가 용이하다 (주성분 C, H).
  ㉮ 천연가스 : 유전가스, 탄전, 수용성으로 천연적으로 발생하는 가스로서 가연성인 것 (습성 : 석유계, 건성 : 메탄이 주성분)
  ㉯ LNG : 액화천연가스, 메탄이 주성분
  ㉰ LPG : 석유정제의 부산물로서 프로판, 부탄이 주성분
  ㉱ 오일가스 : 나프타를 주원료로 열분해, 접촉분해, 부분연소 등으로 만들어진다 (N_2, C_2H_4, CO, C_mH_m 등).
  ㉲ 석탄계 가스 : 석탄을 건류할 때 발생되는 가스 (CH_4, H_2, CO 등)
  ㉳ 수성가스 : 무연탄이나 코크스를 수증기와 작용시켜 생성한다 (H_2, CO).
  ㉴ 고로가스 : 제철의 용광로에서 부산물로 발생되는 가스 (CO_2, CO, N_2 등)
  ㉵ 오프가스 : 석유정제 폐가스 (접촉분해, 개질, 상압정류 때 발생)와 석유화학 폐가스 (C_2H_4, C_3H_6를 제조할 때)를 말한다.
  ㉶ 도시가스 : CH_4이 주성분이며, H_2 탄화수소물 등을 혼합시킨다.

2 폭발과 폭굉

2.1 폭발과 폭굉

(1) 폭 발

격렬한 연소의 한 형태로서 급격한 압력의 발생, 해방의 결과로서 격렬한 음향과 폭풍을 수반하는 팽창현상을 말한다.

(2) 가스폭발의 종류

① 화학적 폭발 : 폭발성 혼합가스에 점화할 때, 화약이 폭발할 때

화학폭발의 예 : $H_2 + \frac{1}{2}O_2 \rightarrow H_2O + 68$ kcal : 수소 폭명기 (2 : 1)

② 압력폭발 : 고압가스 용기, 보일러의 폭발
③ 분해폭발 : 가압하에서 아세틸렌, 산화에틸렌, 히드라진 등

① **C2H2의 희석제** : 분해폭발 방지 목적
   C_2H_4, CO, CH_4, N_2, H_2, C_3H_8
② **C2H4O의 분해폭발** : 액상에서는 안전하나 기상 (3~80 %)에서 분해폭발이 일어나므로 액상으로 유지하기 위하여 용기 상부에 45℃ 이상, 4 kg/cm² 이상으로 가압한다 (가압매체 : N_2, CO_2).

④ 중합폭발 : HCN, C_2H_4O 등 (중합열은 발열반응이다.)

① **C2H4의 중합방지제** : N_2, CO_2, 수증기
② **HCN의 중합방지제** : SO_2, H_2SO_4, 구리, 구리망, P_2O_5, $CaCl_2$, P (인) 등

⑤ 촉매폭발 : 수소, 염소 등에 직사일광을 쬘 때 염소 폭명기

산소 없이 분해폭발을 일으키는 물질 : C_2H_2, C_2H_4O, N_2H_4

(3) 폭굉

데토네이션이라고 하며, 가스 중의 음속보다는 화염 전파속도가 큰 경우이다.

① 마하 수 : 3~5배

② 파면압력 : 초압의 10~50배

③ 폭파속도 : 폭굉이 전하는 속도 1000~3500 m/s (정상 연소속도는 0.03~10 m/s)

④ DID (폭굉유도거리) : 완만한 연소가 폭굉으로 발전하는 거리로서 짧을수록 위험하다.

  ※ DID가 짧아지는 요인
  - 정상 연소속도가 큰 혼합가스일수록
  - 관 속에 장애물이 있거나 관지름이 작을수록
  - 고압일수록
  - 점화원의 에너지가 강할수록

요점정리 연소와 폭굉압력의 전파

〈연소〉 〈폭굉〉

2.2 폭발등급과 폭발범위

(1) 폭발에 영향을 주는 인자

온도, 압력, 용기의 모양과 크기, 조성 (폭발범위 %)

(2) 폭발등급과 안전간격

① 소염 : 온도, 압력, 조성의 세 가지 조건이 갖추어져도 용기가 작으면 발화하지 않고, 부분적으로 발화하여도 화염이 전파되지 않고 도중에 꺼져 버리는 현상

② 안전간격 : 화염이 틈새를 통하여 바깥쪽 (B)의 폭발성 혼합가스까지 전달되는가를 측정할 때 화염이 전달되지 않는 한계의 틈새이다.

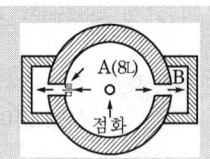

요점정리
  ※ **안전간격의 측정**
  틈새는 8개의 블록 게이지를 끼워서 조정해 게이지 폭 10 mm, 길이 30 mm 틈새의 깊이로 내부 A와 화염이 틈새를 통하여 외부로 전달되는가의 여부를 압력계 또는 들창으로 본다.

③ 폭발등급 : 안전간격에 따라서 구분한다.
  ㉮ 1급 : 안전간격이 0.6 mm 이상인 가스 (CO, CH$_4$, C$_3$H$_8$, NH$_3$, n-부탄, 벤젠, 가솔린)
  ㉯ 2급 : 안전간격이 0.6 mm 미만, 0.4 mm 이상인 가스 (에틸렌, 석탄가스)
  ㉰ 3급 : 안전간격이 0.4 mm 미만인 가스 (수소, 수성가스, 아세틸렌, 이황화탄소)
  ※ 급수가 클수록 (3급) > 2급 > 1급) 위험하다.

H$_2$, C$_2$H$_2$은 3등급에 속하나 안전간격은 0.1 mm이다.

(3) 폭발범위와 위험도

① 폭발범위 : 가연성 가스와 공기의 혼합가스에 대한 연소가 가능한 가연성 가스의 용량 백분율 (Vol %)

① 폭발범위 = 연소범위 = 가연범위 = 폭발한계 = 연소한계 = 가연한계
② 가연성 가스의 폭발범위 : 압력이 높을수록 넓어진다 (단, CO + 공기는 좁아진다).

② 폭발범위의 측정 : 전기불꽃을 사용한다. ϕ50 mm, 길이 1.5 m의 수평유리관에 가연성 가스와 공기의 혼합가스를 1 atm으로 넣고 전기불꽃으로 실험한다.

③ 위험도 : 클수록 위험하며, 하한계가 낮고 상한과 하한의 차이가 클수록 커진다.

$$H = \frac{U-L}{L}$$ 여기서, H : 위험도, U : 폭발한계 상한, L : 폭발한계 하한

C$_2$H$_2$의 위험도는?

해설 ● 폭발범위가 2.5~81 %이므로, $H = \dfrac{81-2.5}{2.5} = 31.4$

주요가스의 위험도
C$_2$H$_2$: 31.4, C$_3$H$_8$: 3.3, NH$_3$: 0.9, H$_2$: 17.7, CH$_4$: 2

2.3 연소성에 따른 가스의 분류

(1) 가연성 가스

공기 중에서 연소할 수 있는 가스로서 고압가스 법규상 폭발한계치로 규정한다.

① 규정 : 폭발한계의 하한이 10 % 이하이거나, 또는 상한과 하한의 차이가 20 % 이상인 가스이다.

> **예** 아세틸렌 (C_2H_2), 산화에틸렌 (C_2H_4O), 수소 (H_2), 일산화탄소 (CO), 프로판 (C_3H_8) 등

② 주요 가연성 가스의 폭발한계는 다음과 같다.

㉮ 아세틸렌 (C_2H_2) : 2.5~81 %

㉯ 산화에틸렌 (C_2H_4O) : 3~80 %

㉰ 수소 (H_2) : 4~75 %

㉱ 일산화탄소 (CO) : 12.5~74 %

㉲ 아세트알데히드 (CH_3CHO) : 4.1~55 %

㉳ 에테르 [$(C_2H_5)_2O$] : 1.9~48 %

㉴ 이황화탄소 (CS_2) : 1.25~44 %

㉵ 황화수소 (H_2S) : 4.3~45 %

㉶ 시안화수소 (HCN) : 6~41 %

㉷ 에틸렌 (C_2H_4) : 3.1~32 %

③ 기타 [탄화수소계] 가스

㉮ 프로판 : 2.1~9.5 %   ㉯ 에탄 : 3~12.5 %

㉰ 메탄 : 5~15 %   ㉱ 부탄 : 1.8~8.4 %

> ① **암모니아 (NH3)** 15~28 %, 브롬화메탄 (CH_3BR) 13.5~14.5 %, 이 두 가지는 '하한 10 % 이하, 또는 상한과 하한의 차이 20 % 이상'의 규정에는 해당되지 않지만 가연성 가스로 취급된다.
> ② **수소 (H_2)**는 공기 중에서는 4~75 %이나 '염소' 중의 폭발한계는 5.5~89 %로서 직사 일광에 의하여 다음과 같은 염소 폭명기'를 만든다.
> $H_2 + Cl_2 \rightarrow 2\,HCl + 44\,kcal$

(2) 지연성 가스 (조연성 가스)

가연성 가스의 연소를 도와 주는 가스로서 산소, 공기, 염소, N_2O (아산화질소), 초산가스 등이 있다.

(3) 불연성 가스

불이 타지 않는 가스로서 질소, 이산화탄소와 불활성 가스 (He, Ar, Ne, Xe, Kr, Rn 등) 가 있다.

2.4 고압가스의 사고 분류

① 고압용기가 파열, 분출, 분진한다.
② 지연성, 가연성 가스가 공기 또는 다른 가스와 혼합되어 폭발할 때 고장난 용기의 밸브에서 분출하는 가스에 인화된다.
③ 독성, 질식성 가스가 누설하면 중독, 질식한다.
④ 저온가스에 의해 동상을 고온가스에 의해 화상을 입는다.
⑤ 용기의 무게에 의하여 취급 부주의로 부상을 입는다.
⑥ 용기 내 가스의 물리적, 화학적인 변화에 의하여 폭발사고를 일으킨다.

요점정리 고압가스설비 (용기, 저장탱크, 배관 등)는 항상 40℃ 이하로 유지해야 하며, 직사광선, 빗물을 피하는 것이 바람직하다.

2.5 고압가스 용기의 파열사고

사용도수가 많은 용기, 노후화된 용기, 부식된 용기, 관리 부주의 등으로 파열하여 폭발, 화염과 파편에 의한 재해를 일으킨다.

① 용기의 내압 (耐壓) 부족
② 용기검사의 태만, 부실, 기피
③ 용기의 압력 상승
④ 용기 재질의 불량
⑤ 용접용기의 용접상의 결함, 이면용접의 불이행
⑥ 용기밸브의 불법 혼용

용기 재질의 CPS 비율

재질 \ 형태	용접용기	무계목용기
C (탄소)	0.33 % 이하	0.55 % 이하
P (인)	0.04 % 이하	0.04 % 이하
S (황)	0.05 % 이하	0.05 % 이하

⑦ 충격, 낙하, 타격, 전도, 전락 등
⑧ 사제용기의 불법 사용
⑨ 가스의 과충전
⑩ 가열, 일광, 주위의 화재에 의한 온도의 상승
⑪ 균열, 내부에 이물질이나 오일 오염 등

2.6 가스 분출과 분진사고

① 밸브, 안전밸브, 충전구 등에 타격을 줄 때 분출하여 분출할 때의 압력, 인화된 화염 등으로 중화상을 입는다.
② 용기의 전도, 전락시 밸브의 절손 등을 방지하기 위해서는 캡을 씌우고 용기를 수송 중에는 로프로 결속한다.

① 5 L 이상의 용기는 전도, 전락에 의한 밸브의 손상을 방지하기 위한 조치 (캡, 프로텍터)를 강구해야 한다.
② 용기에 가스를 충전할 때
  • 압축가스 : 최고충전압력 이하
  • 액화가스 : 최대충전량 이하로 충전

2.7 가스 중량에 대한 주의사항

(1) 공기보다 가벼운 가스

수소, 아세틸렌 등은 통풍이 잘 되면 실외로 날아간다.

(2) 공기보다 무거운 가스

강제 통풍시설이 필요하다.
① 가연성 가스 : 지면에 체류하므로 화기가 있으면 폭발한다.
② 독성 가스 : 염소, 포스겐 등 인체, 동·식물의 중독사를 유발한다.

(3) 가스누설경보기의 설치

① 작동 : 가연성 가스는 폭발하한의 1/4 이하, 독성 가스는 허용농도 이하에서 작동해야 한다.
② 설치위치 : 공기보다 가벼운 가스실은 천장 쪽 30 cm 부근에, 공기보다 무거운 가스실은 바닥 쪽 30 cm 부근에 설치한다.

통풍시설
① 통풍구의 크기 : 바닥면적 1 m^{2}에 대하여 300 cm^2 이상 (즉, 바닥면적의 3 %), 2개 이상을 설치
② 강제통풍 능력 : 바닥면적 1 m^2 당 0.5 m^3/min 이상
③ 배기가스 중의 가스농도가 0.5 % 이상일 때 가스누설 장소를 정밀조사, 보수할 것

2.8 고압가스 용기와 밸브의 안전관리

(1) 용기의 구분

① 용접용기(계목용기) : 주로 압력이 낮은 가스, 액화가스를 충전한다.
   예 LPG, NH$_3$, C$_2$H$_2$, C$_2$H$_4$ 등

용접용기의 두께공차는 평균값의 20% 이하일 것.

② 이음매 없는 용기(무계목용기) : 주로 압력이 높은 가스, 압축가스, 초저온 액화가스 등을 충전한다.

 아산소, 수소, 질소, 아르곤, 액화 CO_2, 액화 Cl_2 등

> **요점정리 이음매 없는 용기의 제조법**
> ① 에르하르트식 ② 만네스만식 ③ 강판의 조합방식

(2) 밸브의 안전사항

① 충전구나사 : 오른나사로 하는 것을 원칙으로 한다.

※ 가연성 가스는 왼나사로 하며, 왼나사임을 표시하기 위하여 그랜드 너트에 V자 홈을 판다.

> **요점정리**
> ① 가연성 가스 중 「NH_3」와 「CH_3Br(브롬화메탄)」은 오른나사로 정한다.
> ② 그랜드 너트에 적색 페인트를 칠하는 경우 : 그랜드 너트는 스핀들 누설을 방지하는 것이며, 항상 완전하게 조여져 있는 상태에서 회전되지 않아야 한다. 페인트칠로 회전 여부를 알 수 있다.

② 밸브누설의 종류
  ㉠ 본체누설 : 밸브 본체의 결함(균열, 부착불량 등)에 의함.
  ㉡ 시트누설(충전구누설) : 밸브를 닫았을 때 시트 패킹을 통하여 충전구 쪽으로 누설되는 형태
  ㉢ 패킹누설(스핀들누설) : 충전구를 차단하고 밸브를 열면 스핀들과 그랜드 너트 사이로 누설되는 형태

(3) 용기보관상 주의사항

① 도장 : 방청도장(하도) → 건조 → 색도장(상도) → 건조
② 가스누설 : 정기적으로 검사(비눗물 등 발포액 사용)할 것.
③ 공병은 항상 닫아서 수분의 침입을 방지할 것.
④ 혼합저장 금지 : 가연성, 산소, 독성 가스는 구분하여 설치할 것.
⑤ 습기와 수분, 직사일광 등을 피할 것.
⑥ 충전용기와 잔 가스용기는 구분하여 보관할 것.
⑦ 충격, 화재, 온도의 상승 등에 주의할 것.

충전용기와 잔 가스용기
① 충전용기 : 충전압력, 충전질량이 전체량의 $\frac{1}{2}$ 이상 충전된 용기
② 잔 가스용기 : 충전량이 전체량의 $\frac{1}{2}$ 미만 들어 있는 용기

(4) 가스사고 방지상 주의사항

① 산소밸브, 조정기에 유지류가 묻어 있을 때 : 사염화탄소(CCl_4)로 세척한다(산소와 유지류의 혼합은 폭발원인이다.)
② 밸브에 얼음이 붙어 있을 때 : 40℃ 이하의 온수나 열습포로 녹여 준다(화기에 의한 가열은 금물).
③ 밸브의 개폐 조작 : 서서히 하며, 핸들이 없는 것은 10인치 이하의 몽키스 패너를 사용하여 조작한다.
④ 가스를 사용한 후 $\frac{1}{3}$ 기압(게이지) 정도(약 5PSIG) 남기고 밸브를 닫는다(개방한 상태로 방치하면 수분의 침입 원인).
⑤ 산소의 불법사용(페인트, 스프레이어, 엔진 청소 등) 금지

통가스설비의 사고원인
① 용기의 결함　　　　② 가스누설　　　　　③ 밸브의 불량
④ 기구의 연결 불량　 ⑤ 밸브개폐의 조작 미숙　⑥ 저장법의 불량
⑦ 밸브수리 부주의로 분출　⑧ 조정기의 접속 착오　⑨ 재검사의 태만 등

제4편 연소공학

3 연소 계산과 고압가스의 특성

3.1 연소 계산

(1) 발열량

완전연소할 때 발생하는 열량 (액체, 고체 : kcal/kg, 기체 : kcal/m^3)

① 고위발열량 : 수증기의 증발잠열을 포함한 열량 (총발열량)

$$8100\,C + 34000(H - O/8) + 2500\,S$$

$$H_h(고) = H_l(저) + 600(9H + W)$$

② 저위발열량 : 수증기의 증발잠열을 뺀 열량 (진발열량)

$$8100\,C + 28600\,H - 4250\,O + 2500\,S - 600\,W$$

$$H_l(저) = H_h(고) - 600(9H + W)$$

(2) 발열량 계산

① C + O$_2$ → CO$_2$ + 97200 kcal/kmol [완전연소일 때]

  1 kmol 1 kmol 1 kmol

  12 kg 32 kg 44 kg

  1 kg $\dfrac{32}{12}$ kg $\dfrac{44}{12}$ kg $\dfrac{97200}{12}$ kg

② C + $\dfrac{1}{2}$O$_2$ → CO + 29400 kcal [불완전연소일 때]

  CO + $\dfrac{1}{2}$O$_2$ → CO$_2$ + 67800 kcal/kmol

③ H$_2$ + $\dfrac{1}{2}$O$_2$ → H$_2$O + 68000 kcal/kmol

  2 kg 16 kg 18 kg

  22.4 m^2 11.2 m^2 22.4 m^2

  H$_2$ + $\dfrac{1}{2}$O$_2$ → H$_2$O + 3050 kcal/Nm^3

  3050 − 480 = 2570 kcal/Nm^3

④ S + O_2 → SO_2 + 80000 kcal/kmol
  32kg 32kg   64kg

※ 기체연료의 연소

  CH_4 + $2\,O_2$ → CO_2 + $2\,H_2O$ + 9530 kcal/Nm^3

  $2\,C_2H_2$ + $5\,O_2$ → $4\,CO_2$ + $2\,H_2O$ + 14080 kcal/Nm^3

  C_3H_8 + $5\,O_2$ → $3\,CO_2$ + $4\,H_2O$ + 24370 kcal/Nm^3

  $2\,C_4H_{10}$ + $13\,O_2$ → $8\,CO_2$ + $10\,H_2O$ + 32010 kcal/Nm^3

(3) 공기량

① 산소량

$$W : \frac{32}{12} + \frac{16}{2}\left(H - \frac{O}{8}\right) + \frac{32}{32}S = 2.67\,C + 8\left(H - \frac{O}{8}\right) + S \text{ kg/kg}$$

$$V : \frac{22.4}{12} + \frac{11.2}{2}\left(H - \frac{O}{8}\right) + \frac{22.4}{32}S = 1.87\,C + 5.6\left(H - \frac{O}{8}\right) + 0.7S \text{ m}^3/\text{kg}$$

$$V : \frac{\text{산소몰수}}{\text{가연성 몰수}} = Nm^3/Nm^3$$

② 공기량
- 체적으로 구할 때 $8.89\,C + 26.67\,H + 3.33\,S$ Nm^3/kg
- 중량으로 구할 때 : $11.49\,C + 34.5\,H + 4.35\,S$ kg/kg

③ 기체연료의 이론공기량

$$O_2 = \frac{1}{2}H_2 + \frac{1}{2}CO + 2\,CH_4 + 3\,C_2H_4 + 5\,C_3H_8 + 12/2\,C_4H_{10} - O_2$$

이론공기량 $= \dfrac{O_2}{0.21}$ Nm^3/Nm^3

④ 실제공기량

$A/A_o = m$(공기비) 여기서, A_o : 이론공기량, A : 실제공기량

공기비 $= 1 + \dfrac{\text{과잉공기량}}{\text{이론공기량}}$

실제공기량 = 이론공기량 × 공기비

과잉공기 = 실제공기 − 이론공기

※ 기체가 연소할 때 생성되는 수증기량

$H_2 + 2CH_4 + 4C_3H_8 + 5C_4H_{10} = Nm^3/Nm^3$

액체, 고체가 연소할 때 생성되는 수증기량

$11.2H + 1.25W = Nm^3/kg$

※ CO_2max (이산화탄소 최대량 : 이론공기량으로 완전연소시켰을 때 최대값이 된다.)

$$CO_2max = \frac{21 \times CO_2}{21 - O_2}$$

$$\text{공기비}(m) = \frac{\text{실제공기량}(A)}{\text{이론공기량}(A_0)} = \frac{CO_2max}{CO_2} = \frac{21}{21 - O_2} = \frac{N_2}{N_2 - 3.76O_2}$$

(4) 발열량 계산

$$C + O_2 \rightarrow CO_2 + 97200 \text{ kcal/kmol} \left(\frac{97200}{12} = 8100 \text{ kcal/kg}\right)$$

$$H_2 + \frac{1}{2} \rightarrow H_2O(\text{액}) + 68000 \text{ kcal/kmol} \left(\frac{68000}{2} = 34000 \text{ kcal/kg}\right)$$

$$(\text{기}) + 57200 \text{ kcal/kmol} \left(\frac{57200}{2} = 28600 \text{ kcal/kg}\right)$$

$$S + O_2 \rightarrow SO_2 + 80000 \text{ kcal/kmol} \left(\frac{80000}{32} = 2500 \text{ kcal/kg}\right)$$

① $C_3H_8 + 5O_2 \rightarrow 3CO_2 + 4H_2O + 530 \text{ kcal/mol}$

㉮ C_3H_8 1 Nm^3의 발열량

$$\left(\frac{530}{22.4}\right) \times 1000 = 23660 = 24000 \text{ kcal/Nm}^3$$

㉯ C_3H_8 1 kg의 발열량

$$\left(\frac{530}{44}\right) \times 1000 = 12045 = 12000 \text{ kcal/kg}$$

② 탄화수소 연소식

$$C_mH_n + \left(m + \frac{n}{4}\right)O_2 \rightarrow mCO_2 + \frac{n}{2}H_2O$$

※ 기체연료의 연소

㉮ $H_2 + \frac{1}{2}O_2 = H_2O(\text{기체}) + 3050 \text{ kcal/Nm}^3$ 수소

㉯ $CO + \frac{1}{2}O_2 + CO_2 + 3035 \text{ kcal/Nm}^3$ 일산화탄소

㉰ $CH_4 + 2O_2 = CO_2 + 2H_2O(기체) + 9530 \text{ kcal/Nm}^3$ 메탄

㉱ $2C_2H_2 + 5O_2 = 4CO_2 + 2H_2O(기체) + 14080 \text{ kcal/Nm}^3$ 아세틸렌

㉲ $C_2H_4 + 3O_2 = 2CO_2 + 2H_2O(기체) + 15280 \text{ kcal/Nm}^3$ 에틸렌

㉳ $2C_2H_6 + 7O_2 = 4CO_2 + 6H_2O(기체) + 16810 \text{ kcal/Nm}^3$ 에탄

㉴ $C_3H_8 + 5O_2 = 3CO_2 + 4H_2O(기체) + 24370 \text{ kcal/Nm}^3$ 프로필렌

㉵ $2C_3H_6 + 9O_2 = 6CO_2 + 6H_2O(기체) + 22540 \text{ kcal/Nm}^3$ 프로판

㉶ $C_4H_8 + 6O_2 = 4CO_2 + 4H_2O(기체) + 29170 \text{ kcal/Nm}^3$ 부틸렌

㉷ $2C_4H_{10} + 13O_2 = 8CO_2 + 10H_2O(기체) + 32010 \text{kcal/Nm}^3$ 부탄

㉮ $2C_6H_6 + 15O_2 = 12CO_2 + 6H_2O(기체) + 34960 \text{kcal/Nm}^3$ 벤졸증기

3.2 중요한 고압가스의 기본특성

(1) 산소 (O_2)

① 생물체의 호흡에 필수이며 연료의 연소에 필요하다.

② 가연성 물질과 반응하여 폭발할 수 있다.

> **예** $H_2 + \frac{1}{2}O_2 \rightarrow H_2O + 68.3 \text{kcal}$ (550℃에서 수소 폭명기)

즉, 수소는 가연성 물질이며 산소에 의해 강력히 연소(폭발)하며, 수소 1 mol당 68.3 kcal의 열을 발생한다.

③ 순산소 중에서는 철, 알루미늄 등도 연소되며, 금속산화물을 만든다.

④ 자신은 스스로 연소하지 않는 조연성이다.

⑤ 오일과 혼합하면 산화력이 증가하여 강력히 연소한다.

산소기구는 금유라고 표기된 것을 사용하고 오일과 접촉시키지 않는다 (CCl_4로 세척). 산소압축기 윤활유로는 물이나 10% 이하의 묽은 글리세린 수용액을 사용한다.

(2) 수소 (H_2)

① 가벼워서 확산하기 쉬우며 작은 틈새로 잘 방산한다.

② 고온, 고압에서 강재, 기타 금속을 투과한다.

예) $2H_2 + Fe_3C \rightarrow CH_4 + 3Fe$ (탈탄작용, 수소취성)

③ 산소 또는 공기와 혼합하여 격렬하게 폭발한다.

④ 환원성이 강하므로 금속산화물의 환원에 의한 제련에 쓰인다.

예) $CuO + H_2 \rightarrow Cu + H_2O$ (수소는 산화구리 CuO에서 산소를 얻어서 자신은 산화되며, 산화구리는 산소를 잃고 환원된다.)

⑤ 할로겐원소와 격렬히 반응하여 할로겐화수소를 만든다.

예) HCl (염화수소), HF (플루오르화수소)

- 산화 : H_2를 잃거나 산소를 얻음.
- 환원 : H_2를 얻거나 산소를 잃음.
※ 할로겐원소 : F, Cl, Br, I 등

(3) 아세틸렌 (C_2H_2)

① 가연성 가스 중 폭발한계가 가장 넓은 (2.5~81 %) 가스로서 순수한 것은 무취이나 불순물 때문에 악취가 나는 것이 보통이다.

② 산소와 혼합하여 3300℃까지의 고온을 얻을 수 있으므로 용접에 사용된다.

③ 열이나 충격에 의해 분해폭발이 일어나므로 주의해야 한다.

예) $C_2H_2 \rightarrow 2C + H_2$ (분해폭발 : 110℃, 1.5 atm)

④ 용기에 충전할 때는 단독으로 가압충전할 수 없으며 용해충전한다.

예) 아세틸렌은 아세톤에 부피로 약 25배 용해되며, 따라서 용기에 다공성 물질 (석면, 목탄) 등을 충전하고 아세톤을 침윤시킨 다음 여기에 아세틸렌을 용해시켜 충전한다.

C_2H_2은 희석제를 첨가했더라도 2.5 MPa 이상 압축할 수 없으며, 충전할 때에는 15℃에서 1.5MPa 이하로 하고 충전 후 24시간 정치시켜야 한다.

(4) 염소 (Cl_2)

① 강한 자극성의 맹독성 가스이며 공기보다 무거운 황록색 가스이다.

② 조연성이 있으며 활성이 크다 (금속과 반응하여 금속염화물을 생성).

③ 수소와 반응하여 직사광선을 촉매로 격렬히 폭발한다.

  예 염소 폭명기 : $H_2 + Cl_2 \rightarrow 2\,HCl + 44\,kcal$

④ 건조한 상태에서는 금속부식성은 없으나 수분을 혼합할 때 산을 생성하여 금속을 부식시킨다.

$Cl_2 + H_2O \rightarrow HCl(염산) + HClO(차아염소산)$

(5) 암모니아 (NH_3)

① 상온, 상압에서 자극성 냄새를 가진 무색의 기체이다.

② 물에 잘 용해한다(약 800배 용해하여 암모니아수를 생성).

③ 임계온도가 높아서 액화가 용이하므로 용기에 액체상태로 충전한다 (임계온도 : 133℃, 임계압력 : 111.3 atm이며, 임계온도가 낮은 가스일수록 액화시키기 어렵다.)

④ 액화암모니아가 기화할 때 다량의 열을 흡수하므로 냉동장치의 냉매로 사용된다.

⑤ 연소할 때 황백색의 불꽃을 내면서 탄다.

※ 이상 5가지 가스는 고압가스 관계법규에 이하여 '특정고압가스'로 정해진다.

냉매 : 냉동장치 내에서 순환하면서 열을 운반하는 매개체이다.

(6) 질소 (N_2)

① 공기 중에서 체적으로 약 78 %를 차지한다.

② 고온에서 금속과 화합하여 금속질화물을 만든다.

③ 극히 고온에서는 산소와 혼합하여 산화질소 (NO)를 생성한다.

④ 비점이 −196℃로 낮으며, 극저온의 급속냉동장치에 쓰인다.

⑤ 수소와 더불어 암모니아의 합성원료이다 ($N_2 + 3\,H_2 \rightarrow 2\,NH_3$).

(7) 일산화탄소 (CO)

① 환원성이 강하며 금속산화물을 환원한다.

② 철, 니켈 등의 철족과 반응하여 금속카르보닐을 생성한다.

예) $Fe + 5CO \rightarrow Fe(CO)_5$: 철카르보닐

$Ni + 4CO \rightarrow Ni(CO)_4$: 니켈카르보닐

③ 공기 중에서 연소가 잘 된다.

④ 포스겐의 원료이다 (촉매 : 활성탄, $CO + Cl_2 \rightarrow COCl_2$).

> **요점정리**
> 카르보닐화 방지책 : Ag, Cu, Al 라이닝

(8) 시안화수소 (HCN)

① 소량의 수분혼합에도 중합폭발을 일으킨다.

② 극히 유독 (10 ppm)하며 용기에 충전 후 60일 이내에 다른 용기에 옮겨서 충전해야 한다 (순도는 98 % 이상을 요구한다).

> **요점정리**
> HCN 중합억제제 : 황산, 아황산가스, 구리, 동망, 염화칼슘, 오산화인, 인산 등

(9) 기타 가스

① 아황산가스 (SO_2) : 허용농도 5 ppm의 독성 가스이다.

② 포스겐 (염화카르보닐 : $COCl_2$) : 극히 유독하다 (허용농도 0.1 ppm).

③ 황화수소 (H_2S) : 독성, 가연성이며 연소할 때 아황산가스를 발생한다.

④ 염화수소 (HCl) : 독성 (5 ppm)이며 물에 섞여 염산이 된다.

⑤ 산화에틸렌 (C_2H_4O) : 독성 (50 ppm), 가연성 (폭발범위 3~80 %)이며, 산이나 알칼리에 혼합할 때 중합폭발성이 있고, 기체상태에서는 분해폭발성이 있다.

> **요점정리**
> C_2H_4O은 액상으로는 안정하나 기체상태에는 분해폭발을 하므로 용기 내에 45℃에서 0.4MPa 이상의 N_2, CO_2를 봉입하여 액상으로 유지시킨다.

4 연소공학 핵심정리

4.1 고위발열량과 저위발열량

(1) 액체, 고체

① 고위발열량

$$8100\,C + 34000\left(H - \frac{O}{8}\right) + 2500\,S \ (\text{kcal/kg})$$

㉮ 고위발열량 (H_h : 총발열량) : 연료가 연소될 때 연소가스 중에 수증기의 응축잠열을 포함한 열량

㉯ $H_h = H_l + H_S = H_l + 600(9H + W)$

② 저위발열량

$$8100\,C + 28600\left(H - \frac{O}{8}\right) + 2500\,S \ (\text{kcal/kg})$$

㉮ 저위발열량 (H_l : 진발열량) : 연료가 연소될 때 연소가스 중에서 수증기의 응축잠열을 뺀 열량

㉯ $H_l = H_h - H_S = H_h - 600(9H + W)$

(2) 기 체

$$H_h = H_l + 480(H_2 + 2\,CH_4 + 4\,C_3H_8 + 5\,C_5H_{10} \cdots)\ \text{kcal/Nm}^3$$

4.2 산소량

(1) 액체, 고체

① V(부피) : $1.87\,C + 5.6\left(H - \dfrac{O}{8}\right) + 0.7\,S \ (\text{m}^3/\text{kg})$

② W(질량) : $2.67\,C + 8\left(H - \dfrac{O}{8}\right) + S \ (\text{kg/kg})$

(2) 기 체

$$\frac{1}{2}\mathrm{H}_2 + \frac{1}{2}\mathrm{CO} + 2\,\mathrm{CH}_4 + 2\frac{1}{2}\mathrm{C}_2\mathrm{H}_2 + 5\,\mathrm{C}_3\mathrm{H}_8 + 6\frac{1}{2}\mathrm{C}_4\mathrm{H}_{10} - \mathrm{O}_2 \ (\mathrm{Nm}^3/\mathrm{Nm}^3)$$

4.3 공기량

(1) 액체, 고체

① V(부피) : $8.89\,\mathrm{C} + 26.67\,\mathrm{H} + 3.33\mathrm{S}\ (\mathrm{m}^3/\mathrm{kg})$

② W(질량) : $11.49\,\mathrm{C} + 34.5\,\mathrm{H} + 4.35\ (\mathrm{kg}/\mathrm{kg})$

(2) 기 체

$$\frac{\mathrm{O}_2}{0.21}\ (\mathrm{Nm}^3/\mathrm{Nm}^3)$$

4.4 연소 생성 수증기량

(1) 액체, 고체

$11.2H + 1.25W\ (\mathrm{m}^3/\mathrm{kg})$

$1.25 \times (9H + W)\ (\mathrm{m}^3/\mathrm{kg})$

(2) 기 체

$\mathrm{H}_2 + 2\,\mathrm{CH}_4 + 4\,\mathrm{C}_3\mathrm{H}_8 + 5\,\mathrm{C}_4\mathrm{H}_{10}\ (\mathrm{Nm}^3/\mathrm{Nm}^3)$

4.5 공기비 (m)

$$m = \frac{\text{실제공기량}}{\text{이론공기량}}\frac{A}{A_o} = 1 + \frac{\text{과잉공기}}{A_o}$$

$$= \frac{\mathrm{CO}_{2\max}}{\mathrm{CO}_2} = \frac{21}{21 - \mathrm{O}_2} = \frac{\mathrm{N}_2}{\mathrm{N}_2 - 3.76\,\mathrm{O}_2}$$

$A = mA_o$, 과잉공기율 $\% = (m-1) \times 100$

4.6 연소가스량

(1) 이론연소가스량

$$G_o = (1 - 0.21)A_o + 생성가스량$$

여기서, G_{od} : 이론건연소가스량
G_w : 이론습연소가스량 → 생성수증기차

(2) 실연소가스량

$$G + (m - 0.21)A_o + 생성가스량$$

여기서, G_d : 실연소가스량
G_w : 실제습연소가스량 → 생성수증기차

※ $G - G_o =$ 과잉공기

4.7 탄산가스최대량

$$CO_{2\max} = \frac{21\,CO_2}{21 - O_2} \text{ (완전연소시)}$$

$$= \frac{21(CO_2 + CO)}{21 - O_2 + 0.395\,CO} \text{ (불완전연소시)}$$

※ 이론공기량으로 연소시 최대가 된다.

4.8 착화온도

- 발열량이 클수록 감소한다.
- 분자구조가 복잡할수록 감소한다.
- 산소량 증가시 감소한다.
- 압력이 높을 때 감소한다.

(1) 탄소량 증가시

① 액체, 기체 연료의 발열량 감소, 매연 증가
② 고체연료는 발열량 증가, 매연 감소

(2) 발화점에 영향을 미치는 인자

온도, 압력, 조성, 용기의 크기 및 형태 (탄화수소에서 탄소수 증가시 감소한다.)

(3) 연소 반응속도

① 활성화 에너지가 작을수록 빨라진다.
② 분자의 충돌횟수가 많을수록, 반응온도가 높을수록 (10℃ 상승에 따라서 2배씩 증가) 빨라진다.

4.9 연료의 시험방법

(1) 고 체

① 시료 채취 : 계통 시료 채취, 층별 시료 채취, 이단 시료 채취
② 수분 측정 : (석탄 107±2℃, 코크스 150±5℃) 감량된 무게로 측정
③ 석탄 : 고정탄소 % = 100 - (수분 % + 회분 % + 휘발유 %) → 항습베이스
④ 코크스 : 고정탄소 %
⑤ 원소 분석 : 탄소, 황, 질소, 인, 수소, 산소

(2) 액 체

① 황분 측정법 : 램프식 (용량법, 중량법), 봄브식, 연소관식 (공기법, 산소법)
② 인화점 : 팬스키미아텐스식, 아벨펜스키식, 클리브랜식, 타크식. 산화에 의한 온도 상승을 측정
③ 착화점 : 산화에 의한 탄산가스 생성을 측정. 산화에 의한 중량 변화를 측정

(3) 기 체

① 비중 측정 : 유출법, 문젠시링법, 라이트법
  [유출법] 그레이엄의 법칙 : 유출속도는 밀도의 제곱근에 반비례한다. 즉, 유출시간은 가스밀도의 제곱근에 비례한다.
② 시료 채취
  ㉮ 1차 여과기 : 내열성이 좋고 제진효과가 좋은 아람단이나 카보런덤
  ㉯ 2차 여과기 : 계기직전에 석면, 면, 유리솜

4.10 연료의 특징

(1) 고체연료의 특징

① 장 점
- ㉮ 연소시 분무 등으로 인한 소음이 없다.
- ㉯ 역화 또는 폭발 등 사고가 없다.
- ㉰ 수송이 편리하다.
- ㉱ 화염에 의한 국부가열을 일으키지 않는다.

② 단 점
- ㉮ 사용 전 전처리가 필요하다.
- ㉯ 발열량이 낮다.
- ㉰ 연소시 다량의 공기가 필요하다.
- ㉱ 연소 후 잔재물이 남는다.
- ㉲ 연소 조절이 곤란하고 큰 열손실을 필요로 한다.
- ㉳ 연소시 매연 발생이 많다.

(2) 액체연료의 특징

① 장 점
- ㉮ 연소효율 및 열효율이 높다.
- ㉯ 저장 및 운반이 용이하다.
- ㉰ 저장 중의 변질이 적다.
- ㉱ 회분이 거의 없다.
- ㉲ 점화, 소화 및 연소의 조절과 계량, 기록이 비교적 용이하다.
- ㉳ 균일한 품질의 것을 구할 수 있다.

② 단 점
- ㉮ 화재, 역화 등의 위험이 크며 연소 온도가 높기 때문에 국부가열을 일으키기 쉽다.
- ㉯ 사용 버너의 종류에 따라서는 연소시에 소음을 발생한다.
- ㉰ 중질유는 많은 황분을 함유하고 있어 연소시 SO_2를 발생시킨다.

(3) 기체연료의 특징

① 장 점
- ㉮ 연소 조절이 용이하다.
- ㉯ 적은 과잉 공기로 완전연소가 된다.
- ㉰ 연소효율이 높다.
- ㉱ 회분 및 매연 등의 오염물 생성량이 거의 없다.
- ㉲ 황 성분이 거의 없다.
- ㉳ 발열량이 매우 높다.

② 단점
- ㉮ 저장이 곤란하다.
- ㉯ 설비 및 연료가 많이 든다.
- ㉰ 다른 연료에 비해 방사열이 적다.

4.11 연소의 형태

(1) 표면연소

고체연료인 목탄, 코크스, 석탄 등이 고온이 되면 고체 표면이 빨갛게 빛을 내면서 반응하는 연소를 말한다.

(2) 분해연소

장작, 석탄, 중유 등이 열분해하여 발생한 증기와 함께 연소 초기에 불꽃을 내면서 반사하는 연소를 말한다.

(3) 증발연소

액체연료인 휘발유, 등유, 알코올, 벤젠 등이 기화하여 증기가 되어 연소하는 반응이다.

(4) 확산연소

기체연료인 프로판 가스, LPG 등이 공기의 확산에 의하여 반응하는 연소로 증발연소와 분해연소가 여기에 속한다.

(5) 자기연소 (내부연소)

니트로글리세린 등은 공기 중 산소를 필요로 하지 않고, 분자 자신 속의 산소에 의하여 연소하는 반응이다.

(6) 혼합가스연소

기체연료와 공기를 알맞은 비율로 혼합 (AFR)하여 혼합기에 넣어 연소하는 반응이다. AFR (Air Fuel Ratio, 공기연료비)은 공기와 연료의 혼합비율을 말한다.

4.12 연료의 특성

- 수분이 많은 연료 : 점화가 어렵고 열효율이 떨어진다.
- 회분이 많은 연료 : 발열량이 낮고 클링커 발생으로 통풍력 저하
- 휘발분이 많은 연료 : 점화는 쉬우나 발열량 저하
- 고정탄소가 많은 연료 : 발열량이 높고 매연 감소, 연소속도가 늦어진다.

(1) 공기비가 클 때 연소에 미치는 영향

① 연소실 내의 연소온도가 저하한다.
② 통풍력이 강하여 배기가스에 의한 열손실이 많아진다.
③ 연소가스 중에 SO_3의 함유량이 많아져서 저온부식이 촉진된다.
④ 연소가스 중에 NO_2의 발생량이 심하여 대기오염이 유발된다.

(2) 공기비가 작을 때 연소에 미치는 영향

① 불완전연소가 되어 매연 발생이 심하다.
② 미연소에 의한 열손실이 증가한다.
③ 미연소 가스로 인한 폭발사고가 일어나기 쉽다.

(3) 발화점에 영향을 미치는 인자

온도, 압력, 조성, 용기의 크기 및 형태

(4) 연소온도에 영향을 미치는 인자

연료의 저위발열량, 공기비, 산소농도, 열전달계수

(5) 예혼합연소 (혼합기연소)

가연성 기체를 미리 공기와 혼합시켜 연소하는 방식

(6) 내부연소 (자기연소)

외부로부터 산소 공급이 없더라도 자체 산소를 이용하여 연소하는 형태

(7) 폭 발

격렬한 연소의 한 형태로서 급격한 압력의 발생, 해방의 결과로서 격렬한 음향과 폭풍을 수반하는 팽창현상

(8) 폭 연

충격파가 음속보다 느린 경우, 가솔린과 공기혼합물이 1/300초 내에 완전연소하는 경우 압력은 수 기압 정도이며 폭굉으로 발전할 수 있음.

(9) 폭 굉

데토네이션이라고 하며, 가스 중의 음속보다도 화염전파속도가 큰 경우 (마하수 : 3~5배, 압력 : 15~40 atm, 폭파속도 : 1000~3500 m/s)

(10) 폭굉유도거리 (DID)

완만한 연소가 폭굉으로 발전하는 거리이다. 짧을수록 위험하다 (정상연소속도가 클수록, 관 속에 장애물이 있거나 지름이 작을수록, 고압일수록, 점화원의 에너지가 강할수록 짧아진다.)

4.13 단위 해설

(1) 연소율 (kg/m² · h)

화격자 단위면적에서 1시간 동안에 연소시킬 때의 중량으로, 화격자 부하율이라고도 한다.

(2) 열방생률 (kcal/m³·h)

열손실 용적당 1시간에 발생하는 열량이며, 연소시 열부하 또는 열발생률이라고도 한다.

(3) 화격자 열발생률 (kcal/m²·h)

화격자 단위면적당 발생하는 열량

(4) 보일러용량 (kg/g)

단위시간당 발생시킬 수 있는 최대증발량

(5) 보일러효율

$$\eta = \frac{G_a(h_2 - h_1)}{G_f \times H_l} = \frac{539\,G_e}{G_f \times H_l}$$

여기서, G_f : 시간당 연료소비량 (kg/h), H_l : 저위발열량 (kcal/h),
G_a : 시간당 증기발생량 (kg/h), G_e : 상당증발량 (kg/h)

(6) 전열면 열부하 (kcal/m²·h)

전열면 1 m²당 시간당 통과열량

(7) 보일러마력

급수온도 37.8℃, 압력 4.9 kg/cm²에서 1시간에 13.6 kg의 증기를 발생시키는 능력. 상당증발량으로 환산시 15.65 kg/h

※ 보일러마력 : $\dfrac{G}{15.65}$

보일러효율 : $\eta = \eta_c \times \eta_h$

(η_c : 연소효율, η_h : 전열효율)

(8) 화재, 소화

A급	일반화재	백색	주수, 알카리
B급	유류화재	황색	포말소화기, 분말
C급	전기, 가스	청색	분말소화기
D급	금속화재	×	건조사
LPG 화재시 – 중탄산소다, 분말소화기			

4.14 냉동사이클

(1) $P-i$ 선도

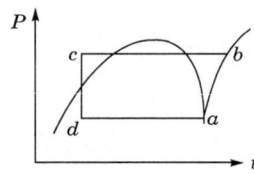

① a → b : 압축과정 (저온 저압의 증기가 고온 고압의 과열증기가 된다.)
② b → c : 응축과정 (고온 고압의 증기가 고온 고압의 액이 된다.)
③ c → d : 팽창과정 (고온 고압의 액이 저온 저압의 액이 된다.)
④ d → a : 증발과정 (저온 저압의 액이 저온 저압의 증기가 된다.)

※ 열-흡수 : 증발기
   열-방출 : 응축기
   등엔탈피과정 : 팽창시
   등엔트로피과정 : 압축시

   냉동기효율 $COP = \dfrac{a-c}{b-a}$

(2) $P-V$ 선도

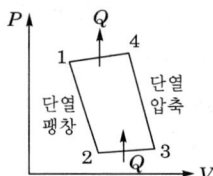

① 1 → 2 : 단열팽창
② 2 → 3 : 등온흡열
③ 3 → 4 : 단열압축
④ 4 → 1 : 등압방출

(3) 랭킨사이클

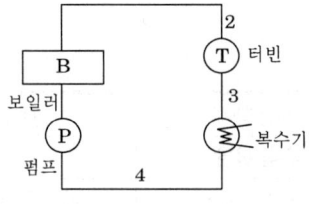
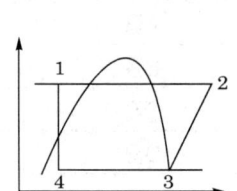

$\eta = \dfrac{h_2 - h_3}{h_2 - h_4} \times 100$

30 kg/cm²의 건조포화증기를 배기압 0.5 kg/cm²까지 작용시키는 랭킨사이클에서 이론적 효율은 얼마인가?

해설
- 건조포화증기의 엔탈피 : 670 kcal/kg
- 0.5 kg/cm²의 포화수의 엔탈피 : 81 kcal/kg
- 0.5 kg/cm²의 단열팽창시킨 증기의 엔탈피 : 513 kcal/kg
- 효율 $= \dfrac{670-513}{670-81}$

(4) 오토사이클

$$\eta = 1 - \left(\dfrac{1}{\varepsilon}\right)^{k-1}$$

 오토사이클에서 압축비가 5일 때 열효율은 몇 %인가? (단, 비열비 : 1.4, 압축비 : 5)

해설
- $1 - \left(\dfrac{1}{5}\right)^{1.4-1} = 0.475 = 47.5\%$

(5) 냉동기 성적계수

$$\dfrac{T_2}{T_1 - T_2} = \dfrac{Q_2}{Q_1 - Q_2} = \dfrac{Q_2}{A_w}$$

(6) 열펌프 성적계수

$$\dfrac{T_1}{T_1 - T_2} = \dfrac{Q_1}{Q_1 - Q_2} = \dfrac{Q_1}{A_w}$$

(7) 열효율

$$\dfrac{T_1 - T_2}{T_1} = \dfrac{Q_1 - Q_2}{Q_1} = \dfrac{A_w}{Q_1}$$

여기서, Q_1 : 증발기에서 흡수한 열량 (kcal), Q_2 : 응축기에서 방출한 열량 (kcal)
A_w : 압축기에서 소비한 열량, T_1 : 증발온도 (K), T_2 : 응축온도 (K)

- 단열압축시 : 엔트로피 일정
- 단열팽창시 : 엔탈피 일정

$$\dfrac{C_p}{C_v} = K, \quad C_p = C_v + AR$$

4.15 전열

열의 이동을 전열이라고 한다. 단위시간에 열이 이동하는 양, 즉 전열량은 온도차에 비례하고 열저항에 반비례한다. 열은 온도차에 의해 이동하고, 열의 이동에는 저항이 있으며, 이 저항을 이겨내고 열이 이동하기 위해 온도차가 필요하다.

$$Q \propto \frac{\Delta t}{W}$$

여기서, Q : 전열량, Δt : 온도차, W : 열저항

(1) 전도 (conduction)

고체 내부에서의 열의 이동을 말한다.

① 열전도율 (λ : kcal/m·h·℃) : 1변이 1 m의 입방체의 4면을 단열하여 나머지 2변을 온도차 1℃로 할 때 1시간 동안 양면간을 흐르는 열량
② 시간당 전열량 (kcal/h) : 전열면적 (m^2)과 온도차 (℃)에 비례하고 길이 (두께 : m)에 반비례한다.

$$Q = \lambda \cdot F \cdot \frac{t_1 - t_2}{l}$$

여기서, Q : 시간당 전열량 (kcal/h), t_1 : 고체의 고온측의 온도 (℃), l : 길이 (m)
F : 전열면적 (m^2), t_2 : 고체의 저온측의 온도 (℃)

$$\lambda = \frac{Q \times l}{F \times (t_1 - t_2)} = \frac{\text{kcal/h} \times \text{m}}{\text{m}^2 \times ℃} = \text{kcal/m} \cdot \text{h} \cdot ℃$$

(2) 전달

유체와 고체간의 열의 이동

① 열전달률 (표면전열률, 격막계수, α : kcal/m^2·h·℃) : 1변 1 m의 표면에 1℃의 유체와의 사이에 1시간 동안 전달되는 열량
② 시간당 전열량 (kcal/h) : 전열면적 (m^2)과 온도차 (℃)에 비례한다.

$$Q = \alpha \cdot F \cdot (t_0 - t_1) \text{에서 } \alpha = \frac{l}{F \cdot (t_0 - t_s)} = \text{kcal/m}^2 \cdot ℃$$

여기서, Q : 시간당 전열량 (kcal/h), t_0 : 유체의 온도 (℃), F : 전열면적 (m^2)
α : 열전달률 (α : kcal/m^2·h·℃), t_1 : 고체 표면의 온도 (℃)

(3) 통 과

고체를 사이에 둔 유체간의 열의 이동

① 열통과율 (열관류율, 전열계수 : K, kcal/m^2·h·℃) : 고체를 사이에 둔 양 유체간의 평균온도차가 1℃인 경우 1 m^{2}의 면적에 1시간 동안 통과하는 열량

② 시간당 전열량 (kcal/h) : 전열면적 (m^2)과 온도차 (℃)에 비례한다.

$$Q = K \cdot F \cdot \Delta_{tm}$$

$$K = \frac{Q}{F \cdot \Delta_{tm}} = \text{kcal/m}^2 \cdot \text{h} \cdot ℃$$

여기서, Q : 시간당 전열량 (kcal/h), K : 열통과율 (kcal/m^2·h·℃)

Δ_{tm} : 평균온도차 (℃)

[평균온도차 (Δt_m)]

- 산술평균온도차

$$\frac{\Delta_1 + \Delta_2}{2} \left(\frac{\Delta_1}{\Delta_2} < 3 \text{ 일 때 사용된다.} \right)$$

- 대수평균온도차(MTD : Mean Temperature Degree)

$$\text{MTD} = \frac{\Delta_1 - \Delta_2}{2.3 \log \frac{\Delta_1}{\Delta_2}} \left(\frac{\Delta_1}{\Delta_2} > 3 \text{ 일 때 사용된다.} \right)$$

(4) 이상기체의 내부에너지는 온도만의 함수

- $dH = C_p \, dT$
- $dU = C_v \, dT \, (C_p = C_v + AR)$

4.16 안전관리체계

SMS (Safety Management System)는 안전관리 활동 전반에 존재하는 위해 요인을 찾아내 그 성격을 분석 평가하고 사전에 필요한 조치를 강구함으로써 사고를 근원적으로 예방하기 위한 제도이다.

(1) 안전성 평가서

공정위험 특성, 잠재위험의 종류, 사고빈도 최소화 및 사고시의 피해 최소화 대책, 안전성 평가 세부내용, 안전성 평가 수행자 명단

(2) 안전운전계획

안전운전지침서, 설비점검 검사 및 보수·유지계획 및 지침서 안전작업허가, 협력업체 안전관리계획, 종사자 교육 계획, 자체검사 및 사고조사 계획, 변경요소 관리 계획

(3) 안전성 평가기법

① 체크리스트법 : 공정 및 설비의 오류, 결함상태, 위험상황 등을 작성하여 경험적으로 비교함으로써 위험성을 정성적으로 파악하는 기법

② 결함수 분석 (FAT ; Fault Tree Analysis)기법 : 사고를 일으키는 장치의 이상이나 운전자 실수의 조합을 연역적으로 분석하는 정량적 평가기법이다.

③ 사건수 분석 (ETA ; Event Tree Analysis)기법 : 초기 사건으로 알려진 특정한 장치의 이상이나 운전자의 실수로부터 발생되는 잠재적인 사고결과를 평가하는 정량적 평가기법이다.

④ 상대 위험순위 결정 (Dow And Indices)기법 : 설비에 존재하는 위험에 대하여 구체적으로 상대 위험순위를 지표화하여 그 피해 정도를 나타내는 상대적 위험순위를 정하는 안전성 평가기법을 말한다.

⑤ 작업자 실수 분석 (HEA ; Human Error Analysis)기법 : 설비 운전원, 정비보수원, 기술자 등의 작업에 영향을 미칠만한 요소를 평가하여 그 실수의 원인을 파악하고 추적하여 정량적으로 실수의 상대적 순위를 결정하는 안전성 평가기법을 말한다.

⑥ 사고 예상질문 분석 (WHAT-IF)기법 : 공정에 잠재하고 있으면서 원하지 않는 나쁜 결과를 초래할 수 있는 사고에 대하여 예상질문을 통해 사전에 확인함으로써 그 위험과 결과 및 위험을 줄이는 방법을 제시하는 정성적 안전성 평가기법을 말한다.

⑦ 위험과 운전 분석 (Hazard And Operability Studies)기법 : 위험과 운전 분석 기법은 공정에 존재한 위험 요소들과 공정의 효율을 떨어뜨릴 수 있는 운전상의 문제점을 찾아내어 그 원인을 제거하는 정성적인 안전성 평가기법을 말한다.

⑧ 이상 위험도 분석 (Failure Modes, Effects, and Criticality Analysis)기법 : 이상 위험도 분석 기법은 공정 및 설비 고장의 형태 및 영향, 고장 형태별 위험도 순위 등을 결정하는 기법을 말한다.

⑨ 원인결과 분석 (Cause-Consequence Analysis, CCA)기법 : 원인결과 분석 기법은 잠재된 사고의 결과와 이러한 사고의 근본적인 원인을 찾아내고 사고 결과와 원인의 상호관계를 예측·평가하는 정량적 안전성 평가기법을 말한다.

4.17 소화설비

(1) 포말소화기 : 외통과 내통으로 구성된다.

① 외통 : 중탄산나트륨(중조, $NaHCO_3$) 용액+기포안정제
② 내통 : 황산알루미늄[$Al_2(SO_4)_3$] 용액

$$6NaHCO_3 + Al_2(SO_4)_3 \rightarrow 3Na_2SO_4 + 2Al(OH)_3 + 6CO_2 + 18H_2O$$

③ 기포 : pH 7.4의 중성기포로서 기물 손상이 없다.
④ 성능 : 방사시간 1분 정도, 방사거리 10m 정도
⑤ 적용 : 목재, 섬유류 등의 일반화재와 유류화재에 사용

(2) 분말소화기

① 사용도가 가장 광범위하다.
② 건조된 중탄산나트륨 분말을 내부에 충전하였으며, 가스나 전기(고압) 시설의 화재에 안전하게 쓰인다.
③ 방사시간은 1~3분 정도, 방사거리 10m 내외이다.

(3) 이산화탄소소화기

① 공기보다 1.52배 무거운 CO_2를 액상으로 충전하여 사용하며, 인화성 액체, 부전도성의 소화가 필요한 전기설비의 초기 화재, 모타, 기계류의 화재에 쓰인다.
② 방사시간은 수십 초로서 초기화재나 소형 화재에 쓰이고 방사거리는 2m 정도이다.

① **화재시 가스의 사고유형**
  • 압축가스 : 화재 → 용기의 가열 → 내부가스 팽창 → 압력의 증가 → 폭발
  • 액화가스 : 화재 → 액체 가열 → 증발 격심 → 기체의 부피 급증 → 압력 증가 → 폭발
② **화재의 분류**
  • A급 : 일반화재-백색으로 나타낸다.
  • B급 : 유류화재-황색으로 나타낸다.
  • C급 : 전기화재-청색으로 나타낸다.
  • D급 : 금속화재-색 규정 없음.

4.18 안전을 위한 설비

(1) 방폭구조

가연성 가스 설비 중 전기설비에서 발생하는 전기스파크로 인한 폭발을 방지하기 위하여 설비한다.

① 압력(壓力) 방폭구조 : 용기 내부에 공기, 질소 등의 보호기체를 압입하여 내부에 압력을 유지함으로써 폭발성 가스가 외부에서 침입하지 못하도록 한 구조이다.

② 내압(耐壓) 방폭구조 : 전폐구조로서 용기 내에서 폭발성 가스가 폭발하여도 압력에 견디고, 내부의 폭발화염이 외부로 전해지지 않도록 하는 구조이다.

③ 유입(油入) 방폭구조 : 전기기기의 불꽃, 아크가 발생하는 부분을 절연유에 격납하여 폭발가스에 점화되지 않도록 한 구조이다.

④ 안전증 방폭구조 : 운전 중 불꽃, 아크, 과열이 발생하면 안 되는 부분에 이들이 발생하지 않도록 구조상 또는 온도의 상승에 대하여 안전성을 높인 구조이다.

① **방폭구조를 하지 않아도 되는 가연성 가스** : NH_3(15~28%)와 CH_3Br(13.5~14.5%)의 두 가지는 폭발하한계가 낮지 않고 범위도 좁아서 방폭구조를 하지 않는다.
② 내압(內壓)과 내압(耐壓)을 구분할 것.
③ **본질 안전증 방폭구조** : 안전증 방폭구조를 개량한 구조로서 운전 중, 사고시에 발생하는 불꽃, 아크, 열에 의하여 폭발성 가스에 점화될 우려가 없음이 점화시험으로 확인된 구조

(2) 방호벽

고압가스 설비의 운전 중에 발생하는 사고가 다른 설비로 영향을 끼치지 못하도록 안전하게 설계된 칸막이 벽이다.

제품종류	높이	두께	구 조	비 고
철근콘크리트	2m	12cm	지름 9mm 이상의 철근을 가로, 세로 40cm 이하의 간격으로 배근, 결속	–
콘크리트 블록	2m	15cm	철근콘크리트제와 같은 구조로 하고 블록 공동부에 콘크리트 모르타르를 채운 구조	
후강판	2m	6mm	30mm×30mm의 앵글강을 가로, 세로 40cm 이하의 간격으로 용접 보강	1.8m 이하의 간격으로 지주 세움.
박강판	2m	3.2mm	–	위와 같음.

① **방호벽** : 높이 2m 이상, 두께 12cm 이상의 철근콘크리트 제품과 동등 이상의 강도를 가진 규격이어야 한다.
② **설치 장소**
- 압축기와 9.8MPa 이상의 충전장소, 충전용기 보관소 사이
- 압축기와 C_2H_2 충전장소, 충전용기 보관소 사이
- LPG 저장탱크와 충전장소 사이
- 저장시설의 기화설비 주위
- 용기보관실의 벽
- 특정고압가스 보관실의 벽(300kg〈60m³〉 이상일 때)

(3) 2중배관

독성가스의 누설에 의한 사고를 방지하기 위하여 설비하며 그 대상가스는 다음과 같다.(8가지)
- SO_2(아황산가스) • Cl_2(염소) • $COCl_2$(포스겐) • H_2S(황화수소)
- NH_3(암모니아) • C_2H_4O(산화에틸렌) • HCN(시안화수소) • CH_3Cl(염화메탄)

※ 내층관의 바깥지름과 외층관의 안지름은 1.2배의 배율이다. 즉, 외층관의 안지름 = 내층관의 바깥지름×1.2 이상

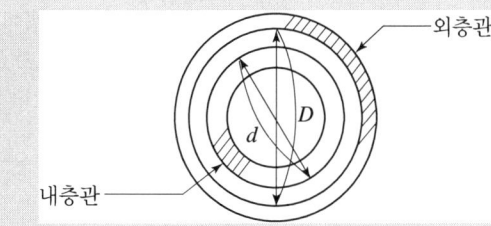

D : 외층관 안지름
d : 내층관 바깥지름
$D \geq d \times 1.2$

(4) 긴급차단장치

① 저장탱크에 접속된 배관에서 유체의 온도, 주위온도의 상승 등으로 사고발생의 위험 또는 오조작 등으로 액상의 가스가 유출될 위험에 있을 때 신속하게 차단한다.
② 설치위치 : 가연성, 독성 저장탱크로 액상의 가스를 송출 또는 이입하거나 이들을 겸용으로 하는 배관 중에 설치
③ 조작위치 : 5m 이상(고압가스 특정제조는 10m 이상) 이격
④ 작동 : 가용합금을 부착하여 유체 또는 주위온도가 110℃ 이상이 되면 자동으로 작동한다.
⑤ 종류
㉮ 외장형 : 액배관으로 저장탱크에 가까운 곳으로서 주밸브 외측에 설치하는 배관접

제4편 연소공학

속형이다.

㉯ 내장형 : 탱크의 내면에 내장되는 저조내장형이다.

⑥ 작동원리

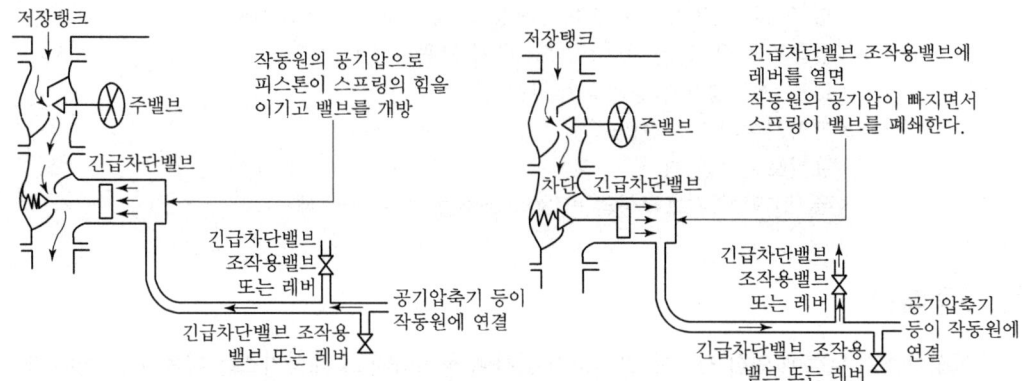

① **작동원의 종류** : 공기압, 유압, 수동식(스프링식), 전기(보안전력장치 사용)의 네 가지가 있으며, 공기압식과 유압식이 주로 쓰인다.
② **작동레버** : 3곳 이상 설치
③ **설치대상 용량** : 저장탱크 내용적 5,000l 이상일 때
④ **긴급차단장치의 기밀성능**
  • 부착상태 : ϕ1.4mm의 구경에서 누출되는 가스량 이상의 누설이 없을 것.
  • 분리상태 : N_2, 공기 등으로 차압 5kg/cm^{2}에서 3분간 누설량이 1l 미만일 것.
⑤ 긴급차단장치는 저장탱크의 주밸브와 겸용으로 사용하면 안 된다.

(5) 고압설비의 안전장치

안전밸브, 바이패스 밸브, 파열판, 자동제어장치 등이 있다.

① 안전밸브 : 내압시험압력의 80% 이하에서 작동할 것
② 바이패스 밸브
  ㉠ 고압측의 고압가스를 저압측으로 바이패스시키는 구조
  ㉡ 작동압력 : 규정압력을 넘을 때 작동한다.
  ㉢ 바이패스량 : 펌프배관 내의 1시간의 유량으로 결정
③ 파열판
  ㉠ 반응설비로서 이상 반응이 예상되는 설비에 설치
  ㉡ 파열압력 : 내압시험압력 이하
  ㉢ 안전밸브와 병행으로 설치할 때에는 안전밸브 작동압력 이상에서 작동

④ 자동제어 장치
  ㉠ 압축기, 펌프의 토출측 압력을 검출하여 흡입량을 자동적으로 제한하거나 차단하는 구조
  ㉡ 규정압력이 넘을 때 자동으로 제어한다.

(6) 방류둑

① 저장탱크의 액화가스가 액체상태로 누설되어 다른 곳으로 유출되는 것을 방지하기 위하여 설치한다.
② 용량 : 저장능력에 해당하는 전량(100%)이다.
  ※ 단, 액화산소는 저장능력 상당용적의 60%로 한다.
③ 구조 • 정상부 목 : 30cm 이상
  • 성토기울기 : 45° 이하
  • 재료 : 철근, 철근콘크리트, 금속, 흙으로 구성

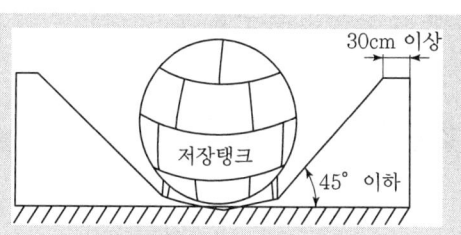

④ 계단, 사다리 : 50m마다 계단, 사다리, 출입구를 1개 이상 설치하며, 전 둘레가 50m 미만일 때는 분산해서 2개 설치한다.
⑤ 대상 : 독성 저장탱크 : 5t 이상
  • 가연성 저장탱크 : 1,000t 이상(특정제조설비는 500t 이상)
  • 산소저장탱크 : 1,000t 이상

방류둑의 구비조건
① 액밀구조일 것.
② 액이 체류한 표면적이 작을 것(대기접촉량이 적어야 기화량이 적다.).
③ 높이에 상당하는 액두압에 견딜 것.
④ 배관이 관통할 때는 누설방지, 부식방지 조치
⑤ 금속재료는 방식, 방청 조치
⑥ 가연성, 독성 또는 가연성 산소는 혼합배치 금지

05 계측기기

1. 계측과 단위

1.1 계측의 목적

조업 조건의 안정, 설비의 효율적 이용과 안전관리, 인원 절감

1.2 계측기의 구비조건

내구성, 신뢰성, 경제성, 연속성, 보수성

1.3 계측단위

(1) 기본단위

길이 (m), 무게 (kg), 시간 (s), 온도 (K), 전류 (A), 물질량 (mol), 광도 (cd)

(2) 유도단위

넓이 (m^2), 체적 (m^3), 가속도 (m/s^2), 속도 (m/s), 일 (kg·m), 열량 (kcal), 유량 (m^3/s)

(3) 보조단위

10^1 (데카), 10^2 (헥토), 10^3 (킬로), 10^6 (메가), 10^{-1} (데시), 10^{-3} (밀리), 10^{-6} (마이크로)

※ 오차 = 측정값 – 진실값 (+는 측정값이 큰 것, –는 작은 것)

① 기차 : 계량기의 오차

  기차 $E = I - Q$ 여기서, I : 표시량, Q : 진실값

② 사용공차는 검정공차의 1.5~2배

1.4 기 타

(1) 습 도

$P = P_g + P_w$

여기서, P : 습가스의 전압, P_g : 가스의 분압, P_w : 수증기의 분압

(2) 절대습도

건조공기 1 kg에 대한 수증기의 질량

$$H_2O \text{ kg/(dry gas) kg} = \frac{\text{습가스 중의 수분}}{\text{습가스 중의 건가스}} = \text{kg/kg}$$

(3) 상대습도

포화수증기량과 습가스 수증기와의 중량비

$$\text{상대습도 \%} = \frac{rW : \text{습가스 중의 습도}(\text{kg/m}^3)}{rS : \text{포화 습가스의 수분}(\text{kg/m}^3)} \times 100$$

① 온도가 상승하면 상대습도는 증가한다.
② 상대습도가 100 %가 되면 물방울이 생긴다.
③ 노점온도 : 공기 중의 수분이 응축되는 온도

(4) 점 도

① 뉴턴의 점성법칙

$f = \mu \times S \times dv/dy$

여기서, f : 마찰력, μ : 점도 g/cm·s (푸아즈), S : 경계면적

$\dfrac{dv}{dy} : \dfrac{\text{속도}}{\text{정지면에서의 거리}}$: 속도기울기

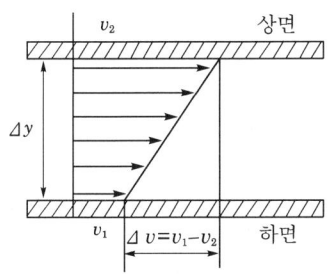

② $\frac{1}{100}$ Poise는 1 centipoise

③ 기체 및 액체가 흐를 때 정지면에서는 이동하지 않으나 정지면에서 떨어짐에 따라 유층의 속도는 빨라진다.

(5) 유동도

점도의 반대 개념으로 사용되며 얼마나 흐르기 쉬운가를 결정하는 척도이다.

$\Phi = \dfrac{1}{\mu}$ 여기서, Φ : 유동도, μ : 점도

(6) 동점도

$S.t = \dfrac{g/cm \cdot s}{g/cm^3} = cm^2/s$ (스토크스)

대표적인 물리량의 단위와 차원

양	공학단위	SI 단위	MLT 계	FLT 계
길이	mm	m	[L]	[L]
질량	kgf·s²/m	kg	[M]	[FL⁻¹T²]
시간	s	s	[T]	[T]
면적	m²	m²	[L²]	[L²]
체적	m³	m³	[L³]	[L³]
속도	m/s	m/s	[LT⁻¹]	[LT⁻¹]
가속도	m/s²	m/s²	[LT⁻²]	[LT⁻²]
각속도	rad/s	rad/s	[T⁻¹]	[T⁻¹]
비중량	kgf/m³	kg/m²·s²	[ML⁻²T⁻²]	[FL⁻³]
밀도	kgf·s²/m⁴	kg/m³	[ML⁻³]	[FL⁻⁴T²]
운동량	kgf·s	kg·m/s	[MLT⁻¹]	[FT]
힘, 무게	kgf	N, kg·m/s²	[MLT⁻²]	[F]
토크	kgf·m	kg·m/s²	[ML²T²]	[FL]
압력(응력)	kgf/cm²	Nm²(Pa), bar	[ML⁻¹T²]	[FL⁻²]
에너지일	kgf·m	J, N·m, kg·m²/s²	[ML²T⁻²]	[FL]
동력	kgf·m/s	W, kg·m²/s²	[ML²T⁻³]	[FLT⁻¹]
점성계수	kgf·s/m²	N·s/m²	[ML⁻¹T⁻¹]	[FL⁻²T]
동점성계수	m²/s	m²/s	[L²T⁻¹]	[L²T⁻¹]
온도	℃, K	℃, K	[T]	[T]
공학기체상수	m/K	kJ/kg·K	[LT⁻¹]	[LT⁻¹]

(7) 차원식

① M.L.T. : 절대 (물리)단위
② F.L.T. : 중력 (공학)단위

여기서, M : 질량, F : 힘, L : 길이, T : 시간

질량	길이	시간	힘
$kgfs^2 \cdot m$	m	s	kgf

③ 1 kg = 1 kg (m)

④ $1 \text{ kg (m)} = \dfrac{1}{9.8} \text{ kgf} \cdot \text{s}^2/\text{m}, \; FL^{-1}T^2$

1.5 힘 (force)

$[F] = [MLT^{-2}]$

① 절대단위 $\left(\dfrac{\text{MKS}}{\text{SI}}\right) 1\text{ N} = 1 \text{ kg} \cdot \text{m/s}^2$

　CGS = 1 dyne = $1 \text{ g} \cdot 1 \text{ cm/s}^2$
　　　　= $10^{-3} \text{ kg} \cdot 10^{-2} \text{ m/s}^2$
　　　　= $10^{-5} \text{ kg} \cdot \text{m/s}^2$

② 공학단위 $1 \text{ kgf} = 9.8 \text{ N} = 9.8 \times 10^5 \text{ dyne}$

1.6 압력

$P = \dfrac{F}{A} \quad \therefore \quad \dfrac{F}{L^2} = FL^{-2} \Rightarrow ML^{-1}T^{-2}$

① 절대단위 : MKS, SI, CGS

　$1 \text{ Pa} = 1 \text{ N/m}^2$

② 공학단위 – 1기압

　$1 \text{ kgf/cm}^2 = 9.8 \times 10^4 \text{ Pa} = 98 \text{ kPa}$

1.7 연속방정식

유체유동에 있어서 ①의 단면에 유입되는 유체의 질량과 ②의 단면에 유출되는 질량이 보존되는 법칙 (질량 보존의 법칙)

(1) 질량 유동률 (m)

시간에 따른 질량의 변화량 : kg · m/s (질량 m을 시간 t에 대해 미분한 것)

$\rho_1 A_1 V_1 = \rho_2 A_2 V_2 = m$

(2) 중량 유동률 (G)

시간에 따른 중량의 변화량 : kgf/s (중량 G를 시간 t에 대해 미분한 것)

$r_1 A_1 V_1 = r_2 A_2 V_2 = G$

(3) 체적유량 Q (m³/s)

비압축성 유체의 흐름에서는 ρ가 일정하므로 $\rho_1 = \rho_2$, $r_1 = r_2$가 된다.

$Q = A_1 V_1 = A_2 V_2$

2.1 온도계

(1) 습 도

구분 ┌ 접촉식 : 저온 측정
　　 └ 비접촉식 (광고온도계, 방사온도계, 색온도계) : 고온 측정

① 수은온도계 : 응답성이 빠르며 $-35℃$에서 $360℃$까지 측정한다.
② 알코올 온도계 : 저온용으로 $-100 \sim 100℃$
③ 베크만 온도계 : $5 \sim 6℃$ 사이를 $0.01℃$까지 측정이 가능하며, 초정밀용이다.
④ 바이메탈식 온도계 : 열팽창계수가 다른 두 금속을 사용하여 휘어지는 것을 이용 ($-50 \sim 500℃$: 자동제어용)
⑤ 압력식 온도계 : 온도에 따른 체적의 변화를 압력으로 변화시켜 측정한다. 액체봉입식, 증기압식, 기체압식이 있으며 극저온에 사용한다.
⑥ 전기저항온도계 : 온도가 상승할 때 전기저항이 증가하는 현상을 이용. Pt, Ni, Cu 등을 사용한다 ($-200 \sim 500℃$ 측정).

　　액체팽창식 온도계　　가스팽창식 온도계　　고체팽창식 온도계

⑦ 열전대온도계 : 두 가지 금속의 기전력을 이용
　㉮ PR (백금, 백금로듐) : $0 \sim 1600℃$
　㉯ CA (크루멜, 알루멜) : $-20 \sim 1200℃$

㉰ IC (철, 콘스탄탄) : -20~800℃
㉱ CC (구리, 콘스탄탄) : -180~350℃

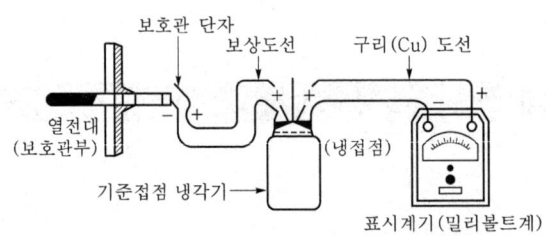

⑧ 제게르콘 온도계 : 내열성 금속산화물로 만든 삼각추로 연화되는 모양으로 측정한다 (600~2000℃ 측정). 종류 59종

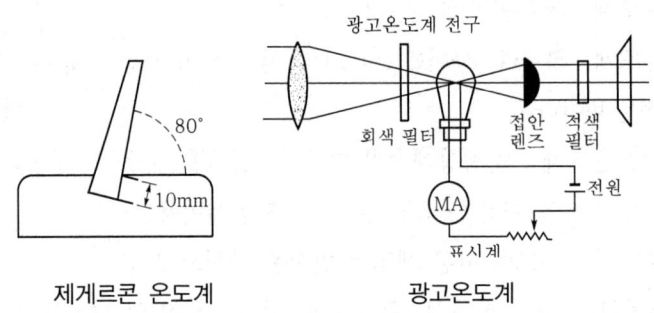

제게르콘 온도계   광고온도계

⑨ 서모컬러 온도계 : 온도에 따라 색이 변하는 물질을 표면에 칠하여 온도의 변화를 측정
⑩ 광고온도계 : 고온의 물체에 방사되는 적외선의 휘도를 전구 필라멘트의 휘도와 비교하여 측정 (700~3000℃)
⑪ 방사온도계 : 물체로부터 나오는 전 방사에너지를 측정하여 온도로 변화시킨다 (이동 물체 50~3000℃).

$$Q = 4.88 \cdot \varepsilon \cdot (T/100)^4 \text{ kcal/m}^2 \cdot \text{h}$$

여기서, ε : 방사율, T : 절대온도

⑫ 광전관식 온도계 : 광고온도계를 자동화한 것 (700℃ 이상).
⑬ 색온도계 : 고열체를 보면서 필터를 조절하여 합치시켜 측정한다 (750℃ 이상).

온도와 색과의 관계

온도(℃)	색	온도(℃)	색
600	어두운 색	1500	눈부신 황백색
800	붉은색	2000	매우 눈부신 흰색
1000	오렌지 색	2500	푸른 기가 있는 흰색
1200	노란색		

	종 류		측정온도 범위(℃)	정도(℃)	응 답	비 고
접촉식 온도측정	유리온도계		$-100 \sim 600$	1 (0.01)	빠르다	시험실용
	압력온도계		$-100 \sim 600$	2 (0.5)	느리다	비교적 안가, 원격지시 50m
	열전온도계		$-200 \sim 1600$ ($-250 \sim 2500$)	1 (0.05)	느리다 (빠르다)	공업계측용으로 적합하다.
	저항 온도계	금속저항 서미스터	$-200 \sim 600$ $-250 \sim 1100$	0.1 (0.001)	느리다 (빠르다)	공업계측용으로 적합하다.
			$-100 \sim 300$ ($-250 \sim 1100$)	1 (0.1)	빠르다	부성(負性)을 가지고 있다.
비접촉식 온도측정	방사 이용 온도계	광고 온도계	$700 \sim 3000$ ($200 \sim 3000$ 이상)	5 (0.5)	빠르다	1파장의 방사에너지 측정
		방사 온도계	$50 \sim 3000$ (3000 이상)	10 (1)		전파장의 방사에너지 측정
		색온도계	$700 \sim 3000$ 이상	10		고온체의 색을 측정

2.2 압력계

① U자관 압력계 : 양 액면의 높이의 차로 측정한다(10~2000 mmH₂O, 정도 0.5 mmH₂O).

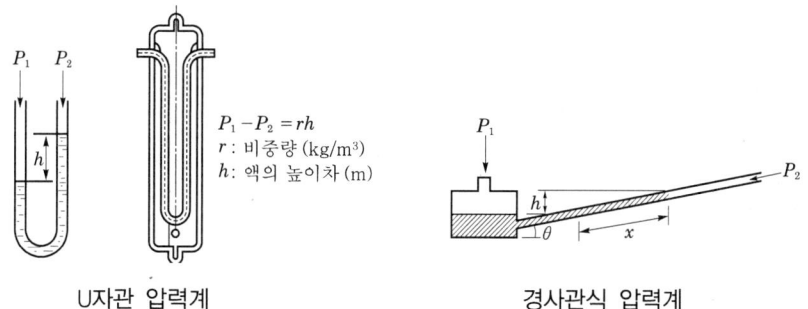

U자관 압력계   경사관식 압력계

$P_1 - P_2 = rh$
r : 비중량 (kg/m³)
h : 액의 높이차 (m)

② 경사관식 압력계 : 한쪽 관은 단면적을 크게 하고 다른 쪽은 작게 하여 눈금을 확대하여 읽을 수 있다 (정밀용 10~50 mmH$_2$O, 정도 ± 0.05 mmH$_2$O).

$$P_1 = P_2 + r \cdot x \cdot \sin\theta$$

여기서, P_2 : 가는 관 압력, r : 비중량, θ : 경사각

x : 차이가 나는 경사면 경사 길이

③ 링 밸런스식 압력계 : 내부에 액을 절반 넣고, 하부에 추를 붙여 차압에 의해 회전되어 지침이 표시된다 (25±3000 mmAq 봉입액 : 기름, 수은).

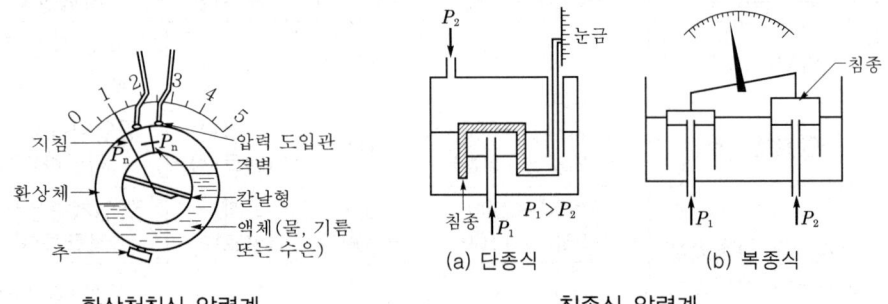

환상천칭식 압력계   침종식 압력계

④ 침종식 압력계 : 침종을 봉하고 다른 한 쪽을 개방시켜 압력차를 측정한다(100mmH$_2$O 이하의 기체압 측정).

⑤ 분동식 압력계 : 램의 중량+분동중량한 것을 램의 단면적 A로 나누어서 측정하며, 검정용 압력계로 사용한다 (범위 5000 kg/cm^2, 정도 0.005 kg/cm^2).

⑥ 부르동관 압력계 : 가장 널리 쓰이는 것이며, 압력이 가해지면 지침이 회전하여 압력을 지시한다 (25~1000 kg/cm^2, 정도 ±1~2 %).

$$P\,[\mathrm{kg/cm^2}] = W\,[\mathrm{kg}] / A\,[\mathrm{cm^2}]$$

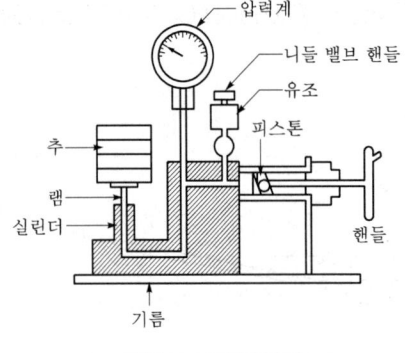
분동식 표준압력계

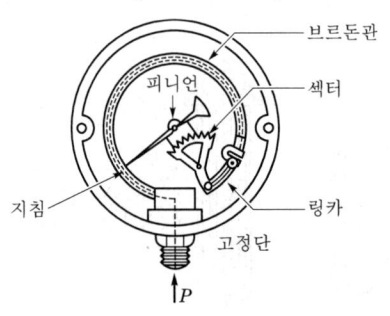
부르동관 압력계

⑦ 다이어프램 압력계 : 고무, 양은, 인청동, 스테인리스 등 탄성체 박판이 사용되며 부식성 액체나 먼지를 함유한 액체 또는 점도가 높은 액체에 적합하다 (200~500 mmH$_2$O).

⑧ 벨로스 압력계 : 금속 벨로스의 신축을 이용하는 것으로 스프링과 조합되어 있다 (0.01~10 kg/cm^2, 재질 : 인청동, 스테인리스).

⑨ 아네로이드식 압력계 : 주로 기압 측정용이며, 스프링의 변위를 확대시켜 지침을 나타낸다 (온도 보정, 기록용으로 사용).

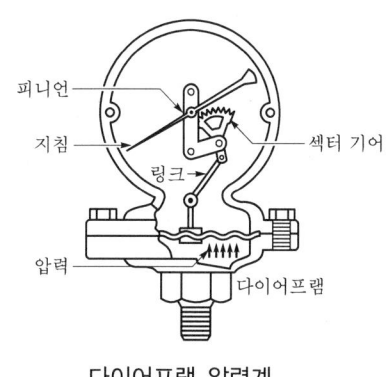

다이어프램 압력계

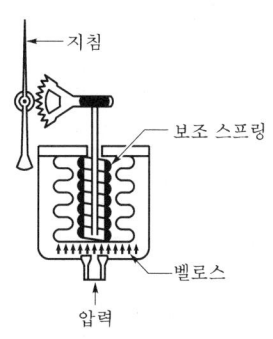

벨로스 압력계

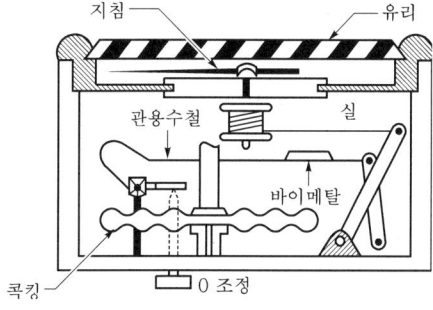

아네로이드식 압력계

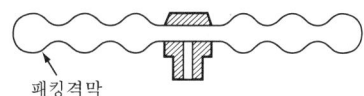

격막 캡슐 (진공실)

2.3 힘 (force)

직접식 : 직접 관측, 플로트에 의한 방법

간접식 : 차압 이용, 음향 이용, 방사선 이용

① 유리관식 액면계 (게이지 글라스) : 원형 유리 액면계, 평형 반사식, 평형 투시식이 있다.

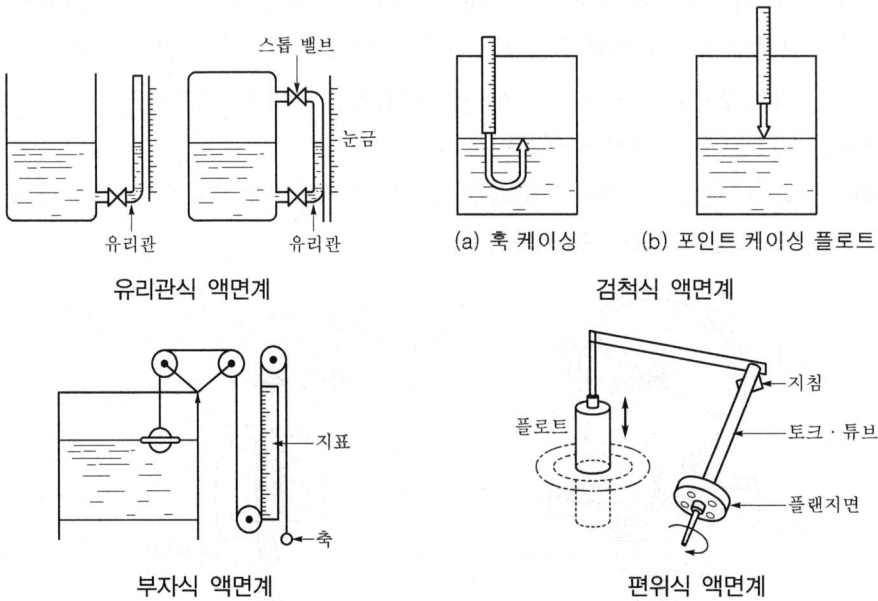

② 검척식 액면계 : 직관식이라고도 하며, 액면의 높이를 직접 자로 측정하는 것이다.
③ 부자식 액면계 : 플로트(float)를 액면에 직접 띄워서 플로트의 움직임을 직접 지시하거나 변환시켜 전송한다 (고압 밀폐탱크용 0.35~4.5 m).
④ 편위식 액면계 : 일면 디스플레이스먼트 액면계라고 하며, 플로트의 부력에 의해 토크튜브의 회전각이 변해 액위를 지시하는 방법이다 (0.5~500 mmH$_2$O).
⑤ 차압식 액면계 : 기준수위의 압력과 측정액면과의 압력차로 측정한다.

$$H = \frac{\rho_m - \rho}{\rho} \times h$$

여기서, H : 측정범위
ρ_m : 마노미터 측정액의 밀도
ρ : 측정액의 밀도
h : 양 각의 높이차

⑥ 기포식 액면계 : 탱크 속에 관을 삽입하고 압축공기를 보내어 압축공기와 액면이 같다고 인정하여 측정하며, 퍼지식 액면계라고도 한다.
⑦ 저항전극식 액면계 : 액면지시용보다는 경보용으로 이용한다.
⑧ 초음파식 액면계 : 음의 반사를 이용하는 방법이다.

⑨ 방사선식 액면계 : 밀폐탱크나 부식성 액체탱크에 사용하며, r선 등의 방사선 투과력을 이용한 것이다 (방사선 강도가 액면에 따라 달라진다.).

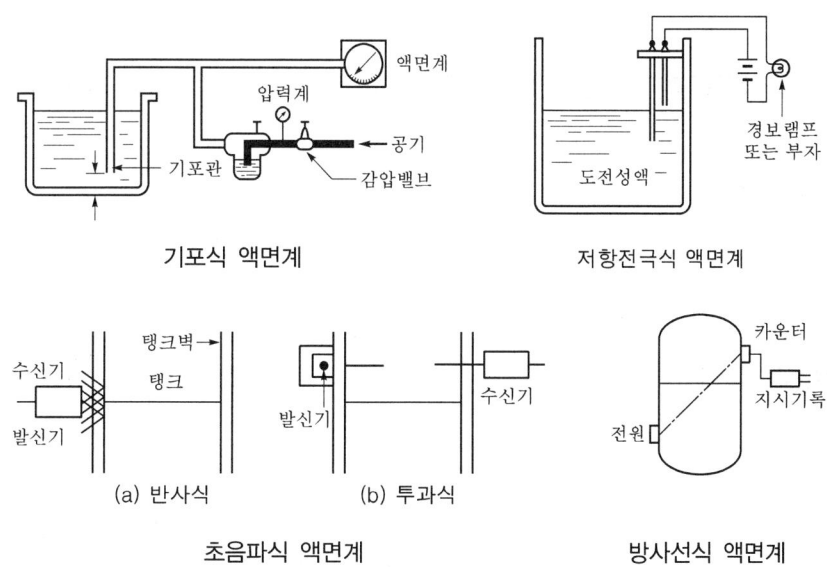

3 유량계와 가스분석계

3.1 유량계

(1) 연속의 법칙

그림 ①에서의 유량과 ②에서의 유량은 같다. ①의 유량 $A_1 \times V_1 = A_2 \times V_2$, ②의 유량은 지름을 이용할 때 $V_2 = D_1/D_2 \times V_1$이 된다.

(2) 베르누이 정리

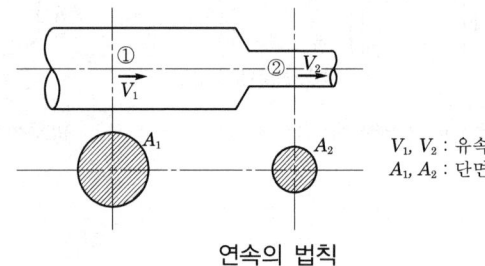

연속의 법칙

①에서의 유체에너지나 ②지점의 에너지는 같다.

$$H = h_1 + \frac{P_1}{r} + \frac{V_1^2}{2g}$$

$$H = h_2 + \frac{P_1}{r} + \frac{V_2^2}{2g}$$

여기서, H : 전수두 (m)

$\dfrac{P_1}{r}$, $\dfrac{P_2}{r}$: 압력수두

h_1, h_2 : 위치수두

$\dfrac{V_1^2}{2g}$, $\dfrac{V_2^2}{2g}$: 속도수두

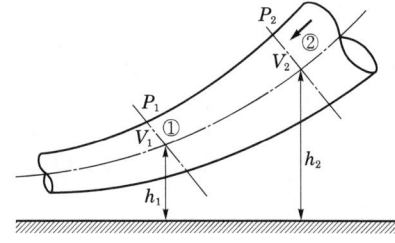

- 차압식 유량계 : 오리피스, 플로 노즐, 벤투리
- 유속식 유량계 : 피토관, 열선식 유량계
- 용적식 유량계 : 오벌 유량계, 루츠식 가스미터, 로터리 피스톤
- 면적식 유량계 : 플로트형, 피스톤형, 로터미터 이외의 와류식

① 오리피스 유량계 : 설치가 쉽고 값이 싸서 경제적이나 압력 손실이 크고 내구성이 부족하다.

　㉮ 코너 탭 (conner tap) : 교축 기구 바로 직전과 직후에 차압을 취출하는 방식이며, 평균 압력을 취출하도록 되어 있다.

　㉯ 베너 탭 (vana tap) : 가장 많이 사용되는 방식으로 교축기구를 중심으로 유입측은 배관내경 (D)만큼의 거리에서, 유출 때에는 가장 낮은 압력이 되는 위치 ($0.2 \sim 0.8D$)에서 취출하는 방식이다.

　㉰ 플랜지 탭 (flange tap) : 이 방식은 교축기구로부터 각각 25 mm 전후의 위치에서 차압을 취출하는 방식이다.

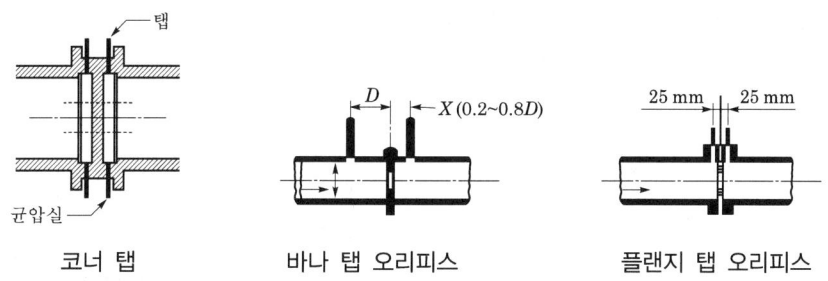

코너 탭　　　바나 탭 오리피스　　　플랜지 탭 오리피스

② 플로 노즐 유량계 : 노즐의 교축을 완만하게 하여 압력 손실을 줄인 것으로 내구성이 있다 (50~300 kg/cm² : 고압 측정).

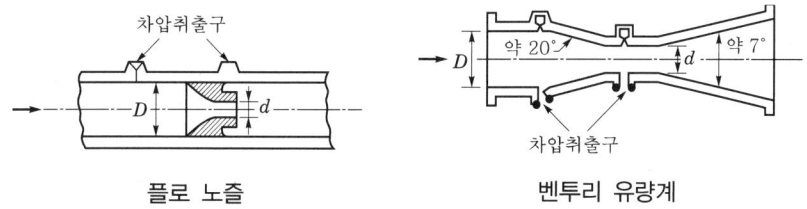

플로 노즐　　　벤투리 유량계

③ 벤투리 유량계 : 경사가 완만한 관에 의하여 교축되므로 압력 손실이 적고 값이 비싸다.
　※ $d/D = 0.25 \sim 0.5$ 정도로 한다.

※ 차압식 유량계의 압력 손실 계산 (오리피스, 플로 노즐, 벤투리)

$$Q = \frac{\pi d^2}{4} \times \frac{C}{\sqrt{1-m^2}} \times \sqrt{2g\frac{r'-r}{r}} \times 3600$$

여기서, Q : 유량 (m³/s)

H : 마노미터 눈금값 (m)

d : 오리피스 지름 (m)

r : 비중 (물)

r' : 비중 (수은)

C : 유속계수

m : 개구비 $\left(\dfrac{d_2}{D_2}\right)$

g : 중력가속도 (m/s²)

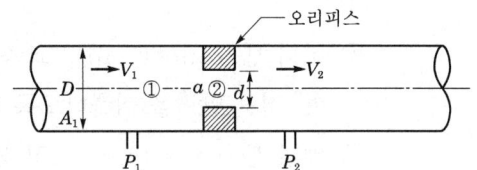

※ 압력 손실이 큰 순서 : 오리피스 > 플로 노즐 > 벤투리

④ 피토관 유량계 : 압력차로 유속을 측정하여 유량을 측정하는 방식이다.

$$Q = A \times \sqrt{2gH}$$

여기서, Q : 유량 (m³/s)

A : 단면적 (m²)

g : 중력가속도 (m/s²)

H : 수주높이 (m)

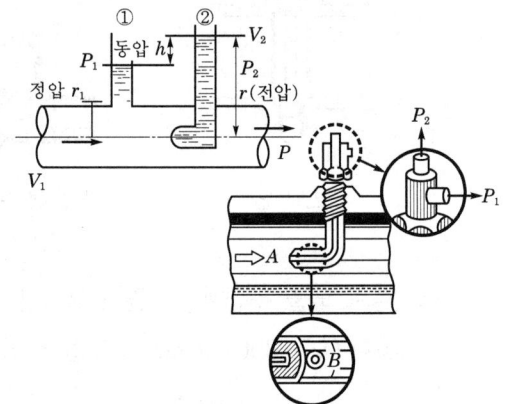

⑤ 열선식 유량계 : 관선에 전열선을 두고 유속에 의한 온도 변화로 유량을 측정하는 방식이다.

⑥ 오벌 유량계 : 액체 측정용이며, 두 개의 기어 회전자가 유체의 출입에 의해 회전한다.

⑦ 루츠 유량계 : 회전자가 접속된 상태에서 유입측과 유출측의 압력에 의해 회전한다.

⑧ 가스미터 유량계 : 드럼의 회전수가 유량을 지지한다 (가스용).

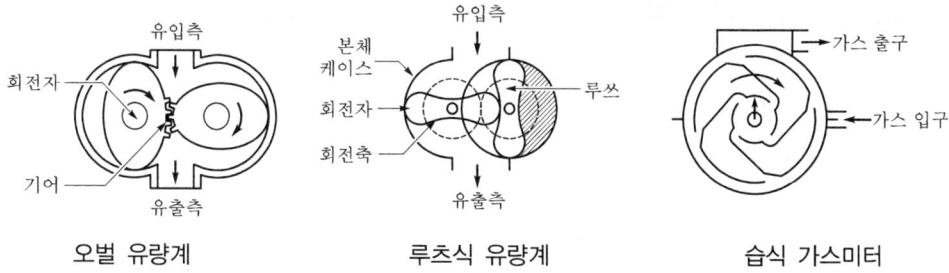

| 오벌 유량계 | 루츠식 유량계 | 습식 가스미터 |

⑨ 와류식 유량계 : 원주 배후에 생기는 소용돌이의 발생 수를 세어서 유속을 측정한다 (압력 손실이 적으면 측정범위가 넓다).

$$S.t = \frac{f \cdot d}{V}$$

여기서, $S.t$: R_e가 500~10000 범위에서는 0.2
d : 원주지름 (m), f : 매초, F : 유속 (m/s)

※ $R_e = \frac{Dev}{\mu} = \frac{dv}{v}$ 여기서, R_e : 레이놀즈 수, d : 관안지름 (cm)
v : 유속 (cm/s), μ : 유체의 점도 (g/cm·s)
ρ : 유체의 밀도 (g/cm^3), ν : 동점성계수=μ/ρ (cm^2/s)

※ R_e = 층류 < 2300 < 난류

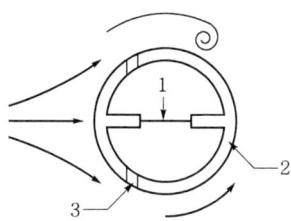

1 : 측온 저항선
2 : 보상용 저항선
3 : 도압선

와류식 유량계

⑩ 전자유량계 : 패러데이의 전자유도법칙을 이용한다.

3.2 가스분석계

종류
- 화학적 가스분석계 : 오르자트 분석계, 연소식 O_2계, 자동화학 CO_2계
- 물리적 가스분석계 : 열전도율법, 밀도법, 적외선흡수법, 자화율법, 가스 크로마토그래피법 등

가스분석계의 종류

구 분		측정법	측정대상	선택성	정량범위	비 고
화학적 가스 분석계	A	자동 오르자트법	적당한 흡수액에 쉽게 흡수되는 기체 (CO_2, CO, O_2)	○	0.5~50 % 정도	자동화학식 CO_2계, 가열 자동측정식 미연 연소가스계 (CO+H_2계), 연소식 O_2계
	A	연소열법	H_2, CO, C_2H_2 등의 가연성 기체 및 산소	○	10^{-2}~25 % 정도	
물리적 가스 분석계	B	밀도법	어느 정도 밀도가 다른 두 성분 또는 두 성분이라 간주되는 혼합기체 (연료가스 중의 CO_2)	×	1~100 %	라너렉스계 라우탈계
	B	열전도율법	어느 정도 열전도율이 다른 두 성분 또는 두 성분으로 볼 수 있는 혼합기체 (연료가스 중의 CO_2)	×	0.01~100 %	전기선 CO_2계
	B	가스크로마 토그래피법	기체 및 비점 300℃ 이하의 액체	◎	몰비 0.1~100 %	간헐 자동측정식
	C	도전율법	물 또는 용액에 녹아서 도전율이 달라지는 기체	○	1ppm~100 %	저농도 가스 측정
	C	세라믹법	O_2 가스	○	0.1ppm~100 %	지르코니아식
	D	자화율법	주로 O_2 가스	◎	0.1~100 %	자기식 산소계
	E	적외선 흡수법	단원자 분자, 대칭성 2원자 분자 (H_2, O_2, N_2) 이외의 가스	◎	10ppm~100 %	

[주] A : 화학반응을 이용한 분석법   B : 물성 정수 측정에 의한 분석법
      C : 전기적 성질을 이용한 분석법   D : 자기적 성질을 이용한 분석법
      E : 광학적 성질을 이용한 분석법   ◎ : 선택성이 우수하다.
      ○ : 선택성이 좋다.   × : 선택성이 나쁘다.

① 오르자트 가스분석계

※ 측정순서 $CO_2 \to O_2 \to CO$

- CO_2 흡수액 : 30 % 수용액 (KOH)
- O_2 흡수액 : 알칼리성 피로갈롤 용액

• CO 흡수액 : 암모니아성 염화제일구리 용액
② 자동화학식 CO_2계 : 오르자트 분석계와 같다.
③ 연소식 O_2계 : 가연성 가스와 산소를 촉매와 연소시켜 반응열이 O_2 농도에 비례하는 것을 이용 (촉매 : 팔라듐계)
④ 열전도율형 CO_2계 : CO_2가 공기보다 열전도율이 작은 것을 이용하는 것으로, 백금선의 온도 상승으로 전기저항이 증가되므로 전압을 측정하여 CO_2 농도를 알 수 있다.
⑤ 밀도식 CO_2계 : CO_2 밀도가 공기보다 크다는 것을 이용한 것이다.

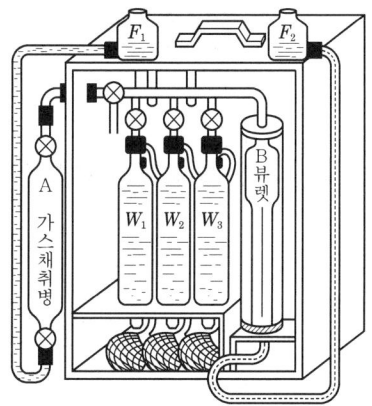

오르자트 가스분석계

⑥ 가스크로마토그래피 분석계 : SO_2와 NO_2를 제외한 다른 성분은 분석이 가능하다. 활성탄 등의 흡착제를 채운 관을 통과하는 가스의 이동속도 차를 이용하여 분석한다.
  ※ 캐리어 가스 : H_2, N_2, Ar (자동분석이 가능하며 연구실용과 공업용으로 사용한다.)
⑦ 적외선 가스분석계 : H_2, N_2, O_2 등과 같은 이원자 분자를 제외한 대부분의 가스는 적외선에 대해 고유한 파장을 낸다. 이 파장의 흡수 에너지만큼 압력차가 생기는 것을 전기용량으로 변화시켜 가스의 농도를 지시한다.
⑧ 자기식 O_2계 : 산소가 다른 가스에 비해 강자성체이므로 흡인력을 이용하여 측정한다.
⑨ 세라믹 O_2계 : 지르코니아 (ZrO_2)가 원료인 세라믹은 온도를 높이면 산소이온만 통과시킨다. 이 성질을 이용하여 파이프 내의 기전력을 측정하여 O_2 농도를 지시한다.

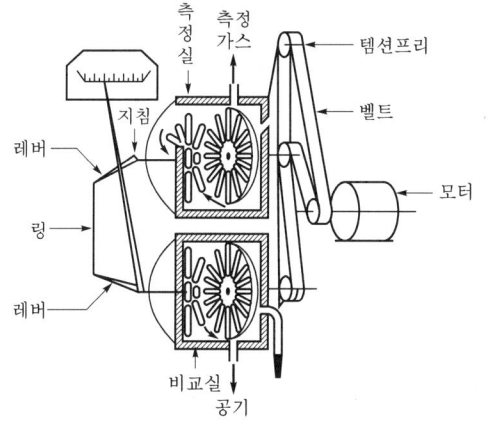

라다네스 CO_2계의 구조

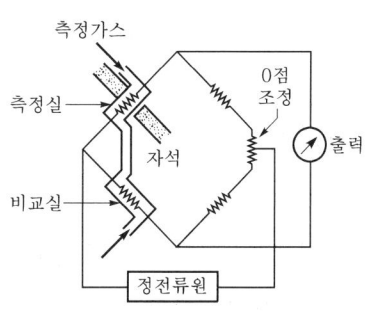

자기식 O_2계의 원리

4 자동제어와 가스미터

4.1 자동제어

(1) 개 요
제어대상을 가감, 검출부로 검출된 제어량을 목표값과 비교, 잔류편차를 제거, 목표값에 일치시키는 행위

(2) 자동제어의 이점
① 작업능률이 향상된다.
② 제품의 균질화, 품질의 향상을 기할 수 있다.
③ 작업에 따른 위험 부담이 감소한다.
④ 사람이 할 수 없는 힘든 조작도 할 수 있다.
⑤ 인건비가 절약된다.

(3) 제어의 3요소
검출부 → 조절부 → 조작부

(4) 제어계의 구성 (블록선도)

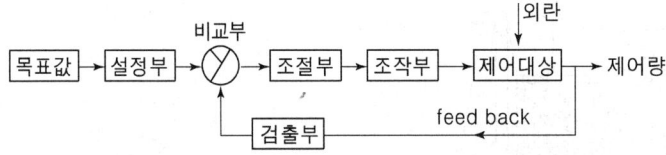

(5) 제어방법
① 정치제어 : 목표값이 변화하지 않고 일정한 값을 갖는 제어방식
② 추치제어 : 목표값이 변화하는 제어방식
㉮ 프로그램 제어 : 순서대로 전해진 제어방식 (미리 결정된 일정한 프로그램에 따라 수행)

㉯ 비율제어 : 비율 관계를 유지하면서 변화하는 제어방식 (목표치가 어느 다른 양과 일정한 비율로 변화하는 제어방식)

㉰ 캐스케이드 제어 : 2개의 제어계를 조합하여 1차 제어장치에서 제어량을 측정, 명령을 말하면 2차 제어계에서 이 명령을 바탕으로 제어량을 조절하여 작동을 하는 것

(6) 기 타

① 블록선도란 제어계의 구조와 동작 특성과의 관계를 나타내는 선도
② 외란 : 제어계의 상태를 혼란하게 하는 외적 작용

(7) 프로세스 제어 시스템

프로세스는 운전방식에 따라 연속식 프로세스와 배치식 프로세스로 구분된다.

① 연속식 프로세스 : 장기간 연료와 에너지를 공급하여 연속적으로 제품을 생산하는 것으로 석유정제, 석유화학 등이 그 예이다.

※ 연속식 프로세스는 피드백 (feed back) 제어가 주로 사용되지만 제어정밀도의 향상을 위해 피드 포워드 (feed forward) 제어를 가하는 것도 있다.

② 배치식 프로세스 : 비교적 단기간을 일주기로 하는 단위시간마다 미리 정해진 일련의 조작을 가하여 제품을 만들어내는 것으로, 다품종 소량생산에 적합하며 파인케미컬 식품공업 등에 응용된다.

※ 배치식 프로세스에는 시퀀스 (Sequence) 제어가 많이 이용된다.

㉮ 피드백 제어 : 프로세스에 외란이 들어가 목표치와 제어량의 사이에 차이가 생기면 그 차를 판단하여 제어장치에서 조작량이 변한다. 그 결과 제어량이 변하여 목표치에 일치하도록 제어된다.

㉯ 피드 포워드 제어 : 프로세스에 외란이 들어간 경우에 그 외란이 검출 가능하며 그 영향이 제어량에 나타나기 전에 그것을 부정하는 조작을 하여 외란 제어량의 영향을 미연에 방지하는 것이다.

㉰ 시퀀스 제어 : 미리 정해진 조작순서에 따라 차례로 자동적으로 조작을 하는 것으로 마이크로프로세서를 사용하여 임의의 시퀀스를 간단하게 프로그래밍할 수 있는 것이다.

4.2 불연속 동작

(1) ON-OFF 동작

조작량이 2개인 동작 제어계로 간단하다.

(2) 다위치 동작

3개 이상의 정해진 값 중 하나를 취하는 방식이다.

(3) 단속도 동작

일정한 속도로 정과 역 방향으로 번갈아 작동하는 방식이다.

4.3 연속동작

(1) 비례동작 (P)

조작량이 편차에 비례하여 변화하는 제어동작이다 (잔류편차가 있고 부하 변화가 적은 장치에 적합하다).

(2) 적분동작 (I)

조작량이 편차의 시간 적분에 비례하는 제어동작이다 (잔류편차 제거 조작 힘이 강함. 안전성 결여, 진동 응답속도가 느림).

(3) 미분동작 (D)

조작량이 편차의 시간 미분값에 비례하는 제어동작이다 (단속으로 쓰이지 않고 제어계가 안정되고 시간 지연이 적다).

(4) 비례적분동작 (PI)

잔류편차 제거는 할 수 있다. 반면 부하가 크면 출력이 증가하여 안정성이 나쁘게 되어 진동이 일어난다.

(5) 비례미분동작 (PD)

비례동작을 신속화·안정화하기 위함.

(6) 비례적분미분동작 (PID)

I동작으로 잔류편차를 제거하고 D동작으로 응답을 빠르게 하는 동작 (대표적인 연속 동작)이다.

[보일러의 자동제어]

① sequence control : 제어동작이 공식적으로 미리 정해진 순서에 따라 진행 (보일러 점화 및 소화시 적용)된다.

② feedback control : 보일러 자동제어의 기본으로 결과에 따라 원인을 가감 (보일러 운동 중에 적용)

③ 자동연소제어 (A.C.C)

④ 급수제어 (F.W.C) → 보일러의 수위, 급수량

⑤ 증기온도제어 (S.T.C) → 과열 증기 온도 → 전열량

4.4 가스미터

소비하는 가스미터의 체적 측정을 위하여 사용된다.

(1) 실측식

① 건식
   ㉮ 막식
   ㉯ 회전자식 : 루츠식, (대용량)로터리식, 오벌식
② 습식
   기준 습식 가스미터 (0.2~3000 m^3/h)

(2) 추량식

델타, 터빈, 벤투리, 오리피스

(3) 구비조건

① 정확하게 계량할 것
② 내구성이 클 것
③ 소형이며 용량이 클 것
④ 감도가 예민할 것
⑤ 보수, 수리가 용이할 것
⑥ 구조가 간단할 것

(4) 계량능력

m³/h로 표시. 압력 손실 (LPG : 0.30 kPa, 도시가스 : 0.15 kPa)

(5) 검정검사

외관검사, 구조검사, 기차검사

(6) 기 차

$$E = \frac{I-Q}{I}$$

여기서, E : 기차 [%], I : 미터 지시량, Q : 기준기 지시량

유 량	검정공차
최대유량의 1/5 미만	±2.5 %
최대유량의 1/5 이상 4/5 미만	±1.5 %
최대유량의 4/5 이상	±2.5 %

(7) 사용공차는 ± 4 % 이내

(8) 감도유량

가스미터가 작동될 수 있는 최소유량
가정용 막식 : 3 L/h

(9) l/rev

계량실 1주기당 체적

(10) MAX

○○ m^3/h

(11) 설치 높이

1.6 m 이상 2 m 이내 수평·수직으로 설치 (30 m^3/h 미만에 해당)

(12) 기밀시험 : 10 kPa

[설치기준]

① 화기와 2 m 우회거리 유지

② 저압전선 중 절연조치된 것 10 cm, 절연조치 안된 것 30 cm, 전기접속기 30 cm, 전기 계량기, 개폐기, 안전기 60 cm 이상 유지

③ 통풍이 양호한 곳, 검침이 용이한 곳

④ 일광, 눈, 비에 접촉하지 않게 수직·수평으로 설치

(13) 가스미터 크기 선정

① 소형(15호 미만)은 최대 사용량이 가스미터 용량의 60 %가 되도록 한다.

② 최대 통과량이 80 % 초과시 1등급 더 큰 가스미터를 사용한다.

(14) 고장현상

① 부동 : 지침이 작동하지 않는 상태 (파손, 밸브 탈착, 시트 누설 등)

② 불통 : 가스가 미터를 통과하지 않는 현상

③ 기차 불량 : 사용공차 (±4 %)를 넘어서는 기차 불량

④ 감도 불량 : 가스미터가 측정한 감도만큼 흘려보내는데 지침이 작동하지 않는 현상

(15) 가스미터의 종류별 특징

구 분	막식 가스미터
장 점	① 값이 싸다. ② 설치 후 유지관리에 시간을 요하지 않는다.
단 점	대용량의 것은 설치면적이 크다.
일반적 용도	일반수용가
용량범위	1.5~100 m^3/h

구 분	습식 가스미터
장 점	① 계량이 정확하다. ② 사용 중에 기차의 변동이 크지 않다.
단 점	① 사용 중에 수위 조정 등의 관리가 필요하다. ② 설치면적이 크다.
일반적 용도	기준기, 실험실용
용량범위	$0.2 \sim 3000 \, m^3/h$

구 분	Roots미터
장 점	① 대유량의 가스 특정에 적합하다. ② 중압가스의 계량이 가능하다. ③ 설치면적이 작다.
단 점	① 스트레이너 설치 및 설치 후에 유지관리가 필요하다. ② 소유량($0.5m^3/h$)의 것은 부동의 우려가 있다.
일반적 용도	대수용가
용량범위	$100 \sim 5000 \, m^3/h$

4.5 gas chromatography (G.C)

(1) chromatography의 개념

복합성분의 시료가 칼럼의 고정상과의 상호·물리·화학적 작용에 의하여 고정상에 침출·흡착 등의 차이로 분리되는 현상을 이용하는 방법

(2) gas chromatography

이동상이 기체이고 칼럼 충전물의 흡착성을 이용하는 것

① 장점 : 대부분의 기체 성분의 혼합물과 휘방 성분의 혼합물을 이량 성분까지도 신속하게 분리하여 정성분석을 할 수 있으며, 다른 분석법에 비하여 장치가 간편하므로 광범위하게 활용된다.

② G.C의 구조

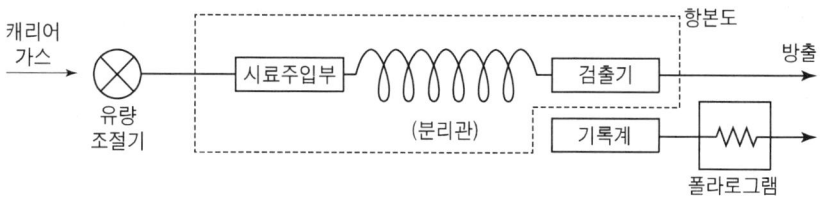

(3) 캐리어 가스

주입된 시료를 칼럼과 검출기 등으로 이동시켜주는 운반 가스. He, Ne, Ar 등 시료나 용매에 반응하지 않는 불활성 가스로 순도가 높고, 검출기에 적합해야 하며 저가이어야 한다.

(4) 시료 주입부

칼럼에 주입되는 시료는 신속히 주입되어야 하며, 주입부의 온도는 시료가 신속히 기화할 수 있도록 높아야 한다.

(5) 칼 럼

관의 재질도는 구리, 스테인리스 스틸, 알루미나, 유리 등이 사용되며 분리 효율은 칼럼의 내경이 작고 길수록 좋다. 일반적으로 칼럼의 길이는 3~5피트, 50피트까지 사용이 가능하다. 칼럼 물질로는 활성탄, 활성 알루미나, 실리카 겔 등이 사용되며, 크기와 모양이 균일해야 하고, 주입부에 비해 온도는 2℃ 정도 낮은 것이 좋다.

(6) 검출기

검출기는 칼럼을 통해 나오는 시료의 성분과 양을 감지하는 장치로 감도가 좋고, 소음이 없으며 광범위한 반응을 보여야 한다. 또한 온도나 유속의 변화에 민감하지 않은 게 좋다.

① 열전도도 검출기 (TCD) : 캐리어 가스와 시료와의 열전도도 차를 금속 필라멘트의 저항 변화로 나타내며 일반적으로 사용되는 검출기로 구조 취급 방법이 쉽고, 거의 모든 성분을 검출할 수 있으나 감도가 낮다 (100 ppm까지 감지).

② 불꽃 (수소) 이온화 검지기 : 수소와 공기로 불꽃을 만들어 시료를 태워 이온을 방출시켜 단위시간에 발생하는 이온의 수를 측정 (10 g)하는데 10 ppm까지 측정한다. 벤젠, 페놀, 탄화수소 등을 분석하며 TCD보다 복잡하고 비싸다.

③ 전자 포획 검출기 (ECD) : 방사선으로 캐리어 가스가 이온화되고, 생긴 자유전자를 시료성분이 포획함으로 인해 이온전류가 감소하는 것을 이용한다. ECD의 감응은 선택적

이며 할로겐 및 과산화물, 퀴논, 니트로지 등 전기음성도가 큰 작용기에 감응이 좋고, 탄화수소는 감도가 나쁘다. 염소 화합물인 살충제 검출과 정량에 사용된다.

(7) 칼럼의 효율

이론단수로 경정하며 칼럼의 효율을 비교하기 위해 용질, 용매, 온도 시료의 양을 고정하여야 한다.

① 이론단수

$$N = 16 \times \left(\frac{T_e}{W_b}\right)^2$$

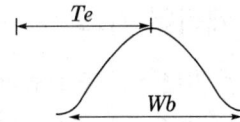

② HETP : 이론단수에 대한 상당 높이 시료가 이동상과 고정상 간에 평형에 도달하는 데 필요한 칼럼의 길이

$$이론단높이 = \frac{칼럼\ 길이}{N}$$

5 계측기기 핵심정리

5.1 온도계

- 접촉식 : 열팽창식, 압력식, 열전대, 저항식, 제게르콘, 서모컬러
- 비접촉식 : 방사온도계, 광전관식, 광고온도계, 색온도계 (고온 측정)

(1) 열팽창식

수은온도계 (-35~360℃), 알코올 온도계 (저온용), 베크만 온도계 (정밀 측정용), 바이메탈 온도계 (열팽창계수가 다른 금속을 사용 → 온도조절용, 자동계 이용)

(2) 압력식

구성 : 감온부, 도입부, 감압부 (원격 측정용)

(3) 전기저항식

① 온도 상승시 전기저항이 증대되는 현상 이용 (서미스터 : 반대)
② $R = R_0(1 + at)$
   여기서, R : t℃에서의 저항, R_0 : 0℃에서의 저항, a : 저항온도계수
③ 저항온도계수 : 서미스터 > Ni > Cu > Pt

(4) 열전대온도계

① 온도 변화에 의한 열기전력차 이용 (제베크 효과)

PR	-, +	백금, 백금로듐
CA	+, -	크로멜, 알루멜
IC	+, -	철, 콘스탄탄
CC	+, -	동, 콘스탄탄

※ 측정온도 : PR > CA > IC > CC

※ 열기전력 : IC > CC > CA > PR

② 열전대온도계의 특징 : 고온 측정용, 전원 불필요, 원격 측정

③ 주의사항 : 단자의 극성 일치, 지시계 0점 조정, 삽입구 냉기 침입 방지
④ 보상도선 : Cu, Cu-Ni
⑤ 보호관 : 카보런덤관(가장 고온) → 자성관(1700℃) > 석영관(1000℃) > 동관

(5) 제게르콘
내열성 금속삼각추로 연화되는 모양으로 측정. 59종

(6) 서모컬러
열 전파속도 및 열의 분포 측정

(7) 광고온도계
화상의 위도와 비교 온도 측정

(8) 방사온도계
스테판–볼츠만의 법칙

(9) 광전관식
응답이 빠르다.

(10) 색온도계

5.2 압력계

- 1차압력계 : 액주식, 기준분동식
- 2차압력계 : 부르동관, 밸로스, 다이어프램, 전기식

(1) 경사관식
저압을 정밀하게 측정. $P_1 - P_2 = rX\sin\theta$

(2) 부르동관식
가장 널리 사용. 눈금은 최고사용압력의 1.5배~2배

(3) 다이어프램

부식성 액체와 먼지를 함유한 액체, 점도가 높은 액체에 적합하다.

(4) 전기식

가장 기록이 용이하고, 원격 측정이 가능하다.

(5) 분동식 압력계

① 1차 압력계로 2차 압력계의 교정, 보정용
② P (압력) = 중량 (kg)/단면적 (cm^2)
③ 오차 = 측정치 − 진실치, 오차율 = [(측정치 − 진실치) / 진실치] × 100

5.3 액면계

- 직접식 : 플로트식
- 간접식 : 차압, 음향, 방사선 이용

(1) 부자식

고온, 고압, 고압밀폐 탱크형, 지시 · 경보 용이

(2) 차압식

고온, 고압, 고점도 유체, 개방탱크 겸용

(3) 방사선식

고온, 고압, 고점도, 부식성 유체, 대유량

5.4 유량계

① 차압식 : 오리피스, 플로 노즐, 벤투리
② 유속식 : 피토관, 열선식
③ 용적식 : 오벌 유량계, 루츠식, 가스미터, 로터리 피스톤

④ 면적식 : 플로트형, 피스톤형, 로터미터
⑤ 와류식
⑥ 전자식

(1) 차압식

① 유량은 차압의 제곱근에 비례한다.
② 압력 손실 : 오리피스 > 플로 노즐 > 벤튜리
③ 오리피스 유량공식

$$Q = \frac{\pi d^2}{4} \times \frac{C}{\sqrt{1-m^2}} \times \sqrt{2g\frac{r'-r}{r} \times H} \times 3600$$

여기서, Q : 유량 (m³/h), d : 오리피스 지름 (m)
C : 유속계수, m : 개구비 (d_2/D_2)
H : 마노미터 눈금치 (m), r : 비중, r' : 마노미터액의 비중

(2) 유속식 : 피토관 유량

$$Q = A \times \sqrt{2gH}$$

(3) 용적식

관내 일정 용적에 유체를 흘려보내서 유량 측정

(4) 면적식

로터미터가 대표적

(5) 전자식

패러데이 전자유도 법칙 이용

5.5 가스분석계

- 화학적 : 오르자트 분석계, 연소식 O_2계, 미연소계, 자동화학 CO_2계
- 물리적 : 열전도율법, 밀도법, 적외선흡수법, 자화율법, 가스 크로마토그래피법

(1) 오르자트 가스분석계

시료가스에 흡수제를 공급, 흡수 전후의 용적 차를 산정

① 측정 순서 : $CO_2 > O_2 > CO$

② 흡수액

㉮ CO_2 흡수액 : 30 % KOH 용액

㉯ O_2 흡수액 : 알칼리성 피로갈롤 용액

㉰ CO 흡수액 : 암모니아성 염화제1동 용액

㉱ N_2 : 흡수제를 쓰지 않고 나머지 양으로 정량

(2) 자동화학식 CO_2계

분석시 흡수제는 오르자트와 같다. 단, 연소적정에 의한 방법으로 선택성이 좋다.

(3) 연소식 O_2계

시료가스의 가연성분을 연소시켜 발생되는 발생 열을 산정

(4) 미연소계 (H_2 + CO계)

(5) 열전도율식 CO_2계

CO_2가 공기보다 열전도율이 작다는 점을 이용

(6) 밀도식 CO_2계

CO_2 밀도가 공기보다 크다는 점을 이용

(7) 가스 크로마토그래피법

흡착제 (활성탄, 실리카 겔)를 채운 칼럼에 시료가스를 통과시켜 각 성분의 이동속도의 차를 이용하여 각 성분을 분리한다 (분리능력 및 선택성이 우수. 1대의 분석기로 전 성분의 분석이 가능하며 실험·시험용에 적합하다. 응답이 늦고 구조가 복잡하다). → G·C의 구조

① 캐리어 가스 (운반기체) : N_2, He, Ne, Ar 등 비활성 가스

② 칼럼 (분리관) : 활성탄, 활성 알루미나, 실리카 겔

③ 검출기 (디텍터)

㉮ TCD (열전도도 검출기) : 일반적 감도 낮다.

㉯ FID (불꽃 또는 수소이온화 검출기) : 탄화수소 감도 좋다.

㉰ ECD (전자 포착 검출기) : 할로겐 등에 감도 좋고 탄화수소 감도는 나쁘다.

06 유체역학

1 유체의 정의와 단위

1.1 기본개념와 정의

(1) 유 체

물질은 보통 존재형태로 다음과 같이 분류한다.

물질 ─ 고체(固體 : solid)
     └ 유체(流體 : fluid) ─ 액체(液體 : liquid)
                          └ 기체(氣體 : gas)

① 고체와 유체의 분류기준
  - 분자상호간의 거리 : 기체 〉 액체 〉 고체
  - 분자의 운동(활성도) : 기체(매우 활발) 〉 액체(활발) 〉 고체(거의 정지상태)
  - 분자간의 응집력(분자의 인력) : 기체(약) 〈 액체 〈 고체(강)

② 압축성과 비압축성

정지상태에 있는 유체에 압력을 가하였을 때 밀도의 변화가 거의 없는 유체를 비압축성 유체(非壓縮性流體 : imcompressible fluid)라 하고, 밀도의 변화가 있는 유체를 압축성유체(壓縮性流體 : compressible fluid)라 한다.(유체 정역학적 관점) 유체 동역학적 관점에서는 유체가 갖는 성질로서의 압축성, 비압축성 보다는 유동상태가 어떤가에 더욱 중요성이 있다. 밀도를 상수로 취급할 수 있는 유동을 비압축성유동(非壓縮性流動 : imcompressible flow)이라 하고, 밀도를 상수로 취급할 수 없는 유동을 압축성유동((壓縮性流動 : compressible flow)이라 한다.

> **예**
> 유체의 정의를 올바르게 설명한 것은?
> ① 유동하는 물질은 모두 유체라고 한다.
> ② 점성이 없고, 비압축성인 물질을 유체라고 한다.
> ③ 극히 작은 전단력이라 할지라도 물질 내부에 전단력이 생기면 정지상태로 있을 수 없는 물질을 유체라고 한다.
> ④ 용기 안에 충만될 때까지 항상 팽창하는 물질을 말한다.
>
> 답 : ③

(2) 힘과 질량의 차원과 단위

① 차원

차원(次元 : dimensions)이란 물리적 특징을 규정하는 기본량으로 정의한다. 특히 물질의 특징을 규정하는 차원을 질량(mass : M), 변위의 특징을 규정하는 차원을 길이(length : L), 시간의 특징을 규정하는 차원을 시간(time : T)이라 하며 이들 세 독립한 양 M, L, T를 기본차원(primary dimensions)이라고 한다.

② 단위

단위(單位 : units)란 차원의 크기를 나타내는 척도이다. 기본차원에 대응하는 단위를 기본단위, 유도차원에 대응하는 단위를 유도단위라 한다. 유체역학에서는 SI단위계로 기본단위로는 질량(kg), 길이(m), 시간(s), 온도(K)를 규정하고, 유도단위로는 힘(N), 압력(Pa), 에너지(J), 동력(W), 진동수(Hz)를 사용한다.

③ 질량의 단위

뉴우톤(Newton)의 제 2법칙에서 힘(F)은 질량(m)×가속도(a)로 표현할 수 있다.

$$F = ma \quad\quad\quad\quad\quad\quad\quad\quad\quad\quad\quad\quad [1-1]$$

여기서 차원동차성의 원리에 따라 식 [1-1]의 좌변과 우변은 같은 차원, 같은 단위를 가져야 한다.

> **예**
> 질량의 차원을 FLT계로 표시하면?
> ① $[FL^{-2}T^2]$ ② $[FL^{-1}T^2]$ ③ $[F^2L^{-1}T^2]$ ④ $[FL^{-2}T]$
>
> 답 : ②

> **예**
> 10kg 질량의 물체를 중력가속도 $g = 3\text{m/s}^2$인 곳에서 용수철 저울로 달았다. 이 물체의 무게는 몇 kgf인가?
> ① 1.4 ② 3.1 ③ 30 ④ 10
>
> 답 : ②

> **예**
> 질량 2kg을 스프링 저울에 달았더니 19.6kgf의 무게를 가르켰다. 이 지방의 중력가속도는 얼마인가?
> ① 9.8m/s^2 ② 96.04m/s^2 ③ 980m/s^2 ④ 답이 없다.
>
> 답 : ②

(3) 밀도, 비체적, 비중량, 비중

① 밀도(密度 : density) : ρ

밀도란 단위체적당 차지하는 질량이다. 즉 질량(m)을 체적(V)으로 나눈 값이다.

$$\rho = \frac{m}{V}$$

밀도의 차원은 $[ML^{-3}]$이다. 따라서 밀도의 단위는 $[\text{kg/m}^3]$, $[\text{kgf} \cdot \text{s}^2/\text{m}^2]$이 된다. 물의 밀도($\rho w$)는

$$\rho w = 1000\text{kg/m}^3 = 1000\text{N} \cdot \text{s}^2/\text{m}^4 = 102\text{kgf} \cdot \text{s}^2/\text{m}^4$$

② 비체적(比體積 : specific volume) : v

비체적은 단위질량당 차지하는 체적으로 밀도의 역수와 같다.

$$v = \frac{V}{m} = \frac{1}{\rho}$$

비체적의 차원은 $[L^3 M^{-1}]$이고 단위는 $[\text{m}^3/\text{kg}]$, $[\text{m}^4/\text{kgf} \cdot \text{s}^2]$ 이다.

③ 비중량(比重量 : specific weight) : γ

비중량은 단위체적의 질량에 작용하는 중력이다. 즉 무게(W)를 체적(V)으로 나눈 값이다.

$$\gamma = \frac{W}{V} = \rho g$$

비중량은 차원은 $[FL^{-3}] = [ML^{-2}T^{-2}]$이며 단위는 $[N/m^2]$, $[kgf/m^2]$ 이다.

물의 비중량(γw)은

$$\gamma w = 9800 N/m^3 = 1000 kgf/m^3$$

④ 비중(比重 : specific gravity) : S

비중이란 어떤 물질의 밀도(ρ)와 같은 상태(온도, 압력)에서의 물의 밀도(ρw)와의 비(比)이다. 따라서 비중의 차원은 없다.

$$S = \frac{\rho}{\rho w} = \frac{\gamma}{\gamma w}$$

예 어떤 기름 0.5m³의 무게가 400kgf일 때, 이 기름의 밀도는 몇 kgf · s²/m⁴인가?
① 81.63　　② 980　　③ 816.3　　④ 98.3

해설 $\dfrac{400}{0.5 \times 9.8} = 81.63$　　　　답 : ①

예 비중 0.88인 벤젠의 밀도(kgf · s²/m⁴)는 얼마인가?
① 88.0　　② 89.8　　③ 102　　④ 880

해설 $102 \times 0.88 = 89.8$　　　　답 : ②

예 무게가 4000kgf, 체적이 8m³인 유체의 비중은?
① 0.5　　② 1　　③ 1.5　　④ 2

해설 $\dfrac{4000}{8 \times 1000} = 0.5$　　　　답 : ①

예 다음 중에서 무차원인 것은 어느 것인가?
① 동점성계수　　② 체적탄성계수
③ 비중량　　　　④ 비중

해설 단위없음. 그러므로 비중이 답이다.　　　　답 : ④

(4) 이상기체

이상기체(ideal gas)란 분자의 체적이 없고 분자상호간에 인력·척력이 작용하지 않으며 분자들이 충돌할 때 완전탄성충돌을 하는 가상적인 기체이다. 따라서 이상기체는 실제로는 존재하지 않으나 보통 분자의 크기에 비해서 분자간의 거리가 매우 큰 상태에 놓여있는 기체를 이상기체로 간주할 수 있다.(자세한 것은 공어열역학을 참조할 것)

이상기체의 상태 방정식은

$$pv = RT$$

> **예** 온도 20℃이고 압력 10kgf/cm²인 산소의 밀도는? 단, 산소의 분자량은 32이다.
> ① 1.189kgf·s²/m⁴   ② 1.314kgf·s²/m⁴
> ③ 0.1288kgf·s²/m⁴   ④ 188.68kgf·s²/m⁴
>
> 답 : ②

(5) 체적탄성계수와 음속

① 체적탄성계수 : K

모든 유체는 외부로부터 압력을 받으면 압축되고, 이 과정에서 가해진 에너지는 탄성에너지로 유체 내부에 저장된다. 이 저장된 에너지는 압력을 제거할 때 최초의 압축전의 상태로 되돌아가게 한다. 같은 압력변화에 대해서 압축되는 정도는 유체의 종류에 따라 달라진다. 따라서 압력과 체적변화 사이의 관계를 정량적으로 표시하려면 다음과 같이 압축률(compressibility : β)을 사용한다.

여기서 (-)부호는 압력이 증가함에 따라 체적은 감소한다는 것을 표시하기 위해 붙인 것이다. 체적탄성계수(bulk modulus of elasticity)K는 압축률의 역수로 정의한다.

$$K = \frac{1}{\beta} = -\frac{dp}{dv/v} = \frac{dp}{dp/p}$$

② 음속 : a

유체내에서 교란에 의하여 생기는 압력파의 전파속도(음속) a는

$$a = \sqrt{\frac{dp}{d\rho}} = \sqrt{\frac{K}{\rho}}$$

제1장 ● 유체의 정의와 단위

만일, 공기를 이상기체로 간주한다면 대기중의 음속은

$$a = \sqrt{xPT} \quad [R = 287 \text{Nm/kg} \cdot \text{K}]$$

$$a = \sqrt{xgRT} \quad [R = 29.27 \text{kgf} \cdot \text{m/kg} \cdot \text{K}]$$

예 물의 체적을 1.5% 축소시키는데 필요한 압력은 몇 kgf/cm²인가? 단, 물의 압축률의 값은 4.75×10^{-5} cm²/kgf이다.
① 308 ② 315.75 ③ 31.5 ④ 308.70

해설 $\dfrac{0.015}{4.75 \times 10^{-5}} = 315.8$ 답 : ②

예 체적탄성계수는?
① 압력에 따라 증가한다. ② 온도와 무관하다.
③ 압력차원의 역수이다. ④ 비압축성 유체보다 압축성 유체가 크다.

답 : ①

예 실린더 내의 액체가 압력 1000kgf/cm²일 때, 체적이 0.5m³이었던 것이 압력을 2000kgf/cm²로 가하였을 때, 체적이 0.495m³으로 되었다. 이 액체의 체적 탄성계수는 몇 kgf/cm²인가?
① 1000 ② 2000 ③ 100000 ④ 200000

해설 $\dfrac{2000-1000}{\left(\dfrac{0.5-0.495}{0.5}\right)} = 10^5$ 답 : ③

예 체적이 0.02893m³인 알코올이 51000kPa의 압력을 받으면 체적이 0.02770m³으로 축소한다. 이 때 체적탄성계수는?
① 1.18×10^{11} kgf/m² ② 1.18×10^{11} N/m²
③ 1.2×10^{9} kgf/m² ④ 1.2×10^{9} N/m²

해설 $\dfrac{51000 \times 10^3}{\left(\dfrac{0.02893-0.0277}{0.02893}\right)} = 1.209 \times 10^5 \text{ Pa} = 1.209 \times 10^9 \text{ N/m}^2$ 답 : ④

제 6 편 유체역학

> **예** 표준대기압하의 영하 15℃의 추운 겨울에 대기(大氣)중에서의 음파의 전파속도는? 단, 공기의 기체상수 29.27m/K, 비열비 $k=1.4$, 음파의 전파과정은 등엔트로피 과정으로 간주한다.
> ① 321.9m/s   ② 310m/s   ③ 291.7m/s   ④ 340m/s
>
> **해설** $a = \sqrt{1.4 \times 9.8 \times 29.27 \times (273-15)} = 321.88$ 답 : ①

(6) Newton의 법칙

① 점성

유체층 사이에 상대운동이 생길 때 이 상대운동을 방해하는 유체마찰이 생기게 된다. 이러한 성질을 유체의 점성(點性 : viscosity)이라 한다.

② Newton의 점성법칙

실험에 의하면 평행한 두 평판사이에 점성유체를 채우고, 상부평판을 일정속도 u로 이동시킬 때 필요한 힘 F는 운동하는 윗 평판의 넓이 A와 속도 u에 비례하고, 두 평판 사이의 수직거리 Δy에 반비례한다는 것이 밝혀졌다. 즉,

$$F \propto A \cdot \frac{u}{\Delta y}$$

$$F = \mu A \frac{u}{\Delta y} \quad \text{또는} \quad \tau = \frac{F}{A} = \mu \frac{u}{\Delta y}$$

여기서 비례상수 μ는 유체의 점성계수(viscosity)라 하는 유체의 고유한 물성치이다. 미분형으로 표시하면 다음과 같다.

$$\tau = \mu \frac{du}{dy}$$

③ 점성계수의 차원과 단위

점성계수의 단위로서 주로 관용적으로 쓰는 포와즈(poise)나 센티포와즈(cp)는 다음과 같다.

$$1\text{poise} = 1\text{dyne} \cdot \text{s/cm}^2 = 1\text{g/cm} \cdot \text{s}$$

$$1\text{cp} = \frac{1}{100}\text{poise}$$

④ 동점성계수

점성계수를 그 유체의 밀도로 나눈 값을 동점성계수(kinematic viscosity)라 하며 v로 표기한다.

$$v = \frac{\mu}{\rho}$$

동점성계수의 차원은 $[L^2T^{-1}]$이며 단위는 $[m^2/s]$, $[cm^2/s]$이다. 특히, CGS단위계인 $1cm^2/s$를 1스톡스(stokes)라 한다.

$$1st = 1cm^2/s$$

동점성계수를 점성의 전파계수 또는 운동량 확산계수라고도 한다.

예 다음 설명 중 실제 유체에 대한 것은?
① 점성을 무시할 수 없다.   ② 점성을 무시할 수 있다.
③ 점성과는 관계가 없다.   ④ 이상유체라고도 한다.

답 : ①

예 뉴우톤의 점성법칙은 다음 어느 변수의 함수인가?
① 전단응력, 점성계수, 각변형율   ② 압력, 속도, 점성계수
③ 전단응력, 점성계수, 거리   ④ 압력, 점성계수, 각변형율

답 : ①

예 점성계수의 차원은?
① $[FL^2T]$ ② $[ML^{-1}T^{-1}]$ ③ $[L^2T^2]$ ④ $[L^2T^{-2}]$

답 : ③

예 간격 4mm를 가진 평행하게 놓여진 2매의 평판 사이에 점성계수 15.14poise의 피마자 기름이 들어있다. 한쪽판을 고정시키고 다른판을 5m/s의 속도로 움직일 때 기름속에 유기되는 전단응력은 몇 kgf/m^2인가?
① 30.88   ② 193.11   ③ 150.45   ④ 67.96

해설 $1poise = \frac{1}{98}kgf \cdot s/m^2$ $\frac{15.14}{98} \times \frac{5}{4 \times 10^{-3}} = 193.11$ 답 : ②

제 6 편 유체역학

예 점성계수가 0.8poise이고, 밀도가 90kgf · s²/m⁴인 기름의 동점성계수는 몇 m²/sec인가?
① 88.9×10^{-4}
② 88.9×10^{-6}
③ 90.7×10^{-6}
④ 90.7×10^{-4}

해설 $\dfrac{0.8 \times 1/98}{90} = 90.7 \times 10^{-6}$

답 : ③

예 동점성계수의 단위로 stokes를 사용하는데 다음 중 stokes는 어느 것인가?
① dyne · s/cm²
② dyne/cm²
③ s/cm²
④ cm²/s

답 : ④

(7) 표면장력

$$표면장력 = \dfrac{자유표면에너지}{생성된 자유표면의 면적}$$

$$= \dfrac{넓히는데 필요한 힘 \times 거리}{길이 \times 거리} = \dfrac{넓히는데 필요한 힘}{길이}$$

따라서 표면장력의 차원은

$$[\sigma] = [FL^{-1}] = [MT^{-2}]$$

$$\sigma \pi d = \Delta p \cdot \dfrac{\pi d^2}{4}$$

$$\therefore \sigma = \dfrac{\Delta p \cdot d}{4}$$

예 다음 중 액체가 고체를 적시는 것은?
① 부착력이 응집력보다 클 때
② 고체의 면이 아주 깨끗할 때
③ 언제나 적신다.
④ 액체의 표면장력이 클 때

답 : ①

제1장 ● 유체의 정의와 단위

예 비눗풍선속의 초과압력 p를 표면장력 σ와 비눗풍선의 지름 d로 표시하면?
① $p = \dfrac{4\sigma}{d}$　　② $p = \dfrac{\sigma}{4d}$　　③ $p = \dfrac{\sigma}{d}$　　④ $p = \dfrac{2\sigma}{d}$

해설 $\sigma = \dfrac{pd}{4}$　$\therefore p = \dfrac{4\sigma}{d}$　　　　　답 : ①

예 직경이 50mm인 비눗방울의 내부 초과 압력이 20N/m³일 때 표면장력 σ는?
① 0.25N/m　② 0.45N/m　③ 0.65N/m　④ 0.85N/m

해설 $\dfrac{20 \times 50 \times 10^{-2}}{4} = 0.25\text{N/m}$　　　　답 : ①

예 지름 4cm의 비눗풍선속의 내부 초과압력이 2×10^{-5}kgf/cm²일 때 이 비눗막의 표면장력은 몇 kgf/cm인가?
① 5×10^{-5}　② 2×10^{-5}　③ 3×10^{-5}　④ 4×10^{-5}

해설 $\dfrac{20 \times 10^{-5} \times 4}{4} = 2 \times 10^{-5}$　　　　답 : ②

(8) 모세관 현상

$$\sigma \pi d \cos\beta = \gamma h \dfrac{\pi d^2}{4}$$

$$\therefore h = \dfrac{4\sigma\cos\beta}{\gamma d}$$

여기서 β는 접촉각이다.

예 가는 유리관을 액체속에 세웠을 때 관이 올라가거나 또는 내려가는 액면의 높이에 영향을 주는 것은?
① 관의 길이　② 관의 지름　③ 대기의 압력　④ 액체의 분자량

해설 h는 σ에 비례하고 r와 d에 반비례한다.　　　답 : ②

제6편 유체역학

> **예** 지름의 비가 1 : 2 : 3이 되는 3개의 모세관을 물속에 수직으로 세웠을 때, 모세관 현상으로 물이 관속으로 올라가는 높이의 비는?
> ① 3 : 2 : 1   ② $3^2 : 2^2 : 12$ ③ 1 : 2 : 3   ④ 6 : 3 : 2
>
> **해설** $\left(\dfrac{1}{1} : \dfrac{1}{2} : \dfrac{1}{3}\right) = 6 : 3 : 2$ 답 : ④

2 기본 공식 및 각종 법칙

(1) 열량, 일

- $1\,J = 1N \cdot m = 0.24\,cal$
- $1\,erg = 1\,dyne \cdot cm$
- ∴ $1\,cal = 4184\,J$
- $1\,kcal = 4184 \times 10^7 = 1\,cal = 4184 \times 10^7\,erg$

(2) 마하 수

$$Ma = \frac{V}{C}$$

여기서, V : 물체의 속도, C : 음속,
Ma : 마하 수

※ $Ma < 1$일 때 아음속 흐름, $Ma > 1$일 때 초음속 흐름

(3) 비중병

$$rt = \frac{W_2 - W_1}{V}$$

여기서, W_1 : 비중병 무게, W_2 : 액을 채웠을 때의 무게
V : 액의 체적, rt : 비중량

$$V = \sqrt{2gH}$$

여기서, V : 유속 (m/s), g : 중력가속도 (m/sm^2), H : 수두 (m)

(4) 손실수두

$$H_m = \lambda \times \frac{L\,(\text{길이})}{D\,(\text{지름})} \times \frac{V^2\,(\text{속도})}{2g\,(\text{중력가속도})}$$

(5) 공 률

$$P = rQH\,(\text{kgm/s})$$

여기서, H : 수두 (m), r : 비중량 (kg/m³), Q : 유량 (m³/s)

$$P = \frac{r\theta H}{75}[HP \cdot PS] = \frac{r\theta H}{102}[\text{kW}]$$

(6) 프로펠러

① 추력 $F = \rho Q(V_4 - V_1)$

여기서, V_1 : 분출속도, V_1 : 유입속도

② 평균속도 $V = \dfrac{V_4 + V_1}{2}$

③ 유량 $Q = A \cdot V$ (평균속도)

④ 동력 $P = FV_1$

(7) 분류에 의한 추진

① $V = \sqrt{2gH}$

② $F = \rho QV = \rho A V^2$

(8) 로켓 추진

$$F = \rho QV$$

(9) 돌연확대관의 손실

$$h = \frac{(V_1 - V_2)^2}{2g}$$

(10) 돌연축소관의 손실

$$h = \frac{(V_0 - V_2)^2}{2g}$$

(11) 레이놀즈 수

$$Re = \frac{D\rho V}{\mu} = \frac{DV}{\nu} \text{ (원관에서)}$$

- 층류 : $Re < 2100$
- 천이구역 : $2100 < Re < 4000$
- 난류 : $Re > 4000$

(12) 아음속과 초음속

① 아음속 $Ma < 1$

② 초음속 $Ma > 1$

※ 저속흐름을 초음속으로 하려면 축소 → 확대

※ V(속도) $= M$(마하수), $P \cdot T \cdot \rho$ = 동반작용

(13) 파스칼의 수압기원리

$$\frac{F_1}{A_1} = \frac{F_2}{A_2}$$

(14) 연속방정식

① 질량유량 (kg)

$$m = \rho_1 A_1 V_1 = \rho_2 A_2 V_2$$

② 중량유량 (kgf)

$$G = r_1 A_1 V_1 = r_2 V_2 A_2$$

③ 체적유량 (m³)

$$Q = A_1 V_1 = A_2 V_2$$

(15) ① 음속 $C = \sqrt{\dfrac{E}{\rho}}$ (여기서, E : 체적탄성계수, ρ : kgf·s²/m⁴)

② 기체인 경우 $= \sqrt{kRT}$ (여기서, k : 비열비)

(16) 관 상당길이

$$L_e = L + L_e/d$$

여기서, L_e : 관 상당길이, L : 실제의 직관길이

L_e/d : 이음계수 압력 손실에 해당하는 상당길이

(17) 성능계수

① 냉동기 $\dfrac{T_2}{T_1 - T_2}$

② 열펌프 $\dfrac{T_1}{T_1 - T_2}$

③ 열효율 $\dfrac{T_2}{T_1 - T_2}$ (여기서, T_1 : 고열원, T_2 : 저열원)

(18) 액주계

$$P_A + r_1 h_1 = r_2 h_2 + P$$

- 정지유체 속에 작용하는 힘 : $F = PA = rhA$
- 경사평면에 작용하는 힘 : $f = ry\sin\theta = rhA$

(19) 베르누이 방정식

$$\dfrac{P}{r} + Z + \dfrac{V^2}{2g} = H : \text{일정}$$

- 정상유동, 비압축성, 마찰없음 (비점성유동), 유선을 따라 흐름
- 수력기울기선 (hydraulic gradient line)

$$H.G.L. = \dfrac{P}{r} + Z$$

- 수력기울기선 속도수두 만큼의 차

$$\dfrac{P_1}{r} + Z_1 + \dfrac{V_1^2}{2g} = \dfrac{P_2}{r} + Z_2 + \dfrac{V_2^2}{2g} + h_1 \quad (\text{여기서, } h_1 : \text{손실수두})$$

(20) 충격파

초음속에서 아음속으로 흐를 때 압력, 밀도, 온도가 증가

※ 압력, 엔트로피는 증가하고 마하수는 감소

① 임계압력 $P° = P° \times \left(\dfrac{2}{(1+K)}\right)^{\frac{k}{k-1}}$

② 임계온도 $T° = T° \times \left(\dfrac{2}{(K+1)}\right)$

③ 임계밀도 $\rho° = \rho° \times \left(\dfrac{2}{(K+1)}\right)^{\frac{1}{k-1}}$

(21) 압축성 유동

유체의 속도(V)를 음속(a)에 대하여 분류하면

① 아음속유동 $V < a$

② 음속유동 $V = a$

③ 초음속유동 $V > a$

(22) 개수로유동

개수로의 유동속도를 기본파의 진행속도에 대하여 분류하면

① 아음속유동 V < 기본표면파

② 임계유동 V = 기본표면파

③ 초임계유동 V > 기본표면파

(23) 위어 개수로 유량 측정

① 전폭위어 $Q = kbH^{\frac{2}{3}}$ 대유량

② 4각위어 $Q = kbH^{\frac{2}{3}}$

③ 3각위어 $Q = kbH^{\frac{2}{3}}$ 소유량

여기서, H : 수두, b : 쪽, k : 상수, 3각위어 : V 노치위어

(24) 유선 · 유적선 · 유맥선

① 유선 : 유체의 접선방향과 입자의 속도방향이 그려진 연속적인 선

② 유적선 : 한 유체의 입자가 일정기간 내에 움직인 경로

③ 유맥선 : 공간 내의 한 점을 지나는 모든 입자들의 순간경로

※ 정상류 : 유선 = 유적선 = 유맥선

(25) 수평원관에서의 층류운동

유량 $Q = \dfrac{\Delta P \pi D^4}{128 \mu L}$

(26) 항력과 양력

① 항력 : 유동하는 유체 속에 유동속도와 평형방향으로 물체에 작용하는 힘
   ㉮ 마찰항력 : 유체의 점성 때문에 물체 표면에 작용하는 힘
   ㉯ 압력항력 : 물체 전후의 압력차에 의해 물체가 유동방향으로 받는 항력)
② 양력 : 유동속도와 직각방향으로 받는 힘

(27) 정상유동과 비정상유동

① 정상유동 : 흐름 특성이 시간에 대하여 일정한 흐름

$$\frac{q}{t}=0, \quad \frac{p}{t}=0, \quad \frac{T}{t}=0$$

② 비정상유동 : 흐름 특성이 시간에 대하여 일정하지 않은 흐름

$$\frac{q}{t}\neq 0, \quad \frac{p}{t}\neq 0, \quad \frac{T}{t}\neq 0$$

(28) 균속도유동과 비균속도유동

① 균속도유동 : 공간상에서 유체의 속도가 일정한 흐름

$$\frac{V}{S}=0, \quad \frac{V}{T}=0$$

② 비균속도유동 : 공간상에서 유체의 속도가 일정하지 않은 흐름

$$\frac{V}{S}\neq 0$$

(29) 부 력

정지유체 속에 잠겨 떠있는 물체의 체적 무게는 이로 인해 배제된 무게와 같다 (부심 : 배제된 부분의 무게 중심).

$$G = rV + W$$

여기서, G : 공기의 무게, W : 유체 중의 무게, rV : 부피 (r : 비중량, V : 비체적)

(30) 최대속도

① 원관 : $\dfrac{V_{\max}}{V} = 2$

② 평행평판 : $\dfrac{V_{\max}}{V} = 1.5$ (여기서, 평균속도, $V_{\max}$: 최대속도)

※ 초음속일 때 $\dfrac{a}{V} = \sin\theta$ (여기서, V : 물체의 속도, a : 음속, $\sin\theta$: 마하각)

(31) 무차원 수

명 칭	정 의	물리적 의미
레이놀즈수 (Reynolds number)	$R_e = \dfrac{\rho VL}{\mu}$	$\dfrac{관성력}{점성력}$
프루드수 (Froud number)	$Fr = \dfrac{V^2}{gL}$	$\dfrac{관성력}{중력}$
마하수 (Mach number)	$M = \dfrac{V}{a}$	$\dfrac{속도}{음파속도}$
오일러수 (Euler number)	$Eu = \dfrac{\rho V^2}{p}$	$\dfrac{관성력}{압력}$
웨버수 (Weber number)	$We = \dfrac{\rho V^2 L}{\sigma}$	$\dfrac{관성력}{표면장력}$
코우시수 (Cauchy number)	$Ca = \dfrac{\rho V^2}{K}$	$\dfrac{관성력}{탄성력}$
압력계수 (Pressure coefficient)	$P = \dfrac{\Delta P}{\rho V^2/2}$	$\dfrac{압력}{동압}$
비열비 (Specific heat ratio)	$r = \dfrac{C_\rho}{C_v}$	$\dfrac{엔탈피}{내부에너지}$

※ 여기서, V : 속도, a : 음속, L : 길이, σ : 표면장력, μ : 점성계수, P : 압력, K : 체적탄성계수, ρ : 밀도, g : 중력가속도

2020

① 2020년 6월 6일 시행
② 2020년 8월 22일 시행
③ 2020년 9월 27일 시행

2020

2020년도 출제문제

2020년 6월 6일 시행

제1과목 가스유체역학

01 200℃의 200kPa 동압이 1kPa이면 공기의 속도(m/s)는?

① 23.9   ② 36.9
③ 42.5   ④ 52.6

$PV = \dfrac{WRT}{M}$

① 정압을 이용한 공기밀도계산

$PV = \dfrac{WRT}{M} \rightarrow P = \rho \times \dfrac{RT}{M}$

$\rho = \dfrac{PM}{RT} = \dfrac{200 \times 10^3 \text{Pa}}{287 \times (273+8)}$

$= 1.473 \text{kg/cm}^3$

② 동압을 이용한 공기속도계산

$P = \dfrac{1}{2} \rho V^2$

$V = \sqrt{\dfrac{2P}{\rho}} = \sqrt{\dfrac{2 \times 10^3}{1.473}}$

$= 36.88 \fallingdotseq 36.9 \text{m/s}$

02 밀도 1.2kg/m³의 기체가 직경 10cm인 관속을 20m/s로 흐르고 있다. 관의 마찰계수가 0.02라면 1m당 압력손실은 약 몇 Pa인가?

① 24   ② 36
③ 48   ④ 54

$h_L = \dfrac{\rho f l V^2}{2gd} = \dfrac{1.2 \times 0.02 \times 1 \times 20^2}{2 \times 9.8 \times 0.1}$

$= 4.897 \text{mmH}_2\text{O}$

∴ $10332 \text{mmH}_2\text{O} = 101325 \text{Pa}$

$4.897 \text{mmH}_2\text{O} = x$

$x = \dfrac{4.897 \times 101325 \text{Pa}}{10332 \text{mmH}_2\text{O}} = 48.02 \text{Pa}$

03 반지름 200mm, 높이 250mm인 실린더내에 20kg의 유체가 차 있다. 유체의 밀도는 약 몇 kg/m³인가?

① 6.366   ② 63.66
③ 636.6   ④ 6366

$V = \dfrac{\pi D^2}{4} \times l = 0.785 \times 0.4^2 \times 0.25$

$= 0.0314 \text{m}^3$

∴ 밀도 $= \dfrac{20 \text{kg}}{0.0314 \text{m}^3} = 636.94 \text{kg/m}^3$

04 물이 내경 2cm인 원형관을 평균 유속 5cm/s로 흐르고 있다. 같은 유량이 내경 1cm인 관을 흐르면 평균 유속은?

① $\dfrac{1}{2}$ 만큼 감소   ② 2배로 증가
③ 4배로 증가   ④ 변함없다.

$A_1 V_1 = A_2 V_2$

∴ $V_2 = \dfrac{A_1 \times V_1}{A_2} = \dfrac{0.785 \times 0.02^2}{0.785 \times 0.01^2} = 4$배

05 압축성 유체가 그림과 같이 확산기를 통해 흐를 때 속도와 압력은 어떻게 되겠는가? (단, Ma는 마하수이다.)

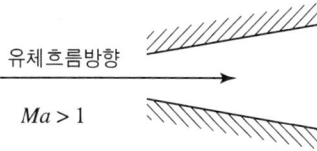

① 속도증가, 압력감소
② 속도감소, 압력증가
③ 속도감소, 압력불변
④ 속도불변, 압력증가

① $Ma > 1$
  ㉠ 확대관-증가 : 단면적, 속도
       감소 : 온도, 압력, 밀도
  ㉡ 축소관-증가 : 온도, 압력, 밀도
       감소 : 단면적, 속도
② $Ma < 1$
  ㉠ 확대관-증가 : 온도, 압력, 밀도
       감소 : 단면적, 속도
  ㉡ 축소관-증가 : 단면적, 속도
       감소 : 온도, 압력, 밀도

06 수직 충격파는 다음 중 어떤 과정에 가장 가까운가?

① 비가역 과정
② 등엔트로피 과정
③ 가역 과정
④ 등압 및 등엔탈피 과정

 1차원 유동에서 수직 충격파 발생 시(난류에서 층류로 흐르는 흐름)
① 증가 : 온도, 압력, 밀도, 엔트로피
② 감소 : 속도, 마하수
③ 비가역과정 : 어떤 상태에서 다른 상태로 넘어가면 원래의 상태로 되돌아갈 수 없는 과정

07 왕복펌프 중 산, 알칼리액을 수송하는 데 사용되는 펌프는?

① 격막 펌프   ② 기어 펌프
③ 플렌지 펌프 ④ 피스톤 펌프

왕복펌프
실린더 내의 피스톤 또는 플런저를 왕복시키고 밸브의 개폐와 연동시켜 액체를 압송
① 피스톤 펌프
  용량이 크고 압력이 낮은 경우
② 플런저 펌프
  용량이 작고 압력이 높은 경우
③ 다이어프램 펌프
  진흙이나 모래가 많은 물 또는 특수용액 등을 이동하는데 사용하고 화학 액의 이송에 주로 사용

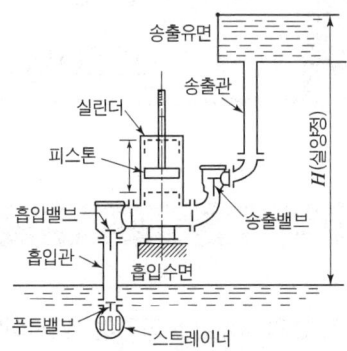

[왕복펌프의 계통도]

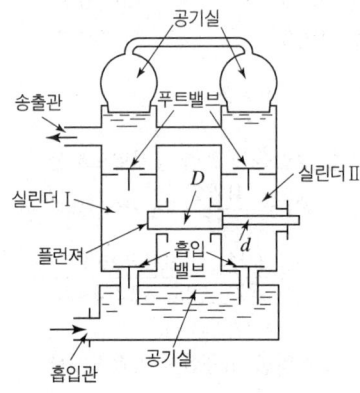

[왕복(복동식) 펌프의 구조]

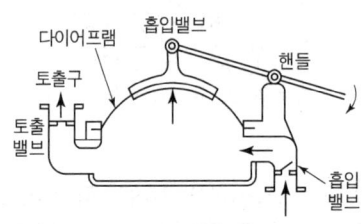

[다이어프램 펌프]

회전펌프 : ① 베인펌프(편심펌프)
② 기어펌프(치차펌프)
③ 나사펌프(스크류펌프)

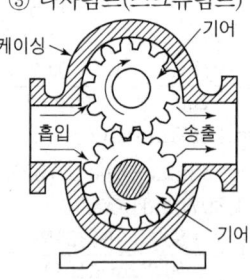

[기어펌프]

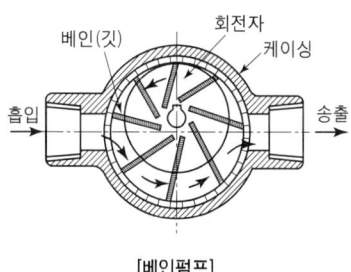

[베인펌프]

08 다음 중 대기압을 측정하는 계기는?
① 수은기압계 ② 오리피스미터
③ 로타미터 ④ 둑(weir)

수은기압계 : 대기압 측정
차압식 유량계 : 벤튜리미터, 플로우미터, 오리피스미터
면적식 유량계 : 로터미터

09 체적효율은 η_v, 피스톤 단면적 $A[\mathrm{m}^2]$, 행정을 $S[\mathrm{m}]$, 회전수를 $n[\mathrm{rpm}]$이라 할 때 실제 송출량 $Q[\mathrm{m}^3/\mathrm{s}]$를 구하는 식은?

① $Q = \dfrac{ASn}{60\eta_v}$ ② $Q = \eta_v\dfrac{ASn}{60}$

③ $Q = \dfrac{AS\pi n}{60\eta_v}$ ④ $Q = \eta_v\dfrac{AS\pi n}{60}$

$Q[\mathrm{m}^3/\mathrm{min}] = ASn\eta_v$
여기서 단위가 m^3/s이므로 60으로 나누어 줌
$\therefore Q[\mathrm{m}^3/\mathrm{s}] = \dfrac{ASn\eta_v}{60}$

10 아음속 등엔트로피 흐름의 확대 노즐에서의 변화로 옳은 것은?
① 압력 및 밀도는 감소한다.
② 속도 및 밀도는 증가한다.
③ 속도는 증가하고, 밀도는 감소한다.
④ 압력은 증가하고, 속도는 감소한다.

문제 5번 참조

11 다음 그림에서와 같이 관속으로 물이 흐르고 있다. A점과 B점에서의 유속은 몇 m/s인가?

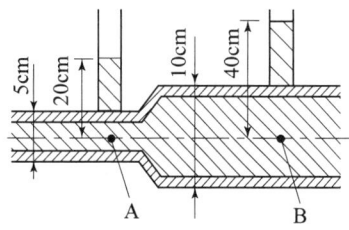

① $u_A = 2.045$, $u_B = 1.022$
② $u_A = 2.045$, $u_B = 0.511$
③ $u_A = 7.919$, $u_B = 1.980$
④ $u_A = 3.960$, $u_B = 1.980$

$A_A u_A = A_B u_B$
$u_A = \dfrac{A_B}{A_A} \times u_B = \dfrac{0.785 \times 0.1^2}{0.785 \times 0.05^2} \times u_B = 4u_B$
A지점과 B지점에서의 베르누이 방정식 이용
$\dfrac{P_A}{\gamma} + \dfrac{u_A^2}{2g} + Z_A = \dfrac{P_B}{\gamma} + \dfrac{u_B^2}{2g} + Z_B$
여기서, A지점과 B지점의 압력
$P_A = \gamma \times h = 1000 \times 0.2 = 200\mathrm{kgf/m^2}$
$P_B = \gamma \times h = 1000 \times 0.4 = 400\mathrm{kgf/m^2}$
그리고 $Z_A = Z_B$는 0이고, $u_A = 4u_B$이므로
$\dfrac{200}{1000} + \dfrac{16u_B^2}{2g} = \dfrac{400}{1000} + \dfrac{u_B^2}{2g}$
$0.2 + 0.8163u_B^2 = 0.4 + 0.051u_B^2$
$0.8163u_B^2 - 0.051u_B^2 = 0.4 - 0.2$
$0.7653u_B^2 = 0.2$
$\therefore u_B = \sqrt{\dfrac{0.2}{0.7653}} = 0.511\mathrm{m/s}$
$\therefore u_A = 4u_B = 4 \times 0.511 = 2.044\mathrm{m/s}$

12 안지름 80cm인 관 속을 동점성계수 4stokes인 유체가 4m/s의 평균속도로 흐른다. 이 때 흐름의 종류는?
① 층류 ② 난류
③ 플러그 흐름 ④ 천이영역 흐름

$Re = \dfrac{VD}{\mu} = \dfrac{\rho VD}{\mu} = \dfrac{4 \times 0.8}{4 \times 10^{-4}} = 8000$

∴ 4000 초과이므로 난류

13 압축률이 $5 \times 10^{-5} \text{cm}^2/\text{kgf}$인 물 속에서의 음속은 몇 m/s인가?

① 1400　　② 1500
③ 1600　　④ 1700

체적탄성계수 = $\dfrac{1}{\text{압축률}}$

$V = \sqrt{\dfrac{K}{\rho}} = \sqrt{\dfrac{2 \times 10^4 \times 98000}{1000 \text{kg/m}^3}} = 1400 \text{m/s}$

$\dfrac{1 \times 2}{5 \times 10^{-5} \times 2} = 2 \times 10^4 \text{kgf/cm}^2$

※ $\text{kgf/cm}^2 \to \text{kg} \times 9.8 \text{m/s}^2 \times 10^4 \text{m}^2$
　　　　　　　$= 98000 \text{kg} \cdot \text{m/s}^2$

14 다음 중 기체수송에 사용되는 기계로 가장 거리가 먼 것은?

① 팬　　　② 송풍기
③ 압축기　④ 펌프

기체수송에 사용되는 기계
① 팬　② 송풍기　③ 압축기

15 원관 중의 흐름이 층류일 경우 유량이 반경의 4제곱과 압력기울기 $(P_1 - P_2)/L$에 비례하고 점도에 반비례한다는 법칙은?

① Hagen-Poiseuille 법칙
② Reynolds 법칙
③ Newton 법칙
④ Fourier 법칙

하겐 포아젤 방정식
$Q = \dfrac{\Delta P \pi D^4}{128 \mu l} \Rightarrow$ ① 배관지름 4승에 비례
② 압력강하에 비례
③ 점성계수에 반비례
④ 배관의 길이에 반비례

$h_L = \dfrac{128 \mu l Q}{\pi D^4 r}$

※ 점도계 : 오스트왈드, 세이볼트

16 프란틀의 혼합길이(Prandtl mixing length)에 대한 설명으로 옳지 않은 것은?

① 난류 유동에 관련된다.
② 전단응력과 밀접한 관련이 있다.
③ 벽면에서는 0이다.
④ 항상 일정한 값을 갖는다.

프란틀의 혼합길이(Prandtl mixing length) 난류를 유동하는 유체입자가 운동량의 변화없이 움직일 수 있는 길이로 전단응력과 관계있고 벽에서 멀어지면 길이는 커진다.

17 그림과 같이 물이 흐르는 관에 U자 수은관을 설치하고, A지점과 B지점 사이의 수은 높이차(h)를 측정하였더니 0.7m 이었다. 이 때 A점과 B점 사이의 압력차는 몇 kPa인가? (단, 수은의 비중은 13.6이다.)

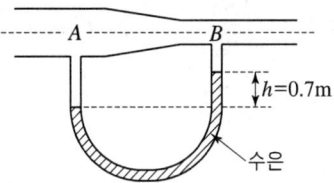

① 8.64　　② 9.33
③ 86.4　　④ 93.3

$P_A - P_B = (\gamma_2 - \gamma_1)h = (13.6 - 1) \times 70 \text{cm}$
　　　　　$= 882 \text{g/cm}^2 = 0.882 \text{kg/cm}^2$
$101.325 \text{kPa} = 1.0332 \text{kg/cm}^2$
　　$x = 0.0882 \text{kg/cm}^2$

∴ $x = \dfrac{101.325 \text{kPa} \times 0.882 \text{kg/cm}^2}{1.0332 \text{kg/cm}^2}$
　　　$= 86.49 \text{kPa}$

18 실험실의 풍동에서 20℃의 공기로 실험을 할 때 마하각이 30°이면 풍속은 몇 m/s가 되는

가?(단 공기의 비열비는 1.40이다.)

① 278   ② 364
③ 512   ④ 686

$$풍속 = \frac{\sqrt{KRT}}{\sin\theta}$$
$$= \frac{\sqrt{1.4 \times 287 \times (273+20)}}{\sin 30}$$
$$= 686.22 \text{m/s}$$

19 SI 기본 단위에 해당하지 않는 것은?

① kg   ② m
③ W   ④ K

 SI 기본 단위
① m(길이)   ② k(질량)
③ s(시간)   ④ A(전류)
⑤ M(mol)   ⑥ K(온도)
⑦ Cd(광도)

20 안지름이 20cm의 관에 평균속도 20m/s로 물이 흐르고 있다. 이때 유량은 얼마인가?

① 0.628m³/s   ② 6.280m³/s
③ 2.512m³/s   ④ 0.251m³/s

 $Q = A \times V = 0.785 \times 0.2^2 \times 20 = 0.628 \text{m}^3/\text{s}$

제 2 과목   연소공학

21 기체연료를 미리 공기와 혼합시켜 놓고, 점화해서 연소하는 것으로 연소실 부하율을 높게 얻을 수 있는 연소방식은?

① 확산연소   ② 예혼합연소
③ 증발연소   ④ 분해연소

 확산연소(H_2, CH_4 등)
가연성기체를 공기와 같은 연소실 내로 분출시켜 연소시키므로 불완전연소에 의한 그을음을 형성하는 연소형태이며 조작범위가 넓고 역화의 위험성이 적다.
예혼합연소
연료와 연소용 공기를 미리 혼합한 상태로 연소시키므로 연소효율이 높고 연소공간이 적게 들지만 역화의 위험성이 크다. 종류에는 저압버너, 고압버너, 송풍버너가 있다.

22 기체연료의 연소형태에 해당하는 것은?

① 확산연소, 증발연소
② 예혼합연소, 증발연소
③ 예혼합연소, 확산연소
④ 예혼합연소, 분해연소

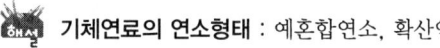 **기체연료의 연소형태** : 예혼합연소, 확산연소

23 저위발열량 93766kJ/Sm³의 C_3H_8을 공기비 1.2로 연소시킬 때의 이론연소온도는 약 몇 K인가?(단, 배기가스의 평균비열은 1.653kJ/Sm³·K이고 다른 조건은 무시한다.)

① 1735   ② 1856
③ 1919   ④ 2083

 $C_3H_8 + 5O_2 + N_2 \rightarrow 3CO_2 + 4H_2O + N_2$
실제 습연소가스량(G_w) = $G_{ow} + N_2$
여기서, G_{ow} : 이론 습배기가스량
$G_w = \{(m-1)A_o\} + CO_2 + H_2O$
$\qquad + N_2\left(산소량 \times \frac{79}{21}\right)$
$= \{(1.2-1) \times 23.8\} + 3 + 4 + 5 \times 3.76$
$= 30.56 \text{Sm}^3/\text{Sm}^3$

이론연소온도 $= \dfrac{H_l}{G_w \times C} = \dfrac{93766}{30.56 \times 1.653}$
$\qquad\qquad\qquad = 1856\text{K}$

24 확산연소에 대한 설명으로 옳지 않은 것은?

① 조작이 용이하다.
② 연소 부하율이 크다.

19.③ 20.① 21.② 22.③ 23.② 24.②

③ 역화의 위험성이 적다.
④ 화염의 안정범위가 넓다.

확산연소
① 연소 부하율이 적다.
② 역화의 위험성이 적다.
③ 화염의 안정범위가 넓다.
④ 조작이 용이하다.

25 공기비가 클 경우 연소에 미치는 영향이 아닌 것은?
① 연소실 온도가 낮아진다.
② 배기가스에 의한 열손실이 커진다.
③ 연소가스 중의 질소산화물이 증가한다.
④ 불완전연소에 의한 매연의 발생이 증가한다.

공기비가 클 경우
① 연소실 내의 온도가 낮아진다.
② 연소가스 중의 질소산화물이 증가한다.
③ 배기가스에 의한 열손실이 커진다.
※ **공기비가 적을 경우** : 불완전연소에 의한 매연의 발생 증가

26 사고를 일으키는 장치의 이상이나 운전자의 실수의 조합을 연역적으로 분석하는 정량적인 위험성 평가방법은?
① 결함수 분석법(FTA)
② 사건수 분석법(ETA)
③ 위험과 운전 분석법(HAZOP)
④ 작업자 실수 분석법(HEA)

안정성평가기법 : 기업활동 전반을 시스템으로 보고, 시스템 운영규정을 작성 시행하여 사업장에서의 사고예방을 위한 모든 형태의 활동 및 노력을 효과적으로 수행하기 위한 체계적이고 종합적인 안전관리 체계를 의미한다.
(1) **적용대상**
① 석유정제사업자의 고압가스시설로서 저장능력이 100톤 이상인 시설
② 석유화학공업자의 고압가스시설로서 저장능력이 100톤 이상인 시설, 1일 처리능력이 1만m³ 이상
③ 비료생산업자의 고압가스시설로서 저장능력이 100톤 이상인 시설, 1일 처리능력이 10만m³ 이상
④ 철강생산업자의 고압가스시설로서 1일 처리능력이 10만m³ 이상인 시설

(2) **평가방법**
① 체크리스트(checklist)기법 : 공정 및 설비의 오류, 결함상태, 위험상황 등을 목록화한 형태로 작성하여 경험적으로 비교함으로써 위험성을 정성적으로 파악하는 기법
② 상대위험순위결정(dow and mond indices)기법 : 설비에 존재하는 위험에 대하여 수치적으로 상대위험순위를 지표화하여 그 피해정도를 나타내는 상대적 위험순위를 정하는 기법
③ 작업자 실수 분석(human error analysis, HEA)기법 : 설비의 운전원, 정비보수원, 기술자 등의 작업에 영향을 미칠만한 요소를 평가하여 그 실수의 원인을 파악하고 추적하여 정량적으로 실수의 상대적 순위를 결정하는 기법
④ 사고예상질문분석(What-if)기법 : 공정에 잠재하고 있으면서 원하지 않은 나쁜 결과를 초래할 수 있는 사고에 대하여 예상질문을 통해 사전에 확인함으로써 그 위험과 결과 및 위험을 줄이는 방법을 제시하는 정성적 평가기법
⑤ 위험과 운전 분석(hazard and operability analysis, HAZOP)기법 : 공정에 존재하는 위험요소들과 공정의 효율을 떨어뜨릴 수 있는 운전상의 문제점을 찾아내어 그 원인을 제거하는 정성적 기법
⑥ 결함수 분석(fault tree analysis)기법 : 사고를 일으키는 장치의 이상이나 운전자 실수의 조합을 연역적으로 분석하는 정량적 기법
⑦ 사건수 분석(event tree analysis)기법 : 초기사건으로 알려진 특정한 장치의 이상이나 운전자의 실수로부터 발생되는 잠재적인 경과를 평가하는 정량적 기법
⑧ 원인결과 분석(cause-consequence analysis, CCA)기법 : 잠재된 사고의 결과와 이러한 사고의 근본적인 원인을 찾아내고 사고결과와 원인의 상호관계를 예측·평가하는 정량적 평가기법

⑨ 이상위험도 분석(failure modes, effects and criticality analysis, FMECA)기법 : 공정 및 설비의 고장의 형태 및 영향, 고장형태별 위험도 순위 등을 결정하는 기법

27 분진폭발의 위험성을 방지하기 위한 조건으로 틀린 것은?

① 환기장치는 공동 집진기를 사용한다.
② 분진이 발생하는 곳에 습식 스크러버를 설치한다.
③ 분진 취급 공정을 습식으로 운영한다.
④ 정기적으로 분진 퇴적물을 제거한다.

 환기장치는 단독 집진기를 사용한다.

28 달톤(Dalton)의 분압법칙에 대하여 옳게 표현한 것은?

① 혼합기체의 온도는 일정하다.
② 혼합기체의 체적은 각 성분의 체적의 합과 같다.
③ 혼합기체의 기체상수는 각 성분의 기체상수의 합과 같다.
④ 혼합기체의 압력은 각 성분(기체)의 분압의 합과 같다.

 달톤(Dalton)의 분압법칙 : 기체 혼합물의 전체 압력은 각 성분기체의 분압의 합과 같다.

$$분압 = 전압 \times \frac{성분기체\ 몰수}{전\ 몰수}$$
$$= 전압 \times \frac{성분기체\ 부피}{전\ 부피}$$
$$= 전압 \times \frac{성분기체\ 분자수}{전\ 분자수}$$

∴ **압력비** = 몰비 = 부피비 = 분자수의 비

29 다음 중 공기와 혼합기체를 만들었을 때 최대 연소속도가 가장 빠른 기체연료는?

① 아세틸렌   ② 메틸알코올
③ 톨루엔   ④ 등유

 연소속도가 빠른 기체(분자량이 가장 작은 것을 찾는다)
① C_2H_2 : $12 \times 2 + 2 = 26$g/mol
② CH_3OH : $12 + 3 + 16 + 1 = 32$g/mol
③ $C_6H_5CH_3$: $12 \times 6 + 5 + 12 + 3 = 92$g/mol
④ $C_{10} \sim C_{20}$: $12 \times 10 \sim 12 \times 20$
   $= 120 \sim 240$g/mol

30 프로판가스 $1m^3$를 완전 연소시키는 데 필요한 이론 공기량은 약 몇 m^3인가? (단, 산소는 공기 중에 20% 함유한다.)

① 10   ② 15
③ 20   ④ 25

$C_3H_8 + 5O_2 \rightarrow 3CO_2 + 4H_2O$
44kg 5×32kg 3×44kg 4×18kg
$22.4m^3$ $5 \times 22.4m^3$ $3 \times 22.4m^3$ $4 \times 22.4m^3$
$22.4m^3 = 5 \times 22.4m^3$
$1m^3 = x$

$$x = \frac{1m^3 \times 5 \times 22.4m^3}{22.4m^3} = 5m^3$$

$$\therefore A_o = \frac{O_o}{0.20} = \frac{5}{0.20} = 25m^3$$

31 제1종 영구기관을 바르게 표현한 것은?

① 외부로부터 에너지원을 공급받지 않고 영구히 일을 할 수 있는 기관
② 공급된 에너지보다 더 많은 에너지를 낼 수 있는 기관
③ 지금까지 개발된 기관 중에서 효율이 가장 좋은 기관
④ 열역학 제2법칙에 위배되는 기관

 제1종 영구기관 : 외부로부터 에너지원을 공급받지 않고 영구히 일을 할 수 있는 기관
제2종 영구기관 : 저열원으로부터 에너지를 공급받아 일할 수 있는 기관으로 열을 모두 일로 바꿀 수 있기 때문에 열효율이 100%이다. 열역학 제1법칙에는 위배되지 않으나 열역학 제2법칙, 즉 자연계의 법칙에 위배되기 때문에 만들 수 없다.

32 프로판가스의 연소과정에서 발생한 열량은 50232MJ/kg이었다. 연소 시 발생한 수증기의 잠열이 8372MJ/kg이면 프로판가스의 저발열량 기준 연소효율은 약 몇 %인가?(단, 연소에 사용된 프로판가스의 저발열량은 46046MJ/kg이다.)

① 87 ② 91
③ 93 ④ 96

 연소효율 = $\dfrac{46046}{50232} \times 100 = 91.6\%$

33 난류 예혼합화염과 층류 예혼합화염에 대한 특징을 설명한 것으로 옳지 않은 것은?

① 난류 예혼합화염의 연소속도는 층류 예혼합화염의 수배 내지 수십배에 달한다.
② 난류 예혼합화염의 두께는 수 밀리미터에서 수십 밀리미터에 달하는 경우가 있다.
③ 난류 예혼합화염은 층류 예혼합화염에 비하여 화염의 휘도가 낮다.
④ 난류 예혼합화염의 경우 그 배후에 다량의 미연소분이 잔존한다.

 난류 예혼합화염과 층류 예혼합화염의 특징
① 난류 예혼합화염은 층류 예혼합화염에 비하여 화염의 휘도가 밝다.
② 난류 예혼합화염의 경우 그 배후에 다량의 미연소분이 존재한다.
③ 난류 예혼합화염의 두께는 수 밀리미터에서 수십 밀리미터에 달하는 경우가 있다.
④ 난류 예혼합화염의 연소속도는 층류 예혼합화염의 수배 내지 수십 배에 달한다.

34 인화(Pilot ignition)에 대한 설명으로 틀린 것은?

① 점화원이 있는 조건하에서 점화되어 연소를 시작하는 것이다.
② 물체가 착화원 없이 불이 붙어 연소하는 것을 말한다.
③ 연소를 시작하는 가장 낮은 온도를 인화점 (flash point)이라 한다.
④ 인화점은 공기 중에서 가연성 액체의 액면 가까이 생기는 가연성 증기가 작은 불꽃에 의하여 연소될 때의 가연성 물체의 최저 온도이다.

 인화(Pilot ignition) : 물체의 착화원 없이 불이 붙어 연소하는 최저온도
착화점 : 가연성가스가 공기 중의 산소와 화합하여 연소할 경우 외부의 점화원 없이 불이 붙는 최저온도

35 오토사이클의 열효율을 나타낸 식은? (단, η는 열효율, ϵ는 압축비, k는 비열비이다.)

① $\eta = 1 - \left(\dfrac{1}{\epsilon}\right)^{k+1}$ ② $\eta = 1 - \left(\dfrac{1}{\epsilon}\right)^{k}$
③ $\eta = 1 - \dfrac{1}{\epsilon}$ ④ $\eta = 1 - \left(\dfrac{1}{\epsilon}\right)^{k-1}$

 오토사이클의 열효율 = $1 - \left(\dfrac{1}{\epsilon}\right)^{k-1}$

여기서, ϵ : 압축비, k : 비열비, 1.4

36 Fire ball에 의한 피해로 가장 거리가 먼 것은?

① 공기팽창에 의한 피해
② 탱크파열에 의한 피해
③ 폭풍압에 의한 피해
④ 복사열에 의한 피해

 Fire ball에 의한 피해
① 공기팽창에 의한 피해
② 폭풍압에 의한 피해
③ 복사열에 의한 피해
※ **증기운폭발**
(VCE, Vapor Cloud explosion
UVEC, Unconfined Vapor Cloud explosion)
다량의 가연성가스나 인화성액체가 외부로 노출 될 경우 가연성가스 또는 인화성액체가 대기 중의 공기와 혼합하여 폭발성을 가진 증기운(vapor cloud)을 형성하고 이때 점화원에 의해 점화시 Fire ball(화구)를 형성하며 폭발하는 현상

37 다음 중 차원이 같은 것끼리 나열된 것은?

- ㉮ 열전도율
- ㉯ 점성계수
- ㉰ 저항계수
- ㉱ 확산계수
- ㉲ 열전달률
- ㉳ 동점성계수

① ㉮, ㉯ ② ㉰, ㉲
③ ㉱, ㉳ ④ ㉲, ㉳

㉮ 열전도율 : kcal/m · h · ℃
㉯ 점성계수 : g/cm · s
㉰ 저항계수 : m · h · ℃/kcal
㉱ 확산계수 : cm^2/s, m^2/s
㉲ 열전달률 : $kcal/m^2$ · h · ℃
㉳ 동점성계수 : cm^2/s, m^2/s

38 C_3H_8을 공기와 혼합하여 완전연소 시킬 때 혼합기체 중 C_3H_8의 최대농도는 약 얼마인가? (단, 공기 중 산소는 20.9%이다.)

① 3vol% ② 4vol%
③ 5vol% ④ 6vol%

$C_3H_8 + 5O_2 \rightarrow 3CO_2 + 4H_2O$

$A_o = \dfrac{5}{0.21} = 23.8$

∴ 최대농도 $= \dfrac{1}{1+A_o} \times 100 = \dfrac{1}{1+23.8} \times 100$
$= 4.03\%$

39 최대안전틈새의 범위가 가장 적은 가연성가스의 폭발 등급은?

① A ② B
③ C ④ D

최대안전틈새 범위
① A : 0.9mm 이상
② B : 0.5mm 이상 0.9mm 이하
③ C : 0.5mm 이하

40 분자량이 30인 어떤 가스의 정압비열이 0.75kJ/kg · K이라고 가정할 때 이 가스의 비열비(k)는 약 얼마인가?

① 0.28 ② 0.47
③ 1.59 ④ 2.38

$C_v = C_p - R = 0.75 - \dfrac{8.314}{30} = 0.473$

$k = \dfrac{C_p}{C_v} = \dfrac{0.75}{0.473} = 1.58$

제 3 과목 가스설비

41 다음 그림은 어떤 종류의 압축기인가?

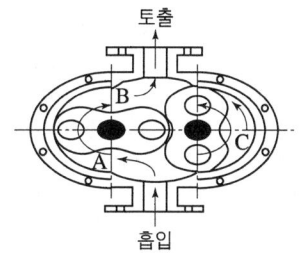

① 가동날개식 ② 루트식
③ 플런저식   ④ 나사식

특성 미터	장점	단점
막식 가스미터	값이 싸고 설치 후 유지관리가 쉽다.	대용량의 것은 설치면적이 크다.
습식 가스미터	계량이 정확하고 사용 중에 기차(器差)의 변동이 작다.	사용 중에 수위조정 등의 관리가 필요하고 설치면적이 크다.
루트 미터	설치 면적이 작으며 대유량 및 중압가스의 계량이 가능하다.	스트레이너의 설치 및 설치 후 유지관리가 필요하고 소유량(0.5 m^3/h 이하)의 것은 부동의 우려가 있다.

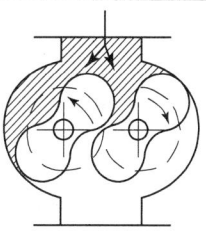

[회전식 가스미터]

42 수소에 대한 설명으로 틀린 것은?

① 암모니아 합성의 원료로 사용된다.
② 열전달율이 적고 열에 불안정하다.
③ 염소와의 혼합 기체에 일광을 쬐면 폭발한다.
④ 모든 가스 중 가장 가벼워 확산속도가 가장 빠르다.

 수소
① 모든 기체 중 비중이 가장 적고 확산속도가 가장 빠르다.
② 열전도율이 대단히 크고, 열에 대해 안정하다.
③ 폭발범위 : 공기 중 4~75%, 산소 중 4~94%
④ 수소는 산소, 염소, 불소와 반응하여 격렬한 폭굉을 일으켜 폭명기 생성
㉠ $2H_2 + O_2 \rightarrow 2H_2O + 136.6kcal$
㉡ $H_2 + Cl_2 \rightarrow 2HCl + 44kcal$
㉢ $H_2 + Fe \rightarrow 2HF + 128kcal$
⑤ 고온, 고압에서 강재 중 탄소성분과 반응하여 수소취성을 일으킨다.
$Fe_3C + 2H_2 \rightarrow CH_4 + 3Fe$
방지원소 : V, Mo, Ti, W, Cr
⑥ 고온, 고압에서 질소와 반응하여 NH_3 생성
$N_2 + 3H_2 \rightarrow 2NH_3$
⑦ 수소의 공업적제법
㉠ 물의 전기분해법 : $2H_2O \rightarrow 2H_2 + O_2$
(−)   (+)
농도 20% 정도의 NaOH 전해액 사용
㉡ 천연가스분해법 :
$CH_4 + H_2O \rightarrow CO + 3H_2$
㉢ 석유분해법 :
$C_3H_8 + 3H_2O \rightarrow 3CO + 7H_2$
㉣ 일산화탄소전화법 :
$CO + H_2O \rightarrow CO_2 + H_2$
ⓐ 1단계 전화반응
촉매 : Fe_2O_3, Cr_2O_3
반응온도 : 350~500℃
ⓑ 2단계 전화반응
촉매 : CuO, ZnO
반응온도 : 200~250℃

43 가스조정기 중 2단 감압식 조정기의 장점이 아닌 것은?

① 조정기의 개수가 적어도 된다.
② 연소기구에 적합한 압력으로 공급할 수 있다.
③ 배관의 관경을 비교적 작게 할 수 있다.
④ 입상배관에 의한 압력강하를 보정할 수 있다.

 2단 감압식 조정기의 장·단점
[장점]
① 공급압력이 일정하다.
② 중간배관이 가늘어도 된다.
③ 배관입상에 의한 압력강하를 보정할 수 있다.
④ 각 연소 기구에 알맞은 압력으로 공급이 가능하다.
[단점]
① 재액화의 우려가 있다.
② 조정기가 많이 든다.
③ 검사가 복잡하다.
④ 설비비가 많이 든다.

44 다음 수치를 가진 고압가스용 용접용기의 동판 두께는 약 몇 mm인가?

[보기]
- 최고충전압력 : 15MPa
- 동체의 내경 : 200mm
- 재료의 허용응력 : 150N/mm²
- 용접효율 : 1.00
- 부식여유 두께 : 고려하지 않음

① 6.6   ② 8.6
③ 10.6   ④ 12.6

동판두께$(t) = \dfrac{PD}{2S\eta - 1.2P} + C$
$= \dfrac{15 \times 200}{2 \times 150 \times 1 - 1.2 \times 15}$
$= 10.57mm$

45 인장시험 방법에 해당하는 것은?

① 올센법   ② 샤르피법
③ 아이조드법 ④ 파우더법

46 대기압에서 1.5MPa·g까지 2단압축기로 압축하는 경우 압축동력을 최소로 하기 위해서는 중간압력을 얼마로 하는 것이 좋은가?

① 0.2MPa·g ② 0.3MPa·g
③ 0.5MPa·g ④ 0.75MPa·g

$P_m = \sqrt{P_1 \times P_2} - P_1$
$= \sqrt{0.1 \times (1.5+0.1)} - 0.1$
$= 0.4 \text{MPa} \cdot \text{g} - 0.1 \text{MPa} \cdot \text{g}$
$= 0.3 \text{MPa} \cdot \text{g}$

47 가연성 가스로서 폭발범위가 넓은 것부터 좁은 것의 순으로 바르게 나열된 것은?

① 아세틸렌-수소-일산화탄소-산화에틸렌
② 아세틸렌-산화에틸렌-수소-일산화탄소
③ 아세틸렌-수소-산화에틸렌-일산화탄소
④ 아세틸렌-일산화탄소-수소-산화에틸렌

 폭발범위
① 아세틸렌 : 2.5~81%
② 산화에틸렌 : 3~80%
③ 수소 : 4~75%
④ 일산화탄소 : 12.5~74%

48 접촉분해 프로세스에서 다음 반응식에 의해 카본이 생성될 때 카본생성을 방지하는 방법은?

$$CH_4 \rightleftarrows 2H_2 + C$$

① 반응 온도를 낮게 반응 압력을 높게 한다.
② 반응 온도를 높게 반응 압력을 낮게 한다.
③ 반응 온도와 반응 압력을 모두 낮게 한다.
④ 반응 온도와 반응 압력을 모두 높게 한다.

• 반응 전 1mol, 반응 후 2mol로 반응 후의 몰수가 많으므로 온도가 높고 압력이 낮을수록 반응이 잘 일어남.
• 카본(C)생성을 방지하려면 반응이 잘 일어나지 않도록 한다.(반응온도는 낮게, 압력은 낮게)

49 왕복식 압축기의 특징이 아닌 것은?

① 용적형이다.
② 압축효율이 높다.
③ 용량조정의 범위가 넓다.
④ 점검이 쉽고 설치면적이 적다.

 왕복압축기의 특징(고압용기저용)
① 윤활유식 또는 무급유식이다.
② 용적형이다.
③ 압축기의 효율이 높다.
④ 용량조절이 용이하고 범위가 넓다.
⑤ 고압을 얻을 수 있다.
⑥ 기체의 송출에 맥동이 있으므로 방진장치가 필요하다.
⑦ 저속회전이며 형태가 크고 중량이 무겁고, 고가이며 설치면적이 크다.

원심압축기의 특징(대왕소암무호)
① 압축비가 적다.
② 무급유식이다.
③ 효율이 크다.
④ 압축유체에 윤활유가 혼입되지 않는다.
⑤ 대용량의 용량 제어가 가능하다.
⑥ 왕복압축기와 같은 맥동현상이 없다.
⑦ 소형이므로 설치면적이 적고 기계적 진동이 적다.

터보압축기의 특징(무기써고용대)
① 무급유식이며 원심형이다.
② 효율이 낮다.
③ 서징현상이 있으므로 운전 중 주의를 요한다.
④ 기체의 맥동이 없고 연속적이다.
⑤ 용량조절이 가능하나 비교적 어렵고 범위도 좁다.
⑥ 고속회전이므로 형태가 적고 경량이다.
⑦ 대용량에 적당하고 설치면적이 적다.

50 금속재료에 대한 설명으로 옳은 것으로만 짝지어진 것은?

㉠ 염소는 상온에서 건조하여도 연강을 침식시킨다.
㉡ 고온, 고압의 수소는 강에 대하여 탈탄작용을 한다.
㉢ 암모니아는 동, 동합금에 대하여 심한 부식성이 있다.

① ㉠　　　　　② ㉠, ㉡
③ ㉡, ㉢　　　④ ㉠, ㉡, ㉢

 염소는 상온, 건조한 상태에서는 부식을 일으키지 않는다.

51 압력용기에 해당하는 것은?
① 설계압력(MPa)과 내용적(m^3)을 곱한 수치가 0.05인 용기
② 완충기 및 완충장치에 속하는 용기와 자동차에어백용 가스충전용기
③ 압력에 관계없이 안지름, 폭, 길이 또는 단면의 지름이 10mm인 용기
④ 펌프, 압축장치 및 축압기의 본체와 그 본체와 분리되지 아니하는 일체형 용기

 압력용기 : 설계압력(MPa)과 내용적(m^3)을 곱한 수치가 0.05인 용기

52 천연가스에 첨가하는 부취제의 성분으로 적합하지 않은 것은?
① THT(Tetra Hydro Thiophene)
② TBM(Tertiary Butyl Mercaptan)
③ DMS(Dimethyl Sulfide)
④ DMDS(Dimethyl Disulfide)

 부취제
① THT(테트라 히드로 티오펜) : 석탄가스 냄새
② TBM(터시어리 부틸 메르캅탄) : 양파 썩는 냄새
③ DMS(디메칠 썰파이드) : 마늘 냄새

53 지하매설물 탐사방법 중 주로 가스배관을 탐사하는 기법으로 전도체에 전기가 흐르면 도체 주변에 자장이 형성되는 원리를 이용한 탐사법은?
① 전자유도탐사법　② 레이다탐사법
③ 음파탐사법　　　④ 전기탐사법

54 고압가스의 상태에 따른 분류가 아닌 것은?
① 압축가스　② 용해가스
③ 액화가스　④ 혼합가스

 고압가스의 상태에 따른 분류
① 압축가스 : 상용의 온도 또는 35℃에서 압력이 1MPa 이상인 것(산소, 수소, 질소)
② 액화가스 : 상용의 온도 또는 35℃에서 압력이 0.2MPa 이상인 것
③ 용해가스 : 상용의 온도 또는 15℃에서 압력이 0MPa 이상인 것
④ 브롬화메탄, 산화에틸렌, 시안화수소는 상용온도에서 압력이 0MPa인 것

55 LP가스 장치에서 자동교체식 조정기를 사용할 경우의 장점에 해당되지 않는 것은?
① 잔액이 거의 없어질 때까지 소비된다.
② 용기교환주기의 폭을 좁힐 수 있어, 가스발생량이 적어진다.
③ 전체 용기 수량이 수동교체식의 경우보다 적어도 된다.
④ 가스소비시의 압력변동이 적다.

 자동교체식 조정기 사용 시 이점
① 전체 용기 수량이 수동교체식 보다 적어도 된다.
② 잔액이 거의 없어질 때까지 소비된다.
③ 용기교환주기의 폭을 넓힐 수 있다.
④ 분리형일 경우 도관의 압력손실을 크게 해도 된다.

56 용해 아세틸렌가스 정제장치는 어떤 가스를 주로 흡수, 제거하기 위하여 설치하는가?
① CO_2, SO_2　　② H_2S, PH_3
③ H_2O, SiH_4　　④ NH_3, $COCl_2$

 불순물 : ① PH_3(인화수소)
② H_2S(황화수소)
③ SiH_4(규화수소)
④ NH_3(암모니아)

57 고압가스 용기의 재료에 사용되는 강의 성분 중 탄소, 인, 황의 함유량은 제한되어 있다. 이에 대한 설명으로 옳은 것은?

① 황은 적열취성의 원인이 된다.
② 인(P)은 될수록 많은 것이 좋다.
③ 탄소량은 증가하면 인장강도와 충격치가 감소한다.
④ 탄소량이 많으면 인장강도는 감소하고 충격치는 증가한다.

고압가스 용기의 재료
① 황 : 적열취성의 원인(800~900℃)
② 인 : ㉠ 상온취성의 원인
　　　 ㉡ 청열취성(200~300℃)의 원인
　　　 ㉢ 편석을 일으키기 쉽다.
③ 탄소량 증가시
　　㉠ 증가 : 인장강도, 경도, 항복점, 비열, 비저항, 항자력
　　㉡ 감소 : 인성, 연성, 연신율, 단면수축율, 충격치
※ 편석 : 불순물이 한 곳으로 모이는 현상

58 액화 프로판 15L를 대기 중에 방출하였을 경우 약 몇 L의 기체가 되는가?(단, 액화 프로판의 액 밀도는 0.5kg/L이다.)

① 300L　　② 750L
③ 1500L　④ 3800L

기체량 $= 15 \times 2.55 = 3825L$

59 LNG Bunkering이란?

① LNG를 지하시설에 저장하는 기술 및 설비
② LNG운반선에서 LNG인수기지로 급유하는 기술 및 설비
③ LNG인수기지에서 가스홀더로 이송하는 기술 및 설비
④ LNG를 해상 선박에 급유하는 기술 및 설비

LNG Bunkering : LNG를 해상 선박에 급유하는 기술 및 설비

60 염소가스(Cl_2) 고압용기의 지름을 4배, 재료의 강도를 2배로 하면 용기의 두께는 얼마가 되는가?

① 0.5　　② 1배
③ 2배　　④ 4배

용기두께$= \dfrac{4}{2} = 2$배

제 4 과목　가스안전관리

61 가연성이면서 독성가스가 아닌 것은?

① 염화메탄　　② 산화프로필렌
③ 벤젠　　　　④ 시안화수소

가연성이며 독성가스
벤젠, 시안화수소, 황화수소, 일산화탄소, 암모니아, 이황화탄소, 염화메탄, 산화에틸렌

62 독성가스인 염소 500kg을 운반할 때 보호구를 차량의 승무원수에 상당한 수량을 휴대하여야 한다. 다음 중 휴대하지 않아도 되는 보호구는?

① 방독마스크　　② 공기호흡기
③ 보호의　　　　④ 보호장갑

독성가스
① 1000kg 미만
　방독마스크, 보호의, 보호장화, 보호장갑
② 1000kg 이상
　방독마스크, 공기호흡기, 보호의, 보호장화, 보호장갑

63 액화석유가스 저장탱크 지하 설치시의 시설기준으로 틀린 것은?

① 저장탱크 주위 빈 공간에는 세립분을 포함한 마른모래를 채운다.

② 저자탱크를 2개 이상 인접하여 설치하는 경우에는 상호간에 1m 이상의 거리를 유지한다.
③ 점검구는 저장능력이 20톤 초과인 경우에는 2개소로 한다.
④ 검지관은 직경 40A 이상으로 4개소 이상 설치한다.

LPG저장탱크 지하 설치 시
① 저장탱크 주위에는 건조사를 채운다.
② 저장탱크를 2개 이상 인접하여 설치하는 경우는 상호간의 1m 이상의 거리를 유지한다.
③ 점검구는 20톤 초과 시 2개소로 한다.
④ 검지관은 직경 40A 이상으로 4개소 이상 설치한다.

64 가스난방기는 상용압력의 1.5배 이상의 압력으로 실시하는 기밀시험에서 가스차단밸브를 통한 누출량이 얼마 이하가 되어야 하는가?

① 30mL/h ② 50mL/h
③ 70mL/h ④ 90mL/h

가스난방기는 상용압력의 1.5배 이상의 압력으로 실시하는 기밀시험에서 가스차단밸브를 통한 누출량이 70mL/h 이하가 되어야 한다.

65 고압가스특정제조시설의 내부반응 감시장치에 속하지 않는 것은?

① 온도감시장치 ② 압력감시장치
③ 유량감시장치 ④ 농도감시장치

고압가스특정제조시설의 내부반응 감시장치
온도감시장치, 압력감시장치, 유량감시장치

66 액화석유가스 저장탱크에 설치하는 폭발방지장치와 관련이 없는 것은?

① 비드
② 후프링
③ 방파판
④ 다공성 알루미늄 박판

LPG 저장탱크에 설치하는 폭발방지장치
방파판, 다공성 알루미늄 박판, 후드링

67 가스도매업자의 공급관에 대한 설명으로 맞는 것은?

① 정압기지에서 대량수요자의 가스사용시설까지 이르는 배관
② 인수기지 부지경계에서 정압기까지 이르는 배관
③ 인수기지 내에 설치되어 있는 배관
④ 대량수요자 부지 내에 설치된 배관

배관의 종류
① 본관 : 도시가스제조사업소의 부지경계에서 정압기까지 이르는 배관
② 공급관 : 본관에서 분기하여 수용자가 소유한 토지의 경계까지 이르는 배관
③ 내관 : 수요자의 토지경계에서 연소기까지 이르는 배관
④ 사용자공급관 : 공급관 중 사용자 토지의 경계에서 계량기 전단밸브에 이르는 배관

68 액화석유가스용 강제용기 스커트의 재료를 고압가스용기용 강판 및 강대 SG295 이상의 재료로 제조하는 경우에는 내용적이 25L이상, 50L 미만인 용기는 스커트의 두께를 얼마 이상으로 할 수 있는가?

① 2mm ② 3mm
③ 3.6mm ④ 5mm

액화석유가스용 강제용기 스커트의 두께

용기내용적	두께
20L 이상 25L 미만	3mm 이상
25L 이상 50L 미만	3.6mm 이상
50L 이상 125L 미만	5mm 이상

※ LPG 용접용기 스커트 통기면적

용기내용적	면적
20L 이상 25L 미만	$300mm^2$ 이상
25L 이상 50L 미만	$500mm^2$ 이상
50L 이상 125L 미만	$1000mm^2$ 이상

69 가연성가스가 폭발할 위험이 있는 농도에 도달할 우려가 있는 장소로서 "2종 장소"에 해당하지 않는 것은?

① 상용의 상태에서 가연성가스의 농도가 연속해서 폭발 하한계 이상으로 되는 장소
② 밀폐된 용기가 그 용기의 사고로 인해 파손될 경우에만 가스가 누출할 위험이 있는 장소
③ 환기장치에 이상이나 사고가 발생한 경우에 가연성가스가 체류하여 위험하게 될 우려가 있는 장소
④ 1종 장소의 주변에서 위험한 농도의 가연성가스가 종종 침입할 우려가 있는 장소

 위험장소
① 0종 장소 : 상용상태에서 가연성가스의 농도가 연속해서 폭발하한계 이상으로 되는 장소
② 1종 장소
  ㉠ 정비 보수 또는 누설 등으로 인하여 종종 가연성가스가 체류하여 위험하게 될 우려가 있는 장소
  ㉡ 상용상태에서 가연성가스가 체류하여 위험하게 될 우려가 있는 장소
③ 2종 장소
  ㉠ 1종 장소의 주변에서 위험한 농도의 가연성가스가 종종 침입할 우려가 있는 장소
  ㉡ 환기장치에 이상이나 사고가 발생한 경우에 가연성가스가 체류하여 위험하게 될 우려가 있는 장소
  ㉢ 용기 또는 설비의 사고로 인해 파손되거나 오조작의 경우에만 누설할 위험이 있는 장소
  ㉣ 밀폐된 용기가 그 용기의 사고로 인해 파손될 경우에만 가스가 누출할 위험이 있는 장소

70 고정식 압축도시가스 자동차 충전시설에서 가수누출검지경보장치의 검지경보장치 설치 수량의 기준으로 틀린 것은?

① 펌프 주변에 1개 이상
② 압축가스 설비 주변에 1개
③ 충전설비 내부에 1개 이상
④ 배관접속부마다 10m 이내에 1개

검지경보장치의 설치
① 제조설비(냉동제조시설 및 배관을 제외한다. 이하 "①"에 있어서 같다)에 있어서 검지경보장치의 검출부 설치장소 및 개수는 다음에 의할 것
  ㉠ 건축물 내에 설치되어 있는 압축기, 밸브, 반응설비, 저장탱크 등 가스가 누설하지 쉬운 고압가스설비 등(㉢ 및 ㉣에 기재한 것을 제외)이 설치되어 있는 장소의 주위에는 누설한 가스가 체류하기 쉬운 곳에 이들 설비군의 바닥면 둘레(10m)에 대하여 1개 이상의 비율로 계산한 수
  ㉡ 건축물 밖에 설치되어 있는 ㉠에 기재한 고압가스설비가 다른 고압가스설비, 벽이나 그 밖의 구조물에 인접하거나 피트 등의 내부에 설치되어 있는 경우, 누설한 가스가 체류할 우려가 있는 경우, 누설한 가스가 체류할 우려가 있는 장소에 그 설비군의 바닥면 둘레(20m)에 대하여 1개 이상의 비율로 계산한 수
  ㉢ 특수 반응설비로서 그 주위에 누설한 가스가 체류하기 쉬운 장소에는 그 바닥면 둘레(10m)에 대하여 1개 이상의 비율로 계산한 수
  ㉣ 가열로 등 발화원이 있는 제조설비의 주위에 가스가 체류하기 쉬운 장소에는 그 바닥면 둘레(20m)에 대하여 1개 이상의 비율로 계산한 수
  ㉤ 계기실 내부에 1개 이상
  ㉥ 독성가스의 충전용 접속구 군의 주위에 1개 이상
② 저장시설·판매시설 또는 특정고압가스사용시설(배관을 제외한다. 이하 "②"에 있어서 같다)에 있어서 검지경보장치의 설치장소 및 개수는 다음에 의할 것
  ㉠ 건축물 안에 설치되어 있는 감압설비, 저장설비, 판매설비, 특정 고압가스 사용설비(버너 등에 있어서는 파일럿 버너방식에 의한 인터록 기구를 설치하여 가스누설의 우려가 없는 것에는 해당 버너 등의 부분을 제외) 등 가스가 누설하지 쉬운 설비를 설치한 곳 주위에는 누설한 가스가 체류하기 쉬운 장소에 이들 설비군의 바닥면 둘레(10m)에 대하여 1개 이상의 비율로 계산

한 수

ⓛ 건축물 밖에 설치되어 있는 ㉠에 기재한 설비 외의 설비, 벽 등 구조물에 인접하거나 피트 등의 내부에 설치되어 있는 경우에는 누설한 가스가 체류할 우려가 있는 장소에 그 설비군의 바닥면 둘레(20m)에 대하여 1개 이상의 비율로 계산한 수

71 가연성 가스의 제조설비 중 전기설비가 방폭성능 구조를 갖추지 아니하여도 되는 가연성 가스는?

① 암모니아   ② 아세틸렌
③ 염화메탄   ④ 아크릴알데히드

 가연성 가스의 제조설비 중 전기설비가 방폭성능 구조를 갖추지 아니하여도 되는 가스
암모니아, 브롬화메탄

72 특정설비에 설치하는 플랜지 이음매로 허브플랜지를 사용하지 않아도 되는 것은?

① 설계압력이 2.5MPa인 특정설비
② 설계압력이 3.0MPa인 특정설비
③ 설계압력이 2.0MPa 이상이고, 플랜지의 호칭 내경이 260mm인 특정설비
④ 설계압력이 1.0MPa이고, 플랜지의 호칭 내경이 300mm인 특정설비

 특정설비에 설치하는 플랜지 이음매로 허브플랜지를 사용
① 설계압력이 2.0MPa이고, 플랜지의 호칭 내경이 260mm인 특정설비
② 설계압력이 2.5MPa인 특정설비
③ 설계압력이 3.0MPa인 특정설비

73 고압가스 특정제조시설에서 준내화구조 액화가스 저장탱크 온도상승방지설비 설치와 관련한 물분부살수장치 설치기준으로 적합한 것은?

① 표면적 $1m^2$당 2.5L/분 이상
② 표면적 $1m^2$당 3.5L/분 이상
③ 표면적 $1m^2$당 5L/분 이상
④ 표면적 $1m^2$당 8L/분 이상

 액화가스 저장탱크의 온도상승 방지조치 기준

구분		내화구조	살수 및 물분무능력	설치개수
살수장치		-	표면적 $1m^2$당 5L/분	-
		준내화구조(안면 25mm 이상, 외면 0.35mm 이상 아연도 철판)	표면적 $2.5m^2$당 5L/분	-
소화전		-	-	표면적 $50m^2$당 1개
		준내화구조(안면 25mm 이상, 외면 0.35mm 이상 아연도 철판)	수압 : $3.5kg/cm^2$ 이상 방수능력 : 400L/분	표면적 $100m^2$당 1개

74 고압가스용 안전밸브 구조의 기준으로 틀린 것은?

① 안전밸브는 그 일부가 파손되었을 때 분출되지 않는 구조로 한다.
② 스프링의 조정나사는 자유로이 헐거워지지 않는 구조로 한다.
③ 안전밸브는 압력을 마음대로 조정할 수 없도록 봉인할 수 있는 구조로 한다.
④ 가연성 또는 독성가스용의 안전밸브는 개방형을 사용하지 않는다.

75 용기의 도색 및 표시에 대한 설명으로 틀린 것은?

① 가연성가스 용기는 빨간색 테두리에 검정색 불꽃모양으로 표시한다.
② 내용적 2L 미만의 용기는 제조자가 정하는 바에 의한다.
③ 독성가스 용기는 빨간색 테두리에 검정색 해골모양으로 표시한다.
④ 선박용 LPG 용기는 용기의 하단부에 2cm의 백색 띠를 한 줄로 표시한다.

 용기의 도색 및 표시
① 선박용 LPG 용기는 용기의 하단부에 2cm의 백색 띠를 두 줄로 표시한다.

② 독성가스 용기는 빨간색 테두리에 검정색 해골모양으로 표시한다.
③ 내용적 2L 미만의 용기는 제조자가 정하는 바에 의한다.
④ 가연성가스 용기는 빨간색 테두리에 검정색 불꽃모양으로 표시한다.

76 고압가스 설비 중 플레어스택의 설치 높이는 플레어스택 바로 밑의 지표면에 미치는 복사열이 얼마 이하로 되도록 하여야 하는가?
① 2000kcal/m² · h
② 3000kcal/m² · h
③ 4000kcal/m² · h
④ 5000kcal/m² · h

플레어스택 바로 밑의 지표면에 미치는 복사열
4000kcal/m² · h

77 고압가스제조시설 사업소에서 안전관리자가 상주하는 현장사무소 상호간에 설치하는 통신설비가 아닌 것은?
① 인터폰
② 페이징설비
③ 휴대용 확성기
④ 구내방송설비

통신설비

통신범위	통신설비
사업소 내 전체	① 페이징 설비 ② 구내 방송설비 ③ 휴대용 확성기 ④ 사이렌 ⑤ 메가폰 (사업소 내의 면적 1500m² 이하만)
사무소와 사무소 간	① 페이징 설비 ② 구내 방송설비 ③ 구내 전화 ④ 인터폰
종업원 상호 간	① 페이징 설비 ② 휴대용 확성기 ③ 트랜시버(계기 등에 영향이 없을 경우만) ④ 메가폰 (사업소 내의 면적 1500m² 이하만)

각 통신시설 장비

78 불화수소에 대한 설명으로 틀린 것은?
① 강산이다.
② 황색기체이다.
③ 불연성기체이다.
④ 자극적 냄새가 난다.

79 액화 조연성가스를 차량에 적재운반하려고 한다. 운반책임자를 동승시켜야 할 기준은?
① 1000kg 이상
② 3000kg 이상
③ 6000kg 이상
④ 12000kg 이상

운반책임자 동승

가스	압축가스	액화가스
독성	100m³ 이상	1ton 이상(1000kg 이상)
가연성	300m³ 이상	3ton 이상(3000kg 이상)
조연성	600m³ 이상	6ton 이상(6000kg 이상)

80 고압가스 운반 중에 사고가 발생한 경우의 응급조치의 기준으로 틀린 것은?
① 부근의 화기를 없앤다.
② 독성가스가 누출된 경우에는 가스를 제독한다.
③ 비상연락망에 따라 관계업소에 원조를 의뢰한다.
④ 착화된 경우 용기파열 등의 위험이 있다고 인정될 때는 소화한다.

제5과목 가스계측기기

81 단위계의 종류가 아닌 것은?
① 절대단위계 ② 실제단위계
③ 중력단위계 ④ 공학단위계

해설 단위계의 종류
① 절대단위계 ② 중력단위계 ③ 공학단위계

82 $5kgf/cm^2$는 약 몇 mAq인가?
① 0.5 ② 5
③ 50 ④ 500

해설
$1kgf/cm^2 = 10mAq$
$5kgf/cm^2 = x$
$x = \dfrac{5kgf/cm^2 \times 10mAq}{1kgf/cm^2} = 50mAq$

83 열팽창계수가 다른 두 금속을 붙여서 온도에 따라 휘어지는 정도의 차이로 온도를 측정하는 온도계는?
① 저항온도계 ② 바이메탈온도계
③ 열전대온도계 ④ 광고온계

해설 바이메탈온도계
고체의 팽창을 이용하여 만든 온도계로서 선팽창계수가 다른 두 종의 금속판을 하나로 합쳐 온도차이에 따라 정도가 다른 점을 이용한 것이다.

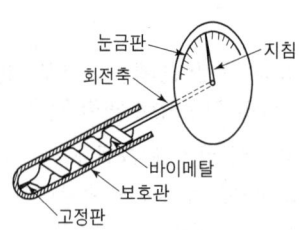
[바이메탈 온도계]

① 구조가 간단하고 견고하다.
② 고압기기의 온도측정용이다.
③ 응답속도가 빠르다.
④ 자동온도 기록장치에 사용한다.
⑤ 측정온도 범위가 −50~500℃ 정도이다.
⑥ 측정재료
 ㉠ 100℃ 이하 : 황동, 34% 니켈강
 ㉡ 150℃ 이하 : 황동 및
    인바(Invar, Ni-Cu합금)
 ㉢ 250℃ 이상 : 모넬메탈 및
    34~42% 니켈강

84 온도 계측기에 대한 설명으로 틀린 것은?
① 기체 온도계는 대표적인 1차 온도계이다.
② 접촉식의 온도계측에는 열팽창, 전기저항 변화 및 열기전력 등을 이용한다.
③ 비접촉식 온도계는 방사온도계, 광온도계, 바이메탈 온도계 등이 있다.
④ 유리온도계는 수은을 봉입한 것과 유기성액체를 봉입한 것 등으로 구분한다.

해설 비접촉식 온도계
① 광고온계 : 물체의 방사휘도와 고온계에 들어있는 기준온도의 고온체인 전구의 필라멘트 휘도열 특색파장(적색유리)을 통하여 육안으로 휘도를 비교관측하여 온도를 측정한다.
[특징]
 ㉠ 방사율에 의한 보정량이 적다.
 ㉡ 개인오차가 발생하므로 다수의 사람이 정밀 측정한다.
 ㉢ 휴대 및 취급이 용이하다.
 ㉣ 비접촉 중 가장 정확한 온도를 측정한다. (±10~15℃)
 ㉤ 측정 시 수동을 요하므로 자동제어가 불가능하다.
 ㉥ 연속측정이 곤란하고 700℃ 이하에서는 측정이 곤란하다.
    (측정온도범위는 700~3000℃)

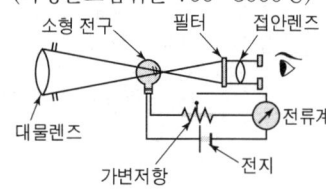
[광고온계의 구조]

② 광전관식 온도계 : 광고온계와 같은 측정원리로 장점을 보다 효율적으로 이용하고 단점을 보완하여 두 개의 광전관을 통해 측온체로부터 빛을 얻어 양자의 휘도를 같도록 하여 필라멘트 전류로부터 온도지시 위치를 얻게 한다.
[특징]
㉠ 응답속도가 매우 빠르다.
㉡ 자동제어 및 기록이 용이하다.
㉢ 이동하는 물체의 측정이 용이하다.
㉣ 구조가 복잡하다.

③ 방사온도계 : 물체온도가 올라가면 복사에너지가 높아진다. 이를 이용하여 온도를 측정하는 것으로 비교적 높은 온도와 온도측정을 하는데 이러한 복사에너지는 절대온도의 4제곱에 비례한다. 즉 복사에너지

$E = \epsilon_1 \cdot \alpha \cdot T^4$

$= 4.88 \times \epsilon \times \left(\dfrac{T}{100}\right)^4 \text{kcal/m}^2 \cdot \text{h}$

여기서, E : 복사에너지 열량, ϵ : 전방사율
α : 비례상수, T : 절대온도

이는 스테판볼츠만의 법칙을 적용한다.
[특징]
㉠ 측정지연시간이 적다.
㉡ 자동제어 및 기록이 가능하다.
㉢ 이동하는 물체의 표면을 고온측정한다.
㉣ 방사율에 의한 보정량이 크고 정밀한 정도가 어렵다.
㉤ 측정거리의 영향을 받는다.
㉥ 측정온도범위는 50~3000℃이다.

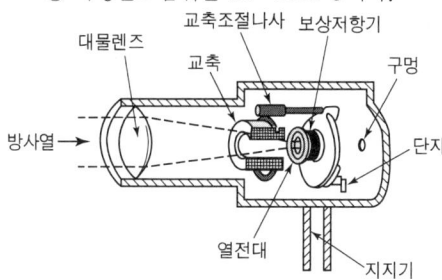
[방사온도계의 구조]

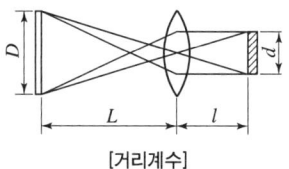
[거리계수]

85 20℃에서 어떤 액체의 밀도를 측정하였다. 측정용기의 무게가 11.6125g, 증류수를 채웠을 때가 13.1682g, 시료 용액을 채웠을 때가 12.8749g이라면 이 시료액체의 밀도는 약 몇 g/cm³인가?(단, 20℃에서 물의 밀도는 0.99823g/cm³이다.)

① 0.791 ② 0.801
③ 0.810 ④ 0.820

$\rho_t = \dfrac{m_2 - m_1}{V}$

$= \dfrac{12.8749 - 11.6125}{\dfrac{13.1682 - 11.6125}{0.99823}} = 0.810 \text{g/cm}^3$

여기서, ρ_t : t℃의 액체밀도
m_2 : 용기에 액체를 채운 후의 질량
m_1 : 용기의 질량
V : 용기의 내용적

86 시험지에 의한 가스 검지법 중 시험지별 검지 가스가 바르지 않게 연결된 것은?

① 연당지 - HCN
② KI전분지 - NO_2
③ 염화파라듐지 - CO
④ 염화제일동 착염지 - C_2H_2

시험지명 및 변색상태

검지가스	시험지	변색상태
암모니아	적색리트머스시험지	
염소	KI전분지	청색
시안화수소	질산구리벤젠지	
일산화탄소	염화파라듐지	흑색
황화수소	연당지(초산벤젠지)	
포스겐	하리슨 시험지	심등색(오렌지색)
아세틸렌	염화제1동착염지	적색
아황산가스	암모니아적신헝겊	흰연기

87 물체의 탄성 변위량을 이용한 압력계가 아닌 것은?

① 부르동관 압력계
② 벨로우즈 압력계

85.③ 86.① 87.④

③ 다이어프램 압력계
④ 링밸런스식 압력계

 탄성식 압력계
① 부르동관 압력계
  ㉠ 2차압력계의 대표적
  ㉡ 재질 - 저압 : 황동, 청동, 인청동
         고압 : 니켈강, 특수강
  ㉢ 암모니아, 아세틸렌 압력계는 구리 및 구리 합금 사용을 금지하고 연강재 사용
  ㉣ 산소압력계는 금유라고 표시가 되어 있는 전용의 것을 사용
  ㉤ 상용압력의 1.5배 이상 2배 이하의 눈금이 있는 것을 사용

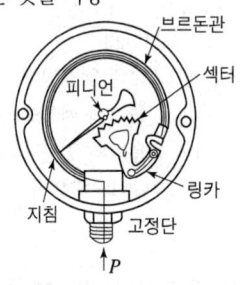
[브르돈관식 압력계]

② 다이어프램 압력계(격막식 압력계)
  ㉠ 미소압력 측정(20~5000mmAq)
  ㉡ 부식성 유체의 측정이 가능
  ㉢ 온도의 영향을 받기 쉽다.
  ㉣ 측정의 응답속도가 빠르다.
  ㉤ 이상 압력이 파괴되어도 위험성이 적다.

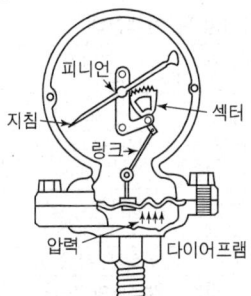
[다이어프램 압력계]

③ 벨로우즈 압력계
  ㉠ 유체 내의 먼지 등의 영향이 적고 압력 변동에 적응하기 어렵다.
  ㉡ 신축에 의한 압력을 이용
  ㉢ 측정압력은 0.01~10kg/cm²

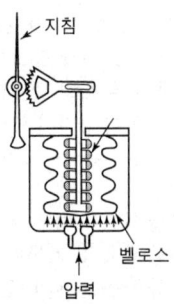
[벨로우즈 압력계]

88 자동조절계의 제어동작에 대한 설명으로 틀린 것은?

① 비례동작에 의해 조작신호의 변화를 적분동작만으로 일어나는데 필요한 시간을 적분시간이라고 한다.
② 조작신호가 동작신호의 미분값에 비례하는 것을 레이트 동작(rate action)이라고 한다.
③ 매분 당 미분동작에 의한 변화를 비례동작에 의한 변화로 나눈 값을 리셋율이라고 한다.
④ 미분동작에 의한 조작신호의 변화를 비례동작에 의한 변화와 같아질 때까지의 시간을 미분이라고 한다.

 자동조절계의 제어동작
① 리셋율은 (1/적분시간)을 말한다.
② 미분동작에 의한 조작신호의 변화가 비례동작에 의한 변화와 같아질 때까지의 시간을 미분이라고 한다.
③ 조작신호가 동작신호의 미분값에 비례하는 것을 레이트 동작(rate action)이라고 한다.
④ 비례동작에 의해 조작신호의 변화를 적분동작으로만 일어나는데 필요한 시간을 적분시간이라고 한다.

89 가스미터에 대한 설명 중 틀린 것은?

① 습식 가스미터는 측정이 정확하다.
② 다이어프램식 가스미터는 일반 가정용 측정에 적당하다.

③ 루트미터는 회전자식으로 고속회전이 가능하다.
④ 오리피스미터는 압력손실이 없어 가스량 측정이 정확하다.

 오리피스미터는 압력손실이 크다.

90 가스계량기의 설치 장소에 대한 설명으로 틀린 것은?

① 습도가 낮은 곳에 부착한다.
② 진동이 적은 장소에 설치한다.
③ 화기와 2m 이상 떨어진 곳에 설치한다.
④ 바닥으로부터 2.5m 이상에 수직 및 수평으로 설치한다.

 가스미터의 설치기준
① 지면으로부터 1.6m 이상 2m 이내로 수직 수평으로 설치하고 밴드 등으로 고정
② 화기로부터 2m 이상 떨어지고 화기에 대하여 차열판 설치
③ 전선으로부터 15cm 이상, 개폐기 안전기는 60cm 이상 떨어진 장소에 설치
④ 직사광선 또는 빗물을 받을 우려가 있는 곳에 설치 시 격납상자 내에 설치
⑤ 부식성 가스 또는 용액이 비산하는 장소가 아닐 것
⑥ 진동이 적은 장소일 것
⑦ 검침이 용이한 장소일 것
⑧ 부착 및 교환작업이 용이할 것

91 다음 막식 가스미터의 고장에 대한 설명을 옳게 나열한 것은?

㉮ 부동 – 가스가 미터를 통과하나 지침이 움직이지 않는 고장
㉯ 누설 – 계량막 밸브와 밸브시트 사이, 패킹부 등에서의 누설이 원인

① ㉮   ② ㉯
③ ㉮, ㉯   ④ 모두 틀림

 가스미터의 고장 및 원인
① 부동 : 가스는 미터를 통과하나 미터 지침이 작동하지 않는 현상(감지계)
  ㉠ 감속 또는 지시장치의 기어물림 불량
  ㉡ 지시장치의 톱니바퀴의 불량
  ㉢ 계량막의 파손, 밸브의 탈락, 밸브와 밸브시트 사이에서의 누설
② 불통 : 가스가 가스미터를 통과하지 않는 고장(날히타)
  ㉠ 날개 조절기능의 납땜이 떨어진 경우
  ㉡ 회전자 베어링의 마모에 의한 접촉시
  ㉢ 밸브와 밸브시트가 타르, 수분 등에 의해 고착 또는 동결 시
③ 기차불량 : 부품의 마모 등에 의해 기차가 변화하는 경우 계량법에 규정된 사용공차 ±4%를 넘어서는 현상(신마패)
  ㉠ 계량막이 신축하여 부피가 변화하는 경우
  ㉡ 밸브와 밸브시트 사이 또는 막패킹부에서의 누설
  ㉢ 회전부분의 마찰 저항 증가에 의한 진동

92 열전대온도계에 적용되는 원리(효과)가 아닌 것은?

① 제백효과   ② 틴들효과
③ 톰슨효과   ④ 펠티에효과

 열전대온도계에 적용되는 원리
① 제백효과   ② 톰슨효과   ③ 펠티에효과

[열전도온도계]

93 물리적 가스분석계 중 가스의 상자성(常磁性)체에 있어서 자장에 대해 흡인되는 성질을 이용한 것은?

① SO_2 가스계   ② O_2 가스계
③ CO_2 가스계   ④ 기체 크로마토그래피

94 오프셋(Off-set)이 발생하기 때문에 부하변화가 작은 프로세스에 주로 적용되는 제어동작은?

① 미분동작　② 비례동작
③ 적분동작　④ 뱅뱅동작

해설 제어방식
① 연속동작
　㉠ P동작(비례동작)
　　• 잔류편차가 허용될 때 사용
　　• 조작량은 제어편차의 변화속도에 비례한 동작
　　• 부하변화가 적은 프로세스에 사용
　　• 부하가 변화하는 등의 외란이 있으면 (off-set : 잔류편차) 생김
　㉡ I동작(적분동작)
　　• 잔류편차가 허용되지 않을 때 사용
　　• 제어의 안정성이 떨어지고 일반적으로 진동함
　㉢ D동작(미분동작)
　　• 편차가 변화하는 속도에 비례해서 조작량 가감
　　• 일반적으로 진동이 제어되어 빨리 안정
② 불연속동작(On-Off 동작이라고도 함)
　㉠ 이위치동작 : 조작량이 정해진 두 값 중 하나를 취하여 밸브가 열리고 닫히는 이위치제어
　㉡ 다위치동작 : 동작신호의 크기에 따라 조작량이 셋 이상의 정해진 값 중 하나를 취하는 것
　㉢ 불연속 속도 조작

95 오르자트법에 의한 기체분석에서 O_2의 흡수제로 주로 사용되는 것은?

① KOH용액
② 암모니아성 $CuCl_2$ 용액
③ 알칼리성 피로갈롤 용액
④ H_2SO_4산성 $FeSO_4$ 용액

해설 오르자트 분석법
① CO_2 : KOH 30% 수용액
② O_2 : 알칼리성 피로카콜 용액
③ CO : 암모니아성 염화제1동용액

96 밀도와 비중에 대한 설명으로 틀린 것은?

① 밀도는 단위체적당 물질의 질량으로 정의한다.
② 비중은 두 물질의 밀도비로서 무차원수이다.
③ 표준물질인 순수한 물은 0℃, 1기압에서 비중이 1이다.
④ 밀도의 단위는 $N \cdot s^2/m^4$이다.

해설 표준물질인 순수한 물은 4℃, 1기압에서 비중이 1이다.

97 열전도도 검출기의 측정 시 주의사항으로 옳지 않은 것은?

① 운반기체 흐름속도에 민감하므로 흐름속도를 일정하게 유지한다.
② 필라멘트에 전류를 공급하기 전에 일정량의 운반기체를 먼저 흘려보낸다.
③ 감도를 위해 필라멘트와 검출실 내벽온도를 적정하게 유지한다.
④ 운반기체의 흐름속도가 클수록 감도가 증가하므로, 높은 흐름속도를 유지한다.

해설 열전도도 검출기의 측정 시 주의사항
① 감도를 위해 필라멘트와 검출실 내벽온도를 적정하게 유지한다.
② 운반기체 흐름속도에 민감하므로 흐름속도를 일정하게 유지한다.
③ 필라멘트에 전류를 공급하기 전에 일정량의 운반기체를 먼저 흘려보낸다.

98 정오차(static error)에 대하여 바르게 나타낸 것은?

① 측정의 전력에 따라 동일 측정량에 대한 지시값에 차가 생기는 현상
② 측정량이 변동될 때 어느 순간에 지시값과 참값에 차가 생기는 현상
③ 측정량이 변동하지 않을 때의 계측기의 오차

④ 입력신호 변화에 대해 출력신호가 즉시 따라가지 못하는 현상

 정오차 : 측정량이 변동하지 않을 때의 계측기의 오차

99 페러데이(Faraday)법칙의 원리를 이용한 기기분석 방법은?

① 전기량법
② 질량분석법
③ 저온정밀 증류법
④ 적외선 분광광도법

 페러데이 법칙 이용 : 전기량법
※ 질량분석법 : 천연가스의 분석, 수성가스의 분석 등에 사용되며 시료가스량이 미량이고 저농도에서 고농도까지 광범위한 분석에 사용
※ 적외선 분광광도법 : 가스분자의 진동 중 진동에 의하여 적외선의 흡수가 일어나는 것을 이용한 것으로 O_2, H_2, N_2, Cl_2 등의 2원자가스는 적외선을 흡수하지 않으므로 분석 불가

100 기체 크로마토그래피의 분리관에 사용되는 충전 담체에 대한 설명으로 틀린 것은?

① 화학적으로 활성을 띠는 물질이 좋다.
② 큰 표면적을 가진 미세한 분말이 좋다.
③ 입자크기가 균등하면 분리작용이 좋다.
④ 충전하기 전에 비휘발성 액체로 피복한다.

 가스크로마토그래피
① 캐리어가스 : H_2, He, N_2, Ar
② 검출기 : ㉠ FID(수소불꽃이온화 검출기)
　　　　　 ㉡ TCD(열전도도형 검출기)
　　　　　 ㉢ ECD(전자포획이온화 검출기)
　　　　　 ㉣ FPD(염광광도 검출기)
③ 부품 : 기록계, 압력계, 유량조절기, 항온조, 분리관(컬럼), 검출기

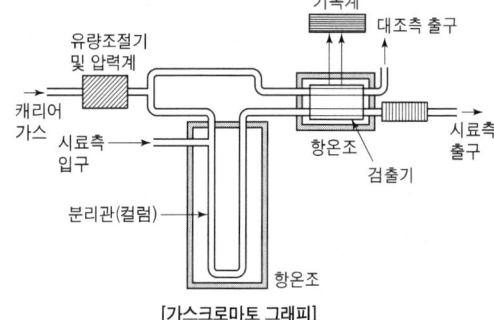

[가스크로마토 그래피]

2020년도 출제문제
2020년 8월 22일 시행

제1과목 가스유체역학

01 다음 중 포텐셜 흐름(potential flow)이 될 수 있는 것은?
① 고체 벽에 인접한 유체층에서의 흐름
② 회전 흐름
③ 마찰이 없는 흐름
④ 파이프내 완전발달 유동

 포텐셜흐름 : 유체의 압력이 물체의 압축에서 커졌다가 중앙으로 갈수록 점점 작아지고 뒤쪽으로 갈수록 커져 물체 뒤쪽의 압력이 앞쪽과 같은 크기의 흐름, 마찰이 없는 흐름

02 100℃, 2기압의 어떤 이상기체의 밀도는 200℃, 1기압일 때의 몇 배인가?
① 0.39   ② 1
③ 2   ④ 2.54

$\rho = \dfrac{P}{RT} = \dfrac{2}{0.082 \times (273+100)} = 0.0653894$
$\rho = \dfrac{P}{RT} = \dfrac{2}{0.082 \times (273+200)} = 0.0257825$
$\therefore \dfrac{0.653894}{0.257825} = 2.536$ 배

03 다음 중 동점성 계수의 단위를 옳게 나타낸 것은?
① kg/m^2 ② $kg/m \cdot s$
③ m^2/s ④ m^2/kg

 동점성계수 $= \dfrac{\mu}{\rho} = \dfrac{g/cm \cdot s}{g/cm^3} = cm^2/s$ (스토크)

04 베르누이 방정식을 실제 유체에 적용할 때 보정해 주기 위해 도입하는 항이 아닌 것은?
① W_P(펌프일)   ② h_f(마찰손실)
③ ΔP(압력차)   ④ W_t(터빈일)

 베르누이 방정식을 실제유체에 적용 시 보정해주기 위해 도입하는 항
① 펌프일(W_P)   ② h_f(마찰손실)
④ W_t(터빈일)

05 중량 10000kgf의 비행기가 270km/h의 속도로 비행할 때 동력은?(단, 양력(L)과 항력(D)의 비 L/D=5이다.)
① 1400PS   ② 2000PS
③ 2600PS   ④ 3000PS

 양력(L)과 항력(D)의 비 $\dfrac{L}{D} = 5$에서
항력 $D = \dfrac{L}{5}$
$\therefore Ps = \dfrac{D \times V}{75} = \dfrac{L}{5} \times \dfrac{V}{75}$
$= \dfrac{10000}{5} \times \dfrac{270 \times 1000}{75}$
$= 7200000 m/h \times 3600s/1h = 2000Ps$

06 비중 0.8, 점도 2Poise인 기름에 대해 내경 42mm인 관에서의 유동이 층류일 때 최대가능 속도는 몇 m/s인가?(단, 임계레이놀즈수 =2100이다.)
① 12.5   ② 14.5
③ 19.8   ④ 23.5

 $V = \dfrac{Re\mu}{\rho D} = \dfrac{2 \times 2100 \times 100}{0.8 \times 1000 \times 0.042 \times 1000}$
$= 12.5 m/s$

01.③ 02.④ 03.③ 04.③ 05.② 06.①

07 물이 평균속도 4.5m/s로 안지름 100mm인 관을 흐르고 있다. 이 관의 길이 20m에서 손실된 헤드를 실험적으로 측정하였더니 4.8m이었다. 관 마찰계수는?

① 0.0116
② 0.0232
③ 0.0464
④ 0.2280

$h_L = \dfrac{flV^2}{2gd}$

$f = \dfrac{h_L 2gd}{lV^2} = \dfrac{4.8 \times 2 \times 9.8 \times 0.1}{20 \times 4.5^2} = 0.0232$

08 압축성 유체가 축소–확대 노즐의 확대부에서 초음속으로 흐를 때, 다음 중 확대부에서 감소하는 것을 옳게 나타낸 것은?(단, 이상기체의 등엔트로피 흐름이라고 가정한다.)

① 속도, 온도
② 속도, 밀도
③ 압력, 속도
④ 압력, 밀도

초음속 흐름 확대관 – 증가 : 단면적, 속도
　　　　　　　　 감소 : 온도, 압력, 밀도
　　　　　 축소관 – 증가 : 온도, 압력, 밀도
　　　　　　　　 감소 : 단면적, 속도
아음속 흐름 확대관 – 증가 : 온도, 압력, 밀도
　　　　　　　　 감소 : 단면적, 속도
　　　　　 축소관 – 증가 : 단면적, 속도
　　　　　　　　 감소 : 온도, 압력, 밀도

09 유체의 흐름에서 유선이란 무엇인가?

① 유체흐름의 모든 점에서 접선방향이 그 점의 속도방향과 일치하는 연속적인 선
② 유체흐름의 모든 점에서 속도벡터에 평행하지 않는 선
③ 유체흐름의 모든 점에서 속도벡터에 수직한 선
④ 유체흐름의 모든 점에서 유동단면의 중심을 연결한 선

유체의 흐름
① 유선 : 유체의 한 입자가 지나간 궤적을 표시하는 선으로 임의순간의 모든점과 속도방향이 일치하는 선
② 유적선 : 유체입자가 일정한 기간 동안 움직인 경로
③ 유맥선 : 모든 유체입자가 공간내의 한 점을 지나는 점을 지나는 순간궤적
④ 유관 : 여러 개의 유선으로 둘러싸인 한 개의 관

10 비중이 0.9인 액체가 탱크에 있다. 이 때 나타난 압력은 절대압으로 2kgf/cm²이다. 이것을 수두(Head)로 환산하면 몇 m인가?

① 22.2
② 18
③ 15
④ 12.5

$P = \gamma h$ 에서

$h = \dfrac{P}{\gamma} = \dfrac{2 \times 10^4 \text{kgf/cm}^2}{0.9 \times 1000 \text{kgf/m}^3} = 22.2\text{m}$

11 다음 압축성 흐름 중 정체온도가 변할 수 있는 것은?

① 엔트로피 팽창과정인 경우
② 단면이 일정한 도관에서 단열 마찰흐름인 경우
③ 단면이 일정한 도관에서 등온 마찰흐름인 경우
④ 수직 충격파 전후 유동인 경우

• 압축성유체 흐름 중 정체온도가 변할 수 있는 경우
• 단면이 일정한 도관에서 등온 마찰흐름인 경우

12 기체 수송 장치 중 일반적으로 상승압력이 가장 높은 것은?

① 팬
② 송풍기
③ 압축기
④ 진공펌프

기체수송장치 중 상승압력
① 팬 : 1,000mmH₂O(10kPa)
② 송풍기 : 1,000~1kg/cm² 미만
③ 압축기 : 1kg/cm² 이상(0.1MPa 이상)

13 완전 난류구역에 있는 거친 관에서의 관 마찰계수는?

① 레이놀즈 수와 상대조도의 함수이다.
② 상대조도의 함수이다.
③ 레이놀즈 수의 함수이다.
④ 레이놀즈 수, 상대조도 모두와 무관하다.

 완전 난류구역에 있는 거친 관에서의 관 마찰계수는 상대조도의 함수이다.
여기서, 상대조도 : 수로 또는 관로내부의 거친 정도

14 Hagen-Poiseuille 식이 적용되는 관내 층류 유동에서 최대속도 V_{max} = 6cm/s일 때 평균속도 V_{avg}는 몇 cm/s인가?

① 2   ② 3
③ 4   ④ 5

 수평원관속을 층류로 흐를 때 평균속도는 최대속도의 $\frac{1}{2}$에 해당

$\therefore V_{max} = \frac{1}{2} \times 6 = 3 \text{cm/s}$

15 전양정 30m, 송출량 7.5m^3/min, 펌프의 효율 0.8인 펌프의 수동력은 약 몇 kW인가? (단, 물의 밀도는 1000kg/m^3이다.)

① 29.4   ② 36.8
③ 42.8   ④ 46.8

 $kW = \frac{\gamma QH}{102 \times 60} = \frac{1000 \times 7.5 \times 30}{102 \times 60} = 36.76\text{kW}$

16 운동 부분과 고정 부분이 밀착되어 있어서 배출공간에서부터 흡입공간으로의 역류가 최소화되며, 경질 윤활유와 같은 유체수송에 적합하고 배출압력을 200atm 이상 얻을 수 있는 펌프는?

① 왕복펌프   ② 회전펌프
③ 원심펌프   ④ 격막펌프

왕복펌프
① 피스톤 펌프 : 비교적 용량이 크고 압력이 낮은 경우
② 플런저 펌프 : 비교적 용량이 작고 압력이 높은 경우
③ 다이어프램펌프 : 진흙이나 모래가 많은 물 또는 특수용액 또는 화약액 이송에 사용

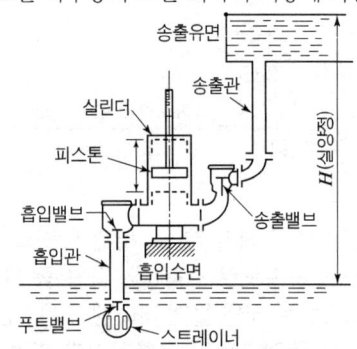
[왕복펌프의 계통도]

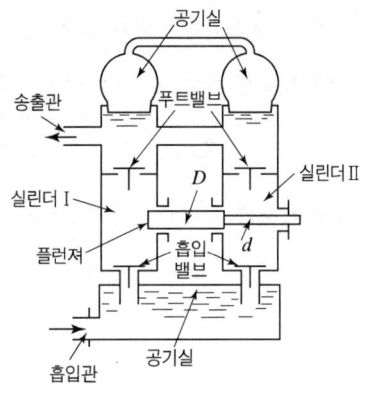
[왕복(복동식) 펌프의 구조]

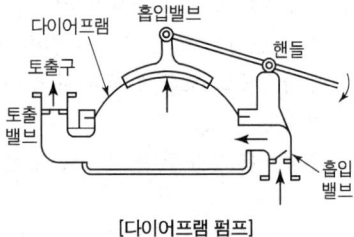
[다이어프램 펌프]

17 30cmHg인 진공압력은 절대압력으로 몇 kgf/cm^2인가?(단, 대기압은 표준대기압이다.)

① 0.160   ② 0.545
③ 0.625   ④ 0.840

$76\,cmHg - 30\,cmHg = 46\,cmHg$
$\dfrac{46\,cmHg}{76\,cmHg} \times 1.0332\,kgf/cm^2 = 0.0625\,kgf/cm^2$

18 수직충격파가 발생할 때 나타나는 현상으로 옳은 것은?

① 마하수가 감소하고 압력과 엔트로피도 감소한다.
② 마하수가 감소하고 압력과 엔트로피는 증가한다.
③ 마하수가 증가하고 압력과 엔트로피는 감소한다.
④ 마하수가 증가하고 압력과 엔트로피도 증가한다.

수직충격파 : 초음속 흐름에서 갑자기 아음속 흐름으로 바뀔 때 발생하여 충격파 발생시 비가역 과정
- 증가 : 온도, 압력, 밀도, 엔트로피
- 감소 : 속도, 마하수

19 정적비열이 1000J/kg·K이고, 정압비열이 1200J/kg·K인 이상기체가 압력 200kPa에서 등엔트로피 과정으로 압력이 400kPa로 바뀐다면, 바뀐 후의 밀도는 원래 밀도의 몇 배가 되는가?

① 1.41   ② 1.64
③ 1.78   ④ 2

임계밀도비 $= \left(\dfrac{2}{k+1}\right)^{\frac{1}{k-1}} = \left(\dfrac{2}{1.2+1}\right)^{\frac{1}{1.2-1}}$
$= 0.6209$
$\left(\dfrac{P_2}{P_1}\right)^{\frac{k-1}{k}} = \left(\dfrac{400}{200}\right)^{\frac{1.2-1}{1.2}} = 1.1251$
이때 $k = \dfrac{1200}{1000} = 1.2$
∴ $0.6209 + 1.125 = 1.75$배

20 다음 중 음속(Sonic Velocity) a의 정의는?
(단, g : 중력가속도, ρ : 밀도, P : 압력, s : 엔트로피이다.)

① $a = \sqrt{\left(\dfrac{dP}{d\rho}\right)_s}$ ② $a = \sqrt{\dfrac{\left(\dfrac{dP}{d\rho}\right)_s}{\rho}}$

③ $a = \sqrt{g\left(\dfrac{dP}{d\rho}\right)_s}$ ④ $a = \sqrt{\dfrac{\left(\dfrac{dP}{d\rho}\right)_s}{g}}$

21 체적이 2m³인 일정 용기 안에서 압력 200kPa 온도 0℃의 공기가 들어 있다. 이 공기를 40℃까지 가열하는데 필요한 열량은 약 몇 kJ인가?(단, 공기의 R은 287J/kg·K이고, C_v는 718J/kg·K이다.)

① 47   ② 147
③ 247   ④ 347

$PV = GRT$에서
$G = \dfrac{PV}{RT} = \dfrac{200 \times 2}{287 \times (273+0)} = 0.00515\,kg$
∴ $Q = G \cdot C_v \cdot \Delta t$
$= 0.00515 \times 718 \times (40-0) = 146.62\,kJ$

22 이론 연소가스량을 올바르게 설명한 것은?

① 단위량의 연료를 포함한 이론 혼합기가 완전 반응을 하였을 때 발생하는 산소량
② 단위량의 연료를 포함한 이론 혼합기가 불완전 반응을 하였을 때 발생하는 산소량
③ 단위량의 연료를 포함한 이론 혼합기가 완전 반응을 하였을 때 발생하는 연소 가스량
④ 단위량의 연료를 포함한 이론 혼합기가 불

완전 반응을 하였을 때 발생하는 연소가스량

 이론연소가스량 : 단위량의 연료를 포함한 이론 혼합기가 완전 반응을 하였을 때 발생하는 연소가스량

23 연소에 대한 설명 중 옳지 않은 것은?
① 연료가 한번 착화하면 고온으로 되어 빠른 속도로 연소한다.
② 환원반응이란 공기의 과잉 상태에서 생기는 것으로 이때의 화염을 환원염이라 한다.
③ 고체, 액체 연료는 고온의 가스분위기 중에서 먼저 가스화가 일어난다.
④ 연소에 있어서는 산화 반응뿐만 아니라 열분해반응도 일어난다.

 환원반응 : 공기의 과소상태에서 생기는 것으로 이때의 화염을 환원염이라 한다.

24 공기 1kg이 100℃인 상태에서 일정 체적하에서 300℃의 상태로 변했을 때 엔트로피의 변화량은 약 몇 J/kg · K인가?(단, 공기의 C_p는 717J/kg · K이다.)
① 108 ② 208
③ 308 ④ 408

 $\Delta Q = G \cdot C_p \cdot \Delta t = 1 \times 717 \times (300-100)$
$= 143400$
$\therefore \Delta S = \dfrac{\Delta Q}{T} = \dfrac{143400}{273+200} = 303.17 J/kg \cdot K$
(일정 체적이라 주어졌으므로 정적과정으로 풀이를 하면 답이 나오지 않으므로 전항정답인 문제이며, 대신 문제에 주어진 정압비열(C_p)을 그대로 적용하여 풀면 답이 나온다.)

25 혼합기체의 연소범위가 완전히 없어져 버리는 첨가기체의 농도를 피크농도라 하는데 이에 대한 설명으로 잘못된 것은?

① 질소(N_2)의 피크농도는 약 37vol%이다.
② 이산화탄소(CO_2)의 피크농도는 약 23vol%이다.
③ 피크농도는 비열이 작을수록 작아진다.
④ 피크농도는 열전달율이 클수록 작아진다.

 피크농도는 비열이 클수록 작아진다.

26 연소기에서 발생할 수 있는 역화를 방지하는 방법에 대한 설명 중 옳지 않은 것은?
① 연료분출구를 적게 한다.
② 버너의 온도를 높게 유지한다.
③ 연료의 분출속도를 크게 한다.
④ 1차 공기를 착화범위보다 적게 한다.

 연소기에서 발생하는 역화방지방법
① 버너의 온도를 낮게 유지한다.
② 1차 공기를 착화범위보다 적게 한다.
③ 연료의 분출속도를 크게 한다.
④ 연료의 분출구를 적게 한다.

27 [그림]은 층류예혼합화염의 구조도이다. 온도곡선의 변곡점인 T_i를 무엇이라 하는가?

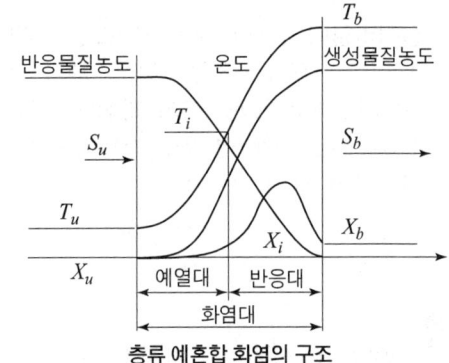

층류 예혼합 화염의 구조

① 착화온도 ② 반전온도
③ 화염평균온도 ④ 예혼합화염온도

28 반응기 속에 1kg의 기체가 있고 기체를 반응기 속에 압축시키는데 1500kgf · m의 일을

하였다. 이 때 5kcal의 열량이 용기 밖으로 방출했다면 기체 1kg당 내부에너지 변화량은 약 몇 kcal인가?

① 1.3 ② 1.5
③ 1.7 ④ 1.9

$1\text{kcal} = 427\text{kgf} \cdot \text{m}$
$x = 1500\text{kgf} \cdot \text{m}$
$x = \dfrac{1\text{kcal} \times 1500\text{kgf} \cdot \text{m}}{427\text{kgf} \cdot \text{m}} = 3.512\text{kcal}$
$\therefore 5 - 3.5 = 1.5\text{kcal}$

29 Flash fire에 대한 설명으로 옳은 것은?

① 느린 폭연으로 중대한 과압이 발생하지 않는 가스운에서 발생한다.
② 고압의 증기압 물질을 가진 용기가 고장으로 인해 액체의 flashing에 의해 발생된다.
③ 누출된 물질이 연료라면 BLEVE는 매우 큰 화구가 뒤따른다.
④ Flash fire는 공정지역 또는 offshore에서는 발생할 수 없다.

Flash fire : 느린 폭연으로 중대한 과압이 발생하지 않는 가스운에서 발생

30 중유의 경우 저발열량과 고발열량의 차이는 중유 1kg당 얼마가 되는가?(단, h : 중유 1kg당 함유된 수소의 중량(kg), W : 중유 1kg당 함유된 수분의 중량(kg)이다.)

① $600(9h + W)$ ② $600(9W + h)$
③ $539(9h + W)$ ④ $539(9W + h)$

$H_l = H_h - 600(9H + W)$

31 효율이 가장 좋은 이상 사이클로서 다른 기관의 효율을 비교하는데 표준이 되는 사이클은?

① 재열사이클 ② 재생사이클
③ 냉동사이클 ④ 카르노사이클

카르노사이클의 $P-V$ 선도

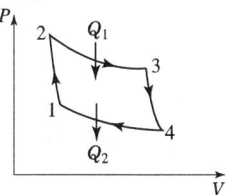

① 1-2 : 단열압축 ② 2-3 : 등온팽창
③ 3-4 : 단열팽창 ④ 4-1 : 등온압축

오토사이클에 대한 설명
① 열효율은 압축비에 대한 함수
② 압축비가 커지면 열효율 상승한다.
③ 열효율은 공기표준 사이클보다 낮다.
④ 이상연소에 의해 열효율은 크게 제한을 받는다.
⑤ 전기 점화기관의 이상적인 사이클로서 등적 사이클이라고도 함

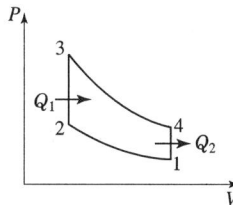 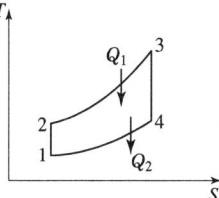

㉠ 1-2 : 단열압축 ㉡ 2-3 : 등적가열
㉢ 3-4 : 단열팽창 ㉣ 4-1 : 등적방열

냉동사이클 선도

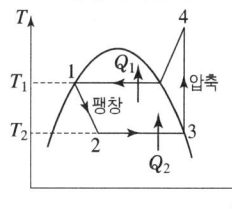 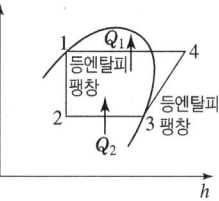

① 1-2(단열팽창=등엔탈피팽창) : 팽창밸브를 지나 교축팽창시키면 엔탈피가 일정한 상태에서 압력과 온도가 내려가 습증기가 된다.
② 2-3(등온팽창) : 습증기가 증발기에 들어가서 외부로부터 열 Q_2를 받아 증발하여 냉동시키려는 물체를 냉각
③ 3-4(단열압축) : 건포화증기의 냉매를 압축기로 과열증기로 만듦
④ 4-1(등온압축=냉각과정) : 과열증기가 압축기에 의해 냉각되어 열량 Q_1을 방출하고 포화액으로 되는 등온 냉각과정

⑤ COP(성적계수)
$= \dfrac{Q_2}{Aw} = \dfrac{Q_2}{Q_1} - Q_2 = \dfrac{T_2}{T_1} - T_2$

32 다음 가스 중 연소의 상한과 하한의 범위가 가장 넓은 것은?

① 산화에틸렌 ② 수소
③ 일산화탄소 ④ 암모니아

 폭발범위
① 산화에틸렌 : 3~80%
② 수소 : 4~75%
③ 일산화탄소 : 12.5~74%
④ 암모니아 : 15~28%
⑤ 아세틸렌 : 2.5~81%
⑥ 메탄 : 5~15%
⑦ 프로판 : 2.1~9.5%
⑧ 부탄 : 1.8~8.4%

33 층류예혼합화염과 비교한 난류예혼합화염의 특징에 대한 설명으로 옳은 것은?

① 화염의 두께가 얇다.
② 화염의 밝기가 어둡다.
③ 연소 속도가 현저하게 늦다.
④ 화염의 배후에 다량의 미연소분이 존재한다.

 난류예혼합화염의 특징
① 화염의 밝기가 밝다.
② 연소속도가 현저히 빠르다.
③ 화염의 배후에 다량의 미연소분이 존재한다.
④ 화염의 두께가 두껍다.

34 프로판(C_3H_8)의 연소반응식은 다음과 같다. 프로판(C_3H_8)의 화학양론계수는?

$C_3H_8 + 5O_2 \rightarrow 3CO_2 + 4H_2O$

① 1 ② 1/5

③ 6/7 ④ −1

 화학양론계수 = 반응 전 몰수 − 반응 후 몰수
= 6 − 7 = −1

35 100kPa, 20℃ 상태인 배기가스 0.3m³을 분석한 결과 N_2 70%, CO_2 15%, O_2 11%, CO 4%의 체적률을 얻었을 때 이 혼합가스를 150℃인 상태로 정적가열할 때 필요한 열전달량은 약 몇 kJ인가? (단, N_2, CO_2, O_2, CO의 정적비열[kJ/kg·K]은 각각 0.7448, 0.6529, 0.6618, 0.7445이다.)

① 35 ② 39
③ 41 ④ 43

$Q = \dfrac{PV}{RT} \times C \times \Delta t$
$= \dfrac{100 \times 0.3}{8.314 \times (273+20)} \times$
$(28 \times 0.7 \times 0.7448 + 44 \times 0.15 \times 0.6529 + 32 \times 0.11 \times 0.6618 + 28 \times 0.004 \times 0.7445)$
$\times (150 - 20)$
$= 35.32\text{kJ}$

36 연소온도를 높이는 방법이 아닌 것은?

① 발열량이 높은 연료사용
② 완전연소
③ 연소속도를 천천히 할 것
④ 연료 또는 공기를 예열

 연소온도를 높이는 방법
① 연료 또는 공기를 예열할 것
② 완전연소 시킬 것
③ 연소속도를 빠르게 할 것
④ 발열량이 높은 연료를 사용할 것

37 미분탄 연소의 특징에 대한 설명으로 틀린 것은?

① 가스화 속도가 빠르고 연소실의 공간을 유효하게 이용할 수 있다.

② 화격자연소보다 낮은 공기비로써 높은 연소효율을 얻을 수 있다.
③ 명료한 화염이 형성되지 않고 화염이 연소실 전체에 퍼진다.
④ 연료완료시간은 표면연소속도에 의해 결정된다.

 미분탄 연소의 특징
① 다소의 저급의 탄일지라도 연소효율이 높다.
② 적은 공기비의 연소로 열손실을 줄일 수 있다.
③ 고온의 예열공기 사용 가능
④ 연소조절이 용이하며 부하변동에 응하기 쉽
⑤ 단위 중량에 대한 표면적이 커서 공기와의 접촉이 좋다.
⑥ 액체 또는 기체연료와의 혼합연소가 용이

38 탄갱(炭坑)에서 주로 발생하는 폭발사고의 형태는?

① 분진폭발
② 증기폭발
③ 분해폭발
④ 혼합위험에 의한 폭발

 탄갱에서 주로 발생하는 폭발사고 : **분진폭발**

39 기체연료의 연소특성에 대해 바르게 설명한 것은?

① 예혼합연소는 미리 공기와 연료가 충분히 혼합된 상태에서 연소하므로 별도의 확산과정이 필요하지 않다.
② 확산연소는 예혼합연소에 비해 조작이 상대적으로 어렵다.
③ 확산연소는 역화 위험성은 예혼합연소보다 크다.
④ 가연성 기체와 산화제의 확산에 의해 화염을 유지하는 것을 예혼합연소라 한다.

 기체연료의 특징
① 적은 공기량으로 완전연소 가능
② 가스누설 시 폭발의 위험이 있다.

③ 발열량이 낮은 연료로 고온을 얻을 수 있다.
④ 운반, 저장이 어렵다.
⑤ 황분, 회분이 거의 없어 전열면 오손이 없다.
⑥ 연소효율, 점화효율이 좋다.
⑦ 고온도 분위기 조성가능
⑧ 집중가열, 균일가열 가능

40 프로판과 부탄의 체적비가 40:60인 혼합가스 10m³를 완전 연소하는데 필요한 이론공기량은 약 몇 m³인가?(단, 공기의 체적비는 산소:질소=21:79)

① 96　　② 181
③ 206　　④ 281

 $C_3H_8 + 5O_2 \rightarrow 3CO_2 + 4H_2O$
$C_4H_{10} + 6.5O_2 \rightarrow 4CO_2 + 5H_2O$
$(5 \times 0.4 + 6.5 \times 0.6) = 5.9m^3$
$\therefore A_o = \dfrac{O_0}{0.21} = \dfrac{5.9}{0.21} = 28.09 \times 10m^3$
$= 280.95m^3$

제 3 과목　가스설비

41 이상적인 냉동사이클의 기본 사이클은?

① 카르노 사이클　② 랭킨 사이클
③ 역카르노 사이클　④ 브레이튼 사이클

 역카르노 사이클 : 이상적인 냉동사이클의 기본 사이클 냉동기 또는 열펌프의 이상적인 사이클

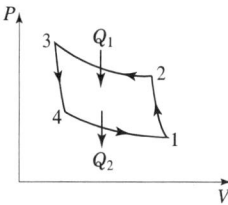

① 1 → 2 : 단열압축(압축기)
② 2 → 3 : 등온압축(응축기)
③ 3 → 4 : 단열팽창(팽창밸브)
④ 4 → 1 : 등온팽창(증발기)

42 고압가스시설에서 전기방식시설의 유지관리를 위하여 T/B를 반드시 설치해야 하는 곳이 아닌 것은?

① 강재보호관 부분의 배관과 강재보호관
② 배관과 철근콘크리트 구조물 사이
③ 다른 금속구조물과 근접교차부분
④ 직류전철 횡단부 주위

해설 300m 이내의 간격으로 전위측정용 터미널을 설치할 것
① 직류전철 횡단부 주위
② 배관 절연부의 양측
③ 강재보호관 부분의 배관과 강재보호관
④ 타금속 구조물과 근접 교차부분
⑤ 밸브 스테이션

43 LP가스 탱크로리에서 하역작업 종료 후 처리할 작업순서로 가장 옳은 것은?

보기
ⓐ 호스를 제거한다.
ⓑ 밸브에 캡을 부착한다.
ⓒ 어스선(접지선)을 제거한다.
ⓓ 차량 및 설비의 각 밸브를 잠근다.

① ⓓ→ⓐ→ⓑ→ⓒ ② ⓓ→ⓐ→ⓒ→ⓑ
③ ⓐ→ⓑ→ⓒ→ⓓ ④ ⓒ→ⓐ→ⓑ→ⓓ

해설 LP가스 탱크로리에서 하역작업 종료 후 처리할 작업순서
① 차량 및 설비의 각 밸브를 잠근다.
② 호스를 제거한다.
③ 밸브에 캡을 부착한다.
④ 어스선(접지선)제거한다.

44 불꽃의 주위, 특히 불꽃의 기저부에 대한 공기의 움직임이 세지면 불꽃이 노즐에 정착하지 않고 떨어지게 되어 꺼지는 현상은?

① 블로우 오프(blow-off)
② 백 파이어(back-fire)
③ 리프트(lift)
④ 불완전 연소

해설 블로우 오프(blow-off) : 불꽃의 기저부에 대한 공기의 움직임이 세어지면 불꽃이 노즐에서 정착하지 않고 떨어지게 되어 꺼지는 현상
백 파이어(back-fire) : 가스의 연소속도가 유출속도보다 큰 경우로 화염이 연소기 내부로 침입하여 연소되는 현상
리프팅(lifting) : 가스의 유출속도가 연소속도보다 큰 경우로 화염이 염공에서 떨어져서 연소되는 현상

45 벽에 설치하여 가스를 사용할 때에만 퀵 커플러로 연결하여 난로와 같은 이동식 연소기에 사용할 수 있는 구조로 되어 있는 콕은?

① 호스콕   ② 상자콕
③ 휴즈콕   ④ 노즐콕

46 회전펌프의 특징에 대한 설명으로 옳지 않은 것은?

① 회전운동을 하는 회전체와 케이싱으로 구성된다.
② 점성이 큰 액체의 이송에 적합하다.
③ 토출액의 맥동이 다른 펌프보다 크다.
④ 고압유체 펌프로 널리 사용된다.

해설 회전펌프의 특징
① 연속회전하므로 토출액의 맥동이 적다.
② 흡입, 토출밸브가 없다.
③ 고압유체 펌프로 널리 사용
④ 점성이 큰 액체의 이송이 적합.
⑤ 회전운동을 하는 회전체와 케이싱으로 구성된다.

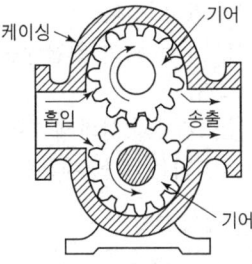

[기어펌프]

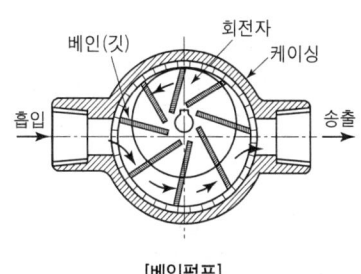

[베인펌프]

47 수소취성에 대한 설명으로 가장 옳은 것은?

① 탄소강은 수소취성을 일으키지 않는다.
② 수소는 환원성가스로 상온에서도 부식을 일으킨다.
③ 수소는 고온, 고압하에서 철과 화합하며 이것이 수소취성의 원인이 된다.
④ 수소는 고온, 고압에서 강중의 탄소와 화합하여 메탄을 생성하여 이것이 수소취성의 원인이 된다.

 수소취성 : 고온, 고압에서 철과 화합하여 발생
$Fe_3C + 2H_2 \rightarrow CH_4 + 3Fe$
방지원소 : V, Mo, Tl, W, Cr

48 도시가스 지하매설에 사용되는 배관으로 가장 적합한 것은?

① 폴리에틸렌 피복강관
② 압력배관용 탄소강관
③ 연료가스 배관용 탄소강관
④ 배관용 아크용접 탄소강관

 도시가스 지하매설용 배관 : 폴리에틸렌 피복강관, 폴리에틸렌관

49 다음 초저온액화가스 중 액체 1L가 기화되었을 때 부피가 가장 큰 가스는?

① 산소 ② 질소
③ 헬륨 ④ 이산화탄소

 산소 : 1.14kg/L
질소 : 0.80kg/L

이산화탄소 : 1.03kg/L
알곤 : 1.402kg/L
① 32g = 22.4L
1140g = x $x = \dfrac{1140 \times 22.4L}{32g} = 798L$
② 28g = 22.4L
808g = x $x = \dfrac{808 \times 22.4L}{28g} = 646.4L$
③ 44g = 22.4L
1031g = x $x = \dfrac{1031 \times 22.4L}{44g} = 524.87L$
④ 40g = 22.4L
1402g = x $x = \dfrac{1402 \times 22.4L}{40g} = 785.12L$

50 펌프 임펠러의 형상을 나타내는 척도인 비속도(비교회전도)의 단위는?

① rpm · m³/min · m
② rpm · m³/min
③ rpm · kgf/min · m
④ rpm · kgf/min

 $N_s = \dfrac{N \times \sqrt{Q}}{\left(\dfrac{H}{n}\right)^{\frac{3}{4}}} = \dfrac{rpm \times \sqrt{\dfrac{m^3}{min}}}{m}$
$= \dfrac{rpm \times m^3}{min \times m}$

여기서, N : 회전수(rpm)
Q : 유량(m³/min)
H : 양정(m)

51 입구에 사용측과 예비측의 용기가 각각 접속되어 있어 사용측의 압력이 낮아지는 경우 예비측 용기로부터 가스가 공급되는 조정기는?

① 자동교체식 조정기
② 1단식 감압식 조정기
③ 1단식 감압용 저압조정기
④ 1단식 감압용 준저압 조정기

 자동교체식 조정기 : 입구에 사용측과 예비측의 용기가 각각 접속되어 있어 사용측의 압력이 낮아지는 경우 예비측용기로부터 가스공급됨

52 단열을 한 배관 중에 작은 구멍을 내고 이 관에 압력이 있는 유체를 흐르게 하면 유체가 작은 구멍을 통할 때 유체의 압력이 하강함과 동시에 온도가 변화하는 현상을 무엇이라고 하는가?

① 토리첼리 효과 ② 줄-톰슨 효과
③ 베르누이 효과 ④ 도플러 효과

줄-톰슨효과 : 압축가스를 단열팽창시키면 온도와 압력이 내려간다.

53 진한 황산은 어느 가스 압축기의 윤활유로 사용되는가?

① 산소 ② 아세틸렌
③ 염소 ④ 수소

압축기 윤활유
① 공기, 수소, 아세틸렌 : 양질의 광유
② 염소 : 농황산(진한황산)
③ 산소 : 물 또는 10% 이하의 묽은 글리세린 수
④ LP가스 : 식물성유

54 부탄가스 30kg을 충전하기 위해 필요한 용기의 최소 부피는 약 몇 L인가?(단, 충전상수는 2.05이고, 액비중은 0.5이다.)

① 60 ② 61.5
③ 120 ④ 123

$G = \dfrac{V}{C}$

$\therefore V = G \times C = 30 \times 2.05 = 61.5$

55 5L들이 용기에 9기압의 기체가 들어있다. 또 다른 10L들이 용기에 6기압의 같은 기체가 들어있다. 이 용기를 연결하여 양쪽의 기체가 서로 섞여 평형에 도달하였을 때 기체의 압력은 약 몇 기압이 되는가?

① 6.5기압 ② 7.0기압
③ 7.5기압 ④ 8.0기압

$PV = P_1V_1 + P_2V_2$

$P = \dfrac{P_1V_1 + P_2V_2}{V} = \dfrac{(5 \times 9 + 10 \times 6)}{15} = 7$기압

56 일반 도시가스 공급시설의 치고 사용압력이 고압, 중압인 가스홀더에 대한 안전조치 사항이 아닌 것은?

① 가스방출장치를 설치한다.
② 맨홀이나 검사구를 설치한다.
③ 응축액을 외부로 뽑을 수 있는 장치를 설치한다.
④ 관의 입구와 출구에는 온도나 압력의 변화에 따른 신축을 흡수하는 조치를 한다.

일반도시가스 공급시설의 최고사용압력이 고압, 중압인 가스홀더에 대한 안전조치
① 응축액 동결방지 조치
② 응축액을 외부로 뽑을 수 있는 장치 설치
③ 맨홀이나 검사구 설치
④ 관의 입구와 출구에는 온도나 압력의 변화에 따른 신축을 흡수하는 조치

57 용기밸브의 구성이 아닌 것은?

① 스템 ② O링
③ 퓨즈 ④ 밸브시트

용기밸브의 구성
① 밸브시트
② 스템
③ O링

58 "응력(stress)과 스트레인(strain)은 변형이 적은 범위에서는 비례관계가 있다."는 법칙은?

① Euler의 법칙 ② Wein의 법칙
③ Hooke의 법칙 ④ Trouton의 법칙

후크의 법칙 : 응력(stress)과 스트레인(strain)은 변형이 적은 범위에서는 비례 관계가 있다.

59 엑셜 플로우(Axial)식 정압기의 특징에 대한 설명으로 틀린 것은?

① 변칙 unloading 형이다.
② 정특성, 동특성 모두 좋다.
③ 저 차압이 될수록 특성이 좋다.
④ 아주 간단한 작동방식을 가지고 있다.

 정압기 종류별 특징
　① Fisher식
　　㉠ loading형
　　㉡ 정특성, 동특성이 양호하다.
　　㉢ 비교적 콤팩트하다.
　② Axial-flow식
　　㉠ 변칙 unloading형이다.
　　㉡ 정특성, 동특성이 양호하다.
　　㉢ 고차압이 될수록 특성 양호
　　㉣ 극히 콤팩트하다.
　③ Reynolds식
　　㉠ unloading형
　　㉡ 정특성은 극히 좋으나 안정성이 부족하다.
　　㉢ 다른 것에 비하여 크다.
　④ KRF식 : Reynolds식과 같다.

60 압력조정기의 구성품이 아닌 것은?

① 다이어프램　② 스프링
③ 밸브　　　　④ 피스톤

 조정기(regulator)
　① 조정기의 역할
　　㉠ 용기로부터 유출되는 공급가스의 압력을 연소기구에 알맞은 압력(통상 일반 연소기구는 200~330mmH₂O 정도)까지 감압시킨다.
　　㉡ 용기 내 가스를 소비하는 동안 공급가스 압력을 일정하게 유지하고 소비가 중단되었을 때는 가스를 차단시킨다.
　② 조정기의 사용목적
　　용기 내의 가스유출압력(공급압력)을 조정하여 연소기에서 연소시키는데 필요한 최적의 압력을 유지시킴으로써 안정된 연소를 도모하기 위해 사용된다.
　③ 조정기의 구조와 명칭

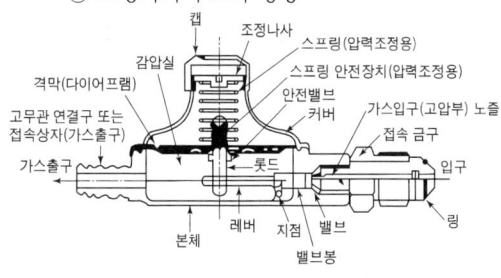

[조정기의 구조와 명칭]

제 4 과목　가스안전관리

61 고압가스 안전관리법의 적용을 받는 고압가스의 종류 및 범위에 대한 내용 중 옳은 것은? (단, 압력은 게이지압력이다.)

① 상용의 온도에서 압력이 1MPa이상이 되는 압축가스로서 실제로 그 압력이 1MPa 이상이 되는 것 또는 섭씨 25도의 온도에서 압력이 1MPa 이상이 되는 압축가스
② 섭씨 35도의 온도에서 압력이 1Pa을 초과하는 아세틸렌가스
③ 상용의 온도에서 압력이 0.1MPa 이상이 되는 액화가스로서 실제로 그 압력이 0.1MPa이상이 되는 것 또는 압력이 0.1MPa이 되는 액화가스
④ 섭씨 35도의 온도에서 압력이 0Pa을 초과하는 액화시안화수소

 고압가스 적용범위
　① 압축가스 : 상용의 온도 또는 35℃에서 압력이 1MPa 이상인 경우
　② 액화가스 : 상용의 온도 또는 35℃에서 압력이 0.2MPa 이상인 경우
　③ 용해가스 : 상용의 온도 또는 15℃에서 압력이 0MPa 이상인 경우
　④ 액화브롬화메탄, 액화산화에틸렌, 액화시안화수소 35℃에서 압력이 0Pa 초과시

62 도시가스 사용시설에 사용하는 배관재료 선정기준에 대한 설명으로 틀린 것은?

① 배관의 재료는 배관내의 가스흐름이 원활한 것으로 한다.
② 배관의 재료는 내부의 가스압력과 외부로부터의 하중 및 충격하중 등에 견디는 강도를 갖는 것으로 한다.
③ 배관의 재료는 배관의 접합이 용이하고 가스의 누출을 방지할 수 있는 것으로 한다.
④ 배관의 재료는 절단, 가공을 어렵게 하여 임의로 고칠 수 없도록 한다.

 배관재료의 구비조건
① 절단가공이 용이할 것
② 토양이나 지하수 등에 대하여 내식성을 가질 것
③ 관내의 가스유통이 원활할 것
④ 관의 접합이 용이하고 가스의 누출을 방지할 수 있을 것
⑤ 관내부의 가스압력과 외부로부터 하중 및 충격하중 등에 견디는 강도를 가질 것

63 LPG 저장설비를 설치 시 실시하는 지반조사에 대한 설명으로 틀린 것은?

① 1차 지반조사방법은 이너팅을 실시하는 것을 원칙으로 한다.
② 표준관입시험은 N값을 구하는 방법이다.
③ 베인(Vane)시험은 최대 토크 또는 모멘트를 구하는 방법이다.
④ 평판재하시험은 항복하중 및 극한하중을 구하는 방법이다.

 지반조사
① 1차 지반조사 하는 방법을 실시하는 것을 원칙으로 한다.
② 평판재하시험은 항복하중 및 극한하중을 구하는 방법이다.
③ 표준관입시험은 N값을 구하는 시험이다.

64 정전기를 억제하기 위한 방법이 아닌 것은?

① 습도를 높여준다.
② 접지(Grounding)를 한다.
③ 접촉 전위차가 큰 재료를 선택한다.
④ 정전기의 중화 및 전기가 잘 통하는 물질을 사용한다.

 정전기 억제하는 방법
① 접지를 한다.
② 상대습도를 70% 이상 유지
③ 공기를 이온화 한다.
④ 정전기의 중화 및 전기가 잘 통하는 물질을 사용한다.

65 품질유지 대상인 고압가스의 종류에 해당하지 않는 것은?

① 이소부탄
② 암모니아
③ 프로판
④ 연료전지용으로 사용되는 수소가스

 품질유지 대상인 고압가스
① 연료전지용으로 사용하는 고압가스
② 냉매로 사용하는 고압가스
③ 산업통상부령으로 정하는 고압가스

66 다음 가스가 공기 중에 누출되고 있다고 할 경우 가장 빨리 폭발할 수 있는 가스는?(단, 점화원 및 주위환경 등 모든 조건은 동일하다고 가정한다.)

① CH_4 ② C_3H_8
③ C_4H_{10} ④ H_2

 폭발하한이 낮은 가스를 찾으면 됨
① CH_4 : 5~15%   ② C_3H_8 : 2.1~9.5%
③ C_4H_{10} : 1.8~8.4% ④ H_2 : 4~75%

67 안전관리상 동일 차량으로 적재 운반할 수 없는 것은?

① 질소와 수소　　② 산소와 암모니아
③ 염소와 아세틸렌　④ LPG와 염소

 동일차량에 적재운반 불가능
① 염소와 암모니아
② 염소와 수소
③ 염소와 아세틸렌

68 액화석유가스 저장시설에서 긴급차단장치의 차단조작기구는 저장탱크로리로부터 몇 m 이상 떨어진 곳에 설치하여야 하는가?

① 2m　　　　② 3m
③ 5m　　　　④ 8m

 긴급차단장치
① 조작거리 : 저장탱크로부터 5m 이상
② 동력원 : 액압, 기압, 전기, 스프링

긴급차단장치의 작동원리

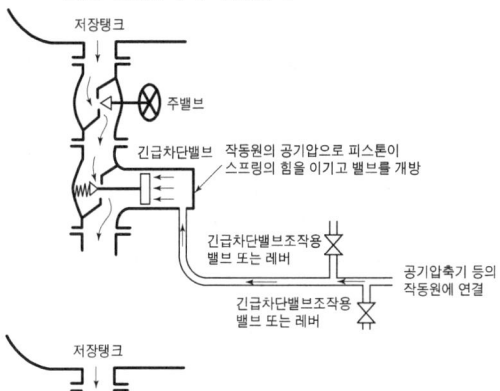

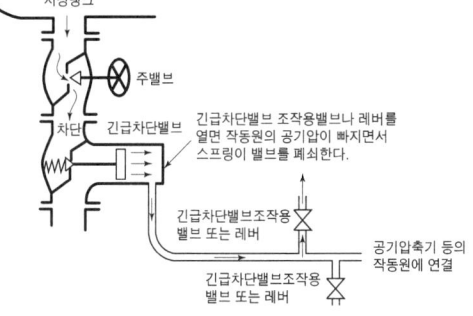

[긴급차단장치의 작동원리]

69 가연성 가스설비의 재치환 작업 시 공기로 재치환 한 결과를 산소측정기로 측정하여 산소의 농도가 몇 %가 확인될 때까지 공기로 반복

하여 치환하여야 하는가?
① 18~22%　　② 20~28%
③ 22~35%　　④ 23~42%

70 저장탱크에 의한 액화석유가스(LPG)저장소의 저장설비는 그 외면으로부터 화기를 취급하는 장소까지 몇 m 이상의 우회거리를 두어야 하는가?

① 2m　　　　② 5m
③ 8m　　　　④ 10m

71 지하에 설치하는 액화석유가스 저장탱크의 재료인 레디믹스트 콘크리트의 규격으로 틀린 것은?

① 굵은 골재의 최대치수 : 25mm
② 설계강도 : 231MPa 이상
③ 슬럼프(slump) : 120~150mm
④ 물-결합재비 : 83% 이하

 저장탱크실 재료의 규격
① 굵은 골재의 최대치수 : 25mm
② 설계강도 : 21MPa 이상
③ 슬럼프(slump) : 120~150mm
　※ 슬럼프 : 지질학에서 암석이 간헐적으로
　　　　　미끄러져 내리는 현상
④ 공기량 : 4% 이하
⑤ 물-시멘트비 : 50% 이하

72 수소의 일반적 성질에 대한 설명으로 틀린 것은?

① 열에 대하여 안정하다.
② 가스 중 비중이 가장 작다.
③ 무색, 무미, 무취의 기체이다.
④ 가벼워서 기체 중 확산속도가 가장 느리다.

 수소의 일반적인 성질
① 기체 중 확산속도가 가장 빠르다.
② 무색, 무미, 무취의 기체이다.
③ 열에 대해 안정

④ 가스의 비중이 가장 적다.
⑤ 열전도율이 크다.
⑥ 산소, 염소, 불소와 반응 격렬한 폭발을 일으켜 폭명기 생성
  ㉠ $2H_2 + O_2 \rightarrow 2H_2O + 136.6kcal$(수소폭명기)
  ㉡ $H_2 + Cl_2 \rightarrow 2HCl + 44kcal$(염소폭명기)
  ㉢ $H_2 + F_2 \rightarrow 2HF + 128kcal$(불소폭명기)
⑦ 고온, 고압에서 강재 중 탄소와 반응 수소취성을 일으킨다.
  방지원소 : V, Mo, T1, W, Cr
⑧ 고온, 고압에서 질소와 반응 암모니아 생성
  $N_2 + 3H_2 \rightarrow 2NH_3$

73 고압가스 특정제조시설에서 분출원인이 화재인 경우 안전밸브의 축적압력은 안전밸브의 수량과 관계없이 최고허용압력의 몇 % 이하로 하여야 하는가?

① 105%   ② 110%
③ 116%   ④ 121%

 고압가스 특정제조 시설에서 분출원인이 화재인 경우 안전밸브의 축적압력은 안전밸브의 수량과 관계없이 최고허용압력의 121%로 한다.

74 고압가스를 차량에 적재하여 운반하는 때에 운반책임자를 동승시키지 않아도 되는 것은?

① 수소 $400m^3$
② 산소 $400m^3$
③ 액화석유가스 3500kg
④ 암모니아 3500kg

운반책임자 동승기준

가스	압축가스	액화가스
독성	$100m^3$ 이상	1ton 이상(1000kg 이상)
가연성	$300m^3$ 이상	3ton 이상(3000kg 이상)
조연성	$600m^3$ 이상	6ton 이상(6000kg 이상)

75 니켈(Ni)금속을 포함하고 있는 촉매를 사용하는 공정에서 주로 발생할 수 있는 맹독성 가스는?

① 산화니켈(NiO)
② 니켈카르보닐[$Ni(CO)_4$]
③ 니켈클로라이드($NiCl_2$)
④ 니켈염(Nickel salt)

 $Ni + 4CO \rightarrow Ni(CO)_4$(니켈카보닐)
$Fe + 5CO \rightarrow Fe(CO)_5$(철카보닐)

76 특정설비인 고압가스용 기화장치 제조시설에서 반드시 갖추지 않아도 되는 제조설비는?

① 성형설비   ② 단조설비
③ 용접설비   ④ 제관설비

 기화장치제조시설에 반드시 갖추어야 하는 제조시설
① 성형설비 ② 용접설비 ③ 제관설비

77 고압가스 충전용기를 운반할 때의 기준으로 틀린 것은?

① 충전용기와 등유는 동일 차량에 적재하여 운반하지 않는다.
② 충전량이 30kg 이하이고, 용기 수가 2개를 초과하지 않는 경우에는 오토바이에 적재하여 운반할 수 있다.
③ 충전용기 운반차량은 "위험고압가스"라는 경계표시를 하여야 한다.
④ 충전용기 운반차량에는 운반기준 위반행위를 신고할 수 있도록 안내문을 부착하여야 한다.

 충전량이 20kg 이하이고, 용기수가 2개 인하인 경우 오토바이에 적재운반 가능

78 내용적이 3000L인 용기에 액화암모니아를 저장하려고 한다. 용기의 저장능력은 약 몇 kg인가?(단, 암모니아 정수는 1.86이다.)

① 1613   ② 2324
③ 2796   ④ 5580

$G = \dfrac{V}{C} = \dfrac{3000}{1.86} = 1612.9 \text{kg}$

79 산화에틸렌의 저장탱크에는 45℃에서 그 내부가스의 압력이 몇 MPa 이상이 되도록 질소가스를 충전하여야 하는가?

① 0.1　　② 0.3
③ 0.4　　④ 1

산화에틸렌 저장탱크에는 45℃에서 그 내부가스압력이 0.4MPa 이상이 되도록 질소가스충전

80 고압가스 특정제조시설에서 하천 또는 수로를 횡단하여 배관을 매설할 경우 2중관으로 하여야 하는 것은?

① 염소　　② 암모니아
③ 염화메탄　　④ 산화에틸렌

2중관으로 하여야하는 가스
① 포스겐　② 황화수소　③ 시안화수소
④ 아황산가스　⑤ 산화에틸렌　⑥ 암모니아
⑦ 염화메탄　⑧ 염소
∴ 염소 : 하천 또는 수로를 횡단하여 배관을 매설하는 경우

제 5 과목　가스계측기기

81 접촉식 온도계에 대한 설명으로 틀린 것은?

① 열전대 온도계는 열전대로서 서미스터를 사용하여 온도를 측정한다.
② 저항 온도계의 경우 측정회로로서 일반적으로 휘스톤브리지가 채택되고 있다.
③ 압력식 온도계는 감온부, 도압부, 감압부로 구성되어 있다.
④ 봉상온도계에서 측정오차를 최소화하려면 가급적 온도계 전체를 측정하는 물체에 접촉시키는 것이 좋다.

열전대온도계 : 두 금속의 열기전력을 이용 측정 (제백효과 이용)
① (PR)백금-백금로듐(R형)
　㉠ 온도 0~1600℃
　㉡ 산화성 분위기에 강하다.
　㉢ 환원성 분위기에 약하다.
　㉣ 금속증기에 침식되기 쉽다.
② (CA)크로멜-알루멜(K형)
　㉠ 온도 0~1200℃
　㉡ 산화성 분위기에 노화가 빠르다.
③ (IC)철-콘스탄탄(J형)
　㉠ 온도 -20~850℃
　㉡ 환원성 분위기에 강하다.
④ (CC)동-콘스탄탄(T형)
　㉠ 온도 -200~350℃
　㉡ 수분에 의한 내식성이 강하다.

82 계량계측기기는 정확, 정밀하여야 한다. 이를 확보하기 위한 제도 중 계량법상 강제 규정이 아닌 것은?

① 검정　　② 정기검사
③ 수시검사　　④ 비교검사

계량법상 강제규정
① 정기검사　② 수시검사　③ 검정

83 탄화수소에 대한 감도는 좋으나 H_2O, CO_2에 대하여는 감응하지 않는 검출기는?

① 불꽃이온화검출기(FID)
② 열전도도검출기(TCD)
③ 전자포획검출기(ECD)
④ 불꽃광도법검출기(FPD)

가스크로마토그래피
① 캐리어가스 : 수소, 헬륨, 질소, 아르곤
② 부품 및 성분 : 기록계, 압력계, 항온조, 컬럼(분리관), 유량조절기, 가스샘플
③ 충진제 : 활성탄, 실리카겔, 소바비드, 뮬레큘러시브
④ 분리가 안될 때 시료 주입구 온도 높인다.

⑤ 종류
ⓐ FID(수소이온화검출기)
  ⓐ 전극간의 전기 전도도가 증대하는 것을 이용
  ⓑ 탄화수소에 감도가 최고이다.(프로판, 부탄, 프로필렌 등)
  ⓒ H_2, O_2, CO_2, SO_2 등은 감도가 적다.
  ⓓ 무기 가스나 물에 거의 응답하지 않음
ⓒ TCD(열전도도형검출기)
  ⓐ 금속필라멘트의 저항변화를 이용하는 것
  ⓑ 일반적으로 가장 널리 사용
ⓒ ECD(전자포획이온화검출기)
  ⓐ 이온전류가 감소하는 것을 이용
  ⓑ 할로겐 및 산화물에서는 감도가 최고이다.
ⓔ FPD(염광광도 검출기) : 황화합물이나 인화합물 검출

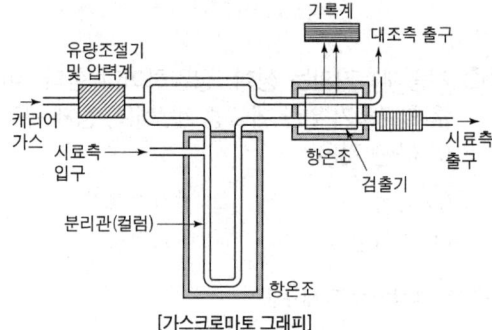
[가스크로마토 그래피]

84 가스 성분에 대하여 일반적으로 적용하는 화학분석법이 옳게 짝지어진 것은?

① 황화수소 - 요오드적정법
② 수분 - 중화적정법
③ 암모니아 - 기체 크로마토그래피법
④ 나프탈렌 - 흡수평량법

 가스성분과 분석방법
① 전유황   ㉠ 과염소산바륨법
         ㉡ 디메틸슬포나조법
         ㉢ 흡광도법
② 황화수소 ㉠ 요드적정법(옥소적정법)
         ㉡ 초산연시험지
         ㉢ 메틸렌블루흡광광도법

③ 암모니아 ㉠ 중화적정법
         ㉡ 인도페놀흡광광도법
④ 나프탈렌 ㉠ 가스크로마토그래피
⑤ 수분   ㉠ 노점법
         ㉡ 흡수중량법

85 다음 계측기기와 관련된 내용을 짝지은 것 중 틀린 것은?

① 열전대 온도계 - 제백효과
② 모발 습도계 - 히스테리시스
③ 차압식 유량계 - 베르누이식의 적용
④ 초음파 유량계 - 램버트 비어의 법칙

 초음파 유량계 : 도플러법 이용
모발습도계 : 히스테리시스(물체의 상태가 현재 그것이 놓여져 있는 조건에만 의해 정해지지 않고 과거에 있어서 그 물체가 경과해온 상태의 이력에 의해 좌우되는 현상)
열전대 온도계 : 제백효과
차압식 유량계 : 베르누이의 적용

86 시험용 미터인 루트 가스미터로 측정한 유량이 $5m^3/h$이다. 기준용 가스미터로 측정한 유량이 $4.5m^3/h$이라면 이 가스미터의 기차는 약 몇 %인가?

① 2.5%   ② 3%
③ 5%   ④ 10%

 기차 $= \dfrac{5-4.75}{5} \times 100 = 5\%$

87 계측기의 선정시 고려사항으로 가장 거리가 먼 것은?

① 정확도와 정밀도 ② 감도
③ 견고성 및 내구성 ④ 지시방식

 계측기 선정시 고려사항
① 내구성 및 견고성
② 감도
③ 정확도 및 정밀도

88 적외선 가스분석기에서 분석 가능한 기체는?
① Cl_2 ② SO_2
③ N_2 ④ O_2

 적외선가스분석기
① 분석불가 : O_2, H_2, Cl_2
② 분석가능 : CO, CO_2, SO_2, CH_4, NH_3

89 게겔(Gockel)법에 의한 저급탄화수소 분석 시 분석가스와 흡수액이 옳게 짝지어진 것은?
① 프로필렌 – 황산
② 에틸렌 – 옥소수은 칼륨용액
③ 아세틸렌 – 알칼리성 피로갈롤 용액
④ 이산화탄소 – 암모니아성 염화제1구리 용액

 게겔법
① CO_2 : KOH 30% 수용액
② C_2H_2 : 옥소수은 칼륨용액
③ C_3H_6 : 87% 황산
④ C_2H_4 : 취소수용액
⑤ O_2 : 알칼리성 피롤카롤 용액
⑥ CO : 암모니아성 염화제1동 용액

90 액화산소 등을 저장하는 초저온 저장탱크의 액면 측정용으로 가장 적합한 액면계는?
① 직관식   ② 부자식
③ 차압식   ④ 기포식

 액화산소, 액화질소 등 저장하는 초저온저장탱크의 액면 측정 햄프슨식(차압식)

91 막식 가스미터의 부동현상에 대한 설명으로 가장 옳은 것은?
① 가스가 누출되고 있는 고장이다.
② 가스가 미터를 통과하지 못하는 고장이다.
③ 가스가 미터를 통과하지만 지침이 움직이지 않는 고장이다.
④ 가스가 통과될 때 미터가 이상 음을 내는 고장이다.

 부동 : 가스가 가스미터를 통화하지만 미터의 지침이 움직이지 않는 고장
불통 : 가스가가스미터를 통과하지 못하는 고장

92 건조공기 120kg에 6kg의 수증기를 포함한 습공기가 있다. 온도가 49℃이고, 전체 압력이 750mmHg일 때의 비교습도는 약 얼마인가? (단, 49℃에서의 포화수증기압은 89 mmHg이고 공기의 분자량은 29로 한다.)
① 30%   ② 40%
③ 50%   ④ 60%

 ① 습공기의 절대습도 계산
$$x = \frac{G_w}{G_a} = \frac{6}{120} = 0.05 \text{kg/kg}$$
② 포화공기의 절대습도 계산
$$x_s = 0.622 \times \frac{P_a}{P - P_a} = 0.622 \times \frac{89}{750 - 89}$$
$$= 0.0837 \text{kg/kg}$$
③ 비교습도계산
$$\phi = \frac{x}{x_s} \times 100 = \frac{0.05}{0.0837} \times 100 = 59.73\%$$

93 두 금속의 열팽창계수의 차이를 이용한 온도계는?
① 서미스터 온도계   ② 베크만 온도계
③ 바이메탈 온도계   ④ 광고 온도계

94 소형가스미터의 경우 가스사용량이 가스미터 용량의 몇 % 정도가 되도록 선정하는 것이 가장 바람직한가?
① 40%   ② 60%
③ 80%   ④ 100%

 소형가스미터의 경우 : 가스사용량이 가스미터 용량의 60% 정도가 되도록 선정

95 액주식 압력계에 해당하는 것은?
① 벨로우즈 압력계 ② 분동식 압력계
③ 침종식 압력계 ④ 링밸런스식 압력계

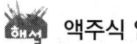
액주식 압력계
① u자관식 ② 경사관식
③ 단관식 ④ 2액마노미터
⑤ 링밸런스식 압력계

96 기체 크로마토그래피를 통하여 가장 먼저 피크가 나타나는 물질은?
① 메탄 ② 에탄
③ 이소부탄 ④ 노르말부탄

분자량이 작은 것
① CH_4 : 12+4=16g
② C_2H_6 : 12×2+6=30g
③ C_4H_{10} : 4×12+10=58g

97 기체 크로마토그래피에 의해 가스의 조성을 알고 있을 때에는 계산에 의해서 그 비중을 알 수 있다. 이 때 비중계산과의 관계가 가장 먼 인자는?
① 성분의 함량비
② 분자량
③ 수분
④ 증발온도

 기체 크로마토그래피에 의해 가스의 조성을 알고 있을 때 계산에 의해서 비중계산과의 관계가 있는 인자
① 분자량
② 수분
③ 성분의 함량비

98 도시가스 사용시설에서 최고사용압력이 0.1MPa 미만인 도시가스 공급관을 설치하고, 내용적을 계산하였더니 $8m^3$이었다. 전기식 다이어프램형 압력계로 기밀시험을 할 경우 최소 유지시간은 얼마인가?

① 4분 ② 10분
③ 24분 ④ 40분

전기식 다이어프램형 압력계 기밀시험

내용적	기밀시험 유지시간
$1m^3$ 미만	4분
$1m^3$ 이상 $10m^3$ 미만	40분
$10m^3$ 이상 $300m^3$ 미만	$4 \times V$(240분을 초과시 240분으로 한다)

99 가스공급용 저장탱크의 가스저장량을 일정하게 유지하기 위하여 탱크내부의 압력을 측정하고 측정된 압력과 설정압력(목표압력)을 비교하여 탱크에 유입되는 가스의 양을 조절하는 자동제어계가 있다. 탱크내부의 압력을 측정하는 동작은 다음 중 어디에 해당하는가?
① 비교 ② 판단
③ 조작 ④ 검출

100 열전대 온도계의 특징에 대한 설명으로 틀린 것은?
① 원격 측정이 가능하다.
② 고온의 측정에 적합하다.
③ 보상도선에 의한 오차가 발생할 수 있다.
④ 장기간 사용하여도 재질이 변하지 않는다.

열전대 온도계의 특징
① 전원이 필요 없고 원격 자동제어 기록이 가능하다.
② 고온의 측정에 적합
③ 보상도선에 의한 오차가 발생할 수 있다.
④ 장기간 사용 시 재질이 변한다.
⑤ 가장 높은 온도 측정

2020년도 출제문제
2020년 9월 27일 시행

제 1 과목 가스유체역학

01 레이놀즈가 10^6이고 상대조도가 0.005인 원관의 마찰계수 f는 0.03이다. 이 원관에 부차 손실계수가 6.6인 글로브 밸브를 설치하였을 때, 이 밸브의 등가길이(또는 상당길이)는 관 지름의 몇 배인가?

① 25 ② 55
③ 220 ④ 440

 **등가길이**(상당길이) : 배관에 설치되는 밸브, 부속품 등에 의해 발생되는 손실을 동일 지름의 직관길이로 표시

등가길이 $L_e = \dfrac{KD}{f} = \dfrac{6.6D}{0.03} = 220D$

02 압축성 유체의 기계적 에너지 수지식에서 고려하지 않는 것은?

① 내부에너지 ② 위치에너지
③ 엔트로피 ④ 엔탈피

 압축성 유체의 에너지식에서 고려하는 것
① 내부에너지 ② 위치에너지 ③ 엔탈피
엔탈피(i) = 내부에너지 + APV(외부에너지)
∴ $i_1 + \dfrac{V_1^2}{2g} + Z_1 = i_2 + \dfrac{V_2^2}{2g} + Z_2$

03 압축성 이상기체(compressible ideal gas)의 운동을 지배하는 기본 방정식이 아닌 것은?

① 에너지방정식 ② 연속방정식
③ 차원방정식 ④ 운동량방정식

 압축성 이상기체의 운동을 지배하는 기본 방정식
① 연속방정식
② 운동량방정식
③ 에너지방정식

04 LPG 이송 시 탱크로리 상부를 가압하여 액을 저장탱크로 이송시킬 때 사용되는 동력장치는 무엇인가?

① 원심펌프 ② 압축기
③ 기어펌프 ④ 송풍기

 압축기 : LPG 이송 시 탱크로리 상부를 가압하여 액을 저장탱크로 이송시킬 때 사용

 압축기 사용시 장점
① 이·충전 시간이 짧다.
② 잔가스 회수가 용이하다.
③ 베이퍼록의 우려가 없다.

05 마하수는 어느 힘의 비를 사용하여 정의되는가?

① 점성력과 관성력
② 관성력과 압축성 힘
③ 중력과 압축성 힘
④ 관성력과 압력

무차원수
① 레이놀즈수$(Re) = \dfrac{관성력}{점성력}$
② 마하수$(Ma) = \dfrac{유체속도}{음속} = \dfrac{관성력}{압축성의 힘}$
③ 오일러수$(Eu) = \dfrac{관성력}{압력}$
④ 프루드수$(Fr) = \dfrac{관성력}{중력}$
⑤ 웨버수$(We) = \dfrac{관성력}{표면장력}$

01.③ 02.③ 03.③ 04.② 05.②

⑥ 코우시스(Co) = $\dfrac{\text{관성력}}{\text{탄성력}}$

참고 **마하수** : 물체의 유체의 속도를 음속으로 나눈 값. 무차원수로 관성력과 압축성 힘(탄성력)으로 정의한다.

06 수은-물 마노메타로 압력차로 측정하였더니 50cmHg였다. 이 압력차를 mH₂O로 표시하면 약 얼마인가?

① 0.5　　② 5.0
③ 6.8　　④ 7.3

760cmHg = 10.332mH₂O
50cmHg = x
$x = \dfrac{50\text{cmHg} \times 10.332\text{mH}_2\text{O}}{760\text{cmHg}} = 6.8\text{mH}_2\text{O}$

07 산소와 질소의 체적비가 1 : 4인 조성의 공기가 있다. 표준상태(0℃, 1기압)에서의 밀도는 약 몇 kg/m³인가?

① 0.54　　② 0.96
③ 1.29　　④ 1.51

산소와 질수의 평균분자량
$= 32 \times 0.2 + 28 \times 0.8 = 28.8\text{kg}$
밀도 $= \dfrac{M}{22.4\text{m}^3} = \dfrac{28.8\text{kg}}{22.4\text{m}^3} = 1.29\text{kg/m}^3$

08 다음 단위 간의 관계가 옳은 것은?

① 1N = 9.8kg · m/s²
② 1J = 9.8kJ · m/s²
③ 1W = 1kg · m/s³
④ 1Pa = 10⁵kg/m · s²

 물리량의 SI단위

물리량	단위 및 관계
동력	1W = 1J/s = 1N · m/s = 1kg · m²/s²
힘	1N = 1kg · m/s²
열량, 일	1J = 1kg · m²/s² = 1N · m
압력	1Pa = 1kg/m · s² = 1N/m²

09 송풍기의 공기 유량이 3m³/s 일 때, 흡입쪽의 전압이 110kPa, 출구 쪽의 정압이 115kPa이고, 속도가 30m/s이다. 송풍기에 공급하여야 하는 축동력은 얼마인가?(단, 공기의 밀도는 1.2kg/m³이고, 송풍기의 전효율은 0.8이다.)

① 10.45kW　　② 13.99kW
③ 16.62kW　　④ 20.78kW

출구측 전압계산

① P_{t2} = 출구정압(P_{s2}) + 출구동압(P_{m2})
$= P_{s2} + \left(\dfrac{V^2}{2g} \times \rho\right)$
$= 115\text{kPa} + \dfrac{30^2}{2 \times 9.8} \times 0.011768$
$= 115.54\text{kPa}$
101.325 = 10332kg/m²
$x = 1.2$kg/m²
$x = \dfrac{101.325 \times 1.2\text{kg/m}^2}{10332\text{kg/m}^2} = 0.011768$

② 전압(P_t) = 출구전압 - 흡입전압
$= 115.54 - 110 = 5.54\text{kPa}$

③ 축동력(kW) $= \dfrac{Q \times P_t}{\eta} = \dfrac{3 \times 5.54}{0.8}$
$= 20.775\text{kPa}$

10 평판에서 발생하는 층류 경계층의 두께는 평판선단으로부터의 거리 x와 어떤 관계가 있는가?

① x에 반비례한다.
② $x^{\frac{1}{2}}$에 반비례한다.
③ $x^{\frac{1}{2}}$에 비례한다.
④ $x^{\frac{1}{3}}$에 비례한다.

평판에서 발생하는 층류 경계층의 두께

① 층류경계층의 두께는 $x^{\frac{1}{2}}$에 비례하여 증가하고 $Re^{\frac{1}{2}}$에 반비례한다.

② 난류경계층의 두께는 $x^{\frac{4}{5}}$에 비례하여 증가하고 $Re^{\frac{1}{5}}$에 반비례한다.
③ 경계층의 두께는 점성에 비례한다.
④ 경계층 내의 속도가 자유흐름속도의 99%가 되는 점까지의 거리

11 관 내의 압축성 유체의 경우 단면적 A와 마하수 M, 속도 V 사이에 다음과 같은 관계가 성립한다고 한다. 마하수가 2일 때 속도를 0.2% 감소시키기 위해서는 단면적을 몇 % 변화시켜야 하는가?

$$\frac{dA}{A} = (M^2 - 1) \times \frac{dV}{V}$$

① 0.6% 증가   ② 0.6% 감소
③ 0.4% 증가   ④ 0.4% 감소

 단면적 변화의 계산
$\frac{dA}{A} = (M^2-1)\frac{dV}{V} = (2^2-1) \times 0.2 = 0.6\%$
∴ 단면적 변화율(%)은 0.6% 감소되어야 한다.

12 정체온도 T_S, 임계온도 T_C, 비열비를 k라 할 때 이들의 관계를 옳게 나타낸 것은?

① $\frac{T_C}{T_S} = \left(\frac{2}{k+1}\right)^{k-1}$

② $\frac{T_C}{T_S} = \left(\frac{1}{k-1}\right)^{k-1}$

③ $\frac{T_C}{T_S} = \frac{2}{k+1}$

④ $\frac{T_C}{T_S} = \frac{1}{k-1}$

 정체온도 T_S, 임계온도 T_C, 비열비를 k라 할 때 이들의 관계
① 임계온도비 $= \frac{T_C}{T_S} = \frac{2}{k+1}$

② 임계압력비 $= \frac{P_C}{P_S} = \left(\frac{2}{k+1}\right)^{\frac{k}{k-1}}$

③ 임계밀도비 $= \frac{\rho_C}{\rho_S} = \left(\frac{2}{k+1}\right)^{\frac{1}{k-1}}$

13 유체 속에 잠긴 경사면에 작용하는 정수력의 작용점은?
① 면의 도심보다 위에 있다.
② 면의 도심에 있다.
③ 면의 도심보다 아래에 있다.
④ 면의 도심과는 상관없다.

 유체 속에 잠긴 경사면에 작용하는 정수력의 작용점 : 면의 도심(중심)보다 아래에 있다.

14 관 속을 충만하게 흐르고 있는 액체의 속도를 급격히 변화시키면 어떤 현상이 일어나는가?
① 수격현상
② 서어징 현상
③ 캐비테이션 현상
④ 펌프효율 향상 현상

 수격작용(water hammering) : 펌프에서 물 압송 시 정전 등으로 인해 펌프가 급히 멈춘 경우 관내 유속이 압력변화가 생겨 물이 관벽을 치는 현상
[방지법]
① 관로에 조압 수조 설치
② 관에 기울기를 준다.
③ 송출구 가까이에 밸브를 설치한다.
④ 플라이휠을 설치하여 펌프의 급격을 막는다.

15 점성력에 대한 관성력의 상대적인 비를 나타내는 무차원의 수는?
① Reynolds수   ② Froude수
③ 모세관수   ④ Weber수

 문제5번 참조

16 직각좌표계에 적용되는 가장 일반적인 연속방정식은 다음과 같이 주어진다. 다음 중 정상상태(steady state)의 유동에 적용되는 연속방정식은?

보기: $\dfrac{\partial \rho}{\partial t} + \dfrac{\partial (\rho u)}{\partial x} + \dfrac{\partial (\rho v)}{\partial y} + \dfrac{\partial (\rho w)}{\partial z} = 0$

① $\dfrac{\partial \rho}{\partial t} + \dfrac{\partial (\rho u)}{\partial x} + \dfrac{\partial (\rho v)}{\partial y} + \dfrac{\partial (\rho w)}{\partial z} = 0$

② $\dfrac{\partial (\rho u)}{\partial x} + \dfrac{\partial (\rho v)}{\partial y} + \dfrac{\partial (\rho w)}{\partial z} = 0$

③ $\dfrac{\partial u}{\partial x} + \dfrac{\partial v}{\partial y} + \dfrac{\partial w}{\partial z} = 0$

④ $\dfrac{\partial \rho}{\partial t} + \rho \dfrac{\partial u}{\partial x} + \rho \dfrac{\partial v}{\partial y} + \rho \dfrac{\partial w}{\partial z} = 0$

정상상태에서의 유동(정상류) : 유동장 내의 임의의 한 점에서 유동조건이 시간에 관계없이 항상 일정한 흐름

∴ $\dfrac{\partial (\rho u)}{\partial x} + \dfrac{\partial (\rho v)}{\partial y} + \dfrac{\partial (\rho w)}{\partial z} = 0$

17 수압기에서 피스톤의 지름이 각각 20cm와 10cm이다. 작은 피스톤에 1kgf의 하중을 가하면 큰 피스톤에는 몇 kgf의 하중이 가해지는가?

① 1 ② 2
③ 4 ④ 8

파스칼의 원리 : 밀폐된 용기 속에 있는 정지유체의 일부에 가한 압력을 유체 중의 모든 방향에 같은 크기로 전달된다.

$\dfrac{F_1}{A_1} = \dfrac{F_2}{A_2}$

∴ $F_2 = \dfrac{F_1 \times A_2}{A_1} = \left(\dfrac{D_2}{D_1}\right)^2 \times F_1$

$= \left(\dfrac{20}{10}\right)^2 \times 1 = 4\text{kgf}$

18 축동력을 L, 기계의 손실 동력을 L_m이라고 할 때 기계효율 η_m을 옳게 나타낸 것은?

① $\eta_m = \dfrac{L - L_m}{L_m}$ ② $\eta_m = \dfrac{L - L_m}{L}$

③ $\eta_m = \dfrac{L_m - L}{L}$ ④ $\eta_m = \dfrac{L_m - L}{L_m}$

기계효율 = $\dfrac{\text{실제적 소유동력}}{\text{축동력}} = \dfrac{L - L_m}{L}$

19 뉴턴의 점성법칙과 관련 있는 변수가 아닌 것은?

① 전단응력 ② 압력
③ 점성계수 ④ 속도기울기

뉴턴의 점성법칙(τ) = $\mu \dfrac{du}{dy}$

여기서, τ : 전단응력[kgf/m²]
 μ : 점성계수[kgf·s/m²]
 $\dfrac{du}{dy}$: 속도구배(기울기)

20 다음 중 에너지의 단위는?

① dyn(dyne) ② N(newton)
③ J(joule) ④ W(watt)

물리량의 단위

물리량	SI단위	공학단위
에너지	1J = 1N·m	kgf·m
일	1J = 1N·m	kgf·m
힘	1N = 1kg·m/s²	kgf
동력	1W = 1J/s	kgf·m/s
압력	1Pa = 1N/m²	kgf/m²
열량	1J = 1N·m	kcal

제2과목 연소공학

21 15℃, 50atm인 산소 실린더의 밸브를 순간적으로 열어 내부압력을 25atm까지 단열팽창시키고 닫았다면 나중 온도는 약 몇 ℃가 되는가?(단, 산소의 비열비는 1.4이다.)

① −28.5℃   ② −36.8℃
③ −78.1℃   ④ −157.5℃

$$\frac{T_2}{T_1} = \left(\frac{P_2}{P_1}\right)^{\frac{k-1}{k}}$$

$$\therefore T_2 = \left(\frac{P_2}{P_1}\right)^{\frac{k-1}{k}} \times T_1$$

$$= \left(\frac{25}{50}\right)^{\frac{1.4-1}{1.4}} \times (273+15)$$

$$= 236.26K - 273 = -36.74℃$$

22 폭발억제 장치의 구성이 아닌 것은?

① 폭발검출기구   ② 활성제
③ 살포기구   ④ 제어기구

 폭발억제 장치의 구성
① 폭발검출기구
② 살포기구
③ 제어기구

 폭발억제(explosion suppression)
폭발 시작 단계를 검지하여 원료 공급 차단, 소화 등으로 더 큰 폭발을 진압하는 것

23 초기사건으로 알려진 특정한 장치의 이상이나 운전자의 실수로부터 발생되는 잠재적인 사고결과를 평가하는 정량적 안전성 평가 기법은?

① 사건수 분석(ETA)
② 결함수 분석(FTA)
③ 원인결과 분석(CCA)
④ 위험과 운전 분석(HAZOP)

 정량적 안전성 평가 기법
① 결함수 분석법(FTA)
② 사건수 분석법(ETA)
③ 원인결과 분석법(CCA)
④ 작업자 실수 분석법(HEA)

 안전성평가기법 : 기업활동 전반을 시스템으로 보고, 시스템 운영규정을 작성 시행하여 사업장에서의 사고예방을 위한 모든 형태의 활동 및 노력을 효과적으로 수행하기 위한 체계적이고 종합적인 안전관리 체계를 의미한다.

(1) 적용대상
① 석유정제사업자의 고압가스시설로서 저장능력이 100톤 이상인 시설
② 석유화학공업자의 고압가스시설로서 저장능력이 100톤 이상인 시설, 1일 처리능력이 1만m³ 이상
③ 비료생산업자의 고압가스시설로서 저장능력이 100톤 이상인 시설, 1일 처리능력이 10만m³ 이상
④ 철강생산업자의 고압가스시설로서 1일 처리능력이 10만m³ 이상인 시설

(2) 평가방법
① 체크리스트(checklist)기법 : 공정 및 설비의 오류, 결함상태, 위험상황 등을 목록화한 형태로 작성하여 경험적으로 비교함으로써 위험성을 정성적으로 파악하는 기법
② 상대위험순위결정(dow and mond indices) 기법 : 설비에 존재하는 위험에 대하여 수치적으로 상대위험순위를 지표화하여 그 피해정도를 나타내는 상대적 위험순위를 정하는 기법
③ 작업자 실수 분석(human error analysis, HEA)기법 : 설비의 운전원, 정비보수원, 기술자 등의 작업에 영향을 미칠만한 요소를 평가하여 그 실수의 원인을 파악하고 추적하여 정량적으로 실수의 상대적 순위를 결정하는 기법
④ 사고예상질문분석(What-if)기법 : 공정에 잠재하고 있으면서 원하지 않은 나쁜 결과를 초래할 수 있는 사고에 대하여 예상질문을 통해 사전에 확인함으로써 그 위험과 결과 및 위험을 줄이는 방법을 제시하는 정성적 평가기법
⑤ 위험과 운전 분석(hazard and operability

analysis, HAZOP)기법 : 공정에 존재하는 위험요소들과 공정의 효율을 떨어뜨릴 수 있는 운전상의 문제점을 찾아내어 그 원인을 제거하는 정성적 기법

⑥ 결함수 분석(fault tree analysis)기법 : 사고를 일으키는 장치의 이상이나 운전자 실수의 조합을 연역적으로 분석하는 정량적 기법

⑦ 사건수 분석(event tree analysis)기법 : 초기사건으로 알려진 특정한 장치의 이상이나 운전자의 실수로부터 발생되는 잠재적인 경과를 평가하는 정량적 기법

⑧ 원인결과 분석(cause-consequence analysis, CCA)기법 : 잠재된 사고의 결과와 이러한 사고의 근본적인 원인을 찾아내고 사고결과와 원인의 상호관계를 예측·평가하는 정량적 평가기법

⑨ 이상위험도 분석(failure modes, effects and criticality analysis, FMECA)기법 : 공정 및 설비의 고장의 형태 및 영향, 고장형태별 위험도 순위 등을 결정하는 기법

24 발열량 10500kcal/kg인 연료 2kg을 2분 동안 완전 연소시켰을 때 발생한 열량을 모두 동력으로 변환시키면 약 몇 kW인가?

① 735　　② 935
③ 1103　　④ 1303

 동력(kW) = $\dfrac{발생열량(kcal/h)}{1kW 당 열량(kcal/h)}$

$= \dfrac{2 \times 10500 \times 60}{860 \times 2}$

$= 732.56 kW$

25 프로판과 부탄이 혼합된 경우로서 부탄의 함유량이 많아지면 발열량은?

① 커진다.　　② 줄어든다.
③ 일정하다.　　④ 커지다가 줄어든다.

 $C_3H_8 + 5O_2 \rightarrow 3CO_2 + 4H_2O + 530kcal/mol$
22.4L　　　　　　　　　　　530
1000L/m^3　　　　　　　　　x

$x = \dfrac{1000L/m^3 \times 530kcal/mol}{22.4L/mol}$

$= 23660 kcal/m^3$

$C_4H_{10} + 6.5O_2 \rightarrow 4CO_2 + 5H_2O + 700kcal/mol$
22.4L　　　　　　　　　　　700
1000L/m^3　　　　　　　　　x

$x = \dfrac{1000L/m^3 \times 700kcal/mol}{22.4L/mol}$

$= 31250 kcal/m^3$

26 가연물의 구비조건이 아닌 것은?

① 반응열이 클 것
② 표면적이 클 것
③ 연전도도가 클 것
④ 산소와 친화력이 클 것

 가연물의 구비조건
① 산소와 친화력이 클 것
② 열전도도가 작을 것
③ 표면적이 클 것
④ 반응열이 클 것
⑤ 활성화에너지가 작을 것

27 액체연료의 연소용 공기 공급방식에서 2차 공기란 어떤 공기를 말하는가?

① 연료를 분사시키기 위해 필요한 공기
② 완전연소에 필요한 부족한 공기를 보충하는 공기
③ 연료를 안개처럼 만들어 연소를 돕는 공기
④ 연소된 가스를 굴뚝으로 보내기 위해 고압, 송풍하는 공기

 1차 공기 : 연료의 무화에 필요한 공기
2차 공기 : 완전연소용 공기

28 TNT당량은 어떤 물질이 폭발할 때 방출하는 에너지와 동일한 에너지를 방출하는 TNT의 질량을 말한다. LPG 1톤이 폭발할 때 방출하는 에너지는 TNT당량으로 약 몇 kg인가? (단, 폭발한 LPG의 발열량은 15000kcal/kg

이며, LPG의 폭발계수는 0.1, TNT가 폭발 시 방출하는 당량에너지는 1125kcal/kg이다)

① 133　　② 1333
③ 2333　　④ 4333

TNT당량 = $\dfrac{\text{LPG 총 발생열량}}{\text{TNT 방출에너지}}$
= $\dfrac{1000 \times 0.1 \times 15000}{1125}$ = 1333.33kg

29 질소 10kg이 일정 압력상태에서 체적이 1.5m³에서 0.3m³으로 감소될 때까지 냉각되었을 때 질소의 엔트로피 변화량의 크기는 약 몇 kJ/K인가?(단, C_p는 14kJ/kg·K로 한다.)

① 25　　② 125
③ 225　　④ 325

ΔS(엔트로피 변화량의 크기)
= $m \times C_p \times \ln\left(\dfrac{V_2}{V_1}\right)$ = $10 \times 14 \times \ln\left(\dfrac{0.3}{1.5}\right)$
= −225.32kJ/K
※ 냉각되는 과정이므로 부호는 "−"이다.

30 Van der waals식
$\left(P + \dfrac{an^2}{V^2}\right)(V - nb) = nRT$에 해당하는 설명으로 틀린 것은?

① a의 단위는 atm·L²/mol²이다.
② b의 단위는 L/mol이다.
③ a의 값은 기체분자가 서로 어떻게 강하게 끌어당기는가를 나타낸 값이다.
④ a의 부피에 대한 보정항의 비례상수이다.

반데르 왈스식 : $\left(P + \dfrac{an^2}{V^2}\right)(V - nb) = nRT$
여기서,
 a : 기체 분자 간의 인력[L²·atm/mol²]
  기체 분자가 서로 어떻게 강하게 끌어당기는
  가를 나타낸 값
 b : 기체 분자 자신이 차지하는 부피[L/mol]

이상기체보다 더 큰 부피를 만들려고 보정하는 것
P : 압력[atm], V : 체적[L]

31 연료와 공기 혼합물에서 최대 연소속도가 되기 위한 조건은?

① 연료와 양론혼합물이 같은 양일 때
② 연료가 양론혼합물보다 약간 적을 때
③ 연료가 양론혼합물보다 약간 많을 때
④ 연료가 양론혼합물보다 아주 많을 때

연료가 양론혼합물보다 약간 많을 때

32 다음은 간단한 수증기사이클을 나타낸 그림이다. 여기서 랭킨(Rankine)사이클의 경로를 옳게 나타낸 것은?

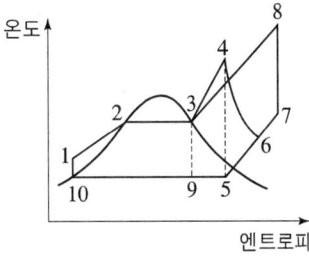

① 1→2→3→9→10→1
② 1→2→3→4→5→9→10→1
③ 1→2→3→4→6→5→9→10→1
④ 1→2→3→8→7→5→9→10→1

랭킨(Rankine)사이클
증기보일러, 증기터빈 복수기, 급수펌프로 된 증기원동소의 기준 사이클이고 2개의 단열과정, 2개의 등압과정을 구성되어 있다.(열을 일로 변환하는 사이클)

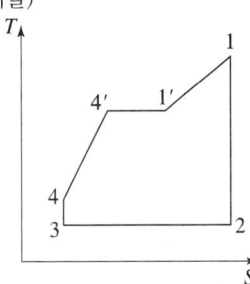

33 충격파가 반응 매질 속으로 음속보다 느린 속도로 이동할 때를 무엇이라 하는가?

① 분진 폭발은 연소시간이 길고 발생에너지가 크기 때문에 파괴력과 연소정도가 크다는 특징이 있다.
② 분해 폭발을 일으키는 가스에 비활성기체를 혼합하는 이유는 화염온도를 낮추고 화염 전파능력을 소멸시키기 위함이다.
③ 방폭 대책은 크게 예방, 긴급대책으로 나누어진다.
④ 분진을 다루는 압력을 대기압보다 낮게 하는 것도 분진 대책 중 하나이다.

폭연 : 충격파가 반응 매질 속으로 음속보다 느린 속도로 이동 시

34 방폭에 대한 설명으로 틀린 것은?

① 분진처리시설에서 호흡을 하는 경우 분진을 제거하는 장치가 필요하다.
② 분해폭발을 일으키는 가스에 비활성 기체를 혼합하는 이유는 화염온도를 낮추고 화염전파능력을 소멸시키기 위함이다.
③ 방폭대책은 크게 예방, 긴급대책 2가지로 나누어진다.
④ 분진을 다루는 압력을 대기압보다 낮게 하는 것도 분진대책 중 하나이다.

방폭
① 방폭대책은 예방, 국한, 소화, 피난대책이 있다.
② 분진을 다루는 압력을 대기압보다 낮게 하는 것도 분진대책 중 하나이다.
③ 분진폭발은 연소시간이 길고 발생에너지가 크기 때문에 파괴력과 연소 정도가 크다는 특징이 있다.
④ 분해폭발을 일으키는 가스에 비활성 기체를 혼합하는 이유는 화염온도를 낮추고 화염전파능력을 소멸시키기 위함이다.

35 프로판가스 $1Sm^3$을 완전연소시켰을 때의 건조연소가스량은 약 몇 Sm^3인가? (단, 공기 중의 산소는 21v%이다.)

① 10 ② 16
③ 22 ④ 30

$C_3H_8 + 5O_2 \rightarrow 3CO_2 + 4H_2O$
건조연소가스량 $= CO_2 + N_2 = 3 + \left(5 \times \dfrac{79}{21}\right)$
$= 21.88m^2$

36 공기가 산소 20v%, 질소 80v%의 혼합기체라고 가정할 때 표준상태(0℃, 101.325kPa)에서 공기의 기체상수는 약 몇 $kJ/kg \cdot K$인가?

① 0.269 ② 0.279
③ 0.289 ④ 0.299

공기의 평균 분자량 $= (32 \times 0.2 + 28 \times 0.8)$
$= 28.8$
$R = \dfrac{8.314}{M} = \dfrac{8.314}{28.8} = 0.289 kJ/kg \cdot K$

37 열역학 특성식으로 $P_1V_1^n = P_2V_2^n$이 있다. 이때 n값에 따른 상태변화를 옳게 나타낸 것은?(단, k는 비열비이다.)

① $n = 0$: 등온 ② $n = 1$: 단열
③ $n = \pm\infty$: 정적 ④ $n = k$: 등압

폴리트로픽 지수(n)에 따른 상태 과정
① 등압변화 : $n = 0$
② 등온변화 : $n = 1$
③ 단열변화 : $n = k$
④ 등적변화 : $n = \infty$

38 표준상태에서 고발열량과 저발열량의 차는 얼마인가?

① $9700 cal/g \cdot mol$ ② $539 cal/g \cdot mol$
③ $619 cal/g \cdot mol$ ④ $80 cal/g \cdot mol$

① $H_l = H_h - 600(9H + W)$
② $600(9H + W) = H_h - H_l$

③ $H_h = H_l + 600(9H + W)$

여기서, H_l : 저위발열량 = 진발열량
H_h : 고위발열량 = 총발열량
H : 수소(%)
W : 수분(%) = H_2O
600 : 물의 증발잠열
(539kcal/kg인데 600으로 함)

∴ $H_2 + \frac{1}{2}O_2 \rightarrow H_2O$

$18g/g \cdot mol \times 539cal/mol = 9702cal/g \cdot mol$

39 기체연료의 확산연소에 대한 설명으로 틀린 것은?

① 연료와 공기가 혼합하면서 연소한다.
② 일반적으로 확산과정은 확산에 의한 혼합속도가 연소속도를 지배한다.
③ 혼합에 시간이 걸리며 화염이 길게 늘어난다.
④ 연소기 내부에서 연료와 공기의 혼합비가 변하지 않고 연소된다.

 확산연소
① 수소, 메탄, 아세틸렌
② 역화의 우려가 없다.
③ 연소기 내부에서 연료와 공기의 혼합비가 변하면서 연소

40 연료의 구비조건이 아닌 것은?

① 저장 및 운반이 편리할 것
② 점화 및 연소가 용이할 것
③ 연소가스 발생량이 많을 것
④ 단위 용적당 발열량이 높을 것

 연료의 구비조건
① 저장 및 운반이 편리할 것
② 점화 및 연소가 용이할 것
③ 주입이 쉽고 경제적일 것
④ 단위 용적당 발열량이 클 것
⑤ 인체에 무해할 것
⑥ 공기 중에서 쉽게 연소할 것

 **제3과목　가스설비**

41 터보(turbo)압축기의 특징에 대한 설명으로 틀린 것은?

① 고속 회전이 가능하다.
② 작은 설치 면적에 비해 유량이 크다.
③ 케이싱 내부를 급유해야 하므로 기름의 혼입에 주의해야 한다.
④ 용량조정 범위가 비교적 좁다.

 터보압축기의 특징
① 무급유식이다.
② 기체의 송출에 맥동현상이 있다.
③ 서징현상이 발생한다.
④ 고속회전으로 용량이 크다.
⑤ 용량조정이 어렵고 범위가 좁다.
⑥ 압축비가 적고 효율이 낮다.
⑦ 형태가 작고 경량이고 설치면적이 적다.

42 호칭지름이 동일한 외경의 강관에 있어서 스케줄 번호가 다음과 같을 때 두께가 가장 두꺼운 것은?

① XXS
② XS
③ Sch 20
④ Sch 40

 스케줄 번호(Sch.No, 배관의 두께) = $\frac{P}{S} \times 10$

① STD(standard) : 250A까지 Sch 40과 두께가 같다.
② XS(extra strong) : 200A까지 Sch 80과 두께가 같다.
③ XXS(double extra strong) : Sch 140과 160 사이의 두께를 갖는다.

여기서, S : 허용응력 = $\frac{인장강도}{안전율}$ [kg/mm²]
P : 사용압력 [kg/cm²]

43 과류차단 안전기구가 부착된 것으로서 가스 유로를 볼로 개폐하고 배관과 호스 또는 배관과 커플러를 연결하는 구조의 콕은?

① 호스콕 ② 퓨즈콕
③ 상자콕 ④ 노즐콕

 콕의 종류
① 퓨즈콕 : 가스의 유로를 볼로 개폐하고 과류차단안전기구가 부착된 것으로서 배관과 배관, 배관과 커플러, 배관과 호스, 호스와 호스를 연결하는 구조이다.
② 상자콕 : 상자에 넣어 바닥, 벽 등에 설치하는 것으로 가스 유로를 핸들 누름, 당김 등의 조작으로 개폐하고 배관과 커플러를 연결하는 구조이고, 과류차단안전기구가 부착되어 있다.
③ 주물연소기용 노즐콕

[종류]
① 교반형 : 교반축에서 가스 누설의 가능성이 많다.
② 가스교반형 : 가늘고 긴 수직형 반응기로 유체가 순환됨으로 인해 교반
③ 회전형
④ 진탕형 : ㉠ 가스누설의 가능성이 없다.
㉡ 고압력에 사용할 수 있고 반응물 오손이 없다.
㉢ 장치 전체가 진동하므로 압력계는 본체로부터 떨어져 설치한다.
㉣ 뚜껑판 뚫어진 구멍에 촉매가 끼워 들어갈 염려가 있다.

44 저온장치에 사용되는 진공단열법의 종류가 아닌 것은?
① 고진공단열법
② 다층진공단열법
③ 분말진공단열법
④ 다공단층진공단열법

 진공단열법의 종류
① 다층진공단열법 : 단열공간, 양면 간에 복사방지용 실드판으로서의 알루미늄박과 글라스 울을 서로 다수 포개어 고진공 중에 둔 단열법
② 고진공단열법 : 공기에 의한 전열은 어느 압력까지 내려가면 급히 압력에 비례하여 적어지는 성질을 이용하는 저온장치에 사용되는 단열법
③ 분말진공단열법 : 충전용 분말로 펄라이트, 규조토, 알루미늄 분말을 사용

45 교반형 오토클레이브의 장점에 해당되지 않는 것은?
① 가스누출의 우려가 없다.
② 기액반응으로 기체를 계속 유통시킬 수 있다.
③ 교반효과는 진탕형에 비하여 더 좋다.
④ 특수 라이닝을 하지 않아도 된다.

 오토클레이브 : 고온, 고압 하에서 화학적인 합성반응을 위한 고압반응 가마

46 원심펌프의 특징에 대한 설명으로 틀린 것은?
① 저양정에 적합하다.
② 펌프에 충분히 액을 채워야 한다.
③ 원심력에 의하여 액체를 이송한다.
④ 용량에 비하여 설치면적이 작고 소형이다.

 고양정에 적합하다.

47 가스폭발 위험성에 대한 설명으로 틀린 것은?
① 아세틸렌은 공기가 공존하지 않아도 폭발 위험성이 있다.
② 일산화탄소는 공기가 공존하여도 폭발 위험성이 없다.
③ 액화석유가스가 누출되면 낮은 곳으로 모여 폭발 위험성이 있다.
④ 가연성의 고체 미분이 공기 중에 부유 시 분진폭발의 위험성이 있다.

 일산화탄소되 가연성가스이기 때문에 공기가 공존 시 폭발 위험이 있다.

48 LPG 공급방식에서 강제기화방식의 특징이 아닌 것은?

44.④ 45.① 46.① 47.② 48.③

① 기화량을 가감할 수 있다.
② 설치 면적이 작아도 된다.
③ 한랭시에는 연속적인 가스공급이 어렵다.
④ 공급 가스의 조성을 일정하게 유지할 수 있다.

 강제기화방식의 특징
① 한랭시에도 연속적으로 충분한 가스를 공급할 수 있다.
② 공급 가스의 조성이 일정하다.
③ 기화량 가감이 용이하다.
④ 설비비 및 인건비가 절감된다.
⑤ 설치 면적이 적다.

49 최대지음이 10m인 가연성가스 저장탱크 2기가 상호 인접하여 있을 때 탱크 간에 유지하여야 할 거리는?

① 1m　　② 2m
③ 5m　　④ 10m

 유지거리$(l) = \dfrac{D_1 + D_2}{4} = \dfrac{10+10}{4} = 5m$ 이상

50 탄소강에서 생기는 취성(메짐)의 종류가 아닌 것은?

① 적열취성　　② 풀림취성
③ 청열취성　　④ 상온취성

 탄소강에서 생기는 취성
① 적열취성(메짐) : 원인은 S이고, 800~900℃
② P(인) : 상온취성, 청열취성(200~300℃)의 원인

51 LPG와 나프타를 원료로 한 대체천연가스(SNG)프로세스의 공정에 속하지 않는 것은?

① 수소화탈황공정
② 저온수증기개질공정
③ 열분해공정
④ 메탄합성공정

 대체 천연가스(SNG)의 공정
① 메탄합성공정
② 수소화탈황공정
③ 저온수증기개질공정

52 LP가스 1단 감압식 저압조정기의 입구압력은?

① 0.025MPa~0.35MPa
② 0.025MPa~1.56MPa
③ 0.07MPa~0.35MPa
④ 0.07MPa~1.56MPa

 입구압력과 조정압력(출구압력)

조정기	입구압력	조정압력
2단감압1차용	1~15.6 kg/cm²	0.57~0.83 kg/cm²
자동교체식분리형	1~15.6 kg/cm²	0.32~0.83 kg/cm²
1단감압저압	0.7~15.6 kg/cm²	230~330 mmH₂O
2단감압2차용	0.25~35 kg/cm²	230~330 mmH₂O
자동절체식1차용	1~15.6 kg/cm²	255~330 mmH₂O
일단감압준저압	1~15.6 kg/cm²	500~3000 mmH₂O

 $1MPa = 10kg/cm^3$, $1kPa = 100mmH_2O$

53 토양의 금속부식을 확인하기 위해 시험편을 이용하여 실험하였다. 이에 대한 설명으로 틀린 것은?

① 전기저항이 낮은 토양 중의 부식속도는 빠르다.
② 배수가 불량한 점토 중의 부식속도는 빠르다.
③ 염기성 세균이 번식하는 토양 중의 부식속도는 빠르다.
④ 통기성이 좋은 토양 중의 부식속도는 점차 빨라진다.

 토양의 금속부식
① 통기성이 좋은 토양에서는 부식속도는 느리다.

② 염기성 세균이 번식하는 토양 중의 부식속도는 빠르다.
③ 배수가 불량한 점토 중의 부식속도는 빠르다.
④ 전기저항이 낮은 토양 중의 부식속도는 빠르다.

54 가스 배관의 접합시공방법 중 원칙적으로 규정된 접합시공방법은?

① 기계적 접합 ② 나사 접합
③ 플랜지 접합 ④ 용접 접합

 가스배관의 접합시공법 중 원칙적으로 규정된 접합시공법은 용접접합이다.

55 탱크로리에서 저장탱크로 LP가스를 압축기에 의한 이송하는 방법의 특징으로 틀린 것은?

① 펌프에 비해 이송시간이 짧다.
② 잔 가스 회수가 용이하다.
③ 균압관을 설치해야 한다.
④ 저온에서 부탄이 재액화될 우려가 있다.

 압축기 이송 시 장·단점
[장점] ① 충전시간이 짧다.
② 잔가스 회수가 용이하다.
③ 베이퍼록의 우려가 없다.
[단점] ① 재액화의 우려가 있다.(부탄의 경우)
② 드레인의 우려가 있다.

56 아세틸렌(C_2H_2)에 대한 설명으로 틀린 것은?

① 동과 직접 접촉하여 폭발성의 아세틸라이드를 만든다.
② 비점과 융점이 비슷하여 고체 아세틸렌은 융해한다.
③ 아세틸렌가스의 충전제로 규조토, 목탄 등의 다공성 물질을 사용한다.
④ 흡열 화합물이므로 압축하면 분해폭발 할 수 있다.

 고체 아세틸렌은 승화한다.

57 LPG 기화장치 중 열교환기에 LPG를 송입하여 여기에서 기화된 가스를 LPG용 조정기에 의하여 감압하는 장치는?

① 가온감압방식 ② 자연기화방식
③ 감압가온방식 ④ 대기온이온방식

 가온감압방식 : 열교환기에 LPG를 송입하여 여기에서 기화된 가스를 LPG용 조정기에 의해 감압하는 방식
감압가열방식 : 액체 상태의 LPG를 액체 조정기에 의하여 감압하여 열교환기에 송입하여 기화된 가스를 사용처로 공급

58 수소에 대한 설명으로 틀린 것은?

① 압축가스로 취급된다.
② 충전구의 나사는 왼나사이다.
③ 용접용기에 충전하여 사용한다.
④ 용기의 도색은 주황색이다.

 수소(H_2)
① 열전달율이 좋다.
② 기체 중 가스의 확산속도가 가장 빠르다.
③ 폭명기를 생성한다.
④ 충전구 나사는 왼나사이고, 용기의 도색은 황색이다.
⑤ 탈탄작용(수소취성)을 일으킨다.
$Fe_3C + 2H_2 \rightarrow CH_4 + 3Fe$
수소취성 방지원소 : V, Mo, Ti, W, Cr

59 기포펌프로서 유량이 $0.5m^3/min$인 물을 흡수면보다 50m 높은 곳으로 양수하고자 한다. 축동력이 15PS 소요되었다고 할 때 펌프의 효율은 약 몇 %인가?

① 32 ② 37
③ 42 ④ 47

 $Ps = \dfrac{\gamma \times Q \times H}{75 \times E} = \dfrac{\gamma \times Q \times H}{75 \times E \times 60}$
$= \dfrac{\gamma \times Q \times H}{75 \times E \times 3600}$

$E(효율) = \dfrac{\gamma \times Q \times H}{Ps \times 75 \times 60}$

$$= \frac{1000 \times 0.5 \times 50}{15 \times 75 \times 60} \times 100$$
$$= 37.04\%$$

60 어떤 연소기구에 접속된 고무관이 노후화되어 0.6mm의 구멍이 뚫려 280mmH₂O의 압력으로 LP가스가 5시간 누출되었을 경우 가스 분출량은 약 몇 L인가?

① 52 ② 104
③ 208 ④ 416

 LP가스 분출량($Q[\text{m}^3/\text{h}]$)

$$Q = 0.009 D^2 \sqrt{\frac{h}{d}}$$
$$= 0.009 \times 0.6^2 \times \sqrt{\frac{280}{1.7}} \times 5$$
$$= 0.2079 \text{m}^3 \times 1000 \text{L/m}^3$$
$$= 207.91 \text{L}$$

61 가스사고를 원인별로 분류했을 때 가장 높은 비율을 차지하는 사고 원인은?

① 제품 노후(고장)
② 시설 미비
③ 고의 사고
④ 사용자 취급 부주의

 가스사고를 원인별로 분류했을 때 가장 높은 비율을 차지하는 사고 원인은 사용자 취급 부주의이다.

62 산업재해 발생 및 그 위험요인에 대하여 짝지어진 것 중 틀린 것은?

① 화재, 폭발 – 가연성, 폭발성 물질
② 중독 – 독성가스, 유독물질
③ 난청 – 누전, 배선불량
④ 화상, 동상 – 고온, 저온물질

 ① 난청의 위험요인 : 소음
② 전기화재 : 누전, 배선불량

63 고압가스용 안전밸브 중 공칭 밸브의 크기가 80A일 때 최소 내압시험 유지시간은?

① 60초 ② 180초
③ 300초 ④ 540초

 고압가스 안전밸브 내압시험 시간

공칭밸브 크기	최초 시험 유지시간
50A 이하	15초
65A 이상 200A 이하	60초
250A 이상	180초

64 고압가스용 저장탱크 및 압력용기(설계압력 20.MPa 이하)제조에 대한 내압시험 압력 계산식 $P_t = \mu P \left(\frac{\sigma_t}{\sigma_d}\right)$에 계수 μ의 값은?

① 설계압력의 1.25배
② 설계압력의 1.3배
③ 설계압력의 1.5배
④ 설계압력의 20.배

 저장탱크 및 압력용기 제조에 대한 내압시험 압력 계산식에서 계수 μ의 값

설계압력범위	μ값
20.6MPa 이하	1.3
20.6MPa 초과 98MPa 이하	1.25

65 차량에 고정된 탱크의 안전운행 기준으로 운행을 완료하고 점검하여야 할 사항이 아닌 것은?

① 밸브의 이완상태
② 부속품 등의 볼트 연결상태
③ 자동차 운행등록허가증 확인
④ 경계표지 및 휴대품 등의 손상유무

차량에 고정된 탱크의 안전운행 기준으로 운행을 완료하고 점검하여야 할 사항
① 밸브의 이완상태
② 부속품 등의 볼트 연결상태
③ 경계표지 및 휴대품 등의 손상유무
④ 높이검지봉과 부속배관 등이 적절히 부착되어 있도록 함

66 고압가스를 차량에 적재·운반할 때 몇 km 이상의 거리를 운행하는 경우에 중간에 충분한 휴식을 취한 후 운행하여야 하는가?
① 100 ② 200
③ 300 ④ 400

 고압가스를 차량에 적재운반 시 260km 이상의 거리를 운행하는 경우에 중간에 충분한 휴식을 취한 후 운행

67 다음 [보기]에서 임계온도가 0℃에서 40℃ 사이인 것으로만 나열된 것은?

보기: ㉠ 산소 ㉡ 이산화탄소 ㉢ 프로판 ㉣ 에틸렌

① ㉠, ㉡ ② ㉡, ㉢
③ ㉡, ㉣ ④ ㉢, ㉣

 각 가스의 임계압력 및 임계온도

가스	임계압력[atm]	임계온도[℃]
산소	50.1	-118.4
이산화탄소	72.9	31.35
프로판	41.9	96.7
에틸렌	50	9.9
수소	12.8	-239.9
질소	33.5	-147
염소	76.1	144
암모니아	35	-139
메탄	45.8	-82.1
아세틸렌	61.6	36
후레온	55	183.5

68 독성가스 냉매를 사용하는 압축기 설치 장소에는 냉매노출 시 체류하지 않도록 환기구를 설치하여야 한다. 냉동능력 1ton당 환기구 설치면적 기준은?
① $0.05m^2$ 이상 ② $0.1m^2$ 이상
③ $0.15m^2$ 이상 ④ $0.2m^2$ 이상

 냉동능력 1ton당 환기구 설치면적은 $0.05m_2$ 이상이다.

69 시안화수소의 안전성에 대한 설명으로 틀린 것은?
① 순도 98% 이상으로서 착색된 것은 60일을 경과할 수 있다.
② 안정제로는 아황산, 황산 등을 사용한다.
③ 맹독성가스이므로 흡수장치나 재해방지 장치를 설치한다.
④ 1일 1회 이상 질산구리벤젠지로 누출을 검지한다.

 시안화수소(HCN)
① 누설 시 복숭아 향
② 충전 후 24시간 정치
③ 1일 1회 이상 질산구리 벤젠지로 검사
④ 충전 후 60일이 경과되기 전에 다른 용기에 충전(단, 순도가 98% 이상으로 착색되지 아니한 것은 그러하지 아니하다.)
⑤ 독성이며 가연성가스
⑥ 수분 2% 이상 함유시 중합폭발의 위험이 있다.
⑦ 안정제 : 오산화인, 염화칼슘, 인산, 아황산가스, 동, 황산

70 고압가스 제조설비의 기밀시험이나 시운전 시 가압용 고압가스로 부적당한 것은?
① 질소 ② 아르곤
③ 공기 ④ 수소

 수소는 가연성가스이므로 사용금지

71 도시가스 사용시설에 설치되는 정압기의 분해점검 주기는?
① 6개월에 1회 이상

② 1년에 1회 이상
③ 2년에 1회 이상
④ 설치 후 3년까지는 1회 이상, 그 이후에는 4년에 1회 이상

 분해점검 주기
① 정압기 : 2년에 1회 이상
② 사용시설의 정압기 및 필터 : 설치 후 3년에 1회 이상. 그 이후는 4년에 1회 이상

72 차량에 고정된 후부취출식 저장탱크에 의하여 고압가스를 이송하려 한다. 저장탱크 주밸브 및 긴급차단장치에 속하는 밸브와 차량의 뒤 범퍼와의 수평거리가 몇 cm 이상 떨어지도록 차량에 고장시켜야 하는가?

① 20 ② 30
③ 40 ④ 60

 뒤 범퍼와의 수평거리
① 조작상자 : 20cm 이상
② 저장탱크 후면과 : 30cm 이상
③ 주밸브 : 40cm 이상

73 일반도시가스사업제조소에서 도시가스 지하매설 배관에 사용되는 폴리에틸렌관의 최고사용압력은?

① 0.1MPa 이하 ② 0.4MPa 이하
③ 1MPa 이하   ④ 4MPa 이하

 도시가스 지하매설 배관에 사용되는 폴리에틸렌관의 최고사용압력은 0.4MPa 이하이다.

74 아세틸렌을 용기에 충전한 후 압력이 몇 ℃에서 몇 MPa 이하가 되도록 정치하여야 하는가?

① 15℃에서 2.5MPa
② 35℃에서 2.5MPa
③ 15℃에서 1.5MPa
④ 35℃에서 1.5MPa

 ① 온도에 관계없이 2.5MPa 이하로 충전 시 희석제를 첨가할 것
희석제 : 메탄, 일산화탄소, 에틸렌, 질소
② 충전 후 압력은 15℃에서 1.5MPa 이하
③ 습식 아세틸렌 발생기 표면온도 : 70℃ 이하
④ 다공도(%) = $\dfrac{V-E}{V} \times 100$
여기서, V : 다공물질의 용적(%)
E : 아세톤 침윤잔용적(%)
⑤ 다공도 : 75% 이상 92% 미만

75 다음 특정설비 중 재검사 대상에 해당하는 것은?

① 평저형 저온저장탱크
② 대기식 기화장치
③ 저장탱크에 부착된 안전밸브
④ 고압가스용 실린더 캐비닛

 특정설비 중 재검사 대상
① 저장탱크
② 긴급차단장치
③ 역화방지장치
④ 안전밸브
⑤ 기화장치
⑥ 자동차용 가스자동주입기
⑦ 냉동설비
⑧ 압력용기
⑨ 독성가스용 배관용 밸브
⑩ LPG용 용기잔류가스 회수장치
⑪ 특정고압가스용 실린더 캐비닛
⑫ 자동차용 압축천연가스 완속 충전설비

76 가스 저장탱크 상호 간에 유지하여야 하는 최소한의 거리는?

① 60cm ② 1m
③ 2m   ④ 3m

 가스 저장탱크 상호간에 유지하여야 하는 최소거리는 1m 이상(1m 미만 시 1m 이상으로 한다.)

77 도시가스시설에서 가스사고가 발생한 경우 사고의 종류별 통보방법과 통보기한의 기준으로 틀린 것은?

① 사람이 사망한 사고 : 속보(즉시), 상보(사고발생 후 20일 이내)
② 사람이 부상당하거나 중독된 사고 : 속보(즉시), 상보(사고발생 후 15일 이내)
③ 가스누출에 의한 폭발 또는 화재사고(사람이 사망·부상·중독된 사고 제외) : 속보(즉시)
④ LNG 인수기지의 LNG 저장탱크에 가스가 누출된 사고(사람이 사망·부상·중독되거나 폭발·화재 사고 등 제외) : 속보(즉시)

 도시가스시설에서 가스사고가 발생한 경우 통보방법과 통보기한
① 사람이 사망한 경우 : 즉시(속보)
   상보 : 사고발생 후 20일 이내
② 사람이 부상당하거나 중독된 사고 : 즉시(속보)
   상보 : 사고발생 후 10일 이내

78 지상에 설치하는 저장탱크 주위에 방류둑을 설치하지 않아도 되는 경우는?

① 저장능력 10톤의 염소탱크
② 저장능력 2000톤의 액화산소탱크
③ 저장능력 1000톤의 부탄탱크
④ 저장능력 5000톤의 액화질소탱크

 저장탱크 별 방류둑 설치 대상
① 고압가스 특정제조
   ㉠ 가연성, 산소 : 1000ton 이상
   ㉡ 독성 : 5ton 이상
② 고압가스 일반제조
   ㉠ 가연성, 산소 : 1000ton 이상
   ㉡ 독성 : 5ton 이상
③ 액화석유가스 충전사업, 일반도시가스 사업 : 1000ton 이상
④ 독성가스를 냉매로 사용하는 수액기 내용적 : 1000L 이상

79 가스누출경보 및 자동차단장치의 기능에 대한 설명으로 틀린 것은?

① 독성가스의 경보농도는 TLV-TWA 기준 농도 이하로 한다.
② 경보농도 설정치는 독성가스용에서는 ±30% 이하로 한다.
③ 가연성가스경보기는 모든 가스에 감응하는 구조로 한다.
④ 검지에서 발신까지 걸리는 시간은 경보농도의 1.6배 농도에서 보통 30초 이내로 한다.

80 가스안전성 평가기준에서 정한 정량적인 위험성 평가기법이 아닌 것은?

① 결함수 분석
② 위험과 운전분석
③ 작업자 실수 분석
④ 원인-결과 분석

 정량적인 위험성 평가기법
① 결함수 분석법(FTA)
② 사건수 분석법(ETA)
③ 원인결과 분석법(CCA)
④ 작업자 실수 분석법(HEA)

제5과목 가스계측기기

81 1차 지연형 계측기의 스텝응답에서 전변화의 80%까지 변화하는데 걸리는 시간은 시정수의 얼마인가?

① 0.8배　② 1.6배
③ 2.0배　④ 2.8배

 $Y = 1 - e^{-\frac{t}{T}}$을 정리

$1 - Y = e^{-\frac{t}{T}}$

양변에 ln을 곱하면 $\ln(1-Y) = -\dfrac{t}{T}$

$\therefore \dfrac{t}{T} = -\ln(1-Y) = -\ln(1-0.8) = 1.609$배

여기서, Y : 스텝응답, t : 변화시간(초)
T : 시정수

82 가스미터의 특징에 대한 설명으로 옳은 것은?

① 막식 가스미터는 비교적 값이 싸고 용량에 비하여 설치면적이 적은 장점이 있다.
② 루트미터는 대유량의 가스측정에 적합하고 설치면적이 작고, 대수용가에 사용한다.
③ 습식가스미터는 사용 중에 기차의 변동이 큰 단점이 있다.
④ 습식가스미터는 계량이 정확하고, 설치면적이 작은 장점이 있다.

가스미터	특징
막식 가스미터	① 저가이다. ② 부착 후 유지관리에 시간을 요하지 않는다. ③ 대용량의 것은 설치면적이 크다. ④ 가정용이다.
습식 가스미터	① 기차변동이 거의 없다. ② 계량이 정확하다. ③ 수위조정 등의 관리가 필요하다. ④ 설치면적이 크다. ⑤ 실험실용이다.
루프 가스미터	① 대유량 가스 측정에 적합하다. ② 중압가스 계량이 용이하다. ③ 설치면적이 적다. ④ 소유량에서는 부동의 우려가 있다. ⑤ 스트레이너 설치 후 유지관리가 필요하다.

83 오프셋을 제거하고, 리셋시간도 단축되는 제어방식으로서 쓸모없는 시간이나 전달 느림이 있는 경우에도 사이클링을 일으키지 않아 넓은 범위의 특성프로세스에 적용할 수 있는 제어는?

① 비례적분미분 제어기
② 비례미분 제어기
③ 비례적분 제어기
④ 비례 제어기

 비례적분미분 제어기
① 오프셋을 제거하고, 리셋시간도 단축되는 제어방식이다.
② 쓸모없는 시간이나 전달 느림이 있는 경우에도 사이클링을 일으키지 않는다.
③ 넓은 범위의 특성프로세스에 적용할 수 있다.

84 제어량의 응답에 계단변화가 도입된 후에 얻게 될 궁극적인 값을 얼마나 초과하게 되는가를 나타내는 척도를 무엇이라 하는가?

① 상승시간(rise time)
② 응답시간(response time)
③ 오버슈트(over shoot)
④ 진동주기(period of oscillation)

 오버슈트(over shoot)
제어량의 응답에 계단변화가 도입된 후에 얻게 될 궁극적인 값을 얼마나 초과하게 되는가를 나타내는 척도
상승시간 : 응답이 처음 설정값에 이르는데 걸리는 소요시간
지연시간 : 응답이 설정값의 50%까지 이르는데 걸리는 소요시간

85 막식가스미터의 부동현상에 대한 설명으로 가장 옳은 것은?

① 가스가 미터를 통과하지만 지침이 움직이지 않는 고장
② 가스가 미터를 통과하지 못하는 고장
③ 가스가 누출되고 있는 고장
④ 가스가 통과될 때 미터가 이상음을 내는 고장

 부동현상 : 가스가 가스미터를 통과하지만 미터의 지침이 움직이지 않는 고장
① 감속 또는 지시장치의 불량
② 지사장치의 톱니바퀴 불량
③ 계량막의 파손, 밸브의 탈락, 밸브와 밸브시트 사이의 누설

86 다음 열전대 중 사용온도 범위가 가장 좁은 것은?

① PR   ② CA
③ IC   ④ CC

 열전대 온도계 : 두 금속의 열기전력을 이용하여 온도 측정(제백효과 이용)
[종류]
① PR(백금-백금로듐) R
 ㉠ 온도는 0~1600℃
 ㉡ 산화성 분위기에 강하다.
 ㉢ 금속증기에 침식되지 쉽다.
 ㉣ 환원성 분위기에 약하다.
② CA(크로멜-알루멜) K
 ㉠ 온도는 0~1200℃
 ㉡ 산화성 분위기에 노화가 빠르다.
③ IC(철-콘스탄탄) J
 ㉠ 온도는 -20~852℃
 ㉡ 환원성 분위기에 강하다.
④ CC(동-콘스탄탄) T
 ㉠ 온도는 -200~350℃
 ㉡ 수분에 의한 내식성이 강하다.

87 캐리어가스의 유량이 60mL/min이고, 기록지의 속도가 3cm/min일 때 어떤 성분시료를 주입하였더니 주입점에서 성분피크까지의 길이가 15cm 이었다. 지속용량은 약 몇 mL인가?

① 100   ② 200
③ 300   ④ 400

 지속용량 = $\dfrac{\text{유량} \times \text{피크길이}}{\text{기록지 속도}}$
$= \dfrac{60 \times 15}{3} = 300\text{mL}$

88 전기저항식 습도계와 저항 온도계식 건습구 습도계의 공통적인 특징으로 가장 옳은 것은?

① 정도가 좋다.
② 물이 필요하다.
③ 고습도에서 장기간 방치가 가능하다.
④ 연속기록, 원격측정, 자동제어에 이용된다.

 전기저항식 습도계의 특징
① 연속기록, 원격측정, 자동제어에 이용된다.
② 감도가 크다.
③ 상대습도측정이 가능하다.
④ 다소의 경년변화가 있다.
⑤ 온도계수가 비교적 크다.
⑥ 저온도의 측정이 가능하고 응답이 빠르다.

저항 온도계식 건습구 습도계의 특징
① 연속기록, 원격측정, 자동제어에 이용된다.
② 물이 필요하다.
③ 저습도의 측정이 곤란하다.
④ 정도가 좋지 못하다.
⑤ 상대습도를 바로 나타낸다.

※ 경년변화 : 시간의 경과와 더불어 여러 성질이 악화되는 현상

89 적외선 분광분석법에 대한 설명으로 틀린 것은?

① 적외선을 흡수하기 위해서는 쌍극자모멘트의 알짜변화를 일으켜야 한다.
② 고체, 액체, 기체상의 시료를 모두 측정할 수 있다.
③ 열 검출기와 광자 검출기가 주로 사용된다.
④ 적외선분광기기로 사용되는 물질은 적외선에 잘 흡수되는 석영을 주로 사용한다.

적외선 분광분석법
① 적외선을 흡수하기 위해서는 쌍극자모멘트의 알짜변화를 일으켜야 한다.
② 기체, 액체, 고체 상의 시료를 모두 측정할 수 있다.
③ 열 검출기와 광자 검출기가 주로 사용된다.
④ He, Ne, Ar 등 단원자 분자 및 O_2, H_2, N_2, Cl_2 등 2원자 분자는 적외선을 흡수하지 않으므로 분석 불가
⑤ 적외선 흡수 스펙트럼은 화합물 특유의 흡수를 표시하므로 정성분석과 정량분석에 이용 가능하다.

86.④ 87.③ 88.④ 89.④

90 연료 가스의 헴펠식(Hempel)분석 방법에 대한 설명으로 틀린 것은?

① 중탄화수소, 산소, 일산화탄소, 이산화탄소 등의 성분을 분석한다.
② 흡수법과 연소법을 조합한 분석 방법이다.
③ 흡수 순서는 일산화탄소, 이산화탄소, 중탄화수소, 산소의 순이다.
④ 질소성분은 흡수되지 않는 나머지로 각 성분의 용량 %의 합을 100에서 뺀 값이다.

헴펠식(Hempel)
① CO_2 : KOH 30% 수용액
② $C_mH_n(C_2H_2)$: 발연황산 25%
③ O_2 : 알칼리성 피롤카롤 용액
④ CO : 암모니아성 염화제1동 용액

91 액주형 압력계 사용 시 유의해야 할 사항이 아닌 것은?

① 액체의 점도가 큰 것
② 경계면이 명확한 액체일 것
③ 온도에 따른 액체의 밀도 변화가 적을 것
④ 모세관 현상에 의한 액주의 변화가 없을 것

액주형 압력계 사용 시 유의사항
① 액의 점도가 적을 것
② 모세관 현상에 의한 액주의 변화가 없을 것
③ 온도에 따른 액체의 밀도 변화가 적을 것
④ 경계면이 명확한 액체일 것
⑤ 열팽창계수가 적을 것
⑥ 화학적으로 안정할 것
⑦ 항상 액면은 수평을 유지할 것

92 습식 가스미터의 특징에 대한 설명으로 틀린 것은?

① 계량이 정확하다.
② 설치공간이 크게 요구된다.
③ 사용 중에 기차(器差)의 변동이 크다.
④ 사용 중에 수위조정 등의 관리가 필요하다.

가스미터	특징
막식 가스미터	① 저가이다. ② 부착 후 유지관리에 시간을 요하지 않는다. ③ 대용량의 것은 설치면적이 크다. ④ 가정용이다.
습식 가스미터	① 기차변동이 거의 없다. ② 계량이 정확하다. ③ 수위조정 등의 관리가 필요하다. ④ 설치면적이 크다. ⑤ 실험실용이다.
루프 가스미터	① 대유량 가스 측정에 적합하다. ② 중압가스 계량이 용이하다. ③ 설치면적이 적다. ④ 소유량에서는 부동의 우려가 있다. ⑤ 스트레이너 설치 후 유지관리가 필요하다.

93 마이크로파식 레벨측정기의 특징에 대한 설명 중 틀린 것은?

① 초음파식보다 정도(精度)가 낮다.
② 진공용기에서의 측정이 가능하다.
③ 측정면에 비접촉으로 측정할 수 있다.
④ 고온, 고압의 환경에서도 사용이 가능하다.

마이크로파식 레벨측정기의 특징
① 초음파식보다 정도(精度)가 좋다.
② 고온, 고압의 환경에서도 사용이 가능하다.
③ 측정면에 비접촉으로 측정할 수 있다.
④ 진공용기에서의 측정이 가능하다.

94 채취된 가스를 분석기 내부의 성분 흡수제에 흡수시켜 체적변화를 측정하는 가스분석 방법은?

① 오르자트 분석법
② 적외선 흡수법
③ 불꽃이온화 분석법
④ 화학발광 분석법

흡수분석법 : 채취된 가스를 분석기 내부의 성분 흡수제에 흡수시켜 체적변화를 측정하는 가스분석 방법
① 오르자트법 ② 헴펠법 ③ 게겔법

95 독성가스나 가연성가스 저장소에서 가스누출로 인한 폭발 및 가스중독을 방지하기 위하여 현장에서 누출여부를 확인하는 방법으로 가장 거리가 먼 것은?

① 검지관법
② 시험지법
③ 가연성가스검출기법
④ 기체 크로마토그래피법

 현장에서 누출여부를 확인하는 방법
① 시험지법
② 검지관법
③ 가연성가스검출기법

96 다음 중 간접계측 방법에 해당되는 것은?

① 압력을 분동식 압력계로 측정
② 질량을 천칭으로 측정
③ 길이를 줄자로 측정
④ 압력을 부르동관 압력계로 측정

 측정방법
① 직접계측 : 측정하고자 하는 양을 직접 접촉시켜 그 크기를 구하는 방법
 ㉠ 길이를 줄자로 측정
 ㉡ 질량을 천칭으로 측정
 ㉢ 압력을 분동식 압력계로 측정
② 간접계측 : 측정량과 일정한 관계가 있는 몇 개의 양을 측정하고 이로부터 계산 등에 의해 측정값을 유도해 내는 경우
 ㉠ 온도를 비접촉식 온도계로 측정
 ㉡ 유량을 차압식 유량계로 측정
 ㉢ 압력을 부르돈관 압력계로 측정

97 기체 크로마토그래피의 주된 측정 원리는?

① 흡착   ② 증류
③ 추출   ④ 결정화

98 다음 압력계 중 압력측정범위가 가장 큰 것은?

① U자형 압력계
② 링밸런스식 압력계
③ 부르동관 압력계
④ 분동식 압력계

 압력측정범위
① U자형 압력계 : 100~200mmH₂O
  (0.01~0.02kgf/cm²)
② 링밸런스식 압력계 : 20~3000mmH₂O
  (0.002~3kgf/cm²)
③ 부르동관 압력계 : 3000kgf/cm²
④ 분동식 압력계 : 5000kgf/cm²

 사용유체에 따른 분동식 압력계의 측정범위
① 경유 : 40~100kgf/cm²
② 피마자유, 스핀들유 : 100~1000kgf/cm²
③ 모빌유 : 3000kgf/cm²
④ 점도가 큰 오일 사용 시 : 5000kgf/cm²

99 다음 중 1차 압력계는?

① 부르동관 압력계 ② U자 마노미터
③ 전기저항 압력계 ④ 벨로우즈 압력계

 1차 압력계의 종류
① U자관식   ② 단관식
③ 경사관식   ④ 2액 마노미터

100 차압식 유량계로 유량을 측정하였더니 오리피스 전·후의 차압이 1936mmH₂O일 때 유량은 22m³/h이었다. 차압이 1024mmH₂O이면 유량은 약 몇 m³/h이 되는가?

① 6   ② 12
③ 16   ④ 18

 유량의 차압의 제곱근에 비례한다.
$Q_1 = \sqrt{\Delta P_1}$
$Q_2 = \sqrt{\Delta P_2}$
$Q_2 \times \sqrt{\Delta P_1} = Q_1 \times \sqrt{\Delta P_2}$
$\therefore Q_2 = \dfrac{Q_1 \times \sqrt{\Delta P_2}}{\sqrt{\Delta P_1}} = \dfrac{22 \times \sqrt{1024}}{\sqrt{1936}}$
$= 16 \text{m}^3/\text{h}$

95.④ 96.④ 97.① 98.④ 99.② 100.③

2021

① 2021년 3월 7일 시행
② 2021년 5월 15일 시행
③ 2021년 9월 12일 시행

2021

2021년도 출제문제
2021년 3월 7일 시행

 제1과목   가스유체역학

01 펌프작용이 단속적이라서 맥동이 일어나기 쉬우므로 이를 완화하기 위하여 공기실을 필요로 하는 펌프는?

① 원심펌프   ② 기어펌프
③ 수격펌프   ④ 왕복펌프

 왕복펌프 : 맥동이 일어나기 쉽고 단속적이며 공기실이 있다.

02 마찰계수와 마찰저항에 대한 설명으로 옳지 않은 것은?

① 관 마찰계수는 레이놀즈수와 상대조도의 함수로 나타낸다.
② 평판상의 층류흐름에서 점성에 의한 마찰계수는 레이놀즈의 제곱근에 비례한다.
③ 원관에서의 층류운동에서 마찰 저항은 유체의 점성계수에 비례한다.
④ 원관에서의 완전 난류운동에서 마찰저항은 평균유속의 제곱에 비례한다.

03 2kgf은 몇 N인가?

① 2   ② 4.9
③ 9.8   ④ 19.6

1kgf = 9.8N이므로 2kgf = 19.6N

04 지름 8cm인 원관 속을 동점성계수가 $1.5 \times 10^{-6} m^2/s$인 물이 $0.002 m^3/s$의 유량으로 흐르고 있다. 이때 레이놀즈수는 약 얼마인가?

① 20000   ② 21221
③ 21731   ④ 22333

 레이놀즈수(Re)
$$Re = \frac{4Q}{\pi D \mu} = \frac{4 \times 0.002}{3.14 \times 0.08 \times 1.5 \times 10^{-6}}$$
$$= 21220.65$$

05 내경이 10cm인 원관 속을 비중 0.85인 액체가 10cm/s의 속도로 흐른다. 액체의 점도가 5cP라면 이 유동의 레이놀즈수는?

① 1400   ② 1700
③ 2100   ④ 2300

 $Re = \frac{\rho \times D \times V}{\mu} = \frac{(0.85 \times 10 \times 10)}{(5 \times 10^{-2})} = 1,700$

06 공기를 이상기체로 가정하였을 때 25℃에서 공기의 음속은 몇 m/s인가?(단, 비열비 $k=$ 1.4, 기체상수 $R=29.27 kgf \cdot m/kg \cdot k$이다.)

① 342   ② 346
③ 425   ④ 456

 $C = \sqrt{kgRT}$
$= \sqrt{(1.4 \times 9.8 \times 29.27 \times (273+25))}$
$= 345.936 m/s$

07 베르누이 방정식에 관한 일반적인 설명으로 옳은 것은?

① 같은 유선상이 아니더라도 언제나 임의의 점에 대하여 적용된다.
② 주로 비정상류 상태의 흐름에 대하여 적용된다.

01.④ 02.② 03.④ 04.② 05.② 06.② 07.④

③ 유체의 마찰 효과를 고려한 식이다.
④ 압력수두, 속도수두, 위치수두의 합은 유선을 따라 일정하다.

베르누이 방정식에 적용되는 조건
① 압력수두, 속도수두, 위치수두의 합은 같다.
② 정상상태의 흐름이다.
③ 비압축성 유체의 흐름이다.
④ 마찰이 없는 이상유체의 흐름이다.
⑤ 적용되는 임의의 두 점은 같은 유선상에 있다.

08 압축성 유체의 1차원 유동에서 수직충격파 구간을 지나는 기체 성질의 변화로 옳은 것은?
① 속도, 압력, 밀도가 증가한다.
② 속도, 온도, 밀도가 증가한다.
③ 압력, 밀도, 온도가 증가한다.
④ 압력, 밀도, 운동량 플럭스가 증가한다.

1차원 유동에서 수직충격파 발생시(난류에서 층류로 흐르는 흐름)
① 증가 : 온도, 압력, 밀도, 엔트로피
② 감소 : 속도, 마하수
③ 비가역과정이다.

09 동점도의 단위로 옳은 것은?
① m/s²   ② m/s
③ m²/s   ④ m²/kg · s²

동점도의 단위 : m²/s, cm²/s

10 다음 중 원심 송풍기가 아닌 것은?
① 프로펠러 송풍기   ② 다익 송풍기
③ 레이디얼 송풍기   ④ 익형(airfoil)송풍기

원심식 송풍기의 종류
① 터보형(Turbo) 송풍기
② 다익형(Multiblade) 송풍기
③ 레이디얼(Radial) 송풍기
④ 익형(Airfoil) 송풍기

11 그림과 같이 윗변과 아랫변이 각각 a, b이고 높이가 H인 사다리꼴형 평면 수문이 수로에 수직으로 설치되어 있다. 비중량 γ인 물의 압력에 의해 수문이 받는 전체 힘은?

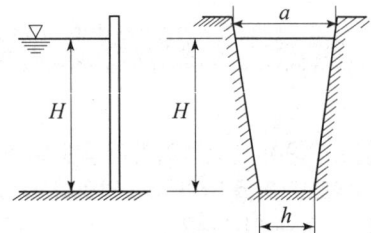

① $\dfrac{\gamma H^2(a-2b)}{6}$ ② $\dfrac{\gamma H^2(a-2b)}{3}$

③ $\dfrac{\gamma H^2(a+2b)}{6}$ ④ $\dfrac{\gamma H^2(a+2b)}{3}$

$F = \gamma \cdot ha \cdot A$
$= \gamma \times \left(\dfrac{H}{3} \times \dfrac{a+2b}{a+b}\right) \times \left(\dfrac{(a+b) \times H}{2}\right)$
$= \gamma \times \dfrac{H^2(a+2b)}{6}$

12 매끄러운 원관에서 유량 Q, 관의 길이 L, 직경 D, 동점성계수 ν가 주어졌을 때 손실수두 h_f를 구하는 순서로 옳은 것은? (단, f는 마찰계수, Re는 Reynolds 수, V는 속도이다.)
① Moody 선도에서 f를 가정한 후 Re를 계산하고 h_f를 구한다.
② h_f를 가정하고 f를 구해 확인한 후 Moody 선도에서 Re로 검증한다.
③ Re를 계산하고 Moody 선도에서 f를 구한 후 h_f를 구한다.
④ Re를 가정하고 V를 계산하고 Moody 선도에서 f를 구한 후 h_f를 계산한다.

13 안지름 20cm의 원관 속을 비중이 0.83인 유체가 층류(Laminar flow)로 흐를 때 관중심

에서의 유속이 48cm/s이라면 관벽에서 7cm 떨어진 지점에서의 유체의 속도(cm/s)는?

① 25.52 ② 34.68
③ 43.68 ④ 46.92

 층류에 대한 2차식 $(V) = \alpha \times x(x-20)$
여기서, 관의 양끝 $(x=0, x=20\text{cm})$은 유속이 0이다.

관 중심속도는 48cm/s, $a = -\dfrac{48}{100}$

$\therefore V = -\dfrac{48}{100} \times 7(7-20)$
$= -0.48 \times 7(7-20) = -3.36(7-20)$
$= -23.52 + 67.2 = 43.38 \text{cm/s}$

14 수평 원관 내에서의 유체흐름을 설명하는 Hagen-Poiseuille 식을 얻기 위해 필요한 가정이 아닌 것은?

① 완전히 발달된 흐름
② 정상상태 흐름
③ 층류
④ 포텐셜 흐름

 하겐포아젤 : 원형관 내에서의 전성유체가 층류로 정상상태의 흐름
① 층류
② 정상상태 흐름
③ 완전히 발달된 흐름 : 원형관 내를 유체가 흐르고 있을 때 경계층이 완전히 성장하여 일정한 속도분포를 유지하면서 흐르는 흐름

15 20℃ 1.03kgf/cm²abs의 공기가 단열가역 압축되어 50%의 체적 감소가 생겼다. 압축 후의 온도는?(단, 기체 상수 R은 29.27kgf·m/kg·k이며 $C_P/C_V = 1.4$이다.)

① 42℃ ② 68℃
③ 83℃ ④ 114℃

 $\dfrac{T_2}{T_1} = \left(\dfrac{V_1}{V_2}\right)^{k-1}$

$\therefore T_2 = \left(\dfrac{V_1}{V_2}\right)^{k-1} \times T_1$
$= \left(\dfrac{1}{0.5}\right)^{1.4-1} \times (273+20)$
$= 386.62\text{K} - 273 = 113.62℃$

16 내경이 300mm, 길이가 300m인 관을 통하여 평균유속 3m/s로 흐를 때 압력손실수두는 몇 m인가?(단, Darcy-Weisbach식에서의 관마찰계수는 0.03이다.)

① 12.6 ② 13.8
③ 14.9 ④ 15.6

 $h_L = \dfrac{flV^2}{2gd} = \dfrac{0.03 \times 300 \times 3^2}{2 \times 9.8 \times 0.3} = 13.775\text{m}$

17 일반적으로 원관 내부 유동에서 층류만이 일어날 수 있는 레이놀즈수(Reynolds number)의 영역은?

① 2100 이상 ② 2100 이하
③ 21000 이상 ④ 21000 이하

 레이놀즈수의 영역
① 층류 : $Re < 2100$
② 난류 : $Re > 4000$
③ 천이구역 : $1200 < Re < 4000$

18 압력이 0.1MPa, 온도 20℃에서의 공기의 밀도는 몇 kg/m³인가?(단, 공기의 기체상수는 287J/kg·K이다.)

① 1.189 ② 1.314
③ 0.1288 ④ 0.6756

밀도 $= \dfrac{P}{RT} = \dfrac{1 \times 10^4 \text{kg/m}^2}{29.29 \times (273+20)\text{K}}$
$= 1.165 \text{kg/m}^3$
① 1kcal = 4186J

$$x = 287\text{J}$$
$$x = \frac{287\text{J} \times 1\text{kcal}}{4186\text{J}} = 0.0686\text{kcal}$$
② $1\text{kcal} = 427\text{kgf} \cdot \text{m}$
$$0.0686 = x$$
$$x = \frac{0.068 \times 427\text{kgf} \cdot \text{m}}{1\text{kcal}} = 29.27\text{kgf} \cdot \text{m}$$

19 2차원 직각좌표계 (x, y)상에서 속도 포텐셜 (ϕ, velocity potential)이 $\phi = Ux$로 주어지는 유동장이 있다. 이 유동장의 흐름함수 (Ψ, stream function)에 대한 표현식으로 옳은 것은?

① $U(x+y)$ ② $U(-x+-y)$
③ Uy ④ $2Ux$

  유도장의 흐름함수에 대한 표현식 : Uy

20 대기의 온도가 일정하다고 가정할 때 공중에서 높이 떠 있는 고무풍선이 차지하는 부피 (a)와 그 풍선이 땅에 내렸을 때의 부피(b)를 옳게 비교한 것은?

① a는 b보다 크다. ② a와 b는 같다.
③ a는 b보다 작다. ④ 비교할 수 없다.

  고무풍선이 공중에 높이 떠 있는 상태는 기압이 낮고 지표면의 기압은 높게 되므로 기압이 낮은 곳은 부피가 크고 높은 곳은 부피가 적게 된다.

제2과목 연소공학

21 상온, 상압하에서 가연성가스의 폭발에 대한 일반적인 설명 중 틀린 것은?

① 폭발범위가 클수록 위험하다.
② 인화점이 높을수록 위험하다.
③ 연소속도가 클수록 위험하다.
④ 착화점이 높을수록 안전하다.

  인화점이 낮을수록 착화점이 낮을수록 위험하다.

22 메탄가스 1Nm^3를 완전 연소시키는데 필요한 이론공기량은 약 몇 Nm^3인가?

① 2.0Nm^3 ② 4.0Nm^3
③ 4.76Nm^3 ④ 9.5Nm^3

$$\begin{array}{ccccccc} CH_4 & + & 2O_2 & \to & CO_2 & + & 2H_2O \\ 22.4\text{Nm}^3 & & 2 \times 22.4\text{Nm}^3 & & 22.4\text{Nm}^3 & & 2 \times 22.4\text{Nm}^3 \\ 1\text{Nm}^3 & & x & & & & \end{array}$$
$$x = \frac{1\text{Nm}^3 \times 2 \times 22.4\text{Nm}^3}{22.4\text{Nm}^3} = 2\text{Nm}^3/\text{Nm}^3$$
$$\therefore A_o = \frac{O_0}{0.21} = \frac{2}{0.21} = 9.52$$

23 공기와 연료의 혼합기체의 표시에 대한 설명 중 옳은 것은?

① 공기비(excess air ratio)는 연공비의 역수와 같다.
② 당량비(equivalence ratio)는 실제의 연공비와 이론 연공비의 비로 정의된다.
③ 연공비(fuel air ratio)라 함은 가연 혼합기 중의 공기와 연료의 질량비로 정의된다.
④ 공연비(air fuel ratio)라 함은 가연 혼합기 중의 연료와 공기의 질량비로 정의된다.

  당량비(equivalence ratio)는 실제 연공비와 이론연공비의 비로 정의된다.

24 분자량이 30인 어떤 가스의 정압비열이 $0.516\text{kJ/kg} \cdot \text{K}$이라고 가정할 때 이 가스의 비열비 k는 약 얼마인가?

① 1.0 ② 1.4
③ 1.8 ④ 2.2

$$C_V = C_p - R = \left(0.516 - \frac{8.314}{30}\right) = 0.239$$
$$K = \frac{C_P}{C_V} = \frac{0.516}{0.473} = 2.16 \fallingdotseq 2.2$$

25 다음과 같은 조성을 갖는 혼합가스의 분자량은? [단, 혼합가스의 체적비는 $CO_2(13.1\%)$, $O_2(7.7\%)$, $N_2(79.2\%)$이다.]

① 27.81 ② 28.94
③ 29.67 ④ 30.41

 가스분자량
$= (44 \times 0.131 + 32 \times 0.077 + 28 \times 0.792)$
$= 30.404$

26 이상기체 10kg을 240K 만큼 온도를 상승시키는데 필요한 열량이 정압인 경우와 정적인 경우에 그 차가 415kJ이었다. 이 기체의 가스상수는 약 몇 kJ/kg · K인가?

① 0.173 ② 0.287
③ 0.381 ④ 0.423

 가스상수 $= \dfrac{415kJ}{10kg \times 240K} = 0.1729 kJ/kg \cdot K$

27 옥탄(g)의 연소 엔탈피는 반응물 중의 수증기가 응축되어 물이 되었을 때 25℃에서의 $-48220 kJ/kg$이다. 이 상태에서 옥탄(g)의 저위발열량은 약 몇 kJ/kg인가?(단, 25℃ 물의 증발엔탈피$[h_{fg}]$는 2441.8kJ/kg이다.)

① 40750 ② 42320
③ 44750 ④ 45778

 옥탄(C_8H_{18})의 완전연소 반응식
$C_8H_{18} + 12.5O_2 \rightarrow 8CO_2 + 9H_2O$
114kg 9×18kg
1kg x

$x = \dfrac{1kg \times 9 \times 18kg}{114kg} = 1.421kg$

$H_l = H_h - $ 수증기의 응축잠열
$= 48220 - (1.422 \times 2441.8)$
$= 44747.76 kJ/kg$

28 열역학 및 연소에서 사용되는 상수와 그 값이 틀린 것은?

① 열의 일상당량 : 4186J/kcal
② 일반 기체상수 : 8314J/kmol · K
③ 공기의 기체상수 : 287J/kg · K
④ 0℃에서의 물의 증발잠열 : 539kJ/kg

 1kcal = 4.186kJ
529kcal = x

$x = \dfrac{539kcal \times 4.186kJ}{1kcal} = 2256.25 kJ/kg$

29 전실 화재(Flash Over)의 방재대책으로 가장 거리가 먼 것은?

① 천장의 불연화 ② 폭발력의 억제
③ 가연물량의 제한 ④ 화원의 억제

 • **플래쉬오버** : 실내건축의 화재종류로서 화재의 초기단계에서 연소물로부터의 가연성가스가 천정부근에 모이고 그것이 일시에 인화해서 폭발적으로 방전체가 불꽃이 도는 현상

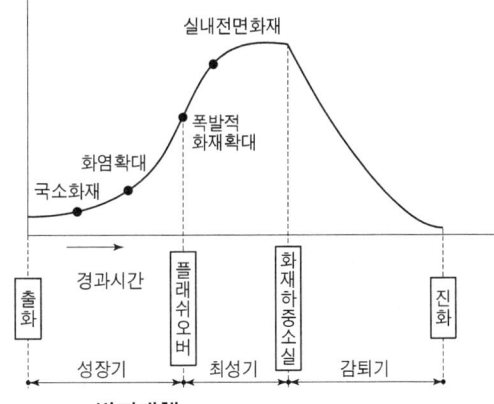

• **방지대책**
① 천정의 불연화
② 가연물량의 제한
③ 화원의 억제

30 연료의 일반적인 연소형태가 아닌 것은?

① 예혼합연소 ② 확산연소
③ 잠열연소   ④ 증발연소

연소형태
① 표면연소 : 코크스, 목탄, 숯
② 분해연소 : 석탄, 목재, 종이, 플라스틱
③ 증발연소
  - 액체 : 알콜, 에테르 등
  - 고체 : 나프탈렌, 파라핀(양초) 등
④ 자기연소 : 화약, 폭약
⑤ 확산연소 : 수소, 메탄, 아세틸렌(역화의 위험이 없다)
⑥ 예혼합연소 : 역화의 위험이 있다.

31 연소에서 공기비가 적을 때의 현상이 아닌 것은?

① 매연의 발생이 심해진다.
② 미연소에 의한 열손실이 증가한다.
③ 배출가스 중의 NO_2의 발생이 증가한다.
④ 미연소 가스에 의한 역화의 위험성이 증가한다.

 공기비가 적을 때 일어나는 현상
① 불안전연소에 의한 매연발생이 심해진다.
② 미연소의 의한 열손실 증가
③ 미연소가스에 의한 역화의 위험성이 증가한다.

32 다음 반응 중 폭굉(detonation)속도가 가장 빠른 것은?

① $2H_2 + O_2$ ② $CH_4 + 2O_2$
③ $C_3H_8 + 3O_2$ ④ $C_3H_8 + 6O_2$

분자량이 적은 것을 찾으면 된다.

33 위험장소 분류 중 상용의 상태에서 가연성가스가 체류해 위험하게 될 우려가 있는 장소, 정비 · 보수 또는 누출 등으로 인하여 종종 가연성가스가 체류하여 위험하게 될 우려가 있는 장소는?

① 제 0종 위험장소 ② 제 1종 위험장소
③ 제 2종 위험장소 ④ 제 3종 위험장소

위험장소
① 1종 장소
  ㉠ 상용상태에서 가연성가스가 체류하여 위험하게 될 우려가 있는 장소
  ㉡ 정비보수 또는 누설 등으로 인하여 종종 가연성가스가 체류하여 위험하게 될 우려가 있는 장소
② 2종 장소
  ㉠ 밀폐된 용기 또는 설비 내에 밀봉된 가연성가스가 그 용기 또는 설비의 사고로 인해 파손되거나 오조작의 경우에만 누설할 위험이 있는 장소
  ㉡ 환기장치에 이상이나 사고가 발생한 경우 가연성가스가 체류하여 위험하게 될 우려가 있는 장소
  ㉢ 1종 장소 주변 또는 인접한 실내에서 위험한 농도의 가연성가스가 종종 침입할 우려가 있는 장소
③ 0종 장소
상용의 상태에서 가연성가스의 농도가 연속해서 폭발 하한계 이상으로 되는 장소(폭발 상한계를 넘는 경우에는 폭발한계 내로 들어갈 우려가 있는 경우를 포함한다.)

34 액체프로판이 298K, 0.1MPa에서 이론공기를 이용하여 연소하고 있을 때 고발열량은 약 몇 MJ/kg인가? (단, 연료의 증발엔탈피는 370kJ/kg이고, 기체상태의 생성엔탈피는 각각 C_3H_8, -103909kJ/kmol, CO_2 -393757kJ/kmol, 액체 및 기체상태 H_2O는 각각 -289010kJ/kmol, -241971kJ/kmol이다.)

① 44   ② 46
③ 50   ④ 2205

 $C_3H_8 + 5O_2 \rightarrow 3CO_2 + 4H_2O + Q$
프로판 1kg당 발열량(MJ) : 1MJ
$= 1000$kJ-103909
$= (-393757 \times 3) + (-286010 \times 4) + Q$
$\therefore Q = \dfrac{(393757 \times 3 + 286010 \times 4) - 103909}{44 \times 1000}$
$= 50.48$MJ/kg

35 1kWh의 열당량은?

① 860kcal ② 632kcal
③ 427kcal ④ 376kcal

 1PHS
$= 75\text{kg} \cdot \text{m/sec} \times \dfrac{1\text{kcal}}{427 \cdot \text{m}} \times 3600\text{sec/1h}$
$= 632.3\text{kcal/h}$
1kWh
$= 102\text{kg} \cdot \text{m/sec} \times \dfrac{1\text{kcal}}{427 \cdot \text{m}} \times 3600\text{sec/1h}$
$= 860\text{kcal/h}$

36 이상기체의 구비조건이 아닌 것은?

① 내부에너지는 온도와 무관하며 체적에 의해서만 결정된다.
② 아보가드로의 법칙을 따른다.
③ 분자의 충돌은 완전탄성체로 이루어진다.
④ 비열비는 온도에 관계없이 일정하다.

 이상기체의 성질
① 보일-샤를의 법칙을 만족한다.
② 아보가드로의 법칙을 따른다.
③ 내부에너지는 온도만의 함수이다.
④ 분자 사이의 인력이 없다.
⑤ 분자 간의 충돌은 완전탄성체이다.
⑥ 줄의 법칙을 따른다.

37 다음은 Air-standard otto cycle의 $P-V$ diagram이다. 이 cycle의 효율(η)을 옳게 나타낸 것은?(단, 정적열용량은 일정하다.)

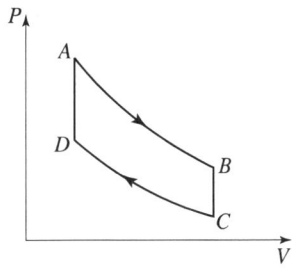

① $\eta = 1 - \left(\dfrac{T_B - T_C}{T_A - T_D}\right)$

② $\eta = 1 - \left(\dfrac{T_D - T_C}{T_A - T_B}\right)$

③ $\eta = 1 - \left(\dfrac{T_A - T_D}{T_B - T_C}\right)$

④ $\eta = 1 - \left(\dfrac{T_A - T_B}{T_D - T_C}\right)$

 오토사이클의 열효율
① C → D : 단열압축
② D → A : 등적가열
③ A → B : 단열팽창
④ B → C : 등적가열

효율 $= 1 - \left(\dfrac{1}{\epsilon}\right)^{k-1} = 1 - \left(\dfrac{Q_2}{Q_1}\right)$
$= 1 - \left(\dfrac{T_B - T_C}{T_A - T_D}\right)$

38 다음 중 연소의 3요소를 옳게 나열한 것은?

① 가연물, 빛, 열
② 가연물, 공기, 산소
③ 가연물, 산소, 점화원
④ 가연물, 질소, 단열압축

 연소의 3요소
① 가연물 ② 산소 ③ 점화원

39 다음 확산화염의 여러 가지 형태 중 대향분류(對向噴流)확산화염에 해당하는 것은?

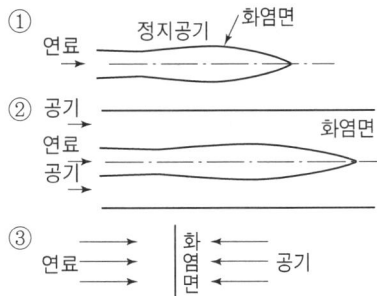

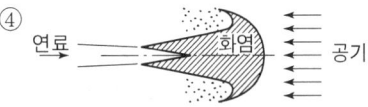

① 자유분류 확산화염
② 동축류 확산화염
③ 대향류 확산화염

40 가스 폭발의 용어 중 DID의 정의에 대하여 가장 올바르게 나타낸 것은?

① 격렬한 폭발이 완만한 연소로 넘어갈 때까지의 시간
② 어느 온도에서 가열하기 시작하여 발화에 이르기까지의 시간
③ 폭발 등급을 나타내는 것으로서 가연성 물질의 위험성의 척도
④ 최초의 완만한 연소로부터 격렬한 폭굉으로 발전할 때까지의 거리

폭굉유도거리(DID) : 최초의 완만한 연소가 격렬한 폭굉으로 발전할 때까지의 거리

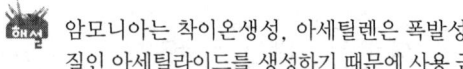
제3과목 가스설비

41 고압가스 제조 장치의 재료에 대한 설명으로 틀린 것은?

① 상온, 건조 상태의 염소가스에는 보통강을 사용한다.
② 암모니아, 아세틸렌의 배관 재료에는 구리를 사용한다.
③ 저온에서 사용되는 비철금속 재료는 동, 니켈강을 사용한다.
④ 암모니아 합성탑 내부의 재료에는 18-8 스테인리스강을 사용한다.

암모니아는 착이온생성, 아세틸렌은 폭발성 물질인 아세틸라이드를 생성하기 때문에 사용 금지

42 고압가스 탱크의 수리를 위하여 내부가스를 배출하고 불활성가스로 치환하여 다시 공기로 치환하였다. 내부의 가스를 분석한 결과 탱크 안에서 용접작업을 해도 되는 것은?

① 산소 20%
② 질소 85%
③ 수소 5%
④ 일산화탄소 4000ppm

작업할 수 있는 허용농도
① 가연성가스 : 폭발하한의 $\frac{1}{4}$ 이하
② 독성가스 : 허용농도 이하
③ 산소가스 : 18% 이상 22% 이하

43 자동절체식 조정기를 사용할 때의 장점에 해당하지 않는 것은?

① 잔류액이 거의 없어질 때까지 가스를 소비할 수 있다.
② 전체 용기의 개수가 수동절체식보다 적게 소요된다.
③ 용기교환 주기를 길게 할 수 있다.
④ 일체형을 사용하면 다단 가압식보다 배관의 압력손실을 크게 해도 된다.

자동절체식 사용시 장점
① 전체용기 수량이 수동교체식 보다 적어도 된다.
② 잔액이 거의 없어질 때까지 사용
③ 용기교환 주기의 폭을 넓힐 수 있다.
④ 분리형을 사용할 경우 도관의 압력손실을 크게 해도 된다.

44 수소화염 또는 산소·아세틸렌 화염을 사요하는 시설 중 분기되는 각각의 배관에 반드시 설치해야 하는 장치는?

① 역류방지장치   ② 역화방지장치
③ 긴급이송장치   ④ 긴급차단장치

역화방지기 설치
① 가연성가스 압축기와 오토클레이브와의 사이
② 아세틸렌의 고압건조기와 충전용 교체밸브와의 사이
③ 수소화염 또는 산소-아세틸렌 화염 사용시설
④ 아세틸렌 충전용지관

40.④ 41.② 42.① 43.④ 44.②

45 적화식 버너의 특징으로 틀린 것은?

① 불완전연소가 되기 쉽다.
② 고온을 얻기 힘들다.
③ 넓은 연소실이 필요하다.
④ 1차 공기를 취할 때 역화 우려가 있다.

 역화의 우려가 있는 것은 전1차공기식 버너

46 결정조직이 거칠은 것을 미세화하여 조직을 균일하게 하고 조직의 변형을 제거하기 위하여 균일하게 가열한 후 공기 중에서 냉각하는 열처리 방법은?

① 퀀칭   ② 노말라이징
③ 어닐링 ④ 템퍼링

 열처리
① 담금질(=퀀칭) : 경도 및 강도증가
② 뜨임(=템퍼링) : 인성증가
③ 풀림(=어닐링) : 가공응력 및 내부응력 제거
④ 불림(=노말라이징) : 가공조직의 균일화, 결정립의 미세화, 기계적성질의 향상, 잔류응력 제거

47 다음 [그림]에서 보여주는 관이음재의 명칭은?

① 소켓   ② 니플
③ 부싱   ④ 캡

 배관의 이름(광관의 이음)
관용나사이음 : 양 파이프 끝에 나사를 내고 공동(共同)의 너트를 체결하는 이음으로 누수를 방지하고 테이퍼 관용나사를 쓴다.
① 관과 관 및 장치 기기와 연결하는 이음쇠 : 소켓(socket), 니플(nipple), 유니온
② 관의 방향을 변형시키거나 분기시키는데 사용하는 이음쇠 : 엘보(elbow), 밴드(band), 티(tee), 크로스(cross), 와이(y)
③ 관끝을 막는 이음쇠 : 플러그(plug), 캡(cap)
※ 유니온은 주로 50mm 이하의 지름이 작은 관에 사용되고, 65mm 이상의 큰 관에는 플랜지를 사용한다.

명칭	형	용도
sochet		관과 관의 접합
nipple		관과 관의 접합(소켓트병원)
elbow		관의 구부러진 부분의 접합
plug		소켓트 등으로 나사포함 가스를 막을 때
tee		가스의 흐름을 2방향으로 나눌 때
bushing		접속한 관의 관경을 변화시킬 때
cross		가스의 흐름을 3방향으로 나눌 때
union		양쪽으로부터 온 관의 접합
cap		관단에 나사 포함가스를 막을 때

48 고압가스의 분출 시 정전기가 가장 발생하기 쉬운 경우는?

① 다성분의 혼합가스인 경우
② 가스의 분자량이 작은 경우
③ 가스가 건조해 있을 경우
④ 가스 중에 액체나 고체의 미립자가 섞여 있는 경우

 고압가스 분출시 정전기가 가장 발생하기 쉬운 경우 가스 중에 액체나 고체의 미립자가 섞여 있는 경우

49 가스 액화분리장치의 구성기기 중 왕복동식 팽창기의 특징에 대한 설명으로 틀린 것은?

① 고압식 액체산소분리장치, 수소액화장치, 헬륨액화기 등에 사용된다.
② 흡입압력은 저압에서 고압(20MPa)까지 범위가 넓다.
③ 팽창기의 효율은 85~90%로 높다.
④ 처리 가스량이 1000m³/h 이상의 대량이면 다기통이 된다.

해설 왕복동 팽창기의 특징
① 고압식 액체산소분리장치, 수소액화분리장치, 헬륨액화기 등에 사용
② 처리가스량이 1000m³/h 이상의 대량이면 다기통이 된다.
③ 흡입압력은 저압에서 고압까지(20MPa)까지 넓다.
④ 팽창기 효율은 90~95%로 높다.

50 전기방식법 중 외부전원법의 특징이 아닌 것은?

① 전압, 전류의 조정이 용이하다.
② 전식에 대해서도 방식이 가능하다.
③ 효과범위가 넓다.
④ 다른 매설 금속체의 장해가 없다.

해설 외부전원법

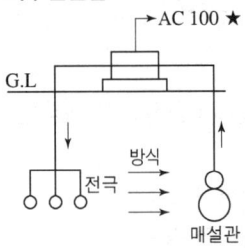

① 장점
  ㉠ 전극 수명이 길다.
  ㉡ 방식 범위가 넓다.
  ㉢ 전압 전류 조정이 가능
  ㉣ 대형 설비에는 전원 장치수를 적게 할 수 있어 경제적이다.
② 단점
  ㉠ 초기 시공비가 많이 든다.
  ㉡ AC전원이 필요하다.
  ㉢ 강력한 다른 매설체의 간섭 우려가 있다.

51 왕복식 압축기의 연속적인 용량제어 방법으로 가장 거리가 먼 것은?

① 바이패스 밸브에 의한 조정
② 회전수를 변경하는 방법
③ 흡입 주밸브를 폐쇄하는 방법
④ 베인 컨트롤에 의한 방법

해설 왕복식 압축기의 연속적인 용량 제어 방법
① 회전수를 변경하는 방법
② 타임드 밸브에 의한 방법
③ 바이패스 밸브에 의한 압축가스를 흡입 측으로 되돌리는 방법
④ 흡입 주 밸브를 폐쇄하는 방법

52 도시가스 배관에서 가스 공급이 불량하게 되는 원인으로 가장 거리가 먼 것은?

① 배관의 파손
② Terminal Box의 불량
③ 정압기의 고장 또는 능력부족
④ 배관 내의 물의 고임, 녹으로 인한 폐쇄

해설 도시가스배관에서 가스공급이 불량하게 되는 원인
① 배관의 파손
② 정압기 고장 또는 능력 부족
③ 스트레이너의 막힘
④ 배관내의 물의 고임, 녹으로 인한 폐쇄

53 가스 액화 사이클의 종류가 아닌 것은?

① 클라우드식   ② 필립스식
③ 크라시우스식   ④ 린데식

해설 가스액화사이클
① 린데공기액화사이클 : 줄톰슨효과를 이용하여 수분과 탄산가스를 제거
② 캐피자의 공기액화사이클 : 축냉기를 사용하며 냉각과 동시에 수분과 탄산가스 제거, 터빈 팽창기를 사용시 압력 7atm

49.③ 50.④ 51.④ 52.② 53.③

③ 필립스공기액화사이클 : 실린더 중에 피스톤과 보조피스톤이 있고 수소나 헬륨을 냉매로 한 효율적인 냉동방식
④ 캐스캐이드공기액화사이클 : 비점이 점차 낮은 냉매를 사용하여 저비점의 기체를 액화하는 사이클, $NH_3 - C_2H_4 - CH_4 - N_2$ 순으로 액화
⑤ 클라우드식 공기액화사이클 : 압축기, 팽창기, 열교환기로 구성

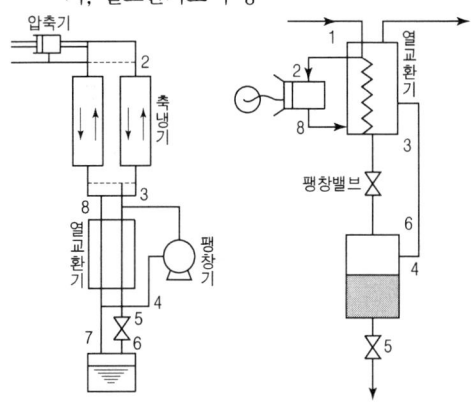

[캐피자의 공기액화사이클]   [클라우드식 공기액화사이클]

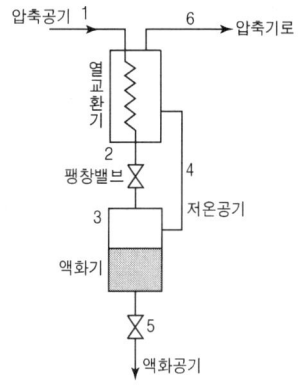

[린데식 공기액화사이클]

54 1호당 1일 평균 가스 소비량이 1.44kg/day이고 소비자 호수가 50호 라면 피크시의 평균 가스 소비량은?(단, 피크시의 평균 가스 소비율은 17%이다.)

① 10.18kg/h   ② 12.24kg/h
③ 13.42kg/h   ④ 14.36kg/h

 피크시 평균가스소비량
= 1호당 1일 평균가스소비량 × 세대수
　× 평균가스 소비율
= 1.44 × 50 × 0.17
= 12.24kg/h

55 피스톤 행정용량 $0.00248m^3$, 회전수 175 rpm의 압축기로 1시간에 토출구로 92kg/h의 가스가 통과하고 있을 때 가스의 토출효율은 약 몇 %인가?(단, 토출가스 1kg을 흡입한 상태로 환산한 체적은 $0.189m^3$이다.)

① 66.8   ② 70.2
③ 76.8   ④ 82.2

 토출효율 = $\dfrac{Q \times V}{L \times N} \times 100$

　　　= $\dfrac{92 \times 0.189}{0.00248 \times 175 \times 60} \times 100$

　　　= 66.77%

56 가스의 연소기구가 아닌 것은?

① 피셔식 버너   ② 적화식 버너
③ 분젠식 버너   ④ 전1차공기식 버너

 가스의 연소기구
① 적화식버너
　㉠ 2차공기량만으로 연소
　㉡ 온도는 900℃
　㉢ 순간온수기
② 분젠식버너
　㉠ 1차 공기량 60% + 2차 공기량 40%
　㉡ 온도는 1300℃
　㉢ 가스렌지, 일반가스기구, 온수기
③ 세미분젠식
　㉠ 1차 공기량 40% + 2차 공기량 60%
　㉡ 온도는 100℃
　㉢ 목욕탕, 온수기
④ 전1차공기식
　㉠ 1차공기량 만으로 연소
　㉡ 역화의 위험이 있다.

57 용기내장형 액화석유가스 난방용기 용접용기에서 최고 충전압력이란 몇 MPa를 말하는가?

① 1.25MPa ② 1.5MPa
③ 2MPa   ④ 2.6MPa

58 도시가스사업법에서 정의한 가스를 제조하여 배관을 통하여 공급하는 도시가스가 아닌 것은?

① 석유가스   ② 나프타부생가스
③ 석탄가스   ④ 바이오가스

59 성능계수가 3.2인 냉동기가 10ton의 냉동을 위하여 공급하여야 할 동력은 약 몇 kW인가?

① 87   ② 12
③ 16   ④ 20

$COP = \dfrac{Q_2}{Q_W}$

$Aw = \dfrac{Q_2}{COP} = \dfrac{10 \times 3320}{3.2 \times 860} = 12.06\text{kW}$

60 LPG를 이용한 가스 공급방식이 아닌 것은?

① 변성혼입방식   ② 공기압혼합방식
③ 직접혼입방식   ④ 가압혼이방식

 LP가스를 이용한 가스공급방식
 ① 변성가스 공급방식 : 부탄을 고온의 촉매로 분해하여 일산화탄소, 수소, 메탄 등의 연질가스로 변성시켜 공급, 금속의 열처리나 특수 용품가열
 ② 공기혼합가스 공급방식 : 기화한 부탄에 공기를 혼합하여 공급, 부탄을 다량소비하는 경우 사용
 ③ 생가스 공급방식 : 기화한 부탄을 그대로 공급

제 4 과목 가스안전관리

61 독성가스 배관용 밸브 제조의 기준 중 고압가스안전관리법의 적용대상 밸브종류가 아닌 것은?

① 니들밸브   ② 게이트밸브
③ 체크밸브   ④ 볼밸브

 고압가스 안전관리법의 적용대상 밸브
 ① 글로우브 밸브   ② 볼 밸브
 ③ 체크밸브   ④ 게이트 밸브

62 압력을 가하거나 온도를 낮추면 가장 쉽게 액화하는 가스는?

① 산소   ② 천연가스
③ 질소   ④ 프로판

 비점이 높을수록 액화가 쉽다.
 ① 산소 : −183℃   ② 헬륨 : −269℃
 ③ 질소 : −196℃   ④ 프로판 : −42.1℃
 ⑤ 염소 : −34℃   ⑥ 암모니아 : −33.3℃
 ⑦ 부탄 : −0.5℃   ⑧ 벤젠 : −11.1℃ 등

63 독성가스를 차량으로 운반할 때에는 보호장비를 비치하여야 한다. 압축가스의 용적이 몇 m³ 이상일 때 공기호흡기를 갖추어야 하는가?

① 50m³   ② 100m³
③ 500m³   ④ 1000m³

 독성가스 운반 시 휴대하는 보호구
 ① 압축가스 100m³ 미만인 경우
 ② 액화가스 100kg 이상인 경우 : 방독마스크, 공기호흡기, 보호의, 보호장갑, 보호장화
 ③ 액화가스 100kg 미만이 경우 : 방독마스크, 보호의, 보호장갑, 보호장화

64 액화산소 저장탱크 저장능력이 2000m³일 때 방류둑의 용량은 얼마 이상으로 하여야 하는가?

① 1200m³ ② 1800m³
③ 2000m³ ④ 2200m³

 방류둑 용량
액화산소 : 저장능력 상당용적의 60% 이상
∴ 2000m³ × 0.6 = 1200m³

65 일반도시가스공급시설에 설치된 압력조정기는 매 6개월에 1회 이상 안전점검을 실시한다. 압력조정기의 점검기준으로 틀린 것은?
① 입구압력을 측정하고 입구압력이 명판에 표시된 입구압력 범위 이내인지 여부
② 격납상자 내부에 설치된 압력조정기는 격납상자의 견고한 고정 여부
③ 정기의 몸체와 연결부의 가스누출 여부
④ 필터 또는 스트레이너의 청소 및 손상 유무

 입구압력을 측정하고 입구압력이 명판에 표시된 구압력 범위 이상인지 여부

66 저장탱크에 가스를 충전할 때 저장탱크 내용적의 90%를 넘지 않도록 충전해야 하는 이유는?
① 액의 요동을 방지하기 위하여
② 충격을 흡수하기 위하여
③ 온도에 따른 액 팽창이 현저히 커지므로 안전공간을 유지하기 위하여
④ 추가로 충전할 때를 대비하기 위하여

67 불화수소(HF) 가스를 물에 흡수시킨 물질을 저장하는 용기로 사용하기에 가장 부적절한 것은?
① 납용기   ② 유리용기
③ 강용기   ④ 스테인리스용기

불화수소의 특징
① 유리와 반응하기 때문에 유리병에 보관해서는 안된다.

② 강산으로 염기류와 격렬히 반응한다.
③ 금속과 접촉 시 인화성 수소가 생성될 수 있다.
④ 피부와 접촉 시 화학적 화상, 액체 접촉 시 동상을 일으킬 수 있다.
⑤ 흡입 시 호흡곤란, 두통, 현기증, 기침

68 아세틸렌을 용기에 충전할 때에는 미리 용기에 다공물질을 고루 채워야 하는데, 이 때 다공물질의 다공도 상한 값은?
① 72% 미만   ② 85% 미만
③ 92% 미만   ④ 98% 미만

 다공물질의 다공도 : 75% 이상 92% 미만

69 액화석유가스용 소형저장탱크의 설치장소의 기준으로 틀린 것은?
① 지상설치식으로 한다.
② 액화석유가스가 누출한 경우 체류하지 않도록 통풍이 좋은 장소에 설치한다.
③ 전용탱크실로 하여 옥외에 설치한다.
④ 건축물이나 사람이 통행하는 구조물의 하부에 설치하지 아니한다.

 옥내에 설치한다.

70 용기에 의한 액화석유가스 저장소의 저장설비 설치기준으로 틀린 것은?
① 용기보관실 설치 시 저장설비는 용기집합식으로 하지 아니한다.
② 용기보관실은 사무실과 구분하여 동일한 부지에 설치한다.
③ 실외저장소 설치 시 충전용기와 잔가스 용기의 보관장소는 1.5m 이상의 거리를 두어 구분하여 보관한다.
④ 실외저장소 설치 시 바닥으로부터 2m 이내의 배수시설이 있을 경우에는 방수재료로 이중으로 덮는다.

71 도시가스사업법에서 요구하는 전문교육 대상자가 아닌 것은?

① 도시가스사업자의 안전관리책임자
② 특정가스사용시설의 안전관리책임자
③ 도시가스사업자의 안전점검원
④ 도시가스사업자의 사용시설점검원

 전문교육 대상자
① 운반책임자
② 안전관리책임자
③ 안전관리원
④ 특정고압가스사용시설의 안전관리책임자
⑤ 특정고압가스사용시설 중 독성가스시설의 안전관리책임자
⑥ 검사기관의 기술인력
⑦ 독성가스시설의 안전관리책임자
⑧ 독성가스시설의 안전관리원

72 가스안전 위험성 평가기법 중 정량적 평가에 해당되는 것은?

① 체크리스트기법
② 위험과 운전분석기법
③ 작업자실수 분석기법
④ 사고예상질문 분석기법

안전성 평가 기법
① 정량적 평가기법
 ㉠ 결함수 분석법(FTA)
 ㉡ 사건수 분석법(ETA)
 ㉢ 원인결과 분석법(CCA)
 ㉣ 작업자 실수 분석법
② 정성적 평가기법
 ㉠ 사고예상 질문 분석법
 ㉡ 체크리스트법
 ㉢ 안전성 평가법
 ㉣ 예비위험 분석법

73 용기에 의한 액화석유가스저장소에서 액화석유가스의 충전용기 보관실에 설치하는 환기구의 통풍기능 면적의 합계는 바닥면적 $1m^2$마다 몇 cm^2 이상이어야 하는가?

① $250cm^2$
② $300cm^2$
③ $400cm^2$
④ $650cm^2$

 통풍구(환기구)크기
$1m^2$당 $300cm^2$

74 일반 용기의 도색이 잘못 연결된 것은?

① 액화염소 – 갈색
② 아세틸렌 – 황색
③ 액화탄산가스 – 회색
④ 액화암모니아 – 백색

 공업용 용기 도색
청탄산 산녹에서 황아체 안주삼아 수주잔
 ①   ②   ③   ④
높이들고 백암산 바라보니 염소는 갈색으로
 ⑤   ⑥
보이고 쥐들은 기타를 치더라.
 ⑦
① 탄산가스 : 청색 ② 산소 : 녹색
③ 아세틸렌 : 황색 ④ 수소 : 주황
⑤ 암모니아 : 백색 ⑥ 염소 : 갈색
⑦ 기타 : 쥐색(회색) C_3H_8, He
의료용기도색
질흑같은 밤에자고 탄화를 싸게 주면 청아한
 ①   ②   ③   ④   ⑤
산소에서 백로가 헬기로 갈아채 기더라.
 ⑥   ⑦

75 염소와 동일 차량에 적재하여 운반하여도 무방한 것은?

① 산소
② 아세틸렌
③ 암모니아
④ 수소

동일차량 적재운반 금지
① 염소와 수소
② 염소와 아세틸렌
③ 염소와 암모니아

76 폭발 상한값은 수소, 폭발 하한값은 암모니아와 가장 유사한 가스는?

① 에탄
② 일산화탄소
③ 산화프로필렌
④ 메틸아민

71.④ 72.③ 73.② 74.③ 75.① 76.②

폭발범위
① 아세틸렌 : 2.5~81%
② 수소 : 4~75%
③ 산화에틸렌 : 3~80%
④ 황화수소 : 4.3~45.5%
⑤ 일산화탄소 : 12.5~74%
⑥ 암모니아 : 15~285
⑦ 메탄 : 5~15%
⑧ 부탄 : 1.8~8.4%
⑨ 에탄 : 3~12.5%
⑩ 산화프로필렌 : 2.5~38.5% 등

77 고압가스 충전용기를 차량에 적재 운반할 때의 기준으로 틀린 것은?

① 충돌을 예방하기 위하여 고무링을 씌운다.
② 모든 충전용기는 적재함에 넣어 세워서 적재한다.
③ 충격을 방지하기 위하여 완충판 등을 갖추고 사용한다.
④ 독성가스 중 가연성가스와 조연성가스는 동일 차량 적재함에 운반하지 않는다.

 압축가스용기는 적재함 높이로 눕혀서 적재한다.

78 초저온 용기의 신규 검사 시 다른 용접용기 검사 항목과 달리 특별히 시험하여야 하는 검사 항목은?

① 압궤시험　　② 인장시험
③ 굽힘시험　　④ 단열성능시험

해설 용기검사
① 용접용기로 강재를 제조한 용기
　㉠ 인장시험　　㉡ 기밀시험
　㉢ 내압시험　　㉣ 외관검사
　㉤ 방사선검사　㉥ 충격시험
　㉦ 압궤시험　　㉧ 용접부에 관한 시험
② 초저온용기
　㉠ 인장시험　　㉡ 기밀시험
　㉢ 내압시험　　㉣ 외관검사
　㉤ 단열성능시험 ㉥ 용접부에 관한 시험
　㉦ 압궤시험　　㉧ 충격시험

79 고압가스용 용접용기의 반타원체형 경판의 두께 계산식은 다음과 같다. m을 올바르게 설명한 것은?

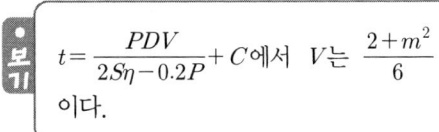

$$t = \frac{PDV}{2S\eta - 0.2P} + C \text{에서 } V \text{는 } \frac{2+m^2}{6}$$
이다.

① 동체의 내경과 외경비
② 강판 중앙단곡부의 내경과 경판둘레의 단곡부 내경비
③ 반타원체형 내면의 장축부와 단축부의 길이의 비
④ 경판 내경과 경판 장축부의 길이의 비

80 고압가스 특정제조시설에서 에어졸 제조의 기준으로 틀린 것은?

① 에어졸 제조는 그 성분 배합비 및 1일에 제조하는 최대수량을 정하고 이를 준수한다.
② 금속제의 용기는 그 두께가 0.125mm이상이고 내용물로 인한 부식을 방지할 수 있는 조치를 한다.
③ 용기는 40℃에서 용기 안의 가스압력의 1.2배의 압력을 가할 때 파열되지 않는 것으로 한다.
④ 내용적이 100cm³을 초과하는 용기는 그 용기의 제조자의 명칭 또는 기호가 표시되어 있는 것으로 한다.

 에어졸 제조의 기준
① 에어졸제조설비 및 에어졸 충전용기 저장소는 화기 또는 인화성 물질과 8m 이상의 우회거리 유지
② 35℃에서 내압의 0.8MPa 이하, 용량은 용기 내용적의 90% 이하
③ 온수시험 탱크 46℃ 이상 50℃ 미만에서 에어졸이 누출도지 않도록 할 것
④ 두께는 0.125mm 이상 유리제용기는 합성수지로 그 내·외면을 피복할 것
⑤ 100cm³ 초과용기는 강 또는 경금속을 사용하

며, 내용적은 1L 미만
⑥ 100cm³ 초과용기는 제조자의 명칭, 기호 표시
⑦ 30cm³ 이상 용기 내 가스압력의 1.5배로 가압 시 변형되지 않고 50℃에서 용기 내 가스압력의 1.8배로 가압 시 파열치 않을 것

 ① 이론 단수의 계산
$$N = 16 \times \left(\frac{T_r}{\omega}\right)^2 = 16 \times \left(\frac{407}{13}\right)^3 = 15682.75$$
② 이론 단 높이(HETP)
$$= \frac{L}{N} = \frac{12.2 \times 1000}{15682.75} = 0.777\text{mm}$$

제 5 과목 가스계측기기

81 내경 70mm의 배관으로 어떤 양의 물을 보냈더니 배관 내 유속이 3m/s이었다. 같은 양의 물을 내경 50mm의 배관으로 보내면 배관 내 유속은 약 몇 m/s가 되는가?

① 2.56 ② 3.67
③ 4.20 ④ 5.88

 $A_1 V_1 = A_2 V_2$
$$V_2 = \frac{A_1 \times V_1}{A_2} = \frac{0.785 \times 0.07^2 \times 3}{0.785 \times 0.05^2} = 5.88$$

82 용량범위가 1.5~200m³/h로 일반 수용가에 널리 사용되는 가스미터는?

① 루트미터 ② 습식가스미터
③ 델터미터 ④ 막식가스미터

 막식가스미터
① 저가이다.
② 부착 후 유지관리에 시간을 요하지 않는다.
③ 대용량은 설치면적이 크다.
④ 가정용
⑤ 1.5~200m³/h

83 머무른 시간 407초, 길이 12.2m인 컬럼에서의 띠너비를 바닥에서 측정하였을 때 13초이었다. 이때 단 높이는 몇 mm인가?

① 0.58 ② 0.68
③ 0.78 ④ 0.88

84 스프링식 저울에 물체의 무게가 작용되어 스프링의 변위가 생기고 이에 따라 바늘의 변위가 생겨 물체의 무게를 지시하는 눈금으로 무게를 측정하는 방법을 무엇이라 하는가?

① 영위법 ② 치환법
③ 편위법 ④ 보상법

 ① 편위법 : 측정량과 관계있는 다른 양으로 변환시켜 측정
  ㉠ 전류계
  ㉡ 스프링식 저울
  ㉢ 부르돈관 압력계
② 보상법 : 측정량과 거의 같은 미리 알고 있는 양을 준비하여 측정량과 미리 알고 있는 양의 차이로서 측정량을 알아내는 방법
③ 치환법 : 지시량과 미리 알고 있는 다른 양으로부터 측정량을 알아내는 방법

85 상대습도가 30%이고, 압력과 온도가 각각 1.1bar, 75℃인 습공기가 100m³/h로 공정에 유입될 때 몰습도(mol · H₂O/mm Dry Air)는?

① 0.017 ② 0.117
③ 0.129 ④ 0.317

 수증기 분압계산(P_w)
① $\phi = \dfrac{\text{수증기분압}(P_w)}{t℃\text{에서의 포화수증기압}(P_s)}$
∴ $P_w = \phi \times P_s = 0.3 \times 289 = 86.7\text{mmHg}$
② 습공기전압(P)계산
$P = \dfrac{1.1}{1.01325} \times 760 = 825.07\text{mmHg}$
③ 몰습도(mol · H₂O/mm · dryAir)

$$= \frac{P}{P-P_w} = \frac{86.7}{825.07-86.7}$$
$$= 0.117 \text{mol} \cdot \text{H}_2\text{O/mol} \cdot \text{dryAir}$$

86 부르동(Bourdon)관 압력계에 대한 설명으로 틀린 것은?

① 높은 압력은 측정할 수 있지만 정도는 좋지 않다.
② 고압용 부르동관의 재질은 니켈강이 사용된다.
③ 탄성을 이용하는 압력계이다.
④ 부르동관의 선단은 압력이 상승하면 수축되고, 낮아지면 팽창한다.

 부르돈관 압력계(bourdon tube)
① 2차 압력계의 대표적이다.
② 재질 - 저압 : 황동, 청동, 인청동
　　　　 - 고압 : 니켈강, 특수강
③ 암모니아, 아세틸렌 압력계에는 구리 및 구리합금 사용을 금지하고 연강재 사용
④ 산소용 압력계는 '금유'라는 표시가 되어 있는 전용의 것을 사용
⑤ 상용압력의 1.5배 이상 2배 이하의 눈금이 있는 것 사용

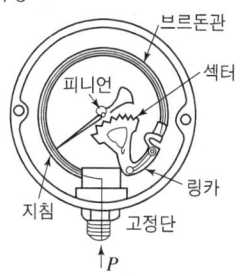
[브르돈관식 압력계]

87 다음 [보기]에서 설명하는 가스미터는?

・ 설치공간을 적게 차지한다.
・ 대용량의 가스측정에 적당하다.
・ 설치 후의 유지관리가 필요하다.
・ 가스의 압력이 높아도 사용이 가능하다.

① 막식가스미터　② 루트미터
③ 습식가스미터　④ 오리피스미터

 루트식 가스미터(대중적 소스)
① 대유량 가스 측정 적합
② 중압가스 계량 가능
③ 설치면이 적다.
④ 소유량에서는 부동의 우려가 있다.
⑤ 스트레이너 설치 후 유지관리 필요

88 제백(seebeck)효과의 원리를 이용한 온도계는?

① 열전대 온도계　② 서미스터 온도계
③ 팽창식 온도계　④ 광전관 온도계

 열전대 온도계 : 제백효과를 이용한 온도계
① PR(백금-백금 로듐)(R형)
　㉠ 산화성 분위기에 가장 강하다.
　㉡ 환원성 분위기에 약하다.
　㉢ 금속증기에 침식
　㉣ 온도 : 0~1600℃
　㉤ 백금 87%(+극), 백금로듐 13%(-극)
　㉥ 값이 싸고, 정도가 높고 안정성우수
　㉦ 열전대 온도계중 가장 고온 측정

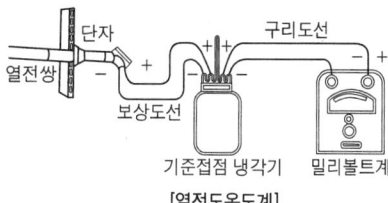
[열전도온도계]

② CA(크로멜-알루멜)(K형)
　㉠ 크로멜[Ni(90%)+Cr(10%)],
　　 알루멜[Ni(94%)+Mn(2.5%)+Al(2.0%)
　　 +Fe(0.5%)]
　㉡ 산화성 분위기에 약하다.
　㉢ 온도 : 0~1200℃
③ CC(동-콘스탄탄)(T형)
　㉠ 수분에 의한 내식성이 크다.
　㉡ 콘스탄탄[Cu(55%)+Ni(45%)]
　㉢ 온도 : -200~350℃
　㉣ 열전대 온도계 중 가장 저온 측정
④ IC(철-콘스탄탄)(J형)
　㉠ 환원성 분위기에 강하다.
　㉡ 온도 : -20~850℃

86.④　87.②　88.①

89 헴펠식 가스분석법에서 흡수·분리되지 않는 성분은?

① 이산화탄소　② 수소
③ 중탄화수소　④ 산소

해설 흡수분석법
① 오르자트법
　㉠ CO_2 : KOH 30% 수용액
　㉡ O_2 : 알칼리성 피롤카롤 용액
　㉢ CO : 암모니아성 염화 제1동 용액
② 헴펠법
　㉠ CO_2 : KOH 30% 수용액
　㉡ $C_mH_n(C_2H_2)$: 발연황산 25%
　㉢ O_2 : 알칼리성 피롤카롤 용액
　㉣ CO : 암모니아성 염화 제1동 용액
③ 게겔법
　㉠ CO_2 : KOH 30% 수용액
　㉡ C_2H_2 : 옥소수은칼륨 용액
　㉢ C_3H_6 : 87% 황산
　㉣ C_2H_4 : 취소수용액
　㉤ O_2 : 알칼리성 피롤카롤 용액
　㉥ CO : 암모니아성 염화 제1동 용액

90 기체크로마토그래피법의 검출기에 대한 설명으로 옳은 것은?

① 불꽃이온화 검출기는 감도가 낮다.
② 전자포획 검출기는 선형 감응범위가 아주 우수하다.
③ 열전도도 검출기는 유기 및 무기화학종에 모두 감응하고 용질이 파괴되지 않는다.
④ 불꽃광도 검출기는 모든 물질에 적용된다.

해설 가스크로마토그래피
① 캐리어가스 : 수소, 헬륨, 질소, 아르곤
② 부품 및 성분 : 기록계, 압력계, 항온조, 컬럼(분리관), 유량조절기, 가스샘플
③ 충진제 : 활성탄, 실리카겔, 소바비드, 뮬레큘러시브
④ 분리가 안될 때 시료 주입구 온도 높인다.
⑤ 종류
　㉠ FDI(수소이온화검출기)
　　ⓐ 전극간의 전기 전도도가 증대하는 것을 이용

　　ⓑ 탄화수소에 감도가 최고이다.(프로판, 부탄, 프로필렌) 등
　　ⓒ H_2, O_2, CO, CO_2, SO_2 등은 감도가 적다.
　　ⓓ 무기가스(산소, 질소, 탄산가스, 염소, 아황산가스, 불활성가스)나 물에 거의 응답하지 않음.
　㉡ TDC(열전도도형검출기)
　　ⓐ 금속필라멘트의 저항변화를 이용하는 것
　　ⓑ 일반적으로 가장 널리 사용
　㉢ ECD(전자포획이온화검출기)
　　ⓐ 이온전류가 감소하는 것을 이용
　　ⓑ 할로겐(F_2, Cl_2, Br_2, I_2) 및 산화물에서는 감도가 최고이다.
　㉣ FPD(염광광도 검출기) : 황화합물이나 인화합물 검출

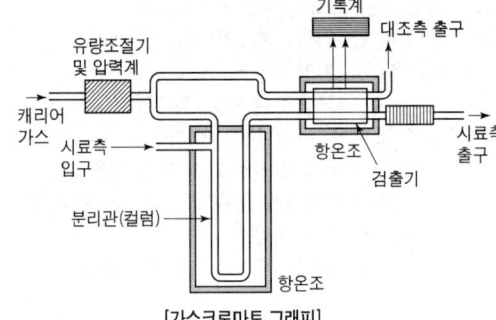
[가스크로마토 그래피]

91 수소의 품질검사에서 이용되는 분석방법은?

① 오르자트법
② 산화 연소법
③ 인화법
④ 파라듐블랙에 의한 흡수법

해설 품질검사기준
① 산소
　㉠ 순도 99.5% 이상
　㉡ 동암모니아 시약의 오르자트법
② 수소
　㉠ 순도 98.5% 이상
　㉡ 피롤카롤 또는 하이드로설파이드 시약의 오르자트법
③ 아세틸렌
　㉠ 순도 98% 이상

ⓒ 발연황산시약의 오르자트법, 브롬시약의 뷰렛법, 질산은시약의 정성시험에 합격할 것

92 변화되는 목표치를 측정하면서 제어량을 목표치에 맞추는 자동제어 방식이 아닌 것은?
① 추종 제어 ② 비율 제어
③ 프로그램 제어 ④ 정치 제어

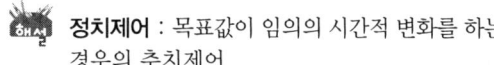
정치제어 : 목표값이 임의의 시간적 변화를 하는 경우의 추치제어
① 추종제어 : 목표값이 임의의 시간적 변화를 하는 경우의 추치제어
② 비율제어 : 2개 이상의 제어량의 값이 정해진 비율을 유도하도록 하는 제어
③ 프로그램제어 : 미리 정하여진 프로그램에 따라 시간적으로 목표값이 변화하는 경우
④ 캐스케이드제어 : 1차 제어장치가 제어명령을 발하고 2차제어장치가 이 명령을 바탕으로 제어량 조절

93 화학분석법 중 요오드(I) 적정법은 주로 어떤 가스를 정량하는데 사용되는가?
① 일산화탄소 ② 아황산가스
③ 황화수소 ④ 메탄

가스성분과 분석방법
① 전유황
  ㉠ 과염소산바륨법
  ㉡ 디메틸슬포나조법
  ㉢ 흡광광도법
② 황화수소
  ㉠ 요오드적정법(옥소적정법)
  ㉡ 초산연시험지
  ㉢ 메틸렌블루흡광광도법
③ 암모니아
  ㉠ 중화적정법
  ㉡ 인도페놀흡광광도법
④ 나프탈렌
  ㉠ 가스크로마토그래피
⑤ 수분
  ㉠ 노점법
  ㉡ 흡수중량법

94 진동이 일어나는 장치의 진동을 억제하는데 가장 효과적인 제어동작은?
① 뱅뱅동작 ② 비례동작
③ 적분동작 ④ 미분동작

제어방식
① 연속동작
  ㉠ P동작(비례동작)
    ⓐ 잔류편차 허용될 때 사용
    ⓑ 조작량은 제어 편차의 변화속도에 비례한 동작
    ⓒ 부하변화가 적은 프로세스에 상용
    ⓓ 부하가 변화하는 등의 외란이 있으면 (off-set : 잔류편차) 생김
  ㉡ I동작(적분동작)
    ⓐ 잔류편차 허용되지 않을 때 사용
    ⓑ 제어의 안정성이 떨어지고 일반적으로 진동함
    ⓒ 측정지연 및 조절지연이 작을 경우 좋은 결과 얻음
    ⓓ 제어량의 편차가 없어질 때까지 동작 계속
  ㉢ D동작(미분동작)
    ⓐ 편차가 변화하는 속도에 비례해서 조작량 가감
    ⓑ 일반적으로 진동이 제어되어 빨리 안정
② 불연속 동작(on-off동작이라고도 함)
  ㉠ 이위치동작 : 조작량이 정해진 두 값 중 하나를 취하여 밸브가 열리고 닫히는 이위치 제어
  ㉡ 다위치동작 : 동작신호의 크기에 따라 조작량이 셋 이상의 정해진 값 중 하나를 취하는 것
  ㉢ 불연속 속도 조작

95 다음 가스분석 방법 중 성질이 다른 하나는?
① 자동화학식
② 열전도율법
③ 밀도법
④ 기체크로마토그래피법

96 다음 [보기]에서 설명하는 열전대 온도계 (Thermo electric thermometer)의 종류

92.④ 93.③ 94.④ 95.① 96.③

는?

- 기전력 특성이 우수하다.
- 환원성 분위기에 강하나 수분을 포함한 산화성 분위기에는 약하다.
- 값이 비교적 저렴하다.
- 수소와 일산화탄소 등에 사용이 가능하다.

① 백금-백금·로듐 ② 크로멜-알루멜
③ 철-콘스탄탄   ④ 구리-콘스탄탄

 열전대온도계(접촉식 중 가장 높은 온도 측정, 열기전력 이용(제벡효과))
① PR(백금-백금로듐)(R형)
  ㉠ 산화성 분위기에 가장 강하다.
  ㉡ 환원성 분위기에 약하다.
  ㉢ 금속증기에 침식
  ㉣ 온도 : 0~1600℃
  ㉤ 백금 87%(+극), 백금로듐 13%(-극)
  ㉥ 값이 싸고, 정도가 높고 안전성 우수
  ㉦ 열전대 온도계중 가장 고온 측정

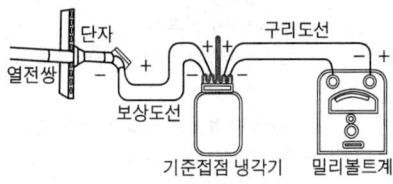
[열전도온도계]

② CA(크로멜-알루멜)(K형)
  ㉠ 크로멜[Ni(90%)+Cr(10%)],
     알루멜[Ni(94%)+Mn(2.5%)+Al(2.0%)+Fe(0.5%)]
  ㉡ 산화성 분위기에 약하다.
  ㉢ 온도 : 0~1200℃
③ CC(동-콘스탄탄)(T형)
  ㉠ 수분에 의한 내식성이 크다.
  ㉡ 콘스탄탄[Cu(55%)+Ni(45%)]
  ㉢ 온도 : -200~350℃
  ㉣ 열전대 온도계 중 가장 저온 측정
④ IC(철-콘스탄탄)(J형)
  ㉠ 환원성 분위기에 강하나 수분을 포함한 산화성 분위기에는 약하다.
  ㉡ 기전력 특성이 우수하다.
  ㉢ 값이 비교적 저렴하다.

  ㉣ 온도 : -20~850℃
  ㉤ 수소와 일산화탄소 등에 사용이 가능하다.

97 막식가스미터에서 발생할 수 있는 고장의 형태 중 가스미터에 감도 유량을 흘렸을 때, 미터 지침의 시도(示度)에 변화가 나타나지 않는 고장을 의미하는 것은?

① 감도불량   ② 부동
③ 불통   ④ 기차불량

 가스미터의 고장 및 원인
① 감도불량 : 감도유량을 통과시켰을 때 미터지침의 시도 변화가 나타나지 않는 고장
  ㉠ 계량막밸브와 밸브시트 사이의 누설
  ㉡ 패킹에서의 누설
② 부동 : 가스는 미터를 통과하나 미터지침이 작동하지 않는 현상
  ㉠ 감속 또는 지시장치의 기어물림 불량
  ㉡ 지시장치의 톱니바퀴의 불량
  ㉢ 계량막의 파손, 밸브의 탈락, 밸브와 밸브시트 사이에서의 누설
③ 불통 : 가스가 가스미터를 통과하지 않는 고장
  ㉠ 날개 조절기능의 납땜이 떨어진 경우
  ㉡ 회전자 베어링의 마모에 의한 접촉시
  ㉢ 밸브와 밸브시트가 타르, 수분 등에 의해 고착 또는 동결시
④ 기차불량 : 부품의 마모 등에 의해 기차가 변화하는 경우 계량법에 규정된 사용공차 ±4%를 넘어서는 현상
  ㉠ 계량막이 신축하여 부피가 변화하는 경우
  ㉡ 밸브와 밸브시트 사이 또는 막패킹부에서의 누설
  ㉢ 회전부분의 마찰 저항 증가에 의한 진동

98 다음 중 액면 측정 방법이 아닌 것은?

① 플로트식   ② 압력식
③ 정전용량식   ④ 박막식

- **직접식 액면계** : 직관식, 부자식(플로우트식), 검척식
- **간접식 액면계** : 차압식, 방사선식, 기포식, 고정튜브식, 슬립튜브식, 회전튜브식, 초음파식

99 측정치가 일정하지 않고 분포 현상을 일으키는 흩어짐(dispersion)이 원인이 되는 오차는?

① 개인오차 ② 환경오차
③ 이론오차 ④ 우연오차

100 다음 중 측온 저항체의 종류가 아닌 것은?

① Hg ② Ni
③ Cu ④ Pt

전기저항 온도계 특징
① 저항체로서 백금(Pt), 구리(Cu), 니켈(Ni) 등이 사용된다.
② 응답이 빠르다.
③ 비교적 낮은 온도(500℃ 이하)의 정밀측정에 적합하다.
④ 정밀한 온도측정에는 백금저항온도계가 쓰인다.
⑤ 구조가 복잡하고 취급이 어려워 숙련이 필요하다.
⑥ 검출시간이 지연될 수 있다.
⑦ 원격측정에 적합하다.
⑧ 자동제어 기록, 조절이 가능하다.

99. ④ 100. ①

2021년도 출제문제
2021년 5월 15일 시행

제1과목 가스유체역학

01 다음과 같은 일반적인 베르누이의 정리에 적용되는 조건이 아닌 것은?

$$\frac{P}{\rho g}+\frac{V^2}{2g}+Z=\text{constant}$$

① 정상상태의 흐름이다.
② 마찰이 없는 흐름이다.
③ 직선관에서만의 흐름이다.
④ 같은 유선상에 있는 흐름이다.

 베르누이의 정리 적용

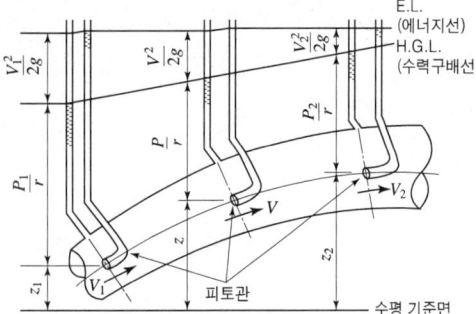

① 정상상태의 흐름이다.
② 마찰이 없는 흐름이다.
③ 같은 유선상에 있는 흐름이다.
④ 비압축성 유체에 해당
⑤ 유선상을 기준으로 각 지점의 에너지의 합은 같다.
⑥ 물체 흐름을 갖고 있는 열역학 제1법칙 적용

02 압력계의 눈금이 1.2MPa를 나타내고 있으며 대기압이 720mmHg일 때 절대압력은 몇 kPa인가?

① 720   ② 1200
③ 1296   ④ 1301

 절대압력 = 게이지압력 + 대기압
$$= 1.2\text{MPa} + \frac{720}{760} \times 0.101\text{MPa}$$
$$= 1.2956\text{MPa}$$
$0.101\text{MPa} = 101.325\text{kPa}$
$1.2956\text{MPa} = x$
$$x = \frac{1.2956 \times 101.325\text{kPa}}{0.101\text{MPa}} = 1295\text{kPa}$$

03 냇물을 건널 때 안전을 위하여 일반적으로 물의 폭이 넓은 곳으로 건너간다. 그 이유는 폭이 넓은 곳에서는 유속이 느리기 때문이다. 이는 다음 중 어느 원리와 가장 관계가 깊은가?

① 연속방정식
② 운동량방정식
③ 베르누이의 방정식
④ 오일러의 운동방정식

 $Q = A_1 V_1 = A_2 V_2$

04 수차의 효율을 η, 수차의 실제 출력을 $L[\text{PS}]$, 수량을 $Q[\text{m}^3/\text{s}]$라 할 때 유효낙차 $H[\text{m}]$를 구하는 식은?

① $H = \dfrac{L}{13.3\eta Q}[\text{m}]$

② $H = \dfrac{QL}{13.3\eta}[\text{m}]$

③ $H = \dfrac{L\eta}{13.3Q}[\text{m}]$

④ $H = \dfrac{\eta}{L \times 13.3Q}[\text{m}]$

01.③ 02.③ 03.① 04.①

수차의 효율 계산식 = $\dfrac{실제출력(L)}{이론출력(L_a)} \times 100$

$L = L_a \times \eta = \dfrac{1000 \times Q \times H}{75} \times \eta$

$L = 13.33 \times Q \times H \times \eta$

$\therefore H = \dfrac{L}{13.33 \times Q \times \eta}$

05 펌프의 회전수를 $n[\text{rpm}]$, 유량을 Q $[\text{m}^3/\text{min}]$, 양정을 $H[\text{m}]$라 할 때 펌프의 비교회전도 N_s를 구하는 식은?

① $N_s = nQ^{\frac{1}{2}}H^{-\frac{3}{4}}$

② $N_s = nQ^{-\frac{1}{2}}H^{\frac{3}{4}}$

③ $N_s = nQ^{-\frac{1}{2}}H^{-\frac{3}{4}}$

④ $N_s = nQ^{\frac{1}{2}}H^{\frac{3}{4}}$

 비교회전도$(N_s) = \dfrac{N \times \sqrt{Q}}{\left(\dfrac{H}{n}\right)^{\frac{3}{4}}} = \dfrac{N \times \sqrt{Q}}{(H)^{\frac{3}{4}}}$

06 원관 내 유체의 흐름에 대한 설명 중 틀린 것은?

① 일반적으로 층류는 레이놀즈수가 약 2100 이하인 흐름이다.
② 일반적으로 난류는 레이놀즈수가 약 4000 이상인 흐름이다.
③ 일반적으로 관 중심부의 유속은 평균유속보다 빠르다.
④ 일반적으로 최대속도에 대한 평균속도의 비는 난류가 층류보다 작다.

 원관 내의 유체의 흐름
① 층류는 레이놀즈수가 약 2100 이하인 흐름
② 난류는 레이놀즈수가 약 4000 이상인 흐름
③ 관 중심부의 유속은 평균유속보다 빠르다.
④ 최대 속도에 대한 평균속도의 비는 난류가 층류보다 크다.
⑤ 임계영역은 2100 초과 4000 이하

07 내경이 2.5×10^{-3}m인 원관에 0.3m/s의 평균 속도로 유체가 흐를 때 유량은 약 몇 m³/s 인가?

① 1.06×10^{-6} ② 1.47×10^{-6}
③ 2.47×10^{-6} ④ 5.23×10^{-6}

 $Q = A \times V$
$= \dfrac{\pi D^2}{4} \times V$
$= 0.785 \times (2.5 \times 10^{-3})^2 \times 0.3$
$= 1.47 \times 10^{-6}(0.000001471)$

08 간격이 좁은 2개의 연직 평판을 물속에 세웠을 때 모세관현상의 관계식으로 맞는 것은? (단, 두 개의 연직 평판의 간격 : t, 표면장력 σ, 접촉각 : β, 물의 비중량 : γ, 액면의 상승높이 : h_c이다.)

① $h_c = \dfrac{4\sigma\cos\beta}{\gamma t}$ ② $h_c = \dfrac{4\sigma\sin\beta}{\gamma t}$

③ $h_c = \dfrac{2\sigma\cos\beta}{\gamma t}$ ④ $h_c = \dfrac{2\sigma\sin\beta}{\gamma t}$

 모세관 현상에 의한 액체의 상승 높이
① 원형 모세관 : $h = \dfrac{4\sigma\sin\beta}{\gamma_d}$
② 연직평판 : $h_c = \dfrac{2\sigma\cos\beta}{\gamma t}$

09 원관을 통하여 계량수조에 10분 동안 2000 kg의 물을 이송한다. 원관의 내경을 500mm로 할 때 평균 유속은 약 몇 m/s인가?(단, 물의 비중은 1.0이다.)

① 0.27   ② 0.027
③ 0.17   ④ 0.017

 $Q = A \times V$에서
$V = \dfrac{Q}{A} = \dfrac{2\text{m}^3/10\text{min}}{0.785 \times 0.5^2\text{m}^2 \times 60\text{s}/\text{min}}$

$$= 0.01698 \fallingdotseq 0.017 \text{m/s}$$
※ $1\text{kg} = 1\text{L} \Rightarrow 2000\text{kg} = 2000\text{L}$
$1000\text{L} = 1\text{m}^3 \Rightarrow 2000\text{L} = 2\text{m}^3$

10 표준대기에 개방된 탱크에 물이 채워져 있다. 수면에서 2m 깊이의 지점에서 받는 절대압력은 몇 kgf/cm^2인가?

① 0.03 ② 1.033
③ 1.23 ④ 1.92

 절대압력 = 게이지압력 + 대기압
$= 0.2 + 1.0332 = 1.2332 \text{kgf/cm}^2$
여기서, 게이지압력
$P = r \times h = 1000 \text{kg/m}^3 \times 2\text{m}$
$= 2000 \text{kg/m}^2 = 0.2 \text{kgf/cm}^2$

11 수직 충격파가 발생될 때 나타나는 현상은?

① 압력, 마하수, 엔트로피가 증가한다.
② 압력은 증가하고 엔트로피와 마하수는 감소한다.
③ 압력과 엔트로피가 증가하고 마하수는 감소한다.
④ 압력과 마하수는 증가하고 엔트로피는 감소한다.

 수직충격파 : 초음속 흐름에서 갑자기 아음속 흐름으로 바뀔 때 발생하며 충격파 발생 시 비가역 과정이다.
• 증가 : 온도, 압력, 밀도, 엔트로피
• 감소 : 속도, 마하수

12 구가 유체 속을 자유낙하 할 때 받는 항력 F가 점성계수 μ, 지름 D, 속도 V의 함수로 주어진다. 이 물리량들 사이의 관계식을 무차원으로 나타내고자 할 때 차원해석에 의하면 몇 개의 무차원수로 나타낼 수 있는가?

① 1 ② 2
③ 3 ④ 4

 무차원수 = 물리량수 − 기본차원수 = 4 − 3 = 1

13 단면적이 변하는 관로를 비압축성 유체가 흐르고 있다. 지름이 15cm인 단면에서의 평균속도가 4m/s이면 지름이 20cm인 단면에서의 평균속도는 몇 m/s인가?

① 1.05 ② 1.25
③ 2.05 ④ 2.25

 $A_1 V_1 = A_2 V_2$
$V_2 = \dfrac{A_1 \times V_1}{A_2} = \dfrac{0.785 \times 0.15^2 \times 4}{0.785 \times 0.2^2}$
$= 2.25 \text{m/sec}$

14 강관 속을 물이 흐를 때 넓이 250cm^2에 걸리는 전단력이 2N이라면 전단응력은 몇 $\text{kg/m} \cdot \text{s}^2$인가?

① 0.4 ② 0.8
③ 40 ④ 80

 전단응력$(\tau) = \dfrac{W}{A} = \dfrac{2 \text{kg} \cdot \text{m/s}^2}{250 \times 10^{-4} \text{m}^2} = 80$
※ $1\text{N} = 1\text{kg} \cdot \text{m/s}^2$

15 전양정 15m, 송출량 $0.02 \text{m}^3/\text{s}$, 효율 85%인 펌프로 물을 수송할 때 축동력은 몇 마력인가?

① 2.8PS ② 3.5PS
③ 4.7PS ④ 5.4PS

 $kW = \dfrac{r \times Q \times H}{75 \times \eta} = \dfrac{1000 \times 0.02 \times 15}{75 \times 0.85}$
$= 4.7 \text{PS}$

16 어떤 유체의 운동문제에 8개의 변수가 관계되고 있다. 이 8개의 변수에 포함되는 기본차원이 질량 M, 길이 L, 시간 T일 때 π정리로서 차원해석을 한다면 몇 개의 독립적인 무

차원량 π를 얻을 수 있는가?

① 3개 ② 5개
③ 8개 ④ 11개

 무차원량 = 물리량의 수 − 기본 차원수
= 8 − 3(길이, 질량, 시간)
= 5

17 그림은 회전수가 일정할 경우 펌프의 특성곡선이다. 효율곡선에 해당하는 것은?

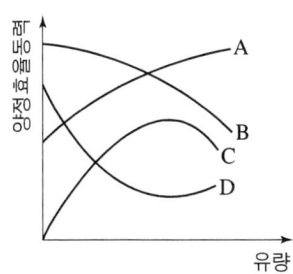

① A ② B
③ C ④ D

 펌프의 특성곡선
① A곡선 : 축동력 곡선
② B곡선 : 양정곡선
③ C곡선 : 효율곡선

18 그림과 같이 비중이 0.85인 기름과 물이 층을 이루며 뚜껑이 열린 용기에 채워져 있다. 물의 가장 낮은 밑바닥에서 받는 게이지 압력은 얼마인가?(단, 물의 밀도는 $1000kg/m^3$이다.)

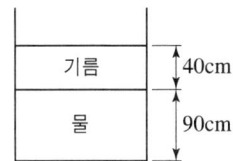

① 3.33kPa ② 7.45kPa
③ 10.8kPa ④ 12.2kPa

 $P_g = \gamma_1 \times h_1 + \gamma_2 \times h_2$
$= (0.85 \times 10^3 \times 0.4 + 1000 \times 0.9)$
$= 1240kg/m^2$

$10332kg/m^2 = 101.325kPa$
$1240kg/m^2 = x$
$x = \dfrac{1240kg/m^2 \times 101.325kPa}{10332kg/m^2} = 12.16kPa$

19 압력이 100kPa이고 온도가 30℃인 질소 ($R = 0.26kJ/kg \cdot k$)의 밀도(kg/m^3)는?

① 1.02 ② 1.27
③ 1.42 ④ 1.64

 $\rho = \dfrac{PV}{RT} = \dfrac{100}{0.26 \times (273+30)} = 1.269$

① 1kcal = 4.186kJ = 427kg · m
0.26kJ = x
$x = \dfrac{0.26kJ \times 427kg \cdot m}{4.186kJ}$
$= 26.52kg \cdot m/kg \cdot k$

② $10332kg/m^2 = 101.325kPa$
$x = 100kPa$
$x = \dfrac{10332kg/m^2 \times 100kPa}{101.325kPa}$
$= 10196.89kg/m^2$

$x = \dfrac{10196.89kg/m^2}{26.52 \times (273+30)} = 1.268kg/m^2$

20 온도 20℃의 이상기체가 수평으로 놓인 관 내부를 흐르고 있다. 유동 중에 놓인 작은 물체의 코에서의 정체온도(stagnation temperature)가 $T_s = 40℃$이면 관에서의 기체의 속도 (m/s)는? (단, 기체의 정압비열 $C_p = 1040J/(kg \cdot K)$이고, 등엔트로피 유동이라고 가정한다.)

① 204 ② 217
③ 237 ④ 253

 $\dfrac{1}{2}\rho V^2 = C_p \times \Delta t$

$\therefore V^2 = \dfrac{C_p \times \Delta t}{\rho \times \dfrac{1}{2}} = \sqrt{\dfrac{C_p \times \Delta t}{\rho \times \dfrac{1}{2}}}$

$$= \sqrt{\frac{1040 \times (40-20)}{1 \times \frac{1}{2}}} = 203.96 \text{m/s}$$

제2과목 연소공학

21 다음 [보기]에서 설명하는 가스폭발 위험성 평가기법은?

- 사상의 안전도를 사용하여 시스템의 안전도를 나타내는 모델이다.
- 귀납적이기는 하나 정량적분석기법이다.
- 재해의 확대요인의 분석에 적합하다.

① FHA(Fault Hazard Analysis)
② JSA(Job Safety Analysis)
③ EVP(Extreme Value Projection)
④ ETA(Event Tree Analysis)

해설 ETA(Event Tree Analysis)
① 귀납적이기는 하나 정량적 평가기법이다.
② 재해의 확대요인의 분석에 적합하다.
③ 사상의 안전도를 사용하여 시스템의 안전도를 나타내는 모델
※ 안전성 평가
 기업 활동 전반을 시스템으로 보고 시스템 운영 규정을 작성·시행하여 사업장에서의 사고 예방을 위한 모든 형태의 활동 및 노력을 효과적으로 수행하기 위한 체계적이고 종합적인 안전관리 체계를 의미한다.
(1) 적용대상
 ① 석유정제사업자의 고압가스시설로서 저장능력 100ton 이상 시설
 ② 석유화학공업자의 고압가스시설로서 저장능력 100ton 이상 시설, 1일 처리능력 1만m³ 이상
 ③ 비료생산업자의 고압가스시설로서 저장능력 100ton 이상 시설, 1일 처리능력 10만m³ 이상

(2) 평가방법
 어떠한 위험 요소가 존재하는지를 찾아내는 정성분석과 그러한 위험 요소를 확률적으로 분석 평가하는 정량적 분석으로 구분된다.
 ① "체크리스트(Checklist)기법"이라 함은 공정 및 설비의 오류, 결함상태, 위험 상황 등을 목록화한 형태로 작성하여 경험적으로 비교함으로써 위험성을 정성적으로 파악하는 기법
 ② "상대위험순위결정(Dow And Mond Indices) 기법"이라 함은 설비에 존재하는 위험에 대하여 수치적으로 상대위험 순위를 지표화하여 그 피해정도를 나타내는 상대적 위험 순위를 정하는 기법
 ③ "작업자 실수 분석(Human Error Analysis, HEA)기법"이라 함은 설비의 운전원, 정비보수원, 기술자 등의 작업에 영향을 미칠만한 요소를 평가하여 그 실수의 원인을 파악하고 추적하여 정량적으로 실수의 상대적 순위를 결정하는 기법
 ④ "사고 예상 질문 분석(WHAT-IT)기법"이라 함은 공정에 잠재하고 있으면서 원하지 않는 나쁜 결과를 초래할 수 있는 사고에 대하여 예상질문을 통해 사전에 확인함으로써 그 위험과 결과 및 위험을 줄이는 방법을 제시하는 정성적 평가기법
 ⑤ "위험과 운전 분석(Hazard And Operability studies, HAZOP)기법"이라 함은 공정에 존재하는 위험 요소들과 공정의 효율을 떨어뜨릴 수 있는 운전상의 문제점을 찾아내어 그 원인을 제거하는 정성적인 기법
 ⑥ "결함수 분석(Fault Tree Analysis, FTA)기법"이라 함은 사고를 일으키는 장치의 이상이나 운전자의 실수의 조합을 연역적으로 분석하는 정량적인 평가기법
 ⑦ "사건수분석(Event Tree Analysis, ETA)기법"이라 함은 초기사건으로 알려진 특정한 장치의 이상이나 운전자의 실수로부터 발생되는 잠재적인 경과를 평가하는 정량적 평가기법
 ⑧ "원인결과 분석(Cause-Consequence Analysis, CCA)기법"이라 함은 잠재된 사고의 결과와 이러한 사고의 근본적인 원인을 찾아내고 사고결과와 원인의 상호관계를 예측·평가하는 정량적 안전성 평가기법
 ⑨ "이상위험도 분석(Failure Modes, and

Criticality Analysis, FMECA)기법"이라 함은 공정 및 설비의 고장의 형태 및 영향, 고장형태별 위험도 순서 등을 결정하는 기법, 고체연료의 저장 석탄의 저장방법은 옥외 저장과 옥내 저장이 있으며 저장 중에는 풍화나 자연발화에 유의하고 주위는 빗물 침입이 없도록 배수로나 적당한 대책을 세워야 한다.

22 랭킨 사이클의 과정은?

① 정압가열 → 단열팽창 → 정압방열 → 단열압축
② 정압가열 → 단열압축 → 정압방열 → 단열팽창
③ 등온팽창 → 단열팽창 → 등온압축 → 단열압축
④ 등온팽창 → 단열압축 → 등온압축 → 단열팽창

 랭킨사이클의 과정(증기원동기의 기본사이클)

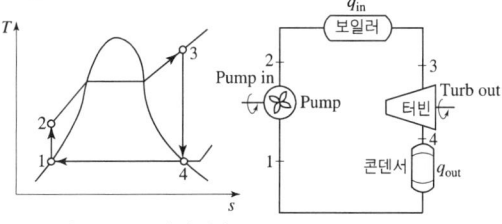

① 1-2 : 단열압축
② 2-3 : 정압가열
③ 3-4 : 단열팽창
④ 4-1 : 정압방열

23 에틸렌(Ethylene) $1Sm^3$을 완전연소시키는데 필요한 공기의 양은 약 몇 Sm^3인가?(단, 공기 중의 산소 및 질소의 함량 21v%, 79v%이다.)

① 9.5 ② 11.9
③ 14.3 ④ 19.0

C_2H_4 + $3O_2$ → $2CO_2$ + $2H_2O$
28kg 3×32kg 2×44kg 2×18kg
$22.4m^3$ $3 \times 22.4m^3$ $2 \times 22.4m^3$ $2 \times 22.4m^3$

체적당(O_0) = $22.4m^3 = 3 \times 22.4m^3$
$1m^3 = x$

$x = \dfrac{1m^3 \times 3 \times 22.4m^3}{22.4m^3} = 3m^3/m^3$

$A_0 = \dfrac{O_0}{0.21} = \dfrac{3}{0.21} = 14.2857m^3$

24 가스의 연소속도에 영향을 미치는 인자에 대한 설명 중 틀린 것은?

① 연소속도는 일반적으로 이론혼합비보다 약간 과농한 혼합비에서 최대가 된다.
② 층류연소 속도는 초기온도의 상승에 따라 증가한다.
③ 연소속도의 압력의존성이 매우 커 고압에서 급격한 연소가 일어난다.
④ 이산화탄소를 첨가하면 연소범위가 좁아진다.

 가스의 연소속도에 미치는 인자

① 일산화탄소는 압력이 높을수록 연소범위 좁아진다.
② 수소와 공기의 혼합가스는 10atm까지는 좁아지다가 그 이상 시 다시 넓어진다.
③ 일반적으로 온도가 상승하면 연소범위는 넓어진다.
④ CO_2를 첨가하면 초기온도의 상승에 따라 증가한다.
⑤ 층류연소 속도는 초기온도의 상승에 따라 증가한다.
⑥ 연소속도는 일반적으로 이론혼합비보다 약간 과농한 혼합비에서 최대가 된다.

25 418.6kJ/kg의 내부에너지를 갖는 20℃의 공기 10kg이 탱크 안에 들어있다. 공기의 내부에너지가 502.3kJ/kg으로 증가할 때까지 가열하였을 경우 이때의 열량변화는 약 몇 kJ인가?

① 775 ② 793
③ 837 ④ 893

 열량변화
$\Delta Q = (502.3 - 418.6) \times 10 = 837kJ$

26 프로판 1Sm³을 공기과잉률 1.2로 완전 연소시켰을 때 발생하는 건연소 가스량은 약 몇 Sm³인가?

① 28.8　② 26.6
③ 24.5　④ 21.1

 이론건조연소가스량(G_{od})

$G_{od} = (1-0.21)A_o + $ 건조생성물의 합
$= (1-0.21)23.8 + 3 = 21.802$
$\therefore 21.802 \times 1.2 = 26.16 Sm^3$

① 실제 건연소가스량(G_o)
$= (m-0.21)A_o + $ 건조생성물의 합
② 이론습연소가스량(G_{ow})
$= (1-0.21)A_o + $ 모든 생성물의 합
③ 실제습연소가스량(G_w)
$= (m-0.21)A_o + $ 모든 생성물의 합

27 증기원동기의 가장 기본이 되는 동력사이클은?

① 사바테(Sabathe)사이클
② 랭킨(Rankine)사이클
③ 디젤(Diesel)사이클
④ 오토(Otto)사이클

 오토사이클

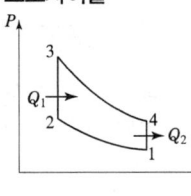

① A-B : 단열압축
② B-C : 등적가열
③ C-D : 단열팽창
④ D-A : 등적방열

카르노사이클

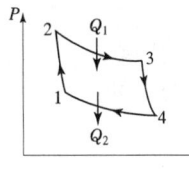

① 1-2 : 단열압축
② 2-3 : 등온팽창
③ 3-4 : 단열팽창
④ 4-1 : 등온압축

냉동사이클 선도

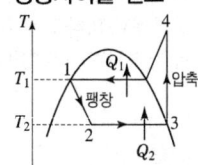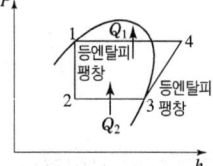

① 1-2(단열팽창=등엔탈피팽창) : 팽창밸브를 지나 교축팽창시키면 엔탈피가 일정한 상태에서 압력과 온도가 내려가 습증기가 된다.
② 2-3(등온팽창) : 습증기가 증발기에 들어가서 외부로부터 열 Q_2를 받아 증발하여 냉동시키려는 물체를 냉각
③ 3-4(단열압축) : 건포화증기의 냉매를 압축기로 과열증기로 만듦
④ 4-1(등온압축=냉각과정) : 과열증기가 압축기에 의해 냉각되어 열량 Q_1을 방출하고 포화액으로 되는 등온 냉각과정
⑤ 성적계수

$$COP = \frac{Q_2}{Aw} = \frac{Q_2}{Q_1 - Q_2} = \frac{T_2}{T_1 - T_2}$$

28 가연물이 되기 쉬운 조건이 아닌 것은?

① 열전도율이 작다.
② 활성화에너지가 크다.
③ 산소와 친화력이 크다.
④ 가연물의 표면적이 크다.

 가연물이 되기 쉬운 조건
① 활성화에너지가 작다.(점화에너지가 적다)
② 가연물의 표면적이 크다.
③ 산소와 친화력이 크다.
④ 열전도율이 작다.

29 순수한 물질에서 압력을 일정하게 유지하면서 엔트로피를 증가시킬 때 엔탈피는 어떻게 되는가?

① 증가한다.　② 감소한다.
③ 변함없다.　④ 경우에 따라 다르다.

엔트로피 증가 시 엔탈피는 증가한다.
① $\Delta S = \dfrac{\Delta Q}{T}$
② $H = \mu + APV$

30 다음 중 가역과정이라고 할 수 있는 것은?
① Carnot 순환
② 연료의 완전연소
③ 관내의 유체의 흐름
④ 실린더 내에서의 급격한 팽창

 가역과정 : 카르노 순환

31 임계압력을 가장 잘 표현한 것은?
① 액체가 증발하기 시작할 때의 압력을 말한다.
② 액체가 비등점에 도달했을 때의 압력을 말한다.
③ 액체, 기체, 고체가 공존할 수 있는 최소압력을 말한다.
④ 임계온도에서의 기체를 액화시키는데 필요한 최저의 압력을 말한다.

 임계압력 : 액화할 수 있는 최저의 압력
임계온도 : 액화할 수 있는 최고의 온도

32 최소산소농도(MOC)와 이너팅(Inerting)에 대한 설명으로 틀린 것은?
① LFL(연소하한계)은 공기 중의 산소량을 기준으로 한다.
② 화염을 전파하기 위해서는 최소한의 산소 농도가 요구된다.
③ 폭발 및 화재는 연료의 농도에 관계없이 산소의 농도를 감소시킴으로써 방지할 수 있다.
④ MOC값은 연소반응식 중 산소의 양론계수와 LFL(연소하한계)의 곱을 이용하여 추산할 수 있다.

33 파라핀계 탄화수소의 탄소 수 증가에 따른 일반적인 성질변화로 옳지 않은 것은?
① 인화점이 높아진다.
② 착화점이 높아진다.
③ 연소범위가 좁아진다.
④ 발열량(kcal/m³)이 커진다.

 파란핀계 탄화수소의 탄소 수 증가 시 성질변화
① 인화점이 높아진다.
② 착화점이 낮아진다.
③ 연소범위가 좁아진다.
④ 발열량이 커진다.
⑤ 비중이 커진다.
⑥ 비등점이 높아진다.
⑦ 화염온도가 높아진다.

34 어느 카르노 사이클이 103℃와 −23℃에서 작동이 되고 있을 때 열펌프의 성적계수는 약 얼마인가?
① 3.5   ② 3
③ 2   ④ 0.5

 열펌프의 성적계수
$= \dfrac{T_1}{T_1 - T_2}$
$= \dfrac{(273+103)}{(273+103)-(273-23)} = 2.98$

35 표면연소에 대하여 가장 옳게 설명한 것은?
① 오일이 표면에서 연소하는 상태
② 고체 연료가 화염을 길게 내면서 연소하는 상태
③ 화염의 외부 표면에 산소가 접촉하여 연소하는 상태
④ 적열된 코크스 도는 숯의 표면에 산소가 접촉하여 연소하는 상태

 연소형태
① 표면연소 : 코크스, 목탄, 숯, 금속분
② 분해연소 : 석탄, 목재, 종이, 플라스틱, 중유 등

③ 증발연소
   - 액체 : 알콜, 에테르, 경유, 등유, 가솔린 등
   - 고체 : 나프탈렌, 송진, 파라핀(양초) 등
④ 자기연소 : 니트로셀룰로오스, 니트로글리세린, 트리니트로톨루엔, 트리니트로페놀(피크린산)
⑤ 확산연소(기체연료의 연소) : 수소, 메탄, 아세틸렌 등

36 자연 상태의 물질을 어떤 과정(Process)을 통해 화학적으로 변형시킨 상태의 연료를 2차 연료라고 한다. 다음 중 2차 연료에 해당하는 것은?

① 석탄　　　② 원유
③ 천연가스　④ LPG

연료의 분류
① 1차 연료 : 석탄, 원유, 천연가스
② 2차 연료 : 수성가스, LPG, 코크스, 발생로가스 등

37 다음 [보기]에서 열역학에 대한 설명으로 옳은 것을 모두 나열한 것은?

㉮ 기체에 기계적 일을 가하여 단열 압축시키면 일은 내부에너지로 기체 내에 축적되어 온도가 상승한다.
㉯ 엔트로피는 가역이면 항상 증가하고, 비가역이면 항상 감소한다.
㉰ 가스를 등온팽창시키면 내부에너지의 변화는 없다.

① ㉮　　　② ㉯
③ ㉮, ㉰　④ ㉯, ㉰

38 폭발위험 예방원칙으로 고려하여야 할 사항에 대한 설명으로 틀린 것은?

① 비일상적 유지관리 활동은 별도의 안전관리시스템에 따라 수행되므로 폭발위험장소를 구분하는 때에는 일상적인 유지관리 활동만을 고려하여 수행한다.
② 가연성가스를 취급하는 시설을 설계하거나 운전절차서를 작성하는 때에는 0종 장소 또는 1종 장소의 수와 범위가 최대가 되도록 한다.
③ 폭발성가스 분위기가 존재할 가능성이 있는 경우에는 점화원 주위에서 폭발성가스 분위기가 형성될 가능성 또는 점화원을 제거한다.
④ 공정설비가 비정상적으로 운전되는 경우에도 대기로 누출되는 가연성가스의 양이 최소화 되도록 한다.

가연성가스를 취급하는 시설을 설계하거나 운전절차서를 작성하는 때에는 0종 장소 또는 1종 장소의 수와 범위가 최소가 되도록 한다.

39 연소범위에 대한 일반적인 설명으로 틀린 것은?

① 압력이 높아지면 연소범위는 넓어진다.
② 온도가 올라가면 연소범위는 넓어진다.
③ 산소농도가 증가하면 연소범위는 넓어진다.
④ 불활성가스의 양이 증가하면 연소범위는 넓어진다.

연소범위
① 일반적으로 압력이 높아지면 연소범위는 넓어진다.
② 온도가 올라가면 연소범위는 넓어진다.
③ 산소농도가 증가하면 연소범위는 넓어진다.
④ 일산화탄소는 압력이 높을수록 연소범위가 좁아진다.
⑤ 수소와 공기의 혼합 가스는 10atm까지는 좁아지다가 그 이상 시 다시 넓어진다.
⑥ 불활성가스의 양이 많아지면 연소범위는 좁아진다.

40 증기운폭발(UVCE)의 특성에 대한 설명 중 틀린 것은?

① 증기운의 크기가 증가하면 점화확률이 커

진다.
② 증기운에 의한 재해는 폭발보다는 화재가 일반적이다.
③ 폭발효율이 커서 연소에너지의 대부분이 폭풍파로 전환된다.
④ 누출된 가연성증기가 양로비에 가까운 조성의 가연성 혼합기체를 형성하면 폭굉의 가능성이 높아진다.

 증기운폭발(UVCE, Unconfined Vapor Cloud Explosion) : 대기 중의 대량의 가연성가스나 인화성 액체가 유출 시 다량의 증기가 대기 중의 공기와 혼합하여 폭발성의 증기운(Vapor Cloud)을 형성하고 이때 착화원에 의해 화구(Fire ball)을 형성하여 폭발하는 형태

① 인화성액체 누설

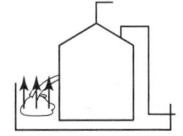
② 증기가 공기와 혼합하여 증기운 형성

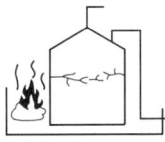
③ 탱크표면 균열발생으로 화재확산

④ 증기운 생성 및 폭발

제3과목 가스설비

41 용기용 밸브는 가스 충전구의 형식에 따라 A형, B형, C형의 3종류가 있다. 가스 충전구가 암나사로 되어 있는 것은?

① A형
② B형
③ A, B형
④ C형

 가스 충전구 형식에 따른 분류
① A형 : 충전구 나사가 수나사
② B형 : 충전구 나사가 암나사
③ C형 : 충전구 나사가 없는 것

42 비교회전도(비속도, n_s)가 가장 적은 펌프는?

① 축류펌프
② 터빈펌프
③ 벌류트펌프
④ 사류펌프

 비교회전도 범위
① 센트리퓨걸펌프(볼류트펌프) : $100\sim600\text{m}^3/\text{min}\cdot\text{m}\cdot\text{rpm}$
② 사류펌프 : $500\sim1300\text{m}^3/\text{min}\cdot\text{m}\cdot\text{rpm}$
③ 축류펌프 : $1200\sim2000\text{m}^3/\text{min}\cdot\text{m}\cdot\text{rpm}$
④ 터빈펌프 : $100\sim300\text{m}^3/\text{min}\cdot\text{m}\cdot\text{rpm}$

43 고압가스 제조시설의 플레어스택에서 처리가스의 액체 성분을 제거하기 위한 설비는?

① Knock-out drum
② Seal drum
③ Flame arrestor
④ Pilot burner

 고압가스제조시설의 플레어 스텍에서 처리가스의 액체성분을 제거하기 위한 설비
Knock-out drum

44 고압가스 제조 장치 재료에 대한 설명으로 틀린 것은?

① 상온, 상압에서 건조 상태의 염소가스에 탄소강을 사용한다.
② 아세틸렌은 철, 니켈 등의 철족의 금속과 반응하여 금속 카르보닐을 생성한다.
③ 9% 니켈강은 액화 천연가스에 대하여 저온취성에 강하다.
④ 상온, 상압에서 수증기가 포함된 탄산가스 배관에 18-8 스테인리스강을 사용한다.

 일산화탄소는 고온·고압의 상태에서 철, 니켈, 코발트 등 철족의 금속과 반응하여 금속 카보닐 생성
① Ni + 4CO → Ni(CO)₄ (니켈카보닐)
② Fe + 5CO → Fe(CO)₅ (철카보닐)

41.② 42.② 43.① 44.②

45 흡입구경이 100mm, 송출구경이 90mm인 원심펌프의 올바른 표시는?

① 100×90원심펌프
② 90×100원심펌프
③ 100−90원심펌프
④ 90−100원심펌프

 100×90원심펌프
- 흡입구경 100mm
- 송출구경 90mm

46 저압배관에서 압력손실의 원인으로 가장 거리가 먼 것은?

① 마찰저항에 의한 손실
② 배관의 입상에 의한 손실
③ 밸브 및 엘보 등 배관 부속품에 의한 손실
④ 압력계, 유량계 등 계측기 불량에 의한 손실

 저압배관의 압력손실
① 입상배관에 의한 압력손실
② 관 부속품에 의한 압력손실
③ 마찰저항에 의한 압력손실
④ 엘보우, 티 등에 의한 압력손실

47 액화석유가스를 사용하고 있던 가스렌지를 도시가스로 전환하려고 한다. 다음 조건으로 도시가스를 사용할 경우 노즐구경은 약 몇 mm인가?

- LPG 총발열량(H_1) : 24000kcal/m³
- LNG 총발열량(H_2) : 6000kcal/m³
- LPG 공기에 대한 비중(d_1) : 1.55
- LNG 공기에 대한 비중(d_2) : 0.65
- LPG 사용압력(P_1) : 2.8kPa
- LNG 사용압력(P_2) : 1.0kPa
- LPG를 사용하고 있을 때의 노즐구경 (D_1) : 0.3mm

① 0.2   ② 0.4
③ 0.5   ④ 0.6

$$\frac{D_2}{D_1} = \sqrt{\frac{WI_1 \times \sqrt{P_1}}{WI_2 \times \sqrt{P_2}}}$$

① $WI_1 = \dfrac{H_g}{\sqrt{d_1}} = \dfrac{24000}{\sqrt{1.55}} = 19277.26$

② $WI_2 = \dfrac{H_g}{\sqrt{d_2}} = \dfrac{6000}{\sqrt{0.65}} = 7442.08$

$$\frac{D_2}{D_1} = \sqrt{\frac{19277.26\sqrt{2.8}}{7442.08\sqrt{1}}} = 2.08\text{mm}$$

∴ $\dfrac{D_2}{0.3} = 2.08\text{mm}$

∴ $D_2 = 0.3 \times 2.08 = 0.624\text{mm}$

48 고압가스 이음매 없는 용기의 밸브 부착부 나사의 치수 측정 방법은?

① 링게이지로 측정한다.
② 평형수준기로 측정한다.
③ 플러그게이지로 측정한다.
④ 버니어 켈리퍼스로 측정한다.

 고압가스 이음매 없는 용기의 밸브나 부착부 나사의 치수측정은 플러그게이지로 측정한다.

49 이음매 없는 용기와 용접용기의 비교 설명으로 틀린 것은?

① 이음매가 없으면 고압에서 견딜 수 있다.
② 용접용기는 용접으로 인하여 고가이다.
③ 만네스만법, 에르하르트식 등이 이음매 없는 용기의 제조법이다.
④ 용접용기는 두께공차가 적다.

 이음매 없는 용기가 고가이고 용접용기는 저가이다.

50 LNG, 액화산소, 액화질소 저장탱크 설비에 사용되는 단열재의 구비조건에 해당되지 않는 것은?

① 밀도가 클 것
② 열전도도가 작을 것
③ 불연성 또는 난연성일 것
④ 화학적으로 안정되고 반응성이 적을 것

 단열재의 구비조건
① 열전도도가 작을 것(보온능력이 클 것)
② 비중이 작을 것(가벼울 것)
③ 밀도가 작을 것
④ 불연성 또는 난연성일 것
⑤ 화학적으로 안전하고 반응성이 적을 것
⑥ 흡수성, 흡수성이 적을 것

51 압축기의 윤활유에 대한 설명으로 틀린 것은?
① 공기압축기에는 양질의 광유가 사용된다.
② 산소압축기에는 물 또는 15%이상의 글리세린수가 사용된다.
③ 염소압축기에는 진한 황산이 사용된다.
④ 염화메탄의 압축기에는 화이트유가 사용된다.

 압축기 윤활유
① 공기, 수소, 아세틸렌 : 양질의 광유
② 염소 : 농황산(진한황산)
③ 산소 : 물 또는 10% 이하의 묽은 글리세린 수
④ LP가스 : 식물성유

52 액화석유가스에 대하여 경고성 냄새가 나는 물질(부취제)의 비율은 공기 중 용량으로 얼마의 상태에서 감지할 수 있도록 혼합하여야 하는가?
① $\dfrac{1}{100}$ ② $\dfrac{1}{200}$
③ $\dfrac{1}{500}$ ④ $\dfrac{1}{1000}$

 부취제
① 구비조건
    ㉠ 독성 및 가연성이 아닐 것
    ㉡ 도관을 부식시키지 말 것
    ㉢ 토양에 대해 투과성이 클 것
    ㉣ 가스관이나 가스미터에 흡착되지 말 것
    ㉤ 보통 존재하는 냄새와 명확히 구별될 것
    ㉥ 극히 낮은 농도에서도 냄새를 알 수 있을 것
    ㉦ 부식성이 없을 것
    ㉧ 완전 연소 후 유해한 물질을 남기지 않을 것
② 부치제 종류
    ㉠ THT(테트라히드로티오펜) : 석탄가스 냄새
    ㉡ TBM(터시어리부틸메르캅탄) : 양파 썩는 냄새
    ㉢ DMS(디메칠썰파이트) : 마늘냄새
③ 취기의 강도 : TBM > THT > DMS
④ 공기 중 $\dfrac{1}{1000}$ 상태에서 감지(01.% 이하)
⑤ 부취제 누설 시 제거법
    ㉠ 활성탄에 의한 흡착
    ㉡ 화학적 산화 처리
    ㉢ 연소법

53 배관용 강관 중 압력배관용 탄소강관의 기호는?
① SPPH   ② SPPS
③ SPH   ④ SPHH

 배관용 강관
① SPP(steel carbon pipe for ordinary pipe) : 배관용 탄소강관 사용 압력이 10kg/cm^2 이하인 물, 기름배관에 사용
② SPPS(steel carbon pipe for pressure) : 압력 배관용 탄소강관 사용 압력이 10 kg/cm^2 이상 100kg/cm^2 미만(1MPa 이상 10MPa미만)
③ SPPH(steel carbon pipe for high pressure) : 고압 배관용 탄소강관 사용 압력이 100kg/cm^2 이상(10MPa 이상)
④ SPLT(steel carbon pipe for Low Temperature) : 저온 배관용 탄소강관(빙점이하의 관)
⑤ SPHT(steel carbon pipe for High Temperature) : 고온 배관용 탄소강관(350℃ 이상의 배관)

54 LP가스의 일반적 특성에 대한 설명으로 틀린 것은?

① 증발잠열이 크다.
② 물에 대한 용해성이 크다.
③ LP가스는 공기보다 무겁다.
④ 액상의 LP가스는 물보다 가볍다.

 LP가스의 특성
① 연소범위가 좁다.
② 착화온도가 높다.
③ 공기보다 무겁다.(1.52배)
④ 연소 시 다량의 공기가 필요하다.
⑤ 발열량이 높다.
⑥ 용해성이 있다.
⑦ 액체 1L 기화 시 250L의 기체가 된다.

55 중압식 공기분리장치에서 겔 또는 몰리큘라 -시브(Molecular Sieve)에 의하여 주로 제거할 수 있는 가스는?

① 아세틸렌 ② 염소
③ 이산화탄소 ④ 암모니아

56 저온장치용 재료로서 가장 부적당한 것은?

① 구리 ② 니켈강
③ 알루미늄합금 ④ 탄소강

 초저온 및 저온재료
① 9% 니켈강
② 동 및 동합금강
③ 알루미늄 합금강
④ 18-8 스텐레스강

57 펌프의 서징(surging)현상을 바르게 설명한 것은?

① 유체가 배관 속을 흐르고 있을 때 부분적으로 증기가 발생하는 현상
② 펌프내의 온도변화에 따라 유체가 성분의 변화를 일으켜 펌프에 장애가 생기는 현상
③ 배관을 흐르고 있는 액체에 속도를 급격하게 변화시키면 액체에 심한 압력변화가 생기는 현상

④ 송출압력과 송출유량 사이에 주기적인 변동이 일어나는 현상

 서징(맥동현상) : 송출압력과 송출유량의 주기적인 변동으로 인하여 압력계나 연성계 지침이 움직이는 현상, ③번은 수격작용

58 끓는점이 약 −162℃로서 초저온 저장설비가 필요하며 관리가 다소 복잡한 도시가스의 연료는?

① SNG ② LNG
③ LPG ④ 나프타

 나프타 : 비점이 300℃ 이하의 유분
LPG(액화석유가스)**주성분** : C_3H_8, C_4H_{10}, C_4H_8, C_3H_4
SNG(대체천연가스 또는 합성천연가스)
CNG(압축천연가스)
LNG(액화천연가스)
 : 비점=비등점=끓는점=−162℃
 : 주성분은 메탄

59 TP(내압시험압력)이 25MPa인 압축가스(질소)용기의 경우 최고충전압력과 안전밸브 작동압력이 옳게 짝지어진 것은?

① 20MPa, 15MPa
② 15MPa, 20MPa
③ 20MPa, 25MPa
④ 25MPa, 20MPa

 안전밸브작동압력= $TP \times \dfrac{8}{10}$ 배 이하
    $= 25MPa \times 0.8 = 20MPa$
$TP = FP \times \dfrac{5}{3}$
∴ $FP = TP \times \dfrac{3}{5} = 25 \times \dfrac{3}{5} = 15MPa$

60 도시가스 설비 중 압송기의 종류가 아닌 것은?

① 터보형 ② 회전형

③ 피스톤형   ④ 막식형

 압송기의 종류
① 터보형   ② 회전형   ③ 피스톤형

제 4 과목 가스안전관리

61 고압가스용 가스히트펌프 제조 시 사용하는 재료의 허용 전단응력은 설계온도에서 허용 인장응력 값의 몇 %로 하여야 하는가?
① 80%   ② 90%
③ 110%   ④ 120%

 고압가스용 가스히트펌프 제조 시 사용하는 재료의 허용 전단응력은 설계온도에서 허용인장응력의 80%로 한다.

62 고압가스 운반차량에 설치하는 다공성 벌집형 알루미늄합금박판(폭발방지제)의 기준은?
① 두께는 84mm 이상으로 하고, 2~3% 압축하여 설치한다.
② 두께는 84mm 이상으로 하고, 3~4% 압축하여 설치한다.
③ 두께는 114mm 이상으로 하고, 2~3% 압축하여 설치한다.
④ 두께는 114mm 이상으로 하고, 3~4% 압축하여 설치한다.

 고압가스 운반차량에 설치하는 다공성 벌집형 알루미늄합금박판(폭발방지제)의 기준은 두께는 114mm 이상으로 하고 3~4% 압축하여 설치

63 자동차 용기 충전시설에서 충전기 상부에는 닫집 모양의 캐노피를 설치하고 그 면적은 공지 면적의 얼마로 하는가?

① $\frac{1}{2}$ 이하   ② $\frac{1}{2}$ 이상
③ $\frac{1}{3}$ 이하   ④ $\frac{1}{3}$ 이상

 충전기의 시설기준
① 충전기 상부에는 캐노피를 설치하고 그 면적은 공지면적의 2분의 1 이하로 한다.
② 배관이 캐노피 내부를 통과하는 경우에는 1개 이상의 점검구를 설치한다.
③ 캐노피 내부의 배관으로서 점검이 곤란한 장소에 설치하는 배관은 용접접합으로 한다.

64 최고충전압력의 정의로서 틀린 것은?
① 압축가스 충전용기(아세틸렌가스)의 경우 35℃에서 용기에 충전할 수 있는 가스의 압력 중 최고압력
② 초저온용기의 경우 상용압력 중 최고압력
③ 아세틸렌가스 충전용기의 경우 25℃에서 용기에 충전할 수 있는 가스의 압력 중 최고압력
④ 저온용기 외의 용기로서 액화가스를 충전하는 용기의 경우 내압시험 압력의 3/5배의 압력

 아세틸렌가스의 충전용기의 경우 15℃에서 용기에 충전할 수 있는 가스의 압력 중 최고압력 (1.5MPa)

65 가연성가스가 대기 중으로 누출되어 공기와 적절히 혼합된 후 점화가 되어 폭발하는 가스사고의 유형으로, 주로 폭발압력에 의해 구조물이나 인체에 피해를 주며, 대구지하철공사장 폭발사고를 예로 들 수 있는 폭발 형태는?
① BLEVE(Boiling Liquid Expanding Vapor Explosion)
② 증기운폭발(Vapor Cloud Explosion)
③ 분해폭발(Decomposition Explosion)
④ 분진폭발(Dust Explosion)

증기운 폭발(Vapor cloud explosion, UVCE : unconfined vapor cloud explosion))
다량의 가연성가스나 인화성액체가 외부로 누출될 경우 가연성가스 또는 인화성액체가 대기중의 공기와 혼합하여 폭발성을 가진 증기운(vapor cloud)을 형성하고 이때 점화원에 의해 점화시 Fire ball(화구)를 형성하며 폭발하는 현상

66 저장탱크에 의한 LPG 사용시설에서 실시하는 기밀시험에 대한 설명으로 틀린 것은?
① 상용압력 이상의 기체의 압력으로 실시한다.
② 지하매설 배관은 3년마다 기밀시험을 실시한다.
③ 기밀시험에 필요한 조치는 안전관리총괄자가 한다.
④ 가스누출검지기로 시험하여 누출이 검지되지 않은 경우 합격으로 한다.

 LPG사용시설에서 실시하는 기밀시험
① 기밀시험에 필요한 조치는 안전관리자가 한다.
② 지하매설 배관은 3년마다 기밀시험을 실시한다.
③ 가스누출검지기로 시험하여 누출이 검지되지 않은 경우 합격으로 한다.
④ 상용압력 이상의 기체의 압력으로 실시한다.

67 내용적이 100L인 LPG용 용접용기의 스커트 통기 면적의 기준은?
① 100mm² 이상 ② 300mm² 이상
③ 500mm² 이상 ④ 1000mm² 이상

 LPG 용접용기의 스커트 통기면적 기준

용기 내용적	통기면적
20L 이상 25L 미만	300mm² 이상
25L 이상 50L 미만	500mm² 이상
50L 이상 125L 미만	1000mm² 이상

68 고압가스 제조 시 산소 중 프로판가스의 용량이 전체 용량의 몇 % 이상인 경우 압축하지 아니하는가?
① 1%   ② 2%
③ 3%   ④ 4%

 압축금지 사항
① 가연성가스 중 산소용량이 전용량의 4% 이상 시
② 산소 중 가연성가스 용량이 전용량의 4% 이상 시
③ 에틸렌, 수소, 아세틸렌 중 산소용량이 전용량의 2% 이상 시
④ 산소 중에 에틸렌, 수소, 아세틸렌 용량이 전용량의 2% 이상 시

69 지하에 설치하는 지역정압기에는 시설의 조작을 안전하고 확실하게 하기 위하여 안전조작에 필요한 장소의 조도는 몇 룩스 이상이 되도록 설치하여야 하는가?
① 100룩스   ② 150룩스
③ 200룩스   ④ 250룩스

정압기
① 조도 : 150룩스 이상
② 정압기 분해점검 : 2년에 1회 이상
③ 사용시설의 정압기 분해점검 : 3년에 1회 이상
④ 작동상황점검 : 1주일에 1회 이상

70 동 암모니아 시약을 사용한 오르잣트법에서 산소의 순도는 몇 % 이상이어야 하는가?
① 98%   ② 98.5%
③ 99%   ④ 99.5%

품질검사기준
① 산소
 ㉠ 순도 99.5% 이상
 ㉡ 동암모니아 시약의 오르자트법
② 수소
 ㉠ 순도 98.5% 이상
 ㉡ 피롤카롤 또는 하이드로설파이드 시약의 오르자트법
③ 아세틸렌
 ㉠ 순도 98% 이상

ⓒ 발연황산시약의 오르자트법, 브롬시약의 뷰렛법, 질산은시약의 정성시험에 합격할 것

71 고압가스설비를 이음쇠에 접속할 때에는 상용압력이 몇 MPa 이상이 되는 곳의 나사는 나사게이지로 검사한 것이어야 하는가?
① 9.8MPa 이상   ② 12.8MPa 이상
③ 19.6MPa 이상   ④ 23.6MPa 이상

 고압가스를 이음쇠에 의하여 접속할 때는 상용압력이 19.6MPa 이상이 되는 곳의 나사 게이지로 검사

72 염소가스의 제독제로 적당하지 않은 것은?
① 가성소다수용액   ② 탄산소다수용액
③ 소석회   ④ 물

 제독제
① 염소 : 소석회, 가성소다, 탄산소다
② 포스겐 : 가성소다, 소석회
③ 황화수소 : 가성소다, 탄산소다
④ 아황산가스 : 물, 가성소다, 탄산소다
⑤ 암모니아, 산화에틸렌, 염화메탄 : 다량의 물

73 고압가스 저장탱크를 지하에 설치 시 저장탱크실에 사용하는 레디믹스콘크리트의 설계강도 범위의 상한값은?
① 20.6MPa   ② 21.6MPa
③ 22.5MPa   ④ 23.5MPa

 고압가스 저장탱크를 지하에 설치 시 저장탱크실에 설치하는 레디믹스트 콘크리트의 설계강도 범위의 상한값은 23.5MPa이다.

74 금속플렉시블 호스 제조자가 갖추지 않아도 되는 검사설비는?
① 염수분무시험설비
② 출구압력측정시험설비
③ 내압시험설비
④ 내구시험설비

 금속플렉시블 호스 제조자가 갖추어야 하는 검사설비
① 내압시험설비
② 내구시험설비
③ 염수분무시험설비

75 액화석유가스 용기 충전 중 로딩암을 실내에 설치하는 경우 환기구 면적의 합계 기준은?
① 바닥면적의 3% 이상
② 바닥면적의 4% 이상
③ 바닥면적의 5% 이상
④ 바닥면적의 6% 이상

 저장탱크에 의한 LPG 사용시설에서 로딩암을 건축물 내부에 설치한 경우 환기구 면적의 합계는 바닥면적의 6% 이상

76 도시가스제조소의 가스누출통보설비로서 가스경보기 검지부의 설치장소로 옳은 곳은?
① 증기, 물방울, 기름 섞인 연기 등의 접촉부위
② 주위의 온도 또는 복사열에 의한 열이 40도 이하가 되는 곳
③ 설비 등에 가려져 누출가스의 유통이 원활하지 못한 속
④ 차량 또는 작업등으로 인한 파손 우려가 있는 곳

 #

77 독성가스의 운반기준으로 틀린 것은?
① 독성가스 중 가연성가스와 조연성가스는 동일차량 적재함에 운반하지 아니한다.
② 차량의 앞뒤에 붉은 글씨로 "위험고압가스", "독성가스"라는 경계표지를 한다.
③ 허용농도가 100만분의 200 이하인 압축

독성가스 100m³ 이상을 운발할 때는 운반책임자를 동승시켜야 한다.
④ 허용농도가 100만분의 200 이하인 액화독성가스 10kg 이상을 운반할 때는 운반책임자를 동승시켜야 한다.

 독성가스의 운반기준
① 독성가스 중 가연성가스와 조연성가스는 동일차량 적재함에 운반하지 아니한다.
② 차량의 앞뒤에 붉은 글씨로 "위험고압가스", "독성가스"라는 경계표지를 한다.
③ 허용농도가 100만분의 200 이하인 압축독성가스 100m³ 이상을 운발 시 운반책임자를 동승시켜야 한다.
④ 운반책임자 동승기준

가스	압축가스	액화가스
독성	100m³ 이상	1ton 이상
가연성	300m³ 이상	3ton 이상
조연성	600m³ 이상	6ton 이상

78 다음 중 발화원이 될 수 없는 것은?
① 단열압축　② 액체의 감압
③ 액체의 유동　④ 가스의 분출

 발화원
① 마찰　② 정전기
③ 열복사　④ 전기불꽃
⑤ 자외선　⑥ 충격파
⑦ 단열압축　⑧ 가스분출
⑨ 액체의 유동

79 100kPa의 대기압 하에서 용기 속 기체의 진공압력이 15kPa이었다. 이 용기 속 기체의 절대압력은 몇 kPa인가?
① 85　② 90
③ 95　④ 115

 절대압력 = 대기압 - 진공압력 = 100 - 15
= 85kPa

80 다음 ( )안에 순서대로 들어갈 알맞은 수치는?

> 초저온 용기의 충격시험은 3개의 시험편 온도를 섭씨( )℃ 이하로 하여 그 충격치의 최저가 ( )J/cm² 이상이고 평균 ( )J/cm² 이상의 경우를 적합한 것으로 한다.

① -100, 10, 20　② -100, 20, 30
③ -150, 10, 20　④ -150, 20, 30

제 5 과목　가스계측기기

81 다음은 기체크로마토그래피의 크로마토그램이다. t, t_1, t_2는 무엇을 나타내는가?

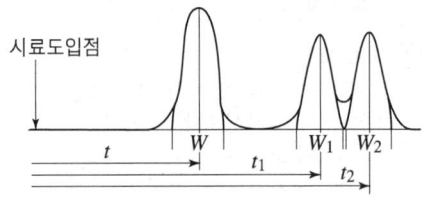

① 이론단수
② 체류시간
③ 분리관의 효율
④ 피크의 좌우 변곡점 길이

① t, t_1, t_2 : 체류시간
② W, W_1, W_2 : 바탕선의 길이

82 기체 크로마토그래피 분석법에서 자유전자 포착성질을 이용하여 전자 친화력이 있는 화합물에만 감응하는 원리를 적용하여 환경물질 분석에 널리 이용되는 검출기는?
① TCD　② FPD
③ ECD　④ FID

가스크로마토그래피 종류
① FID(수소이온화검출기)
  ㉠ 전극간의 전기 전도도가 증대하는 것을 이용
  ㉡ 탄화수소에 감도가 최고이다.(프로판, 부탄, 프로필렌 등)
  ㉢ H_2, O_2, CO_2, SO_2 등은 감도가 적다.
  ㉣ 무기 가스나 물에 거의 응답하지 않음
② TCD(열전도도형검출기)
  ㉠ 금속필라멘트의 저항변화를 이용하는 것
  ㉡ 일반적으로 가장 널리 사용
③ ECD(전자포획이온화검출기)
  ㉠ 이온전류가 감소하는 것을 이용
  ㉡ 할로겐 및 산화물에서는 감도가 최고이다.
④ FPD(염광광도 검출기) : 황화합물이나 인화합물 검출

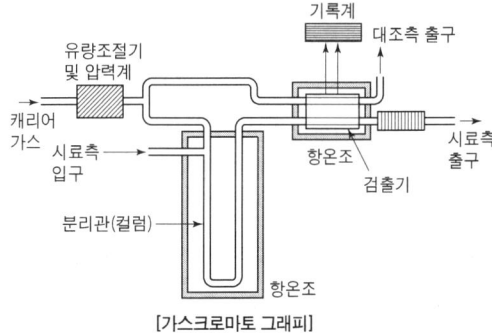
[가스크로마토 그래피]

83 다음 중 가장 저온에 대하여 연속 사용할 수 있는 열전대 온도계의 형식은?
① T   ② R
③ S   ④ L

 열전대 온도계의 종류
① 백금-백금로듐(R형)
  ㉠ 0~1600℃
  ㉡ 산화성 분위기에 강하다.
  ㉢ 금속증기에 침식되기 쉽다.
  ㉣ 환원성 분위기에 약하다.
② 크로멜-알루멜(K형)
  ㉠ 0~1200℃
  ㉡ 산화성 분위기에 노화가 빠르다.
③ 철-콘스탄탄(J형)
  ㉠ 20~800℃
  ㉡ 환원성 분위기에 강하다.
④ 동-콘스탄탄(T형)
  ㉠ -200~350℃
  ㉡ 수분에 의한 내식성이 강하다.

84 직접 체적유량을 측정하는 적산유량계로서 정도(精度)가 높고 고점도의 유체에 적합한 유량계는?
① 용적식 유량계   ② 유속식 유량계
③ 전자식 유량계   ④ 면적식 유량계

 용적식 유량계 : 직접 체적유량을 측정하는 적산유량계로서 정도가 높고 고점도의 유체에 적합한 유량계
[종류] ① 습식, ② 건식, ③ 오벌식, ④ 루트식, ⑤ 로터리 피스톤, ⑥ 로터리 베인
면적식 유량계 : 수직유리관 속에 원뿔 모양의 플로우트를 넘어 관속에 흐르는 유체의 질량에 의해 밀어올리는 위치를 눈금으로 유량을 읽을 수 있는 유량계
[종류] 로터리미터

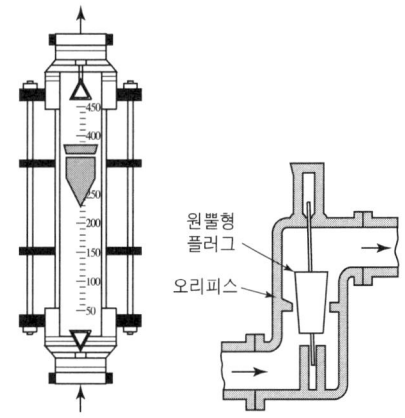
[로터 미터]   [플로우트식 유량계]
전자식 유량계 : 페이데이의 전자유도 법칙 이용

85 절대습도(Absolute humidity)를 가장 바르게 나타낸 것은?
① 습공기 중에 함유되어 있는 건공기 1kg에 대한 수증기의 중량
② 습공기 중에 함유되어 있는 건공기 $1m^3$에

대한 수증기의 체적
③ 기체의 절대온도와 그것과 같은 온도에서의 수증기로 포화된 기체의 습도비
④ 존재하는 수증기의 압력과 그것과 같은 온도의 포화수증기압과의 비

 습도
① 절대습도 : 건공기 1kg에 대한 수증기의 양
② 상대습도 : 현재의 온도상태에서 포함할 수 있는 수증기의 양을 최대량에 대한 현재 공기가 포함하고 있는 수증기의 양을 %로 표시한 것
③ 이슬점 : 상대습도가 100%일 때의 온도이며 노점온도라고도 한다.

86 가스계량기는 실측식과 추량식으로 분류된다. 다음 중 실측식이 아닌 것은?
① 건식   ② 회전식
③ 습식   ④ 벤투리식

 가스미터의 종류
① 실측식
  ㉠ 건식
    ⓐ 막식 : 그로바식, 독립내기식
    ⓑ 회전식 : 루츠식, 오벌식, 로터리식
  ㉡ 습식
② 추측식(추량식) : 오리피스, 터빈, 벤튜리, 선근차식, 피토우관

87 압력센서인 스트레인게이지의 응용원리는?
① 전압의 변화
② 저항의 변화
③ 금속선의 무게 변화
④ 금속선의 온도 변화

 스트레인게이지
금속이나 합금, 금속산화물(반도체)등에 기계적 변형이 일어나면 전기저항이 변화되는 것 이용
피에조전기 압력계
① 수정이나 전기석, 롯셀염 등의 결정체의 특수 방향에 압력을 가하면 그 표면에 전기가 발생되고 발생한 전기량은 압력에 비례하여 측정

② 가스폭발, 급속한 압력 변화를 측정하는데 유효
③ 고압측정용 압력계

88 반도체식 가스누출 검지기의 특징에 대한 설명으로 옳은 것은?
① 안정성은 떨어지지만 수명이 길다.
② 가연성가스 이외의 가스는 검지할 수 없다.
③ 소형·경량화가 가능하며 응답속도가 빠르다.
④ 미량가스에 대한 출력이 낮으므로 감도는 좋지 않다.

 반도체식 가스누출검지기 : 산화주석을 주성분으로 하여 가스가 흡착되면 이온화반응에 의한 저항의 변화로 가스를 탐지
① 안정성이 있고 수명이 길다.
② 가연성, 독성가스를 검지할 수 있다.
③ 소형, 경량화가 가능하며 응답속도가 빠르다.
④ 미량가스에 대한 출력이 높고 감도가 좋다.

89 비례 제어기로 60℃~80℃사이의 범위로 온도를 제어하고자 한다. 목표값이 일정한 값으로 고정된 상태에서 측정된 온도가 73℃~76℃로 변할 때 비례대역은 약 몇 %인가?
① 10%   ② 15%
③ 20%   ④ 25%

 비례대역 = $\dfrac{76-73}{80-60} \times 100 = 15\%$

90 원형오리피스를 수면에서 10m인 곳에 설치하여 매분 $0.6m^3$의 물을 분출시킬 때 유량계수 0.6인 오리피스의 지름은 약 몇 cm인가?
① 2.9   ② 3.9
③ 4.9   ④ 5.9

 $V = \sqrt{2gh} = \sqrt{(2 \times 9.8 \times 10)} = 14 m/s$
$Q = C_v \times A \times V = C_v \times \dfrac{\pi D^2}{4} \times V$

$$D = \sqrt{\frac{4 \times 0.6 m^3/min}{0.6 \times 3.14 \times 14 \times 60}}$$
$$= 0.0389m \times 100cm/1m = 3.89cm$$

91 오르자트 가스분석기의 구성이 아닌 것은?

① 컬럼 ② 뷰렛
③ 피펫 ④ 수준병

 오르자트법(Orsat) : 가스와 흡수액의 접촉이 흡수피펫을 사용하여 가스의 흡수는 심하지 않도록 주의한다.
[작동개요]
㉠ 수준병 A의 조작에 의해 D에서 시료가스가 뷰렛 B속으로 유입된다.
㉡ 피펫 ③에는 흡수액 수산화칼륨(KOH)용액이 들어 있어 뷰렛 B내의 혼합가스가 통과하여 CO_2가 전부 흡수된다.
㉢ 피펫 ②에는 흡수액인 알카리성 피로카롤 용액이 들어있어 O_2를 흡수한다.
㉣ 남은 가스는 피펫 ① 속에 있는 흡수액 암모니아성 염화제 1동 용액에 의해 CO가 흡수된다.

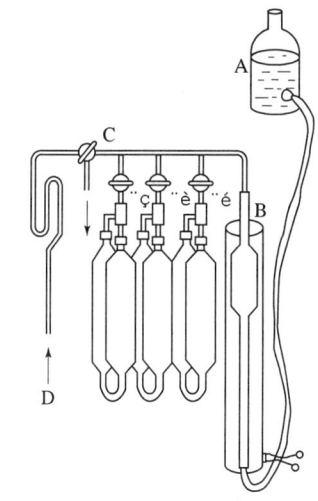

[흡수순서] $CO_2 \to O_2 \to CO$

92 습식가스미터에 대한 설명으로 틀린 것은?

① 계량이 정확하다.
② 설치공간이 크다.
③ 일반 가정용에 주로 사용한다.
④ 수위조정 등 관리가 필요하다.

 가스미터의 특징
① 막식가스미터(저부대가)
  ㉠ 저가이다.
  ㉡ 부착 후 유지관리가 시간을 요하지 않는다.
  ㉢ 대용량은 설치면적이 크다.
  ㉣ 가정용
  ㉤ $1.5 \sim 200 m^3/h$
② 기차습식가스미터(기계수면상)
  ㉠ 기차변동이 거의 없다.
  ㉡ 계량이 정확하다.
  ㉢ 수위조정 등의 관리가 필요
  ㉣ 설치면적이 크다.
  ㉤ 실험실용
  ㉥ $0.2 \sim 3000 m^3/h$
③ 루츠식(대중적소스)
  ㉠ 대유량가스 측정 적합
  ㉡ 중압가스계량 가능
  ㉢ 설치면적 적다.
  ㉣ 소유량에서는 부동의 우려
  ㉤ 스트레이너 설치 후 유지관리 필요
  ㉥ 대량수요가(공업용)
  ㉦ $100 \sim 5000 m^3/h$

93 국제표면규격에서 다루고 있는 파이프(pipe) 안에 삽입되는 차압 1차 장치(primary device)에 속하지 않는 것은?

① nozzle(노즐)
② thermo well(써모 웰)
③ venturi nozzle(벤튜리 노즐)
④ orifice plate(오리피스 플레이트)

 국제표준규격에서 다루고 있는 파이프 안에 삽입되는 차압 1차장치(primary device)에 속하는 것
① 노즐(nozzle)
② 벤튜리 노즐(venturi nozzle)
③ 오리피스 플레이트(orifice plate)

94 피토관은 측정이 간단하지만 사용 방법에 따라 오차가 발생하기 쉬우므로 주의가 필요하

다. 이에 대한 설명으로 틀린 것은?
① 5m/s 이하인 기체에는 적용하기 곤란하다.
② 흐름에 대하여 충분한 강도를 가져야 한다.
③ 피토관 앞에는 관지름 2배 이상의 직관길이를 필요로 한다.
④ 피토관 두부를 흐름의 방향에 대하여 평행으로 붙인다.

 피토관 : 유체의 흐름 속도를 측정하는 장치로 속도를 알면 관의 단면적으로부터 유량을 구할 수 있는 유속식 유량계
① 비행기 등의 속도측정에 사용
② 5m/s 이하인 기체에는 적용이 곤란하다. (5m/s 이상인 기체에 사용)
③ 흐름에 대하여 충분한 강도를 가져야 한다.
④ 유체의 유동속도에 의해 전압(total pressure)과 정압(static pressure)의 차이가 있는 것을 응용한 것
⑤ 피토우관 두부를 흐름의 방향에 대하여 평행으로 붙인다.

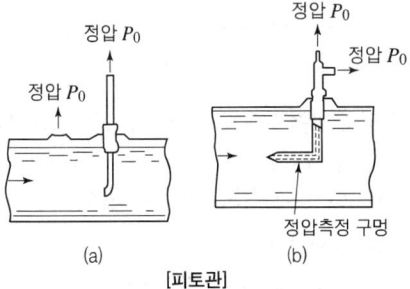
[피토관]

95 가스미터가 규정된 사용공차를 초과할 때의 고장을 무엇이라고 하는가?
① 부동   ② 불통
③ 기차불량   ④ 감도불량

 가스미터의 고장 및 원인
① 부동 : 가스는 미터를 통과하나 미터지침이 작동하지 않는 현상
  ㉠ 감속 또는 지시장치의 기어물림 불량
  ㉡ 지시장치의 톱니바퀴의 불량
  ㉢ 계량막의 파손, 밸브의 탈락, 밸브와 밸브시트 사이에서의 누설
② 불통 : 가스가 가스미터를 통과하지 않는 고장
  ㉠ 날개 조절기 등의 납땜이 떨어진 경우
  ㉡ 회전자 베어링의 마모에 의한 접촉 시
  ㉢ 밸브와 밸브시트가 타르, 수분 등에 의해 고착 또는 동결 시
③ 기차불량 : 부품의 마모 등에 의해 기차가 변화하는 경우 계량법에 규정된 사용공차 ±4%를 넘어서는 현상
  ㉠ 계량막이 신축하여 부피가 변화하는 경우
  ㉡ 밸브와 밸브시트 사이 또는 막패킹부에서의 누설
  ㉢ 회전부분의 마찰 저항 증가에 의한 진동

96 순간적으로 무한대의 입력에 대한 변동하는 출력을 의미하는 응답은?
① 스텝응답   ② 직선응답
③ 정현응답   ④ 충격응답

 충격응답 : 순간적으로 무한대의 입력에 대한 변동하는 출력을 의미.
① 정상응답 : 자동제어계가 완전히 정상상태를 유지하고 있을 때의 지동제어계의 응답
② 과도응답 : 목표의 기준값이 변하면 평형상태가 무너지고 시간이 지나 새로운 평형상태가 유지될 때의 응답
③ 주파수응답 : 정상응답을 주파수함수로 표시한 응답
④ 인디셜응답(스텝응답) : 입력과 출력이 평형상태에 있을 때 입력을 다소 변화시켜 새로운 평형상태로 변화할 때 출력의 시간적 결과를 말한다.

97 석유제품에 주로 사용하는 비중 표시 방법은?
① alcohol도   ② API도
③ Baume도   ④ Twaddell도

$$API도 = \frac{141.5}{비중} - 131.5$$

$$보오메도 = \frac{140}{비중} - 130$$

98 초산납 10g을 90mL로 용해하여 만드는 시험지와 그 검지가스가 바르게 연결된 것은?

① 염화파라듐지 – H_2S
② 염화파라듐지 – CO
③ 연당지 – H_2S
④ 연당지 – CO

 시험지명 및 변색상태

검지가스	시험지	변색상태
암모니아	적색리트머스시험지	청색
염소	KI전분지	
시안화수소	질산구리벤젠지	
일산화탄소	염화파라듐지	흑색
황화수소	연당지(초산벤젠지)	
포스겐	하리슨 시험지	심등색(오렌지색)
아세틸렌	염화제1동착염지	적색
아황산가스	암모니아적신형겊	흰연기

99 헴펠식 가스분석법에서 수소나 메탄은 어떤 방법으로 성분을 분석하는가?

① 흡수법   ② 연소법
③ 분해법   ④ 증류법

 헴펠식 분석법에서 수소나 메탄은 연소법으로 성분을 분석한다.

100 다음 중 열선식 유량계에 해당하는 것은?

① 델타식   ② 에뉴바식
③ 스웰식   ④ 토마스식

 열선식 유량계 : 토마스식 유량계

2021년도 출제문제

2021년 9월 12일 시행

제1과목 가스유체역학

01 그림에서 직경이 10cm인 90° 엘보에 계기압력 2kgf/cm²의 물이 3m/s로 흘러 들어온다. 엘보를 고정시키는데 필요한 x 방향의 힘은 약 몇 kgf인가?

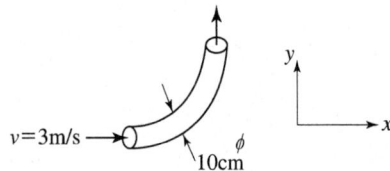

① 157   ② 164
③ 171   ④ 179

$F_x = P_1 A_1 - P_2 A_2 \cos\beta - \rho Q(V_2 \cos\beta - V_1)$
$= 2\text{kg/cm}^2 \times 0.785 \times 10^2$
$\quad - 2 \times 0.785 \times 10^2 \times \cos 90°$
$\quad - \dfrac{1}{1000}\text{kg/cm}^3 \times 0.785 \times 10^2 \text{cm}^2 \times$
$\quad 300\text{cm/s} \times (300 \times 0 - 300\text{cm/s}) \times \dfrac{1}{98}$

$F_x = 2 \times 0.785 \times 10^2 - 0 -$
$\quad \left\{ \dfrac{1}{1000} \times 0.785 \times 10^2 \times \left(300(0-300) \times \dfrac{1}{980}\right) \right\}$
$= 164.2\text{kgf}$

02 유체의 흐름에 대한 설명으로 다음 중 옳은 것을 모두 나타내면?

㉮ 난류전단응력은 레이놀즈응력으로 표시할 수 있다.
㉯ 박리가 일어나는 경계로부터 후류가 형성된다.
㉰ 유체와 고체벽 사이에는 전단응력이 작용하지 않는다.

① ㉮   ② ㉮, ㉰
③ ㉮, ㉯   ④ ㉮, ㉯, ㉰

 박리 : 유체가 압력상승으로 거슬러 올라가서 흐르고 있을 경우 점성 때문에 물체표면 가까이에 흐름은 운동량을 잃어 압력의 경사를 오르지 못하는 수가 있다. 흐름을 정지하고 그 하류에서는 역류를 수반하여 유선이 표면에서 압출되는 것

03 수면의 높이차가 20m인 매우 큰 두 저수지 사이에 분당 60m³으로 펌프가 물을 아래에서 위로 이송하고 있다. 이 때 전체 손실수두는 5m이다. 펌프의 효율이 0.9일 때 펌프에 공급해 주어야 하는 동력은 얼마인가?

① 163.3kW   ② 220.5kW
③ 245.0kW   ④ 272.2kW

$kW = \dfrac{\gamma \times Q \times H}{102 \times E \times 60}$
$= \dfrac{1000 \times 60 \times (5+20)}{102 \times 0.9 \times 60} = 272.33\text{kW}$

여기서, γ : 물의 비중량(1000kg/m³)
$\quad\quad Q$: 유량[m³/min]
$\quad\quad H$: 전양정[m]
$\quad\quad E$: 효율[%]

04 다음과 같은 베르누이 방정식이 적용되는 조건을 모두 나열한 것은?

$$\dfrac{P}{r} + \dfrac{V^2}{2g} + Z = 일정$$

㉮ 정상상태의 흐름
㉯ 이상유체의 흐름
㉰ 압축성유체의 흐름
㉱ 동일 유선상의 유체

① 가, 나, 라   ② 나, 라
③ 가, 다   ④ 나, 다, 라

 베르누이 방정식이 적용되는 조건
① 유체의 흐름 중 내부에너지 손실이 없는 흐름
② 마찰이 없는 흐름
③ 정상상태의 흐름
④ 적용되는 임의의 두 점은 같은 유선상에 있다.
⑤ 비압축성 유체의 흐름
⑥ 외력은 중력만 작용
⑦ $\dfrac{P_1}{r_1}+\dfrac{V_1^2}{2g}+Z_1=\dfrac{P_2}{r_2}+\dfrac{V_2^2}{2g_2}+Z_2$
(압력수두＋속도수두＋위치수두)의 합은 같다.
⑧ 에너지선은 수력구배선 위에 있다.

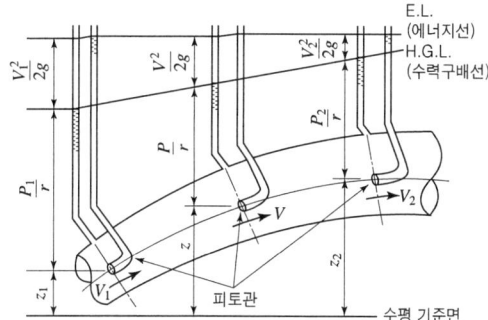
[베르누이 방정식에서의 수두]

05 실린더 내에 압축된 액체가 압력 100MPa에서 $0.5m^3$의 부피를 가지며, 압력 101MPa에서는 $0.495m^3$의 부피를 갖는다. 이 액체의 체적 탄성계수는 약 몇 MPa인가?

① 1   ② 10
③ 100   ④ 1000

 체적탄성계수
$$k=-\dfrac{dP}{\dfrac{dV}{V_1}}=-V_1\times\dfrac{dP}{dV}=0.5\times\dfrac{101}{0.495}$$
$$=102.02\text{MPa}$$

06 두 평판 사이에 유체가 있을 때 이동 평판을 일정한 속도 u로 운동시키는데 필요한 힘 F 에 대한 설명으로 틀린 것은?

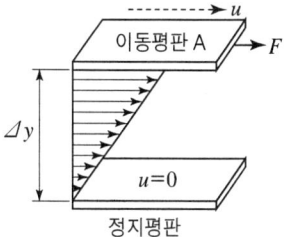

① 평판의 면적이 클수록 크다.
② 이동속도 u가 클수록 크다.
③ 두 평판의 간격 Δy가 클수록 크다.
④ 평판 사이에 점도가 큰 유체가 존재할수록 크다.

 뉴턴의 점성법칙 : 정지평판과 이동평판의 평행한 사이에 유체가 있을 때 이동평판을 움직이면 평판에 가해진 힘(F)은 유체와 접촉된 평판면적(A)과 속도(u)에 비례하고 두 평판 사이의 거리(Δy)에 반비례한다. 또 평판사이의 점도가 큰 유체가 존재할수록 필요한 힘(F)은 커진다.
∴ $\tau=\dfrac{du}{\Delta y}$

07 동점도(Kinematic Viscosity) ν가 4stokes인 유체가 안지름 10cm인 관 속을 80cm/s의 평균속도로 흐를 때 이 유체의 흐름에 해당하는 것은?

① 플러그 흐름   ② 층류
③ 전이영역의 흐름   ④ 난류

 $Re=\dfrac{\rho VD}{\mu}=\dfrac{DV}{동점도}=\dfrac{10\times 80}{4}=200$
∴ 2100 이하이므로 층류이다.

08 압축성 이상기체의 흐름에 대한 설명으로 옳은 것은?

① 무마찰, 등온흐름이면 압력과 부피의 곱은 일정하다.
② 무마찰, 단열흐름이면 압력과 온도의 곱은 일정하다.

③ 무마찰, 단열흐름이면 엔트로피는 증가한다.
④ 무마찰, 등온흐름이면 정체온도는 일정하다.

압축성 이상기체의 흐름: 무마찰, 등온흐름이며 압력과 부피의 곱은 일정하다.

09 다음 중 1cP(centipoise)를 옳게 나타낸 것은?
① $10kg \cdot m^2/s$
② $10^{-2}dyne \cdot cm^2/s$
③ $1N/cm \cdot s$
④ $10^{-2}dyne \cdot s/cm^2$

1cP(센티포아즈) = $10^{-2}p = 10^{-2}g/cm \cdot s$
1dyne = $1g \cdot cm/s^2 = 10^{-2}g \cdot s^2$
= $10^{-2}dyne \cdot s/cm^2$

10 등엔트로피 과정하에서 완전기체 중의 음속을 옳게 나타낸 것은? (단, E는 체적탄성계수, R은 기체상수, T는 기체의 절대온도, P는 압력, k는 비열비이다.)
① $\sqrt{PE}$
② $\sqrt{kRT}$
③ RT
④ PT

$C = \sqrt{kRT}$
여기서, C: 음속[m/s], k: 비열비
R: 기체상수($\frac{8314}{M}$J/kg·K)
T: 절대온도[K]

11 공기가 79vol% N_2와 21vol% O_2로 이루어진 이상기체 혼합물이라 할 때 25℃, 750mmHg에서 밀도는 약 몇 kg/m³인가?
① 1.16
② 1.42
③ 1.56
④ 2.26

① 공기의 평균분자량 = $(28 \times 0.79 + 32 \times 0.21)$
= 28.84
② 밀도계산(ρ)
$PV = GRT$에서

$\rho = \frac{G}{V} = \frac{P}{RT}$

$= \frac{\frac{750}{760} \times 10332}{\frac{848}{28.84} \times (273+25)} = 1.163 kg/m^3$

12 그림은 수축노즐을 갖는 고압용기에서 기체가 분출될 때 질량유량($\dot{m}$)과 배압(P_b)과 용기내부압력(P_r)의 비의 관계를 도시한 것이다. 다음 중 질식된(choking)상태만 모은 것은?

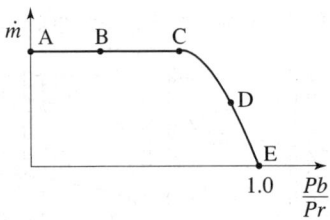

① A, E
② B, D
③ D, E
④ A, B

A점과 B점에서는 분출밸브가 폐쇄되고 고압용기가 밀봉상태(질식상태)가 유지되고 C점에서부터 개방하기 시작하여 고압용기의 기체가 분출되어 E점에서는 분출압력과 내부압력의 비가 같아진다.

13 지름 20cm인 원형관이 한 변의 길이가 20cm인 정사각형 단면을 가지는 덕트와 연결되어 있다. 물의 평균속도가 2m/s일 때, 덕트에서 물의 평균속도는 얼마인가?
① 0.78m/s
② 1m/s
③ 1.57m/s
④ 2m/s

$A_1 V_1 = A_2 V_2$
$V_2 = \frac{A_1 \times V_1}{A_2} = \frac{0.785 \times 0.2^2 \times 2}{0.2 \times 0.2}$
= 1.57 m/sec

14 지름 1cm의 원통관에 5℃의 물이 흐르고 있다. 평균속도가 1.2m/s일 때 이 흐름에 해당하는 것은? (단, 5℃ 물의 동점계수 ν는 $1.788 \times 10^{-6} m^2/s$이다.)

① 천이구간　　② 층류
③ 포텐셜유동　④ 난류

$Re = \dfrac{\rho VD}{\nu} = \dfrac{1.2 \times 0.01}{1.788 \times 10^{-6}} = 6711.41$

15 원형관에서 완전난류 유동일 때 손실수두는?

① 속도수두에 비례한다.
② 속도수두에 반비례한다.
③ 속도수두에 관계없으며, 관의 지름에 비례한다.
④ 속도에 비례하고, 관의 길이에 반비례한다.

① 원형관의 손실수두(h_L) $= \dfrac{\lambda l V^2}{2gd}$

② 돌연확대관의 손실수두(h_L)
$= \left(1 - \dfrac{A_1}{A_2}\right)^2 \times \dfrac{V_1^2}{2g} = \left(1 - \dfrac{D_2}{D_1}\right)^2 \times \dfrac{V_2^2}{2g}$

③ 돌연축소관의 손실수두(H_L)
$= \left(\dfrac{1}{C} - 1\right)^2 \times \dfrac{V_2^2}{2g}$

16 펌프의 흡입부 압력이 유체의 증기압보다 낮을 때 유체내에서 기포가 발생하는 현상을 무엇이라고 하는가?

① 캐비테이션　　② 이온화 현상
③ 서어징 현상　　④ 에어바인딩

캐비테이션(cavitation) : 유수 중에 어느 부분의 정압이 그 때 물의 온도에 해당하는 증기압 이하로 되어 물이 증발을 일으키고 수중에 용입되어 있던 공기가 낮은 압력으로 인하여 기포가 발생하는 현상으로 공동현상이라고도 한다.
① 영향
　㉠ 소음과 진동 발생
　㉡ 깃에 대한 침식
　㉢ 양정곡선과 효율곡선의 저하
② 발생조건
　㉠ 흡입 양정이 지나치게 길 때
　㉡ 과속으로 유량이 증대될 때
　㉢ 흡입관 입구 등에서 마찰 저항 증가 시
　㉣ 관로 내의 온도가 상승될 때
③ 방지대책
　㉠ 양흡입 펌프를 사용한다.
　㉡ 수직축 펌프를 사용하고 회전차를 수중에 잠기게 한다.
　㉢ 펌프를 두 대 이상 설치한다.
　㉣ 펌프의 회전수를 낮춘다.
　㉤ 펌프의 설치위치를 낮추어 흡입양정을 짧게 한다.
　㉥ 관지름을 크게 하고 흡입 측의 저항을 최소로 줄인다.

17 구형입자가 유체 속으로 자유 낙하할 때의 현상으로 틀린 것은?(단, μ는 점성계수, d는 구의 지름, U는 속도이다.)

① 속도가 매우 느릴 때 항력(drag force)은 $3\pi\mu dU$이다.
② 입자에 작용하는 힘을 중력, 항력, 부력으로 구분할 수 있다.
③ 항력계수(C_D)는 레이놀즈수가 증가할수록 커진다.
④ 종말속도는 가속도가 감소되어 일정한 속도에 도달한 것이다.

항력계수는 레이놀즈수가 증가할수록 감소한다.
C_D(항력계수) $= \dfrac{24}{Re}$

∴ 항력(drag force) : 물체가 유체속에 정지하고 있거나 또는 비유동 유체에서 물체가 움직일 때 유동방향으로 받는 저항

18 관내를 흐르고 있는 액체의 유속이 급격히 감소할 때, 일어날 수 있는 현상은?

① 수격현상　　　② 서어징 현상
③ 캐비테이션　　④ 수직충격파

14.④　15.①　16.①　17.③　18.①

가스기사

 수격작용(water hammering) : 펌프에서 물 압송 시 정전 등으로 인해 펌프가 급히 멈춘 경우 관내 유속이 압력변화가 생겨 물이 관벽을 치는 현상
[방지법] ① 관로에 조압수조 설치
② 관의 기울기를 준다.
③ 송출구 가까이에 밸브설치
④ 플라이 휘일을 설치하여 펌프의 급격을 막는다.

19 다음은 축소-확대 노즐을 통해 흐르는 등엔트로피 흐름에서 노즐거리에 대한 압력분포 곡선이다. 노즐 출구에서의 압력을 낮출 때 노즐목에서 처음으로 음속흐름(sonic flow)이 일어나기 시작하는 선을 나타낸 것은?

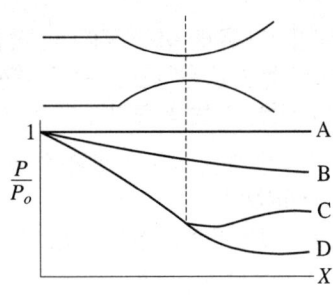

① A   ② B
③ C   ④ D

20 다음 중 뉴턴의 점성법칙과 관련성이 가장 먼 것은?

① 전단응력   ② 점성계수
③ 비중   ④ 속도구배

 뉴턴의 점성법칙$(\tau) = \mu \dfrac{d\mu}{dy}$

여기서, τ : 전단응력[kgf/m^2]
μ : 점성계수[$kgf \cdot s/m^2$]
$\dfrac{du}{dy}$: 속도구배(=기울기)

제 2 과목　연소공학

21 공기흐름이 난류일 때 가스연료의 연소현상에 대한 설명으로 옳은 것은?

① 화염이 뚜렷하게 나타난다.
② 연소가 양호하여 화염이 짧아진다.
③ 불완전연소에 의해 열효율이 감소한다.
④ 화염이 길어지면서 완전연소가 일어난다.

 난류일 때 가스의 연소현상
① 연소속도 수십 배 빠르다.
② 화염의 두께 두껍다.
③ 화염의 밝기 밝다.
④ 다량의 미연소분이 존재한다.
⑤ 연소가 양호하고 화염이 짧아진다.

22 연소 시 실제로 사용된 공기량을 이론적으로 필요한 공기량으로 나눈 것을 무엇이라 하는가?

① 공기비   ② 당량비
③ 혼합비   ④ 연료비

 공기비 $m = \dfrac{A}{A_0} = \dfrac{CO_2(\max)\%}{CO_2\%}$
$= \dfrac{21}{21 - O_2} = \dfrac{N_2}{N_2 - 3.76 O_2}$

23 연소온도를 높이는 방법으로 가장 거리가 먼 것은?

① 연료 또는 공기를 예열한다.
② 발열량이 높은 연료를 사용한다.
③ 연소용 공기의 산소농도를 높인다.
④ 복사전열을 줄이기 위해 연소속도를 늦춘다.

 연소온도를 높이는 방법
① 연료 또는 공기를 예열할 것
② 완전연소 시킬 것
③ 연소속도를 빠르게 할 것
④ 발열량이 높은 연료를 사용할 것

24 메탄 80v%, 에탄 15v%, 프로판 4v%, 부탄 1v%인 혼합가스의 공기 중 폭발하한계 값은 약 몇 %인가?(단, 각 성분의 하한계 값은 메탄 5%, 에탄 3%, 프로판 2.1%, 부탄 1.8%이다.)

① 2.3　　② 4.3
③ 6.3　　④ 8.3

 르샤틀리에 법칙

$$\frac{100}{L} = \frac{V_1}{L_1} + \frac{V_2}{L_2} + \frac{V_3}{L_3} + \frac{V_4}{L_4} + \cdots\cdots + \frac{V_n}{L_n}$$

$$\frac{100}{L} = \left(\frac{80}{5} + \frac{15}{3} + \frac{4}{2.1} + \frac{1}{1.8}\right)$$

$$\frac{100}{L} = 23.46$$

$$\therefore L = \frac{100}{23.46} = 4.265\%$$

25 다음 중 가역단열 과정에 해당하는 것은?

① 정온과정　　② 정적과정
③ 등엔탈피과정　　④ 등엔트로피과정

 가역단열과정 : 등엔트로피(엔트로피 일정)
비가역단열과정 : 엔트로피 증가

26 가로 4m, 세로 4.5m, 높이 2.5m인 공간에 아세틸렌이 누출되고 있을 때 표준상태에서 약 몇 kg이 누출되면 폭발이 가능한가?

① 1.3　　② 1.0
③ 0.7　　④ 0.4

 누출폭발량(kg)
$$= (4 \times 4.5 \times 2.5) \times \frac{2.5}{100} = 1.125\text{kg}$$

27 Diesel cycle의 효율이 좋아지기 위한 조건은? (단, 압축비를 ϵ, 단절비(cut-off ratio)를 σ라 한다.)

① ϵ와 σ가 클수록
② ϵ가 크고 σ가 작을수록
③ ϵ가 크고 σ가 일정할수록
④ ϵ와 일정하고, σ가 클수록

 ① 디젤사이클의 열효율
$$= \left[1 - \left(\frac{1}{\epsilon}\right)^{k-1} \times \left(\frac{\sigma^k - 1}{k(\sigma - 1)}\right)\right] \times 100$$

② 오토사이클의 열효율
$$= \left[1 - \left(\frac{1}{\epsilon}\right)^{k-1}\right] \times 100$$

③ 효율 :
오토사이클 > 사바테사이클 > 디젤사이클
④ 증기원동기의 기본사이클 : 랭킨 사이클

28 가장 미세한 입자까지 집진할 수 있는 집진장치는?

① 사이클론　　② 중력 집진기
③ 여과 집진기　　④ 스크러버

29 메탄가스 1m^3를 완전 연소시키는데 필요한 공기량은 약 몇 Sm^3인가?(단, 공기 중 산소는 21%이다.)

① 6.3　　② 7.5
③ 9.5　　④ 12.5

$$\begin{array}{ccccc} \text{CH}_4 & + & 2\text{O}_2 & \rightarrow & \text{CO}_2 & + & 2\text{H}_2\text{O} \\ 22.4\text{Nm}^3 & & 2\times 22.4\text{Nm}^3 & & 22.4\text{Nm}^3 & & 2\times 22.4\text{Nm}^3 \\ 1\text{Nm}^3 & & x & & & & \end{array}$$

$$x = \frac{1\text{Nm}^3 \times 2 \times 22.4\text{Nm}^3}{22.4\text{Nm}^3} = 2\text{Nm}^3/\text{Nm}^3$$

$$\therefore A_0 = \frac{O_0}{0.21} = \frac{2}{0.21} = 9.52$$

30 흑체의 온도가 20℃에서 100℃로 되었다면 방사하는 복사에너지는 몇 배가 되는가?

① 1.6　　② 2.0
③ 2.3　　④ 2.6

 복사에너지(Q)
$$Q = 4.88 \times \varepsilon \times \left[\left(\frac{T_1}{100}\right)^4 - \left(\frac{T_2}{100}\right)^4\right]$$

$$\therefore \frac{\left(\dfrac{T_1}{100}\right)^4}{\left(\dfrac{T_2}{100}\right)^4} = \frac{\left(\dfrac{273+100}{100}\right)^4}{\left(\dfrac{273+20}{100}\right)^4} = 2.62$$

31 지구온난화를 유발하는 6대 온실가스가 아닌 것은?

① 이산화탄소　② 메탄
③ 염화불화수소　④ 이산화질소

 지구온난화를 유발하는 6대 온실가스
① 이산화탄소　② 메탄
③ 수소불화수소　④ 과불화탄소
⑤ 육불화황　⑥ 이산화질소

32 산소(O_2)의 기본특성에 대한 설명 중 틀린 것은?

① 오일과 혼합하면 산화력의 증가로 강력히 연소한다.
② 자신은 스스로 연소하는 가연성이다.
③ 순산소 중세서는 철, 알루미늄 등도 연소되며 금속산화물을 만든다.
④ 가연성 물질과 반응하여 폭발할 수 있다.

 산소의 특징
① 조연성가스이다.
② 임계압력은 50.1atm
③ 임계온도는 -118.4℃
④ 비점은 -183℃
⑤ 공기 중에 21% 함유되어 있으며 무색, 무미, 무취이다.
⑥ 유기물의 분해, 합성 등에 필요한 가스
⑦ 유지류 용제 등이 부착되면 산화폭발의 위험이 있다.
⑧ 가연성가스와 산소가스는 각각 구분하여 설치한다.
⑨ 압력계는 금유라고 표시되어 있는 산소 전용 압력계를 사용한다.

33 과잉공기량이 지나치게 많을 때 나타나는 현상으로 틀린 것은?

① 연소실 온도 저하
② 연료 소비량 증가
③ 배기가스 온도의 상승
④ 배기가스에 의한 열손실 증가

 공기비가 적을 때
① 불완전 연소에 의한 매연발생량 증가
② 미연소 가스에 의한 열손실 증가
③ 미연소 가스에 의한 가스폭발

34 프로판가스의 연소에 의한 발열량이 11780 kcal/kg이고 연소할 때 발생된 수증기의 잠열이 1900kcal/kg이라면 Propane가스의 연소효율은 약 몇 %인가? (단, 진발열량은 11500kcal/kg이다.)

① 66　② 76
③ 86　④ 96

 연소효율 $= \dfrac{Q\gamma}{Hl} \times 100$

$= \dfrac{11780 - 1900}{11500} \times 100 = 85.9\%$

35 혼합기체의 특성에 대한 설명으로 틀린 것은?

① 압력비와 몰비는 같다.
② 몰비는 질량비와 같다.
③ 분압은 전압에 부피분율을 곱한 값이다.
④ 분압은 전압에 어느 성분의 몰분율을 곱한 값이다.

 압력비 = 몰비 = 부피비

분압 = 전압 × $\dfrac{\text{성분기체 몰수}}{\text{전 몰수}}$

= 전압 × $\dfrac{\text{성분기체 부피}}{\text{전 부피}}$

36 "혼합 가스의 압력은 각 기체가 단독으로 확산할 때의 분압의 합과 같다."라는 것은 누구의 법칙인가?

① Boyle-Charles의 법칙
② Dalton의 법칙
③ Graham의 법칙
④ Avogadro의 법칙

 돌턴의 분압법칙 : 기체혼합물의 전체압력은 각 성분기체의 분압의 합과 같다.

$$분압 = 전압 \times \frac{성분기체\ 몰수}{전\ 몰수}$$
$$= 전압 \times \frac{성분기체\ 부피}{전\ 부피}$$
$$= 전압 \times \frac{성분기체\ 분자수}{전\ 분자수}$$

37 이상기체에 대한 설명으로 틀린 것은?

① 보일-샤를의 법칙을 말한다.
② 아보가드로의 법칙에 따른다.
③ 비열비 $\left(k = \dfrac{C_P}{C_V}\right)$는 온도에 관계없이 일정하다.
④ 내부에너지는 체적과 관계있고 온도와는 무관하다.

 완전가스(이상기체)의 성질
① 보일-샤를의 법칙을 만족한다.
② 아보가드로 법칙에 따른다.
③ 내부에너지는 체적에 관계없이 온도에 의해서만 결정된다.
④ 분자 간의 충돌은 완전탄성체이다.
⑤ 분자의 인력이 없다.

38 다음 중 착화온도가 가장 낮은 물질은?

① 목탄   ② 무연탄
③ 수소   ④ 메탄

 착화온도
① 목탄 : 320~370℃
② 무연탄 : 440~500℃
③ 역청탄 : 325~400℃
④ 가솔린 : 300℃
⑤ 수소 : 580~590℃
⑥ 중유 : 530~580℃
⑦ 메탄 : 615~682℃
⑧ 에틸렌 : 500~519℃
⑨ 아세틸렌 : 400~440℃
⑩ 일산화탄소 : 637~657℃
⑪ 프로판 : 460~520℃
⑫ 부탄 : 430~510℃

39 분진 폭발의 발생 조건으로 가장 거리가 먼 것은?

① 분진이 가연성이어야 한다.
② 분진 농도가 폭발범위 내에서는 폭발하지 않는다.
③ 분진이 화염을 전파할 수 있는 크기 분포를 가져야 한다.
④ 착화원, 가연물, 산소가 있어야 발생한다.

 분진폭발의 발생조건
① 착화원, 가연물, 산소가 있어야 발생한다.
② 분진이 화염을 전파할 수 있는 크기 분포를 가져야 한다.
③ 분진 농도가 폭발범위 내에서는 폭발하여야 한다.
④ 분진이 가연성이어야 한다.

40 연소범위에 대한 설명으로 옳은 것은?

① N_2를 가연성가스에 혼합하면 연소범위는 넓어진다.
② CO_2를 가연성가스에 혼합하면 연소범위가 넓어진다.
③ 가연성가스는 온도가 일정하고 압력이 내려가면 연소범위가 넓어진다.
④ 가연성가스는 온도가 일정하고 압력이 올라가면 연소범위가 넓어진다.

 연소범위
① 일반적으로 압력이 높아지면 연소범위는 넓어진다.
② 온도가 올라가면 연소범위는 넓어진다.
③ 산소농도가 증가하면 연소범위는 넓어진다.
④ 일산화탄소는 압력이 높을수록 연소범위가 좁아진다.

⑤ 수소와 공기의 혼합 가스는 10atm까지는 좁아지다가 그 이상 시 다시 넓어진다.
⑥ 불활성가스의 양이 많아지면 연소범위는 좁아진다.

제3과목 가스설비

41 분젠식 버너의 구성이 아닌 것은?
① 블러스트   ② 노즐
③ 댐퍼   ④ 혼합관

▶ 분젠식 버너의 구성
① 노즐 ② 댐퍼 ③ 스로트 ④ 혼합관 ⑤ 버너헤드

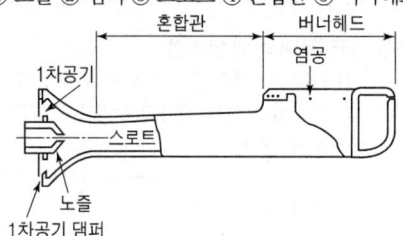

[분젠식 버너의 주요부 명칭]

42 공동 주택에 압력조정기를 설치할 경우 설치기준으로 맞는 것은?
① 공동주택 등에 공급되는 가스압력이 중압 이상으로서 전세대수가 200세대 미만인 경우 설치할 수 있다.
② 공동주택 등에 공급되는 가스압력이 저압으로서 전세대수가 250세대 미만인 경우 설치할 수 있다.
③ 공동주택 등에 공급되는 가스압력이 중압 이상으로서 전세대수가 300세대 미만인 경우 설치할 수 있다.
④ 공동주택 등에 공급되는 가스압력이 저압으로서 전세대수가 350세대 미만인 경우 설치할 수 있다.

▶ 압력조정기 설치 기준
① 저압 : 250세대 미만
② 중압 이상 : 150세대 미만

43 AFV식 정압기의 작동상황에 대한 설명으로 옳은 것은?
① 가스사용량이 증가하면 파일롯밸브의 열림이 감소한다.
② 가스사용량이 증가하면 구동압력은 저하한다.
③ 가스사용량이 감소하면 2차 압력이 감소한다.
④ 가스사용량이 감소하면 고무슬리브의 개도는 증대된다.

▶ AFV식 정압기의 작동상황
가스사용량이 증가하면 구동압력은 저하한다.

44 압력 2MPa 이하의 고압가스 배관설비로서 곡관을 사용하기가 곤란한 경우 가장 적정한 신축이음매는?
① 벨로우즈형 신축이음매
② 루프형 신축이음매
③ 슬리브형 신축이음매
④ 스위블형 신축이음매

▶ 신축이음
① 루프형
  ㉠ 신축곡관형
  ㉡ 고압증기의 옥외배관에 사용
  ㉢ 응력이 생김
  ㉣ 곡률반경은 관지름의 6배 이상
  ㉤ 도시기호 :
② 슬리브형 : 미끄럼형 신축이음
③ 벨로우즈형
  ㉠ 주름통식, 파상형
  ㉡ 응력이 생기지 않음
  ㉢ 곡관 사용 곤란(압력근 2MPa 이하)
  ㉣ 도시기호 :
④ 스위블형

㉠ 방열기용
㉡ 나사의 회전에 의해 신축 흡수
㉢ 도시기호 :

45 탄소강이 약 200~300℃에서 인장강도는 커지나 연신율이 갑자기 감소되어 취약하게 되는 성질을 무엇이라 하는가?

① 적열취성 ② 청열취성
③ 상온취성 ④ 수소취성

 적열취성 : S가 원인(800~900℃)
청열취성 : P이 원인(200~300℃)

46 도시가스의 제조 공정에 부분연소법의 원리를 바르게 설명한 것은?

① 메탄에서 원유까지의 탄화수소를 원료로 하여 산소 또는 공기 및 수증기를 이용하여 메탄, 수소, 일산화탄소, 이산화탄소로 변환시키는 방법이다.
② 메탄을 원료로 사용하는 방법으로 산소 또는 공기 및 수증기를 이용하여 수소, 일산화탄소만을 제조하는 방법이다.
③ 에탄만을 원료로 하여 산소 또는 공기 및 수증기를 이용하여 메탄만을 생성시키는 방법이다.
④ 코크스만을 사용하여 산소 또는 공기 및 수증기를 이용하여 수소와 일산화탄소만을 제조하는 방법이다.

 ① 부분연소 프로세스 : 부분연소에 의한 가스제조는 메탄에서 원유까지는 원료를 가스화하는 것으로 산소 또는 공기 및 수증기를 이용하여 CH_4, H_2, CO, CO_2로 변환하는 방법이며, 탄화수소의 분해 및 수증기와의 반응에 필요한 열은 원료의 일부 연소기에 의해 보급되어 가스화와 가열을 동일로 내에서 행하기 때문에 내연식 또는 오트사밍 프로세스라고도 한다. 탄화수소와 수증기, 산소(공기)와의 반응은 700℃ 이상에서 고활성인 촉매(니켈계)를 매개체로 하여 일어난다.

② 열분해 프로세스(Thermal Cracking Process) : 원유, 중유, 나프타 등의 분자량이 큰 탄화수소를 원료로 하여 800~900℃에서 분해하여 $10000kcal/Nm^3$ 정도의 고열량 가스를 제조하는 방법
③ 접촉분해 프로세스 : 촉매 존재 하에 400~800℃로 수증기와 탄화수소를 반응시켜 CO, H_2, CO_2, CH_4로 변환시키는 방식
④ 수소화분해프로세스 : 수소기류 중에서 탄화수소 원료를 열분해 또는 접촉분해하여 CH_4를 주성분으로 하는 고발열량($7500kcal/Nm^3$)의 가스를 제조하는 방식

47 발열량 $5000kcal/m^3$, 비중 0.61, 공급표준압력 $100mmH_2O$인 가스에서 발열량 $11000kcal/m^3$, 비중 0.66, 공급표준압력이 $200mmH_2O$인 천연가스로 변경할 경우 노즐변경율은 얼마인가?

① 0.49 ② 0.58
③ 0.71 ④ 0.82

 $\dfrac{D_2}{D_1} = \dfrac{\sqrt{WI_1\sqrt{P_1}}}{\sqrt{WI_2\sqrt{P_2}}} = \dfrac{\sqrt{6401.84\times\sqrt{100}}}{\sqrt{13540\times\sqrt{200}}}$
$= 0.5782$

$WI_1 = \dfrac{Hg_1}{\sqrt{d_1}} = \dfrac{5000}{\sqrt{0.61}} = 6401.84$

$WI_2 = \dfrac{Hg_2}{\sqrt{d_2}} = \dfrac{11000}{\sqrt{0.66}} = 13540$

48 용기밸브의 구성이 아닌 것은?

① 스템 ② O링
③ 스핀들 ④ 행거

 용기밸브의 구성
① 밸브시트 ② 스템
③ O링 ④ 스핀들

49 액화천연가스(메탄기준)를 도시가스 원료로 사용할 때 액화천연가스의 특징을 바르게 설명한 것은?

① C/H질량비가 3이고 기화설비가 필요하다.
② C/H질량비가 4이고 기화설비가 필요하다.
③ C/H질량비가 3이고 가스제조 및 정제설비가 필요하다.
④ C/H질량비가 4이고 개질설비가 필요하다.

액화천연가스의 특징
① 천연가스 $\dfrac{C}{H}$ 질량비가 3이고, 기화설비가 필요 $\left(CH_4 = \dfrac{12}{4} = 3\right)$
② 냉열 이용이 가능
③ 가스제조 및 개질설비가 필요하지 않다.
④ LNG 수입기지에 저온저장설비 및 기화장치가 필요
⑤ 불순물이 제거된 청정연료로 환경문제가 없다.

50 LPG수송관의 이음부분에 사용할 수 있는 패킹재료로 가장 적합한 것은?
① 목재   ② 천연고무
③ 납   ④ 실리콘 고무

천연고무를 녹이므로 실리콘 고무 사용

51 아세틸렌의 압축 시 분해폭발의 위험을 줄이기 위한 반응장치는?
① 겔로그 반응장치   ② I.G 반응장치
③ 파우서 반응장치   ④ 레페 반응장치

52 다음 중 화염에서 백-파이어(Back-fire)가 가장 발생하기 쉬운 원인은?
① 버너의 과열   ② 가스의 과량공급
③ 가스압력의 상승 ④ 1차 공기량의 감소

역화의 원인
① 노즐 구경이 큰 경우
② 가스의 공급압력이 낮은 경우
③ 염공이 큰 경우
④ 콕에 이물질이 혼입 시
⑤ 버너의 과열

53 공기액화 분리장치의 폭발 방지대책으로 옳지 않은 것은?
① 장치 내에 여과기를 설치한다.
② 유분리기는 설치해서는 안 된다.
③ 흡입구 부근에서 아세틸렌 용접은 하지 않는다.
④ 압축기의 윤활유는 양질유를 사용한다.

공기액화 분리장치 폭발방지 대책
① 압축기용 윤활유는 양질의 광유 사용
② 장치 내 여과기 사용
③ 유분리기 설치
④ 흡입구 부근에서 아세틸렌 용접은 하지 않는다.

54 LP가스 판매사업의 용기보관실의 면적은?
① $9m^2$ 이상   ② $10m^2$ 이상
③ $12m^2$ 이상   ④ $19m^2$ 이상

LP가스 판매사업
① 사무실면적 : $9m^2$ 이상
② 용기보관실면적 : $19m^2$ 이상

55 전기방식법 중 효과범위가 넓고, 전압, 전류의 조정이 쉬우며, 장거리 배관에는 설치갯수가 적어지는 장점이 있고, 초기 투자가 많은 단점이 있는 방법은?
① 희생양극법   ② 외부전원법
③ 선택배류법   ④ 강제배류법

외부전원법

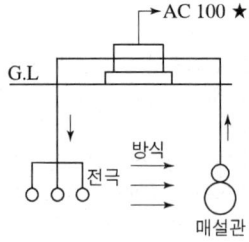

① 장점
 ㉠ 전극 수명이 길다.
 ㉡ 방식 범위가 넓다.

ⓒ 전압 전류 조정이 가능
ⓔ 대형 설비에는 전원 장치수를 적게 할 수 있어 경제적이다.
② 단점
ⓐ 초기 시공비가 많이 든다.
ⓑ AC전원이 필요하다.
ⓒ 강력한 다른 매설체의 간섭 우려가 있다.

유전양극법
① 장점
ⓐ 시공이 단순하다.
ⓑ 소규모 설비에는 경제적이다.
ⓒ 다른 매설 금속체에 영향을 주지 않는다.
ⓓ 과방식의 염려가 없다.
② 단점
ⓐ 강하전식에는 무력하다.
ⓑ 대규모 설비시는 시설비가 많이 든다.
ⓒ 정기적으로 양극을 보충할 필요가 있다.
ⓓ 전류조절이 불가능하다.
ⓔ 방식범위가 좁다.

56 양정 20m, 송수량 3m³/min일 때 축동력 15PS를 필요로 하는 원심펌프의 효율은 약 몇 %인가?

① 59%   ② 75%
③ 89%   ④ 92%

 효율 $= \dfrac{\gamma \times Q \times H}{PS \times 75 \times 60} \times 100$

$= \dfrac{1000 \times 3 \times 20}{15 \times 75 \times 60} \times 100 = 88.88\%$

57 토출량이 5m³/min이고, 펌프송출구의 안지름이 30cm일 때 유속은 약 몇 m/s인가?

① 0.8   ② 1.2
③ 1.6   ④ 2.0

 $Q = A \times V$

$V = \dfrac{Q}{A} = \dfrac{5\text{m}^3/\text{min}}{0.785 \times 0.3^2\text{m}^2 \times 60} = 1.179\text{m/s}$

58 연소방식 중 급배기 방식에 의한 분류로서 연소에 필요한 공기를 실내에서 취하고, 연소 후 배기가스는 배기통으로 옥외로 방출하는 형식은?

① 노출식   ② 개방식
③ 반밀폐식   ④ 밀폐식

급·배기 방식에 따른 연소기구의 분류
① 개방형 연소기구 : 실내에서 공기를 흡입하여 연소하고 폐가스를 실내에 방출(가스난로, 석유난로, 가스레인지, 소형순간온수기)
② 반 밀폐형 연소기구 : 실내에서 공기를 흡입하여 연소 폐가스를 배기통에 의해 옥외로 배출
③ 밀폐형 연소기구 : 공기를 옥외에서 흡입하고 폐가스도 옥외로 배출(대형온수기나 대형 가스보일러)

59 탄소강에 소량씩 함유하고 있는 원소의 영향에 대한 설명으로 틀린 것은?

① 인(P)은 상온에서 충격치를 떨어뜨려 상온메짐의 원인이 된다.
② 규소(Si)는 경도는 증가시키나 단접성은 감소시킨다.
③ 구리(Cu)는 인장강도와 탄성계수를 높이나 내식성은 감소시킨다.
④ 황(S)은 Mn과 결합하여 MnS를 만들고 남은 것이 있으면 FeS를 만들어 고온메짐의 원인이 된다.

탄소강의 원소
① 탄소
② 망간 : ㉠ 적열취성 방지
ⓒ 황의 해를 제거
ⓒ 고온강도 개선
③ 인 : ㉠ 상온취성 원인
ⓒ 청열취성(200~300℃) 원인
④ 황 : ㉠ 적열취성 원인(800~900℃)
⑤ 규소 : ㉠ 경도 증가
ⓒ 단접성 감소
⑥ 구리 : ㉠ 인장강도, 탄성계수 높임
ⓒ 내식성 증가

60 액화천연가스 중 가장 많이 함유되어 있는 것은?

56.③ 57.② 58.③ 59.③ 60.①

① 메탄 ② 에탄
③ 프로판 ④ 일산화탄소

 LPG의 주성분 : 프로판
LNG의 주성분 : 메탄

제 4 과목 가스안전관리

61 고압가스 충전용기 운반 시 동일차량에 적재하여 운반할 수 있는 것은?

① 염소와 아세틸렌 ② 염소와 암모니아
③ 염소와 질소   ④ 염소와 수소

 동일차량에 적재운반불가능
① 염소와 암모니아
② 염소와 수소
③ 염소와 아세틸렌

62 고온, 고압하의 수소에서는 수소원자가 발생되어 금속조직으로 침투하여 carbon이 결합, CH_4 등의 gas를 생성하여 용기가 파열하는 원인이 될 수 있는 현상은?

① 금속조직에서 탄소의 추출
② 금속조직에서 아연의 추출
③ 금속조직에서 구리의 추출
④ 금속조직에서 스테인리스강의 추출

63 고압가스 저장탱크 실내설치의 기준으로 틀린 것은?

① 가연성가스 저장탱크실에는 가스누출검지경보장치를 설치한다.
② 저장탱크실은 각각 구분하여 설치하고 자연환기시설을 갖춘다.
③ 저장탱크에 설치한 안전밸브는 지상 5m 이상의 높이에 방출구가 있는 가스방출관을 설치한다.

④ 저장탱크의 정상부와 저장탱크실 천장과의 거리는 60cm 이상으로 한다.

 저장실은 각각 구분하여 설치하고 강제 환기시설을 갖춘다.

64 고압가스 냉동제조설비의 냉매설비에 설치하는 자동제어장치 설치기준으로 틀린 것은?

① 압축기의 고압측 압력이 상용압력을 초과하는 때에 압축기의 운전을 정지하는 고압차단기를 설치한다.
② 개방형 압축기에서 저압측 압력이 상용압력보다 이상 저하할 때 압축기의 운전을 정지하는 저압차단장치를 설치한다.
③ 압축기를 구동하는 동력장치에 과열방지장치를 설치한다.
④ 쉘형 액체 냉각기에 동결방지장치를 설치한다.

 압축기를 구동하는 동력장치에는 냉각장치를 설치한다.

65 독성고압가스의 배관 중 2중관의 외층관 내경은 외경의 몇 배 이상을 표준으로 하여야 하는가?

① 1.2배   ② 1.25배
③ 1.5배   ④ 2.0배

 독성고압가스의 배관 중 이중관의 외층관 안지름은 내층관 바깥지름 1.2배 이상 2중관
① 포스겐 ② 황화수소 ③ 시안화수소
④ 아황산가스 ⑤ 산화에틸렌 ⑥ 암모니아
⑦ 염화메탄 ⑧ 염소

66 정전기 발생에 대한 설명으로 옳지 않은 것은?

① 물질의 표면상태가 원활하면 발생이 적어진다.
② 물질표면이 기름 등에 의해 오염되었을 때

는 산화, 부식에 의해 정전기가 발생할 수 있다.
③ 정전기의 발생은 처음 접촉, 분리가 일어났을 때 최대가 된다.
④ 분리속도가 빠를수록 정전기의 발생량은 적어진다.

 분리속도가 빠를수록 정전기의 발생량은 많아진다.

67 염소가스의 제독제가 아닌 것은?
① 가성소다수용액 ② 물
③ 탄산소다수용액 ④ 소석회

 제독제
① 염소 : 소석회, 가성소다, 탄산소다
② 황화수소 : 가성소다, 탄산소다
③ 포스겐 : 가성소다, 소석회
④ 시안화수소 : 가성소다
⑤ 아황산가스 : 물, 가성소다, 탄산소다
⑥ 암모니아, 산화에틸렌, 염화메탄 : 다량의 물

68 도시가스시설의 완성검사 대상에 해당하지 않는 것은?
① 가스사용량의 증가로 특정가스사용시설로 전환되는 가스사용시설 변경공사
② 특정가스 사용시설로서 호칭지름 50mm의 강관을 25m 교체하는 변경공사
③ 특정가스 사용시설의 압력조정기를 증설하는 변경공사
④ 특정가스 사용시설에서 배관변경을 수반하지 않고 월사용예정량 550m³를 이설하는 변경공사

 도시가스 시설의 완성공사 대상
① 특정가스 사용시설의 압력조정기를 증설하는 변경공사
② 특정가스 사용시설로서 호칭지름 50mm의 강관을 25m 교체하는 변경공사
③ 가스사용량의 증가로 특정가스 사용시설로 전환되는 가스사용시설 변경공사

69 시안화수소(HCN)를 용기에 충전할 경우에 대한 설명으로 옳지 않은 것은?
① 순도는 98% 이상으로 한다.
② 아황산가스 또는 황산 등의 안정제를 첨가한다.
③ 충전한 용기는 충전 후 12시간 이상 정치한다.
④ 일정 시간 정치한 후 1일 1회 이상 질산구리벤젠 등의 시험지로 누출을 검사한다.

 충전한 용기는 충전 후 24시간 이상 정치한다.

70 용기에 의한 액화석유가스 사용시설에서 기화장치의 설치기준에 대한 설명으로 틀린 것은?
① 기화장치의 출구측 압력은 1MPa 미만이 되도록 하는 기능을 갖거나, 1MPa 미만에서 사용한다.
② 용기는 그 외면으로부터 기화장치까지 3m 이상의 우회거리를 유지한다.
③ 기화장치의 출구 배관에는 고무호스를 직접 연결하지 아니한다.
④ 기화장치의 설치장소에는 배수구나 집수구로 통하는 도랑을 설치한다.

용기에 의한 액화석유가스 사용시설에 설치하는 기화장치
① 최대가스 소비량 이상의 용량이 되는 기화장치를 설치한다.
② 기화장치의 출구측 압력은 1MPa 미만이 되도록 하는 기능을 갖거나 1MPa 미만에서 사용한다.
③ 용기는 그 외면으로부터 기화장치까지 3m 이상의 우회거리를 유지한다.
④ 기화장치에는 정전기 제거 조치를 한다.
⑤ 기화장치의 출구 배관에는 고무호스를 직접 연결하지 아니한다.
⑥ 기화장치는 옥외에 설치한다.

71 안전관리규정의 작성기준에서 다음 [보기]중 종합적 안전관리 규정에 포함되어야 할 항목을 모두 나열한 것은?

㉠ 경영이념	㉡ 안전관리투자
㉢ 안전관리목표	㉣ 안전문화

① ㉠, ㉡, ㉢
② ㉠, ㉡, ㉣
③ ㉠, ㉢, ㉣
④ ㉠, ㉡, ㉢, ㉣

 안전관리 규정
① 경영이념　　② 안전문화
③ 안전관리 목표　④ 안전관리 투자

72 액화가스의 저장탱크 압력이 이상 상승하였을 때 조치사항으로 옳지 않은 것은?

① 방출밸브를 열어 가스를 방출시킨다.
② 살수장치를 작동시켜 저장탱크를 냉각시킨다.
③ 액 이입 펌프를 정지시킨다.
④ 출구 측의 긴급차단밸브를 작동시킨다.

 액화가스 저장탱크 압력이 이상 상승 시 조치사항
① 액 이입 펌프를 정지시킨다.
② 살수장치를 작동시켜 저장탱크를 냉각시킨다.
③ 방출밸브를 열어 가스를 방출시킨다.

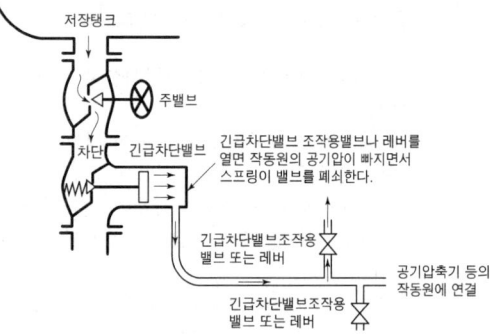

[긴급차단장치의 작동원리]

73 내용적이 59L의 LPG 용기에 프로판을 충전할 때 최대 충전량은 약 몇 kg으로 하면 되는가? (단, 프로판의 정수는 2.35이다.)

① 20kg　　② 25kg
③ 30kg　　④ 35kg

 $G = \dfrac{V}{C} = \dfrac{59}{2.35} = 25.10 \text{kg}$

74 고압가스 용기 보관장소의 주위 몇 m 이내에는 화기 또는 인화성 물질이나, 발화성 물질을 두지 않아야 하는가?

① 1m　　② 2m
③ 5m　　④ 8m

75 가스누출 경보차단장치의 성능시험 방법으로 틀린 것은?

① 가스를 검지한 상태에서 연속경보를 울린 후 30초 이내에 가스를 차단한 것으로 한다.
② 교류전원을 사용하는 차단장치는 전압이 정격전압의 90% 이상 110% 이하일 때 사용에 지장이 없는 것으로 한다.
③ 내한성능에서 제어부는 -25℃ 이하에서 1시간 이상 유지한 후 5분 이내에 작동시험을 실시하여 이상이 없어야 한다.
④ 전자밸브식 차단부는 35kPa 이상의 압력으로 기밀시험을 실시하여 외부누출이 없어야 한다.

 가스누출 경보차단장치의 성능시험 방법
① 전자밸브식 차단부는 35kPa 이상의 압력으로 기밀시험을 실시하여 외부누출이 없어야 한다.
② 교류전원을 사용하는 차단장치는 전압이 정격전압의 90% 이상 110% 이하일 때 사용에 지장이 없는 것으로 한다.
③ 가스를 검지한 상태에서 연속경보를 울린 후 30초 이내에 가스를 차단한 것으로 한다.

76 매몰형 폴리에틸렌 볼밸브의 사용압력 기준은?

① 0.4MPa 이하　② 0.6MPa 이하
③ 0.8MPa 이하　④ 1MPa 이하

 매몰형 폴리에틸렌 볼밸브의 사용압력 기준 : 0.4MPa 이하

77 고압가스를 운반하는 차량에 경계표지의 크기는 어떻게 정하는가?

① 직사각형인 경우, 가로 치수는 차체 폭의 20% 이상, 세로 치수는 가로 치수의 30% 이상, 정사각형의 경우는 그 면적을 400cm² 이상으로 한다.
② 직사각형인 경우, 가로 치수는 차체 폭의 30% 이상, 세로 치수는 가로 치수의 20% 이상, 정사각형의 경우는 그 면적을 400cm² 이상으로 한다.
③ 직사각형인 경우, 가로 치수는 차체 폭의 20% 이상, 세로 치수는 가로 치수의 30% 이상, 정사각형의 경우는 그 면적을 600cm² 이상으로 한다.
④ 직사각형인 경우, 가로 치수는 차체 폭의 30% 이상, 세로 치수는 가로 치수의 20% 이상, 정사각형의 경우는 그 면적을 600cm² 이상으로 한다.

경계표지의 크기
① 가로치수 : 차체 폭의 30% 이상
② 세로치수 : 가로치수의 20% 이상
③ 정사각형의 경우 : 면적을 600cm²로 한다.

78 고압가스제조시설에서 아세틸렌을 충전하기 위한 설비 중 충전용 지관에는 탄소 함유량이 얼마 이하의 강을 사용하여야 하는가?

① 0.1%   ② 0.2%
③ 0.33%   ④ 0.5%

 아세틸렌 충전용 지관의 탄소함유량 : 0.1% 이하의 강

79 CO 15v%, H₂ 30v%, CH₄ 55v%인 가연성 혼합가스의 공기 중 폭발하한계는 약 몇 v%인가? (단, 각 가스의 폭발하한계는 CO 12.5v%, H₂ 4.0v%, CH₄ 5.3v% 이다.)

① 5.2   ② 5.8
③ 6.4   ④ 7.0

르샤틀리에 법칙
$$\frac{100}{L} = \frac{V_1}{L_1} + \frac{V_2}{L_2} + \frac{V_3}{L_3} + \frac{V_4}{L_4} + \cdots\cdots + \frac{V_n}{L_n}$$
$$\frac{100}{L} = \left(\frac{15}{12.5} + \frac{30}{4} + \frac{55}{5.3}\right)$$
$$\frac{100}{L} = 19.07 \qquad L = \frac{100}{19.07} = 5.24\%$$

80 액화석유가스용 차량에 고정된 저장탱크 외벽이 화염에 의하여 국부적으로 가열될 경우를 대비하여 폭발방지장치를 설치한다. 이 때 재료로 사용되는 금속은?

① 아연   ② 알루미늄
③ 주철   ④ 스테인리스

제 5 과목 가스계측기기

81 베크만 온도계는 어떤 종류의 온도계에 해당하는가?

① 바이메탈 온도계 ② 유리 온도계
③ 저항 온도계   ④ 열전대 온도계

유리온도계
① 수은온도계 : −35∼350℃
② 베크만온도계 : 0.01∼150℃
③ 알콜온도계 : −100℃

82 입력과 출력이 그림과 같을 때 제어동작은?

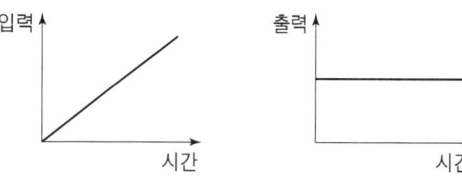

① 비례동작   ② 미분동작
③ 적분동작   ④ 비례적분동작

83 기체 크로마토그래피에서 사용되는 캐리어가스(carrier gas)에 대한 설명으로 옳은 것은?
① 가격이 저렴한 공기를 사용해도 무방하다.
② 검출기의 종류에 관계 없이 구입이 용이한 것을 사용한다.
③ 주입된 시료를 컬럼과 검출기로 이동시켜 주는 운반기체 역할을 한다.
④ 캐리어가스는 산소, 질소, 아르곤 등이 주로 사용된다.

 기체크로마토그래피 캐리어가스
① 수소, 헬륨, 질소, 아르곤 등이 있다.
② 기체 확산이 가능한 적어야 한다.
③ 사용하는 검출기에 적합하여야 한다.
④ 순도가 높고 구입이 용이

84 경사각(θ)이 30°인 경사관식 압력계의 눈금(x)을 읽었더니 60cm가 상승하였다. 이때 양단의 차압($P_1 - P_2$)은 약 몇 kgf/cm^{2}인가? (단, 액체의 비중은 0.8인 기름이다.)
① 0.001   ② 0.014
③ 0.024   ④ 0.034

 $P_2 = P_1 + \gamma h \sin\theta$
$P_2 - P_1 = \gamma h \sin\theta = 0.8 \times 60 \times \sin 30$
$= 24\text{g/cm}^2 \div 1000\text{g/kgf}$
$= 0.024 \text{kgf/cm}^2$

85 어느 수용가에 설치되어 있는 가스미터의 기차를 측정하기 위하여 기준기로 지시량을 측정하였더니 150m^{3}을 나타내었다. 그 결과 기차가 4%로 계산되었다면 이 가스미터의 지시량은 몇 m^{3}인가?
① 149.96m^3 ② 150m^3
③ 156m^3 ④ 156.25m^3

 $E = \dfrac{I-Q}{I} = I - \dfrac{Q}{I}$
$I = \dfrac{Q}{I-E} = \dfrac{150}{1-0.04} = 156.25 \text{m}^3/\text{h}$

86 차압식 유량계에서 교축 상류 및 하류의 압력이 각각 P_1, P_2일 때 체적유량이 Q_1이라 한다. 압력이 2배 만큼 증가하면 유량 Q는 얼마가 되는가?
① $2Q_1$ ② $\sqrt{2}\,Q_1$
③ $\dfrac{1}{2}Q_1$ ④ $\dfrac{Q_1}{\sqrt{2}}$

87 기체 크로마토그래피에 의한 분석방법은 어떤 성질을 이용한 것인가?
① 비열의 차이   ② 비중의 차이
③ 연소성의 차이   ④ 이동속도의 차이

88 태엽의 힘으로 통풍하는 통풍형 건습구 습도계로서 휴대가 편리하고 필요 풍속이 약 3m/s인 습도계는?
① 아스만 습도계
② 모발 습도계
③ 간이건습구 습도계
④ Dewcel식 노점계

89 막식가스미터에서 크랭크축이 녹슬거나 밸브와 밸브시트가 타르나 수분 등에 의해 접착 또는 고착되어 가스가 미터를 통과하지 않는 고장의 형태는?
① 부동   ② 기어불량
③ 떨림   ④ 불통

90 소형 가스미터(15호 이하)의 크기는 1개의 가스기구가 당해 가스미터에서 최대 통과량의 얼마를 통과할 때 한 등급 큰 계량기를 선택하는 것이 가장 적당한가?
① 90%   ② 80%
③ 70%   ④ 60%

1개의 가스기구가 가스미터의 최대통과량의 80%를 초과한 경우에는 1등급 더 큰 가스미터를 선정한다.

91 기체 크로마토그래피의 조작과정이 다음과 같을 때 조작 순서가 가장 올바르게 나열된 것은?

보기
ⓐ 크로마토그래피 조정
ⓑ 표준가스 도입
ⓒ 성분 확인
ⓓ 크로마토그래피 안정성 확인
ⓔ 피크 면적 계산
ⓕ 시료가스 도입

① ⓐ-ⓓ-ⓑ-ⓕ-ⓒ-ⓔ
② ⓐ-ⓑ-ⓒ-ⓓ-ⓔ-ⓕ
③ ⓓ-ⓐ-ⓕ-ⓑ-ⓒ-ⓔ
④ ⓐ-ⓑ-ⓓ-ⓒ-ⓕ-ⓔ

92 산소(O_2)는 다른 가스에 비하여 강한 상자성체이므로 자장에 대하여 흡인되는 특성을 이용하여 분석하는 가스분석계는?

① 세라믹식 O_2계   ② 자기식 O_2계
③ 연소식 O_2계   ④ 밀도식 O_2계

 ① 자기식 O_2계 : 산소는 다른 가스에 비해 강한 상자성체이므로 자장에 대하여 흡인되는 특성을 이용하여 분석
② 상자성체 : 자장을 가한 것으로 자장방향에 자화를 나타냄
③ 자화 : 자석이 아닌 물체가 자석의 성질을 가지게 되는 것
④ 자장 : 자석 주위나 전류가 지나는 도선

93 측정자 자신의 산포 및 관측자의 오차와 시차 등 산포에 의하여 발생하는 오차는?

① 이론오차   ② 개인오차
③ 환경오차   ④ 우연오차

 오차 : 어떤 양과 그 단위를 비교하고 헤아리는 것을 측정이라 하고 참값과 측정값 차이를 오차라 한다.
① 계통적 오차(systemic error) : 측정값에 어떤 일정한 영향을 주는 원인에 의한 오차
  ㉠ 이론오차 ㉡ 개인오차
  ㉢ 계기오차 ㉣ 환경오차
② 우연오차(Accidental error) : 계측상태의 미소한 변화의 오차
  ㉠ 관측의 오차와 시차
  ㉡ 측정기 상태의 이상현상
  ㉢ 측정환경영향
  ㉣ 온도, 습도, 진동에 따른 오차
③ 과오에 의한 오차(Mistake error) : 측정자의 부주의로 인한 오차

참고 산포 : 측정치의 크기가 가지런하지 못한 것의 정도

94 부르동관 압력계를 용도로 구분할 때 사용하는 기호로 내진(耐震)형에 해당하는 것은?

① M   ② H
③ V   ④ C

95 되먹임제어와 비교한 시퀀스 제어의 특성으로 틀린 것은?

① 정성적 제어   ② 디지털 신호
③ 열린회로   ④ 비교제어

 시퀀스 제어의 특성
① 열린회로 ② 디지털 신호 ③ 정성적 제어

96 용액에 시료가스를 흡수시키면 측정성분에 따라 도전율이 변하는 것을 이용한 용액도전율식 분석계에서 측정가스와 그 반응용액이 틀린 것은?

① CO_2 – NaOH용액
② SO_2 – CH_3COOH용액
③ Cl_2 – $AgNO_3$용액
④ NH_3 – H_2SO_4용액

① SO_2
  ㉠ 염화바륨에서 황산바륨으로 만들어 측정
  ㉡ 요오드 산화하여 나머지 요오드를 티오황산 나트륨으로 적정
② CO_2
  ㉠ NaOH 수용액
  ㉡ 열전도도법
  ㉢ 수산화바륨 수용액에 흡수시켜 전기전도도를 측정하거나 염산으로 적정
③ Cl_2
  ㉠ $AgNO_3$ 용액
  ㉡ NaOH에 의한 흡수
④ NH_3
  ㉠ 황산용액
⑤ H_2
  ㉠ 폭발법
  ㉡ 열전도도법
  ㉢ 산화구리에 의한 연소법
  ㉣ 파라듐 블랙에 의한 흡수

97 다음 [보기]에서 설명하는 가장 적합한 압력계는?

> • 정도가 아주 좋다.
> • 자동계측이나 제어가 용이하다.
> • 장치가 비교적 소형이므로 가볍다.
> • 기록장치와의 조합이 용이하다.

① 전기식 압력계
② 부르동관식 압력계
③ 벨로우즈식 압력계
④ 다이어프램식 압력계

 2차 압력계
① 부르동관 압력계
  ㉠ 재질
    • 저압용 : 황동, 청동, 인청동, 니켈
    • 고압용 : 니켈, 특수강
  ㉡ 눈금범위 : 상용압력의 1.5배 이상 2배 이하
  ㉢ 측정범위 : 0~3000kg/cm²
  ㉣ 산소압력계 : 반드시 "금유"라고 명시된 산소전용압력계 사용

② 다이어프램 압력계(격막식 압력계)
  ㉠ 미소압력 측정가능
  ㉡ 부식성 유체 측정 가능
  ㉢ 온도의 영향을 받는다.
  ㉣ 측정의 응답속도가 빠르다.
  ㉤ 이상압력으로 파손되어도 위험성이 적다.
  ㉥ 압력은 20~5000mmH₂O
  ㉦ 재질 : 고무, 양은, 테프론, 스텐레스
③ 벨로우즈 압력계
  ㉠ 유체내의 먼지 등의 영향이 적고 압력변동에 적응하기 어렵다.
  ㉡ 구조가 간단하며 미소차압측정
  ㉢ 측정범위 : 0.01~10kg/cm²

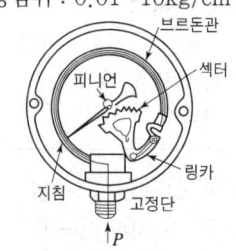
[브르돈관식 압력계]

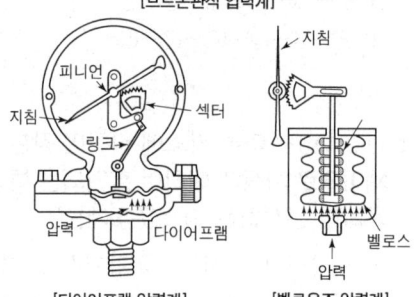
[다이어프램 압력계] [벨로우즈 압력계]

98 서미스터(thermistor)저항체 온도계의 특징에 대한 설명으로 옳은 것은?

① 온도계수가 적으며 균일성이 좋다.
② 저항변화가 적으며 재현성이 좋다.
③ 온도상승에 따라 저항치가 감소한다.
④ 수분 흡수 시에도 오차가 발생하지 않는다.

 서미스터 저항 온도계 : Fe, Cu, Mn, Ni, Co 등의 금속산화물을 소결시켜 만든 반도체로써 미세한 온도 측정에 용이
[특징] ① 측정범위는 -100~300℃ 이하

② 흡수에 의한 열화가 발생할 수 있다.
③ 온도상승에 따라 저항치가 감소한다.
④ 감도가 크고 응답성이 빨라 온도변화가 작은 부분에 적합

99 염소가스를 검출하는 검출시험지에 대한 설명으로 옳은 것은?

① 연당지를 사용하며 염소가스와 접촉하면 흑색으로 변한다.
② KI-녹말종이를 사용하며 염소가스와 접촉하면 청색으로 변한다.
③ 하리슨씨 시약을 사용하며 염소가스와 접촉하면 심등색으로 변한다.
④ 리트머스시험지를 사용하며 염소가스와 접촉하면 청색으로 변한다.

 시험지명 및 변색상태

검지가스	시험지	변색상태
암모니아	적색리트머스시험지	청색
염소	KI전분지	
시안화수소	질산구리벤젠지	
일산화탄소	염화파라듐지	흑색
황화수소	연당지(초산벤젠지)	
포스겐	하리슨 시험지	심등색(오렌지색)
아세틸렌	염화제1동착염지	적색
아황산가스	암모니아적신헝겊	흰연기

100 다음 [보기]에서 자동제어의 일반적인 동작순서를 바르게 나열한 것은?

㉠ 목표값으로 이미 정한 물리량과 비교한다.
㉡ 조작량을 조작기에서 증감한다.
㉢ 결과에 따른 편차가 있으면 판단하여 조절한다.
㉣ 제어 대상을 계측기를 사용하여 검출한다.

① ㉣ → ㉠ → ㉢ → ㉡
② ㉣ → ㉡ → ㉠ → ㉢
③ ㉡ → ㉠ → ㉣ → ㉢
④ ㉡ → ㉠ → ㉢ → ㉣

 자동제어의 일반적인 동작순서
① 제어대상을 계측기를 사용하여 검출한다.
② 목표값으로 이미 정한 물리량과 비교한다.
③ 결과에 따른 편차가 있으면 판단하여 조절한다.
④ 조작량을 조작기에서 증감한다.

2022

❶ 2022년 3월 5일 시행
❷ 2022년 4월 24일 시행
❸ 2022년 9월 CBT 시행

2022

2022

2022년도 출제문제
2022년 3월 5일 시행

제1과목 가스유체역학

01 관 내부에서 유체가 흐를 때 흐름이 완전난류라면 수두손실은 어떻게 되겠는가?
① 대략적으로 속도의 제곱에 반비례한다.
② 대략적으로 직경의 제곱에 반비례하고 속도에 정비례한다.
③ 대략적으로 속도의 제곱에 비례한다.
④ 대략적으로 속도에 정비례한다.

 $H_L = \dfrac{flV^2}{2gd}$ ∴ 속도의 제곱에 비례한다.

02 다음 중 정상유동과 관계있는 식은?(단, $V=$속도벡터, $s=$임의방향좌표, $t=$시간이다.)
① $\dfrac{\partial V}{\partial t}=0$ ② $\dfrac{\partial V}{\partial s}\neq 0$
③ $\dfrac{\partial V}{\partial t}\neq 0$ ④ $\dfrac{\partial V}{\partial s}=0$

 정상유동 : 어느 한 점을 관찰할 때 그 점에서의 유동특성이 시간에 관계없이 일정하게 유지되는 흐름
∴ $\dfrac{\partial V}{\partial t}=0$

03 물이 23m/s의 속도로 노즐에서 수직상방으로 분사될 때 손실을 무시하면 약 몇 m까지 물이 상승하는가?
① 13   ② 20
③ 27   ④ 54

 $H = \dfrac{V^2}{2g} = \dfrac{23^2}{2\times 9.8} = 26.7$

04 기체가 100kg/s로 직경 40cm인 관내부를 등온으로 흐를 때 압력이 $3\mathrm{kgf/cm^2 abs}$, $R=20\mathrm{kgf\cdot m/kg\cdot K}$, $T=27°C$라면 평균속도는 몇 m/s인가?
① 5.6   ② 67.2
③ 98.7   ④ 159.2

 $PV=GRT$
$r=\dfrac{G}{V}=\dfrac{P}{RT}=\dfrac{30}{20\times(273+27)}$
$=0.005\mathrm{kg/m^3}$
$m=r\cdot A\cdot V$
$V=\dfrac{m}{r\cdot A}=\dfrac{100}{0.005\times 0.785\times 0.4^2}$
$=159.23\mathrm{m/s}$

05 내경 0.0526m인 철관 내를 점도가 0.01kg/m·s이고 밀도가 1200kg/m³인 액체가 1.16m/s의 평균속도로 흐를 때 Reynolds수는 약 얼마인가?
① 36.61   ② 3661
③ 732.2   ④ 7322

 $Re=\dfrac{\rho VD}{\mu}=\dfrac{0.0526\times 1200\times 1.16}{0.01}$
$=7321.92$

06 어떤 유체의 비중량이 20kN/m³이고 점성계수가 0.1N·s/m²이다. 동점성계수는 m²/s 단위로 얼마인가?
① 2.0×10^{-2} ② 4.9×10^{-2}
③ 2.0×10^{-5} ④ 4.9×10^{-5}

 동점성계수(m²/s, cm²/s)
$=\dfrac{\mu}{\rho}=\dfrac{\mu g}{\rho}=\dfrac{0.1\times 9.8}{20\times 100}=4.9\times 10^{-5}\mathrm{m^2/s}$

01.③ 02.① 03.③ 04.④ 05.④ 06.④

07 성능이 동일한 n대의 펌프를 서로 병렬로 연결하고 원래와 같은 양정에서 작동시킬 때 유체의 토출량은?

① $\frac{1}{n}$로 감소한다. ② n배로 증가한다.

③ 원래와 동일하다. ④ $\frac{1}{2n}$로 감소한다.

- **직렬운전** : 유량일정, 양정증가
- **병렬운전** : 유량증가, 양정일정

08 직각좌표계 상에서 Euler 기술법으로 유동을 기술할 때 $F = \nabla \cdot \vec{V}$, $G = \nabla \cdot (\rho \vec{V})$로 정의 되는 두 함수에 대한 설명 중 틀린 것은?(단, $\vec{V}$는 유체의 속도, ρ는 유체의 밀도를 나타낸다.)

① 밀도가 일정한 유체의 정상유동(steady flow)에서는 $F = 0$ 이다.
② 압축성(compressible) 유체의 정상유동(steady flow)에서는 $G = 0$ 이다.
③ 밀도가 일정한 유체의 비정상유동(unsteady flow)에서는 $F \neq 0$ 이다.
④ 압축성(compressible) 유체의 비정상유동(unsteady flow)에서는 $G \neq 0$ 이다.

① 밀도가 일정한 유체의 정상유동(steady flow)에서는 $F = 0$ 이다.
② 압축성(compressible) 유체의 정상유동(steady flow)에서는 $G = 0$ 이다.
③ 압축성(compressible) 유체의 비정상유동(unsteady flow)에서는 $G \neq 0$ 이다.

09 하수 슬러리(slurry)와 같이 일정한 온도와 압력 조건에서 임계 전단응력 이상이 되어야만 흐르는 유체는?

① 뉴턴유체(Newtonian fluid)
② 팽창유체(Dilatant fluid)
③ 빙햄가소성유체(Bingham plastics fluid)
④ 의가소성유체(Pseudoplastic fluid)

빙햄가소성유체(Bingham plastics fluid)
하수 슬러리(slurry)와 같이 일정한 온도와 압력 조건에서 임계 전단응력 이상이 되어야만 흐르는 유체
뉴턴유체(Newtonian fluid)
전단응력에 각 면에 작용하는 단위면적당 마찰력은 속도구배에 비례하는 이상적 유체

10 1차원 유동에서 수직충격파가 발생하게 되면 어떻게 되는가?

① 속도, 압력, 밀도가 증가한다.
② 압력, 밀도, 온도가 증가한다.
③ 속도, 온도, 밀도가 증가한다.
④ 압력은 감소하고 엔트로피가 일정하게 된다.

1차원 유동에서 수직충격파가 발생 시(난류에서 충류로 흐르는 흐름)
① 증가 : 온도, 압력, 밀도, 엔트로피
② 감소 : 속도, 마하수
③ 비가역과정이다.

11 유체 수송장치의 캐비테이션 방지 대책으로 옳은 것은?

① 펌프의 설치 위치를 높인다.
② 펌프의 회전수를 크게 한다.
③ 흡입관 지름을 크게 한다.
④ 양 흡입을 단 흡입으로 바꾼다.

캐비테이션
유수 중에 어느 부분의 정압이 그때 물의 온도에 해당하는 증기압 이하로 되어 물이 증발을 일으키고 수중에 용입되어 있던 공기가 낮은 압력으로 인하여 기포가 발생하는 현상으로 공동현상이라고도 한다.
① 영향
  ㉠ 소음과 진동 발생
  ㉡ 깃에 대한 침식
  ㉢ 양정곡선과 효율곡선의 저하
② 발생조건
  ㉠ 흡입양정이 지나치게 길 때

ⓒ 과속으로 유량이 증대될 때
ⓒ 흡입관 입구 등에서 마찰저항 증가 시
ⓔ 관로 내의 온도가 상승될 때
③ 방지대책
　㉠ 양흡입펌프를 사용한다.
　ⓒ 수직축 펌프를 사용하고 회전차를 수중에 잠기게 한다.
　ⓒ 펌프를 두 대 이상 설치한다.
　ⓔ 펌프의 회전수를 낮춘다.
　ⓜ 펌프의 설치위치를 낮추어 흡입양정을 짧게 한다.
　ⓗ 관지름을 크게 하고 흡입측의 저항을 최소로 줄인다.

12 내경 5cm 파이프 내에서 비압축성 유체의 평균유속이 5m/s이면 내경을 2.5cm로 축소하였을 때 평균유속은?

① 5m/s　　② 10m/s
③ 20m/s　　④ 50m/s

 유체의 연속방정식
$A_1 V_1 = A_2 V_2$
$V_2 = \dfrac{A_1 \times V_1}{A_2} = \dfrac{0.785 \times 0.05^2 \times 5}{0.785 \times 0.025^2} = 20\text{m/s}$

13 잠겨있는 물체에 작용하는 부력은 물체가 밀어낸 액체의 무게와 같다고 하는 원리(법칙)와 관련 있는 것은?

① 뉴턴의 점성법칙
② 아르키메데스의 원리
③ 하겐-포아젤 원리
④ 맥레오드 원리

 ① 아르키메데스의 원리 : 잠겨있는 물체에 작용하는 부력은 물체가 밀어낸 액체의 무게와 같다.
② 뉴턴의 점성법칙 : 전단응력은 속도기울기에 비례하고 이 속도기울기를 작게하는 방향으로 전단응력이 작용하는 것
$I = \mu \dfrac{du}{dy}$
여기서, μ : 점성계수

$\dfrac{du}{dy}$: 속도계수
I : 전단응력
③ 하겐포아젤 원리
　㉠ 유량(Q) $= \dfrac{\pi D^4 \Delta P}{128 \mu L}$
　　여기서, Q : 유량(m^3/s)
　　　　　　D : 관지름
　　　　　　ΔP : 압력강하(kgf/m^2)
　　　　　　μ : 점성계수($\text{kgf} \cdot \text{s/m}^2$)
　　　　　　L : 배관길이(m)
　ⓒ 압력강하 계산
　　$\Delta P = \dfrac{128 \mu L Q}{\pi D^4}$
　　압력강하는 유체의 점성, 배관길이, 유량에 비례하고 관지름의 4승에 반비례한다.
　ⓒ 손실수두 계산
　　$h_L = \dfrac{128 \mu L Q}{\pi D^4 r}$

14 온도 $T_0 = 300K$, Mach수 $M = 0.8$인 1차원 공기 유동의 정체온도(stagnation temperature)는 약 몇 K인가?(단, 공기는 이상기체이며, 등엔트로피 유동이고 비열비 K는 1.4이다.)

① 324　　② 333
③ 346　　④ 364

 $\dfrac{T_0}{T} = 1 + \dfrac{K-1}{2} \times M^2$
$T_0 = T\left(1 + \dfrac{K-1}{2} \times M^2\right)$
$= 300\left(1 + \dfrac{1.4-1}{2} \times 0.8^2\right)$
$= 333.3K$

15 질량보존의 법칙을 유체유동에 적용한 방정식은?

① 오일러 방정식　　② 달시 방정식
③ 운동량 방정식　　④ 연속 방정식

연속 방정식 : 질량은 생겨나지도 소멸되지도 않는 것으로 연속방정식에 적용
① 체적유량(Q)= $A \times V(\text{m}^3/\text{s})$
② 질량유량(M)= $\rho \times A \times V(\text{kg/s})$
③ 중량유량(G)= $\gamma \times A \times V(\text{kgf/s})$

달시 방정식(h_L)= $\dfrac{flV^2}{2gd}$

16 100kPa, 25℃에 있는 이상기체를 등엔트로피 과정으로 135kPa까지 압축하였다. 압축 후의 온도는 약 몇 ℃인가?(단, 이 기체의 정압비열 C_p는 1.213kJ/kg · K이고 정적비열 C_v는 0.821kJ/kg · k이다.)

① 45.5　　② 55.5
③ 65.5　　④ 75.5

① 비열비(k)= $\dfrac{C_p}{C_v}$ = $\dfrac{1.213}{0.821}$ = 1.477

② 압축 후 온도
$= \dfrac{T_2}{T_1} = \left(\dfrac{P_2}{P_1}\right)^{\frac{k-1}{k}}$
$= \left(\dfrac{135}{100}\right)^{\frac{1.477-1}{1.477}} \times (273+25) = 328.33\text{K}$

$328.33\text{K} - 273 = 55.33℃$

17 이상기체에서 정압비열은 C_p, 정적비열을 C_v로 표시할 때 비엔탈피의 변화 dh는 어떻게 표시되는가?

① $dh = C_p dT$
② $dh = C_v dT$
③ $dh = \dfrac{C_p}{C_v} dT$
④ $dh = (C_p - C_v) dT$

① 정적, 정압 변화 : 정압변화와 절대온도와의 곱
$dh = CP \times dT$
② 등온변화 : 엔탈피 변화는 없다.
③ 단열변화 : 공업일(W_T)과 절대값은 같지만 부호가 반대

18 지름이 0.1m인 관에 유체가 흐르고 있다. 임계 레이놀즈수가 2100이고, 이에 대응하는 임계유속이 0.25m/s이다. 이 유체의 동점성계수는 약 몇 cm^2/s인가?

① 0.095　　② 0.119
③ 0.354　　④ 0.454

$Re = \dfrac{\rho VD}{\mu} = \dfrac{DV}{동점성계수}$

동점성계수= $\dfrac{DV}{Re}$ = $\dfrac{0.1 \times 0.25 \text{m}^2/\text{s}}{2100}$
$= 0.000011904 \times 10^4 \text{cm}^2/\text{s}$
$= 0.11904 \text{cm}^2/\text{s}$

19 그림에서와 같이 파이프내로 비압축성 유체가 층류로 흐르고 있다. A점에서의 유속이 1m/s라면 R점에서의 유속은 몇 m/s인가? (단, 관의 직경은 10cm이다.)

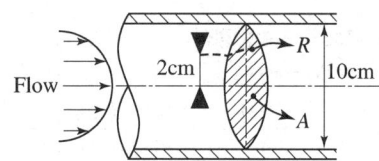

① 0.36　　② 0.60
③ 0.84　　④ 1.00

$V = \sqrt{2gh} = \sqrt{2 \times 9.8 \times 0.04} = 0.885\text{m/s}$

20 공기 중의 음속 C는 $C^2 = \left(\dfrac{\partial P}{\partial \rho}\right)_s$로 주어진다. 이 때 음속과 온도의 관계는?(단, T는 주위 공기의 절대온도이다.)

① $C \propto \sqrt{T}$　　② $C \propto T^2$
③ $C \propto T^3$　　④ $C \propto \dfrac{1}{T}$

$C = \sqrt{KgRT} = \sqrt{KRT}$

제2과목 연소공학

21 위험장소의 등급분류 중 2종 장소에 해당하지 않는 것은?

① 밀폐된 설비 안에 밀봉된 가연성가스가 그 설비의 사고로 인하여 파손되거나 오조작의 경우에만 누출할 위험이 있는 장소
② 확실한 기계적 환기조치에 따라 가연성가스가 체류하지 아니하도록 되어 있으나 환기장치에 이상이나 사고가 발생한 경우에는 가연성가스가 체류하여 위험하게 될 우려가 있는 장소
③ 상용상태에서 가연성가스가 체류하여 위험하게 될 우려가 있는 장소, 정비보수 또는 누출 등으로 인하여 종종 가연성가스가 체류하여 위험하게 될 우려가 있는 장소
④ 인접한 실내에서 위험한 농도의 가연성가스가 종종 침입할 우려가 있는 장소

① 제1종 장소
  ㉠ 상용상태에서 가연성가스가 체류하여 위험하게 될 우려가 있는 장소
  ㉡ 정비보수 또는 누설 등으로 인하여 종종 가연성가스가 체류하여 위험하게 될 우려가 있는 장소
② 제2종 장소
  ㉠ 1종 장소 주변 또는 인접한 실내에서 위험한 농도의 가연성가스가 종종 침입할 우려가 있는 장소
  ㉡ 환기장치 이상이나 사고가 발생한 경우 가연성가스가 체류하여 위험하게 될 우려가 있는 장소
  ㉢ 밀폐된 용기 또는 설비 내에 밀봉된 가연성가스가 그 용기 또는 설비의 사고로 인해 파손되거나 오조작의 경우에만 누설할 위험이 있는 장소
③ 제0종 장소
  상용상태에서 가연성가스의 농도가 연속해서 폭발하한계 이상으로 되는 장소

22 연소에 의한 고온체의 색깔이 가장 고온인 것은?

① 휘적색   ② 황적색
③ 휘백색   ④ 백적색

 연소 시의 색상
① 700℃ : 암적색   ② 800℃ : 적색
③ 950℃ : 휘적색   ④ 1100℃ : 황적색
⑤ 1300℃ : 백적색 ⑥ 1500℃ : 휘백색

23 교축과정에서 변하지 않는 열역학 특성치는?

① 압력   ② 내부에너지
③ 엔탈피   ④ 엔트로피

 교축과정에서 변하지 않는 열역학적 특성치 : **엔탈피**
단열과정에서 변하지 않는 열역학 특성치 : **엔트로피**

24 연소반응이 완료되지 않아 연소가스 중에 반응의 중간생성물이 들어있는 현상을 무엇이라 하는가?

① 열해리   ② 순반응
③ 역화반응 ④ 연쇄분자반응

 열해리 : 연소반응이 완료되지 않아 연소가스 중에 반응의 중간생성물이 들어있는 현상

25 도시가스의 조성을 조사해보니 부피조성으로 H_2 35%, CO 24%, CH_4 13%, N_2 20%, O_2 8%이었다. 이 도시가스 $1Sm^3$를 완전연소시키기 위하여 필요한 이론공기량은 약 몇 Sm^3인가?

① 1.3   ② 2.3
③ 3.3   ④ 4.3

$H_2 + \frac{1}{2}O_2 \rightarrow H_2O$

$CO + \frac{1}{2}O_2 \rightarrow CO_2$

$$CH_4 + \frac{1}{2}O_2 \rightarrow CO_2 + 2H_2O$$

이론산소량
$$= \left(\frac{1}{2} \times 0.35 \frac{1}{2} \times 0.24 + 2 \times 0.13\right) - 0.08$$
$$= 0.475$$

이론공기량 $(A_o) = \dfrac{0.475}{0.21} = 2.265 m^3/Sm^3$

26 프로판가스에 대한 최소산소농도값(MOC)를 추산하면 얼마인가?(단, C_3H_8의 폭발하한치는 2.1v%이다.)

① 8.5% ② 9.5%
③ 10.5% ④ 11.5%

① 프로판의 완전연소반응식
$$C_3H_8 + 5O_2 \rightarrow 3CO_2 + 4H_2O$$
② 최소산소농도 계산
$$= 폭발하한 \times \frac{산소몰수}{연료몰수}$$
$$= 2.1 \times \frac{5}{1} = 10.5\%$$

27 125℃, 10atm에서 압축계수(Z)가 0.98일 때 $NH_3(g)$ 34kg의 부피는 약 몇 Sm^3인가? (단, N의 원자량 14, H의 원자량은 1이다.)

① 2.8 ② 4.3
③ 6.4 ④ 8.5

$$PV = \frac{ZWRT}{M}$$
$$V = \frac{ZWRT}{PM}$$
$$= \frac{0.98 \times 34 \times 0.082 \times (273+125)}{10 \times 17}$$
$$= 6.39 Nm^3$$

28 2개의 단열과정과 2개의 정압과정으로 이루어진 가스터빈의 이상 사이클은?

① 에릭슨 사이클 ② 브레이튼 사이클
③ 스털링 사이클 ④ 아트킨슨 사이클

브레이튼 사이클 : 2개의 단열과정과 2개의 정압과정

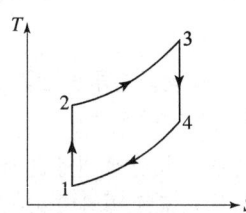

① 1 → 2 : 단열압축(압축기)
② 2 → 3 : 정압가열(연소기)
③ 3 → 4 : 단열팽창(터빈)
④ 4 → 1 : 정압방열(배기)

29 착화온도에 대한 설명 중 틀린 것은?

① 압력이 높을수록 낮아진다.
② 발열량이 클수록 낮아진다.
③ 산소량이 증가할수록 낮아진다.
④ 반응활성도가 클수록 높아진다.

착화온도(발화온도가 낮아지는 조건)
① 분자구조가 복잡할수록
② 발열량이 높을수록
③ 반응활성도가 적을수록
④ 압력이 높을수록
⑤ 산소농도가 높을수록
⑥ 열전도율이 적을 때
⑦ 산소와 친화력이 좋을 때

30 고발열량(高發熱量)과 저발열량(低發熱量)의 값이 가장 가까운 연료는?

① LPG ② 가솔린
③ 메탄 ④ 목탄

31 다음 중 BLEVE와 관련이 없는 것은?

① Bomb ② Liquid
③ Expending ④ Vapor

블래비(BLEVE, Boiling Liquid Expanding Vapour Explosion)
과열상태의 탱크에서 내부의 액화가스가 분출하여 기화되어 폭발하는 현상

32 메탄가스 $1m^3$를 완전 연소시키는 데 필요한 공기량은 약 몇 Sm^3인가?(단, 공기 중 산소는 20% 함유되어 있다.)

① 5 ② 10
③ 15 ④ 20

$$CH_4 + 2O_2 \rightarrow CO_2 + 2H_2O$$
$22.4Nm^3 \quad 2 \times 22.4Nm^3$
$1Nm^3 \quad\quad x$

$$x = \frac{1Nm^3 \times 2 \times 22.4Nm^3}{22.4Nm^3} = 2Nm^3$$

$$\therefore A_o = \frac{O_o}{0.20} = \frac{2}{0.20} = 10$$

33 기체상수 R의 단위가 $J/mol \cdot K$일 때의 값은?

① 8.314 ② 1.987
③ 848 ④ 0.082

기체상수(R)의 값
① $0.082L \cdot atm/mol \cdot K$
② $848kg \cdot m/kmol \cdot K$
③ $1.987cal/mol \cdot K$
④ $8.314J/mol \cdot K$

34 정적비열이 $0.682kcal/kmol \cdot ℃$인 어떤 가스의 정압비열은 약 몇 $kcal/kmol \cdot ℃$인가? (단, 일반가스의 정수는 $1.987kcal/kmol \cdot ℃$이다.)

① 1.3 ② 1.4
③ 2.7 ④ 2.9

$R = C_p - C_v$
$C_p = R + C_v = 1.987 + 0.682$
$\quad = 2.669kcal/kmol \cdot ℃$

35 가스가 노즐로부터 일정한 압력으로 분출하는 힘을 이용하여 연소에 필요한 공기를 흡입하고, 혼합관에서 혼합한 후 화염공에서 분출시켜 예혼합연소시키는 버너는?

① 분젠식 ② 전 1차 공기식
③ 블라스트식 ④ 적화식

연소방법
① 분젠식 버너 : 가스를 노즐로부터 분출시켜 이때 운동에너지에 의해 공기구멍에 연소에 필요한 1차공기 일부분을 흡입하고 연소불꽃 주위에서 확산에 의한 2차공기를 취해서 연소시키는 방법
[예] 일반 가스기구, 가스레인지, 온수기
② 적화식 버너 : 가스를 대기 중에 분출하여 연소시키는 방법. 2차공기량인 100%, 온도는 900℃

36 최소점화에너지(MIE)의 값이 수소와 가장 가까운 가연성 기체는?

① 메탄 ② 부탄
③ 암모니아 ④ 이황화탄소

연소범위
① 메탄 : 5~15%
② 부탄 : 1.8~8.4%
③ 암모니아 : 15~28%
④ 이황화탄소 : 1.2~44%
⑤ 수소 : 4~75%

37 이상기체에 대한 설명으로 틀린 것은?

① 기체의 분자력과 크기가 무시된다.
② 저온으로 하면 액화된다.
③ 절대온도 0도에서 기체로서의 부피는 0으로 된다.
④ 보일-샤를의 법칙이나 이상기체상태방정식을 만족한다.

완전가스(이상기체)의 성질
① 보일-샤를의 법칙을 만족한다.
② 아보가드로의 법칙에 따른다.
③ 내부에너지는 체적에 관계없이 온도에 의해서만 결정된다.
④ 분자 간의 충돌은 완전탄성체이다.
⑤ 분자의 인력이 없다.

38 실제기체가 이상기체 상태방정식을 만족할 수 있는 조건이 아닌 것은?

① 압력이 높을수록 ② 분자량이 작을수록
③ 온도가 높을수록 ④ 비체적이 클수록

실제기체 $\dfrac{\text{고온, 저압}}{\text{저온, 고압}}$ 완전기체

39 공기 1kg을 일정한 압력 하에서 20℃에서 200℃까지 가열할 때 엔트로피 변화는 약 몇 kJ/K인가? (단, C_p는 1kJ/kg · K이다.)

① 0.28 ② 0.38
③ 0.48 ④ 0.62

ΔQ
$= 1kg \times 1kJ/kg \cdot K \times (273+200-273+20)$
$= 220kJ$

$\Delta S = \dfrac{\Delta Q}{T} = \dfrac{220}{273+200} = 0.465 kJ/K$

40 프로판을 연소할 때 이론단열 불꽃온도가 가장 높을 때는?

① 20%의 과잉공기로 연소하였을 때
② 100%의 과잉공기로 연소하였을 때
③ 이론량의 공기로 연소하였을 때
④ 이론량의 순수산소로 연소하였을 때

이론단열 불꽃온도가 높아지는 경우는 배기가스량이 적을 경우이고 이론산소량으로 연소시 배기가스량이 가장 적게 발생

제3과목 가스설비

41 저온장치에 사용되는 팽창기에 대한 설명으로 틀린 것은?

① 왕복동식은 팽창비가 40정도로 커서 팽창기의 효율이 우수하다.

② 고압식 액체산소 분리장치, 헬륨 액화기 등에 사용된다.
③ 처리가스량이 1000m³/h 이상이 되면 다기통이 된다.
④ 기통 내의 윤활에 오일이 사용되므로 오일 제거에 유의하여야 한다.

왕복동식은 팽창비가 40정도로 크나 효율이 60~65%로 낮다.

42 LP가스 설비 중 강제기화기 사용 시의 장점에 대한 설명으로 가장 거리가 먼 것은?

① 설치장소가 적게 소요된다.
② 한냉 시에도 충분히 기화된다.
③ 공급가스 조성이 기화된다.
④ 용기압력을 가감, 조절할 수 있다.

강제기화기 사용시 장점
① LP가스의 종류에 관계없이 한냉시에도 충분히 기화시킬 수 있고
② 공급가스의 조성이 일정하고
③ 설치면적이 적어도 되고 기화량을 가감할 수 있으며
④ 설비비 및 인건비가 절감된다.

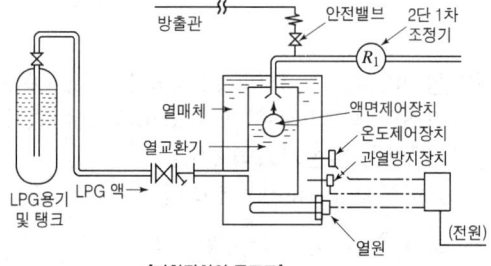

[기화장치의 구조도]

① 기화부(열교환기) : 액체상태의 LP가스를 열교환기에 의해 가스화 시키는 부분
② 열매온도 제어장치 : 열매온도를 일정범위 내에 보존하기 위한 장치
③ 열매과열 방지장치 : 열매가 이상하게 과열되었을 경우 열매로의 입열을 정지시키는 장치
④ 액면 제어장치 : LP가스가 액체상태로 열교환기 밖으로 유출되는 것을 방지하는 장치
⑤ 압력조정기 : 기화부에서 나온 가스를 소비목적에 따라 일정한 압력으로 조정하는 부분

⑥ 안전밸브 : 기화장치의 내압이 이상 상승했을 때 장치 내의 가스를 외부로 방출하는 장치

43 수소의 공업적 제법이 아닌 것은?

① 수성가스법 ② 석유 분해법
③ 천연가스 분해법 ④ 공기액화 분리법

 수소의 공업적 제법
① 물의 전기분해법 : $2H_2O \rightarrow 2H_2(-)+O_2(+)$
  농도 20% 정도의 NaOH 전해액 사용
② 천연가스분해법 : $CH_4+H_2O \rightarrow CO+3H_2$
③ 석유분해법 : $C_3H_8+3H_2O \rightarrow 3CO+7H_2$
④ 일산화탄소전화법 : $CO+H_2O \rightarrow CO_2+H_2$
  ㉠ 1단계전화반응-촉매 : $Fe_2O_3 \cdot Cr_2O_3$
    -반응온도 : 350~500℃
  ㉡ 1단계전화반응-촉매 : $CuO \cdot ZnO$
    -반응온도 : 200~250℃
⑤ 수성가스법 : $C+H_2O \rightarrow CO+H_2$

44 액화가스의 기화기 중 액화가스와 해수 및 하천수 등을 열교환시켜 기화하는 형식은?

① Air Fin식
② 직화가열식
③ Open Rack식
④ Submerged Combustion식

 LNG 기화장치의 종류
① 오픈랙(Open Rack) 기화기
  바닷물(해수)를 열원으로 사용하므로 초기시 설비가 많이 드나 운전비용이 저렴
② 서브버지드 기화기(Submerged Vaporizer)
  ㉠ 물탱크 내에 LNG 튜브와 수중버너를 배치하고 메탄가스를 연소시켜 물의 온도를 높이면 이때 발생하는 작은 기포가 수중에서 상승하여 물을 대류시켜 수온을 균일하게 하면서 튜브 내를 통과하는 LNG와 온수가 열교환되어 기화하는 방식
  ㉡ 최초설비는 적게 들지만 연료를 많이 소비하므로 운전비가 많이 들어 연속사용하지 않고 피크 때 피크로드용이나 예비용으로 사용
③ 중간매체식 기화기
  (Intermediate fluid Vaporizer)
  물이나 화염 등에 의해 열매체를 가열하고 이 가열된 열매체가 LNG와 열교환하여 재가스화 하는 방법으로 열매체로는 프로판, 펜탄(C_5H_{12}) 등이 있다.

45 원심압축기의 특징이 아닌 것은?

① 설치면적이 적다.
② 압축이 단속적이다.
③ 용량조정이 어렵다.
④ 윤활유가 불필요하다.

 원심압축기의 특징
① 압축이 연속적이다.
② 용량조정이 어렵다.
③ 운전 중 서징현상에 주의해야 한다.
④ 토출압력 변화에 의한 용량변화가 크다.
⑤ 연속토출로 맥동현상이 없다.
⑥ 형태가 작고 경량이며 설치면적이 적다.
⑦ 무급유식이다.

46 가스시설의 전기방식 공사 시 매설배관 주위에 기준전극을 매설하는 경우 기준전극은 배관으로부터 얼마 이내에 설치하여야 하는가?

① 30cm ② 50cm
③ 60cm ④ 100cm

47 다음 [보기]에서 설명하는 가스는?

- 자극성 냄새를 가진 무색의 기체로서 물에 잘 녹는다.
- 가압, 냉각에 의해 액화가 용이하다.
- 공업적 제법으로는 클라우드법, 카자레법이 있다.

① 암모니아 ② 염소
③ 일산화탄소 ④ 황화수소

48 독성가스 배관용 밸브의 압력구분을 호칭하기 위한 표시가 아닌 것은?

① Class   ② S
③ PN   ④ K

49 송출 유량(Q)이 $0.3m^3/min$, 양정(H)이 16m, 비교회전도(N_s)가 110일 때 펌프의 회전속도(N)는 약 몇 rpm인가?

① 1507   ② 1607
③ 1707   ④ 1807

비교회전도$(N_s) = \dfrac{N \times \sqrt{Q}}{\left(\dfrac{H}{n}\right)^{\frac{3}{4}}}$

$N = \dfrac{N_s \times \left(\dfrac{H}{n}\right)^{\frac{3}{4}}}{\sqrt{Q}} = \dfrac{110 \times \left(\dfrac{16}{1}\right)^{\frac{3}{4}}}{\sqrt{0.3}}$
$= 1606.65 \text{rpm}$

50 고압가스저장설비에서 수소와 산소가 동일한 조건에서 대기 중에 누출되었다면 확산속도는 어떻게 되겠는가?

① 수소가 산소보다 2배 빠르다.
② 수소가 산소보다 4배 빠르다.
③ 수소가 산소보다 8배 빠르다.
④ 수소가 산소보다 16배 빠르다.

$\dfrac{U_{H_2}}{U_{O_2}} = \sqrt{\dfrac{M_{O_2}}{M_{H_2}}}$ 에서

$U_{H_2} = \sqrt{\dfrac{M_{O_2}}{M_{H_2}}} \times U_{O_2} = \sqrt{\dfrac{32}{2}} \times U_{O_2} = 4 U_{O_2}$

∴ 수소가 산소보다 4배 빠르다.

51 압축기에 사용되는 윤활유의 구비조건으로 옳은 것은?

① 인화점과 응고점이 높을 것
② 정제도가 낮아 잔류탄소가 증발해서 줄어드는 양이 많을 것
③ 점도가 적당하고 항유화성이 적을 것
④ 열안정성이 좋아 쉽게 열분해하지 않을 것

윤활유의 구비조건
① 사용가스와 화학적으로 안정할 것
② 인화점이 높을 것
③ 점도가 적당하고 항유화성이 클 것
④ 수분 및 불출물이 적을 것
⑤ 정제도가 높고 잔류탄소의 양이 적을 것
⑥ 안정성이 좋고 쉽게 열분해 되지 말 것

52 액화석유가스용 용기잔류가스 회수장치의 구성이 아닌 것은?

① 열교환기   ② 압축기
③ 연소설비   ④ 질소퍼지장치

액화석유가스 용기잔류가스 회수장치의 구성
① 압축기 ② 연소설비 ③ 질소퍼지장치

53 어느 용기에 액체를 넣어 밀폐하고 압력을 가해주면 액체의 비등점은 어떻게 되는가?

① 상승한다.
② 저하한다.
③ 변하지 않는다.
④ 이 조건으로 알 수 없다.

54 흡입밸브 압력이 0.8MPa·g인 3단 압축기의 최종단의 토출압력은 약 몇 MPa·g인가? (단, 압축비는 3이며, 1MPa은 $10kg/cm^2$로 한다.)

① 16.1   ② 21.6
③ 24.2   ④ 28.7

$P_r = \sqrt[n]{\dfrac{P_2}{P_1}} = \left(\dfrac{P_2}{P_1}\right)^{\frac{1}{n}}$ 에서

$P_2 = P_r^n \times P_1 = 3^2 \times (0.8 + 0.1)$
$= 24.3 \text{MPa·g} - 1$
$= 24.2 \text{MPa·g}$

55 가스홀더의 기능에 대한 설명으로 가장 거리가 먼 것은?

① 가스수요의 시간적 변동에 대하여 제조가 스량을 안정되게 공급하고 남는 가스를 저장한다.
② 정전, 배관공사 등의 공사로 가스공급의 일시 중단 시 공급량을 계속 확보한다.
③ 조성이 다른 제조가스를 저장, 혼합하여 성분, 열량 등을 일정하게 한다.
④ 소비지역에서 먼 곳에 설치하여 사용 피크 시 배관의 수송량을 증대한다.

 가스홀더의 기능
① 일시적 중단 시 공급량 확보
② 제조가 수요를 따르지 못할 때 공급량 확보
③ 공급가스의 성분, 열량, 연소성 균일화
④ 피크 시 도관의 수송량을 감소시킨다.

56 LP가스 고압장치가 상용압력이 2.5MPa일 경우 안전밸브의 최고작동압력은?

① 2.5MPa   ② 3.0MPa
③ 3.75MPa   ④ 5.0MPa

 안전밸브 작동압력

$= TP \times \dfrac{8}{10}$ 배 이하

$=$ 상용압력 $\times 1.5 \times \dfrac{8}{10}$ 배 이하

$= 2.5 \times 1.5 \times 0.8 = 3\text{MPa}$

57 지하에 매설하는 배관의 이음방법으로 가장 부적합한 것은?

① 링조인트 접합   ② 용접 접합
③ 전기융착 접합   ④ 열융착 접합

 지하에 매설하는 배관이음법
① 용접 접합 ② 열융착 접합 ③ 전기융착 접합

58 압축기에 사용하는 윤활유와 사용가스의 연결로 부적당한 것은?

① 수소 : 순광물성 기름
② 산소 : 디젤엔진유
③ 아세틸렌 : 양질의 광유
④ LPG : 식물성유

 압축기 윤활유
① 공기, 수소, 아세틸렌 : 양질의 광유
② 염소 : 농황산
③ 산소 : 물 또는 10% 이하의 묽은 글리세린유
④ LP가스, 아황산가스, 염화메탄 : 화이트유

59 배관의 전기방식 중 희생양극법의 장점이 아닌 것은?

① 전류조절이 쉽다.
② 과상식의 우려가 없다.
③ 단거리의 파이프라인에는 저렴하다.
④ 다른 매설금속체의 장애(간섭)가 거의 없다.

 유전양극법의 장단점
① 장점
  ㉠ 시공이 단순하다.
  ㉡ 소규모 설비에는 경제적이다.
  ㉢ 다른 매설 금속체에 영향을 주지 않는다.
  ㉣ 과방식의 염려가 없다.
② 단점
  ㉠ 강하전식에는 무력하다.
  ㉡ 대규모 설비시는 시설비가 많이 든다.
  ㉢ 정기적으로 양극을 보충할 필요가 있다.
  ㉣ 전류조절이 불가능하다.
  ㉤ 방화범위가 좁다.

60 안전밸브의 선정절차에서 가장 먼저 검토하여야 하는 것은?

① 기타 밸브구동기 선정
② 해당 메이커의 자료 확인
③ 밸브 용량계수 값 확인
④ 통과 유체 확인

 안전밸브의 선정절차에서 가장 먼저 검토해야 하는 것은 통과 유체 확인이다.

제4과목 가스안전관리

61 액화가연성가스 접합용기를 차량에 적재하여 운반할 때 몇 kg 이상일 때 운반책임자를 동승시켜야 하는가?

① 1000kg ② 2000kg
③ 3000kg ④ 6000kg

운반책임자의 동승 기준

가스종류	압축가스	액화가스
독성	100m³ 이상	1ton 이상
가연성	300m³ 이상	3ton 이상
조연성	600m³ 이상	6ton 이상

62 고압가스 특정제조시설의 긴급용 벤트스택 방출구는 작업원이 항시 통행하는 장소로부터 몇 m 이상 떨어진 곳에 설치하는가?

① 5m ② 10m
③ 15m ④ 20m

벤트스택 방출구의 위치
① 긴급용 벤트스택 : 10m 이상
② 그 밖의 벤트스택 : 5m 이상

63 산화에틸렌에 대한 설명으로 틀린 것은?

① 배관으로 수송할 경우에는 2중관으로 한다.
② 제독제로서 다량의 물을 비치한다.
③ 저장탱크에는 45℃에서 그 내부가스의 압력이 0.4MPa 이상이 되도록 탄산가스를 충전한다.
④ 용기에 충전하는 때에는 미리 그 내부가스를 아황산 등의 산으로 치환하여 안정화시킨다.

산화에틸렌의 충전
① 질소, 탄산가스로 치환하고 항상 5℃ 이하로 유지
② 충전용기는 45℃에서 4kg/cm²(0.4MPa) 이

상 되도록 질소, 탄산가스 충전
③ 제독제로 다량의 물을 비치
④ 독성가스이므로 배관을 2중관으로 수송

64 공기보다 무거워 누출 시 체류하기 쉬운 가스가 아닌 것은?

① 산소 ② 염소
③ 암모니아 ④ 프로판

① 산소(O_2)
 $16 \times 2 = 32g/mol \div 29g/mol = 1.10$
② 염소(Cl_2)
 $35.5 \times 2 = 71g/mol \div 29g/mol = 2.448$
③ 암모니아(NH_3)
 $14 + 7 = 19g/mol \div 29g/mol = 0.586$
④ 프로판(C_3H_8)
 $16 \times 3 + 8 = 44g/mol \div 29g/mol = 1.52$

65 방폭전기기기 설치에 사용되는 정션 박스(junction box), 풀 박스(pull box)는 어떤 방폭구조로 하여야 하는가?

① 압력방폭구조(p)
② 내압방폭구조(d)
③ 유입방폭구조(o)
④ 특수방폭구조(s)

방폭구조
① 내압(耐壓)방폭구조
 방폭전기기기의 용기(이하 "용기"라 한다) 내부에서 가연성가스의 폭발이 발생할 경우 그 용기가 폭발압력에 견디고, 접합면, 개구부 등을 통하여 외부의 가연성 가스에 인화되지 아니 하도록 한 구조를 말한다.
② 유입(油入)방폭구조
 용기 내부에 기름을 주입하여 불꽃·아크 또는 고온발생부분이 기름 속에 잠기게 함으로써 기름면 위에 존재하는 가연성가스에 인화되지 아니하도록 한 구조를 말한다.
③ 압력(壓力)방폭구조
 용기 내부에 보호가스(신선한 공기 또는 불활성가스)를 압입하여 내부압력을 유지함으로써 가연성가스가 용기 내부로 유입되지 아니

하도록 한 구조를 말한다.
④ 안전증(安全增)방폭구조
정상운전 중에 가연성가스의 점화원이 될 전기불꽃 · 아크 또는 고온부분 등의 발생을 방지하기 위하여 기계적 · 전기적 구조상 또는 온도상승에 대하여, 특히 안전도를 증가시킨 구조를 말한다.
⑤ 본질안전(本質安全)방폭구조
정상시 및 사고(단선, 단락, 지락 등)시에 발생하는 전기불꽃 · 아크 또는 고온부에 의하여 가연성가스가 점화되지 아니하는 것이 점화시험, 기타 방법에 의하여 확인된 구조를 말한다.
⑥ 특수(特殊)방폭구조
"①" 내지 "⑤"에서 규정한 구조 이외의 방폭구조로서 가연성가스에 점화를 방지할 수 있다는 것이 시험, 기타의 방법에 의하여 확인된 구조를 말한다.

[방폭전기기기의 구조별 표시방법]

방폭전기기기의 구조	표시방법
내압(耐壓)방폭구조	d
유입(油入)방폭구조	o
압력(壓力)방폭구조	p
안전증(安全增)방폭구조	e
본질안전(本質安全)방폭구조	ia 또는 ib
특수(特殊)방폭구조	s

66 불소가스에 대한 설명으로 옳은 것은?
① 무색의 가스이다.
② 냄새가 없다.
③ 강산화제이다.
④ 물과 반응하지 않는다.

해설 조연성가스
공기, 불소, 염소, 이산화탄소, 산소, 오존

67 냉동기의 제품성능의 기준으로 틀린 것은?
① 주름관을 사용한 방전조치
② 냉매설비 중 돌출부위에 대한 적절한 방호조치
③ 냉매가스가 누출될 우려가 있는 부분에 대한 부식 방지 조치
④ 냉매설비 중 냉매가스가 누출될 우려가 있는 곳에 차단밸브 설치

해설 냉매설비 중 냉매가스가 누출될 우려가 있는 곳에 가스누출경보장치 설치

68 액화석유가스자동차에 고정된 탱크 충전시설 중 저장설비는 그 외면으로부터 사업소 경계와의 거리 이상을 유지하여야 한다. 저장능력과 사업소경계와의 거리의 기준이 바르게 연결한 것은?
① 10톤 이하 - 20m
② 10톤 초과 20톤 이하 - 22m
③ 20톤 초과 30톤 이하 - 30m
④ 30톤 초과 40톤 이하 - 32m

해설 저장능력과 사업소경계와의 거리

저장능력	사업소경계와의 거리
10Ton 이하	24m 이상
10Ton 초과 20Ton 이하	27m 이상
20Ton 초과 30Ton 이하	30m 이상
30Ton 초과 40Ton 이하	33m 이상
40Ton 초과 200Ton 이하	36m 이상
200Ton 초과	39m 이상

69 고압가스 일반제조시설에서 긴급차단장치를 반드시 설치하지 않아도 되는 설비는?
① 염소가스 정체량이 40톤인 고압가스 설비
② 연소열량이 5×10^7인 고압가스 설비
③ 특수 반응설비
④ 산소가스 전체량이 150톤인 고압가스 설비

해설 긴급차단장치를 반드시 설치하여야 되는 곳
① 특수 반응설비
② 산소가스 전체량이 150톤인 고압가스 설비
③ 염소가스 정체량이 40톤인 고압가스 설비

70 탱크주밸브, 긴급차단장치에 속하는 밸브 그 밖의 중요한 부속품이 돌출된 저장탱크는 그 부속품을 차량의 좌측면이 아닌 곳에 설치한 단단한 조작상자 내에 설치한다. 이 경우 조

작업자와 차량의 뒷범퍼와의 수평거리는 얼마 이상 이격하여야 하는가?

① 20cm ② 30cm
③ 40cm ④ 50cm

① 주밸브 : 40cm 이상
② 조작상자 : 20cm 이상
③ 후범퍼 : 30cm 이상

71 긴급이송설비에 부속된 처리설비는 이송되는 설비 내의 내용물을 안전하게 처리하여야 한다. 처리방법으로 옳은 것은?

① 플레어스택에서 배출시킨다.
② 안전한 장소에 설치되어 있는 저장탱크에 임시 이송한다.
③ 벤트스택에서 연소시킨다.
④ 독성가스는 제독 후 사용한다.

 안전한 장소에 설치되어 있는 저장탱크에 임시 이송한다.

72 고압가스 냉동기 제조의 시설에서 냉매가스가 통하는 부분의 설계압력 설정에 대한 설명으로 틀린 것은?

① 보통의 운전상태에서 응축온도가 65℃를 초과하는 냉동설비는 그 응축온도에 대한 포화증기 압력을 그 냉동설비의 고압부 설계압력으로 한다.
② 냉매설비의 저압부가 항상 저온으로 유지되고 또한 냉매가스의 압력이 0.4MPa 이하인 경우에는 그 저압부의 설계압력을 0.8MPa로 할 수 있다.
③ 보통의 상태에서 내부가 대기압 이하로 되는 부분에는 압력이 0.1MPa을 외압으로 하여 걸리는 설계압력으로 한다.
④ 냉매설비의 주위온도가 항상 40℃ 이하 냉매설비 등의 저압부 설계압력은 그 주위온도의 최고온도에서의 냉매가스의 평균압력 미만으로 한다.

 냉매설비의 주위온도가 항상 40℃ 초과하는 냉매설비 등의 저압부 설계압력은 그 주위온도의 최고온도에서의 냉매가스의 평균압력 이상으로 한다.

73 충전용기 적재에 관한 기준으로 옳은 것은?

① 충전용기를 적재한 차량은 제1종 보호시설과 15m 이상 떨어진 곳에 주차하여야 한다.
② 충전량이 15kg 이하이고 적재수가 2개를 초과하지 아니한 LPG는 이륜차에 적재하여 운반할 수 있다.
③ 용량 15kg의 LPG 충전용기는 2단으로 적재하여 운반할 수 있다.
④ 운반차량 뒷면에는 두께가 3mm 이상, 폭 50mm 이상의 범퍼를 설치한다.

 고압가스 충전용기 등의 적재 취급 하역 운반 요령
① 교통량이 많은 장소에서는 엔진을 끄고 용기 하역작업을 한다.
② 경사진 곳에서는 주차 브레이크를 걸어 놓고 반드시 차바퀴를 고정목으로 고정시킨다.
③ 충전용기를 적재한 차량은 제1종 보호시설과 15m 이상의 거리를 유지한다.

74 가스보일러에 의한 가스 사고를 예방하기 위한 방법이 아닌 것은?

① 가스보일러는 전용보일러실에 설치한다.
② 가스보일러의 배기통은 한국가스안전공사의 성능인증을 받은 것을 사용한다.
③ 가스보일러는 가스보일러 시공자가 설치한다.
④ 가스보일러의 배기통은 풍압대에 설치한다.

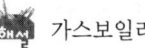 가스보일러의 배기통은 풍압대 밖에 설치한다.

75 고압가스 용기 및 차량에 고정된 탱크 충전시설에 설치하는 제독설비의 기준으로 틀린 것

은?
① 가압식, 동력식 등에 따라 작동하는 수도 직결식의 제독제 살포장치 또는 살수장치를 설치한다.
② 물(중화제)인 중화조를 주위온도가 4℃ 미만인 동결 우려가 있는 장소에 설치 시 동결방지 장치를 한다.
③ 물(중화제) 중화조에는 자동급수장치를 설치한다.
④ 살수장치는 정전 등에 의해 전자밸브가 작동하지 않을 경우에 대비하여 수동바이패스 배관을 추가로 설치한다.

76 액화가스 충전용기의 내용적을 $V(L)$, 저장능력을 $W(kg)$, 가스의 종류에 따르는 정수를 C로 했을 때 이에 대한 설명으로 틀린 것은?
① 프로판의 C값은 2.35이다.
② 액화가스와 압축가스가 섞여 있을 경우에는 액화가스 10kg을 $1m^3$으로 본다.
③ 용기의 어깨에 C값이 각인되어 있다.
④ 열대지방과 한대지방의 C값은 다를 수 있다.

 용기의 어깨에 C값이 각인되어 있지 않다.

77 일반도시가스사업 예비 정압기에 설치되는 긴급차단장치의 설정압력은?
① 3.2kPa 이하   ② 3.6kPa 이하
③ 4.0kPa 이하   ④ 4.4kPa 이하

 일반도시가스사업 예비 정압기에 설치되는 긴급차단장치의 설정압력은 4.4kPa 이하이다.

78 소형저장탱크에 의한 액화석유가스 사용시설에서 벌크로리 측의 호스어셈블리에 의한 충전 시 충전작업자는 길이 몇 m 이상의 충전호스를 사용하여 충전하는 경우에 별도의 충전보조원에게 충전작업 중 충전호스를 감시하게 하여야 하는가?
① 5m   ② 8m
③ 10m   ④ 20m

79 가스 제조 시 첨가하는 냄새가 나는 물질(부취제)에 대한 설명으로 옳지 않은 것은?
① 독성이 없을 것
② 극히 낮은 농도에서도 냄새가 확인될 수 있을 것
③ 가스관이나 Gas meter에 흡착될 수 있을 것
④ 배관 내의 상용온도에서 응축하지 않고 배관을 부식시키지 않을 것

 부취제
① 구비조건
  ㉠ 독성 및 가연성이 아닐 것
  ㉡ 도관을 부식시키지 말 것
  ㉢ 토양에 대해 투과성이 클 것
  ㉣ 가스관이나 가스미터에 흡착되지 말 것
  ㉤ 보통 존재하는 냄새와 명확히 구별될 것
  ㉥ 극히 낮은 농도에서도 냄새를 알 수 있을 것
  ㉦ 부식성이 없을 것
  ㉧ 완전 연소 후 유해한 물질을 넘기지 않을 것
② 부취제 종류
  ㉠ THT(테트라히드로티오펜) : 석탄가스 냄새
  ㉡ TBM(터시어리부틸메르캅탄) : 양파 썩는 냄새
  ㉢ DMS(디메칠썰파이트) : 마늘 냄새
③ 취기의 강도 : TBM > THT > DMS
④ 공기 중 $\dfrac{1}{1000}$ 상태에서 감지
⑤ 부취제 누설 시 제거법
  ㉠ 활성탄에 의한 흡착
  ㉡ 화학적 산화 처리
  ㉢ 연소법

80 다음 [보기]에서 가스용 퀵카플러에 대한 설명으로 옳은 것으로 모두 나열된 것은?

> ㉠ 퀵카플러는 사용형태에 따라 호스접속형과 호스엔드 접속형으로 구분한다.
> ㉡ 4.2kPa 이상의 압력으로 기밀시험을 하였을 때 가스누출이 없어야 한다.
> ㉢ 탈착조작은 분당 10~20회의 속도로 6000회 실시한 후 작동시험에서 이상이 없어야 한다.

① ㉠ ② ㉠, ㉡
③ ㉡, ㉢ ④ ㉠, ㉡, ㉢

제 5 과목 가스계측기기

81 대기압이 750mmHg일 때 탱크 내의 기체압력이 게이지압으로 1.98kg/cm²이었다. 탱크 내 기체의 절대압력은 약 몇 kg/cm²인가? (단, 1기압은 1.0336kg/cm²이다.)

① 1   ② 2
③ 3   ④ 4

 절대압력 = 게이지압력+대기압

$$= 1.98 + \frac{750}{760} \times 1.0332$$

$$= 2.9996 kg/cm^2$$

82 질소용 mass flow controller에 헬륨을 사용하였다. 예측 가능한 결과는?

① 질량유량에는 변화가 있으나 부피 유량에는 변화가 없다.
② 지시계는 변화가 없으나 부피유량은 증가한다.
③ 입구압력을 약간 낮추면 동일한 유량을 얻을 수 있다.
④ 변화를 예측할 수 없다.

83 측정방법에 따른 액면계의 분류 중 간접법이 아닌 것은?

① 음향을 이용하는 방법
② 방사선을 이용하는 방법
③ 압력계, 차압계를 이용하는 방법
④ 플로트에 의한 방법

 액면계의 구분
① 직접식 액면계 : 직관식, 부저식(플로이트식), 검척식
② 간접식 액면계 : 초음파식, 정전용량식, 방사선식, 압력식, 고정튜브식, 슬립튜브식, 회전튜브식 등

84 가스시료 분석에 널리 사용되는 기체크로마토그래피(Gas Chromatography)의 원리는?

① 이온화   ② 흡착 치환
③ 확산 유출 ④ 열전도

 가스크로마토그래피
① 캐리어가스 : H₂, He, N₂, Ar (**수헬질아**)
② 부품 및 성분 : 컬럼(분리관), 기록계, 압력계, 항온조, 유량조절기, 가스샘플
③ 충진제 : 활성탄, 실리카겔, 소바비드, 물레큘러시브
④ 분리가 잘 안될 때 : 시료주입구 온도 높인다.

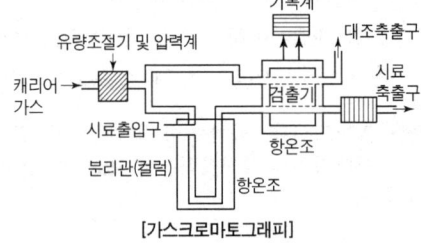
[가스크로마토그래피]

⑤ 종류
  ㉠ FID(수소이온화검출기)
    ⓐ 전극간의 전기 전도도가 증대하는 것을 이용

ⓑ 탄화수소에 감도가 최고이다.(프로판, 부탄, 프로필렌) 등
ⓒ H_2, O_2, CO, CO_2, SO_2 등은 감도가 적다.
ⓓ 무기 가스나 물에 거의 응답하지 않음
ⓛ TCD(열전도도형검출기)
　ⓐ 금속필라멘트의 저항변화를 이용하는 것
　ⓑ 일반적으로 가장 널리 사용
ⓒ ECD(전자포획이온화검출기)
　ⓐ 이온전류가 감소하는 것을 이용
　ⓑ 할로겐 및 산화물에서는 감도가 최고이다.
ⓔ FPD(염광광도 검출기) : 황화합물이나 인화합물 검출

85 60°F에서 100°F까지 온도를 제어하는데 비례제어기가 사용된다. 측정온도가 71°F에서 75°F로 변할 때 출력압력이 3psi에서 5psi까지 도달하도록 조정된다. 비례대(%)은?

① 5%　　② 10%
③ 15%　　④ 20%

 비례대(%) = $\dfrac{75-71}{100-60} \times 100 = 10\%$

86 계량의 기준이 되는 기본단위가 아닌 것은?

① 길이　　② 온도
③ 면적　　④ 광도

기본단위
① 길이(m)　② 질량(kg)　③ 시간(sec)
④ 온도(K)　⑤ 전류(A)　⑥ 광도(cd)
⑦ 몰(mol)

87 기체 크로마토그래피의 구성이 아닌 것은?

① 캐리어 가스　② 검출기
③ 분광기　　　④ 컬럼

가스크로마토그래피
① 캐리어가스 : H_2, He, N_2, Ar (수헬질아)
② 부품 및 성분 : 컬럼(분리관), 기록계, 압력

계, 항온조, 유량조절기, 가스샘플
③ 충진제 : 활성탄, 실리카겔, 소바비드, 뮬레큘러시브
④ 분리가 잘 안될 때 : 시료주입구 온도 높이다.

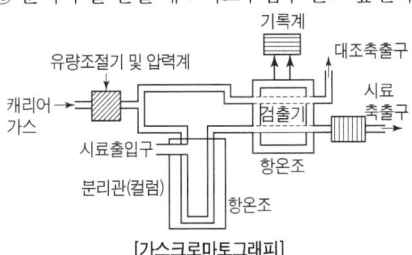
[가스크로마토그래피]

88 적외선 가스분석계로 분석하기가 가장 어려운 가스는?

① H_2O　　② N_2
③ HF　　　④ CO

 적외선 가스분석계
가스분자의 진동 중 진동에 의하여 적외선의 흡수가 일어나는 것을 이용한 것으로 H_2, O_2, Cl_2, N_2 등의 2원자 가스는 적외선을 흡수하지 않으므로 분석이 불가능

89 용적식 유량계에 해당되지 않는 것은?

① 로터미터
② Oval식 유량계
③ 루트 유량계
④ 로터리 피스톤식 유량계

유량계
① 용적식 유량계 : 습식, 건식, 오우벌식, 루츠식, 로터리피스톤, 로터리베인
② 차압식 유량계 : 벤튜리미터, 플로우미터, 오리피스미터
③ 면적식 유량계 : 로터미터

90 시정수(time constant)가 5초인 1차 지연형 계측기의 스텝 응답(step response)에서 전 변화의 95%까지 변화하는데 걸리는 시간은?

① 10초　　② 15초
③ 20초　　④ 30초

$Y=1-e^{-\frac{t}{T}}$ 을 정리

$1-Y=e^{-\frac{t}{T}}$

양변에 ln을 곱하면 $\ln(1-Y) = -\frac{t}{T}$

∴ $\frac{t}{T} = -\ln(1-Y)$

$t = -\ln(1-Y) \times T = -\ln(1-0.95) \times 5$
$= 14.97$초

여기서, Y : 스텝응답
t : 변화시간(초)
T : 시정수

91 가연성가스 검출기로 주로 사용되지 않는 것은?

① 충화적정형 ② 안전등형
③ 간섭계형   ④ 열선형

 가연성가스 검출기
① 안전등형 : 불꽃길이를 측정하여 CH_4의 농도를 측정하는 방법. 탄광 내에서 CH_4의 발생을 검출하는데 사용
② 간섭계형 : 가스의 굴절률 차를 이용하여 농도를 측정하는 방법
③ 열선형 : 전기적으로 가열된 필라멘트(열선)로 가스 검지

92 다음 [보기]에서 설명하는 가스미터는?

[보기]
- 계량이 정확하고 사용 중 기차(器差)의 변동이 거의 없다.
- 설치공간이 크고 수위 조절 등의 관리가 필요하다.

① 막식가스미터 ② 습식가스미터
③ 루트(Roots)미터 ④ 벤투리미터

 습식가스미터의 특징
① 기차 변동이 거의 없다.
② 계량이 정확하다.
③ 수위 조절 등의 관리가 필요하다.

④ 설치면적이 크다.
⑤ 실험실용에 적합하다.
⑥ 용량은 $0.2 \sim 3000 m^3/h$이다.

93 열전대 온도계 중 측정범위가 가장 넓은 것은?

① 백금-백금·로듐 ② 구리-콘스탄탄
③ 철-콘스탄탄   ④ 크로멜-알루멜

 열전대 온도계의 종류
① 백금-백금로듐(R형)
  ㉠ $0 \sim 1600℃$
  ㉡ 산화성 분위기에 강하다.
  ㉢ 금속증기에 침식되기 쉽다.
② 크로멜-알루멜(K형)
  ㉠ $0 \sim 1200℃$
  ㉡ 산화성 분위기에 노화가 빠르다.
③ 철-콘스탄탄(J형)
  ㉠ $20 \sim 800℃$
  ㉡ 환원성 분위기에 강하다.
④ 동-콘스탄탄(T형)
  ㉠ $-200 \sim 350℃$
  ㉡ 수분에 의한 내식성이 강하다.

94 연소가스 중 CO와 H_2의 분석에 사용되는 가스분석계는?

① 탄산가스계   ② 질소가스계
③ 미연소가스계 ④ 수소가스계

95 최대 유량이 $10m^3/h$ 이하인 가스미터의 검정·재검정 유효기간으로 옳은 것은?

① 3년, 3년 ② 3년, 5년
③ 5년, 3년 ④ 5년, 5년

96 방사선식 액면계에 대한 설명으로 틀린 것은?

① 방사선원은 코발트 $60(^{60}Co)$이 사용된다.
② 종류로는 조사식, 투과식, 가반식이 있다.

③ 방사선 선원을 탱크 상부에 설치한다.
④ 고온, 고압 또는 내부에 측정자를 넣을 수 있는 경우에 사용된다.

97 저압용의 부르동관 압력계 재질로 옳은 것은?

① 니켈강　　② 특수강
③ 인발강관　④ 황동

 부르동관의 재질
① 저압용 : 황동, 청동, 인청동
② 고압용 : 크롬강, 니켈강, 스테인리스강

98 게겔법에서 C_3H_6를 분석하기 위한 흡수액으로 사용되는 것은?

① 33% KOH 용액
② 알칼리성 피로갈롤 용액
③ 암모니아성 염화 제1구리 용액
④ 87% H_2SO_4

 게겔법
① CO_2 : KOH 30% 수용액
② C_2H_2 : 옥소수은칼륨 용액
③ C_3H_6 : 87% 황산
④ C_2H_4 : 취소수용액
⑤ O_2 : 알카리성 피롤카롤 용액
⑥ CO : 암모니아성 염화 제1동 용액

99 제어동작에 대한 설명으로 옳은 것은?

① 비례동작은 제어오차가 변화하는 속도에 비례하는 동작이다.
② 미분동작은 편차에 비례한다.
③ 적분동작은 오프셋을 제거할 수 있다.
④ 미분동작은 오버슈트가 많고 응답이 느리다.

 제어방식
① 연속동작
　㉠ P동작(비례동작)
　　ⓐ 잔류편차 허용될 때 사용

ⓑ 조작량은 제어 편차의 변화속도에 비례한 동작
ⓒ 부하변화가 적은 프로세스에 사용
ⓓ 부하가 변화하는 등의 외란이 있으면 (off-set : 잔류편차)생김
㉡ I동작(적분동작)
　ⓐ 잔류편차 허용되지 않을 때 사용
　ⓑ 제어의 안정성이 떨어지고 일반적으로 진동함
　ⓒ 측정지연 및 조절지연이 작을 경우 좋은 결과 얻음
　ⓓ 제어량의 편차가 없어질 때까지 동작 계속
㉢ D동작(미분동작)
　ⓐ 편차가 변화하는 속도에 비례해서 조작량 가감
　ⓑ 일반적으로 진동이 제어되어 빨리 안정
② 불연속 동작(on-off동작이라고도 함)
　㉠ 이위치동작 : 조작량이 정해진 두 값 중 하나를 취하여 밸브가 열리고 닫히는 이위치 제어
　㉡ 다위치동작 : 동작신호의 크기에 따라 조작량이 셋 이상의 정해진 값 중 하나를 취하는 것
　㉢ 불연속 속도 조작

100 루트식 가스미터는 적은 유량 시 작동하지 않을 우려가 있는데 보통 얼마 이하일 때 이러한 현상이 나타나는가?

① $0.5m^3/h$　② $2m^3/h$
③ $5m^3/h$　　④ $10m^3/h$

 루트식 가스미터
① 장점 : 설치 면적이 작으며 대유량 및 중압가스의 계량이 가능하다.
② 단점 : 스트레이너의 설치 및 설치 후 유지관리가 필요하고 소유량($0.5m^3/h$ 이하)의 것은 부동의 우려가 있다.

2022년도 출제문제

2022년 4월 24일 시행

제1과목 가스유체역학

01 관로의 유동에서 여러 가지 손실수두를 나타낸 것으로 틀린 것은? (단, f : 마찰계수, d : 관의 지름, $\left(\dfrac{V^2}{2g}\right)$: 속도수두, $\left(\dfrac{V_1^2}{2g}\right)$: 입구관 속도수두, $\left(\dfrac{V_2^2}{2g}\right)$: 출구관 속도수두, R_h : 수력반지름, L : 관의 길이, A : 관의 단면적, C_c : 단면적 축소계수이다.)

① 원형관 속의 손실수두 : $h_L = f\dfrac{L}{d}\dfrac{V^2}{2g}$

② 비원형관 속의 손실수두 :
$h_L = f\dfrac{4R_h}{L}\dfrac{V^2}{2g}$

③ 돌연 확대관 속의 손실수두 :
$h_L = \left(1 - \dfrac{A_1}{A_2}\right)^2 \dfrac{V_1^2}{2g}$

④ 돌연 축소관 속의 손실수두 :
$h_L = \left(\dfrac{1}{C_c} - 1\right)^2 \dfrac{V_2^2}{2g}$

 비원형관 속의 손실수두 : $h_L = \dfrac{fLV^2}{2g4R_h}$

02 980cSt의 동점도(kinematic viscosity)는 몇 m^2/s인가?

① 10^{-4} ② 9.8×10^{-4}
③ 1   ④ 9.8

 cST(센티스토크) = $\dfrac{1}{100}$ St이고 단위는 cm^2/s

Steksdnl cm^2/s를 m^2/s로 변환 시 10000으로 나누어 줌.

∴ $\dfrac{980}{10000} = 0.098$ 또는 $9.8 \times 10^{-2} m^2/s$

03 다음 중 실제유체와 이상유체에 모두 적용되는 것은?

① 뉴턴의 점성법칙
② 압축성
③ 점착조건(no slip conditon)
④ 에너지 보존의 법칙

 실제유체와 이상유체에 모두 적용되는 것 : 에너지 보존의 법칙

04 진공압력이 $0.10 kgf/cm^2$이고, 온도가 20℃인 기체가 계기압력 $7kgf/cm^2$로 압축되었다. 이때 압축 전 체적(V_1)에 대한 압축 후의 체적(V_2)의 비는 얼마인가? (단, 대기압은 720mmHg이다.)

① 0.11   ② 0.14
③ 0.98   ④ 1.41

 ① 대기압
$\dfrac{720}{760} \times 1.0332 kgf/cm^2 = 0.97882 kgf/cm^2$
② 체적비
$\dfrac{대기압 - 진공압력}{대기압 + 계기압력} = \dfrac{0.9788 - 0.1}{0.9788 + 7} = 0.11$

05 안지름 100mm인 관속을 압력 $5kgf/cm^2$, 온도 15℃인 공기가 2kg/s로 흐를 때 평균유속은? (단, 공기의 기체상수는 $29.27 kgf \cdot m/kg \cdot K$이다.)

① 4.28m/s   ② 5.81m/s

 01.② 02.② 03.④ 04.① 05.③

③ 42.9m/s   ④ 55.8m/s

① $PV = GRT$에서
$\rho = \dfrac{G}{V} = \dfrac{P}{RT} = \dfrac{5 \times 10^4}{29.27 \times (273+15)}$
$= 5.93\text{kg/m}^3$
② 평균유속
$m = \rho VA$에서
$V = \dfrac{m}{\rho \times A} = \dfrac{2}{5.93 \times 0.785 \times 0.1^2}$
$= 42.94\text{m/s}$

06 표면장력계수의 차원을 옳게 나타낸 것은? (단, M은 질량, L은 길이, T는 시간의 차원이다.)

① MLT^{-2} ② MT^{-2}
③ LT^{-1} ④ $ML^{-1}T^{-2}$

표면장력계수의 차원
① 절대단위 : kg/s^2, MT^{-2}
② 공학단위 : kgf/m, FL^{-1}

07 초음속 흐름이 갑자기 아음속 흐름으로 변할 때 얇은 불연속면의 충격파가 생긴다. 이 불연속면에서의 변화로 옳은 것은?

① 압력은 감소하고 밀도는 증가한다.
② 압력은 증가하고 밀도는 감소한다.
③ 온도와 엔트로피가 증가한다.
④ 온도와 엔트로피가 감소한다.

초음속 흐름이 갑자기 아음속 흐름으로 변할 때 얇은 불연속면의 충격파를 수직충격파라 한다.
① 증가 : 온도, 압력, 밀도, 엔트로피
② 감소 : 속도, 마하수

08 비중이 0.887인 원유가 관의 단면적이 0.0022m²인 관에서 체적 유량이 10.0m³/h 일 때 관의 단위 면적당 질량유량(kg/m²·s)은?

① 1120   ② 1220
③ 1320   ④ 1420

① 공학단위의 밀도$(\rho) = \dfrac{\gamma}{g} = \dfrac{0.0087 \times 1000}{9.8}$
$= 91.51\text{kgf} \cdot \text{s}^2/\text{m}^4$
② 공학단위를 절대단위로 계산한 밀도(ρ)
$=$ 공학단위밀도 $\times g = 90.51 \times 9.8$
$= 887\text{kg/m}^3$
$\therefore m = \dfrac{\rho Q}{A} = \dfrac{887 \times 10}{0.0022 \times 3600}$
$= 11119.95 \text{kg/m}^2 \cdot \text{s}$

09 온도가 27℃의 이산화탄소 3kg이 체적 0.30m³의 용기에 가득 차 있을 때 용기 내의 압력(kgf/cm²)은? (단, 일반기체상수는 848kgf·m/kmol·K이고, 이산화탄소의 분자량은 44이다.)

① 5.79   ② 24.3
③ 100   ④ 270

① $PV = GRT$
② $P = \dfrac{GRT}{V} = \dfrac{3 \times \dfrac{848}{44} \times (273+27)}{0.3}$
$= 57810\text{kgf/m}^2 = 5.781\text{kgf/cm}^2$

10 물이나 다른 액체를 넣은 타원형 용기를 회전시켜 그 용적변화를 이용하여 기체를 수송하는 장치로 유독성 가스를 수송하는데 적합한 것은?

① 로베(lobe) 펌프
② 터보(turbo) 압축기
③ 내쉬(nash) 펌프
④ 팬(fan)

내쉬(nash) 펌프 : 물이나 다른 액체를 넣은 타원형 용기를 회전시켜 그 용적변화를 이용하여 기체를 수송하는 장치로 유독성 가스를 수송하는데 적합하다.

11 내경이 0.0526m인 철관에 비압축성 유체가 9.085m³/h로 흐를 때의 평균유속은 약 몇 m/s인가? (단, 유체의 밀도는 1200kg/m³ 이다.)

① 1.16　　② 3.26
③ 4.68　　④ 11.6

① $Q = AV = \dfrac{\pi D^2}{4} V$
② $V = \dfrac{4Q}{\pi D^2} = \dfrac{4 \times 9.085 \text{m}^{3/h}}{3.14 \times 0.0526^2 \times 3600 \text{s/h}}$
　 $= 1.16 \text{m/s}$

12 어떤 유체의 액면 아래 10m인 지점의 계기압력이 2.16kgf/cm²일 때 이 액체의 비중량은 몇 kgf/m³인가?

① 2160　　② 216
③ 21.6　　④ 0.216

① $P = \gamma h$
② $\gamma = \dfrac{P}{h} = \dfrac{2.16 \times 10^4 \text{kgf/m}^2}{10 \text{m}}$
　 $= 2160 \text{kgf/m}^3$

13 뉴턴 유체(Newtonian fluid)가 원관 내를 완전발달한 층류흐름으로 흐르고 있다. 관 내의 평균속도 V와 최대속도 $V_{\max}$의 비 $\dfrac{V}{V_{\max}}$는?

① 2　　② 1
③ 0.5　　④ 0.1

① 뉴턴유체가 원관 내를 완전발달된 층류흐름으로 흐르고 있을 때 평균속도는 최대속도의 $\dfrac{1}{2}$에 해당
∴ $\overline{V} = \dfrac{1}{2} V_{\max}$
② $\dfrac{\overline{V}}{V_{\max}}$의 비 $= \dfrac{1}{2} = 0.5$

14 수직 충격파(normal shock wave)에 대한 설명 중 옳지 않은 것은?

① 수직 충격파는 아음속 유동에서 초음속 유동으로 바뀌어 갈 때 발생한다.
② 충격파를 가로지르는 유동은 등엔트로피 과정이 아니다.
③ 수직 충격파 발생 직후의 유동조건은 $h-s$ 선도로 나타낼 수 있다.
④ 1차원 유동에서 일어날 수 있는 충격파는 수직 충격파 뿐이다.

수직 충격파는 초음속 흐름이 갑자기 아음속 흐름으로 변하게 되는 경우 발생한다.

15 지름이 4cm인 매끈한 관에 동점성계수가 $1.57 \times 10^{-5} \text{m}^2/\text{s}$인 공기가 0.7m/s의 속도로 흐르고, 관의 길이가 70m이다. 이에 대한 손실수두는 몇 m인가?

① 1.27　　② 1.37
③ 1.47　　④ 1.57

16 도플러 효과(doppler effect)를 이용한 유량계는?

① 에뉴바 유량계　② 초음파 유량계
③ 오벌 유량계　　④ 열선 유량계

초음파 유량계 : 대용량의 유량을 측정할 수 있고, 도플러 효과를 이용하여 측정한다.

도플러 효과 : 소리나 빛이 발원체에서 나와 발원체와 상대적 운동을 하는 관측자에게 도달했을 때 진동수의 차이가 나타나는 현상

17 압축성 유체의 유속계산에 사용되는 Mach 수의 표현으로 옳은 것은?

① 음속/유체의 속도　② 유체의 속도/음속
③ 음속²　　　　　　④ 유체의 속도×음속

마하수(Ma) = $\dfrac{V}{C} = \dfrac{V}{\sqrt{kgRT}} = \dfrac{V}{kRT}$

여기서, C : 음속, V : 유속

18 지름이 3m인 원형 기름 탱크의 지붕이 평평하고 수평이다. 대기압이 1atm일 때 대기가 지붕에 미치는 힘은 몇 kgf인가?

① 7.3×10^2 ② 7.3×10^3
③ 7.3×10^4 ④ 7.3×10^5

① $P = \dfrac{W}{A}$
② $W = PA$
$= 1.0332 \times 10^4 \text{kgf/cm}^2 \times \dfrac{\pi \times 3^2}{4}$
$= 72995.58 \text{kgf} \fallingdotseq 7.3 \times 10^4 \text{kgf}$

19 온도 20℃, 압력 5kgf/cm²인 이상기체 10cm³를 등온 조건에서 5cm³까지 압축하면 압력은 약 몇 kgf/cm²인가?

① 2.5 ② 5
③ 10   ④ 20

$\dfrac{P_1 V_1}{T_1} = \dfrac{P_2 V_2}{T_2}$ 에서 온도는 일정

$\therefore P_1 V_1 = P_2 V_2$

$P_2 = \dfrac{P_1 V_1}{V_2} = \dfrac{5 \times 10}{5} = 10 \text{kgf/cm}^2$

20 기계효율을 η_m, 수력효율을 η_h, 체적효율을 η_v라 할 때 펌프의 총효율은?

① $\dfrac{\eta_m \times \eta_h}{\eta_v}$ ② $\dfrac{\eta_m \times \eta_v}{\eta_h}$

③ $\eta_m \times \eta_h \times \eta_v$ ④ $\dfrac{\eta_v \times \eta_h}{\eta_m}$

 총효율 = 기계효율 × 수력효율 × 체적효율

제 2 과목 연소공학

21 카르노사이클에서 열효율과 열량, 온도와의 관계가 옳은 것은? (단, $Q_1 > Q_2$, $T_1 > T_2$)

① $\eta = \dfrac{Q_1 - Q_2}{Q_1} = \dfrac{T_1 - T_2}{T_1}$

② $\eta = \dfrac{Q_1 - Q_2}{Q_2} = \dfrac{T_1 - T_2}{T_2}$

③ $\eta = \dfrac{Q_1}{Q_1 - Q_2} = \dfrac{T_2}{T_1 - T_2}$

④ $\eta = \dfrac{Q_2}{Q_1 - Q_2} = \dfrac{T_1}{T_1 - T_2}$

 열효율 = $\dfrac{Q_1 - Q_2}{Q_1} = \dfrac{T_1 - T_2}{T_1}$

22 기체 연소 시 소염현상의 원인이 아닌 것은?
① 산소농도가 증가할 경우
② 가연성기체, 산화제가 화염 반응대에서 공급이 불충분할 경우
③ 가연성가스가 연소범위를 벗어날 경우
④ 가연성가스에 불활성기체가 포함될 경우

 소염현상의 원인
① 산소농도가 감소할 경우
② 가연성가스가 연소범위를 벗어날 경우
③ 가연성가스에 불활성기체가 포함될 경우
④ 가연성기체, 산화제가 화염 반응대에서의 공급이 불충분할 경우

23 층류 예혼합화염과 비교한 난류 예혼합화염의 특징에 대한 설명으로 틀린 것은?
① 연소속도가 빨라진다.
② 화염의 두께가 두꺼워진다.
③ 휘도가 높아진다.
④ 화염의 배후에 미연소분이 남지 않는다.

난류 예혼합화염과 층류 예혼합화염의 특징
① 난류 예혼합화염은 층류 예혼합화염에 비해 화염의 휘도가 밝다.
② 난류 예혼합화염은 그 배후에 다량의 미연소분이 남는다.
③ 난류 예혼합화염의 두께는 수 밀리미터에서 수십 밀리미터에 달하는 경우가 있다.
④ 난류 예혼합화염의 연소속도는 층류 예혼합화염의 수 배 내지 수십 배에 달한다.

24 과잉공기가 너무 많은 경우의 현상이 아닌 것은?

① 열효율을 감소시킨다.
② 연소온도가 증가한다.
③ 배기가스의 열손실을 증대시킨다.
④ 연소가스량이 증가하여 통풍을 저해한다.

 과잉공기가 많을 경우의 현상
① 연소온도 감소
② 배기가스 온도 저하
③ 배기가스의 열손실 증가
④ 연료소비량 증가
⑤ 연소가스량 증가로 인해 통풍을 저해
⑥ 열효율 감소

25 수소(H_2, 폭발범위 4.0~75v%)의 위험도는?

① 0.95
② 17.75
③ 18.75
④ 71

 위험도$(H) = \dfrac{u-L}{L} = \dfrac{75-4}{4} = 17.75$
여기서, u : 폭발상한값(%)
L : 폭발하한값(%)

26 확산연소에 대한 설명으로 틀린 것은?

① 확산연소의 과정은 연료와 산화제의 혼합속도에 의존한다.
② 연료와 산화제의 경계면이 생겨 서로 반대 측면에서 경계면으로 연료와 산화제가 확산해 온다.
③ 가스라이터의 연소는 전형적인 기체연료의 확산화염이다.
④ 연료와 산화제가 적당 비율로 혼합되어 가연혼합기를 통과할 때 확산화염이 나타난다.

 확산연소(기체연료의 연소)
① 가스와 공기를 따로 버너에서 연소실에 공급하고 이것들의 경계면에서 난류와 자연확산으로 서로 혼합하여 연소하는 외부혼합방식
② 가스라이터의 연소는 전형적인 기체연료의 확산연소이다.
③ 확산연소 과정은 연료와 산화제의 혼합속도에 의존한다.
④ 연료와 산화제의 경계면이 생겨 서로 반대 측면에서 경계면으로 연료와 산화제가 확산해 온다.

27 −5℃ 얼음 10g을 16℃의 물로 만드는데 필요한 열량은 약 몇 kJ인가? (단, 얼음의 비열은 2.1J/g · K, 융해열은 335J/g · K, 물의 비열은 4.2J/g · K 이다.)

① 3.4
② 4.2
③ 5.2
④ 6.4

 ① −5℃ 얼음 → 0℃ 얼음(현열)
$Q_1 = G_1 \times C_1 \times \Delta t_1$
$= 10g \times 2.1 \times (0-(-5)) = 105J$
② 0℃ 얼음 → 0℃ 물(잠열)
$Q_2 = G_2 \times \gamma_2$
$= 10g \times 335 = 3350J$
③ 0℃ 물 → 16℃ 물
$Q_3 = G_3 \times C_3 \times \Delta t_3$
$= 10g \times 4.2 \times (16-0) = 672J$
∴ $Q_T = Q_1 + Q_2 + Q_3$
$= 105 + 3350 + 672 = 4127J = 4.127kJ$

28 이산화탄소의 기체상수(R) 값과 가장 가까운 기체는?

① 프로판
② 수소

③ 산소   ④ 질소

기체상수 값$(R) = \dfrac{848}{M} = \dfrac{8.314 \text{kJ/kg} \cdot \text{K}}{M}$

① 프로판$(C_3H_8) = \dfrac{848}{44} = 19.27 \text{kg} \cdot \text{m/kg} \cdot \text{K}$

② 수소$(H_2) = \dfrac{848}{2} = 424 \text{kg} \cdot \text{m/kg} \cdot \text{K}$

③ 산소$(O_2) = \dfrac{848}{32} = 26.5 \text{kg} \cdot \text{m/kg} \cdot \text{K}$

④ 질소$(N_2) = \dfrac{848}{28} = 30.29 \text{kg} \cdot \text{m/kg} \cdot \text{K}$

29 증기의 성질에 대한 설명으로 틀린 것은?

① 증기의 압력이 높아지면 엔탈피가 커진다.
② 증기의 압력이 높아지면 현열이 커진다.
③ 증기의 압력이 높아지면 포화온도가 높아진다.
④ 증기의 압력이 높아지면 증발열이 커진다.

증기의 압력이 높아지면 증발잠열은 감소하고 현열은 증가한다.

30 산화염과 환원염에 대한 설명으로 가장 옳은 것은?

① 산화염은 이론공기량으로 완전연소시켰을 때의 화염을 말한다.
② 산화염은 공기비를 아주 크게 하여 연소가스 중 산소가 포함된 화염을 말한다.
③ 환원염은 이론공기량으로 완전연소시켰을 때의 화염을 말한다.
④ 환원염은 공기비를 아주 크게 하여 연소가스 중 산소가 포함된 화염을 말한다.

산화염: 공기비를 크게 취했을 때 연소가스 중의 산소가 포함된 화염을 말한다.
환원염: 공기비를 적게 취했을 때 연시가스 중의 CO가 함유된 화염을 말한다.

31 본질안전 방폭구조의 정의로 옳은 것은?

① 가연성가스에 점화를 방지할 수 있다는 것이 시험 그밖의 방법으로 확인된 구조
② 정상 시 및 사고 시에 발생하는 전기불꽃, 고온부로 인하여 가연성가스가 점화되지 않는 것이 점화시험 그밖의 방법에 의해 확인된 구조
③ 정상운전 중에 전기불꽃 및 고온이 생겨서는 안 되는 부분에 점화가 생기는 것을 방지하도록 구조상 및 온도상승에 대비하여 특별히 안전성을 높이는 구조
④ 용기 내부에서 가연성가스의 폭발이 일어났을 때 용기가 압력에 본질적으로 견디고 외부의 폭발성가스에 인화할 우려가 없도록 한 구조

방폭구조의 종류
① 내압(耐壓)방폭구조
 방폭전기기기의 용기(이하 "용기"라 한다) 내부에서 가연성가스의 폭발이 발생할 경우 그 용기가 폭발압력에 견디고, 접합면, 개구부 등을 통하여 외부의 가연성 가스에 인화되지 아니 하도록 한 구조를 말한다.
② 유입(油入)방폭구조
 용기 내부에 기름을 주입하여 불꽃·아크 또는 고온발생부분이 기름 속에 잠기게 함으로써 기름면 위에 존재하는 가연성가스에 인화되지 아니하도록 한 구조를 말한다.
③ 압력(壓力)방폭구조
 용기 내부에 보호가스(신선한 공기 또는 불활성가스)를 압입하여 내부압력을 유지함으로써 가연성가스가 용기 내부로 유입되지 아니하도록 한 구조를 말한다.
④ 안전증(安全增)방폭구조
 정상운전 중에 가연성가스의 점화원이 될 전기불꽃·아크 또는 고온부분 등의 발생을 방지하기 위하여 기계적·전기적 구조상 또는 온도상승에 대하여, 특히 안전도를 증가시킨 구조를 말한다.
⑤ 본질안전(本質安全)방폭구조
 정상시 및 사고(단선, 단락, 지락 등)시에 발생하는 전기불꽃·아크 또는 고온부에 의하여 가연성가스가 점화되지 아니하는 것이 점

화시험, 기타 방법에 의하여 확인된 구조를 말한다.
⑥ 특수(特殊)방폭구조
"①" 내지 "⑤"에서 규정한 구조 이외의 방폭구조로서 가연성가스에 점화를 방지할 수 있다는 것이 시험, 기타의 방법에 의하여 확인된 구조를 말한다.

[방폭전기기기의 구조별 표시방법]

방폭전기기기의 구조	표시방법
내압(耐壓)방폭구조	d
유입(油入)방폭구조	o
압력(壓力)방폭구조	p
안전증(安全增)방폭구조	e
본질안전(本質安全)방폭구조	ia 또는 ib
특수(特殊)방폭구조	s

32 천연가스의 비중 측정방법은?
① 분젠실링법   ② Soap bubble 법
③ 라이트법   ④ 윤켈스법

 천연가스의 비중 측정방법 : **분젠실링법**

33 비열에 대한 설명으로 옳지 않은 것은?
① 정압비열은 정적비열보다 항상 크다.
② 물질의 비열은 물질의 종류와 온도에 따라 달라진다.
③ 비열비가 큰 물질일수록 압축 후의 온도가 더 높다.
④ 물은 비열이 작아 공기보다 온도를 증가시키기 어렵고 열용량도 적다.

 물은 비열이 커서 공기보다 온도를 증가시키기 어렵고 일정온도에서 냉각이 쉽게 되지 않지만 열용량은 크다.

34 고발열량과 저발열량의 값이 다르게 되는 것은 다음 중 주로 어떤 성분 때문인가?
① C   ② H
③ O   ④ S

 $H_l = H_h - 600(9H + W)$
$H_h = H_l + 600(9H + W)$

여기서, H_l : 저위발열량(진발열량)
H_h : 고위발열량(총발열량)
H : 수소(%)
W : 수분(%)(H_2O)
600 : 물의 증발잠열
(539kcal/kg인데 600으로 함)

35 폭굉(detonation)에 대한 설명으로 가장 옳은 것은?
① 가연성기체와 공기가 혼합하는 경우에 넓은 공간에서 주로 발생한다.
② 화재로의 파급효과가 적다.
③ 에너지 방출속도는 물질전달속도의 영향을 받는다.
④ 연소파를 수반하고 난류확산의 영향을 받는다.

 폭굉(detonation) : 가스 중의 화염의 전파속도가 음속보다 큰 경우로 파면선단에 충격파라고 하는 압력파가 생겨 격렬한 파괴작용을 일으키는 현상

[폭굉유도거리가 짧아지는 조건]
① 고압일수록
② 정상연소속도가 큰 혼합가스일수록
③ 관속에 장애물이 있거나 관경이 가늘수록
④ 점화원의 에너지가 클수록

36 불활성화 방법 중 용기의 한 개구부로 불활성 가스를 주입하고 다른 개구부로부터 대기 또는 스크레버로 혼합가스를 방출하는 퍼지방법은?
① 진공퍼지   ② 압력퍼지
③ 스위프퍼지   ④ 사이펀퍼지

 불활성화(purging)의 종류
① 스위프퍼지(sweep-through purging)
용기의 한 개구부로 불활성가스를 주입하고 다른 개구부로부터 대기 또는 스크레버로 혼합가스를 방출하는 방법
② 사이펀퍼지(siphon purging)
용기에 물을 충만시킨 후 용기로부터 물을 배출시킴과 동시에 불활성가스를 주입하여 원

32.① 33.④ 34.② 35.② 36.③

하는 최소산소농도를 만드는 작업
③ 진공퍼지(vacuum purging)
용기를 진공시킨 후 불활성가스를 주입시켜 원하는 최소산소농도에 이를 때까지 실시하는 방법
④ 압력퍼지(pressure purging)
불활성가스로 용기를 가압한 후 대기 중으로 방출하는 작업을 반복하여 원하는 최소산소농도에 이를 때까지 실시하는 방법

37 이상기체와 실제기체에 대한 설명으로 틀린 것은?

① 이상기체는 기체 분자간 인력이나 반발력이 작용하지 않는다고 가정한 가상적인 기체이다.
② 실제기체는 실제로 존재하는 모든 기체로 이상기체 상태방정식이 그대로 적용되지 않는다.
③ 이상기체는 저장용기의 벽에 충돌하여도 탄성을 잃지 않는다.
④ 이상기체 상태방정식은 실제기체에서는 높은 온도, 높은 압력에서 잘 적용된다.

  실제기체에 이상기체 상태방정식이 적용되는 조건 : 고온, 저압

38 고체연료의 고정층을 만들고 공기를 통하여 연소시키는 방법은?

① 화격자 연소   ② 유동층 연소
③ 미분탄 연소   ④ 훈연 연소

  화격자 연소 : 고체연료의 고정층을 만들고 공기를 통하여 연소시키는 방법

39 연소범위는 다음 중 무엇에 의해 주로 결정되는가?

① 온도, 부피   ② 부피, 비중
③ 온도, 압력   ④ 압력, 비중

  연소범위의 결정
① 온도   ② 압력   ③ 부피

40 부탄(C_4H_{10}) $2Sm^3$를 완전연소시키기 위하여 약 몇 Sm^3의 산소가 필요한가?

① 5.8   ② 8.9
③ 10.8   ④ 13.0

$C_4H_{10} + 6.5O_2 \rightarrow 4CO_2 + 5H_2O$
$22.4Sm^3 \quad 6.5 \times 22.4Sm^3$
$2Sm^3 \qquad x$

$x = \dfrac{2Sm^3 \times 6.5 \times 22.4Sm^3}{22.4Sm^3} = 13Sm^3(O_o)$

제 3 과목 가스설비

41 브롬화메틸 30톤($T=110℃$), 펩탄 50톤($T=120℃$), 시안화수소 20톤($T=100℃$)이 저장되어 있는 고압가스 특정제조시설의 안전구역 내 고압가스 설비의 연소열량은 약 몇 kcal인가? (단, T는 상용온도를 말한다.)

상용온도에 따른 K의 수치

상용온도 (℃)	40 이상 70미만	70 이상 100미만	100 이상 130미만	130 이상 160미만
브롬화메틸	12000	23000	32000	42000
펩탄	84000	240000	401000	550000
시안화수소	59000	124000	178000	255000

① 6.2×10^7 ② 5.2×10
③ 4.9×10^6 ④ 2.5×10^6

$Q = K \times W$
$= \left(\dfrac{K_A \cdot W_A}{Z} \times \sqrt{Z}\right) + \left(\dfrac{K_B \cdot W_B}{Z} \times \sqrt{Z}\right)$
$\quad + \left(\dfrac{K_C \cdot W_C}{Z} \times \sqrt{Z}\right)$

여기서, Z : 저장량(톤) $= W_A + W_B + W_C$
$= 30 + 50 + 20$
$= 100$톤

$\therefore Q = \left(\dfrac{32000 \times 30}{100} \times \sqrt{100}\right)$

$$+ \left(\frac{401000 \times 50}{100} \times \sqrt{100} \right)$$
$$+ \left(\frac{178000 \times 20}{100} \times \sqrt{100} \right)$$
$$= 2457000 = 2.5 \times 10^6$$

42 왕복식 압축기에서 체적효율에 영향을 주는 요소로서 가장 거리가 먼 것은?
① 클리어런스 ② 냉각
③ 토출밸브   ④ 가스누설

 체적효율에 영향을 주는 요인
① 압축비에 의한 영향
② 가스누설에 의한 영향
③ 불완전 냉각에 의한 영향
④ 클리어런스에 의한 영향
⑤ 밸브 하중과 가스의 마찰에 의한 영향

43 온도 T_2 저온체에서 흡수한 열량을 q_2, 온도 T_1인 고온체에서 버린 열량을 q_1이라 할 때 냉동기의 성능계수는?

① $\dfrac{q_1 - q_2}{q_1}$ ② $\dfrac{q_2}{q_1 - q_2}$

③ $\dfrac{T_1 - T_2}{T_1}$ ④ $\dfrac{T_1}{T_1 - T_2}$

 냉동기의 성능계수(성적계수)
$$COP_K = \frac{Q_2}{A_W} = \frac{q_2}{q_1 - q_2} = \frac{T_2}{T_1 - T_2}$$

44 액화석유가스충전사업자는 액화석유가스를 자동차에 고정된 용기에 충전하는 경우에 허용오차를 벗어나 정량을 미달되게 공급해서는 안된다. 이때 허용오차의 기준은?
① 0.5% ② 1%
③ 1.5% ④ 2%

 ① 액화석유가스충전사업자는 액화석유가스를 자동차에 고정된 용기에 충전하는 경우에 허용오차를 벗어나 정량을 미달되게 공급해서는 아니되는데 이때 허용오차 : $\dfrac{1.5}{100}$(1.5%)
② 액화석유가스를 용기에 충전하는 경우 허용오차 : $\dfrac{1}{100}$(1%)

45 매몰 용접형 가스용 볼밸브 중 퍼지관을 부착하지 아니한 구조의 볼밸브는?
① 짧은 몸통형
② 일체형 긴 몸통형
③ 용접형 긴 몸통형
④ 소코렛(Sokolet)식 긴 몸통형

 매몰 용접형 가스용 볼밸브의 종류
① 짧은 몸통형 : 볼밸브에 퍼지관을 부착하지 아니한 것
② 긴 몸통형 : 볼밸브에 퍼지관을 부착한 것 (일체형과 용접형으로 구분)

46 아세틸렌 제조설비에서 제조공정 순서로 옳은 것은?
① 가스청정기 → 수분제거기 → 유분제거기 → 저장탱크 → 충전장치
② 가스발생로 → 쿨러 → 가스청정기 → 압축기 → 충전장치
③ 가스반응로 → 압축기 → 가스청정기 → 역화방지기 → 충전장치
④ 가스발생로 → 압축기 → 쿨러 → 건조기 → 역화방지기 → 충전장치

47 차량에 고정된 탱크의 저장능력을 구하는 식은? (단, V : 내용적, P : 최고 충전압력, C : 가스 종류에 따른 정수, d : 상용온도에서의 액비중이다.)
① $10PV$ ② $(10P+1)V$
③ $\dfrac{V}{C}$ ④ $0.9dV$

저장능력을 구하는 식
① 압축가스 : $Q=(P+1)V$
② 액화가스 : $W=0.9dV$
③ 용기질량 및 차량에 고정된 탱크 = $\dfrac{V}{C}$
  여기서, C : 가스종류에 따른 정수
     $C_3H_8(2.35)$
     $C_4H_{10}(2.05)$
     $NH_3(1.86)$
     $CO_2(1.34)$

48 수소를 공업적으로 제조하는 방법이 아닌 것은?
① 수전해법   ② 수성가스법
③ LPG 분해법 ④ 석유 분해법

수소의 제법(물천수일수)
① 물의 전기분해법 ② 천연가스 분해법
③ 석유 분해법   ④ 일산화탄소 전화법
⑤ 수성가스법

49 펌프의 특성 곡선상 체절운전(체절양정)이란 무엇인가?
① 유량이 0일 때의 양정
② 유량이 최대일 때의 양정
③ 유량이 이론값일 때의 양정
④ 유량이 평균값일 때의 양정

체절운전 : 유량이 0일 때 양정이 최대가 되는 운전상태

50 고압으로 수송하기 위해 압송기가 필요한 프로세스는?
① 사이클링식 접촉분해 프로세스
② 수소화 분해 프로세스
③ 대체천연가스 프로세스
④ 저온 수증기개질 프로세스

51 부식방지방법에 대한 설명으로 틀린 것은?
① 금속을 피복한다.
② 선택배류기를 접촉시킨다.
③ 이종의 금속을 접촉시킨다.
④ 금속표면의 불균일을 없앤다.

부식방지방법
① 금속을 피복한다
② 선택배류기를 접촉시킨다.
③ 금속표면의 불균일을 없앤다.

52 가스렌지의 열효율을 측정하기 위하여 주전자에 수순 1000g을 넣고 10분간 가열하였더니 처음 15℃인 물의 온도가 70℃가 되었다. 이 가스렌지의 열효율은 약 몇 %인가? (단, 물의 비열은 1kcal/kg · ℃, 가스사용량은 0.008m³, 가스발열량은 13000kcal/m³이며, 온도 및 압력에 대한 보정치는 고려하지 않는다.)
① 28   ② 43
③ 48   ④ 53

가스렌지의 열효율 = $\dfrac{G \times C \times \Delta t}{G_f \times H_l} \times 100$
= $\dfrac{1 \times 1 \times (75-15)}{0.008 \times 13000} \times 100$
= 52.88%

53 도시가스에 냄새가 나는 부취제를 첨가하는데 공기 중 혼합비율의 용량으로 얼마의 상태에서 감지할 수 있도록 첨가하고 있는가?
① 1/1000   ② 1/2000
③ 1/3000   ④ 1/5000

부취제(향료)
① 공기 중 $\dfrac{1}{1000}$ 상태(0.1%) 이하에서 감지
② 종류
  ㉠ THT(테트라히드로티오팬) : 석탄가스 냄새
  ㉡ TBM(터시어리부틸메르캅탄) : 양파썩는 냄새

ⓒ DMS(디메칠썰파이드) : 마늘냄새
③ 구비조건
 ㉠ 독성 및 가연성이 아닐 것
 ㉡ 토양에 대한 투과성이 클 것
 ㉢ 도관을 부식시키지 말 것
 ㉣ 도관 내의 상용온도에서 응축되지 말 것
 ㉤ 보통 존재하는 냄새와 명확히 구별될 것
 ㉥ 가스관이나 가스미터에 흡착되지 말 것

54 다음 보기에서 설명하는 합금연소는?

- 담금질 깊이를 깊게 한다.
- 크리프 저항과 내식성을 증가시킨다.
- 뜨임 메짐을 방지한다.

① Cr ② Si
③ Mo ④ Ni

 특수원소의 영향
① 몰리브덴(Mo)
 ㉠ 뜨임 취성(메짐) 방지
 ㉡ 고온 강도 개선
 ㉢ 크리프 저항과 내식성 증가
 ㉣ 담금질 깊이를 깊게 한다.
② 크롬(Cr)
 ㉠ 내식성, 내마모성 증대
 ㉡ 흑연화를 안정
 ㉢ 탄화율 안정
 ㉣ 담금질성 증대
③ 니켈(Ni)
 ㉠ 인성 증가
 ㉡ 저온 충격 저항 증가
 ㉢ 질화촉진
 ㉣ 주철의 흑연화 촉진
④ 규소(Si)
 ㉠ 유동성 증가
 ㉡ 용접성 저하
 ㉢ 결정립 조대화

55 피셔(Fisher)식 정압기에 대한 설명으로 틀린 것은?
 ① 파일럿 로딩형 정압기와 작동원리가 같다.

② 사용량이 증가하면 2차 압력이 상승하고 구동 압력은 저하한다.
③ 정특성 및 동특성이 양호하고 비교적 간단하다.
④ 닫힘 방향의 응답성을 향상시킨 것이다.

 피셔(Fisher)식 정압기의 특징
① 정특성 및 동특성이 양호하고 비교적 간단하다.
② 닫힘 방향의 응답성을 향상시킨 것이다.
③ 다른 것에 비해 크기가 복잡하다.
④ 로딩형이다.
⑤ 사용량이 증가하면 2차 압력이 저하하고 구동 압력은 상승한다.

56 다기능 가스안전계량기(미이콤 메타)의 작동 성능이 아닌 것은?
① 유량 차단 성능
② 과열 차단 성능
③ 압력저하 차단 성능
④ 연속사용시간 차단 성능

 다기능 가스안전계량기의 작동성능
① 미소 누출 검지 성능
② 미소 사용 유량 등록 성능
③ 연속사용시간 차단 성능
④ 압력저하 차단 성능
⑤ 합계 유량 차단 성능
⑥ 증가 유량 차단 성능

57 수소압축가스설비란 압축기로부터 압축된 수소가스를 저장하기 위한 것으로서 설계압력이 얼마를 초과하는 압력용기를 말하는가?
① 9.8MPa ② 41MPa
③ 49MPa ④ 98MPa

 수소압축가스설비
압축기로부터 압축된 수소가스를 저장하기 위한 것으로서 설계압력이 41MPa을 초과하는 압력용기를 말한다.

54.③ 55.② 56.② 57.②

58 시동하기 전에 프라이밍이 필요한 펌프는?

① 터빈펌프　　② 기어펌프
③ 플렌지펌프　④ 피스톤펌프

 터빈펌프 : 가동 전 프라이밍이 필요한 펌프
※ 프라이밍 : 가동 전 펌프에 물을 채우는 작업

59 다음 금속재료에 대한 설명으로 틀린 것은?

① 강에 P(인)의 함유량이 많으면 신율, 충격치는 저하된다.
② 18% Cr, 8% Ni을 함유한 강을 18-8 스테인리스강이라 한다.
③ 금속가공 중에 생긴 잔류응력을 제거할 때에는 열처리를 한다.
④ 구리와 주석의 합금은 황동이고, 구리와 아연의 합금은 청동이다.

 황동 : 구리+아연
청동 : 구리+주석

60 염화수소(HCl)에 대한 설명으로 틀린 것은?

① 폐가스는 대량의 물로 처리한다.
② 누출된 가스는 암모니아수로 알 수 있다.
③ 황색의 자극성 냄새를 갖는 가연성기체이다.
④ 건조 상태에서는 금속을 거의 부식시키지 않는다.

 ③ 무색의 자극성 냄새가 난다.

제 4 과목　가스안전관리

61 가스의 종류와 용기도색의 구분이 잘못된 것은?

① 액화암모니아 : 백색
② 액화염소 : 갈색
③ 헬륨(의료용) : 자색
④ 질소(의료용) : 흑색

 공업용 용기도색
청탄산 산녹에서 황아체 안주삼아 수주잔
　①　②　　③　④
높이들고 백암산 바라보니 염소는 갈색으로
　　　　⑤
보이고 쥐들은 기타를 치더라.
　　　　　⑦
① 탄산가스 : 청색　　② 산소 : 녹색
③ 아세틸렌 : 황색　　④ 수소 : 주황
⑤ 암모니아 : 백색　　⑥ 염소 : 갈색
⑦ 기타 : 쥐색(회색) C_3H_8, He
의료용기도색
질흑같은 밤에자고 탄화를 싸게 주면 청아한
　①　　　②　　　③　　④　　⑤
산소에서 백로가 헬기로 갈아채 기더라.
　⑥　　　⑦

62 가스시설과 관련하여 사람이 사망한 사고 발생 시 규정상 도시가스사업자는 한국가스안전공사에 사고발생 후 얼마 이내에 서면으로 통보하여야 하는가?

① 즉시　　　　② 7일 이내
③ 10일 이내　④ 20일 이내

 사고의 통보방법

사고	속보	상보
사람이 사망한 사고	즉시	사고발생 후 20일 이내
사람이 부상당하거나 중독된 사고	즉시	사고발생 후 10일 이내

63 독성가스 운반차량의 뒷면에 완충장치로 설치하는 범퍼의 설치기준은?

① 두께 3mm 이상, 폭 100mm 이상
② 두께 3mm 이상, 폭 200mm 이상
③ 두께 5mm 이상, 폭 100mm 이상
④ 두께 5mm 이상, 폭 200mm 이상

 독성가스 운반차량의 뒷면에 완충장치로 설치하는 범퍼의 설치기준은 두께 5mm 이상, 폭 100mm 이상이다.

64 특수고압가스가 아닌 것은?
① 디실란   ② 삼불화인
③ 포스겐   ④ 액화알진

해설 특수고압가스
① 디실란 ② 포스핀 ③ 게르만
④ 셀렌화수소 ⑤ 압축모노실란 ⑥ 액화알진
⑦ 삼불화질소 ⑧ 삼불화붕소 ⑨ 사불화유황
⑩ 사불화규소 ⑪ 오불화인 ⑫ 오불화비소

65 저장탱크에 의한 LPG 저장소에서 액화석유가스 저장탱크의 저장능력은 몇 ℃에서의 액비중을 기준으로 계산하는가?
① 0℃   ② 4℃
③ 15℃ ④ 40℃

66 안전관리 수준평가의 분야별 평가항목이 아닌 것은?
① 안전사고
② 비상사태 대비
③ 안전교육 훈련 및 홍보
④ 안전관리 리더십 및 조직

해설 도시가스 안전관리 수준평가의 분야별 평가항목
① 비상사태 대비
② 안전교육 훈련 및 홍보
③ 안전관리 리더십 및 조직
④ 가스사고
⑤ 시설관리 - 정압기
⑥ 시설관리 - 배관
⑦ 운영관리

67 산소 제조 및 충전의 기준에 대한 설명으로 틀린 것은?
① 공기액화분리장치기에 설치된 액화산소통 안의 액화산소 5L 중 탄화수소의 탄소질량이 500mg 이상이면 액화산소를 방출한다.
② 용기와 밸브 사이에는 가연성 패킹을 사용하지 않는다.
③ 피로갈롤 시약을 사용한 오르자트법 시험 결과 순도가 99% 이상이어야 한다.
④ 밀폐형의 수전해조에는 액면계와 자동급수장치를 설치한다.

해설 산소품질검사 기준
① 순도 : 99.5% 이상
② 동, 암모니아 시약의 오르자트법

68 에틸렌에 대한 설명으로 틀린 것은?
① 3중 결합을 가지므로 첨가반응을 일으킨다.
② 물에는 거의 용해되지 않지만 알코올, 에테르에는 용해된다.
③ 방향을 가지는 무색의 가연성가스이다.
④ 가장 간단한 올레핀계 탄화수소이다.

해설 2중 결합을 가지므로 첨가반응(부가반응)을 일으킨다.

69 액화석유가스를 용기에 의하여 가스소비자에게 공급할 때의 기준으로 옳지 않은 것은?
① 공급설비를 가스공급자의 부담으로 설치한 경우 최초의 안전공급 계약기간은 주택은 2년 이상으로 한다.
② 다른 가스공급자와 안전공급계약이 체결된 가스소비자에게는 액화석유가스를 공급할 수 없다.
③ 안전공급계약을 체결한 가스공급자는 가스소비자에게 지체 없이 소비설비 안전점검표를 발급하여야 한다.
④ 동일 건축물 내 여러 가스소비자에게 하나의 공급설비로 액화석유가스를 공급하는 가스공급자는 그 가스소비자의 대표자와 안전공급계약을 체결할 수 있다.

해설 가스공급자는 용기 가스소비자가 액화석유가스를 요청하면 다른 가스공급자와의 안전공급계약 체결 여부와 그 계약의 해지를 확인한 후 안전공급계약을 체결한다.

70 가스안전사고 원인을 정확히 분서하여야 하는 가장 주된 이유는?

① 산재보험금 처리
② 사고의 책임소재 명확화
③ 부당한 보상금의 지급 방지
④ 사고에 대한 정확한 예방대책 수립

71 지상에 설치하는 액화석유가스의 저장탱크 안전밸브에 가스방출관을 설치하고자 한다. 저장탱크의 정상부가 지상에서 8m일 경우 방출구의 높이는 지면에서 몇 m 이상이어야 하는가?

① 8   ② 10
③ 12 ④ 14

지상에 설치한 저장탱크의 안전밸브는 지면으로부터 5m 이상 또는 그 저장탱크 정상부로부터 2m 이상의 높이 중 높은 위치
∴ 8+2 = 10m 이상

72 독성가스 충전용기 운반 시 설치하는 경계표시는 차량구조상 정사각형으로 표시할 경우 그 면적은 몇 cm^2 이상으로 하여야 하는가?

① 300   ② 400
③ 500   ④ 600

경계표지의 크기
① 가로치수 : 차체폭 30% 이상
② 세로치수 : 가로치수의 20% 이상
③ 정사각형 또는 이에 가까운 형상 : $600cm^2$ 이상

73 고압가스 저장시설에서 사업소 밖의 지역에 고압의 독성가스 배관을 노출하여 설치하는 경우 학교와 안전 확보를 위하여 필요한 유지거리의 기준은?

① 40m   ② 45m
③ 72m   ④ 100m

시설	가연성 가스	독성 가스
철도, 도로	25m	40m
지정문화재로 지정된 건축물	65m	100m
수도시설	300m	300m
주택 또는 다수인이 출입하거나 근무하고 있는 곳	25m	40m
• 학교, 유치원, 새마을유아원, 사설강습소 • 아동복지시설 또는 심신장애자복지시설로서 수요능력이 20인 이상인 건축물 • 병원(의원 포함) • 공공공지 • 극장, 교회, 공회당, 그밖의 유사한 시설로서 수용능력이 300인 이상을 수용할 수 있는 곳 • 백화점, 공중목욕탕, 호텔, 여관, 그밖에 사람을 수용하는 연면적 $1000m^2$ 이상인 건축물	45m	72m

주택 등 시설과 지상배관의 수평거리

74 납붙임 용기 또는 접합 용기에 고압가스를 충전하여 차량에 적재할 때에는 용기의 이탈을 막을 수 있도록 어떠한 조치를 취하여야 하는가?

① 용기에 고무링을 씌운다.
② 목재 칸막이를 한다.
③ 보호망을 적재함 위에 씌운다.
④ 용기 사이에 패킹을 한다.

75 액화석유가스 용기용 밸브의 기밀시험에 사용되는 기체로서 가장 부적당한 것은?

① 헬륨   ② 암모니아
③ 질소   ④ 공기

기밀시험에 사용되는 기체
① 공기 ② 질소 ③ 헬륨

76 내용적이 50L인 아세틸렌 용기의 다공도가 75% 이상, 80% 미만일 때 디메틸포름아미드의 최대 충전량은?

① 36.3% 이하   ② 37.8% 이하
③ 38.7% 이하   ④ 40.3% 이하

 디메틸포름아미드의 충전량

다공도(%)	내용적 10L 이하	내용적 10L 초과
90~92 이하	43.5% 이하	43.7% 이하
85~90 미만	41.1% 이하	42.8% 이하
80~85 미만	38.7% 이하	40.3% 이하
75~80 미만	36.3% 이하	37.8% 이하

77 액화석유가스 저장탱크를 지상에 설치하는 경우 저장능력이 몇 톤 이상일 때 방류둑을 설치해야 하는가?

① 1000   ② 2000
③ 3000   ④ 5000

 저장능력 및 방류둑 설치대상
① 고압가스 특정제조
  ㉠ 가연성, 산소 : 1000톤 이상
  ㉡ 독성 : 5톤 이상
② 고압가스 일반제조
  ㉠ 가연성, 산소 : 1000톤 이상
  ㉡ 독성 : 5톤 이상
③ 액화석유가스 충전사업, 일반도시가스사업 : 1000톤 이상
④ 독성가스를 냉매로 사용하는 수액기 내용적 : 1000L 이상

78 고압가스 제조시설에서 초고압이란?

① 압력을 받는 금속부의 온도가 -50℃ 이상 350℃ 이하인 고압가스 설비의 상용압력 19.6MPa를 말한다.
② 압력을 받는 금속부의 온도가 -50℃ 이상 350℃ 이하인 고압가스 설비의 상용압력 98MPa를 말한다.
③ 압력을 받는 금속부의 온도가 -50℃ 이상 450℃ 이하인 고압가스 설비의 상용압력 19.6MPa를 말한다.
④ 압력을 받는 금속부의 온도가 -50℃ 이상 450℃ 이하인 고압가스 설비의 상용압력 98MPa를 말한다.

 고압가스 제조시설에서 초고압이란 압력을 받는 금속부의 온도가 -50℃ 이상 350℃ 이하인 고압가스 설비의 상용압력 98MPa를 말한다.

79 고압가스 충전시설에서 2개 이상의 저장탱크에 설치하는 집합 방류둑의 용량이 보기와 같을 때 칸막이로 분리된 방류둑의 용량(m^3)은?

- 집합 방류둑의 총용량 : $1000m^3$
- 각 저장탱크 별 저장탱크 상당용적 : $300m^3$
- 집합 방류둑 안에 설치된 저장탱크의 저장능력 상당능력 총합 : $800m^3$

① 300   ② 325
③ 350   ④ 375

 칸막이로 분리된 방류둑 용량계산

$$V = A \times \frac{B}{C} = 1000 \times \frac{300}{800} = 375$$

여기서, A : 집합 방류둑의 총용량(m^3)
  B : 각 저장탱크 별 저장탱크 상당용적(m^3)
  C : 집합 방류둑 안에 설치된 저장탱크의 저장능력 상당능력 총합(m^3)

80 액화석유가스 사용시설에 설치되는 조정압력 3.3kPa 이하인 조정기의 안전장치 작동정지 압력의 기준은?

① 7kPa   ② 5.6~8.4kPa
③ 5.04~8.4kPa   ④ 9.9kPa

 조정압력 330mmH₂O(3.3kPa) 이하인 조정기의 안전장치 압력
① 작동정지압력 : 504~840mmH₂O (5.04~8.4kPa)
② 작동개시압력 : 560~840mmH₂O (5.6~8.4kPa)
③ 작동표준압력 : 700mmH₂O(7kPa)

제5과목 가스계측기기

81 물이 흐르고 있는 관 속에 피토관(pitot tube)을 수인이 든 U자 관에 연결하여 전압과 정압을 측정하였더니 75mm의 액면차이가 생겼다. 피토관 위치에서의 유속은 약 몇 m/s 인가?

① 3.1 ② 3.5
③ 3.9 ④ 4.3

$$V = C\sqrt{2gh\frac{r_m - r}{r}}$$
$$= 1 \times \sqrt{2 \times 9.8 \times 0.075 \times \frac{13600 - 1000}{1000}}$$
$$= 4.303 \text{m/s}$$

82 램버트-비어의 법칙을 이용한 것으로 미량 분석에 유용한 화학분석법은?

① 적정법 ② GC법
③ 분광광도법 ④ ICP법

 분광광도법 : 램버트-비어의 법칙을 이용한 것으로 미량분석에 유용한 화학분석법

83 오르자트 가스분석 장치로 가스를 측정할 때의 순서로 옳은 것은?

① 산소 → 일산화탄소 → 이산화탄소
② 이산화탄소 → 산소 → 일산화탄소
③ 이산화탄소 → 일산화탄소 → 산소
④ 일산화탄소 → 산소 → 이산화탄소

 오르자트법
① CO_2 : KOH 30% 수용액
② O_2 : 알카리성 피롤카롤 용액
③ CO : 암모니아성 염화제1동 용액

84 가스계량기의 설치에 대한 설명으로 옳은 것은?

① 가스계량기는 화기와 1m 이상의 우회거리를 유지한다.
② 설치높이는 바닥으로부터 계량기 지시장치의 중심까지 1.6m 이상 2.0m 이내에 수직·수평으로 설치한다.
③ 보호상자 내에 설치할 경우 바닥으로부터 1.6m 이상 2.0m 이내에 수직·수평으로 설치한다.
④ 사람이 거처하는 곳에 설치할 경우에는 격납상자에 설치한다.

 가스계량기의 설치
① 가스계량기는 화기와 2m 이상의 우회거리를 유지한다.
② 가스계량기는 바닥으로부터 계량기 지시장치의 중심까지 1.6m 이상 2.0m 이내에 수직·수평으로 설치한다.
③ 보호상자 내에 설치, 기계실에 설치, 보일러실(가정에 설치된 보일러실은 제외)에 설치 또는 문이 달린 파이프덕트 내에 설치하는 경우 바닥으로부터 2.0m 이내에 설치한다.
④ 가스계량기, 전기계량기, 전기개폐기 : 60cm 이상
접속기, 점멸기, 굴뚝 : 30cm 이상
절연조치를 한 전선 : 10cm 이상
절연조치를 하지 않은 전선 : 15cm 이상

85 연소기기에 대한 배기가스 분석의 목적으로 가장 거리가 먼 것은?

① 연소상태를 파악하기 위하여
② 배기가스 조성을 얻기 위하여
③ 열정산의 자료를 얻기 위하여
④ 시료가스 채취장치의 작동상태를 파악하기 위해

 배기가스 분석의 목적
① 열정산의 자료를 얻기 위하여
② 연소상태를 파악하기 위하여
③ 배기가스 조성을 얻기 위하여

86 액체의 정압과 공기 압력을 비교하여 액면의 높이를 측정하는 액면계는?

① 기포관식 액면계
② 차동변압식 액면계
③ 정전용량식 액면계
④ 공진식 액면계

 기포관식 액면계 : 탱크 속에 파이프를 삽입하고 여기에 일정량의 공기를 보내면서 액체의 정압과 공기압력을 비교하여 액면의 높이를 측정

87 압력 계측기기 중 직접 압력을 측정하는 1차 압력계에 해당하는 것은?

① 부르동관 압력계 ② 벨로우즈 압력계
③ 액주식 압력계   ④ 전기저항 압력계

 압력계의 종류
① 1차 압력계
　㉠ 액주계 : U자관식, 단관식, 경사관식, 2액 마노미터
　㉡ 자유피스톤식
② 2차 압력계 : 부르동관, 벨로우즈, 다이어프램, 피에조 전기압력계, 스트레인게이지

88 루츠(Roots) 가스미터의 특징에 해당되지 않는 것은?

① 여과기 설치가 필요하다.
② 설치면적이 크다.
③ 대유량 가스측정에 적합하다.
④ 중압가스의 계량이 가능하다.

 루츠가스미터
① 대유량 가스측정에 적합하다.
② 중압가스의 계량이 가능하다.
③ 설치면적이 적다.
④ 소유량에서는 부동의 우려가 있다.
⑤ 스트레이너 설치 후 유지관리가 필요하다.

89 가스미터의 구비조건으로 거리가 먼 것은?

① 소형으로 용량이 작을 것
② 기차의 변화가 없을 것
③ 감도가 예민할 것
④ 구조가 간단할 것

 가스미터의 구비조건
① 기차의 변화가 작을 것
② 소형이고 계량용량이 클 것
③ 가격이 싸고 내구력이 있을 것
④ 구조가 간단하고 감도가 예민할 것
⑤ 수리가 용이하고 압력손실이 적을 것

90 온도가 21℃에서 상대습도 60%의 공기를 압력은 변화하지 않고 온도를 22.5℃로 할 때 공기의 상대습도는 약 얼마인가?

온도(℃)	물의 포화증기압(mmHg)
20	16.54
21	17.23
22	19.12
23	20.41

① 52.30%　② 53.63%
③ 54.13%　④ 55.95%

 ① 상대습도 60℃, 21℃에서의 수증기 분압 계산
P_w = 상대습도 × 물의 포화수증기압
　　= 0.6 × 17.83 = 10.698mmHg
② 22.5℃에서의 물의 포화수증기압
$$P_s = 19.12 + \frac{22.5 - 22}{23 - 22} \cdot (20.41 - 19.12)$$
　　= 19.765mmHg
③ 22.5℃에서의 상대습도
$$= \frac{P_w}{P_s} \times 100 = \frac{10.698}{19.765} \times 100 = 54.13\%$$

91 잔류편차(off-set)가 없고 응답상태가 빠른 조절 동작을 위하여 사용하는 제어방식은?

① 비례(P)동작
② 비례적분(PI)동작
③ 비례미분(PD)동작
④ 비례적분미분(PID)동작

 ① 미분(D)동작 : 제어계 오차가 검출될 때 오차가 변화하는 속도에 비례하여 조작량을 가감

하도록 하는 동작
② 비례(P)동작 : 잔류편차가 남는 동작
③ 적분(I)동작 : 잔류편차가 남지 않는 동작

92 NOx를 분석하기 위한 화학발광검지기는 Carrier가스가 고온으로 유지된 반응관 내에 시료를 주입시키면 시료 중의 질소화합물은 열분해된 후 O₂가스에 의해 산화되어 NO 상태로 된다. 생성된 NO가스를 무슨 가스와 반응시켜 화학발광을 일으키는가?

① H₂
② O₂
③ O₃
④ N₂

93 액체산소, 액체질소 등과 같이 초저온 저장탱크에 주로 사용되는 액면계는?

① 마그네틱 액면계
② 햄프슨식 액면계
③ 벨로우즈식 액면계
④ 슬립튜브식 액면계

 ① 햄프슨식 액면계(차압식 액면계) : L-N₂, L-O₂ 등과 같이 극저온 저장탱크의 액면 측정
② 고정튜브식, 슬립튜브식, 회전튜브식 액면계 : 가연성, 독성가스 사용금지
③ 클린카식 액면계 : LPG 저장탱크 액면 측정
④ 플로우트식 액면계 : 고온, 고압 밀폐탱크 액면 측정

94 1차 제어장치가 제어량을 측정하고 2차 조절계의 목표값을 설정하는 것으로서 외란의 영향이나 낭비시간 지연이 큰 프로세서에 적용되는 제어방식은?

① 캐스케이드제어 ② 정치제어
③ 추치제어 ④ 비율제어

 캐스케이드제어
1차 제어장치가 제어량을 측정하고 2차 조절계의 목표값을 설정하는 것으로 외란의 영향이나 낭비시간 지연이 큰 프로세서에 적용

95 광고온계의 특징에 대한 설명으로 틀린 것은?

① 비접촉식으로는 아주 정확하다.
② 약 3000℃까지 측정이 가능하다.
③ 방사온도계에 비해 방사율에 의한 보정량이 적다.
④ 측정 시 사람의 손이 필요 없어 개인오차가 적다.

 비접촉식 온도계
① 광고온계 : 물체의 방사휘도와 고온계에 들어 있는 기준온도의 고온체인 전구의 필라멘트 휘도열 특색파장(적색유리)을 통하여 육안으로 휘도를 비교관측하여 온도를 측정한다.
[특징]
㉠ 방사율에 의한 보정량이 적다.
㉡ 개인오차가 발생하므로 다수의 사람이 정밀 측정한다.
㉢ 휴대 및 취급이 용이하다.
㉣ 비접촉 중 가장 정확한 온도를 측정한다. (±10~15℃)
㉤ 측정 시 수동을 요하므로 자동제어가 불가능하다.
㉥ 연속측정이 곤란하고 700℃ 이하에서는 측정이 곤란하다.
(측정온도범위는 700~3000℃)

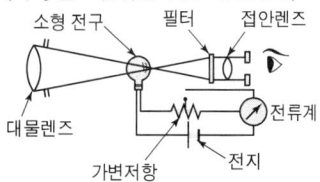

[광고온계의 구조]

② 광전관식 온도계 : 광고온계와 같은 측정원리로 장점을 보다 효율적으로 이용하고 단점을 보완하여 두 개의 광전관을 통해 측온체로부터 빛을 얻어 양자의 휘도를 같도록 하여 필라멘트 전류로부터 온도지시 위치를 얻게 한다.
[특징]
㉠ 응답속도가 매우 빠르다.
㉡ 자동제어 및 기록이 용이하다.
㉢ 이동하는 물체의 측정이 용이하다.
㉣ 구조가 복잡하다.
③ 방사온도계 : 물체온도가 올라가면 복사에너

지가 높아진다. 이를 이용하여 온도를 측정하는 것으로 비교적 높은 온도와 온도측정을 하는데 이러한 복사에너지는 절대온도의 4제곱에 비례한다. 즉 복사에너지

$$E = \epsilon_1 \cdot \alpha \cdot T^4$$
$$= 4.88 \times \epsilon \times \left(\frac{T}{100}\right)^4 \text{kcal/m}^2 \cdot \text{h}$$

여기서, E : 복사에너지 열량, ϵ : 전방사율
α : 비례상소, T : 절대온도

이는 스테판볼츠만의 법칙을 적용한다.
[특징]
㉠ 측정지연시간이 적다.
㉡ 자동제어 및 기록이 가능하다.
㉢ 이동하는 물체의 표면을 고온측정한다.
㉣ 방사율에 의한 보정량이 크고 정밀한 정도가 어렵다.
㉤ 측정거리의 영향을 받는다.
㉥ 측정온도범위는 50~3000℃이다.

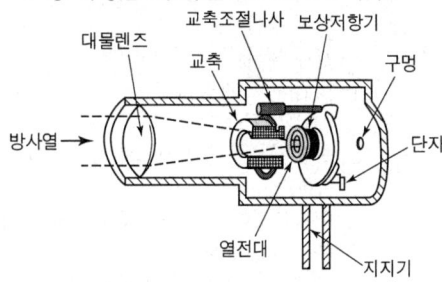
[방사온도계의 구조]

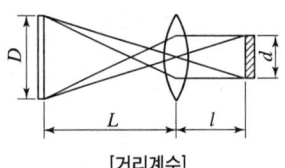
[거리계수]

96 0℃에서 저항이 120Ω이고 저항온도계수가 0.0025인 저항온도계를 어떤 로 안에 삽입하였을 때 저항이 216Ω이 되었다면 로 안의 온도는 약 몇 ℃인가?

① 125 　② 200
③ 320 　④ 534

$$t = \frac{R - R_0}{R_0 \times \alpha} = \frac{216 - 120}{120 \times 0.0025} = 320℃$$

97 기체 크로마토그래피에서 사용되는 캐리어 가스에 대한 설명으로 틀린 것은?

① 헬륨, 질소가 조로 사용된다.
② 시료분자의 확산을 가능한 크게 하여 분리도가 높게 한다.
③ 시료에 대하여 불활성이어야 한다.
④ 사용하는 검출기에 적합하여야 한다.

기체 크로마토그래피에서 사용되는 캐리어가스
① 수소, 헬륨, 질소, 아르곤 등이 있다.
② 기체 확산이 가능한 적어야 한다.
③ 사용하는 검출기에 적합하여야 한다.
④ 시료에 대하여 불활성이어야 한다.
⑤ 순도가 높고 구입이 용이하여야 한다.

98 기체 크로마토그래피에서 사용되는 모세관 컬럼 중 모세관 내부를 규조토와 같은 고체 지지체 물질로 얇은 막으로 입히고 그 위에 액체 정지상이 흡착되어 있는 것은?

① FSOT 　② 충전칼럼
③ WCOT 　④ SCOT

모세관 컬럼의 종류
① SCOT(support coated open tubular)
모세관 내부를 규조토와 같은 고체 지지체 물질로 얇은 막으로 입히고 그 위에 액체 정지상이 흡착되어 있는 것
② PLOT(porous layer open tubular)
모세관 내부에 다공성 폴리머나 알루미나 등을 담지시킨 컬럼
③ WCOT(wall coated open tubular)
모세관 내벽에 액상을 막상에 균일하게 도포한 컬럼으로 도포막의 두께가 컬럼 선택의 중요한 조건이 된다.

99 벤젠, 톨루엔, 메탄의 혼합물을 기체 크로마토그래피에 주입하였다. 머무름이 없는 메탄은 42초에 뾰족한 피크를 보이고 벤젠은 251초, 톨루엔은 335초에 용리하였다. 두 용질의 상대 머무름은 약 얼마인가?

① 1.1 　② 1.2

96.③ 97.② 98.④ 99.④

③ 1.3   ④ 1.4

 상대머무름

$= \dfrac{\text{톨루엔 피크시간} - \text{메탄 피크시간}}{\text{벤젠 피크시간} - \text{메탄 피크시간}}$

$= \dfrac{335-42}{251-42} = 1.40$

100 10^{15}를 의미하는 계량단위 접두어는?

① 요타   ② 제타
③ 엑사   ④ 페타

 국제단위의 접두어

인자	접두어	기호	인자	접두어	기호
10^{1}	데카	da	10^{-1}	데시	d
10^{2}	헥토	h	10^{-2}	센티	c
10^{3}	킬로	k	10^{-3}	밀리	m
10^{6}	메가	M	10^{-6}	마이크로	μ
10^{9}	기가	G	10^{-9}	나노	n
10^{12}	테라	T	10^{-12}	피코	p
10^{15}	페타	P	10^{-15}	펨토	f
10^{18}	엑사	E	10^{-18}	아토	a
10^{21}	제타	Z	10^{-21}	젭토	z
10^{24}	요타	Y	10^{-24}	욕토	y

100. ④

본 문제는 복원 기출문제입니다. 실제 문제와 다를 수 있으니 양해바랍니다.

2022년도 출제문제
2022년 9월 CBT 시행

 제1과목 가스유체역학

01 압축성 유체의 기계적 에너지수지식에서 고려하지 않는 것은?
① 내부에너지 ② 위치에너지
③ 엔트로피 ④ 엔탈피

 기계적 에너지 수지식
$$\dot{W} - \dot{E}_v - \Delta[(\hat{K} + \hat{\Phi} + \hat{G})\dot{m}]$$
$$= \frac{d}{dt}(K_{sys} + Pha_{sys} + A_{sys})$$

여기서,
Δ : state2 − state1(out in) to system
$\dot{m}$: mass flow rate[mass/unit time]
$\dot{W}$: 일(viscosity & pressure force)
$\dot{E}_v$: total rate of irreversible conversion of mechanical to internal energy
$\hat{K}$: 운동에너지[$= \frac{1}{2}\hat{v}^2$]
　　(specific kinetic energy)
$\hat{\Phi}$: 위치에너지[$= gz$]
　　(specific potential energy)
$\hat{G}$: Gibbs free energy per unit mass
　　(specific Gibbs free energy)
　　[$G = H - TS$]
A : Helmholtz free energy[$A = U - TS$]
압축성 유체의 isentropic 흐름에서, $\Delta S = 0$, 또한 $\Delta G = \Delta H - T\Delta S$, $dA = dU - TdS$이므로 기계적 에너지 수지식은 다음과 같이 된다.

$$\dot{W} - \dot{E}_v - \Delta[(\hat{K} + \hat{\Phi} + \hat{H})\dot{m}]$$
$$= \frac{d}{dt}(K_{sys} + \Phi_{sys} + U_{sys}) = \frac{d}{dt}E_{sys}$$

여기서, $\dot{Q} = -\dot{E}_v$, 즉 점성마찰 에너지손실은 경계면에서의 열손실과 같음을 보여준다. 엔트로피 $\Delta S = 0$이므로, 엔트로피는 고려하지 않는다.

02 펌프의 전효율(η_t)을 구하는 식은? (단, η_m는 기계효율, η_v는 체적효율, η_h는 수력효율이다.)
① $\eta_t = \eta_m \eta_v \eta_h$　② $\eta_t = \frac{\eta_m \eta_h}{\eta_v}$
③ $\eta_t = \frac{1}{\eta_m \eta_v \eta_h}$　④ $\eta_t = \frac{\eta_h \eta_v}{\eta_m}$

 펌프의 전효율 : $\eta_t = \eta_m \eta_v \eta_h$ 이다.

기계효율 : $\eta_m = \frac{p - p_l}{p}$
(p : 펌프의 축동력, p_l : 손실동력)

체적효율 : $\eta_v = \frac{q}{q + q_l}$
(q : 펌프의 송출유량, q_l : 손실유량)

수력효율 : $\eta_h = \frac{w}{w + w_l}$
(w : 펌프의 일량, w_l : 유체에 의한 손실일량)

03 원심펌프에서 발생하는 공동현상(Cavitation)에 대한 설명으로 옳은 것은?
① 압력이 액체의 증기압보다 높을 때 발생한다.
② 압력이 액체의 증기압보다 낮을 때 발생한다.
③ 압력이 액체의 증기압과 같을 때 발생한다.
④ 압력이 대기압보다 낮을 때 발생한다.

 ① 펌프의 날개가 고속으로 회전하면서 날개의 부근에서 국부적으로 유속이 증가하면 정압이 유체의 포화증기압 이하로 낮아지면서 미세한 기포들이 캐비티로 성장하여 기포가 발생하게 된다. 이런 현상을 이해하면 역으로 펌핑이 진행되어 유체기계 내부에서 그 유체의 정압이 유체의 포화증기압보다 높아지면 이 기포를 압축하면서 터뜨리게 된다.

② 기포는 일종의 증기상태이므로 부피가 팽창된 상태이고 이 기포가 터지면서 주위의 유체는 기포가 있던 공간으로 급격하게 밀려들어가면서 날개를 타격하게 된다.
③ 이런 유동의 정압변화에 따른 캐비테이션이 지속적이고 반복적으로 발생하면 펌프의 날개에 심각한 타격을 주어 기계의 수명을 단축시키게 된다. 모든 유체기계에서 캐비테이션은 발생할 수 있다.
④ 날개의 형상, 날개표면의 거칠기, 유체의 유동압력과 유속, 난류의 강도, 액체의 비등점, 점도, 압축성, 유체 내의 불순물, 유체의 온도 등은 캐비테이션의 원인이 된다.

04 깊이 1000m인 해저의 수압은 계기압력으로 몇 kgf/cm²인가?(단, 해수의 비중량은 1025 kgf/m³이다.)

① 100 ② 102.5
③ 1000 ④ 1025

 비중량은 밀도에 중력가속도를 곱한 값이다. 따라서 해수의 밀도 $\rho = \dfrac{1025}{9.8} = 104.6 \text{kg/m}^3$이다.
계기압력 $\Delta p = \rho g h = \beta h$ (β : 비중량) 이므로

$$\Delta p = \left(1025 \dfrac{\text{kgf}}{\text{m}^3}\right)(1000\text{m})$$

$$= 1025000 \dfrac{\text{kgf}}{\text{m}^2} \left|\dfrac{1\text{m}^2}{1000\text{cm}^2}\right| = 102.5 \dfrac{\text{kgf}}{\text{cm}^2}$$

05 내경이 0.0526m인 철관에 비압축성 유체가 9.085m³/h로 흐를 때의 평균유속은 약 몇 m/s인가?(단, 유체의 밀도는 1200kg/m³이다.)

① 1.16 ② 3.26
③ 4.68 ④ 11.6

 Hagen-Poiseulle 식
$\dot{Q} = \dfrac{\pi R^4}{8\mu L}\Delta P = \pi R^2 \bar{u}$에서 $\bar{u} = \dfrac{4\dot{Q}}{\pi D^2}$이므로
($\dot{Q}$: 유량, R : 관의 반지름, D : 관의 내경, μ : 점도, L : 관길이, ΔP : 압력차, $\bar{u}$: 평균유속)

$$\dot{Q} = 9.085 \dfrac{\text{m}^3}{\text{h}} = 2.718 \times 10^{-3} \dfrac{\text{m}^3}{\text{s}}$$

$$\bar{u} = \dfrac{4\dot{Q}}{\pi D^2} = \dfrac{4 \times (9.805/3600)}{\pi \times 0.0526^2}$$

$$= \dfrac{4 \times (2.718 \times 10^{-3})}{(3.14)(0.0526^2)} = 1.25$$

06 비중이 0.9인 액체가 나타내는 압력이 1.8 kgf/cm²일 때 이것은 수두로 몇 m 높이에 해당하는가?

① 10 ② 20
③ 30 ④ 40

 비중의 정의 : 물의 밀도와 비교되는 물질의 밀도의 비(단위를 붙이지 않는다)
물의 밀도는 거의 1g/cm³이므로 비중은 그 물질의 밀도와 같다고 할 수 있다. 물의 압력
$\Delta p_h = \dfrac{\Delta p}{\rho} = \dfrac{1.8}{0.9} = 2.0[\text{kgf/cm}^2]$이 된다.
1기압의 수두높이가 10m이므로, 2기압의 수두는 20m가 된다.

07 중력에 대한 관성력의 상대적인 크기와 관련된 무차원의 수는 무엇인가?

① Reynolds수 ② Froude수
③ 모세관수 ④ Weber수

 Renolds수 : 점성력에 대한 관성력의 상대적 크기 = 관성력/점성력 $Re = \dfrac{\rho VL}{\mu}$

Froude수 : 중력에 대한 관성력의 상대적 크기 = 관성력/중력 $Fr = \dfrac{V^2}{gL}$

Weber수 : 표면장력에 대한 관성력의 상대적 크기 = 관성력/표면장력 $We = \dfrac{\rho V^2 L}{\sigma}$

08 γ, V, d, ρ, μ로 만들 수 있는 독립적인 무차원수는 몇 개인가? (단, γ는 전단응력, V는 속도, d는 지름, ρ는 밀도, μ는 점성계수이다.)

① 1 ② 2
③ 3 ④ 4

 Birkingham의 Pi이론 : Π's 이론에 의해 $(q-u)$개의 독립적인 무차원 그룹이 나온다.(q : 계의 구성변수(quantity), u : 기본차원수)
구성변수는 γ, V, d, ρ, μ해서 모두 5개이다. 각각의 구성변수에 대한 기본차원을 살펴보면
전단응력 : $\gamma [=] \text{kg} \cdot \text{m}/(\text{m}^2/\text{s}^2)$
$[ML^{-1}T^{-2}]$
속도 : $V[=]\text{m/s}[LT^{-1}]$
지름 : $d[=]\text{m}[L]$
밀도 : $\rho[=]\text{kg/m}^3[ML^{-3}]$
점성계수 : $\mu[=]\text{kg/(m}\cdot\text{s)}[ML^{-1}T^{-1}]$
따라서 기본차원수 u는 (M, L, T) 모두 3개이다.
독립무차원 수는 $(q-u) = 5 - 3 = 2$개가 된다.

09 그림과 같이 물이 흐르는 관에 U자 수은관을 설치하고, A지점과 B지점 사이의 수은 높이차(h)를 측정하였더니 0.7m이었다. 이 때 A점과 B점 사이의 압력차는 약 몇 kPa 인가? (단, 수은의 비중은 13.6이다.)

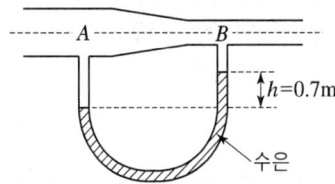

① 8.64 ② 9.33
③ 86.4 ④ 93.3

 U-Tube Manometer(압력측정기)
$\Delta p = (\Delta \rho)gh$
수은의 밀도 :
$\rho = 13.6 \dfrac{\text{g}}{\text{cm}^3} \bigg| \dfrac{1.0\text{kg}}{10^3\text{g}} \bigg| \dfrac{10^6\text{cm}^3}{1\text{m}^3}$
$\approx 13.6 \times 10^3 \dfrac{\text{kg}}{\text{m}^3}$
물의 밀도 :
$\rho = 1.0 \dfrac{\text{g}}{\text{cm}^3} \bigg| \dfrac{1.0\text{kg}}{10^3\text{g}} \bigg| \dfrac{10^6\text{cm}^3}{1\text{m}^3}$

$\approx 1.0 \times 10^3 \dfrac{\text{kg}}{\text{m}^3}$
중력가속도 : $g = 9.8 \dfrac{\text{m}}{\text{s}^2}$
높이 : $h = 0.7\text{m}$
압력차 : $\Delta p = (\Delta \rho)gh$
$= (13.6 - 1) \times 10^3 \times 9.8 \times 0.7$
$= 86436 \dfrac{\text{kg} \cdot \text{m}}{\text{m}^2 \cdot \text{s}^2}$

10 물리량의 단위를 잘못 표현한 것은?
① 표면장력 : N/m   ② 운동량 : kg · m/s
③ 전단응력 : N/m²   ④ 일 : N/m³

 표면장력 = 힘/길이
운동량 = 질량×속도
전단응력 = 힘/면적
일 = 힘×거리
이므로 단위는 N · m = Joule이 된다.

11 비압축성 유체가 단면적이 점차 축소되는 관속을 흐를 때 일어나는 현상으로 옳지 않은 것은?
① 유속이 증가한다.
② 유량이 감소한다.
③ 압력이 감소한다.
④ 마찰손실이 커진다.

비압축성 유체 유동은
① 축소 도관에서 속도는 늘어나고 밀도와 압력은 감소한다.
② 확대 도관에서는 반대로 속도는 감소하고 밀도와 압력은 증가한다.
③ 유량은 변화가 없다.(대체로 Hagen-Poiseulle 법칙에 따른다)
압축성 유체 유동은
① 축소 도관에서 속도는 감소하고 밀도와 압력은 증가한다.
② 확대 도관에서는 반대로 속도는 증가하고 밀도와 압력은 감소한다.

12 지름이 3m 원형 기름 탱크의 지붕이 평평하고 수평이다. 대기압이 1atm일 때 대기가 지붕에 미치는 힘은 몇 kgf인가?

① 7.3×10^2 ② 7.3×10^3
③ 7.3×10^4 ④ 7.3×10^5

힘＝압력×단면적：
$$F = A \cdot p = (\pi R^2)P$$
$$= (\pi \times 1.5^2) \times (1.0332 \times 10^4)$$
$$= 7.3 \times 10^4 [\text{kgf}]$$
$$P = 1.0333 \text{kgf/cm}^2 = 10332 \text{kgf/m}^2$$

13 이상기체에서 음속은 온도와 어떠한 관계가 있는가?

① 온도의 제곱근에 반비례한다.
② 온도의 제곱근에 비례한다.
③ 온도의 제곱에 비례한다.
④ 온도의 제곱에 반비례한다.

이상기체에서의 음속식
$$c = \sqrt{\frac{\gamma p}{\rho}} = \sqrt{\gamma RT}$$
(c : 음속, γ : 비열비(C_p/C_v), R : 기체상수, p : 압력, ρ : 유체밀도, T : 온도)
따라서 음속은 온도, 압력, 비열비의 제곱근에 비례하고, 밀도의 제곱근에 반비례한다.

14 차원 공기 유동에서 수직 충격파(normal shock wave)가 발생하였다. 충격파가 발생하기 전의 Mach 수가 2이면, 충격파가 발생한 후의 Mach 수는?(단, 공기는 이상기체이고, 비열비는 1.4이다.)

① 0.317   ② 0.471
③ 0.577   ④ 0.625

충격파 실속과 마하각
마하각 : $\alpha = \sin^{-1}\left(\dfrac{c}{u_\infty}\right) = \sin^{-1}\dfrac{1}{M_\infty}$
따라서 Mach수가 2일 때 마하각은 30°이다.

$$M_2 = \sqrt{\frac{2+(K-1)M_1^2}{2KM_1^2-(K-1)}}$$
$$= \sqrt{\frac{2+(1.4-1)\times 2^2}{2\times 1.4 \times 2^2 - (1.4-1)}}$$
$$= 0.57735$$

15 캐비테이션 발생에 따른 현상으로 가장 거리가 먼 것은?

① 소음과 진동 발생   ② 양정곡선의 증가
③ 효율곡선의 저하   ④ 깃의 침식

케비테이션이 일어나면 소음. 진동이 생기는 이외에 이론 양정이 내려가고 흐름의 흩어짐이 극심하게 되어서 손실수두가 증가하게 된다. 따라서 양정과 효율이 저하하고 마침내는 양정불능이 되어버린다 또 케비테이션은 양액량이 적을 때와 클 때 일어난다.

16 베르누이 방정식이 적용되는 조건이 아닌 것은?

① 두 점은 같은 유선 상에 있다.
② 정상상태의 흐름이다.
③ 마찰이 없는 흐름이다.
④ 압축성 유체의 흐름이다.

Bernoulli's equation
$\Delta\left(\dfrac{u^2}{2}\right) + \Delta(gz) + \dfrac{\Delta p}{\rho} = 0$의 조건 :
① 정상상태 흐름이어야 한다.
② 일 효과가 없어야 한다. 즉 터빈이나 펌프의 일 수행이 없어야 한다.
③ 흐름의 마찰손실이 없어야 한다.
④ 유체는 비압축성이고 밀도는 일정해야 한다.

17 유속을 무시할 수 있고 온도가 30°C인 저장탱크로부터 공기가 분출되고 있다. 이 흐름은 정상상태 단열이라면 Mach 수 2.5인 점의 기체온도는 약 몇 °C인가? (단, 비열비는 1.4이다.)

① 108   ② 138
③ -108   ④ -138

Mach 수 관계식

$$T = \left(1 + \frac{\gamma-1}{2}M_a^2\right)^{-1} T_0$$

(T_0 : 초기온도, γ : 비열비, M_a : Mach 수)

$T_0 = 303K$를 대입, 풀면

$$T = \left(1 + \frac{1.4-1}{2} \times 2.5^2\right)^{-1} \times 303$$
$$= 134.6K = -138.4℃$$

18 압력이 10^3N/m^2이고 온도가 77℃인 질소 ($R=0.26\text{kJ/kg}\cdot\text{K}$)의 밀도($\text{kg/m}^3$)는?

① 0.011 ② 0.212
③ 1.13   ④ 1.21

 이상기체식 : $p = \rho RT$ 에서

압력 : $p = 10^6 (\text{N/m}^2)$,

기체상수 : $R = 0.26 \dfrac{\text{kJ}}{\text{kg}\cdot\text{K}}$
$= 260 \dfrac{\text{J}}{\text{kg}\cdot\text{K}} = 260 \dfrac{\text{N}\cdot\text{m}}{\text{kg}\cdot\text{K}}$

온도 : $T = 77℃ = 350K$

유체밀도 :

$\rho = \dfrac{p}{RT}$

$= \dfrac{\text{kg}\cdot\text{K}}{260\;\text{N}\cdot\text{m}} \Big| \dfrac{}{350K} \Big| \dfrac{10^6}{}\dfrac{\text{N}}{\text{m}^3}$

$\approx 11.0 \dfrac{\text{kg}}{\text{m}^3} = 0.011 \dfrac{\text{kg}}{\text{m}^6}$

19 관 내의 압축성 유체의 경우 단면적 A와 마하수 M, 속도 V 사이에 다음과 같은 관계가 성립한다고 한다. 마하수가 2일 때 속도를 2% 감소시키기 위해서는 단면적을 몇 % 변화시켜야 하는가?

$$\dfrac{dA}{A} = \dfrac{(M^2-1) \times dV}{V}$$

① 6% 증가   ② 6% 감소
③ 4% 증가   ④ 4% 감소

 $\dfrac{dA}{A} = (M^2-1)\dfrac{dV}{V}$ 를 적분 :

$$\int \dfrac{dA}{A} = (M^2-1)\int \dfrac{dV}{V}$$

$\ln A = (M^2-1)\ln V \rightarrow A = V^{(M^2-1)}$

$M = 2$이므로 $A = V^3$이 된다. 속도가 2% 감소하면 속도는 0.98이 되고

$A = 0.98^3 \approx 0.94$ 정도가 되므로 6% 감소 한다.

20 극 초음속흐름에서 Mach값(M)의 범위로 가장 옳은 것은?

① $M < 0.3$ ② $0.3 < M < 1$
③ $1 < M < 2$ ④ $M > 3$

 Mach값의 범위에 따른 명칭

$M < 0.8$: subsonic(아음속)
$0.8 < M < 1.2$: transonic(천음속)
$1.2 < M < 5.0$: subsonic(초음속)
$5.0 < M < 10.0$: hypersonic(극초음속)
$10.0 < M < 25.0$: high hypersonic
(초극초음속)

제 2 과목   연소공학

21 다음 중 가연물의 구비조건이 아닌 것은?

① 산소와 친화력이 클 것
② 반응열이 클 것
③ 표면적이 클 것
④ 열전도율이 클 것

 가연물의 구비조건

① 산소와 친화력이 클 것(화학적으로 활성이 강할 것)
② 반응열이 클 것
③ 표면적이 클 것
④ 열전도율이 적을 것
⑤ 활성화 에너지가 적을 것(점화에너지가 적을 것)

22 에너지보존의 법칙을 공식으로 표현하면 $Q - W = \Delta H$이며, 엔탈피는 열역학함수의 하나로 $H = U + PV$로 정의된다. Q와 U의 의미를 올바르게 나열한 것은?

① Q = 열량, U = 속도
② Q = 내부에너지 + 외부에너지, U = 속도
③ Q = 열량, U = 내부에너지
④ Q = 내부에너지 + 외부에너지, U = 내부에너지

① $Q - W = \Delta H$
  Q : 시스템에서 받은 열량
  W : 시스템 외부에서 한 일
② $H = U + PV$로
  H : 엔탈피(enthalpy)
  U : 내부에너지
  PV : 외부에너지

23 폭발의 영향범위는 스켈링(Scaling)법칙을 이용한다. 다음 중 옳게 표현한 것은? (단, W_{TNT} : TNT당량(kg), ΔH_C : 연소열, 1100 : 저위발열량(kcal/kg), W_C : 누출된 가스 등의 질량(kg), η : 폭발효율이다.)

① $W_{TNT} = \dfrac{\Delta H_C \times W_C \times 1100}{\eta}$

② $W_{TNT} = \dfrac{1,100 \times W_C \times \eta}{\Delta H_C}$

③ $W_{TNT} = \dfrac{\Delta H_C \times W_C \times \eta}{1100}$

④ $W_{TNT} = \dfrac{\Delta H_C \times W_C}{\eta}$

Scaling법(폭발의 영향 범위 산정)
먼저 폭발한 물질의 양을 TNT 당량을 사용하여 폭발의 영향 범위를 구한다.
$W_{TNT} = \dfrac{\eta \times W_C \times H_c}{H_{CTNT}} = \dfrac{\eta \times W_C \times H_C}{1100}$

24 다음 중 내연기관의 화염으로 가장 적당한 것은?

① 층류, 정상 확산 화염이다.
② 층류, 비정상 확산 화염이다.
③ 난류, 정상 예혼합 화염이다.
④ 난류, 비정상 예혼합 화염이다.

 내연기관의 화염
연소 과정에서 엔진속도를 빠르게 하기 위하여 화염의 속도를 빠르게 하는 난류의 증대는 넓은 화염면을 갖게 하며 비정상 예혼합 화염이 나타난다.

25 과잉공기에 대하여 가장 바르게 설명한 것은?

① 불완전연소의 공기량과 완전연소의 공기량 차
② 완전연소를 위하여 필요로 하는 이론공기량 보다 많이 공급된 공기
③ 완전연소를 위한 공기
④ 1차 공기가 부족하였을 때 더 공급해 주는 공기

 과잉 공기량
① 완전연소를 위해 이론 공기량 더 첨가되는 여분의 공기량으로서 실제공기량에서 이론공기량의 차를 말한다.
② $A_X = A - A_0 = (m - 1)A_0$

26 폭발에 관한 가스의 성질을 잘못 설명한 것은?

① 안전간격이 클수록 위험하다.
② 연소속도가 클수록 위험하다.
③ 폭발범위가 넓은 것이 위험하다.
④ 압력이 높아지면 일반적으로 폭발범위가 넓어진다.

 안전간격과 폭발 등급
① 안전간격이 작은 가스 : 점화에너지가 적어 폭발하기 쉬워 위험하다.
② 안전간격이 큰 가스 : 점화에너지가 커서 폭발하기 어려워 위험이 적다.

27 브레이톤 사이클에서 열은 어느 과정을 통해 흡수되는가?

① 정적과정 ② 등온과정
③ 정압과정 ④ 단열과정

 브레이터(brayton) 사이클
① 2개의 단열과정과 2개의 정압과정으로 이루어진다.
② 일의 흡수 : 단열압축
③ 열의 흡수 : 정압가열
④ 일의 방출 : 단열팽창
⑤ 열의 방출 : 정압방열

28 열효율을 높이는 방법이 아닌 것은?

① 연속적인 조업을 피한다.
② 연소가스 온도를 높인다.
③ 열손실을 줄인다.
④ 연소기구에 알맞은 적정연료를 사용한다.

 열효율 향상
① 장치의 설치조건과 운전조건에 일치되도록 한다.
② 장치에 대한 적정작업조건을 강구하고 열손실을 줄인다.
③ 가능한 연속적인 작업을 하여 축열손실을 줄인다.
④ 전열량을 증가시킨다.

29 1mol의 이상기체($C_v=3/2R$)가 40℃, 35atm으로부터 1atm까지 단열가역적으로 팽창하였다. 최종 온도는 얼마인가?

① 97K ② 88K
③ 75K ④ 60K

 단열변화
① 최종 온도

$$\frac{T_2}{T_1} = \left(\frac{P_2}{P_1}\right)^{\frac{k-1}{k}}$$

$$T_2 = T_1 \times \left(\frac{P_2}{P_1}\right)^{\frac{k-1}{k}}$$

$$= (273+40) \times \left(\frac{1}{35}\right)^{\frac{1.67-1}{1.67}} = 75.17K$$

② 정압비열

$$C_P = R + C_V = R + \frac{3}{2}R = \frac{5}{2}R$$

$$C_P - C_V = R$$

③ 비열비 : $k = \dfrac{C_P}{C_V}$

C_P : 정압비열, C_V : 정적비열
k : 비열비

$$k = \frac{C_P}{C_V} = \frac{\frac{5}{2}R}{\frac{3}{2}R} = 1.67$$

30 최소착화에너지(MIE)의 특징에 대한 설명으로 옳은 것은?

① 최소착화에너지는 압력증가에 따라 감소한다.
② 산소농도가 많아지면 최소착화에너지는 증가한다.
③ 질소농도의 증가는 최소착화에너지를 감소시킨다.
④ 일반적으로 분진의 최소착화에너지는 가연성가스보다 작다.

 ① **최소착화에너지**(MIE)
최소 점화에너지 또는 최소 발화에너지라고 하며 혼합가스 중에서 가연성 가스가 발화하는데 필요한 최소한의 에너지를 말한다.
② 최소 점화에너지 조건
  ㉠ 혼합기의 온도가 상승함에 따라 작아진다.
  ㉡ 연소속도가 클수록 작아진다.
  ㉢ 열전도율이 적을수록(열축적률이 클수록) 작아진다.
  ㉣ 산소의 농도가 증가할수록 작아진다.
  ㉤ 압력이 높을수록 작아진다.

31 다음 중 저위 발열량(H_L)과 고위 발열량(H_n)의 관계식에서 맞는 것은? (단, H : 수소, W : 전수분을 의미한다.)

① $H_L = H_n + 600(9H - W)\text{kcal/kg}$
② $H_L = H_n - 600(9H - W)\text{kcal/kg}$
③ $H_L = H_n + 600(9H + W)\text{kcal/kg}$
④ $H_L = H_n - 600(9H + W)\text{kcal/kg}$

 저위 발열량(진발열량, H_L)
$H_L = H_h - 600(9H + W)\text{kcal/kg}$
H_L : 저위 발열량, H_h : 고위 발열량

32 다음 중 연소에 관한 설명으로 옳지 않은 것은?

① 연소는 연료의 산화 발열 반응이므로 연소 속도란 산화하는 속도라 할 수 있다.
② 석탄, 장작과 같이 처음에 불꽃을 일으키며 일어나는 연소를 표면연소라 한다.
③ 화염의 종류는 화학적인 성질에 따라 산화염과 환원염으로 나뉜다.
④ 고체 및 액체 연료는 고온의 가스 분위기에서 먼저 가스화된다.

 표면연소(작열연소)
불꽃없이 가연물의 표면에서 산소와 반응하여 증발과정 없이 코크스, 목탄, 금속분 등이 있다.

33 출력 130000kW의 화력발전소에서 연소하는 석탄의 발열량이 6200kcal/kg, 발전 효율이 37%라면 시간당 석탄 소모량은 몇 톤인가?

① 39.1   ② 42.2
③ 45.6   ④ 48.7

 석탄의 소모량
① $G_f = \dfrac{\text{유효 열량}}{\text{석탄의 발열량} \times \text{효율}}$
   $= \dfrac{\text{유효(소비) 열량}}{H_L \times \eta}$
② $G_f = \dfrac{\text{유효(소비) 열량}}{H_L \times \eta}$
   $= \dfrac{130000 \times 860}{6200 \times 0.37} = 48735.83261\text{kg}$

$G_f = 48735.83261[\text{kg}] \times \dfrac{1}{1000}$
$= 48.735[\text{ton}]$
③ $1[\text{kw}] = 860[\text{kcal/h}]$
$1000[\text{kg}] = 1[\text{ton}]$

34 다음 [보기]는 액체연료를 미립화시키는 방법을 설명한 것이다. 옳은 것을 모두 고른 것은?

 ① 연료를 노즐에서 고압으로 분출시키는 방법
② 고압의 정전기에 의해 액체를 분열시키는 방법
③ 초음파에 의해 액체연료를 촉진시키는 방법

① ①   ② ①, ②
③ ②, ③   ④ ①, ②, ③

 무화의 종류
① 이류체 무화식 : 공기나 증기 등의 기체를 분무매체로 하여 연료를 무화시키는 방식이다.
② 회전 이류체 분무화식 : 분무컵(atomizing cup)의 고속 회전의 원심력을 이용하여 분무화하는 방식이다.
③ 충돌 무화식 : 금속관에 연료를 고속으로 충돌시켜 무화하는 방식이다.
④ 진동 무화식 : 연료를 초음파에 의하여 무화시키는 방식이다.
⑤ 정전기 무화식 : 연료에 고압의 정전기를 발생시켜 무화시키는 방식
⑥ 유압 무화식 : 연료 자체에 압력을 가하여 노즐에서 고속 분사시켜 무화하는 방식
⑦ 무화 : 액체를 분무하여 미립자로 하는 것

35 체적이 0.1m^3인 용기 안에 메탄(CH_4)과 공기 혼합물이 들어 있다. 공기는 메탄을 연소시키는데 필요한 이론 공기량보다 20%가 더 들어 있고 연소 전 용기의 압력은 300kPa이고, 온도는 90℃이다. 연소 전 용기 안에 있는 메탄의 질량은 약 몇 kg인가? (단, 질소와 산

소의 혼합비율은 79 : 21이다.)

① 0.0128　② 0.0438
③ 0.0749　④ 0.1053

① 메탄의 질량
$$PV = GRT$$
$$G = \frac{PV}{RT} = \frac{24.15 \times 0.1}{\frac{8.314}{(12+4)} \times (273+90)}$$
$$= 0.012803$$
② 메탄의 완전 연소 반응식
$$CH_4 + 2O_2 + N_2 + B \rightarrow CO_2 + 2H_2O + N_2 + B$$
$$P = 전압 \times \frac{성분몰수}{전몰수}$$
$$= 300kPa \times \frac{1}{1+2+(2 \times 3.76)+(1.2-1) \times \frac{2}{0.21}}$$
$$= 24.1453 ≒ 24.15kPa$$

36 단열변화에서 엔트로피 변화량은 어떻게 되는가?

① 일정치 않음　② 증가
③ 감소　　　　 ④ 불변

엔트로피 변화량
① 가역단열변화 : 엔트로피 불변 이다.(일반적으로 가역단열변화로 간주한다.)
② 비가역단열변화 : 엔트로피 증가 이다.

37 증기의 성질에 대한 설명으로 틀린 것은?

① 증기의 압력이 높아지면 엔탈피가 커진다.
② 증기의 압력이 높아지면 현열이 커진다.
③ 증기의 압력이 높아지면 포화 온도가 높아진다.
④ 증기의 압력이 높아지면 증발열이 커진다.

증기의 압력 상승
① 포화수의 온도 증가
② 증발열의 감소
③ 증기의 잠열 감소

④ 엔탈피의 증가
⑤ 물의 현열의 증가

① 증기의 압력이 높아지면 증기의 비엔탈피가 증가한다.
② 전열량 감소는 그을음이나 스케일 때문에 발생

38 다음 중 차원이 같은 것 끼리 나열된 것은?

보기
① 열전도율　② 점성계수　③ 저항계수
④ 확산계수　⑤ 열전달률　⑥ 동점성계수

① ①, ②　　② ③, ⑤
③ ④, ⑥　　④ ⑤, ⑥

① 동점성계수 $\nu = \frac{\mu}{\rho}$ [m²/s]
② 확산 계수 $\alpha = \frac{K}{C\rho}$ [m²/s]
　α : 열확산계수(혹은 열확산율)
　k : 물질의 열전도율(kcal/m·s·℃)
　ρ : 물질의 밀도(kg/m³)
　C : 물질의 비열(kcal/kg℃)
③ 열전도율 : Kcal/m·H℃
④ 점성계수 : kg/s·m
⑤ 저항계수 : m·s·℃/kcal
⑥ 열전달률 : kcal/km²·h·℃

39 다음과 같은 반응에서 A의 농도는 그대로 하고 B의 농도를 처음의 2배로 해주면 반응속도는 처음의 몇 배가 되겠는가?

보기
$$2A + 3B \rightarrow 3C + 4D$$

① 2배　② 4배　③ 8배　④ 16배

반응속도
$$V = K[A]^m \times [B]^n$$
$$V = [1]^2 \times [2]^3$$

40 발열량에 대한 설명으로 틀린 것은?

① 연료의 발열량은 연료단위량이 완전 연소했을 때 발생한 열량이다.
② 발열량에는 고위발열량과 저위발열량이 있다.
③ 저위발열량은 고위발열량에서 수증기의 잠열을 뺀 발열량이다.
④ 발열량은 열량계로는 측정할 수 없어 계산식을 이용한다.

 발열량 측정
① 고체 연료의 발열량 측정 : 봄브(Bomb) 열량계
② 기체 연료의 발열량 측정 : 융커스식 열량계, 시그마 열량계)
③ 발열량은 열량계로 측정한다.

제3과목 가스설비

41 검사에 합격한 가스용품에는 국가표준기본법에 따른 국가 통합인증마크를 부착하여야 한다. 다음 중 국가통합인증마크를 의미하는 것은?

① KA   ② KC
③ KE   ④ KS

 KC 마크(Korea Certification Mark)
"국가통합인증마크"란 안전 · 보건 · 환경 · 품질 등 분야별 인증마크를 국가적으로 단일화한 것을 말한다.

42 내부 용적이 47L인 용기를 내압시험에서 3MPa의 수압을 가하니 용기의 내부용적이 47.125L로 되었다. 다시 압력을 제거하여 대기압 상태로 하였더니 용기의 내부 용적이 47.002L가 되었다면 항구증가율은?

① 0.8%   ② 1.3%
③ 1.6%   ④ 2.6%

 항구 증가율
① 항구 증가량 = 47.002L − 47L = 0.002L
② 전 증가량 = 47.125L − 47L = 0.125L
③ 합격 : 항구 증가율 10% 이하일 것
④ 항구 증가율 = $\dfrac{항구 증가량}{전 증가량} \times 100\%$
   = $\dfrac{0.002}{0.125} \times 100 = 1.6\%$

43 최고 충전압력이 7.3MPa, 동체의 내경이 326mm, 허용응력 240N/mm²인 용접용기 동판의 두께는 얼마인가? (단, 용접효율은 1, 부식여유는 고려하지 않는다.)

① 3mm   ② 4mm
③ 5mm   ④ 6mm

 용접 용기 동판의 두께
① $t = \dfrac{PD}{2S\eta - 1.2P} + C$
② $t = \dfrac{PD}{2S\eta - 1.2P} + C$
   = $\dfrac{7.3 \times 326}{(2 \times 240 \times 1) - (1.2 \times 7.3)}$
   = $\dfrac{2379.8}{471.24} = 5.05008[\text{mm}]$

t : 용기 두께 [mm]
P : 최고충전압력[MPa]
S : 허용응력[N/mm²] = 인장강도 × $\dfrac{1}{4}$
η : 용접효율
C : 부식여유치[mm](동판=0으로 한다)
D : 동체 안지름(mm)

44 압력 2MPa 이하의 고압가스 배관설비로서 곡관을 사용하기가 곤란한 경우 가장 적정한 신축이음매는?

① 벨로우즈형 신축이음매
② 루프형 신축이음매
③ 슬리브형 신축이음매
④ 스위블형 신축이음매

벨로우즈형(bellows type) 신축이음매
① 최고사용압력이 2MPa 이하인 배관은 벨로우즈형 신축이음매 설치가 가능하다.
② 곡관 사용이 곤란한 곳에는 벨로우즈형이나 슬라이드형의 신축이음매를 사용할 수 있다.

45 금속재료에 관한 일반적인 설명으로 옳지 않은 것은?

① 황동은 구리와 아연의 합금이다.
② 뜨임의 목적은 담금질 후 경화된 재료에 연성을 주는 것이다.
③ 철에 크롬과 니켈을 첨가한 것은 스테인리스강이다.
④ 청동은 강도는 크나 주조성과 내식성은 좋지 않다.

 청동(bronze)
① 청동=구리+주석
② 주조성과 내식성, 내마모성이 좋고 강도가 크다.

46 도로에 매설되어 있는 도시가스 배관의 누출 검사방법으로 가장 적절한 것은?

① 공기보다 무거운 도시가스는 수소염 이온화식 가스 검지기를 이용하여 누출 유무를 검지할 수 없다.
② 배관의 노선상을 50m 간격으로 깊이 50cm 이상으로 보링을 하여 수소염 이온화식 가스검지기 등을 이용하여 가스 누출여부를 검사한다.
③ 배관의 노선상은 적당한 간격을 정하여 누출유무를 검사한다.
④ 아스팔트 포장 등 도로구조상 보링이 곤란한 경우에는 누출검사를 생략한다.

 도시가스 배관의 누출검사
① 공기보다 무거운 도시가스는 수소염이온화식 가스검지기를 이용하여 배관노선상의 지표에서 공기를 흡인하여 누출여부를 검사하는 방법

② 배관의 노선상을 약 50m 간격으로 깊이 약 50cm 이상의 보링을 하고 관을 이용하여 흡입한 후, 가스검지기 등으로 누출여부를 검사한다.
③ 보도블럭, 콘크리트 및 아스팔트 포장 등 도로 구조상 보링이 곤란한 경우에는 그 주변의 맨홀 등을 이용하여 누출여부를 검사할 수 있다.

47 35℃에서 최고 충전압력이 15MPa로 충전된 산소용기의 안전밸브가 작동하기 시작하였다면 이때 산소용기 내의 온도는 약 몇 ℃인가?

① 137℃ ② 142℃
③ 150℃ ④ 165℃

 ① 산소 용기 온도 계산
$$\frac{P_1 V_1}{T_1} = \frac{P_2 V_2}{T_2}$$
$$\frac{P_1}{T_1} = \frac{P_2}{T_2} \ (V_1 = V_2)$$
$$T_2 = \frac{P_2 \times T_1}{P_1} = \frac{20 \times (273+35)}{15}$$
$$= 410.66667K - 273 = 137.66667$$

② 안전밸브의 작동 압력
$$P_2 = T_P \times \frac{8}{10} = F_P \times \frac{5}{3} \times \frac{8}{10}$$
$$= 상용압력 \times 1.5 \times \frac{8}{10}$$
$$P_2 = 15 \times \frac{5}{3} \times \frac{8}{10} = 20$$
T_P : 내압 시험 압력(MPa)
F_P : 최고 충전 압력(MPa)

48 다음 중 수소의 공업적 제법이 아닌 것은?

① 수성가스법 ② 석유 분해법
③ 천연가스 분해법 ④ 하버 보시법

 수소의 공업적 제법
① 수전해법
② 수성가스법
③ 석탄 완전가스화법
④ 일산화탄소 전환법

⑤ 석유분해법
⑥ 천연가스분해법

 하법 보시법 : 암모니아 제조법으로 철촉매를 사용하여 수소(3)와 질소(1)를 반응시켜 합성하는 법이다.

49 증기 압축 냉동사이클에서 단열팽창 과정은 어느 곳에서 이루어지는가?
① 압축기　　② 팽창밸브
③ 응축기　　④ 증발기

 증기 압축 냉동사이클 과정
① 압축기 : 단열 압축
② 응축기 : 등압 응축 과정
③ 팽창밸브 : 단열팽창
④ 증발기 : 등온팽창

50 LNG에 대한 설명 중 틀린 것은?
① LNG의 주성분은 메탄이다.
② LNG는 천연가스를 −162℃까지 냉각, 액화한 것이다.
③ 저온 저장탱크에 저장된 LNG는 대부분 액화하여 사용한다.
④ 대량의 천연가스를 액화하는 데에는 캐스케이드 사이클이 사용된다.

 LNG : 저온 저장탱크에 액체상태로 저장하고 상온에서는 기체로 존재하므로 기화하여 사용한다.

51 LNG 저장탱크에서 주로 사용되는 보냉재가 아닌 것은?
① 폴리우레탄폼(PUF)
② PIR폼
③ PVC폼
④ 펄라이트

 ① **보냉재** : 펄라이트(Perlite), 폴리우레탄 폼(Polyurethane Form), PVC폼
② **경질 폴리우레탄(PIR)폼** : 단열재

52 일정 압력 이하로 내려가면 가스 분출이 정지되는 구조의 안전밸브는?
① 스프링식　　② 파열식
③ 가용전식　　④ 박판식

 스프링식
스프링의 압력을 이용하여 밸브가 작동한다.

53 일반도시가스사업의 가스공급시설 중 LPG 저장탱크가 설치된 장소와 차량이 통행하는 통로사이에는 방호구조물을 설치하여야 한다. 방호구조물 설치에 대하여 바르게 설명한 것은?
① 높이 30cm 이상, 두께 30cm 이상의 철근 콘크리트 구조물을 1m 이내의 간격으로 설치한다.
② 높이 60cm 이상, 두께 30cm 이상의 철근 콘크리트 구조물을 1m 이내의 간격으로 설치한다.
③ 높이 30cm 이상, 두께 30cm 이상의 철근 콘크리트 구조물을 2m 이내의 간격으로 설치한다.
④ 높이 60cm 이상, 두께 30cm 이상의 철근 콘크리트 구조물을 2m 이내의 간격으로 설치한다.

 방호구조물
① 철근 콘크리트 구조물 설치(높이 60cm 이상, 두께 30cm 이상) : 1m 이내
② 중앙분리대 구조물 설치(철근콘크리트제) : 1m 이내
③ 강관제 구조물 설치(높이 60cm 이상 80A 이상) : 1m 이내

54 암모니아 합성가스 분리장치에서 저온에서 디엔류와 반응하여 폭발성의 껌(Gum)상의 물질을 만드는 가스는?
① 일산화질소　　② 벤젠
③ 탄산가스　　　④ 일산화탄소

암모니아 합성가스 분리장치
일산화질소는 저온에서 디엔류와 반응하여 폭발성의 껌을 만들므로 미리 제거해야 한다.

55 고압가스 일반제조시설에 설치하는 각종 가스설비에 대한 설명으로 옳은 것은?

① 탑류, 저장탱크, 열교환기, 회전기계, 벤트스택 등은 공동으로 접지하여야 한다.
② 수평원통형 저장탱크의 가대 지지간격(span)이 8m 이상인 것은 고정식 난간을 설치한다.
③ 지반의 허용지지력도의 값이 당해 가스설비 등 그 내용물 및 그 기초에 의한 단위면적당 하중을 초과하도록 공사하여야 한다.
④ 독성가스를 저장탱크에 충전할 때 독성가스가 저장탱크 내용적의 95%를 초과하면 자동적으로 이를 검지할 수 있도록 액면검지장치 등을 설치하여야 한다.

 ① 정전기제거 조치 할때 단독접지하는 설비종류 : 탑류, 저장탱크, 벤트스틱, 회전기계, 열교환기
② 독성가스를 저장탱크에 충전할 때 독성가스가 저장탱크 내용적의 90%를 초과하면 자동적으로 이를 검지할 수 있도록 액면검지장치 등을 설치하여야 한다.
③ 저장탱크는 안전공간 10% 확보해야 한다.

56 연소기용 금속플렉시블 호스의 성능시험밥법으로 가장 적정한 것은?

① 기밀성능은 0.02MPa, 1분간 공기압에서 실시 후 누출이 없어야 한다.
② 내압성능은 0.8MPa, 30초간, 공기압에서 실시 후 누출, 그 밖에 이상이 없어야 한다.
③ 내비틀림성능은 90° 비틀림을 1회당 5초의 균일한 속도로 좌우 100회 실시하여 파손 등 이상이 없어야 한다.
④ 내구성능 중 기밀성은 반복부착시험 후 0.05MPa, 30초간 실시 후 누출이 없어야 한다.

 금속플렉시블 호스의 성능시험
① 기밀성능은 0.02MPa, 1분간 공기압에서 실시 후 누출이 없어야 한다.
② 내압성능은 1.8MPa, 1분간, 수압에서 실시 후 누출, 그 밖에 이상이 없어야 한다.
③ 내비틀림성능은 90° 비틀림을 1회당 10∼12초의 균일한 속도로 좌우 각 20회 실시하여 파손 등 이상이 없어야 한다.
④ 내구성능 중 기밀성은 반복부착시험 후 0.02MPa, 1분간 실시 후 누출이 없어야 한다.

57 터보형 압축기에 대한 설명으로 옳지 않은 것은?

① 연속 토출로 맥동현상이 적다.
② 운전 중 서징현상이 발생하지 않는다.
③ 유량이 커서 설치면적을 적게 차지한다.
④ 윤활유가 필요 없어 기체에 기름의 혼입이 적다.

 터보형 압축기의 특징
① 고속회전을 하며 설치면적이 작다
② 운전 중 서징현상에 주의해야 한다.
③ 높은 압축비를 얻기가 어려우며 효율이 나쁘다.
④ 70∼100%로 용량 조정범위가 좁다.
⑤ 연속 토출로 맥동현상이 적다.
⑥ 유량이 커서 설치면적을 적게 차지한다.
⑦ 윤활유가 필요 없어 기체에 기름의 혼입이 적다.

58 가스배관에 대한 설명 중 옳은 것은?

① SDR 21 이하의 PE배관은 0.25MPa 이상 0.4MPa 미만의 압력에 사용할 수 있다.
② 배관의 규격 중 관의 두께는 스케쥴 번호로 표시하는데 스케쥴수 40은 살두께가 두꺼운 관을 말하고, 160 이상은 살두께가 가는 관을 나타낸다.

③ 강괴에 내재하는 수축공, 국부적으로 접합한 기포나 편석 등의 개재물이 압착되지 않고 충상의 균열로 남아 있어 강에 영향을 주는 현상을 라미네이션이라 한다.
④ 재료가 일정온도 이하의 저온에서 하중을 변화시키지 않아도 시간의 경과함에 따라 변형이 일어나고 끝내 파단에 이르는 것을 크리프현상이라 하고, 한계온도는 −20℃ 이하이다.

① SDR 21 이하의 PE배관은 0.2MPa 미만의 압력에 사용할 수 있다.
② 배관의 규격 중 관의 두께는 스케줄 번호로 표시하는데 스케줄번호는 커질수록 관의 두께가 두꺼워진다.
③ 크리프(creep)현상 : 재료가 일정한 온도 이상으로 하중이 작용했을 때 시간의 경과함에 따라 변형이 갑자기 커지는 현상으로 때로는 파단이 나타나는 현상이다.

59 고압의 액체를 분출할 때 그 주변의 액체가 분사류에 따라서 송출되는 구조로서 노즐, 슬로우트, 디퓨져 등으로 구성되어 있는 펌프는?

① 마찰펌프 ② 와류펌프
③ 기포펌프 ④ 제트펌프

제트펌프(jet pump)
분사펌프라 말하며 고압의 물, 증기 등을 노즐에서 분사시켜고 압력에 의해 액체와 기체를 흡입, 혼합시켜 디퓨저(diffuser)에서 감속, 증압의 단계를 거쳐 토출한다.

60 용기내장형 가스난방기에 대한 설명으로 옳지 않은 것은?

① 난방기는 용기와 직결되는 구조로 한다.
② 난방기의 콕은 항상 열림 상태를 유지하는 구조로 한다.
③ 난방기는 버너 후면에 용기를 내장할 수 있는 공간이 있는 것으로 한다.
④ 난방기 통기구의 면적은 용기 내장실 바닥면적에 대하여 하부는 5%, 상부는 1% 이상으로 한다.

용기 내장형 가스 난방기
① 난방기는 용기와 직결되지 아니하는 구조로 한다.
② 난방기의 콕은 항상 열림 상태를 유지하는 구조로 한다.
③ 난방기는 버너 후면에 용기를 내장할 수 있는 공간이 있는 것으로 한다.
④ 난방기의 하부에는 난방기를 쉽게 이동할 수 있도록 4개 이상의 바퀴를 부착한다.
⑤ 난방기 통기구의 면적은 용기 내장실 바닥면적에 대하여 하부는 5%, 상부는 1% 이상으로 한다.

61 가스 안전성평가를 실시할 때 적용하는 안전성평가 기법이 아닌 것은?

① 체크리스트기법
② 사건수분석기법
③ 무작위추출기법
④ 작업자실수분석기법

안전성 평가 기법
① 정성적 평가 기법 :
  ㉠ 사고예상질문 분석(WHAT-IF)기법
    : 나쁜 결과를 초래할 수 있는 사고에 대하여 예상질문을 통해 미리 확인함으로써 위험을 줄이는 방법을 제시한다.
  ㉡ 체크리스트기법(checklist)
  ㉢ 위험과 운전분석(Hazard And Operablity Studies, HOZOP)기법
② 정량적 평기 기법 :
  ㉠ 작업자 실수 분석(Human Error Ananlysis, HEA)기법 : 작업에 영향을 미칠만한 요소를 평가하여 실수의 원인을 파악, 추적하여 실수의 순위를 결정한다.
  ㉡ 결함분석기법(Fault Tree Analysis, FTA)기법

ⓒ 사건수분석 기법(Event Tree Analysis, ETA)기법
③ 기타 안전성 평가 기법
　ⓐ 이상위험도 분석(FMECA)기법
　ⓑ 상대위험순위 결정(Dow And Mond Indices)기법 : 설비에 존재하는 위험에 대하여 수치적으로 위험 순위를 지표화하여 그 피해정도를 위험순위로 정한다.

62 가연성가스가 폭발할 위험이 있는 농도에 도달할 우려가 있는 장소로서 "2종 장소"에 해당되지 않는 것은?

① 상용의 상태에서 가연성가스의 농도가 연속해서 폭발 하한계 이상으로 되는 장소
② 밀폐된 용기가 그 용기의 사고로 인해 파손될 경우에만 가스가 누출할 위험이 있는 장소
③ 환기장치에 이상이나 사고가 발생한 경우에는 가연성 가스가 체류하여 위험하게 될 우려가 있는 장소
④ 1종 장소의 주변에서 위험한 농도의 가연성가스가 종종 침입할 우려가 있는 장소

 0 장소
① 상용의 상태에서 가연성가스의 농도가 연속해서 폭발 하한계 이상으로 되는 장소
② 폭발상한계를 초과 하는 경우에는 폭발한계 이내로 들어갈 우려가 있는 경우를 포함한다.

63 고압가스 용기제조 기술기준에 대한 설명으로 옳지 않은 것은?

① 용기는 열처리(비열처리재료로 제조한 용기의 경우에는 열가공)를 한 후 세척하여 스케일·석유류 그 밖의 이물질을 제거할 것
② 용기 동판의 최대 두께와 최소 두께와의 차이는 평균두께의 20% 이하로 할 것
③ 열처리 재료로 제조하는 용기는 열가공을 한 후 그 재료 및 두께에 따라서 적당한 열처리를 할 것

④ 초저온용기는 오스테나이트계 스테인리스강 또는 티타늄합금으로 제조할 것

 초저온 용기
① 섭씨 영하 50도 이하의 액화가스를 충전하기 위한 용기로 단열재로 피복하거나 냉동설비로 냉각하는 등의 방법으로 용기 안의 가스온도가 상용의 온도를 초과하지 아니하도록 한 것을 말한다.
② 용기의 재료는 그 용기의 안전성을 확보하기 위하여 오스테나이트계 스테인리스강 또는 알루미늄합금으로 한다.

64 고압가스 저장탱크 실내설치의 기준으로 틀린 것은?

① 가연성가스 저장탱크실에는 가스누출검지경보장치를 설치한다.
② 저장탱크실은 각각 구분하여 설치하고 자연환기시설을 갖춘다.
③ 저장탱크에 설치한 안전밸브는 지상 5m 이상의 높이에 방출구가 있는 가스방출관을 설치한다.
④ 저장탱크의 정상부와 저장탱크실 천장과의 거리는 60cm 이상으로 한다.

저장탱크실은 각각 구분하여 설치하고 강제통풍시설을 갖춘다.

65 액화암모니아 100kg을 충전하기 위한 용기의 내용적은? (단, 충전상수 C는 1.86 이다.)

① 186L　　② 98L
③ 73L　　④ 54L

$G[kg] = \dfrac{V[L]}{C}$　C : 충격상수
$V = GC = 100 \times 1.86 = 186L$

66 가스밸브와 연소기기(가스레인지 등)사이에서 호스가 끊어지거나 빠진 경우 가스가 계속

누출되는 것을 차단하기 위한 안전장치는?
① 슬레노이드　② 퓨즈콕
③ 파사트　④ 플레임로드

 퓨즈콕 : 가스밸브와 기기(가스레인지 등) 사이에서 호스가 끊어지거나 빠진 경우에 가스를 자동으로 차단하는 안전장치 이다.

67 액화석유가스를 용기에 의하여 가스소비자에게 공급할 때의 기준으로 옳지 않은 것은?
① 용기가스 소비자에게 액화석유가스를 공급하고자 하는 가스공급자는 당해 용기가스 소비자와 안전공급계약을 체결한 후 공급하여야 한다.
② 다른 가스 공급자와 안전공급계약이 체결된 용기가스 소비자에게는 액화석유가스를 공급할 수 없다.
③ 안전공급계약을 체결한 가스 공급자는 용기가스 소비자에게 지체없이 소비설비 안전점검 및 소비자보장책임보험가입확인서를 교부하여야 한다.
④ 동일 건축울 내 여러 용기가스 소비자에게 하나의 공급 설비로 액화석유가스를 공급하는 가스 공급자는 그 용기 가스 소비자의 대표자와 안전공급계약을 체결할 수 있다.

 액화석유 가스 용기로의 공급기준 〈액화 석유가스 시행규칙 43조 별표 20〉
① 가스공급자는 용기가스소비자가 액화석유가스 공급을 요청하면 다른 가스공급자와의 안전공급계약 체결 여부와 그 계약의 해지를 확인한 후 안전공급계약을 체결하여야 한다.
② 동일한 건축물 안의 여러 용기가스소비자에게 하나의 공급설비로 액화석유가스를 공급하는 가스공급자는 그 용기가스소비자의 대표자와 안전공급계약을 체결할 수 있다.

68 LPG 저장설비에 실시하는 지반조사에 대한 설명으로 옳지 않은 것은?

① 1차 지반조사방법은 이너팅을 실시하는 것을 원칙으로 한다.
② 표준관입시험은 N값을 구하는 방법이다.
③ 배인시험은 최대 토오크 또는 모멘트를 구하는 방법이다.
④ 평판재하시험은 항복하중 및 극한하중을 구하는 방법이다.

 제1차 지반조사
저장탱크를 설치할 경우 제1자 지반조사를 하여야 하며 제1차 지반조사에서 과거의 부동침하 등의 실적조사, 보링 등의 방법에 따라 실시하여야 한다. 저장탱크 설치되는 지점의 직하부에 2개소 이상의 보링을 실시하도록 하고 있다.

69 고압가스용 안전밸브 중 공칭 밸브의 크기가 80A일 때 최소 내압시험 유지시간은?
① 60초　② 180초
③ 300초　④ 540초

 고압가스 특정설비 안전밸브 내압시험
① 내압시험 압력은 호칭압력의 1.5배의 압력으로 수압시험을 실시했을 때 변형, 누설 등이 없는 것으로 한다.
② 안전밸브 몸통의 내압시험 기간

공칭 밸브 크기	최소 시험 유지 시간(초)
50A 이하	15
65A 이상 200A 이하	60
250A 이상	180

[비고] 공기 또는 기체로 내압시험을 하는 경우에도 같다.

70 포스겐의 제독제로 가장 적당한 것은?
① 물, 가성소다수용액
② 가성소다수용액, 탄산소다수용액
③ 물, 탄산소다수용액
④ 가성소다수용액, 소석회

 독성가스 제독제
① 포스겐 : 소석회, 가성소다 수용액,
② 염소 : 소석회, 가성소다, 탄산소다 수용액
③ 황화수소 : 가성소다, 탄산소타 수용액

④ 시안화수소 : 가성소다 수용액
⑤ 염산염 : 물
⑥ 암모니아, 산화에틸렌, 염화메탄 : 물

71 고압가스제조소 내 매몰배관 중간검사 대상 지정개소의 기준으로 옳은 것은?

① 검사대상 배관길이 100m 마다 1개소 지정
② 검사대상 배관길이 500m 마다 1개소 지정
③ 검사대상으로 지정한 부분의 길이 합은 검사대상 총 배관길이의 5% 이상
④ 검사대상으로 지정한 부분의 길이 합은 검사대상 총 배관길이의 7% 이상

매몰배관 중간 검사 대상 지정개소
지정개소를 적게하는 것이 좋으며 검사대상 배관길이 500m 마다 1개소 지정으로 한다.

72 어떤 탱크의 체적이 $0.5m^3$이고, 이 때 온도가 25℃이다. 탱크내의 분자량 24인 이상기체가 10kg이 들어있을 때 이 탱크의 압력은 약 몇 kgf/cm^2인가?(단, 대기압은 1.033 kgf/cm^2로 한다.)

① 19 　② 21
③ 25 　④ 27

① $PV = GRT$
P : 압력[kgf/cm^2]
$R : \dfrac{848}{M}$[kg·m/kmol°K]
V : 체적[m^3]
T : (273+℃)[K]
G : 질량[kg]

② $PV = GRT$
$P \times 0.5 = 10 \times \dfrac{848}{24} \times (273+25)$

$P = \dfrac{10 \times \dfrac{848}{24} \times (273+25)}{0.5}$

$= 210586.66666 \times 10^{-4} = 21.05867$

③ $P = 21.05867 - 1.033$
$= 20.02567 kgf/cm^2$

73 가스 안전 사고를 조사할 때 유의할 사항으로 적합하지 않은 것은?

① 재해조사는 발생 후 되도록 빨리 현장이 변경되지 않은 가운데 실시하는 것이 좋다.
② 재해에 관계가 있다고 생각되는 것은 물적, 인적인 것을 모두 수립, 조사한다.
③ 시설의 불안전한 상태나 작업자의 불안전한 행동에 대하여 유의하여 조사한다.
④ 재해조사에 참가하는 자는 항상 주관적인 입장을 유지하여 조사한다.

재해조사 유의사항
① 피해자에 대한 구급조치를 우선한다.
② 객관적인 입장에서 공정하게 조사한다.
③ 사실을 수집하며 재해방지를 도모한다.

74 독성가스제조시설의 시설기준에 대한 설명으로 틀린 것은?

① 독성가스 제조설비에는 그 가스가 누출될 때 이를 흡수 또는 중화할 수 있는 장치를 설치한다.
② 독성가스 제조시설에는 풍향계를 설치한다.
③ 저장능력이 1천톤 이상의 독성가스 저장탱크 주위에는 방류둑을 설치한다.
④ 독성가스 저장탱크에는 가스충전량이 그 저장탱크 내용적 90%를 초과하는 것을 방지한다.

방류둑 설치 기준
① 고압가스 일반 제조시설 : 가연성 및 산소의 액화가스 저장능력이 1000톤 이상일 때 방류둑을 설치한다.
② 저장능력이 5톤 이상의 독성가스 저장탱크 주위에 방류둑을 설치한다.
③ 냉동제조시설 : 독성가스를 냉매로 하는 수액기의 내용적이 10000L 이상일 때 방류둑을 설치한다.

75 액화석유가스 사용시설 중 배관은 안전상 고정부착되어야 하는데 배관의 관경과 고정거리 간격기준에 관한 것으로 옳은 것은?

① 13mm 미만은 1m 마다
② 13mm 미만은 2m 마다
③ 33mm 이상은 2m 마다
④ 33mm 이상은 4m 마다

액화석유 가스 배관 고정 간격
① 관경 13mm 미만 : 1m 마다
② 관경 13mm 이상 33mm 미만 : 2m 마다
③ 관경 33mm 이상 : 3m 미다.

76 액화가스를 차량에 적재하여 운반할 때 일정량 이상이면 운반책임자를 동승하도록 되어 있다. 그 기준량으로 옳지 않은 것은?

① C_3H_8 : 3000kg 이상
② Cl_2 : 1000kg 이상
③ NH_3 : 2000kg 이상
④ O_2 : 6000kg 이상

고압가스 운반차량의 시설 기술기준
① 운반책임자

가스의 종류	기준
압축가스	10m³ 이상
액화가스	100kg 이상

② 운반책임자 동승

가스의 종류		기준
액화가스	가연성가스	3천kg 이상
	독성가스	1천kg 이상
	조연성가스	6천kg 이상
압축가스	가연성가스	300m³ 이상
	독성가스	100m³ 이상
	조연성가스	600m³ 이상

77 아세틸렌을 용기에 충전할 때에는 미리 용기에 다공질물을 고루 채워야 하는데 이때 다공도는 몇 % 이상이어야 하는지 그 기준값으로 옳은 것은?

① 62% 이상   ② 75% 이상
③ 92% 이상   ④ 95% 이상

아세틸렌 용기의 다공도
아세틸렌을 용기에 충전할 때에는 미리 용기에 다공물질을 고루 채워 다공도가 75% 이상 92% 미만이 되도록 한 후 아세톤 또는 디메틸포름아미드를 고루 침윤시켜 충전하여야 한다.

78 고압가스 충전용기의 취급 및 운반에 관한 기준으로 틀린 것은?

① 넘어짐 등으로 인한 충격을 방지하기 위하여 충전용기를 단단하게 묶을 것
② 충격을 최소한으로 방지하기 위하여 고무판 가마니 등을 차량 등에 갖추고 이를 사용할 것
③ 운반중의 충전용기는 항상 45℃ 이하로 유지할 것
④ 차량의 최대적재량을 초과하여 적재하지 아니할 것

적재 및 하역 작업
① 충전용기를 차량에 적재하여 운반할 때에는 적재함에 세워서 운반할 것
② 차량의 최대 적재량을 초과하여 적재하지 않을 것
③ 독성가스 중 가연성가스와 조연성가스는 같은 차량의 적재함으로 운반하지 않을 것
④ 밸브가 돌출한 충전용기는 고정식 프로텍터 또는 캡을 부착시켜 밸브의 손상을 방지하는 조치를 하고 운반할 것
⑤ 충전용기를 운반할 때에는 넘어짐 등으로 인한 충격을 방지하기 위하여 충전용기를 단단하게 묶을 것
⑥ 충전용기를 차에 싣거나 차에서 내릴 때에는 넘어지거나 부딪침 등으로 충격을 받지 않도록 주의하여 취급해야 하며, 충격을 최소한으로 방지하기 위하여 완충판을 차량 등에 갖추고 사용할 것
⑦ 운반 중의 충전용기는 항상 40℃이하를 유지할 것
⑧ 충전용기는 자전거나 오토바이에 적재하여 운반하지 않을 것

79 가스누출경보 및 자동차단장치의 기능에 대한 설명으로 옳은 것은?

① 경보농도는 가연성가스는 폭발하한계 이하, 독성가스는 TLVTWA 기준농도 이하로 한다.
② 경보를 발신한 후에는 원칙적으로 분위기 가스 중 가스농도가 변화하여도 계속경보를 울리고 대책을 강구함에 따라 정지되는 것으로 한다.
③ 경보기의 정밀도는 경보농도 설정치에 대하여 가연성가스용에서는 10% 이하, 독성가스용에서는 ±20% 이하로 한다.
④ 검지에서 발신까지 걸리는 시간은 경보농도의 1.2배 농도에서 20초 이내로 한다.

 가스누출경보 장치의 설치기준
① 경보농도는 검지경보장치의 설치장소, 주위의 분위기 온도에 따라 가연성가스는 폭발한계의 1/4 이하, 독성가스는 허용농도 이하로 할 것. (다만, 암모니아를 실내에서 사용하는 경우에는 50ppm으로 할 수 있다)
② 경보기의 정밀도는 경보농도 설정치에 대하여 가연성가스용에 있어서는 ±25%이하, 독성가스용에 있어서는 ±30%이하로 할 것.
③ 검지경보장치의 검지에서 발신까지 걸리는 시간은 경보농도의 1.6배 농도에서 보통 30초 이내일 것. 다만, 검지경보장치의 구조상 또는 이론상 30초가 넘게 걸리는 가스(암모니아, 일산화탄소 또는 유사 한 가스)에 있어서는 1분 이내로 한다.

80 다음 중 공기보다 무거운 가연성가스는?

① 메탄 ② 염소
③ 부탄 ④ 헬륨

 ① 공기의 분자량 : 29
② 가스의 분자량

가스의 명칭	분자량	가스의 성질
① 메탄(CH_4)	16	가연성
② 염소(Cl_2)	71	조연성
③ 부탄(C_4H_{10})	58	가연성
④ 헬륨(He)	4	불연성

제 5 과목 가스계측기기

81 수은이나 기름 위에 부자를 띄워 압력을 측정하는 압력계는?

① 액주식 압력계 ② 탄성식 압력계
③ 침종식 압력계 ④ 환상천평식 압력계

 침종식 압력계(inverted bell jar manometer)
① 종 모양과 같이 생긴 플롯을 액체 속에 담근 것으로 단종식과 복종식이 있다.
② 압력이 낮은 기체의 미소차압의 측정이 가능하다.
③ 저압가스의 유량을 측정할 수 있다.
④ 진동, 충격에 강하다.

82 측정치가 일정하지 않고 분포 현상을 일으키는 흩어짐(dispersion)이 원인이 되는 오차는?

① 개인오차 ② 환경오차
③ 이론오차 ④ 우연오차

 우연오차(부정오차, accident error)
① 발생원인이 불명확하거나 원인을 파악해도 오차가 일정하게 누적되지 않는다.
② 보정이 불가능하며 측정횟수가 많아지면 서로 상쇄된다.
③ 상대적인 분포현상을 가진 측정값을 나타내며 산포에 의하여 일어나는 오차를 말한다.

83 막식 가스미터의 부동현상에 대한 설명으로 가장 옳은 것은?

① 가스가 누출되고 있는 고장이다.
② 가스가 미터를 통과하지 못하는 고장이다.
③ 가스가 미터를 통과하지만 지침이 움직이지 않는 고장이다.
④ 가스가 통과될 때 미터가 이상 음을 내는 고장이다.

막식 가스미터의 고장
① 부동 : 가스는 가스미터를 통과하지만 가스미

터의 지침이 작동하지 않는 고장 이다.
② 발생원인 : 계량막의 파손
   ㉠ 밸브의 탈락
   ㉡ 밸브와 밸브시트 사이의 누설
   ㉢ 지시장치의 기어의 불량
③ 고장의 종류 : 부동, 불통, 누설, 기차불량, 감도불량, 이물질로 인한 불량

84 가스보일러의 자동연소제어에서 조작량에 해당되지 않는 것은?

① 연료량   ② 증기압력
③ 연소가스량   ④ 공기량

 가스보일러의 자동연소제어
① 제어량 : 증기온도, 드럼수위, 증기압력(노내 압력)
② 조작량 : 연료량, 공기량, 연소가스량

85 습식 가스미터의 특징이 아닌 것은?

① 계량이 정확하다.
② 사용 중 기차의 변동이 크다.
③ 수위조정이 필요하다.
④ 설치공간이 크다.

 습식 가스미터(wet gas meter) 특징
① 유량 계측(계량)이 정확하다.
② 사용 중 기차의 변동이 거의 없다.
③ 사용 중 수위조정이 필요하다.
④ 설치공간이 크다.

86 1기압, 100℃에서 공기의 밀도(g/L)는? (단, 공기는 N_2, O_2, Ar이 78%, 21%, 1%를 각각 함유하고 있으며, 분자량은 각각 28, 32, 40이다.)

① 0.66   ② 0.74
③ 0.88   ④ 0.94

 공기의 밀도
① 공기의 평균 분자량
$$\left(28 \times \frac{78}{100}\right) + \left(32 \times \frac{21}{100}\right) + \left(40 \times \frac{1}{100}\right)$$
$$= 28.96 ≒ 29$$

② 공기의 밀도[g/L]
$$\rho = \frac{질량}{단위체적당} = \frac{m}{V} = \frac{W}{V}$$
③ $\rho = \frac{W}{V} = \frac{PM}{RT}$
$$= \frac{1 \times 29}{0.082 \times (273+100)} = 0.94815$$

87 온도측정기를 사용하여 온도를 측정하였더니 250℃ 이었다. 참값이 240℃ 일 때 오차는 얼마인가?

① 10   ② 24
③ 25   ④ 1.04

 오차 = 측정값(M) - 참값(T)
= 250 - 240 = 10

88 관 속을 흐르는 물의 속도를 측정하기 위하여 관의 중심부 아래 피토관을 설치하였다. 이 때 피토관 끝에서 측정되는 전압수두는 2.5m이었고 피토관부 옆면에서 측정되는 정압수두가 1.2m이었다. 관속을 흐르는 물의 유속은 약 몇 m/s인가?

① 4   ② 5
③ 7   ④ 12

유속
① $V = C_P \sqrt{2g\left(\frac{P_t - P_s}{\gamma}\right)}$
  V : 유속[m/s], C_P : 피토관 계수
  P_t : 전압[kgf/cm², mmAq]
  P_s : 정압[kgf/cm², mmAq]
② $V = \sqrt{2g\left(\frac{P_t - P_s}{\gamma}\right)}$
$$= \sqrt{2 \times 9.8 \times \left(\frac{(2.5 \times 10^3) - (1.2 \times 10^3)}{1000}\right)}$$
$$= 5.0477[m/s]$$

89 배기가스 100mL를 채취하여 KOH 30% 용액에 흡수된 양이 15mL이었고, 알칼리성 피로카롤 용액을 통과 후 70mL가 남았으며, 암

모니아성 염화 제1구리에 흡수된 양은 1mL 이었다. 이 때 가스 중 CO_2, CO, O_2는 각각 몇 %인가?

① CO_2 : 15%, CO : 5%, O_2 : 1%
② CO_2 : 1%, CO : 15%, O_2 : 15%
③ CO_2 : 15%, CO : 1%, O_2 : 15%
④ CO_2 : 15%, CO : 15%, O_2 : 1%

해설 오르사트(Orsat)법 배기가스 성분(%) 계산

① CO_2(%)
$$= \frac{30\% KOH \text{ 용액 흡수량}}{\text{시료채취량}} \times 100$$
$$= \frac{15}{100} \times 100 = 15$$

② O_2(%) $= \frac{\text{알카리성 피로가롤 용액흡수량}}{\text{시료채취량}} \times 100$
$$= \frac{85-17}{100} \times 100 = 15$$

③ CO(%)
$$= \frac{\text{암모니아성 염화제일구리 용액 흡수량}}{\text{시료 채취량}} \times 100$$
$$= \frac{1}{100} \times 100 = 1$$

90 가스미터의 구비조건으로 적당하지 않은 것은?

① 소형이고 계량용량이 클 것
② 가격이 싸고 내구력이 있을 것
③ 기차의 변동이 클 것
④ 구조가 간단하고 감도가 예민할 것

해설 가스미터의 구비조건
① 사용 최대유량에 적합한 계량능력이 있을 것
② 사용 중 기차변화가 없고 정확한 계량을 할 수 있을 것
③ 내압, 내열, 내구성, 기밀성이 좋을 것
④ 설치가 쉽고 유지관리가 용이 할 것
⑤ 구조가 간단하고 감도가 예민할 것

91 캐리어가스와 시료성분가스의 열전도도의 차이를 금속필라멘트 또는 서미스터의 저항 변화로 검출하는 가스크로마토그래피 검출기는?

① TCD ② FID
③ ECD ④ FPD

해설 가스 크로마토그래피의 검출기 종류
① TCD(thermal conductivity detector) : 열전도도형 검출기
② FID(flame ionization detector) : 수소염 이온화 검출기
③ ECD(electron capture detector) : 전자포획형 검출기
④ FPD(flame photometric detector) : 염광광도형 검출기
⑤ FTD(flame thermionic detector) : 알카리성 이온화 검출기
⑥ 기타 검출기 : 규정하는 가스를 사용한다.

92 경사관 압력계에서 P_1의 압력을 구하는 식은? (단, γ : 액체의 비중량, P_2 : 가는 관의 압력, θ : 경사각, x : 경사관 압력계의 눈금이다.)

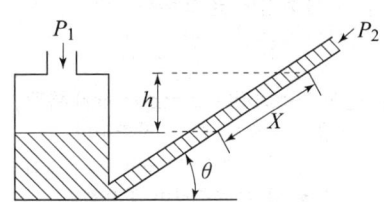

① $P_1 = \dfrac{P_2}{\sin\theta}$
② $P_1 = P_2 \gamma \cos\theta$
③ $P_1 = P_2 + \gamma x \cos\theta$
④ $P_1 = P_2 + \gamma x \sin\theta$

해설 절대압력 = 대기압 + 게이지 압력
$P_1 = P_2 + \gamma h = P_2 + \gamma X \sin\theta$

93 유도단위는 어느 단위에서 유도되는가?

① 절대단위 ② 중력단위
③ 특수단위 ④ 기본단위

유도단위(derived unit , 誘導單位)
기본 단위에서 유도된 물리량을 나타내는 여러 단위이다.

94 밸브를 완전히 닫힌 상태로부터 완전히 열린 상태로 움직이는데 필요한 오차의 크기를 의미하는 것은?
① 잔류편차 ② 비례대
③ 보정 ④ 조작량

 비례대
① 입력값과 출력값의 비례관계에 있어 입력이 값인 조절기 눈금의 변화 범위를 말한다.
② 비례대 = $\dfrac{측정온도\ 변화량}{조절기눈금\ 변화량} \times 100\%$

95 제어시스템에서 응답이 목표값에 처음으로 도달하는데 걸리는 시간을 의미하는 것은?
① 시간지연 ② 상승시간
③ 응답시간 ④ 오버슈트

 자동제어계의 시간영역
① 시간지연(Delay time) : 시간지연은 계단응답이 최종값의 50%에 도달하는데 필요한 시간을 말한다.
② 상승시간(Rise time) : 계단응답이 최종값의 10%에서 90%에 도달하는데 필요한 시간을 말한다.
③ 응답시간 : 0 이되는 과도응답과 과도응답이 없어진 후 남게 되는 정상상태응답이 있다.
④ 최대오버슈트(Maximum overshoot)
 ㉠ 정상 동작으로부터 벗어난 초과 오차로서 최대과도응답과 정상 값의 차를 말한다.
 ㉡ 상대적인 안정도를 측정한다.

96 공기압식 조절계의 구성요소에 대한 설명으로 옳은 것은?
① 편차를 공기압으로 변환하는 기구를 벨로우즈라고 한다.
② 변환된 공기압을 증폭하는 기구를 파일럿 밸브라고 한다.
③ 설정값과 측정값의 편차를 검출하는데 플래퍼가 사용된다.
④ 각종 제어동작을 부여하는데 노즐과 디스크가 사용된다.

 파일럿 밸브(pilot valve)
주밸브를 개폐하기 위하여 공기압을 증폭하여 작은 운동으로 큰 운동의 힘을 내게 한다.

97 제백효과(Seebeck effect)를 이용한 온도계는?
① 열전대온도계 ② 서모컬러온도계
③ 광고온계 ④ 서미스터온도계

 ① 열전대 온도계 : 열전대를 측온체로 사용하여 열기전력을 온도로 나타낸다.
② 제백효과(Seebeck effect) : 열전대의 끝에 온도차를 주면 온도차에 의해 열기전력이 발생하는 현상이다.

98 다음 중 실측식 가스미터가 아닌 것은?
① 오리피스식 ② 막식
③ 습식 ④ 루트식

 가스미터의 종류
① 실측식(직접식) : 막식 가스미터, 루츠미터, 로터리 피스톤식 미터, 습식기스미터
② 추량식(간접식) : 벤추리, 오리피스, 터빈식, 델타형

99 상대습도에 대한 설명으로 틀린 것은?
① 포화 수증기량과 습가스 수증기와의 중량 비를 의미한다.
② 온도가 상승하면 상대습도는 증가한다.
③ 상대습도 100%가 되면 물방울이 생긴다.
④ 일반적으로 습도라고 하면 상대습도를 말한다.

 상대습도(relative hrmidity)
① 온도가 상승하면 공기 $1m^3$당 수증기를 포함

할 수 있는 양이 많아져서 상태습도는 감소한다.
② 상대습도 : 공기온도에서의 실제습도와 포화습도의 비를 말한다.

100 오리피스 유량계의 측정오차 중 맥동에 의한 영향이 아닌 것은?

① 게이지 라인이 배관 내 압력변화를 차압계까지 전달하지 못하는 경우
② 차압계의 반응속도가 좋지 않은 경우
③ 스월(Swirl)이 생기는 경우
④ SRE(Square Root Error)가 생기는 경우

오리피스 유량계 측정 : 파동이 클 경우나 유체에 기포가 함유 되어도 오차가 발생치 않는다.

2023

❶ 2023년 3월 CBT 시행
❷ 2023년 5월 CBT 시행
❸ 2023년 9월 CBT 시행

2023년도 출제문제

2023년 3월 CBT 시행

> 본 문제는 복원 기출문제입니다. 실제 문제와 다를 수 있으니 양해바랍니다.

제1과목 가스유체역학

01 성능이 동일한 n대의 펌프를 서로 병렬로 연결하고 원래와 같은 양정에서 작동시킬 때 유체의 토출량은?

① $\dfrac{1}{n}$로 감소한다. ② n배로 증가한다.

③ 원래와 동일하다. ④ $\dfrac{1}{2n}$로 감소한다.

해설 **원심펌프의 연합운전**(동일한 성능을 가진 n대 펌프)
- 직렬(series) 운전 : 동일한 유량(Q)으로 n배의 양정(H)이 증가함.
- 병렬(parallel) 운전 : 동일한 양정(H)에서 n배의 유량(Q)이 증가함.

02 안지름 250mm인 관이 안지름 400mm인 관으로 급 확대되어 있을 때 유량 230L/s가 흐르면 손실수두는?

① 0.117m ② 0.217m
③ 0.317m ④ 0.416m

해설 돌연 확대관에서의 손실수두(h_L)

$$h_L = \left[1 - \left(\dfrac{d_1}{d_2}\right)^2\right]^2 \dfrac{V_1^2}{2g}$$

① 먼저 V_1을 구하면
$$Q = AV$$
$$V_1 = \dfrac{Q}{A_1} = \dfrac{4Q}{\pi d_1^2} = \dfrac{4 \times 230 \times 10^{-3}}{\pi \times 0.25^2}$$
$$= 4.6855 [\text{m/sec}]$$

② $h_L = \left[1 - \left(\dfrac{d_1}{d_2}\right)^2\right]^2 \dfrac{V_1^2}{2g}$

$$h_L = \left[1 - \left(\dfrac{0.25}{0.4}\right)^2\right]^2 \dfrac{4.6855^2}{2 \times 9.81}$$
$$= 0.415 [\text{m}]$$
$$\therefore h_L = 0.415 [\text{m}]$$

03 안지름이 D인 실린더 속에 물이 가득 채워져 있고, 바깥지름이 $0.8D$인 피스톤이 0.1m/s의 속도로 주입되고 있다. 이 때 실린더와 피스톤 사이의 틈으로 역류하는 물의 평균속도는 약 몇 m/s인가?

① 0.178 ② 0.213
③ 0.313 ④ 0.413

해설
$$Q = V_{\text{IN}} A_{\text{IN}} = V_{\text{OUT}} A_{\text{OUT}}$$
$$V_{\text{OUT}} = \dfrac{A_{\text{OUT}}}{A_{\text{IN}}} V_{\text{IN}} = 0.178 [\text{m/sec}]$$
$$\therefore V_{\text{OUT}} = 0.178 [\text{m/sec}]$$

04 지름 50mm, 길이 800m인 매끈한 수평파이프를 통하여 매분 135L의 기름이 흐르고 있을 때, 파이프 양 끝단의 압력 차이는 몇 kg$_f$/cm^{2}인가? (단, 기름의 비중은 0.92이고 점성계수는 0.56poise이다.)

① 0.19 ② 0.94
③ 6.7 ④ 58.49

해설 하겐–포아젤(Hagen-Poiseuille) 압력 강하식
$$\Delta P = \dfrac{128 \mu L Q}{\pi d^4}$$
$$\Delta P = \dfrac{128 \times 0.056 \times 800 \times 2.25 \times 10^{-3}}{\pi \times 0.05^4}$$
$$= 657113.836 [\text{N/m}^2]$$
$$\therefore \Delta P = 6.705 [\text{kg}_f/\text{cm}^2]$$

1.② 2.④ 3.① 4.③

05 압력 P_1에서 체적 V_1을 갖는 어떤 액체가 있다. 압력을 P_2로 변화시키고 체적이 V_2가 될 때, 압력 차이(P_1-P_2)를 구하면? (단, 액체의 체적탄성계수는 K이다.)

① $-K\left(1-\dfrac{V_2}{V_1-V_2}\right)$

② $K\left(1-\dfrac{V_2}{V_1-V_2}\right)$

③ $-K\left(1-\dfrac{V_2}{V_1}\right)$

④ $K\left(1-\dfrac{V_2}{V_1}\right)$

 체적탄성계수 : K

$K=-\left(\dfrac{dP}{dV}\right)V$

$K=-\left(\dfrac{P_2-P_1}{V_2-V_1}\right)V_1$

$\therefore P_2-P_1=-\left(1-\dfrac{V_2}{V_1}\right)K$

06 정압비열 $C_P=0.2\text{kcal/kg}\cdot\text{K}$, 비열비 $k=1.33$인 기체의 기체상수 R은 몇 kcal/kg·K인가?

① 0.04 ② 0.05
③ 0.06 ④ 0.07

 정압비열 : C_p & 정적비열 : C_v

$K=\dfrac{C_p}{C_v}$ & $C_p-C_v=R$

$R=C_p\left(1-\dfrac{1}{K}\right)=0.2\left(1-\dfrac{1}{1.33}\right)=0.05$

$\therefore R=0.05[\text{kcal/kg}\cdot\text{K}]$

07 980cSt의 동점도(kinematic viscosity)는 몇 m^2/s인가?

① 10^{-4} ② 9.8×10^{-4}
③ 1 ④ 9.8

 동점성 계수 : ν

$1\text{cSt}=10^{-2}\text{St}=10^{-6}[\text{m}^2/\text{s}]$

$980\text{cSt}=980\times10^{-6}[\text{m}^2/\text{s}]$

$=9.8\times10^{-4}[\text{m}^2/\text{s}]$

08 유체를 연속체로 취급할 수 있는 조건은?

① 유체가 순전히 외력에 의하여 연속적으로 운동을 한다.
② 항상 일정한 전단력을 가진다.
③ 비압축성이며 탄성계수가 적다.
④ 물체의 특성길이가 분자간의 평균자유행로보다 훨씬 크다.

 유체를 연속체로 취급하기 위해서는 주어진 영역이 "분자 크기" 또는 "분자 평균 자유 행로(molecular mean free path)"보다 커야 한다.

09 압력의 차원을 절대단위계로 옳게 나타낸 것은?

① MLT^2 ② $ML^{-1}T^2$
③ $ML^{-2}T^{-2}$ ④ $ML^{-1}T^{-2}$

압력(P, Pressure) : 단위 면적당 작용하는 힘(F, Force)

$P=\dfrac{F}{A}=\dfrac{[F]}{[L^2]}=[ML^{-1}T^{-2}]$

10 한 변의 길이가 a인 정삼각형 모양의 단면을 갖는 파이프 내로 유체가 흐른다. 이 파이프의 수력반경(hydraulic radius)은?

① $\dfrac{\sqrt{3}}{4}a$ ② $\dfrac{\sqrt{3}}{8}a$
③ $\dfrac{\sqrt{3}}{12}a$ ④ $\dfrac{\sqrt{3}}{16}a$

 수력반경(hydraulic radius) : R

$R=\dfrac{A(\text{유수 단면적})}{S(\text{윤변})}$

여기에서, $A = \frac{\sqrt{3}}{4}a^2$, $S = 3a$

$R = \frac{\sqrt{3}}{12}a$

11 부력에 대한 설명 중 틀린 것은?
① 부력은 유체에 잠겨 있을 때 물체에 대하여 수직 위로 작용한다.
② 부력의 중심을 부심이라 하고 유체의 잠긴 체적의 중심이다.
③ 부력의 크기는 물체 유체 속에 잠긴 체적에 해당하는 유체의 무게와 같다.
④ 물체가 액체 위에 떠 있을 때는 부력이 수직 아래로 작용한다.

- 부력의 크기 ⇒ 물체가 유체 속에 잠긴 체적에 해당하는 유체의 무게
- 부력이 작용하는 방향 ⇒ 수직 상방향
- 부력의 중심(부심, center of buoyancy) ⇒ 잠긴 체적의 중심

12 유선(stream line)에 대한 설명 중 가장 거리가 먼 내용은?
① 유체흐름 내 모든 점에서 유체흐름의 속도벡터의 방향을 갖는 연속적인 가상곡선이다.
② 유체흐름 중의 한 입자가 지나간 궤적을 말한다. 즉, 유선을 가로지르는 흐름에 관한 것이다.
③ x, y, z 방향에 대한 속도성분을 각각 u, v, w 라고 할 때 유선의 미분방정식 $\frac{dx}{u} = \frac{dy}{v} = \frac{dz}{w}$ 이다.
④ 정상유동에서 유선과 유적선은 일치한다.

유선 : 유체 입자의 속도 방향과 일치하도록 그려진 연속적인 선

13 원관 중의 흐름이 층류일 경우 유량이 반경의 4제곱과 압력기울기 $(P_1 - P_2)/L$에 비례하고 점도에 반비례한다는 법칙은?
① Hagen-Poiseuille 법칙
② Reynolds 법칙
③ Newton 법칙
④ Fourier 법칙

 하겐-포아젤(Hagen-Poiseuille) 방정식
$Q = \frac{\Delta P \pi D^4}{128 \mu L}$
위 식에서 $Q \propto \frac{\Delta P}{L} = \frac{(P_2 - P_1)}{L}$,
$Q \propto \frac{1}{\mu}$ 임을 알 수 있다.

14 다음 중 증기의 분류로 액체를 수송하는 펌프는?
① 피스톤 펌프 ② 제트 펌프
③ 기어 펌프   ④ 수격 펌프

15 다음 중 원심 송풍기가 아닌 것은?
① 프로펠러 송풍기
② 다익 송풍기
③ 레이디얼 송풍기
④ 익형(airfoil) 송풍기

 원심 송풍기 종류
① 다익형(multi-blade type)
② 반경류형(radial type)
③ 터보형(turbo type)
④ 익형(airfoil type)

16 유체역학에서 다음과 같은 베르누이 방정식이 적용되는 조건이 아닌 것은?

 $\frac{P}{r} + \frac{V^2}{2g} + Z = 일정$

① 적용되는 임의의 두 점은 같은 유선상에 있다.

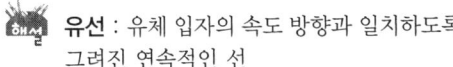

② 정상상태의 흐름이다.
③ 마찰이 없는 흐름이다.
④ 유체흐름 중 내부에너지 손실이 있는 흐름이다.

 베르누이 방정식

$$\frac{P}{r} + \frac{V^2}{2g} + Z = 일정$$

⇒ 전수두선(total head line) or 에너지선(energy line)

[조건]
① 정상유동이다.
② 유체입자가 유선을 따라 움직인다.
③ 마찰이 없다.
④ 유체흐름 중 에너지 손실이 없다.

17 절대압력 2kgf/cm^2, 온도 25℃인 산소의 비중량은 몇 N/m^3인가? (단, 산소의 기체상수는 $260\text{J/kg}\cdot\text{K}$이다.)

① 12.8 ② 16.4
③ 24.8 ④ 42.5

 이상기체 상태방정식 : $\dfrac{P}{\rho} = RT$

비중량 : $\gamma = \rho g$

$$\Rightarrow \gamma = \frac{Pg}{RT} = \frac{2 \times 9.81}{260 \times 298} = 24.8 [\text{N/m}^3]$$

18 측정기기에 대한 설명으로 옳지 않은 것은?

① Piezometer : 탱크나 관 속의 작은 유압을 측정하는 액주계
② Micromanometer : 작은 압력차를 측정할 수 있는 압력계
③ Mercury Barometer : 물을 이용하여 대기 절대압력을 측정하는 장치
④ Inclined-tube manometer : 액주를 경사시켜 계측의 감도를 높인 압력계

 Mercury Barometer : 수은을 이용하여 대기 절대압력을 측정하는 장치

19 10℃의 산소가 속도 50m/s로 분출되고 있다. 이때의 마하(Mach)수는? (단, 산소의 기체상수 R은 $260\text{m}^2/\text{s}^2 \cdot \text{K}$이고 비열비 k는 1.4이다.)

① 0.16 ② 0.50
③ 0.83 ④ 1.00

 마하수(Mach No.) : Ma

$$Ma = \frac{V}{C}$$

여기서, V : 유체 속도, C : 유체 음속

$$C = \sqrt{KgRT}$$

① 20℃에서 O_2의 음속 측정값
   ⇒ $C = 326[\text{m/s}]$
② $Ma = \dfrac{V}{C} = \dfrac{50}{326} = 0.153 ≒ 0.16$

20 LPG 이송 시 탱크로리 상부를 가압하여 액을 저장탱크로 이송시킬 때 사용되는 동력장치는 무엇인가?

① 원심펌프 ② 압축기
③ 기어펌프 ④ 송풍기

제 2 과목 연소공학

21 몰리에(Mollier) 선도에 대한 설명으로 옳은 것은?

① 압력과 엔탈피와의 관계선도이다.
② 온도와 엔탈피와의 관계선도이다.
③ 온도와 엔트로피와의 관계선도이다.
④ 엔탈피와 엔트로피와의 관계선도이다.

 몰리에(Mollier diagram) 선도
① 물질의 열역학적 성질을 나타내는 것으로 실제 기체나 증기의 상태변화 및 필요한 상태량을 미리 산출하는 것에 사용된다.
② 가로축 : 엔트로피(entropy),
   세로축 : 엔탈피(enthalpy)

22 다음 중 이론공기량[Nm³/kg]이 가장 적게 필요한 연료는?

① 역청탄 ② 코크스
③ 고로가스 ④ LPG

 이론공기량
① 연료를 완전연소 시 이론상 필요한 최소한의 공기량이다.
② Nm³/kg

연료의 종류	이론공기량
무연탄	8.0~9.0 Nm³/kg
중 유	10.0~11.5 Nm³/kg
석탄가스	4.0~5.5 Nm³/Nm³
고로가스	0.7 Nm³/Nm³

③ 고로가스는 불연성가스인 질소, 이산화탄소, 일산화탄소가 주성분으로 인하여 이론공기량을 적게 소비한다.

23 이상기체의 엔탈피 불변과정은?

① 가역 단열과정 ② 비가역 단열과정
③ 교축과정 ④ 등압과정

 교축과정(비가역 정상류 과정)
① 등엔탈피 과정이다.
② 열전달이 없고 엔탈피는 일정하고 엔트로피는 항상 증가하고 압력은 감소된다.

24 기체동력 사이클 중 2개의 단열과정과 2개의 등압과정으로 이루어진 가스 터빈의 이상적인 사이클은?

① 카르노 사이클(Carnot cycle)
② 사바테 사이클(Sabathe cycle)
③ 오토 사이클(Otto cycle)
④ 브레이턴 사이클(Brayton cycle)

 브레이턴 사이클(Brayton cycle)
정압 연소 사이클로서 2개의 단열과정(단열압축, 단열팽창)과 2개의 등압과정(등압연소, 등압냉각)으로 이루어진 것을 말한다.

25 프로판가스의 연소과정에서 발생한 열량은 50232MJ/kg이었다. 연소 시 발생한 수증기의 잠열이 8372MJ/kg이면 프로판가스의 저발열량 기준 연소효율은 약 몇 %인가? (단, 연소에 사용된 프로판가스의 저발열량은 46046MJ/kg이다.)

① 87 ② 91
③ 93 ④ 96

 연소 효율 = $\dfrac{\text{실제 발열량}}{\text{전 발열량}}$

$= \dfrac{50232 - 8372}{46046} \times 100\%$

$= 90.90\%$

26 202.65kPa, 25℃의 공기를 10.1325kPa으로 단열팽창시키면 온도는 약 몇 K인가? (단, 공기의 비열비는 1.4로 한다.)

① 126 ② 154
③ 168 ④ 176

 $T_2 = T_1 \left(\dfrac{P_2}{P_1}\right)^{\frac{K-1}{K}}$

$= (273 + 25) \times \left(\dfrac{10.1325}{202.65}\right)^{\frac{1.4-1}{1.4}}$

$= 126K$

27 충격파가 반응매질 속으로 음속보다 느린 속도로 이동할 때를 무엇이라 하는가?

① 폭굉 ② 폭연
③ 폭음 ④ 정상연소

 ① **폭굉** : 음속 < 폭발속도 (충격파)
② **폭연** : 음속 > 폭발속도 (충격파)

28 프로판을 연소할 때 이론단열 불꽃온도가 가장 높을 때는?

① 20% 과잉공기로 연소하였을 때
② 50% 과잉공기로 연소하였을 때
③ 이론량의 공기로 연소하였을 때
④ 이론량의 순수산소로 연소하였을 때

공기나 산소량이 적게 소비될 때 연소온도는 상승한다.

29 1kg의 기체가 압력 50kPa, 체적 $2.5m^3$의 상태에서 압력 1.2MPa, 체적 $0.2m^3$의 상태로 변화하였다. 이 과정에서 내부에너지가 일정하다고 할 때 엔탈피의 변화량은 약 몇 kJ인가?

① 100 ② 105
③ 110 ④ 115

 $\Delta H = \Delta U + (P_2 V_2 - P_1 V_1)$
$= 0 + (1200 \times 0.2 - 50 \times 2.5) = 115$

30 과잉공기계수가 1.3일 때 $230Nm^3$의 공기로 탄소(C) 약 몇 kg을 완전 연소시킬 수 있는가?

① 4.8kg ② 10.5kg
③ 19.9kg ④ 25.6kg

 ① $A = mA_0$
② $230 = 1.3 \times A_0$, $A_0 = 176.9231$
③ $C + O_2 \rightarrow CO_2$
④ $12kg : 22.4Nm^3$
　$= X : (176.9231 \times 0.21)Nm^3$
⑤ $X = 19.90kg$

31 방폭성능을 가진 전기기기 중 정상 및 사고(단선, 단락, 지락 등) 시에 발생하는 전기불꽃・아크 또는 고온부에 인하여 가연성 가스가 점화되지 않는 것이 점화시험, 기타 방법에 의하여 확인된 구조를 무엇이라고 하는가?

① 안전증 방폭구조 ② 본질안전 방폭구조
③ 내압 방폭구조 ④ 압력 방폭구조

 본질안전 방폭구조(i)
전기불꽃・아크 또는 고온부에 인하여 가연성 가스가 점화되지 않는 것이 공적 기관에서 점화시험 및 기타 방법에 의하여 확인된 구조를 말한다.

32 다음 [보기]에서 설명하는 연소 형태로서 가장 적절한 것은?

[보기]
- 연소실 부하율을 높게 얻을 수 있다.
- 연소실의 체적이나 길이가 짧아도 된다.
- 화염면이 자력으로 전파되어간다.
- 버너에서 상류의 혼합기로 역화를 일으킬 염려가 있다.

① 증발연소 ② 등심연소
③ 확산연소 ④ 예혼합연소

 예혼합연소
가연성 기체와 산소가 미리 혼합된 상태에서 발생하는 연소로 반응이 빠르게 진행되며 고온이며 화염의 전파속도가 빠르게 진행된다.

33 다음 중 단위 질량당 방출되는 화학적 에너지인 연소열[kJ/g]이 가장 낮은 것은?

① 메탄 ② 프로판
③ 일산화탄소 ④ 에탄올

 ① 일산화탄소 : 10.206kJ/g
② 수소 : 143kJ/g

34 다음 중 비등액체팽창증기폭발(BLEVE : Boiling Liquid Expanding Vapor Explosion)의 발생 조건과 무관한 것은?

① 가연성 액체가 개방계 내에 존재하여야 한다.
② 주위에 화재 등이 발생하여 내용물이 비점 이상으로 가열되어야 한다.
③ 입열에 의해 탱크 내압이 설계압력 이상으로 상승하여야 한다.
④ 탱크의 파열이나 균열에 의해 내용물이 대기 중으로 급격히 방출하여야 한다.

 ① "비등액체팽창증기폭발(BLEVE : Boiling Liquid Expanding Vapor Explosion)"이라 함은 비점 이상의 온도에서 고압의 액체 상태로 들어 있는 용기에서 액체가 대량

누출하여 급격히 증기로 팽창되면서 일어나는 폭발을 말한다.
② 개방된 상태에서 일어나는 폭발을 "개방계 증기운폭발(unconfined vapor cloud explosion)"이라 말하며, 이 폭발은 증기의 양이 대단히 많고 증기가 분포된 면적이 크기 때문에 대단히 파괴적이다.

35 메탄을 이론공기로 연소시켰을 때 생성물 중 질소의 분압은 약 몇 MPa인가? (단, 메탄과 공기는 0.1MPa, 25℃에서 공급되고 생성물의 압력은 0.1MPa이고, H_2O는 기체 상태로 존재한다.)

① 0.0315 　　② 0.0493
③ 0.0603 　　④ 0.0715

① $CH_4 + 2O_2 \rightarrow CO_2 + 2H_2O$
② $G_{OW} = (1 - 0.21)A_0 + \Sigma$연소생성물
③ $(1 - 0.21) \times \dfrac{2}{0.21} + 1\text{mol} + 2\text{mol}$
　 $= 10.5238 \text{mol}$
④ $N_2[\%] = \dfrac{N_2 량}{G_{OW}} \times 100$
　　　　$= \dfrac{A_0 \times 0.79}{G_{OW}} \times 100$
　　　　$= \dfrac{\dfrac{2}{0.21} \times 0.79}{10.5238} \times 100 = 71.49\%$
⑤ 분압 $N_2 = 0.1 \times 0.7149 = 0.0715$

36 분진이 폭발하기 위하여 가져야 하는 특성으로 틀린 것은?

① 입자들은 일정 크기 이하이어야 한다.
② 부유된 입자의 농도가 어떤 한계 사이에 있어야 한다.
③ 부유된 분진은 반드시 금속이어야 한다.
④ 부유된 분진은 거의 균일하여야 한다.

 분진폭발
가연성 물질 또는 금속분이 적당한 폭발범위에 있을 때 폭발이 일어난다.

37 이상기체와 실제기체에 대한 설명으로 틀린 것은?

① 이상기체는 기체 분자간 인력이나 반발력이 작용하지 않는다고 가정한 가상적인 기체이다.
② 실제기체는 실제로 존재하는 모든 기체로 이상기체 상태방정식이 그대로 적용되지 않는다.
③ 이상기체는 저장용기의 벽에 충돌하여도 탄성을 잃지 않는다.
④ 이상기체 상태방정식은 실제기체에서는 높은 온도, 높은 압력 에서 잘 적용된다.

 이상기체 상태방정식은 실제기체에서는 높은 온도, 낮은 압력에서 잘 적용된다.

38 다음 [보기]에서 열역학에 대한 설명으로 옳은 것을 모두 나열한 것은?

㉮ 기체에 기계적 일을 가하여 단열 압축시키면 일은 내부에너지로 기체 내에 축적되어 온도가 상승한다.
㉯ 엔트로피는 가역이면 항상 증가하고, 비가역이면 항상 감소한다.
㉰ 가스를 등온팽창시키면 내부에너지의 변화는 없다.

① ㉮ 　　② ㉯
③ ㉮, ㉰ 　　④ ㉯, ㉰

 열역학
엔트로피(S)는 가역이면 불변하고, 비가역이면 항상 증가한다.

39 다음 확산화염의 여러 가지 형태 중 대향분류(對向噴流) 확산화염에 해당하는 것은?

①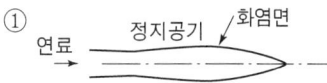

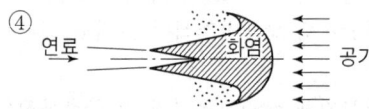

 ① : 자유분류 확산화염
② : 동축류 확산화염
③ : 대항류 확산화염 : 정체면 부근에 확산 화염이 형성된다.
④ : 대항분류 확산화염

40 가스버너의 연소 중 화염이 꺼지는 현상과 거리가 먼 것은?

① 공기량의 변동이 크다.
② 공기연료비가 정상범위를 벗어났다.
③ 연료 공급라인이 불안정하다.
④ 점화에너지가 부족하다.

 가스버너의 연소 중 화염이 꺼지는 현상
① 가연성 기체의 유출속도가 연소속도보다 큰 경우
② 공기량의 변동이 크다
③ 공기연료비가 정상범위를 벗어났다.
④ 연료 공급라인이 불안정하다.
점화에너지가 부족한 경우 : 점화 불량 상태이다.

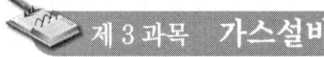

41 공기 중 폭발하한계의 값이 가장 작은 것은?

① 수소 ② 암모니아
③ 에틸렌 ④ 프로판

 연소범위
① 수소 : 4~75vol%
② 암모니아 : 15~28vol%
③ 에틸렌(C_2H_4) : 2.7~36vol%
④ 프로판 : 2.1~9.5vol%

42 수소가스를 용기에 의한 공급 방법으로 가장 적절한 것은?

① 수소용기→압력계→압력조정기→압력계→안전밸브→차단밸브
② 수소용기→체크밸브→차단밸브→압력계→압력조정기→압력계
③ 수소용기→압력조정기→압력계→차단밸브→압력계→안전밸브
④ 수소용기→안전밸브→압력계→압력조정기→체크밸브→압력계

 수소공급설비(용기에 의한 공급)
① 수소용기 →압력계→압력조정기→압력계→안전밸브→차단밸브(폐지밸브)
② 용기에서 단독 또는 이동하여 조정기에 의해 직접 소비기구에 공급하는 방식이다.

43 LNG 탱크 중 저온수축을 흡수하는 구조를 가진 금속박판을 사용한 탱크는?

① 금속제 멤브레인 탱크
② 프레스트래스트 콘크리트제 탱크
③ 동결식 반지하 탱크
④ 금속제 2중구조 탱크

 금속제 멤브레인(membrane) **탱크**
① 액화천연가스(LNG)의 저온수축을 흡수하기 위해 스테인리스 금속박판을 사용한 탱크이다.
② 구성 : 외조, 내조, 보냉제(페라이트 콘크리트)

44 신규 용기에 대하여 팽창측정시험을 하였더니 전증가량이 100mL이었다. 이 용기가 검사에 합격하려면 항구증가량은 몇 mL 이하

이어야 하는가?
① 5   ② 10
③ 15 ④ 20

 항구(영구)증가율
① 항구(영구)증가율
$= \dfrac{항구증가량}{전증가량} \times 100\%$
② 합격 기준 : 10% 이하 합격이다.

45 왕복식 압축기에서 체적효율에 영향을 주는 요소로서 가장 거리가 먼 것은?
① 압축비   ② 냉각
③ 토출밸브 ④ 가스 누설

 왕복식 압축기 체적효율 감소
① 압축비의 증가
② 극간비의 증가
③ 흡입관 내 냉매증기의 실린더 가열
④ 흡입 및 토출밸브에서의 압력손실의 증가
⑤ 토출밸브는 압력장치이다.

46 가스조정기 중 2단 감압식 조정기의 장점이 아닌 것은?
① 조정기의 개수가 적어도 된다.
② 연소기구에 적합한 압력으로 공급할 수 있다.
③ 배관의 관경을 비교적 작게 할 수 있다.
④ 입상배관에 의한 압력강하를 보정할 수 있다.

 2단 감압식 조정기
① 조정기 수가 많이 필요하므로 설비비가 고가이다.
② 장치 및 검사 방법이 복잡하다.

47 LP가스 소비설비에서 용기 개수 결정 시 고려할 사항으로 가장 거리가 먼 것은?
① 피크(peak) 시의 기온
② 소비자 가구수

③ 1가구당 1일의 평균 가스소비량
④ 감압 방식의 결정

 LP가스 소비설비 용기수 결정
① 최대소비량
② 용기 종류 및 크기
③ 가스발생능력

48 중압식 공기분리장치에서 겔 또는 몰레큘러-시브(Moleculer Sieve)에 의하여 제거할 수 있는 가스는?
① 아세틸렌   ② 염소
③ 이산화탄소 ④ 이산화황

 중압식 공기분리장치
실리카겔, 몰레큘러-시브(흡착제) : 원료 중 공기, 이산화탄소(CO_2) 제거

49 합성천연가스(SNG) 제조 시 납사를 원료로 하는 메탄합성 공정과 관련이 적은 설비는?
① 탈황장치   ② 반응기
③ 수첨 분해탑   ④ CO 변성로

50 액화프로판 500kg을 내용적 60L의 용기에 충전하려면 몇 개의 용기가 필요한가?
① 5개   ② 10개
③ 15개 ④ 20개

 ① $G = \dfrac{V}{C} = \dfrac{60}{2.35} = 25.5319$
② 용기수 $= \dfrac{500}{25.53} = 19.58$

51 용기용 밸브는 가스 충전구의 형식에 따라 A형, B형, C형의 3종류가 있다. 가스 충전구가 암나사로 되어 있는 것은?
① A형   ② B형
③ A, B형 ④ C형

 A형 : 숫나사, **B형** : 암나사, **C형** : 나사가 없음

52 LPG 사용시설의 설계 시 유의사항으로 가장 적절하지 않은 것은?

① 사용목적에 합당한 기능을 가지고 사용상 안전할 것.
② 취급이 용이하고 사용에 편리할 것.
③ 모양에 관계없이 관련시설과의 조화가 되어 있을 것.
④ 구조가 간단하고 시공이 용이할 것.

 모양이 좋고 관련시설과의 조화가 되어 있을 것.

53 다음 중 저온장치용 재료로서 가장 부적당한 것은?

① 구리   ② 니켈강
③ 알루미늄합금   ④ 탄소강

 저온재료
일반적으로 탄소강은 온도의 저하와 함께 강도가 증가하고 연신율, 단면수축률 등이 감소하지만 특히 충격치의 저하가 심하다.

54 고압가스 제조장치의 재료에 대한 설명으로 틀린 것은?

① 상온 건조 상태의 염소가스에 대하여는 보통강을 사용해도 된다.
② 암모니아, 아세틸렌의 배관 재료에는 구리재를 사용해도 된다.
③ 저온에서는 고탄소강보다 저탄소강이 사용된다.
④ 암모니아 합성탑 내부의 재료에는 18-8 스테인리스강을 사용한다.

 암모니아는 동에 부식이 발생하며 아세틸렌은 동족(銅族)의 금속과 반응하여 금속 아세틸드를 생성하므로 구리재를 금한다.

55 LP가스 고압장치가 상용압력이 25MPa일 경우 안전밸브의 최고작동압력은?

① 25MPa   ② 30MPa
③ 37.5MPa   ④ 50MPa

 안전밸브 작동압력
① 안전밸브 작동압력
  $= 상용압력 \times 1.5 \times \dfrac{8}{10}$
② $25 \times 1.5배 \times \dfrac{8}{10} = 30$

56 액화가스의 기화기 중 액화가스와 해수 및 하천수 등을 열교환시켜 기화하는 형식은?

① Open Rack식
② 직화가열식
③ Air Fin식
④ Submerged Combustion식

 해수식 기화기
고압펌프로부터 이송된 LNG가 얇은 판의 형태로 만들어진 열교환기를 통과하는 동안 바닷물 또는 하천수를 뿌려 온도차로 LNG로 기화시킨다.

57 내용적 120L의 LP가스 용기에 50kg의 프로판을 충전하였다. 이 용기 내부가 액으로 충만될 때의 온도를 그림에서 구한 것은?

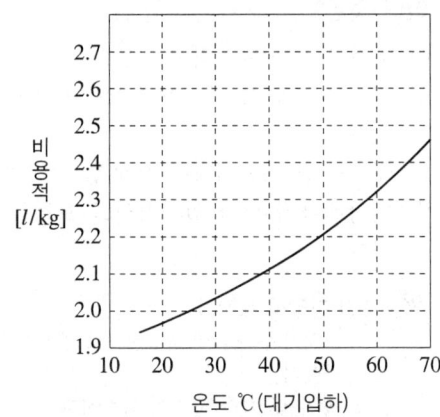

① 37℃   ② 47℃
③ 57℃   ④ 67℃

LP 비용적$[l/kg] = \dfrac{120l}{50kg} = 2.4 l/kg$
⇒ 온도 67℃에 걸린다.

58 도시가스 지하매설에 사용되는 배관으로 가장 적합한 것은?

① 폴리에틸렌 피복강관
② 압력배관용 탄소강관
③ 연료가스 배관용 탄소강관
④ 배관용 아크용접 탄소강관

 폴리에틸렌 피복강관
가스, 기름, 물 등의 수송에 사용하는 배관으로 하천, 바다, 지하매설용으로 사용한다.

59 액화천연가스(메탄기준)를 도시가스 원료로 사용할 때 액화천연가스의 특징을 옳게 설명한 것은?

① 천연가스의 C/H 질량비가 3이고 기화설비가 필요하다.
② 천연가스의 C/H 질량비가 4이고 기화설비가 필요없다.
③ 천연가스의 C/H 질량비가 3이고 가스제조 및 정제설비가 필요하다.
④ 천연가스의 C/H 질량비가 4이고 개질설비가 필요하다.

 탄화수소의 $CH_4 = \dfrac{12}{4} = 3$

60 공기액화분리장치에서 복정류탑에 대한 설명으로 옳지 않은 것은?

① 정류판에서 정류되어 산소는 위로 올라가고 질소가 많은 액은 하부 증류드럼에 고인다.
② 상부에 상부 정류탑, 중앙부에 산소응축기, 하부에 하부 정류탑과 증류드럼으로 구성된다.
③ 산소가 많은 액이나 질소가 많은 액 모두 팽창밸브를 통하여 상압으로 감압된 다음 상부 정류탑으로 이송한다.
④ 하부탑은 약 5기압, 상부탑은 약 0.5기압의 압력에서 정류된다.

 공기액화분리장치
① 상부정류탑 : 질소(N_2) 분출
② 하부정류탑 : 산소(O_2) 분출
③ 기화 : 질소 > 산소
④ 액화 : 산소 > 질소

61 고압가스 충전용기의 운반에 관한 기준으로 틀린 것은?

① 경계표지는 붉은 글씨로 「위험 고압가스」라 표시한다.
② 밸브가 돌출한 충전용기는 프로텍터 또는 캡을 부착하여 운반한다.
③ 염소와 아세틸렌, 암모니아 또는 수소를 동일차량에 적재 운반한다.
④ 충전용기는 항상 40℃ 이하를 유지하여 운반한다.

 고압가스 운반 등의 기준(제50조 관련)
독성가스 외의 고압가스의 용기에 의한 운반기준
① 경계표시
충전용기(납붙임 또는 접합용기에 충전하여 포장한 것을 포함한다. 이하 같다)를 차량에 적재하여 운반하는 때에는 그 차량의 앞뒤 보기 쉬운 곳에 각각 붉은 글씨로 "위험고압가스"라는 경계표시와 전화번호를 표시할 것.
② 밸브의 손상 방지
밸브가 돌출한 충전용기는 고정식 프로텍터 또는 캡을 부착시켜 밸브의 손상을 방지하는 조치를 하고 운반할 것.
③ 용기의 취급
㉠ 충전용기를 운반하는 때에는 넘어짐 등으로 인한 충격을 방지하기 위하여 충전용기를 단단하게 묶을 것.
㉡ 충전용기를 차에 싣거나 차에서 내릴 때에는 충격을 받지 아니하도록 주의하여 취급하여야 하며, 충격을 완화하

기 위하여 고무판·가마니 등을 차량 등에 갖추고 이를 사용할 것.
ⓒ 운반 중의 충전용기는 항상 40℃ 이하를 유지할 것.
④ 혼합적재의 금지
㉠ 염소와 아세틸렌·암모니아 또는 수소는 동일차량에 적재하여 운반하지 아니할 것.
㉡ 가연성 가스와 산소를 동일차량에 적재하여 운반하는 때에는 그 충전용기의 밸브가 서로 마주보지 아니하도록 적재할 것.
㉢ 충전용기와 「위험물 안전관리법」이 정하는 위험물과는 동일차량에 적재하여 운반하지 아니할 것.

62 액화석유가스용 강제용기 스커트의 재료를 KS D 2553 SG 295 이상의 재료로 제조하는 경우에는 내용적이 25L 이상, 50L 미만인 용기는 스커트의 두께를 얼마 이상으로 할 수 있는가?

① 2mm ② 3mm
③ 3.6mm ④ 5mm

 스커트
용기(알루미늄 합금제 용기를 제외한다. 이하 같다)에 부착하여야 할 스커트의 구조 등은 다음과 같다.
① 구조
㉠ 재료 재료는 KS D 3503(일반구조용 압연강재) SS 400의 규격에 적합한 것 또는 이와 동등 이상의 화학적 성분 및 기계적 성질을 가진 것으로 한다.
㉡ 형상 형상은 용기의 축방향에 대한 수직단면을 원형으로 하고 하단에는 내측으로 굴곡부를 만들도록 한다.

용기의 종류	직경	두께	아랫면 간격
내용적이 20*l* 이상 25*l* 미만인 용기	용기 동체 지름의 80% 이상	3mm 이상	10mm 이상
내용적이 25*l* 이상 50*l* 미만인 용기		3.6mm 이상	15mm 이상
내용적이 50*l* 이상 125*l* 미만인 용기		5mm 이상	15mm 이상

63 고압가스의 일반적인 성질에 대한 설명으로 틀린 것은?

① 산소는 가연물과 접촉하지 않으면 폭발하지 않는다.
② 철은 염소와 연속적으로 화합할 수 있다.
③ 아세틸렌은 공기 또는 산소가 혼합하지 않으면 폭발하지 않는다.
④ 수소는 고온 고압에서 강재의 탄소와 반응하여 수소취성을 일으킨다.

 아세틸렌 분해폭발
① 아세틸렌은 폭발범위가 상당히 넓은 가연성 가스이다.
② 산소 없이도 단일가스성분의 분해에 의해 분해폭발한다.

64 다음 중 용기 부속품의 표시로 틀린 것은?

① 질량 : W ② 내압시험압력 : TP
③ 최고충전압력 : DP ④ 내용적 : V

 ① V : 내용적[L]
② TP : 내압시험압력[MPa]
③ FP : 최고충전압력[MPa]
④ W : 질량

65 액화석유가스 저장탱크라 함은 액화석유가스를 저장하기 위하여 지상 및 지하에 고정 설치된 탱크를 말한다. 탱크의 저장능력이 얼마 이상인 탱크를 말하는가?

① 1톤 ② 2톤
③ 3톤 ④ 5톤

 "저장탱크"란 액화석유가스를 저장하기 위하여 지상 또는 지하에 고정 설치된 탱크로서 그 저장능력이 3톤 이상인 탱크를 말한다.

66 2단 감압식 1차용 조정기의 최대 폐쇄압력은 얼마인가?

① 3.5kPa 이하
② 50kPa 이하

③ 95kPa 이하
④ 조정압력의 1.25배 이하

 압력조정기 : $0.095MPa \times 10^3 = 95kPa$

① 압력조정기의 종류에 따른 입구압력·조정압력은 다음과 같다.

종류	입구압력	조정압력
1단감압식 저압조정기	0.07MPa ~1.56MPa	2.3kPa ~3.3kPa
1단감압식 준저압조정기	0.1MPa ~1.56MPa	5kPa ~30kPa
2단감압식 1차용 조정기	0.1MPa ~1.56MPa	0.057MPa ~0.083MPa
2단감압식 2차용 조정기	0.01MPa ~0.1MPa 또는 0.025MPa ~0.1MPa	2.3kPa ~3.3kPa
자동절체식 일체형 저압조정기	0.1MPa ~1.56MPa	2.55kPa ~3.3kPa
자동절체식 분리형 조정기	0.1MPa ~1.56MPa	0.032MPa ~0.083MPa
자동절체식 일체형 준저압조정기	0.1MPa ~1.56MPa	5kPa ~30kPa
그 밖의 압력조정기	조정압력 이상 ~1.56MPa	제조자가 표시한 사양에 따르되, 조정압력이 0.005 MPa 초과인 것만을 말한다.

② 다음의 압력으로 실시하는 기밀시험에 합격한 것일 것.

종류 구분	1단감압식 저압 조정기	1단감압식 준저압 조정기	2단감압식 1차용 조정기	2단감압식 2차용 조정기
입구측	1.56MPa 이상	1.56MPa 이상	1.8MPa 이상	0.5MPa 이상
출구측	5.5kPa	조정압력의 2배 이상	0.15MPa 이상	5.5kPa

종류 구분	자동절체식 일체형 저압 조정기	자동절체식 일체형 준저압 조정기	자동절체식 분리형 조정기	그 밖의 압력 조정기
입구측	1.8MPa 이상	1.8MPa 이상	1.8MPa 이상	최대입구 압력의 1.1배 이상
출구측	5.5kPa	조정압력의 2배	0.15MPa 이상	조정압력의 1.5배

③ 조정기의 입구압력이 ①에 규정한 압력일 때는 그 최대폐쇄압력이 다음에 적합할 것.
㉠ 1단감압식 저압조정기, 2단감압식 2차용 조정기 및 자동절체식 일체형 조정기는 3.5kPa 이하
㉡ 2단감압식 1차용 조정기와 자동절체식 분리형 조정기는 0.095MPa 이하
㉢ 1단감압식 준저압조정기, 자동절체식 일체형 준저압조정기 및 그 밖의 압력조정기는 조정압력의 1.25배 이하

④ 조정압력이 3.3kPa 이하인 조정기의 안전장치의 작동압력은 다음에 적합할 것.
㉠ 작동표준압력 : 7kPa
㉡ 작동개시압력 : 5.6kPa~8.4kPa
㉢ 작동정지압력 : 5.04kPa~8.4kPa

67 아세틸렌 용기의 내용적이 10L 이하이고, 다공성 물질의 다공도가 75% 이상, 80% 미만일 때 디메틸포름아미드의 최대 충전량은?

① 36.3% 이하
② 38.7% 이하
③ 41.1% 이하
④ 43.5% 이하

충전량

① 아세톤의 최대 충전량은 용기 내용적, 다공질물의 다공도에 따라서 다음 표와 같이 한다.

용기 구분 다공질물의 다공도(%)	내용적 10*l* 이하	내용적 10*l* 초과
90 이상 92 이하	41.8% 이하	43.4% 이하
87 이상 90 미만	–	42.0% 이하
83 이상 90 미만	38.5% 이하	–
80 이상 83 미만	37.1% 이하	–
75 이상 87 미만	–	40.0% 이하
75 이상 80 미만	34.8% 이하	–

② 디메틸포름아미드의 최대 충전량은 용기 내용적, 다공질물의 다공도에 따라 다음 표와 같다.

용기 구분 다공질물의 다공도(%)	내용적 10*l* 이하	내용적 10*l* 초과
90 이상 92 이하	43.5% 이하	43.7% 이하
85 이상 90 미만	41.1% 이하	42.8% 이하
80 이상 85 미만	38.7% 이하	40.3% 이하
75 이상 80 미만	36.3% 이하	37.8% 이하

68 염소, 포스겐 등 액화독성가스의 누출에 대비하여 응급조치로 휴대하여야 하는 제독제는?

① 소석회
② 물

③ 암모니아수   ④ 아세톤

 ① **독성가스 제독제**

가스 종류	제독제
염소	가성소다 수용액 탄산소다 수용액 소석회
포스겐	가성소다 수용액 소석회
황화수소	가성소다 수용액 탄산소다 수용액
시안화수소	가성소다 수용액
아황산가스	가성소다 수용액 탄산소다 수용액 물
암모니아 산화에틸렌 염화메탄	물

② **제독 조치** : 제독 조치는 다음의 방법이나 이와 동등 이상의 작용을 하는 조치 중 한 가지 또는 두 가지 이상인 것을 선택하여 한다.
  ㉠ 물이나 흡수제로 흡수 또는 중화하는 조치
  ㉡ 흡착제로 흡착 제거하는 조치
  ㉢ 저장탱크 주위에 설치된 유도구로 집액구·피트 등으로 고인 액화가스를 펌프 등의 이송설비로 안전하게 제조설비로 반송하는 조치
  ㉣ 연소설비(플레어스택, 보일러 등)에서 안전하게 연소시키는 조치

69 용기검사에 합격한 가연성 가스 및 독성가스의 도색 표시가 잘못 짝지어진 것은?

  ① 수소 : 주황색
  ② 액화염소 : 갈색
  ③ 아세틸렌 : 회색
  ④ 액화암모니아 : 백색

 가연성 및 독성가스 용기 도색 표시

가스의 종류	도 색
액화석유가스	회 색
수 소	주황색
아세틸렌	황 색
액화암모니아	백 색
액화염소	갈 색
그 밖의 가스	회 색

70 가스누출 경보차단장치의 성능시험 방법으로 틀린 것은?

① 경보차단장치는 가스를 검지한 상태에서 연속경보를 울린 후 30초 이내에 가스를 차단하는 것으로 한다.
② 교류전원을 사용하는 경보차단장치는 전압이 정격전압의 90% 이상 110% 이하일 때 사용에 지장이 없는 것으로 한다.
③ 내한시험에서 제어부는 −25℃ 이하에서 1시간 이상 유지한 후 5분 이내에 작동시험을 실시하여 이상이 없어야 한다.
④ 전자밸브식 차단부는 35kPa 이상의 압력으로 기밀시험을 실시하여 외부누출이 없어야 한다.

가스누출경보차단장치의 제조기술기준
① 제어부는 −10℃ 이하 및 40℃(상대습도 90% 이상)에서 각각 1시간 이상 유지한 후 10분 이내에 작동시험을 실시하여 이상이 없어야 한다.
② 교류전원을 사용하는 경보차단장치는 전압이 정격전압의 90% 이상 110% 이하일 때 사용상 지장이 없는 것이어야 한다.
③ 경보차단장치는 가스를 감지한 상태에서 연속경보를 울린 후 30초 이내에 가스를 차단하는 것이어야 한다.
④ 전자밸브식 차단부는 35kPa 이상의 압력으로 기밀시험을 실시하여 외부누출이 없어야 한다.

71 특정고압가스사용시설에서 사용되는 경보기의 정밀도는 설정치에 대하여 독성가스용은 얼마 이하이어야 하는가?

  ① ±1%   ② ±5%
  ③ ±25%   ④ ±30%

가스누설검지 경보장치의 기능
경보기의 정밀도는 경보농도 설정치 대하여 가연성 가스용에 있어서는 ±25%, 독성가스에서는 ±30% 이하로 할 것.

72 반밀폐 연소형 기구의 급배기 시 배기통 톱과 가연물과는 얼마 이상의 거리를 유지하여야 하는가? (단, 방열판이 설치되지 않았다.)

① 15cm ② 30cm
③ 50cm ④ 60cm

 배기통톱의 전방, 측변, 상하 주위 60cm(방열판이 설치된 것은 30cm) 이내에 가연물이 없을 것.

73 하천 또는 수로를 횡단하여 배관을 매설할 경우 2중관으로 하여야 하는 가스는?

① 염소 ② 수소
③ 아세틸렌 ④ 산소

 2중관으로 하여야 하는 독성가스
포스겐, 염소, 염화메탄, 암모니아, 황화수소, 시안화수소, 아황산가스

74 가스용 폴리에틸렌 배관의 열융착이음에 대한 설명으로 옳지 않은 것은?

① 비드(bead)는 좌·우 대칭형으로 둥글고 균일하게 형성되어 있어야 한다.
② 비드의 표면은 매끄럽고 청결하여야 한다.
③ 접합면의 비드와 비드 사이의 경계부위는 배관의 외면보다 낮게 형성되어야 한다.
④ 이음부의 연결오차는 배관 두께의 10% 이하이어야 한다.

 폴리에틸렌관 융착이음
열융착 이음은 다음 각 호의 기준에 적합하게 실시한다.
① 맞대기 융착(butt fusion)은 관경 75mm 이상의 직관과 이음관 연결에 적용하되 다음 기준에 적합할 것.
  ㉠ 비드(bead)는 좌·우 대칭형으로 둥글고 균일하게 형성되어 있을 것.
  ㉡ 비드의 표면은 매끄럽고 청결할 것.
  ㉢ 접합면의 비드와 비드 사이의 경계부위는 배관의 외면보다 높게 형성될 것.
  ㉣ 이음부의 연결오차(v)는 배관 두께의 10% 이하일 것.

 액화석유가스 안전관리기준 통합고시
제3장 액화석유가스 집단공급시설
제3-2-5조(폴리에틸렌관 융착이음)
가스용 폴리에틸렌배관의 접합은 열융착 또는 전기융착에 의하여 실시하고, 모든 융착은 융착기(fusion machine)를 사용하여 실시하여야 한다.

75 액화석유가스의 충전용기 보관실에 설치하는 자연환기 설비 중 외기에 면하여 설치하는 환기구 1개의 면적은 얼마 이하로 하여야 하는가?

① 1800cm^2 ② 2000cm^2
③ 2400cm^2 ④ 3000cm^2

 안전관리 환기설비
① 자연통풍시설 또는 강제통풍시설을 설치할 것.
② 자연환기설비 : 외기에 면하여 설치된 환기구의 통풍가능 면적의 합계는 바닥면적 1m^{2}마다 300cm^2(철망부착일 경우 차지하는 면적 제외)의 비율로 계산한 면적 이상(1개소 면적 2,400cm^2 이하)으로 하며, 사방을 방호벽 등으로 설치할 경우 2방향 이상으로 분산 설치할 것.
③ 강제환기설비 : 통풍능력은 바닥면적 1m^{2}마다 0.5m^3/분 이상일 것. 흡입구는 바닥면 가까이에 설치하며, 배기가스 방출구는 지면에서 5m 이상의 높이에 설치할 것.

76 가연성 가스 설비 내의 수리 시 설비 내의 산소농도는 몇 %를 유지하여야 하는가?

① 15~18% ② 13~21%
③ 18~22% ④ 23% 이상

 산소농도가 18%~22%를 유지하여야 한다.

77 고압가스 제조설비의 기밀시험이나 시운전 시 가용용 고압가스로 사용할 수 없는 것은?

① 질소 ② 아르곤

③ 공기   ④ 수소

해설 기밀 시험
① 산소 외의 고압가스 제조설비의 기밀시험이나 시운전을 할 때에는 산소 외의 고압가스를 사용하고, 공기를 사용할 때에는 미리 그 설비 안에 있는 가연성 가스를 방출시킨 후에 하여야 하며, 온도는 그 설비에 사용하는 윤활유의 인화점 이하로 유지할 것.
② 수소 : 가연성 가스이다.

78 도시가스 사용시설에 대한 가스시설 설치방법으로 가장 적당한 것은?

① 개방형 연소기를 설치한 실에는 배기통을 설치한다.
② 반밀폐형 연소기는 환풍기 또는 환기구를 설치한다.
③ 가스보일러 전용보일러실에는 석유통을 보관할 수 있다.
④ 밀폐식 가스보일러는 전용보일러실에 설치하지 아니 할 수 있다.

해설 가스보일러 설치
가스보일러 종류에 관계없이 적용되는 공통 설치기준은 다음 각 호와 같다.
① 바닥설치형 가스보일러는 그 하중에 충분히 견디는 구조의 바닥면 위에 설치하고, 벽걸이형 가스보일러는 그 하중에 충분히 견디는 구조의 벽면에 견고하게 설치하여야 한다.
② 가스보일러를 설치하는 주위는 가연성 물질 또는 인화성 물질을 저장·취급하는 장소가 아니어야 하며 조작·연소·확인 및 점검수리에 필요한 간격을 두어 설치하여야 한다.
③ 가스보일러는 전용보일러실(보일러실 안의 가스가 거실로 들어가지 아니하는 구조로서 보일러실과 거실 사이의 경계벽은 출입구를 제외하고는 내화구조의 벽으로 한 것을 말한다. 이하 같다)에 설치하여야 한다. 다만, 다음 각 목의 경우에는 그러하지 아니하다.
  ㉠ 밀폐식 보일러

  ㉡ 가스보일러를 옥외에 설치한 경우
  ㉢ 전용 급기통을 부착시키는 구조로 검사에 합격한 강제배기식 보일러
④ 전용 보일러실에는 환기팬이 설치되어 있지 아니하여야 한다.
⑤ 가스보일러는 지하실 또는 반지하실에 설치하지 아니하여야 한다. 다만, 밀폐식 보일러 및 급배기시설을 갖춘 전용보일러실에 설치된 반밀폐식 보일러의 경우에는 그러하지 아니하다.
⑥ 가스보일러의 가스접속배관은 금속배관 또는 가스용품검사에 합격한 가스용 금속 플렉시블 호스를 사용하고, 가스의 누출이 없도록 확실히 접속하여야 한다.

79 액화석유가스 용기 저장소의 바닥면적이 $25m^2$라 할 때 적당한 강제환기설비의 통풍 능력은?

① $2.5m^3/min$ 이상
② $12.5m^3/min$ 이상
③ $25.0m^3/min$ 이상
④ $50.0m^3/min$ 이상

해설 통풍구조 및 강제통풍시설
① (통풍구조등) 액화석유가스의 저장설비·가스설비실 및 충전용기 보관실 등에 있어서 당해 가스가 누출하였을 때 그 가스가 체류하지 아니하도록 하는 구조는 다음 각 호의 기준에 적합한 것이어야 한다.
  ㉠ 바닥면에 접하고 또한 외기에 면하여 설치된 환기구의 통풍가능면적의 합계가 바닥면적 $1m^2$마다 $300cm^2$(철망 등을 부착할 때에는 철망이 차지하는 면적을 뺀 면적으로 한다)의 비율로 계산한 면적 이상(1개소 환기구의 면적은 $2,400cm^2$ 이하로 한다)일 것. 이 경우 사방을 방호벽 등으로 설치할 경우에는 환기구를 2방향 이상으로 분산 설치하여야 한다.
  ㉡ 제①호의 규정에 의한 통풍구조를 설치할 수 없는 경우에는 다음 각목의 기준에 적합한 강제통풍장치를 설치하여야 한다.
    ⓐ 통풍능력이 바닥면적 $1m^2$마다 0.5

m³/분 이상으로 할 것
ⓑ 흡입구는 바닥면 가까이에 설치할 것
ⓒ 배기가스 방출구를 지면에서 5m 이상의 높이에 설치할 것
② $25m^2 \times 0.5m^3/min \cdot m^2 = 12.5m^3/min$

80 차량에 고정된 탱크에서 저장탱크로 가스 이송작업 시의 기준에 대한 설명이 아닌 것은?

① 탱크의 설계압력 이상으로 가스를 충전하지 아니한다.
② 플로트식 액면계로 가스의 양을 측정 시에는 액면계 바로 위에 얼굴을 내밀고 조작하지 아니한다.
③ LPG 충전소 내에서는 동시에 2대 이상의 차량에 고정된 탱크에서 저장설비로 이송 작업을 하지 아니한다.
④ 이송 전후 밸브의 누출 여부를 확인하고 개폐는 서서히 행한다.

 차량에 고정된 탱크에서 이송작업 시의 기준
① 이송 전후에 밸브의 누출 유무를 점검하고 개폐는 서서히 행할 것.
② 탱크의 설계압력 이상의 압력으로 가스를 충전하지 않을 것.
③ 저울, 액면계 또는 유량계를 사용하여 과충전에 주의할 것.
④ 가스 속에 수분이 혼입되지 않도록 하고, 슬립튜브식 액면계의 계량 시에는 액면계의 바로 위에 얼굴이나 몸을 내밀고 조작하지 말 것.
⑤ 액화석유가스 충전소 내에서는 동시에 2대 이상의 차량에 고정된 탱크에서 저장설비로 이송작업을 하지 않을 것.
⑥ 충전장 내에는 동시에 2대 이상의 차량에 고정된 탱크를 주정차시키지 않을 것. 다만 충전가스가 없는 차량에 고정된 탱크의 경우에는 그러하지 아니하다.

 제 5 과목 가스계측기기

81 다음 분석법 중 LPG의 성분 분석에 이용될 수 있는 것을 모두 나열한 것은?

① 가스크로마토그래피법
② 저온정밀증류법
③ 적외선분광분석법

① ①   ② ①, ②
③ ②, ③   ④ ①, ②, ③

 LPG의 성분 분석법
① 가스크로마토그래피법
② 저온정밀증류법
③ 적외선분광분석법
④ 전량 적정법(전기량에 의한 적정법)

82 일산화탄소가스를 검지하기 위한 염화파라듐지는 $PdCl_2$ 0.2%액에 다음 중 어떤 물질을 침투시켜 제조하는가?

① 전분   ② 초산
③ 암모니아   ④ 벤젠

 염화파라듐지
일산화탄소에 흑색반응이 일어나며 염화파라듐 용액에 초산 용액을 침투시켜 제조한다.

83 수분흡수법에 의한 습도 측정에 사용되는 흡수제가 아닌 것은?

① 염화칼슘   ② 황산
③ 오산화인   ④ 과망간산칼륨

 수분흡수법(습도 계산) **흡수제**
오산화인, 황산, 활성알루미나, 염화칼슘, 실리카겔

84 계량관련법에서 정한 최대 유량 $10m^3/h$ 이하인 가스미터의 검정 유효기간은?

① 1년　② 2년
③ 3년　④ 5년

해설 가스미터
① 최대 유량 10m³/h 이하의 가스미터 : 5년
② 그 밖의 가스미터 : 8년

85 다음 가스분석 방법 중 흡수분석법이 아닌 것은?
① 헴펠법　② 적정법
③ 오르자트법　④ 게겔법

해설 흡수분석법
① 가스의 성분을 분석하는 방법으로 시료가스를 특정한 흡수액에 흡수시켜 흡수 전후의 체적차를 사용하여 분석한다.
② 흡수분석법 종류
　㉠ 오르자트(Orsat)법
　㉡ 헴펠(Hempel)법
　㉢ 게겔법

86 가스 정량분석을 통해 표준상태의 체적을 구하는 식은? (단, V_0 : 표준상태의 체적, V : 측정 시의 가스의 체적, P_0 : 대기압, P_1 : $t\,°C$의 증기압이다.)

① $V_0 = \dfrac{760 \times (273+t)}{V(P_1 - P_0) \times 273}$

② $V_0 = \dfrac{V(273+t) \times 273}{760 \times (P_1 - P_0)}$

③ $V_0 = \dfrac{V(P_1 - P_0) \times 273}{760 \times (273+t)}$

④ $V_0 = \dfrac{V(P_1 - P_0) \times 760}{273 \times (273+t)}$

해설 ① 기체의 체적은 절대온도에 비례하고 절대압력에 반비례한다.

② $\dfrac{P_0 V_0}{T_0} = \dfrac{P_1 V_1}{T_1}$

③ $V_0 = \dfrac{V_1 \times P_1 \times T_0}{P_1 \times T_2}$

$= \dfrac{V_1 (P_1 - P_0) \times 273}{760 \times (273+t)}$

④ P_1은 변환체적이므로 : $(P_1 - P_0)$으로 계산하여 구한다.

87 계량기의 검정기준에서 정하는 가스미터의 사용공차의 범위는? (단, 최대 유량이 1000 m³/h 이하이다.)
① 최대 허용오차의 1배의 값으로 한다.
② 최대 허용오차의 1.2배의 값으로 한다.
③ 최대 허용오차의 1.5배의 값으로 한다.
④ 최대 허용오차의 2배의 값으로 한다.

해설 계량기별 사용공차의 범위
다음 각 목의 계량기는 법 제20조 제2항에 따른 계량기의 검정기준에서 정하는 각 최대 허용오차의 2배의 값으로 한다.
① 판수동 저울(정량증추를 포함한다)
② 접시지시 및 판지시 저울(최대 용량이 2kg 이하로서 저울 또는 명판에 가정용·교육용 또는 참조용으로 표기되어 있는 것은 제외한다)
③ 전기식지시 저울(최소 눈금값이 1mg 미만인 것, 검정 눈금 수가 100 미만 또는 200000 초과인 것, 최대 용량이 1kg 이하로서 저울 또는 명판에 가정용·교육용 또는 참조용으로 표기되어 있는 것, 체중계로서 KS B 5298의 구조를 따르는 것은 제외한다)
④ 이동식 축중기
⑤ 가스미터(최대유량이 1000m³/h 이하인 것에 한정한다)
⑥ 수도미터(온수미터를 포함하며, 호칭지름이 350mm 이하인 것에 한정한다)
⑦ 눈새김 탱크(유류거래용에 한정한다)
⑧ 적산열량계(호칭지름이 350mm 이하인 것으로서 열매체가 액체인 것에 한정한다)

88 전자유량계의 특징에 대한 설명 중 가장 거리가 먼 내용은?
① 액체의 온도, 압력, 밀도, 점도의 영향을 거의 받지 않으며 체적 유량의 측정이 가

능하다.
② 측정관 내에 장애물이 없으며, 압력손실이 거의 없다.
③ 유량계 출력이 유량에 비례한다.
④ 기체의 유량측정이 가능하다.

 전자유량계
① 액체 측정용이다.
② 압력 손실이 없다.
③ 슬러지(sludge)가 들어 있거나 또는 고점도 액체의 측정에도 사용할 수 있다.
④ 응답이 빠르다.
⑤ 가격이 고가이다.

89 피토관(Pitot tube)의 주된 용도는?
① 압력을 측정하는 데 사용된다.
② 유속을 측정하는 데 사용된다.
③ 액체의 점도를 측정하는 데 사용된다.
④ 온도를 측정하는 데 사용된다.

 피토관(Pitot tube)
관로 내에 흐르는 유속을 측정하고 측정한 값에 단면적을 곱하여 유량이 측정된다.

90 폐루프를 형성하여 출력 측의 신호를 입력 측에 되돌리는 것은?
① 조절부　　　② 리셋
③ 온·오프동작　　④ 피드백

 피드백 제어(feedback control)
폐회로를 형성하여 출력 측의 신호를 목표값과 비교하여 편차 발생 시 피드백에 의하여 값이 일치하도록 입력 측으로 되돌리는 자동제어이다.

91 가스분석법에 대한 설명으로 옳지 않은 것은?
① 비분산형 적외선분석계는 고순도 헬륨 등 불활성가스의 분석에 적합하다.
② 불꽃광도검출기(FPD)는 열전도검출기(TCD)보다 미량분석에 적합하다.

③ 반도체용 특수재료가스의 검지방법에는 정전위전해법이 널리 사용된다.
④ 메탄(CH_4)과 같은 탄화수소 계통의 가스는 열전도검출기보다 불꽃이온화검출기(FID)가 적합하다.

비분산형 적외선 분적계(non-dispersive infrared analyser)
① 적외선 에너지를 흡수하지 않는 불활성 가스, 즉 일반적으로 질소(N_2)가 봉입되어 있다.
② 일산화탄소, 탄산가스, 일산화질소 등을 측정하며 질소가스는 측정이 불가능하다.

92 가스검지기의 경보 방식이 아닌 것은?
① 즉시 경보형　　② 경보 지연형
③ 중계 경보형　　④ 반시한 경보형

가스검지기 경보 방식
① 경보 지연형(시간경과) : 가스농도가 경보 설정치에 도달한 후 그 농도 이상으로 계속해서 유지될 경우 일정 시간 20초~60초 경과 후에 경보를 발하는 검지기의 경보 방식이다.
② 반시한(반즉시) 경보형 : 가스누설량의 농도 증가 정도에 따라 지연시간이 다르게 적용되어 경보를 발하는 검지기의 경보 방식이다.
③ 즉시경보형 : 가스 누설검지 시 즉시 경보를 발하는 검지기 경보 방식이다.

93 4개의 실로 나누어진 습식 가스미터의 드럼이 10회전했을 때 통과유량이 100L이었다면 각 실의 용량은 얼마인가?
① 1L　　　　② 2.5L
③ 10L　　　④ 25L

① 통과유량 = 실(드럼)의 용량 × 실의 수 × 회전수
② $Q = a \times d \times N$
③ $a = \dfrac{100}{4 \times 10} = 2.5L$

94 복사열을 이용하여 온도를 측정하는 것은?

① 열전대 온도계   ② 저항 온도계
③ 광고 온도계   ④ 바이메탈 온도계

 광고 온도계
고온의 물체로부터 방사되는 특정 광파장의 방사에너지, 즉 가시광선(복사열)에 의한 휘도를 측정하여 온도를 측정한다.

95 측정 전 상태의 영향으로 발생하는 히스테리시스(hysteresis) 오차의 원인이 아닌 것은?

① 기어 사이의 틈   ② 주위 온도의 변화
③ 운동 부위의 마찰 ④ 탄성변형

 히스테리시스 오차(hysteresis error)
① 동일 측정값에 대해 지시가 큰 쪽과 작은 쪽에서 측정한 경우 측정기에 따라서 지시값이 차이가 발생하는데 이 값을 히스테리시스 오차라 한다.
② 오차 원인 : 운동 부위의 마찰, 탄성변형, 톱니바퀴 사이의 틈

96 열전대의 종류 중 K형은 어느 것인가?

① C.C(구리-콘스탄탄)
② I.C(철-콘스탄탄)
③ C.A(크로멜-알루멜)
④ P.R(백금-백금 로듐)

 열전대의 종류 및 특성

종류	약호	(+)극	(-)극
백금-백금로듐(R)	PR	Rh : 13%, Pt : 87%	순백금
크로멜-알루멜(K)	CA	크로멜 (Ni : 90%, Cr : 10%)	알루멜 (Ni : 94%, Mn : 2%, Al : 3%, Si : 1%)
철-콘스탄탄(J)	IC	순철	콘스탄탄 (Cu : 55%, Ni : 45%)
구리-콘스탄탄(T)	CC	순동	콘스탄탄 (구리+니켈)

97 Parr bomb을 이용하여 열량을 측정할 때는 parr bomb의 어떤 특성을 이용하는가?

① 일정 압력   ② 일정 온도
③ 일정 부피   ④ 일정 질량

 Parr bomb(열량 측정기)
일정한 부피조건에서 발생하는 열량을 측정한다.

98 습한 공기 205kg 중 수증기가 35kg 포함되어 있다고 할 때 절대습도는 약 얼마인가? (단, 공기와 수증기의 분자량은 각각 29, 18이다.)

① 0.106   ② 0.128
③ 0.171   ④ 0.206

 절대습도(absolute humidity)
① 절대습도 = $\dfrac{G_W}{G-G_W} = \dfrac{G_W}{G_d}$
② G : 습공기 전중량
  G_d : 건공기 전중량
  G_W : 수증기 중량
③ 절대습도 = $\dfrac{G_W}{G-G_W} = \dfrac{35}{205-35}$
  $= 0.2058$

99 다음 그림이 나타내는 제어 동작은?

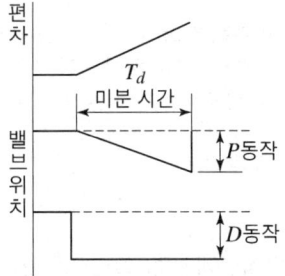

① 비례 미분 동작   ② 비례 적분 미분 동작
③ 미분 동작   ④ 비례 적분 동작

 ① 비례 적분 동작(PI)
㉠ 잔류편차 제거는 할 수 있다.

ⓒ 부하가 크면 출력이 증가하여 안정성이 나쁘게 되어 진동이 일어난다.
② 비례 동작(P)
　㉠ 조작량이 편차에 비례하여 변화하는 제어동작이다.
　㉡ 잔류편차가 있고 부하 변화가 적은 장치에 적합하다.
③ 적분 동작(I)
　㉠ 조작량이 편차의 시간 적분에 비례하는 제어동작이다.
　㉡ 잔류편차 제거 조작힘이 강하다.
　㉢ 안정성 결여 및 진동 응답속도가 느리다.
④ 미분 동작(D)
　㉠ 조작량이 편차의 시간 미분값에 비례하는 제어동작이다.
　㉡ 단속으로 쓰이지 않고 제어계가 안정되고 시간 지연이 적다.
⑤ 비례 미분 동작(PD 동작)
　P동작에 D동작을 결합하면 응답속도가 높아지고 잔류편차도 감소시킬 수 있다.
⑥ 비례 적분 미분 동작(PID 동작)
　㉠ I동작 : 잔류편차 제거
　㉡ D동작 : 응답을 증가시켜 안정화를 도모한다.

100 다음 중 최대 용량 범위가 가장 큰 가스미터는?

① 습식 가스미터　② 막식 가스미터
③ 루트미터　　　④ 오리피스미터

루츠미터(roots meter)
① 고속회전이 가능하다.
② 소형으로 대용량 계측에 적합하다.
③ 고압에서도 사용이 가능하다.

본 문제는 복원 기출문제입니다. 실제 문제와 다를 수 있으니 양해바랍니다.

2023년도 출제문제
2023년 5월 CBT 시행

제1과목 가스유체역학

01 표면이 매끈한 원관인 경우 일반적으로 레이놀즈수가 어떤 값일 때 층류가 되는가?

① 400보다 클 때 ② 4000^2일 때
③ 2100보다 작을 때 ④ 2100^2일 때

- **층류 구역** : $Re < 2100$
- **천이 구역** : $2100 < Re < 4000$
- **난류 구역** : $Re > 4000$

02 점도 6cP를 Pa·s로 환산하면 얼마인가?

① 0.0006 ② 0.006
③ 0.06 ④ 0.6

$1cP = 10^{-2} Poise = 10^{-2}[g/cm^2 \cdot s]$
$= 10^{-3}[Pa \cdot s]$
$\Rightarrow 6cP = 6 \times 10^{-3}[Pa \cdot s] = 0.006[Pa \cdot s]$

03 다음 중 용적형 펌프가 아닌 것은?

① 기어 펌프 ② 베인 펌프
③ 플런저 펌프 ④ 볼류트 펌프

용적형 펌프(positive displacement pump)
① 왕복형(reciprocating type) (piston or plunger)
② 기어형(gear type)
③ 베인형(vane type)

04 다음 중 대기압을 특정하는 계기는?

① 수은기압계 ② 오리피스미터
③ 로터미터 ④ 둑(weir)

① 오리피스미터 : 차압을 이용한 유량 계측
② 로터미터 : 면적식 유량계
③ 둑(weir) : 유량 조절

05 그림과 같이 물을 사용하여 기체압력을 측정하는 경사 마노미터에서 압력차($P_1 - P_2$)는 몇 cmH₂O인가? (단, $\theta = 30°$, $R = 30$cm 이고 면적 $A_1 \gg$ 면적 A_2이다.)

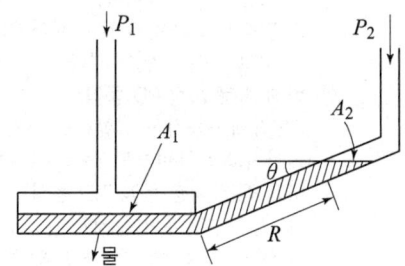

① 15 ② 30
③ 45 ④ 90

경사 마노미터에서의 압력차
$\sin\theta = \dfrac{h}{R}$
$\Rightarrow h = R\sin\theta = 30\sin30° = 15[cm]$

06 이상기체 속에서의 음속을 옳게 나타낸 식은? (단, ρ = 밀도, P = 압력, k = 비열비, R = 일반기체상수, M = 분자량이다.)

① $\sqrt{\dfrac{K}{\rho}}$ ② $\sqrt{\dfrac{d\rho}{dP}}$
③ $\sqrt{\dfrac{\rho}{KP}}$ ④ $\sqrt{\dfrac{KRT}{M}}$

$Pv = nRT$
$V = \sqrt{\dfrac{CkV}{V^k\rho}} = \sqrt{\dfrac{CkPV}{nM}} = \sqrt{\dfrac{kRT}{M}}$

1.③ 2.② 3.④ 4.① 5.① 6.④

07 압력 750mmHg는 물의 수두로는 약 몇 mmH₂O인가?

① 1.033 ② 102
③ 1033 ④ 10200

1atm = 760mmHg = 10.336mAq
760mmHg : 10.336mAq
= 750mmHg : XmmAq
∴ X = 10200mmAq

08 6cm×12cm인 직4각형 단면의 관에 물이 가득 차 흐를 때 수력 반지름은 몇 cm인가?

① 3/2 ② 2
③ 3 ④ 6

수력반경(hydraulic radius) : R
$$R = \frac{A(유수\ 단면적)}{S(윤변)}$$
$$R = \frac{12 \times 6}{2(6+12)} = 2[m]$$

09 노점(dew point)에 대한 설명으로 틀린 것은?

① 액체와 기체의 비체적이 같아지는 온도이다.
② 등압과정에서 응축이 시작되는 온도이다.
③ 대기 중의 수증기의 분압이 그 온도에서 포화수증기압과 같아지는 온도이다.
④ 상대습도가 100%가 되는 온도이다.

10 물이 23m/s의 속도로 노즐에서 수직상방으로 분사될 때 손실을 무시하면 약 몇 m까지 물이 상승하는가?

① 13 ② 20
③ 27 ④ 54

베르누이 방정식
$$\frac{P}{\gamma} + \frac{V^2}{2g} + Z = 0$$
여기서, $\frac{P}{\gamma} ≒ 0$(대기압이므로)
$$Z = \frac{V^2}{2g} = \frac{23^2}{2 \times 9.81} = 26.96[m] ≒ 27[m]$$

11 수평 원관 내에서의 유체흐름을 설명하는 Hagen-Poiseuille 식을 얻기 위해 필요한 가정이 아닌 것은?

① 완전히 발달된 흐름 ② 정상상태 흐름
③ 층류 ④ 포텐셜 흐름

하겐-푸아죄유(Hagen-Poiseuille) 방정식
① 완전히 발달된 정상상태 흐름
② 비압축성 층류 유동

12 아음속에서 초음속으로 속도를 변화시킬 수 있는 노즐은?

① 축소·확대 노즐 ② 확대·축소 노즐
③ 확대 노즐 ④ 축소 노즐

아음속(subsonic) 흐름을 초음속(super-sonic) 흐름으로 가속시키기 위해서는 반드시 축소-확대 노즐을 사용해야 한다.

13 유량 1m³/min, 전양정 15m이며 효율이 0.78인 물을 사용하는 원심펌프를 설계하고자 한다. 펌프의 축동력은 몇 kW인가?

① 2.54 ② 3.14
③ 4.24 ④ 5.24

원심펌프의 축동력(shaft hose power) : L
원심펌프의 수동력(water hose power) : L_w
$$L_w = \frac{\gamma QH}{102}[kW],\quad \eta = \frac{L_w}{L} \Rightarrow L = \frac{L_w}{\eta}$$
$$L_w = \frac{1000 \times 1 \times 15}{102 \times 60} = 2.45[kW]$$
$$L = \frac{L_w}{\eta} = \frac{2.45}{0.78} = 3.14[kW]$$

14 절대압력이 4×10⁴kgf/m²이고, 온도가 15℃인 공기의 밀도는 약 몇 kg/m³인가? (단, 공기의 기체상수는 29.27kgf·m/kg·k이다.)

① 2.75 ② 3.75
③ 4.75 ④ 5.75

이상기체 상태방정식 : $\dfrac{P}{\rho} = RT$

여기서, $P = P_{abs}$

$\Rightarrow \rho = \dfrac{P_{abs}}{RT} = \dfrac{4 \times 10^4}{29.27 \times 288}$

$= 4.745 [kg/m^3] ≒ 4.75 [kg/m^3]$

15 안지름 100mm인 관 속을 압력 $5kgf/cm^2$이고 온도가 15℃인 공기가 20kg/s의 비율로 흐를 때 평균유속은? (단, 공기의 기체상수는 29.27kgf·m/kg·k이다.)

① 42.8m/s ② 58.1m/s
③ 429m/s   ④ 558m/s

 이상기체 상태방정식 : $\dfrac{P}{\rho} = RT$

① 밀도 ρ

$\rho = \dfrac{P}{RT} = \dfrac{5 \times 10^4}{29.27 \times 288} = 5.93 [kg/m^3]$

② 질량유량 m

$V = \dfrac{m}{\rho A} = \dfrac{20 \times 4}{5.93 \times \pi \times 0.1^2}$

$= 429.4 [m/s]$

16 왕복펌프에서 맥동을 방지하기 위해 설치하는 것은?

① 펌프 구동용 원동기
② 공기실(에어 체임버)
③ 펌프 케이싱
④ 펌프 회전차

 공기실(air chamber)의 역할
펌프 작동 시 관내의 맥동을 감소시켜 유동을 균일하게 한다.

17 공동현상(cavitation) 방지책으로 옳은 것은?

① 펌프의 설치위치를 될 수 있는 대로 낮춘다.
② 펌프 회전수를 높게 한다.
③ 양흡입을 단흡입으로 바꾼다.
④ 손실수두를 크게 한다.

 Cavitation 방지 대책
① 펌프 설치위치를 될 수 있는 대로 낮춘다.
② 펌프의 회전수를 적게 한다.
③ 단흡입 ⇒ 양흡입으로 변경한다.
④ 펌프 흡입관의 지름을 크게 하거나 흡입 관로의 압력 손실을 작게 하는 구조로 한다.

18 베르누이의 방정식에 쓰이지 않는 head(수두)는?

① 압력수두   ② 밀도수두
③ 위치수두   ④ 속도수두

 $\dfrac{P_1}{r} + \dfrac{V_1^2}{2g} + Z_1 = \dfrac{P_2}{r} + \dfrac{V_2^2}{2g} + Z_2 = \text{Const}$

① 압력수두 ⇒ $\dfrac{P}{r}$

② 속도수두 ⇒ $\dfrac{V^2}{2g}$

③ 위치수두 ⇒ Z

19 공기가 79vol% N_2와 21vol% O_2로 이루어진 이상기체 혼합물이라 할 때 25℃, 750 mmHg에서 밀도는 약 몇 kg/m^3인가?

① 1.16   ② 1.42
③ 1.56   ④ 2.26

 이상기체 상태방정식 : $\dfrac{P}{\rho} = RT$

$\Rightarrow \rho = \dfrac{P}{RT} = \dfrac{10200}{29.27 \times 298}$

$= 1.17 [kg/m^3]$

20 힘의 차원을 질량 M, 길이 L, 시간 T로 나타낼 때 옳은 것은?

① MLT^{-2} ② $ML^{-2}T^{-2}$
③ $ML^{-1}T^{-3}$ ④ MLT^{-1}

 $F = ma$

$[F] = [MLT^{-2}]$

제 2 과목 연소공학

21 랭킨 사이클(Rankine cycle)에 대한 설명으로 옳지 않은 것은?

① 증기기관의 기본 사이클로 상의 변화를 가진다.
② 두 개의 단열변화와 두 개의 등압변화로 이루어져 있다.
③ 열효율을 높이려면 배압을 높게 하되 초온 및 초압은 낮춘다.
④ 단열압축→정압가열→단열팽창→정압냉각의 과정으로 되어 있다.

 랭킨 사이클(Rankine cycle) **열효율 증가**
열효율을 높이려면 터빈의 초온 및 초압을 높인다.

22 다음 [그림]은 적화식 연소에 의한 가연성 가스의 불꽃형태이다. 다음 중 불꽃온도가 가장 낮은 곳은?

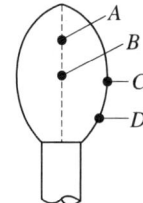

① A   ② B
③ C   ④ D

 적화식 연소
가스를 그대로 대기 중에 분출하여 연소시키며 연소에 필요한 공기는 모두 불꽃 주변에서 확산에 의해 취하게 되고 연소과정이 아주 늦고 불꽃이 길게 늘어나 적황색을 나타낼 수도 있는 연소 방식을 말한다.
① A : 850℃   ② B : 200℃
③ C : 800℃   ④ D : 500℃

23 체적 3m의 탱크 안에 20℃, 100kPa의 공기가 들어 있다. 40kJ의 열량을 공급하면 공기의 온도는 약 몇 ℃가 되는가? [단, 공기의 정적비열(C_v)은 0.717kJ/kg · K이다.]

① 22   ② 36
③ 44   ④ 53

 ① 공기의 정적비열(C_v) : 0.717kJ/kg · K
② $Q = m C \Delta t$
③ $40 = \left(3 \times \dfrac{273}{273+20} \times \dfrac{100}{101.3} \times \dfrac{29}{22.4}\right) \times 0.717 \times (X-20)$
$X = 35.61℃$

24 다음 [그림]은 프로판-산소, 수소-공기, 에틸렌-공기, 일산화탄소-공기의 층류연소속도를 나타낸 것이다. 이 중 프로판-산소 혼합기의 층류연소속도를 나타낸 것은?

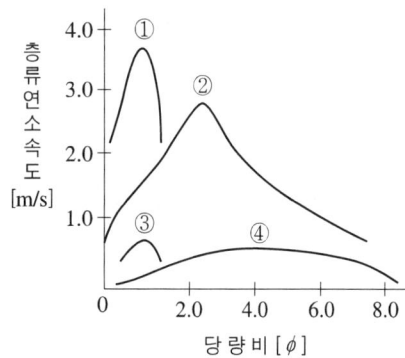

① 1   ② 2
③ 3   ④ 4

 ① 프로판-산소   ② 수소-공기
③ 에틸렌-공기   ④ 일산화탄소-공기

25 위험도는 폭발 가능성을 표시한 수치로서 수치가 클수록 위험하며 폭발 상한과 하한의 차이가 클수록 위험하다. 공기 중 수소(H_2)의 위험도는 얼마인가?

① 0.94   ② 1.05

③ 17.75   ④ 71

① $H = \dfrac{상한 - 하한}{하한} = \dfrac{75-4}{4} = 17.75$
② 수소의 연소범위 : 4~75vol%

26 Flash fire에 대한 설명으로 옳은 것은?

① 느린 폭연으로 중대한 과압이 발생하지 않는 가스운에서 발생한다.
② 고압의 증기압 물질을 가진 용기가 고장으로 인해 액체의 flashing에 의해 발생된다.
③ 누출된 물질이 연료라면 BLEVE는 매우 큰 화구가 뒤따른다.
④ Flash fire는 공정지역 또는 offshore 모듈에서는 발생할 수 없다.

 Flash fire
① 증기운의 자연발화에 의해서 가스의 표면을 따라 순간적으로 확산하는 화재이다.
② 폭발이 빠르게 진행되나 상대적으로 UVCE보다 느리다.

27 다음 [보기]에서 비등액체팽창증기폭발 (BLEVE) 발생의 단계를 순서에 맞게 나열한 것은?

A. 탱크가 파열되고 그 내용물이 폭발적으로 증발한다.
B. 액체가 들어 있는 탱크의 주위에서 화재가 발생한다.
C. 화재에 의한 열에 의하여 탱크의 벽이 가열된다.
D. 화염이 열을 제거시킬 액이 없고 증기만 존재하는 탱크의 벽이나 천장(roof)에 도달하면, 화염과 접촉하는 부위의 금속의 온도는 상승하여 탱크의 구조적 강도를 잃게 된다.
E. 액위 이하의 탱크 벽은 액에 의하여 냉각되나, 액의 온도는 올라가고, 탱크 내의 압력이 증가한다.

① E-D-C-A-B   ② E-D-C-B-A
③ B-C-E-D-A   ④ B-C-D-E-A

 비등액체팽창증기폭발(BLEVE)의 발생 단계
① 1단계 : 가연성 액체 탱크 주위 화재 발생
② 2단계 : 화재 외부열이 액체 탱크 벽을 가열시킨다.
③ 3단계 : 탱크 내의 온도 및 압력 증가
④ 4단계 : 화재 및 열에 의해 탱크의 구조적 강도 손실 발생
⑤ 5단계 : 탱크 파열 발생으로 가스 증발이 일어난다.

 블레비(BLEVE) 현상은 용기 안의 가스가 외부의 화재 및 열에 의해 팽창하여 용기가 파열되고 가스가 증발하여 폭발하는 물리적 폭발 현상이다.

28 폭굉(detonation)에 대한 설명으로 옳지 않은 것은?

① 폭굉파는 음속 이하에서 발생한다.
② 압력 및 화염속도가 최고치를 나타낸 곳에서 일어난다.
③ 폭굉유도거리는 혼합기의 종류, 상태, 관의 길이 등에 따라 변화한다.
④ 폭굉은 폭약 및 화약류의 폭발, 배관 내에서의 폭발사고 등에서 관찰된다.

① **폭굉** : 음속 < 폭발속도 (충격파)
② **폭연** : 음속 > 폭발속도 (충격파)

29 공기나 증기 등의 기체를 분무대체로 하여 연료를 무화시키는 방식은?

① 유압 분무식   ② 이류체 무화식
③ 충돌 무화식   ④ 정전 무화식

 액체 연료의 무화 방식
① 유압 무화식 : 연료에 압력을 가하여 가압노즐로 고압 분출시켜 분무하는 방식이다.
② 이류체 무화식 : 증기 또는 공기 등의 분무대체를 사용하여 분무하는 방식이다.

③ 충돌 무화식 : 고온의 금속판에 연료를 고속으로 충돌시켜 분무하는 방식이다.
④ 정전기 무화식 : 연료에 고압의 정전기를 발생시켜 분무하는 방식이다.
⑤ 무화(霧化) : 연소율을 증가시키는 것을 목적으로 한다.

30 공기와 연료의 혼합기체의 표시에 대한 설명 중 옳은 것은?

① 공기비(excess air ratio)는 연공비의 역수와 같다.
② 연공비(fuel air ratio)라 함은 가연 혼합기 중의 공기와 연료의 질량비로 정의된다.
③ 공연비(air fuel ratio)라 함은 가연 혼합기 중의 연료와 공기의 질량비로 정의된다.
④ 당량비(equivalence ratio)는 실제의 연공비와 이론 연공비의 비로 정의된다.

연소 시 혼합되는 연료와 공기의 비율

① 공연비(A/F ratio) : 연공비의 역수

$\left(\dfrac{공기질량}{연료질량}\right)$

② 연공비(F/A ratio) : 연료와 공기의 비

$\left(\dfrac{연료질량}{공기질량}\right)$

③ 공기비(excess air ratio) : 당량비의 역수(이론 연공비와 실제 연공비의 비)
④ 량비(equivalence ratio) : 실제의 연공비와 이론 연공비의 비

31 정상 및 사고(단선, 단락, 지락 등) 시에 발생하는 전기 불꽃, 아크 또는 고온부에 의하여 가연성 가스가 점화되지 않는 것이 점화시험, 기타 방법에 의하여 확인된 방폭구조의 종류는?

① 내압 방폭구조   ② 본질안전 방폭구조
③ 안전증 방폭구조 ④ 압력 방폭구조

① **압력 방폭구조** : 용기 내부에 보호가스를 압입하여 내부압력을 유지함으로써 가연성 가스가 용기 내부로 유입되지 않도록 한 구조를 압력 방폭구조라 한다.
② **유입 방폭구조** : 용기 내부에 절연유를 주입하여 불꽃 아크 또는 고온발생부분이 기름 속에 잠기게 함으로써 기름면 위에 존재하는 가연성 가스에 인화되지 않도록 한 구조를 유입 방폭구조라 한다.
③ **안전증 방폭구조** : 정상운전 중에 가연성 가스의 점화원이 될 전기불꽃 아크 또는 고온 부분 등의 발생을 방지하기 위해 기계적 전기적 구조상 또는 온도 상승에 대해 특히 안전도를 증가시킨 구조를 안전증 방폭구조라 한다.
④ **본질안전 방폭구조** : 정상 시 및 사고 시에 발생하는 전기불꽃 아크 또는 고온부로 인하여 가연성 가스가 점화되지 않는 것이 점화시험 그 밖의 방법에 의해 확인된 구조를 본질안전 방폭구조라 한다.

32 불활성화에 대한 설명으로 틀린 것은?

① 가연성 혼합가스 중의 산소농도를 최소산소농도(MOC) 이하로 낮게 하여 폭발을 방지하는 것이다.
② 일반적으로 실시되는 산소농도의 제어점은 최소산소농도(MOC)보다 약 4% 낮은 농도이다.
③ 이너트 가스로는 질소, 이산화탄소, 수증기가 사용된다.
④ 일반적으로 가스의 MOC는 보통 10% 정도이고 분진인 경우에는 1% 정도로 낮다.

일반적인 가스의 MOC : 10% 정도, 분진의 MOC : 8% 정도로 낮다.

분진은 가스에 비해 불완전연소를 일으키기 쉬우며 탄소가 타서 제거되지 않으며 연소 후 가스상에 일산화탄소가 다량으로 존재하여 가스에 의한 중독성 및 발생에너지는 가스 폭발에 비해서 수배 정도이며 온도는 2,000~3000도까지 올라가므로 그 위험성이 크므로 최소산소농도 가스보다 낮을 것 같다. 참고로, 불활성화에 필요한 산소농도는 MOC보다 4% 낮게 유지하는 것이 안전성 확보에 유리하다고 말도 있다.

33 -190℃, 0.5MPa의 질소체를 20MPa으로 단열압축했을 때의 온도는 약 몇 ℃인가? [단, 비열비(k)는 1.41이고 이상기체로 간주한다.]

① -15℃ ② -25℃
③ -30℃ ④ -35℃

$$T_2 = (273-190) \times \left(\frac{20}{0.5}\right)^{\frac{1.41-1}{1.41}}$$
$$= 242.62k - 273 = -30.38℃$$

34 층류의 연소화염 측정법 중 혼합기에 유속을 일정하게 하여 유속으로 연소속도를 측정하는 방법은?

① 평면 화염 버너법
② 분젠 버너법
③ 비눗방울법
④ 슬롯 노즐 연소법

① **평면 화염 버너법**(flat flame burner method) : 혼합기를 유속과 연소속도를 균형화시켜 그 유속으로 연소속도를 측정하는 것으로 안정화된 1차 화염을 만들기 어렵다.
② **슬롯 노즐 버너법**(slot nozzle burner method) : 노즐을 이용하여서 노즐 위에 화염이 둘러싸여 역V형의 화염을 만드는 것으로 넓은 범위에서 평면상으로 곡률의 영향을 받지 않고 혼합기의 유선은 직선을 유지할 수 있는 장점이 있다.
③ **분젠 버너법** : 연소속도가 높은 연료에 사용하는 것으로 단위시간당 소비되는 미연혼합기의 체적으로 연소속도를 측정한다.
④ **비눗방울법** : 혼합기로 비눗방울을 만들어 연소진행과 함께 팽창함으로써 연소속도를 측정하며 정압연소가 진행된다.

35 298.15K, 0.1MPa에서 메탄(CH_4)의 연소 엔탈피는 약 몇 MJ/kg인가? (단, CH_4, CO_2, H_2O의 생성 엔탈피는 각각 -74873, -393522, -241827kJ/kmol이다.)

① -40 ② -50
③ -60 ④ -70

① $CH_4 + 2O_2 \rightarrow CO_2 + 2H_2O$
② $\Delta H = (-393522) + 2(-241827)$
$\qquad - (-74873) \times \dfrac{1}{16}$
$\quad = -50143.94 \text{kJ/kg}$
$\quad = -50.143 \text{MJ/kg}$

36 기체연료를 미리 공기와 혼합시켜 놓고, 점화해서 연소하는 것으로 연소실부하율을 높게 얻을 수 있는 연소방식은?

① 확산연소 ② 예혼합연소
③ 증발연소 ④ 분해연소

예혼합연소
① 가연성 기체와 산소가 미리 혼합된 상태에서 발생하는 연소로 반응이 빠르게 진행되며 고온이며 화염의 전파속도가 빠르게 진행된다.
② 연소실부하율을 높게 얻을 수 있다.
③ 연소실의 체적이나 길이가 짧아도 된다.
④ 화염면이 자력으로 전파되어간다.
⑤ 버너에서 상류의 혼합기로 역화를 일으킬 염려가 있다.

37 B급 화재가 발생하였을 때 가장 적당한 소화약제는?

① 건조사, CO가스
② 불연성 기체, 유기소화액
③ CO_2, 포, 분말약제
④ 봉상주수, 산 · 알칼리액

소화약제
① A급 화재 : 일반 화재 : 물, 산. 알칼리, 포, 분말소화약제
② B급 화재 : 유류 화재 : 포, 할로겐화합물, 이산화탄소, 분말
③ C급 화재 : 전기 화재 : 할로겐화합물, 이산화탄소

④ D급 화재 : 금속 화재 : 마른모래, 분말
⑤ E급 화재 : 가스 화재 : 포, 할로겐화합물, 이산화탄소, 분말

38 다음 중 임계압력을 가장 잘 표현한 것은?
① 액체가 증발하기 시작할 때의 압력을 말한다.
② 액체가 비등점에 도달했을 때의 압력을 말한다.
③ 액체, 기체, 고체가 공존할 수 있는 최소 압력을 말한다.
④ 임계온도에서 기체를 액화시키는 데 필요한 최저의 압력을 말한다.

임계압력(critical pressure)
임계온도에서 기체를 액체로 변화시키는 데 있어서, 즉 액화시키는 데 필요한 최소의 압력을 말한다.

39 디젤 사이클에서 압축비 10, 등압팽창비(체절비) 1.8일 때 열효율은 약 얼마인가? (단, 비열비는 $k = C_p/CV = 1.3$이다.)
① 30.3%   ② 38.2%
③ 42.5%   ④ 44.7%

$$\eta = 1 - \frac{1}{\varepsilon^{k-1}} \frac{\sigma^k - 1}{k(\sigma - 1)}$$
$$= 1 - \left(\frac{1}{10^{1.3-1}} \times \frac{1.8^{1.3} - 1}{1.3(1.8 - 1)}\right)$$
$$= 44.71953\%$$

40 1kWh의 열당량은?
① 376kcal   ② 427kcal
③ 632kcal   ④ 860kcal

① 1[kwh] = 3.6×10^6[J] = 860[kcal]
② 1[J] = 0.24[cal]

제 3 과목 가스설비

41 저온장치용 금속재료에 있어서 일반적으로 온도가 낮을수록 감소하는 기계적 성질은?
① 항복점   ② 경도
③ 인장강도   ④ 충격값

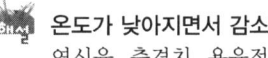
온도가 낮아지면서 감소하는 성질
연신율, 충격치, 용융점, 통전도

42 외경과 내경의 비가 1.2 이상인 산소가스 배관 두께를 구하는 식은
$$t = \frac{D}{2}\left(\sqrt{\frac{\frac{f}{s} + P}{\frac{f}{s} - P}} - 1\right) + C \text{이다.}$$

D는 무엇을 의미하는가?
① 배관의 내경
② 내경에서 부식여유에 상당하는 부분을 뺀 부분의 수치
③ 배관의 상용압력
④ 배관의 지름

배관 두께
① 외경과 내경의 비가 1.2 이상
$$t = \frac{D}{2}\left(\sqrt{\frac{\frac{f}{s} + P}{\frac{f}{s} - P}} - 1\right) + C$$

D : 안지름(내경에서 부식여유에 상당하는 부분을 뺀 부분의 수치)[mm]
P : 배관의 상용압력
C : 부식여유수치[mm]
f : 최소 인장강도
s : 안전율

② 외경과 내경의 비가 1.2 미만
$$t = \frac{PD}{2\frac{f}{s} - P} + C$$

D : 배관의 내경(5.25mm)
   6.35−0.6*2
f : 최소 인장강도(245N/mm^2)
   KSD 3503 C1100 T 1/2H 기준
s : 안전율(4)
C : 부식여유(0) 내식성 재료

43 나프타의 접촉개질 장치의 주요 구성이 아닌 것은?
① 증류탑   ② 예열로
③ 기액분리기 ④ 반응기

 접촉개질 공정(reforming process)
① 옥탄가 높은 연료를 얻는 것이 목적이다.
② 공정 : 예열로 → 반응기 → 기액분리기 (기체, 액체 분리기)

44 역카르노 사이클의 경로로서 옳은 것은?
① 등온팽창−단열압축−등온압축−단열팽창
② 등온팽창−단열압축−단열팽창−등온압축
③ 단열압축−등온팽창−등온압축−단열팽창
④ 단열압축−단열팽창−등온팽창−등온압축

 ① **역카르노 사이클**(냉동 장치)
등온팽창 − 단열압축 − 등온압축 − 단열팽창
② **카르노 사이클**(보일러 장치)
등온팽창 − 단열팽창 − 등온압축 − 단열압축

45 수소가스 집합장치의 설계 매니폴드 지관에서 감압밸브는 상용압력이 14MPa인 경우 내압시험압력은 얼마인가?
① 14MPa   ② 21MPa
③ 25MPa   ④ 28MPa

 내압시험압력
내압시험압력 = 상용압력 × 1.5배
     = 14 × 1.5배 = 21

46 아세틸렌(C_2H_2) 가스의 분해폭발을 방지하기 위한 희석제의 종류가 아닌 것은?
① CO   ② C_2H_4
③ H_2S ④ N_2

 아세틸렌 가스의 희석제
질소, 수소, 메탄, 프로판, 일산화탄소, 에틸렌

47 LPG를 지상의 탱크로리에서 지상의 저장탱크로 이송하는 방법으로 가장 부적절한 것은?
① 위치에너지를 이용한 자연충전방법
② 차압에 의한 충전방법
③ 액펌프를 이용한 충전방법
④ 압축기를 이용한 충전방법

 LPG 이송, 충전 방법
① 압력차에 의한 방법
② 펌프에 의한 방법
③ 압축기에 의한 방법

48 펌프를 운전할 때 펌프 내에 액이 충만하지 않으면 공회전하여 펌핑이 이루어지지 않는다. 이러한 현상을 방지하기 위하여 펌프 내에 액을 충만시키는 것을 무엇이라 하는가?
① 맥동   ② 프라이밍
③ 캐비테이션 ④ 서징

 프라이밍(액비수)
주로 원심펌프에 사용하며 펌프 운전 시 공회전을 방지하기 위하여 액을 채워 넣는 작업을 말한다.

49 에틸렌, 프로필렌, 부틸렌과 같은 탄화수소의 분류로 올바른 것은?
① 파라핀계   ② 방향족계
③ 나프텐계   ④ 올레핀계

 탄화수소의 형태
① 파라핀계(Paraffin)
 ㉠ 사슬 모양(C_nH_{2n+2})

ⓒ 메탄(CH_4), 에탄(C_2H_6), 프로판, 부탄
② 나프텐계(Naphtene)
 ㉠ 고리 모양(C_nH_{2n})
 ⓒ 사이클로헥산(C_6H_{12}), 사이클로펜탄(C_5H_{10})
③ 방향족계(Aromatic)
 ㉠ 고리 모양(C_nH_n)
 ⓒ 벤젠(C_6H_6), 톨루엔, 자일렌
④ 올레핀계(Olefin)
 ㉠ 고리 모양(C_nH_{2n})
 ⓒ 에틸렌(C_2H_4), 프로필렌(C_3H_6), 부틸렌

50 가스보일러의 물탱크의 수위를 다이어프램에 의해 압력변화로 검출하여 전기접점에 의해 가스회로를 차단하는 안전장치는?
① 헛불방지장치   ② 동결방지장치
③ 소화안전장치   ④ 과열방지장치

 헛불방지장치 : 공연소 방지장치
온수기, 보일러 등의 연소기구 내에 물이 없으면 가스밸브가 닫혀 있고 물이 있을 때만 열리는 장치이다.

51 LPG 용기 밸브 충전구의 일반적 나사 형식과 암모니아의 나사 형식이 바르게 연결된 것은?
① 숫나사-암나사   ② 암나사-숫나사
③ 왼나사-오른나사   ④ 오른나사-왼나사

 충전구 나사 방향
① 가연성 가스
 ㉠ 왼나사
 ⓒ 오른나사(암모니아, 브롬화메탄)
② 기타 가스 : 오른나사

52 가스 제조 공정인 수증기 개질 공정에서 주로 사용되는 촉매는 어느 계통인가?
① 철   ② 니켈
③ 구리   ④ 비금속

 니켈 : 탄화수소의 수증기 개질에 의하여 연료가스 또는 합성가스 제조할 때 촉매로 사용한다.

53 -160℃의 LNG(액비중 : 0.46, CH_4 : 90%, C_2H_6 : 10%)를 기화시켜 10℃의 가스로 만들면 체적은 몇 배가 되는가?
① 635   ② 614
③ 592   ④ 552

LNG 체적 계산
① LNG 체적 계산(표준 상태)
$$PV = nRT = \frac{W}{M}RT$$
$$V = \frac{WRT}{PM}$$
$$= \frac{460 \times 0.082 \times (273+10)}{1 \times 17.4}$$
$$\fallingdotseq 613.49 L$$
② $PV = nRT = \frac{W}{M}RT$
 P : 절대압력[kg_f/cm^2]
 V : 체적[m^3, L]
 n : 몰수[mol, kmol]
 W : 질량[g, kg]
 M : 분자량[g/mol, kg/kmol]
 R : 기체상수[0.082Latm/molk, 848kg_fm/kmolk]
③ 평균 분자량
 $M = (16 \times 0.9) + (30 \times 0.1) = 17.4$
④ CH_4(메탄) : $12 \times 1 + 1 \times 4 = 16$
⑤ C_2H_6(에탄) : $12 \times 2 + 1 \times 6 = 30$

54 액화석유가스는 상온(15℃)에서 압력을 올렸을 때 쉽게 액화시킬 수 있으나 메탄은 상온(15℃)에서 액화할 수 없는 이유는?
① 비중 때문에   ② 임계압력 때문에
③ 비점 때문에   ④ 임계온도 때문에

 메탄의 취급
메탄의 비점은 -161.5℃이므로 상온에서 압축 시 액화되지 않으므로 압축가스로 취급한다.

55 LPG에 대한 설명으로 틀린 것은?
  ① 액화석유가스를 뜻한다.
  ② 프로판, 부탄 등을 주성분으로 한다.
  ③ 상온, 상압 하에서 기체이나 가압, 냉각에 의해 쉽게 액체로 변한다.
  ④ 석유의 증류, 정제 과정에서는 생성되지 않는다.

  LPG
  석유를 정제하여 얻어지는 가스이다.

56 다음 가스장치의 사용재료 중 구리 및 구리합금이 사용 가능한 가스는?
  ① 산소   ② 황화수소
  ③ 암모니아   ④ 아세틸렌

  ① **산소**(O_2) : 주로 용기에 충전하여 용접, 절단용으로 사용할 수 있다.
  ② **황화수소**(H_2S) : 습기에 의해 금속을 심하게 부식시킨다.
  ③ **암모니아**(NH_3) : 장치, 설비에 동을 사용하면 착이온을 형성하여 부식을 일으킨다.
  ④ **아세틸렌**(C_2H_2) : 동, 은, 수은 등과 반응하여 금속아세틸리아드가 생성된다.

57 가스보일러에 설치되어 있지 않은 안전장치는?
  ① 과열방지장치   ② 헛불방지장치
  ③ 전도안전장치   ④ 과압방지장치

  가스 난방기 안전장치
  ① 소화안전장치
  ② 과열방지장치
  ③ 공연소방지장치
  ④ 과압방지장치
  ⑤ 동결방지장치
  ⑥ 불완전연소방지장치

58 가스레인지에 연결된 호스에 직경 1.0mm의 구멍이 뚫려 250mmH₂O 압력으로 LP가스가 3시간 동안 누출되었다면 LP가스의 분출량은 약 몇 L인가? (단, LP가스의 비중은 1.2이다.)
  ① 360   ② 390
  ③ 420   ④ 450

  노즐에서 가스 분출량 계산
  $$Q = 0.009D^2\sqrt{\frac{P}{d}}$$
  여기서, d : 가스 비중,
  $\quad\quad\quad P$: 압력[mmH₂O],
  $\quad\quad\quad D$: 노즐 지름[mm]
  $$Q = 0.009D^2\sqrt{\frac{P}{d}}$$
  $$= 0.009 \times (1.0)^2 \times \sqrt{\frac{250}{1.2}} \times 3(시간)$$
  $$= 0.38971 m^3 \times 1000 = 389.711 L$$

59 가스액화 원리인 줄-톰슨 효과에 대한 설명으로 옳은 것은?
  ① 압축가스를 등온팽창시키면 온도나 압력이 증대
  ② 압축가스를 단열팽창시키면 온도나 압력이 강하
  ③ 압축가스를 단열압축시키면 온도나 압력이 증대
  ④ 압축가스를 등온압축시키면 온도나 압력이 강하

  줄-톰슨 효과(Joule-Thomson effect)
  ① 단열팽창 시 유체는 압력강하와 함께 온도가 내려간다.
  ② 단열을 한 도관 중에 작은 구멍을 내고 이 관에 압력이 있는 유체를 흐르게 하면 유체가 작은 구멍을 통할 때 유체의 압력이 하강하고 동시에 온도가 변하는 현상이다.

60 콕 및 호스에 대한 설명으로 옳은 것은?
  ① 고압고무호스 중 투윈호스는 차압 0.1MPa 이하에서 정상적으로 작동하는 체크밸브를 부착하여 제작한다.

② 용기밸브 및 조정기에 연결하는 이음쇠의 나사는 오른나사로서 W22.5×14T, 나사부의 길이는 12mm 이상으로 한다.
③ 상자콕은 카플러 안전기구 및 과류차단안전기구가 부착된 것으로서 배관과 카플러를 연결하는 구조이고, 주물황동을 사용할 수 있다.
④ 카플러안전기구부 및 과류차단안전기구부는 4.2kPa 이상의 압력에서 1시간당 누출량이 카플러안전기구부는 1.0L/h 이하, 과류차단안전기구부는 0.55L/h 이하가 되도록 제작한다.

 콕
① 콕은 퓨즈콕·상자콕 및 주물연소기용 노즐콕으로 구분한다.
② 퓨즈콕은 가스유로를 볼로 개폐하고, 과류차단안전기구가 부착된 것으로서 배관과 호스, 호스와 호스, 배관과 배관 또는 배관과 카플러를 연결하는 구조이며, 상자콕은 카플러안전기구와 과류차단안전기구가 부착된 것으로서 배관과 카플러를 연결하는 구조이고, 주물연소기용 노즐콕은 주물연소기 부품으로 사용하는 것으로서 볼로 개폐하는 구조일 것.
③ 콕의 표면은 매끈하고, 사용에 지장을 주는 부식·균열·주름 등이 없을 것.
④ 콕의 각 부분은 기계적·화학적 및 열적인 부하에 견디고, 사용에 지장을 주는 변형·파손·누출 등이 없고 원활하게 작동하는 것일 것.
⑤ 1개의 핸들로 1개의 유로를 개폐하는 구조일 것.
⑥ 핸들은 90도나 180도 회전하여 개폐되는 구조이고, 핸들의 열림방향은 시계 반대방향일 것. 다만, 주물연소기용 노즐콕의 핸들의 열림방향은 그러하지 아니하다.
⑦ 콕은 0.035MPa 이상의 공기압을 1분간 가했을 때 누출이 없을 것. 다만, 카플러안전기구부와 과류차단안전기구부는 4.2kPa 이상의 압력에서 1시간당 누출량이 카플러안전기구부는 0.55l 이하, 과류차단안전기구부는 1.0l 이하일 것.
⑧ 퓨즈콕과 상자콕의 시간당 유량은 입구압이 1±0.1kPa이고 차압이 0.1kPa일 때 카플러안전기구가 부착된 것은 500l 이상, 과류차단안전기구가 부착된 것은 400l 이상일 것.
⑨ 과류차단안전기구가 부착된 콕의 작동유량은 입구압이 1±0.1kPa인 상태에서 측정하였을 때 표시유량의 ±10% 이내일 것.
⑩ 퓨즈콕·상자콕 및 주물연소기용 노즐콕의 핸들 회전력은 58.8N·cm 이하일 것.
⑪ 콕의 핸들(회전조작을 하는 것만을 말한다)은 392.3N·cm 이상의 회전력을 가할 때 이상이 없는 것일 것.
⑫ 2.8kPa의 액화석유가스를 1.5l/h부터 3.0l/h까지의 유량으로 통과시키면서 분당 15회부터 20회까지의 속도로 퓨즈콕과 주물연소기용 노즐콕을 6천 회(상자콕은 3천 회) 반복하여 개폐조작한 후, 기밀시험에서 누출이 없고 회전력이 58.8N·cm 이하일 것. 다만, 카플러안전기구가 부착된 것은 500회 개폐조작한 후 4.2kPa 압력으로 기밀시험을 하여 1시간당 누출량이 0.55l 이하일 것.

고압호스
① 고압호스는 고압고무호스(투윈호스, 측도관, 자동차용 고압고무호스만을 말한다)와 자동차용 비금속호스를 말한다.
② 고압고무호스는 안층·보강층·바깥층으로 되어 있고 안지름과 두께가 균일할 것.
③ 고압고무호스는 안층과 바깥층이 잘 접착되어 있을 것.
④ 투윈호스는 차압 0.07MPa 이하에서 정상적으로 작동하는 체크밸브를 부착할 것.

제 4 과목　가스안전관리

61 공기액화분리기에 설치된 액화 산소통 내의 액화산소 5L 중 아세틸렌의 질량이 몇 mg을 넘을 때에는 그 공기액화분리기의 운전을 중지하고 액화산소를 방출하여야 하는가?
① 5　　　　　② 50
③ 100　　　　④ 500

공기액화분리기 산소 취급 사항
① 액화산소는 1일 1회 이상 분석한다.
② 액화산소 5L 중 아세틸렌의 질량이 5mg 또는 탄화수소의 탄소 질량이 500mg을 넘을 때에는 그 공기액화분리기의 운전을 중지하고 액화산소를 방출한다.

62 대기차단식 가스보일러에 의무적으로 장착하여야 하는 부품이 아닌 것은?

① 저수위안전장치
② 압력계
③ 압력팽창탱크
④ 과압방지용 안전장치

 ① 보일러는 다음의 장치를 갖춘 것일 것.
㉠ 물온도조절장치
㉡ 점화장치(파일럿 버너가 없는 것은 자동점화장치)
㉢ 물빼기장치
㉣ 가스버너
㉤ 자동차단밸브(직접점화방식은 2중 차단하는 구조일 것.)
㉥ 온도계
㉦ 순환펌프(가스소비량이 40,000kcal/h 이상인 것은 제외한다)
㉧ 소화안전장치
㉨ 과열방지장치
㉩ 동결방지장치
㉪ 저가스압차단장치(가스소비량이 40,000kcal/h 미만인 것은 제외한다)
㉫ 정전 및 재통전 시의 안전장치
㉬ 난방수여과장치
㉭ 급수압력조절장치(가스소비량이 4만kcal/h 이상인 것은 제외한다)
② 각 부분은 안전성, 내구성 및 편리성을 고려하여 제작하고 표면은 모양이 균일하고 흠이나 갈라짐 등이 없어야 하며 사용중에나 청소할 때 손이 닿는 부분은 매끄러울 것.
③ 보일러의 배선에 사용하는 도선은 가능한 한 짧게 하고, 필요한 곳에는 절연, 방열 보호, 고정 등의 조치를 할 것.
④ 전용 급기통을 부착시킬 수 있는 것은 급기통을 부품으로 공급할 것.
⑤ 배기팬을 접속할 수 있는 반밀폐형 자연배기식은 명판에 기재된 팬을 접속하였을 때 ⑦의 규정에 적합할 것.
⑥ 난방수 순환방식별 구조
㉠ 대기차단식은 압력계, 압력팽창탱크, 헛불방지장치, 과압방지용 안전장치, 공기자동빼기장치를 갖춘 것일 것.
㉡ 대기개방식은 저수위안전장치를 갖춘 것일 것.
⑦ 급기 또는 배기팬을 가진 것은 프리퍼지(Pre purge)를 하고 팬이 이상 정지되면 자동으로 가스통로를 차단하는 구조일 것

63 가스누출경보 및 자동차단장치의 기능에 대한 설명으로 틀린 것은?

① 독성가스의 경보농도는 TLV-TWA 기준 농도 이하로 한다.
② 경보농도 설정치는 독성가스용에서는 ±30% 이하로 한다.
③ 가연성가스경보기는 모든 가스에 감응하는 구조로 한다.
④ 검지에서 발신까지 걸리는 시간은 경보농도의 1.6배 농도에서 보통 30초 이내로 한다.

 가스누출경보 및 자동차단장치의 기능
① 경보농도는 검지경보장치의 설치장소, 주위의 분위기 온도에 따라 가연성 가스는 폭발한계의 1/4 이하에서 감응할 것.
② 독성가스는 허용농도 이하로 감응할 것. (다만, 암모니아를 실내에서 사용하는 경우에는 50ppm으로 할 수 있다.)

 고압가스안전관리기준 통합고시
제6관 가스누출검지경보장치의 설치기준
제2-2-22조(적용범위) 이 관은 규칙 제8조 별표4 제2호 라목, 제3호 라목 사목, 별표5 제1호 다목 (3)의(나) ③ · 아목 (8) · 카목 (4), 별표6 제1호 가목 (12) · (15), 별표7 제1호 다목 (8), 별표8 제1호 다목, 별표9 제1호 나목 (2) 및 규칙 제47조, 별표29 제9호의 규정에 의하여 고압가스시설에 설치하는 가스누출검지경보장치의 설치기준에 대하여

적용한다.

제2-2-23조(기능) 가스누출검지경보장치(이하 "검지경보장치"라 한다)는 가연성 가스 또는 독성가스의 누출을 검지하여 그 농도를 지시함과 동시에 경보를 울리는 것으로서 그 기능은 가스의 종류에 따라 적절하여야 하며, 다음 각 호의 성능을 갖는 것일 것.

1. 검지경보장치는 접촉연소방식, 격막갈바니전지방식, 반도체방식, 그 밖의 방식에 의하여서 검지엘리먼트의 변화를 전기적 신호에 의해 이미 설정하여 놓은 가스농도(이하 "경보농도"라 한다)에서 자동적으로 경보하는 것일 것. 이 경우 가연성 가스 경보기는 담배연기 등에, 독성가스용 경보기는 담배연기, 기계세척유가스, 등유의 증발가스, 배기가스 및 탄화수소계 가스 등 잡가스에는 경보하지 아니할 것.
2. 경보농도는 검지경보장치의 설치장소, 주위의 분위기 온도에 따라 가연성 가스는 폭발한계의 1/4 이하, 독성가스는 허용농도 이하로 할 것.(다만, 암모니아를 실내에서 사용하는 경우에는 50ppm으로 할 수 있다.)
3. 경보기의 정밀도는 경보농도 설정치에 대하여 가연성 가스용에 있어서는 ±25% 이하, 독성가스용에 있어서는 ±30% 이하로 할 것.
4. 검지경보장치의 검지에서 발신까지 걸리는 시간은 경보농도의 1.6배 농도에서 보통 30초 이내일 것. 다만, 검지경보장치의 구조상 또는 이론상 30초가 넘게 걸리는 가스(암모니아, 일산화탄소 또는 이와 유사한 가스)에 있어서는 1분 이내로 한다.
5. 전원의 전압 등 변동이 ±10% 정도일 때에도 경보정밀도가 저하되지 않을 것.
6. 지시계의 눈금은 가연성 가스용은 0~폭발하한계 값, 독성가스는 0~허용농도의 3배값(암모니아를 실내에서 사용하는 경우에는 150ppm)을 각각의 눈금의 범위에 명확하게 지시하는 것일 것.
7. 경보를 발신한 후에는 원칙적으로 분위기 중 가스농도가 변화하여도 계속 경보를 울리고, 그 확인 또는 대책을 강구함에 따라 경보정지가 되어야 할 것.

64 운반하는 액화염소의 질량이 500kg인 경우 갖추지 않아도 되는 보호구는?

① 방독마스크   ② 공기호흡기
③ 보호의   ④ 보호장화

고압가스 운반 시 휴대하는 소화설비, 보호구 및 자재 등

독성가스를 운반하는 때에 휴대하는 보호구, 자재, 약재, 공구 및 그 밖에 필요한 것은 다음 각 목과 같다.

① 보호구
보호구는 다음 표에 게기한 것으로 하고, 당해 차량의 승무원수에 상당한 수량을 휴대할 것.(표 중의 ○은 휴대하는 것을 나타낸다.)

품명	규격	운반하는 독성가스의 양 압축가스용적 100m³ 또는 액화가스질량 1,000kg		비고
		미만인 경우	이상인 경우	
방독마스크	독성가스의 종류에 적합한 격리식 방독마스크(전면형, 고농도용의 것)	○	○	공기호흡기를 휴대한 경우는 제외한다.
공기호흡기	압축공기의 호흡기(전면형의 것)	-	○	빨리 착용할 수 있도록 준비된 경우는 제외한다.
보호의	비닐피복제 또는 고무피복제의 상의 등의 신속히 착용할 수 있는 것	○	○	압축가스의 독성가스의 경우는 제외한다.
보호장갑	고무제 또는 비닐피복제의 것(저온가스의 경우는 가죽제의 것)	○	○	압축가스의 독성가스인 경우는 제외한다.
보호장화	고무제의 장화	○	○	압축가스의 독성가스인 경우는 제외한다.

② 운반하는 액화염소의 질량이 1000kg 이상인 경우 공기흡기가 필요하다.

65 염소와 동일 차량에 혼합 적재하여 운반이 가능한 가스는?

① 암모니아 ② 산화에틸렌
③ 시안화수소 ④ 포스겐

 고압가스 운반 등의 기준(혼합적재의 금지)
① 염소와 아세틸렌 · 암모니아 또는 수소는 동일 차량에 적재하여 운반하지 아니할 것.
② 가연성 가스와 산소를 동일 차량에 적재하여 운반하는 때에는 그 충전용기의 밸브가 서로 마주보지 아니하도록 적재할 것.
③ 충전용기와 「위험물 안전관리법」이 정하는 위험물과는 동일 차량에 적재하여 운반하지 아니할 것.

66 LPG를 사용할 때 안전관리상 용기는 옥외에 두는 것이 좋다. 그 이유로 가장 옳은 것은?

① 옥외 쪽이 가스가 누출되어도 확산이 빨라 사고가 발생하기 어렵기 때문에
② 옥내는 수분이 있어 용기의 부식이 빠르기 때문에
③ 옥외 쪽이 햇빛이 많아 가스 방출이 쉽기 때문에
④ 관련법상 용기는 옥외에 저장토록 되어 있기 때문에

 LPG의 특성
공기보다 무거워서 실내에 체류하는 것보다는 상대적으로 옥외에 용기를 두어 가스가 빨라 확산되어 사고 발생을 방지하는 것이다.

67 다음 [보기]의 가스 중 비중이 큰 것부터 옳게 나열한 것은?

보기
㉮ 염소 ㉯ 공기
㉰ 일산화탄소 ㉱ 아세틸렌
㉲ 이산화질소 ㉳ 아황산가스

① ㉮㉳㉲㉯㉰㉱
② ㉳㉮㉲㉯㉰㉱
③ ㉲㉱㉳㉮㉯㉰
④ ㉳㉮㉲㉯㉰㉱

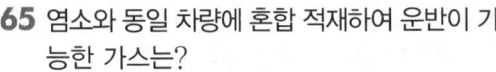 **가스의 비중**
① 가스의 비중
$= \dfrac{기체\ 분자량}{공기의\ 평균분자량} = \dfrac{M}{29}$
② 분자량
㉠ 염소 : 71
㉡ 공기 : 29
㉢ 일산화탄소 : 28
㉣ 아세틸렌 : 26
㉤ 이산화질소 : 44
㉥ 아황산가스 : 64
③ 아세틸렌 비중 $= \dfrac{M}{29} = \dfrac{26}{29} = 0.896$
④ 염소 비중 $= \dfrac{M}{29} = \dfrac{71}{29} = 2.448$

68 지상에 설치하는 저장탱크 주위에 방류둑을 설치하지 않아도 되는 경우는?

① 저장능력 5톤의 염소탱크
② 저장능력 2000톤의 액화산소탱크
③ 저장능력 1000톤의 부탄탱크
④ 저장능력 5000톤의 액화질소탱크

 방류둑 설치 기준
① 고압가스 일반 제조시설 : 가연성 및 산소의 액화가스 저장능력이 1000톤 이상일 때 방류둑을 설치한다.
② 저장능력이 5톤 이상의 독성가스 저장탱크 주위에 방류둑을 설치한다.
③ 냉동제조시설 : 독성가스를 냉매로 하는 수액기의 내용적이 1000L 이상일 때 방류둑을 설치한다.

69 가스제조시설 등에 설치하는 플레어 스택에 대한 설명으로 옳지 않은 것은?

① 긴급이송설비에 의하여 이송되는 가스를 안전하게 연소시킬 수 있는 것으로 한다.
② 설치 위치 및 높이는 플레어 스택 바로 밑의 지표면에 미치는 복사열이 4000kcal/m·h 이하가 되도록 한다.
③ 방출된 가스가 지상에서 폭발한계에 도달

하지 아니하도록 한다.
④ 파일럿 버너는 항상 점화하여 두어야 한다.

 가스제조시설
① 벤트 스택
벤트 스택은 다음의 기준에 적합하게 설치할 것.
㉠ 그 벤트 스택에서 방출되는 가스량과 주위 상황에 따라 안전한 높이 및 위치에 설치할 것.
㉡ 벤트 스택에서 방출된 가스가 지상에서 폭발한계에 도달하지 아니하도록 한 것일 것.
② 플레어 스택
플레어 스택은 다음의 기준에 적합하게 설치할 것.
㉠ 연소능력은 긴급이송설비에 의하여 이송되는 가스를 안전하게 연소시킬 수 있는 것일 것.
㉡ 플레어 스택에서 발생하는 복사열이 다른 가스공급시설에 나쁜 영향을 미치지 아니하도록 안전한 높이 및 위치에 설치할 것.
㉢ 플레어 스택에서 발생하는 최대 열량에 장시간 견딜 수 있는 재료 및 구조로 되어 있을 것.
㉣ 파일럿 버너를 항상 점화하여 두는 등 플레어 스택에 관련된 폭발을 방지하기 위한 조치가 되어 있을 것.

70 최고 충전압력 2.0MPa, 동체의 내경 65cm인 산소용 강재 용접 용기의 동판 두께는 약 몇 mm인가? (단, 재료의 인장강도 : 500 N/mm, 용접효율 : 100%, 부식여유 : 1mm이다.)
① 2.30 ② 6.25
③ 8.30 ④ 10.25

 산소 용기 두께
$$t = \frac{PD}{400s\eta} = \frac{2000 \times 650}{400 \times 500 \times 1} = 6.5$$

71 자동차용기충전시설에서 충전기의 시설기준에 대한 설명으로 옳은 것은?
① 충전기 상부에는 캐노피를 설치하고 그 면적은 공지면적의 2분의 1 이하로 한다.
② 배관이 캐노피 내부를 통화하는 경우에는 2개 이상의 점검구를 설치한다.
③ 캐노피 내부의 배관으로서 점검이 곤란한 정소에 설치하는 배관은 안전상 필요한 강도를 가지는 플랜지 접합으로 한다.
④ 충전기 주위에는 가스누출자동차단장치를 설치한다.

 액화석유가스 충전사업의 시설기준과 기술기준
① 충전기
㉠ 충전기 상부에는 닫집 모양의 차양을 설치하여야 하고, 그 면적은 공지면적의 2분의 1 이하로 할 것.
㉡ 배관이 닫집 모양의 차양 내부를 통과하는 경우에는 1개 이상의 점검구를 설치할 것.
㉢ 닫집 모양의 차양 내부에 있는 배관으로서 점검하기 곤란한 장소에 설치하는 배관은 용접이음으로 할 것.
㉣ 충전기 주위에는 가스누출경보기를 설치할 것.

 [별표3] 액화석유가스 충전사업의 시설기준과 기술기준(제10조 제1항 제1호 관련)
나. 자동차용기충전시설
1) 사업소경계 및 보호시설과의 안전거리
액화석유가스 충전시설의 저장설비·충전설비 및 자동차에 고정된 탱크 이입·충전장소가 사업소경계 및 보호시설로부터 유지하여야 하는 안전거리는 가목 1)에서 정한 용기충전시설의 거리기준을 준용한다.
2) 공지확보 등
가) 충전소에는 자동차에 직접 충전할 수 있는 고정충전설비(이하 "충전기"라 한다)를 설치하고, 그 주위에 공지를 확보할 것.
나) 가)에 따른 공지의 바닥은 주위의 지면보다 높게 하고, 충전기는 자동차 진입으로부터 보호할 수 있는 보호대를 갖출 것.

3) 게시판
충전소에는 시설의 안전 확보에 필요한 사항을 적은 게시판을 주위에서 눈에 띄기 쉬운 위치에 설치하고 노란색 바탕에 검은색 글씨로 "충전 중 엔진정지"라고 표시한 표지판과 흰색 바탕에 붉은 글씨로 "화기엄금"이라고 표시한 게시판을 따로 설치할 것.

4) 충전기
가) 충전기 상부에는 닫집 모양의 차양을 설치하여야 하고, 그 면적은 공지면적의 2분의 1 이하로 할 것.
나) 배관이 닫집 모양의 차양 내부를 통과하는 경우에는 1개 이상의 점검구를 설치할 것.
다) 닫집 모양의 차양 내부에 있는 배관으로서 점검하기 곤란한 장소에 설치하는 배관은 용접이음으로 할 것.
라) 충전기 주위에는 가스누출경보기를 설치할 것.

72 밀폐된 목욕탕에서 도시가스 순간온수기를 사용하던 중 쓰러져서 의식을 잃었다. 사고 원인으로 추정할 수 있는 것은?

① 가스 누출에 의한 중독
② 부취제에 의한 중독
③ 산소 결핍에 의한 질식
④ 질소 과잉으로 인한 질식

 산소농도가 18% 이하일 경우 의식을 잃을 수 있다.

73 고압가스제조시설 사업소에서 안전관리자가 상주하는 사업소와 현장사무소와의 사이 또는 현장사무소 상호간에 설치하는 통신설비가 아닌 것은?

① 휴대용 확성기 ② 구내전화
③ 구내방송설비 ④ 인터폰

 통신설비의 구비조건
사업소 내에서 긴급사태 발생 시 필요한 연락을 신속히 할 수 있도록 구비하여야 할 통신시설은 다음 표와 같다.

사항별 (통신범위)	설치(구비)하여야 할 통신설비	비 고
① 안전관리자가 상주하는 사업소와 현장사업소와의 사이 또는 현장사무소 상호간	㉠ 구내전화 ㉡ 구내방송설비 ㉢ 인터폰 ㉣ 페이징 설비	• 통신설비는 사업소의 규모에 적합하도록 1가지 이상을 구비하여야 한다.
② 사업소내 전체	㉠ 구내방송설비 ㉡ 사이렌 ㉢ 휴대용 확성기 ㉣ 페이징 설비 ㉤ 메가폰	• 메가폰은 당해 사업소의 면적이 1,500 m^2 이하의 경우에 한한다.
③ 종업원 상호간(사업소내 임의의 장소)	㉠ 페이징 설비 ㉡ 휴대용 확성기 ㉢ 트랜시버 (계기 등에 대하여 영향이 없는 경우에 한한다) ㉣ 메가폰	

 액화석유가스 안전관리기준 통합고시
제9관 통신시설
제2-2-36조(적용범위) 이 관은 규칙 제8조 별표3 제1호 가목 (16) (다)의 규정에 의한 액화석유가스시설에 설치하는 통신시설에 대하여 적용한다.

74 가연성 가스와 산소의 혼합가스에 불활성 가스를 혼합하여 산소농도를 감소해가면 어떤 산소농도 이하에서는 점화하여도 발화되지 않는다. 이때의 산소농도를 한계산소농도라 한다. 아세틸렌과 같이 폭발범위가 넓은 가스의 경우 한계산소농도는 약 몇 %인가?

① 2.56% ② 4%
③ 32.4% ④ 81%

 아세틸렌의 한계산소농도 : 4%이다.

75 액화가스의 저장탱크 압력이 이상 상승하였을 때 조치사항으로 옳지 않은 것은?

① 가스방출밸브를 열어 가스를 방출시킨다.
② 살수장치를 작동시켜 저장탱크를 냉각시킨다.

③ 액이입 펌프를 긴급히 정지시킨다.
④ 출구 측의 긴급차단밸브를 작동시킨다.

입구 측의 긴급차단밸브를 작동시킨다.

76 최고충전압력의 정의로서 틀린 것은?
① 압축가스충전용기(아세틸렌가스 제외)의 35℃에서 용기에 충전할 수 있는 가스의 압력 중 최고 압력
② 초저온용기의 경우 상용압력 중 최고압력
③ 아세틸렌가스 충전용기의 경우 25℃에서 용기에 충전할 수 있는 가스의 압력 중 최고압력
④ 저온용기 외의 용기로서 액화가스를 충전하는 용기의 경우 내압시험압력의 3/5배의 압력

최고충전압력
아세틸렌가스 충전용기의 경우 15℃에서 용기에 충전할 수 있는 가스의 압력 중 최고 압력

77 방폭전기 기기의 구조별 표시방법이 아닌 것은?
① 내압(內壓) 방폭구조
② 내열(內熱) 방폭구조
③ 유입(油入) 방폭구조
④ 안전증(安全增) 방폭구조

방폭구조
① 내압 방폭구조 : d
② 유입 방폭구조 : o
③ 압력 방폭구조 : p
④ 본질안전 방폭구조 : I
⑤ 특수 방폭구조 : s

78 차량에 고정된 탱크의 설계기준으로 틀린 것은?
① 탱크의 길이이음 및 원주이음은 맞대기 양면 용접으로 한다.
② 용접하는 부분의 탄소강은 탄소함유량이 1.0% 미만이어야 한다.
③ 탱크에는 지름 375mm 이상의 원형 맨홀 또는 긴 지름 375mm 이상, 짧은 지름 275mm 이상의 타원형 맨홀 1개 이상 설치한다.
④ 초저온탱크의 원주이음에 있어서 맞대기 양면 용접이 곤란한 경우에는 맞대기 한면 용접을 할 수 있다.

차량에 고정된 탱크 설계
탱크의 설계기준은 다음 각 호에 적합하여야 한다.
① 탱크의 길이이음 및 원주이음은 맞대기 양면용접으로 할 것. 다만, 초저온저장탱크의 원주이음에 있어서 맞대기 양면용접으로 실시하는 것이 곤란한 경우에는 맞대기 한면 용접으로 할 수 있다
② 탱크의 재료에는 KS D 3521(압력용기용 강판), KS D 3541(저온 압력용기용 탄소강판), 스테인리스강 또는 이와 동등 이상의 기계적 성질 및 가공성 등을 갖는 재료를 사용할 것. 다만, 용접을 하는 부분의 탄소강은 탄소함유량이 0.35% 미만이어야 한다.
③ 탱크의 동판 및 경판의 두께는 규정한 방법에 의할 것.
④ 탱크에는 지름 375mm 이상의 원형 맨홀 또는 긴 지름 375mm 이상, 짧은 지름 275mm 이상의 타원형 맨홀을 1개 이상 설치할 것. 다만, 초저온저장탱크의 경우에는 그러하지 아니하다.
⑤ 맨홀에는 다음과 같이 탱크의 외면에 보강재를 사용하여 보강할 것.

79 다음 중 재검사를 받아야 하는 용기가 아닌 것은?
① 법이 정하는 기간이 경과한 용기
② 최고 충전압력으로 사용했던 용기
③ 손상이 발생된 용기
④ 충전 가스의 종류를 변경한 용기

재검사 대상
① 법이 정하는 기간이 경과한 용기
② 충전 가스의 종류를 변경한 용기
③ 손상이 발생된 용기

80 액화석유가스 용기의 안전점검기준 중 내용적 얼마 이하의 용기의 경우에 "실내보관 금지" 표시 여부를 확인하는가?

① 1L ② 10L
③ 15L ④ 20L

 액화석유가스 용기의 안전점검기준
액화석유가스가 충전된 내용적 15L 이하의 용기(용기내장형 가스난방기용 용기와 내용적 1L 이하의 이동식 부탄 연소기용 용기는 제외한다)를 수요자에게 공급할 경우 다음의 사항을 준수할 것
① 용기에 가로·세로 2cm 이상 크기의 적색 글자로 "실내보관 금지"를 표시한 후 공급할 것
② 수요자가 요청하는 경우 해당 용기를 가스 공급자의 용기보관소에 보관할 것
③ 액화석유가스를 공급할 때마다 용기취급 등 액화석유가스의 안전한 사용을 위하여 필요한 사항을 수요자에게 알릴 것. 이 경우 그 내용과 방법은 산업통상자원부장관이 정하여 고시한다.

 제 5 과목 가스계측기기

81 습식 가스미터의 기본형은?

① 임펠러형 ② 오벌기어형
③ 드럼형   ④ 루트형

 습식 가스미터
① 고정된 드럼 속에 4개의 실이 있다.
② 유량 계측이 정확하다.
③ 설치공간이 크다.
④ 사용 중 기차의 변동이 거의 없다.

82 온도계에 이용되는 것으로 가장 거리가 먼 것은?

① 열기전력   ② 탄성체의 탄력
③ 복사에너지 ④ 유체의 팽창

 온도계
① 열기전력을 이용한 것 : 열전대 온도계
② 복사에너지를 이용한 것 : 광고 온도계
③ 유체의 팽창을 이용한 것 : 압력식 온도계
④ 전방사 에너지를 이용한 것 : 방사 온도계

 물체의 탄성체의 탄력을 이용한 것
① 부르동관 압력계
② 벨로즈 압력계
③ 다이어프램 압력계

83 LPG 저장탱크 내 액화가스의 높이가 2.0m 일 때, 바닥에서 받는 압력은 약 몇 kPa인가? (단, 액화석유가스 밀도는 0.5g/cm이다.)

① 1.96 ② 3.92
③ 4.90 ④ 9.80

 압력
① 면적 : A
② 체적(부피) : 면적×높이 = $A \times 2 = 2A$
③ 질량 : $2A[m^3] \times (0.5 \times 10^3 [kg/m^3])$
     $= A \times 10^3 [kg]$
④ 힘 : $F = mg$
     $= (A \times 10^3 [kg]) \times 9.8 [m/s^2]$
     $= 9.8 \times 10^3 [N]$
⑤ 압력 : $P = \dfrac{F}{A} = \dfrac{9.8A \times 10^3}{A}$
     $= 9.8 \times 10^3 [Pa]$
     $= 9.8 [kPa]$

 문제 상황을 대강 그림으로 그리면 다음과 같다.

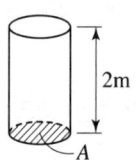

우선 액화가스의 질량을 구한다.

저장탱크의 단면적을 $A[m^2]$라고 하면 부피는 $2A[m^3]$이다. 이때 액화가스의 밀도가 $0.5[g/cm^3]$라고 했으므로 밀도 단위를 바꾼 뒤 액화가스의 질량을 계산하면,
$2A[m^3] \times 0.5 \times 10^3 [kg/m^3] = A \times 10^3 [kg]$
이다. 따라서 액화가스의 무게는
$A \times 10^3 [kg] \times 9.8 [m/s^2] = 9.8A \times 10^3 [N]$
이고, 이것이 곧 바닥이 받는 힘이다.(문제에선 중력가속도를 $9.8[m/s^2]$로 계산해야 되는 듯하다.)
압력은 단위면적당 받는 힘이므로, 힘을 면적으로 나누면 $9.8A \times 10^3 [N]/A[m^2] = 9.8 \times 10^3 [Pa] = 9.8[kPa]$가 나온다.

84 부유 피스톤 압력계로 측정한 압력이 20kg/cm이었다. 이 압력계의 피스톤 지름이 2cm, 실린더 지름이 4cm일 때 추와 피스톤의 무게는 약 몇 kg인가?

① 52.6　　② 62.8
③ 72.6　　④ 82.8

 피스톤 압력계 압력
① $P = \dfrac{W_1 + W_2}{A} + P_1$
② P : 압력$[kg_f/cm^2]$
　W_1 : 추의 무게[kg]
　W_2 : 피스톤의 무게[kg]
　A : 피스톤의 단면적$[cm^2]$
　P_1 : 대기압$[kg_f/cm^2]$
③ $(W_1 + W_2) = P \times A = 20 \times \dfrac{\pi}{4} \times 2^2$
　　　　　　　　$= 62.6315$

85 연소로의 드래프트용으로 주로 사용되며 공기식 자동제어의 압력 검출용으로도 이용 가능한 압력계는?

① 벨로즈 압력계
② 자기변형 압력계
③ 공강식 압력계
④ 다이어프램형 압력계

 다이어프램형 압력계
① 대기압차가 작은 미소압력 측정 시 사용한다.
② 정확성이 우수하며 감도가 좋다.
③ 공기식 자동제어 압력 검출용이다.

86 누출된 가스의 검지법으로서 연결이 잘못된 것은?

① 시안화수소 – 질산구리벤젠지
② 포스겐 – 하리슨 시약
③ 암모니아 – 요오드화칼륨 전분지
④ 아세틸렌 – 염화제1구리착염지

 가스 누설 검색지의 변색

가스명	검색지	색깔(변색)
암모니아(NH_3)	붉은 리트머스 시험지	청색
염소(Cl_2)	KI 전분지	청색
포스겐($COCl_2$)	하리슨 시약	오렌지색
아세틸렌(C_2H_2)	염화제1동착염지	적색
일산화탄소(CO)	염화파라듐지	검정색
황화수소(H_2S)	연당지 (초산납 시험지)	검정색
시안화수소(HCN)	질산구리벤젠지 (초산벤젠)	청색
아황산가스(SO_2)	암모니아 형겊	흰 연기 발생
프로판(C_3H_8)	비눗물	기포 발생

87 강(steel)으로 만들어진 자(rule)로 길이를 잴 때 자가온도의 영향을 받아 팽창, 수축함으로써 발생하는 오차로 측정 중 온도가 높으면 길이가 짧게 측정되며, 온도가 낮으면 길이가 길게 측정되는 오차를 무슨 오차라 하는가?

① 과오에 의한 오차
② 측정자의 부주의로 생기는 오차
③ 우연오차
④ 계통적 오차

 ④ 계통적 오차
㉠ 온·습도 등의 환경에 의한 오차
㉡ 참값에 대하여 정·부 오차 어느 한 쪽에 편중된다.

② **과오에 의한 오차**
  ㉠ 측정자 개인의 시각, 청각, 습관 등에 의해 생기는 오차이다.
  ㉡ 측정자의 주의에 의해 정확하게 표시할 수 있다.
③ **우연오차**(부정오차, accident error)
  ㉠ 발생원인이 불명확하거나 원인을 파악해도 오차가 일정하게 누적되지 않는다.
  ㉡ 보정이 불가능하며 측정횟수가 많아지면 서로 상쇄된다.
  ㉢ 상대적인 분포현상을 가진 측정값을 나타내며 산포에 의하여 일어나는 오차를 말한다.

88 온도 측정범위가 가장 넓은 온도계는?
① 알루멜-크로멜 ② 구리-콘스탄탄
③ 수은   ④ 철-콘스탄탄

 열전대의 종류 및 특성

종류	약호	측정온도
백금-백금로듐	T형	-180~360℃
크로멜-알루멜	I형	-20~1200℃
철-콘스탄탄	K형	-20~800℃
구리-콘스탄탄	R형	0~1600℃
수은 온도계		-35~350℃

89 50℃에서의 저항이 100Ω인 저항온도계를 어떤 노 안에 삽입하였을 때 온도계의 저항이 200Ω을 가리키고 있었다. 노 안의 온도는 약 몇 ℃인가? (단, 저항온도계의 저항온도계수는 0.0025이다.)
① 100℃   ② 250℃
③ 425℃   ④ 500℃

 온도 변화에 따른 도체의 저항
① $R_2 = R_1[1 + a \triangle t]$, $\triangle t = t_2 - t_1$
② $\triangle t = (t_2 - t_1) = \dfrac{1}{a} \times \left(\dfrac{R_2 - R_1}{R_1} \right)$
   $t_2 = 50 + \dfrac{1}{0.0025} \times \left(\dfrac{200 - 100}{100} \right)$
   $= 450℃$
③ 노의 온도 = 450 + 50 = 500℃

90 액주식 압력계의 구비조건과 취급 시 주의사항으로 가장 옳은 것은?
① 온도에 따른 액체의 밀도변화를 크게 해야 한다.
② 모세관 현상에 의한 액주의 변화가 없도록 해야 한다.
③ 순수한 액체를 사용하지 않아도 된다.
④ 점도를 크게 하여 사용하는 것이 안전하다.

 액주식 압력계(liquid manometer)
① 물, 수은 등을 사용하여 액주를 구성하여 작용하는 압력을 밀도와 액주의 높이로 측정한다.
② 모세관 현상이 작을 것.
③ 액면을 수평으로 한다.
④ 온도에 액체의 밀도변화를 작게 해야 한다.
⑤ 수순한 액체를 사용하여야 한다.
⑥ 점도 및 팽창계수를 작게 하여 사용하는 것이 안전하다.

91 와류 유량계(vortex flow meter)의 특성에 해당하지 않는 것은?
① 계량기 내에서 와류를 발생시켜 초음파로 측정하여 계량하는 방식
② 구조가 간단하여 설치, 관리가 쉬움.
③ 유체의 압력이나 밀도에 관계없이 사용이 가능.
④ 가격이 경제적이나, 압력손실이 큰 단점이 있음.

와류 유량계
① 유체 중에 인위적인 소용돌이(와류)를 발생시켜 소용돌이 발생수로 유량을 측정한다.
② 압력 손실이 없다.
③ 종류 : 델타 유량계, 스와르미터, 카르만 유량계

92 22℃의 1기압 공기(밀도 1.21kg/m³)가 덕트를 흐르고 있다. 피토관을 덕트 중심부에 설치하고 물을 봉액으로 한 U자관 마노미터의 눈금이 4.0cm이었다. 이 덕트 중심부의

풍속은 약 몇 m/s인가?
① 25.5   ② 30.8
③ 56.9   ④ 97.4

 풍속

① $V = C_P \sqrt{2g\left(\dfrac{\gamma_0}{\gamma} - 1\right)h}$

   $= C_P \sqrt{2g\left(\dfrac{S_0}{S} - 1\right)h}$

② $V = \sqrt{2g\left(\dfrac{\gamma_0}{\gamma} - 1\right)h}$

   $= \sqrt{2 \times 9.8 \times \left(\dfrac{1000}{1.2} - 1\right) \times 0.04}$

   $= 25.545$

93 가정용 가스계량기에 10kPa로 표시되어 있다면 이것은 무엇을 의미하는가?
① 최대순간유량   ② 기밀시험압력
③ 압력손실   ④ 계량실 체적

 기밀시험압력
기밀시험압력이며 공기 또는 위험성이 없는 불활성 기체로 실시한다.

94 구리-콘스탄탄 열전대의 (−)극에 주로 사용되는 금속은?
① Ni-A   ② Cu-Ni
③ Mn-Si   ④ Ni-Pt

 열전대의 종류 및 특성

종류	약호	(+)극	(−)극
백금 − 백금로듐(R)	PR	Rh : 13%, Pt : 87%	순백금
크로멜 − 알루멜(K)	CA	크로멜 (Ni : 90%, Cr : 10%)	알루멜 (Ni : 94%, Mn : 2%, Al : 3%, Si : 1%)
철 − 콘스탄탄(J)	IC	순철	콘스탄탄 (Cu : 55%, Ni : 45%)
구리 − 콘스탄탄(T)	CC	순동	콘스탄탄 (구리+니켈)

95 헴펠식 가스분석법에서 흡수·분리되지 않는 성분은?
① 이산화탄소   ② 수소
③ 중탄화수소   ④ 산소

 헴펠식 가스분석법
흡수액 : CO_2, C_mH_n, O_2, CO

96 가스를 일정 용적의 통 속에 충만시킨 후 배출하여 그 횟수를 용적단위로 환산하는 방법의 가스미터는?
① 막식   ② 루트식
③ 로터리식 ④ 와류식

막식 가스미터
① 가격이 저렴하다.
② 설치 후 유지, 관리가 쉽다.
③ 일반 수용가에 사용한다.

97 습도에 대한 설명으로 틀린 것은?
① 절대습도는 비습도라고도 하며 %로 나타낸다.
② 상대습도는 현재의 온도 상태에서 포함할 수 있는 포화수 증기량에 대한 현재 공기가 포함하고 있는 수증기의 양을 %로 표시한 것이다.
③ 이슬점은 상대습도가 100%일 때의 온도이며 노점온도라고도 한다.
④ 포화공기는 더 이상 수분을 포함할 수 없는 상태의 공기이다.

 ① **절대습도**(absolute humidity) : 습공기 중에 함유되어 있는 건공기 1kg당 포함되는 수증기의 중량[kg/kg]이다.
② **상대습도**(relative humidity) : 공기온도에서의 실제습도와 그 온도 하에서의 포화습도와의 비를 말한다.
③ **비교습도**(percentage humidity) : 습공기 절대습도와 그와 동일온도의 포화습공기 절대습도와의 비로 나타내며 단위는 %로 나타낸다.

98 흡착형 가스크로마토그래피에 사용하는 충전물이 아닌 것은?

① 실리콘(SE-30) ② 활성알루미나
③ 활성탄   ④ 뮬레큘러 시브

 흡착형 충전물(기체-고체 크로마토그래프법) 흡착성 고체분말에는 실리카겔, 활성탄, 알루미나, 뮬레큘러 시브, 합성제올라이트 등이 있다.

99 다음 가스분석 방법 중 성질이 다른 하나는?

① 자동화학식
② 열전도율법
③ 밀도법
④ 가스크로마토그래피법

 ① **화학적 가스분석장치** : 오르자트 가스분석장치, 자동화학식 CO_2계, 연소식 O_2계
② **물리적 가스분석장치** : 열전도율법, 밀도법, 가스크로마토그래피법, 이온전류를 이용하는 방법

100 가스보일러의 배기가스를 오르자트 분석기를 이용하여 시료 50mL를 채취하였더니 흡수 피펫을 오과한 후 남은 시료 부피는 각각 CO_2 40mL, O_2 20mL, CO 17mL이었다. 이 가스 중 N_2의 조성은?

① 30%   ② 34%
③ 64%   ④ 70%

 오르자트 분석법
① CO_2 : 50-40 = 10mL
② O_2 : 40-20 = 20mL
③ CO : 20-17 = 3mL
④ $\dfrac{50-(10+20+3)}{50} \times 100 = 34\%$

 ① $CO_2 = \dfrac{흡수량}{시료\ 채취량} \times 100\%$
$= \dfrac{10}{50} \times 100 = 20\%$
② $O_2 = \dfrac{흡수량}{시료\ 채취량} \times 100\%$
$= \dfrac{20}{50} \times 100 = 40\%$
③ $CO = \dfrac{흡수량}{시료\ 채취량} \times 100\%$
$= \dfrac{3}{50} \times 100 = 6\%$
④ $N_2[\%] = 100 - [CO_2\% + O_2\% + CO\%]$
$= 100 - [20 + 40 + 6] = 34\%$

2023년도 출제문제
2023년 9월 CBT 시행

본 문제는 복원 기출문제입니다. 실제 문제와 다를 수 있으니 양해바랍니다.

제 1 과목 가스유체역학

01 밀도 1.2kg/m^3의 기체가 직경 10cm인 관속을 20m/s로 흐르고 있다. 관의 마찰계수가 0.02라면 1m 당 압력손실은 약 몇 Pa인가?

① 24   ② 36
③ 48   ④ 54

① $h_L = f \dfrac{L}{d} \dfrac{V^2}{2g}$

② $\gamma = \rho g$, $\Delta P = \gamma h_L = \rho g h_L$

따라서, ②식을 ①에 대입한 후 정리하면

$\Rightarrow \Delta P = f \dfrac{L}{d} \dfrac{\rho V^2}{2}$

$\Delta P = 0.02 \times \dfrac{1}{0.1} \times \dfrac{1.2 \times 20^2}{2}$

$= 48[\text{kg/ms}^2] = 48[\text{Pa}]$

02 온도 20℃의 이상기체가 수평으로 놓인 관 내부를 흐르고 있다. 유동 중에 놓인 작은 물체의 코에서의 정체온도(stagnation temperature)가 $T_2=40℃$이면 관에서의 기체의 속도 [m/s]는? (단, 기체의 정압비열 $C_p=1040$ J/[kg · K]이고, 등엔트로피 유동이라고 가정한다.)

① 204   ② 217
③ 237   ④ 72

등엔트로피의 에너지 방정식

$C_p T_1 + \dfrac{V_1^2}{2} = C_p T_2 + \dfrac{V_2^2}{2}$

$V_1 = \sqrt{2C_p(T_2 - T_1)}$
$= \sqrt{2 \times 1040 \times 20}$
$= 203.96 ≒ 204[\text{m/s}]$

03 정압비열(C_P)을 옳게 나타낸 것은?

① $\dfrac{k}{C_V}$ ② $\left(\dfrac{\partial h}{\partial T}\right)_P$

③ $\dfrac{h_2 - h_1}{T_2 - T_1}$ ④ $\left(\dfrac{\partial T}{\partial h}\right)_V$

정압비열 : C_p, 정적비열 : C_v, 비열비 : k

$K = \dfrac{C_p}{C_v}$, $C_p = \left(\dfrac{\partial h}{\partial T}\right)_P$, $C_v = \left(\dfrac{\partial u}{\partial T}\right)_v$

04 동점성계수가 각각 $1.1 \times 10^{-6} \text{m}^2/\text{s}$, $1.5 \times 10^{-5} \text{m}^2/\text{s}$인 물과 공기가 지름 10cm인 원형 관 속을 10cm/s의 속도로 각각 흐르고 있을 때, 물과 공기의 유동을 옳게 나타낸 것은?

① 물 : 층류, 공기 : 층류
② 물 : 층류, 공기 : 난류
③ 물 : 난류, 공기 : 층류
④ 물 : 난류, 공기 : 난류

레이놀즈수(Reynold No.) : Re

$Re = \dfrac{\rho V d}{\mu} = \dfrac{V d}{\nu}$

① $Re_{water} = \dfrac{0.1 \times 0.1}{1.1 \times 10^{-6}} = 9090.9$
$\Rightarrow$ 난류 ($Re > 4000$)

② $Re_{air} = \dfrac{0.1 \times 0.1}{1.5 \times 10^{-5}} = 666.7$
$\Rightarrow$ 층류 ($Re < 2100$)

05 충격파의 유동특성을 나타내는 Fanno 선도에 대한 설명 중 옳지 않은 것은?

① Fanno 선도는 열역학 제1법칙, 연속방정식, 상태방정식으로부터 얻을 수 있다.
② 질량유량이 일정하고 정체 엔탈피가 일정한 경우에 적용된다.

1.③ 2.① 3.② 4.③ 5.③

③ Fanno 선도는 정상상태에서 일정단면유로를 압축성 유체가 외부와 열교환하면서 마찰 없이 흐를 때 적용된다.
④ 일정 질량 유량에 대하여 Mach수를 Parameter로 하여 작도한다.

 Fanno 선도
① 1차원 정상 유동
② 전 유로에 걸쳐 일정한 마찰계수
③ 단열 유동
④ 위치수두 변화는 마찰손실에 비해 무시할 정도로 작음.
⑤ 일의 출입이 없음.

06 관내 유체의 급격한 압력 강하에 따라 수중으로부터 기포가 분리되는 현상은?
① 공기 바인딩 ② 감압화
③ 에어 리프트 ④ 캐비테이션

07 관 속을 유체가 층류로 흐를 때 관에서의 평균 유속은 관 중심에서의 최대 유속의 얼마가 되는가?
① 0.5   ② 0.75
③ 0.82 ④ 1.00

 ① 수평 원관 속의 층류 유동에서
$$u_{max} = -\frac{r_0^2}{4\mu}\frac{dP}{dl}$$
② 하겐-푸아죄유(Hagen-Poiseuille) 압력 강하식
$$Q = \frac{dP\pi r_0^4}{8\mu L}, \quad Q = AV 에서$$
$$\Rightarrow V = \frac{Q}{A} = \frac{dPr_o^2}{8\mu L}$$
따라서, $\frac{V}{u_{max}} = \frac{1}{2}$

08 내경 60cm의 관을 사용하여 수평거리 50km 떨어진 곳에 2m/s의 속도로 송수하고자 한

다. 관 마찰로 인한 손실수두는 약 몇 m에 해당하는가? (단, 관의 마찰계수는 0.02이다.)
① 240   ② 340
③ 440   ④ 540

 손실수두 : h_L
$$h_L = f\frac{L}{d}\frac{V^2}{2g}$$
$$= 0.02 \times \frac{50 \times 10^3}{0.6}\frac{2^2}{2 \times 9.81}$$
$$= 339.79[m]$$
∴ $h_L \fallingdotseq 340[m]$

09 다음은 어떤 관 내의 층류 흐름에서 관벽으로부터의 거리에 따른 속도구배의 변화를 나타낸 그림이다. 그림에서 shear stress가 가장 큰 곳은? (단, y는 관벽으로부터의 거리, u는 유속이다.)

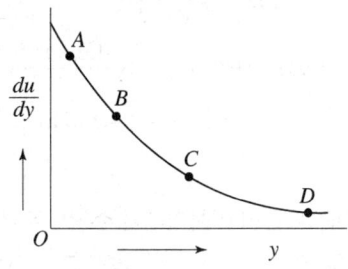

① A   ② B
③ C   ④ D

 뉴턴의 점성법칙
$$\tau = \mu\frac{du}{dy}$$

10 마하수가 1보다 클 때 유체를 가속시키려면 어떻게 하여야 하는가?
① 단면적을 감소시킨다.
② 단면적을 증가시킨다.
③ 단면적을 일정하게 유지시킨다.
④ 단면적과는 상관없으므로 유체의 점도를 증가시킨다.

$M_a > 1$인 유체를 가속시키기 위해서는 반드시 축소-확대 노즐을 사용해야 한다.

11 베르누이 방정식을 유도할 때 필요한 가정 중 틀린 것은?

① 유선상의 두 점에 적용한다.
② 마찰이 없는 흐름이다.
③ 압축성 유체의 흐름이다.
④ 정상상태의 흐름이다.

 베르누이 방정식 유도 시 가정
① 유체 입자는 유선을 따라 움직인다.
② 마찰이 없다.(점성력이 0이다.)
③ 정상유동

12 그림과 같은 사이펀을 통하여 나오는 물의 질량 유량은 약 몇 kg/s인가? (단, 수면은 항상 일정하다.)

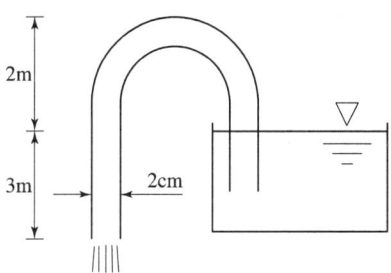

① 1.21　　② 2.41
③ 3.61　　④ 4.83

 ① 베르누이 방정식
$$\frac{P}{r} + \frac{V^2}{2g} + Z = 0$$
여기서, $\frac{P}{\gamma} ≒ 0$(대기압이므로)
$$⇒ V = \sqrt{2gZ} = \sqrt{2 \times 9.81 \times 3}$$
$$= 7.67 [\text{m/s}]$$
② 질량 유량 : m
$$⇒ m = \rho A V = \frac{\rho \pi d^2 V}{4}$$
$$= \frac{1000 \times \pi \times 0.02^2 \times 7.67}{4}$$
$$= 2.41 [\text{kg/s}]$$

13 유체의 흐름에서 유선이란 무엇인가?

① 유체 흐름의 모든 점에서 접선 방향이 그 점의 속도 방향과 일치하는 연속적인 선
② 유체 흐름의 모든 점에서 속도 벡터에 평행하지 않는 선
③ 유체 흐름의 모든 점에서 속도 벡터에 수직한 선
④ 유체 흐름의 모든 점에서 유동 단면의 중심을 연결한 선

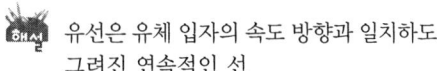 유선은 유체 입자의 속도 방향과 일치하도록 그려진 연속적인 선

14 충격파와 에너지선에 대한 설명으로 옳은 것은?

① 충격파는 아음속 흐름에서 갑자기 초음속 흐름으로 변할 때에만 발생한다.
② 충격파가 발생하면 압력, 온도, 밀도 등이 연속적으로 변한다.
③ 에너지선은 수력구배선보다 속도수두만큼 위에 있다.
④ 에너지선은 항상 상향 기울기를 갖는다.

 ① 충격파(shock wave)
초음속 흐름($M_a > 1$)이 갑자기 아음속 흐름($M_a < 1$)으로 변할 때 생기는 매우 얇은 (두께가 수 μm) 불연속면을 말한다. 불연속면에서는 압력, 밀도, 온도, 엔트로피가 급격히 증가한다.
② 에너지선(energy line)
$\frac{P}{r} + \frac{V^2}{2g} + Z$: 전수두선(total head line) 또는 에너지선(energy line)
$\frac{P}{r} + Z$: 수력구배선(hydraulic grade line)
⇒ 에너지선은 수력구배선보다 $\frac{V^2}{2g}$(속도수두)만큼 위에 위치한다.

15 내경이 2.5×10^{-3}m인 원관에 0.3m/s의 평균속도로 유체가 흐를 때 유량은 약 몇 m³/s인가?

① 1.06×10^{-6}
② 1.47×10^{-6}
③ 2.47×10^{-6}
④ 5.23×10^{-6}

 $Q = AV$

$$Q = \frac{\pi \times d^2 \times V}{4}$$
$$= \frac{\pi \times (2.5 \times 10^{-3})^2 \times 0.3}{4}$$
$$= 1.47 \times 10^{-6} [\text{m}^3/\text{s}]$$

16 그림과 같이 유체의 흐름 방향을 따라서 단면적이 감소하는 영역(Ⅰ)과 증가하는 영역(Ⅱ)이 있다. 단면적의 변화에 따른 유속의 변화에 대한 설명으로 옳은 것을 모두 나타낸 것은? (단, 유동은 마찰이 없는 1차원 유동이라고 가정한다.)

[보기]
- A : 비압축성 유체인 경우, 영역(Ⅰ)에서는 유속이 증가하고 (Ⅱ)에서는 감소한다.
- B : 압축성 유체의 아음속 유동(sub-sonic flow)에서는 영역(Ⅰ)에서 유속이 증가한다.
- C : 압축성 유체의 초음속 유동(super-sonic flow)에서는 영역(Ⅱ)에서 유속이 증가한다.

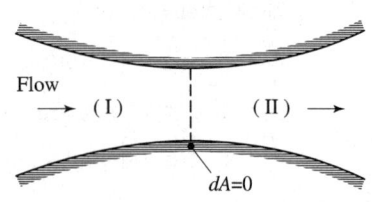

① A, B
② A, C
③ B, C
④ A, B, C

 A : 비압축성 유체의 경우 질량 보존의 법칙을 흐르는 유체에 적용하여 얻어진 "연속방정식"에 따라 $Q = A_1 V_1 = A_2 V_2$ 식에서 일정한 유량이 흐르기 위해서는 단면적이 감소하면 속도는 증가한다.
- B : 압축성 유체의 아음속(sub-sonic) 유동에서는 단면적이 감소하면 속도는 증가하고 단면적이 증가하면 속도는 감소한다.
- C : 압축성 유체의 초음속(super-sonic) 유동에서는 단면적이 감소하면 속도가 감소하고 단면적이 증가하면 속도가 증가한다.

17 표면장력에 대한 관성력의 비를 나타내는 무차원의 수는?

① Reynolds수
② Froude수
③ 모세관수
④ Weber수

 Weber No. : We

$$We = \frac{\text{관성력}}{\text{표면장력}} = \frac{\rho V^2 L}{\sigma}$$

18 액체에서 마찰열에 의한 온도 상승이 작은 이유를 옳게 설명한 것은?

① 단위질량당 마찰일이 일반적으로 크기 때문에
② 액체의 열용량이 일반적으로 고체의 열용량보다 크기 때문에
③ 액체의 밀도가 일반적으로 고체의 밀도보다 크기 때문에
④ 내부에너지가 일반적으로 크기 때문에

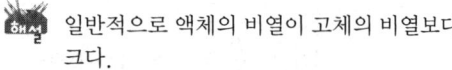 일반적으로 액체의 비열이 고체의 비열보다 크다.

19 1차원 유동에서 수직충격파가 발생하게 되면 어떻게 되는가?

① 속도, 압력, 밀도가 증가한다.
② 압력, 밀도, 온도가 증가한다.
③ 속도, 온도, 밀도가 증가한다.

④ 압력은 감소하고 엔트로피가 일정하게 된다.

 수직 충격파는 수직정면에 유동의 흐름을 방해하는 요소가 있을 때 발생하며 압력, 밀도, 온도가 증가한다.

20 유동하는 물의 속도가 12m/s이고 압력이 1.1kgf/cm² 이다. 이 경우에 속도수두와 압력수두는 각각 약 몇 m인가? (단, 물의 밀도는 1000kg/m³이다.)

① 10.6, 11.0 ② 7.35, 11.0
③ 7.35, 10.6 ④ 10.6, 10.36

 베르누이 방정식

$$\frac{P_1}{r} + \frac{V_1^2}{2g} + Z_1 = \frac{P_2}{r} + \frac{V_2^2}{2g} + Z_2 = \text{Const}$$

① 압력수두
$$\Rightarrow \frac{P}{r} = \frac{P}{\rho g} = \frac{107800}{1000 \times 9.81} = 11.0[\text{m}]$$

② 속도수두
$$\Rightarrow \frac{V^2}{2g} = \frac{12^2}{2 \times 9.81} = 7.34[\text{m}]$$

제2과목 연소공학

21 용적 100L인 밀폐된 용기 속에 온도 0℃에서의 8mole의 산소와 12mole의 질소가 들어 있다면 이 혼합기체의 압력[kPa]은 약 얼마인가?

① 454 ② 558
③ 658 ④ 754

① $PV = nRT$
② $P = \dfrac{nRT}{V}$
$= \dfrac{(12+8) \times 8.314 \times (273+0)}{100}$
$= 454\text{kPa}$

22 418.6kJ/kg의 내부에너지를 갖는 20℃의 공기10kg이 탱크 안에 들어 있다. 공기의 내부에너지가 502.3kJ/kg으로 증가할 때까지 가열하였을 경우 이 때의 열량변화는 약 몇 kJ인가?

① 775 ② 793
③ 837 ④ 893

① 내부에너지(E) = 일 + 일량
② 내부에너지 변화량 = 일량 변화량
③ $418.6 \times 10 = 4186\text{kJ}$
④ $502.3 \times 10 = 5023\text{kJ}$
⑤ $5023 - 4186 = 837\text{kJ}$

23 연도가스의 몰조성이 CO_2 : 25%, CO : 5%, N_2 : 65%이면 과잉공기 백분율[%]은?

① 14.46 ② 16.9
③ 18.8 ④ 82.2

① $m = \dfrac{N_2}{N_2 - 3.76(O_2 - 0.5CO)}$
$= \dfrac{65}{65 - 3.76(5 - 0.5 \times 5)}$
$= 1.169\%$
② 과잉공기 백분율 $= (m-1) \times 100$
$= (1.169 - 1) \times 100$
$= 16.9\%$

24 발열량이 21MJ/kg인 무연탄이 7%의 습분을 포함한다면 무연탄의 발열량은 약 몇 MJ/kg인가?

① 16.43 ② 17.85
③ 19.53 ④ 21.12

 $21 \times 0.93(93\%) = 19.53$

25 공기비가 작을 때 연소에 미치는 영향이 아닌 것은?

① 불완전연소가 되어 일산화탄소(CO)가 많이 발생한다.

② 미연소에 의한 열손실이 증가한다.
③ 미연소에 의한 열효율이 증가한다.
④ 미연소가스로 인한 폭발사고가 일어나기 쉽다.

 공기비가 작을 때 연소에 미치는 영향
① 불완전연소가 되어 매연이 많이 발생한다.
② 미연소에 의한 열손실이 증가한다.
③ 미연소에 의한 열효율이 감소한다.
④ 미연소가스에 의한 역화로 폭발사고가 일어나기 쉽다.

26 다음 기체 연료 중 발열량[MJ/Nm³]이 가장 작은 것은?

① 천연가스 ② 석탄가스
③ 발생로가스 ④ 수성가스

 발생로가스
① 주성분 : 일산화탄소(26%), 수소(12%), 일산화탄소(4.8%), 질소(53%)
② 발열량 : 4.62[MJ/Nm³]
③ 천연가스의 발열량은 수성가스의 3~4배 정도 크다.

27 연소속도에 관한 설명으로 옳은 것은?

① 단위는 kg/s으로 나타낸다.
② 미연소 혼합기류의 화염면에 대한 법선 방향의 속도이다.
③ 연료의 종류, 온도, 압력과는 무관하다.
④ 정지 관찰자에 대한 상대적인 화염의 이동 속도이다.

 연소속도
① 가연성 혼합기의 흐름방향과 화염면에 법선 방향의 벡타성분으로 혼합기 표면에 대하여 직각으로 이동하는 속도이다.
② 연소속도의 정의 : 단위표면적당 시간당 연료량[kg/m²sec]

28 등심연소의 화염 높이에 대하여 옳게 설명한 것은?

① 공기 유속이 낮을수록 화염의 높이는 커진다.
② 공기 온도가 낮을수록 화염의 높이는 커진다.
③ 공기 유속이 낮을수록 화염의 높이는 낮아진다.
④ 공기 유속이 높고 공기 온도가 높을수록 화염의 높이는 커진다.

 등심연소(심화연소, 확산연소)
① 공기 유속이 높고 공기온도가 높을수록 화염의 길이는 길어진다.
② 등심연소는 석유램프 연소에서 일어나는 현상으로 액체 연료가 헝겊을 통하여 이동하여 증발된 증기가 확산연소의 형태로 연소한다.

29 다음과 같은 조성을 갖는 혼합가스의 분자량은? [단, 혼합가스의 체적비는 CO_2(13.1%), O_2(7.7%), N_2(79.2%)이다.]

① 22.81 ② 24.94
③ 28.67 ④ 30.40

 혼합가스의 분자량
① (CO_2 분자량×%) + (O_2 분자량×%) + (N_2 분자량×%)
② $44 \times 0.131 + 32 \times 0.077 + 28 \times 0.792 = 30.404$

30 800℃의 고열원과 100℃의 저열원 사이에서 작동하는 열기관의 효율은 얼마인가?

① 88% ② 65%
③ 58% ④ 55%

 열기관의 효율
① 효율 : $\eta = \left[1 - \dfrac{T_2}{T_1}\right] \times 100$
② $\left[1 - \dfrac{273+100}{273+800}\right] \times 100 = 65.24\%$

31 안전성 평가 기법 중 시스템을 하위 시스템으로 점점 좁혀가고 고장에 대해 그 영향을 기록하여 평가하는 방법으로, 서브시스템 위험분

석이나 시스템 위험분석을 위하여 일반적으로 사용되는 전형적인 정성적, 귀납적 분석 기법으로 시스템에 영향을 미치는 모든 요소의 고장을 형태별로 분석하여 그 영향을 검토하는 기법은?

① 고장 형태 영향 분석(FMEA)
② 원인 결과 분석(CCA)
③ 위험 및 운전성 검토(HAZOP)
④ 결함수 분석(FTA)

 ① **고장 형태 영향 분석**(FMEA)
서브시스템 해저드 해석이나 시스템 해저드 해석을 위해 사용되는 전형적인 정성(定性)적·귀납(歸納)적 해석 수법이며 시스템에 영향을 미치는 모든 요소의 고장을 형별(型別)로 해석해서 그 영향을 검토하는 분석을 말한다.

② **원인 결과 분석**(Cause-Consequence Analysis, CCA) 기법
잠재된 사고의 결과 및 사고의 근본적인 원인을 찾아내고 사고 결과와 원인 사이의 상호 관계를 예측하여 위험성을 정량(定量)적으로 평가하는 방법을 말한다.

③ **위험과 운전 분석**(Hazard and Operability Studies, HAZOP) 기법
공정에 존재하는 위험요소들과 공정의 효율을 떨어뜨릴 수 있는 운전상의 문제점을 찾아내어 그 원인을 제거하는 방법을 말한다.

④ **결함수 분석**(Fault Tree Analysis, FTA) 기법
사고의 원인이 되는 장치의 이상이나 고장의 다양한 조합 및 작업자 실수 원인을 연역적으로 분석하는 방법을 말한다.

⑤ **이상위험도 분석**(Failure Modes Effects and Criticality Analysis, FMECA) 기법
공정 및 설비의 고장의 형태 및 영향, 고장 형태별 위험도 순위 등을 결정하는 방법을 말한다.

32 헬륨을 냉매로 하는 극저온용 가스냉동기의 기본 사이클 이름은?

① 역르누아 사이클 ② 역아트킨슨 사이클
③ 역에릭슨 사이클 ④ 역스털링 사이클

 역스털링 사이클
스털링 극저온 냉동기의 역사이클로서 피스톤과 실린더에 헬륨 또는 산소를 넣어 가열과 냉각을 하여 구동하는 외연기관을 말한다.

33 기상폭발의 발화원에 해당되지 않는 것은?

① 성냥   ② 전기불꽃
③ 화염   ④ 충격파

 기상폭발
① 기체상태에서 폭발하는 것으로 화학적 폭발이며 가스폭발, 분무폭발, 분진폭발, 분해폭발 등이 있다.
② 성냥은 인화점에 해당된다.(점화원)

34 과잉공기비는 어떤 식에 의해 계산되는가?

① (실제공기량)÷(이론공기량)
② (실제공기량)÷(이론공기량)−1
③ (이론공기량)÷(실제공기량)
④ (이론공기량)÷(실제공기량)−1

 과잉공기비
① 공기비$(m) = \dfrac{실제\ 공기량}{이론\ 공기량}$
② 과잉공기비 = 공기비 − 1
$= \dfrac{실제\ 공기량}{이론\ 공기량} - 1$

35 두께 4mm인 강의 평판에 고온측 면의 온도가 100℃이고, 저온측 면의 온도가 80℃일 때 m²에 대해 30000kJ/min의 전열을 한다고 하면 이 강판의 열전도율은 약 몇 W/m℃인가?

① 100   ② 120
③ 130   ④ 140

① $K = \dfrac{\left(\dfrac{q}{A}\right) \times \triangle X}{t_1 - t_2}$

② 열전도율(K) : W/m·℃
③ 열전달률(q/A) : W/m²
④ 두께(ΔX) : m
⑤ 고온(t_1) : ℃, 저온(t_2) : ℃
⑥ $K = \dfrac{\left(\dfrac{q}{A}\right) \times \Delta X}{t_1 - t_2}$
   $= \dfrac{(5 \times 10^4) \times 0.004}{100 - 80}$
   $= 100\text{W/m·℃}$
⑦ $\dfrac{q}{A} = \dfrac{\dfrac{30000 \times 10^3 [J]}{60[sec]}}{m^2}$
   $= 5 \times 10^5 [W/m^2]$

36 프로판(C_3H_8)의 연소반응식은 다음과 같다. 프로판(C_3H_8)의 화학양론계수는?

$C_3H_8 + 5CO_2 \rightarrow 3CO_2 + 4H_2O$

① 1   ② 1/5
③ 6/7   ④ −1

화학반응식과 양론계수
① 반응 : (−), 생성 : (+)
② $V_{C_3H_8} = -1$

37 증기운폭발(VCE)에 대한 설명 중 틀린 것은?
① 증기운의 크기가 증가하면 점화확률이 커진다.
② 증기운에 의한 재해는 폭발보다는 화재가 일반적이다.
③ 폭발효율이 커서 연소에너지의 전부가 폭풍파로 전환된다.
④ 방출점으로부터 먼 지점에서의 증기운의 점화는 폭발의 충격을 증가시킨다.

증기운 폭발의 특징
① 폭발효율은 BLEVE보다 적은 것이 특정이다.
② 즉 연소에너지 중 약 20%만 폭풍파로 전환한다.

38 다음 중 연소 3대 요소가 아닌 것은?
① 공기   ② 가연물
③ 시간   ④ 점화원

연소의 4요소 : 가연물, 산소공급원, 점화원, 순조로운 연쇄반응

39 가연성 혼합기 중에서 화염이 형성되어 전파할 수 있는 가연성 기체 농도의 한계를 의미하지 않는 것은?
① 연소한계   ② 폭발한계
③ 가연한계   ④ 소염한계

가연성 기체의 농도 한계 : 연소범위
연소한계=폭발한계, =가연한계

40 과잉공기계수가 1일 때 224Nm³의 공기로 탄소는 약 몇 kg을 완전 연소시킬 수 있는가?
① 20.1   ② 23.4
③ 25.2   ④ 27.3

① $C + O_2 \rightarrow CO_2$
② $12 : 22.4\text{Nm}^3 = X : (22.4 \times 0.21)\text{Nm}^3$
③ $X = 25.2\text{kg}$

제 3 과목 가스설비

41 도시가스사업법에서 정의하는 것으로 가스를 제조하여 배관을 통하여 공급하는 도시가스가 아닌 것은?
① 천연가스   ② 나프타부생가스
③ 석탄가스   ④ 바이오가스

"도시가스"란 천연가스(액화한 것을 포함한다. 이하 같다) 또는 배관(配管)을 통하여 공급되는 석유가스·나프타부생(副生)가스·바이오가스 등을 말한다.

42 역카르노 사이클로 작동되는 냉동기가 20 kW의 일을 받아서 저온체에서 20kcal/s의 열을 흡수한다면 고온체로 방출하는 열량은 약 몇 kcal/s인가?

① 14.8 ② 24.8
③ 34.8 ④ 44.8

① $1\text{kWh} = 860\text{kcal} = 3.6 \times 10^3 \text{kJ/h}$
$= 3.6 \times 10^6 \text{J/h}$
② $20 \times 860 \times \dfrac{1}{3600} + 20 = 24.777 \text{kcal/s}$

43 다음 [조건]에 따라 연소기를 설치할 때 적정 용기 설치개수는? (단, 표준가스 발생능력은 1.5kg/h이다.)

- 가스레인지 1대 : 0.15kg/h
- 순간온수기 1대 : 0.65kg/h
- 가스보일러 1대 : 2.50kg/h

① 20kg 용기 : 2개   ② 20kg 용기 : 3개
③ 20kg 용기 : 4개   ④ 20kg 용기 : 7개

 용기 개수의 결정
① 용기 개수
$= \dfrac{\text{최대 가스소비량[kg/h]}}{\text{표준 가스발생능력[kg/h]}}$
② 용기 개수
$= \dfrac{\text{최대 가스소비량[kg/h]}}{\text{표준 가스발생능력[kg/h]}}$
$= \dfrac{[(0.15 \times 1) + (0.65 \times 1) + (2.50 \times 1)] \times 1}{1.5}$
$= 2.2$
③ 2가구 이상 10가구 이하(소규모) 최대 소비유량

= 각 연소기 실제소비량 × 가구수 × 공급 가구수별 피크 시 최대 가스소비율
= 연소기별 표준가스소비량 × 가구수 × 공급가구수별 피크 시 최대 가스소비율

〈공급가구수별 피크 시 최대 가스소비율〉

공급가구수	계수	공급가구수	계수
2	1.00	7	0.72
3	1.00	8	0.69
4	1.00	9	0.66
5	0.80	10	0.63
6	0.76		

(주) 동시사용률과의 관계(2가구 이상 10가구 이하)

44 고압가스 탱크의 수리를 위하여 내부가스를 배출하고 불활성 가스로 치환하여 다시 공기로 치환하였다. 내부의 가스를 분석한 결과 탱크 안에서 용접작업을 해도 되는 경우는?

① 산소 20%   ② 질소 85%
③ 수소 2%   ④ 일산화탄소 100ppm

 산소농도가 18% 이상이 되도록 유지하여야 하며 조건에 따라 공기호흡기 등을 착용한다.

45 지하에 설치하는 지역정압기실(기지)의 조작을 안전하고 확실하게 하기 위하여 조명도는 최소 어느 정도로 유지하여야 하는가?

① 80Lux 이상   ② 100Lux 이상
③ 150Lux 이상 ④ 200Lux 이상

 정압기실의 구조 및 재료
정압기실은 다음의 기준에 의하여 설치할 것.
① 지하에 설치하는 정압기실은 천장, 바닥 및 벽의 두께가 각각 30cm 이상의 방수조치를 한 콘크리트구조일 것.
② 지상에 설치하는 정압기실의 벽은 지식경제부장관이 정하여 고시하는 방호벽의 기준에 적합한 것으로 하며, 지붕은 가벼운 불연재료일 것.
③ 정압기를 설치한 장소는 계기실·전기실 등과 구분하고 누출된 가스가 계기실 등으로 유입되지 아니하도록 할 것.
④ 정압기지에는 가스공급시설 외의 시설물

을 설치하지 아니할 것.
⑤ 정압기실을 지하에 설치할 경우에는 침수 방지조치를 할 것.
⑥ 정압기실은 누출된 가스가 체류되지 아니하도록 통풍시설을 설치하여야 하며, 통풍이 잘 되지 아니하는 경우에는 강제통풍시설을 설치할 것.
⑦ 정압기지에는 시설의 조작을 안전하고 확실하게 하기 위하여 조명도가 150룩스 이상이 되도록 설치할 것.
⑧ 정압기지 등에 설치하는 전기설비는 지식경제부장관이 정하여 고시하는 방폭성능 기준에 적합할 것.
⑨ 정압기지 및 밸브기지에 가스공급시설의 관리·제어를 위하여 설치한 건축물은 철근콘크리트 또는 그 이상의 강도를 갖는 구조일 것.
⑩ 정압기지 및 밸브기지에 설치하는 가열설비·계량설비·정압설비의 지지구조물 및 기초는 내진설계기준에 의하여 설계하고 이에 연결된 노출배관은 지식경제부장관이 정하여 고시하는 기준에 따라 고정할 것.

46 다음 중 역류를 방지하기 위하여 사용되는 밸브는?

① 체크 밸브(check valve)
② 글로브 밸브(glove valve)
③ 게이트 밸브(gate valve)
④ 버터플라이 밸브(butterfly valve)

 체크 밸브(check valve)
유체의 흐름 방향을 한 방향으로만 흐르게 하는 역류 방지 밸브이다.

47 액화석유가스 사용시설에 대한 설명으로 틀린 것은?

① 저장설비로부터 중간밸브까지의 배관은 강관·동관 또는 금속 플렉시블 호스로 한다.
② 건축물 안의 배관은 매설하여 시공한다.
③ 건축물의 벽을 통과하는 배관에는 보호관과 부식방지 피복을 한다.
④ 호스의 길이는 연소기까지 3m 이내로 한다.

 액화석유가스 사용시설
건축물 내의 배관은 노출하여 시공할 것. 다만, 스테인리스강관·보호관 또는 보호판으로 보호조치를 한 동관이나 가스용 금속 플렉시블 호스를 이음매(용접이음매를 제외한다) 없이 설치하는 경우에는 매설할 수 있다.

48 고무호스가 노후되어 직경 1mm의 구멍이 뚫려 280mmH₂O의 압력으로 LP가스가 대기 중으로 2시간 유출되었을 때 분출된 가스의 양은 약 몇 L인가? (단, 가스의 비중은 1.6 이다.)

① 140L   ② 238L
③ 348L   ④ 672L

 노즐에서 가스 분출량 계산

$$Q = 0.009 D^2 \sqrt{\frac{P}{d}}$$

여기서, d : 가스 비중
P : 압력[mmH₂O]
D : 노즐 지름[mm]

$$Q = 0.009 D^2 \sqrt{\frac{P}{d}}$$
$$= 0.009 \times (1.0)^2 \times \sqrt{\frac{280}{1.6}} \times 2 (\text{시간})$$
$$= 0.238117 \text{m}^3 \times 1000$$
$$= 238.117 [\text{L}]$$

49 지하에 매설하는 배관의 이음 방법으로 가장 부적합한 것은?

① 링 조인트 접합   ② 용접 접합
③ 전기 융착 접합   ④ 열 융착 접합

 지하 매설 배관 이음
① 용접 접합
② 전기 융착 접합
③ 열 융착 접합

50 액화석유가스용 염화비닐호스의 안지름 치수가 12.7mm인 경우 제 몇 종으로 분류되는가?

① 1　　② 2
③ 3　　④ 4

 치수
호스의 안지름은 6.3mm(1종이라 한다), 9.5mm(2종이라 한다), 12.7mm(3종이라 한다)로 하고, 그 허용차는 ±0.7mm로 할 것.

 치수
① 일반형 호스의 길이는 50m를 표준길이로 하며, 표준길이 이외의 것은 주문자와 제조자와의 협의에 따른다.
② 접속기구형 호스의 길이는 1000mm, 2000mm, 3000mm를 표준길이로 하고, 그 최대길이를 3000mm로 하며, 길이의 허용차는 ±2% 이내로 한다. 다만, 표준길이 이외의 것은 주문자와 제조자와의 협의에 따른다.

51 다음 중 인장시험 방법에 해당하는 것은?

① 올센법　　② 샤르피법
③ 아이조드법　　④ 파우더법

① 인장시험 방법 : 올센법
② 샤르피(Sharpy)법, 아이조드(Izod)법 : 충격법

52 구리 및 구리합금을 고압장치의 재료로 사용하기에 가장 적당한 가스는?

① 아세틸렌　　② 황화수소
③ 암모니아　　④ 산소

① **산소**(O_2) : 주로 용기에 충전하여 용접, 절단용으로 사용할 수 있다.
② **황화수소**(H_2S) : 습기에 의해 금속을 심하게 부식시킨다.
③ **암모니아**(NH_3) : 장치, 설비에 동을 사용하면 착이온을 형성하여 부식을 일으킨다.
④ **아세틸렌**(C_2H_2) : 동, 은, 수은 등과 반응하여 금속아세틸라이드가 생성된다.

53 고압가스용 스프링식 안전밸브의 구조에 대한 설명으로 틀린 것은?

① 밸브 시트는 이탈되지 않도록 밸브 몸통에 부착되어야 한다.
② 안전밸브는 압력을 마음대로 조정할 수 없도록 봉인된 구조로 한다.
③ 가연성 가스 또는 독성가스용의 안전밸브는 개방형으로 한다.
④ 안전밸브는 그 일부가 파손되어도 충분한 분출량을 얻어야 한다.

 안전밸브의 구조는 다음 각 호의 기준에 적합하여야 한다.
① 구조 일반
　㉠ 안전밸브는 그 일부가 파손되어도 충분한 분출량을 얻을 수 있어야 하며, 밸브 시트는 이탈되지 않도록 밸브 몸통에 부착되어 있을 것.
　㉡ 스프링의 조정나사는 자유로이 헐거워지지 않는 구조이고 스프링이 파손되어도 밸브 디스크 등이 외부로 빠져나가지 않는 구조일 것.
　㉢ 안전밸브는 압력을 마음대로 조정할 수 없도록 봉인할 수 있는 구조일 것.
　㉣ 가연성 또는 독성가스용의 안전밸브는 개방형을 사용하지 아니할 것.
　㉤ 밸브 디스크와 밸브 시트와의 접촉면이 밸브 축과 이루는 기울기는 45도(원추시트) 또는 90도(평면시트)로 할 것.

 스프링식 안전밸브
일정 압력 이하로 내려가면 가스 분출이 정지되는 구조의 안전밸브이다.

54 동력 및 냉동시스템에서 사이클의 효율을 향상시키기 위한 방법이 아닌 것은?

① 재생기 사용　　② 다단 압축
③ 다단 팽창　　④ 압축비 감소

 압축기의 과열을 방지하기 위해 압축비를 감소시킨다.

55 다음 [그림]은 가정용 LP가스 소비시설이다. R_1에 사용되는 조정기의 종류는?

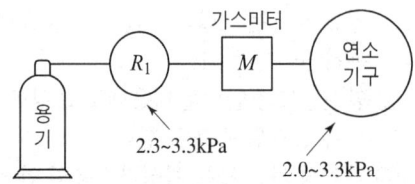

① 1단 감압식 저압 조정기
② 1단 감압식 중압 조정기
③ 1단 감압식 고압 조정기
④ 2단 감압식 저압 조정기

> 액화석유가스 압력조정기의 종류에 따른 입구압력 및 조정압력

종류	입구압력 [MPa]	조정압력 [kPa]
1단감압식 저압조정기	0.07~1.56	2.30~3.30
1단감압식 준저압조정기	0.1~1.56	5.0~30.0 이내에서 제조자가 설정한 기준압력의 ±20%
2단감압식 1차용 조정기 (용량 100 kg/h 이하)	0.1~1.56	57.0~83.0
2단감압식 1차용 조정기 (용량 100 kg/h 초과)	0.3~1.56	57~83.0
2단감압식 2차용 저압조정기	0.01~0.1 또는 0.025~0.1	2.30~3.30
2단감압식 2차용 준저압조정기	조정압력 이상 ~0.1	5.0~30.0 내에서 제조자가 설정한 기준압력의 ±20%
자동절체식 일체형 저압조정기	0.1~1.56	2.55~3.30
자동절체식 일체형 준저압조정기	0.1~1.56	5.0~30.0 내에서 제조자가 설정한 기준압력의 ±20%
그 밖의 압력조정기	조정압력 이상 ~1.56	5kPa를 초과하는 압력범위에서 상기 압력조정기의 종류에 따른 조정압력에 해당하지 않는 것에 한하며, 제조자가 설정한 기준압력의 ±20%일 것.

56 배관의 전기방식 중 희생양극법에서 저전위 금속으로 주로 사용되는 것은?

① 철   ② 구리
③ 칼슘   ④ 마그네슘

> **희생양극법**(유전양극법)의 특징
> ① 비교적 간편하며 가격이 저가 이다.
> ② 과방식의 염려가 없다
> ③ 타 매설물에 간섭이 거의 없으며 땅 속에 저전위 금속 마그네슘(Mg)을 매설한다.
> ④ 애노드는 부식하고 캐소드는 방식되므로 양극의 소모가 발생하므로 보충할 것.

57 펌프의 유효흡입수두(NPSH)를 가장 잘 표현한 것은?

① 펌프가 흡입할 수 있는 전흡입수두로 펌프의 특성을 나타낸다.
② 펌프의 동력을 나타내는 척도이다.
③ 공동현상을 일으키지 않을 한도의 최대 흡입 양정을 말한다.
④ 공동현상 발생조건을 나타내는 척도이다.

> **유효흡입수두**(Net Positive Suction Head) 공동현상(cavitation)을 발생시키지 않을 한도의 액체 압력을 수주로 표시한 값이다.

58 압력에 따른 도시가스 공급방식의 일반적인 분류가 아닌 것은?

① 저압 공급방식   ② 중압 공급방식
③ 고압 공급방식   ④ 초고압 공급방식

> **도시가스 공급방식 중 공급압력에 따른 분류**
> ① 저압 공급방식 : 0.1MPa 미만
> ② 중압 공급방식 : 0.1MPa 이상~1MPa 미만
> ③ 고압 공급방식 : 1MPa 이상

59 LiBr-H_2O형 흡수식 냉·난방기에 대한 설명으로 옳지 않은 것은?

① 증발기 내부압력을 5~6mmHg로 할 경우

물은 약 5℃에서 증발한다.
② 증발기 내부의 압력은 진공상태이다.
③ 냉매는 LiBr이다.
④ LiBr은 수증기를 흡수할 때 흡수열이 발생한다.

 흡수식 냉난방기
① 연료 : 가스 터빈에서 방출한 고온 연소가스
② 냉매 : 물
③ 흡수제 : LiBr(리튬브로마이드 용액)

60 흡입구경이 100mm, 송출구경이 90mm인 원심펌프의 올바른 표시는?

① 100×90 원심펌프
② 90×100 원심펌프
③ 100-90 원심펌프
④ 90-100 원심펌프

 펌프의 표시
① 펌프의 크기는 펌프의 흡입구경 D_1[mm]과 송출구경 D_2[mm]로서 표시한다.
② 예를 들면 흡입구경이 200mm이고, 송출구경이 90mm인 원심펌프의 크기는 "200*90 원심펌프"로 표현한다.
③ 만약 흡입구경과 송출구경이 다같이 "200mm"일 때에는 "200원심펌프"라 한다.
④ ┃200×90┃
⑤ ┃100×90┃

제 4 과목 가스안전관리

61 산업재해 발생 및 그 위험요인에 대하여 짝지어진 것 중 틀린 것은?

① 화재, 폭발 – 가연성, 폭발성 물질
② 중독 – 독성가스, 유독물질
③ 난청 – 누전, 배선불량
④ 화상, 동상 – 고온, 저온물질

 난청 : 고음, 소음

62 아세틸렌 용기의 15℃에서의 최고 충전압력은 1.55MPa이다. 아세틸렌 용기의 내압시험압력 및 기밀시험압력은 각각 얼마인가?

① 4.65MPa, 1.71MPa
② 2.58MPa, 1.55MPa
③ 2.58MPa, 1.71MPa
④ 4.65MPa, 2.79MPa

 아세틸렌 가스의 기밀시험 및 내압시험
① 최고 충전압력 : 15℃에서 용기에 충전할 수 있는 가스의 압력 중 최고 압력이다.
② 기밀시험압력 : 최고 충전압력의 1.8배 압력=1.55×1.8배=2.79
③ 내압시험압력 : 최고 충전압력 수치의 3배 압력=1.55×3배=4.65

63 고압가스를 충전하는 내용적 500L 미만의 용접 용기가 제조 후 경과년수가 15년 미만일 경우 재검사 주기는?

① 1년마다   ② 2년마다
③ 3년마다   ④ 5년마다

 용접 용기 재검사 기간
① 내용적 500L 이상 : 5년마다(15년 미만)
② 내용적 500L 미만 : 3년마다(15년 미만)

64 고압가스 저장탱크의 내부압력이 외부압력보다 낮아져 저장탱크가 파괴되는 것을 방지하기 위한 조치로 설치하여야 할 설비로 가장 거리가 먼 것은?

① 압력계   ② 압력경보설비
③ 진공안전밸브 ④ 역류방지밸브

 대상설비
저장탱크 내부의 압력이 외부의 압력보다 낮아져 저장탱크가 파괴되는 것을 방지하기 위한 조치로서 다음 설비를 갖추어야 한다.

① 압력계
② 압력경보설비
③ 그 밖의 것(다음 중 어느 한 개 이상의 설비)
　㉠ 진공안전밸브
　㉡ 다른 저장탱크 또는 시설로부터의 가스도입배관(균압관)
　㉢ 압력과 연동하는 긴급차단장치를 설치한 냉동제어설비
　㉣ 압력과 연동하는 긴급차단장치를 설치한 송액설비

 고압가스 안전관리기준 통합고시
제2장 고압가스 특정제조시설
제4관 부압을 방지하는 조치
제2-3-10조(적용범위) 이 관은 규칙 제8조 별표4 제5호, 별표5 제1호다목(5), 별표6 제1호가목(3), 별표8 제1호다목, 별표9제1호라목 및 규칙 제47조 별표29 제20호의 규정에 의하여 부압을 방지하는 조치를 다음과 같이 정한다.

65 고압가스 운반차량에 대한 설명으로 틀린 것은?

① 액화가스를 충전하는 탱크에는 요동을 방지하기 위한 방파판 등을 설치한다.
② 허용농도가 200ppm 이하인 독성가스는 전용차량으로 운반한다.
③ 가스 운반 중 누출 등 위해 우려가 있는 경우에는 소방서 및 경찰서에 신고한다.
④ 질소를 운반하는 차량에는 소화설비를 반드시 휴대하여야 한다.

 질소
① 불연성 물질이다.
② 상온에서 다른 원소와 반응하지 않은 안정된 기체이다.

66 아세틸렌을 용기에 충전하는 작업에 대한 내용으로 틀린 것은?

① 아세틸렌을 2.5MPa의 압력으로 압축하는 때에는 질소, 메탄, 일산화탄소 또는 에틸렌 등의 희석제를 첨가할 것.

② 습식 아세틸렌 발생기의 표면은 70℃ 이하의 온도로 유지하여야 하며, 그 부근에서는 불꽃이 튀는 작업을 하지 아니할 것.
③ 아세틸렌을 용기에 충전하는 때에는 미리 용기에 다공성물질을 고루 채워 다공도가 80% 이상 92% 미만이 되도록 한 후 아세톤 또는 디메틸포름아미드를 고루 침윤시키고 충전할 것.
④ 아세틸렌을 용기에 충전하는 때의 충전중의 압력은 2.5MPa 이하로 하고, 충전 후에는 압력이 15℃에서 1.5MPa 이하로 될 때까지 정치하여 둘 것.

 아세틸렌 용기의 다공도
아세틸렌을 용기에 충전할 때에는 미리 용기에 다공물질을 고루 채워 다공도가 75% 이상 92% 미만이 되도록 한 후 아세톤 또는 디메틸포름아미드를 고루 침윤시켜 충전하여야 한다.

67 고압가스 저장탱크에 설치하는 방류둑에 대한 설명으로 옳지 않은 것은?

① 흙으로 방류둑을 설치할 경우 경사를 45° 이하로 하고 성토 윗부분의 폭은 30cm 이상으로 한다.
② 방류둑에는 출입구를 둘레 50m마다 1개 이상 설치하고 둘레가 50m 미만일 경우에는 2개 이상의 출입구를 분산하여 설치한다.
③ 방류둑의 배수조치는 방류둑 밖에서 배수 및 차단 조작을 할 수 있어야 하며 배수할 때 이외에는 반드시 닫혀 있도록 한다.
④ 독성가스 저장 탱크의 방류둑 높이는 가능한 한 낮게 하여 방류둑 내에 체류한 액의 표면적이 넓게 되도록 한다.

냉동설비의 수액기의 방류둑 용량
① 방류둑의 용량은 당해 방류둑 내에 설치된 수액기 내용적의 90% 이상의 용적(이하 "저장능력상당용적"이라 한다)일 것.

② 2기 이상의 수액기가 동일 방류둑 내에 설치된 경우의 용량은 당해 수액기 중 내용적이 최대인 내용적에 다른 수액기의 내용적 합계의 10%를 더한 것으로 할 수 있다.
③ 방류둑의 구조
  ㉠ 성토는 수평에 대하여 45° 이하의 기울기로 하여 쉽게 허물어지지 아니하도록 충분히 다져 쌓고, 강우 등에 의하여 유실되지 아니하도록 그 표면에 콘크리트 등으로 보호하고, 성토 윗부분의 폭은 30cm 이상으로 하여야 한다.
  ㉡ 방류둑은 그 높이에 상당하는 당해 액화가스의 액두압에 견딜 수 있는 것이어야 한다.

68 암모니아 가스 누출 검지의 특징으로 틀린 것은?

① 냄새 → 악취
② 적색 리트머스 시험지 → 청색으로 변함
③ 진한 염산 접촉 → 흰 연기
④ 네슬러 시약 투입 → 백색으로 변함

 암모니아 누설검지법
① 자극성 냄새로 악취가 난다.
② 붉은 리트머스 시험지 : 청색으로 변한다.
③ 네슬러 시약 : 소량 누설(황색), 다량 누설(자색)
④ 진한 염산 접촉 : 흰 연기

69 2개 이상의 탱크를 동일한 차량에 고정하여 운반하는 경우의 기준에 대한 설명으로 틀린 것은?

① 탱크마다 탱크의 주밸브를 설치한다.
② 탱크와 차량 사이를 단단하게 부착하는 조치를 한다.
③ 충전관에는 안전밸브를 설치한다.
④ 충전관에는 유량계를 설치한다.

 2개 이상의 탱크의 설치
2개 이상의 탱크를 동일한 차량에 고정하여 운반하는 경우

① 탱크마다 탱크의 주밸브를 설치할 것.
② 탱크 상호간 또는 탱크와 차량과의 사이를 단단하게 부착하는 조치를 할 것.
③ 충전관에는 안전밸브·압력계 및 긴급탈압밸브를 설치할 것.

70 아세틸렌의 화학적 성질에 대한 설명으로 틀린 것은?

① 산소-아세틸렌 불꽃은 약 3000℃이다.
② 아세틸렌은 흡열화합물이다.
③ 암모니아성 질산은 용액에 아세틸렌을 통하면 백색의 아세틸라이드를 얻는다.
④ 백금 촉매를 사용하여 수소화하면 메탄이 생성된다.

 아세틸렌
Pt, Ni을 촉매로 수소와 반응시키면 에틸렌, 에탄이 생성된다.

71 공기액화분리기를 운전하는 과정에서 안전대책상 운전을 중지하고 액화산소를 방출해야 하는 경우는? (단, 액화산소통 내의 액화산소 5L 중의 기준이다.)

① 아세틸렌이 0.1mg을 넘을 때
② 아세틸렌이 5mg을 넘을 때
③ 탄화수소의 탄소의 질량이 5mg을 넘을 때
④ 탄화수소의 탄소의 질량이 50mg을 넘을 때

 ① 액화산소는 1일 1회 이상 분석한다.
② 액화산소 5L 중 아세틸렌의 질량이 5mg 또는 탄화수소의 탄소 질량이 500mg을 넘을 때에는 그 공기액화 분리기의 운전을 중지하고 액화산소를 방출한다.

72 용기 내장형 난방기용 용기의 넥크링 재료는 탄소함유량이 얼마 이하이어야 하는가?

① 0.28%   ② 0.30%
③ 0.35%   ④ 0.40%

용기 내장형 난방기용 용기 및 밸브 제조 기준
① 재료 및 두께
  ㉠ 용기 몸통부의 재료는 KS D 3533(고압가스 용기용 강판 및 강대)의 재료 또는 이와 동등 이상의 기계적 성질 및 가공성을 가지는 것으로서 규정에 의한 두께 이상일 것.
  ㉡ 프로텍터의 재료는 KS D 3503(일반구조용 압연강재) SS 400의 규격에 적합한 것 또는 이와 동등 이상의 화학적 성분 및 기계적 성질을 가지는 것으로서, 1m의 높이에서 충전용기를 추락시켜도 충격에 의해 밸브가 손상되지 아니할 만큼 충분한 강도를 가져야 하며 두께는 2.6mm 이상일 것.
  ㉢ 스커트의 재료는 KS D 3533(고압가스용기용 강판 및 강대) SG 295이상의 강도 및 성질을 갖는 재료로 제조할 경우에는 두께 2.6mm이상인 것으로 하고, KS D 3503(일반구조용 압연강재) SS400 또는 이와 동등 이상의 기계적 성질 및 가공성을 가지는 것은 두께 3.0mm 이상인 것으로 할 것.
  ㉣ 넥크링의 재료는 KS D 3752(기계구조용 탄소강재)의 규격에 적합한 것 또는 이와 동등 이상의 기계적 성질 또는 가공성을 가지는 것으로서 탄소함유량이 0.28% 이하인 것으로 할 것.

73 정압기 설치 시 주의사항에 대한 설명으로 가장 옳은 것은?
① 최고 1차 압력이 정압기의 설계 압력 이상이 되도록 선정한다.
② 대규모 지역의 정압기로서 사용하는 경우 동특성이 우수한 정압기를 선정한다.
③ 스프링 제어식의 정압기를 사용할 때에는 필요한 1차 압력 설정범위에 적합한 스프링을 사용한다.
④ 사용조건에 따라 다르나, 일반적으로 최저 1차 압력의 정압기 최대 용량의 60~80% 정도의 부하가 되도록 정압기 용량을 선정한다.

 ① 정압기 설치 주의사항
  ㉠ 대규모 지역의 정압기로 사용하는 경우 정특성이 우수한 정압기를 선정한다.
  ㉡ 정특성 : 유량과 2차 압력과의 관계이다.
  ㉢ 사용조건에 따라 다르나, 일반적으로 최저 1차 압력의 정압기 최대 용량의 60~80% 정도의 부하가 되도록 정압기 용량을 선정한다.
② **정압기**(governer)
  1차 압력 및 사용량의 변동에 관계없이 2차 압력을 일정하게 유지하는 기능을 하며 공급한다.

74 수소의 특성으로 인한 폭발, 화재 등의 재해 발생 원인으로 가장 거리가 먼 것은?
① 가벼운 기체이므로 가스가 확산하기 쉽다.
② 고온, 고압에서 강에 대해 탈탄 작용을 일으킨다.
③ 공기와 혼합된 경우 폭발범위가 약 4~75%이다.
④ 증발잠열로 인해 수분이 동결하여 밸브나 배관을 폐쇄시킨다.

 수소의 성질 중 폭발, 화재 등의 재해 발생 원인
① 고온에서 금속산화물을 환원시킨다.
② 고온, 고압에서 강에 대해 탈탄작용(脫炭作用)으로 강재를 약화시킨다.
③ 염소와의 혼합기체에 일광(日光)을 비추면 폭발적으로 반응한다.
④ 가벼운 기체임으로 가스누출 하기 쉽다.
⑤ 공기와 혼합된 경우 폭발범위가 4~75%이다.

75 소형 저장탱크에 액화석유가스를 충전하는 때에는 액화가스의 용량이 상용온도에서 그 저장탱크 내용적의 몇 %를 넘지 않아야 하는가?
① 75%   ② 80%
③ 85%   ④ 90%

자동차에 고정된 탱크 충전(배관을 통한 저장탱크 충전을 포함)
① 시설기준
배관을 통한 저장탱크 충전의 경우 배관을 통하여 다른 저장탱크에 액화석유가스를 이송할 경우에는 당해 저장탱크 내용적의 90%(소형 저장탱크의 경우는 85%)를 넘지 아니하도록 충전할 것.
② 내용적의 90% 이하 : 액화석유가스 저장탱크
③ 내용적의 85% 이하 : 소형 저장탱크

76 고압가스제조시설 사업소에서 안전관리자가 상주하는 사무소와 현장사무소와의 사이 또는 현장사무소 상호간 신속히 통보할 수 있도록 통신시설을 갖추어야 하는데 이에 해당되지 않는 것은?
① 구내방송설비　② 메가폰
③ 인터폰　　　　④ 페이징설비

통신설비의 구비조건
사업소 내에서 긴급사태 발생 시 필요한 연락을 신속히 할 수 있도록 구비하여야 할 통신시설은 다음 표와 같다.

사항별 (통신범위)	설치(구비)하여 야 할 통신설비	비 고
① 안전관리자가 상주하는 사업소와 현장사업소와의 사이 또는 현장사무소 상호간	㉠ 구내전화 ㉡ 구내방송설비 ㉢ 인터폰 ㉣ 페이징 설비	• 통신설비는 사업소의 규모에 적합하도록 1가지 이상을 구비하여야 한다.
② 사업소내 전체	㉠ 구내방송설비 ㉡ 사이렌 ㉢ 휴대용 확성기 ㉣ 페이징 설비 ㉤ 메가폰	• 메가폰은 당해 사업소의 면적이 1,500 m^2 이하의 경우에 한한다.
③ 종업원 상호간(사업소내 임의의 장소)	㉠ 페이징 설비 ㉡ 휴대용 확성기 ㉢ 트랜시버(계기 등에 대하여 영향이 없는 경우에 한한다) ㉣ 메가폰	

77 어느 가스용기에 구리관을 연결시켜 사용하던 도중 구리관에 충격을 가하였더니 폭발사고가 발생하였다. 이 용기에 충전된 가스로서 가장 가능성이 높은 것은?
① 황화수소　② 아세틸렌
③ 암모니아　④ 산소

아세틸렌(C_2H_2, Acetylene)
① 동, 은 및 수은 등과 접촉하여 금속아세틸라이드가 발생되어 건조, 충격, 마찰 등에 급격하게 분해, 폭발하므로 접촉을 금지하여야 한다.
② $2Cu(구리) + C_2H_2(아세틸렌)$
→ $Cu_2C_2(동아세틸라이트)↑ + H_2(수소)$

78 액화석유가스용 차량에 고정된 탱크의 폭발을 방지하기 위하여 탱크 내벽에 설치하는 장치로서 가장 적절한 것은?
① 다공성 벌집형 알루미늄합금박판
② 다공성 벌집형 아연합금박판
③ 다공성 봉형 알루미늄합금박판
④ 다공성 봉형 아연합금박판

저장탱크 폭발방지 장치의 설치기준
① 액화석유가스저장탱크(이하 "저장탱크"라 한다)의 외벽이 화염에 의하여 국부적으로 가열될 경우 그 저장탱크 벽면의 열을 신속히 흡수·분산시킴으로써 탱크 벽면의 국부적인 온도 상승에 의한 탱크의 파열을 방지하기 위하여 탱크 내벽에 설치하는 다공성 벌집형 알루미늄합금박판에 대하여 적용한다.
② 폭발방지장치의 열전달 매체인 다공성 알루미늄박판(이하 "폭발방지제"라 한다) 및 지지 구조물은 다음 각 호의 기준에 적합한 것이어야 한다.
㉠ 폭발방지제는 알루미늄합금박판에 일정 간격으로 슬릿(slit)을 내고 이것을 팽창시켜 다공성 벌집형으로 한 것이어야 한다.
㉡ 폭발방지제의 지지구조물의 재질은 다음 각 목의 기준에 적합한 것이어야 한다.

ⓐ 후프링의 재질은 기존 탱크의 재질과 같은 것 또는 이와 동등 이상의 것으로서 액화석유가스에 대하여 내식성을 가지며 열적 성질이 탱크 동체의 재질과 유사한 것이어야 한다.

④ 핸들의 회전각도를 90°나 180°로 규제하는 스토퍼를 갖추어야 한다.

해설 콕
① 콕은 퓨즈콕·상자콕 및 주물연소기용 노즐콕으로 구분한다.
② 퓨즈콕은 가스유로를 볼로 개폐하고, 과류차단안전기구가 부착된 것으로서 배관과 호스, 호스와 호스, 배관과 배관 또는 배관과 카플러를 연결하는 구조이며, 상자콕은 카플러안전기구와 과류차단안전기구가 부착된 것으로서 배관과 카플러를 연결하는 구조이고, 주물연소기용 노즐콕은 주물연소기 부품으로 사용하는 것으로서 볼로 개폐하는 구조일 것.
③ 콕의 표면은 매끈하고, 사용에 지장을 주는 부식·균열·주름 등이 없을 것.
④ 콕의 각 부분은 기계적·화학적 및 열적인 부하에 견디고, 사용에 지장을 주는 변형·파손·누출 등이 없고 원활하게 작동하는 것일 것.
⑤ 1개의 핸들로 1개의 유로를 개폐하는 구조일 것.
⑥ 핸들은 90도나 180도 회전하여 개폐되는 구조이고, 핸들의 열림방향은 시계 반대방향일 것. 다만, 주물연소기용 노즐콕의 핸들의 열림방향은 그러하지 아니하다.
⑦ 완전히 열었을 때의 핸들의 방향은 유로의 방향과 평행이어야 하고, 볼 또는 플러그의 구멍과 유로와는 어긋나지 아니하는 것일 것.
⑧ 콕은 닫힌 상태에서 예비적 동작이 없이는 열리지 아니하는 구조일 것.

79 도시가스 배관을 지하에 매설하는 경우 배관은 그 외면으로부터 지하의 다른 시설물과 얼마 이상을 유지하여야 하는가?
① 1.0m
② 0.7m
③ 0.5m
④ 0.3m

해설 도시가스시설의 배관 설치 기준
① 지하매설배관의 설치
  ㉠ 공동주택 등의 부지 내에서는 0.6m 이상
  ㉡ 폭 8m 이상의 도로에서는 1.2m 이상. 다만, 도로에 매설된 최고 사용압력이 저압인 배관에서 횡으로 분기하여 수요가에게 직접 연결되는 배관의 경우에는 1.0m 이상
  ㉢ 폭 4m 이상 8m 미만인 도로에서는 1m 이상. 다만, 도로에 매설된 최고 사용압력이 저압인 배관에서 횡으로 분기하여 수요가에게 직접 연결되는 배관의 경우에는 0.8m 이상
  ㉣ ㉠ 내지 ㉢에 해당되지 아니하는 곳에서는 0.8m 이상. 다만, 암반·지하매설물 등에 의하여 매설깊이의 유지가 곤란하다고 시·도지사가 인정하는 경우에는 0.6m 이상으로 할 수 있다.
② 배관 ⇔ 지하 시설물 : 유지거리 0.3m 이상

참고
① **퓨즈 콕** : 퓨즈 콕은 가스 통로를 개폐하기 위한 것으로 과전류 차단 안전기구가 부착된 것으로 가스 호스가 끊어지거나 빠진 경우에 가스를 자동으로 차단하는 안전장치이다.
② **상자 콕** : 커플러 안전기구 및 과전류차단안전기구가 부착된 것으로 배관과 커플러 연결시 핸들 작동으로 연결하는 구조이다.
③ **주물연소기용 노즐 콕** : 주물연소기 부품으로 볼을 사용하여 개폐한다.

80 콕 제조 기술기준에 대한 설명으로 틀린 것은?
① 1개의 핸들로 1개의 유로를 개폐하는 구조로 한다.
② 완전히 열었을 때 핸들의 방향은 유로의 방향과 직각인 것으로 한다.
③ 닫힌 상태에서 예비적 동작이 없이는 열리지 아니하는 구조로 한다.

제 5 과목　가스계측기기

81 가스공급용 저장탱크의 가스저장량을 일정하게 유지하기 위하여 탱크 내부의 압력을 측정하고 고정된 압력과 설정압력(목표압력)을 비교하여 탱크에 유입되는 가스의 양을 조절하는 자동제어계가 있다. 탱크 내부의 압력을 측정하는 동작은 다음 중 어디에 해당하는가?

① 비교　　② 판단
③ 조작　　④ 검출

① **검출** : 제어 대상이 되는 목표를 측정기를 사용하여 검출한다.
② **비교** : 검출된 값을 정해 놓은 목표값과 비교한다.
③ **판단** : 비교 결과 편차가 발생되면 판단하여 조절한다.
④ **조작** : 판단한 조작량을 조작기에서 증가 또는 감소시킨다.

82 선팽창계수가 다른 두 종류의 금속을 맞대어 온도변화를 주면 휘어지는 것을 이용한 온도계는?

① 저항 온도계　　② 바이메탈 온도계
③ 열전대 온도계　　④ 유리 온도계

바이메탈(bimetal) 온도계
① 선팽창계수가 다른 두 종류의 금속을 결합시켜 1개의 금속판으로 합친 것으로 온도 변화를 주면 굽히는 정도가 다른 성질을 이용한 것이다.
② 히스테리시스 오차가 발생한다.
③ 온도 변화에 대한 응답이 빠르다.

83 1kmol의 가스가 0℃, 1기압에서 22.4m³의 부피를 갖고 있을 때 기체상수는 얼마인가?

① 0.082 kg · m/kmol · K
② 848 kg · m/kmol · K
③ 1.98 kg · m/kmol · K
④ 8.314 kg · m/kmol · K

① P : 1atm, V : 22.4l, n : 1mol, T : 273
② $R = \dfrac{PV}{nT} = \dfrac{1\text{atm} \times 22.4l}{1\text{mol} \times 273k}$
　　　 $= 0.082\,\text{atm} \cdot l/\text{mol} \cdot k$
③ $R = \dfrac{PV}{nT} = \dfrac{10332\text{kg/m}^2 \times 22.4\text{m}^3}{1\text{kmol} \times 273k}$
　　　 $= 848\,\text{kg} \cdot \text{m/kmol} \cdot k$

84 자동제어에서 희망하는 온도에 일치시키려는 물리량을 무엇이라 하는가?

① 목표값　　② 제어대상
③ 되먹임 양　　④ 편차량

① **목표값** : 자동제어에서 희망하는 온도에 일치시키려는 물리량이다.
② **제어대상** : 자동제어장치 대상물로 기계 또는 프로세스 부분이다.

85 다음 중 직접식 액면 측정기기는?

① 부자식 액면계
② 벨로즈식 액면계
③ 정전용량식 액면계
④ 전기저항식 액면계

직접식 액면계
① 게이지글라스(직관식) 액면계
② 검척식 액면계
③ 플로트(부자)식 액면계

86 모발습도계에 대한 설명으로 틀린 것은?

① 히스테리시스가 없다.
② 재현성이 좋다.
③ 구조가 간단하고 취급이 용이하다.
④ 한랭지역에서 사용하기가 편리하다.

모발습도계(실내습도 조절용)
① 상대습도에 따라 모발이 수분을 흡수하는

정도가 다른 성질을 사용하여 습도를 측정한다.
② 상대습도가 즉시 나타난다.
③ 재현성이 좋다
④ 한랭지역에서 사용하기 편리하다.

87 머무른 시간이 407초, 길이 12.2m 컬럼에서의 띠너비를 바닥에서 측정하였을 때 13초이었다. 이 때 단높이는 몇 mm인가?

① 0.58　　② 0.68
③ 0.78　　④ 0.88

① 이론 단높이 $N = \dfrac{L}{N} = \dfrac{관의 길이}{이론 단수}$
② 이론 단수 $= \dfrac{Tr}{w} \times 16$
　Tr : 머무름 시간, w : 피크 넓이

88 루트식 유량계의 특징에 대한 설명 중 틀린 것은?

① 스트레이너의 설치가 필요하다.
② 맥동에 의한 영향이 대단히 크다.
③ 적은 유량에서는 동작되지 않을 수 있다.
④ 구조가 비교적 복잡하다.

루트식(roots) 유량계
① 오벌 유량계와 같은 구조를 가지고 있으나 양회전자가 서로 굴림 접촉을 하지 않기 때문에 회전자에 기어가 없다.
② 맥동에 의한 영향이 작다.

89 오르자트(Orsat) 가스분석기에 의한 배기가스 각 성분의 계산식으로 틀린 것은?

① $N_2[\%] = 100 - (CO_2[\%] - O_2[\%] - CO[\%])$
② $CO[\%] = \dfrac{암모니아성 염화제일구리 용액 흡수량}{시료 채취량} \times 100$
③ $O_2[\%] = \dfrac{알칼리성 피로카롤 용액 흡수량}{시료 채취량} \times 100$
④ $CO_2[\%] = \dfrac{30\% KOH 용액 흡수량}{시료 채취량} \times 100$

 오르자트(Orsat) 가스 분석법
① $N_2[\%] = 100 - [CO_2\% + O_2\% + CO\%]$
② $CO[\%] = \dfrac{암모니아성 염화제일구리 용액 흡수량}{시료 채취량} \times 100$
③ $O_2[\%] = \dfrac{알칼리성 피로카롤 용액 흡수량}{시료 채취량} \times 100$
④ $CO_2[\%] = \dfrac{30\% KOH 용액 흡수량}{시료 채취량} \times 100$

90 염화파라듐지로 일산화탄소의 누출 유무를 확인할 경우 누출이 되었다면 이 시험지는 무슨 색으로 변하는가?

① 검은색　　② 청색
③ 적색　　　④ 오렌지색

 가스 누설 검색지의 변색

가스명	검색지	색깔(변색)
암모니아(NH_3)	붉은 리트머스 시험지	청색
염소(Cl_2)	KI 전분지	청색
포스겐($COCl_2$)	하리슨 시약	오렌지색
아세틸렌(C_2H_2)	염화제1동착염지	적색
일산화탄소(CO)	염화파라듐지	검정색
황화수소(H_2S)	연당지 (초산납 시험지)	검정색
시안화수소(HCN)	질산구리벤젠지 (초산벤젠)	청색
아황산가스(SO_2)	암모니아 헝겊	흰 연기 발생
프로판(C_3H_8)	비눗물	기포 발생

91 내경 30cm인 어떤 관 속에 내경 15cm인 오리피스를 설치하여 물의 유량을 측정하려 한다. 압력강하는 $0.1 kgf/cm^2$이고, 유량계수는 0.72일 때 물의 유량은 약 몇 m^3/s인가?

① $0.028 m^3/s$　　② $0.28 m^3/s$
③ $0.056 m^3/s$　　④ $0.56 m^3/s$

① $Q = CA\sqrt{\dfrac{2g}{1-m^4} \times \dfrac{P_1 - P_2}{\gamma}}$
$= CA\sqrt{\dfrac{2g}{1-m^4} \times \dfrac{\Delta P}{\gamma}}$

② $Q = CA\sqrt{\dfrac{2g}{1-m^4} \times \dfrac{\Delta P}{\gamma}}$
$= 0.72 \times \left(\dfrac{\pi}{4} \times 0.15^2\right)$
$\times \sqrt{\dfrac{2 \times 9.8}{1-0.25^4} \times \dfrac{0.1 \times 10^4}{1000}}$
$= 0.0564$

③ 교축비[m] $= \dfrac{D_2^2}{D_1^2} = \dfrac{15^2}{30^2} = 0.25$

92 대규모의 플랜트가 많은 화학공장에서 사용하는 제어 방식이 아닌 것은?

① 비율 제어(ratio control)
② 요소 제어(element control)
③ 종속 제어(cascade control)
④ 전치 제어(feed forward control)

 대규모에 적용하는 제어 방식
① 비율 제어(ratio control)
② 전치 제어(feed forward control)
③ 종속 제어(cascade control)

93 캐리어 가스의 유량이 60mL/min이고, 기록지의 속도가 3cm/min일 때 어떤 성분시료를 주입하였더니 주입점에서 성분피크까지의 길이가 15cm이었다. 지속용량은 약 mL인가?

① 100　　② 200
③ 300　　④ 400

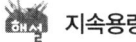 지속용량
① $60\text{mL/min} \times 5\text{min} = 300\text{mL}$
② $\dfrac{15\text{cm}}{3\text{cm/min}} = 5\text{min}$
③ 지속용량 $= \dfrac{\text{유량} \times \text{피크길이}}{\text{속도}}$

94 부르동관(Bourdon tube)에 대한 설명 중 틀린 것은?

① 다이어프램 압력계보다 고압 측정이 가능하다.
② C형, 와권형, 나선형, 버튼형 등이 있다.
③ 계기 하나로 2공정의 압력차 측정이 가능하다.
④ 곡관에 압력이 가해지면 곡률반경이 증대되는 것을 이용한 것이다.

 부르동관 압력계
① 1공정의 압력차 측정이 가능하다.
② 고압의 측정이 가능하나 정확도가 매우 나쁘다.

95 다음 [보기]에서 설명하는 가스미터는?

- 계량이 정확하고 사용 중 기차(器差)의 변동이 거의 없다.
- 설치공간이 크고 수위 조절 등의 관리가 필요하다.

① 막식 가스미터　② 습식 가스미터
③ 루트(roots)미터　④ 벤투리미터

 습식 가스미터
① 유량 계측이 정확하다.
② 사용 중 기차의 변동이 거의 없다.
③ 사용 중 수위 조정 등의 관리가 필요없다.

96 가스크로마토그래피의 캐리어 가스로 사용하지 않는 것은?

① He　　② N_2
③ Ar　　④ O_2

 캐리어 가스
이동속도가 틀리며 질소, 헬륨, 아르곤, 수소 등이 캐리어 가스로 사용된다.

97 스프링식 저울의 경우 측정하고자 하는 물체의 무게가 작용하여 스프링의 변위가 생기고 이에 따라 바늘의 변위가 생겨 지시하는 양으로 물체의 무게를 알 수 있다. 이와 같은 측정 방법은?

① 편위법　　② 영위법
③ 치환법　　④ 보상법

① 편위법
　㉠ 중량을 작용하면 스프링에 변위가 생기고 지침에 변위가 발생되어 무게가 지시된다.
　㉡ 전압계, 전류계, 부르동관 압력계
② 영위법
　㉠ 추를 서로 비교하여 지침이 0를 지시하도록 추의 무게를 조정하여 물체의 무게를 구한다.
　㉡ 예로 휘스톤브리지, 전위차계가 있다.

98 자동조절계의 비례 적분 동작에서 적분시간에 대한 설명으로 가장 적당한 것은?

① P동작에 의한 조작신호의 변화가 I동작만으로 일어나는 데 필요한 시간
② P동작에 의한 조작신호의 변화가 PI동작만으로 일어나는 데 필요한 시간
③ I동작에 의한 조작신호의 변화가 PI동작만으로 일어나는 데 필요한 시간
④ I동작에 의한 조작신호의 변화가 P동작만으로 일어나는 데 필요한 시간

비례 적분 동작(PI 동작)
　① 비례동작에 적분동작을 첨가하여 잔류편차를 자동적으로 제거시킬 수 있다.
　② 부하변화가 커도 잔류편차가 남지 않는다.

99 다음 중 화학적 가스 분석 방법에 해당하는 것은?

① 밀도법　　② 열전도율법
③ 적외선 흡수법　　④ 연소열법

화학적 가스 분석 : 오르자트법, 헴펠법, 연소열법, 미연소분석법

100 진동이 일어나는 장치의 진동을 억제하는 데 가장 효과적인 제어동작은?

① 뱅뱅동작　　② 비례동작
③ 적분동작　　④ 미분동작

① 비례동작(P)
　㉠ 조작량이 편차에 비례하여 변화하는 제어동작이다.
　㉡ 잔류편차가 있고 부하 변화가 적은 장치에 적합하다.
② 적분동작(I)
　㉠ 조작량이 편차의 시간 적분에 비례하는 제어동작이다.
　㉡ 잔류편차 제거 조작힘이 강하다.
　㉢ 안정성 결여 및 진동 응답속도가 느리다.
③ 미분동작(D)
　㉠ 조작량이 편차의 시간 미분값에 비례하는 제어동작이다
　㉡ 단속으로 쓰이지 않고 진동이 제어되어 제어계가 안정되고 시간 지연이 적다.

2024

❶ 2024년 2월 CBT 시행
❷ 2024년 5월 CBT 시행
❸ 2024년 7월 CBT 시행

2024

2024년도 출제문제
2024년 2월 CBT 시행

 제1과목   가스유체역학

01 37℃, 200kPa 상태의 N_2의 밀도는 약 몇 kg/m³인가? (단, N의 원자량은 14이다.)

① 0.24   ② 0.45
③ 1.12   ④ 2.17

 $PV_s = RT$ or $P/\rho = RT$ (이상기체상태방정식)

여기서, $R = \dfrac{848}{M} [Kg_f \cdot m/Kg \cdot K]$

$= \dfrac{8312}{M} [N \cdot m/Kg \cdot K]$

$\Rightarrow \rho = \dfrac{P}{RT} = \dfrac{PM}{8312} = \dfrac{200 \times 14 \times 10^3}{8312 \times 310}$

$= 1.0867 ≒ 1.12 [Kg/m^3]$

02 직각좌표계에 적용되는 가장 일반적인 연속방정식은
$\dfrac{\partial \rho}{\partial t} + \dfrac{\partial(\rho u)}{\partial X} + \dfrac{\partial(\rho v)}{\partial y} + \dfrac{\partial(\rho w)}{\partial Z} = 0$으로 주어진다. 다음 중 정상상태(steady state)의 유동에 적용되는 연속방정식은?

① $\dfrac{\partial \rho}{\partial t} + \dfrac{\partial(\rho u)}{\partial X} + \dfrac{\partial(\rho v)}{\partial y} + \dfrac{\partial(\rho w)}{\partial Z} = 0$

② $\dfrac{\partial(\rho u)}{\partial X} + \dfrac{\partial(\rho v)}{\partial y} + \dfrac{\partial(\rho w)}{\partial Z} = 0$

③ $\dfrac{\partial u}{\partial X} + \dfrac{\partial v}{\partial y} + \dfrac{\partial w}{\partial Z} = 0$

④ $\dfrac{\partial \rho}{\partial t} + \rho \dfrac{\partial u}{\partial X} + \rho \dfrac{\partial v}{\partial y} + \rho \dfrac{\partial w}{\partial Z} = 0$

 연속 방정식
$\dfrac{\partial \rho}{\partial t} + \nabla \cdot (\vec{\rho v}) = 0$ 정상상태 일 때

$\Delta t \rightarrow \infty$ 이므로 $\dfrac{\partial \rho}{\partial t} \rightarrow 0$이 된다.

따라서 $\dfrac{\partial \rho}{\partial t} + \nabla \cdot (\vec{\rho v})$

$= \nabla \cdot (\vec{\rho v})$

$= \dfrac{\partial}{\partial x}(\rho u) + \dfrac{\partial}{\partial y}(\rho v) + \dfrac{\partial}{\partial Z}(\rho w)$

$= 0$

03 1차원 흐름에서 수직충격파가 발생하면 어떻게 되는가?

① 속도, 압력, 밀도가 증가
② 압력, 밀도, 온도가 증가
③ 속도, 온도, 밀도가 증가
④ 압력, 밀도, 속도가 감소

 초음속 흐름($M_a > 1$)이 갑자기 아음속 흐름($M_a < 1$)으로 변할 때 매우 얇은(두께 수μm) 불연속면이 생긴다. ⇒ 충격파(shock wave) 충격파에서는 압력, 밀도, 엔트로피가 증가함.

04 안지름 20cm의 원관 속을 비중이 0.83인 유체가 층류(Laminar flow)로 흐를 때 관 중심에서의 유속이 48cm/s이라면 관벽에서 7cm 떨어진 지점에서의 유체의 속도[cm/s]는?

① 25.52   ② 34.68
③ 43.68   ④ 46.92

 $\dfrac{u}{u_{max}} = \left(1 - \dfrac{r^2}{r_0^2}\right)$

$\Rightarrow u = \left(1 - \dfrac{r^2}{r_0^2}\right) u_{max} = \left(1 - \dfrac{3^2}{10^2}\right) \times 48$

$= 43.68 [m/sec]$

01.④ 02.② 03.② 04.③

05 유체가 흐르는 배관 내에서 갑자기 밸브를 닫았더니 급격한 압력 변화가 일어났다. 이때 발생할 수 있는 현상은?

① 공동현상   ② 서징 현상
③ 워터해머 현상   ④ 숏피닝 현상

 수격작용(water hammer)
유체가 흐르는 배관 내에서 갑자기 밸브를 닫으면 배관내 운동에너지가 압력에너지로 변하여 배관 계통을 진동시키거나 충격음을 수반하여 누수의 원인이다.

06 단단한 탱크 속에 2.94kPa, 5℃의 이상기체가 들어 있다. 이것을 110℃까지 가열하였을 때 압력은 몇 kPa 상승하는가?

① 4.05   ② 3.05
③ 2.54   ④ 1.11

 $\dfrac{P_1 V_1}{T_1} = \dfrac{P_2 V_2}{T_2}$

여기서, $V_1 = V_2 = V$이므로

$\Rightarrow P_2 = P_1 \times \dfrac{T_2}{T_1} = 2.94 \times \dfrac{383}{278}$

$= 4.05\,[\text{KPa}]$

$\Delta P = P_2 - P_1 = 4.05 - 2.94$

$= 1.11\,[\text{KPa}]$

07 밀도 1g/cm³인 액체가 들어 있는 개방탱크의 수면에서 1m 아래의 절대압력은 약 몇 kgf/cm²인가? (단, 이 때 대기압은 1.033 kgf/cm²이다.)

① 1.113   ② 1.52
③ 2.033   ④ 2.52

 $P_1 = P_0 + \gamma h = 1.033 + 0.001 \times 100$

$P_1 = 1.133\,[\text{kgf/cm}^2]$

08 2차원 직각좌표계(x, y)상에서 속도 포텐셜$(\phi$, velocity potential$)$이 $\phi = Ux$로 주어지는 유동장이 있다. 이 유동장의 흐름함수$(\Psi$, stream function$)$에 대한 표현식으로 옳은 것은? (단, U는 상수이다.)

① $U(x+y)$ ② $U(-x+y)$
③ Uy ④ $2Ux$

 $u = \dfrac{\partial \phi}{\partial x} = \dfrac{\partial (Ux)}{\partial x} = U$

$u = \dfrac{\partial \Psi}{\partial y}$에서 $\int \partial \Psi = \int u\, \partial y$

$\Psi = Uy$

09 기준면으로부터 10m인 곳에 5m/s로 물이 흐르고 있다. 이 때 압력을 재어보니 0.6kgf/cm²이었다. 전수두는 약 몇 m가 되는가?

① 6.28   ② 10.46
③ 15.48   ④ 17.28

 전수두, $H_{total} = \dfrac{V^2}{2g} + \dfrac{P}{\gamma} + Z$

$= \dfrac{5^2}{2 \times 9.8} + \dfrac{0.6 \times 10^4}{1000} + 10$

$\Rightarrow H_{total} = 17.28\,[\text{m}]$

10 베르누이 방정식을 실제 유체에 적용할 때 보정해 주기 위해 도입하는 항이 아닌 것은?

① W_p(펌프일)   ② h_f(마찰손실)
③ ΔP(압력차)   ④ η(펌프효율)

 베르누이 방정식
① 정상상태의 기계적 에너지 수지식 이다.
② 보정에 필요한 항 : 펌프 효율(η), 펌프일(W_P), 마찰손실(h_f)
③ 시스템 조건에 따라하는 항 : 유속(V), 중력(gz), 압력차(ΔP)

11 기체 수송에 사용되는 기계들이 줄 수 있는 압력차를 크기 순서로 옳게 나타낸 것은?

① 팬(fan) < 압축기 < 송풍기(blower)
② 송풍기(blower) < 팬(fan) < 압축기

③ 팬(fan) < 송풍기(blower) < 압축기
④ 송풍기(blower) < 압축기 < 팬(fan)

 ① 압축기(compressor)
$P > 1 Kg_f/cm^2$ 이상
② 송풍기(blower)
$P = 0.1 \sim 1 Kg_f/cm^2 (1\sim10mAq)$
③ 팬(fan)
$P = 0 \sim 0.1 Kg_f/cm^2 (0\sim1000mmAq)$

12 뉴턴의 점성법칙을 옳게 나타낸 것은? (단, 전단응력은 τ, 유체속도는 u, 점성계수는 μ, 벽면으로부터의 거리는 y로 나타낸다.)

① $\tau = \dfrac{1}{\mu}\dfrac{dy}{du}$ ② $\tau = \mu\dfrac{du}{dy}$

③ $\tau = \dfrac{1}{\mu}\dfrac{du}{dy}$ ④ $\tau = \mu\dfrac{dy}{du}$

 $\tau = \mu\dfrac{du}{dy}$

13 내경이 5cm인 파이프 속에 유속이 3m/s이고 동점성계수가 2stokes인 용액이 흐를 때 레이놀즈수는?

① 333 ② 750
③ 1000 ④ 3000

 $Re = \dfrac{\rho v d}{\mu} = \dfrac{vd}{\nu}$
$\Rightarrow Re = \dfrac{300 \times 5}{2} = 750$

14 펌프의 종류를 옳게 나타낸 것은?

① 원심펌프 : 벌류트 펌프, 베인 펌프
② 왕복펌프 : 피스톤 펌프, 플런저 펌프
③ 회전펌프 : 터빈 펌프, 제트 펌프
④ 특수펌프 : 벌류트 펌프, 터빈 펌프

 왕복펌프 : 다이어프램 펌프, 피스톤 펌프, 플런저 펌프

15 비점성 유체에 대한 설명으로 옳은 것은?

① 유체 유동 시 마찰저항이 존재하는 유체이다.
② 실제유체를 뜻한다.
③ 유체 유동 시 마찰저항이 유발되지 않는 유체를 뜻한다.
④ 전단응력이 존재하는 유체 흐름을 뜻한다.

16 U자 Manometer에 수은(비중 13.6)과 물(비중 1)이 채워져 있고 압력계 읽음이 $R = 32.7cm$일 때 양쪽 단에서 같은 높이에 있는 물 내부 두 점에서의 압력차는? (단, 물의 밀도는 $1000 kg/m^3$이다.)

① 40400 kgf/cm² ② 40.4 kgf/cm²
③ 40.4 N/m² ④ 40400 N/m²

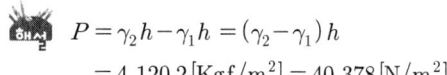 $P = \gamma_2 h - \gamma_1 h = (\gamma_2 - \gamma_1)h$
$= 4,120.2 [Kgf/m^2] = 40,378 [N/m^2]$

17 물이 내경 2cm인 원형 관을 평균 유속 5cm/s로 흐르고 있다. 같은 유량이 내경 1cm인 관을 흐르면 평균 유속은?

① 1/2만큼 감소 ② 2배로 증가
③ 4배로 증가 ④ 변함없다.

 ① $Q = A_1 V_1 = A_2 V_2$
② $A_1 V_1 = A_2 V_2$
③ 유속이 4배 증가한다.
$V_2 = V_1 \dfrac{A_1}{A_2} = V_1 \times \dfrac{\dfrac{\pi}{4} \times (d)^2}{\dfrac{\pi}{4} \times \left(\dfrac{1}{2}d\right)^2} = V_1 4$

18 관 속의 난류 흐름에서 관 마찰계수 f는?

① 레이놀즈수에만 관계없고 상대조도만의 함수이다.
② 레이놀즈수만의 함수이다.
③ 레이놀즈수와 상대조도의 함수이다.
④ 프루드수와 마하수의 함수이다.

마찰계수
① 상대조도 거칠기를 안지름으로 나눈 값이다.
② $\mu \dfrac{v_\infty}{\delta} = (\pi DL)\left(\dfrac{1}{2}\delta v_\infty^2\right) f$
③ $F_D = Akf = (\pi DL)\left(\dfrac{1}{2}\delta v_\infty^2\right) f$

19 지름이 0.1m인 관에 유체가 흐르고 있다. 임계 레이놀즈수가 2100이고, 이에 대응하는 임계유속이 0.25m/s이다. 이 유체의 동점성계수는 약 몇 cm²인가?

① 0.095　　② 0.119
③ 0.354　　④ 0.454

 $Re = \dfrac{\rho v d}{\mu} = \dfrac{vd}{\nu}$
$\Rightarrow \nu = \dfrac{vd}{Re} = \dfrac{0.25 \times 0.1}{2100}$
$= 0.119 [\mathrm{cm^2/sec}]$

20 단면적 0.5m²의 원관 내를 유량 2m³/s, 압력 2kgf/cm²로 물이 흐르고 있다. 이 유체의 전수두는? (단, 위치수두는 무시하고 물의 비중량은 1000kgf/m³이다.)

① 18.8m　　② 20.8m
③ 22.4m　　④ 24.4m

 전수두, $H_{total} = \dfrac{V^2}{2g} + \dfrac{P}{\gamma} + Z$
$= \dfrac{1}{2g}\left(\dfrac{Q_1}{A_1}\right)^2 + \dfrac{P_1}{\gamma}$
$\Rightarrow H_{total} = 0.8155 + 20 = 20.8155 [\mathrm{m}]$

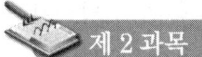 **제 2 과목　연소공학**

21 최대안전틈새의 범위가 가장 적은 가연성 가스의 폭발 등급은?

① A　　② B
③ C　　④ D

 방폭전기기기의 분류
가연성 가스의 폭발등급과 발화도(이하 "위험등급"이라 한다) 분류 및 이에 대응하는 방폭전기기기의 등급 분류는 다음과 같다.
① 가연성 가스의 폭발등급 및 이에 대응하는 방폭전기기기의 폭발등급은 다음 〈표 1〉 및 〈표 2〉와 같다.

〈표 1〉 내압방폭구조의 폭발등급 분류

최대안전틈새 범위 [mm]	0.9 이상	0.5 초과 0.9 미만	0.5 이하
가연성 가스의 폭발등급	A	B	C
방폭전기기기의 폭발등급	ⅡA	ⅡB	ⅡC

[비고] 최대안전틈새는 내용적이 8리터이고 틈새깊이가 25mm인 표준용기 내에서 가스가 폭발할 때 발생한 화염이 용기 밖으로 전파하여 가연성 가스에 점화되지 아니하는 최대값

〈표 2〉 본질안전방폭구조의 폭발등급 분류

최대안전틈새 범위 [mm]	0.8 초과	0.45 이상 0.8 이하	0.45 미만
가연성 가스의 폭발등급	A	B	C
방폭전기기기의 폭발등급	ⅡA	ⅡB	ⅡC

[비고] 최소점화전류비는 메탄가스의 최소점화전류를 기준으로 나타낸다.

22 벤젠(C_6H_6)에 대한 최소산소농도(MOC, vol%)를 추산하면? (단, 벤젠의 LFL[연소하한계]는 1.3[vol%]이다.)

① 7.58　　② 8.55
③ 9.75　　④ 10.46

벤젠(C_6H_6)의 최소산소농도(MOC) 계산
① 벤젠(C_mH_n)의 완전연소 반응식
$$C_mH_n + \left(m + \frac{n}{4}\right)O_2 \rightarrow mCO_2 + \frac{n}{2}H_2O$$
② $C_6H_6 + 7.5O_2 \rightarrow CO_2 + 3H_2O$
   1mol : 7.5mol
③ MOC = 폭발(연소)하한치
   $\times \dfrac{\text{산소의 몰(mol)수}}{\text{연료의 몰(mol)수}}$
④ MOC = $1.3\text{vol}\% \times \dfrac{7.5\text{mol}}{1\text{mol}}$
   = $9.75\text{vol}\%$

23 층류연소속도에 대한 설명으로 가장 거리가 먼 것은?

① 층류연소속도는 혼합기체의 압력에 따라 결정된다.
② 층류연소속도는 표면적에 따라 결정된다.
③ 층류연소속도는 연료의 종류에 따라 결정된다.
④ 층류연소속도는 혼합기체의 조성에 따라 결정된다.

 층류 연소속도가 커지는 요인
① 압력이 높을수록 층류 연소속도가 크게 된다.
② 온도가 높을수록 층류 연소속도가 크게 된다.
③ 열전도율이 클수록 층류 연소속도가 크게 된다.
④ 분자량이 적을수록 층류 연소속도가 크게 된다.
⑤ 비열이 적을수록 층류 연소속도가 크게 된다.
⑥ 비중이 적을수록 층류 연소속도가 크게 된다.
⑦ 분자량이 적을수록 층류 연소속도가 크게 된다.

24 산소의 성질, 취급 등에 대한 설명으로 틀린 것은?

① 임계압력이 25MPa이다.
② 산화력이 아주 크다.
③ 고압에서 유기물과 접촉시키면 위험하다.
④ 공기액화분리기 내에 아세틸렌이나 탄화수소가 축적되면 방출시켜야 한다.

 산소의 임계압력

	물	산소
비점	100℃	-183℃
임계온도	347℃	-118℃
임계압력	220.5atm	50.1(49.7)atm

25 내부에너지의 정의는 어느 것인가?

① (총에너지)-(위치에너지)-(운동에너지)
② (총에너지)-(열에너지)-(운동에너지)
③ (총에너지)-(열에너지)-(위치에너지)-(운동에너지)
④ (총에너지)-(열에너지)-(위치에너지)

 내부에너지
① 내부에너지 = 총에너지 - 운동에너지 - 위치에너지
② 총에너지 = 내부에너지 + 운동에너지 + 위치에너지

26 디젤 사이클의 작동 순서로 옳은 것은?

① 단열압축 → 정압가열 → 단열팽창 → 정적방열
② 단열압축 → 정압가열 → 단열팽창 → 정압방열
③ 단열압축 → 정적가열 → 단열팽창 → 정적방열
④ 단열압축 → 정적가열 → 단열팽창 → 정압방열

 디젤 사이클
① 디젤 사이클 : 단열압축 → 정압가열 → 단열팽창 → 정적방열
② 오토 사이클 : 단열압축 → 정적가열 → 단열팽창 → 정적방열
③ 카르노 사이클 : 등온팽창 → 단열팽창

→ 등온압축 → 단열압축
④ 역카르노 사이클 : 단열압축 → 등온압축 → 단열팽창 → 등온팽창

27 화염의 안정범위가 넓고 조작이 용이하며 역화의 위험이 없으며 연소실의 부하가 적은 특징을 가지는 연소 형태는?

① 분무연소　　② 확산연소
③ 분해연소　　④ 예혼합연소

 확산연소
① 기체의 일반적인 연소 형태이다.
② 가연성 기체와 산소가 상호 확산에 의해 혼합되어 연소 가능한 혼합가스가 발염연소로 이루어지는 연소 현상이다.
③ 확산연소는 화염이 길고 그을음이 발생하기 쉽다.

28 액체연료를 미세한 기름방울로 잘게 부수어 단위 질량당의 표면적을 증가시키고 기름방울을 분산, 주위 공기와의 혼합을 적당히 하는 것을 미립화라 한다. 다음 중 원판, 컵 등의 외주에서 원심력에 의해 액체를 분산시키는 방법에 의해 미립화하는 무기는?

① 회전체 분무기　　② 충돌식 분무기
③ 초음파 분무기　　④ 정전식 분무기

 ① 유압 분무화식 : 연료 자체에 압력을 가하여 노즐에서 고압으로 분출시키는 무화 형태이다.
② 이류체 분무화식 : 공기나 증기 등의 기체를 분무매체로 하여 연료를 무화시키는 방식이다.
③ 회전체 분무화식
　㉠ 고속으로 회전하는 분무컵의 외주에서 원심력에 의해 액체를 분무하는 무화 형태이다.
　㉡ 물관이 고정되어 있지 않고 360° 회전하며 분무하는 무화 형태이다.
④ 충동 분무화식 : 적열된 금속판에 연료를 고속으로 충돌시켜 무화하는 형태이다.
⑤ 진동 분무화식 : 연료에 진동으로 무화하는 형태이다.

⑥ 정전기 분무화식 : 연료에 고압의 정전기로 무화하는 형태이다.

29 가연성 가스의 폭발범위에 대한 설명으로 옳지 않은 것은?

① 일반적으로 압력이 높을수록 폭발범위는 넓어진다.
② 가연성 혼합가스의 폭발범위는 고압에서는 상압에 비해 훨씬 넓어진다.
③ 프로판과 공기의 혼합가스에 불연성 가스를 첨가하는 경우 폭발범위는 넓어진다.
④ 수소와 공기의 혼합가스는 고온에 있어서는 폭발범위가 상온에 비해 훨씬 넓어진다.

 폭발범위
혼합가스에 불연성 가스를 첨가하면 연소가 방해되므로 폭발범위가 좁아진다.

30 연소온도를 높이는 방법으로 가장 거리가 먼 것은?

① 연료 또는 공기를 예열한다.
② 발열량이 높은 연료를 사용한다.
③ 연소용 공기의 산소농도를 높인다.
④ 복사 전열을 줄이기 위해 연소속도를 늦춘다.

 연소온도
① 복사 전열이란 열의 고온에서 저온으로 열의 이동을 말하며 연소속도를 빠르게 진행하면 연소온도가 올라간다.
② 연료를 완전연소시킨다.

31 다음 중 액체 연료의 연소 형태가 아닌 것은?

① 등심연소(wick combustion)
② 증발연소(vaporizing combustion)
③ 분무연소(spray combustion)
④ 확산연소(diffusive combustion)

 연소의 형태
① 기체의 연소 : 예혼합연소, 확산연소
② 액체의 연소 : 분무연소, 등심연소, 액면

연소, 증발연소
③ 고체의 연소 : 연기연소, 분해연소, 증발연소, 표면연소

32 0.3g의 이상기체가 750mmHg, 25℃에서 차지하는 용적이 300mL이다. 이 기체 10g이 101.325kPa에서 1L가 되려면 온도는 약 몇 ℃가 되어야 하는가?

① −243℃　　② −30℃
③ 30℃　　　④ 298℃

 이상 기체 상태 방정식
① $PV = \dfrac{W}{M}RT$
② $M = \dfrac{WRT}{PV}$
$= \dfrac{0.3 \times 0.082 \times (273+25)}{\dfrac{750}{760} \times (300 \times 10^{-3})}$
$= 24.761$
③ $T = 273 + ℃$
④ $T = \dfrac{PVM}{WR} = \dfrac{1 \times 1 \times 24.761}{10 \times 0.082}$
$= 30.1963\,K - 273$
$= -242.8037℃$

33 실내 화재 시 연소열에 의해 천장류(ceiling jet)의 온도가 상승하여 600℃ 정도가 되면 천장류에서 방출되는 복사열에 의하여 실내에 있는 모든 가연물질이 분해되어 가연성 증기를 발생하게 됨으로써 실내 전체가 연소하게 되는 상태를 무엇이라 하는가?

① 발화(ignition)
② 전실화재(flash over)
③ 화염분출(flame gouging)
④ 역화(back draft)

 플래시 오버(전실화재, flash over)
연소열에 의해 발생한 가연가스가 일시에 인화하여 화염이 충만하는 단계이다.

34 표준대기압에서 지름 10cm인 실린더의 피스톤 위에 686N의 추를 얹어 놓았을 때 평형상태에서 실린더 속의 가스가 받는 절대압력은 약 몇 kPa인가? (단, 피스톤의 중량은 무시한다.)

① 87　　　② 189
③ 207　　④ 309

 **피스톤 압력계 압력**
① $P = \dfrac{W_1 + W_2}{A} + P_1$
② P : 압력[N/m²]
　W_1 : 추의 무게[N]
　W_2 : 피스톤의 무게[N]
　A : 피스톤의 단면적[m²]
　P_1 : 대기압[N/m²]
③ $P = \dfrac{W_1 + W_2}{A} + P_1$
$= \dfrac{0 + 686[N]}{\dfrac{\pi}{4} \times (10 \times 10^{-2})^2 [m^2]}$
$= 87344.23276$
④ $P = \dfrac{0 + 686[N]}{\dfrac{\pi}{4} \times (10 \times 10^{-2})^2 [m^2]}$
$+ 101325[Pa]$
$= 87344.23276 = 188669.2327[Pa]$
⑤ $P = 188669.2327[Pa] \times 10^{-3}$
$= 188.6692[kPa]$

35 C : 86%, H₂ : 12%, S : 2%의 조성을 갖는 중유 100kg을 표준 상태에서 완전연소시킬 때 동일 압력, 온도 590K에서 연소가스의 체적은 약 몇 m³인가?

① 296m³　　② 320m³
③ 426m³　　④ 640m³

 이론 습배기 가스량
① 이론 습배기 가스량
$G_{ow} = 1.876C + 0.7S + 0.8N + 11.25H$
$= 1.876 \times 0.86 + 0.7 \times 0.02$
$+ 11.25 \times 0.12$

$$= 2.96476 \times 100 = 296.476$$
② $V_2 = \dfrac{V_1 \times T_2}{T_1} = \dfrac{296.476 \times 590}{273}$
$$= 640.735$$

참고 이론 습배기 가스량
$G_{ow} = (1-0.21)A_0 + 1.876C + 0.7S$
$\qquad + 0.8N + 1.25(9H+W)$

36 고발열량에 대한 설명 중 틀린 것은?
① 연료가 연소될 때 연소가스 중에 수증기의 응축잠열을 포함한 열량이다.
② Hh = HL+HS = HL+600(9H+W)로 나타낼 수 있다.
③ 진발열량이라고도 한다.
④ 총발열량이다.

해설 ① 고위발열량
  ㉠ 고위발열량 = 고발열량 = 총발열량
  ㉡ 물의 증발잠열 또는 응축잠열까지 포함
  ㉢ 고위발열량 = 저위발열량 + 수증기 증발잠열
② 저위발열량
  ㉠ 저위발열량 = 진발열량 = 저발열량
  ㉡ 실제로 사용할 수 있는 발열량이다.

37 다음 반응 중 폭굉(detonation) 속도가 가장 빠른 것은?
① $2H_2 + O_2$ ② $CH_4 + 2O_2$
③ $C_3H_8 + 3O_2$ ④ $C_3H_8 + 6O_2$

해설 폭굉속도
① 폭굉이란 음속보다도 화염의 전파속도가 큰 것으로 큰 압력파에 의해 발생한다.
② 폭굉속도는 연소속도가 빠른 물질이 폭굉 속도가 빠르게 나타난다.

38 액체 프로판이 298K, 0.1MPa에서 이론공기를 이용하여 연소하고 있을 때 고발열량은 약 몇 MJ/kg인가? (단, 연료의 증발엔탈피는 370kJ/kg이고, 기체상태 C_3H_8K의 생성 엔탈피는 −103909kJ/kmol, CO_2의 생성 엔탈피는 −393757kJ/kmol, 액체 및 기체 상태 H_2O의 생성 엔탈피는 각각 −286010 kJ/kmol, −2419171kJ/kmol이다.)
① 44 ② 46
③ 50 ④ 2205

해설 고위발열량
① 프로판의 연소 반응식
  $C_3H_8 + 5O_2 \rightarrow 3CO_2 + 4H_2O + Q$
  $-103909 = (3 \times -393757)$
  $\qquad + (4 \times -256010) + Q$
② $Q = 2221402[\text{kJ/kmol}] \times \dfrac{1}{44}[\text{kmol/kg}]$
  $= 50486.40909[\text{kJ/kg}]$
③ $50486.40909 \times \dfrac{1}{1000} = 50.486[\text{MJ/kg}]$
④ $(50486.40909 - 370) \times \dfrac{1}{1000}$
  $= 50.116409[\text{MJ/kg}]$

39 메탄가스 1Nm^3를 10%의 과잉공기량으로 완전연소시켰을 때의 습연소 가스량은 약 몇 Nm^3인가?
① 5.2 ② 7.3
③ 9.4 ④ 11.6

해설 실제 습연소 가스량
① 메탄의 완전연소 반응식
  $CH_4 + 2O_2 \rightarrow CO_2 + 2H_2O + (N_2)$
② 실제 습연소 가스량
  = 이론 습연소 가스량 + 과잉 공기량
  $1 + 2 + (1.1 - 0.21) \times \dfrac{2}{0.21}$
  $= 11.4761\text{Nm}^3$

40 어떤 Carnot 기관이 4186kJ의 열을 수취하였다가 2512kJ의 열을 배출한다면 이 동력기관의 효율은 약 얼마인가?
① 20% ② 40%
③ 67% ④ 80%

동력기관(열기관)의 효율
① $\eta = \dfrac{\text{유효하게 사용된 열량}}{\text{공급 열량}} \times 100$
② $Q = \dfrac{AW}{Q_1} = \dfrac{Q_1 - Q_2}{Q_1} \times 100$
  $= \left(1 - \dfrac{Q_2}{Q_1}\right) \times 100$
③ $Q = \left(1 - \dfrac{Q_2}{Q_1}\right) \times 100$
  $= \left(1 - \dfrac{2512}{4186}\right) \times 100 = 39.918\,\%$

제3과목 가스설비

41 펌프의 실양정[m]을 h, 흡입 실양정을 h_1, 송출 실양정을 h_2라 할 때 펌프의 실양정 계산식을 옳게 표시한 것은?

① $h = h_2 - h_1$ ② $h = \dfrac{h_2 - h_1}{2}$
③ $h = h_2 + h_1$ ④ $h = \dfrac{h_1 + h_2}{2}$

 펌프의 실양정(actual head)
① 펌프의 실양정 = 유효 흡입 실양정 + 송출 실양정(토출 양정)
② 실양정
  액체를 낮은 위치로부터 높은 위치로 펌프를 이용하여 이송할 때 흡입면과 토출면까지의 수직거리를 말한다.

42 조정압력이 3.3kPa 이하인 조정기의 안전장치의 작동표준압력은?

① 3kPa ② 5kPa
③ 7kPa ④ 9kPa

 조정기 안전장치 작동표준압력
① 작동표준압력 : 7kPa

② 작동개시압력(작동압력) : 7±1.4kPa
  (5.6kPa~8.4kPa)
③ 안전밸브 작동·정지 압력 : 5.04~8.4kPa

43 액화천연가스(메탄 기준)를 도시가스 원료로 사용할 때 액화천연가스의 특징을 바르게 설명한 것은?

① C/H 질량비가 3이고 기화설비가 필요하다.
② C/H 질량비가 4이고 기화설비가 필요하다.
③ C/H 질량비가 3이고 가스제조 및 정제설비가 필요하다.
④ C/H 질량비가 4이고 개질설비가 필요하다.

 C/H 질량비
탄화수소의 $CH_4 = \dfrac{12}{4} = 3$

44 초저온용기의 단열재의 구비조건으로 가장 거리가 먼 것은?

① 열전도율이 클 것. ② 불연성일 것.
③ 난연성일 것. ④ 밀도가 작을 것.

 단열재의 구비조건
① 부피, 비중, 밀도가 작을 것.(가벼울 것.)
② 다공성이 커야 한다.
③ 기계적 강도가 우수할 것.
④ 가격이 저가일 것.
⑤ 난연성, 불연성일 것.
⑥ 시공이 편리할 것.

45 가스액화분리장치를 구분할 경우 구성요소에 해당되지 않는 것은?

① 단열 장치 ② 냉각 장치
③ 정류 장치 ④ 불순물 제거 장치

 가스액화분리장치 구성 3요소
① 한랭 발생 장치
② 정류 장치
③ 불순물 제거 장치

46 자동절체식 조정기를 사용할 때의 장점에 해당하지 않는 것은?

① 잔류액이 거의 없어질 때까지 가스를 소비할 수 있다.
② 전체 용기의 개수가 수동절체식보다 적게 소요된다.
③ 용기 교환 주기를 길게 할 수 있다.
④ 일체형을 사용하면 다단 감압식보다 배관의 압력손실을 크게 해도 된다.

해설 2단 감압식 조정기
① 입상배관에 의한 압력손실 보정이 가능하다.
② 관경이 작아도 된다.
③ 설비가 고가이며 장치 및 검사방법이 복잡하다.

 압력손실을 보정할 수 있는 것은 2단 감압식의 장점이다.

47 독성가스 제조설비의 기준에 대한 설명 중 틀린 것은?

① 독성가스 식별표시 및 위험표시를 할 것.
② 배관은 용접이음을 원칙으로 할 것.
③ 유지를 제거하는 여과기를 설치할 것.
④ 가스의 종류에 따라 이중관으로 할 것.

해설 독성가스 제조설비 기준
① 가스누출경보 및 자동차단장치 설치
독성가스 및 공기보다 무거운 가연성 가스의 제조시설에는 가스가 누출될 경우 이를 신속히 검지하여 효과적으로 대응할 수 있도록 하기 위하여 다음 기준에 따라 가스누출검지경보장치(이하 "검지경보장치"라 한다)를 설치한다.
② 긴급차단장치 설치
③ 방류둑 설치
가연성 가스 · 독성가스 또는 산소의 액화가스저장탱크(가연성 가스 또는 산소는 저장능력 1000톤 이상, 독성가스는 저장능력 5톤 이상인 것에 한정한다)의 주위에 액상의 가스가 누출된 경우에 그 유출을 방지하기 위하여 방류둑 또는 이와 동등 이상의 효과가 있는 시설을 기준에 따라 설치한다.
④ 제독설비 설치
독성가스 중 아황산가스 · 암모니아 · 염소 · 염화메탄 · 산화에틸렌 · 시안화수소 · 포스겐 또는 황화수소의 제조설비에는 그 설비로부터 독성가스가 누출될 경우 그 독성가스로 인한 중독을 방지하기 위하여 기준에 따라 제독설비를 설치하고 제독제 및 제독작업에 필요한 보호구를 구비한다.
⑤ 흡수 또는 중화할 수 있는 설비를 설치한다.
⑥ 배관 접합은 용접이음을 원칙으로 하고 부득이한 경우 플랜지 이음으로 대신할 수 있다.

 여과기 설치
공기액화분리기(1시간의 공기압축량이 1천 m^3 이하의 것을 제외한다)의 액화공기탱크와 액화산소증발기와의 사이에는 석유류 · 유지류 그 밖의 탄화수소를 여과 · 분리하기 위한 여과기를 설치한다.

48 나프타(Naphtha)에 대한 설명으로 틀린 것은?

① 비점 200℃ 이하의 유분이다.
② 파라핀계 탄화수소의 함량이 높은 것이 좋다.
③ 도시가스의 증열용으로 이용된다.
④ 헤비 나프타가 옥탄가가 높다.

해설 나프타
① PONA 값에서 분해가 쉽고 가스화가 쉽고 효율이 높은 파라핀계(C_nH_{2n+2}) 탄화수소의 함량이 많은 것이 좋다.
② 고비점 유분 및 황분이 적을 것.
③ 비점이 130℃ 이하인 것을 보통 경질 나프타라 한다.
④ 헤비 나프타는 가스화 원료로는 부적합하다.

 P : 파라핀, O : 올레핀,
N : 나프텐, A : 아로마틱

49 피스톤의 지름 : 100mm, 행정거리 : 150mm, 회전수 : 1200rpm, 체적효율 : 75%인 왕복압축기의 압출량은?

① 0.95m³/min ② 1.06m³/min
③ 2.23m³/min ④ 3.23m³/min

 실제적 피스톤 압출량

① $V = \dfrac{\pi}{4} D^2 \times L \times n \times N \times \eta_v$

$V = \dfrac{\pi}{4} \times 0.1^2 \times (150 \times 10^{-3}) \times 1 \times 1200 \times 0.75 = 1.0602$

V : 이론적 피스톤 압출량[m³/min]
D : 피스톤 지름 또는 실린더 내경[m]
N : 압축기 분당 회전수[rpm]
L : 행정[m]
n : 기통수
η_v : 체적 효율

50 액화석유가스집단공급소의 저장탱크에 가스를 충전하는 경우에 저장탱크 내용적의 몇 %를 넘어서는 아니되는가?

① 60% ② 70%
③ 80% ④ 90%

 액화석유가스 저장탱크 충전 내용적
① LPG 탱크 : 90% 초과 금지
② 소형 저장 탱크 : 85% 초과 금지

51 압력조정기를 설치하는 주된 목적은?

① 유량 조절 ② 발열량 조절
③ 가스의 유속 조절 ④ 일정한 공급압력 유지

 압력조정기
연소기에 공급되는 고압의 가스를 감압 기능과 정압의 기능으로 정상 연소가 되도록 일정하게 공급압력을 유지시키는 기능을 한다.

52 LPG 수송관의 이음부분에 사용할 수 있는 패킹재료로 가장 적합한 것은?

① 목재 ② 천연고무
③ 납 ④ 실리콘 고무

 LP가스 패킹재료
LP가스는 천연고무를 녹게 하므로 내열성이 뛰어난 실리콘(규소) 고무 재료가 적합하다.

53 아세틸렌에 대한 설명으로 틀린 것은?

① 반응성이 대단히 크고 분해 시 발열반응을 한다.
② 탄화칼슘에 물을 가하여 만든다.
③ 액체 아세틸렌보다 고체 아세틸렌이 안정하다.
④ 폭발범위가 넓은 가연성 기체이다.

 아세틸렌(C_2H_2)
아세틸렌은 반응성이 작다.

54 산소용기의 내압시험압력은 얼마인가? (단, 최고충전압력은 15MPa이다.)

① 12MPa ② 15MPa
③ 25MPa ④ 27.5MPa

 압축가스 충전용기 내압시험압력
내압시험압력 : 최고충전압력 수치의 3분의 5배

$15[\text{MPa}] \times \dfrac{5}{3} = 25[\text{MPa}]$

55 압력용기라 함은 그 내용물이 액화가스인 경우 35℃에서의 압력 또는 설계압력이 얼마 이상인 용기를 말하는가?

① 0.1MPa ② 0.2MPa
③ 1MPa ④ 2MPa

 압력용기
"압력용기"란 35℃에서의 압력 또는 설계압력이, 그 내용물이 액화가스인 경우는 0.2 MPa 이상, 압축가스인 경우는 1MPa 이상인 용기를 말한다. 다만, 다음 중 어느 하나에 해당하는 용기는 압력용기로 보지 않는다.
① 별표 10 용기 제조의 기술ㆍ검사기준을

적용받는 용기
② 설계압력[MPa]과 내용적[m³]을 곱한 수치가 0.004 이하인 용기
③ 펌프, 압축장치(냉동용 압축기는 제외한다) 및 축압기(accumulator, 축압용기 내에 액화가스 또는 압축가스와 유체가 격리될 수 있도록 고무격막 또는 피스톤 등이 설치된 구조로서 상시 가스가 공급되지 않는 구조의 것을 말한다)의 본체와 그 본체와 분리되지 않는 일체형 용기
④ 완충기 및 완충장치에 속하는 용기와 자동차 에어백용 가스충전용기
⑤ 유량계, 액면계, 그 밖의 계측기기
⑥ 소음기 및 스트레이너(필터를 포함한다)로서 다음의 기준에 해당되는 것
  ㉠ 플랜지 부착을 위한 용접부 외에는 용접 이음매가 없는 것
  ㉡ 용접구조이나 동체의 바깥지름(D)이 320mm(호칭지름 12B 상당) 이하이고, 배관접속부 호칭지름(d)과의 비율(D/d)이 2.0 이하인 것
⑦ 압력에 관계없이 안지름, 폭, 길이 또는 단면의 지름이 150mm 이하인 용기

고압
① 압축가스 1MPa 이상
② 액화 가스 0.2MPa 이상

56 가스와 공기의 열전도도가 다른 특성을 이용하는 가스검지기는?
① 서모스탯식 ② 적외선식
③ 수소염 이온화식 ④ 반도체식

서모스탯식 가스 검지기
공기와 가스가 열전도도가 다른 것을 이용한 것으로 가열 전류를 일정하게 유지하면서 서모스탯의 온도변화로 측정값을 나타낸다.

57 터보형 압축기에 대한 설명으로 옳은 것은?
① 기체 흐름이 축방향으로 흐를 때, 깃에 발생하는 양력으로 에너지를 부여하는 방식이다.
② 기체 흐름이 축방향과 반지름방향의 중간

적 흐름의 것을 말한다.
③ 기체 흐름이 축방향에서 반지름방향으로 흐를 때, 원심력에 의하여 에너지를 부여하는 방식이다.
④ 한 쌍의 특수한 형상의 회전체의 틈의 변화에 의하여 압력에너지를 부여하는 방식이다.

터보형 압축기
① 케이싱 내에 모인 임펠러가 회전하면서 기체가 원심력 작용(기계적 에너지)에 의해 임펠러의 중심부에서 흡입되어 외부로 토출하는 구조의 압축기이다.
② 원심식 압축기, 축류식 압축기

58 가스 배관 내의 압력 손실을 작게 하는 방법으로 틀린 것은?
① 유체의 양을 많게 한다.
② 배관 내면의 거칠기를 줄인다.
③ 배관 구경을 크게 한다.
④ 유속을 느리게 한다.

압력 손실 방지
① 압력손실은 유량의 제곱에 비례하므로 유량을 적게 한다.
② 마찰에 의한 손실을 작게 하기 위해 배관 내의 굴곡부를 줄인다.
③ 배관을 최단거리로 한다.

59 CNG 충전소에서 천연가스가 공급되지 않는 지역에 차량을 이용하여 충전설비에 충전하는 방법을 의미하는 것은?
① Combination Fill
② Fast/Quick Fill
③ Mother/Daughter Fill
④ Slow/Time Fill

이동식 CNG 충전방식
① 고정식 충전소 설치가 곤란한 장소에서 천연가스가 공급되지 않은 지역에 차량(Mother)을 이용하여 충전설비(Daughter)에 충전하

는 방식이다.
② Mother(차량) / Daughter Fill (충전설비 채운다)

60 이음매 없는 용기와 용접 용기의 비교 설명으로 틀린 것은?
① 이음매가 없으면 고압에서 견딜 수 있다.
② 용접용기는 용접으로 인하여 고가이다.
③ 만네스만법, 에르하르트식 등이 이음매 없는 용기의 제조법이다.
④ 용접용기는 두께공차가 적다.

 이음매 없는 용기
① 동판 및 경판을 일체로 성형하여 이음매가 없이 제조한 용기이다.
② 산소, 수소, 질소 등 고압용으로 주로 사용한다.
③ 비용이 고가이고 용접 용기에 비해 형태, 치수 등이 자유롭지 못하다.

용접 용기
① LPG, 암모니아, 염소, 프레온, 아세틸렌 등 상대적으로 저압용 용기이다.
② 강관을 사용하므로 비교적 저가이다.

제 4 과목 가스안전관리

61 차량에 고정된 탱크의 내용적에 대한 설명으로 틀린 것은?
① LPG 탱크의 내용적은 1만 8천L를 초과해서는 안 된다.
② 산소 탱크의 내용적은 1만 8천L를 초과해서는 안 된다.
③ 염소 탱크의 내용적은 1만 2천L를 초과해서는 안 된다.
④ 액화천연가스 탱크의 내용적은 1만 8천L를 초과해서는 안 된다.

 차량에 고정된 탱크에 의한 운반 기준
① 경계표시 : 차량의 앞뒤 보기 쉬운 곳에 각각 붉은 글씨로 위험고압가스라는 경계표시를 한다.
② 탱크의 내용적
  ㉠ 가연성 가스(액화석유가스 제외) 및 산소탱크의 내용적 : 18000L
  ㉡ 독성가스(액화암모니아 제외)의 탱크의 내용적 : 12000L
  ㉢ 다만, 철도 차량 또는 견인되어 운반되는 차량에 고정하며 운반하는 탱크를 제외한다.

62 위험장소를 구분할 때 2종 장소가 아닌 것은?
① 밀폐된 용기 또는 설비 안에 밀봉된 가연성 가스가 그 용기 또는 설비의 사고로 인해 파손되거나 오조작의 경우에만 누출할 위험이 있는 장소
② 확실한 기계적 환기조치에 따라 가연성 가스가 체류하지 않도록 되어 있으나 환기장치에 이상이나 사고가 발생한 경우에는 가연성 가스가 체류하여 위험하게 될 우려가 있는 장소
③ 상용상태에서 가연성 가스가 체류하여 위험하게 될 우려가 있는 장소
④ 1종 장소의 주변 또는 인접한 실내에서 위험한 농도의 가연성 가스가 종종 침입할 우려가 있는 장소

위험장소의 분류
가연성 가스가 폭발할 위험이 있는 농도에 도달할 우려가 있는 장소(이하 "위험장소"라 한다)의 등급 및 방폭전기기기의 등급은 다음과 같이 분류한다.
① 위험장소의 등급분류는 다음과 같다.
  ㉠ "1종 장소"는 상용상태에서 가연성 가스가 체류하여 위험하게 될 우려가 있는 장소, 정비 보수 또는 누출 등으로 인하여 종종 가연성 가스가 체류하여 위험하게 될 우려가 있는 장소를 말한다.
  ㉡ "2종 장소"는 다음의 장소를 말한다.
    ⓐ 밀폐된 용기 또는 설비 내에 밀봉된

ⓑ 확실한 기계적 환기조치에 의하여 가연성 가스가 체류하지 않도록 되어 있으나 환기장치에 이상이나 사고가 발생한 경우에는 가연성 가스가 체류하여 위험하게 될 우려가 있는 장소
ⓒ 1종 장소의 주변 또는 인접한 실내에서 위험한 농도의 가연성 가스가 종종 침입할 우려가 있는 장소
ⓔ "0종 장소"란 상용의 상태에서 가연성 가스의 농도가 연속해서 폭발하한계 이상으로 되는 장소(폭발상한계를 넘는 경우에는 폭발한계 내로 들어갈 우려가 있는 경우를 포함한다)를 말한다.

63 용기보관장소에 대한 설명으로 틀린 것은?

① 용기보관장소의 주위 2m 이내에 화기 또는 인화성 물질 등을 치웠다.
② 수소용기 보관장소에는 겨울철 실내온도가 내려가므로 상부의 통풍구를 막았다.
③ 가연성 가스의 충전용기 보관실은 불연재료를 사용하였다.
④ 가연성 가스와 산소의 용기보관실은 각각 구분하여 설치하였다.

> **고압가스 용기보관장소**(충전용기)
> ① 충전용기는 항상 40℃ 이하의 온도를 유지하고, 직사광선을 받지 않도록 조치할 것.
> ② 충전용기와 잔가스용기는 각각 구분하여 용기보관장소에 놓을 것.
> ③ 용기보관장소의 주위 2m 이내에는 화기 또는 인화성 물질이나 발화성 물질을 두지 아니할 것.
> ④ 가연성 가스 용기보관장소에는 방폭형 휴대용 손전등 외의 등화를 휴대하고 들어가지 아니할 것.

64 독성가스인 포스겐을 운반하고자 할 경우에 반드시 갖추어야 할 보호구 및 자재가 아닌 것은?

① 방독마스크
② 보호장갑
③ 제독제 및 공구
④ 소화설비 및 공구

> **제독작업 보호구**
> 2.7.4.5. 제독작업에 필요한 보호구 보유
> 제독작업에 필요한 방독마스크 및 그 밖의 보호구는 안전한 장소에 보관하고 항상 사용할 수 있는 상태로 유지한다. 〈개정 15.7.3.〉
> 2.7.4.5.1. 선정 조건 〈신설 15.7.3.〉
> 제독작업에 필요한 보호구는「산업안전보건법」제34조에 따른 안전인증을 받은 것으로 갖추어야 한다. 다만, 방독마스크의 경우「산업안전보건법」제34조에 따른 안전인증 대상에 해당하지 않는 독성가스의 방독마스크는 안전인증을 받지 않은 것으로 할 수 있다.
> 2.7.4.5.2. 보호구의 종류와 수량 〈개정 15.7.3〉
> (1) 독성가스 종류에 따라 구비하는 보호구 종류는 다음과 같다.
> (1-1) 공기호흡기 또는 송기식 마스크(전면형)
> (1-2) 방독마스크(농도에 따라 전면 고농도형, 중농도형, 저농도형 등)
> (1-3) 안전장갑 및 안전화(「산업안전보건법」제34조에 따른 안전인증을 받은 것으로서 화학물질용 성능수준 2 이상의 것)
> (1-4) 보호복(「산업안전보건법」제34조에 따른 안전인증을 받은 것으로서 화학물질용 보호복 1형식)

65 아세틸렌을 용기에 충전할 때의 충전 중의 압력은 얼마 이하로 하여야 하는가?

① 1MPa 이하
② 1.5MPa 이하
③ 2MPa 이하
④ 2.5MPa 이하

> **아세틸렌 용기 충전**
> ① 아세틸렌 충전중의 압력 : 2.5MPa 이하 유지할 것.(온도에 상관없이)
> ② 충전 후의 압력 : 1.5MPa 이하(15℃)

66 액화석유가스 취급에 대한 설명으로 옳은

것은?

① 자동차에 고정된 탱크는 저장탱크 외면으로부터 2m 이상 떨어져 정지한다.
② 소형용접용기에 가스를 충전할 때에는 가스 압력이 40℃에서, 0.62MPa 이하가 되도록 한다.
③ 충전용 주관의 모든 압력계는 매년 1회 이상 표준이 되는 압력계로 비교 검사한다.
④ 공기 중의 혼합비율이 0.1v% 상태에서 감지할 수 있도록 냄새 나는 물질(부취제)을 충전한다.

 액화석유가스충전사업 시설기준 및 기술기준
① 자동차에 고정된 탱크는 저장탱크의 외면으로부터 3m 이상 떨어져 정지할 것. 다만, 저장탱크와 자동차에 고정된 탱크와의 사이에 방호책 등을 설치한 경우에는 그러하지 아니하다.
② 충전용 주관의 압력계는 매월 1회 이상, 그 밖의 압력계는 3개월에 1회 이상 「국가표준기본법」에 따른 교정을 받은 압력계로 그 기능을 검사할 것.
③ 소형용기 중 접합 또는 납붙임용기와 이동식 부탄연소기용 용접용기에 액화석유가스를 충전하려면 「고압가스 안전관리법 시행규칙」 별표 4에 규정된 에어졸 충전기준에 따를 것. 이 경우 충전하는 가스의 압력은 40℃에서 0.52MPa 이하가 되도록 하여야 하며, 가스 성분은 프로판+프로필렌은 10mol% 이하, 부탄+부틸렌은 90mol% 이상이 되어야 한다.
④ 소형저장탱크에 액화석유가스를 충전할 때에는 벌크로리 등에서 발생하는 정전기를 제거하고, "화기엄금" 등의 표지판을 설치하는 등 안전에 필요한 수칙을 준수하고, 안전 유지에 필요한 조치를 할 것.

67 액화가스를 충전하는 차량의 탱크 내부에 액면 요동 방지를 위하여 설치하는 것은?

① 콕 ② 긴급 탈압밸브
③ 방파판 ④ 충전판

 방파판
액화가스를 수송하기 위한 차량에 고정된 탱크가 차량 운행에 의하여 탱크 내의 액면이 요동하는 것을 방지하기 위하여 탱크 내에 설치해야 하는 것을 말한다.

 액유동방지장치
탱크 내부에는 액유동을 방지할 수 있도록 상세기준(고압가스용 차량에 고정된 탱크 제조의 시설·기술·검사기준)에 따른 방파판을 탱크 내용적 $5m^3$ 이하마다 1개씩 설치하여야 한다.

68 상용압력이 40.0MPa의 고압가스설비에 설치된 안전밸브의 작동압력은 얼마인가?

① 33MPa ② 35MPa
③ 43MPa ④ 48MPa

 안전밸브 작동압력
① 내압시험압력 : 최고충전압력 수치의 3분의 5배

   최고충전압력[MPa]$\times \dfrac{5}{3}$=[MPa]

② 내압시험 : 상용압력의 1.5배 이상으로 한다.
   내압시험압력 : 상용압력×1.5
   =40.0×1.5=60[MPa]

② 안전밸브작동압력 : 내압시험압력의 10분의 8 이하의 압력에서 작동
③ 안전밸브작동압력 :
   내압시험압력[MPa]$\times \dfrac{8}{10}$=[MPa]

   60[MPa]$\times \dfrac{8}{10}$=48[MPa]

69 LPG 용기 보관실의 바닥면적이 $40m^2$이라면 환기구의 최소 통풍 가능 면적은?

① $10000cm^2$ ② $11000cm^2$
③ $12000cm^2$ ④ $13000cm^2$

 정압기실의 구조 및 재료 등(통풍구조)
① 환기구의 통풍 가능 면적의 합계가 바닥면적 $1m^2$마다 $300cm^2$(철망 등을 부착할 때

는 철망이 차지하는 면적을 뺀 면적)의 비율로 계산한 면적 이상(1개 환기구의 면적은 2,400cm² 이하로 함. 단, 지붕과 벽 사이의 공간을 통하여 환기가 가능한 경우에는 이를 제한하지 아니함)으로 할 것.
② 통풍구 면적 = 40 × 300cm² = 1200cm²

70 시안화수소의 안전성에 대한 설명으로 틀린 것은?

① 순도 98% 이상으로서 착색된 것은 60일을 경과할 수 있다.
② 안정제로는 아황산, 황산 등을 사용한다.
③ 맹독성 가스이므로 흡수장치나 재해방지 장치를 설치해야 한다.
④ 1일 1회 이상 질산구리벤젠지로 누출을 검지해야 한다.

 시안화 수소(HCN)
① 순도가 98% 이상으로 착색되지 아니한 경우 시안화수소 충전 시 한 용기에서 60일을 초과할 수 있다.
② 충전 시 농도는 98% 이상을 유지한다.
③ 안정제는 아황산가스나 황산 등을 사용한다.
④ 용기에 충전 후 60일이 경과되기 전에 다른 용기에 옮겨 충전한다.
⑤ 저장 시는 1일 1회 이상 질산구리벤젠 등의 시험지로 누출검사를 한다.

71 산소 기체가 30L의 용기에 27℃, 150atm으로 압축 저장되어 있다. 이 용기에는 약 몇 kg의 산소가 충전되어 있는가?

① 5.9　　② 7.9
③ 9.6　　④ 10.6

 이상 기체 상태 방정식

① $PV = \dfrac{W}{M}RT$

② $W = \dfrac{PVM}{RT}$

$= \dfrac{150 \times (30 \times 10^{-3}) \times 32}{0.082 \times (273 \times 27)}$

$= 5.8536 \, [\text{kg}]$

③ $T = 273 + ℃$
④ $1[\text{m}^3] = 1000[\text{L}] = 10^3[\text{L}]$
　$30[\text{L}] = 0.03[\text{m}^3]$

72 정전기를 억제하기 위한 방법이 아닌 것은?

① 접지(grounding)한다.
② 접촉 전위차가 큰 재료를 선택한다.
③ 정전기의 중화 및 전기가 잘 통하는 물질을 사용한다.
④ 습도를 높여준다.

 전위차가 크면 정전기가 발생할 수 있으므로 전위차가 작은 재료를 선택한다.

73 고압가스 냉동제조시설에서 냉동능력 20ton 이상의 냉동설비에 설치하는 압력계의 설치 기준으로 옳지 않은 것은?

① 압축기의 토출압력 및 흡입압력을 표시하는 압력계를 보기 쉬운 곳에 설치한다.
② 강제윤활방식인 경우에는 윤활압력을 표시하는 압력계를 설치한다.
③ 강제윤활방식인 것은 윤활유 압력에 대한 보호장치가 설치되어 있는 경우 압력계를 설치한다.
④ 발생기에는 냉매가스의 압력을 표시하는 압력계를 설치한다.

 냉동설비 압력계 설치 기준(20ton 이상)
① 강제윤활방식인 경우에는 유압계, 유안전변, 유압보호스위치가 있다.
② 강제윤활방식인 경우에는 유활유 압력에 대한 압력계를 설치한다.

74 고압가스 충전용기의 차량 운반 시 안전대책으로 옳지 않은 것은?

① 충격을 방지하기 위해 와이어 로프 등으로 결속한다.
② 염소와 아세틸렌 충전용기는 동일 차량에 적재, 운반하지 않는다.

③ 운반 중 충전용기는 항상 56℃ 이하를 유지한다.
④ 독성가스 중 가연성 가스와 조연성 가스는 동일 차량에 적재하여 운반하지 않는다.

 온도 상승을 방지하기 위하여 운반 중 충전용기는 항상 40℃ 이하를 유지한다.

75 폭발에 대한 설명으로 옳은 것은?
① 폭발은 급격한 압력의 발생 등으로 심한 음을 내며, 팽창하는 현상으로 화학적인 원인으로만 발생한다.
② 가스의 발화에는 전기불꽃, 마찰, 정전기 등의 외부 발화원이 반드시 필요하다.
③ 최소 발화에너지가 큰 혼합가스는 안전간격이 작다.
④ 아세틸렌, 산화에틸렌, 수소는 산소 중에서 폭굉을 발생하기 쉽다.

폭발
① 폭발은 물리적 원인 또는 화학적 원인으로 발생한다.
② 가스의 발화에는 전기불꽃, 마찰, 정전기 등의 외부 또는 내부 발화원이 필요하다.
③ 최소 발화에너지가 작을수록 위험하며 안전간격이 작다.

76 액화석유가스 충전시설의 안전유지기준에 대한 설명으로 틀린 것은?
① 저장탱크의 안전을 위하여 1년에 1회 이상 정기적으로 침하 상태를 측정한다.
② 소형저장탱크 주위에 있는 밸브류의 조작은 원칙적으로 자동조작으로 한다.
③ 소형저장탱크의 세이프티 커플링의 주밸브는 액봉 방지를 위하여 항상 열어둔다.
④ 가스누출검지기와 휴대용 손전등은 방폭형으로 한다.

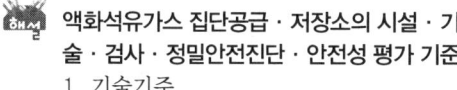
1. 기술기준

① 안전유지기준
㉠ 저장탱크의 안전을 위하여 1년에 1회 이상 정기적으로 적정한 방법으로 침하상태를 측정하고, 그 침하상태에 따라 적절한 안전조치를 할 것.
㉡ 저장탱크는 항상 40℃ 이하의 온도를 유지할 것.
㉢ 저장설비 또는 가스설비에는 방폭형 휴대용 전등 외의 등화를 지니고 들어가 아니할 것.
㉣ 가스누출검지기와 휴대용 손전등은 방폭형일 것.
㉤ 저장설비와 가스설비의 외면으로부터 8m 이내의 곳에서는 화기(담뱃불을 포함한다)를 취급하지 아니할 것.
㉥ 소형저장탱크와 기화장치의 주위 5m 이내에서는 화기의 사용을 금지하고 인화성 물질이나 발화성 물질을 많이 쌓아두지 아니할 것.
㉦ 소형저장탱크 주위에 있는 밸브류의 조작은 원칙적으로 수동조작으로 할 것.
㉧ 소형저장탱크의 세이프티 커플링의 주밸브는 액봉(液封) 방지를 위하여 항상 열어둘 것. 다만, 그 커플링으로부터의 가스 누출이나 긴급 시의 대책을 위하여 필요한 경우에는 닫아 두어야 한다.
㉨ 소형저장탱크에 가스를 공급하는 가스공급자가 시설의 안전 유지를 위해 필요하다고 인정하여 요청하는 사항은 반드시 지킬 것.
㉩ 가스설비의 부근에는 연소하기 쉬운 물질을 두지 아니할 것.
㉪ 가스설비 중 진동이 심한 곳에는 진동을 최소한도로 줄일 수 있는 조치를 할 것.
㉫ 가스설비를 이음쇠로 연결하려면 그 이음쇠와 접속되는 부분에 잔류응력이 남지 아니하도록 조립하고, 관이음 또는 밸브류를 나사로 조일 때에는 무리한 하중이 걸리지 아니하도록 할 것.
㉬ 가스설비에 설치한 밸브 또는 콕(조작스위치로 그 밸브 또는 콕을 개폐하는 경우에는 그 조작스위치를 말한다. 이하 "밸브 등"이라 한다)에는 다음의 기준에 따라 종업원이 그 밸브 등을 적절

히 조작할 수 있도록 조치할 것.
ⓐ 밸브 등에는 그 밸브 등의 개폐방향(조작스위치로 그 밸브 등이 설치된 설비에 안전상 중대한 영향을 미치는 밸브 등에는 그 밸브 등의 개폐상태를 포함한다)이 표시할 것.
ⓑ 밸브 등(조작스위치로 개폐하는 것은 제외한다)이 설치된 배관에는 그 밸브 등의 가까운 부분에 쉽게 알아볼 수 있는 방법으로 가스의 종류와 방향을 표시할 것.
ⓒ 조작함으로써 그 밸브 등이 설치된 설비에 안전상 영향을 미치는 밸브 등 중에서 항상 사용하는 것이 아닌 밸브 등(긴급 시에 사용하는 것은 제외한다)에는 자물쇠의 채우거나 봉인하여 두는 등의 조치를 할 것.
ⓓ 밸브 등을 조작하는 장소에는 그 밸브 등의 기능 및 사용빈도에 따라 그 밸브 등을 확실히 조작하는 데 필요한 발판과 조명도를 확보할 것.
ⓔ 가스설비의 기밀시험이나 시운전을 하는 때에는 불활성 가스를 사용할 것. 다만, 부득이하여 공기를 사용하는 경우에는 그 설비중에 있는 가스를 방출한 후에 실시하여야 하고, 온도를 그 설비에 사용하는 윤활유의 인화점 이하로 유지할 것.
ⓕ 배관에는 그 온도를 항상 40℃ 이하로 유지할 수 있는 조치를 할 것.

77 내용적이 50L 이상 125L 미만인 LPG용 용접용기의 스커트 통기 면적은?

① 100mm² 이상   ② 300mm² 이상
③ 500mm² 이상   ④ 1,000mm² 이상

 LPG용 용접용기의 스커트 통기 면적
통기 면적은 내용적 20리터 이상 25리터 미만은 300mm² 이상, 25리터 이상 50리터 미만의 용기는 500mm² 이상, 50리터 이상 125리터 미만의 용기는 1,000mm² 이상으로 설계해야 한다.

78 충전된 가스를 전부 사용한 빈 용기의 밸브는 닫아두는 것이 좋다. 주된 이유로서 가장 거리가 먼 것은?

① 외기 공기에 의한 용기 내면의 부식
② 용기 내 공기의 유입으로 인해 재충전 시 충전량 감소
③ 용기의 안전밸브 작동 방지
④ 용기 내 공기의 유입으로 인한 폭발성 가스의 형성

 안전밸브는 충전된 상태에서 필요하며 빈 용기에서는 안전밸브의 기능은 거의 작동하지 않는다.

79 고압가스 특정제조시설에서 배관을 지하에 매설할 경우 지하도로 및 터널과 최소 몇 m 이상의 수평거리를 유지하여야 하는가?

① 1.5m   ② 5m
③ 8m   ④ 10m

 고압가스 배관의 유지 거리
① 건축물 : 1.5m
② 지하터널 : 10m
③ 다른 시설물 : 10m
④ 수도시설 : 30m

80 저장탱크의 긴급차단장치에 대한 설명으로 옳은 것은?

① 저장탱크의 주밸브와 겸용하여 사용할 수 있다.
② 저장탱크에 부착된 액배관에는 긴급차단장치를 설치한다.
③ 저장탱크의 외면으로부터 2m 이상 떨어진 곳에서 조작할 수 있어야 한다.
④ 긴급차단장치는 방류둑 내측에 설치하여야 한다.

 저장탱크의 긴급차단장치
① 저장탱크의 주밸브와 겸용할 수 없다.
② 저장탱크에 부착된 배관에는 긴급차단장

③ 저장탱크의 외면으로부터 5m 이상 떨어진 곳에서 조작 가능하다.
④ 긴급차단장치는 방류둑 외측에 설치하여야 한다.
⑤ 동력원으로는 액화, 기압, 전기, 스프링이 있다.
⑥ 주 밸브 외측에 가능한 탱크 가까운 곳에 설치한다.
⑦ 액상의 가연성 가스, 독성 가스를 위하여 설치된 배관에 역류방지 밸브로 갈음할 수 있다.
⑧ 조작 스위치(기구) 저장 탱크로부터 5m 이상 떨어진 곳에 설치한다.

제5과목 가스계측기기

81 기체 크로마토그래피에서 분리도(resolution)와 칼럼 길이의 상관관계는?
① 분리도는 칼럼 길이의 제곱근에 비례한다.
② 분리도는 칼럼 길이에 비례한다.
③ 분리도는 칼럼 길이의 2승에 비례한다.
④ 분리도는 칼럼 길이의 3승에 비례한다.

  기체 크로마토그래피 분리도
① 칼럼 길이의 제곱근에 비례한다.
② 분석시간은 길이에 정비례한다.

82 루트 가스미터에 대한 설명 중 틀린 것은?
① 설치장소가 작아도 된다.
② 대유량 가스 측정에 적합하다.
③ 중압가스의 계량이 가능하다.
④ 계량이 정확하여 기준기로 사용된다.

  루츠(roots meter) 가스미터
① 고속회전이 가능하다.(1600rpm)
② 소형으로 대용량 계측에 적합하다.
③ 고압에서도 사용이 가능하다.
④ 대규모 수용가 사용한다.

  습식 가스미터
계량이 정확하며 다른 가스미터의 기준기로 사용된다.

83 실온 22℃, 습도 45%, 기압 765mmHg인 공기의 증기 분압(P_w)은 약 몇 mmHg인가?
[단, 공기의 가스 상수는 29.27kg·m/kg·K, 22℃에서 포화압력(P_s)은 18.66 mmHg이다.]
① 4.1　　② 8.4
③ 14.3　　④ 16.7

 **공기의 증기 분압**
상대 습도 $\phi = \dfrac{P_w}{P_s} \times 100$
P_w : 습공기 수증기 압력 및 비중량
P_s : 공기온도에 대응하는 수증기 포화압력
$P_w = \phi \times P_s = 0.45 \times 18.66 = 8.397$

84 점도의 차원은? (단, 차원 기호는 M : 질량, L : 길이, T : 시간이다.)
① MLT^{-1}　　② $ML^{-1}T^{-1}$
③ $M^{-1}LT^{-1}$　　④ $M^{-1}L^{-1}T$

  점성계수
① $\mu = \dfrac{\tau}{\dfrac{du}{dy}} = [FT/L^2] = [M/LT]$
② $\mu = [\text{g/cm} \cdot \text{sec}]$

85 루트미터와 습식 가스미터 특징 중 루트미터의 특징에 해당되는 것은?
① 유량이 정확하다.
② 사용 중 수위 조정 등의 관리가 필요하다.
③ 실험실용으로 적합하다.
④ 설치 공간이 적게 필요하다.

  루츠(roots meter) 가스미터
① 설치장소가 작아도 된다.

② 대유량 가스 측정에 적합하다.
③ 중압가스의 계량이 가능하다.

참고 습식 가스미터
① 계량이 정확하며 다른 가스미터의 기준기로 사용된다.
② 설치 공간이 크다.

86 단위계의 종류가 아닌 것은?
① 절대단위계 ② 실제단위계
③ 중력단위계 ④ 공학단위계

해설 단위계의 종류
① 절대단위계
② 공학단위계(=중력 단위계)

87 헴펠(Hempel)법으로 가스분석을 할 경우 분석가스와 흡수액이 잘못 연결된 것은?
① CO_2 – 수산화칼륨 용액
② O_2 – 알칼리성 피로카롤 용액
③ C_mH_n – 무수황산 25%를 포함한 발연황산
④ CO – 염화암모늄 용액

해설 헴펠법
① CO_2 – 30% KOH 용액
② C_mH_n – 25% 발연황산
③ CO – 암모니아성 염화 제1구리 용액
④ O_2 – 피로카롤 용액

88 유압식 조절계의 제어동작에 대한 설명으로 옳은 것은?
① P 동작이 기본이고 PI, PID 동작이 있다.
② I 동작이 기본이고 P, PI 동작이 있다.
③ P 동작이 기본이고 I, PID 동작이 있다.
④ I 동작이 기본이고 P, PID 동작이 있다.

해설 유압식 조절계
① I 동작(적분동작) : 잔류편차(off-set)가 제어된다.
② P 동작(비례동작) : 잔류편차가 발생한다.
③ PI 동작(비례적분동작) : 잔류편차를 제거한다.

④ 유압식 : 출력신호에 유압을 사용하여 신호를 전송하는 것을 말한다.

89 검지가스와 누출 확인 시험지가 잘못 연결된 것은?
① 일산화탄소(CO) – 염화칼륨지
② 포스겐($COCl_2$) – 하리슨 시험지
③ 시안화수소(HCN) – 초산벤젠지
④ 황화수소(H_2S) – 연당지(초산납 시험지)

해설 가스 누설 검색지의 변색

가스명	검색지	색깔(변색)
암모니아(NH_3)	붉은 리트머스 시험지	청색
염소(Cl_2)	KI 전분지	청색
포스겐($COCl_2$)	하리슨 시약	오렌지색
아세틸렌(C_2H_2)	염화제1동착염지	적색
일산화탄소(CO)	염화파라듐지	검정색
황화수소(H_2S)	연당지 (초산납 시험지)	검정색
시안화수소(HCN)	질산구리벤젠지 (초산벤젠)	청색
아황산가스(SO_2)	암모니아 헝겊	흰 연기 발생
프로판(C_3H_8)	비눗물	기포 발생

90 습한 공기 205kg 중 수증기가 35kg 포함되어 있다고 할 때 절대습도[kg/kg]는? (단, 공기와 수증기의 분자량은 각각 29, 18로 한다.)
① 0.206 ② 0.171
③ 0.128 ④ 0.106

해설 절대습도(absolute humidity)
① 절대습도 $= \dfrac{G_W}{G - G_W} = \dfrac{G_W}{G_d}$
② G : 습공기 전중량
G_d : 건공기 중량
G_W : 수증기 중량
③ 절대습도 $= \dfrac{G_W}{G - G_W} = \dfrac{35}{205 - 35}$
$= 0.2058$

91 제어기의 신호전송방법 중 유압식 신호전송

86.② 87.④ 88.② 89.① 90.① 91.②

의 특징이 아닌 것은?

① 사용유압은 $0.2 \sim 1 kg/cm^2$ 정도이다.
② 전송거리는 $100 \sim 150m$ 정도이다.
③ 전송지연이 작고 조작력이 크다.
④ 조작속도와 응답속도가 빠르다.

> **유압식 신호전송의 특징**
> ① 전송거리는 최대 300m까지 가능하다.
> ② 장치가 견고하다.
> ③ 전송지연이 작고 조작력이 크다.
> ④ 유압원이 필요하다.

92 그림과 같이 원유 탱크에 원유가 채워져 있고, 원유 위의 가스 압력을 측정하기 위하여 수은 마노미터를 연결하였다. 주어진 조건 하에서 Pg의 압력(절대압)은? (단, 수은, 원유의 밀도는 각각 $13.6g/cm^3$, $0.86g/cm^3$, 중력가속도는 $9.8m/s^2$이다.)

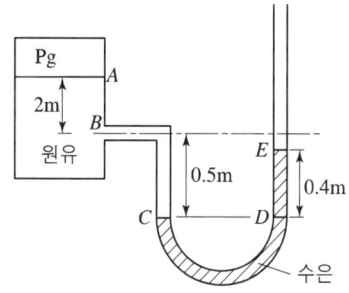

① 69.1kPa   ② 101.3kPa
③ 133.5kPa   ④ 175.8kPa

> **절대압력**
> ① $P_g + \gamma_1 h_1 = \gamma_2 h_2 + P_0$
> ② $P_g + (0.86 \times 10^3) \times 2.5$
> $\quad = (13.6 \times 10^3) \times 0.4 + (1.0332 \times 10^4)$
> ③ $P_g = 13622 [kg_f/m^2] \times 9.8 \times 10$
> $\quad = 133495 [Pa] \times 10^{-3}$
> $\quad = 133.495 [kPa]$
> ④ 절대압력 = 대기압 + 게이지 압력

93 기체 크로마토그래피의 열린관 칼럼 중 유연성이 있고, 화학적 비활성이 우수하여 널리

사용되고 있는 것은?

① 충전 칼럼
② 지지체도포 열린관 칼럼(SCOT)
③ 벽도포 열린관 칼럼(WCOT)
④ 용융실리카도포 열린관 칼럼(FSWC)

> 유연성이 상당히 높다.

94 계측기의 선정 시 고려사항으로 가장 거리가 먼 것은?

① 정확도와 정밀도 ② 감도
③ 견고성 및 내구성 ④ 지시방식

> **계측기기 구비 조건**
> ① 외관이 견고하고 지시량의 신뢰도가 높을 것.
> ② 연속적인 측정이 가능하고 원격지시를 할 수 있을 것.

95 물리량은 몇 개의 독립된 기본단위(기본량)의 나누기와 곱하기의 형태로 표시할 수 있다. 이를 각각 길이[L], 질량[M], 시간[T]의 관계로 표시할 때 다음의 관계가 맞는 것은?

① 압력 : $[ML^{-1}T^{-2}]$
② 에너지 : $[ML^2T^{-1}]$
③ 동력 : $[ML^2T^{-2}]$
④ 밀도 : $[ML^{-2}]$

> **차원과 단위**
>
> | | LMT | LFT | MKS 단위 |
> |---|---|---|---|
> | 압력, 전단력 | $ML^{-1}T^{-2}$ | FL^{-2} | kg_f/m^2 |
> | 에너지, 일 | ML^2T^{-2} | FL | kg_f/m |
> | 동력 | ML^2T^{-3} | FLT^{-1} | $kg \cdot m/s$ |
> | 밀도 | $L^{-3}M$ | $FL^{-4}T^2$ | $kg_f \cdot s^2/m^4$ |

96 깊이 3m의 탱크에 사염화탄소가 가득 채워져 있다. 밑바닥에서 받는 압력은 약 몇 kgf/m^2인가? (단, CCl_4의 비중은 20℃일 때

1.59, 물의 비중량은 998.2kgf/m³[20℃]이고, 탱크 상부는 대기압과 같은 압력을 받는다.)

① 15093 ② 14761
③ 10806 ④ 5521

 압력
① $P = \gamma h = 998.2 \times 1.59 \times 3$
$= 4761 [kgf/m^2]$
② 절대압력 = 대기압 + 게이지 압력
절대압력 = 10332 + 4761 = 15093

97 스프링식 저울로 무게를 측정할 경우 다음 중 어떤 방법에 속하는가?

① 치환법 ② 보상법
③ 영위법 ④ 편위법

 편위법
① 중량을 작용하면 스프링에 변위가 생기고 치침에 전위가 발생되어 무게가 지시된다.
② 신속하게 측정할 수 있으며 가장 많이 사용한다.
③ 측정 감도가 떨어진다.
④ 전압계, 전류계, 부르동관 압력계

 영위법
① 추를 서로 비교하여 지침이 0을 지시하도록 추의 무게를 조정하여 물체의 무게를 구한다.
② 예로 휘트스톤 브리지, 전위차계가 있다.

98 반도체식 가스누출 검지기의 특징에 대한 설명을 옳은 것은?

① 안정성은 떨어지지만 수명이 길다.
② 가연성 가스 이외의 가스는 검지할 수 없다.
③ 소형·경량화가 가능하며 응답속도가 빠르다.
④ 미량가스에 대한 출력이 낮으므로 감도는 좋지 않다.

 반도체식 가스누출 검지기
① 가스의 변화에 안정적이다.
② 대출력이 발생한다.
③ 오랫동안 안전성이 뛰어나다.
④ 반도체 소자의 출력은 가스농도에 의하여 얻어지므로 증폭하지 않아도 소형 부저 등이 울린다.
⑤ 미량 가스에 대한 출력이 작으므로 고감도 검지할 수 있다.
⑥ 수명이 길다.
⑦ 독성가스, 가연성 가스도 검지할 수 있다.

99 막식 가스미터의 부동현상에 대한 설명으로 가장 옳은 것은?

① 가스가 미터를 통과하지만 지침이 움직이지 않는 고장
② 가스가 미터를 통과하지 못하는 고장
③ 가스가 누출되고 있는 고장
④ 가스가 통과될 때 미터가 이상음을 내는 고장

 막식 가스미터의 고장
① 부동 : 가스는 가스미터를 통과하지만 가스미터의 지침이 작동하지 않는 고장이다.
② 발생 원인 : 계량막의 파손
  ㉠ 밸브의 탈락
  ㉡ 밸브와 밸브시트 사이의 누설
  ㉢ 지시장치의 기어의 불량
③ 고장의 종류 : 부동, 불통, 누설, 기차 불량, 감도 불량, 이물질로 인한 불량

100 대기압이 750mmHg일 때 탱크 내의 기체압력이 게이지 압력으로 1.96kg/cm²이었다. 탱크 내 이 기체의 절대압력은 약 얼마인가?

① 1kg/cm² ② 2kg/cm²
③ 3kg/cm² ④ 4kg/cm²

 절대압력
① 절대압력 = 대기압 + 게이지 압력
$= \dfrac{750\,mmHg}{760\,mmHg} \times 1.0332 kgf/cm^2 + 1.96$
$= 2.9760$
② 1atm = 760mmHg = 1.0332kgf/cm²

2024년도 출제문제
2024년 5월 CBT 시행

제1과목 가스유체역학

01 그림과 같이 U자관에 세 액체가 평형상태에 있다. $a=30cm$, $b=15cm$, $c=40cm$일 때, 비중 S는 얼마인가?

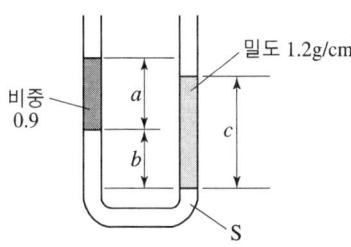

① 1.0 ② 1.2
③ 1.4 ④ 1.6

$P_s = \gamma_c C - \gamma_a a$
$\gamma_b b = \gamma_c C - \gamma_a a$
$S = \dfrac{S_c c - S_a a}{b} = \dfrac{(1.2 \times 40 - 0.9 \times 30)}{15}$
$= 1.4$

02 일반적으로 다음 장치에 발생하는 압력차가 작은 것부터 큰 순서대로 옳게 나열한 것은?

① 송풍기 < 팬 < 압축기
② 압축기 < 팬 < 송풍기
③ 팬 < 송풍기 < 압축기
④ 송풍기 < 압축기 < 팬

① 송풍기 : 0.1 이상 ~ 1kg/cm² 미만
② 압축기 : 1kg/cm² 이상
③ 팬 : 0.1 미만

03 25℃에서 비열비가 1.4인 공기가 이상기체라면, 이 공기의 실제속도가 458m/s일 때 마하수는 얼마인가? (단, 공기의 평균분자량은 29로 한다.)

① 1.25 ② 1.32
③ 1.42 ④ 1.49

Mach No.(마하수)
$M_a = \dfrac{V}{C}$
(여기서, V : 물체 속도, C : 물체의 음속)
※ 공기의 경우
⇒ $C = 331.6 + 0.6t$
$= 331.6 + 0.6 \times 25 = 346.6 [m/sec]$
⇒ $M_a = \dfrac{458}{346.6} = 1.32$

04 다음 중 등엔트로피 과정은?

① 가역 단열 과정
② 비가역 등온 과정
③ 수축과 확대 과정
④ 마찰이 있는 가역적 과정

등엔트로피 과정은 가상적인 이상과정으로 열량 전부가 손실 없이 온도 증가로 이어진 가역 단열 과정이다.

05 비열비가 1.2이고 기체상수가 200J/kg·K 인 기체에서의 음속이 400m/s이다. 이 때 기체의 온도는 약 얼마인가?

① 253℃ ② 394℃
③ 520℃ ④ 667℃

$c = \sqrt{kRT}$
$T = \dfrac{c^2}{kR} = \dfrac{400^2}{1.2 \times 200} = 666.666 - 273$
$= 393.66$
$T = 273 + ℃$

06 개방된 탱크에 물이 채워져 있다. 수면에서 2m 깊이의 지점에서 받는 절대압력은 몇 kgf/cm^2인가?

① 0.03 ② 1.033
③ 1.23 ④ 1.92

해설 $P_{abs} = P_{atm} + P_G$
$= 1.033 + 0.2$
$= 1.233 \, kgf/cm^2$

07 유체에 잠겨 있는 곡면에 작용하는 전압력의 수평분력에 대한 설명으로 다음 중 가장 올바른 것은?

① 전압력의 수평성분 방향에 수직인 연직면에 투영한 투영면의 압력중심의 압력과 투영면을 곱한 값과 같다.
② 전압력의 수평성분 방향에 수직인 연직면에 투영한 투영면의 도심의 압력과 곡면의 면적을 곱한 값과 같다.
③ 수평면에 투영한 투영면에 작용하는 전압력과 같다.
④ 전압력의 수평성분 방향에 수직인 연직면에 투영한 투영면의 도심의 압력과 투영면의 면적을 곱한 값과 같다.

해설 **수평분력** : 곡면의 수직투영면에 작용하는 힘과 같다.

08 공기 압축기의 입구 온도는 21℃이며 대기압 상태에서 공기를 흡입하고, 절대압력 359 kPa, 38.6℃로 압축하여 송출구로 평균속도 30m/s, 질량유량 10kg/s로 배출한다. 압축기에 가해진 압력 동력이 450kW이고, 입구 측의 흡입속도를 무시하면 압축기에서의 열전달량은 몇 kW인가? (단, 정압비열 C_p = 1000J이다.) kg·K

① 270kW로 열이 압축기로부터 방출된다.
② 450kW로 열이 압축기로부터 방출된다.
③ 270kW로 열이 압축기로부터 흡수된다.
④ 450kW로 열이 압축기로부터 흡수된다.

해설 **압축기의 열전달량**
① $Q = m C_P \Delta t = m C_P (t_2 - t_1)$
② $Q = 10 \times 1000 \times (273 + 38.6)$
$- (273 + 21)$
$= 176000 [J/s] = 176 [kW]$
③ 열전달량 = $450 - 176 = 276 [kW]$

09 다음 중 옳은 설명을 모두 나타낸 것은?

보기
㉮ 정상류는 모든 점에서의 흐름 특성이 시간에 따라 변하지 않는 흐름이다.
㉯ 유맥선은 한 개의 유체입자에 대한 순간궤적이다.

① ㉮ ② ㉯
③ ㉮, ㉯ ④ 모두 틀림

해설 유맥선은 한 점을 지나는 모든 유체입자에 대한 순간궤적이다.

10 아음속 등엔트로피 흐름의 축소-확대 노즐에서 확대되는 부분에서의 변화로 옳은 것은?

① 속도는 증가하고, 밀도는 감소한다.
② 압력 및 밀도는 감소한다.
③ 속도 및 밀도는 증가한다.
④ 압력은 증가하고, 속도는 감소한다.

해설 **아음속 등엔트로피 흐름**($M_a < 1$)
$dA < 0 \Rightarrow dV > 0$
$dA > 0 \Rightarrow dV < 0$

11 점성계수의 차원을 질량(M), 길이(L), 시간(T)으로 나타내면?

① $ML^{-1}T^{-1}$
② $ML^{-2}T$
③ $ML^{-1}T^2$

④ ML^{-2}

$$\tau = \mu \frac{du}{dy} \Rightarrow \mu = \tau \frac{dy}{du}$$
$$\mu : \left[\frac{F}{L^2} \frac{L}{LT^{-1}}\right] = [ML^{-1}T^{-1}]$$

12 초음속 흐름인 확대관에서 감소하지 않는 것은? (단, 등엔트로피 과정이다.)
① 압력 ② 온도
③ 속도 ④ 밀도

 초음속 등엔트로피 흐름($M_a > 1$)
$dA < 0 \Rightarrow dV < 0$
$dA > 0 \Rightarrow dV > 0$

13 질량 보존의 법칙을 유체 유동에 적용한 방정식은?
① 오일러 방정식 ② 달시 방정식
③ 운동량 방정식 ④ 연속 방정식

 연속 방정식
① 연속 방정식은 배관 내부에 대해 질량 보존의 법칙을 적용함으로써 정상유동을 나타낸다.
② 유체가 정상류이면 단위 시간당 같은 양이 들어가고 나간다.

14 관로의 유동에서 각각의 경우에 대한 손실수두를 나타낸 것이다. 이 중 틀린 것은? (단, f : 마찰계수, d : 관의 지름, $\frac{V^2}{2g}$: 속도수두, R_h : 수력반지름, k : 손실계수, L : 관의 길이, A : 관의 단면적, C_C : 단면적 축소계수이다.)

① 원형관 속의 손실수두 :
$$h_L = \frac{\Delta P}{\gamma} = f \frac{L}{D} \frac{V^2}{2g}$$

② 비원형관 속의 손실수두 :
$$h_L = f \frac{4R_h}{L} \frac{V^2}{2g}$$

③ 돌연 확대관 손실수두 :
$$h_L = \left(1 - \frac{A_1}{A_2}\right)^2 \frac{V_2^2}{2g}$$

④ 돌연 축소관 손실수두 :
$$h_L = \left(\frac{1}{C_C} - 1\right)^2 \frac{V_2^2}{2g}$$

 비원형관 속의 손실수두
$$h_L = f \frac{L}{4R_h} \frac{V^2}{2g}$$
(Darcy-Weisbach 방정식)

15 압축성 유체의 1차원 유동에서 수직충격파 구간을 지나는 기체의 성질의 변화로 옳은 것은?
① 속도, 압력, 밀도가 증가한다.
② 속도, 온도, 밀도가 증가한다.
③ 압력, 밀도, 온도가 증가한다.
④ 압력, 밀도, 단위시간당 운동량이 증가한다.

 수직 충격파
속도는 급격히 감소하지만 압력, 밀도, 온도는 급격히 증가한다.

16 원심펌프의 공동현상 발생의 원인으로 다음 중 가장 거리가 먼 것은?
① 과속으로 유량이 증대될 때
② 관로 내의 온도가 상승할 때
③ 흡입양정이 길 때
④ 흡입의 마찰저항이 감소할 때

흡입의 마찰저항이 <u>증가</u>할 때

17 층류와 난류에 대한 설명으로 틀린 것은?

① 층류는 유체입자가 층을 형성하여 질서정 연하게 흐른다.
② 곧은 원관 속의 흐름이 층류일 때 전단응력은 원관의 중심에서 0이 된다.
③ 난류유동에서의 전단응력은 일반적으로 층류유동보다 작다.
④ 난류운동에서 마찰저항의 특징은 점성계수의 영향을 받는다.

 층류와 난류
① 전단응력은 난류유동이 층류 유동보다 크다.
② 층류 : 포물선형 유속구배이다.
③ 난류 : 전단응력이 커서 포물선 유속구배를 만들지 못한다.

18 관에서의 마찰계수 f 에 대한 일반적인 설명으로 옳은 것은?
① 레이놀즈수와 상대조도의 함수이다.
② 마하수의 함수이다.
③ 점성력과는 관계가 없다.
④ 관성력만의 함수이다.

 상대조도 거칠기를 안지름으로 나눈 값이다.

19 다음 중 유적선(path line)을 가장 옳게 설명한 것은?
① 곡선의 접선방향과 그 점의 속도 방향이 일치하는 선
② 속도 벡터의 방향을 갖는 연속적인 가상의 선
③ 유체입자가 주어진 시간 동안 통과한 경로
④ 모든 유체입자의 순간적인 궤적

 유선 : 속도 벡터의 방향을 갖는 연속적인 가상의 선
유맥선 : 모든 유체입자의 순간적인 궤적

20 펌프의 흡입압력이 유체의 증기압보다 낮을 때 유체 내부에서 기포가 발생하는 현상을 무엇이라고 하는가?
① 캐비테이션 ② 수격현상
③ 서징현상   ④ 에어 바인딩

 캐비테이션(cavitation)
흡입관에서 액이 기화되는 현상이다.

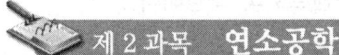 제 2 과목 연소공학

21 프로판과 부탄의 체적비가 40 : 60인 혼합가스 $10m^3$를 완전연소하는 데 필요한 이론 공기량은 몇 m^3인가? (단, 공기의 체적비는 산소 : 질소＝21 : 79이다.)
① 95.2   ② 181.0
③ 205.6 ④ 281

 ① 프로판의 연소 반응식
$C_3H_8 + 5O_2 \rightarrow 3CO_2 + 4H_2O$
② 부탄의 연소 반응식
$C_4H_{10} + 6.5O_2 \rightarrow 4CO_2 + 5H_2O$
$A_O = \dfrac{O_O}{0.21} = \dfrac{5 \times 0.4 + 6.5 \times 0.6}{0.21} \times 10$
$= 280.95 [m^3]$

22 2.5kg의 이상기체를 0.15MPa, 15℃에서 체적이 $0.2m^3$가 될 때까지 등온 압축할 때 압축 후의 압력은 약 몇 MPa인가? (단, 이상기체의 C_p＝0.8kJ/kg · K, C_v＝0.5kJ/kg · K 이다.)
① 0.98   ② 1.09
③ 1.23   ④ 1.37

 ① $R = C_P - C_V = 0.8 - 0.5$
$= 0.3 [kJ/kg \cdot K]$
② $PV = GRT$
P : 압력[kPa], V : 체적[m^3],
G : 질량 [kg], T : 절대온도[K],
R : 기체상수

③ $PV = GRT$
$V = \dfrac{GRT}{P} = \dfrac{2.5 \times 0.3 \times (273+15)}{0.15 \times 10^3}$
$= 1.44 [\text{m}^3]$
④ $PV = P_1 V_1$
$0.15 \times 1.44 = P_1 \times 0.2$
$P_1 = 1.08$

23 C(s)가 완전연소하여 CO_2(g)가 될 때의 연소열[MJ/kmol]은 얼마인가?

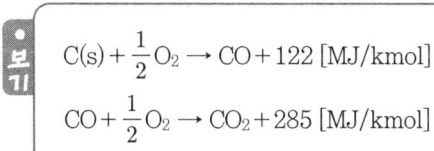

① 407　　　② 330
③ 223　　　④ 141

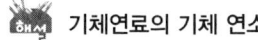 $C + O_2 \rightarrow CO_2 + (122 + 285) \text{MJ/kmol}$

24 기체연료의 연소 형태에 해당하는 것은?
① 확산연소, 증발연소
② 예혼합연소, 증발연소
③ 예혼합연소, 확산연소
④ 예혼합연소, 분해연소

　　기체연료의 기체 연소
　　① 예혼합연소(혼합연소, premixed burning) :
　　　가연성 기체와 산소가 미리 혼합된 상태
　　　에서 진행되는 연소로 반응이 매우 빠르
　　　고 화염의 전파속도가 빠르며 고온이다.
　　② 확산연소(비혼합연소, diffusive burning) :
　　　가연성 기체와 산소가 확산에 의해 혼합
　　　되어 연소가 일어나는 현상이다.

25 액체연료가 증발하여 증기를 형성한 후 증기와 공기가 혼합하여 연소하는 과정에 대한 설명으로 옳은 것은?
① 주로 공업적으로 연소시킬 때 이용된다.

② 이 전체과정을 확산(diffusion)연소라 한다.
③ 예혼합기연소에 비해 반응대가 넓고, 탄화수소연료에서는 soot를 생성한다.
④ 이 과정에서 연료의 증발속도가 연소의 속도보다 빠른 경우 불완전연소가 된다.

26 가스폭발 원인으로 작용하는 점화원이 아닌 것은?
① 정전기 불꽃　　② 압축열
③ 기화열　　　　④ 마찰열

　　 점화원
　　마찰열, 마찰 스파크, 단열압축, 정전기 불꽃

27 소화안전장치(화염감시장치)의 종류가 아닌 것은?
① 열전대식　　　② 플레임 로드식
③ 자외선 광전관식　④ 방사선식

　　 소화안전장치(화염감시장치)의 종류
　　① 열전대식(thermocouple)
　　② 플레임 로드식(flame rod)
　　③ 자외선 광전관식(flame eye)

28 오토 사이클(otto cycle)의 선도에서 정적가열 과정은?

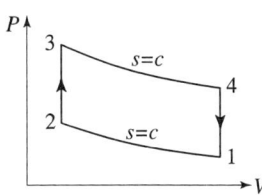

① 1→2　　　② 2→3
③ 3→4　　　④ 4→1

　　 오토 사이클(otto cycle)의 선도
　　① 1→2 : 단열압축
　　② 2→3 : 정적가열
　　③ 3→4 : 단열팽창
　　④ 4→1 : 정적방열

29 불완전연소의 원인으로 틀린 것은?
① 배기가스의 배출이 불량할 때
② 공기와의 접촉 및 혼합이 불충분할 때
③ 과대한 가스량 혹은 필요량의 공기가 없을 때
④ 불꽃이 고온 물체에 접촉되어 온도가 올라갈 때

 완전연소의 3요소
① 충분한 시간
② 높은 온도
③ 산소 공급이 충분할 것.

30 착화온도가 낮아지는 조건으로 틀린 것은?
① 산소농도가 클수록
② 발열량이 높을수록
③ 반응활성도가 클수록
④ 분자구조가 간단할수록

 착화점이 낮아지는 조건
① 압력이 높을 때
② 발열량이 클 때
③ 산소화 친화력이 좋을 때
④ 분자구조가 복잡할수록 착화점은 낮아진다.

31 다음 중 열역학 제0법칙에 대하여 설명한 것은?
① 저온체에서 고온체로 아무 일도 없이 열을 전달할 수 없다.
② 절대온도 0에서 모든 완전 결정체의 절대 엔트로피의 값은 0이다.
③ 기계가 일을 하기 위해서는 반드시 다른 에너지를 소비해야 하고 어떤 에너지도 소비하지 않고 계속 일을 하는 기계는 존재하지 않는다.
④ 온도가 서로 다른 물체를 접촉시키면 높은 온도를 지닌 물체의 온도는 내려가고, 낮은 온도를 지닌 물체의 온도는 올라가서 두 물체의 온도 차이는 없어진다.

 열역학 법칙
① 열역학 제1법칙 : 에너지 보존의 법칙 에너지의 한 형태의 열과 일은 서로 같고 열은 일과 열로 서로 전환이 가능하다.
② 열역학 제2법칙 : 에너지 방향성의 법칙 열은 스스로 다른 물체에 아무런 변화도 주지 않고 저온 물체에서 고온 물체로 이동하지 않는다.
③ 열역학 제3법칙 : 어떠한 방법이라도 어떤 계를 절대온도 0도에 이르게 할 수 없다.
④ 열역학 제0법칙 : 열평형의 법칙 온도가 높은 물질과 낮은 물질인 서로 다른 물체를 접촉시키면 열의 흡수량과 발열량이 같게 되어 온도차가 없어지면 온도가 같게 되어 평형을 이룬다.

32 압력을 고압으로 할수록 공기 중에서의 폭발 범위가 좁아지는 가스는?
① 일산화탄소 ② 메탄
③ 에틸렌 ④ 프로판

 연소범위(폭발범위)
① 가스압력이 높아지면 일반적으로 하한계 값은 거의 변하지 않으며 상한계 값이 넓어지므로, 즉 고온, 고압이면 연소범위는 넓어진다.
② 압력이 높아지면 일산화탄소는 연소범위가 좁아진다.
③ 수소는 10atm까지는 좁아지며 그 이상의 압력에서 연소범위가 넓어진다.

33 저발열량이 41860kJ/kg인 연료를 3kg 연소시켰을 때 연소가스의 열용량이 62.8kJ/℃였다면 이때의 이론연소온도는 약 몇 ℃인가?
① 1,000℃ ② 2,000℃
③ 3,000℃ ④ 4,000℃

 이론연소온도
① 이론연소온도
$= \dfrac{저위발열량 \times 연료소비량}{열용량}$

③ $PV = GRT$

$V = \dfrac{GRT}{P} = \dfrac{2.5 \times 0.3 \times (273+15)}{0.15 \times 10^3}$
$= 1.44 [\text{m}^3]$

④ $PV = P_1 V_1$
$0.15 \times 1.44 = P_1 \times 0.2$
$P_1 = 1.08$

23 C(s)가 완전연소하여 CO_2(g)가 될 때의 연소열[MJ/kmol]은 얼마인가?

보기
$C(s) + \dfrac{1}{2}O_2 \rightarrow CO + 122 \,[\text{MJ/kmol}]$
$CO + \dfrac{1}{2}O_2 \rightarrow CO_2 + 285 \,[\text{MJ/kmol}]$

① 407 ② 330
③ 223 ④ 141

 $C + O_2 \rightarrow CO_2 + (122 + 285) \text{MJ/kmol}$

24 기체연료의 연소 형태에 해당하는 것은?

① 확산연소, 증발연소
② 예혼합연소, 증발연소
③ 예혼합연소, 확산연소
④ 예혼합연소, 분해연소

 기체연료의 기체 연소
① 예혼합연소(혼합연소, premixed burning) : 가연성 기체와 산소가 미리 혼합된 상태에서 진행되는 연소로 반응이 매우 빠르고 화염의 전파속도가 빠르며 고온이다.
② 확산연소(비혼합연소, diffusive burning) : 가연성 기체와 산소가 확산에 의해 혼합되어 연소가 일어나는 현상이다.

25 액체연료가 증발하여 증기를 형성한 후 증기와 공기가 혼합하여 연소하는 과정에 대한 설명으로 옳은 것은?

① 주로 공업적으로 연소시킬 때 이용된다.
② 이 전체과정을 확산(diffusion)연소라 한다.
③ 예혼합기연소에 비해 반응대가 넓고, 탄화수소연료에서는 soot를 생성한다.
④ 이 과정에서 연료의 증발속도가 연소의 속도보다 빠른 경우 불완전연소가 된다.

26 가스폭발 원인으로 작용하는 점화원이 아닌 것은?

① 정전기 불꽃 ② 압축열
③ 기화열 ④ 마찰열

 점화원
마찰열, 마찰 스파크, 단열압축, 정전기 불꽃

27 소화안전장치(화염감시장치)의 종류가 아닌 것은?

① 열전대식 ② 플레임 로드식
③ 자외선 광전관식 ④ 방사선식

소화안전장치(화염감시장치)의 종류
① 열전대식(thermocouple)
② 플레임 로드식(flame rod)
③ 자외선 광전관식(flame eye)

28 오토 사이클(otto cycle)의 선도에서 정적가열 과정은?

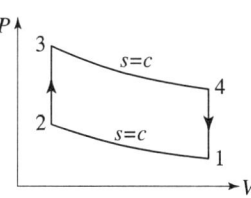

① 1→2 ② 2→3
③ 3→4 ④ 4→1

 오토 사이클(otto cycle)의 선도
① 1→2 : 단열압축
② 2→3 : 정적가열
③ 3→4 : 단열팽창
④ 4→1 : 정적방열

29 불완전연소의 원인으로 틀린 것은?
① 배기가스의 배출이 불량할 때
② 공기와의 접촉 및 혼합이 불충분할 때
③ 과대한 가스량 혹은 필요량의 공기가 없을 때
④ 불꽃이 고온 물체에 접촉되어 온도가 올라갈 때

 완전연소의 3요소
① 충분한 시간
② 높은 온도
③ 산소 공급이 충분할 것.

30 착화온도가 낮아지는 조건으로 틀린 것은?
① 산소농도가 클수록
② 발열량이 높을수록
③ 반응활성도가 클수록
④ 분자구조가 간단할수록

 착화점이 낮아지는 조건
① 압력이 높을 때
② 발열량이 클 때
③ 산소화 친화력이 좋을 때
④ 분자구조가 복잡할수록 착화점은 낮아진다.

31 다음 중 열역학 제0법칙에 대하여 설명한 것은?
① 저온체에서 고온체로 아무 일도 없이 열을 전달할 수 없다.
② 절대온도 0에서 모든 완전 결정체의 절대 엔트로피의 값은 0이다.
③ 기계가 일을 하기 위해서는 반드시 다른 에너지를 소비해야 하고 어떤 에너지도 소비하지 않고 계속 일을 하는 기계는 존재하지 않는다.
④ 온도가 서로 다른 물체를 접촉시키면 높은 온도를 지닌 물체의 온도는 내려가고, 낮은 온도를 지닌 물체의 온도는 올라가서 두 물체의 온도 차이는 없어진다.

 열역학 법칙
① 열역학 제1법칙 : 에너지 보존의 법칙
에너지의 한 형태의 열과 일은 서로 같고 열은 일과 열로 서로 전환이 가능하다.
② 열역학 제2법칙 : 에너지 방향성의 법칙
열은 스스로 다른 물체에 아무런 변화도 주지 않고 저온 물체에서 고온 물체로 이동하지 않는다.
③ 열역학 제3법칙 : 어떠한 방법이라도 어떤 계를 절대온도 0도에 이르게 할 수 없다.
④ 열역학 제0법칙 : 열평형의 법칙
온도가 높은 물질과 낮은 물질인 서로 다른 물체를 접촉시키면 열의 흡수량과 발열량이 같게 되어 온도차가 없어지면 온도가 같게 되어 평형을 이룬다.

32 압력을 고압으로 할수록 공기 중에서의 폭발범위가 좁아지는 가스는?
① 일산화탄소   ② 메탄
③ 에틸렌   ④ 프로판

 연소범위(폭발범위)
① 가스압력이 높아지면 일반적으로 하한계 값은 거의 변하지 않으며 상한계 값이 넓어지므로, 즉 고온, 고압이면 연소범위는 넓어진다.
② 압력이 높아지면 일산화탄소는 연소범위가 좁아진다.
③ 수소는 10atm까지는 좁아지며 그 이상의 압력에서 연소범위가 넓어진다.

33 저발열량이 41860kJ/kg인 연료를 3kg 연소시켰을 때 연소가스의 열용량이 62.8kJ/℃였다면 이때의 이론연소온도는 약 몇 ℃인가?
① 1,000℃   ② 2,000℃
③ 3,000℃   ④ 4,000℃

 이론연소온도
① 이론연소온도
$= \dfrac{\text{저위발열량} \times \text{연료소비량}}{\text{열용량}}$

② $\dfrac{41860[\text{kJ/kg}] \times 3[\text{kg}]}{62.8[\text{kJ/℃}]}$
  $= 1999.681[℃]$

34 가연성 기체의 연소에 대한 설명으로 가장 옳은 것은?

① 가연성 가스는 CO_2와 혼합하면 연소가 잘 된다.
② 가연성 가스는 혼합한 공기가 적을수록 연소가 잘 된다.
③ 가연성 가스는 어떤 비율로 공기와 혼합해도 연소가 잘 된다.
④ 가연성 가스는 혼합한 공기와의 비율이 연소범위일 때 연소가 잘 된다.

연소범위
① 온도, 압력이 높아지면 연소범위는 넓어진다.
② 혼합한 가스에 산소를 첨가하면 연소범위는 넓어진다.

참고 CO_2(이산화탄소) : 불연성 가스이다.

35 고발열량(高發熱量) 저발열량(低發熱量)의 값이 가장 가까운 연료는?

① LPG　　② 가솔린
③ 목탄　　④ 유연탄

저위발열량
① 고위발열량 = 저위발열량 + 수증기 증발잠열
② 목탄은 1차적으로 건류한 것으로 고위발열량과 저위발열량이 거의 같다.

36 화격자 연소의 화염이동 속도에 대한 설명으로 옳은 것은?

① 발열량이 낮을수록 커진다.
② 석탄화도가 낮을수록 커진다.
③ 입자의 직경이 클수록 커진다.
④ 1차 공기온도가 낮을수록 커진다.

화염이동 속도
① 발열량이 클수록 빠르다.
② 석탄화도(탄화도)가 낮을수록 빠르다.
③ 입자의 직경이 낮을수록 빠르다.
④ 1차 공기온도가 높을수록 빠르다.

탄화도가 클수록
① 연소속도가 느리다.
② 수분, 휘발분이 감소한다.
③ 탄소성분이 많고 발열량이 크다.

37 실제 가스의 엔탈피에 대한 설명으로 틀린 것은?

① 엔트로피만의 함수이다.
② 온도와 비체적의 함수이다.
③ 압력과 비체적의 함수이다.
④ 온도, 질량, 압력의 함수이다.

실제 가스이므로 압력, 온도, 비체적이 모두 고려되어야 한다.

38 다음 중 역화의 가능성이 가장 큰 연소 방식은?

① 전1차식　　② 분젠식
③ 세미분젠식　　④ 적화식

전1차식
완전연소에 필요한 모든 공기를 1차 공기로 흡인, 연소시키는 것으로 모든 공기를 1차 공기로 하기 때문에 역화가 발생하기 쉽다.

39 다음 중 화학적 폭발과 가장 거리가 먼 것은?

① 분해　　② 연소
③ 파열　　④ 산화

화학적 폭발의 분류
① 산화폭발　② 분해폭발
③ 중합폭발　④ 촉매폭발

40 내압방폭구조의 폭발등급 분류 중 가연성 가스의 폭발 등급 A에 해당하는 최대안전 틈새

의 범위[mm]는?

① 0.9 이하 ② 0.5 초과 0.9 미만
③ 0.5 이하 ④ 0.9 이상

 〈표 1〉 내압방폭구조의 폭발등급 분류

최대안전틈새 범위 [mm]	0.9 이상	0.5 초과 0.9 미만	0.5 이하
가연성 가스의 폭발등급	A	B	C
방폭전기기기의 폭발등급	IIA	IIB	IIC

[비고] 최대안전틈새는 내용적이 8리터이고 틈새깊이가 25mm인 표준용기 내에서 가스가 폭발할 때 발생한 화염이 용기 밖으로 전파하여 가연성 가스에 점화되지 아니하는 최대값

〈표 2〉 본질안전방폭구조의 폭발등급 분류

최대안전틈새 범위 [mm]	0.8 초과	0.45 이상 0.8 이하	0.45 미만
가연성 가스의 폭발등급	A	B	C
방폭전기기기의 폭발등급	IIA	IIB	IIC

[비고] 최소점화전류비는 메탄가스의 최소점화전류를 기준으로 나타낸다.

제3과목 가스설비

41 액화 사이클의 종류가 아닌 것은?

① 클라우드식 사이클
② 린데식 사이클
③ 필립스식 사이클
④ 핸리식 사이클

 액화 사이클의 종류
① 가역 가스 액화 사이클
② 린데의 공기 액화 사이클
③ 클라우드의 공기 액화 사이클
④ 카피차(Kapitza)의 공기 액화 사이클
⑤ 필립스의 공기 액화 사이클
⑥ 캐스케이드 액화 사이클(다원 액화 사이클)

42 압축기와 적합한 윤활유 종류가 잘못 짝지어 진 것은?

① 산소가스 압축기 : 유지류
② 수소가스 압축기 : 순광물유
③ 메틸클로라이드 압축기 : 화이트유
④ 이산화황가스 압축기 : 정제된 용제 터빈유

 압축기의 내부 윤활유
① 산소가스 압축기 : 물 또는 묽은 글리세린 수(10%)
② 염소가스 압축기 : 진환 황산
③ 아세틸렌 가스 압축기 : 양질의 광유
④ LP가스 압축기 : 식물성유

43 다음 그림은 어떤 종류의 압축기인가?

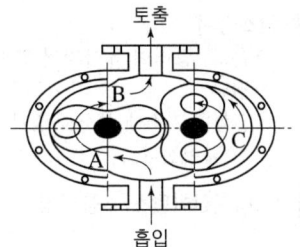

① 가동날개식 ② 루트식
③ 플런저식   ④ 나사식

 로터리 압축기(rotary compressor)
① 루트식 압축기(roots compressor) 케이싱 내에 2개의 기어가 90도 위상으로 상호 역방향으로 회전하면서 기체를 흡입 송출한다.
② 스크루 압축기(screw compressor)
③ 가동익형 압축기(sliding vane compressor)
④ 스크롤 압축기(scroll compressor)

44 가스미터의 설치 시 주의사항으로 틀린 것은?

① 전기개폐기 및 전기계량기로부터 60cm 이격시켜 설치
② 절연조치를 하지 아니한 전선으로부터 가스미터까지 15cm 이상 이격시켜 설치

③ 가스계량기의 설치높이는 1.6~2m 이내에 수평, 수직으로 설치
④ 당해 시설에 사용하는 자체 화기와 2m 이상 떨어지고 화기에 대해 차열판을 설치

해설 가스미터 설치
① 가스미터는 바닥에서 1.6m 이상 2m 이하에 설치함을 원칙으로 하며, 환기가 양호하고 검사, 검침, 교체 및 유지관리가 용이한 곳에 설치하되 벽에 견고하게 밴드 등으로 고정하여야 한다.
② 수평, 수직 및 평형간격 등을 유지토록 시공하여야 한다.
③ 현관문 개폐 시 가스계량기 및 배관 등이 현관문의 충격에 의해 파손되지 않도록 안전 조치를 하여야 한다.
④ 가스미터는 발화원(당해 실내에서 사용하는 자체화기 제외)으로부터 최소한 2m 이상 우회거리를 유지한 곳에 위치하여야 하며, 수시로 환기가 가능한 장소에 설치한다.
⑤ 가스미터를 직사광선 또는 빗물을 받을 우려가 있는 곳에 설치하는 때에는 격납상자 내에 설치하여야 한다.
⑥ 가스미터는 초고온이나 온도변화가 급격한 곳에 위치하여서는 안 되며, 제조업자에 의해 권장된 온도범위를 넘어서는 곳에 위치하여서도 안 된다.

45 다음 중 가스의 호환성을 판정할 때 사용되는 것은?
① Reynolds수   ② Webbe지수
③ Nusselt수   ④ Mach수

해설 가스의 호환성
① 도시가스 사용함에 있어 상호 호환성을 가지고 있어야 하며 ±5% 내에서 허용한다.
② 가스의 호환성은 웨버지수와 연소속도에 의해 판정한다.

46 압력용기에 해당하는 것은?
① 설계압력[MPa]과 내용적[m^3]을 곱한 수치가 0.03인 용기

② 완충기 및 완충장치에 속하는 용기와 자동차 에어백용 가스충전 용기
③ 압력에 관계없이 안지름, 폭, 길이 또는 단면의 지름이 100mm인 용기
④ 펌프, 압축장치 및 축압기의 본체와 그 본체와 분리되지 아니하는 일체형 용기

해설 고압가스안전관리법의 압력용기
(KGS Code AC111)
① 압력용기란 : 35℃에서의 압력 또는 설계압력이 그 내용물이 액화가스인 경우는 0.2Mpa 이상, 압축가스인 경우는 1Mpa 이상인 용기를 말한다.
② 압력용기 제외(다음 각 호에 열거한 용기는 압력용기로 적용하지 아니한다.)
　㉠ 고압가스안전관리법 시행규칙 별표 10 용기의 제조기술기준 및 검사기준의 적용을 받는 용기
　㉡ 설계압력[MPa]과 내용적[m^3]을 곱한 수치가 0.004 이하인 용기
　㉢ 펌프, 압축장치(냉동용 압축기를 제외한다) 및 축압기(accumulator) : (축압용기 안에 액화가스 또는 압축가스와 유체가 격리될 수 있도록 고무 격막 또는 피스톤 등이 설치된 구조로서 상시 가스가 공급되지 아니하는 구조의 것을 말한다)의 본체와 그 본체와 분리되지 아니하는 일체형 용기
　㉣ 완충기 및 완충장치에 속하는 용기와 자동차에어백용 가스충전용기
　㉤ 유량계, 액면계, 그 밖의 계측기기
　㉥ 소음기 및 스트레이너(필터를 포함한다)로서 다음의 조건에 해당되는 것
　　ⓐ 플랜지 부착을 위한 용접부 이외에는 용접이음매가 없는 것
　　ⓑ 용접구조나 동체의 바깥지름(D)이 320mm(호칭지름 12B 상당) 이하이고, 배관접속부 호칭지름(d)과의 비(D/d)가 2.0을 초과하는 것
　㉦ 압력에 관계없이 안지름, 폭, 길이 또는 단면의 지름이 150mm 이하인 용기

47 이론적 압축일량이 큰 순서로 나열된 것은?

① 등온압축 > 단열압축 > 폴리트로픽 압축
② 단열압축 > 폴리트로픽 압축 > 등온압축
③ 폴리트로픽 압축 > 등온압축 > 단열압축
④ 등온압축 > 폴리트로픽 압축 > 단열압축

 가스 압축일량 순서
① 단열압축 > 폴리트로픽 압축 > 등온압축
② 가스 냉매증기를 압축일이 많이 소요되며 또한 온도 상승이 높으며 실제적으로 냉동기 압축방식은 폴리트로픽 압축 방식을 사용한다.

48 고압가스 기화장치의 형식이 아닌 것은?
① 온수식　　② 코일식
③ 단관식　　④ 캐비닛형

 고압가스 기화장치
① 다관식
② 코일식
③ 캐비닛식
④ 전열식 온수형
⑤ 전열식 고체전열형
⑥ 온수식
⑦ 스팀식 직접형
⑧ 스팀식 간접형
⑨ 기화장치란 액화가스를 증기, 온수, 공기 그 밖의 열매체로 가열하여 기화시키는 기화통을 주체로 한 장치이며, 이것에 부속된 기기, 밸브류, 계기류 및 연결관을 포함한 것(기화장치가 캐비닛 등에 격납된 것에 있어서는 캐비닛 등의 외측에 부착된 밸브 또는 플랜지까지)을 말한다.

49 다음의 수치를 이용하여 고압가스용 용접용기의 동판 두께를 계산하면 얼마인가? (단, 아세틸렌용기 및 액화석유가스 용기는 아니며, 부식여유 두께는 고려하지 않는다.)

- 최고충전압력 : 4.5MPa
- 동체의 내경 : 200mm
- 재료의 허용응력 : 200N/mm^2
- 용접효율 : 1.00

① 1.98mm　　② 2.28mm
③ 2.84mm　　④ 3.45mm

 용접용기 동판 두께
① $t = \dfrac{PD}{200S\eta - 1.2P} + C$

t : 두께[mm]
P : 최고충전압력[MPa] (단, 아세틸렌 가스는 최고충전압력 × 1.62)
D : 동체 안지름[mm]
S : 허용응력[N/mm^2] (인장강도 × $\dfrac{1}{4}$)
η : 용접 효율
C : 부식여유 수치[mm]

② $t = \dfrac{PD}{200S\eta - 1.2P}$

　$= \dfrac{4.5 \times 200}{2 \times 200 \times 1.0 - (1.2 \times 4.5)}$

　$= 2.28 \text{mm}$

50 LPG 집단공급시설 및 사용시설에 설치하는 가스누출자동차단기를 설치하지 않아도 되는 것은?
① 동일 건축물 안에 있는 전체 가스 사용시설의 주배관
② 체육관, 수영장, 농수산시장 등 상가와 유사한 가스사용시설
③ 동일 건축물 안으로서 구분 밀폐된 2개 이상의 층에서 가스를 사용하는 경우 층별 주배관
④ 동일 건축물의 동일 층 안에서 2 이상의 자가가스를 사용하는 경우 사용자별 주배관

가스누출자동차단기의 차단부 설치제외 장소
다음의 경우에는 가스누출자동차단기의 설치를 아니할 수 있다.
① 규칙 제50조 별표 18의 단서 규정에 의하여 가스사용시설 중 가스공급이 불시에 자동차단됨으로써 재해 및 손실이 클 우려가 있는 시설과 가스누출경보기로 누출되는 가스를 검지하여 자동으로 가스의 공급을 차단하는 장치 또는 가스누출자동차단기(이하 "가스누출자동차단기 등"이라 한다)를 설치하여도 그 설치목적을 달

성할 수 없는 시설은 규정에 정하는 가스 사용시설로 하되 다음에서 정하는 조치를 하여야 한다.

② 가스의 공급이 자동차단됨으로써 재해 및 손실이 클 우려가 있는 다음의 시설
　㉠ 건조로
　　ⓐ 수분건조로 : 제지, 섬유, 식품, 약품, 주물사(砂) 건조로 등
　　ⓑ 도장건조로 : 도료, 바니스, 인쇄잉크건조로 등
　　ⓒ 가열장치건조로 : 접착제, 합판, 골재 및 수지성형건조로 등
　㉡ 열처리로
　　ⓐ 금속열처리로(爐) : 담금질(quenching 또는 hardening)로, 어닐링(annealing)로, 템퍼링(tampering)로, 노멀라이징(normalizing)로, 균질화(homogenizing)로, 침탄(carbonizing)로, 질화(carbonitriding)로
　　ⓑ 유리, 도자기 열처리로
　　ⓒ 분위기가스발생로
　㉢ 가열로 등
　　ⓐ 금속가열 : 단조, 압연, 균열, 예열, 기타 가열로 등(절단장치 등)
　　ⓑ 유리, 도자기로 및 가열장치 등
　㉣ 용융로
　　ⓐ 금속 용융로
　　ⓑ 유리 용융로
　　ⓒ 기타 용융로
　㉤ 식품가공시설
　㉥ 발전용 시설
　㉦ 섬유모소기, 염색기, 유리섬유 코팅 등 기타 가스사용시설로서 가스의 공급이 자동차단됨으로써 재해 및 손실이 클 우려가 있는 시설

③ 가스누출자동차단기 등을 설치하여도 설치목적을 달성할 수 없는 시설
　㉠ 개방된 공장의 국부난방시설
　㉡ 개방된 작업장에 설치된 용접 또는 절단시설
　㉢ 체육관, 수영장, 농수산시장 등 상가와 유사한 가스사용시설
　㉣ 경기장의 성화대

④ 가스누출자동차단장치의 설치제외 대상에는 다음에서 정하는 조치를 하여야 한다.
　㉠ 가스의 공급을 용이하게 차단시킬 수 있는 장치를 건축물의 외부 또는 건축물의 벽에서 가장 가까운 내부의 배관부에 설치할 것.
　㉡ 가스누출자동차단기 등을 설치하지 아니하는 시설로서 통풍이 불량하고 가스가 누출하여 체류할 우려가 높은 장소에는 가스누출경보기를 설치할 것.

51 관지름 50A인 SPSS가 최고 사용압력이 5MPa, 허용응력이 500N/mm²일 때 SCH No.는? (단, 안전율은 4이다.)

① 40　　② 60
③ 80　　④ 100

 Sch No.(스케줄 번호, schedule number)
① Sch No. $= 10 \times \dfrac{P}{S}$
　(여기서, P : 압력[kgf/cm²], S : 허용응력[kgf/mm²])
② Sch No. $= 1000 \times \dfrac{P}{S}$
　(여기서, P : 압력[MPa], S : 허용응력[N/mm²])
③ 1[MPa] = 1[N/mm²]
④ 허용응력(σ) $= \dfrac{\text{인장강도}}{\text{안전율}} = \dfrac{500}{4}$
　$= 125$[N/mm²]
⑤ Sch No. $= 1000 \times \dfrac{P}{S} = 1000 \times \dfrac{5}{125}$
　$= 40$

52 다음 부취제 주입방식 중 액체식 주입방식이 아닌 것은?

① 펌프 주입식
② 적하 주입식
③ 위크식
④ 미터연결 바이패스식

 부취제 액체 주입방식
① 펌프 주입방식
② 적하 주입방식

③ 가스미터 연결 바이패스 방식
부취제 증발식
① 바이패스 증발식 : 부취제 주입방식 중 전원이 필요하지 않고, 온도, 압력 등의 변동에 따라 부취제 첨가율이 변동하는 방식
② 위크 증발식

53 어떤 용기에 액체를 넣어 밀폐하고 에너지를 가하면 액체의 비등점은 어떻게 되는가?

① 상승한다.
② 저하한다.
③ 변하지 않는다.
④ 이 조건으로 알 수 없다.

 비등점
에너지가 증가하면 끓는점(비등점)은 상승하고, 에너지가 감소하면 끓는점(비등점)은 감소한다.

54 공기액화분리장치에서 반드시 제거해야 하는 물질이 아닌 것은?

① 탄산가스   ② 아세틸렌
③ 수분   ④ 질소

 공기액화 분리장치 폭발방지 대책
① 공기 흡입구에 여과기를 설치한다.
② 장치내 수분, CO_2(이산화탄소), C_2H_2(아세틸렌) 분리 흡착기를 설치한다.
③ 양질의 윤활유를 사용한다.

55 LP가스 판매사업의 용기보관실의 면적은?

① 9m² 이상   ② 10m² 이상
③ 12m² 이상   ④ 19m² 이상

 액화석유가스판매사업의 시설기준
1. 시설기준
   ① 배치기준
      ㉠ 사업소의 부지는 그 한 면이 폭 4m 이상의 도로에 접할 것.
      ㉡ 용기보관실은 그 바깥면으로부터 화기를 취급하는 장소까지 2m 이상의 우회거리를 두거나, 용기보관실과 화기를 취급하는 장소의 사이에는 그 용기보관실로부터 누출된 가스가 유동(流動)하는 것을 방지하기 위한 적절한 조치를 할 것.
   ② 저장설비기준
      ㉠ 용기보관실은 불연성 재료를 사용하고, 그 지붕은 불연성 재료를 사용한 가벼운 지붕을 설치할 것.
      ㉡ 판매업소의 용기보관실 벽은 방호벽으로 할 것.
      ㉢ 용기보관실은 누출된 가스가 사무실로 유입되지 않는 구조로 하고, 용기보관실의 면적은 19m² 이상으로 할 것.
      ㉣ 용기보관실과 사무실은 동일한 부지에 구분하여 설치할 것. 다만, 해상에서 가스판매업을 하려는 판매업소의 용기보관실은 해상구조물이나 선박에 설치할 수 있다.
      ㉤ 용기보관실 바닥은 확보한 운반차량 중 적재함의 높이가 가장 낮은 운반차량의 적재함 높이로 할 것. 다만, 용기의 안전을 저해하지 않는 적절한 방법으로 용기를 취급하는 경우에는 그렇지 않다.
      ㉥ 용기보관실의 안전을 위하여 용기는 용기집합식으로 보관하지 않을 것.

56 펌프의 이상현상인 베이퍼록(vapor-rock)을 방지하기 위한 방법으로 가장 거리가 먼 것은?

① 흡입배관을 단열처리한다.
② 흡입관의 지름을 크게 한다.
③ 실린더 라이너의 외부를 냉각한다.
④ 저장탱크와 펌프의 액면차를 충분히 작게 한다.

 베이퍼록(vapor-rock) 방지 대책
① 흡입관경을 크게 하거나 펌프 설치위치를 낮게 한다.
② 흡입관로를 깨끗이 청소한다.
③ 회전수를 줄인다.
④ 흡입배관을 단열처리한다.
⑤ 흡입관의 지름을 크게 한다.
⑥ 실린더 라이너의 외부를 냉각한다.

53.① 54.④ 55.④ 56.④

펌프의 이상현상 베이퍼록(vapor-rock)
펌프의 입구 쪽에서 비점이 낮은 이송 시 발생하는 이상현상으로 소량의 액체가 증발, 기화하여 공동현상 발생으로 인하여 소음 및 진동이 일어난다.

57 흡수식 냉동기에서 냉매로 사용되는 것은?
① 암모니아, 물
② 프레온 22, 물
③ 메틸클로라이드, 물
④ 암모니아, 프레온 22

 흡수식 냉동기
① 열을 직접 적용시켜 냉동을 하는 냉동기이다.
② 냉매 : 암모니아, 물, 염화메틸, 톨루엔
③ 흡수제 : 물, 브롬화리튬(LiBr), 사염화메탄, 파라핀유

 ① 냉매 : 열을 운반하는 물질을 말한다.
② 흡수제 : 열을 운반하는 냉매를 용해하는 (녹이는) 물질을 말한다.

58 고압가스 저장탱크와 유리제 게이지를 접속하는 상·하 배관에 설치하는 밸브는?
① 역류방지밸브
② 수동식 스톱밸브
③ 자동식 스톱밸브
④ 자동식 및 수동식의 스톱밸브

 액면계
① 액화가스의 저장탱크에는 액면계(산소 또는 불활성 가스의 초저온 저장탱크의 경우에 한하여 환형 유리제 액면계도 가능)를 설치하여야 하며, 그 액면계가 유리제일 때에는 그 파손을 방지하는 장치를 설치하고, 저장탱크(가연성 가스 및 독성가스에 한한다)와 유리제 게이지를 접속하는 상하 배관에는 자동식 및 수동식의 스톱밸브를 설치할 것.
② 수동과 자동을 같이 설치한다.

59 탱크로리에서 저장탱크로 액화석유가스를 이송하는 방법이 아닌 것은?
① 액송펌프에 의한 방법
② 압축기를 이용하는 방법
③ 압축가스 용기에 의한 방법
④ 탱크의 자체 압력에 의한 방법

 액화석유가스 이송법
압축기, 펌프, 중력식(자체 압력)

60 오토클레이브(autoclave)의 종류가 아닌 것은?
① 교반형   ② 가스 교반형
③ 피스톤형   ④ 진탕형

 오토클레이브의 종류
교반형, 진탕형, 회전형, 가스교반형

제 4 과목   가스안전관리

61 액화석유가스용 차량에 고정된 저장탱크 외벽이 화염에 의하여 국부적으로 가열될 경우를 대비하여 폭발방지장치를 설치한다. 이 때 재료로 사용되는 금속은?
① 아연   ② 알루미늄
③ 주철   ④ 스테인리스

 폭발방지장치의 설치기준
액화석유가스 저장탱크(저장탱크)의 외벽이 화염에 의하여 국부적으로 가열될 경우 그 저장탱크 벽면의 열을 신속히 흡수·분산시킴으로써 탱크 벽면의 국부적인 온도 상승에 의한 탱크의 파열을 방지하기 위하여 탱크 내벽에 설치하는 다공성 벌집형 알루미늄 합금 박판에 대하여 적용한다.

62 최대지름이 8m인 2개의 가연성 가스 저장탱크가 유지하여야 할 안전거리는?

① 1m   ② 2m
③ 3m   ④ 4m

해설 **고압가스 저장설비기준 안전거리**
① 가연성 가스 저장탱크(저장능력이 300m³ 또는 3톤 이상인 탱크만을 말한다)와 다른 가연성 가스 저장탱크 또는 산소 저장탱크 사이에는 두 저장탱크 최대지름을 더한 길이의 4분의 1 이상의 거리를 유지하는 등 하나의 저장탱크에서 발생한 위해요소가 다른 저장탱크로 전이되지 않도록 하고, 저장탱크를 지하 또는 실내에 설치하는 경우에는 그 저장탱크 설치실 안에서의 가스폭발을 방지하기 위하여 필요한 조치를 마련할 것.
② $8m + 8m = 16m \times \dfrac{1}{4} = 4m$

63 용기에 표시된 각인 기호의 연결이 잘못된 것은?

① V : 내용적   ② TP : 검사일
③ TW : 질량   ④ FP : 최고충전압력

해설
① V : 내용적[L]
② TP : 내압시험압력[MPa]
③ FP : 최고충전압력[MPa]
④ W : 질량
⑤ TW : 질량

64 충전용기의 적재에 관한 기준으로 옳은 것은?

① 충전용기를 적재한 차량은 제1종 보호시설과 15m 이상 떨어진 곳에 주차하여야 한다.
② 고정된 프로텍터가 있는 용기는 보호캡을 부착한다.
③ 용량 15kg의 액화석유가스 충전용기는 2단으로 적재하여 운반할 수 있다.
④ 운반차량 뒷면에는 두께 2mm 이상, 폭 50mm 이상의 범퍼를 설치한다.

해설 **고압가스 운반기준**(충전용기 등의 적재 · 하역 및 운반요령)
① 충전용기 등을 적재한 차량은 제1종 보호시설에서 15m 이상 떨어지고, 제2종 보호시설이 밀집되어 있는 지역은 가능한 한 피하며, 주위의 교통장애, 화기 등이 없는 안전한 장소에 주정차할 것.
② 또한, 차량의 고장, 교통사정 또는 운반책임자 운전자의 휴식, 식사 등 부득이한 경우를 제외하고는 당해 차량에서 동시에 이탈하지 아니할 것. 동시에 이탈할 경우에는 차량이 쉽게 보이는 장소에 주차할 것.
③ 고정된 프로텍터가 없는 용기는 보호캡을 부착한 후 차량에 실을 것.
④ 용량 10kg미만의 액화석유가스 충전용기를 적재할 경우를 제외하고 모든 충전용기는 1단으로 쌓을 것.
⑤ 반차량 뒷면에는 두께가 5mm 이상, 폭 100mm 이상의 범퍼(SS400 또는 이와 동등 이상의 강도를 갖는 강재를 사용한 것에 한한다. 이하 같다) 또는 이와 동등 이상의 효과를 갖는 완충장치를 설치하여야 한다.

65 다음 중 압축가스로만 되어 있는 것은?

① 산소, 수소
② LPG, 염소
③ 암모니아, 아세틸렌
④ 메탄, LPG

해설 **압축가스**
① "압축가스"란 일정한 압력에 의하여 압축되어 있는 가스를 말한다.
② 비등점이 매우 낮거나 임계온도가 낮아 쉽게 액화할 수 없는 가스로 용기 내에 일정한 압력에 의하여 가스상태로 충전되어 있는 고압가스이다.
③ H_2, N_2, O_2, CO, He, Ne, Ar

66 독성가스 관련시설에서 가스 누출의 우려가 있는 부분에는 안전사고 방지를 위하여 어떤 표지를 설치해야 하는가?

① 경계표지   ② 누출표지
③ 위험표지   ④ 식별표지

독성가스가 누출할 우려가 있는 부분에는 안전사고 방지를 위하여 "독성가스 누설 주의 부분" 문자 또는 이와 동등 이상의 효과를 표시하는 문자 등을 기재한 위험표지를 설치한다.

67 다음 ( )에 들어갈 알맞은 수치는?

> "초저온 용기의 충격시험은 3개의 시험편 온도를 섭씨 ( )℃ 이하로 하여 그 충격치의 최저가 ( )J/cm² 이상이고, 평균 ( )J/cm² 이상의 경우를 적합한 것으로 한다."

① 100, 30, 20   ② −100, 20, 30
③ 150, 30, 20   ④ −150, 20, 30

 초저온 용기 용접부 충격시험
① 충격시험은 3개의 시험편의 온도를 −150℃ 이하로 하여 그 충격치의 최저가 20 J/cm² 이상이고 평균 30J/cm² 이상인 경우를 적합한 것으로 한다.
② 충격시험은 KS B 0810(금속재료 충격시험방법)에 따라 실시한다. 시험편은 액화질소 등 −150℃ 이하의 초저온 액화가스에 집어넣어 시험편의 온도가 −150℃ 이하로 될 때까지 냉각한다. 시험편을 집는 공구도 시험편의 온도와 같도록 냉각한다. 상기의 냉각이 완료되면 시험편을 충격시험기에 부착하고 시험편의 파괴는 초저온 액화가스에서 꺼내어 6초 이내에 실시한다. 충격시험편의 폭을 6mm 또는 3mm로 한 경우에는 그 시험편을 시험기에 부착하였을 때 시험편 수평중심선의 높이가 폭 10mm의 시험편을 사용한 경우와 같은 높이가 되도록 시험편을 유지한다.

68 산소 및 독성가스의 운반 중 가스누출부분의 수리가 불가능한 사고 발생 시 응급조치사항으로 틀린 것은?

① 상황에 따라 안전한 장소로 운반한다.
② 부근에 있는 사람을 대피시키고, 동행인은 교통통제를 하여 출입을 금지시킨다.
③ 화재가 발생한 경우 소화하지 말고 즉시 대피한다.
④ 독성가스가 누출한 경우에는 가스를 제독한다.

 고압가스 운반 시 재해 발생 또는 확대를 방지하기 위한 조치사항(응급처치)
가연성 가스, 산소 및 독성가스의 운전자가 운반중 재해 방지를 위하여 가스의 종류, 차량의 종류 및 적재상태에 따라 휴대하여야 할 필요한 조치 및 주의사항은 다음의 항목으로서 이를 차량에 비치할 것.
① 가스의 명칭 및 성상
  ㉠ 가스의 명칭
  ㉡ 가스의 특성(온도와 압력과의 관계, 비중, 색깔, 냄새)
  ㉢ 화재, 폭발의 위험성 유무
  ㉣ 인체에 대한 독성 유무
② 운반중의 주의사항
  ㉠ 점검부분과 방법
  ㉡ 휴대품의 종류와 수량
  ㉢ 경계표지 부착
  ㉣ 온도상승방지 조치
  ㉤ 주차 시 주의
  ㉥ 안전운행 요령
③ 충전용기 등을 적재한 경우는 짐을 내릴 때의 주의사항
④ 사고 발생 시 응급조치
  ㉠ 가스 누출이 있는 경우에는 그 누출부분의 확인 및 수리를 할 것.
  ㉡ 가스 누출부분의 수리가 불가능한 경우
    ⓐ 상황에 따라 안전한 장소로 운반할 것.
    ⓑ 부근의 화기를 없앨 것.
    ⓒ 착화된 경우 용기파열 등의 위험이 없다고 인정될 때는 소화할 것.
    ⓓ 독성가스가 누출한 경우에는 가스를 제독할 것.
    ⓔ 부근에 있는 사람을 대피시키고, 통행인은 교통통제를 하여 출입을 금지시킬 것.
    ⓕ 비상연락망에 따라 관계업소에 원조를 의뢰할 것.
    ⓖ 상황에 따라 안전한 장소로 대피

할 것.
ⓗ 구급조치

69 아세틸렌을 충전하기 위한 설비 중 충전용 지관에는 탄소 함유량이 얼마 이하의 강을 사용하여야 하는가?

① 0.1%   ② 0.2%
③ 0.3%   ④ 0.4%

 가스설비의 재료 · 구조 등
① 가스설비에 사용하는 재료는 가스의 종류 · 성질 · 온도 및 압력 등에 적합한 것일 것.
② 아세틸렌용 재료의 제한
아세틸렌을 충전하기 위한 설비 중 아세틸렌에 접촉하는 부분에는 동 또는 동함유량이 62%를 초과하는 동합금을 사용하여서는 아니되며, 충전용 지관에는 탄소의 함유량이 0.1% 이하의 강을 사용하여야 하고, 굴곡에 의한 응력이 일부에 집중되지 아니하도록 된 형상으로 할 것.
③ 충전용 교체밸브
아세틸렌의 충전용 교체밸브는 충전하는 장소에서 격리하여 설치할 것.

70 차량에 고정된 탱크를 운행할 때의 주의사항으로 옳지 않은 것은?

① 차를 수리할 때에는 반드시 사람의 통행이 없고 밀폐된 장소에서 한다.
② 운행중은 물론 정차 시에도 허용된 장소 외에서는 담배를 피우거나 화기를 사용하지 않는다.
③ 운행 시 도로교통법을 준수하고 번화가를 피하여 운행한다.
④ 화기를 사용하는 수리는 가스를 완전히 빼고 질소나 불활성 가스로 치환한 후 실시한다.

 차량에 고정된 탱크의 안전운행 기준
차량에 고정된 탱크를 운행할 경우에는 다음 사항에 주의를 하여 안전하게 운행하여

야 한다.
① 적재할 가스의 특성, 차량의 구조, 탱크 및 부속품의 종류와 성능, 정비점검의 요령, 운행 및 주차 시의 안전조치와 재해 발생 시에 취해야 할 조치를 잘 알아둘 것.
② 운행 시에는 도로교통법을 준수하고, 운행경로는 이동통로표에 따라서 변화가 또는 사람이 많은 곳을 피하여 운행할 것.
③ 특히 화기에 주의하고 운행중은 물론 정차 시에도 허용된 장소 이외에서는 절대로 담배를 피우거나 그 밖의 화기를 사용하지 않을 것.
④ 차를 수리할 때는 통풍이 양호한 장소에서 실시할 것.
⑤ 화기를 사용하는 수리는 가스를 완전히 빼고 질소나 불활성 가스 등으로 치환한 후 작업을 하여야 하며, 운행 도중의 사고 또는 수리를 할 경우를 고려하여 미리 수리공장을 지정하여 평소에 고장 등을 고려한 대비책을 세울 것.

71 프로판가스 폭발 시 폭발위력 및 격렬함 정도가 가장 크게 될 때 공기와의 혼합농도로 가장 옳은 것은?

① 2.2%   ② 4.0%
③ 0.3%   ④ 0.4%

 폭발범위
프로판 폭발범위 : 2.1~9.5%

72 다음의 고압가스를 차량에 적재하여 운반하는 때에 운반자 외에 운반책임자를 동승시키지 않아도 되는 것은?

① 수소 400m³
② 산소 400m³
③ 액화석유가스 3,500kg
④ 암모니아 3,500kg

운반책임자 동승 기준
다음 표에 정하는 기준 이상의 고압가스를 차량에 적재하여 운반할 경우에는 운반책임자를 동승시켜 운반에 대한 감독 또는 지원을

하도록 할 것. 다만, 운전자가 운반책임자의 자격을 가진 경우에는 운반책임자의 자격이 없는 사람을 동승시킬 수 있다.

가스의 종류		기 준
압축가스	가연성 가스	300m³ 이상
	조연성 가스	600m³ 이상
액화가스	가연성 가스	3천kg 이상 (납붙임용기 및 접합용기의 경우는 2천kg 이상)
	조연성 가스	6천kg 이상

73 고압가스용 용접용기의 내압시험방법 중 팽창측정시험의 경우 용기가 완전히 팽창한 후 적어도 얼마 이상의 시간을 유지하여야 하는가?

① 30초 ② 45초
③ 1분   ④ 5분

 팽창측정시험
내용적이 500ℓ 미만인 용기는 원칙적으로 수조식의 뷰레트법에 의한다. 내용적의 전 증가량은 규정압력(내압시험압력)을 가하여 용기가 완전히 팽창한 후 30초 이상 그 압력을 유지하여 누출 및 이상팽창이 없는가를 확인(수조식에 있어서는 압력계 및 뷰레트에 의해, 비수조식에 있어서는 육안으로 확인한 후 그 다음에 압력을 제거했을 때에 잔류하는 용적의 영구증가를 구한다.

74 특정설비의 재검사 주기의 기준으로 틀린 것은?

① 압력용기 – 5년마다
② 저장탱크 – 5년마다. 다만, 재검사에 불합격되어 수리한 것은 3년마다
③ 차량에 고정된 탱크 – 15년 미만인 경우 5년마다
④ 안전밸브 – 검사 후 2년을 경과하여 해당 안전밸브가 설치된 저장탱크의 재검사 시마다

 압력용기 : 4년마다

참고 고압가스 안전관리법 시행규칙
용기 및 특정설비의 재검사기간

특정설비의 종류	재검사주기		
	신규검사 후 경과연수		
	15년 미만	15년 이상 20년 미만	20년 이상
차량에 고정된 탱크	5년마다	2년마다	1년마다
	해당 탱크를 다른 차량으로 이동하여 고정할 경우에는 이동하여 고정한 때마다		
저장탱크	① 5년(재검사에 불합격되어 수리한 것은 3년, 다만, 음향방출시험에 의하여 안전성이 확인된 경우에는 5년으로 한다)마다. 다만, 검사주기가 속하는 해에 음향방출시험 등의 신뢰성이 있다고 인정하는 방법에 의하여 안전성이 확인된 경우에는 검사주기를 2년간 연장할 수 있다. ② 다른 장소로 이동하여 설치한 저장탱크(「액화석유가스의 안전관리 및 사업관리법 시행규칙」 제2조 제1항 제3호에 따른 소형저장탱크는 제외한다)는 이동하여 설치한 때마다		
안전밸브 및 긴급차단장치	검사 후 2년을 경과하여 해당 안전밸브 또는 긴급차단장치가 설치된 저장탱크 또는 차량에 고정된 탱크의 재검사 시마다		
기화장치	저장탱크와 함께 설치된 것	검사 후 2년을 경과하여 해당 탱크의 재검사 시마다	
	저장탱크가 없는 곳에 설치된 것	3년마다	
	설치되지 아니한 것	설치되기 전(검사 후 2년이 지난 것만 해당한다)	
압력용기	4년마다. 다만, 산업통상자원부장관이 정하여 고시하는 기법에 따라 산정하여 그 적합성을 인정받는 경우 그 주기로 할 수 있다.		

[비고]
1. 재검사를 받아야 하는 연도에 업소가 자체정기보수를 하고자 하는 경우에는 자체정기보수 시까지 재검사기간을 연장할 수 있다.
2. 「기업활동 규제완화에 관한 특별조치법 시행령」 제19조 제1항에 따라 동시검사를 받고자 하는 경우에는 재검사를 받아야 하는 연도 내에서 사업자가 희망하는 시기에 재검사를 받을 수 있다.

75 용기의 용접에 대한 설명으로 틀린 것은?

① 이음매 없는 용기 제조 시 압궤시험을 실

시한다.
② 용접용기의 측면 굽힘시험은 시편을 180도로 굽혀서 3mm 이상의 금이 생기지 아니하여야 한다.
③ 용접용기는 용접부에 대한 안내 굽힘시험을 실시한다.
④ 용접용기의 방사선 투과시험은 3급 이상을 합격으로 한다.

방사선 검사
판정은 촬영한 투과사진에 의하며, 결함에 대해서는 알루미늄 용접부의 방사선투과시험방법 및 투과사진의 등급분류방법에 의한 등급분류의 2급 이상을 합격으로 한다.

76 후부취출식 탱크 외의 탱크에서 탱크 후면과 차량의 뒷범퍼와의 수평거리의 기준은?

① 50cm 이상 ② 40cm 이상
③ 30cm 이상 ④ 25cm 이상

차량에 고정된 탱크에 의한 운반 기준
1. 돌출 부속품의 보호조치
  ① 가스를 이송 또는 이입하는 데 사용되는 밸브(이하 "탱크 주밸브"라 한다)를 후면에 설치한 탱크(이하 "후부취출식 탱크"라 한다)에는 탱크 주밸브 및 긴급차단장치에 속하는 밸브와 차량의 뒷범퍼와의 수평거리를 40cm 이상 이격한다.
  ② 후부취출식 탱크 외의 탱크는 후면과 차량의 뒷범퍼와의 수평거리가 30cm 이상이 되도록 탱크를 차량에 고정시킨다.
  ③ 탱크 주밸브 · 긴급차단장치에 속하는 밸브 그 밖의 중요한 부속품이 돌출된 저장탱크는 그 부속품을 차량의 좌측면이 아닌 곳에 설치한 단단한 조작상자 내에 설치한다. 이 경우 조작상자와 차량의 뒷범퍼와의 수평거리는 20cm 이상 이격한다.
  ④ 부속품이 돌출된 탱크는 그 부속품의 손상으로 가스가 누출되는 것을 방지하기 위하여 필요한 조치를 한다.

77 운전 중 고압반응기의 플랜지부에서 가연성 가스가 누출되기 시작했을 때 취해야 할 일반적인 대책으로 가장 부적당한 것은?

① 화기 사용 금지
② 일상점검 및 운전
③ 가스 공급의 일시정지
④ 장치 내 불활성 가스로 치환

사고 발생 시 응급조치
① 가스 누출이 있는 경우에는 그 누출부분을 확인하고 수리를 한다.
② 가스 누출 부분의 수리가 불가능한 경우
  ㉠ 상황에 따라 안전한 장소로 운반한다.
  ㉡ 부근의 화기를 없앤다.
  ㉢ 착화된 경우 용기 파열 등의 위험이 없다고 인정될 때는 소화한다.
  ㉣ 독성가스가 누출한 경우에는 가스를 제독한다.
  ㉤ 부근에 있는 사람을 대피시키고, 동행인은 교통통제를 하여 출입을 금지시킨다.
  ㉥ 비상연락망에 따라 관계업소에 원조를 의뢰한다.
  ㉦ 상황에 따라 안전한 장소로 대피한다.
  ㉧ 구급조치

78 냉동제조시설의 안전장치에 대한 설명 중 틀린 것은?

① 압축기 최종단에 설치된 안전장치는 1년에 1회 이상 작동시험을 한다.
② 독성가스의 안전밸브에는 가스방출관을 설치한다.
③ 내압성능을 확보하여야 할 대상은 냉매설비로 한다.
④ 압력이 상용압력을 초과할 때 압축기의 운전을 정지시키는 고압 차단장치는 자동복귀방식으로 한다.

고압차단장치의 구조
① 고압차단장치는 그 설정 압력이 눈으로 판별할 수 있는 것일 것.
② 고압차단장치는 원칙적으로 수동복귀방식으로 할 것. 다만, 가연성 가스와 독성가스 이외의 가스를 냉매로 하는 유닛식의 냉매설비(냉매가스에 관계되는 순환계통의 냉동능력이 10톤 미만의 냉동설

비에 한한다)로서 운전 및 정지가 자동적으로 되어도 위험이 생길 우려가 없는 구조의 것은 그러하지 아니하다.
③ 고압차단장치는 냉매설비 고압부의 압력을 바르게 검지할 수 있어야 하며, 압력계를 부착하는 경우에는 양자가 검지하는 압력과의 차압을 최소한 적게 되도록 부착할 것.

79 다음 중 방호벽으로 부적합한 것은?
① 두께 2.3mm인 강판에 앵글강을 용접 보강한 강판제
② 두께 6mm인 강판제
③ 두께 12cm인 철근콘크리트제
④ 두께 15cm인 콘크리트 블록제

 **방호벽**
두께 3.2mm인 강판에 앵글강을 용접 보강한 강판제일 것.

80 아세틸렌 가스를 온도에 불구하고 희석제를 첨가하여 압축할 수 있는 최고 압력의 기준은?
① 1.5MPa 이하 ② 1.8MPa 이하
③ 2.5MPa 이하 ④ 3.0MPa 이하

 아세틸렌 충전작업의 기준
① 아세틸렌을 용기에 충전할 때에는 충전중의 압력은 온도에 불구하고 2.5MPa 이하로 하고, 충전 후의 압력은 섭씨 15도의 온도에서 1.55MPa 이하로 할 것.
② 아세틸렌을 2.5MPa의 압력으로 압축하는 때에는 질소·메탄·일산화탄소 또는 에틸렌 등의 희석제를 첨가한다.
③ 습식 아세틸렌 발생기의 표면은 70℃ 이하의 온도로 유지하고 그 부근에서는 불꽃이 튀는 작업을 하지 아니한다.
④ 아세틸렌을 용기에 충전하는 때에는 미리 용기에 다공질물을 고루 채워 다공도가 75% 이상 92% 미만이 되도록 한 후 아세톤 또는 디메틸포름아미드를 고루 침윤시키고 충전한다.

제 5 과목 가스계측기기

81 오르자트(Orsat)법에서 가스 흡수의 순서를 바르게 나타낸 것은?
① $CO_2 \rightarrow O_2 \rightarrow CO$
② $CO_2 \rightarrow CO \rightarrow O_2$
③ $O_2 \rightarrow CO \rightarrow CO_2$
④ $O_2 \rightarrow CO_2 \rightarrow CO$

 오르자트법
배기가스 중에 함유되어 있는 CO_2, O_2, CO 가스 성분을 CO_2, O_2, CO 이 순서대로 측정하는 기구로서 흡수제를 흡수시켜 가스농도를 측정한다.

82 물 속에 피토관을 설치하였더니 전압이 20 mH_2O, 정압이 10mH_2O이었다. 이때의 유속은 약 몇 m/s인가?
① 9.8   ② 10.8
③ 12.4 ④ 14

① $V = C\sqrt{2g\left(\dfrac{P_1 - P_2}{\gamma}\right)}$
$= 1 \times \sqrt{2 \times 9.8 \times \left(\dfrac{(20 \times 10^3) - (10 \times 10^3)}{1000}\right)}$
$= 14 \,[m/s]$
② $1mH_2O = 10^3 kgf/m^2$

83 고압 밀폐탱크의 액면 측정용으로 주로 사용되는 것은?
① 편위식 액면계 ② 차압식 액면계
③ 부자식 액면계 ④ 기포식 액면계

 차압식 액면계(압력식 액면계)
① 고압 밀폐탱크의 액면 측정용으로 사용된다.
② U자관식, 다이어프램식, 변위평형식이 있다.

84 가스계량기의 설치 장소에 대한 설명으로 틀린 것은?

① 습도가 낮은 곳에 부착한다.
② 진동이 적은 장소에 설치한다.
③ 화기와 2m 이상 떨어진 곳에 설치한다.
④ 바닥으로부터 2.5m 이상에 수직 및 수형으로 설치한다.

 ① 가스계량기는 다음 기준에 적합하게 설치할 것.
  ㉠ 가스계량기와 화기(그 시설 안에서 사용하는 자체화기는 제외한다) 사이에 유지하여야 하는 거리 : 2m 이상
  ㉡ 설치 장소 : 다음의 요건을 모두 충족하는 곳. 다만, ⓓ의 요건은 주택의 경우에만 적용한다.
    ⓐ 가스계량기의 교체 및 유지 관리가 용이할 것.
    ⓑ 환기가 양호할 것.
    ⓒ 직사광선이나 빗물을 받을 우려가 없을 것. 다만, 보호상자 안에 설치하는 경우에는 그러하지 아니하다.
    ⓓ 가스사용자가 구분하여 소유하거나 점유하는 건축물의 외벽. 다만, 실외에서 가스사용량을 검침을 할 수 있는 경우에는 그러하지 아니하다.
  ㉢ 설치금지 장소 : 「건축법 시행령」 제46조 제4항에 따른 공동주택의 대피공간, 방·거실 및 주방 등으로서 사람이 거처하는 곳 및 가스계량기에 나쁜 영향을 미칠 우려가 있는 장소
② 가스계량기(30m³/hr 미만인 경우만을 말한다)의 설치높이는 바닥으로부터 1.6m 이상 2m 이내에 수직·수평으로 설치하고 밴드·보호가대 등 고정 장치로 고정시킬 것. 다만, 격납상자에 설치하는 경우, 기계실 및 보일러실(가정에 설치된 보일러실은 제외한다)에 설치하는 경우와 문이 달린 파이프 덕트 안에 설치하는 경우에는 설치 높이의 제한을 하지 아니한다.
③ 가스계량기와 전기계량기 및 전기개폐기와의 거리는 60cm 이상, 굴뚝(단열조치를 하지 아니한 경우만을 말한다)·전기점멸기 및 전기접속기와의 거리는 30cm 이상, 절연조치를 하지 아니한 전선과의 거리는 15cm 이상의 거리를 유지할 것.
④ 입상관과 화기(그 시설 안에서 사용하는 자체화기는 제외한다) 사이에 유지해야 하는 거리는 우회거리 2m 이상으로 하고, 환기가 양호한 장소에 설치해야 하며 입상관의 밸브는 바닥으로부터 1.6m 이상 2m 이내에 설치할 것. 다만, 보호상자에 설치하는 경우에는 그러하지 아니하다.

85 가스압력식 온도계의 봉입액으로 사용되는 액체로 가장 부적당한 것은?

① 프레온   ② 에틸에테르
③ 벤젠   ④ 아닐린

 가스압력식 온도계
프레온, 에틸에테르, 아닐린 등의 불활성 기체를 봉입하여 사용한다.

86 LPG의 정량분석에서 흡광도의 원리를 이용한 가스 분석법은?

① 저온 분류법
② 질량 분석법
③ 적외선 흡수법
④ 가스크로마토그래피법

 적외선 흡수법
적외선을 받으면 이때 빛의 파장을 적외선 가스 분석계로 분석하는 방법이다.

87 산소(O_2)는 다른 가스에 비하여 강한 상자성체이므로 자장에 대하여 흡인되는 특성을 이용하여 분석하는 가스 분석계는?

① 세라믹식 O_2계   ② 자기식 O_2계
③ 연소식 O_2계   ④ 밀도식 O_2계

 자기식 O_2 분석계
연소 배기가스 중에 산소 농도를 측정한다.

 산소 분석계 종류
세라믹식, 갈바니 전기식, 자기식

84.④ 85.③ 86.③ 87.②

88 가스미터의 특징에 대한 설명으로 옳은 것은?

① 막식 가스미터는 비교적 값이 싸고 용량에 비하여 설치면적이 적은 장점이 있다.
② 루트미터는 대유량의 가스 측정에 적합하고 설치면적이 작고, 대수용가에 사용한다.
③ 습식 가스미터는 사용 중에 기차의 변동이 큰 단점이 있다.
④ 습식 가스미터는 계량이 정확하고 설치면적이 작은 장점이 있다.

 루트미터(roots meter)
① 고속회전이 가능하다.
② 소형으로 대용량 계측에 적합하다.
③ 고압에서도 사용이 가능하다.
④ 스트레이너의 설치 및 유지 관리가 필요하다.

89 관의 길이 250cm에서 벤젠의 가스크로마토그램을 재었더니 머무른 부피가 82.2mm, 봉우리의 폭(띠너비)이 9.2mm이었다. 이때 이론단수는?

① 812 ② 995
③ 1063 ④ 1277

 ① 이론단 높이(HETP)
$= \dfrac{L}{N} = \dfrac{관의\ 길이}{이론\ 단수}$

② 이론단수$(n) = \left(\dfrac{T_r}{w}\right)^2 \times 16$

(T_r : 머무름 시간, w : 피크 넓이)

$\left(\dfrac{T_r}{w}\right)^2 \times 16 = \left(\dfrac{82.2}{9.2}\right)^2 \times 16 = 1277.285$

90 기준기로서 150m³/h로 측정된 유량은 기차가 4%인 가스미터를 사용하면 지시량은 몇 m³/h를 나타내는가?

① 144.23 ② 146.23
③ 150.25 ④ 156.25

 ① $E = \dfrac{I-Q}{I}$

(E : 기차, I : 시험용 지시량, Q : 기준 지시량)

② $E = \dfrac{I-Q}{I}$

$0.04 = \dfrac{I-150}{I}$

$0.04I = I - 150$

$I = \dfrac{150}{0.96} = 156.25$

91 비례미적분 제어(PID control)를 사용하는 제어는?

① 피드백 제어 ② 수동제어
③ ON-OFF 제어 ④ 불연속 동작 제어

 피드백 제어 : 자동제어에 있어서는 피드백 제어가 기본이다.
비례미적분 제어(PID) : 가장 안전정이어서 넓은 범위의 특성 프로세스에도 적용할 수 있다.

92 과열증기로부터 부르동관(Bourdon) 압력계를 보호하기 위한 방법으로 가장 적당한 것은?

① 밀폐액 충전
② 과부하 예방판 설치
③ 사이펀(siphon) 설치
④ 격막(diaphragm) 설치

사이펀 관의 역할
급격한 압력변화를 서서히 도입시키는 역할을 한다.

93 가스크로마토그래피로 가스를 분석할 때 사용하는 캐리어 가스가 아닌 것은?

① H_2 ② CO_2
③ N_2 ④ Ar

캐리어 가스
① 캐리어 가스 : 수소, 질소, 아르곤, 헬륨 등을 사용한다.
② 시료와 반응을 일으켜 함께 운반시킬 수 있는 가스를 사용한다.
③ 가격이 저렴하고 경제적인 공기를 사용해도 좋다.
④ 주입된 시료를 칼럼과 검출기 등으로 이동시켜 주는 운반 기체이다.

94 최고사용압력이 0.1MPa 미만인 도시가스 공급관을 설치하고, 내용적을 계산하였더니 $8m^3$이었다. 전기식 다이어프램형 압력계로 기밀시험을 할 경우 최소 유지시간은 얼마인가?

① 4분 ② 10분
③ 24분 ④ 40분

 기밀시험 유지시간

종류	최고사용압력	용적	기밀유지시간
수은주 게이지	–	–	–
수주 게이지	–	–	–
전기식 다이어 프램형 압력계	0.03 MPa	$1m^3$ 미만	4분
		$1m^3$ 이상 $10m^3$ 미만	40분
		$10m^3$ 이상 $300m^3$ 미만	4×V분. 다만, 240분을 초과할 경우에는 240분으로 할 수 있다.

95 탄성압력계의 오차유발요인으로 가장 거리가 먼 것은?

① 마찰에 의한 오차
② 히스테리시스 오차
③ 디지털식 탄성압력계의 측정오차
④ 탄성요소와 압력지시기의 비직진성

 탄성압력계의 오차 요인
① 기계적 마찰에 의한 오차
② 느린 응답속도
③ 히스테리시스 오차
④ 탄성요소와 압력지시기의 비직진성

96 다이어프램(diaphragm)식 압력계의 격막 재료로서 적합하지 않은 것은?

① 인청동 ② 스테인리스
③ 고무 ④ 연강판

 다이어프램 압력계
① 저압용 재질 : 고무, 종이
② 고압용 재질 : 인청동, 양은, 스테인리스

97 국제표준규격에서 다루고 있는 파이프(pipe) 안에 삽입되는 차압 1차 장치(primary device)에 속하지 않는 것은?

① nozzle(노즐)
② thermo well(서모 웰)
③ venturi nozzle(벤투리 노즐)
④ orifice plate(오리피스 플레이트)

 차압 1차 장치
① orifice plate(오리피스 플레이트)
② nozzle(노즐)
③ venturi nozzle(벤투리 노즐)

98 도시가스 누출 검출기로 사용되는 수소이온화 검출기(FID)가 검출할 수 없는 것은?

① CO ② CH_4
③ C_3H_8 ④ C_4H_{10}

 수소이온화 검출기(FID)
탄화수소에서의 감응 최고이며 H_2, O_2, CO, CO_2, SO_2 등은 검출할 수 없다.

99 자동제어에서 미리 정해 놓은 순서에 따라 제어의 각 단계가 순차적으로 진행되는 제어방식은?

① 피드백 제어 ② 시퀀스 제어
③ 서보 제어 ④ 프로세스 제어

시퀀스 제어
① 순서를 미리 정해 놓고 이 순서에 따라선 단계적으로 진행되는 제어를 말한다.
② 제어된 결과에 따라서 자동적으로 조작된다.

100 입력(x)과 출력(y)의 관계식이 $y = kx$로 표현될 경우 제어요소는?

① 비례요소　　② 적분요소
③ 미분요소　　④ 비례적분요소

 비례요소(proportional block)
$y = kx$, k(상수), 입력을 하면 출력이 나오는 이러한 요소를 비례요소라 한다.

2024년도 출제문제
2024년 7월 CBT 시행

제1과목 가스유체역학

01 일정한 온도와 압력 조건에서 하수 슬러리(slurry)와 같이 입계 전단응력 이상이 되어야만 흐르는 유체는?

① 뉴턴 유체(Newtonian fluid)
② 팽창 유체(dilatant fluid)
③ 빙햄 가소성 유체(Bingham plastics)
④ 의가소성 유체(pseudoplastic fluid)

① Bingham 가소성 유체(Bingham plastics) : 하수 슬러지
② 유사가소성 유체(pseudoplastics) : 고무 라텍스
③ 팽창성 유체(dilatant fluid) : 모래를 채운 에멀션

빙햄 가소성 유체(Bingham plastics)
⇒ clay, tar & sludge flow
clay : 점토, tar dy : 느린, sludge(진흙) flow

02 원심압축기의 폴리트로프 효율이 94%, 기계손실이 축동력의 3.0%라면 전 폴리트로프 효율은 약 몇 %인가?

① 88.9   ② 91.2
③ 93.1   ④ 94.7

① 전 폴리트로프 효율
$$\eta_{[pol]} = \frac{\text{폴리트로프 공기 동력}(L_{pol})}{\text{축동력}(L_s)}$$

② 폴리트로프 효율
$$\eta_{pol} = \frac{\text{폴리트로프 공기 동력}(L_{pol})}{\text{내부동력}(L_{th})}$$

$$\eta_{pol} = \frac{L_{pol}}{L_{th}}, \quad \eta_{pol} = \frac{L_{pol}}{L_{th}}.$$

$$0.94 = \frac{L_{pol}}{(1-0.3)L}.$$
$$L_{pol} = 0.9118L$$

03 회전차(impeller)의 외경이 40cm인 원심섬프가 1500rpm으로 회전할 때 물의 유량은 1.6m³/min이다. 펌프의 전양정이 50m이라고 할 때 수동력은 몇 마력[HP]인가?

① 15.5   ② 16.5
③ 17.5   ④ 18.5

 수동력 : L_W
$$L_W = \frac{\gamma HQ}{75} = \frac{1}{75} \frac{1.6}{60} \times 1000 \times 50$$
$$= 17.8 [HP]$$

04 2차원 평면 유동장에서 어떤 이상유체의 유속이 다음과 같이 주어질 때, 이 유동장의 흐름함수(stream function, Ψ)에 대한 식으로 옳은 것은? [단, u, v는 각각 2차원 직각좌표계(x, y)상에서 x방향과 y방향의 속도를 나타내고, K는 상수이다.]

$$U = \frac{-2Ky}{X^2+y^2}, \quad V = \frac{2K_X}{X^2+y^2}$$

① $\Psi = K\sqrt{X^2+y^2}$
② $\Psi = -2K\sqrt{X^2+y^2}$
③ $\Psi = -K\ln(X^2+y^2)$
④ $\Psi = -2K\ln(X^2+y^2)$

 유동장의 흐름 함수
① $\psi = \int u\,dy$
$$= \int \frac{-2ky}{x^2+y^2}\,dy = -k\ln(x^2+y^2)$$

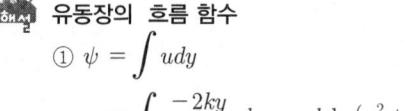

② $\psi = \int v dy$
$= \int \frac{-2kx}{x^2+y^2} dx = -k\ln(x^2+y^2)$

05 펌프의 캐비테이션을 방지할 수 있는 방법이 아닌 것은?

① 펌프의 설치높이를 낮추어 흡입양정을 작게 한다.
② 펌프의 회전수를 낮추어 흡입비교회전도를 작게 한다.
③ 양흡입 펌프 또는 2대 이상의 펌프를 사용한다.
④ 흡입 배관계는 관경과 굽힘을 가능한 한 작게 한다.

 캐비테이션의 방지법
① 관경을 크게 한다. 즉 흡수관의 관경을 펌프 구경보다 큰 경을 사용한다.
② 흡수관의 손실수두를 작게 한다.
③ 배관의 굽힘이 없도록 한다.

06 점성력에 대한 관성력의 상대적인 비를 나타내는 무차원의 수는?

① Reynolds수 ② Froude수
③ 모세관수   ④ Weber수

 Reynolds수
$R_e = \frac{\rho V d}{\mu} = \frac{Vd}{\nu}$ → 관성력 / 점성력

07 비행기의 속도를 측정하고자 할 때 다음 중 가장 적합한 장치는?

① 피토정압관
② 벤투리관
③ 부르동(Bourdon) 압력계
④ 오리피스

 ② 벤투리관 & ④ 오리피스 ⇒ 유량 측정

08 펌프에 관한 설명으로 옳은 것은?

① 벌류트 펌프는 안내판이 있는 펌프이다.
② 베인 펌프는 왕복펌프이다.
③ 원심펌프의 비속도는 아주 크다.
④ 축류펌프는 주로 대용량 저양정용으로 사용한다.

 ① 벌류트 펌프는 <u>벌류트 케이싱</u>이 있는 펌프이다.
② 베인 펌프는 <u>회전펌프</u>이다.

09 압력의 단위 환산값으로 옳지 않은 것은?

① 1atm = 101.3kPa
② 760mmHg = 1.013bar
③ 1torr = 1mmHg
④ 1.013bar = 0.98kPa

 ④ 1.013bar = 0.98kPa ⇒ 101.3kPa

10 축류펌프에서 양정을 만드는 힘은?

① 원심력   ② 항력
③ 양력   ④ 점성력

양력 : 유동속도와 직각으로 받는 힘
항력 : 마찰항력, 압력항력

11 물 속에 피토관(Pitot tube)을 설치하였더니 정체압이 1250cmAq이고, 이때의 유속이 4.9m/s이었다면 정압은 몇 cmAq인가?

① 122.5   ② 1005.0
③ 1127.5   ④ 1225.0

 $V = \sqrt{2g\Delta h}$
⇒ $\Delta h = \frac{V^2}{2g} = \frac{4.9^2}{2 \times 9.8} = 1225 [cmAq]$

12 그림에서 비중이 0.9인 액체가 분출되고 있다. 원형면1을 통하는 속도가 15m/s일 때 원형면2를 통과하는 분출속도[m/s]는 얼마인가? (단, 비압축성 유체이고 각 단면에서의

속도는 균일하다고 가정한다.)

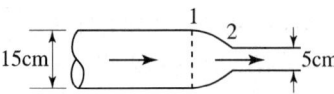

① 125 　　　② 130
③ 135 　　　④ 140

해설 속도
① $A_1 V_1 = A_2 V_2$
② $V_2 = \dfrac{A_1}{A_2} V_1$
$= \dfrac{\frac{\pi}{4} \times (15 \times 10^{-2})^2}{\frac{\pi}{4} \times (5 \times 10^{-2})^2} \times 15 = 135$

13 내경 0.0526m인 철관 내를 점도가 0.01 kg/m·s이고 밀도가 1200kg/m³인 액체가 1.16m/s의 평균속도로 흐를 때 Reynolds 수는 약 얼마인가?

① 36.61 　　② 3661
③ 732.2 　　④ 7322

해설 Reynolds수
$R_e = \dfrac{\rho V d}{\mu} = \dfrac{1200 \times 1.16 \times 0.0526}{0.01}$
$= 7,321.9 ≒ 7,322$

14 어떤 매끄러운 수평 원관에 유체가 흐를 때 완전 난류유동(완전히 거친 난류유동) 영역이었고 이 때 손실수두가 10m이었다. 속도가 2배가 되면 손실수두는 얼마인가?

① 20m 　　② 40m
③ 80m 　　④ 160m

해설 손실수두 : $h_L = \dfrac{\Delta P}{\gamma} = \dfrac{128 \mu L Q}{\gamma \pi d^4}$
여기에서 $Q = AV$이고 속도가 2배로 증가하면 ⇒ 유량 Q는 2배 증가하고 따라서, 손실수두는 2배로 증가한다.

15 프란틀의 혼합길이(Prandtl mixing length)에 대한 설명으로 옳지 않은 것은?

① 난류유동에 관련된다.
② 전단응력과 밀접한 관련이 있다.
③ 벽면에서는 0이다.
④ 항상 일정한 값을 갖는다.

해설 프란틀 수(Prandtl No.)
$P_r = \dfrac{C_p \mu}{\lambda} = \dfrac{\nu}{a}$
(C_p : 정압 비열, μ : 유체의 점성계수, λ : 열전도율, ν : 동점성계수, a : 온도 전도율)

16 그림과 같이 수직벽의 양쪽에 수위가 다른 물이 있다. 벽면에 붙인 오리피스를 통하여 수위가 높은 쪽에서 낮은 쪽으로 물이 유출되고 있다. 이 속도 V_2는? (단, 물의 밀도는 ρ, 중력가속도는 g 라 한다.)

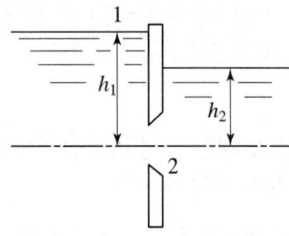

① $\sqrt{2gh_1/\rho}$　　② $\sqrt{\dfrac{2g}{\rho}(h_1 - h_2)}$
③ $\sqrt{\dfrac{g}{\rho}(h_1 - h_2)}$　　④ $\sqrt{2g(h_1 - h_2)}$

해설
$\dfrac{V_1^2}{2g} + \dfrac{P_1}{\gamma_1} + Z_1 = \dfrac{V_2^2}{2g} + \dfrac{P_2}{\gamma_2} + Z_2$
$\dfrac{V_2^2}{2g} = Z_1 - Z_2$
$V_2 = \sqrt{2g(h_1 - h_2)}$

17 관중의 난류 영역에서의 패닝 마찰계수(Fanning friction factor)에 직접적으로 영향을 미치지 않는 것은?

① 유체의 동점도
② 유체의 흐름속도
③ 관의 길이
④ 관 내부의 상대조도(relative roughness)

 패닝 마찰계수
$$\frac{1}{\sqrt{f}} = -4.0\log_{10}\left[\frac{\varepsilon/D}{3.7} + \frac{1.26}{Re\sqrt{f}}\right]$$

18 유체의 점성계수와 동점성계수에 관한 설명 중 옳은 것은? (단, M, L, T는 각각 질량, 길이, 시간을 나타낸다.)

① 상온에서의 공기의 점성계수는 물의 점성계수보다 크다.
② 점성계수의 차원은 $ML^{-1}T^{-1}$이다.
③ 동점성계수의 차원은 L^2T^{-2}이다.
④ 동점성계수의 단위에는 Poise가 있다.

$$\tau = \mu\frac{du}{dy} \Rightarrow \mu = \tau\frac{dy}{du}$$
$$\mu : \left[\frac{F}{L^2}\frac{L}{LT^{-1}}\right] = [ML^{-1}T^{-1}]$$

19 베르누이의 정리 식에서 $\dfrac{V^2}{2g}$는 무엇을 의미하는가?

① 압력수두 ② 위치수두
③ 속도수두 ④ 전수두

 베르누이의 정리 식
$$H = \frac{V^2}{2g}(속도수두) + \frac{P}{\gamma}(압력수두)$$
$$+ h(위치수두)$$

20 다음은 면적이 변하는 도관에서의 흐름에 관한 그림이다. 그림에 대한 설명으로 옳지 않은 것은?

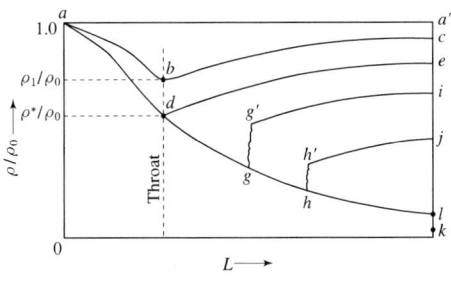

① d점에서의 압력비를 임계압력비라 한다.
② gg' 및 hh'는 파동(wave motion)과 충격(shock)을 나타낸다.
③ 선 abc상의 다른 모든 점에서의 흐름은 아음속이다.
④ 초음속인 경우 노즐의 확산부의 단면적이 증가하면 속도는 감소한다.

 초음속 등엔트로피 흐름($M_a > 1$)
$$dA < 0 \Rightarrow dV < 0$$
$$dA > 0 \Rightarrow dV > 0$$

제 2 과목　연소공학

21 이상기체 10kg을 240K만큼 온도를 상승시키는 데 필요한 열량이 정압인 경우와 정적인 경우에 그 차이가 415kJ이었다. 이 기체의 가스상수는 약 몇 kJ/kg·K인가?

① 0.173　② 0.287
③ 0.381　④ 0.423

① 정압비열 − 정적비열 = R
　$C_P - C_V = R$
② $Q = mC\Delta T$
　$C = \dfrac{Q}{m\Delta T} = \dfrac{415}{10 \times 240}$
　　$= 0.172[\text{kJ/kg}\cdot\text{K}]$

22 상온, 상압의 공기중에서 연소범위의 폭이 가장 넓은 가스는?

① 벤젠　　　　② 프로판
③ n-부탄　　　④ 메탄

 연소범위
- 암모니아 : 15~28
- 에탄 : 3~12.4
- 메탄 : 5~15
- n-부탄 : 1.8~8.4
- 아세틸렌 : 2.5~81
- 일산화탄소 : 12.5~74
- 수소 : 4~75
- 프로판 : 2.1~9.5
- 에틸렌 : 2.7~36
- 벤젠 : 1.4~7.1

23 프로판과 부탄이 혼합된 경우로서 부탄의 함유량이 많아지면 발열량은?

① 커진다.　　　② 적어진다.
③ 일정하다.　　④ 커지다가 줄어든다.

 프로판과 부탄의 혼합
추울 때 기화의 단점을 프로판이 보완해 주며 부탄은 발열량이 프로판보다 2배 정도 크다.

24 연료가 완전연소할 때 이론상 필요한 공기량을 $M_o[\text{m}^3]$, 실제로 사용한 공기량을 $M[\text{m}^3]$이라 하면 과잉공기 백분율을 바르게 표시한 식은?

① $\dfrac{M}{M_O} \times 100$　　② $\dfrac{M_O}{M} \times 100$

③ $\dfrac{M - M_O}{M} \times 100$　④ $\dfrac{M - M_O}{M_O} \times 100$

 과잉 공기율

① 과잉 공기율 $= \dfrac{A_{ex}}{A_0} = \dfrac{A - A_0}{A_0} \times 100$

② A_{ex} : 과잉 공기량
③ A : 실제 공기량
④ A_0 : 이론 공기량

25 오토(otto) 사이클에서 압축비가 7일 때의 열효율은 약 몇 %인가? (단, 비열비 k는 1.4이다.)

① 29.7　　　② 44.0
③ 54.1　　　④ 94.0

 오토 사이클 열효율

$$\eta = 1 - \dfrac{1}{\varepsilon^{k-1}} = 1 - \left(\dfrac{1}{10^{1.4-1}}\right)$$
$$= 0.601892829 \times 100 = 60.1892\%$$

26 냉동 사이클의 이상적인 사이클은?

① 카르노 사이클　　② 역카르노 사이클
③ 스털링 사이클　　④ 브레이튼 사이클

 역카르노 사이클
① 최소한의 일로 열을 고온에서 저온으로 이동시키는 데 만족하는 것이 이상적인 냉동 사이클이다.
② 이상적인 냉동 사이클은 역카르노 사이클이다.
③ 단열압축 → 등온압축 → 단열팽창 → 등온팽창

27 에탄 5vol%, 프로판 65vol%, 부탄 30vol% 혼합가스의 공기 중에서 폭발범위를 표를 참조하여 구하면?

[공기중에서의 폭발한계]

가 스	폭발한계 [vol%]	
	하한계	상한계
C_2H_6	3.0	12.4
C_3H_8	2.1	9.5
C_4H_{10}	1.8	8.4

① 1.95 ~ 8.93 vol%
② 2.03 ~ 9.25 vol%
③ 2.55 ~ 10.85 vol%
④ 2.67 ~ 11.33 vol%

 폭발범위
① 2.0289 ~ 9.2449[vol%]
② 연소하한계[v%]

$$\frac{100}{L} = \frac{V_1}{L_1} + \frac{V_2}{L_2} + \frac{V_3}{L_3}$$

$$\frac{100}{L} = \frac{5}{3} + \frac{65}{2.1} + \frac{30}{1.8}$$

$$L = 2.0289 \, [\text{vol}\%]$$

③ 연소상한계[v%]

$$\frac{100}{L} = \frac{V_1}{L_1} + \frac{V_2}{L_2} + \frac{V_3}{L_3}$$

$$\frac{100}{L} = \frac{5}{12.4} + \frac{65}{9.5} + \frac{30}{8.4}$$

$$L = 9.2449 \, [\text{vol}\%]$$

28 확산연소에 대한 설명으로 옳지 않은 것은?

① 조작이 용이하다.
② 연소 부하율이 크다.
③ 역화의 위험성이 적다.
④ 화염의 안정범위가 넓다.

 확산연소
  ① 연소부하율이 적다.
  ② 화염이 안정하고 조작이 용이하여 역화의 위험성이 적은 기체의 연소방식이다.
  ③ 연료와 공기를 인접한 2개의 분출구에서 각각 분출시켜 양자의 계면에서 연소를 일으키는 형태이다.

29 미분탄 연소의 특징에 대한 설명으로 틀린 것은?

① 가스화 속도가 빠르고 연소실의 공간을 유효하게 이용할 수 있다.
② 화격자 연소보다 낮은 공기비로써 높은 연소효율을 얻을 수 있다.
③ 명료한 화염이 형성되지 않고 화염이 연소실 전체에 퍼진다.
④ 연소완료시간은 표면연소속도에 의해 결정된다.

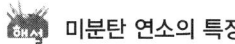 미분탄 연소의 특징
  ① 2상류 상태에서 연소된다.
  ② 가스화 속도가 낮고 연소 완료에 시간과 거리가 필요하다.

③ 화격자 연소보다도 낮은 공기비로써 높은 연소효율을 얻을 수 있다.
④ 미분탄 연소는 분무연소식이다.

30 다음은 Carnot cycle의 압력-부피선도이다. 이 중 등온팽창 과정은?

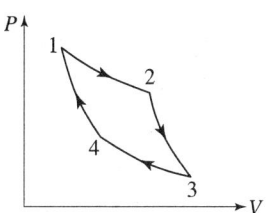

카르노 사이클의 P-V 선도

① $1 \to 2$ ② $2 \to 3$
③ $3 \to 4$ ④ $4 \to 1$

 Carnot 사이클(열기관 이상 사이클)
  ① $1 \to 2$: 등온팽창
  ② $2 \to 3$: 단열팽창
  ③ $3 \to 4$: 등온압축
  ④ $4 \to 1$: 단열압축

31 폭발등급은 안전간격에 따라 구분할 수 있다. 다음 중 안전간격이 가장 넓은 것은?

① 이황화탄소   ② 수성가스
③ 수소   ④ 프로판

 폭발등급

폭발등급	안전간격	
폭발 1등급	안전간격 0.6mm 이상	NH_3, C_3H_8, C_2H_6, CH_4, CO, 아세톤, 에틸에테르, 가솔린, 벤젠
폭발 2등급	안전간격 0.6~0.4mm	에틸렌, 석탄가스
폭발 3등급	안전간격 0.4mm 미만	수성가스, 이황화탄소, 수소, 아세틸렌

 수소, 아세틸렌은 예외적으로 안전간격 0.1mm를 기준으로 한다.

32 어떤 경우에는 실험 데이터가 없어 연소한계를 추산해야 할 필요가 있다. 존스(Jones)는

많은 탄화수소 증기의 연소하한계(LFL)와 연소상한계(UFL)는 연료의 양론농도(Cst)의 함수라는 것을 발견하였다. 다음 중 존스 연소하한계(LFL) 관계식을 옳게 나타낸 것은? (단, Cst는 연료와 공기로 된 완전연소가 일어날 수 있는 혼합기체에 대한 연료의 부피 %이다.)

① LFL=0.55Cst   ② LFL=1.55Cst
③ LFL=2.50Cst   ④ LFL=3.50Cst

 존스 연소 등식(Jones' equation)
① 존스 연소하한계=0.55Cst
② 존스 연소상한계=3.5Cst

33 착화온도가 낮아지는 경우로 볼 수 없는 것은?
① 압력이 높을 경우
② 발열량이 높을 경우
③ 산소농도가 높을 경우
④ 분자구조가 간단할 경우

 **착화온도**
① 분자구조가 복잡한 물질일수록 발화온도가 낮아진다.
② 반응활성도가 큰 물질일수록 발화온도가 낮아진다.
③ 발열량이 큰 물질일수록 발화온도가 낮아진다.

34 공기비에 대한 설명으로 옳은 것은?
① 연료 1kg 당 완전연소에 필요한 공기량에 대한 실제 혼합된 공기량의 비로 정의된다.
② 연료 1kg 불완전연소에 필요한 공기량에 대한 실제 혼합된 공기량의 비로 정의된다.
③ 기체 $1m^3$당 실제로 혼합된 공기량에 대한 완전연소에 필요한 공기량의 비로 정의된다.
④ 기체 $1m^3$당 실제로 혼합된 공기량에 대한 불완전연소에 필요한 공기량의 비로 정의된다.

 공기비
공기비란 실제로 공급한 공기량의 이론 공기량에 대한 비율이다.

35 폭발범위에 대한 설명으로 틀린 것은?
① 일반적으로 폭발범위는 고압일수록 넓어진다.
② 일산화탄소는 공기와 혼합 시 고압이 되면 폭발범위가 좁아진다.
③ 혼합가스의 폭발범위는 그 가스의 폭굉범위보다 좁다.
④ 상온에 비해 온도가 높을수록 폭발범위가 넓어진다.

 폭굉보다 폭발의 발생 확률이 높으므로 혼합가스의 폭발범위는 그 가스의 폭굉범위보다 넓으므로 더 위험하다고 할 수 있다.

36 에틸렌(ethylene) $1m^3$을 완전히 연소시키는 데 필요한 공기의 양은 약 몇 m^3인가? (단, 공기 중의 산소 및 질소는 각각 21vol%, 79vol%이다.)

① 9.5   ② 11.9
③ 14.3   ④ 19.0

 이론 공기량(A_O)
① $C_2H_4 + 3O_2 \rightarrow 2CO_2 + 2H_2O$
  $22.4Nm^3$ $3 \times 22.4 Nm^3$
② 이론 산소량(O_o)
  $22.4 : 3 \times 22.4 = 1 : x$
  $x = \dfrac{1 \times (3 \times 22.4)}{22.4} = 3$
③ 이론 공기량(A_O)
  $A_o = \dfrac{O_o}{0.21} = \dfrac{3}{0.21} = 14.285$

37 연료의 구비조건에 해당하는 것은?
① 발열량이 클 것.
② 희소성이 있을 것.

③ 저장 및 운반 효율이 낮을 것.
④ 연소 후 유해물질 및 배출물이 많을 것.

 연료의 구비조건
① 발열량이 클 것.
② 위험성이 작아야 한다.
③ 유독성이 작고 공해 요인이 적을 것.
④ 연소 시 불순물이 적을 것.
⑤ 저장, 운반, 취급이 쉬울 것.
⑥ 점화, 소화가 쉬울 것.

38 액체상태의 프로판이 이론 공기연료비로 연소하고 있을 때 저발열량은 약 몇 kJ/kg인가? (단, 이 때 온도는 25℃이고, 이 연료의 증발 엔탈피는 360kJ/kg이다. 또한 기체상태의 C_3H_8의 형성 엔탈피는 -103909kJ/kmol, CO_2의 형성 엔탈피는 -393757kJ/kmol, 기체상태의 H_2O의 형성 엔탈피는 -241971 kJ/kmol이다.)

① 23501　　② 46017
③ 500002　　④ 21499155

 저위 발열량
① 프로판의 연소 반응식
$C_3H_8 + 5O_2 \rightarrow 3CO_2 + 4H_2O + Q$
$-103909 = (3 \times -393757)$
$\qquad\qquad + (4 \times -241971) + Q$
② $Q = 2045246$ [kJ/kmol]
$\qquad \times \dfrac{1}{44}$ [kmol/kg]
$\qquad = 46482.8636$ [kJ/kg]
③ $46482.8636 - 360$
$\qquad = 46122.8636$ [kJ/kg]

39 피열물의 가열에 사용된 유효열량이 7000 kcal/kg, 전입열량이 12000kcal/kg일 때 열효율은 약 얼마인가?

① 49.2%　　② 58.3%
③ 67.4%　　④ 76.5%

 열효율 $= \dfrac{\text{유효열량}}{\text{공급열량}} \times 100\%$

$= \dfrac{7000\,[\text{kcal/kg}]}{12000\,[\text{kcal/kg}]} \times 100$
$= 58.333\%$

40 가스호환성이란 가스를 사용하고 있는 지역 내에서 가스기기의 성능이 보장되는 대체가스의 허용 가능성을 말한다. 호환성을 만적하기 위한 조건이 아닌 것은?

① 초기 점화가 안정되게 이루어져야 한다.
② 황염(yellow tip)과 그을음이 없어야 한다.
③ 비화 및 역화(flash back)가 발생되지 않아야 한다.
④ 웨버(Wobbe)지수가 ±15% 이내이어야 한다.

 웨버지수((WI)
① 연소기를 기준으로 입열에너지의 크기로 발열량과 비중의 함수로 나타낸다.
② 가스 호환성을 나타나며 허용범위는 5% 이내이어야 한다.

 제3과목　가스설비

41 수소가스 공급 시 용기의 충전구에 사용하는 패킹재료로서 가장 적당한 것은?

① 석면　　② 고무
③ 화이버(파이버)　　④ 금속 평형 가스켓

 패킹재료
천연 고무를 녹게 하므로 화이버 재료를 사용한다.

42 펌프를 운전할 때 펌프 내에 액이 충만되지 않으면 공회전하여 펌프작업이 이루어지지 않는 현상을 방지하기 위하여 펌프 내에 액을 충만시키는 것을 무엇이라 하는가?

① 서징(surging)
② 프라이밍(priming)
③ 베이퍼록(vaper lock)
④ 캐비테이션(cavitation)

프라이밍(액비수)
주로 원심펌프에 사용하며 펌프 운전 시 공회전을 방지하기 위하여 액을 채워 넣는 작업을 말한다.

서징(surging)
터보 펌프에서 진동소음이 발생하면서 운전 불능상태가 되는 현상이다.

43 내용적이 50L의 용기에 다공도가 80%인 다공성 물질이 충전되어 있고 내용적의 40%만큼 아세톤이 차지할 때 이 용기에 충전되어 있는 아세톤의 양[kg]은? (단, 아세톤 비중은 0.79이다.)

① 25.3 ② 20.3
③ 15.8 ④ 12.6

$W = (50 \times 0.4) \times 0.79 = 15.8$

44 터보 압축기의 특징에 대한 설명으로 틀린 것은?

① 원심형이다.
② 효율이 높다.
③ 용량 조정이 어렵다.
④ 맥동이 없어 연속적으로 송출한다.

터보형 압축기의 특징
① 무급유식 압축기로 윤활유가 불필요하다.
② 연속적으로 토출하므로 맥동현상이 적다.
③ 용량 조절범위가 좁다.
④ 높은 압축비를 얻기가 힘들며 효율이 나쁘다.
⑤ 고속회전이 가능하다.
⑥ 설치면적이 적다.

45 LP가스 1단 감압식 저압 조정기의 입구압력은?

① 0.025MPa ~ 1.56MPa
② 0.07MPa ~ 1.56MPa
③ 0.025MPa ~ 0.35MPa
④ 0.07MPa ~ 0.35MPa

액화석유가스 압력조정기의 종류에 따른 입구압력 및 조정압력

종 류	입구압력 [MPa]	조정압력 [kPa]
1단감압식 저압조정기	0.07~1.56	2.30~3.30
1단감압식 준저압조정기	0.1~1.56	5.0~30.0 이내에서 제조자가 설정한 기준압력의 ±20%
2단감압식 1차용 조정기 (용량 100 kg/h 이하)	0.1~1.56	57.0~83.0
2단감압식 1차용 조정기 (용량 100 kg/h 초과)	0.3~1.56	57~83.0
2단감압식 2차용 저압조정기	0.01~0.1 또는 0.025~0.1	2.30~3.30
2단감압식 2차용 준저압조정기	조정압력 이상 ~0.1	5.0~30.0 내에서 제조자가 설정한 기준압력의 ±20%
자동절체식 일체형 저압조정기	0.1~1.56	2.55~3.30
자동절체식 일체형 준저압조정기	0.1~1.56	5.0~30.0 내에서 제조자가 설정한 기준압력의 ±20%
그 밖의 압력조정기	조정압력 이상 ~1.56	5kPa를 초과하는 압력범위에서 상기 압력조정기의 종류에 따른 조정압력에 해당하지 않는 것에 한하며, 제조자가 설정한 기준압력의 ±20%일 것.

가정용 LP가스 소비시설

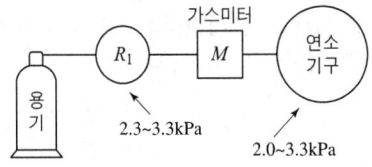

R_1 : 1단 감압식 저압 조정기

46 겨울철 LPG 용기에 서릿발이 생겨 가스가 잘 나오지 않을 때 가스를 사용하기 위한 조치로 옳은 것은?

① 용기를 힘차게 흔든다.
② 연탄불로 쪼인다.
③ 40℃ 이하의 열습포로 녹인다.
④ 90℃ 정도의 물을 용기에 붓는다.

 40℃ 이하의 물로 녹이거나 얼어 있는 부분에 미지근한 물로 열습포를 사용한다.

47 호칭지름이 동일한 외경의 강관에 있어서 스케줄 번호가 다음과 같을 때 두께가 가장 두꺼운 것은?

① XXS
② XS
③ Sch20
④ Sch40

 스케줄 번호 순서
SCH 20, 30, 40, 80, 100, 120, 140, 160, STD, XS, XXS.

48 일정한 용적의 실린더 내에 기체를 흡입한 다음 흡입구를 닫아 기체를 압축하면서 다른 토출구에 압축하는 형식의 압축기는?

① 용적형
② 터보형
③ 원심식
④ 축류식

 용적형 압축기
일정한 용적의 실린더 내에 기체를 흡입한 다음 흡입구를 닫아 기체를 압축하면서 토출하는 것을 반복하는 형식의 압축기이다.

49 다음 반응으로 진행되는 접촉분해 반응 중 카본 생성을 방지하는 방법으로 옳은 것은?

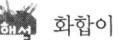
$$2CO \rightarrow CO_2 + C$$

① 반응온도 : 낮게, 반응압력 : 높게
② 반응온도 : 높게, 반응압력 : 낮게
③ 반응온도 : 낮게, 반응압력 : 낮게
④ 반응온도 : 높게, 반응압력 : 높게

 화합이 안 되는 상태로 유지한다.

50 용량기에 의한 액화석유가스 사용시설에서 가스계량기($30m^3/h$ 미만) 설치장소로 옳지 않은 것은?

① 환기가 양호한 장소에 설치하였다.
② 전기접속기와 50cm 떨어진 위치에 설치하였다.
③ 전기계량기와 50cm 떨어진 위치에 설치하였다.
④ 바닥으로부터 160cm 이상 200cm 이내인 위치에 설치하였다.

가스계량기 설치 기준
① 가스계량기는 화기(해당 시설 안에서 사용하는 자체 화기는 제외한다)와 2m 이상의 우회거리를 유지할 것.
② 설치장소 : 가스계량기의 검침·교체·유지·관리 및 계량이 용이하고 환기가 양호한 장소
③ 설치금지 장소 : 「건축법 시행령」 제46조 제4항에 따른 공동주택의 대피공간, 방·거실 및 주방 등으로서 사람이 거처하는 장소, 그 밖에 열이나 진동의 영향을 크게 받는 등 가스계량기에 나쁜 영향을 미칠 우려가 있는 장소
④ 가스계량기($30m^3/h$ 미만만을 말한다)의 설치 높이는 바닥으로부터 1.6m 이상 2m 이하의 높이에 수직·수평으로 설치하고, 밴드·보호가대 등 고정장치로 고정시킬 것. 다만, 격납상자 안에 설치하는 경우에는 설치 높이를 제한하지 않는다.
⑤ 가스계량기와 전기계량기 및 전기개폐기와의 거리는 60cm 이상, 굴뚝(단열조치를 하지 않은 경우만을 말한다)·전기점멸기 및 전기접속기와의 거리는 30cm 이상, 절연조치를 하지 않은 전선과의 거리는 15cm 이상의 거리를 유지할 것.
⑥ 입상관이 화기 등이 있을 우려가 있는 주위를 통과할 경우에는 화기 등과 차단조

치를 하여야 하고, 이에 부착된 밸브는 바닥으로부터 1.6m 이상 2m 이내(단단한 상자 안에 설치하는 경우는 제외한다)에 설치할 것.

51 전구용 봉입가스, 금속의 정련 및 열처리 시 공기 외의 접촉방지를 위한 보호가스로 주로 사용되는 가스의 방전관 발광색은?

① 보라색   ② 녹색
③ 황색   ④ 적색

 전구 봉입용 가스
아르곤(Ar)이며 적색이다.

52 고온, 고압에서 수소가스 설비에 탄소강을 사용하면 수소취성을 일으키게 되므로 이것을 방지하기 위하여 첨가시키는 금속 원소로서 적당하지 않은 것은?

① 몰리브덴   ② 크립톤
③ 텅스텐   ④ 바나듐

 수소 취성 방지 첨가 원소
Cr(크롬), Ti(티타늄), V(바나듐), W(텅스텐), Mo(몰리브덴), Nb(니오븀)

53 공기를 액화시켜 산소와 질소를 분리하는 원리는?

① 액체산소와 액체질소의 비중 차이에 의해 분리
② 액체산소와 액체질소의 비등점의 차이에 의해 분리
③ 액체산소와 액체질소의 열용량 차이로 분리
④ 액체산소와 액체질소의 전기적 성질 차이에 의해 분리

 비등점(끓는점, boiling point)
액화공기를 정류장치에서 비등점(boiling point)의 차이를 이용하여 산소와 질소를 분리하여 액화산소를 채취한다.

54 용기용 밸브가 B형이며, 가연성 가스가 충전되어 있을 때 충전구의 형태는?

① 숫나사 – 오른나사
② 숫나사 – 왼나사
③ 암나사 – 오른나사
④ 암나사 – 왼나사

 용기용 밸브의 충전구 형식
A형 : 가스 충전구 – 숫나사
B형 : 가스 충전구 – 암나사
C형 : 가스 충전구 – 나사 없음

 충전구 나사 방향
① 가연성 가스
  ㉠ 왼나사
  ㉡ 오른나사(암모니아, 브롬화메탄)
② 기타 가스 : 오른나사

55 공기의 액화분리장치의 폭발 방지 대책으로 가장 적절한 것은?

① 공기 취입구로부터 아세틸렌 및 탄화수소 혼입이 없도록 관리한다.
② 산소 압축기 윤활제로 식물성 기름을 사용한다.
③ 내부장치는 연 1회 정도 세척하는 것이 좋고 세정제로 아세톤을 사용한다.
④ 액체산소 중에 오존(O_3)의 혼입은 산소농도를 증가시키므로 안전하다.

 공기 취입구에 아세틸렌 및 탄화수소가 혼입하면 액체 산소탱크에서 폭발 발생하므로 혼입이 없도록 관리한다.

56 고압가스용 기화장치의 구성요소에 해당하지 않는 것은?

① 기화통   ② 열매온도 제어장치
③ 액유출 방지장치   ④ 긴급차단장치

 기화장치 구성요소
① 액유출 방지장치
② 열매온도 제어장치 : 열매체의 온도를 일정 범위 내에 보존한다.
③ 기화통

51.④ 52.② 53.② 54.④ 55.① 56.④

57 도시가스 배관에서 가스 공급이 불량하게 되는 원인으로 가장 거리가 먼 것은?

① 배관의 파손
② Terminal box의 불량
③ 정압기의 고장 또는 능력 부족
④ 배관 내의 물의 고임, 녹으로 인한 폐쇄

 "배관"이란 도시가스를 공급하기 위하여 배치된 관(管)으로써 본관, 공급관, 내관 또는 그 밖의 관을 말한다.

58 가스레인지의 열효율을 측정하기 위하여 주전자에 순수 1000g을 넣고 10분간 가열하였더니 처음 15℃인 물의 온도가 65℃가 되었다. 이 가스레인지의 열효율은 약 몇 %인가? (단, 물의 비열은 1kcal/kg·℃, 가스 사용량은 0.008m³, 가스 발열량은 13000kcal/m³이며, 온도 및 압력에 대한 보정치는 고려하지 않는다.)

① 42   ② 45
③ 48   ④ 52

 $\dfrac{1 \times 1 \times (65-15)}{13000 \times 0.008} \times 100 = 48.0769\%$

59 흡입압력 105kPa, 토출압력 480kPa, 흡입 공기량 3m³/min인 공기압축기의 등온압축일은 약 몇 kW인가?

① 2   ② 4
③ 6   ④ 8

 등온 압축일

$N_{is} = P_{i1} V_{i1} \ln\left(\dfrac{P_{i2}}{P_{i1}}\right)$

$= 105 \times \left(\dfrac{3}{60}\right) \times \ln\left(\dfrac{480}{105}\right)$

$= 7.9790$

 등온압축 동력

$L_{ts} = \dfrac{k}{k-1} \dfrac{P_{l1} Q}{6120} \ln\left(\dfrac{P_{l2}}{P_{l1}}\right)$ [kW]

P_{l1} : 흡입절대압력[kgf/m² · abs]
P_{l2} : 토출절대압력[kgf/m² · abs]
Q : 풍량[m³/min]
k : 비열(공기 : 1.4)

60 가스설비에 대한 전기방식의 방법이 아닌 것은?

① 희생양극법   ② 외부전원법
③ 배류법   ④ 압착전원법

 전기방식법
희생양극법, 외부전원법, 배류법

 희생양극법(유전양극법)의 특징
① 비교적 간편하며 가격이 저가이다.
② 과방식의 염려가 없다
③ 타 매설물에 간섭이 거의 없으며 땅속에 저전위 금속 마그네슘(Mg)을 매설한다.
④ 애노드는 부식하고 캐소드는 방식되므로 양극의 소모가 발생하므로 보충할 것.

제4과목 가스안전관리

61 재료의 허용응력(σ_a), 재료의 기준강도(σ_e) 및 안전율(S)의 관계를 옳게 나타낸 식은?

① $\sigma_a = \dfrac{S}{\sigma_e}$ ② $\sigma_a = \dfrac{\sigma_e}{S}$

③ $\sigma_a = 1 - \dfrac{S}{\sigma_e}$ ④ $\sigma_a = 1 - \dfrac{\sigma_e}{S}$

 안전율

안전율 = $\dfrac{기준강도}{허용응력}$

62 가정용 가스보일러에서 발생되는 질식사고 원인 중 가장 높은 비율은?

① 제품 불량   ② 시설 미비
③ 공급자 부주의   ④ 사용자 취급 부주의

57.② 58.③ 59.④ 60.④ 61.② 62.④

가정용 가스 사고 원인
① 국내가스 사고의 가장 큰 원인은 사용자의 취급 부주의이다.
② 설비 불량으로 인한 사고
③ 불량 가스기기로 인한 사고가 10%

63 물분무장치는 당해 저장탱크의 외면에서 몇 m 이상 떨어진 안전한 위치에서 조작할 수 있어야 하는가?

① 5   ② 10
③ 15 ④ 20

 물분무장치 등의 조작
① 물분무장치는 30분 이상 동시에 방사할 수 있는 수원에 접속되어야 한다.
② 물분무장치는 매월 1회 이상 작동상황을 점검하여야 한다.
③ 물분무장치는 표면적 $1m^2$ 당 8L/분을 표준으로 한다.
④ 물분무장치 등은 당해 저장탱크의 외면으로부터 15m이상 떨어진 안전한 위치에서 또한 방류둑을 설치한 저장탱크에 있어서 당해 방류둑의 밖에서 조작할 수 있는 것이어야 한다. 다만, 저장탱크의 주위에 예상되는 화재에 대비하여 안전한 차단장치를 설치한 경우에는 그러하지 아니하다.

64 고압가스용기의 보관장소에 용기를 보관할 경우 준수할 사항 중 틀린 것은?

① 충전용기와 잔가스용기는 각각 구분하여 용기보관장소에 놓는다.
② 용기보관장소에는 계량기 등 작업에 필요한 물건 외에는 두지 아니한다.
③ 용기보관장소의 주위 2m 이내에는 화기 또는 인화성 물질이나 발화성 물질을 두지 아니한다.
④ 가연성 가스 용기보관장소에는 비방폭형 손전등을 사용한다.

 고압가스 용기보관장소 또는 용기는 다음의 기준에 적합하게 할 것.
① 충전용기와 잔가스용기는 각각 구분하여 용기보관장소에 놓을 것.
② 가연성 가스·독성가스 및 산소의 용기는 각각 구분하여 용기보관장소에 놓을 것.
③ 용기보관장소에는 계량기 등 작업에 필요한 물건 외에는 두지 않을 것.
④ 용기보관장소의 주위 2m 이내에는 화기 또는 인화성 물질이나 발화성 물질을 두지 않을 것.
⑤ 충전용기는 항상 40℃ 이하의 온도를 유지하고, 직사광선을 받지 않도록 조치할 것.
⑥ 충전용기(내용적이 5L 이하인 것은 제외한다)에는 넘어짐 등에 의한 충격 및 밸브의 손상을 방지하는 등의 조치를 하고 난폭한 취급을 하지 않을 것.
⑦ 가연성 가스 용기보관장소에는 방폭형 휴대용 손전등 외의 등화를 지니고 들어가지 않을 것.

65 아세틸렌 충전작업 시 아세틸렌을 몇 MPa 압력으로 압축하는 때에 질소, 메탄, 에틸렌 등의 희석제를 첨가하는가?

① 1   ② 1.5
③ 2   ④ 2.5

 ① 충전중 : 2.5MPa
② 충전 후 15℃ : 1.5MPa

66 수소가스 용기가 통상적인 사용 상태에서 파열사고를 일으켰다. 그 사고의 원인으로 가장 거리가 먼 것은?

① 용기가 수소취성을 일으켰다.
② 과충전되었다.
③ 용기를 난폭하게 취급하였다.
④ 용기에 균열, 녹 등이 발생하였다.

 수소 용기 폭발 사고
① 수소취성은 수소의 압력, 온도, 수소의 농도가 특별한 온도, 즉 높은 온도, 높은 압력에서 발생하기 쉽다.
② 통상적인 사용상태는 특별한 온도 조건을 형성하지 못한다.

67 고압가스 충전용기의 운반기준 중 용기 운반 시 주의사항으로 옳은 것은?

① 염소와 아세틸렌은 동일 차량에 적재하여 운반하여도 된다.
② 운반 중의 충전용기는 항상 40℃ 이하를 유지하여야 한다.
③ 가연성 가스 또는 산소를 운반하는 차량에는 방독면 및 고무장갑 등의 보호구를 휴대하여야 한다.
④ 밸브가 돌출한 충전용기는 캡을 부착시킬 필요가 없다.

 고압가스 운반 등의 기준(제50조 관련)
1. 독성가스 외의 고압가스의 용기에 의한 운반 기준
   ① 경계표시
   충전용기(납붙임 또는 접합용기에 충전하여 포장한 것을 포함한다. 이하 같다)를 차량에 적재하여 운반하는 때에는 그 차량의 앞뒤 보기 쉬운 곳에 각각 붉은 글씨로 "위험고압가스"라는 경계표시와 전화번호를 표시할 것.
   ② 밸브의 손상 방지
   밸브가 돌출한 충전용기는 고정식 프로텍터 또는 캡을 부착시켜 밸브의 손상을 방지하는 조치를 하고 운반할 것.
   ③ 용기의 취급
   ㉠ 충전용기를 운반하는 때에는 넘어짐 등으로 인한 충격을 방지하기 위하여 충전용기를 단단하게 묶을 것.
   ㉡ 충전용기를 차에 싣거나 차에서 내릴 때에는 충격을 받지 아니하도록 주의하여 취급하여야 하며, 충격을 완화하기 위하여 고무판·가마니 등을 차량 등에 갖추고 이를 사용할 것.
   ㉢ 운반 중의 충전용기는 항상 40℃ 이하를 유지할 것.
   ④ 위험한 운반의 금지
   충전용기는 자전거 또는 오토바이에 적재하여 운반하지 아니할 것. 다만, 차량이 통행하기 곤란한 지역이나 그 밖에 시장·군수 또는 구청장이 지정하는 경우에는 다음의 기준에 적합한 경우에 한하여 액화석유가스 충전용기를 오토바이에 적재하여 운반할 수 있다.
      ㉠ 넘어질 경우 용기에 손상이 가지 아니하도록 제작된 용기운반전용 적재함이 장착된 것인 경우
      ㉡ 적재하는 충전용기는 충전량이 20kg 이하이고, 적재 수가 2개를 초과하지 아니한 경우
   ⑤ 차량에의 적재
      ㉠ 충전용기를 차량에 적재하여 운반하는 때에는 산업자원부장관이 정하여 고시하는 적재함에 세워서 운반할 것.
      ㉡ 차량의 최대적재량을 초과하여 적재하지 아니할 것.
      ㉢ 납붙임용기 및 접합용기에 고압가스를 충전하여 차량에 적재할 때에는 포장상자(외부의 압력 또는 충격 등에 의하여 그 용기 등에 흠이나 찌그러짐 등이 발생되지 아니하도록 만들어진 상자를 말한다)의 외면에 가스의 종류·용도 및 취급 시 주의사항을 기재한 것에 한하여 적재하고, 그 용기의 이탈을 막을 수 있도록 보호망을 적재함 위에 씌울 것.
   ⑥ 보호장비 등
   가연성 가스 또는 산소를 운반하는 차량에는 소화설비 및 재해발생방지를 위한 응급조치에 필요한 자재 및 공구 등을 휴대할 것.
   ⑦ 혼합적재의 금지
      ㉠ 염소와 아세틸렌·암모니아 또는 수소는 동일 차량에 적재하여 운반하지 아니할 것.
      ㉡ 가연성 가스와 산소를 동일차량에 적재하여 운반하는 때에는 그 충전용기의 밸브가 서로 마주보지 아니하도록 적재할 것.
      ㉢ 충전용기와「위험물 안전관리법」이 정하는 위험물과는 동일 차량에 적재하여 운반하지 아니할 것.
   ⑧ 주차의 제한
   충전용기를 차량에 적재하여 운반하는 도중에 주차하고자 하는 때에는 충전용기를 차에 싣거나 차에서 내릴 때를 제외하고는 별표 2의 보호시설 부근을 피하고, 주위의 교통상황·지형조건·화기 등을 고려하여 안전한 장소를 택하여 주

차하여야 하며, 주차 시에는 엔진을 정지시킨 후 주차제동장치를 걸어 놓고 차바퀴를 고정목으로 고정시킬 것.

68 프로판가스의 충전용 용기로 주로 사용되는 것은?

① 리벳 용기 ② 주철 용기
③ 이음매 없는 용기 ④ 용접 용기

 용접 용기(welding cylinder)
용접 용기에는 LP가스, 프레온, 암모니아 등 상온에서 비교적 낮은 증기압을 갖는 저압용 용기로 액화가스를 충전하거나, 용해 아세틸렌 가스를 충전하는 데 사용하는 용기이다.
이음매 없는 용기
일반적으로 산소, 질소, 아르곤, 수소 등 고압의 압축가스 또는 상온에서 높은 증기압을 갖는 탄산가스(CO_2) 등 고압의 액화가스를 충전하는 데 사용되는 용기이다.

69 산소제조시설 및 기술기준에 대한 설명으로 틀린 것은?

① 공기액화분리장치기에 설치된 액화산소통 안의 액화산소 5L 중 아세틸렌의 질량이 50mg 이상이면 액화산소를 방출한다.
② 석유류 또는 글리세린은 산소압축기 내부 윤활유로 사용하지 아니한다.
③ 산소의 품질검사 시 순도가 99.5% 이상이어야 한다.
④ 산소를 수송하기 위한 배관과 이에 접속하는 압축기와의 사이에는 수취기를 설치한다.

공기액화분리기(1시간의 공기압축량이 1천 m^3 이하인 것은 제외한다)에 설치된 액화산소통 안의 액화산소 5L 중 아세틸렌의 질량이 5mg 또는 탄화수소의 탄소의 질량이 500mg을 넘을 때에는 그 공기액화분리기의 운전을 중지하고 액화산소를 방출시킬 것.

70 보일러의 파일럿(pilot) 버너 또는 메인(main) 버너의 불꽃이 접촉할 수 있는 부분에 부착하여 불이 꺼졌을 때 가스가 누출되는 것을 방지하는 안전장치의 방식이 아닌 것은?

① 바이메탈(bimetal)식
② 열전대(thermocouple)식
③ 플레임 로드(flame rod)식
④ 퓨즈 메탈(fuse metal)식

 퓨즈 메탈(fuse metal)식 : 과열방지장치

71 수소의 취성을 방지하는 원소가 아닌 것은?

① 텅스텐(W) ② 바나듐(V)
③ 규소(Si) ④ 크롬(Cr)

수소 취성 방지 첨가 원소
Cr(크롬), Ti(티타늄), V(바나듐), W(텅스텐), Mo(몰리브덴), Nb(니오븀)

72 고압가스 중 다량의 가연성 가스를 차량에 적재하여 운반하는 경우 휴대하여야 하는 소화기는?

① BC용, B-3 이상 ② BC용, B-10 이상
③ ABC용, B-3 이상 ④ ABC용, B-10 이상

고압가스 운반 시 휴대하는 소화설비, 보호구 및 자재 등
가연성 가스 및 산소를 운반하는 경우 휴대하는 소화설비, 자재 및 공구 등은 다음 각 목과 같다.
1. 소화설비
① 차량에 고정된 탱크에 의하여 운반할 때에 소화설비는 다음 표에 게기하는 소화기로서 신속하게 사용할 수 있는 위치에 비치하여야 한다.

가스의 구분	소화기의 종류		비치 개수
	소화약제의 종류	소화기의 능력단위	
가연성 가스	분말 소화제	BC용, B-10 이상 또는 ABC용, B-12 이상	차량 좌우에 각각 1개 이상
산소	분말 소화제	BC용, B-8 이상 또는 ABC용, B-10 이상	차량 좌우에 각각 1개 이상

비고 : BC용은 유류화재나 전기화재, ABC용은 보통화재, 유류화재 및 전기화재 각각에 사용된다.(이하 같다)

정답 68.④ 69.① 70.④ 71.③ 72.②

② 충전용기 등을 차량에 적재하여 운반하는 경우(질량 5kg 이하의 고압가스를 운반하는 경우는 제외)에 휴대하는 소화설비는 다음 표에 기재한 소화기로서 신속하게 사용할 수 있는 위치에 비치하여야 한다.

운반하는 가스량에 따른 구분	소화기의 종류		비치 개수
	소화약제의 종류	소화기의 능력단위	
압축가스 100m³ 또는 액화가스 1,000kg 이상인 경우	분말 소화제	BC용, B-10 이상 또는 ABC용, B-12 이상	2개 이상
압축가스 15m³ 초과 100m³ 미만 또는 액화가스 150kg 초과 1,000kg 미만인 경우	상동	상동	1개 이상
압축가스 15m³ 또는 액화가스 150kg 이하인 경우	상동	B-3 이상	1개 이상

비고 : 소화기 1개의 소화능력이 소정의 능력단위에 부족한 경우에는 추가해서 비치하는 다른 소화기와의 합산능력이 소정의 능력단위에 상당한 능력 이상이면 그 소정의 능력단위의 소화기를 비치한 것으로 본다.

73 수소의 일반적 성질에 대한 설명으로 틀린 것은?

① 열에 대하여 안정하다.
② 가스 중 비중이 가장 적다.
③ 무색, 무미, 무취의 기체이다.
④ 기체 중 확산속도가 가장 느리다.

 수소의 특징
① 가스 중 가장 가볍다.
② 최소의 밀도를 가지며 기체 중 확산속도가 가장 빠르다.
③ 무색, 무미, 무취의 가연성 기체이다.

74 고압가스용 이음매 없는 용기 재검사 기준에서 정한 용기의 상태에 따른 등급 분류 중 3급에 해당하는 것은?

① 깊이가 0.1mm 미만이라고 판단되는 흠
② 깊이가 0.3mm 미만이라고 판단되는 흠
③ 깊이가 0.5mm 미만이라고 판단되는 흠
④ 깊이가 1mm 미만이라고 판단되는 흠

 검사방법은 다음 각 호와 같다.
① 음향검사
용기의 고유진동수를 저해하지 아니하도록 나무망치 등으로 가볍게 동체를 두드렸을 때 맑은 소리가 길게 퍼지는 것을 합격으로 한다. 다만, 카트리지 용기는 법 제17조 제2항 제1호의 규정에 의한 첫 번째 및 두 번째 실시하는 재검사의 경우에는 음향검사를 생략할 수 있다.
② 외부 및 내부 외관검사
용기 외부는 측정기기 및 육안으로 관찰하고, 용기 내부는 조명기구를 이용하여 육안으로 관찰한 결과를 다음과 같이 4등급으로 분류한다. 다만, 카트리지 용기는 법 제17조 제2항 제1호의 규정에 의한 첫 번째 및 두 번째 실시하는 재검사의 경우 외부 외관검사는 차량에 고정한 상태에서 검사 가능한 부분에 대하여 실시하되, 등급 분류 결과 2급을 3급으로 분류하고, 규정한 계산두께 이하부터 결함으로 본다.

등급	용기의 상태
1급	사용상 지장이 없는 것으로서 2급, 3급 및 4급에 속하지 아니하는 것
2급	깊이가 1mm 이하의 우그러짐이 있는 것 중 사용상 지장 여부를 판단하기 곤란한 것
3급	다음의 1에 해당하는 결함이 있는 것 ① 깊이가 0.3mm 미만이라고 판단되는 흠이 있는 것 ② 깊이가 0.5mm 미만이라고 판단되는 부식이 있는 것

4급	다음의 1에 해당하는 결함이 있는 것
	① 부식
	  ㉠ 원래의 금속표면을 알 수 없을 정도로 부식되어 부식깊이 측정이 곤란한 것
	  ㉡ 부식점의 깊이가 0.5mm를 초과하는 점부식이 있는 것
	  ㉢ 길이가 100mm 이하이고 부식깊이가 0.3m를 초과하는 선부식이 있는 것
	  ㉣ 길이가 100mm를 초과하는 부식깊이가 0.25mm를 초과하는 선부식이 있는 것
	  ㉤ 부식깊이가 0.25mm를 초과하는 일반부식이 있는 것
	② 우그러짐 및 손상
	  ㉠ 용기 동체 내·외면에 균열, 주름등의 결함이 있는 것

등급	용기의 상태
4급	ㄴ 용기 바닥부 내·외면에 사용상 지장이 있다고 판단되는 균열, 주름 등의 결함이 있는 것. 다만, 만네스만 방식으로 제조된 용기의 경우에는 용기 바닥면 중심부로부터 원주방향으로 반지름의 1/2 이내의 영역에 있는 것을 제외한다. ㄷ 우그러진 최대 깊이가 2mm를 초과하는 것 ㄹ 우그러진 부분의 짧은 지름이 최대 깊이의 20배 미만인 것 ㅁ 찍힌 홈 또는 긁힌 홈의 깊이가 0.3mm를 초과하는 것 ㅂ 찍힌 홈 또는 긁힌 홈의 깊이가 0.25mm를 초과하고, 그 길이가 50mm를 초과하는 것

75 냉동기의 냉매설비는 진동, 충격, 부식 등으로 냉매가스가 누출되지 않도록 조치하여야 한다. 다음 중 그 조치 방법이 아닌 것은?

① 주름관을 사용한 방진 조치
② 냉매설비 중 돌출부위에 대한 적절한 방호 조치
③ 냉매가스가 누출될 우려가 있는 부분에 대한 부식 방지 조치
④ 냉매설비 중 냉매가스가 누출될 우려가 있는 곳에 차단밸브 설치

  [별표 7]
냉동제조의 시설기준 및 기술기준(제8조 제4호 관련)
1. 시설기준
① 누출 방지
제조설비는 진동·충격·부식 등에 의하여 냉매가스가 누출되지 아니하도록 다음 기준에 적합하게 할 것.
ㄱ 냉매설비(제조시설 중 냉매가스가 통하는 부분을 말한다. 이하 같다) 중 진동에 의하여 냉매가스가 누출될 우려가 있는 부분에 대하여 주름관을 사용하는 등의 방진조치를 할 것.
ㄴ 냉매설비의 돌출부 등 충격에 의하여 쉽게 파손되어 냉매가스가 누출될 우려가 있는 부분에 대하여는 적절한 방호조치를 할 것.
ㄷ 냉매설비 외면의 부식에 의하여 냉매가스가 누출될 우려가 있는 부분에 대하여는 부식 방지를 위한 조치를 할 것.

76 가연성 가스의 제조설비 중 검지경보장치가 방폭성능구조를 갖추지 아니하여도 되는 가연성 가스는?

① 암모니아   ② 아세틸렌
③ 염화에탄   ④ 아크릴알데히드

  가스누출 검지경보장치의 구조
① 충분한 강도(특히 검지엘리먼트 및 발신회로는 내구성을 갖는 것일 것)를 지니며, 취급 및 정비(특히 검지엘리먼트의 교체 등)가 쉬울 것.
② 가스에 접촉하는 부분은 내식성의 재료 또는 충분한 부식방지 처리를 한 재료를 사용하고 그 외의 부분은 도장이나 도금처리가 양호한 재료일 것.
③ 가연성 가스(암모니아를 제외한다)의 검지경보장치는 방폭 성능을 갖는 것일 것.
④ 2개 이상의 검출부에서 검지신호를 수신하는 경우 수신회로는 경보를 울리는 다른 회로가 작동하고 있을 때에도 당해 검지경보장치가 작동하여 경보를 울릴 수 있어야 하며 또한, 경보를 울리는 장소를 식별할 수 있는 것일 것.
⑤ 수신회로가 작동상태에 있는 것을 쉽게 식별할 수 있도록 할 것.
⑥ 경보는 램프의 점등 또는 점멸과 동시에 경보를 울리는 것일 것.

77 충전용기 등을 차량에 적재하여 운행할 때 운반책임자를 동승하는 차량의 운행에 있어서 현저하게 우회하는 도로란 이동거리가 몇 배 이상인 경우를 말하는가?

① 1   ② 1.5
③ 2   ④ 2.5

  충전용기 등 적재 차량의 운행 기준은 다음 각 호의 기준에 의한다.
① 노면이 나쁜 도로에서는 가능한 한 운행을 하지 말 것. 부득이하여 노면이 나쁜 도로를 운행할 때에는 운행 개시 전에 충전용기 등의 적재상황을 재점검하여 이상이 없는가를 확인할 것.
② 노면이 나쁜 도로를 운행한 후에는 일단 정지하여 적재상황, 용기밸브, 로프 등의

풀림 등이 없는 것을 확인할 것.
③ 운행중에는 직사광선을 받는 기회가 많으므로 충전용기 등의 온도 상승을 방지하는 조치를 하여 온도가 40℃ 이하가 되도록 할 것.
④ 충전용기 등을 차량에 적재하여 운행할 때에는 급커브 또는 노면이 나쁜 도로 등에서의 차량의 무게중심을 고려하여 신중하게 운전할 것.
⑤ 운반책임자를 동승하는 차량의 운행에 있어서는 다음 사항을 준수할 것.
  ㉠ 현저하게 우회하는 도로인 경우 및 부득이한 경우를 제외하고 번화가 또는 사람이 붐비는 장소는 피할 것.
  [비고]
    ⓐ 현저하게 우회하는 도로란 이동거리가 2배 이상이 되는 경우를 말한다.
    ⓑ 번화가란 도시의 중심부 또는 번화한 상점을 말하며, 차량의 너비에 3.5m를 더한 너비 이하인 통로의 주위를 말한다.
    ⓒ 사람이 붐비는 장소란 축제 시의 행렬, 집회 등으로 사람이 밀집된 장소를 말한다.
  ㉡ 200km 거리를 초과하여 차량을 운행하는 경우에는 중간에 충분한 휴식을 취하도록 하고 운행시킬 것.
  ㉢ 운반계획서에 기재된 도로를 따라 운행할 것.
  ※ 충전용기 등을 적재하여 운반할 때의 안전운행 요령은 "안전운행기준"에 준한다.

78 저장능력이 4톤인 액화석유가스 저장탱크 1기와 산소탱크 1기의 최대지름이 각각 4m, 2m일 때 상호간의 최소 이격거리는?

① 1m   ② 1.5m
③ 2m   ④ 2.5m

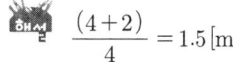 $\dfrac{(4+2)}{4} = 1.5[m]$

79 가연성 가스 제조소에서 화재의 원인이 될 수 있는 착화원이 모두 나열된 것은?

Ⓐ 정전기
Ⓑ 베릴륨 합금제 공구에 의한 타격
Ⓒ 안전증방폭구조의 전기기기 사용
Ⓓ 사용 촉매의 접촉작용
Ⓔ 밸브의 급격한 조작

① Ⓐ, Ⓓ, Ⓔ   ② Ⓐ, Ⓑ, Ⓒ
③ Ⓐ, Ⓒ, Ⓓ   ④ Ⓑ, Ⓒ, Ⓔ

 베릴륨 합금제 공구에 의한 타격
베륨림 합금제는 베릴륨에 동을 섞어서 만든 것으로 탄성이 커서 용수철로 사용되기도 하며 자석의 성질이 나타나지 않으며 마찰, 타격을 받아도 불꽃이 일어나지 않아 방폭 공구로 사용한다.

80 다음 중 특수고압가스가 아닌 것은?

① 압축모노실란   ② 액화알진
③ 게르만   ④ 포스겐

 특수고압가스
압축모노실란, 압축디보레인, 액화알진, 포스핀, 세렌화수소, 게르만, 디실란 및 그 밖에 반도체의 세정 등 산업통상자원부장관이 인정하는 특수한 용도에 사용되는 고압가스를 말한다.

 독성가스
아크릴로니트릴·아크릴알데히드·아황산가스·암모니아·일산화탄소·이황화탄소·불소·염소·브롬화메탄·염화메탄·염화프렌·산화에틸렌·시안화수소·황화수소·모노메틸아민·디메틸아민·트리메틸아민·벤젠·포스겐·요오드화수소·브롬화수소·염화수소·불화수소·겨자가스·알진·모노실란·디실란·디보레인·세렌화수소·포스핀·모노게르만 및 그 밖에 공기 중에 일정량 이상 존재하는 경우 인체에 유해한 독성을 가진 가스로서 허용농도(해당 가스를 성숙한 흰쥐 집단에게 대기 중에서 1시간 동안 계속하여 노출시킨 경우 14일 이내에 그 흰쥐의 2분의 1 이상이 죽게 되는 가스의 농도를 말한다. 이하 같다)가 100만분의 5000 이하인 것을 말한다.

가스기사

제 5 과목 가스계측기기

81 가스크로마토그래피의 분리관에 사용되는 충전담체에 대한 설명 중 틀린 것은?

① 화학적으로 활성을 띠는 물질이 좋다.
② 큰 표면적을 가진 미세한 분말이 좋다.
③ 입자 크기가 균등하면 분리작용이 좋다.
④ 충전하기 전에 비휘발성 액체로 피복해야 한다.

① 충전물이나 시료에 대하여 반응하지 않은 불활성이어야 한다.
② 기체 확산을 최소로 할 수 있어야 한다.
③ 순도가 높고 구입이 편리해야 한다.

82 열전대 온도계의 특징에 대한 설명으로 틀린 것은?

① 접촉식 온도계 중 가장 낮은 온도에 사용된다.
② 원격측정용으로 적합하다.
③ 보상 도선을 사용한다.
④ 냉접점이 있다.

열전대 온도계
① 열전대를 측온체로 사용하여 열기전력으로 온도를 나타내는 온도계이다.
② 구성 : 열전대, 보상도선, 측온접점(열접점), 기준접점(냉접점), 보호관
③ 열전대 온도계는 높은 온도 측정에 사용하며 R형은 가장 높은 온도를 측정할 수 있다.
③ 제백효과(Seeback effect) : 두 종의 금속으로 폐회로를 만들고 두 곳의 접합점에 온도차를 가게 하면 열기전력이 발생하여 전기가 흐르는 현상이다.

83 태엽의 힘으로 통풍하는 통풍형 건습구 습도계로서 휴대가 편리하고 필요풍속이 약 3m/s인 습도계는?

① 아스만 습도계
② 모발 습도계
③ 간이건습구 습도계
④ Dewcel식 노점계

아스만 습도계
① 목적 : 건습구 습도계의 구부에 일정 속도의 바람을 보내 측정 시간을 단축하고자 보다 정확한 온도 측정을 할 수 있도록 한 것이다.
② 측정 방법 : 두부에 있는 용수철 장치의 프로펠러 회전으로 5m/s 정도의 바람이 구부에 부딪치도록 하여 온도계의 시도로 전용 건습도용 온도표를 이용해서 상대습도를 구할 수 있다.

84 방사온도계의 원리는 방사열(전방사에너지)과 절대온도의 관계인 스테판-볼츠만의 법칙을 응용한 것이다. 이 때 전방사 에너지 Q는 절대온도 T의 몇 제곱에 비례하는가?

① 2   ② 3
③ 4   ④ 5

방사온도계
① 스테판-볼츠만의 법칙을 이용하여 측정 물체에서 방사되는 전방사 에너지를 렌즈 또는 반사경을 이용하여 온도를 측정하는 온도계이다.
② 스테판-볼츠만 법칙
어떤 물체가 단위 면적당 방출하는 복사에너지는 절대온도의 4승에 비례한다.
$W = \sigma T 4$ (°K = 273 + ℃)

85 적외선 분광 분석법에 대한 설명으로 틀린 것은?

① 적외선을 흡수하기 위해서는 쌍극자 모멘트의 알짜변화를 일으켜야 한다.
② H_2, O_2, N_2, Cl_2 등의 2원자 분자는 적외선을 흡수하지 않으므로 분석이 불가능하다.
③ 미량성분의 분석에는 셀(cell) 내에서 다중반사되는 기체 셀을 사용한다.

④ 흡광계수는 셀압력과는 무관하다.

적외선 분광 분석법
① 분자가 보유하는 에너지에는 전자, 진동 및 회전의 각 에너지가 있다. 적외선 분광 분석법은 분자의 진동 중 쌍극자 모멘트의 변화를 일으킬 진동에 의하여 적외선의 흡수가 일어나는 것을 이용한 것이다.
② 흡광계수는 셀압력에 의해 구하여진다.

86 액체산소, 액체질소 등과 같이 초저온 저장탱크에 주로 사용되는 액면계는?
① 마그네틱 액면계 ② 햄프슨식 액면계
③ 벨로즈식 액면계 ④ 슬립튜브식 액면계

차압식 액면계(햄프슨식 액면계)
① 액화산소와 같은 극저온의 저장조의 상·하부를 U자관에 연결하여 차압에 의하여 액면을 측정하는 방법이다.
② 초저온 저장탱크에 사용되는 액면계는 차압식이다.

87 다음 그림은 자동 제어계의 특성에 대하여 나타낸 것이다. 그림 중 B는 입력신호의 변화에 대하여 출력신호의 변화가 즉시 따르지 않는 것을 나타내는 것으로 이를 무엇이라고 하는가?

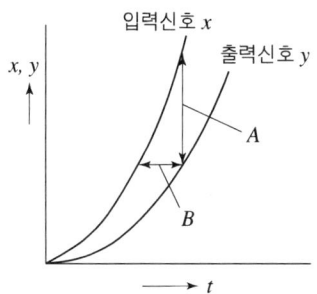

① 정오차   ② 히스테리시스 오차
③ 동오차   ④ 지연(遲延)

① 지연(遲延) : 입력신호의 변화에 대하여 출력신호의 변화가 즉시 따르지 않고 시간지연을 나타내는 것을 말한다.

② 히스테리시스 오차 : 계측기 내부의 기계적, 전기적 재료의 특성, 마찰 등에 의한 오차

88 다음 중 프로세스 제어량으로 보기 어려운 것은?
① 온도   ② 유량
③ 밀도   ④ 액면

프로세스 제어
① 온도, 압력, 액위, 유량 등 공업 프로세스의 상태를 제어량으로 한다.
② 프로세스(process)에 가해지는 외란(외적 작용)의 억제를 주목적으로 하고 있다.

89 다음 중 미량의 탄화수소를 검지하는 데 가장 적당한 검출기는?
① TCD 검출기   ② ECD 검출기
③ FID 검출기   ④ NOD 검출기

① **수소염 이온화 검출기**(flame ionization detector, FID) : 탄화수소에서의 감응이 최고이며 H_2, O_2, CO, CO_2, SO_2 등에서의 감응은 없다.
② **열전도 검출기**(TCD) : 유기화학, 무기화학 등에 감응하며 일반적으로 널리 사용한다.
③ **전자포획형 검출기**(ECD)
  ㉠ 유기할로겐화합물, 니트로화합물, 유기금속화합물을 선택적으로 검출한다.
  ㉡ 산소화합물에서 감도가 최고이며 탄소수소의 감도는 좋지 않다.
④ **불꽃광형 검출기**(FPD) : 인, 유황화합물을 선택적으로 검출할 수 있다.
⑤ **알칼리 열이온화 검출기**(FTD) : 유기질소화합물, 유기인화합물을 선택적으로 검출할 수 있다.

90 액면계 선정 시 고려사항이 아닌 것은?
① 동특성   ② 안전성
③ 측정범위와 정도 ④ 변동상태

동특성
① 액면계는 용기 또는 탱크 속에 들어 있는 액체 성분의 위치를 측정하는 것이 목적이다.
② 부하변화가 큰 곳에 사용하는 동특성은 적합하지 않다.

91 다음 중 일반적인 가스미터의 종류가 아닌 것은?
① 스크류식 가스미터
② 막식 가스미터
③ 습식 가스미터
④ 추량식 가스미터

 가스미터의 종류
① 막식 가스미터 : 가격이 저가이며 설치 후 유지 관리가 편리하다.
② 습식 가스미터 : 유량 계측이 정확하며 설치공간이 많이 필요하다.
③ 추량식 가스미터 : 유량과 일정한 관계가 있는 다른 양을 측정하여 간접적으로 가스량을 측정하는 방식이다.

92 열전 온도계의 원리로 맞는 것은?
① 열복사를 측정한다.
② 두 물체의 열팽창량을 이용한다.
③ 두 물체의 열기전력을 이용한다.
④ 두 물체의 열전도율 차이를 이용한다.

 열전대 온도계
① 열전대를 측온체로 사용하여 열기전력으로 온도를 나타내는 온도계이다.
② 구성 : 열전대, 보상도선, 측온접점(열접점), 기준접점(냉접점), 보호관
③ 제백효과(Seeback effect) : 두 종의 금속으로 폐회로를 만들고 두 곳의 접합점에 온도차를 가게 하면 열기전력이 발생하여 전기가 흐르는 현상이다.

93 레이더의 방향 및 선박과 항공기의 방향제어 등에 사용되는 제어는 제어량 성질에 따라 분류할 때 어떤 제어방식에 해당하는가?
① 정치제어   ② 추치제어
③ 자동조정   ④ 서보기구

 ① **정치제어** : 목표치가 변화하지 않고 일정한 값을 갖는 제어방식이다.
② **추치제어** : 목표치가 변화되는 자동제어로서 목표치가 시간에 따라 변화하는 제어이다.
③ **서보기구**
  ㉠ 물체의 위치, 방위, 자세 등이 기계적 변위를 제어량으로 하는 제어계로서 목표치의 임의의 변화에 항상 추종시키는 것을 목적으로 하는 제어이다.
  ㉡ 위치, 방향, 자세, 각도 등이 있다.

94 가스 누출을 검지할 때 사용되는 시험지가 아닌 것은?
① KI 전분지   ② 리트머스지
③ 파라핀지   ④ 염화파라듐지

가스 누설 검색지의 변색

가스명	검색지	색깔(변색)
암모니아(NH_3)	붉은 리트머스 시험지	청색
염소(Cl_2)	KI 전분지	청색
포스겐($COCl_2$)	하리슨 시약	오렌지색
아세틸렌(C_2H_2)	염화제1동착염지	적색
일산화탄소(CO)	염화파라듐지	검정색
황화수소(H_2S)	연당지 (초산납 시험지)	검정색
시안화수소(HCN)	질산구리벤젠지 (초산벤젠)	청색
아황산가스(SO_2)	암모니아 헝겊	흰 연기 발생
프로판(C_3H_8)	비눗물	기포 발생

95 가스미터의 검정에서 피시험미터의 지시량이 $1m^3$이고 기준기의 지시량이 750L일 때 기차(器差)는 약 몇 %인가?
① 2.5   ② 3.3
③ 25.0   ④ 33.3

기차
① $E = \dfrac{I-Q}{I} \times 100$

   E : 기차, I : 피시험미터 지시량,
   Q : 기준미터 지시량

② $E = \dfrac{I-Q}{I} \times 100\%$

   $= \dfrac{1-0.75}{1} \times 100\% = 25\%$

96 유량계를 교정하는 방법 중 기체 유량계의 교정에 가장 적합한 것은?

① 저울을 사용하는 방법
② 기준 탱크를 사용하는 방법
③ 기준 체적관을 사용하는 방법
④ 기준 유량계를 사용하는 방법

 유량계의 교정방법
① 기준 체적관을 이용하는 방법
② 기준 탱크를 이용하는 방법
③ 기준 유량계를 이용하는 방법
④ 기준 저울을 이용하는 방법

97 자동제어의 각 단계가 바르게 연결된 것은?

① 비교부 – 전자유량계
② 조작부 – 열전대 온도계
③ 검출부 – 공기압식 자동밸브
④ 조절부 – 비례미적분제어(PID제어)

 자동제어
① 비교부 : 제어 대상의 현재값과 목표값의 차이를 판단한다.
② 조작부
  ㉠ 조작신호를 조작량으로 전환시키는 부분이다.
  ㉡ 공기압식 자동밸브
③ 검출부
  ㉠ 제어대상을 계측기를 사용하여 목표치 또는 기준입력과 비교할 수 있도록 검출하는 하는 과정이다.
  ㉡ 열전 온도계
④ 조절부
  ㉠ 동작신호를 조작신호 만든다.
  ㉡ PID 제어 : 목표값과 현재 위치를 관찰하면서 서서히 조절하는 제어방법이다.

98 물이 흐르는 수평관의 2개소에 압력차를 측정하기 위하여 수은을 넣은 마노미터를 부착시켰더니 수은주의 높이차(h)가 600mm이었다. 이때의 차압($P_1 - P_2$)은 약 몇 kgf/cm^{2}인가? (단, Hg의 비중은 13.6이다.)

① 0.63   ② 0.76
③ 0.86   ④ 0.97

 ① $\triangle P = P_1 - P_2 = (\gamma_2 - \gamma_1)h$
② $\triangle P = (13.6 \times 1000 - 1 \times 1000)$
   $\times 600 \times 10^{-3} \times 10^{-4}$
   $= 0.756 \, [\text{kgf/cm}^2]$

99 고속회전이 가능하여 소형으로 대용량을 계량할 수 있기 때문에 보일러의 공기조화장치와 같은 대량가스 수요처에 적합한 가스미터는?

① 격막식 가스미터
② 루츠식 가스미터
③ 오리피스식 가스미터
④ 터빈식 가스미터

 루츠미터(roots meter)
① 고속회전이 가능하다.(1600rpm)
② 소형으로 대용량 계측에 적합하다.
③ 고압에서도 사용이 가능하다.
④ 대규모 수용가에 사용한다.

100 가스크로마토그래피법의 검출기에 대한 설명으로 옳은 것은?

① 불꽃이온화 검출기는 감도가 낮다.
② 전자포착 검출기는 직선성이 좋다.
③ 열전도도 검출기는 수소와 헬륨이 검출한계가 가장 낮다.

④ 불꽃광도 검출기는 모든 물질에 적용된다.

 열전도도 검출기(TCD)
① 가스크로마토그래피의 검출기 중 선형 감응 범위가 크고, 유기 및 무기화학종 모두에 감응하고, 검출 후에도 용질이 파괴되지 않으나, 감도가 비교적 낮다.
② 캐리어 가스와 시료와의 열전도도 차를 금속 필라멘트의 저항 변화로 나타내며 일반적으로 사용되는 검출기로 구조 취급방법이 쉽고, 거의 모든 성분을 검출할 수 있으나 감도가 낮다.(100ppm까지 감지)
③ 열전도도 검출기(TCD) : 시료 기준이 순도 99.99% 이상의 수소나 헬륨일 경우 검출기 작동에 적합하다.

2025

❶ 2025년 2월 CBT 시행
❷ 2025년 5월 CBT 시행
❸ 2025년 8월 CBT 시행

2025

본 문제는 복원 기출문제입니다. 실제 문제와 다를 수 있으니 양해바랍니다.

2025년도 출제문제
2025년 2월 CBT 시행

제1과목 가스유체역학

01 단수가 Z인 다단펌프의 비속도는 다음 중 어느 것에 비례하는가?

① $Z^{0.5}$ ② $Z^{0.75}$
③ $Z^{1.25}$ ④ $Z^{1.33}$

 단수가 Z인 다단펌프의 비속도

$N_s = \dfrac{N \times Q}{\left(\dfrac{H}{Z}\right)^{\frac{3}{4}}}$ 에서

여기서, N : 회전수[rpm]
 Q : 유량[m³/sec]
 H : 전양정[m]

전양정은 변화가 없는 것으로 가정하면

$N_s = \dfrac{1}{\left(\dfrac{1}{Z}\right)^{\frac{3}{4}}} = Z^{\frac{3}{4}} = Z^{0.75}$

02 비압축성 유체의 유량을 일정하게 하고, 관지름을 2배로 하면 유속은 어떻게 되는가? (단, 기타 손실은 무시한다.)

① $\dfrac{1}{2}$로 느려진다.   ② $\dfrac{1}{4}$로 느려진다.
③ 2배로 빨라진다.   ④ 4배로 빨라진다.

 $A_1 V_1 = A_2 V_2$ 에서 $D_2 = 2D_1$이므로

$V_2 = \dfrac{A_1 \times V_1}{A_2} = \dfrac{\frac{\pi}{4} D_1^2 V_1}{\frac{\pi}{4} \times (2D_1)^2} = \dfrac{1}{4} V_1$

∴ 관지름이 2배로 증가하면 유속은 $\dfrac{1}{4}$배로 감소

03 유체 수송장치의 캐비테이션 방지 대책으로 옳은 것은?

① 펌프의 설치 위치를 높인다.
② 펌프의 회전수를 크게 한다.
③ 흡입관 지름을 크게 한다.
④ 양흡입을 단흡입으로 바꾼다.

 펌프에서 발생되는 여러 가지 현상
① **캐비테이션(cavitation)** : 유수 중에 어느 부분의 정압이 그때 물의 온도에 해당하는 증기압 이하로 되어 물이 증발을 일으키고 수중에 용입되어 있던 공기가 낮은 압력으로 인하여 기포가 발생하는 현상으로 공동현상이라고도 한다.
  ㉠ 영향
    ⓐ 소음과 진동발생
    ⓑ 깃에 대한 침식
    ⓒ 양정곡선과 효율곡선의 저하
  ㉡ 발생조건
    ⓐ 흡입 양정이 지나치게 길 때
    ⓑ 과속으로 유량이 증대될 때
    ⓒ 흡입관 입구 등에서 마찰저항 증가 시
    ⓓ 관로 내의 온도가 상승될 때
  ㉢ 방지대책
    ⓐ 양흡입 펌프를 사용한다.
    ⓑ 수직축 펌프를 사용하고 회전차를 수중에 잠기게 한다.
    ⓒ 펌프를 두 대 이상 설치한다.
    ⓓ 펌프의 회전수를 낮춘다.
    ⓔ 펌프의 설치위치를 낮추어 흡입양정을 짧게 한다.
    ⓕ 관지름을 크게 하고 흡입측의 저항을 최소로 줄인다.
② **수격작용(water hammering)** : 펌프에서 물을 압송하고 있을 때 정전 등으로 급히 펌프가 멈추거나 수량조절 밸브를 급히 폐쇄할 때 관내 유속이 급속히 변화하면 물에 의한 심한 압력의 변화가 생겨 관벽을 치는 현상을 수격작용이라고 한다.

01.② 02.② 03.③

※ 수격작용 방지책
- 완폐 체크 밸브를 토출구에 설치하고 밸브를 적당히 제어한다.
- 관경을 크게 하고 관내 유속을 느리게 한다.
- 관로에 조압수조(surge tank)를 설치한다.
- 플라이휠을 설치하여 펌프속도의 급변을 막는다.

③ 서징(surging) : 펌프를 운반할 때 송출 압력과 송출유량이 주기적으로 변동하여 펌프입구 및 출구에 설치된 진공계, 압력계의 지침이 흔들리는 현상을 말하며 맥동현상이라고 한다.

㉠ 서징현상 발생원인
  ⓐ 펌프를 운전시 주기적으로 운동, 양정, 토출량이 변화될 때
  ⓑ 수량조절 밸브가 저장탱크 뒤쪽에 있을 때
  ⓒ 배관 중에 공기탱크나 물탱크가 있을 때

㉡ 서징현상 방지책
  ⓐ 방출 밸브 등을 사용하여 펌프속 양수량을 서징할 때의 양수량 이상으로 증가시킨다.
  ⓑ 임펠러나 가이드 베인의 현상과 치수를 바꾸어 그 특징을 변화시킨다.
  ⓒ 관로에 불필요한 잔류공기를 제거하고 관로의 단면적 및 유속 등을 변화시킨다.

04 등엔트로피 과정은 어떤 과정이라 말할 수 있는가?
① 비가역 등온과정
② 마찰이 있는 가역과정
③ 가역 단열과정
④ 비가역 팽창과정

 가역 단열과정 : 등엔트로피 과정

05 모세관 현상에서 액체의 상승높이에 대한 설명으로 옳지 않은 것은?

① 액체의 밀도에 반비례한다.
② 모세관의 지름에 비례한다.
③ 표면장력에 비례한다.
④ 접촉각에 의존한다.

 모세관 현상에서 액체의 상승높이

$$h = \frac{4\sigma\cos\theta}{\gamma d\rho}$$

여기서, γ : 비중량($1000\,kg/m^3$)
  d : 모세관지름
  h : 모세관현상으로 인한 상승이나 하강 높이
  σ : 표면장력
  ρ : 밀도

06 원관에서의 레이놀즈수(Re)에 관련된 변수가 아닌 것은?
① 지름   ② 밀도
③ 점성계수 ④ 체적

원관에서의 레이놀즈수에 의한 변수

$$Re = \frac{\rho VD}{\mu}$$

여기서, ρ : 밀도[kg/m^3]
  D : 관지름[cm]
  V : 유속[m/sec]
  μ : 점성계수[kg·m/sec]

07 다음 그림에서와 같이 관속으로 물이 흐르고 있다. A점과 B점에서의 유속은 몇 m/s인가?

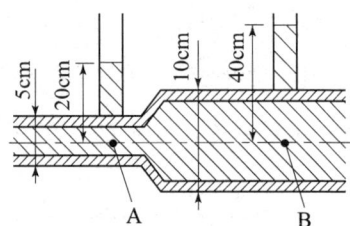

① $U_A = 2.045$, $U_B = 1.022$
② $U_A = 2.045$, $U_B = 0.511$
③ $U_A = 7.919$, $U_B = 1.980$
④ $U_A = 3.960$, $U_B = 1.980$

$A_1 U_1 = A_2 U_2$ 에서

$$U_1 = \frac{A_2 \times U_2}{A_1} = \frac{0.785 \times 0.1^2}{0.785 \times 0.05^2} \times U_2$$
$$= 4 U_2$$

A지점과 B지점에서 베르누이방정식 이용

$$\frac{P_1}{\gamma_1} + \frac{U_1^2}{2g_1} + Z_1 = \frac{P_2}{\gamma_2} + \frac{U_2^2}{2g_2} + Z_2$$

여기서, A지점과 B지점의 압력을 구하면
$P = \gamma \times h$에서
A지점 $= 1000\text{kgf/m}^3 \times 0.2\text{m}$
$\qquad = 200\text{kgf/m}^2$
B지점 $= 1000\text{kgf/m}^3 \times 0.4\text{m}$
$\qquad = 400\text{kgf/m}^2$
$U_1 = 4 U_2$이므로

$$\therefore \frac{200}{1000} + \frac{16 V_2^2}{2 \times 9.8} = \frac{400}{1000} + \frac{1 V_2^2}{2 \times 9.8}$$

$\therefore U_2 = 0.511\text{m/sec}$
$\therefore U_1 = 4 U_2 = 4 \times 0.511 = 2.04\text{m/sec}$

08 대기의 온도가 일정하다고 가정하고 공중에 높이 떠 있는 고무풍선이 차지하는 부피(a)와 그 풍선이 땅에 내려왔을 때의 부피(b)를 옳게 비교한 것은?

① a는 b보다 크다. ② a와 b는 같다.
③ a는 b보다 작다. ④ 비교할 수 없다.

 고무풍선이 공중에 높이 떠 있는 상태는 기압이 낮고 지표면의 기압은 높게 되므로 기압이 낮은 곳은 부피가 크고 높은 곳은 부피가 적게 된다.

09 어떤 유체의 흐름계를 Buckingham pi정리에 의하여 차원 해석을 하고자 한다. 계를 구성하는 변수가 7개이고, 이들 변수에 포함된 기본차원이 3개일 때, 몇 개의 독립적인 무차원수가 얻어지는가?

① 2   ② 4
③ 6   ④ 10

 무차원수 = 물리량수 − 기본차원수
$\qquad\qquad = 7 - 3 = 4$

10 안지름이 10cm인 관속을 40cm/s의 평균속도로 흐르던 물이 그림과 같이 안지름이 5cm인 가지관으로 갈라져 흐를 때, 이 가지관에서의 평균유속은 약 몇 cm/s인가?

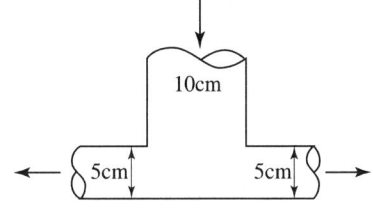

① 20   ② 40
③ 80   ④ 160

 $Q_1 = A_1 V_1 = 0.785 \times 10^2 \times 40$
$\qquad = 3141.59\text{cm}^3/\text{sec}$
가지관에서의 평균유속
$Q_2 = A_2 V_2 = Q_2 = \frac{1}{2} Q_1$이므로

$\therefore \frac{1}{2} Q_1 = A_2 V_2$

$\therefore V_2 = \dfrac{\frac{1}{2} Q_1}{A_2} = \dfrac{\frac{1}{2} \times 3141.59}{0.785 \times 5^2}$
$\qquad = 79.99\text{cm/sec}$

11 다음 중 옳은 것을 모두 고르면?

┌─ ㉠ 가스의 비체적은 단위 질량당 체적을 뜻한다.
│ ㉡ 가스의 밀도는 단위 체적당 질량이다.
└─

① ㉠   ② ㉡
③ ㉠, ㉡   ④ 모두 틀림

12 미사일이 공기 중에서 시속 1260km로 날고 있을 때의 마하수는 약 얼마인가?(단, 공기의 기체상수 R은 287J/kg·K, 비열비는 1.4이며, 공기의 온도는 25℃이다.)

① 0.83   ② 0.92
③ 1.01   ④ 1.25

해설
$$M = \frac{V}{C}$$
$$C = \sqrt{kgRT}$$
$$= \frac{(1260 \times 1000)}{\sqrt{(1.4 \times 9.8 \times 287 \times (273+25))}}$$
$$= 3641.3 \text{m/h}$$
$$\therefore \frac{3641 \text{m/h}}{3600 \text{sec/h}} = 1.011 \text{m/sec}$$

13 길이 500m, 안지름 50cm인 파이프 속을 물이 흐를 경우 마찰손실 수두가 10m라면 유속은 얼마인가?(단, 마찰손실계수 λ=0.02이다.)

① 3.13m/s ② 4.15m/s
③ 5.26m/s ④ 6.21m/s

해설
$$h_l = \frac{\lambda l V^2}{2gd}$$
$$V = \sqrt{\frac{h_l 2gd}{\lambda l}}$$
$$= \sqrt{\frac{(10 \times 2 \times 9.8 \times 0.5)}{(0.02 \times 500)}}$$
$$= 3.13 \text{m/sec}$$

14 압력 P, 마하수 M, 엔트로피가 S일 때 수직충격파가 발생한다면 P, M, S는 어떻게 변화하는가?

① M, P는 증가하고 S는 일정
② M은 감소하고 P, S는 증가
③ P, M, S 모두 증가
④ P, M, S 모두 감소

해설 **충격파의 영향**
① 엔트로피, 압력, 밀도, 비중량 증가
② 마하수 감소

15 물이 평균속도 4.5m/s로 안지름 100mm인 관을 흐르고 있다. 이 관의 길이 20m에서 손실된 헤드를 실험적으로 측정하였더니 4.8m였다. 관 마찰계수는?

① 0.016 ② 0.0232
③ 0.0464 ④ 0.2280

해설
$$h_l = \frac{\lambda l V^2}{2gd}$$
$$\lambda = \frac{h_l 2gd}{l \times V^2} = \frac{4.8 \times 2 \times 9.8 \times 0.1}{20 \times 4.5^2}$$
$$= 0.023$$

16 정체온도 T_s, 임계온도 T_c, 비열비를 k라 하면 이들의 관계를 옳게 나타낸 것은?

① $\frac{T_c}{T_s} = \left(\frac{2}{k+1}\right)^{k-1}$

② $\frac{T_c}{T_s} = \left(\frac{1}{k-1}\right)^{k-1}$

③ $\frac{T_c}{T_s} = \frac{2}{k+1}$

④ $\frac{T_c}{T_s} = \frac{1}{k-1}$

해설 **공기비열비 k에 대한 관계**
① 임계압력비 : $\frac{P_c}{P_s} = \left(\frac{2}{k+1}\right)^{\frac{1}{k-1}}$

② 임계온도비 : $\frac{T_c}{T_s} = \frac{2}{k+1}$

③ 임계밀도비 : $\frac{\rho_c}{\rho_s} = \left(\frac{2}{k+1}\right)^{\frac{1}{k-1}}$

17 그림은 회전수가 일정한 경우의 펌프의 특성곡선이다. 효율곡선은 어느 것인가?

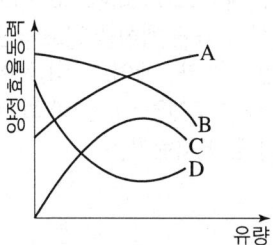

① A ② B
③ C ④ D

펌프의 특성곡선
① A곡선 : 축동력 곡선
② B곡선 : 양정곡선
③ C곡선 : 효율곡선

18 Hagen-Poiseuille 식이 적용되는 관내 층류 유동에서 최대속도 $V_{max}=6\text{cm/s}$일 때 평균속도 V_{avg}는 몇 cm/s인가?

① 2   ② 3
③ 4   ④ 5

 수평 원관 속을 층류로 흐를 때 평균유속은 관 중심에서의 최대유속의 $\frac{1}{2}$이므로

$V=\frac{1}{2}V_{max}=\frac{1}{2}\times 6=3\text{cm/sec}$

19 다음 중 비압축성 유체의 흐름에 가장 가까운 것은?

① 달리는 고속열차 주위의 기류
② 초음속으로 나는 비행기 주위의 기류
③ 압축기에서의 공기 유동
④ 물속을 주행하는 잠수함 주위의 수류

 비압축성 유체
① 저속으로 비행하는 항공기 주위의 기류
② 달리는 자동차, 기차 등의 주위의 기류
③ 건물, 굴뚝 등의 물체 주위를 흐르는 기류
④ 물

20 실린더 안에는 500kgf/cm^2의 압력으로 압축된 액체가 들어 있다. 이 액체 0.2m^3를 550kgf/cm^2로 압축하니 그 부피가 0.1996m^3로 되었다. 이 액체의 체적 탄성계수는 몇 kgf/cm^2인가?

① 20000   ② 22500
③ 25000   ④ 27500

$E=-\dfrac{\Delta P}{\dfrac{dV}{V_1}}$

$=-\dfrac{550-500}{\dfrac{0.2-0.1996}{0.2}}=25000\text{kgf/cm}^2$

제 2 과목 연소공학

21 가스가 폭발하기 전 발화 또는 착화가 일어날 수 있는 요인으로 가장 거리가 먼 것은?

① 습도   ② 조성
③ 압력   ④ 온도

 발화의 원인
① 온도 ② 조성 ③ 압력
④ 용기의 크기 및 형태

22 기류의 흐름에 소용돌이를 일으켜, 이때 중심부에 생기는 부압에 의해 순환류를 발생시켜 화염을 안정시키려는 수단으로 가장 적당한 것은?

① 보염기   ② 선회기
③ 대항분류기   ④ 저유속기

 선회기 : 기류의 흐름에 소용돌이를 일으켜 이때 중심부에 생기는 부압에 의해 순환류를 발생시켜 화염을 안정시키려는 수단

23 이상기체에서 "$PV^k=$일정"의 식이 적용되는 과정은?(단, k는 비열비이다.)

① 등온과정   ② 등압과정
③ 등적과정   ④ 단열과정

 폴리트로픽 지수
① $n=0$(정압과정) ② $n=1$(정온과정)
③ $n=k$(단열과정) ④ $n=\infty$(정적과정)

24 다음 중 폭굉유도거리가 짧아지는 이유가 아닌 것은?

① 관지름이 클수록
② 압력이 높을수록
③ 점화원의 에너지가 클수록
④ 정상연소속도가 큰 혼합가스일수록

 폭굉 유도거리가 짧아지는 조건
① 고압일수록
② 정상속도가 큰 혼합가스일수록
③ 관속에 방해물이 있거나 관지름이 적을수록
④ 점화원의 에너지가 클수록

25 다음의 연소 반응식 중 틀린 것은?

① $C_3H_8 + 5O_2 \rightarrow 3CO_2 + 4H_2O$
② $C_3H_6 + \left(\dfrac{7}{2}\right)O_2 \rightarrow 3CO_2 + 3H_2O$
③ $C_4H_{10} + \left(\dfrac{13}{2}\right)O_2 \rightarrow 4CO_2 + 5H_2O$
④ $C_6H_6 + \left(\dfrac{15}{2}\right)O_2 \rightarrow 6CO_2 + 3H_2O$

 완전연소 반응식
① $C_3H_8 + 5O_2 \rightarrow 3CO_2 + 4H_2O$
② $C_3H_6 + 4.5O_2 \rightarrow 3CO_2 + 3H_2O$
③ $C_4H_{10} + 6.5O_2 \rightarrow 4CO_2 + 5H_2O$
④ $C_6H_6 + 7.5O_2 \rightarrow 6CO_2 + 3H_2O$
⑤ $C_2H_2 + 2.5O_2 \rightarrow 2CO_2 + H_2O$
⑥ $CH_4 + 2O_2 \rightarrow CO_2 + 2H_2O$
⑦ $C_2H_6 + 3.5O_2 \rightarrow 2CO_2 + 3H_2O$

26 가스의 폭발에 대한 설명으로 틀린 것은?

① 산소 중에서의 폭발하한계가 아주 낮아진다.
② 혼합가스의 폭발은 르샤트리에의 법칙에 따른다.
③ 압력이 상승하거나 온도가 높아지면 가스의 폭발범위는 일반적으로 넓어진다.
④ 가스의 화염전파 속도가 음속보다 큰 경우에 일어나는 충격파를 폭굉이라고 한다.

 수소의 폭발범위 예
① 공기 중에서 : 4~75%
② 산소 중에서 : 4~94%

27 2개의 단열과정과 2개의 정압과정으로 이루어진 가스 터빈의 이상 사이클은?

① 에릭슨 사이클   ② 브레이턴 사이클
③ 스털링 사이클   ④ 앳킨슨 사이클

 브레이턴 사이클 : 2개의 단열과정과 2개의 정압과정으로 이루어진 가스 터빈의 이상 사이클

28 어떤 연료의 성분이 다음과 같을 때 이론공기량(Nm^3/kg)은 약 얼마인가?(단, 각 성분의 비는 C : 0.82, H : 0.16, O : 0.02이다.)

① 8.7   ② 9.5
③ 10.2   ④ 11.5

 이론공기량(A_0)

$A_0 = 8.89C + 26.67\left(H - \dfrac{O}{8}\right) + 3.33S$

$= 8.89 \times 0.82 + 26.67\left(0.16 - \dfrac{0.02}{8}\right)$

$= 11.49 Nm^3/kg$

 이론산소량(O_0)

$O_0 = 1.867C + 5.6\left(H - \dfrac{O}{8}\right) + 0.7S$

29 연소기에서 발생할 수 있는 역화를 방지하는 방법에 대한 설명 중 옳지 않은 것은?

① 연료분출구를 작게 한다.
② 버너의 온도를 높게 유지한다.
③ 연료의 분출속도를 크게 한다.
④ 1차 공기를 착화범위보다 적게 한다.

 연소기에서 발생할 수 있는 역화 방지 방법
① 연료분출구를 작게 한다.

24.① 25.② 26.① 27.② 28.④ 29.②

② 연료의 분출속도를 크게 한다.
③ 버너의 온도를 낮게 유지한다.
④ 1차 공기를 착화범위보다 적게 한다.

30 안쪽 반지름 55cm, 바깥 반지름 90cm인 구형 고압 반응 용기($\lambda = 41.87W/m \cdot °C$) 내외의 표면온도가 각각 551K, 543K일 때 열손실은 약 몇 kW인가?
① 6
② 11
③ 18
④ 29

$$Q = k \frac{4\pi(T_2 - T_1)}{\frac{1}{r_1} - \frac{1}{r_2}}$$
$$= 0.04187 \times \frac{4 \times 3.14 \times (551 - 543)}{\frac{1}{0.55} - \frac{1}{0.9}}$$
$$= 5.59 kW$$

31 가스 안전성 평가 기법은 정성적 기법과 정량적 기법으로 구분한다. 정량적 기법이 아닌 것은?
① 결함수 분석(FTA)
② 사건수 분석(ETA)
③ 원인결과 분석(CCA)
④ 위험과 운전 분석(HAZOP)

정량적 기법
① 결함수 분석법(FTA)
② 사건수 분석법(ETA)
③ 원인결과 분석법(CCA)

32 폭굉현상에 대한 설명으로 틀린 것은?
① 폭굉한계의 농도는 폭발(연소)한계의 범위 내에 있다.
② 폭굉현상은 혼합가스의 고유 현상이다.
③ 오존, NO_2, 고압하의 아세틸렌의 경우에도 폭굉을 일으킬 수 있다.
④ 폭굉현상은 가연성가스가 어느 조성범위에 있을 때 나타나는데 여기에는 하한계와 상한계가 있다.

 폭굉 : 가스 중의 화염의 전파속도가 음속보다 빠른 경우의 폭발로서 충격파라는 압력파가 생겨 격렬한 파괴 작용을 일으키는 현상

33 연소의 연쇄반응을 차단하는 방법을 소화하는 소화의 종류는?
① 억제소화
② 냉각소화
③ 제거소화
④ 질식소화

 소화방법
① 억제소화(부촉매소화) : 연소의 연쇄방법으로 차단하는 방법
② 냉각소화
 ㉠ 액체를 사용하는 방법 : 물이나 그 밖의 액체로 증발잠열 이용 냉각
 ㉡ 고체를 사용하는 방법 : 기름에 인화 시 싱싱한 야채를 넣어 냉각
 ㉢ 연소물로부터 열을 빼앗아 발화점 이하로 온도를 낮춤
③ 제거소화 : 가연물을 제거함으로서 연소물을 제거시켜 소화
④ 희석소화 : 수용성의 가연성 액체(알코올, 아세톤)을 물로 묽게 희석시키는 방법
⑤ 질식소화
 ㉠ 불연성 기체로 연소물을 감싸는 방법
 ㉡ 불연성 포말로 연소물을 감싸는 방법
 ㉢ 가연성물이 연소할 때 공기 중의 산소농도를 약 21%에서 15% 이하로 낮추어 소화하는 방법

34 어느 온도에서 $A(g) + B(g) \rightleftharpoons C(g) + D(g)$ 와 같은 가역반응이 평형상태에 도달하여 D가 $\frac{1}{4}$mol 생성되었다. 이 반응의 평형상수는?(단, A와 B를 각각 1mol씩 반응시켰다.)
① $\frac{16}{9}$
② $\frac{1}{3}$
③ $\frac{1}{9}$
④ $\frac{1}{16}$

해설 평형상수 $= \dfrac{C \times D}{A \times B}$

∴ $A(g) + B(g) \rightleftharpoons C(g) + D(g)$
  $\quad \frac{3}{4} \qquad \frac{3}{4} \qquad \frac{1}{4} \qquad \frac{1}{4}$

∴ $\dfrac{\left(\frac{1}{4} \times \frac{1}{4}\right)}{\left(\frac{3}{4} \times \frac{3}{4}\right)} = 0.111$

35 다음 그림은 액체 연료의 연소시간(t)의 변화에 따른 유적 지름(d)의 거동을 나타낸 것이다. 착화 지연기간으로 유적의 온도가 상승하여 열팽창을 일으키므로 지름이 다소 증가하지만 증발이 시작되면 감소하는 곳은?

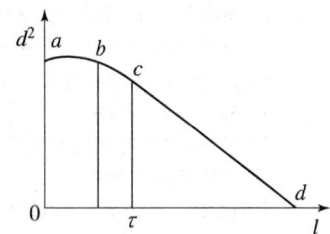

① a-b
② b-c
③ c-d
④ d

해설 유적 지름의 거동
① a-b : 가열시간 영역
② b-c : 증발시간 영역
③ c-d : 연소시간 영역

36 예혼합연소의 특징에 대한 설명으로 옳은 것은?
① 역화의 위험성이 없다.
② 로(爐)의 체적이 커야 한다.
③ 연소실 부하율을 높게 얻을 수 있다.
④ 화염대에 해당하는 두께는 10~100mm 정도로 두껍다.

해설 예혼합연소의 특징
① 역화의 위험성이 있다.
② 로의 체적이 적어야 한다.
③ 연소실 부하율을 높게 얻을 수 있다.
④ 화염대에 해당하는 두께는 10~100mm 정도로 두껍다.
⑤ 가스와 공기의 사전혼합형이다.
⑥ 조작범위가 좁다.

37 고체연료의 연소과정 중 화염이동속도에 대한 설명으로 옳은 것은?
① 발열량이 낮을수록 화염이동속도는 커진다.
② 석탄화도가 높을수록 화염이동속도는 커진다.
③ 입자지름이 작을수록 화염이동속도는 커진다.
④ 1차 공기온도가 높을수록 화염이동속도는 작아진다.

해설 고체연료의 화염이동속도
① 입자지름이 작을수록 화염이동속도는 커진다.
② 석탄화도가 낮을수록 화염이동속도는 커진다.
③ 발열량이 높을수록 화염이동속도는 커진다.
④ 1차 공기온도가 높을수록 화염이동속도는 커진다.

38 20kW의 어떤 디젤 기관에서 마찰손실이 출력의 15%일 때 손실에 의해 발생되는 열량은 약 몇 kJ/s인가?
① 3
② 4
③ 6
④ 7

해설 1kW = 1kJ/sec = 3600kJ/h
∴ 손실에 의해 발생되는 열량
= 출력 × 마찰손실
= 20 × 0.15 = 3kW
= 3kJ/sec

39 30kg 중유의 고위발열량이 90000kcal일 때 저위발열량은 약 몇 kcal/kg인가?(단, C : 30%, H : 10%, 수분 : 2% 이다.)

① 1552　　② 2448
③ 3552　　④ 4994

$H_l = H_h - 600(9H + W)$
$= \dfrac{90000\text{kcal}}{30\text{kg}} - 600(9 \times 0.10 + 0.02)$
$= 2448\text{kcal/kg}$

40 에너지 방출속도(energy release rate)에 대한 설명으로 틀린 것은?

① 화재와 관련하여 가장 중요한 값이다.
② 다른 요소와 비교할 때 간접적으로 화재의 크기와 손상 가능성을 나타낸다.
③ 화염높이와 밀접한 관계가 있다.
④ 화재 주위의 복사열 유속과 직접 관련된다.

에너지 방출속도
① 화염높이와 밀접한 관계가 있다.
② 화재 주위의 복사열 유속과 직접 관련된다.
③ 화재와 관련하여 가장 중요한 값이다.

제3과목　가스설비

41 LPG 집단 공급시설에서 액화석유가스 저장탱크의 저장능력 계산 시 기준이 되는 것은?

① 0℃에서의 액비중을 기준으로 계산
② 20℃에서의 액비중을 기준으로 계산
③ 40℃에서의 액비중을 기준으로 계산
④ 상용온도에서의 액비중을 기준으로 계산

$W = 0.9 d V_2$
액화석유가스 저장탱크의 저장능력 계산 시 40℃에서의 액비중을 기준으로 계산
여기서, W : 저장탱크의 저장능력[kg]
　　　　d : 액화석유가스의 비중[kg/l]
　　　　V_2 : 저장탱크의 내용적[l]

압축가스$(Q) = (P+1)V_1$
여기서, P : 최고충전압력[kg/cm²]

42 일정 압력 이하로 내려가면 가스 분출이 정지되는 구조의 안전밸브는?

① 스프링식　　② 파열식
③ 가용전식　　④ 박판식

스프링식 안전밸브 : 일정 압력 이하로 내려가면 가스 분출이 정지

43 일반용 액화석유가스 압력조정기의 내압성능에 대한 설명으로 옳은 것은?

① 입구 쪽 시험압력은 2MPa 이상으로 한다.
② 출구 쪽 시험압력은 0.2MPa 이상으로 한다.
③ 2단 감압식 2차용 조정기의 경우에는 입구쪽 시험압력을 0.8MPa 이상으로 한다.
④ 2단 감압식 2차용 조정기 및 자동절체식 분리형 조정기의 경우에는 출구 쪽 시험압력을 0.8MPa 이상으로 한다.

일반용 액화석유가스 압력조정기의 내압성능
① 입구 : 내압시험압력은 3MPa 이상으로 1분간 실시한다. 단, 2단 감압식 2차용 조정기의 경우에는 입구쪽 시험압력을 0.8MPa 이상으로 한다.
② 출구 쪽 내압시험압력은 0.3MPa 이상으로 1분간 실시한다.

44 가스 배관에 대한 설명 중 옳은 것은?

① SDR 21 이하의 PE 배관은 0.25MPa 이상 0.4MPa 미만의 압력에 사용할 수 있다.
② 배관의 규격 중 관의 두께는 스케줄 번호로 표시하는데 스케줄수 40은 살두께가 두꺼운 관을 말하고, 160 이상은 살두께가 가는 관을 나타낸다.

③ 강괴에 내재하는 수축공, 국부적으로 접합한 기포나 편석 등의 개재물이 압착되지 않고 층상의 균열로 남아 있어 강에 영향을 주는 현상을 라미네이션이라 한다.
④ 재료가 일정온도 이하의 저온에서 하중을 변화시키지 않아도 시간의 경과함에 따라 변형이 일어나고 끝내 파단에 이르는 것을 크리프현상이라 하고, 한계온도는 -20℃ 이하이다.

① SDR값에 따른 허용압력

SDR	허용압력
11 이하	0.4MPa 이하
17 이하	0.25MPa 이하
21 이하	0.2MPa 이하

② 배관규격 중 관의 두께는 SCh NO로 표시하는데 스케줄 40은 살두께가 가는 관 160 이상은 살두께가 두꺼운 관
③ 라미네이션 : 관이나 판의 내부의 층이 2장으로 분리되어 있는 현상
④ 크리프현상 : 350℃ 이상에서 재료에 일정한 하중을 가할 때 시간의 경과와 더불어 변형이 증대하고 파괴되는 현상

45 다음 중 고압식 액체산소 분리공정 순서로 옳은 것은?

[보기]
㉠ 공기압축기(유분리기)   ㉡ 예냉기
㉢ 탄산가스흡수기   ㉣ 열교환기
㉤ 건조기   ㉥ 액체산소 탱크

① ㉠ → ㉡ → ㉢ → ㉣ → ㉤ → ㉥
② ㉢ → ㉠ → ㉡ → ㉤ → ㉣ → ㉥
③ ㉡ → ㉠ → ㉢ → ㉣ → ㉤ → ㉥
④ ㉠ → ㉢ → ㉡ → ㉤ → ㉣ → ㉥

고압식 액체산소 분리공정 순서
① 탄산가스 흡착기   ② 공기압축기
③ 예냉기   ④ 건조기
⑤ 열교환기   ⑥ 액체산소탱크

46 도시가스 강관 파이프의 길이가 5m이고, 선팽창계수(α)가 0.000015(1/℃)일 때 온도가 20℃에서 70℃로 올라갔다면 늘어난 길이는?

① 2.74mm   ② 3.75mm
③ 4.78mm   ④ 5.76mm

$\Delta l = \alpha \cdot l \cdot \Delta t$
$= 0.000015 \times 5 \times 1000 \times (70-20)$
$= 3.75mm$

47 펌프 입구와 출구의 진공계 및 압력계의 바늘이 흔들리며 송출 유량이 변하는 현상은?

① 공동현상   ② 서징현상
③ 수격현상   ④ 베이퍼록현상

펌프에서 발생하는 여러 가지 현상
① 캐비테이션(cavitation) : 유수 중에 어느 부분의 정압이 그때 물의 온도에 해당하는 증기압 이하로 되어 물이 증발을 일으키고 수중에 용입되어 있던 공기가 낮은 압력으로 인하여 기포가 발생하는 현상으로 공동현상이라고도 한다.
㉠ 영향
ⓐ 소음과 진동발생
ⓑ 깃에 대한 침식
ⓒ 양정곡선과 효율곡선의 저하
㉡ 발생조건
ⓐ 흡입 양정이 지나치게 길 때
ⓑ 과속으로 유량이 증대될 때
ⓒ 흡입관 입구 등에서 마찰저항 증가 시
ⓓ 관로 내의 온도가 상승될 때
㉢ 방지대책
ⓐ 양흡입 펌프를 사용한다.
ⓑ 수직축 펌프를 사용하고 회전차를 수중에 잠기게 한다.
ⓒ 펌프를 두 대 이상 설치한다.
ⓓ 펌프의 회전수를 낮춘다.
ⓔ 펌프의 설치위치를 낮추어 흡입양정을 짧게 한다.
ⓕ 관지름을 크게 하고 흡입측의 저항을 최소로 줄인다.

② 수격작용(water hammering) : 펌프에서 물을 압송하고 있을 때 정전 등으로 급히 펌프가 멈추거나 수량조절 밸브를 급히 폐쇄할 때 관내 유속이 급속히 변화하면 물에 의한 심한 압력의 변화가 생겨 관벽을 치는 현상을 수격작용이라고 한다.

※ 수격작용 방지책
- 완폐 체크 밸브를 토출구에 설치하고 밸브를 적당히 제어한다.
- 관경을 크게 하고 관내 유속을 느리게 한다.
- 관로에 조압수조(surge tank)를 설치한다.
- 플라이휠을 설치하여 펌프속도의 급변을 막는다.

③ 서징(surging) : 펌프를 운반할 대 송출압력과 송출유량이 주기적으로 변동하여 펌프입구 및 출구에 설치된 진공계, 압력계의 지침이 흔들리는 현상을 말하며 맥동현상이라고 한다.

㉠ 서징현상 발생원인
ⓐ 펌프를 운전시 주기적으로 운동, 양정, 토출량이 변화될 때
ⓑ 수량조절 밸브가 저장탱크 뒤쪽에 있을 때
ⓒ 배관 중에 공기탱크나 물탱크가 있을 때

㉡ 서징현상 방지책
ⓐ 방출 밸브 등을 사용하여 펌프속 양수량을 서어징할 때의 양수량 이상으로 증가시킨다.
ⓑ 임펠러나 가이드 베인의 현상과 치수를 바꾸어 그 특징을 변화시킨다.
ⓒ 관로에 불필요한 잔류공기를 제거하고 관로의 단면적 및 유속 등을 변화시킨다.

48 유량이 $0.5\text{m}^3/\text{min}$인 축류펌프로서 물을 흡수면보다 50m 높은 곳으로 양수하고자 한다. 축동력이 15PS 소요되었다고 할 때 펌프의 효율은 약 몇 %인가?

① 32 ② 37
③ 42 ④ 47

$$PS = \frac{\gamma \times Q \times H}{75 \times E \times 60}$$

$$E = \frac{\gamma \times Q \times H}{75 \times PS \times 60}$$

$$= \frac{1000 \times 0.5 \times 50}{75 \times 15 \times 60} \times 100 = 37.03\%$$

49 가스용기의 최고 충전압력이 14MPa이고 내용적이 50L인 수소용기의 저장능력은 약 얼마인가?

① 4m^3 ② 7m^3
③ 10m^3 ④ 15m^3

$Q = (P+1)V_1 = (140+1)50l = 7050l$
$\quad = 7.05\text{m}^3$

$1\text{m}^3 = 1000l$

$1\text{MPa} = 10\text{kg/cm}^2$

50 입구압력이 0.07~1.56MPa이고, 조정압력이 2.3~3.3kPa인 액화석유가스 압력조정기의 종류는?

① 1단 감압식 저압 조정기
② 1단 감압식 준저압 조정기
③ 자동절체식 분리형 조정기
④ 자동절체식 일체형 저압조정기

압력조정기 종류에 따른 입구압력 및 조정압력 범위

종류	입구압력 [kg/cm²]	조정압력
2단 감압 1차용 조정기	1.0~15.6	0.57~0.83kg/cm²
자동 절체식 분리형 조정기	1.0~15.6	0.32~0.83kg/cm²
1단 감압식 저압 조정기	0.7~15.6	2.3~3.3kPa
2단 감압식 2차용 조정기	0.25~3.5	2.3~3.3kPa
자동 절체식 일체형 조정기	1.0~15.6	2.55~3.3kPa
1단 감압식 준저압 조정기	1.0~15.6	5.0~30kPa

$1\text{kPa} = 100\text{mmH}_2\text{O}$
$1\text{kg/cm}^2 = 0.1\text{MPa}$

51 가스화 프로세스에서 발생하는 일산화탄소의 함량을 줄이기 위한 CO 변성반응을 옳게 나타낸 것은?

① $CO + 3H_2 \rightleftarrows CH_4 + H_2O$
② $CO + H_2O \rightleftarrows CO_2 + H_2$
③ $2CO \rightleftarrows CO_2 + C$
④ $2CO + 2H_2 \rightleftarrows CH_4 + CO_2$

52 보통 탄소강에서 여러 가지 목적으로 합금원소를 첨가한다. 다음 중 적열메짐을 방지하기 위하여 첨가하는 원소는?

① 망간　　② 텅스텐
③ 니켈　　④ 규소

 망간 : ① 적열메짐 방지
② 황의 해를 제거
③ 고온에서 결정립 성장억제
규소 : ① 고온가공 용이
② 유동성을 좋게 한다.
니켈 : ① 인성증가
② 저온충격저항증가
③ 주철의 흑연화 촉진
크롬 : ① 내식성, 내마모성 증대
② 흑연화를 안정
③ 탄화물안정
④ 담금질효과 증대

53 고압가스 이음매 없는 용기의 밸브 부착부 나사의 치수 측정방법은?

① 링게이지로 측정한다.
② 평형수준기로 측정한다.
③ 플러그게이지로 측정한다.
④ 버니어 캘리퍼스로 측정한다.

 고압가스 이음매 없는 용기의 밸브 부착부 나사의 치수측정은 플러그게이지로 측정한다.

54 나사 이음에 대한 설명으로 틀린 것은?

① 유니언 : 관과 관의 접합에 이용되며 분해가 쉽다.

② 부싱 : 관 지름이 다른 접속부에 사용된다.
③ 니플 : 관과 관의 접합에 사용되며 암나사로 되어 있다.
④ 벤드 : 관의 완만한 굴곡에 이용된다.

 니플 : 관과 관의 접합에 사용되며 숫나사로 되어 있다.

55 액화석유가스(LPG)를 용기 또는 소형저장탱크에 충전 시 기상부는 용기 내용적의 15%를 확보하도록 하고 있다. 다음 중 그 이유로 가장 옳은 것은?

① 용기가 부식여유를 갖도록
② 액체상태의 유동성을 갖도록
③ 충전된 액체상태의 부피의 양을 줄이도록
④ 온도 상승에 따른 부피 팽창으로 인한 파열을 방지하기 위하여

 이유 : 온도상승으로 인한 부피 팽창으로 인한 파열을 방지하기 위해 안전공간을 둔다.

56 다음 중 부식방지 방법에 대한 설명으로 틀린 것은?

① 금속을 피복한다.
② 선택배류기를 접속시킨다.
③ 이종의 금속을 접촉시킨다.
④ 금속 표면의 불균일을 없앤다.

부식방지방법
① 금속을 피복한다.
② 선택배류기를 접속시킨다.
③ 금속표면의 불균일을 없앤다.

57 다음 금속재료에 대한 설명으로 틀린 것은 어느 것인가?

① 강에 P(인)의 함유량이 많으면 신율, 충격치는 저하된다.
② 18% Cr, 8% Ni을 함유한 강을 18-8스테인리스강이라 한다.

③ 금속가공 중에 생긴 잔류응력 제거에는 열처리를 한다.
④ 구리와 주석의 합금은 황동이고, 구리와 아연의 합금은 청동이다.

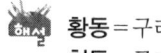 황동 = 구리 + 아연
청동 = 구리 + 주석

58 고압가스용 밸브에 대한 설명 중 틀린 것은 어느 것인가?

① 고압밸브는 그 용도에 따라 스톱밸브, 감압밸브, 안전밸브, 체크밸브 등으로 구분된다.
② 가연성 가스인 브롬화메탄과 암모니아 용기밸브의 충전구는 오른나사이다.
③ 암모니아 용기밸브는 동 및 동합금의 재료를 사용한다.
④ 용기에는 용기 내 압력이 규정압력 이상으로 될 때 작동하는 안전밸브가 부착되어 있다.

 암모니아 용기밸브는 동 및 동합금 사용금지
착이온생성(부식)
단, 62% 미만의 동 및 동합금은 사용가능

59 과류차단 안전기구가 부착된 것으로 배관과 호스 또는 배관과 커플러를 연결하는 구조의 콕은?

① 호스콕   ② 퓨즈콕
③ 상자콕   ④ 노즐콕

 콕의 종류
① 퓨즈콕 : 과전류 차단 안전기구가 부착된 것으로 배관과 호스 또는 배관과 커플러를 연결하는 것
② 상자콕 : 가스 유로를 핸들, 누름, 당김 등의 조작으로 개폐하고 과전류차단 안전기구가 부착된 것

60 토양 중에 금속부식을 시험편을 이용하여 실험하였다. 이에 대한 설명으로 틀린 것은?

① 전기저항이 낮은 토양 중의 부식속도는 빠르다.
② 배수가 불량한 점토 중의 부식속도는 빠르다.
③ 염기성 세균이 번식하는 토양 중의 부식속도는 빠르다.
④ 통기성이 좋은 토양 중의 부식속도는 점차 빨라진다.

 통기성이 좋은 토양 중의 부식속도는 점차 느려진다.

제 4 과목 가스안전관리

61 가스보일러가 가동 중인 아파트 7층 다용도실에서 세탁 중이던 주부가 세탁 30분 후 머리가 아프다며 다용도실을 나온 후 실신하였다. 정밀조사 결과 상층으로 올라갈수록 CO의 농도가 높아짐을 알았다. 최우선 대책으로 옳은 것은?

① 다용도실의 환기 개선
② 공동배기구 시설 개선
③ 도시가스의 누출 차단
④ 가스보일러 본체 및 가스배관시설 개선

 가스보일러가 불완전 연소가 되었을 가능성이 있으므로 공동배기구를 점검하여야 한다.

62 차량에 고정된 탱크에 설치된 긴급차단장치는 차량에 고정된 저장탱크나 이에 접속하는 배관 외면의 온도가 얼마일 때 자동적으로 작동하도록 되어 있는가?

① 100℃   ② 105℃
③ 110℃   ④ 120℃

 긴급차단장치
① 적용시설
㉠ 액화석유가스(L.P.G) 저장탱크(내용

적 5,000*l* 이상)의 액상의 가스를 이입 또는 충전하는 배관
ⓒ 가연성가스, 독성가스, 산소의 저장탱크(내용적 5,000*l* 이상)의 액상의 가스를 이입 또는 충전하는 배관(다만, 액상의 가스를 이입하기 위한 배관은 역류방지밸브로 갈음할 수 있다.)
② 부착 위치
㉠ 저장탱크 주밸브(main valve) 외측으로서 저장탱크에 가까운 위치 또는 저장탱크 내부에 설치(저장탱크의 주밸브와 겸용 금지)
ⓒ 저장탱크의 침하 또는 부상, 배관의 열팽창, 지진 기타 외력의 영향을 고려할 것
③ 차단 조작 기구(mechanism)
㉠ 동력원 : 액압(유압), 기압, 전기(보안전력 사용), 스프링 등
ⓒ 조작 위치
ⓐ 저장탱크로부터 5m 이상 떨어진 곳(가용전시 110℃에서 자동차단)
ⓑ 방류둑을 설치한 경우는 그 외측
ⓒ 주위 상황에 따라 신속히 작동할 수 있는 위치에 작동레버 병설

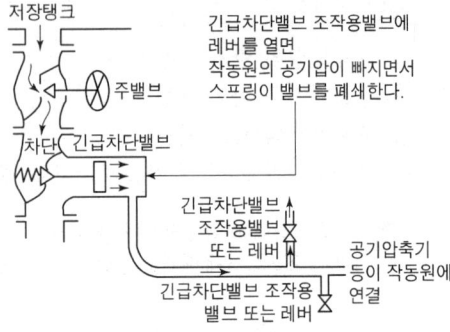

[긴급차단장치의 작동원리]

63 저장탱크에 의한 액화석유가스 저장소에서 지반조사 시 실시 기준은?

① 저장설비와 가스설비 외면으로부터 10m 내에서 2곳 이상 실시한다.
② 저장설비와 가스설비 외면으로부터 10m 내에서 3곳 이상 실시한다.
③ 저장설비와 가스설비 외면으로부터 20m 내에서 2곳 이상 실시한다.
④ 저장설비와 가스설비 외면으로부터 20m 내에서 3곳 이상 실시한다.

지반조사 시 실시 기준 : 저장설비와 가스설비 외면으로부터 10m 이내에서 2곳 이상 실시한다.

64 다음 중 특정설비의 범위에 해당되지 않는 것은?

① 조정기   ② 저장탱크
③ 안전밸브   ④ 긴급차단장치

특정설비
① 긴급차단장치   ② 저장탱크
③ 역화방지기   ④ 역류방지밸브
⑤ 안전밸브   ⑥ 기화기
⑦ 배관용 밸브
⑧ 자동차용 가스자동주입기

65 고압가스 용접용기 중 오목부에 내압을 받는 접시형 경판의 두께를 계산하고자 한다. 다음 계산식 중 어떤 계산식 이상의 두께로 하여야 하는가?[단, P는 최고충전압력의 수치(MPa), D는 중앙만곡부 내면의 반지름(mm), W는 접시형 경판의 형상에 따른 계수, S는 재료의 허용응력 수치(N/mm^2), η는 경판 중앙부이음매의 용접효율, C는 부식여유두께(mm) 이다.]

① $t[\text{mm}] = \dfrac{PDW}{S_\eta - P} + C$

② $t[\text{mm}] = \dfrac{PDW}{S_\eta - 0.5P} + C$

③ $t[\text{mm}] = \dfrac{PDW}{2S_\eta - 0.2P} + C$

④ $t[\text{mm}] = \dfrac{PDW}{2S_\eta - 1.2P} + C$

동판 및 경판 두께 계산식
① 접시형 경판(t) = $\dfrac{PDW}{2S\eta - 0.2P} + C$

② 반타원체형 경판 $(t) = \dfrac{PDV}{2S\eta - 0.2P} + C$

③ 동판 $(t) = \dfrac{PD}{200S\eta - 1.2P} + C$

66 다음 중 도시가스용 압력조정기의 정의로 옳은 것은?

① 도시가스 정압기 이외에 설치되는 압력조정기로서 입구 쪽 지름이 50A 이하이고 최대표시유량이 300Nm³/h 이하인 것을 말한다.
② 도시가스 정압기 이외에 설치되는 압력조정기로서 입구 쪽 지름이 50A 이하이고 최대표시유량이 500Nm³/h 이하인 것을 말한다.
③ 도시가스 정압기 이외에 설치되는 압력조정기로서 입구 쪽 지름이 100A 이하이고 최대표시유량이 300Nm³/h 이하인 것을 말한다.
④ 도시가스 정압기 이외에 설치되는 압력조정기로서 입구 쪽 지름이 100A 이하이고 최대표시유량이 500Nm³/h 이하인 것을 말한다.

 압력조정기의 정의
도시가스 정압기 이외에 설치되는 압력조정기로서 입구 쪽 지름이 50A 이하이고 최대표시유량이 500Nm³/h 이하인 것을 말한다.

67 액화석유가스의 누출을 감지할 수 있도록 냄새나는 물질을 섞어야 할 양으로 적당한 것은?

① 공기 중에 1백분의 1의 비율로 혼합되었을 때 그 사실을 알 수 있도록 섞는다.
② 공기 중에 1천분의 1의 비율로 혼합되었을 때 그 사실을 알 수 있도록 섞는다.
③ 공기 중에 5천분의 1의 비율로 혼합되었을 때 그 사실을 알 수 있도록 섞는다.
④ 공기 중에 1만분의 1의 비율로 혼합되었을 때 그 사실을 알 수 있도록 섞는다.

 부취제
① 부취제의 구비조건
 ㉠ 독성이 없을 것
 ㉡ 일반적인 일반생활의 냄새와는 명확히 구분될 것
 ㉢ 저농도에 있어서도 냄새를 알 수 있을 것
 ㉣ 가스배관이나 가스미터에 흡착되지 말 것
 ㉤ 배관 내에서 응축하지 말 것
 ㉥ 부식성이 없을 것
 ㉦ 화학적으로 안정할 것
 ㉧ 물에 용해되지 말 것
 ㉨ 토양에 대한 투과성이 좋을 것
 ㉩ 완전히 연소하고 연소 후에는 유해물질을 남기지 말 것
 ㉪ 가격이 저렴할 것
② 부취제의 종류별 특성

구분	T.H.T (Tetra Hydro Thiophen)	T.B.m (Tertiary Mercaptan)	D.M.S (Di-Methyl Sulfide)	비고
유해성 (LD50 기준)	피하주입 : 8,790[mg/kg] 경구투여 : 6,427[mg/kg]	피하주입 : 8,128[mg/kg] 경구투여 : 7,295[mg/kg]		LD50 : 체중 [kg]당의 치사량
냄새	석탄가스 냄새	양파 썩는 냄새	마늘 냄새	취기의 강도 TBM>THT>DMS
화학적 안정성	안정화합물 (산화, 중합 일어나지 않음)	내산화성 우수	안정화합물 내산화성 우수	고무, 플라스틱에 대하여는 팽윤발생
토양투과성	보통이며, 토양에 흡착되기 쉽다.	우수하며, 토양에 흡착되기 어렵다.	상당히 우수, 토양에 흡착되기 어렵다.	
분자량	88	90	62	

68 일반도시가스사업자 시설의 정압기에 설치되는 안전밸브 분출부 크기 기준으로 옳은 것은?

① 정압기 입구 압력이 0.5MPa 이상인 것은 50A 이상
② 정압기 입구 압력에 관계없이 80A 이상
③ 정압기 입구 압력이 0.5MPa 이상인 것으로서 설계유량이 1000m³ 이상인 것은

32A 이상
④ 정압기 입구 압력이 0.5MPa 이상인 것으로서 설계유량이 1000m³ 미만인 것은 32A 이상

정압기 안전밸브 분출부의 크기
① 정압기 입구측 압력이 0.5MPa 이상 : 50A 이상
② 정압기 입구측 압력이 0.5MPa 미만
  ㉠ 정압기 설계유량이 1000Nm³/h 이상 : 50A 이상
  ㉡ 정압기 설계유량이 1000Nm³/h 미만 : 25A 이상

69 산화에틸렌의 성질에 대한 설명으로 틀린 것은?

① 불연성이다.
② 무색의 가스 또는 액체이다.
③ 분자량이 이산화탄소와 비슷하다.
④ 충격 등에 의해 분해 폭발할 수 있다.

산화에틸렌의 성질
① 가연성이며 독성이다.(3~80%, 50ppm 이하)
② 무색의 가스 또는 액체이다.
③ 충격 등에 의해 분해 폭발할 수 있다.
④ 물과 반응하여 에틸렌글리콜을 만든다.
$C_2H_4O + H_2O \rightarrow C_2H_4(OH)_2$
⑤ 암모니아와 반응 아민을 만듦
$C_2H_4O + NH_3 \rightarrow C_2H_4OHNH_2$(에탄올아민)

70 다음 [보기]의 가스성질에 대한 설명 중 옳은 것을 모두 바르게 나열한 것은?

[보기]
㉠ 수소는 무색의 기체이다.
㉡ 아세틸렌은 가연성가스이다.
㉢ 이산화탄소는 불연성이다.
㉣ 암모니아는 물에 잘 용해된다.

① ㉠, ㉡
② ㉡, ㉢
③ ㉠, ㉣
④ ㉠, ㉡, ㉢, ㉣

수소
① 상온에서 무색, 무미, 무취의 기체이다.
② 모든 기체 중 비중이 가장 적고, 확산속도가 가장 빠르다.
③ 열전도율이 크고, 열에 대해 안정성이 있다.
④ 산소, 염소, 불소와 반응하여 폭명기 생성
⑤ 수소는 고온에서 금속산화물을 환원시키는 성질이 있다.
⑥ 고온, 고압에서 강중 탄소와 반응 수소취성을 일으킨다.

암모니아
① 무색 자극성의 기체로 물에 잘 용해한다. $NH_3 + H_2O \rightarrow NH_4OH$(암모나이 수=수산화암모늄)
② 용해량은 물1cc에 800~900cc가 용해된다.
③ 증발잠열이 크므로 대형냉매에 사용
④ 허용농도는 25ppm (15~28%)
⑤ 염화수소와 만나면 흰 연기 발생
⑥ 암모니아는 동 및 동합금 사용금지(착염 생성)

71 고압가스 특정제조시설에 설치하는 일정규모 이상의 가연성가스 저장탱크가 둘 있을 때, 두 저장탱크의 최대지름을 합산한 길이의 4분의 1이 0.5m인 경우 저장탱크 간 거리는 최소 몇 m 이상을 유지하여야 하는가?

① 0.5m ② 1m
③ 1.5m ④ 2m

유지거리 = $\dfrac{D_1 + D_2}{4}$ 에서 1m 미만 시 1m 이상으로 유지거리 유지

72 고압가스 용기를 취급 또는 보관하는 때에는 위해요소가 발생하지 않도록 관리하여야 한다. 용기보관 장소에 충전용기를 보관하는 방법으로 옳지 않은 것은?

① 충전용기와 잔가스용기는 각각 구분하여 용기보관 장소에 놓는다.

② 용기보관 장소에는 계량기 등 작업에 필요한 물건 외에는 두지 아니한다.
③ 용기보관 장소 주위 2m 이내에는 화기 또는 인화성 물질이나 발화성 물질을 두지 아니한다.
④ 충전용기는 항상 60℃ 이하의 온도를 유지하고, 직사광선을 받지 않도록 조치한다.

해설 충전용기는 항상 40℃ 이하로 보관하고 직사광선을 받지 않도록 한다.

73 독성가스에 대한 설명으로 틀린 것은?
① 암모니아 등의 독성가스 저장탱크에는 가스 충전량이 그 저장탱크 내용적의 90%를 초과하는 것을 방지하는 장치를 설치한다.
② 독성가스의 제조시설에는 그 가스가 누출 시 흡수 또는 중화할 수 있는 장치를 설치한다.
③ 독성가스의 제조시설에는 풍향계를 설치한다.
④ 암모니아와 브롬화메탄 등의 독성가스의 제조시설의 전기설비는 방폭성능을 가지는 구조로 한다.

해설 **방폭성능 제외** : NH_3, CH_3Br

74 일정 규모 이상의 고압가스 저장탱크 및 압력용기를 설치하는 경우 내진설계를 하여야 한다. 다음 중 내진설계를 하지 않아도 되는 경우는?
① 저장능력 100톤인 산소저장탱크
② 저장능력 1000m^3인 수소저장탱크
③ 저장능력 3톤인 암모니아저장탱크
④ 증류탑으로서 높이 10m의 압력용기

해설 **내진설계 대상**
① 저장탱크 및 압력용기

구분	가연성, 독성	비가연성, 독성
압축가스	500m^3 이상	1000m^3 이상
액화가스	500kg 이상	1000kg 이상

② 세로방향으로 설치한 동체의 길이가 5m 이상인 원통형 응축기 및 내용적 5,000l 이상인 수액기

75 고압가스 안전관리법상 전문교육의 교육대상자가 아닌 자는?
① 안전관리원
② 운반차량 운전자
③ 검사기관의 기술인력
④ 특정고압가스사용신고시설의 안전관리책임자

해설 **전문교육대상자**
① 운반책임자
② 안전관리책임자
③ 안전관리원
④ 특정고압가스사용시설의 안전관리책임자
⑤ 특정고압가스사용시설 중 독성가스시설의 안전관리책임자
⑥ 검사기관의 기술인력
⑦ 독성가스시설의 안전관리책임자
⑧ 독성가스시설의 안전관리원

76 고압가스 운반기준에 대한 설명으로 틀린 것은?
① 운반 중 충전 용기는 항상 40℃ 이하를 유지한다.
② 가연성가스와 산소는 동일차량에 적재해서는 안 된다.
③ 충전용기와 휘발유는 동일차량에 적재해서는 안 된다.
④ 납붙임 용기에 고압가스를 충전하여 운반 시에는 주의사항 등을 기재한 포장상자에 넣어서 운반한다.

해설 가연성가스와 산소는 동일차량에 운반 시 서로 마주 보지 않게 하고 운반 가능

77 독성고압가스의 배관 중 2중관의 외층관 안지름은 내층관 바깥지름의 몇 배 이상을 표준으로 하는가?

① 1.2배 ② 1.5배
③ 2.0배 ④ 2.5배

 독성고압가스의 배관 중 이중관의 외층관 안지름은 내층관 바깥지름 1.2배 이상

78 액화가스의 정의에 대하여 바르게 설명한 것은?

① 일정한 압력으로 압축되어 있는 것이다.
② 대기압에서의 비점이 섭씨 0도 이하인 것이다.
③ 대기압에서의 비점이 상용의 온도 이상인 것이다.
④ 가압, 냉각 등의 방법으로 액체 상태로 되어 있는 것이다.

 액화가스의 정의 : 가압, 냉각 등의 방법으로 액체 상태로 되어 있는 것이다.

79 가스안전사고의 원인을 정확하게 분석하여야 하는 이유로 가장 타당한 것은?

① 산재보험금 처리
② 사고의 책임소재 명확화
③ 부당한 보상금 지급 방지
④ 사고에 대한 정확한 예방대책 수립

80 액화석유가스를 충전받기 위한 차량은 지상에 설치된 저장탱크 외면으로부터 몇 m 이상 떨어져 정지하여야 하는가?

① 2m ② 3m
③ 5m ④ 8m

제 5 과목 가스계측기기

81 가스검지 시험지와 검지가스와의 연결이 바르게 된 것은?

① KI-전분지 : CO
② 리트머스지 : C_2H_2
③ 해리슨시약 : $COCl_2$
④ 염화제1동착염지 : 알칼리성 가스

각 가스의 시험지 및 변색상태

가스의 명칭	시험지	변색상태
암모니아(NH_3)	붉은 리트머스 시험지	청색
일산화탄소(CO)	염화 파라듐지	흑색
포스겐($COCl_2$)	하리슨 시험지	심등색 (오렌지색)
염소(Cl_2)	요오드화칼륨 녹말종이(KI전분지)	청색
황화수소(H_2S)	초산납 시험지 (연당지)	흑색
시안화수소(HCN)	질산 구리 벤젠지	청색
아세틸렌(C_2H_2)	염화 제1동 착염지	적색
아황산가스(SO_2)	암모니아 적신 헝겊	흰연기
L.P.G.	비눗물	기포

82 열전대 온도계는 2종류의 금속선을 접속하여 하나의 회로를 만들어 2개의 접점에 온도차를 부여하면 회로에 접점의 온도에 거의 비례한 전류가 흐르는 것을 이용한 것이다. 이 때 응용된 원리로서 옳은 것은?

① 측온체의 발열현상
② 제베크 효과에 의한 열기전력
③ 두 금속의 열전도도의 차이
④ 키르히호프의 전류법칙에 의한 저항강하

 열전대 온도계
열전쌍의 회로에서 두 접점 사이의 온도차로 열기전력을 발생시켜 그 전위차를 측정하여 두 접점의 온도차를 알 수 있는 계기를 열전대 온도계라 한다.

[열전대의 종류와 측정범위]

종류	+측	-측	측정온도[℃]
철- 콘스탄탄 (IC)	순철	콘스탄탄 (Cu : 55%, Ni : 45%)	-20~800
크로멜- 알로멜 (CA)	크로멜 (Ni : 90%, Cr : 10%)	알로멜 (Ni : 94%, Mn : 2.5%) (Al : 2%, Fe : 0.5%)	-20~1,200
구리- 콘스탄탄 (CC)	순구리	콘스탄탄 (Cu : 55%, Ni : 45%)	-200~350
백금- 백금 로듐 (PR)	백금 로듐 (Rh : 13%, Pt : 87%)	순백금 (Cu : 60%, Ni : 40%)	0~1,600

[열전도온도계]

83 막식 가스미터의 감도유량(㉠)과 일반가정용 LP 가스미터의 감도유량(㉡)의 값이 바르게 나열된 것은?

① ㉠ 3L/h 이상, ㉡ 15L/h 이상
② ㉠ 15L/h 이상, ㉡ 3L/h 이상
③ ㉠ 3L/h 이하, ㉡ 15L/h 이하
④ ㉠ 15L/h 이하, ㉡ 3L/h 이하

 감도유량 : 가스미터가 작동하는 최소유량
① 가정용 막식 가스미터 : $3l/h$ 이하
② LPG용 가스미터 : $15l/h$ 이하

84 기체크로마토그래피(gas chromatography)에서 캐리어가스 유량이 5mL/s이고 기록지속도가 3mm/s일 때 어떤 시료가스를 주입하니 지속용량이 250mL였다. 이때 주입점에서 성분의 피크까지 거리는 약 몇 mm인가?

① 50   ② 100
③ 150   ④ 200

 지속용량 = $\dfrac{유량 \times 피크길이}{기록지속도}$

∴ 피크길이 = $\dfrac{지속용량 \times 기록지속도}{유량}$

= $\dfrac{250 \times 3}{5}$ = 150mm

85 가스 분석을 위하여 헴펠법으로 분석할 경우 흡수액이 KOH 30g/H_2O 100mL인 가스는?

① CO_2 ② C_mH_n
③ O_2 ④ CO

가스분석법
① 흡수분석법
  ㉠ 오르잣트법
    ⓐ CO_2 : KOH 30% 수용액
    ⓑ O_2 : 알카리성피롤카롤용액
    ⓒ CO : 암모니아성 염화제1동용액
  ㉡ 헴펠법
    ⓐ CO_2 : KOH 30% 수용액
    ⓑ $C_mH_m(C_2H_2)$: 발연황산 25%
    ⓒ O_2 : 알칼리성피롤카롤용액
    ⓓ CO : 암모니아성 염화제1동액
  ㉢ 게겔법
    ⓐ CO_2 : KOH 30% 수용액
    ⓑ C_2H_2 : 요오드수은칼륨용액
    ⓒ $n-C_4H_8$: 87% 황산
    ⓓ C_2H_4 : 취소수용액
    ⓔ O_2 : 알칼리성피롤카롤용액
    ⓕ CO : 암모니아성 염화제1동액

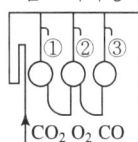

② 화학분석법
  ㉠ 적정법
    ⓐ 요오드 적정법 : 황화수소의 정량을 구하는 방법
    ⓑ 중화적정법 : 연소가스 중에 있는 NH_3를 황산에 흡수시켜 나머지 황산을 가성소다용액으로 적정
    ⓒ 킬레이트적정법

ⓒ 중량법 : 황산바륨침전법
  ⓒ 흡광광도법 : 광전관온도계를 사용 흡광도의 측정으로 정량분석(램버트 비어법칙 적용)

86 다음 중 액주식 압력계가 아닌 것은?
① 경사관식   ② 벨로스식
③ 환상천평식   ④ U자관식

 액주식 압력계의 종류
① U자관식 압력계   ② 단관식 압력계
③ 경사관식 압력계   ④ 2액마노미터
⑤ 환상천평식 압력계

87 가스크로마토그래피에 의한 분석방법은 어떤 성질을 이용한 것인가?
① 비열의 차이   ② 비중의 차이
③ 연소성의 차이   ④ 이동속도의 차이

88 피스톤형 게이지로서 다른 압력계의 교정 또는 검정용 표준기로 사용되는 압력계는?
① 분동식 압력계
② 부르동관식 압력계
③ 벨로스식 압력계
④ 다이어프램식 압력계

해설 기준 분동식 압력계 : 피스톤형 게이지로 다른 압력계의 교정 또는 검정용 표준기로 사용

89 독성가스나 가연성가스 저장소에서 가스누출로 인한 폭발 및 가스중독을 방지하기 위하여 현장에서 누출 여부를 확인하는 방법으로 가장 거리가 먼 것은?
① 검지관법
② 시험지법
③ 가연성가스 검출기법
④ 가스크로마토그래피법

 독성가스나 가연성가스 누출 시 현장에서 누출 여부를 확인하는 방법
① 가연성가스 검출기법
② 시험지법
③ 검지관법

90 가스미터는 계산된 주기체적 값과 가스미터에 지시된 공칭 주기체적 값 간의 차이가 기준조건에서 공칭 주기체적 값의 얼마를 초과해서는 안 되는가?
① 1%   ② 2%
③ 3%   ④ 5%

91 고온, 고압의 액체나 고점도의 부식성액체 저장탱크에 가장 적합한 간접식 액면계는?
① 유리관식   ② 방사선식
③ 플로트식   ④ 검척식

 액면계의 종류
① 방사선 액면계 : 고온, 고압의 액체나 고점도의 부식성 액체 저장탱크에 가장 적합한 간접식 액면계
② 클린카식 액면계 : 평형유리관과 금속판을 조합하여 사용되는 것으로 저장탱크내의 액면을 직접 읽을 수 있으므로 고압장치에 널리 사용
③ 고정튜브식, 슬립튜브식, 회전튜브식 액면계는 가연성, 독성액체의 액면 측정에는 인체에 해를 끼치므로 부적당
④ 햄프슨식 액면계 : 액화산소 등과 같은 극저온 저장탱크 등의 액면 측정에 사용

92 다음 중 루트식 가스미터의 특징에 해당되는 것은?
① 계량이 정확하다.
② 설치공간이 커진다.
③ 사용 중 수위 조절이 필요하다.
④ 소유량에는 부동의 우려가 있다.

가스미터의 종류
① 막식가스미터
  ㉠ 저가이다.
  ㉡ 부착 후 유지관리에 시간을 요하지 않는다.
  ㉢ 대용량은 설치면적이 크다.
  ㉣ 가정용
  ㉤ 1.5~200m³/h
② 습식가스미터
  ㉠ 기차변동이 거의 없다.
  ㉡ 계량이 정확하다.
  ㉢ 수위조정 등의 관리 필요
  ㉣ 설치면적이 크다.
  ㉤ 실험실용
  ㉥ 0.2~3000m³/h
③ 루츠식
  ㉠ 대유량가스 측정 적합
  ㉡ 중압가스계량 가능
  ㉢ 설치면적이 적다.
  ㉣ 소유량에서는 부동의 우려
  ㉤ 스트레이너 설치 후 유지관리 필요
  ㉥ 대량수요가(공업용)
  ㉦ 100~5000m³/h

93 직각 3각 위어(weir)를 사용하여 물의 유량을 측정하였다. 위어를 통과하는 물의 높이를 H, 유량계수를 k라고 했을 때 부피유량 Q를 구하는 식은?

① $Q = kH$ ② $Q = kH^{\frac{1}{2}}$
③ $Q = kH^{\frac{3}{2}}$ ④ $Q = kH^{\frac{5}{2}}$

 위어(weir) : 개수로에 장애물을 세워서 물이 장애물에 일단 차단되었다가 위로 넘쳐흐르게 함으로서 유량을 측정하도록 만든 장치
① 삼각 위어 : $Q = kH^{\frac{5}{2}}$
② 사각 위어 : $Q = kLH^{\frac{3}{2}}$

94 압력 30atm, 온도 50℃, 부피 1m³의 질소를 -50℃로 냉각시켰더니 그 부피가 0.32m³이 되었다. 냉각 전, 후의 압축계수가 각각 1.001, 0.930일 때 냉각 후의 압력은 약 몇 atm이 되는가?

① 60   ② 70
③ 80   ④ 90

 $\dfrac{P_1 V_1}{T_1} = \dfrac{P_2 V_2}{T_2}$

$P_2 = \dfrac{P_1 \times V_1 \times T_2}{T_1 \times V_2} \times \dfrac{k_2}{k_1}$

$= \dfrac{30 \times 1 \times (273-50)}{(273+50) \times 0.32} \times \dfrac{0.930}{1.001}$

$= 60.14 \text{atm}$

95 속도 변화에 의하여 생기는 압력차를 이용하는 유량계는?

① 벤투리미터   ② 아뉴바 유량계
③ 로터미터   ④ 오벌 유량계

 차압식 유량계 : 관내 교축기구를 설치하여 그 전·후 압력차를 이용 순간 유량측정
① 벤튜리미터
  ㉠ 구조가 복잡하고 교환이 어렵다.
  ㉡ 압력손실이 가장 적다.
  ㉢ 가격이 비싸다.
  ㉣ 정밀도가 좋고 내구성이 좋다.
  ㉤ 침전물 생성 우려가 없고 대형이다.
② 플로우미터(노즐)
  ㉠ 오리피스에 비해 압력손실이 적다.
  ㉡ 고압유체나 슬러지유체 측정
  ㉢ 동일 조건하에서 오리피스보다 유량 통과량이 많다.
③ 오리피스미터
  ㉠ 구조가 간단 제작이나 장착용이
  ㉡ 좁은 장소 설치가능
  ㉢ 유체의 압력손실이 가장 크다.
  ㉣ 침전물 생성 우려
  ㉤ 베르누이 정리 이용

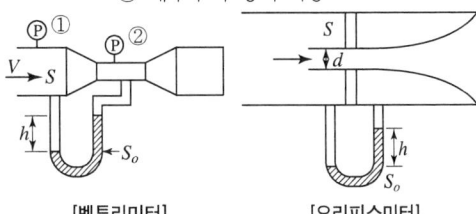
[벤튜리미터]   [오리피스미터]

93.④ 94.① 95.①

96 서미스터(thermistor)에 대한 설명으로 옳지 않은 것은?

① 측정범위는 약 −100~300℃이다.
② 수분을 흡수하면 오차가 발생한다.
③ 반도체를 이용하여 온도 변화에 따른 저항 변화를 온도 측정에 이용한다.
④ 감도가 낮고 온도 변화가 큰 곳의 측정에 주로 이용된다.

 서미스터의 특징
① 반도체를 이용하여 온도변화에 따른 저항 변화를 온도측정에 이용
② 수분을 흡수하면 오차가 발생한다.
③ 측정범위는 약 −100~300℃
④ 감도가 크고 응답성이 빠르다.
⑤ 온도상승에 따라 저항치 감소

97 막식 가스미터에서 가스는 통과하지만 미터의 지침이 작동하지 않는 고장이 일어났다. 예상되는 원인으로 가장 거리가 먼 것은?

① 계량막의 파손
② 밸브의 탈락
③ 회전장치 부분의 고장
④ 지시장치 톱니바퀴의 불량

 가스미터의 고장 및 원인
① 부동 : 가스는 미터를 통과하나 미터지침이 작동하지 않는 현상
  ㉠ 감속 또는 지시장치의 기어물림 불량 (감지계)
  ㉡ 지시장치의 톱니바퀴의 불량
  ㉢ 계량막의 파손, 밸브의 탈락, 밸브와 밸브시트 사이에서의 누설
② 불통 : 가스가 가스미터를 통과하지 않는 고장
  ㉠ 날개 조절기능의 납땜이 떨어진 경우
  ㉡ 회전자 베어링의 마모에 의한 접촉시
  ㉢ 밸브와 밸브시이트가 타르, 수분 등에 의해 고착 또는 동결시
③ 기차불량 : 부품의 마모 등에 의해 기차가 변화하는 경우 계량법에 규정된 사용공차 ±4%를 넘어서는 현상(신마패)

㉠ 계량막이 신축하여 부피가 변화하는 경우
㉡ 밸브와 밸브시이트 사이 또는 막패킹부에서의 누설
㉢ 회전부분의 마찰 저항 증가에 의한 진동

98 다음 중 캐스케이드 제어에 대한 설명으로 옳은 것은?

① 비율제어라고도 한다.
② 단일 루프제어에 비해 내란의 영향이 없으나 계 전체의 지연이 크게 된다.
③ 2개의 제어계를 조합하여 제어량을 1차 조절계로 측정하고 그 조작 출력으로 2차 조절계의 목표치를 설정한다.
④ 물체의 위치, 방위, 자세 등의 기계적 변위를 제어량으로 하는 제어계이다.

99 공기의 유속을 피토관으로 측정하였을 때 차압이 60mmH₂O이었다. 이때 유속(m/s)은?(단, 피토관 계수 1, 공기의 비중량 1.2kgf/m³이다.)

① 0.053　　② 31.3
③ 5.3　　　④ 53

 $V = C\sqrt{2g\dfrac{\Delta P}{\gamma}}$
$= 1\sqrt{2 \times 9.8 \times \dfrac{60}{1.2}} = 31.30\,\text{m/sec}$

100 통상적으로 사용하는 열전대의 종류가 아닌 것은?

① 크로멜−백금　　② 철−콘스탄탄
③ 구리−콘스탄탄　④ 백금−백금·로듐

 문제 82번 참조

본 문제는 복원 기출문제입니다. 실제 문제와 다를 수 있으니 양해바랍니다.

2025년도 출제문제
2025년 5월 CBT 시행

제1과목   가스유체역학

01 수평 원관에서의 층류 유동을 Hagen-Poiseuille 유동이라고 한다. 이 흐름에서 일정한 유량의 물이 흐를 때 지름을 2배로 하면 손실수두는 몇 배가 되는가?

① 4　　　　　　② 16
③ $\dfrac{1}{4}$　　　　　　④ $\dfrac{1}{16}$

 하겐-포아젤의 방정식$(h_l) = \dfrac{128\mu LQ}{\pi D^4 \gamma}$

에서 수두(he)는 지름(D^4) 제곱에 반비례하므로

$\therefore h_l = \left(\dfrac{1}{2}\right)^4 = \dfrac{1}{16}$

02 비중 0.9인 유체를 10ton/h의 속도로 20m 높이의 저장탱크에 수송한다. 지름이 일정한 관을 사용할 때 펌프가 유체에 가해준 일은 몇 kgf·m/kg인가?(단, 마찰손실은 무시한다.)

① 10　　　　　　② 20
③ 30　　　　　　④ 40

 $W = \gamma \times Q \times H$

$= 0.9 \times 1000 \text{kg/m}^3 \times \dfrac{10000}{0.9 \times 10^3} \times 20$

$= 200000 \text{kgf} \cdot \text{m/h}$

그러므로 유체 1kg 당의 열량

$W = \dfrac{200000}{10000} = 20 \text{kgf} \cdot \text{m/kg} \cdot \text{h}$

03 안지름이 40cm, 길이가 500m인 관에 평균 속도가 1.5m/s로 물이 흐르고 있을 때 Darcy식을 사용하여 마찰손실 수두를 구하면 약 몇 m인가?(단, Darcy 마찰계수 f는 0.0422이다.)

① 4.2　　　　　　② 6.1
③ 12.3　　　　　　④ 24.2

 $h_l = \dfrac{\lambda l V^2}{2gd} = \dfrac{0.0422 \times 500 \times 1.5^2}{2 \times 9.8 \times 0.4}$

$= 6.0554 \text{mmH}_2\text{O}$

04 액체를 수송할 때 흡입관 또는 펌프 속에 공동현상(cavitation)이 일어날 수 있는 조건과 가장 거리가 먼 것은?

① 흡입압력(suction pressure)이 대기압보다 낮을 때
② 흡입압력이 증기압보다 낮을 때
③ 흡입압력수두와 증기압수두의 차가 유효흡입수두(net positive suction head)보다 낮을 때
④ 흡입압력수두가 증기압수두와 유효흡입수두의 합보다 낮을 때

 공동현상(캐비테이션)
① 캐비테이션(cavitation) : 유수 중에 어느 부분의 정압이 그때 물의 온도에 해당하는 증기압 이하로 되어 물이 증발을 일으키고 수중에 용입되어 있던 공기가 낮은 압력으로 인하여 기포가 발생하는 현상으로 공동현상이라고도 한다.
 ㉠ 영향
　 ⓐ 소음과 진동발생
　 ⓑ 깃에 대한 침식
　 ⓒ 양정곡선과 효율곡선의 저하
 ㉡ 발생조건
　 ⓐ 흡입 양정이 지나치게 길 때
　 ⓑ 과속으로 유량이 증대될 때
　 ⓒ 흡입관 입구 등에서 마찰저항 증가

시
ⓓ 관로 내의 온도가 상승될 때
ⓒ 방지대책
ⓐ 양흡입 펌프를 사용한다.
ⓑ 수직축 펌프를 사용하고 회전차를 수중에 잠기게 한다.
ⓒ 펌프를 두 대 이상 설치한다.
ⓓ 펌프의 회전수를 낮춘다.
ⓔ 펌프의 설치위치를 낮추어 흡입양정을 짧게 한다.
ⓕ 관지름을 크게 하고 흡입측의 저항을 최소로 줄인다.
② 서징(surging) : 펌프를 운반할 때 송출압력과 송출유량이 주기적으로 변동하여 펌프입구 및 출구에 설치된 진공계, 압력계의 지침이 흔들리는 현상을 말하며 맥동현상이라고 한다.
㉠ 서징현상 발생원인
ⓐ 펌프를 운전시 주기적으로 운동, 양정, 토출량이 변화될 때
ⓑ 수량조절 밸브가 저장탱크 뒤쪽에 있을 때
ⓒ 배관 중에 공기탱크나 물탱크가 있을 때
㉡ 서징현상 방지책
ⓐ 방출 밸브 등을 사용하여 펌프속 양수량을 서징할 때의 양수량 이상으로 증가시킨다.
ⓑ 임펠러나 가이드 베인의 현상과 치수를 바꾸어 그 특징을 변화시킨다.
ⓒ 관로에 불필요한 잔류공기를 제거하고 관로의 단면적 및 유속 등을 변화시킨다.

05 밀도가 $892 kg/m^3$인 원유가 단면적이 $2.165 \times 10^{-3} m^2$인 관을 통하여 $1.388 \times 10^{-3} m^3/s$로 들어가서 단면적이 각각 $1.314 \times 10^{-3} m^2$로 동일한 2개의 관으로 분할되어 나갈 때 분할되는 관내에서의 유속은 약 몇 m/s인가?(단, 분할되는 2개의 관에서의 평균유속은 같다.)

① 1.036 ② 0.841
③ 0.619 ④ 0.528

$$V_b = \frac{Q_1}{A_1} = \frac{1.338 \times 10^{-3} \times \frac{1}{2}}{1.314 \times 10^{-3}}$$
$$= 0.528 m/sec$$

06 어떤 유체의 밀도가 $138.63 kgf \cdot s^2/m^4$일 때 비중량은 몇 kgf/m^3인가?

① 1.381 ② 13.55
③ 140.8 ④ 1359

 비중량
$\gamma = \rho \times g$
$= 138.63 kgf \cdot s^2/m^4 \times 9.8 m/sec^2$
$= 1358.57 kgf/m^3$

07 공기의 비열비는 k이고 기체상수는 R일 때 절대온도가 T인 공기에서의 음속은?

① $\dfrac{RT}{k}$ ② $\sqrt{kRT}$
③ $\dfrac{kR}{T}$ ④ kRT

$C (음속) = \sqrt{kgRT}$
여기서, k : 비열비
g : 중력가속도(9.8m/sec)
R : 기체상수$\left[\left(\dfrac{8314}{M}\right) J/kg \cdot °K\right]$
T : 절대온도(℃ + 273 = °K)

08 레이놀즈수가 10^6이고 상대조도가 0.005인 원관의 마찰계수 f는 0.03이다. 이 원관에 부차손실계수가 6.6인 글로브 밸브를 설치하였을 때, 이 밸브의 등가길이(또는 상당길이)는 관 지름의 몇 배인가?

① 25 ② 55
③ 220 ④ 440

 등가길이 $= \dfrac{KD}{f} = \dfrac{6.6D}{0.03} = 220D$

05.④ 06.④ 07.② 08.③

09 다음 중 등엔트로피 과정에 대한 설명으로 옳은 것은?

① 가역 단열 과정이다.
② 가역 등온 과정이다.
③ 마찰이 있는 등온 과정이다.
④ 마찰이 없는 비가역 과정이다.

 **가역단열과정** : 등엔트로피 일정
비가역단열과정 : 엔트로피 증가

10 기계 효율을 η_m, 수력 효율을 η_h, 체적 효율을 η_v라 할 때 펌프의 총 효율은?

① $\dfrac{\eta_m \times \eta_h}{\eta_v}$ ② $\dfrac{\eta_m \times \eta_v}{\eta_h}$

③ $\eta_m \times \eta_h \times \eta_v$ ④ $\dfrac{\eta_v \times \eta_h}{\eta_m}$

 총효율 = 기계효율 × 수력효율 × 체적효율

11 수축노즐에서의 등엔트로피 유동에서 기체의 임계압력(P^*)을 옳게 나타낸 것은?(단, 비열비는 k, 정체압력은 P_0이다.)

① $P^* = P_0\left(\dfrac{2}{k+1}\right)$

② $P^* = P_0\left(\dfrac{2}{k+1}\right)^{\frac{k}{k-1}}$

③ $P^* = P_0\left(\dfrac{2}{k+1}\right)^{\frac{1}{k-1}}$

④ $P^* = P_0\left(\dfrac{2}{k+1}\right)^{\frac{1}{k}}$

12 질량 M, 길이 L, 시간 T로 압력의 차원을 나타낼 때 옳은 것은?

① MLT^{-2} ② ML^2T^{-2}
③ $ML^{-1}T^{-2}$ ④ ML^2T^{-3}

 압력의 단위 및 차원
① 절대단위 : $N/m^2 = kg/m \cdot sec^2$,
　　차원 : $ML^{-1}T^{-2}$
② 공학단위 : kgf/m^2, 차원 : FL^{-2}

13 상온의 물속에서 압력파가 전파되는 속도는 얼마인가?(단, 물의 체적탄성계수는 $2 \times 10^8 kgf/m^2$이고, 비중량은 $1000 kgf/m^3$이다.)

① 340m/s   ② 680m/s
③ 1400m/s   ④ 1600m/s

$$C = \sqrt{\dfrac{E}{\rho}} = \sqrt{\dfrac{E}{\frac{\gamma}{g}}} = \sqrt{\dfrac{2 \times 10^8}{\frac{1000}{9.8}}}$$
$$= 1400 m/sec$$

14 일반적으로 원관 내부 유동에서 층류만이 일어날 수 있는 레이놀즈수의 영역은?

① 2100 이상   ② 2100 이하
③ 21000 이상   ④ 21000 이하

 레이놀즈수의 영역
① 층류 : $Re < 2100$
② 난류 : $Re > 4000$
③ 천이구역 : $2100 < Re < 4000$

15 동력(power)과 같은 차원을 갖는 것은?

① 힘 × 거리   ② 힘 × 가속도
③ 압력 × 체적유량   ④ 압력 × 질량유량

 동력 : 단위시간당 한 일량
① 절대단위 : Watt
　　($J/sec = N \cdot m/sec = kg \cdot m^2/se^3 c$
　　$= ML^2T^{-3}$)
② 공학단위 : $kgf \cdot m/sec = FLT^{-1}$
③ 동력과 같은 차원의 계산 : 압력 × 체적유량
　 ㉠ 절대단위 계산

$$= 압력(N/m^2) \times (m^3/sec)$$
$$= \frac{kg \cdot m/sec^2 \times m^3/sec}{m^2}$$
$$= kg \cdot m^2/sec^3 = ML^2T^{-3}$$

16 유체의 점성과 관련된 설명 중 잘못된 것은 어느 것인가?

① poise는 점도의 단위이다.
② 점도란 흐름에 대한 저항력의 척도이다.
③ 동점성계수는 점도/밀도와 같다.
④ 20℃에서의 물의 점도는 1poise이다.

해설 20℃에서의 물의 점도는 1cP(센티포아즈)이다.

17 경험적으로 낙하거리 s는 물체의 질량 m, 낙하시간 t 및 중력가속도 g와 관계가 있다. 차원 해석을 통해 이들에 관한 관계식을 옳게 나타낸 것은?(단, k는 무차원상수이다.)

① $s = kgt$ ② $s = kgt^2$
③ $s = kmgt$ ④ $s = kmgt^2$

18 원심펌프가 높은 능력으로 운전되는 경우 임펠러 흡입부의 압력이 유체의 증기압보다 낮아지면 흡입부의 유체는 증발하게 되며 이 증기는 임펠러의 고압부로 이동하여 갑자기 응축하게 된다. 이러한 현상을 무엇이라 하는가?

① 캐비테이션(cavitation)
② 펌핑(pumping)
③ 디퓨전 링(diffusion ring)
④ 에어 바인딩(air binding)

해설 문제4번 참고

19 그림과 같이 물위에 비중이 0.7인 유체A가 5m의 두께로 차 있을 때 유출속도 V는 몇 m/s인가?

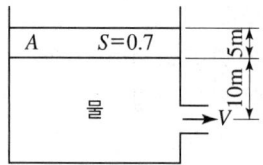

① 5.5 ② 11.2
③ 16.3 ④ 22.4

해설 ① A 유체의 상당깊이 계산
$$h = \frac{\gamma_1 \times h_1}{\gamma} = \frac{0.7 \times 1000 \times 5}{1000} = 3.5m$$
② 유속의 계산
$$V = \sqrt{2gh} = \sqrt{2 \times 9.8 \times 13.5}$$
$$= 16.27 m/sec$$

20 수차의 효율을 η, 수차의 실제 출력을 L[PS], 수량을 $Q[m^3/s]$라 할 때 유효낙차 H[m]를 구하는 식은?

① $H = \dfrac{L}{13.3\eta Q}$[m]

② $H = \dfrac{QL}{13.3\eta}$[m]

③ $H = \dfrac{L\eta}{13.3Q}$[m]

④ $H = \dfrac{\eta}{L \times 13.3Q}$[m]

해설 수차의 효율 계산식 $= \dfrac{실제출력(L)}{이론출력(L_a)}$

$$L = L_a \times E = \frac{1000 \times Q \times H}{75} \times E(효율)$$
$$= 13.33 EQH$$
$$\therefore H = \frac{L}{13.33 EQ}[m]$$

제 2 과목 연소공학

21 어떤 열기관에서 온도 20℃의 엔탈피 변화가 단위 중량당 200kcal일 때 엔트로피 변화량(kcal/kg·K)은?

① 0.34   ② 0.68
③ 0.73   ④ 10

 $\Delta S = \dfrac{\Delta Q}{T} = \dfrac{200}{(273+20)}$
        $= 0.68 \text{kcal/kg} \cdot \text{°K}$

22 1기압의 외압에서 1몰인 어떤 이상기체의 온도를 5℃ 높였다. 이때 외계에 한 최대 일은 약 몇 cal인가?

① 0.99   ② 9.94
③ 99.4   ④ 994

 $W = nR\Delta t$
        $= 1 \times 1.987 \times 5 = 9.94$

23 연소 계산에 사용되는 공기비 등에 대한 설명으로 옳지 않은 것은?

① 공기비란 실제로 공급한 공기량의 이론공기량에 대한 비율이다.
② 과잉공기란 연소 시 단위 연료당의 공급 공기량을 말한다.
③ 필요한 공기량의 최소량은 화학반응식으로부터 이론적으로 구할 수 있다.
④ 공연비는 공기와 연료의 공급 질량비를 말한다.

 A(실제공기량)
  $= m$(공기량) $\times A_o$(이론공기량)
  $= A_o +$ 과잉공기량
  과잉공기량 $= A - A_o$

24 위험성 평가기법 중 사고를 일으키는 장치의 이상이나 운전자 실수의 조합을 연역적으로 분석하는 평가기법은?

① FTA(fault tree analysis)
② ETA(event tree analysis)
③ CCA(cause consequence analysis)
④ HAZOP
   (hazard and operability studies)

 결합수 분석법(FTA) : 사고를 일으키는 장치의 이상이나 운전자 실수의 조합을 연역적으로 분석하는 평가기법

25 압력 0.1MPa, 체적 3m³인 273.15K의 공기가 이상적으로 단열 압축되어 그 체적이 1/3로 감소되었다. 엔탈피 변화량은 약 몇 kJ인가? (단, 공기의 기체상수는 0.287kJ/kg·K, 비열비는 1.4이다.)

① 560   ② 570
③ 580   ④ 590

 ① 단열과정 압축일량 계산

$$W = \dfrac{k}{k-1} P_1 V_1 \left\{ 1 - \left(\dfrac{V_1}{V_2}\right)^{k-1} \right\}$$

$= \dfrac{1.4}{1.4-1} \times 0.1 \times 10^3 \times 3 \times$

$\left\{ 1 - \left(\dfrac{3}{3 \times \frac{1}{3}}\right)^{1.4-1} \right\}$

$= -579.44 \text{kJ}$

② 단열과정 중 엔탈피변화량(du)은 압축일량(W)과 절대값이 같고 부호가 반대
∴ $du = -W$ 이므로
∴ 579.44kJ

26 다음 중 연소 시 가장 높은 온도를 나타내는 색깔은?

① 적색   ② 백적색
③ 휘백색 ④ 황적색

21.② 22.② 23.② 24.① 25.③ 26.③

연소 시 온도상승
  암적색 700℃   적색 800℃
  휘적색 950℃   황적색 1100℃
  백적색 1300℃ 휘백색 1500℃

27 유독물질의 대기확산에 영향을 주게 되는 매개변수로서 가장 거리가 먼 것은?
  ① 토양의 종류   ② 바람의 속도
  ③ 대기안정도   ④ 누출지점의 높이

 유독물질의 대기확산에 영향을 주게 되는 매개변수
  ① 바람의 속도   ② 대기안정도
  ③ 누출지점의 높이 ④ 가스의 비중

28 어떤 용기 속에 1kg의 기체가 들어 있다. 이 용기의 기체를 압축하는데 2300kgf·m의 일을 하였으며, 이때 7kcal의 열량이 용기 밖으로 방출하였다면 이 기체의 내부 에너지 변화량은 약 얼마인가?
  ① 0.7kcal/kg   ② 1.0kcal/kg
  ③ 1.6kcal/kg   ④ 2.6kcal/kg

 $i = u + APV$
$u = i - APV$
$= 7\text{kcal} - 2300\text{kg} \cdot \text{m} \times \dfrac{1\text{kcal}}{427\text{kg} \cdot \text{m}}$
$= 1.61\text{kcal/kg}$

29 다음 중 가연성 물질이 되기 쉬운 조건이 아닌 것은?
  ① 열전도율이 작아야 한다.
  ② 활성화 에너지가 커야 한다.
  ③ 산소와 친화력이 커야 한다.
  ④ 가연물의 표면적이 커야 한다.

 가연성 물질이 되기 쉬운 조건
  ① 활성화 에너지가 적어야 한다.
  ② 가연물의 표면적이 커야 한다.
  ③ 산소와 친화력이 커야 한다.
  ④ 열전도율이 적어야 한다.

30 기체연료의 주된 연소 형태는?
  ① 확산연소   ② 액면연소
  ③ 증발연소   ④ 분무연소

 연소형태
  ① 확산연소 : 가연성가스 분자와 공기 분자가 확산에 의해 급격하게 혼합되면서 연소가 일어나는 것(수소, 아세틸렌 등)
  ② 증발연소 : 인화성 액체의 온도 상승에 따른 증발에 의해 연소가 일어나는 것(알코올, 에테르, 등유, 경유 등)
  ③ 분해연소 : 연소시 열분해에 의해 가연성 가스를 방출시켜 연소가 일어나는 것(중유, 석유, 목재, 종이, 고체 파라핀 등)
  ④ 표면연소 : 고체 표면과 공기와 접촉되는 부분에서 연소가 일어나는 것(숯, 알루미늄박, 마그네슘 리본 등)
  ⑤ 자기연소 : 질산에스테르, 초산에스테르 등 산소 없이 연소하는 것(니트로글리세린, TNT, 피크린산 등)

31 연료에 고정탄소가 많이 함유되어 있을 때 발생되는 현상으로 옳은 것은?
  ① 매연 발생이 많다.
  ② 발열량이 높아진다.
  ③ 연소 효과가 나쁘다.
  ④ 열손실을 초래한다.

 고정탄소의 양이 많을 때 발생하는 현상
  ① 매연발생이 적다.
  ② 착화성이 나쁘다.
  ③ 발열량이 높아진다.
  ④ 연소효과는 좋아진다.
  ⑤ 불꽃이 단염이 된다.

32 메탄을 공기비 1.3에서 연소시킨 경우 단열 연소온도는 약 몇 K인가?(단, 메탄의 저발열량은 50MJ/kg, 배기가스의 평균비열은 1.293kJ/kg·K이고, 고온에서의 열분해는 무시하고 연소 전 온도는 25℃이다.)
  ① 1688   ② 1820
  ③ 1961   ④ 2234

메탄의 연소 반응식
$CH_4 + 2O_2 \rightarrow CO_2 + 2H_2O$

① CO_2의 계산
$CH_4 + 2O_2 \rightarrow CO_2 + 2H_2O$
16kg   44kg
1kg x
$x = \dfrac{1kg \times 44kg}{16kg} = 2.75kg$

② H_2O의 계산
$CH_4 + 2O_2 \rightarrow CO_2 + 2H_2O$
16kg 2×18kg
1kg x
$x = \dfrac{1kg \times 2 \times 18kg}{16kg} = 2.25kg$

③ N_2의 계산
$N_2 = (1 - 0.232) \times A_o$
$CH_4 + 2O_2 \rightarrow CO_2 + 2H_2O$
16kg 2×32kg
1kg x
$x = \dfrac{1 \times 2 \times 32kg}{16kg} = 4kg/kg$
$A_o = \dfrac{O_0}{0.232} = \dfrac{4}{0.232}$
     $= 17.24kg \times (1 - 0.232)$
     $= 13.24kg$

④ 과잉공기량의 계산
$= (m - 1)A_0 = (1.3 - 1) \times 17.24$
$= 5.17kg$
$CH_4 + 2O_2 \rightarrow CO_2 + 2H_2O$
16kg 2×32kg
1kg x
$x = \dfrac{1kg \times 2 \times 32kg}{16kg} = 4kg/kg$
$A_o = \dfrac{O_0}{0.232} = \dfrac{4}{0.232} = 17.24$

⑤ 연소가스량(G)
$= CO_2 + H_2O + N_2 + 과잉공기량$
$= 2.75 + 2.25 + 13.24 + 5.17$
$= 27.41kg$

∴ 단열연소온도
$T_2 = \dfrac{H_l}{G_f \times C} + T_1$
     $= \dfrac{50 \times 1000}{23.41 \times 1.293} + (273 + 25)$
     $= 1949.847°K$

33 자연 상태의 물질을 어떤 과정(process)을 통해 화학적으로 변형시킨 상태의 연료를 2차 연료라고 한다. 다음 중 2차 연료에 해당하는 것은?

① 석탄
② 원유
③ 천연가스
④ LPG

 연료의 분류
① 1차 연료 : 석탄, 원유, 천연가스
② 2차 연료 : 수성가스, LPG, 코크스, 발생로가스 등

34 유동층 연소에 대한 설명으로 틀린 것은?

① 균일한 연소가 가능하다.
② 높은 전열 성능을 가진다.
③ 소각로 내에서 탈황이 가능하다.
④ 부하변동에 대한 적응력이 우수하다.

 유동층 연소 : 화격자 연소와 미분탄 연소를 혼합한 방식
특징 : ① 소각로 내에서 탈황이 가능하다.
        ② 높은 전열 성능을 가진다.
        ③ 균일한 연소가 가능하다.
        ④ 광범위한 연료에 적용할 수 있다.
        ⑤ 부하변동에 따른 적응력이 떨어진다.
        ⑥ 클링커 장애를 경감할 수 있다.

35 폭굉 유도거리(DID)가 짧아지는 경우는?

① 압력이 낮을 때
② 관 지름이 굵을 때
③ 점화원의 에너지가 작을 때
④ 정상 연소속도가 큰 혼합가스일 때

폭굉 유도거리가 짧아지는 경우
① 고압일수록
② 정상 속도가 큰 혼합가스일수록
③ 관 속에 방해물이 있거나 관경이 가늘수록
④ 점화원의 에너지가 클수록

36 다음 중 리프팅(lifting)의 원인과 거리가 먼 것은?

① 노즐 지름이 너무 크게 된 경우
② 공기 조절기를 지나치게 열었을 경우
③ 가스의 공급압력이 지나치게 높은 경우
④ 버너의 염공에 먼지 등이 부착되어 염공이 작아져 있을 경우

 리프팅의 원인(선화의 원인) : 가스의 유출 속도가 연소속도에 비해 크게 되었을 때 불꽃이 염공에서 떨어져 연소되는 현상
리프팅의 원인
① 버너의 염공에 먼지 등이 끼어 염공이 작게 된 경우
② 공기 조절장치(댐퍼)를 너무 많이 열었을 경우
③ 연소가스의 배기불충분이나 환기의 불충분시
④ 노즐의 구경이 너무 큰 경우
⑤ 가스의 공급 압력이 너무 높은 경우

 역화 : 가스의 연소속도가 유출속도에 비해 크게 되었을 때 불꽃이 염공에서 연소기 내부로 침입하는 현상
① 노즐구경이 너무 작은 경우
② 콕크에 먼지나 이물질이 부착되었을 때
③ 가스의 압력이 너무 낮을 때
④ 콕크가 충분히 열리지 않았을 경우
⑤ 부식에 의해 염공이 크게 되었을 때

37 공기가 산소 20v%, 질소 80v%의 혼합기체라고 가정할 때 표준상태(0℃, 101.325kPa)에서 공기의 기체상수는 약 몇 kJ/kg · K인가?
① 0.269   ② 0.279
③ 0.289   ④ 0.299

 공기의 평균 분자량 $= 32 \times 0.2 + 28 \times 0.8$
$= 28.8$
공기의 기체 상수값
$= \dfrac{8.314}{M} = \dfrac{8.314}{28.8} = 0.287 \text{kJ/kg} \cdot °K$

38 방폭 전기기기의 구조별 표시방법으로 틀린 것은?
① p-압력(壓力) 방폭구조
② o-안전증 방폭구조
③ d-내압(耐壓) 방폭구조
④ s-특수 방폭구조

 전기설비의 방폭 성능기준
① 내압(耐壓)방폭구조 : 방폭전기기기의 용기(이하 "용기"라 한다) 내부에서 가연성가스의 폭발이 발생할 경우 그 용기가 폭발압력에 견디고, 접합면, 개구부 등을 통하여 외부의 가연성 가스에 인화되지 아니 하도록 한 구조를 말한다.
② 유입(油入)방폭구조 : 용기 내부에 기름을 주입하여 불꽃·아크 또는 고온발생 부분이 기름 속에 잠기게 함으로써 기름면 위에 존재하는 가연성가스에 인화되지 아니하도록 한 구조를 말한다.
③ 압력(壓力)방폭구조 : 용기 내부에 보호가스(신선한 공기 또는 불활성가스)를 압입하여 내부압력을 유지함으로써 가연성가스가 용기 내부로 유입되지 아니하도록 한 구조를 말한다.
④ 안전증(安全增)방폭구조 : 정상운전 중에 가연성가스의 점화원이 될 전기불꽃·아크 또는 고온부분 등의 발생을 방지하기 위하여 기계적·전기적 구조상 또는 온도상승에 대하여, 특히 안전도를 증가시킨 구조를 말한다.
⑤ 본질안전(本質安全)방폭구조 : 정상시 및 사고(단선, 단락, 지락 등)시에 발생하는 전기불꽃·아크 또는 고온부에 의하여 가연성가스가 점화되지 아니하는 것이 점화시험, 기타 방법에 의하여 확인된 구조를 말한다.
⑥ 특수(特殊)방폭구조 : "①" 내지 "⑤"에서 규정한 구조 이외의 방폭구조로서 가연성가스에 점화를 방지할 수 있다는 것이 시험, 기타의 방법에 의하여 확인된 구조를 말한다.

[방폭전기기기의 구조별 표시방법]

방폭전기기기의 구조	표시방법
내압(耐壓)방폭구조	d
유입(油入)방폭구조	o
압력(壓力)방폭구조	p
안전증(安全增)방폭구조	e
본질안전(本質安全)방폭구조	ia 또는 ib
특수(特殊)방폭구조	s

39 카르노 사이클에서 열량을 받는 과정은?
① 등온팽창   ② 등온압축
③ 단열팽창   ④ 단열압축

 카르노 사이클
① 1-2 : 등온팽창(열공급)
② 2-3 : 단열팽창
③ 3-4 : 등온압축(열방출)
④ 4-1 : 단열압축

40 열역학 제2법칙에 어긋나는 것은?
① 열은 스스로 저온의 물체에서 고온의 물체로 이동할 수 없다.
② 열은 항상 고온에서 저온으로 흐른다.
③ 에너지 변환의 방향성을 표시한 법칙이다.
④ 제2종 영구기관을 만드는 것은 쉽다.

 열역학 제2법칙(에너지흐름의 법칙)
일은 쉽게 열로 바뀌나 열은 쉽게 일로 바뀔 수 없다는 법칙
① 클라우시스의 표현 : 열은 그 자신만으로는 저온물체에서 고온물체로 이동할 수 없다.
② 켈빈의 표현 : 열기관에서 동작유체가 일을 하기 위해서는 그것보다 더 낮은 저온물체를 필요로 함
③ 열은 항상 고온에서 저온으로 흐른다.
④ 에너지 변환의 방향성을 표시한 법칙

 제3과목 가스설비

41 다음 중 LNG의 기화장치에 대한 설명으로 틀린 것은?
① open rack vaporizer는 해수를 가열원으로 사용한다.
② submerged conversion vaporizer는 연소가스가 수조에 설치된 열교환기의 하부에 고속으로 분출되는 구조이다.
③ submerged conversion vaporizer는 물을 순환시키기 위하여 펌프 등의 다른 에너지원을 필요로 한다.
④ intermediate fluid vaporizer는 프로판을 중간매체로 사용할 수 있다.

 서브머지드 컨번션 베이퍼라이져 : 액 중의 버너를 사용하고 시설비는 싸다. 운전비용이 많이 든다.

42 다음 중 양정이 높을 때 사용하기에 가장 적당한 펌프는?
① 1단 펌프   ② 다단 펌프
③ 단흡입 펌프   ④ 양흡입 펌프

43 내용적 120L의 LP가스 용기에 50kg의 프로판을 충전하였다. 이 용기 내부가 액으로 충만될 때의 온도를 그림에서 구한 것은?

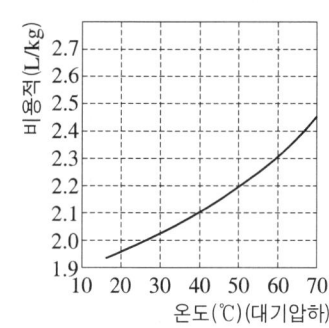

① 37℃   ② 47℃
③ 57℃   ④ 67℃

 LPG 비용적 계산
$= \dfrac{\text{내용적}}{\text{충전질량}} = \dfrac{120}{50} = 2.4 l/kg$
∴ 비용적 $2.4 l/kg$의 온도를 찾으면 된다.

44 다음 중 천연가스의 액화에 대한 설명으로 옳은 것은?
① 가스전에서 채취된 천연가스는 불순물이

거의 없어 별도의 전처리 과정이 필요하지 않다.
② 임계온도 이상, 임계압력 이하에서 천연가스를 액화한다.
③ 캐스케이드 사이클은 천연가스를 액화하는 대표적인 냉동사이클이다.
④ 천연가스의 효율적 액화를 위해서는 성능이 우수한 단일 조성의 냉매 사용이 권고된다.

45 도시가스 제조설비 중 나프타의 접촉분해(수증기개질)법에서 생성가스 중 메탄(CH_4)성분을 많게 하는 조건은?

① 반응온도 및 압력을 상승시킨다.
② 반응온도 및 압력을 감소시킨다.
③ 반응온도를 저하시키고, 압력을 상승시킨다.
④ 반응온도를 상승시키고, 압력을 감소시킨다.

해설 수증기 개질법
① 온도상승 : 일산화탄소, 수소 증가
   이산화탄소, 메탄 감소
   온도감소 : 이산화탄소, 수소 증가
   일산화탄소, 메탄 감소
② 압력상승 : 이산화탄소, 수소 증가
   일산화탄소, 메탄 감소
   압력감소 : 이산화탄소, 수소 감소
   일산화탄소, 메탄 증가

46 가스 배관의 굵기를 구할 수 있는 다음 식에서 "S"가 의미하는 것은?

$$Q = \sqrt{\frac{(P_1^2 - P_2^2)D^5}{SL}}$$

① 유량계수   ② 가스 비중
③ 배관 길이   ④ 관 안지름

해설 중·고압배관의 유량공식
$$Q = K\sqrt{\frac{D^5(P_1^2 - P_2^2)}{S \cdot L}}$$

여기서, Q : 가스의 유량[m^3/h]
K : 유량계수(52.31)
S : 가스의 비중
L : 관 길이[m]
D : 관 안지름
P_1 : 초압[$kg/cm^2 \cdot a$]
P_2 : 종압[$kg/cm^2 \cdot a$]

47 냄새가 나는 물질(부취제)의 주입방법이 아닌 것은?

① 적하식   ② 증기주입식
③ 고압분사식   ④ 회전식

해설 부취제 주입방법
① 액체주입 : 가스 흐름에 부취제를 액체상태 그대로 직접 주입하여 가스 중에서 기화 확산시키는 방식이다.
   ㉠ 펌프 주입방식 : 부취제를 소용량의 다이어프램 펌프 등으로 직접 주입시키는 방식으로 비교적 규모가 큰 부취설비에 적합하다.
   ㉡ 적하 주입방식 : 부취제 주입용기를 가스 압력으로 균형을 유지시켜 중력에 의해 부취제를 가스 흐름 중으로 떨어지게 하는 가장 간단한 액체 주입 방식이며, 주로 유량변동이 작은 소규모 부취설비에 적합하다.
   ㉢ 미터 연결 바이패스 방식 : 가스배관에 설치되어 있는 오리피스의 차압으로 바이패스라인과 가스라인의 유량을 변화시켜 가스미터에 부착된 부취제 첨가장치를 구동시켜 부취제를 가스 흐름 중에 주입하는 방식으로 대규모 설비에는 적합하지 않다.
② 증발식 부취설비 : 가스 흐름에 부취제의 증기를 직접 혼합시키는 방식으로 동력을 필요로 하지 않고 설비비가 싸다는 장점이 있다.
   ㉠ 바이패스 증발식 : 부취제가 들어있는 용기에 가스를 저속으로 흐르게 하면

가스는 부취제 증발로 인해 거의 포화 상태가 된다. 이때 가스배관이 설치된 오리피스로 부취제 용기에서 흐르는 유량을 조절하면 가스 유량에 상당하는 부취제 포화가스가 가스배관으로 흘러 들어가 일정 비율로 부취하는 방식으로 증발식 부취설비의 대표적인 형태이다.

ⓒ 위크 증발식 : 아스베스토스(석면) 심을 통하여 부취제가 상승하고 여기에 가스가 접촉하는데 따라 부취제가 증발되어 부취가 되는 것으로 부취제 첨가량의 조절이 어렵고 소규모 부취설비에 사용되는 방식이다.

참고 부취제가 누설되었을 때 제거하는 방법
① 연소법
② 화학적 산화처리
③ 활성탄에 의한 흡착

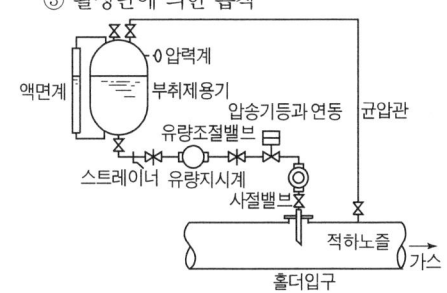
[중력적하 주입 방식]

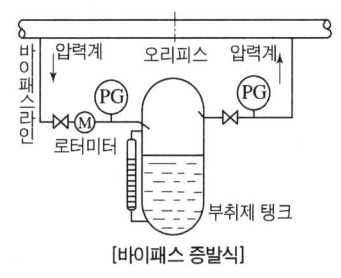
[바이패스 증발식]

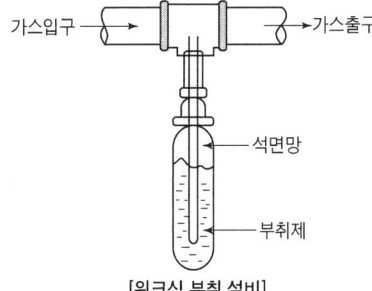
[위크식 부취 설비]

48 저압배관에서 압력손실의 원인으로 가장 거리가 먼 것은?
① 마찰저항에 의한 손실
② 배관의 입상에 의한 손실
③ 밸브 및 엘보 등 배관 부속품에 의한 손실
④ 압력계, 유량계 등 계측기 불량에 의한 손실

 저압배관의 압력손실
① 입상배관에 의한 압력손실
② 관 부속품에 의한 압력손실
③ 마찰저항에 의한 압력손실
④ 엘보우, 티 등에 의한 압력손실

49 가스배관의 플랜지(flange) 이음에 사용되는 부품이 아닌 것은?
① 플랜지 ② 개스킷
③ 체결용 볼트 ④ 플러그

 플러그 : 관 끝을 막을 때 사용

50 수소화염 또는 산소·아세틸렌 화염을 사용하는 시설 중 분기되는 각각의 배관에 반드시 설치해야 하는 장치는?
① 역류방지장치 ② 역화방지장치
③ 긴급이송장치 ④ 긴급차단장치

 역화방지기 설치
① 가연성가스 압축기와 오토클레이브와의 사이
② 아세틸렌의 고압건조기와 충전용 교체밸브와의 사이
③ 수소화염 또는 산소-아세틸렌 화염 사용시설
④ 아세틸렌 충전용지관

51 일반 도시가스 공급시설에서 최고 사용압력이 고압, 중압인 가스홀더에 대한 안전조치 사항이 아닌 것은?
① 가스방출장치를 설치한다.

② 맨홀이나 검사구를 설치한다.
③ 응축액을 외부로 뽑을 수 있는 장치를 설치한다.
④ 관의 입구와 출구에는 온도나 압력의 변화에 따른 신축을 흡수하는 조치를 한다.

 가스홀더 안전조치 사항
① 관의 입구와 출구에는 온도나 압력의 변화에 따른 신축을 흡수하는 조치를 한다.
② 응축액을 외부로 뽑을 수 있는 장치를 설치한다.
③ 맨홀이나 검사구를 설치한다.
④ 응축액의 동결을 방지하는 조치를 한다.

52 액화가스 용기 및 차량에 고정된 탱크의 저장 능력을 구하는 식은?(단, V : 내용적, P : 최고충전압력, C : 가스종류에 따른 정수, d : 상용온도에서의 액화가스의 비중이다.)

① $10PV$
② $(10P+1)V$
③ $\dfrac{V}{C}$
④ $0.9dV$

 압축가스 $(Q) = (P+1)V_1$
액화가스 $(W) = 0.9dV_2$

용기질량 및 차량에 고정된 탱크 $= \dfrac{V}{C}$

여기서, C(정수) : $C_3H_8(2.35)$
$C_4H_{10}(2.05)$
$NH_3(1.86)$
$CO_2(1.34)$

53 지금 150mm, 행정 100mm, 회전수 500rpm, 체적 효율 75%인 왕복압축기의 송출량은 약 얼마인가?

① $0.54m^3/min$
② $0.66m^3/min$
③ $0.79m^3/min$
④ $0.88m^3/min$

 왕복압축기 송출량(V)

$V = \dfrac{\pi D^2}{4} LNE$
$= 0.785 \times 0.15^2 \times 0.1 \times 500 \times 0.75$
$= 0.66m^3/min$

54 아세틸렌(C_2H_2)에 대한 설명으로 옳지 않은 것은?

① 동과 직접 접촉하여 폭발성의 아세틸라이드를 만든다.
② 비점과 융점이 비슷하여 고체 아세틸렌은 융해한다.
③ 아세틸렌가스의 충전제로 규조토, 목탄 등의 다공성 물질을 사용한다.
④ 흡열 화합물이므로 압축하면 분해폭발 할 수 있다.

 아세틸렌
① 은, 동, 수은과 접촉시 폭발성의 아세틸라이드 생성
② 다공질물에는 석회석, 규조토, 목탄, 탄산마그네슘, 산화철, 다공성플라스틱
③ 흡열화합물이므로 압축하면 분해폭발의 위험이 있다.
④ 아세틸렌의 용해, 석유에는 2배, 벤젠에는 4배, 알코올에는 6배, 아세톤에는 25배가 용해
⑤ 15℃ $1kg/cm^2$에서 아세톤 $1l$에 아세틸렌 $25l$ 용해
⑥ 용해 아세틸렌의 양 $= 905(A-B)$
⑦ 자연발화온도 406~408℃,
폭발온도 505~515℃
⑧ 아세틸렌은 1.5기압 이상시 폭발의 위험이 있다.

55 외부전원법으로 전기방식 시공 시 직류전원장치의 +극 및 -극에는 각각 무엇을 연결해야 하는가?

① +극 : 불용성 양극, -극 : 가스배관
② +극 : 가스배관, -극 : 불용성 양극
③ +극 : 전철레일, -극 : 가스배관
④ +극 : 가스배관, -극 : 전철레일

56 저온 수증기 개질에 의한 SNG(대체천연가스) 제조 프로세스의 순서로 옳은 것은?

① LPG → 수소화 탈황 → 저온 수증기 개질

→ 메탄화 → 탈탄산 → 탈습 → SNG
② LPG → 수소화 탈황 → 저온 수증기 개질
→ 탈습 → 탈탄산 → 메탄화 → SNG
③ LPG → 저온 수증기 개질 → 수소화 탈황
→ 탈습 → 탈탄산 → 메탄화 → SNG
④ LPG → 저온 수증기 개질 → 탈습 → 수소
화 탈황 → 탈탄산 → 메탄화 → SNG

 저온 수증기 개질에 의한 SNG 제조 프로세스
LPG → 수소화 탈황 → 저온 수증기 개질 →
메탄화 → 탈탄산 → 탈습 → SNG

57 정압기의 특성 중 유량과 2차 압력과의 관계를 나타내는 것은?

① 정특성 ② 유량특성
③ 동특성 ④ 작동 최소차압

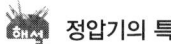 **정압기의 특성**
① **정특성** : 유량과 2차 압력의 관계
② **동특성** : 부하변동에 대한 응답의 신속성과 안정성
③ **유량특성** : 메인밸브 열림과 유량과의 관계
④ **사용최대차압 및 최소차압** : 정압기가 작동할 수 있는 최소차압 및 최대차압

58 다음 [보기]와 같은 성질을 갖는 가스는?

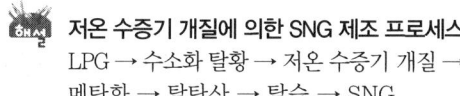
- 공기보다 무겁다.
- 조연성가스이다.
- 염소산칼륨을 이산화망간 촉매하에서 가열하면 실험적으로 얻을 수 있다.

① 산소 ② 질소
③ 염소 ④ 수소

 **산소**
① 공기보다 무겁다. $\left(\dfrac{32}{29} = 1.10\right)$
② 조연성 가스이다.
③ 염소산칼륨을 이산화망간 촉매하에서 가열하면 실험적으로 얻을 수 있다.

④ 공기 중에 약 21% 함유하고 있다.
⑤ 화학적으로 활발한 원소로 모든 원소(백금, 금, 할로겐 원소 등 제외)와 직접 화합하여 산화물을 만든다.
⑥ 상온, 상압에서 무색, 무취이다.

59 고압가스 용기의 재료에 사용되는 강의 성분 중 탄소, 인, 황의 함유량은 제한되어 있다. 이에 대한 설명으로 옳은 것은?

① 황은 적열취성의 원인이 된다.
② 인(P)은 될수록 많은 것이 좋다.
③ 탄소량은 증가하면 인장강도와 충격치가 감소한다.
④ 탄소량이 많으면 인장강도는 감소하고 충격치는 증가한다.

 인
① 상온취성
② 청열취성(200~300℃)의 원인
③ 편석을 일으키기 쉽다.
탄소량 증가시
① 인장강도, 경도, 항복점, 비저항, 비열 증가
② 연신율, 단면수축률, 충격치, 인성, 연성, 전성 감소

60 나사식 압축기의 특징으로 틀린 것은?

① 용량 조절이 어렵다.
② 기초, 설치면적 등이 적다.
③ 기체에는 맥동이 적고 연속적으로 압축한다.
④ 토출 압력의 변화에 의한 용량 변화가 크다.

 **나사식 압축기의 특징**
① 토출 압력의 변화에 의한 용량 변화가 적다.
② 기체에는 맥동이 적고 연속적으로 압축한다.
③ 기초, 설치면적 등이 적다.
④ 용량 조절이 어렵다.

⑤ 용적형이며 급유식 또는 무급유식이다.
⑥ 소음 방지 장치 필요하다.
⑦ 고속회전이므로 형태가 작고, 경량이다.

제 4 과목 가스안전관리

61 가연성가스이면서 독성가스인 것은?

① 염소, 불소, 프로판
② 암모니아, 질소, 수소
③ 프로필렌, 오존, 아황산가스
④ 산화에틸렌, 염화메탄, 황화수소

 가연성가스이며 독성가스
① NH_3(암모니아) : 15~28%
　　　　25ppm 이하
② CO(일산화탄소) : 12.5~74%
　　　　50ppm 이하
③ C_2H_4O(산화에틸렌) : 3~80%
　　　　50ppm 이하
④ H_2S(황화수소) : 4.3~45.5%
　　　　10ppm 이하
⑤ C_6H_6(벤젠) : 1.4~7.1%
　　　　10ppm 이하
⑥ HCN(시안화수소) : 6~41%
　　　　10ppm 이하
⑦ 염화메탄, 이황화탄소 등

62 시안화수소에 대한 설명으로 옳은 것은?

① 가연성, 독성가스이다.
② 가스의 색깔은 연한 황색이다.
③ 공기보다 아주 무거워 아래쪽에 체류하기 쉽다.
④ 냄새가 없고, 인체에 대한 강한 마취 작용을 나타낸다.

 시안화수소
① 가연성이며 독성가스이다.
② 시안화수소 안정제는 인산, 황산, 아황산 가스, 염화칼슘, 동, 오산화인 등이 있다.
③ 오래된 시안화수소는 급격한 중합에 의해 폭발의 위험이 있으므로 충전 후 60일을 넘기지 않도록 한다.
④ 극히 휘발하기 쉽고, 물에 잘 용해한다.
⑤ 무색이고 복숭아 냄새가 나는 기체
⑥ 아세틸렌과 반응하여 아크릴로니트릴을 만들 수 있다.
$C_2H_2 + HCN \rightarrow CH_2CHCN$

63 지중에 설치하는 강재배관의 전위 측정용 터미널(T/B)의 설치 기준으로 틀린 것은?

① 희생양극법은 300m 이내 간격으로 설치한다.
② 직류전철 횡단부 주위에는 설치할 필요가 없다.
③ 지중에 매설되어 있는 배관절연부 양측에 설치한다.
④ 타 금속 구조물과 근접 교차부분에 설치한다.

 전위 측정용 터미널 설치장소
① 직류전철 횡단부 주위
② 타 금속 구조물과 근접 교차부분
③ 교량 및 횡단부분의 양단부
④ 지중에 매설되어 있는 배관절연부의 양측
⑤ 강재 보호관 부분의 배관과 강재보호관

64 공기보다 무거워 누출 시 체류하기 쉬운 가스가 아닌 것은?

① 산소　　　② 염소
③ 암모니아　④ 프로판

 산소(O_2)
$16 \times 2 = 32g/mol \div 29g/mol = 1.10$
염소(Cl_2)
$35.5 \times 2 = 71g/mol \div 29g/mol = 2.448$
암모니아(NH_3)
$14 + 7 = 17g/mol \div 29g/mol = 0.586$
프로판(C_3H_8)
$16 \times 3 + 8 = 44g/mol \div 29g/mol = 1.52$

65 용기보관실에 고압가스 용기를 취급 또는 보관하는 때의 관리기준에 대한 설명 중 틀린 것은?

① 충전용기와 잔가스 용기는 각각 구분하여 용기보관 장소에 놓는다.
② 용기보관 장소의 주위 8m 이내에는 화기 또는 인화성 물질이나 발화성 물질을 두지 아니한다.
③ 충전용기는 항상 40℃ 이하의 온도를 유지하고 직사광선을 받지 않도록 조치한다.
④ 가연성가스 용기보관 장소에는 방폭형 휴대용 손전등 외의 등화를 휴대하고 들어가지 아니한다.

용기보관 장소의 주위 2m 이내에는 화기 또는 인화성 물질이나 발화성 물질을 두지 아니한다.

66 액화석유가스 사용시설에 설치되는 조정압력 3.3kPa 이하인 조정기의 안전장치 작동정지압력의 기준은?

① 7kPa
② 5.6kPa~8.4kPa
③ 5.04kPa~8.4kPa
④ 9.9kPa

조정압력 330mmH₂O(3.3kPa) 이하인 조정기의 안전장치 압력
① 작동정지압력 : 504~840mmH₂O(5.04~8.4kPa)
② 작동개시압력 : 560~840mmH₂O(5.6~8.4kPa)
③ 작동표준압력 : 700mmH₂O(7kPa)

67 염소의 특징에 대한 설명으로 틀린 것은?

① 가연성이다.
② 독성가스이다.
③ 상온에서 액화시킬 수 있다.
④ 수분과 반응하고 철을 부식시킨다.

염소의 특징
① 독성가스이다.(1ppm 이하)
② 상온에서 액화시킬 수 있다.
③ 상온에서 강한 자극성 냄새가 나는 황록색 기체이다.
④ 비점은 −34℃ 이하, 6~8atm 이상의 압력을 가하면 쉽게 액화한다.
⑤ 수분을 함유하면 철 등의 금속과 반응, 부식을 발생시킨다.(온도는 120℃ 이상)
$Cl_2 + H_2O \rightarrow HCl + HClO$
$Fe + 2HCl \rightarrow FeCl_2 + H_2$
⑥ 수소와 혼합하여 염소 폭명기가 되어 격렬한 폭발을 일으킨다.
⑦ 상온에서 물에 용해되면 소량의 염산 및 차아염소산을 생성하여 살균, 표백작용을 한다.

68 고압가스 특정제조시설에서 안전구역 안의 고압가스설비의 외면으로부터 다른 안전구역 안에 있는 고압가스설비의 외면까지 유지하여야 할 거리의 기준은?

① 10m 이상
② 20m 이상
③ 30m 이상
④ 50m 이상

유지거리
① 액화 천연가스 저장설비 및 처리설비는 그 외면으로부터 사업소 경계까지 50m 이상 거리 또는 안전거리 산식에 의한 거리 중 큰 쪽과 동등 이상의 거리를 유지할 것.
$L = C \cdot \sqrt[3]{143{,}000\,W}$
여기서, L : 유지거리[m]
C : 정수 저압지하식 저장탱크 0.24, 그 밖에 처리설비 0.576
W : 저장탱크는 저장능력의 제곱근[ton]
② 액화석유가스 저장설비 및 처리설비는 그 외면으로부터 제1종 및 제2종 보호시설까지 30m 이상거리 유지
③ 고압인 가스공급시설은 통로·공지 등으로 구획된 안전구역 내에 설치하되 면적은 2만m² 미만일 것

④ 안전구역 내의 고압인 가스공급시설은 그 외면으로부터 그 안전구역에 인접하는 다른 안전구역 내에 있는 고압인 공급시설과 30m 이상의 거리 유지
⑤ 가스공급시설은 그 외면으로부터 그 제조소의 경계와 20m 이상의 거리 유지
⑥ 액화천연가스의 저장탱크는 그 외면으로부터 처리능력이 20만m³ 이상인 압축기와 30m 이상 거리 유지

69 고압가스를 차량에 적재·운반할 때 몇 km 이상의 거리를 운행하는 경우에 중간에 충분한 휴식을 취한 후 운행하여야 하는가?

① 100km ② 200km
③ 250km ④ 400km

 고압가스를 차량에 적재·운반할 때 200km 이상의 거리를 운행하는 경우에 중간에 충분한 휴식을 취하도록 하고 운행

70 가스 안전사고를 조사할 때 유의할 사항으로 적합하지 않은 것은?

① 재해조사는 발생 후 되도록 빨리 현장이 변경되지 않은 가운데 실시하는 것이 좋다.
② 재해에 관계가 있다고 생각되는 것은 물적, 인적인 것을 모두 수립, 조사한다.
③ 시설의 불안전한 상태나 작업자의 불안전한 행동에 대하여 유의하여 조사한다.
④ 재해조사에 참가하는 자는 항상 주관적인 입장을 유지하여 조사한다.

재해조사에 참가하는 자는 객관적인 입장을 유지하여야 한다.

71 고압가스 저장탱크는 가스가 누출하지 아니하는 구조로 하고 가스를 저장하는 것에는 가스방출장치를 설치하여야 한다. 이때 가스저장능력이 몇 m³ 이상인 경우에 가스방출장치를 설치하여야 하는가?

① 5   ② 10
③ 50   ④ 500

 가스방출장치 설치 : 가스저장능력이 5m³ 이상인 경우

72 철근콘크리트제 방호벽의 설치기준에 대한 설명 중 틀린 것은?

① 일체로 된 철근콘크리트 기초로 한다.
② 기초의 높이는 350mm 이상, 되메우기 깊이는 300mm 이상으로 한다.
③ 기초의 두께는 방호벽 최하부 두께의 120% 이상으로 한다.
④ 지름 8mm 이상의 철근을 가로·세로 300mm 이하의 간격으로 배근한다.

방호벽
① 저장탱크와 가스충전장소와의 사이
② 용기보관실 벽
③ 압축기와 아세틸렌가스를 용기 충전하는 장소 또는 그 충전용기 보관 장소와의 사이

종류	규격		구조
	두께	높이	
철근 콘크리트	12cm 이상	2m 이상	9mm 이상의 철근을 40cm×40cm 이하의 간격으로 배근결속한다.
콘크리트 블록	15cm 이상	2m 이상	9mm 이상의 철근을 40cm×40cm 이하의 간격으로 배근결속하고, 블록공동부에는 콘크리트, 모르타르로 채운다.
박강판	3.2mm 이상	2m 이상	30mm×30mm 이상의 앵글강을 40cm×40cm 이하의 간격으로 용접보강하고 1.8m 이하의 간격으로 지주를 세운다.
후강판	6mm 이상	2m 이상	1.8m 이하의 간격으로 지주를 세운다.

73 저장설비 또는 가스설비의 수리 또는 청소 시 안전에 대한 설명으로 틀린 것은?

① 작업계획에 따라 해당 책임자의 감독하에 실시한다.
② 탱크 내부의 가스를 그 가스와 반응하지

아니하는 불활성가스 또는 불활성 액체로 치환한다.
③ 치환에 사용된 가스 또는 액체를 공기로 재치환하고 산소 농도가 22% 이상으로 된 것이 확인될 때까지 작업한다.
④ 가스의 성질에 따라 사업자가 확립한 작업 절차서에 따라 가스를 치환하되 불연성가스설비에 대하여는 치환작업을 생략할 수 있다.

 산소 농도가 22% 이하가 될 때까지 계속 치환하여야 한다.

74 지하에 설치하는 액화석유가스 저장탱크실 재료의 규격으로 옳은 것은?

① 설계강도 : 25MPa 이상
② 물-시멘트비 : 25% 이하
③ 슬럼프 (slump) : 50~150mm
④ 굵은 골재의 최대 치수 : 25mm

 지하에 설치하는 액화석유가스 저장탱크실 재료
① 설계강도 : 21MPa 이상
② 물-시멘트비 : 50% 이하
③ 슬럼프 : 120~150mm
④ 공기량 : 4%
⑤ 굵은 골재의 최대 치수 : 25mm

75 가스 용품 중 배관용 밸브 제조 시 기술기준으로 옳지 않은 것은?

① 밸브의 O-링과 패킹은 마모 등 이상이 없는 것으로 한다.
② 볼밸브는 핸들 끝에서 294.2N 이하의 힘을 가해서 90° 회전할 때 완전히 개폐하는 구조로 한다.
③ 개폐용 핸들 휠의 열림 방향은 시계바늘 방향으로 한다.
④ 볼밸브는 완전히 열렸을 때 핸들 방향과 유로 방향이 평행인 것으로 한다.

 개폐용 핸들 휠의 열림 방향은 시계 반대 방향이다.

76 물을 제독제로 사용하는 독성가스는?

① 염소, 포스겐, 황화수소
② 암모니아, 산화에틸렌, 염화메탄
③ 아황산가스, 시안화수소, 포스겐
④ 황화수소, 시안화수소, 염화메탄

 독성가스 제독제
① 염소 : 소석회, 가성소다, 탄산소다(소가탄)
② 황화수소 : 가성소다, 탄산소다(황가탄)
③ 포스겐 : 가성소다, 소석회(포가소)
④ 아황산가스 : 물, 가성소다, 탄산가스(아물가탄)
⑤ 시안화수소 : 가성소다(시가)
⑥ 암모니아, 산화에틸렌, 염화메탄 : 물

77 저장탱크에 의한 LPG 사용시설에서 로딩암을 건축물 내부에 설치한 경우 환기구 면적의 합계는 바닥면적의 얼마 이상으로 하여야 하는가?

① 3%   ② 6%
③ 10%   ④ 20%

 저장탱크에 의한 LPG 사용시설에서 로딩암을 건축물 내부에 설치한 경우 환기구 면적의 합계는 바닥면적의 6% 이상

78 고압가스설비에서 고압가스 배관의 상용압력이 0.6MPa일 때 기밀시험압력의 기준은?

① 0.6MPa 이상   ② 0.7MPa 이상
③ 0.75MPa 이상   ④ 1.0MPa 이상

 고압가스배관 시험압력
① 내압시험압력(TP) = 상용압력 × 1.5
② 기밀시험압력(AP) = 상용압력 이상

79 고압가스 충전설비 및 저장설비 중 전기설비를 방폭구조로 하지 않아도 되는 고압가스는?

① 암모니아 ② 수소
③ 아세틸렌 ④ 일산화탄소

 전기설비를 방폭구조로 하지 않아도 되는 가스
① NH_3 ② CH_3Br

80 고압가스 용기를 운반할 때 혼합적재를 금지하는 기준으로 틀린 것은?

① 염소와 아세틸렌은 동일차량에 적재하여 운반하지 않는다.
② 염소와 수소는 동일차량에 적재하여 운반하지 않는다.
③ 가연성가스와 산소를 동일차량에 적재하여 운반할 때에는 그 충전용기의 밸브가 서로 마주보지 않도록 적재한다.
④ 충전용기와 석유류는 동일차량에 적재할 때에는 완충판 등으로 조치하여 운반한다.

제 5 과목　가스계측기기

81 제베크(Seebeck) 효과의 원리를 이용한 온도계는?

① 열전대 온도계   ② 서미스터 온도계
③ 팽창식 온도계   ④ 광전관 온도계

 열전대 온도계 : 제백효과를 이용한 온도계
① PR(백금-백금 로듐)(R형)
  ㉠ 산화성 분위기에 가장 강하다.
  ㉡ 환원성 분위기에 약하다.
  ㉢ 금속증기에 침식
  ㉣ 온도 : 0~1600℃
  ㉤ 백금 87%(+극), 백금로듐 13%(-극)

  ㉥ 값이 싸고, 정도가 높고 안정성 우수
  ㉦ 열전대 온도계중 가장 고온 측정
② CA(크로멜-알루멜)(K형)
  ㉠ 크로멜(Ni(90%) + Cr(10%)), 알루멜(Ni(94%) + Mn(2.5%) + Al(2.0%) + Fe(0.5%))
  ㉡ 산화성 분위기에 약하다.
  ㉢ 온도 : 0~1200℃
③ CC(동-콘스탄탄)(J형)
  ㉠ 수분에 의한 내식성이 크다.
  ㉡ 콘스탄탄(Cu(55%) + Ni(45%))
  ㉢ 온도 : -200~350℃
  ㉣ 열전대 온도계 중 가장 저온 측정
④ IC(철-콘스탄탄)(T형)
  ㉠ 환원성 분위기에 강하다.
  ㉡ 온도 : -20~850℃

[열전도온도계]

82 추 무게가 공기와 액체 중에서 각각 5N, 3N이었다. 추가 밀어낸 액체의 체적이 $1.3 \times 10^{-4} m^3$일 때 액체의 비중은 약 얼마인가?

① 0.98   ② 1.24
③ 1.57   ④ 1.87

 액체의 비중
$$= \frac{5-3}{1.3 \times 10^{-4} \times 1000 \times 9.8} = 1.569 kgf/l$$

83 다음 중 가스미터의 구비조건으로 적당하지 않은 것은?

① 기차의 변동이 클 것
② 소형이고 계량용량이 클 것
③ 가격이 싸고 내구력이 있을 것
④ 구조가 간단하고 감도가 예민할 것

가스미터의 구비조건
① 기차의 변동이 클 것
② 소형이고 계량용량이 클 것
③ 가격이 싸고 내구력이 있을 것
④ 구조가 간단하고 감도가 예민할 것
⑤ 수리가 용이하고, 압력손실이 적을 것

84 방사선식 액면계의 종류가 아닌 것은?
① 조사식　　② 전극식
③ 가반식　　④ 투과식

 방사선식 액면계의 종류
① 투과식　② 조사식　③ 가반식

85 유체의 압력 및 온도 변화에 영향이 적고, 소유량이며 정확한 유량제어가 가능하여 혼합가스 제조 등에 유용한 유량계는?
① roots meter
② 벤투리 유량계
③ 터빈식 유량계
④ mass flow controller

 mass flow controller : 유체의 압력 및 온도 변화에 영향이 적고, 소유량이며 정확한 유량제어가 가능하여 혼합가스 제조에 사용

86 전력, 전류, 전압, 주파수 등을 제어량으로 하며 이것을 일정하게 유지하는 것을 목적으로 하는 제어방식은?
① 자동조정　　② 서보기구
③ 추치제어　　④ 정치제어

서보기구 : 물체의 위치, 자세, 방위 등의 기계적 변위를 제어량으로 하는 제어계

87 NO_x 분석 시 약 590~2500nm의 파장 영역에서 발광하는 광량을 이용하는 가스분석 방식은?

① 화학 발광법　　② 세라믹식 분석
③ 수소이온화 분석　④ 비분산 적외선 분석

 화학 발광법
NO_x 분석 시 약 590~2500nm의 파장 영역에서 발광하는 광량을 이용하는 가스분석법

88 다음 가스미터 중 추량식(간접식)이 아닌 것은?
① 벤투리식　　② 오리피스식
③ 막식　　　　④ 터빈식

 가스미터의 종류
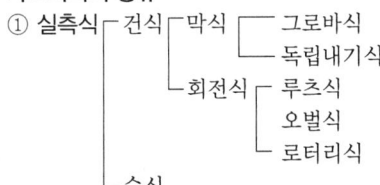
② 추측식(추량식) : 오리피스, 터빈, 벤튜리, 선근차식, 피토우관

89 열전도도검출기의 측정 시 주의사항으로 옳지 않은 것은?
① 운반기체 흐름속도에 민감하므로 흐름속도를 일정하게 유지한다.
② 필라멘트에 전류를 공급하기 전에 일정량의 운반기체를 먼저 흘려보낸다.
③ 감도를 위해 필라멘트와 검출실 내벽온도를 적정하게 유지한다.
④ 운반기체의 흐름속도가 클수록 감도가 증가하므로, 높은 흐름속도를 유지한다.

운반기체의 흐름속도에 민감하므로 흐름속도를 일정하게 유지

90 측정량이 시간에 따라 변동하고 있을 때 계기의 지시값은 그 변동에 따를 수 없는 것이 일반적이며 시간적으로 처짐과 오차가 생기는데 이 측정량의 변동에 대하여 계측기의 지시가 어떻게 변하는지 대응관계를 나타내는 계측

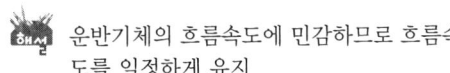

기의 특성을 의미하는 것은?

① 정특성 ② 동특성
③ 계기특성 ④ 고유특성

91 압력 $5\text{kgf/cm}^2 \cdot \text{abs}$, 온도 40℃인 산소의 밀도는 약 몇 kg/m^3인가?

① 2.03 ② 4.03
③ 6.03 ④ 8.03

 $PV = GRT$ 에서

밀도 $= \dfrac{P}{RT} = \dfrac{5 \times 10^4}{\dfrac{848}{32} \times (273+40)}$

$= 6.03 \text{kg/m}^3$

92 KI-전분지의 검지가스와 변색반응 색깔이 바르게 연결된 것은?

① 할로겐-[청~갈색]
② 아세틸렌-[적갈색]
③ 일산화탄소-[청~갈색]
④ 시안화수소-[적갈색]

시험지명 및 변색상태
① 암모니아 : 적색리트머스 시험지-청색
② 염소 : KI전분지-청색
③ 시안화수소 : 질산구리벤젠지-청색
④ 일산화탄소 : 염화파라듐지-흑색
⑤ 황화수소 : 연당지(초산납시험지)-흑색
⑥ 포스겐 : 하리슨 시험지 : 심등색-오렌지색
⑦ 아세틸렌 : 염화제1동착염지-적색
⑧ 아황산가스 : 암모니아 적신 헝겊-흰연기

93 습식 가스미터기는 주로 표준계량에 이용된다. 이 계량기는 어떤 type의 계측기기인가?

① drum type ② orifice type
③ oval type ④ venturi type

습식가스미터 : 드럼타입의 계측기이다.

94 다음 중 계측기와 그 구성을 연결한 것으로 틀린 것은?

① 부르동관 : 압력계
② 플로트(浮子) : 온도계
③ 열선 소자 ; 가스검지기
④ 운반가스(carrier gas) : 가스분석기

플로우트식 액면계

95 온도 0℃에서 저항이 40Ω인 니켈저항체로서 100℃에서 측정하면 저항값은 얼마인가?(단, Ni의 온도계수는 0.0067deg^{-1}이다.)

① 56.8Ω ② 66.8Ω
③ 78.0Ω ④ 83.5Ω

 $R = R_o(1 + \alpha t)$
$= 40(1 + 0.0067 \times 100) = 66.8\Omega$

96 기체-크로마토그래피의 충전컬럼 내의 충전물, 즉 고체지지체로서 일반적으로 사용되는 재질은?

① 실리카겔 ② 활성탄
③ 알루미나 ④ 규조토

기체크로마토그래피의 충전컬럼 내의 충전물, 고체지지제로서 일반적으로 규조토를 사용

97 일반적인 액면 측정방법이 아닌 것은?

① 압력식 ② 정전용량식
③ 박막식 ④ 부자식

직접식 액면계 : 직관식, 부자식(플로우트식), 검척식
간접식 액면계 : 차압식, 방사선식, 기포식, 고정튜브식, 슬립튜브식, 회전튜브식, 초음파식 등

98 경사각이 30°인 다음 그림과 같은 경사관식 압력계에서 차압은 약 얼마인가?

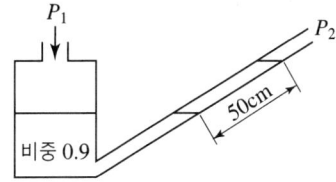

① $0.225 kg/m^2$　② $225 kg/cm^2$
③ $2.21 kPa$　④ $221 Pa$

 차압 $= P_1 - P_2 = \gamma \sin\theta$
　　　$= 0.9 \times 1000 \times 0.5 \times \sin 30$
　　　$= 225 kgf/m^2$
　$10332 kgf/m^2 = 101.3 kPa$
　$225 = x$
　$x = \dfrac{225 \times 101.3 kPa}{10332 kgf/m^2} = 2.206$

99 오르샤트 가스분석 장치에서 사용되는 흡수제와 흡수가스의 연결이 바르게 된 것은?

① CO 흡수액 – 30% KOH 수용액
② O_2 흡수액 – 알칼리성 피로갈롤 용액
③ CO 흡수액 – 알칼리성 피로갈롤 용액
④ CO_2 흡수액 – 암모니아성 염화제일구리 용액

 가스분석 장치
　① 흡수분석법
　　㉠ 오르쟈트법
　　　ⓐ CO_2 : KOH 33% 수용액
　　　ⓑ O_2 : 알카리성피로카롤용액
　　　ⓒ CO : 암모니아성 염화제1동용액
　　㉡ 헴펠법
　　　ⓐ CO_2 : KOH 33% 수용액
　　　ⓑ $C_mH_m(C_2H_2)$: 발연황산 25%
　　　ⓒ O_2 : 알칼리성피롤카롤용액
　　　ⓓ CO : 암모니아성 염화제1동액
　　㉢ 게겔법
　　　ⓐ CO_2 : KOH 33% 수용액
　　　ⓑ C_2H_2 : 요오드수은칼륨용액
　　　ⓒ n-C_4H_8 : 87% 황산

　　　ⓓ C_2H_4 : 취소수용액
　　　ⓔ O_2 : 알칼리성피롤카롤용액
　　　ⓕ CO : 암모니아성 염화제1동액

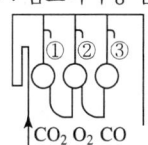

100 게겔(Gockel)법을 이용하여 가스를 흡수 분리할 때 33% KOH로 분리되는 가스는?

① 이산화탄소　② 에틸렌
③ 아세틸렌　④ 일산화탄소

본 문제는 복원 기출문제입니다. 실제 문제와 다를 수 있으니 양해바랍니다.

2025년도 출제문제

2025년 8월 CBT 시행

제1과목 가스유체역학

01 지름 8cm인 원관 속을 동점성계수가 $1.5\times 10^{-6}\mathrm{m^2/s}$인 물이 $0.002\mathrm{m^3/s}$의 유량으로 흐르고 있다. 이 때 레이놀즈수는 약 얼마인가?

① 20000 ② 21221
③ 21731 ④ 22333

레이놀즈수(Re)

$Re = \dfrac{4Q}{\pi DM}$

$= \dfrac{4\times 0.002}{3.14\times 0.08\times 1.5\times 10^{-6}}$

$= 21220.65$

02 압축성 유체흐름에 대한 설명으로 가장 거리가 먼 것은?

① Mach 수는 유체의 속도와 음속의 비로 정의된다.
② 단면이 일정한 배관에서 단열마찰흐름은 가역적이다.
③ 단면이 일정한 배관에서 등온마찰흐름은 비단열적이다.
④ 초음속 유동일 때 확대 배관에서 속도는 점점 증가한다.

압축성 유체의 흐름
① 초음속 유동일 때 확대 배관에서 속도는 점점 증가한다.
② 단면이 일정한 배관에서 등온마찰흐름은 비단열적이다.
③ Mach 수는 유체의 속도와 음속의 비로 정의된다.

03 밀도의 차원을 MLT계로 옳게 표시한 것은?

① ML^{-3} ② ML^{-2}
③ MLT^{-2} ④ MLT^{-1}

밀도의 차원을 MLT 관계
① 절대단위 : $\mathrm{kg/m^3}$, ML^{-3}
② 공학단위 : $\mathrm{kgf\cdot s^2/m^4}$, $FL^{-4}T^2$

04 다음 단위 간의 관계가 옳은 것은?

① $1\mathrm{N} = 9.8\mathrm{kg\cdot m/s^2}$
② $1\mathrm{J} = 9.8\mathrm{kg\cdot m^2/s^2}$
③ $1\mathrm{W} = 1\mathrm{kg\cdot m^2/s^3}$
④ $1\mathrm{Pa} = 10^5\mathrm{kg/m\cdot s^2}$

각 물리량의 SI 단위 관계
① $1\mathrm{N} = 1\mathrm{kg\cdot m/sec^2}$
② $1\mathrm{J} = 1\mathrm{N\cdot m} = 1\mathrm{kg\cdot m^2/sec^2}$
③ $1\mathrm{W} = 1\mathrm{J/sec} = 1\mathrm{N\cdot m/sec}$
$= 1\mathrm{kg\cdot m^2/sec^3}$
④ $1\mathrm{Pa} = 1\mathrm{N/m^2} = 1\mathrm{kg/m\cdot sec^2}$

05 Newton 유체를 가장 옳게 설명한 것은?

① 비압축성 유체로써 속도구배가 항상 일정한 유체
② 전단응력이 속도구배에 비례하는 유체
③ 유체가 정지 상태에서 항복응력을 갖는 유체
④ 전단응력이 속도구배에 관계없이 항상 일정한 유체

뉴턴 유체 : 전단응력이 속도구배에 비례하는 유체(물, 알코올 등)
비뉴턴 유체 : 뉴턴의 점성의 법칙을 충족시키지 않는 끈기가 있는 것(플라스틱, 진흙, 페인트 등)

06 상부가 개방된 탱크의 수위가 4m를 유지하고 있다. 이 탱크 바닥에 지름 1cm의 구멍이 났을 경우 이 구멍을 통하여 유출되는 유속은?

① 7.85m/s ② 8.85m/s
③ 9.85m/s ④ 10.85m/s

 $V = \sqrt{2gh} = \sqrt{2 \times 9.8 \times 4} = 8.85 \text{m/sec}$

07 비압축성 유체가 매끈한 원형관에서 난류로 흐르며 Blasius 실험식과 잘 일치한다면 마찰계수와 레이놀즈수의 관계는?

① 마찰계수는 레이놀즈수에 비례한다.
② 마찰계수는 레이놀즈수에 반비례한다.
③ 마찰계수는 레이놀즈수의 $\frac{1}{4}$ 승에 비례한다.
④ 마찰계수는 레이놀즈수의 $\frac{1}{4}$ 승에 반비례한다.

 마찰계수와 레이놀즈수의 흐름
① 층류흐름 : $f = \dfrac{64}{Re}$
② 난류흐름 : $f = 0.3164 Re^{-\frac{1}{4}}$

08 수면 차이가 20m인 매우 큰 두 저수지 사이에 분당 60m³으로 펌프가 물을 아래에서 위로 이송하고 있다. 이 때 전체 손실수두는 5m이다. 펌프의 효율이 0.9일 때 펌프에 공급해 주어야 하는 동력은 얼마인가?

① 163.3kW ② 220.5kW
③ 245.0kW ④ 272.2kW

 $\text{kW} = \dfrac{\gamma \times Q \times H}{102 \times E \times 60}$
$= \dfrac{1000 \times 60 \times (5+20)}{102 \times 0.9 \times 60} = 272.33 \text{kW}$
여기서, γ : 물의 비중량(1000kg/m³)
Q : 유량[m³/min]
H : 전양정[m], E : 효율[%]

09 매끈한 직원관 속을 액체 흐름이 층류이고 관 내에서 최대속도가 4.2m/s로 흐를 때 평균 속도는 약 몇 m/s인가?

① 4.2 ② 3.5
③ 2.1 ④ 1.75

 평균속도 $= \dfrac{1}{2} V_{\max} = \dfrac{1}{2} \times 4.2$
$= 2.1 \text{m/sec}$

10 원심 송풍기에 속하지 않는 것은?

① 다익 송풍기   ② 레이디얼 송풍기
③ 터보 송풍기   ④ 프로펠러 송풍기

 원심식 송풍기의 종류
① 터보형 송풍기
② 다익형 송풍기
③ 레이디얼 송풍기

11 비중이 0.887인 원유가 관의 단면적이 0.0022m²인 관에서 체적 유량이 10.0m³/h일 때 관의 단위 면적당 질량유량(kg/m²·s)은 얼마인가?

① 1120 ② 1220
③ 1320 ④ 1420

 ① 공학단위 밀도(ρ)
$= \dfrac{\gamma}{g} = \dfrac{0.887 \times 1000}{9.8}$
$= 90.51 \text{kgf} \cdot \text{s}^2/\text{m}^4$
② 공학단위 밀도를 절대단위로 계산(ρ)
$=$ 공학단위밀도 $\times g$
$= 90.51 \times 9.8 = 887 \text{kg/m}^3$
③ $\therefore m = \dfrac{\rho \times Q}{A} = \dfrac{887 \times 10}{0.0022 \times 3600}$
$= 1119.95 \text{kg/m}^2 \cdot \text{sec}$

12 펌프를 사용하여 지름이 일정한 관을 통하여 물을 이송하고 있다. 출구는 입구보다 3m 위에 있고 입구압력은 1kgf/cm², 출구압력은

1.75kgf/cm²이다. 펌프수두가 15m일 때 마찰에 의한 손실수두는?

① 1.5m   ② 2.5m
③ 3.5m   ④ 4.5m

 ① 입구압력 및 출구압력 수두계산
   ㉠ 입구압력 수두
   $= \dfrac{P}{\gamma} = \dfrac{1 \times 10^4}{1000} = 10\text{m}$
   ㉡ 출구압력 수두
   $= \dfrac{P}{\gamma} = \dfrac{1.75 \times 10^4}{1000} = 17.5\text{m}$
② 마찰에 의한 손실수두 계산
   손실수두 = 출구수도 - 입구수도 - 높이차
   $= 17.5 - 10 - 3 = 4.5\text{m}$

13 다음 중 점성(viscosity)과 관련성이 가장 먼 것은?

① 전단응력   ② 점성계수
③ 비중   ④ 속도구배

 $\tau = \mu \dfrac{du}{dy}$

여기서, τ : 전단응력, μ : 점성계수
$\dfrac{du}{dy}$: 속도구배

14 압축성 이상유체(compressible ideal gas)의 운동을 지배하는 기본 방정식이 아닌 것은?

① 에너지방정식   ② 연속방정식
③ 차원방정식   ④ 운동량방정식

 압축성 이상유체의 운동을 지배하는 기본 방정식
① 연속방정식
② 에너지방정식
③ 운동량방정식

15 단면적이 변하는 관로를 비압축성 유체가 흐르고 있다. 지름이 15cm인 단면에서의 평균속도가 4m/s이면 지름이 20cm인 단면에서의 평균속도는 몇 m/s인가?

① 1.05   ② 1.25
③ 2.05   ④ 2.25

 $A_1 V_1 = A_2 V_2$
$V_2 = \dfrac{A_1 V_1}{A_2} = \dfrac{0.785 \times 0.15^2 \times 4}{0.785 \times 0.2^2}$
$= 2.25\text{m/sec}$

16 운동 부분과 고정 부분이 밀착되어 있어서 배출공간에서부터 흡입공간으로의 역류가 최소화되며, 경질 윤활유와 같은 유체수송에 적합하고 배출압력을 200atm 이상 얻을 수 있는 펌프는?

① 왕복펌프   ② 회전펌프
③ 원심펌프   ④ 격막펌프

 회전펌프 : 운동 부분과 고정 부분이 밀착되어 있어서 배출공간에서부터 흡입공간으로의 역류가 최소화되며, 경질 윤활유와 같은 유체수송에 적합하고 배출압력을 200atm 이상 얻을 수 있는 펌프

17 20kgf의 저항력을 받는 평판을 2m/s로 이동할 때 필요한 동력은?

① 0.25PS   ② 0.36PS
③ 0.53PS   ④ 0.63PS

 $\text{PS} = \dfrac{20 \times 2}{75} = 0.533\text{PS}$

18 비압축성 유체가 흐르는 유로가 축소될 때 일어나는 현상 중 틀린 것은?

① 압력이 감소한다.
② 유량이 감소한다.
③ 유속이 증가한다.
④ 질량 유량은 변화가 없다.

비압축성 유체가 흐르는 유로가 축소 시 일어나는 현상
① 압력이 감소한다.
② 유속이 증가한다.
③ 유량이 증가한다.
④ 질량 유량은 변화가 없다.

19 이상기체에서 소리의 전파속도(음속) a는 다음 중 어느 값에 비례하는가?

① 절대온도의 제곱근
② 압력의 세제곱
③ 밀도
④ 부피의 세제곱

 음속$(C) = \sqrt{kgRT}$
음속의 절대온도의 제곱근에 비례한다.

20 이상기체에서 정적비열의 정의로 옳은 것은 어느 것인가?

① $\left(\dfrac{\partial u}{\partial T}\right)_p$ ② KC_p
③ $\left(\dfrac{\partial T}{\partial u}\right)_v$ ④ $\left(\dfrac{\partial u}{\partial T}\right)_v$

 제2과목 연소공학

21 발열량이 24000kcal/m³인 LPG 1m³에 공기 3m³을 혼합하여 희석하였을 때 혼합기체 1m³ 당 발열량은 몇 kcal인가?

① 5000 ② 6000
③ 8000 ④ 16000

 $Q = \dfrac{H_l}{1+x}$
$Q = \dfrac{24000}{1+3} = 6000 \text{kcal/m}^3$

22 125℃, 10atm에서 압축계수(Z)가 0.96일 때 NH₃(g) 35kg의 부피는 약 몇 Nm³인가? (단, N의 원자량 14, H의 원자량은 1이다.)

① 2.81 ② 4.28
③ 6.45 ④ 8.54

 $PV = \dfrac{ZWRT}{M}$
$V = \dfrac{ZWRT}{PM}$
$= \dfrac{0.96 \times 35 \times 0.082 \times (273+125)}{10 \times 17}$
$= 6.45 \text{Nm}^3$

23 온도에 따른 화학반응의 평형상수를 옳게 설명한 것은?

① 온도가 상승해도 일정하다.
② 온도가 하강하면 발열반응에서는 감소한다.
③ 온도가 상승하면 흡열반응에서는 감소한다.
④ 온도가 상승하면 발열반응에서는 감소한다.

24 불활성화(inerting)가스로 사용할 수 없는 가스는?

① 수소 ② 질소
③ 이산화탄소 ④ 수증기

25 연소에 대한 설명 중 옳지 않은 것은?

① 연료가 한번 착화하면 고온으로 되어 빠른 속도로 연소한다.
② 환원반응이란 공기의 과잉 상태에서 생기는 것으로 이때의 화염을 환원염이라 한다.
③ 고체, 액체 연료는 고온의 가스분위기 중에서 먼저 가스화가 일어난다.

④ 연소에 있어서는 산화반응뿐만 아니라 열분해반응도 일어난다.

 환원반응이란 공기의 부족으로 인해서 생기는 것으로 이때의 화염을 환원염이라 한다.

26 연료가 구비해야 될 조건에 해당되지 않는 것은?

① 발열량이 높을 것
② 조달이 용이하고 자원이 풍부할 것
③ 연소 시 유해가스를 발생하지 않을 것
④ 성분 중 이성질체가 많이 포함되어 있을 것

 연료가 구비해야 될 조건
① 연소 시 유해가스를 발생하지 않을 것
② 조달이 용이하고 자원이 풍부할 것
③ 발열량이 높을 것
④ 성분 중 이성질체가 없는 것이 좋다.

27 가스터빈 장치의 이상 사이클을 Brayton 사이클이라고도 한다. 이 사이클의 효율을 증대시킬 수 있는 방법이 아닌 것은?

① 터빈에 다단팽창을 이용한다.
② 기관에 부딪히는 공기가 운동에너지를 갖게 하므로 압력을 확산기에서 증가시킨다.
③ 터빈을 나가는 연소 기체류와 압축기를 나가는 공기류 사이에 열교환기를 설치한다.
④ 공기를 압축하는데 필요한 일은 압축과정을 몇 단계로 나누고, 각 단 사이에 중간 냉각기를 설치한다.

 브레이턴 사이클의 효율을 증대시킬 수 있는 방법
① 터빈에 다단팽창을 이용한다.
② 공기를 압축하는데 필요한 일은 압축과정을 몇 단계로 나누고, 각 단 사이에 중간 냉각기를 설치한다.
③ 터빈을 나가는 연소 기체류와 압축기를 나

가는 공기류 사이에 열교환기를 설치한다.

 효율 $= 1 - \dfrac{Q_2}{Q_1} = 1 - \dfrac{T_D - T_A}{T_C - T_B}$

2개의 단열과정과 2개의 정압과정으로 이루어진 가스터빈 사이클이다.

28 최소산소농도(MOC)와 이너팅(inerting)에 대한 설명으로 틀린 것은?

① LFL(연소하한계)은 공기 중의 산소량을 기준으로 한다.
② 화염을 전파하기 위해서는 최소한의 산소 농도가 요구된다.
③ 폭발 및 화재는 연료의 농도에 관계없이 산소의 농도를 감소시킴으로써 방지할 수 있다.
④ MOC값은 연소반응식 중 산소의 양론계수와 LFL(연소하한계)의 곱을 이용하여 추산할 수 있다.

29 공기 중에 압력을 증가시키면 일정 압력까지는 폭발범위가 좁아지다가 고압으로 올라가면 반대로 넓어지는 가스는?

① 수소   ② 일산화탄소
③ 메탄   ④ 에틸렌

 ① 불연성가스 : N, CO_2
② 불활성가스 : He, Ne, Ar, Kr, Xe, Rn
③ 일산화탄소와 공기의 혼합가스는 압력이 높을수록 폭발범위 좁아진다.
④ 수소와 공기의 혼합가스는 10atm 정도까지는 폭발범위가 좁아지나 그이상의 압력에서는 다시 점차 넓어진다.

30 fireball에 의한 피해로 가장 거리가 먼 것은?

① 공기팽창에 의한 피해
② 탱크파열에 의한 피해
③ 폭풍압에 의한 피해

④ 복사열에 의한 피해

 파이어볼에 의한 피해
① 공기팽창에 의한 피해
② 복사열에 의한 피해
③ 폭풍압에 의한 피해

31 자연발화온도(AIT)는 외부에서 착화원을 부여하지 않고 증기가 주위의 에너지로부터 자발적으로 발화하는 최저온도이다. 다음 설명 중 틀린 것은?

① 부피가 클수록 AIT는 낮아진다.
② 산소농도가 클수록 AIT는 낮아진다.
③ 계의 압력이 높을수록 AIT는 낮아진다.
④ 포화탄화수소 중 iso-화합물이 n-화합물 보다 AIT가 낮다.

 포화탄화수소 중 iso-화합물이 n-화합물 보다 AIT가 높다.

32 등엔트로피 과정은 다음 중 어느 것인가?

① 가역 단열과정
② 비가역 단열과정
③ Polytropic 과정
④ Joule-Thomson 과정

 등엔트로피 과정 : 가역 단열과정

33 다음 중 폭발방호(Explosion Protection)의 대책이 아닌 것은?

① venting
② suppression
③ containment
④ adiabatic compression

 폭발방호 대책
① 폭발배출 : explosion venting
② 폭발억제 : explosion suppression
③ 차단 : isolation
④ 봉쇄 : containment

34 어떤 과학자가 대기압 하에서 물의 어는점과 끓는점 사이에서 운전할 때 열효율이 28.6%인 열기관을 만들었다고 발표하였다. 다음 설명 중 옳은 것은?

① 근거가 확실한 말이다.
② 경우에 따라 있을 수 있다.
③ 근거가 있다 없다 말할 수 없다.
④ 이론적으로 있을 수 없는 말이다.

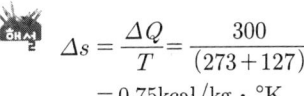 **열기관 효율계산** : 물의 어는점 0℃, 끓는점 100℃이다.

$$효율 = \frac{T_2 - T_1}{T_1} \times 100$$
$$= \frac{(273+100)-(273+0)}{(273+100)} \times 100$$
$$= 26.81\% (이론적\ 열효율)$$

35 1kg의 공기가 127℃에서 열량 300kcal를 얻어 등온 팽창한다고 할 때, 엔트로피의 변화량(kcal/kg·K)은?

① 0.493   ② 0.582
③ 0.651   ④ 0.750

 $\Delta s = \dfrac{\Delta Q}{T} = \dfrac{300}{(273+127)}$
$= 0.75 \text{kcal/kg} \cdot °K$

36 수소(H_2)가 완전 연소할 때의 고위발열량(H_h)과 저위발열량(H_L)의 차는 약 몇 kJ/kmol인가?(단, 물의 증발열은 273K, 포화상태에서 2501.6kJ/kg이다.)

① 40240   ② 42410
③ 44320   ④ 45070

$H_2 + \dfrac{1}{2}O_2 \rightarrow H_2O$

∴ 18kg/kmol × 2051.6kJ/kg
= 45028.8kJ/kmol

가스기사

37 기체연료의 연소에서 화염 전파의 속도에 영향을 가장 적게 주는 요인은?

① 압력
② 온도
③ 가스의 점도
④ 가연성가스와 공기와의 혼합비

 화염 전파의 속도에 영향
① 가연성가스와 공기와의 혼합비
② 발화가 생기는 공간의 형태와 크기
③ 온도
④ 압력
⑤ 촉매
⑥ 연소용 공기 중 산소의 농도

38 연소 시 발생하는 분진을 제거하는 장치가 아닌 것은?

① 백 필터　　② 사이클론
③ 스크린　　④ 스크러버

 **집진장치의 종류**
① 건식 집진장치
　㉠ 중력침강식
　㉡ 관성력식
　㉢ 여과식(백필터)
　㉣ 원심력식(싸이클론, 멀티클론)
　㉤ 전기식(코트렐집진장치)
② 습식 집진장치
　㉠ 유수식
　㉡ 세정식
　㉢ 가압수식 : 벤튜리 스크러버, 싸이클론 스크러버, 충전탑 스크러버

39 C_3H_8을 공기와 혼합하여 완전 연소시킬 때 혼합기체 중 C_3H_8의 최대농도는 약 얼마인가? (단, 공기 중 산소는 20.9%이다.)

① 3vol%　　② 4vol%
③ 5vol%　　④ 6vol%

 $C_3H_8 + 5O_2 \rightarrow 3CO_2 + 4H_2O$

$A_0 = \dfrac{O_2}{0.21} = \dfrac{5}{0.21} = 23.8$

∴ 최대농도 $= \dfrac{1}{A_0 + 1} \times 100$

$= \dfrac{1}{23.8 + 1} \times 100 = 4.03\%$

40 고압, 비반응성 기체가 들어 있는 용기의 파열에 의한 폭발은 다음 중 어떠한 폭발인가?

① 기계적 폭발　　② 화학적 폭발
③ 분진폭발　　　④ 개방계 폭발

 분진폭발 : Mg, Al 등의 폭발
촉매폭발 : 염소와 아세틸렌, 염소와 수소, 염소와 암모니아에 의한 직사일광 등에 의한 폭발
중합폭발 : 시안화수소, 산화에틸렌 등의 중합열에 의한 폭발
분해폭발 : 아세틸렌, 산화에틸렌
압력의 폭발 : 불량용기의 폭발, 고압가스용기의 폭발, 보일러의 폭발
화학적 폭발 : 폭발성 혼합가스에 점화시 일어나는 폭발

 제3과목　**가스설비**

41 다음 중 이상기체에 가장 가까운 기체는?

① 고온, 고압의 기체
② 고온, 저압의 기체
③ 저온, 고압의 기체
④ 저온, 저압의 기체

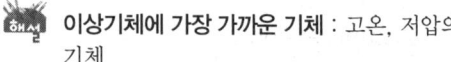 **이상기체에 가장 가까운 기체** : 고온, 저압의 기체

42 다음 중 LNG 냉열 이용에 대한 설명으로 틀린 것은?

① LNG를 기화시킬 때 발생하는 한랭을 이용하는 것이다.
② LNG 냉열로 전기를 생산하는 발전에 이

③ LNG는 온도가 낮을수록 냉열 이용량은 증가한다.
④ 국내에서는 LNG 냉열을 이용하기 위한 타당성 조사가 활발하게 진행 중이며 실제 적용한 실적은 아직 없다.

LNG 냉열 이용
① LNG는 온도가 낮을수록 냉열 이용량은 증가한다.
② LNG 냉열로 전기를 생산하는 발전에 이용할 수 있다.
③ LNG를 기화시킬 때 발생하는 한랭을 이용하는 것이다.

43 원유, 중유, 나프타 등 분자량이 큰 탄화수소를 원료로 하며 800~1000℃의 고온에서 분해시켜 약 10000kcal/Nm^3정도의 가스를 제조하는 공정은?

① 열분해 공정
② 접촉분해 공정
③ 부분연소 공정
④ 고압수증기개질 공정

가스제조 방식
① **열분해 프로세스** : 나프타, 원유, 중유 등의 분자량이 큰 탄화수소 원료를 고온(800~900℃)으로 분해하여 10000 kcal/Nm^3 정도의 고열량가스를 제조하는 방식이다.
② **접촉분해(수증기 개질) 프로세스** : 접촉분해(수증기 개질)는 촉매를 사용하여 사용온도 400~800℃에서 탄화수소와 수증기와 반응하여 수소, 메탄, 일산화탄소, 에틸렌, 탄산가스, 에탄, 프로필렌 등의 저급 탄화수소로 변환시키는 방법이다.
③ **부분연소 프로세스** : 부분연소에 의한 가스제조는 메탄에서 원유까지는 원료를 가스화하는 것으로 산소 또는 공기 및 수증기를 이용하여 CH_4, H_2, CO, CO_2로 변환하는 방법이며, 탄화수소의 분해 및 수증기와의 반응에 필요한 열은 원료의 일부 연소기에 의해 보급되어 가스화와 가열을 동일로 내에서 행하기 때문에 내연식 또는 오트사밍 프로세스라고도 한다. 탄화수소와 수증기, 산소(공기)와의 반응은 700℃ 이상에서 고활성인 촉매(니켈계)를 매개체로 하여 일어난다.
④ **수소화(수첨)분해 프로세스** : 수소화 분해는 수소기류 중 탄화수소 원료를 열분해 또는 접촉 분해하여 메탄을 주성분으로 하는 고열량의 가스를 제조하는 방법이며 현재는 주로 나프타를 원료로 이용하고 있다.
⑤ **대체 천연가스 프로세스(substitute natural gas)** : 대체 천연가스 프로세스란 천연가스이외의 석탄, 원유, 나프타, LPG 등의 각종 탄화수소 원료에서 천연가스와 물리적, 화학적 성질(조성, 열량, 연소성)이 거의 비슷한 가스를 제조하는 것을 말한다. SNG의 주성분은 메탄이며 공업적 제조로는 H_2O, O_2, H_2를 원료탄화수소와 반응시켜 수증기 개질, 부분연소, 수첨분해에 의해 가스화하여 메탄합성, 탈탄산 등의 프로세스와 병용하여 사용하고 있다. 실체의 프로세스 원료는 경질유(LPG, 나프타), 중질유(중유, 원유) 및 석탄 등에서 분류하는 것이 편리하다.

44 LPG 자동차에 설치되어 있는 베이퍼라이저(vaporizer)의 주요 기능은?

① 압력 승압-가스 기화
② 압력 감압-가스 기화
③ 공기, 연료 혼합-타르 배출
④ 공기, 연료 혼합-가스 차단

베이퍼라이져의 주요 기능 : 압력 감압-가스 기화

45 압력조정기에 대한 설명으로 틀린 것은?

① 2단 감압식 2차용 조정기는 1단 감압식 저압조정기 대신으로 사용할 수 없다.
② 2단 감압식 1차 조정기는 2단 감압 방식의 1차용으로 사용되는 것으로서 중압조정기라고도 한다.
③ 자동 절체식 분리형 조정기는 1단 감압방

식이며 자동교체와 1차 감압 기능이 따로 구성되어 있다.
④ 1단 감압식 준저압조정기는 일반 소비자의 생활용 이외의 용도에 공급하는 경우에 사용되고 조정압력의 종류가 다양하다.

 자동 절체식 분리형 조정기는 2단 감압방식이며 2단 1차 기능과 자동교체기능을 동시에 발휘한다.

46 공동 주택에 압력조정기를 설치할 경우 설치 기준으로 맞는 것은?

① 공동주택 등에 공급되는 가스압력이 중압 이상으로서 전세대수가 200세대 미만인 경우 설치할 수 있다.
② 공동주택 등에 공급되는 가스압력이 저압으로서 전세대수가 250세대 미만인 경우 설치할 수 있다.
③ 공동주택 등에 공급되는 가스압력이 중압 이상으로서 전세대수가 300세대 미만인 경우 설치할 수 있다.
④ 공동주택 등에 공급되는 가스압력이 저압으로서 전세대수가 350세대 미만인 경우 설치할 수 있다.

압력조정기 설치 기준
① 저압 : 250세대 미만
② 중압 이상 : 150세대 미만

47 일반 도시가스 사업소에 설치하는 매몰형정압기의 설치에 대한 설명으로 옳은 것은?

① 정압기 본체는 두께 3mm 이상의 철판에 부식방지 도장을 한 격납상자 안에 넣어 매설한다.
② 철근콘크리트 구조의 그 두께는 200mm 이상으로 한다.
③ 정압기의 기초는 바닥 전체가 일체로 된 철근콘크리트 구조로 한다.
④ 격납상자 쪽의 도입관의 말단부에는 누출된 가스를 포집할 수 있는 지름 10cm 이상의 포집갓을 설치한다.

매몰형정압기의 설치
① 정압기의 기초는 바닥 전체가 일체로 된 철근콘크리트 구조로 한다.
② 철근콘크리트 구조의 그 두께는 300mm 이상으로 한다.
③ 가스누출 검지통보 설비의 검지부는 지상에 설치된 컨트롤 박스 안에 1개소 이상 설치
④ 정압기 본체는 두께 4mm 이상의 철판에 부식방지 도장을 한 격납상자 안에 넣어 매설한다.

48 다음 중 가스의 종류와 용기 표면의 도색이 틀린 것은?

① 의료용 산소 : 녹색
② 수소 : 주황색
③ 액화염소 : 갈색
④ 아세틸렌 : 황색

공업용 용기 도색
청탄산 산녹에서 황아체 안주삼아 수주잔
 ①   ②   ③   ④
높이들고 백암산 바라보니 염소는 갈색으로
    ⑤   ⑥
보이고 쥐들은 기타를 치더라.
           ⑦

① 탄산가스 : 청색 ② 산소 : 녹색
③ 아세틸렌 : 황색 ④ 수소 : 주황
⑤ 암모니아 : 백색 ⑥ 염소 : 갈색
⑦ 쥐색(회색) C_3H_8, Ar

의료용 용기 도색
질흑같은 밤에자고 탄화를 싸게 주면 청아한
 ①   ②   ③   ④   ⑤
산소에서 백로가 헬기로 갈아채 기더라.
  ⑥   ⑦

① 질소 : 흑색
② 에틸렌 : 자색
③ 탄산가스 : 회색
④ 싸이크로 프로판 : 주황
⑤ 아산화질소 : 청색
⑥ 산소 : 백색
⑦ 헬륨 : 갈색

49 압축기에 관한 용어에 대한 설명으로 틀린 것은?

① 간극 용적 : 피스톤이 상사점과 하사점의 사이를 왕복할 때의 가스의 체적
② 행정 : 실린더 내에서 피스톤이 이동하는 거리
③ 상사점 : 실린더 체적이 최소가 되는 점
④ 압축비 : 실린더 체적과 간극 체적과의 비

간극 용적 : 피스톤이 상사점에 있을 때 실린더 내의 가스가 차지하는 것으로 톱클리어런스와 사이드클리어런스가 있다.

50 가스배관이 콘크리트 벽을 관통할 경우 배관과 벽 사이에 절연을 하는 가장 주된 이유는?

① 누전을 방지하기 위하여
② 배관의 부식을 방지하기 위하여
③ 배관의 변형 여유를 주기 위하여
④ 벽에 의한 배관의 기계적 손상을 막기 위하여

가스배관이 콘크리트벽을 관통할 경우 배관과 벽 사이에 절연을 하는 가장 주된 이유 : 배관의 부식을 방지하기 위해

51 터빈 펌프에서 속도에너지를 압력에너지로 변환하는 역할을 하는 것은?

① 회전차(impeller)
② 안내깃(guide vane)
③ 와류실(volute casing)
④ 와실(whirl pool chamber)

안내깃 : 속도에너지를 압력에너지로 변화하는 역할

52 제트 펌프의 구성이 아닌 것은?

① 노즐   ② 슬롯
③ 베인   ④ 디퓨저

제트 펌프의 구성
① 노즐 ② 슬롯 ③ 디퓨져

53 −160℃의 LNG(액비중 0.62, 메탄 90%, 에탄 10%)를 기화(10℃)시키면 부피는 약 몇 m^3가 되겠는가?

① 827.4   ② 82.74
③ 356.3   ④ 35.6

$PV = \dfrac{WRT}{M}$

$V = \dfrac{WRT}{PM}$

분자량 $= (16 \times 0.9 + 30 \times 0.1)$
$= 17.4 \text{g/mol}$

액비중$(0.62) = 0.62 \times 1000 \text{kg/m}^3$
$= 620 \text{kg/m}^3$

$\therefore V = \dfrac{620 \times 0.082 \times (273+10)}{1\text{atm} \times 17.4}$
$= 826.88 \text{m}^3$

54 LP 가스 소비시설에서 설치 용기의 개수 결정 시 고려할 사항으로 거리가 먼 것은?

① 최대소비수량   ② 용기의 종류(크기)
③ 가스발생능력   ④ 계량기의 최대용량

용기 개수 결정시 고려할 사항
① 가스발생능력
② 용기의 종류
③ 용기의 크기
④ 최대소비수량
⑤ 피크 시 평균가스 소비율
⑥ 피크 시의 기온
⑦ 소비자가 구축

55 대기압에서 1.5MPa · g까지 2단 압축기로 압축하는 경우 압축동력을 최소로 하기 위해서는 중간압력을 얼마로 하는 것이 좋은가?

① 0.2MPa · g   ② 0.3MPa · g
③ 0.5MPa · g   ④ 0.75MPa · g

표준대기압은 $1kg/cm^2 = 0.1MPa$
$$P = \sqrt{P_1 \times P_2} = \sqrt{0.1 \times (1.5 + 0.1)}$$
$$= 0.4MPa - 0.1MPa = 0.3MPa \cdot g$$

56 수소에 대한 설명으로 틀린 것은?

① 암모니아 합성의 원료로 사용된다.
② 열전달률이 작고 열에 불안정하다.
③ 염소와의 혼합 기체에 일광을 쬐면 폭발한다.
④ 고온, 고압에서 강제 중의 탄소와 반응하여 수소취성을 일으킨다.

 수소
① 암모니아 합성의 원료로 사용한다.
② 염소와의 혼합 기체에 일광을 쬐면 폭발한다.
③ 고온, 고압에서 강제 중의 탄소와 반응하여 수소취성을 일으킨다.
④ 폭발범위가 넓다.(공기 중 4~75%, 산소 중 4~94%)
⑤ 확산속도가 가스 중 가장 빠르다.
⑥ 열전도율이 대단히 크고 열에 대해 안정하다.
⑦ 무색, 무취의 가연성 가스이다.

57 원심펌프를 병렬로 연결시켜 운전하면 어떻게 되는가?

① 양정이 증가한다.   ② 양정이 감소한다.
③ 유량이 증가한다.   ④ 유량이 감소한다.

 직렬운전 : 유량일정, 양정증가
병렬운전 : 유량증가, 양정일정

58 신규 용기의 내압시험 시 전 증가량이 $100cm^3$이었다. 이 용기가 검사에 합격하려면 영구증가량은 몇 cm^3 이하이어야 하는가?

① 5   ② 10
③ 15   ④ 20

 내압시험 시 항구증가율(영구증가율)은 10% 이하가 합격

$$항구증가율 = \frac{항구증가량}{전증가량} \times 100$$

$$항구증가량 = \frac{항구증가율 \times 전증가량}{100}$$

$$= \frac{10\% \times 100}{100} = 10cm^3$$

59 도시가스 배관의 접합시공방법 중 원칙적으로 규정된 접합시공방법은?

① 기계적 접합   ② 나사 접합
③ 플랜지 접합   ④ 용접 접합

60 정전기 제거 또는 발생방지 조치에 대한 설명으로 틀린 것은?

① 상대습도를 낮춘다.
② 대상물을 접지시킨다.
③ 공기를 이온화시킨다.
④ 도전성 재료를 사용한다.

정전기 제거 조치
① 접지를 한다.
② 공기를 이온화한다.
③ 상대습도를 70% 이상으로 한다.
④ 도전성재료를 사용한다.

제 4 과목 가스안전관리

61 고압가스의 종류 및 범위에 포함되지 않는 것은?

① 상용의 온도에서 게이지압력 1MPa 이상이 되는 압축가스
② 섭씨 25℃의 온도에서 게이지압력이 0MPa을 초과하는 아세틸렌가스
③ 상용의 온도에서 게이지압력 0.2MPa 이

상이 되는 액화가스
④ 섭씨 35℃의 온도에서 게이지압력이 0MPa을 초과하는 액화가스 중 액화시안화수소

고압가스 적용 범위
① 압축가스 : 상용온도 또는 35℃에서 10kg/cm² 이상인 것
② 아세틸렌 : 상용온도 또는 15℃에서 0kg/cm² 이상인 것
③ 액화가스 : 상용온도 또는 35℃에서 2kg/cm² 이상인 것
④ 액화가스 중 HCN, C₂H₄O, CH₃Br은 상용온도에서 0kg/cm² 이상인 것
1kg/cm² = 0.1MPa

62 다기능 보일러(가스 스털링엔진 방식)의 재료에 대한 설명으로 옳은 것은?

① 카드뮴이 함유된 경납땜을 사용한다.
② 가스가 통하는 모든 부분의 재료는 반드시 불연성 재료를 사용한다.
③ 80℃ 이상의 온도에 노출된 가스통로에는 아연합금을 사용한다.
④ 석면 또는 폴리염화비페닐을 포함하는 재료는 사용되지 아니하도록 한다.

다기능 보일러의 재료 기준
① 석면 또는 폴리염화비페닐을 포함하는 재료는 사용되지 않도록 한다.
② 카드뮴이 함유된 경납땜을 사용하지 않아야 한다.
③ 80℃ 이상의 온도에 노출될 우려가 있는 가스통로에는 아연합금을 사용금지
④ 다기능 보일러에서 사용하는 재료는 사용조건에서 용융되지 않도록 충분한 내열성이 있어야 한다.

63 정전기 발생에 대한 설명으로 옳지 않은 것은?

① 물질의 표면상태가 원활하면 발생이 적어진다.
② 물질표면이 기름 등에 의해 오염되었을 때는 산화, 부식에 의해 정전기가 발생한다.
③ 정전기의 발생은 처음 접촉, 분리가 일어났을 때 최대가 된다.
④ 분리속도가 빠를수록 정전기의 발생량은 적어진다.

분리속도가 빠를수록 정전기의 발생량은 많아진다.

64 독성가스 용기 운반차량의 적재함 재질은?
① SS200 ② SPPS200
③ SS400 ④ SPPS400

65 고압가스 냉동시설에서 냉동능력의 합산기준으로 틀린 것은?

① 냉매가스가 배관에 의하여 공통으로 되어 있는 냉동 설비
② 냉매계통을 달리하는 2개 이상의 설비가 1개의 규격품으로 인정되는 설비 내에 조립되어 있는 것
③ 1원(元) 이상의 냉동방식에 의한 냉동설비
④ brine을 공통으로 하고 있는 2 이상의 냉동설비

냉동능력의 합산기준
① 브라인을 공통으로 하고 있는 2 이상의 냉동설비
② 냉매계통을 달리하는 2개 이상의 설비가 1개의 규격품으로 인정되는 설비 내에 조립되어 있는 것
③ 냉매가스가 배관에 의하여 공통으로 되어 있는 냉동 설비
④ 모터 등 압축기의 동력설비를 공통으로 하고 있는 냉동설비

66 도시가스 공급시설에서 긴급용 벤트스택의 가스방출구의 위치는 작업원이 정상작업을 하는데 필요한 장소 및 작업원이 항시 통행하

는 장소로부터 몇 m 이상 떨어진 곳에 설치하여야 하는가?

① 5m ② 8m
③ 10m ④ 12m

 벤트스택 방출구 위치
① 긴급용 벤트스택 : 10m 이상
② 그 밖의 벤트스택 : 5m 이상

67 도시가스용 정압기용 압력조정기를 출구압력에 따라 구분할 경우의 기준으로 틀린 것은?

① 고압 : 1MPa 이상
② 중압 : 0.1~1MPa 미만
③ 준저압 : 4~100kPa 미만
④ 저압 : 1~4kPa 미만

 압력조정기 출구압력에 따라 구분할 경우
① 저압 : 1~4kPa(100~400mmH₂O)
② 준저압 : 4~100kPa
   (400~10000mmH₂O)
③ 중압 : 0.1~1MPa 미만
④ 고압 : 1MPa 이상

68 산소 또는 천연메탄을 수송하기 위한 배관과 이에 접속하는 압축기와의 사이에 반드시 설치하여야 하는 것은?

① 수격방지장치 ② 긴급차단밸브
③ 압력계 ④ 수취기

 수취기 설치 : 산소 또는 천연메탄을 수송하기 위한 배관과 이에 접속하는 압축기와의 사이

69 가스난방기는 상용압력의 1.5배 이상의 압력으로 실시하는 기밀시험에서 가스차단밸브를 통한 누출량이 얼마 이하로 되어야 하는가?

① 30mL/h ② 50mL/h
③ 70mL/h ④ 90mL/h

 가스난방기는 상용압력의 1.5배 이상의 압력으로 실시하는 기밀시험에서 가스차단밸브를 통한 누출량이 70mL/h 이하

70 고압가스 충전용기의 운반 시 용기 사이에 용기충격을 최소한으로 방지하기 위해 설치하는 것은?

① 프로텍터 ② 캡
③ 완충판 ④ 방파판

71 용량 500L인 액체산소 저장탱크에 액체산소를 넣어 방출밸브를 개방하여 16시간 방치하였더니, 탱크 내의 액체산소가 4.8kg이 방출되었다. 이 때 탱크에 침입하는 열량은 약 몇 kcal/h인가?(단, 액체 산소의 증발잠열은 50kcal/kg이다.)

① 12 ② 15
③ 20 ④ 23

$$Q = \frac{G \times \gamma}{H} = \frac{4.8 \times 50}{16} = 15 \text{kcal/h}$$

72 고압가스 제조설비에 사용하는 금속재료의 부식에 대한 설명으로 틀린 것은?

① 18-8 스테인리스강은 저온취성에 강하므로 저온재료에 적당하다.
② 황화수소에는 탄소강은 내식성이 약하나 구리나 니켈합금은 내식성이 우수하다.
③ 일산화탄소에 의한 금속 카르보닐화의 억제를 위해 장치 내면에 구리 등으로 라이닝한다.
④ 수분이 함유된 산소를 용기에 충전할 때에는 용기의 부식방지를 위하여 산소가스 중의 수분을 제거한다.

 ① 동 및 동합금 사용시 H₂S(황화수소)는 부식이 발생한다.
② 동 및 동합금 사용시 NH₃는 부식이 발생

한다.
③ 동 및 동합금 사용시 C_2H_2는 폭발성 물질인 아세틸라이드 생성

73 고압가스용 용접용기(내용적 500L 미만) 제조에 대한 가스 종류별 내압시험압력의 기준으로 옳은 것은?

① 액화프로판은 3.0MPa이다.
② 액화프레온 22는 3.5MPa이다.
③ 액화암모니아는 3.7MPa이다.
④ 액화부탄은 0.9MPa이다.

내용적 500L 미만의 내압시험 압력의 기준
① 프로판 : 2.5MPa
② 부탄 : 0.9MPa
③ 암모니아 : 2.9MPa

74 독성가스설비를 수리할 때 독성가스의 농도를 얼마 이하로 하여야 하는가?

① 18% 이하
② 22% 이하
③ TLV-TWA 기준농도 이하
④ TLV-TWA 기준농도의 1/4 이하

가스설비 농도
① 가연성 가스 : 폭발한계의 $\frac{1}{4}$ 이하w
② 독성가스 : 허용농도 이하
③ 산소가스 : 18% 이상 22% 이하

75 안전관리 수준평가의 분야별 평가항목이 아닌 것은?

① 안전사고
② 비상사태 대비
③ 안전교육 훈련 및 홍보
④ 안전관리 리더십 및 조직

안전관리 수준평가의 분야별 평가항목
① 안전관리 리더십 및 조직
② 안전교육 훈련 및 홍보
③ 비상사태 대비

76 액화석유가스 용기의 기밀검사에 대한 설명으로 틀린 것은?(단, 내용적 125L 미만의 것에 한한다.)

① 내압검사에 적합한 용기를 샘플링하여 검사한다.
② 공기, 질소 등의 불활성가스를 이용한다.
③ 누출 유무의 확인은 용기 1개에 1분(50L 미만의 용기는 30초)에 걸쳐서 실시한다.
④ 기밀시험 압력 이상으로 압력을 가하여 실시한다.

77 고압가스용 저장탱크 및 압력용기(설계압력 20.6MPa 이하) 제조에 대한 내압시험 압력 계산식 $\left\{P_t = \mu P\left(\dfrac{\sigma_t}{\sigma_d}\right)\right\}$에서 계수 μ의 값은?

① 설계압력의 1배 이상
② 설계압력의 1.3배 이상
③ 설계압력의 1.5배 이상
④ 설계압력의 2.0배 이상

압력용기 등의 설계압력 범위에 따른 μ의 값

설계압력 범위	μ의 값
20.6MPa 이하	1.3
20.6MPa 초과 98MPa 이하	1.25

78 저장탱크에 의한 액화석유가스 사용시설에서 배관이음부와 절연조치를 하지 아니한 전선과의 거리는 몇 cm 이상 유지하여야 하는가?

① 10
② 15
③ 20
④ 30

유지거리
① 절연전선 : 10cm 이상
② 절연 조치를 하지 않은 전선 : 15cm 이상
  단열조치를 하지 않은 굴뚝 : 15cm 이상
③ 안전기, 계량기, 개폐기, 콘센트 : 60cm 이상

79 동절기 습도가 낮은 날 아세틸렌 용기밸브를 급히 개방할 경우 발생할 가능성이 가장 높은 것은?

① 아세톤 증발　② 역화방지기 고장
③ 중합에 의한 폭발　④ 정전기에 의한 착화

80 폭발 상한값은 수소, 폭발 하한값은 암모니아와 유사한 가스는?

① 에탄　② 산화프로필렌
③ 일산화탄소　④ 메틸아민

 폭발범위
① 아세틸렌 : 2.5~81%
② 수소 : 4~75%
③ 산화에틸렌 : 3~80%
④ 황화수소 : 4.3~45.5%
⑤ 일산화탄소 : 12.5~74%
⑥ 암모니아 : 15~28%
⑦ 메탄 : 5~15%
⑧ 부탄 : 1.8~8.4%
⑨ 에탄 : 3~12.5%
⑩ 산화프로필렌 : 2.5~38.5% 등

제 5 과목　가스계측기기

81 대류에 의한 열전달에 있어서의 경막계수를 결정하기 위한 무차원 함수로 관성력과 점성력의 비로 표시되는 것은?

① Reynolds 수　② Nesselt 수
③ Prandtl 수　④ Euler 수

① 레이놀즈수 = $\dfrac{관성력}{점성력}$
② 프루우드수 = $\dfrac{관성력}{중력}$
③ 오일러수 = $\dfrac{관성력}{압력}$
④ 웨버수 = $\dfrac{관성력}{탄성력}$

⑤ 코우시스 = $\dfrac{관성력}{표면장력}$

82 감도(感導)에 대한 설명으로 옳은 것은?

① 감도가 좋으면 측정시간이 길어지고 측정범위는 좁아진다.
② 측정결과에 대한 신뢰도를 나타내는 척도이다.
③ 지시량 변화에 대한 측정량 변화의 비로 나타낸다.
④ 계측기가 지시량의 변화에 민감한 정도를 나타내는 값이다.

 감도 : 계측기가 측정량의 변화에 민감한 변화를 나타내는 값

83 0℃에서 저항이 120Ω 이고 저항온도계수가 0.0025인 저항온도계를 어떤 노 안에 삽입하였을 때 저항이 180Ω 이 되었다면 노 안의 온도는 약 몇 ℃인가?

① 125　② 200
③ 320　④ 534

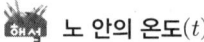 노 안의 온도(t)
$$t = \dfrac{R_2 - R_1}{R_1 \cdot \alpha} = \dfrac{180 - 120}{120 - 0.0025} = 200℃$$

84 막식 가스미터에서 계량막 밸브의 누설, 밸브와 밸브시트 사이의 누설 등이 원인이 되는 고장은?

① 부동 (不動)　② 불통 (不通)
③ 누설 (漏泄)　④ 기차 (器差) 불량

 가스미터의 고장 및 원인
① 부동 : 가스는 미터를 통과하나 미터지침이 작동하지 않는 현상
　㉠ 감속 또는 지시장치의 기어물림 불량 (감지계)
　㉡ 지시장치의 톱니바퀴의 불량
　㉢ 계량막의 파손, 밸브의 탈락, 밸브와

밸브시트 사이에서의 누설
② 불통 : 가스가 가스미터를 통과하지 않는 고장
  ㉠ 날개 조절기능의 납땜이 떨어진 경우
  ㉡ 회전자 베어링의 마모에 의한 접촉시
  ㉢ 밸브와 밸브시이트가 타르, 수분 등에 의해 고착 또는 동결시
③ 기차불량 : 부품의 마모 등에 의해 기차가 변화하는 경우 계량법에 규정된 사용공차 ±4%를 넘어서는 현상(신마패)
  ㉠ 계량막이 신축하여 부피가 변화하는 경우
  ㉡ 밸브와 밸브시이트 사이 또는 막패킹부에서의 누설
  ㉢ 회전부분의 마찰 저항 증가에 의한 진동

85 다음 중 편위법에 의한 계측기기가 아닌 것은?
① 스프링 저울   ② 부르동관 압력계
③ 전류계   ④ 화학천칭

 편위법에 의한 계측기기
① 스프링 저울
② 전류계
③ 부르동관 압력계

86 다음 중 임펠러식 유량계에 대한 설명으로 틀린 것은?
① 구조가 간단하다.
② 내구력이 우수하다.
③ 직관부분이 필요 없다
④ 부식성 유체에도 사용이 가능하다.

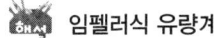 **임펠러식 유량계**
① 부식성 유체에도 사용이 가능하다.
② 직관부분이 필요하다.
③ 내구력이 우수하다.
④ 구조가 간단하다.

87 되먹임 제어의 특성에 대한 설명으로 틀린 것은?

① 목표값에 정확히 도달할 수 있다.
② 제어계의 특성을 향상시킬 수 있다.
③ 외부조건의 변화에 영향을 줄일 수 있다.
④ 제어기 부품들의 성능이 다소 나빠지면 큰 영향을 받는다.

되먹임 제어의 특징
① 외부조건의 변화에 영향을 줄일 수 있다.
② 제어계의 특성을 향상시킬 수 있다.
③ 목표값에 정확히 도달할 수 있다.

88 다음 그림은 가스크로마토그래프의 크로마토그램이다. t, t_1, t_2는 무엇을 나타내는가?

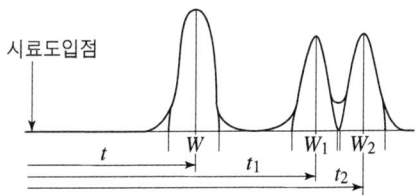

① 이론단수
② 체류시간
③ 분리관의 효율
④ 피크의 좌우 변곡점 길이

① t, t_1, t_2 : 체류시간
② W, W_1, W_2 : 바탕선의 길이

89 다음 중 면적식 유량계는?
① 로터미터   ② 오리피스미터
③ 피토관   ④ 벤투리미터

면적식 유량계 : 로터미터
차압식 유량계 : 벤투리미터, 플로우미터, 오리피스미터
용적식 유량계 : 습식, 건식, 오우벌식, 루츠식

90 다음 중 가스 검지법에 해당하지 않는 것은?
① 분별연소법
② 시험지법

③ 검지관법
④ 가연성가스 검출기법

> **가스 검지법**
> ① 시험지법
> ② 검지관법
> ③ 가연성가스 검출기법
>   (안전등형 간섭계형)

91 측정온도가 가장 높은 온도계는?
① 수은 온도계   ② 백금저항 온도계
③ PR열전 온도계   ④ 바이메탈 온도계

> **측정온도**
> ① 열전대 온도계 : 0~1600℃
> ② 바이메탈 온도계 : -50~500℃
> ③ 백금저항 온도계 : -200~500℃
> ④ 수은 온도계 : -60~350℃

92 부르동관(Bourdon tube) 압력계의 종류가 아닌 것은?
① C자형
② 스파이럴형(spiral type)
③ 헬리컬형(helical type)
④ 케미컬형(chemical type)

> **부르동관 압력계의 종류**
> ① 헬리컬형
> ② 스파이럴형
> ③ C자형

93 액면계는 액면의 측정방법에 따라 직접법과 간접법으로 구분한다. 간접법 액면계의 종류가 아닌 것은?
① 방사선식   ② 플로트식
③ 압력검출식   ④ 퍼지식

> **액면계 구분**
> ① 직접식 액면계 : 직관식, 부자식, 검척식
> ② 간접식 액면계 : 플로우드식, 초음파식, 정전용량식, 방사선식, 압력식, 고정튜브식, 슬립튜브식, 회전튜브식, 등

94 온도 25℃, 전압 760mmHg인 공기 중의 수증기 분압은 17.5mmHg이었다. 이 공기의 습도를 건조공기 kg 당 수증기의 kg수로 나타낸 것은?(단, 공기 및 물의 분자량은 각각 29, 18이다.)
① 0.0014kg · H_2O/kg · 건조공기
② 0.0146kg · H_2O/kg · 건조공기
③ 0.0029kg · H_2O/kg · 건조공기
④ 0.0292kg · H_2O/kg · 건조공기

> $x = 0.622 \times \dfrac{P_a}{760 - P_a}$
> $= 0.622 \times \dfrac{17.5}{760 \times 17.5}$
> $= 0.0146$ kg · H_2O/kg · 건조공기

95 게겔법에 의한 가스 분석에서 가스와 그 흡수제가 바르게 짝지어진 것은?
① O_2 - 취화수소
② CO_2 - 발연황산
③ C_2H_2 - 33% KOH 용액
④ CO - 암모니아성 염화 제1구리 용액

> **가스분석법**
> ① 흡수분석법
>   ㉠ 오르잣트법
>   ⓐ CO_2 : KOH 30% 수용액
>   ⓑ O_2 : 알카리성피로카롤용액
>   ⓒ CO : 암모니아성 염화제1동용액
>   ㉡ 헴펠법
>   ⓐ CO_2 : KOH 30% 수용액
>   ⓑ $C_mH_m(C_2H_2)$: 발연황산 25%
>   ⓒ O_2 : 알칼리성피롤카롤용액
>   ⓓ CO : 암모니아성 염화제1동액₩
>   ㉢ 게겔법
>   ⓐ CO_2 : KOH 30% 수용액
>   ⓑ C_2H_2 : 요오드수은칼륨용액
>   ⓒ n-C_4H_8 : 87% 황산
>   ⓓ C_2H_4 : 취소수용액
>   ⓔ O_2 : 알칼리성피롤카롤용액
>   ⓕ CO : 암모니아성 염화제1동액

96 Ni, Mn, Co 등의 금속산화물을 소결시켜 만든 반도체로써 미세한 온도 측정에 용이한 온도계는?

① 바이메탈 온도계
② 서모컬러 온도계
③ 서모커플 온도계
④ 서미스터 저항 온도계

 서미스터 저항 온도계 : Ni, Mn, Co 등의 금속산화물을 소결시켜 만든 반도체로써 미세한 온도 측정에 용이
특징
① 측정범위는 $-100 \sim 300℃$ 이하
② 흡수에 의한 열화가 발생할 수 있다.
③ 온도상승에 따라 저항치가 감소한다.
④ 감도가 크고 응답성이 빨라 온도변화가 작은 부분에 적합

97 가스크로마토그래피 분석법에서 자유전자 포착성질을 이용하여 전자 친화력이 있는 화합물에만 감응하는 원리를 적용하여 환경물질 분석에 널리 이용되는 검출기는?

① TCD   ② FPD
③ ECD   ④ FID

 가스크로마토그래피

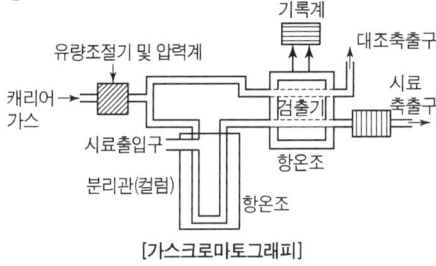

[가스크로마토그래피]

종류
① FID(수소이온화검출기)
  ㉠ 전극간의 전기 전도도가 증대하는 것을 이용
  ㉡ 탄화수소에 감도가 최고이다.(프로판, 부탄, 프로필렌) 등
  ㉢ H_2, O_2, CO, CO_2, SO_2 등은 감도가 적다.
  ㉣ 무기 가스나 물에 거의 응답하지 않음

② TCD(열전도도형검출기)
  ㉠ 금속필라멘트의 저항변화를 이용하는 것
  ㉡ 일반적으로 가장 널리 사용
③ ECD(전자포획이온화검출기)
  ㉠ 이온전류가 감소하는 것을 이용
  ㉡ 할로겐 및 산화물에서는 감도가 최고이다.
④ FPD(염광광도 검출기)
  황화합물이나 인화합물 검출

98 다음 중 적외선 가스분석기에서 분석 가능한 기체는?

① Cl_2 ② SO_2
③ N_2 ④ O_2

 적외선 가스분석기에서 분석 가능한 기체 : SO_2(아황산가스)
분석 못하는 가스 : He, Ne, Ar, H_2, Cl_2, N_2, O_2

99 가스크로마토그래피의 장치 구성요소가 아닌 것은?

① 분리관(컬럼)   ② 검출기
③ 광원   ④ 기록계

 가스크로마토그래피의 장치 구성요소
① 분리관(컬럼)   ② 유량조절기
③ 압력계   ④ 기록계
⑤ 항온조

100 대용량의 유량을 측정할 수 있는 초음파 유량계는 어떤 원리를 이용한 유량계인가?

① 전자유도법칙   ② 도플러 효과
③ 유체의 저항변화 ④ 열팽창계수 차이

초음파 유량계는 도플러 효과 이용 측정

가스기사 필기 최근 기출문제

초판 발행	2010년 1월 10일
개정2판 발행	2011년 2월 25일
개정3판 발행	2012년 3월 10일
개정4판 발행	2013년 1월 20일
개정5판 발행	2014년 1월 25일
개정6판 발행	2015년 2월 25일
개정7판 발행	2016년 2월 10일
개정8판 발행	2017년 2월 10일
개정9판 발행	2018년 3월 10일
개정10판 발행	2019년 4월 30일
개정11판 발행	2024년 1월 15일
개정12판 발행	2025년 1월 10일
개정13판 발행	2026년 1월 10일

우수회원인증	
닉네임	
신청일	

필히 (**파랑**, **빨강**)볼펜 사용. **화이트** 사용 금지

지은이 • 가스연구회
펴낸이 • 홍세진
펴낸곳 • 세진북스

주소 • (우)10207 경기도 고양시 일산서구 산율길 56(구산동 145-1)
전화 • 031-924-3092
팩스 • 031-924-3093
홈페이지 • http://www.sejinbooks.kr

출판등록 • 제 315-2008-042호(2008.12.9)
ISBN • 979-11-5745-771-7 13570

값 • **30,000원**

- 이 책의 출판권은 도서출판 세진북스가 가지고 있습니다.
- 이 책의 일부 또는 전체에 대한 무단 복제와 전재를 금합니다.

세진북스에는 당신과 나
그리고 우리의 미래가 있습니다.